中国风景园林学会　编

中国风景园林学会2021年会

论文集

美美与共的风景园林：人与天调　和谐共生

Landscape Architecture with Beauty of Diversity and Integration:
The Pursuit of Mankind Harmonious Coexistence with Nature

CHSLA 2021

中国建筑工业出版社

图书在版编目(CIP)数据

中国风景园林学会2021年会论文集 / 中国风景园林学会编. — 北京 ：中国建筑工业出版社，2021.10
ISBN 978-7-112-26786-6

Ⅰ. ①中… Ⅱ. ①中… Ⅲ. ①园林设计—中国—文集
Ⅳ. ①TU986.2-53

中国版本图书馆CIP数据核字（2021）第208041号

责任编辑：杜　洁　兰丽婷
责任校对：张　颖

中国风景园林学会2021年会论文集
中国风景园林学会　编

*

中国建筑工业出版社出版、发行（北京海淀三里河路9号）
各地新华书店、建筑书店经销
北京红光制版公司制版
北京建筑工业印刷厂印刷

*

开本：880毫米×1230毫米　1/16　印张：43　字数：1781千字
2021年11月第一版　2021年11月第一次印刷
定价：**99.00**元
ISBN 978-7-112-26786-6
（38610）

中国风景园林学会 2021 年会
论文集

美美与共的风景园林：人与天调　和谐共生

Landscape Architecture with Beauty of Diversity and Integration:
The Pursuit of Mankind Harmonious Coexistence with Nature

CHSLA 2021

主　　编： 孟兆祯　陈　重

编　　委（按姓氏笔画排序）：

王向荣　包志毅　刘　晖　刘滨谊　李　雄
沈守云　林广思　金荷仙　高　翅

目　录

风景园林与国土空间

风景园林与乡村振兴

风景名胜区与自然保护地

绿色基础设施

风景园林规划设计

风景园林植物

风景园林理论与历史

风景园林工程与技术

风景园林管理及智慧化

风景园林文化艺术与美学

风景园林学科发展与展望

论文集

风景园林与高品质生活

五营国家森林公园游憩空间特征对情绪的影响研究①

Study on the Influence of Recreational Space Characteristics on Emotion in WuYing National Forest Park

姜　瑞　朱　逊*　赵　巍

摘　要： 森林公园的景观资源丰富，是开展森林游憩与森林康养的重要场所。当前对于森林游憩空间的情绪研究由单一影响因素转向建立从空间特征到情绪的作用路径。本研究获取五营国家森林公园的网络评论数据，通过对图片内容的识别，分析森林公园游憩空间使用者的情绪及其空间影响因素。结果表明：平静是森林公园游憩空间的主要情绪，情绪类型分布依次为平静、喜悦、惊喜、厌恶、悲伤、恐惧；人工景观是提高情绪唤醒度的要素；线性道路显著激发惊喜的情绪；滨水空间存在更多悲伤与喜悦的情绪；观景平台及其设施刺激了恐惧的情绪。本研究针对情绪调节功能，提出森林游憩空间设计建议，为落实森林康养提供理论基础。

关键词： 森林公园；情绪；森林康养；图片内容分析；网络评论数据

Abstract: Forest Park is rich in landscape resources and an important place for Forest Recreation and forest health. At present, the research on the emotion of forest recreation space has shifted from a single influencing factor to the action path from spatial characteristics to emotion. This study obtains the online review data of WuYing National Forest Park, and analyzes the emotions of recreational space users and their spatial influencing factors through the identification of picture content. The results show that neutral is the main emotion in the recreation space of Forest Park, and the types of emotion are neutral, happiness, surprise, disgust, sadness and happiness; Artificial landscape is an important factor to improve emotional arousal; Linear path can significantly stimulate the mood of surprise; There are more sadness and happiness in the waterfront space; The viewing platform and its facilities stimulate fear; Aiming at the function of emotion regulation, this study puts forward some suggestions on the design of forest recreation space, to provide a theoretical basis for the implementation of forest health care.

Keywords: Forest Park; Emotion; Forest Health; Picture Content Analysis; Network Review Data

引言

在森林康养需求快速发展的背景下，森林公园游憩空间成为生态旅游的主要目的地，得到了广泛的使用与关注[1]。随着我国对于森林康养功能的重视，森林公园的建设融合了健康产业与林业产业，兼顾传统林业发展与“健康中国”国家战略[2]。森林公园依托丰富的景观资源进行了不同程度的游憩开发，为公众提供了多样化的场所与感知森林的方式。森林公园游憩空间的情绪调节机理是森林康养的重要理论基础，可为森林公园游憩空间的设计与管理提供参考[3]。

森林公园游憩空间对情绪影响的研究重心由单一影响因素的研究转向建立空间特征到情绪的作用路径。已有研究主要从植物或整体森林环境出发，充分证实了森林对身心健康具有复愈效果[4]，森林环境有助于获得自然体验[5]与逃离感[6]。同时在森林游憩过程中，使用者对空间的感知是影响情绪的重要因素[5]。基于感知恢复理论，森林公园游憩空间主观感知特征与情绪的关系已被建立，但传统感知特征相对模糊，难以指导具体的空间设计。情绪与客观环境的联系有待进一步探究，其中景观要素与空间类型作为森林公园使用者的高频感知特征[7]，与森林游憩空间设计优化紧密相关[8]。

因此本研究通过探究不同森林游憩空间的情绪差异，归纳景观要素与情绪的组合关系，分析景观要素对情绪的影响。依据促进情绪正向调节的空间特征，提出森林游憩空间设计建议。

1　研究方法

1.1　研究区域

五营国家森林公园位于黑龙江省北部，小兴安岭南坡，总面积 141.41km² （图 1）。公园始建于 1990 年，拥

图 1　研究区域概况

①　基金项目：国家自然科学基金青年项目（51908170）；黑龙江省教育科学“十三五”规划课题（GJB1320074）。

有全国规模最大、保存最完整的红松原始林带，被称为“红松的故乡”。公园景观要素丰富，兼顾自然与人文景观，空间类型多样，包括自然环境、线性道路、人工场地、滨水空间、驻点与观景平台多种类型。

1.2 数据获取

本研究采用网络评论数据作为数据源，对用户自发共享的图片数据进行爬取与分析。网络评论数据具有数据量大、历时性、非介入性的优点[9]，能够直观反映森林游憩空间使用者的表情及其所处的环境。基于开源、样本量大的原则，选取大众点评、马蜂窝、去哪儿网、携程 4 个平台自 2011 年至 2019 年的评论进行爬取，去除无效图片后，共收集用户共享图片 1324 张。数据结构不包含个人信息，所有图片进行脱敏处理。

1.3 情绪识别

本研究利用 face++平台识别图片数据中的使用者情绪与年龄，该平台已在情绪研究中成熟应用[10]。该平台的工作原理是通过对面部结构的划分与几何量化，计算面部图片在平静、喜悦、惊喜、悲伤、厌恶、恐惧 6 种情绪上的概率。将平静、喜悦、惊喜归纳为积极情绪，将悲伤、厌恶、恐惧归纳为消极情绪，并计算每个表情的综合效价以衡量整体情绪的积极程度。

1.4 空间特征识别

对图片中所反映的要素进行识别，依据占据图像面积更大、更位于中心的原则识别主要景观要素与次要景观要素。归纳图片的空间类型与景观要素，共包括 6 类空间、5 级围合度与 9 类景观要素（图 2）。

图 2 图片典型样本与界定标准

2 研究结果

2.1 使用者的总体特征

研究样本中，共识别出有效面部表情 394 个，其中男性占 59.90%，女性占 40.10%。通过平台识别出的使用者年龄范围为 5～75 岁，平均年龄 48.17 岁，标准差 14.04。分别对使用者的性别年龄进行与情绪的单因素方差分析（ANOVA），不存在显著性差异。这一结果与已有研究一致[11]。森林游憩空间为不同人群提供了均等的情绪调节服务。

2.2 森林游憩空间的总体情绪

总体上，研究区域中的主要情绪类型为平静，森林游憩空间中的积极情绪显著多于消极情绪（图 3）。对于森林游憩空间，整体上的情绪是正面的，并在网络评论中得到了积极的反馈。尽管森林游憩空间中的情绪受个体差异、活动事件等复杂因素影响，但总体结果一定程度上反映了森林游憩空间对情绪的促进作用。同时，森林环境中的情绪具有综合性，包含了积极、消极等多种情绪，不能忽视森林环境在一定程度上对情绪存在消极影响[12]。

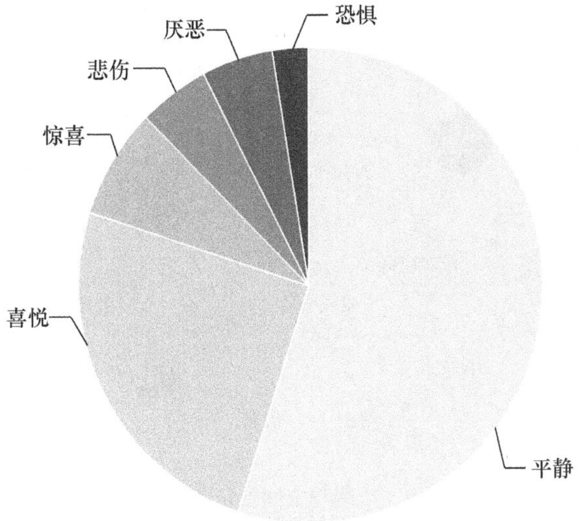

图 3　不同类型情绪占比

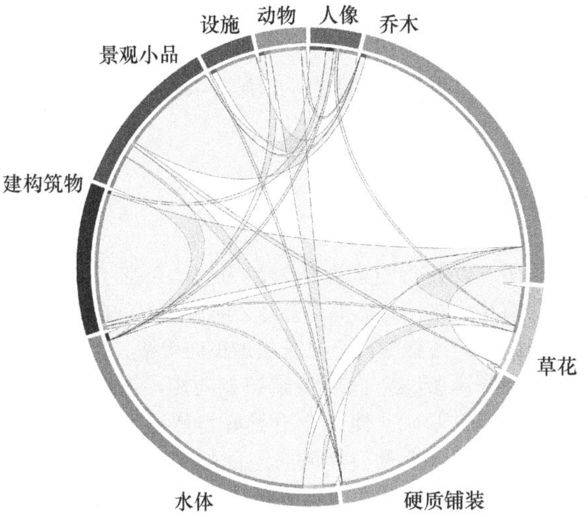

图 4　不同景观要素及其组合占比

2.3 空间特征结果分析

全部样本中空间类型的比例依次为：自然环境（27.4%）、线性道路（27.0%）、滨水空间（19.3%）、人工场地（15.6%）、驻点（6.4%）、观景平台（4.3%）。该结果与森林公园游憩空间类型占比相似，林下的自然环境与步道是研究区域内主要的空间类型。滨水空间在森林公园中只占很小的面积却得到了较高的偏好，即使在森林公园游憩空间中，公众也表现了一定的亲水性。

空间围合度的比例分别为：开敞（26.2%）、较开敞（12.9%）、中等（35.6%）、较封闭（16.3%）、封闭（9.1%）。不同围合度的森林游憩空间都得到了关注，使用者更偏好中等围合程度与开敞程度较高的环境。

对于研究区域内的景观要素（图 4），外圈环形面积代表了各景观要素的占比，内部扇形面积代表了两类要素的强弱关系，内圈的弧长代表该要素类型作为主景时另一类要素作为衬景时的组合数量。使用者偏好的主景要素类型依次为：乔木（22.5%）、水体（22.5%）、硬质铺装（15.0%）、景观小品（11.3%）、建构筑物（10.5%）、草花（6.5%）、设施（4.0%）、动物（3.8%）、人像（3.8%）；衬景要素类型依次为：乔木（79.3%）、硬质铺装（7.0%）、草花（6.5%）、水体（3.3%）、动物（2.0%）、景观小品（1.6%）、建构筑物（1.1%）、设施（1.0%）。总体上，公众更偏好乔木与水体两类景观要素，人工程度较高的景观要素更多作为主景。乔木作为森林公园中主要的景观要素，频繁地作为主景或衬景被使用者感知，并较少作为主景与其他要素组合。使用者尤其偏好水体要素，水体作为主景、乔木作为衬景的景观要素是最受偏好的组合。人像、动物作为主景时衬景要素更加丰富，使用者在认知这类组合时重点关注主体景观而对生境更加模糊。同时，硬质铺装、景观小品、建构筑物等人工景观要素也容易留下深刻印象，更多作为主景，较少作为衬景。

2.4 不同空间类型的情绪差异

对比不同空间类型的情绪结果，并进行差异性检验（图 5）。在空间类型上，平静、喜悦、悲伤、厌恶、恐惧不存在显著性差异，惊喜具有显著性差异（$p=0.017<0.05$）。自然环境相比于其他类型更能促进平静的情绪，较少激发喜悦与厌恶两类情绪，几乎不带动惊喜、悲伤与恐惧等情绪。线性道路中平静出现的概率较小，展现了较高的唤醒度，并显著激发了惊喜。人工场地的情绪在喜悦上的分布较少，在厌恶、恐惧等负面情绪的分布较多。滨水空间、驻点、观景平台在平静与喜悦上的差异较小，并分别促进了悲伤、惊喜、厌恶三类情绪。

平静 喜悦 惊喜 悲伤 厌恶 恐惧
自然环境 79.24 10.37 0.04 0.03 10.13 0.07
线性道路 36.89 31.07 20.53 1 1.92 7.15
人工场地 53.6 20.55 0.27 3.63 11.54 8.92
滨水空间 45.8 37.07 0.5 12.14 2.08 0.72
驻点 43.23 47.49 6.42 0.3 0.04 1.34
观景平台 40.77 41.72 2.14 1.37 7.48 2.55

图 5　空间类型的情绪差异

2.5 不同空间围合度的情绪差异

比较空间围合度对情绪的影响发现（图 6），开敞与封闭的空间都显著刺激了唤醒度（$p=0.004<0.05$）。空间的开敞程度越高，越促进喜悦情绪的产生。空间的开敞程度越接近中等，情绪的丰富度越高，显著促进惊喜情绪的出现（$p=0.049<0.05$），同时也激发了负面的情绪。

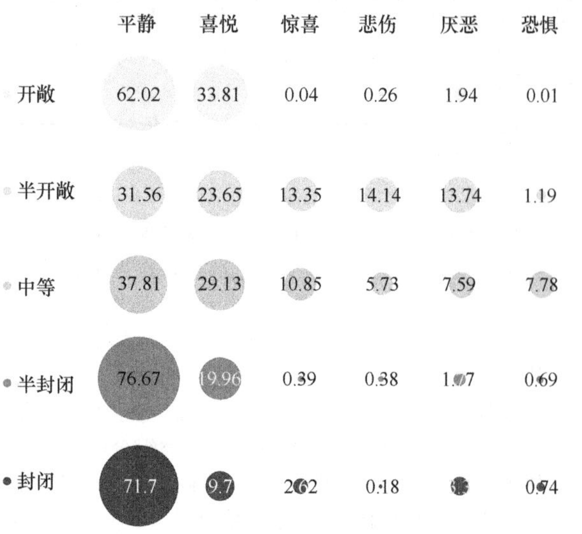

平静 喜悦 惊喜 悲伤 厌恶 恐惧
开敞 62.02 33.81 0.04 0.26 1.94 0.01
半开敞 31.56 23.65 13.35 14.14 13.74 1.19
中等 37.81 29.13 10.85 5.73 7.59 7.78
半封闭 76.67 19.96 0.39 0.38 1.07 0.69
封闭 71.7 9.7 2.62 0.18 0.74

图 6　空间围合度的情绪差异

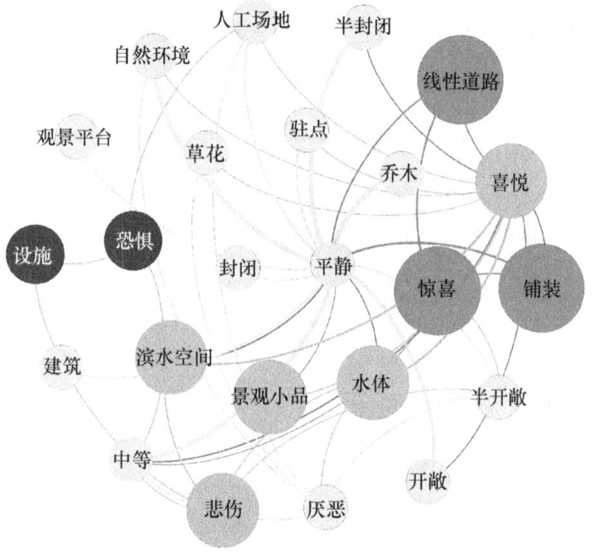

图 8　情绪与空间特征的聚类

2.6　不同景观要素的情绪差异

对景观要素与情绪进行差异性检验（图 7），各类情绪存在显著性差异（$p_{max}=0.022<0.05$）。乔木极大地促进了平静这类情绪，并且几乎不激发其他情绪；草花具有较高的唤醒度，并均等地带动了喜悦与厌恶两种情绪；铺装与建筑促进了惊喜这类情绪；悲伤与厌恶两类负面情绪伴随着水体要素出现；景观小品是最能激发喜悦的景观要素类型；设施很少促进平静这类情绪，具有极高的唤醒度，同时其情绪更多偏向悲伤与恐惧两类负面情绪。

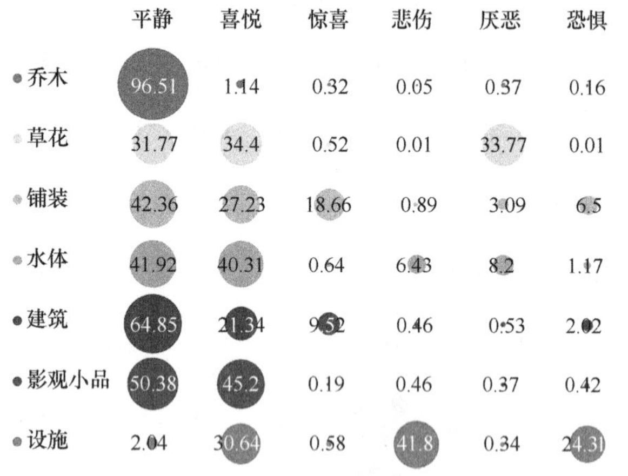

平静 喜悦 惊喜 悲伤 厌恶 恐惧
乔木 96.51 1.14 0.32 0.05 0.37 0.16
草花 31.77 34.4 0.52 0.01 33.77 0.01
铺装 42.36 27.23 18.66 0.89 3.09 6.5
水体 41.92 40.31 0.64 6.43 8.2 1.17
建筑 64.85 21.34 9.52 0.46 0.53 2.02
影观小品 50.38 45.2 0.19 0.46 0.37 0.42
设施 2.04 30.64 0.58 41.8 0.34 24.31

图 7　不同景观要素的情绪差异

2.7　影响各类情绪的空间特征归纳

基于 Gephi 平台对情绪与各类空间特征的关系进行分析，归纳空间特征对情绪的影响。颜色代表关系较强的特征组，节点的大小代表其重要性，即对分类的贡献程度，连接的线条宽度代表关系的强弱（图 8）。

整体上，空间特征分异较小，共归纳出 4 类组合模式，平静作为网络核心，被更多的特征组合促进。使用者位于自然环境时更多以细部认知近景乔木、草花等要素，这些自然要素带动了平静的情绪；位于线性道路与驻点时，更多以丰富的景观层次认知乔木、硬质铺装、建（构）筑物的组合，多样的空间模式为使用者制造了惊喜；位于滨水空间与观景平台时，更多以远景认知乔木与建构筑物，近景点缀景观小品、设施等人文景观要素，并存在喜悦与悲伤等综合的情绪。

3　结论

本研究以五营国家森林公园为例，探究了森林游憩空间的情绪分布。总体上，森林公园游憩空间的主导情绪为平静，正向情绪的概率显著超过负向情绪。研究结果支持了森林公园游憩空间的情绪调节功能，为森林康养提供重要的理论基础。使用者更偏好自然环境与线性道路两种空间类型，森林公园游憩空间的主要类型得到了使用者积极的使用。乔木与水体受到了使用者广泛的关注，一方面支持了符合公众访问森林游憩空间的动机，一方面表明公众对滨水空间的偏好并不受其实际面积占比决定。

对于各类空间特征对情绪的影响，归纳出了 4 类情绪与空间特征的对应关系。

首先，在森林公园游憩空间中，平静作为广泛分布的情绪，最多出现在以乔木为主要元素的自然环境中。这类空间是森林公园中的主要游憩空间，充分展现了森林环境对情绪的安抚作用。另外，乔木要素在森林公园中的大量重复，与自然环境中人工景观要素的缺乏，这些空间特征较少刺激其他情绪，整体唤醒度较低。因此在森林公园设计中，不能只考虑自然景观的展示与体验的单一功能，多样的空间变化与富有美学或文化价值的人工景观要素是唤起公众情绪的重要因素。

其次，中等围合程度的线性道路是为使用者带来惊喜的最优组合，整体的分类重要性较高。借助道路铺装形成的线性景观，结合适当的围合程度，为使用者提供若隐若现且持续变化的视觉感知。林下或林缘的步道是组织森林公园游憩空间的主要形式，应充分注重其流线，营造蜿蜒曲折、高低错落的线性空间，并基于视线设置关注点，能够为公众的森林游憩体验制造更多惊喜。

再次，设置有景观小品的滨水空间是最受使用者偏好的组合，使用者自发借助水面的倒影与丰富的文化景观要素进行构图。滨水空间同时促进喜悦与悲伤两类对立的情绪，反映了其具有较高的唤醒度，能够唤起强烈的情绪，但不具备对情绪调节的促进与抑制作用。在森林公园开发过程中，应更多利用溪流、湖泊等水体进行造景，并设置更多的滨水游憩空间。

最后，恐惧主要受设施这一要素促进，并更多出现在观景平台这类空间。在森林游憩空间中设计观景平台具有两面性，提供了丰富的视点但不适宜于全部人群，游线设计时应预留备用的路线。

本研究基于图片内容分析技术，提出了情绪的量化分析方法与图片空间特征识别框架，提高了非结构化数据的研究精度。情绪的影响因素复杂，本研究将使用者群体作为整体研究对象，不讨论个体差异与突发事件对情绪的影响。尽管情绪在网络评论信息共享过程中存在选择性偏差，但数据结果中不同空间类型与要素的情绪差异反映了各类情绪的影响因素。在森林公园设计与管理过程中，识别促进不同情绪的空间与要素，将提高基于情绪调节的游憩空间优化设计的可操作性。

参考文献

[1] 丛丽，张玉钧．对森林康养旅游科学性研究的思考[J]．旅游学刊，2016，31(11)：6-8.

[2] 邓三龙．森林康养的理论研究与实践[J]．世界林业研究，2016，29(06)：1-6.

[3] 赵敏燕，陈鑫峰．中国森林公园的发展与管理[J]．林业科学，2016，52(01)：118-127.

[4] 龚梦柯，吴建平，南海龙．森林环境对人体健康影响的实证研究[J]．北京林业大学学报(社会科学版)，2017，16(04)：44-51.

[5] 耿藤瑜，傅红，曾雅婕，等．森林康养游憩者场所感知与健康效益评估关系研究——以成都龙泉山城市森林公园为例[J]．林业经济，2021，43(03)：21-36.

[6] 陈荣义，韩百川，林烽，等．森林公园环境质量与恢复性知觉关系[J]．中国城市林业，2021，19(03)：85-89.

[7] 唐笛扬，张建国，崔会平，等．牛头山国家森林公园旅游形象感知要素结构特征[J]．林业经济问题，2018，38(05)：72-77+109.

[8] 屠荆清．空间组成对使用者行为影响之研究——以台北市大安森林公园为例[J]．风景园林，2017(11)：113-117.

[9] 王琳，白艳．基于网络点评的城市公园使用后评价研究——以合肥大蜀山森林公园为例[J]．中国园林，2020，36(06)：60-65.

[10] Zhu X，Gao M，Zhang R，et al. Quantifying emotional differences in urban green spaces extracted from photos on social networking sites：a study of 34 parks in three cities in northern China[J]．Urban Forestry and Urban Greening，2021(prepublish).

[11] 周卫，洪昕晨，修新田，等．森林公园游憩者恢复性知觉对休闲满意度的影响[J]．林业经济问题，2021，41(01)：97-104.

[12] 刘思思，乔中全，金天伟，等．森林康养科学研究现状与展望[J]．世界林业研究，2018，31(05)：26-32.

作者简介

姜瑞，1995年9月，男，汉族，黑龙江哈尔滨市人，哈尔滨工业大学建筑学院，寒地城乡人居环境科学与技术工业和信息化部重点实验室，博士研究生，研究方向为风景园林规划设计与数字城市。电子邮箱：775734263@qq. com。

朱逊，1979年7月，女，满族，黑龙江哈尔滨市人，博士，哈尔滨工业大学建筑学院，寒地城乡人居环境科学与技术工业和信息化部重点实验室，副教授，博士生导师，研究方向为风景园林规划设计及其理论。电子邮箱：zhuxun@hit. edu. cn。

赵巍，1985年9月，女，汉族，吉林省松原市人，博士，哈尔滨工业大学建筑学院，寒地城乡人居环境科学与技术工业和信息化部重点实验室，讲师、硕士生导师，研究方向为城市声景观。电子邮箱：zhaoweila@hit. edu. cn。

健康导向下的住区声景观研究
——以哈尔滨市东安家属区为例①

Research on Community Sound Landscape under the Guidance of Health
—A Case Study of the Dong'an Family Area in Harbin

李景瑞　赵　巍*

摘　要：住区作为人们日常活动的重要游憩场所，其声景观影响着居民的生活质量以及健康水平。但如何通过改善住区声环境从而提高居民的健康质量仍需进一步研究。本文以哈尔滨市东安家属区为例，通过问卷调查和客观测量相结合的方式，对声源类型、社会属性、健康评价与声景感知之间的关系进行研究。结果表明，居民对于不同声源的感知有所不同；居民的社会属性会对其声景感知产生影响；居民的健康水平与声景感知之间存在显著相关关系。
关键词：住区；声景观；声源；社会属性；健康评价

Abstract: As an important recreational place for people's daily activities, the sound landscape of residential area affects the quality of life and health level of residents. However, how to improve residents' health quality by improving residential acoustic environment still needs further research. Taking Dong'an family area of Harbin as an example, this paper studies the relationship between sound source types, social attributes, health evaluation and sound scene perception through the combination of questionnaire survey and objective measurement. The results show that residents' perception of different sound sources is different; Residents' social attributes will have an impact on their sound scene perception; There is a significant correlation between residents' health level and sound scene perception.
Keywords: Community; Acoustic Landscape; Sound Source; Social Attribute; Health Evaluation

引言

《"健康中国2030"规划纲要》明确提出"把健康城市和健康村镇建设作为推进健康中国建设的重要抓手"。随着我国健康事业的发展和人们生活水平的不断提升，公众对健康的需求已经不仅仅局限于身体状况的良好，而是转向生理健康、心理健康和社会适应健康三者统一的全面健康[1]。1984年在世界卫生组织支持下的"健康多伦多2000"会议提出了健康城市的目标是健康社会、健康环境、健康身体的综合目标，促进城市整体意义上的可持续发展[2]。在全球新冠肺炎疫情防控的大环境下，人们急需空间用以娱乐交流、舒缓压力，恢复心理健康[3]。住区空间作为人们日常的活动场所，不仅仅只是居民生活的实体空间，还应该是考虑居民健康行为的现实空间，人居环境决定了居民的生活方式，从而影响着人们的健康状况[4]。因此，有利于公众健康的景观体验空间愈发重要。然而关于住区类景观使用者感知层面的研究较少，以健康为导向的住区声景观研究更为匮乏。

声景观的概念最早由加拿大的Schafer提出，主要用于声环境的主观评价[5]。声景观涉及声源、空间类型、物理环境以及使用者的社会和行为模式等多个因素[6]。目前，国际标准化组织（ISO）将其定义为"个体、群体或社区在特定空间环境下对声环境的感知"[7]。从健康的角度看，声音感知可作为人类体验的增强剂[8]。自然声如鸟鸣声更受人们青睐，可以缓解压力，减少焦虑和激动，有助于情绪恢复，其恢复性效果得到了皮肤电导水平、心率、心率变异性等生理指标的支持[9]。Alvarsson等人[10]指出，当受试者接触自然声音时，他们的皮肤电导水平降低速度往往比接触不同声压级的噪声环境更快，这表示自然声与无论较低、相同还是较高声压级的噪声相比，都具有更好的压力恢复效果。在由此可见，声景观与传统的噪声控制不同，更加重视人的感受而非仅对声学物理量进行研究，进一步考虑声音的统一和谐而并不是单纯的降噪，将声音看作"资源"而并非废物[11]。

基于以上因素，本文以健康为导向并从声景视角出发，以哈尔滨市东安家属区为例并通过问卷调查的方法，旨在研究住区的声环境现状、社会属性以及健康评价与声景观之间的影响关系。

1　研究方法

1.1　调查地点

本调查选取哈尔滨市东安家属区作为调查对象。东安家属区始建于1952年，位于哈尔滨市平房区，毗邻保

① 基金项目：国家自然科学基金（51778169）、黑龙江省政府博士后基金（LBH-Z17078）共同资助。

国大街和哈尔滨市第二十四中学校，周围多为多高层住区。东安家属区是以3层日式风格建筑为主的低密度住宅区，属于典型的老旧家属区，目前居民成分主要为60岁以上的老年群体（图1）。

图1　东安家属区区位分析图

1.2　声级测量

住区内客观声环境与主观声音感知的相互关系是声景观研究的特色之一[12]。因此研究选定了几个典型位置，如图2所示。其中A1～A12位于主要道路交叉口和入口处，以便测量主要干道的声压级；B1～B12位于楼宇间，以便测量建筑遮挡对于声压级的影响；C1～C4位于绿地中。使用BSWA801声级计记录各测点声压级。测量时每10s记数1次，每点连续测5min，每测点记录20次，并确保仪器探头距地面1.2m，距离反射物大于3.5m。

图2　声级测点分布图

1.3　问卷设计

1.3.1　问卷设计

为得到客观有效的评价，在测量声压级的同时对居民展开问卷调查。实地共发放问卷105份，实际有效问卷数90份。既有研究表明居民的社会特征与行为会对其声喜好和声舒适度产生影响[13]。被调查者需要填写个人基本信息（包括年龄、性别、职业、学历和居住年限），选择通常的行为方式（包括活动类型、频率和活动时间）并对住区的环境进行评价。

1.3.2　声源感知评价

在声源感知评价量表中共选取了14种声源，包括3种自然声源（风声、树叶声、鸟鸣），9种人为声源（脚步声、锻炼声、狗叫声、交谈声、儿童声、叫卖声、广场舞声、手机铃声、广播声），2种机械声源（施工声、交通声）。以感知频率、偏好度和感知强度作为评价指标，并采用李克特5级量表让被调查者对3类指标进行打分。

1.3.3　健康评价

健康评价量表共分为3大部分，分别为生理健康、心理健康和社会健康。其中，生理健康和心理健康采用10级量表让被调查者对自身健康状况进行评价。社会健康则依据社会邻里凝聚力量表进行评价，包括邻里依恋、邻里互动和社区参与[14]。问题1～5（我很喜欢这个社区；我对媒体报道中有关社区附近的消息很感兴趣；成为邻里的一员对我非常重要；我愿意长期居住在这个社区；与邻里的其他成员建立联系对我很重要）衡量了邻里依恋的程度[15]；问题6～8（与邻居打招呼；拜访邻居并聊天；与邻居一起进行交往活动）评估了被调查的邻里互动情况[16]；问题9～12（投票选举居委会等社区组织；参加社区基层组织举办的活动；参加社区组织的志愿活动；加入社区内部的文娱团体）评估了被调查者的社区参与情况[17]。

2　研究结果

2.1　声源类型与声景感知的关系

在东安家属区中，被调查者听到的声源频次分布如图3所示。东安家属区横跨保国街和东宁街，并且有多处与外部相连的车行道，因此最常听到的声音是交通声，占听到声音总频次的11.3%。施工声和广播声等人工声被听到的次数最少，共占听到声音频次的9.5%，这可能是因为东安家属区远离城市中心且住区环境老旧很少进行修缮维护。由于居民主要为退休人员和老年人等，有养狗等宠物陪伴的习惯，因此狗叫声常被听到，占听到声音总

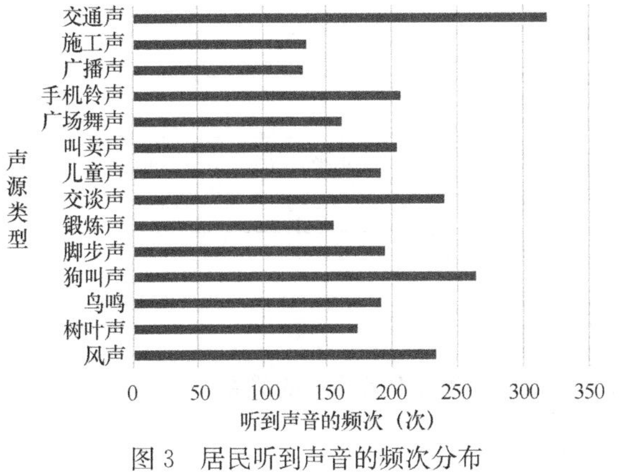

图3　居民听到声音的频次分布

频次的 9.4%。

不同声源与声压级、偏好度的关系如图 4 所示。可以看出，交通声的声压级在 71～77dBA，交谈声的声压级一般在 60～65dBA，树叶声的声压级一般在 58～62dBA。就偏好度而言，树叶声和鸟鸣的偏好度评价均分最高，交谈声的偏好度评价仅次于自然声。这些结果说明，住区的声景观不仅与声压级有关，还受到声源类型的影响，因此可以通过布置绿植以增加自然声源或为居民提供社交场所等来提高住区的声景观感受。

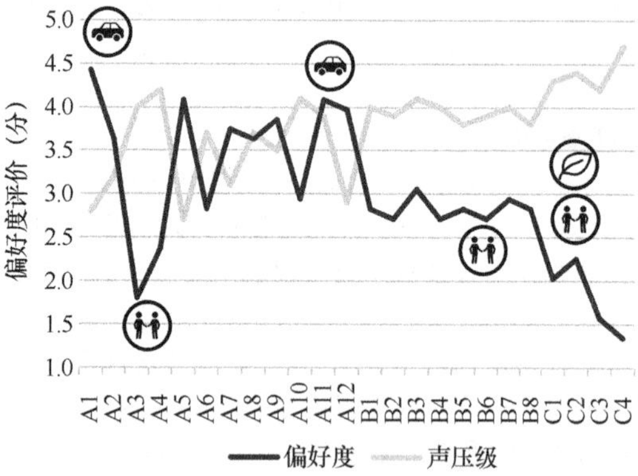

图 4　声源声压级与偏好度的关系

2.2　社会属性与声景感知的关系

如表 1 所示，在东安家属区内，年龄与 5 种声源感知（风声、交谈声、广场舞声的感知频率，鸟鸣和广场舞声的感知强度）存在明显的相关性，其中年龄和交谈声感知频率之间的相关系数为－0.558，且随着被调查者的年龄增大对部分声源感知评价越低。居住年限与 1 种声源感知（鸟鸣的感知强度）存在明显的相关性，随着被调查者的居住年限时间加长，声源感知评价越低。被调查者在住区内的停留时间与 6 种声源感知（树叶声、锻炼声、广场舞声的感知频率，脚步声、锻炼声的偏好度，鸟鸣、锻炼声、广播声的感知强度）存在明显相关关系，停留时间越长声源感知评价越低。被调查者在住区内的活动频率与 4 种声源感知（广场舞声的感知频率，锻炼声的偏好度，儿童声、广播声的感知强度）存在明显相关关系，其中停留时间和广播声感知强度之间的相关系数为－0.475，活动频率越低声源感知的评价越好。

年龄、居住年限、停留时间、活动频率和声景感知的相关关系　　表 1

	年龄	居住年限	停留时间	活动频率
风声感知频率	－0.404*			
树叶声感知频率				
鸟鸣感知强度	－0.443*	－0.422*		
脚步声偏好度			－0.524**	
锻炼声感知频率			－0.618**	
锻炼声偏好度			－0.601**	
锻炼声感知强度			－0.528**	－0.401*
交谈声感知频率	－0.558**			
儿童声感知强度				－0.392*
广场舞声感知频率	－0.501**		－0.449*	－0.426*
广场舞声感知强度	－0.383*			
手机铃声感知频率	－0.474**			
广播声感知强度			－0.475**	－0.422*

注：* $p<0.05$，** $p<0.01$，余同。

东安家属区中居民的性别与声源感知评价的差异性分析如表 2 所示。不同性别样本对于声源感知评价中的手机铃声偏好度具有显著性差异，这与 Christie 等人[18]的研究，即男性和女性在相同的声环境中感受不同这一研究结果相同。

东安家属区中居民的学历与声源感知评价的差异性分析如表 3 所示。不同学历的居民对于声源感知评价中的鸟鸣感知频率和手机铃声感知强度具有显著性差异，这与孟琪[19]的研究，即使用者的社会因素对主观响度和声舒适度有一定的影响这一研究结果相符。

性别和声景感知的差异性分析　　表 2

	性别 中位数 M（P25，P75）		MannWhitney 检验统计量 U 值	MannWhitney 检验统计量 z 值	p
	男（n=48）	女（n=42）			
手机铃声偏好度	2	1	69	－1.992	0.046*

学历和声景感知的差异性分析　　表 3

	学历 中位数 M（P25，P75）					Kruskal-Wallis 检验统计量 H 值	p
	小学及以下（n=18）	初中（n=18）	高中及职高（n=36）	大学专科及本科（n=15）	研究生及以下（n=3）		
鸟鸣感知频率	1	2	2	2	4	12.19	0.016*
手机铃声感知强度	1	1	3.5	2	4	10.773	0.029*

2.3　健康评价与声景感知的关系

如表 4 所示，在东安家属区中，生理健康评价与声源感知中的树叶声偏好度之间存在明显相关关系，声源感知评价越高生理健康评价越好。心理健康评价与 4 种声源感知（手机铃声的感知频率，风声、交谈声的偏好度，广播声的感知强度）存在明显的相关性，其中心理健康和风声偏好度之间的相关系数为0.470，且随着声源感知评价越好，被调查者的心理健康评价越好。这与国内学者张圆[20]的研究结果“声景对个体具有生理和心理上的恢复作用”结论相符。社会健康评价中邻里依恋与7种声源感知（树叶声、叫卖声、儿童声的感知频率，风声、锻炼声的偏好度，广播声的感知强度），社区参与与1种声源感知（树叶声的感知强度）存在明显的相关关系，其中邻里依恋和树叶声感知频率之间的相关系数为0.403，且声源感知评价越高社会健康评价越好。邻里依恋与1种声源感知（交通声的感知频率和感知强度），邻里互动与6种声源感知（交谈声、广场舞声、施工声的感知频率，广场舞声的偏好度，脚步声、手机铃声的感知强度），社区参与与5种声源感知（叫卖声的感知频率，脚步声、儿童声、手机铃声、施工声的感知强度）存在明显的相关性，且声源感知评价越高社会健康评价越低。

生理健康、心理健康、社会健康和声景感知的相关关系　　表4

	生理健康	心理健康	社会健康		
			邻里依恋	邻里互动	社区参与
风声偏好度		0.470*	0.389*		
树叶声感知频率			0.403*		
树叶声偏好度	0.406*				
树叶声感知强度					0.390*
脚步声感知强度				−0.409*	−0.366*
锻炼声偏好度			0.370*		
锻炼声感知强度				−0.427*	
交谈声感知频率				−0.463*	
交谈声偏好度		0.526**			
儿童声感知频率			0.362*		
儿童声感知强度					−0.373*
叫卖声感知频率			0.452*		−0.408*
广场舞声感知频率				−0.364*	
广场舞声偏好度				−0.480**	
手机铃声感知频率		0.370*			
手机铃声感知强度				−0.431*	−0.377*
广播声感知强度		0.422*	0.597**		
施工声感知频率				−0.403*	
施工声偏好度					
施工声感知强度					−0.453*
交通声感知频率			−0.498**		
交通声感知强度			−0.399*		

3　结论与建议

本文以哈尔滨市东安家属区为例，通过问卷调查、声压级测量等方法，研究了声源感知与居民的社会人口因素、行为特征以及健康评价之间的相互影响，通过对声景、使用者、环境进行相关的数据分析发现：

（1）住区中不同声源被感知的频次不同，声景观不仅与声压级相关还与声源类型相关。东安家属区的居民组成成分主要是老年人，狗叫声的占比较大，且家属区周围多为主要干道，交通声占比最为明显。居民对于树叶声、鸟鸣等自然声源的偏好度评价较高，对于交通噪声评价较低。为此，在进行住区设计时，可以通过增加绿植的方式进行噪声处理，也可以在临近道路的位置进行高层建筑布置以减少噪声干扰。

（2）住区中不同社会属性的居民对声源感知存在明显差异，不同年龄的居民对声音的感知强度与感知频率存在明显差异。不同学历的居民对鸟鸣声、手机铃声的感知频率有所差距，不同性别对于手机铃声的偏好度也有所不同。东安家属区中居民多为老年人，随着年龄的增长对于风声、鸟鸣声、广场舞声等声源的感知强度或感知频率变低。为此在针对老年人较多的社区进行设计时，可以通过增加居民喜欢的自然声源以提高感知频率，从而改善居民的住区声环境体验。

（3）住区中的自然声源和居民的健康评价成正相关关系，但同一声源与心理健康、社会健康之间的关系有所不同。风声、树叶声等自然声源与居民的生理健康、心理健康以及社会健康之间存在正相关，交通声等与居民的社会健康之间呈负相关。广场舞声与老旧住区居民的心理健康之间呈正相关，但与社会健康中的邻里互动呈负相关。为此在进行住区声环境设计时，应结合场地的功能特点，合理进行声源的规划布置，从而通过声环境促进居民的身心健康。

参考文献

[1]　林墨飞，高艺航．健康视角下住区慢行系统景观设计[J]．室内设计与装修，2020(09)：14-15.
[2]　朱玲．以社区单元构建与公共卫生相结合的风景园林体系[J]．中国园林，2020，36(07)：26-31.
[3]　费馨慧，林心影，陈智龙，等．健康视角下城市休闲绿地声景恢复性评价研究[J]．声学技术，2021，40(01)：89-96.
[4]　谢劲，全明辉，谢恩礼．健康中国背景下健康导向型人居环境规划研究——以杭州市为例[J]．城市规划，2020，44(09)：48-54.
[5]　Schafer R M. The Tuning of the World：Toward a Theory of Soundscape Design[J]. 1977.
[6]　李佳楠，孟琪．商业步行街声景观研究初探[C]//中国声学学会，中国声学学会青年工作委员会．中国声学学会第十一届青年学术会议会议论文集，2015.
[7]　ISO 12913-1：Acoustics-Soundscape-Part1：Definition and Conceptual Framework[S]. 2014.
[8]　Aletta F，Oberman T，Kang J. Associations between Positive Health-Related Effects and Soundscapes Perceptual Constructs：A Systematic Review[J]. International Journal of Environmental Research and Public Health，2018，15(11).
[9]　Annerstedt，Jonsson，Wallergard，et al. Inducing physiological stress recovery with sound of nature in a virtual reality forest-Results from a pilot study[J]. PHYSIOL BEHAV，2013：240-250.
[10]　Alvarsson J，Wiens S，Nilsson M E. Stress Recovery during Exposure to Nature Sound and Environmental Noise[J]. International Journal of Environmental Research & Public Health，2010，7(3)：1036-1046.
[11]　康健．声景：现状及前景[J]．新建筑，2014(05)：4-7.

[12] Yu L, Kang J. Modeling subjective evaluation of soundscape quality in urban open spaces: An artificial neural network approach[J]. Journal of the Acoustical Society of America, 2009, 126(3): 1163-74.
[13] Nilsson M E, Axelsson, Berglund B. Children's and adults' perception of soundscapes at school. 2003.
[14] Ziersch A M, Baum F E, Macdougall C, et al. Neighbourhood life and social capital: the implications for health[J]. Social Science & Medicine, 2005, 60(1): 71-86.
[15] Mcmillan D W, Chavis D M . Sense of community: A definition and theory [Special Issue: Psychological Sense of Community, I: Theory and Concepts] [J]. Journal of Community Psychology, 1986, 14(1): 6-23.
[16] B Völker, Flap H, Lindenberg S . When Are Neighbourhoods Communities? Community in Dutch Neighbourhoods [J]. Eur Sociol Rev, 2007.
[17] Maas J, Dillen S, Verheij R A , et al. Social contacts as a possible mechanism behind the relation between green space and health. [J]. Health & Place, 2009, 15(2): 586-595.
[18] Zhang. M, Kang J. A cross-cultural semantic differential analysis of the soundscape in urban open public spaces[J]. Technical Acoustics, 2006, 25(6): 523-532.
[19] 孟琪. 地下商业街的声景研究与预测[D]. 哈尔滨工业大学, 2010.
[20] 张圆. 城市公共开放空间声景的恢复性效应研究[D]. 哈尔滨工业大学, 2016.

作者简介

李景瑞，1997年2月，女，汉族，四川省眉山市人，哈尔滨工业大学建筑学院风景园林专业硕士研究生，研究方向为城市声景观。电子邮箱：934680404@qq. com。

赵巍，1985年9月，女，汉族，吉林省松原市人，博士，哈尔滨工业大学建筑学院，寒地城乡人居环境科学与技术工业和信息化部重点实验室，讲师、硕士生导师，研究方向为城市声景观。电子邮箱：zhaoweila@hit. edu. cn。

城市养老机构户外公共空间声环境实测及噪声地图模拟

——以武汉市江汉区社会福利院为例

Acoustic Environment Measurement and Noise Map Simulation of Outdoor Public Spaces in Urban Elderly Care Institutions

—A Case Study of Social Welfare Institute of Jianghan District, Wuhan

林雪婷　殷利华*

摘　要：目前世界各国均重视声景和声生态学方面的研究工作，区域涉及城市公园、旅游景区、居住区等各类公共开敞空间，但对于养老机构的声景的研究并不多见。本研究以武汉市社会福利院户外公共空间声环境为研究对象，从现场实测、软件模拟两个方面对养老机构户外声环境进行研究，探讨其改善提升的生态策略及方法。结论如下：①交通噪声是武汉市社会福利院的最主要噪声来源；②大部分老人由于听力衰退对噪声并不敏感，但患有阿尔茨海默病的老人对噪声更敏感；③丰富多样的环境景观结构能有效调控噪声和改善声环境，尤其是景观构筑与水景观改善效果明显。

关键词：声环境；噪声地图；户外公共空间；养老院；声景观

Abstract: At present, all countries in the world pay attention to the research work in the field of soundscape and ecology, which involves various public open spaces such as urban parks, tourist attractions, residential areas, etc., but there are few studies on the soundscape of elderly care institutions. This study took the outdoor public space acoustic environment of Wuhan Social Welfare Institute as the research object, studied the outdoor acoustic environment of elderly care institutions from two aspects of field measurement and software simulation, and discussed the ecological strategies and methods to improve it. The conclusions are as follows: ①Traffic noise is the main source of noise in Wuhan Social Welfare Institute; ②Most of the elderly are not sensitive to noise due to hearing loss, but the elderly with Alzheimer's disease are more sensitive to noise; ③Various environmental landscape structures can effectively regulate noise and improve acoustic environment, especially landscape construction and water landscape improvement effect is obvious.

Keywords: Sound Environment; Noise Map; Outdoor Public Space; The Nursing Home; Acoustic Landscape

1　研究背景

目前，我国人口老龄化已成为典型的社会问题[1]，并对我国养老机构的完善与发展提出了新的挑战与要求。养老机构不应仅提供老年人的居所，更应为其提供一个积极应对生命衰亡的良好生活环境[2]。然而我国养老机构面临着公共户外空间缺失、类型单一等一系列问题[3]，其中户外声环境（Sound Environment）问题常容易被忽视[4]。

声环境是环境物理中的一种类型，是指人耳所感知周围的一切声音活动的状况。研究表明，人在环境中对于声音的感知程度（喜欢或烦躁）不仅取决于 A 声级的高低，更多取决于其他诸多环境因素，例如声源的频谱特性、声音的波动性、噪声的时变性等[5]。户外空间声环境主要受交通噪声、施工噪声、人的活动声、动物鸣叫、自然风雨等声源的影响，而有研究发现，自然声与音乐声等能使人感到心情愉悦[6]，机械声能使人感到烦闷[7]；长期生活在噪声达 65dB 以上的声环境下会严重影响人的健康，可以导致心跳加剧、心律不齐、血压高等一系列症状[8]。营造良好的户外活动空间声环境不仅能减少噪声对人的不良影响，更能为人们营造舒适的活动空间，从而改善生活质量。

声环境作为养老机构生活环境的重要组成部分，对老年人的生理和心理都有着重要的影响。国外很早就开展了关于老年人听觉的相关研究。1970 年，就已有研究表明人大约在 30 岁后，复杂环境的听声理解力就开始下降，并持续衰退[9,10]。老人比年轻人需要噪声更低的环境来实现舒适的语言交流。老人睡眠中更容易醒来，需很安静的睡眠环境[11-14]。不好的声环境会严重影响老年人的正常生活[15]。养老院中常见的声源可以分为 4 种类型：室内日常活动声音、室外的自然声、公共环境噪声与空调声[13]。不同类型老年人对声音的应激程度也不同，患有听力障碍的老年人对噪声刺激不太敏感，而患有阿尔茨海默症的老年人则更容易受到噪声刺激[16]。

在声环境评价方面，除了生理听觉认知外，随着声景观科学的发展，主观声评价也慢慢成为研究热点。对声景及主观声评价的研究已经进行了近 20 年，包括声级评价[17-18]、主观声舒适度评价[19-21]和声音偏好[22-24]等方面。老年人声环境舒适度的评价结果与其收入、年龄、听力情况、睡眠质量及身心健康指标有关[25]。声景观是提高老年人生活质量，减少心理症状的一个有效手段[26]，这就对养老院各类环境提出了更高的要求。国内外对适老性声环境的研究从很早就已开始，并从最开始的单一的老年人听觉研究逐步拓展到与客观环境相结合，随着声景的发展慢慢出现主观声评价，也逐步发展到将老年人的主观反映与客观环境相结合。

武汉自 1993 年步入老龄化社会后，老龄化问题越来越显著[27]。截至 2018 年底，武汉市养老床位总数 6.96 万张，每千名老年人口养老床位数 38 张[28]，与“十三五”规划的“到 2022 年每千老龄人口养老床位数 50 张”差距明显。武汉市各类养老金机构整体上趋于向中型养老机构发展，这对养老院户外环境景观质量，尤其是声环境提出了较高要求。本文尝试对功能设施建设齐全的武汉社会福利院户外公共空间声环境进行实测和噪声地图模拟，从客观层面分析和评价其声环境质量，并尝试探讨其特征及其改善的景观策略，希望建立良好的养老院声环境，创造符合老年人听闻要求的舒适户外活动休养空间环境。

2 研究方法

2.1 研究模型

本研究模型分为 2 部分：客观声环境测量和 Cadna A 软件模拟，通过实测和模拟数据匹配得出适宜老年人的养老机构户外公共空间声环境类型（图 1）。

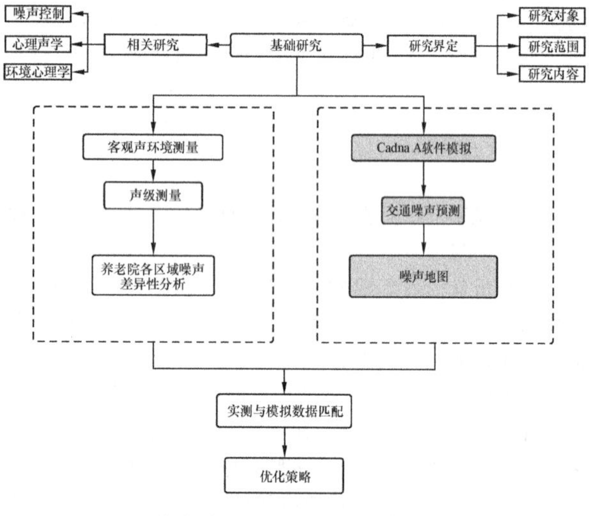

图 1 养老院声环境客观评价研究策略图

2.2 研究样本概况

武汉市江汉区社会福利院位于武汉市江汉区发展大道 198 号二环线旁，北侧为武汉市优抚医院，西北方向是汉口站，东侧和南侧有大武汉 1911 商圈环绕和协和肿瘤医院，西侧为武汉市公安局。周围交通便捷发达，人口密集，周边用地性质大部分是商业用地和少量居住用地，绿地面积较少，交通和商业、医疗资源较为丰富。交通噪声干扰明显，养老院户外空间需采取一定消声景观措施减少环境噪声污染。

2.3 实验方案

2.3.1 声环境实测

依据《声环境质量标准》GB 3096—2008 提出的声环境功能区监测方法进行客观物理指标的测量，评价不同声环境功能区的声环境质量，了解功能区环境噪声时空分布特征。本试验采用《声环境质量标准》网格测量法数据收集，将武汉市社会福利院划分为 50m×50m 的网格，测量点为每个网格的中心（图 2），若中心点位置不宜测量，可移到旁边能测量的位置。

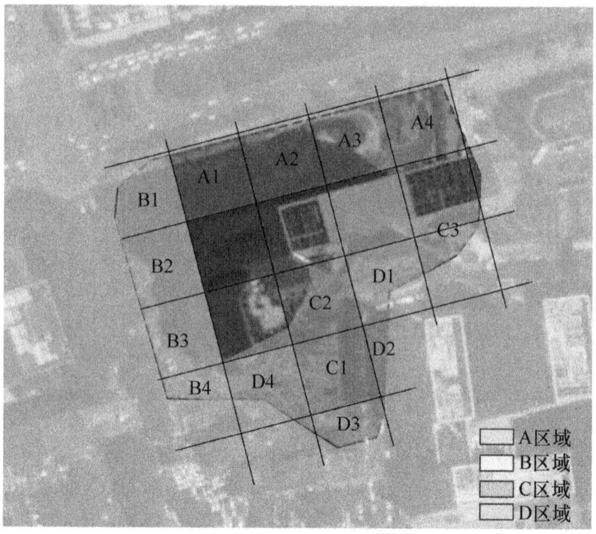

图 2 网格测量分区图

测量日期为 2019 年 10 月 9～15 日，共 7 天；测量时间为上午 09：00～12：00，下午 15：00～18：00，共 2 个时段。各测点的测量时间均为 10min[29]。测量仪器为 HS5633 数字声级计，读数方式用 A 计权慢挡，每隔 1s 读 1 个瞬时 A 声级，连续读取 3min 数据，读数同时判断和记录附近主要噪声来源（如交通噪声、施工噪声）和天气条件。

依据各区域的主要景观类型，将研究区域分为 4 个区域：A 区域为入口广场区，其中 A1 主要景观类型为植被，A2 为植被＋道路，A3 为广场＋景观构筑＋水景，A4 为植被＋广场；B 区域为休闲停车区，其中 B1 主要景观类型为植被＋停车区，B2 为植被＋停车区＋道路，B3 为植被＋停车区，B4 主要景观类型为植被；C 区域为休闲健身区，其中 C1 主要景观类型为休闲健身＋道路＋植被＋小品，C2 为道路，C3 为植被；D 区域为植被观赏区，其中 D1、D2、D3 主要景观类型均为植被，D4 为植被＋道路（表 1）。

各测量分区景观特征 表 1

分区编号	景观类型	实况
A1	植被	

续表

分区编号	景观类型	实况
A2	植被+道路	
A3	广场+景观构筑+水景	 
A4	植被+广场	
B1	植被+停车区	
B2	植被+停车区+道路	
B3	植被+停车区	
B4	植被	
C1	休闲健身+道路+植被+小品	
C2	道路	

续表

分区编号	景观类型	实况
C3	植被	
D1	植被	
D2	植被	
D3	植被	
D4	植被+道路	

监测因子为等效连续A声级 L_{eq}，其值为

$$L_{eq}=L_{50}+(L_{10}-L_{90})^2/60 \tag{1}$$

式中 L_{10}、L_{50}、L_{90}——累计百分声级，dB。

将各网点每一次测量的200个数据从大到小排列，第20个数据即为 L_{10}，第100个数据为 L_{50}，第180个数据为 L_{90}，求出等效声级 L_{eq}，作为该网点的环境噪声评价量。

2.3.2 软件模拟

借助Cadna A 3.2计算机辅助噪声控制软件，该软件是由德国专业声学工作者和计算机软件工程师共同研究开发的，基于Windows操作平台，适用于环境噪声预测与评价工作。该软件系统是一套以ISO 9613标准方法为基础的噪声模拟和控制软件，可模拟所测区域的声压级图谱，此次研究将最终声压级图谱转译成等声线图。软件在进行交通噪声模拟时车辆流量（车辆/h）按轻型车辆类型（乘用车和摩托车）和重型车辆类型（卡车和公交车）划分，其平均速度为40km/h，沥青类型为优质沥青。武汉市社会福利院建筑高度约为150m。预测软件Cadna A使用1小时计算车辆流量。因此，我们将测量到的车辆流量与声级测量值同时修正1小时。用于创建噪声图的标准为等效声级 L_{eq}。

3 结果分析

3.1 噪声实测

由武汉社会福利院各测点噪声水平结果（图 3）中可以看出：

A 区除 A3 声压级 51.4dB 较低外，A1、A2、A4 受交通噪声影响声压级都较高，分别为 67.1dB、64.1dB、68.1dB。A3 区域中主要景观结构为景观小品与构筑物，对噪声的减弱有较大影响。A1、A2、A3 区域里虽针对交通噪声采取了一定防护措施，例如围墙上的立体绿化等（图 4），但由于距离道路太近而绿化宽度不够，对噪声的减弱没有很大影响。

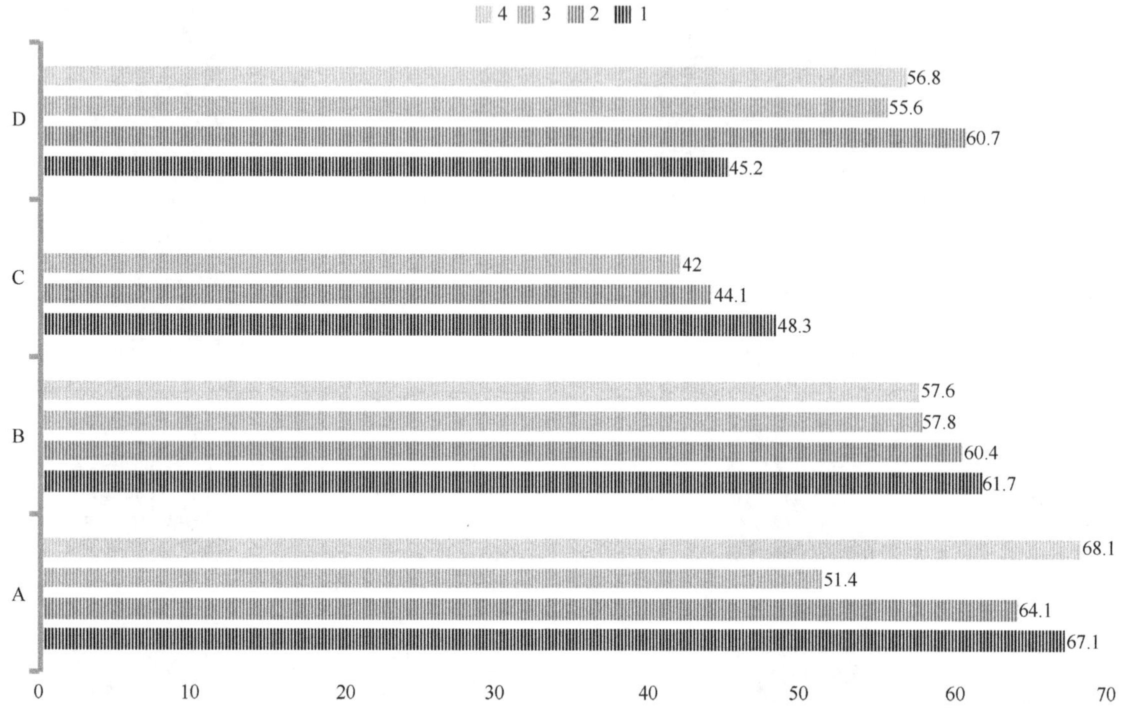

图 3 武汉社会福利院各测点噪声水平结果（单位：dB）

图 4 武汉社会福利院围墙上的立体绿化

B 区中 B1、B2、B3、B4 的声压级都较高，分别为 61.7dB、60.4dB、57.8dB、57.6dB。

C 区中 C1、C2、C3 声压级都较低，分别为 48.3dB、44.1dB、42dB。由此可见，建筑对噪声有显著的削减效果。

D 区由于更靠近居民生活区，噪声水平普遍高于 C 区，D1、D2、D3、D4 声压级分别为 45.2dB、60.7dB、55.6dB、56.8dB。

将客观测量结果与我国城市环境以居住、生活、疗养、学习等功能为主的区域的标准“昼间 55dB”的限制（以下简称“标准”）进行比较发现：A 区 4 个测点中只有 1 个点在标准范围内；B 区 4 个测点全部都超过标准；C 区 3 个测点均在标准限制之下；D 区 4 个测点中同样只有 1 个点在标准范围内。

3.2 噪声模拟

图 5、图 6 为武汉社会福利院交通噪声模拟地图，图中显示：A 区主要交通噪声水平在 60dB 以上。二环线附近交通噪声在 65～75dB，是该场地主要噪声源。由于福利院主体建筑层高较高对二环线交通噪声有较强的减弱作用，院内噪声影响降至 50dB 以内。

通过噪声地图（图 5）可知，A 区中，A1、A2、A3、A4 交通噪声预测值区别不大，在 59dB 与 61dB 之间，均处于较高水平；B 区中 B1、B2、B3、B4 根据预测点距道路距离预测值有所变化，其中 B1 与 B2 声压级较高，分别为 56.6dB 与 53.6dB，B3、B4 声压级较低，分别为 53.6dB 与 51.4dB，这说明交通噪声大小与距离噪声源远近成反比。C 区中 C1、C2、C3 预测噪声值都偏低，分别

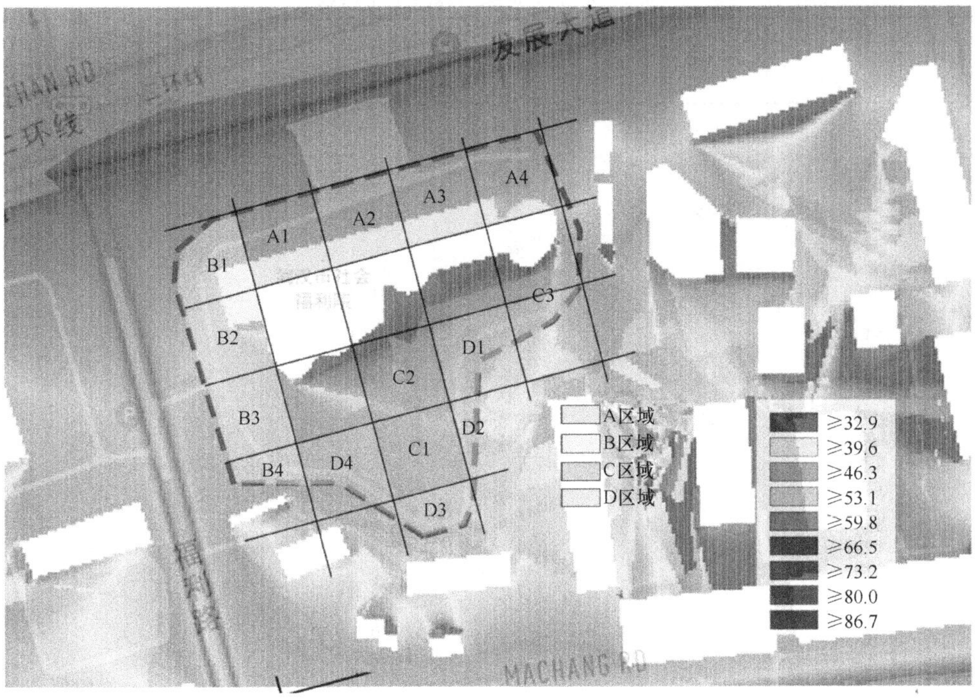

图 5　武汉社会福利院交通噪声地图模拟

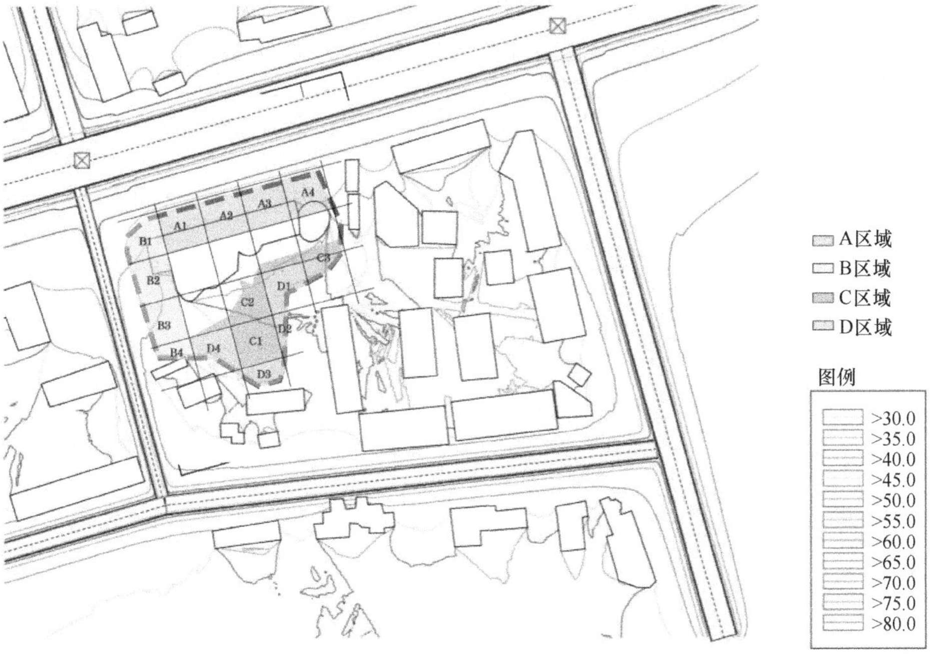

图 6　武汉社会福利院交通噪声模拟等声线图

为 38.9dB、32.5dB、33.8dB。D 区中 D1、D2 预测噪声值偏低，分别为 38.8dB 与 39.5dB；D3、D4 预测噪声值偏高，分别为 42.1dB 与 45.9dB。对比发现，C 区预测交通噪声值普遍低于 D 区。可能是因为 D 区更靠近噪声源且 C 区离遮挡建筑物较近。

3.3　噪声实测与模拟值比较

通过交通噪声预测图与测量值对比发现（表 2），由于 A3 区域景观结构的复杂性与特殊性，15 个测点中只有 A3 的实测值 51.4dB 低于预测值 59.4dB。说明丰富的景观结构对噪声有明显的削弱作用。

福利院周边交通噪声主要道路允许轻型车辆、多用途车和公共汽车的流通，产生了密集的交通流，这也是福利院的主要噪声源。而武汉市社会福利院所处环境复杂，周边业态类型多样，除交通噪声外还存在施工噪声、人声等其他噪声源。所以实测值会远远高于预测值。

测量噪声水平和模拟噪声水平比较 **表 2**

测点	L_{10}	L_{50}	L_{90}	测量到的 L_{eq} (dB)	软件模拟的交通噪声 L_{eq} (dB)	测量值与模拟值的差值
A1	70.6	65.1	59.5	67.1	60.2	6.9
A2	66.4	63.2	59.6	64.1	60.1	4.0
A3	55.6	49.8	45.7	51.4	59.4	−8.0
A4	74.1	65.2	60.8	68.1	59.3	8.8
B1	65.3	60.8	58.1	61.7	56.6	5.1
B2	64.1	59.4	56.3	60.4	53.6	6.8
B3	63.1	56.1	53.0	57.8	51.4	6.0
B4	63.4	55.8	52.9	57.6	50.6	7.0
C1	52.2	47.3	44.5	48.3	38.9	9.4
C2	50.1	42.3	40.1	44.1	32.5	11.6
C3	49.8	40.2	39.4	42.0	33.8	8.2
D1	50.8	44.6	42.7	45.2	38.8	6.4
D2	65.1	59.4	56.2	60.7	39.5	21.2
D3	63.8	54.8	56.7	55.6	42.1	13.5
D4	64.1	55.2	54.3	56.8	45.9	10.9

由于武汉市社会福利院层高较高（图 7），可以有效减弱交通噪声对场地内部公共空间的影响。A 区靠近城市主干线所以噪声值明显高于其他区域；B 区虽临近道路（福利路），但由于其并非城市主干道，车流量也较少，所以 B 区受交通噪声影响明显低于 A 区；而 C 区与 D 区由于在场地内部，受交通噪声影响较小，所以交通噪声值偏低。

图 7　武汉市社会福利院

4　养老院户外公共空间优化策略

4.1　降噪措施

根据实测与模拟分析结果可发现，武汉市社会福利院受周围环境影响，福利院内交通噪声较为明显，尤其靠近城市主干道的前广场交通噪声影响较大，应主要控制交通噪声，同时辅以老人喜欢的声音类型（增加白噪声）可以达到综合降噪目的。

对于社会福利院的降噪手段，主要提出以下两种策略：

（1）源头控制：由于武汉市社会福利院紧邻城市交通主干道，车流量较大，交通噪声污染严重，其主要声源为机动车行驶声、非机动车行驶声、鸣笛声等好感度较低的声音类型，可通过限制车流量与车速或是对部分路段进行鸣笛控制、增加隔声板、采用低噪沥青路面以降低轮胎与路面的摩擦振动噪声等综合源头控制手段降噪。

（2）过程式降噪：在声波的传播过程中利用地形、绿植、声屏障对声波进行反射与吸收，达到降噪的目的。研究表明，栽植绿化带过程中选择叶片更宽且表面被毛、枝叶繁茂、分枝点低的乔灌草复层结构绿化带可以更好地消减噪声，绿化带的密度、宽度、乔灌木的合理搭配均有利于提升降噪效果[30,31]。声屏障多用于高架路或高速公路，较少用于街道两侧，但景墙、建筑等街道上常见的景观要素也可以对声波进行反射与吸收，以降低噪声。利用土堤等地形对声音的传播进行干扰，降低交通噪声（图 8）。

4.2　户外公共空间声环境优化景观措施

为给养老院老人提供更好的户外公共空间声环境，针对福利院周边主要噪声，即交通噪声等，结合上文中多种降噪手段在武汉市社会福利院中“分区”应用，尝试提出以下改善方案：

（1）四周围墙优化为生态声屏障。常见生态声屏障类型有双面式生态声屏障、弧形生态声屏障、箱体式生态声

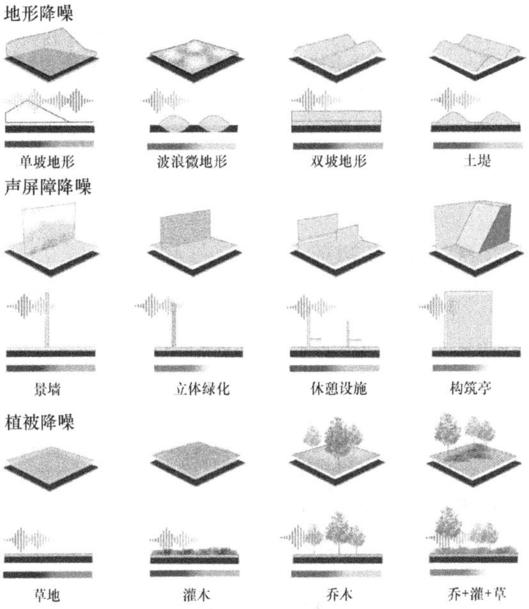

图 8　过程式降噪手段

屏障、网箱式生态声屏障、城墙式声屏障、藤蔓爬墙，也可使用凹形砌块声屏障、蜂房式生物型声屏障等[32]，可根据经济支持、场地空间大小、养老院老人喜好等灵活选择。

（2）丰富福利院植被类型，采用乔灌草结合的绿化模式，以有效削弱噪声并为老人提供一个良好的散步环境与景观效果。

（3）土壤表面覆盖木奇（有机物经粉碎后发酵处理得到的土壤表面覆盖物），可有助降低噪声强度，最高甚至可降噪 24.1dB[33]。

（4）采用多景观结构模式，丰富福利院空间类型。根据实测与模拟结果，景观构筑与地形、植被、水体相结合的模式能有效减弱噪声的影响，同时景观构筑还能为老人提供休憩的场所，水体也能产生老人喜欢的自然水声等（图 9）。

（5）适当增加白噪声，例如自然界水声、鸟鸣声、优美的音乐声等，以削弱噪声对老人的影响，并给老人带来良好的户外活动体验[34]。

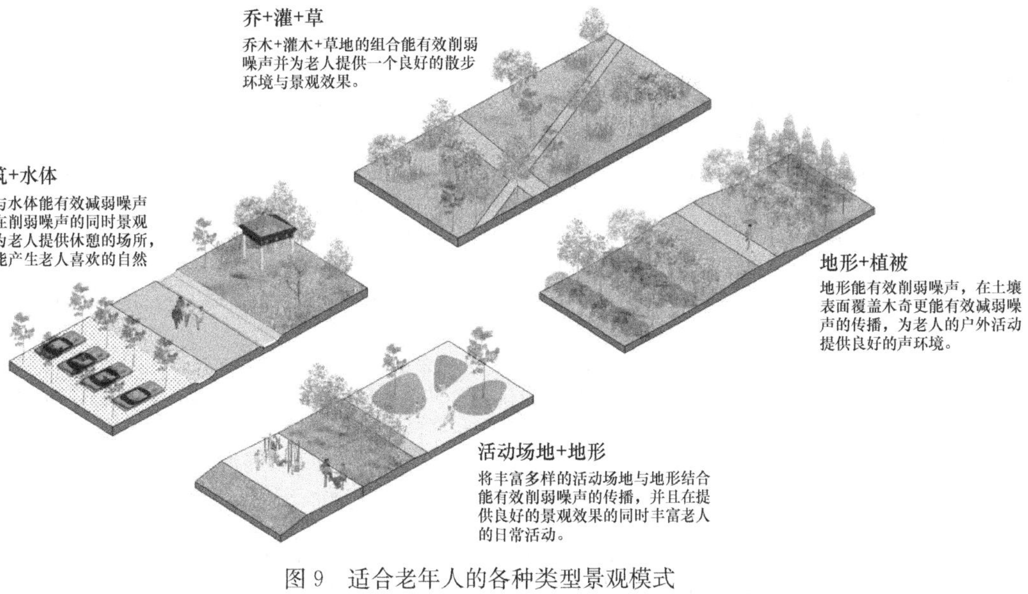

乔+灌+草
乔木+灌木+草地的组合能有效削弱噪声并为老人提供一个良好的散步环境与景观效果。
景观构筑+水体
景观构筑与水体能有效减弱噪声的影响，在削弱噪声的同时景观构筑还能为老人提供休憩的场所，同时水体能产生老人喜欢的自然水声等。
地形+植被
地形能有效削弱噪声，在土壤表面覆盖木奇更能有效减弱噪声的传播，为老人的户外活动提供良好的声环境。
活动场地+地形
将丰富多样的活动场地与地形结合能有效削弱噪声的传播，并且在提供良好的景观效果的同时丰富老人的日常活动。

图 9　适合老年人的各种类型景观模式

5　结论与展望

本研究通过噪声测量、噪声 Cadna A 软件模拟，对武汉市社会福利院的环境噪声进行了分析与研究，发现：

（1）交通噪声是武汉市社会福利院的主要噪声来源。

（2）依据实测和软件模拟，形象获知交通噪声在院内空间中的分布受建筑物布置、绿地环境等的影响而表现出空间分布差异。

（3）丰富多样的景观结构能有效控制噪声，特别是景观构筑与水景能有效改善养老院声环境。

此外，调研时发现养老院受访老人对噪声感知不明显，这可能与老年人随着年纪的增长听觉敏感性也随之减弱有关，但表示受到困扰的老人反应通常较为强烈，这些老年人多不同程度度患有阿尔茨海默症，可能对噪声比较敏感。依据对福利院实测与模拟结果并结合老人主观反应，尝试提出改善老年人户外公共空间的措施建议：一是通过机动车限速等控制鸣笛等源头控噪；二是利用绿植、地形、声屏障对交通噪声进行阻隔降噪；三是利用水景构筑物或音响设备增加自然声声源，提高自然声感知度，增加老人们喜欢的白噪声消减交通噪声污染；四是积极创造适宜老人停留的舒适性户外空间景观，提高活动声感知度，增加户外公共空间交流的满意度，更好服务老年人的身心健康。

参考文献

[1] World Health Organization (WHO). China Country Assessment Report on Ageing and Health [M]. Geneva: WHO Press, 2016: 1-6.

[2] Kearney A R. Winterbottom D. Nearby Nature and Long-Term Care Facility Residents: Benefits and Design Recom-

mendations[J]. Journal of Housing for the Elderly, 2005, 19 (3/4): 7-28.
[3] 于泽坤,刘博新,于文波. 养老机构户外环境使用研究——采用行为观察与图片比选法[J]. 建筑与文化, 2021 (04): 30-34.
[4] 张淑英. 城市户外声环境设计初探[J]. 艺术与设计(理论), 2009, 2(11): 155-157.
[5] 陈端石,车驰东. 室内声环境评价方法的研究现状述评[C]// 中国声学学会. 第十届全国噪声与振动控制工程学术会议论文集, 2005.
[6] 霍橡楠. 老年人听觉审美偏好研究——以听觉依赖性、声音类型、音量、速度、音色偏好为例[J]. 星海音乐学院学报, 2016, 144(3): 98-106.
[7] 张淑英. 城市户外声环境设计初探[J]. 艺术与设计(理论), 2009, 2(11): 155-157.
[8] Kerns E, Masterson EA, Themann CL, Calvert GM. Cardiovascular conditions, hearing difficulty, and occupational noise exposure within US industries and occupations [J]. Am. J. Ind. Med., 2018; 61(6): 477-91.
[9] 裴宏恩,姜伟,哈思怡,等. 老年人听觉功能特点分析[J]. 听力学及言语疾志, 2001(01): 5-8.
[10] 裴宏恩,姜伟,哈思怡,等. 老年人听觉功能特点分析[J]. 听力学及言语疾病杂志, 2001, 9(1): 5-8.
[11] Ballas J A, Barnes M E. Everyday Sound Perception and Aging[J]. Proceedings of the Human Factors Society Annual Meeting, 1988, 32(3): 194-197.
[12] Genuit K, Fiebig A. Psychoacoustics and its Benefit for the Soundscape Approach [J]. Acta Acustica United with Acustica, 2006, 92(6): 952-958.
[13] Gerven P W M V, Vos H, Boxtel M P J V, et al. Annoyance from Environmental Noise across the Lifespan [J]. The Journal of the Acoustical Society of America, 2009, 126(1): 187-194.
[14] Kim Y H, Soeta Y. Effects of Reverberation and Spatial Diffuseness on The Speech Intelligibility of Public Address Sounds in Subway Platform for Young and Aged People[J]. The Journal of the Acoustical Society of America, 2013, 133(5): 3378-3378.
[15] JOO Y H, J I N Y J. Relat ionsh ip between Spatiotemporal Variability of Soundscape and Urban Morphology in a Multifunctional Urban Area: A Case Study in Seoul, Korea[J]. Building and Environment, 2017, 126(12): 382-395.
[16] 卫大可,罗鹏. 基于英国模式的日间照料养老设施公共活动用房设计要点[J]. 城市建筑, 2015(01): 29-31.
[17] Yu L, Kang J. Effects of Social, Demographical and Behavioral Factors on the Sound Level Evaluation in Urban Open Spaces[J]. The Journal of the Acoustical Society of America, 2008, 123(2): 772-783.
[18] Botteldooren D, Decloedt S, Bruyneel J, et al. Characterization of Quiet Areas: Subjective Evaluation and Sound-Level Indices[J]. The Journal of the Acoustical Society of America, 1999, 105(2): 1377-1377.
[19] Yang W, Kang J. Acoustic Comfort Evaluation in Urban Open Public Spaces[J]. Applied Acoustics, 2005, 665(2): 211-229.
[20] Dokmeci P N, Yilmazer S. Relationships between Measured Levels and Subjective Ratings: A Case Study of the Food-Court Area in CEPA Shopping Center Ankara[J]. Building Acoustics, 2012(19): 57-73.
[21] Meng Q, Kang J. Effect of Sound-Related Activities on Human Behaviours and Acoustic Comfort in Urban Open paces [J]. Science of The Total Environment, 2016 (573): 481-493.
[22] Yu L, Kang J. Factors Influencing the Sound Preference in Urban Open Spaces[J]. Applied Acoustics, 2010, 71(7): 622-633.
[23] Refat I M. Sound Preferences of the Dense Urban Environment: Soundscape of Cairo[J]. Frontiers of Architectural Research, 2014, 3(1): 55-68.
[24] Lee P J, Hong J Y, Jeon J Y. Assessment of Rural Soundscapes with High-Speed Train Noise[J]. Science of The Total Environment, 2014(482-483): 432-439.
[25] 李忠哲. 养老院老年人声喜好及声环境研究[D]. 哈尔滨: 哈尔滨工业大学, 2016.
[26] Aletta F, Botteldooren D, Thomas P, et al. Monitoring Sound Levels and Soundscape Quality in the Living Rooms of Nursing Homes: A Case Study in Flanders (Belgium) [J]. Applied Science, 2017(7): 874(article number: 874).
[27] 何岸康,李建松,杨娜娜,等. 武汉市人口老龄化时空格局与养老服务可达性分析[J]. 测绘地理信息, 2020, 45 (06): 150-153.
[28] 汪晓春,熊峰,王振伟,等. 基于POI大数据与机器学习的养老设施规划布局——以武汉市为例[J]. 经济地理, 2021, 41(06): 49-56.
[29] Romeu, J., Genescà, M., Pàmines, T., & Jiménez, S. Street categorization for the estimation of day levels using short-term measurements [J]. Applied Acoustics, 2011, (72), 569-577.
[30] 石媚,曹灿,潘新宇,等. 城市景观林带噪音消减效果研究进展[J]. 陕西林业科技, 2021, 49(03): 103-107.
[31] 师珂. 景观绿化对城市公共开放空间声景影响研究[D]. 哈尔滨: 哈尔滨工业大学, 2017.
[32] 黄述芳,尚晓东,赵明,等. 生态型声屏障的降噪效果及趋势研究[C]//全国声学设计创新技术与文化建筑声学工程学术会议论文集, 2018: 4.
[33] 沈亚鹏,耿鹏,蔡亚慧,等. 不同铺设方式对木奇消音降噪能力的影响[J]. 河南农业大学学报, 2020, 54(04): 698-703.
[34] 李忠哲. 养老院老年人声喜好及声环境研究[D]. 哈尔滨: 哈尔滨工业大学, 2016.

作者简介

林雪婷,1998年5月,女,汉族,湖北武汉人,本科,华中科技大学建筑与城市规划学院风景园林系研二在读,研究方向为户外声环境研究。电子邮箱:m201977292@hust.edu.cn。

殷利华,女,博士,华中科技大学建筑与城市规划学院景观学系,副教授。研究方向为城市绿色基础设施及景观、景观规划与设计、场地生态设计、植景营造。电子邮箱:yinlihua2012@hust.edu.cn。

重庆城市公园空间服务差异与公平性研究

Spatial Service Differentiation and Equity Research of Urban Parks in Chongqing

骆骏杭

摘　要：随着空间结构的转向与城市发展的深入，居民对美好生活的需要和对社会资源公平性的关注日益增长。城市公园作为重要的社会资源，其公平配置问题近年来成为学界研究焦点。本文采用GIS分析和POI数据爬取等方法，研究重庆城市公园在客观服务水平上的空间差异特征与公平性。结果表明，当前重庆城市公园的空间服务水平差异明显且存在一定的公平性问题。结合我国社会治理创新格局，本文提出城市公园的服务公平需要联合从政府到公众的多方社会资源来共同治理和优化，服务效率需要因地制宜的指标体系与规划标准来改善，同时应建立完善的公园体系与完备的法规以保障居民对城市公共空间的公平享有。
关键词：城市公园；服务差异；空间公平；社会正义

Abstract: With the transformation of spatial structure and the deepening of urban development, residents are increasingly concerned about the needs of a better life and the fairness of social resources. As an important social resource, the issue of fair allocation of urban parks has become one of the research focuses in academic circles in recent years. In this paper, methods such as GIS analysis and POI data crawling are used to study the characteristics and fairness of spatial differences in the objective service level of Chongqing urban parks. The results show that the current spatial service levels of Chongqing urban parks are significantly different and there are certain fairness issues. Combining with the innovative pattern of social governance in China, it is proposed that the service equity of urban parks needs to be jointly managed and optimized by multi-party social resources from the government to the public. Also, an index system and planning standards that coincide with locals are required to improve quality of service efficiency and promote accessibility. And establish perfect park systems and complete regulations have a positive role in promoting the fair enjoyment of urban public space by residents.
Keywords: Urban Parks; Service Differentiation; Spatial Equity; Social Justice

引言

2006年，我国“十一五”规划纲要首次提出“基本公共服务均等化”目标，并在2015年城市双修工作中加强了对人民福祉的关注。同时，随着第三次联合国住房和可持续发展大会《新城市议程》建设包容、可持续城市蓝图框架的提出，绿色公共空间优化成为城市转型的关键。城市公园是生态环境建设的重要层级，也是构成城市公共服务设施的关键组成部分。作为一项互利共享的公共资源，其空间布局与服务差异直接关系到居民的整体生活品质与社会的公平正义。

目前，针对城市公园空间布局和服务水平的研究大多从可达性角度展开，并聚焦于对其研究内容的不断完善，如可达性评价体系的建立[1]和对供给能力、交通成本、人口分布等影响因素的补充与扩展[2]等；对其研究方法的逐渐优化形成了包括缓冲区法、网络分析法[3]、引力模型法[4]等在内的多种评价思路。同时，国内学者对公园绿地规划的研究逐渐从关注指标、配置等的“量”转向对体验、服务的“质”的关注，“公平”逐渐成为研究热点之一。如探讨公园的景观可达性[5]、服务覆盖水平[6]、区位分布合理度[7]、公园面积享有度[8]等内容，且多基于环境正义（environment justice）或社会公平（social equity）理论对公园的整体服务公平性展开分析与评价。城市公园的空间服务水平可看作是其为居民提供公共服务的空间可达性和面对不同人群服务效力的综合反映。但总体来看，学术界针对公园绿地服务水平的研究相对较少，对公园绿地服务的公平性关注度还仍然不够。

2021年，我国城市人均公园绿地面积为14.8$m^2$①，与联合国最佳人居环境标准60m^2相去甚远，有限的公园空间资源与居民日益增长的美好生活需要也难以匹配。基于此，本文以重庆市为例，探讨主城九区现状城市公园的空间服务差异与公平性问题，为城市公园的有效利用和优化更新提供一定参考。

1　城市公园的公平性内涵解析

城市公园作为人类文化与自然环境交互的界面[9]，是“社会-空间”互动的综合体[10]，应赋予居民生活机会、体面而健康生活的空间和空间生产等基本权利[11]。因此城市公园的公平性内涵经过了地域均等—空间均衡—群体平等—群体均好四次发展演进[12]，逐渐体现出从“地的公平”向“人的公平”[13]的重要价值转变。即在注重空间配置合理的基础上倡导环境正义、人人平等，并进

① 数据来源：国家林业和草原局、国家公园管理局官网2021年3月发布的《2020年中国国土绿化状况公报》，http://www.forestry.gov.cn/main/586/20210312/052808470733526.html。

一步强调城市公园作为一项基本公共服务，应以社会多种群体需求为前提，向包括失业、低收入、儿童、老年等社会弱势群体主动偏斜[8]。这一转变意味着对城市公园的公平性探讨开始从传统的“一刀切”标准制定逐步转向“适配化”服务均好，其评价方式与指标选择也开始由单一走向复合多元。

综上，本次主要从空间公平与社会正义两方面深化城市公园的公平性内涵，体现城市公园从布局、供给到服务的全过程公平，也即居民在到达、使用和互动各阶段的人本公平。其中，空间公平强调空间的人本性，通过着眼居民日常生活，从人的角度以“需求导向”指引和优化城市公园规划布局与建设；而社会正义强调社会的包容性，旨在从空间维度辨析和减少根植于空间和空间过程中的不正义现象[14]，从主体性视角出发，保证不同属性人群公平享有公园的基本权利。

2 数据与方法

2.1 研究区域

本次以重庆市主城九区为研究对象，包括渝中区、渝北区、江北区、南岸区、沙坪坝区、九龙坡区、大渡口区、北碚区和巴南区共89个街道，其生态绿地建设历史较长，体系较完整，具有较强代表性和典型性。主城九区城市公园绿地呈现出以渝中区为核心，中心集聚外围分散的总体特征，通过公园面积和常住人口数据分析，各区公园服务水平等级也呈现出中心高周围低的特点（表1）。

各区公园绿地服务水平一览表　　表1

名称	常住人口数（万人）	服务率（/m²）	公园空间服务水平等级
渝中区	66.2	7.7	高
沙坪坝区	116.5	8.5	高
九龙坡区	123.3	15.74	较高
渝北区	168.35	18	一般
江北区	88.51	21.51	低
巴南区	109.12	22.47	一般
南岸区	92.8	12.4	较高
大渡口区	36.2	22.6	一般
北碚区	81.6	19.91	低

数据来源：2019年重庆市各区国民经济和社会发展统计公报。

2.2 数据与方法

本次研究数据主要包括重庆主城九区城市公园绿地及道路交通GIS数据、2019年各区人口统计数据、各区城市公园和二手房价POI数据。研究方法见图1，采用GIS网络分析和缓冲分析法，结合道路网络数据集，分析城市公园的可达性服务水平。

基于社会分层理论，居民的阶层差异可以通过社会资源占有量、社会地位水平等指标间接反映出来[15]。通过爬取58同城二手房房价POI有效数据共2493条（每条包含居住小区名称、房屋平均成交价格、所在区域、地址、建筑类型等属性特征），以住宅小区的平均房价间接表征居民收入水平，借助GIS反距离权重法和自然间断法进行空间分级，得到各小区的社会经济地位（Socio-economic Status，SES）测度。进一步通过空间叠加分析，研究城市公园的空间公平性。

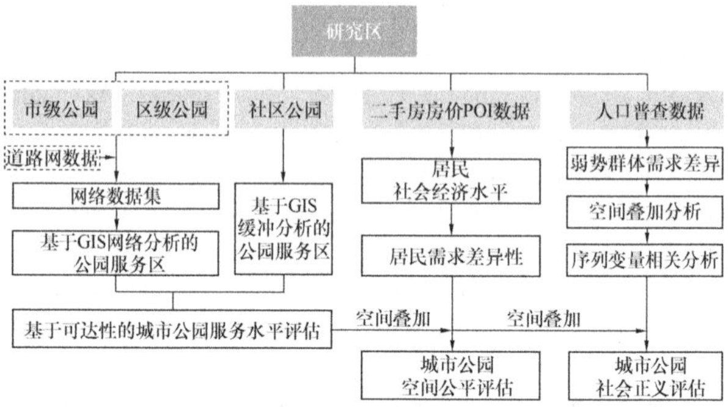

图1　研究思路与框架

社会正义强调城市的基本公共服务要关注和满足社会各群体的利益，因此城市公园服务水平的社会正义性评价也需要考虑社会弱势群体的基本需求。根据重庆2020年人口普查数据，认定女性、儿童（0～17岁）、老年人（60岁及以上）、低收入人群、失业人群等为相对弱势群体，分别从人口构成和社会经济地位两方面选取特征指标，借助SPSS进行归一化处理和等权重求和，通过GIS空间叠加分析得到各区弱势群体对公园绿地的需求指数，分析城市公园的社会正义性。同时通过实地观察和居民访谈，了解居民对城市公园的实际使用情况与需求（图2）。

图2　部分城市公园实地观察

3 结果与分析

3.1 城市公园服务水平空间差异评价

运用GIS将公园绿地面数据转化为点数据，并按照重庆市相关标准对公园进行分类分级，可看出当前重庆城市公园以多中心分布特征为主，其中市政公园主要集中于研究区西南部，社区公园则相对较少。基于交通网络数据集，根据各级公园服务半径，得到基于可达性的公园绿地总体服务水平。从分类结果看，各类公园的空间服务水平差异较大，但服务范围存在一定的重叠（图3）。

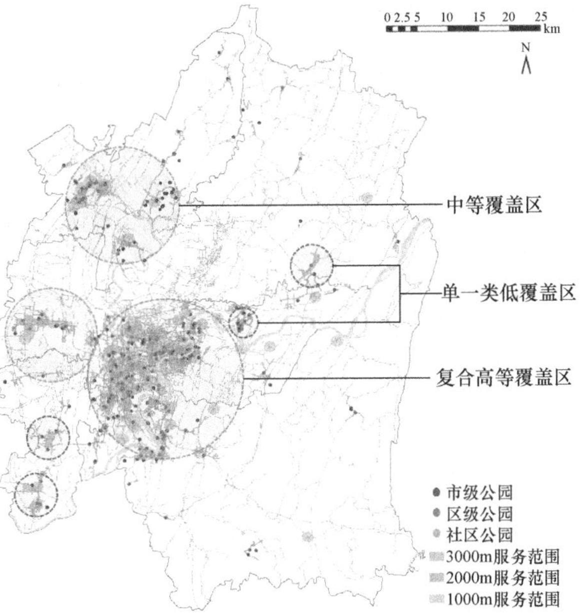

图3 各级城市公园服务水平差异示意图

3.1.1 复合高等覆盖区

指公园类型多样、服务水平极高的区域，主要位于渝中区、渝北区、沙坪坝区和南岸区核心范围，属于城市中心的人口高密度集聚区。其对各街道的服务覆盖率可达90%以上，全市性和区域性综合公园在一定范围内还存在复合重叠区域，保障了城市高密度区的公园使用需求。且社区级公园多集中于此，成为全市性和区域性综合公园的重要补充。

3.1.2 中等覆盖区

中等覆盖区在主城九区相对分散，主要位于北碚区和沙坪坝区西侧，属于主城相对边缘区域。这一区域公园的总体服务水平居中，对街道的服务覆盖率大多在40%～60%，且多以大型综合市级公园为主，少量区级公园相间，社区级公园缺项较大。同时其交通可达性也相对较差，总体上不能满足居民日常休闲娱乐需求。

3.1.3 单一类低覆盖区

单一类低覆盖区多散布于九龙坡区和江北区南端、渝北区中部，属于主城相对边缘区域。其公园类型以单一的全市性或区域性公园为主，受交通路网影响，其服务水平极其有限。同时，尽管一定程度上考虑了人口空间分布，但其规划却并未与人口密度相协调。这些区域几乎没有社区级公园分布，大量街道未被服务覆盖，难以满足居民需求。

3.2 城市公园服务水平的空间公平性

利用GIS对POI二手房价数据进行社会经济水平（SES）测度分级，将社会群体按收入水平分为低、中低、中、中高、高五类，结果表明居民社会分层的中心集聚效应非常明显。随着城市公园服务水平的降低，即随着从复合高等覆盖区向中低覆盖区的扩散，居民的社会经济水平也在逐渐降低，且差异显著（图4）。根据2017年重庆市《生态修复城市修补实施方案（征求意见稿）》提出的要按照"居民出行300m见绿、500m入园要求均衡布局公园绿地"要求，以500m步行范围建立GIS缓冲区。通过对比城市公园的总体服务水平和居民实际步行范围，可以发现一定服务半径内社区公园最多的是中等收入及以上人群，中低收入次之，且目前的城市公园绿地规划在江北区和南岸区仍存在明显服务盲区（图5）。总体来看，中、高收入人群尽管数量相对较少，但享受到的各类公园的步行可达优势最明显，而中、低收入人群相对分散，可达范围内可供服务的各类公园则明显较少。公园绿地作为城市稀缺的公共资源，目前却大多为社会经济地位较高者所享有，在中低收入集中区域甚至未能配备齐全，一定程度上反映出目前在公园绿地方面存在客观上的供给不公平现象。

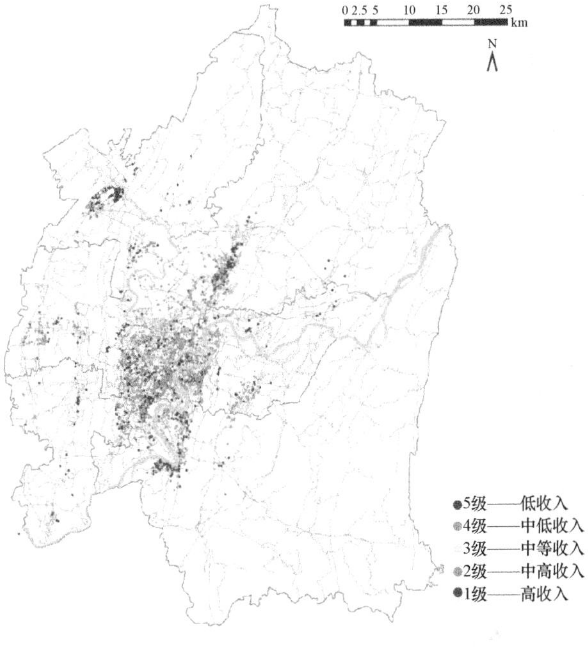

图4 居民社会经济地位（SES）分级示意图

3.3 城市公园服务水平的社会正义性

引入弱势群体需求指数（socially vulnerable group de-

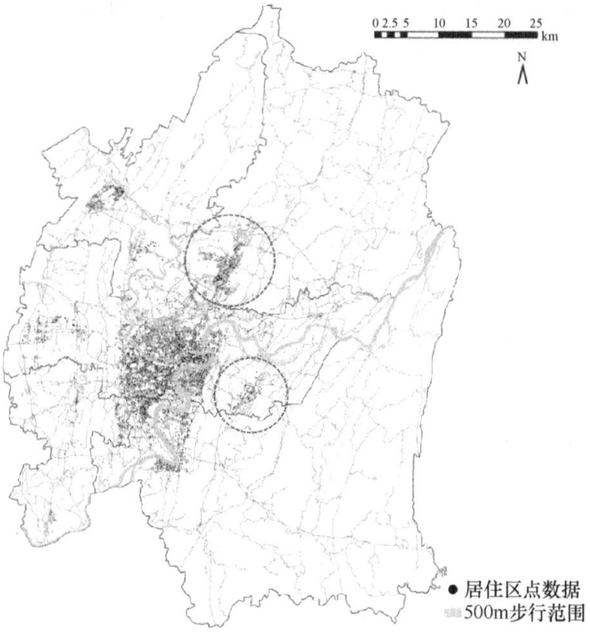

图 5　居住区 500m 步行出行范围示意图

mand index，SDI)[16] 以反映各区弱势群体分布的空间差异，利用 SPSS 等权重求和 GIS 空间叠加分析得到各区弱势群体需求指数（图 6）。对比各区公园服务水平（表 2），结果表明，渝中区、沙坪坝区、九龙坡区、江北区等区域的公园服务水平与弱势群体综合需求相对公平，而渝北区、大渡口区、北碚区等区域虽然公园服务水平较高，但与弱势群体的实际需求却存在较大差异，仍旧出现了极高的公共空间需求。

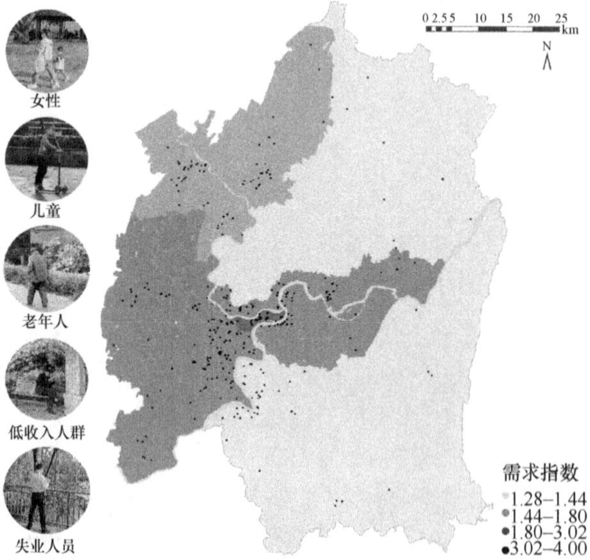

图 6　各区弱势群体需求指数示意图

各区公园服务水平与弱势群体需求对比表　表 2

名称	公园空间服务水平	弱势群体需求指数
渝中区	高	高
沙坪坝区	高	较高
九龙坡区	较高	较高
渝北区	中	较高
江北区	低	低
巴南区	中	低
南岸区	较高	较高
大渡口区	中	较高

4　结论与讨论

本次采用 GIS 网络分析、POI 地理数据爬取等方法，分别从空间可达性、空间公平性和社会正义性三方面研究重庆主城九区城市公园服务水平的空间差异特征与公平性。结果表明：重庆市城市公园在空间服务水平上呈现单中心圈层化的分布特征，且在社会空间公平性上存在一定程度的差距，当前城市公园多服务于中、高层收入人群居住片区，对中、低收入人群居住片区和弱势群体关注未能实现较好服务覆盖。

在城市公园绿地规划和空间治理上具有以下几点启示：

（1）在空间规划上，以包容性关注个体感知，完成体系构建与规划调控

进一步落实人本主义，做公共空间导向的规划，强调“层级清晰、条条通达”。即：①针对城市建成区，应结合人口空间属性，以“见缝插针”的方式完善城市公园的层级分类，利用城市多种闲置空间和街角空地打造类型多样的社区公园，近距离保障居民健康，补足居民需求，疏解综合公园压力，同时提升旧城整体品质；②针对服务盲区，应首先“全面增绿”，逐步建立完整的城市公园体系，满足居民基本要求；③针对城市新规划用地，需充分研判城市功能分区，考虑不同社会经济地位人群的空间分布，创新城市公共绿色空间开发模式，引导土地混合利用。两手抓城市公园服务的“质”和“量”，以保障更加公平正义的公园绿地服务水平。

（2）在空间治理和社会制度上，以精细化落实人本需求，优化社会保障和群体关怀

遵循“平等包容、人人享有”的基本价值，更加明确机会均等与分配公正。首先是结合我国共创共建共治共享的社会治理创新格局，加快政府职能转型，联合从政府到公众的多方社会资源来共同参与城市公园的治理和优化，以治理体系转型加快城市公共空间的社会整体包容度；其次，城市各类公园的服务效率与服务水平一方面需要因地制宜的指标体系与规划标准来改善品质和促进可达，另一方面也可充分发挥其外部溢出效应，以调整税收的方式借助政府宏观调控手段来填补服务盲区，促进社会公平；最后，政府在加快城市建设的同时也应更加关注中低收入者等弱势群体对城市公共绿色空间的基础服务需求，进一步完善房地产开发模式，提高中低品质住宅小

区及社区的绿化率，并适当给予该区域公共绿色空间资源供应一定的倾斜，提升居民获得感与幸福感。

参考文献

[1] 尹海伟，孔繁花，宗跃光．城市绿地可达性与公平性评价[J]. 生态学报，2008，28(7)：3375-3383.

[2] 马林兵，曹小曙．基于GIS的城市公共绿地景观可达性评价方法[J]. 中山大学学报：自然科学版，2006(6)：111-115.

[3] 杨瑞红．基于网络分析的东营区公园可达性和服务效率研究[J]. 城市地理，2015(16)：225-226.

[4] 许昕，赵媛．南京市养老服务设施空间分布格局及可达性评价：基于时间成本的两步移动搜索法[J]. 现代城市研究，2017(2)：2-11.

[5] 李博，宋云，俞孔坚．城市公园绿地规划中的可达性指标评价方法[J]. 北京大学学报(自然科学版)，2008，44(5)：618-624.

[6] 梁颢严．肖荣波．廖远涛．基于服务能力的公园绿地空间分布合理性评价[J]. 中国园林，2010(9)：15-19.

[7] 金远．对城市绿地指标的分析[J]. 中国园林，2006，22(8)：56-60.

[8] 唐子来，顾姝．上海市中心城区公共绿地分布的社会绩效评价：从地域公平到社会公平[J]. 城市规划学刊，2015(02)：48-56.

[9] 曹康，董文丽．国家公园和城市公园的现代协奏曲——评《公园景观：现代日本的绿色空间》[J]. 国际城市规划，2017，32(4)：127-132.

[10] 杨丽娟，杨培峰．空间正义视角下的城市公园：反思、修正、研究框架[J]. 城市发展研究，2020，27(02)：38-45.

[11] 叶林，邢忠，颜文涛，等．趋近正义的城市绿色空间规划途径探讨[J]. 城市规划学刊，2018(3)：57-64.

[12] 周聪惠．公园绿地规划的"公平性"内涵及衡量标准演进研究[J]. 中国园林，2020，36(12)：52-56.

[13] 江海燕，周春山，高军波．西方城市公共服务空间分布的公平性研究进展[J]. 城市规划，2011，35(7)：72-77.

[14] 曹现强，张福磊．空间正义：形成、内涵及意义[J]. 城市发展研究，2011，18(4)：125-129.

[15] 张海东，杨城晨．住房与城市居民的阶层认同——基于北京、上海、广州的研究[J]. 社会学研究，2017，32(05)：39-63+243.

[16] Yanhua Yuan，Jiangang Xu，Zhenbo Wang. Spatial Equity Measure on Urban Ecological Space Layout Based on Accessibility of Socially Vulnerable Groups—A Case Study of Changting，China[J]. Sustainability，2017，9(9)：1-20.

作者简介

骆骏杭，1994年6月，女，汉族，贵州遵义人，本科，重庆大学建筑城规学院，在读博士研究生，研究方向为城市更新与社区发展治理。电子邮箱：luojhang@cqu.edu.cn。

基于街景图像与视觉感知的街道景观评价研究

——以北京市新街口街区生活性街道为例①

Research on Street Landscape Evaluation Based on Street View Image and Visual Perception

—Illustrated by the Case of Living Streets in Xinjiekou District, Beijing

亓玉婷　郝培尧　李湛东*

摘　要：为提升居民生活，创造高品质的街道空间，并为街道景观特征以及视觉感知构建定量评价的指标体系，本文以北京市西城区新街口街区的8条典型生活性街道为研究对象，选取7个街道视觉景观特征指标，采用街景工具获取全景图像并进行图片量化的方式，探讨不同生活性街道的景观特征差异，并通过问卷调查获取人群对不同街道景观的视觉景观偏好。结果表示：①除设施占比外，不同生活性街道在视觉景观特征方面有显著差异；②天空可视度、绿视率和主体色彩数是街道视觉景观特征的重要因素；③人群的景观偏好度与绿视率指标成正相关。最后，为提升生活性街道的景观品质，本文提出了构建居民偏好的街道空间规划建议。

关键词：街景图像；视觉感知；景观偏好；街道视觉特征

Abstract: To improve residents' life and create high quality street space, a quantitative evaluation index system is constructed for street landscape features and visual perception. In this paper, eight typical living streets in Xinjiekou community of Xicheng District of Beijing were selected as the research objects, and seven street visual landscape characteristic indexes were selected. The panoramic images were obtained by using the street view tool and the images were quantified to explore the differences of landscape characteristics of different living streets, and the visual landscape preferences of different street landscapes were obtained through questionnaire survey. The results show that: ① In addition to the proportion of facilities, there are significant differences in the visual landscape characteristics of different living streets; ② Sky view factor, green vision rate and main color number are important factors of street visual landscape characteristics; ③ The landscape preference of the crowd is positively correlated with the green vision rate index. Finally, in order to improve the landscape quality of living streets, this study puts forward some suggestions of street space planning preferred by residents.

Keywords: Street View Picture; Visual Perception; Landscape Preference; Street Visual Characteristics

引言

街道作为居民日常接触的场所，是构成公共空间的重要组成部分。而生活性街道是为居民提供休闲、交往、购物、娱乐的场所[1]，更能体现城市活力与居民生活。因此，街道景观的研究对提高居民生活品质、创造高质量的公共空间有重要意义。目前，客观方面衡量人们对街道感知的方法包括调查、访谈、审计等[2]，很难量化街道的各种环境指标，街景工具的出现创造了一种高效、真实的评价方法。张丽英归纳出街景用于城市环境评价的优势[3]，龙瀛等运用Python自动评估街景图片的绿化指标[4]，并对街道空间品质进行研究[5]。目前街景工具除广泛应用于视觉评价[6-8]中，还应用于动植物研究[9]、栖息地研究[10]、饮酒数据获取[11]、计算道路步行能力以及POI数据获取[12]等。至于街道景观的主观评价方面，主要运用心理评价法[13]、SD法[14]、景观偏好研究[15]等，对街道的空间感知特征进行分析。

因此街道景观作为人居环境与健康生活的纽带，有助于提升健康中国背景下的居民公共健康与步行友好性。目前关于生活性街道的研究主要集中在居民行为[16]、街道活力[17]等方面，本文将客观评价与主观评价相结合，对北京新街口街区生活性街道的视觉景观特征进行量化与评价，为营造更具景观偏好度的街道空间，提出改善街道空间品质的策略，建设步行友好型街道，对居民公共空间生活品质的提升具有意义。

1　研究对象与方法

1.1　研究对象

北京市西城区位于首都核心区，是北京市较有活力的城区之一，也是北京居民生活的老城区之一。西城区提出要全面提升西城区的宜居品质，塑造优美环境、高品质

① 基金项目：北京市教委“双一流建设”专项北京林业大学建设世界一流学科和特色发展引导专项资金资助（2019XKJS0324）；北京市科技计划项目（D171100007217003）；北京市共建项目专项资助（2016GJ-03）。

的城市[18]。因此本文选择北京市西城区的新街口街区作为研究区域，新街口街道位于西城区东北部，下辖7个社区。街区内含国家重点文物保护单位、历史建筑、历史文化街区、传统胡同等，街区内人口密度大、街道面貌较为老旧，具有浓重的生活气息。通过调查分析，选择街区内8条风貌不同的生活性街道进行研究（表1）。其中生活性街道的性质根据《首都功能核心区控制性详细规划（街区层面）（2018年～2035年）》进行判定。

样本街道信息　　表1

街道名称	街道长度（m）	绿化形式	经纬度
北草场胡同	550	乔灌草	116°22′10″～116°22′14″E；39°57′5″～39°56′47″N
南草厂街	632	乔灌	116°22′14″E；39°56′47″～39°56′27″N
前半壁街	450	单乔	116°21′56″～116°22′13″E；39°56′38″～ 39°56′40″N
前公用胡同	357	单乔	116°22′31″～ 116°22′43″E；39°56′39″～ 39°56′40″N
新街口南大街	871	单乔	116°22′45″～ 116°22′46″E；39°56′48″～ 39°56′22″N
西四北大街	950	乔灌	116°22′46″～ 116°22′48E″；39°56′19″～ 39°55′50″N
马相胡同	241	乔灌草	116°22′7″～ 116°22′8″E；39°56′54″～ 39°56′49″N
宝产胡同	384	单乔	116°22′30″～ 116°22′43″E；39°56′27″～ 39°56′27″N

1.2　研究方法

研究通过百度地图服务器，使用百度应用程序编程接口（API）获取街道360°的全景图像，街景工具可以获取人视点的不同角度的图像，具有清晰度高、获取方便、覆盖范围广等特点[3]。通过百度坐标拾取系统沿各街道每隔100m选取一个样点，运用Python语言编写代码，下载街道全景图像。8条街道共获取47个采样点进行街道视觉景观特征的量化分析，所拾取的样本照片覆盖生活性街道的基础设施信息。然后研究采用图片量化的方法，对选取的街道视觉景观特征进行定量研究，判定新街口街区典型街道的景观特征差异，并采用问卷调查的方式对街景进行偏好研究，探究居民对街道的景观偏好与街道景观特征之间的联系，问卷采用7级李克特量表的方式进行线上打分，0分代表很不喜欢，7分代表很喜欢。最后采用方差分析与相关性分析方法对数据进行处理。

1.3　指标选取与计算

综合文献，从物质空间与心理感知两个层面选取绿视率、天空可视度、主体色彩数、植物种类数、路面可行指数、人群聚集指数、设施占比7个指标进行评价。计算方法采用Photoshop 2020进行图像处理，对图片的各要素进行选取填充颜色，查看各图层的直方图像素个数[19]，各要素占比＝直方图像素/整个图像像素×100%（图1）。

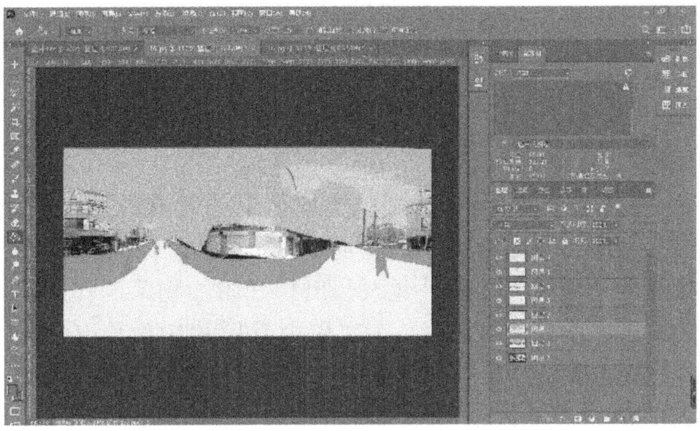

图1　全景图片识别与量化

1.3.1　绿视率

绿视率指人眼视域内绿色植物面积与人眼视域全部面积的百分比，研究表明，一定范围的绿视率能给人以舒适的感受，有利于人的健康[20]，并对街道步行指数有一定影响[21]。

绿视率 $GVI_n=\frac{G_n}{A_n}$，G_n为第N张图片中绿色植物的像素个数，A_n为第N张图片的像素个数[22]。

1.3.2　天空可视度

天空可视度指能看到的蓝天的程度，由构筑和绿化决定[23]。研究表明，开阔的天空可视度可以缓解居民的生活压力，有利于人们的日常生活[24]。

天空可视度 $SVI_n=\frac{S_n}{A_n}$，S_n为第N张图片中天空范围的像素数量。

1.3.3　主体色彩数

主体色彩数能够反映街景图像中色彩的丰富度，不同的色彩可以给人带来不同的心理感受，本文采用Python编程的方法，对街景图片进行马赛克处理，设定不同色彩的RGB取值范围，量化不同色彩所占的像素个数，并判定像素占比较多的色彩个数。

1.3.4　植物种类数

植物种类数可以反映街道空间中植物配置的多样性水平，更深层次地反映出植物景观对人的偏好程度。

1.3.5　路面可行指数

路面可行性能够反映街道空间的容纳力，判定街道的可步行性水平，可以代表街道生活品质的高低。

路面可行指数 $PFI_n=\frac{W_n}{R_n}$，W_n为第N张图片中步行空间的像素总量，R_n为第N张图片中车行空间的像素总量[22]。

1.3.6 人群聚集指数

街道的人群聚集能够代表街道的空间活力水平，本文通过人群在街景图像中所占的百分比来表示。

人群聚集指数 $CPI_n = \frac{P_n}{R_n}$，P_n 为第 N 张图片中人群所占的像素个数。

1.3.7 设施占比

良好的设施丰富度可以增加街道的景观风貌品质，但无秩序、非结构化的设施也在一定程度上影响了城市街道的景观风貌。这种建筑凸出物和附加物又叫作街道的"第二次轮廓线"[25]，本文用街景图片中设施（电线杆、配电箱、广告牌、垃圾桶、座椅）所占的面域百分比表示。

2 数据分析与结果

2.1 生活性街道景观视觉特征差异分析

将各样本的指标数据运用 SPSS Statistics26 软件进行 Kruskal-Wallis 非参数方差检验（表 2），发现除设施占比外，各街道的其他指标都具有显著差异性（$P<0.05$），其中绿视率、天空可视度、主体色彩数与植物种类数在不同生活性街道之间具有极显著差异（$P<0.01$），可能是因为街道宽度、各街道植物密度以及季节因素的不同造成，而设施占比不具有显著差异则说明新街口街区的生活性街道风貌在设施上比较相似。

景观特征指标方差检验统计　　表 2

指标	克鲁斯卡尔-沃利斯 H（K）	渐进显著性
绿视率	33.325	0.000
天空可视度	28.450	0.000
主体色彩数	22.775	0.002
植物种类数	19.138	0.008
路面可行指数	16.902	0.018
人群聚集指数	14.296	0.046
设施占比	12.999	0.072

注：Sig. 值小于 0.05 具有显著性。

物质空间指标方面（图 2），可发现北草场胡同的植物种类数最多，前半壁街与宝产胡同的植物种类数最少；路面可行性指数较高的街道有前公用胡同、前半壁街、马相胡同等；设施占比方面，路面较宽的街道（西四北大街、新街口南大街）其设施占比较高。

心理感受指标方面（图 3），前半壁街和马相胡同的主体色彩数最高，其主体色彩均为灰色、蓝色和黑色，说明街道的色彩氛围容易给人以消极的感受。其他街道的主体色彩数相似，主体色彩大多为灰色、绿色、蓝色等。对于绿视率指标，较高的有前半壁街、马相胡同与宝产胡同；较低的有新街口南大街、西四北大街与前公用胡同，其中前二者是由于街景为冬季拍摄导致绿视率较低，而前公用胡同是因为植物较少导致绿视率低。对于天空可视度，同样是路面较宽的新街口南大街与西四北大街较高；且前半壁街、马相胡同、宝产胡同的绿视率与天空可视度差异不大。而人群聚集指数在各街景中的占比均最小。

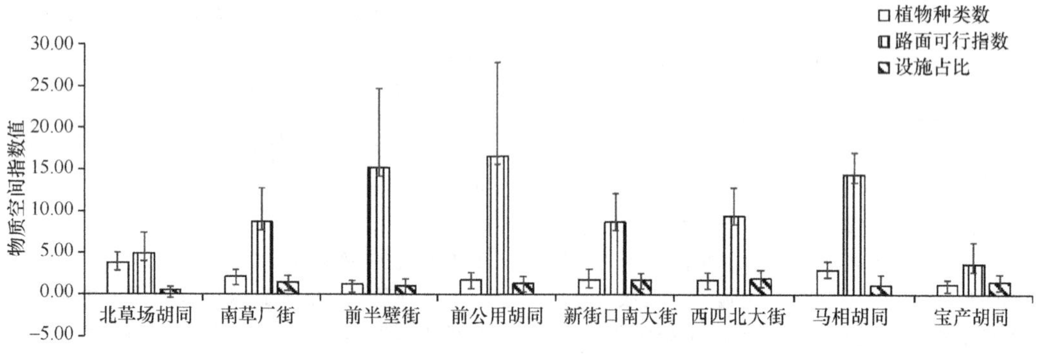

图 2　不同生活性街道物质空间指数差异

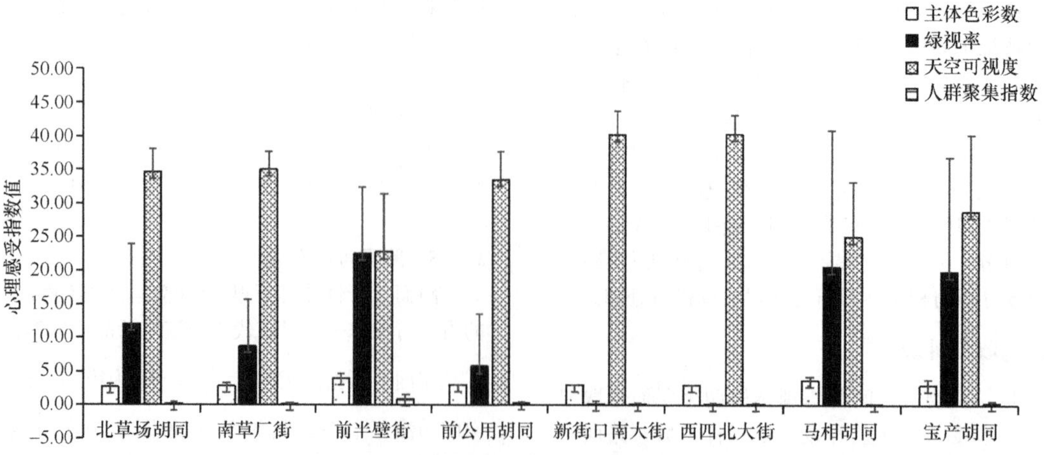

图 3　不同生活性街道心理感受指数差异

2.2 基于主成分分析的街道视觉特征评价

首先对数据进行标准化处理，然后进行 KMO 和 Bartlett 检验，判断因子分析的适用性。KMO 值＝0.64（>0.6），Sig. 值＝0.000（<0.5），说明各指标之间具有关联程度，可以进行因子分析。通过相关性矩阵对因子分析进行抽取可知，前两个成分解释了全部方差的 61.6%（表 3），因此提取两个主要成分 Y1 和 Y2，根据成分矩阵（表 4），计算主要成分的计算公式与得分，得到：

$Y_1 = -0.51X_1 + 0.47X_2 + 0.43X_3 + 0.36X_4 + 0.35X_5 - 0.19X_6 - 0.20X_7$；

$Y_2 = 0.25X_1 - 0.42X_2 + 0.19X_3 + 0.34X_4 + 0.33X_5 + 0.50X_6 - 0.49X_7$。

根据总方差解释，得到总成分 $Y = 0.3909Y_1 + 0.2252Y_2$。

景观特征指标总方差解释　　表 3

成分	总计	初始特征值方差百分比	累积（%）	总计	提取载荷平方和方差百分比	累积（%）
1	2.736	39.089	39.089	2.736	39.089	39.089
2	1.576	22.516	61.605	1.576	22.516	61.605
3	0.758	10.825	72.43			
4	0.716	10.226	82.656			
5	0.602	8.6	91.256			
6	0.511	7.303	98.559			
7	0.101	1.441	100			

成分矩阵　　表 4

指标	成分 1	成分 2
天空可视度 X_1	−0.848	0.314
绿视率 X_2	0.779	−0.526
主体色彩数 X_3	0.715	0.242
路面可行指数 X_4	0.6	0.431
人群聚集指数 X_5	0.577	0.419
设施占比 X_6	−0.316	0.63
植物种类数 X_7	−0.326	−0.619

由此，得到各街道的总体视觉特征评价得分（图 4）：总体视觉特征评价得分前半壁街>马相胡同>前公用胡同>宝产胡同>西四北大街>南草厂街>新街口南大街>北草厂胡同。

2.3 生活性街道景观偏好分析

为探究不同居民对街道的偏好程度，采用问卷调查的方式对 47 个样地进行平均偏好的打分，共计收到有效问卷 126 份。其中男性占 45%，女性占 55%；在年龄分布方面，<20 岁占 4%，20～29 岁占 64%，30～39 岁占 23%，40～49 岁占 9%；专业背景方面，风景园林专业占 41%，其他专业占 52%，大学以下学历者占 6%；居住地分布方面，住在北京的占 45%，住在其他省市的占 55%（图 5）。

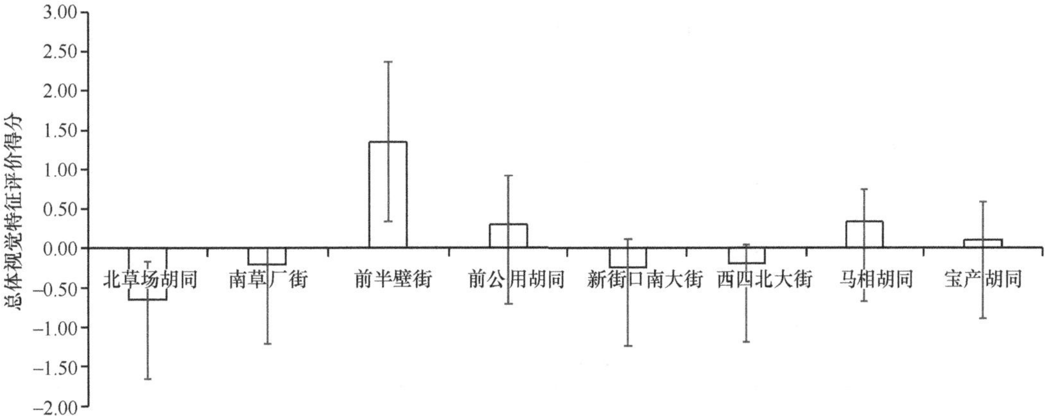

图 4　不同生活性街道总体视觉特征评价得分差异

对各街道平均偏好度进行 Kruskal-Wallis 非参数方差检验（表 5），发现 Sig. 值＝0.036（<0.05），因此各街道的平均偏好度具有显著差异，表 6 为平均偏好度前五的街景图像。从各生活性街道的平均偏好得分来看（图 6），平均偏好度前半壁街>北草场胡同>南草厂街>西四北大街>新街口南大街>马相胡同>宝产胡同>前公用胡同。

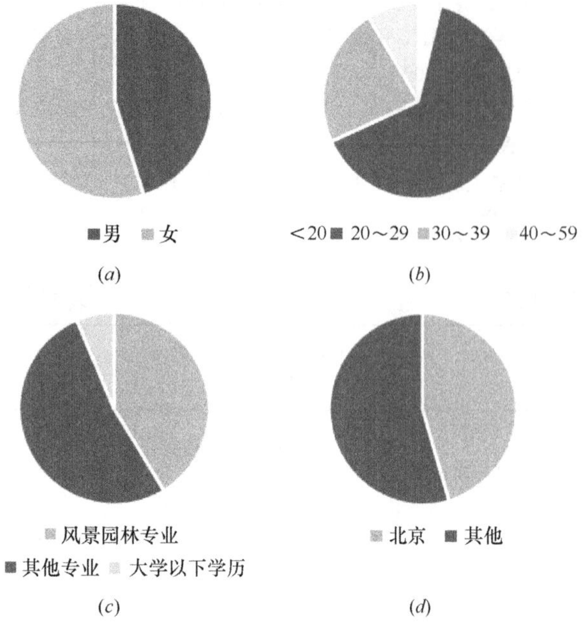

图 5　问卷调查人群分布特征

（a）性别；（b）年龄；（c）专业背景；（d）居住地分布

生活性街道平均偏好度方差检验　　表 5

	平均偏好度
克鲁斯卡尔-沃利斯 H（K）	15.011
自由度	7
渐近显著性	0.036

平均偏好度前 5 的样本照片信息　　表 6

序号	照片	景观偏好度	街道名称
13		5.03	前半壁街
6		4.97	北草场胡同
17		4.89	前半壁街
10		4.84	南草厂街
16		4.83	前半壁街

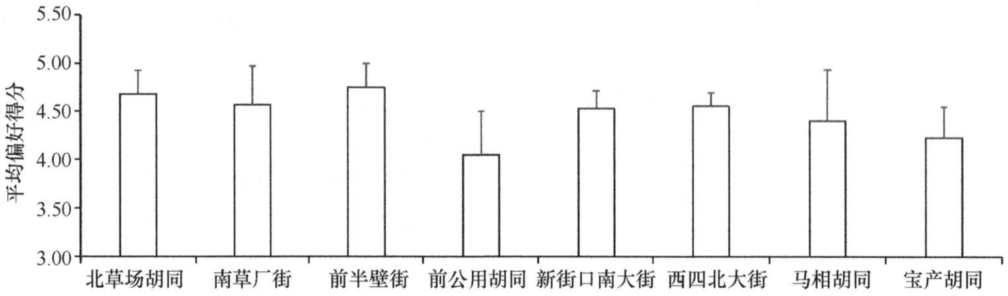

图 6　不同生活性街道平均偏好得分

2.4　生活性街道景观偏好与视觉评价指标相关分析

对生活性街道景观偏好度与视觉评价指标进行 Pearson 相关分析（表 7），发现绿视率与人群景观偏好度有显著相关性（$p<0.05$），其他皆不具相关性，可能是因为问卷的答题效果一般导致。并且，除绿视率与主体色彩数外，其余指标与景观偏好度均呈负相关。

对绿视率指标与景观偏好度进行散点图绘制（图 7），发现两者在一定程度上呈正相关，忽略冬季景观照片带来的绿视率为 0 的影响，当绿视率在（10%～35%）之间时，景观偏好度最好。

生活性街道景观偏好度与景观特征指标相关性　　表 7

		景观偏好度	绿视率	天空可视度	人群聚集指数	路面可行指数	设施占比	植物种类数	主体色彩数
满意度	皮尔逊相关性	1	0.306*	0.123	0.123	0.036	0.187	0.016	0.183
	Sig.（双尾）		0.036	0.411	0.408	0.808	0.209	0.913	0.218
	个案数	47	47	47	47	47	47	47	47

注：* 代表 $p<0.05$，具有相关性。

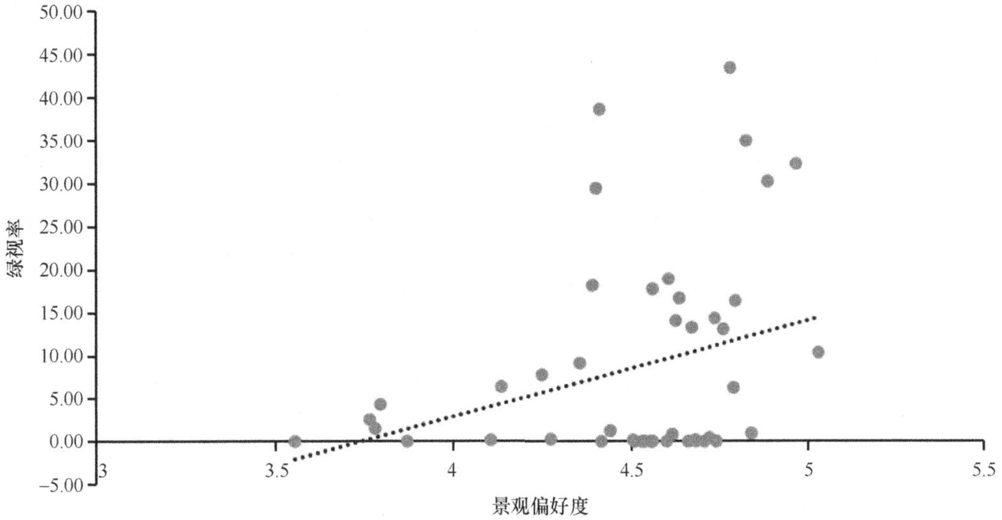

图 7　绿视率与景观偏好度散点分布图

3　结论与讨论

本文运用街景工具，对生活性街道的视觉景观特征进行量化分析，研究表明，北京新街口街区不同生活性街道在除设施占比外的视觉景观特征方面有显著差异，设施占比差异不大可能是由于街区人行道风貌较为一致。并且 7 个指标能够很好地代表生活性街道的视觉景观特征，其中天空可视度、绿视率和主体色彩数分别是街道视觉景观特征的首要和重要因素。另外，对 8 条典型生活性街道进行人群的景观偏好调查，发现不同街道的景观偏好度之间有显著差异，并且人群的景观偏好度与绿视率指标呈正相关。由于本文未消除街景照片拍摄时间的不一致性带来的影响，未来研究可以对季节因素进行深入分析，另外，全景图像会导致视野的缺失和重叠，进而影响视觉感知。希望今后可以对全景图像进行分割与拼接等，并借助多源大数据等，对影响生活性街道空间质量的其他因素进行研究，促进公共健康，提高居民生活品质。

综合研究结果，本文提出以提升生活性街道景观品质与居民偏好为导向的建议：

（1）提升街道绿化景观，改善街道舒适度

街道绿视率与天空可视度是影响街道舒适度的主要指标，大量研究表明，绿视率的健康效益呈正态分布趋势，因此，保证合理的绿视率与天空可视度，可以适当增加建筑后退距离，增加街道侧界面的开阔度，还可提高路面可行指数。

（2）增加街道秩序性，改善街道景观风貌

街道的“第二次轮廓线”容易分散行人的注意力，进而削弱行人对街道的印象，因此，街道规划时应限制架空电线的布设，控制街道路侧招牌的使用。

（3）提高街道美感度，促进街道活力

景观偏好与行人的到访偏好有一定的相关性，街道景观美景度的提升不仅仅依靠植物景观，建筑界面和道路的设计也尤为重要。包括建筑的整洁度、建筑色彩的美感以及地面铺装的设计，对于促进街道活力，增加街道空间的有效使用有重要意义。

参考文献

[1]　刘茜，徐晓燕．居住区内生活性街道空间特质研究[J]．城市建筑，2020，17(21)：14-16.

[2]　Assessing street-level urban greenery using Google Street View and a modified green view index[J]. Urban Forestry & Urban Greening，2015，14(3)：675-685.

[3]　张丽英，裴韬，陈宜金，等．基于街景图像的城市环境评价研究综述[J]．地球信息科学学报，2019，21(01)：46-58.

[4]　郝新华，龙瀛．街道绿化：一个新的可步行性评价指标[J]．上海城市规划，2017(01)：32-36.

[5]　李智，龙瀛．基于动态街景图片识别的收缩城市街道空间品质变化分析——以齐齐哈尔为例[J]．城市建筑，2018(06)：21-25.

[6]　Liang C，Chu S，Zong W，et al. Use of Tencent Street View Imagery for Visual[J]. 2017，6(9)：265.

[7]　OH K. Visual threshold carrying capacity (VTCC) in urban landscape management：A case study of Seoul，Korea[J]. Landscape and Urban Planning，1998，39(4)：283-294.

[8]　Garre S，Meeus S，Gulinck H. The dual role of roads in the visual landscape：A case-study in the area around Mechelen (Belgium)[J]. Landscape and Urban Planning，2009，92(2)：125-135.

[9]　Rousselet J，Imbert C E，Dekri A，et al. Assessing species distribution using Google Street View：a pilot study with the Pine Processionary Moth[J]. PLoS One，2013，8(10)：e74918.

[10]　Olea P P，Mateo-Tomas P，Ropert-Coudert Y. Assessing species habitat using Google Street View：a case study of cliff-nesting vultures[J]. PLoS One，2013，8(1)：e54582.

[11]　Clews C，Brajkovich-payne R，Dwight E，et al. Alcohol in urban streetscapes：a comparison of the use of Google Street View and on-street observation[J]. BMC Public Health，2016，16(1)：1-8.

[12]　刘星，盛强，杨振盛．街景地图对街道活力分析的适用性研究[J]．城市建筑，2018(06)：40-43.

[13]　谭少华，韩玲．城市街道美景影响因素分析——以重庆市的三条街道为例[J]．城市问题，2015(02)：43-49.

[14]　白雅文．基于 SD 法的洪雅县街道空间感知研究[J]．山西

建筑，2021，47(06)：25-27.

[15] 罗丹，罗融融．三峡库区移民社区公共空间景观偏好——以重庆万州周家坝街道为例[J]．中国城市林业，2021，19(03)：30-36.

[16] 马哲雪，王羽，伍小兰．城市综合性街道停留行为分析与空间设计策略[J]．建筑技艺，2020，26(10)：78-82.

[17] 霍海鹰，李祚暄，李佳，等．"城市修补"理念下的邯郸市老城区典型生活性街道活力研究[J]．建筑与文化，2020(10)：176-178.

[18] 北京西城：提升六大品质　让城市生活更美好[J]．领导决策信息，2016(28)：18-19.

[19] Yang J Z L，Mcbride J，Peng G. Can you see green? Assessing the visibility of urban forests in cities[J]. Landscape and Urban Planning，2007，91(2)：97-104.

[20] 李明霞．基于绿视率的城市街道步行空间绿量视觉评估[D]．北京：中国林业科学研究院，2018.

[21] Sun Y，Lu W，Sun P. Optimization of Walk Score Based on Street Greening—A Case Study of Zhongshan Road in Qingdao[J]. International Journal of Environmental Research and Public Health，2021，18(3)：1277.

[22] 孙高源．非正规建造视野下的西安回坊商业街巷风貌评析[D]．西安：西安建筑科技大学，2020.

[23] Jin H，Qiao L，Cui P. Study on the Effect of Streets' Space Forms on Campus Microclimate in the Severe Cold Region of China—Case Study of a University Campus in Daqing City[J]. International Journal of Environmental Research and Public Health，2020，17(22)：8389.

[24] 杨俊宴，马奔．城市天空可视域的测度技术与类型解析[J]．城市规划，2015，39(03)：54-58.

[25] 芦原义信．街道的美学[M]．南京：江苏凤凰科学技术出版社，2017.

作者简介

亓玉婷，1996年11月，女，汉族，山东泰安人，在读硕士研究生，北京林业大学，研究方向为园林植物景观规划与设计、健康景观。电子邮箱：qiyuting@bjfu. edu. cn。

郝培尧，1983年2月，女，汉族，重庆人，博士，北京林业大学，副教授，研究方向为园林植物景观规划设计。电子邮箱：haopeiyao@bjfu. edu. cn。

李湛东，1965年1月，男，汉族，河南新乡人，博士，北京林业大学，副教授，研究方向为园林植物应用与园林生态。电子邮箱：zhandong@bjfu. edu. cn。

基于语义差异法的视嗅景观评价影响研究①

Effect of Visual-olfactory Interaction on Assessment Based on Semantic Differential Method

齐　莹　陈曲靖　高　天*　邱　玲*

摘　要： 本文以4种公园内常见的植物景观的照片和气味的结合作为组合刺激，运用语义差异法结合简单相关分析与典型相关分析方法，探究了大学生的视景、嗅景感知评价因子间的影响。本文的主要结果有：①视景、嗅景的评价因子内部具有相关性，且因植物景观而异。②在松林景观组中，视景和嗅景评价因子相互影响。③在草坪、月季和桂花景观组中，视嗅评价均会影响整体环境的评价。本文进一步证实了视景、嗅景的主观感知评价相互影响，为今后的多感交互研究提供参考。

关键词： 语义差异法；视嗅结合；主观评价；植物景观

Abstract: In the study, the combination of photos and odor of four common plant groups in the park was used as the combination of stimulus. The semantic differential method (SDs) combined with simple correlation analysis and canonical correlation analysis was used to explore the impact of visual- and smellscape evaluation of college students. The main results of this study were as follows: ①The SDs of visual- and smellscape had internal correlation, which varied with plant groups. ②In the case of pine, the SDs of visual- and smellscape influenced each other. ③In case of lawn, rose and osmanthus, visual- and smell evaluation would affect the overall environmental evaluation. This study further confirmed that the subjective perception and evaluation of visual- and smellscape influenced each other, which provided a reference for the future research of multi-sensory interaction.

Keywords: Semantic Differential Method; Visual-olfactory Interaction; Subjective Evaluation; Plant Landscape

引言

在日常的游览体验中，不难发现景观在以多重感官模式向游客传递信息[1,2]。而人对环境的感知也离不开多重感官的共同作用[3,4]。现已证实视觉提供的信息占据环境总体信息的80%，并由此开展了大量关于视景评价的研究[5]。除了视觉外，近年来，听觉也开始受到重视[6,7]，有关声景观和视听结合的研究越来越多[8,9]。然而，嗅觉感知在公园体验中也十分重要[10]。不仅是因为公园中的植物景观会散发气味，如种植设计中考虑到的香花植物，还因为气味是强烈的记忆线索，且有助于营造空间感和环境氛围感[11,12]。这意味着气味可以引发人们的联想，进而增进对场所的认知[13]。此外植物气味有助于增进健康福祉，如玫瑰气味有助于提升人们的注意力，松针气味可增加人们的主观幸福感[14,15]。关于嗅景观评价也在近年来展开，如，Ba和Kang研究了声嗅感知的相互影响，并探究了声嗅组合刺激对整体环境评价的影响[16]。Song等对21名日本女大学生进行森林景观的视嗅组合刺激研究，发现视嗅组合刺激的康复效果比视觉刺激或嗅觉刺激更佳[17]。尽管嗅景需要结合气味环境进而作为感知体验的一部分[18]，但目前关于基于主观评价法的视嗅相互作用的研究还相对缺乏。

语义差异法（Sematic Differential Method，SD）是由Osgood（1957）提出的一种用语义尺度测定心理感受的方法[19]。其通过问卷的形式衡量人们对环境的感知，在风景园林领域有着广泛的应用[20]。本文从视嗅结合的角度出发，在实验室条件下探究视景评价和气味（嗅景）评价中的语义差异的相互影响，旨在为今后更深入的多感研究提供参考。本文的研究目标是探究以下问题：

（1）视景评价SD与嗅景评价SD各自的相关关系。

（2）视景SD和嗅景SD的相互影响。

（3）视景和嗅景SD是如何影响整体环境感知的。

1　方法

1.1　参与者

参与者共96人，分为4组，每组约24人，平均年龄22.68岁（*SD*＝2.21；13%男性，仅校内招募感官正常）。每组参与者仅进行一种类型视嗅刺激。试验前被试者不要喷香水或吸烟，且穿着舒适。所有参与者均提交了书面知情同意书，且应保证问卷中涉及的个人信息不泄漏。该研究得到了西北农林科技大学园林学院伦理委员会的批准。

① 基金项目：国家自然科学基金，中国基金会（批准号：31971720），西北农林科技大学高级人才基金（补助金）（编号：Z111021501），陕西省人才支持（授权编号：A279021715和A279021830）。

1.2 实验材料

视觉刺激通过 2D 360°全景照片呈现（水平和垂直分辨率均为 72 dpi），参与者将通过佩戴 Pico Goblin VR 一体机（分辨率 2560×1440 像素）接受视觉刺激。全景照片来自互联网上的开放资源，为四种不同植物景观。如图 1 所示，照片的内容为草坪景观（以下简称为青草组）、月季廊架景观（以下简称为月季组）、松林小路景观（以下简称为松针组）、桂花广场（以下简称为桂花组）。

图 1 四种植物景观的全景照片，以提供视觉刺激

四种植物景观的气味物理值：等级值、臭气指数及重量容积比 **表 1**

气味等级	青草组气味	月季组气味	松针组气味	桂花组气味
等级值	40	10	10	32
臭气指数	00	00	00	00
重量容积比(g/L)	10	4.5	10	12

在气味刺激方面，本试验选取了 4 种公园常见的新鲜植物材料切碎作为刺激源，并以植物碎块的重量与空间容积比作为一种气味浓度指标[21]。植物材料分别为青草（*Poa pratensis*）、月季花（*Rosa* ‘Fragrant Cloud’）花瓣、白皮松（*Pinus bungeana*）松针和桂花（*Osmanthus fragrans* var. *thunbergii*）肉质花。便携式气味传感器 XP-329Ⅲ 用 R 法测量了真实植物景观几何中心的气味指数，作为试验所用气味指数（表 1）。所用植物材料被放置在位于三脚架上的硅胶盖密封的不透明小罐子中，通过研究人员打开硅胶盖，向参与者释放植物气味。

1.3 问卷内容

问卷用于评估参与者对视景、嗅景和整体环境的评价，使用李克特五级量表并通过了信度检验（克隆巴赫 α 系数>0.8）。问卷共分为三个部分，第一部分为嗅景感知评价因子，包括：感知的气味浓度［−2（非常浓的）到 2（非常淡的）］；气味的喜好程度［−2（非常厌恶的）到 2（非常喜欢的）］；气味的熟悉程度［−2（非常陌生的）到 2（非常熟悉的）］；气味的唤醒程度［−2（非常不提神的）到 2（非常振奋的）］。第二部分是视景感知评价因子，包括：视景开敞度［−2（封闭的）到 2（开敞的）］；视景美感度［−2（无美感的）到 2（有美感的）］；视景明亮度［−2（阴暗的）到 2（明亮的）］；色彩丰富度［−2（色彩单一的）到 2（色彩丰富的）］；色彩协调度［−2（颜色刺眼的）到 2（颜色协调的）］。第三部分是整体环境（视景和嗅景综合考虑）感知评价因子，包括：整体环境吸引度［−2（无吸引力的）到 2（有吸引力的）］；整体环境安全感［−2（令人不安的）到 2（安全可靠的）］；整体环境偏好［−2（非常厌恶的）到 2（非常喜欢的）］。

1.4 试验流程

试验在 2020 年 9 月，位于绿树环绕且位置偏僻的 VR 实验室（约 12m²）进行。实验室内物理环境条件如光照 300lx，声音（感知声源有鸟鸣和极少数轻微的车行声）45±5dB，温度 25±2℃，相对湿度 55%±5%。室内放有舒适的椅子，椅子前放置三脚架。三脚架上的不透明盒子（气味盒）内装有切碎的植物材料。这些植物材料碎片的重量由气味传感器测得的气味浓度确定。参与者在试验前并不知道植物材料的类型。试验前，参与者需知悉试验过程，并佩戴 VR 眼镜进行裸眼焦距校准。校准完毕后由试验人员调出试验照片，与此同时参与者在试验位置静坐平息。试验开始后，参与者通过 VR 眼镜观看景观照片，同时试验人员打开气味盒。试验时长为 2min 并全程保持安静。结束后填写问卷。每次试验后实验室通风 5 分钟。所有数据经由 SPSS 25.0 软件进行分析。

2 结果与讨论

2.1 嗅景评价、视景评价与整体环境评价的内部相关性

采用简单相关分析分别探索嗅景评价因子、视景评价因子和整体环境评价因子内部的相关性，并将显著的相关系数标注于图2。此外，表2为主观评价的描述统计分析。

对于四种植物景观，气味偏好、气味熟悉和气味唤醒度之间相互促进。除此之外，在松针组和桂花组中，气味强度的感知与气味偏好呈正相关，表明人们喜欢感知浓度较弱的松针味和桂花味。四种植物景观中视景语义之间的影响程度不同。对于草坪组和月季组，视景更明亮的参与者感知到的色彩越丰富。除此之外，在月季组，视景较为开敞的参与者对其有更高的视景审美评价。对于松针组，除了视景开敞度与视景明亮度，色彩丰富度与视景明亮度以外的视景语义均正相关。在桂花组，所有视景语义均正相关。对于整体环境而言，只有喜欢草坪的人才会被吸引。除草坪外的其他三组景观中，整体环境语义均正相关。

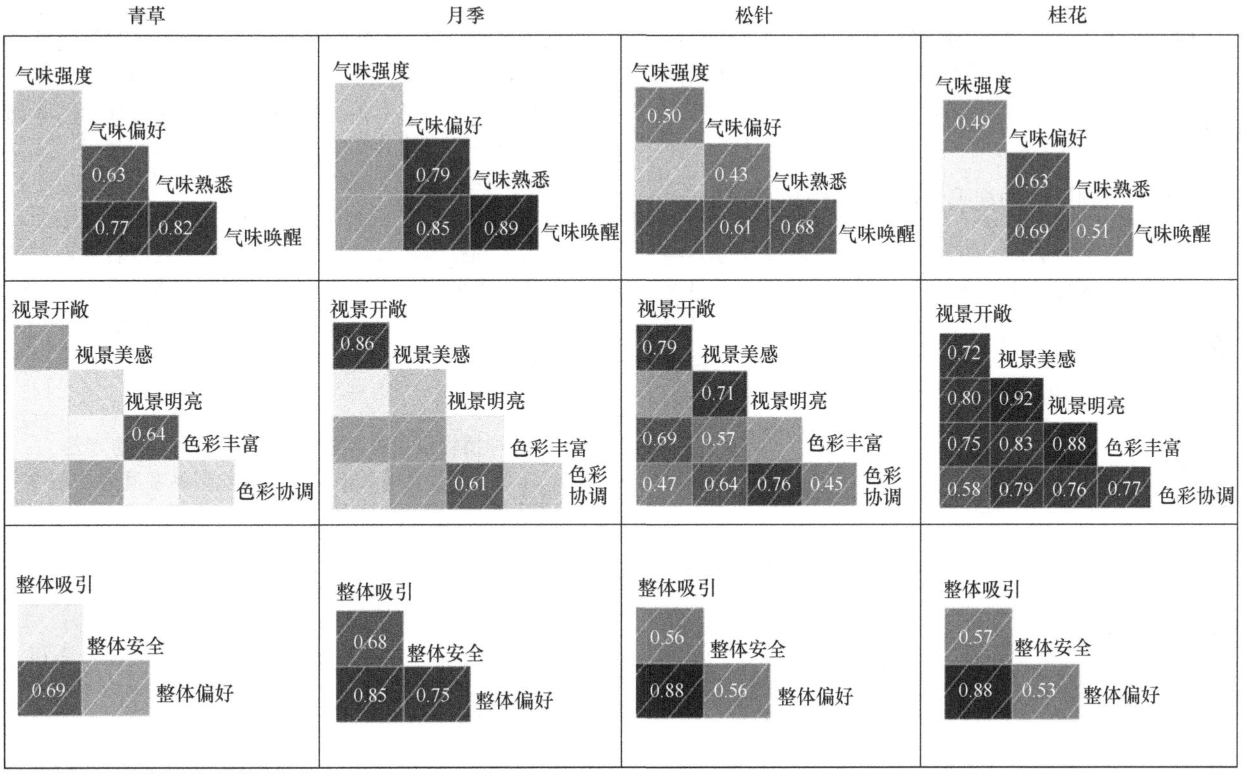

图2 相关性系数图

［注：色块越暗代表相关系数越大。其中显著的相关系数由白色数字标出（$p<0.05$，双尾检验）］

四组视嗅组合刺激下的气味、视景及整体环境的评价因子的描述统计 **表2**

	青草组 $n=23$		月季组 $n=24$		松针组 $n=24$		桂花组 $n=25$	
	平均值	标准差	平均值	标准差	平均值	标准差	平均值	标准差
气味感知强度	1.00	0.81	0.98	0.98	0.23	1.10	0.92	0.92
气味偏好	0.65	1.15	1.04	0.99	0.67	1.24	1.36	0.81
气味熟悉度	1.04	1.15	0.92	1.10	1.04	1.16	1.28	0.94
气味唤醒度	0.75	0.69	0.88	0.94	0.83	0.74	1.04	0.72
视景开敞度	1.52	0.59	0.96	1.04	1.21	1.22	0.96	1.27
视景美感度	1.26	0.58	1.35	0.81	1.13	1.09	1.10	1.03
视景明亮度	1.26	1.14	1.42	0.78	1.33	0.87	1.16	1.11
色彩丰富度	0.17	1.19	1.58	0.58	1.25	1.07	1.12	1.05
色彩协调度	1.13	0.87	1.17	0.76	1.50	0.72	1.40	0.82
整体环境吸引度	1.26	0.58	1.21	0.95	1.25	0.77	1.20	0.90
整体环境安全感	1.35	0.71	1.33	0.96	1.21	0.83	1.56	0.83
整体环境偏好	1.28	0.65	1.19	0.85	1.21	0.79	1.26	0.86

对于气味本身而言，人们感到熟悉和喜欢时，就感到振奋。气味带来的振奋的感受有利于记忆障碍者的康复治疗[22]。而参与者对淡淡的松针和桂花气味的喜爱启示我们在景观设计时，对某些芳香植物种植数量应有所考虑，不能过多。比如松林要与人留有一定的观赏距离，桂花以点植方式为主不宜过密。正如一些参与者说："太浓的桂花味闻着头晕"。此前有研究表示桂花的气味以多数人能闻到为宜[23]。当令人愉悦的气味的浓度过高时，可能会产生负面效果[13]。

对于青草组，其视景美感并不受其他语义的影响，而月季组的视景美感度也仅受视景开敞度的影响。有趣的是青草组和月季组在四组景观中的视景美感度较高。究其原因，可能是视景的审美偏好是在长期生活过程中形成的，相对较稳定。而松针组和桂花组，其视景审美受到诸多视景评价因子的影响，为今后的视景审美提升设计提供参考。

2.2 四种植物景观的视嗅评价因子之间的关系

典型相关分析可以帮助研究两组变量的相关关系。结果显示，仅松林的气味语义与视景语义的典型关系显著（$p=0.005$）（图 3）。其中已解释的方差比例为：集合 1×自身（0.53）；集合 1×集合 2（0.41）；集合 2×自身（0.45）；集合 2×集合 1（0.35）。以下分析基于相关系数绝对值大于 0.3 评价因子[24,25]。第一个典型变量（松针的气味语义）与气味熟悉度和气味唤醒度关系密切，第二个典型变量（松林的视景语义）和美感度与明亮度相关。

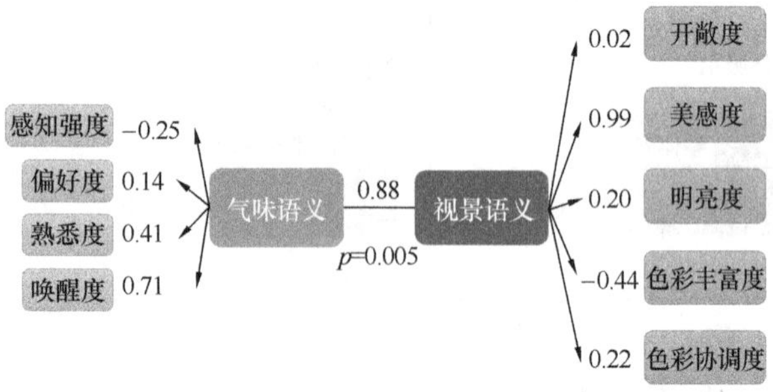

图 3 松针的气味语义和视景语义的典型结构示意图

［注：图中加粗的数字为小于 0.3 的标准化典型相关系数。其中仅此一对典型关系显著（$p=0.005$），气味语义为集合 1，视景语义为集合 2］

松林的气味感知与视景感知相互影响。松针气味的熟悉度和唤醒度越高，其视景美感度越高，而色彩协调度越低，反之亦然。此前的研究显示气味可以改变人们对视景的偏好程度，而受人喜爱的景观也会提升气味的愉悦度[26,27]，这种现象甚至出现在气味与视景不一致的情况中[28]。以上结果显示了视觉刺激和嗅景刺激在愉悦度上的协调作用。而未来可以探索视景和嗅景的掩蔽作用，以便解决更多问题。

2.3 视嗅评价与整体环境感知的关系

对四种植物景观的视嗅评价因子与整体环境感知评价因子作典型相关分析，仅在青草组、月季组和桂花组中体现出显著的典型关系（$p=0.013$、$p=0.018$ 和 $p<0.001$）。各组已解释的方差比例见表 3。视嗅语义与整体环境语义的关系因景观而不同（图 4）。对于草坪组，气味感知强度、唤醒度、视景开敞度和色彩明亮度与整体环境的吸引度和偏好正相关。气味的熟悉度与整体环境的吸引度和偏好呈负相关。这意味着具有吸引力、受人喜爱的草坪景观的感知青草气味不宜过浓。草坪本身可以设计得更加开敞，且与之搭配的植物色彩也应与草坪整体色彩协调。而气味熟悉度和唤醒度与长期生活经历有关，不易改变。对于月季组，所涉及的气味评价因子的相关系数的绝对值并未超过 0.3，因此月季气味的感知与整体环境的感知联系相对较弱。除此之外，视景美感度和视景明亮度与整体环境偏好呈正相关。对于桂花组，气味唤醒度、视景明亮度和色彩丰富度与整体环境吸引力和整体环境偏好呈正相关。这意味着人们在沉浸在桂花香的情况下，喜欢色彩更加丰富的桂花景观。特别地，整体环境安全感与视嗅语义在本研究中的联系均相对较弱，从视嗅结合角度提升环境安全感方面还需要更多的研究。

三种植物景观的典型相关分析中已解释的方差比例，其中每组仅有一对典型关系显著 表 3

组别	集合 1×自身	集合 1×集合 2	集合 2×自身	集合 2×集合 1
青草组	0.21	0.18	0.60	0.52
月季组	0.24	0.20	0.82	0.70
桂花组	0.24	0.18	0.73	0.55

2.4 研究不足与展望

本研究探究了视嗅感知评价因子之间的相关关系，有以下不足。首先，本研究在每种植物景观组中仅设置了一种视嗅组合刺激，没有设置气味浓度梯度，所用视景也较为单一。在未来研究中可以广泛调研实际景观中的不同视景及气味浓度梯度，并将其考虑为试验条件。其次，本文的结果基于对同一对象的感知，并非实际物理环境条件。结合心理物理学与植物造景的知识，嗅景感知与植物要素实际的组合搭配之间的关系还需要进一步研究，诸如探究气味感知浓度与实际气味浓度之间的关系等。最后，本文的参与者仅限于大学生，且由于女性参与者较多，导致男女比例并不协调。未来研究中还应考虑更多的人口社会学变量，以为更加人性化的公园建设提供参考。

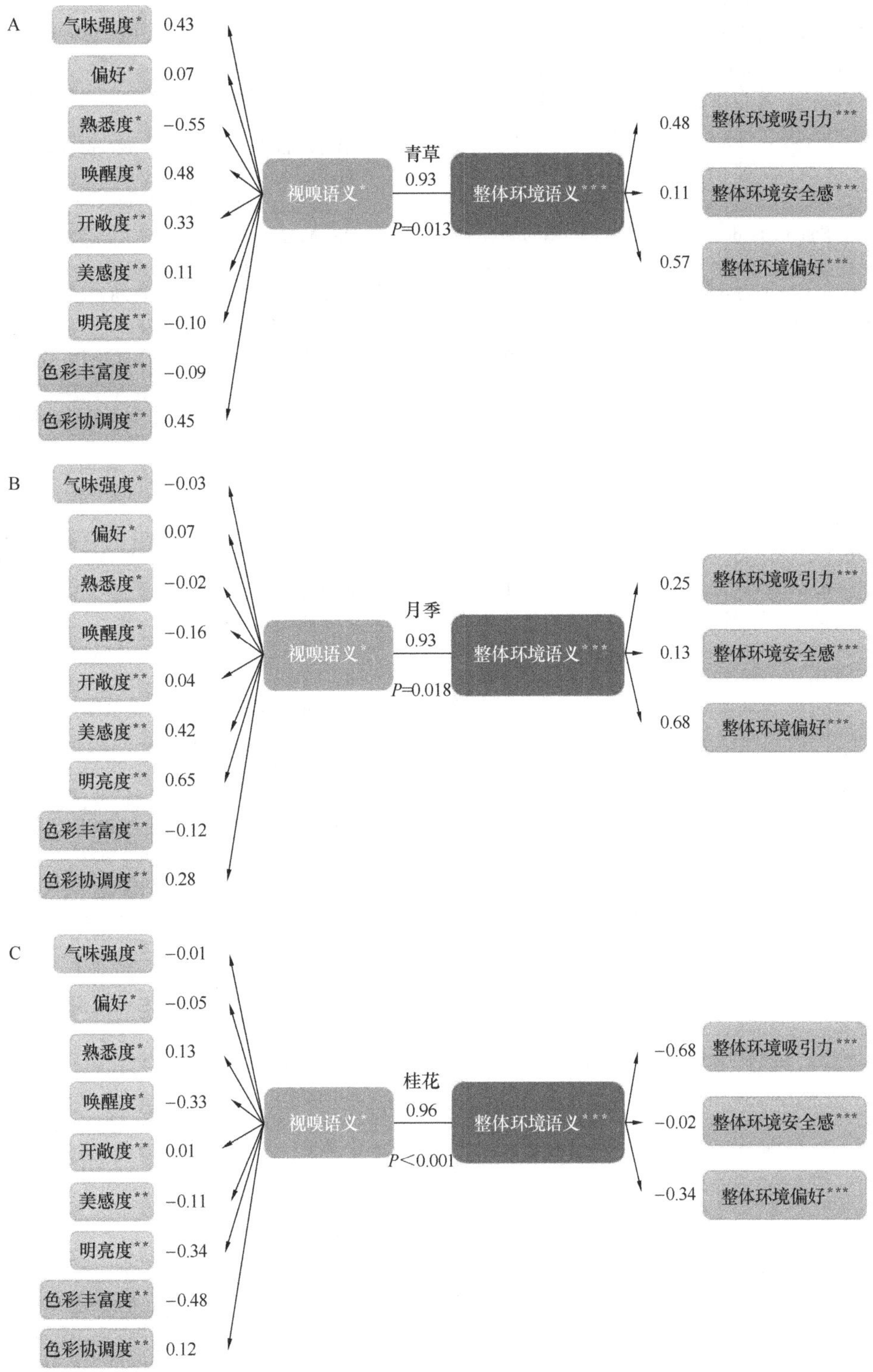

图 4　A-C 分别为青草组、月季组和桂花组的典型关系图

（注：* 代表嗅景语义，** 代表视景语义，*** 代表整体环境语义）

3　结论

本文从视觉和嗅觉两种感觉模式的角度揭示了单一感官评价的局限性，有利于进一步探索人们对环境的感知机制，旨在为基于多感体验的人居环境建设作出积极贡献。本研究得出了以下结论：第一，对于嗅景的评价受到了视景评价的影响，反之亦然。而视嗅评价皆会影响整体环境的感知评价。在不同的植物景观中，视嗅评价因子相互影响的情况不同。第二，感知浓度较弱的松针味和桂花味更受喜爱。松针组和桂花组的视景评价因子联系更密切。第三，仅松针组的视嗅评价因子相互影响。第四，青草组、月季组和桂花组的视觉评价因子和嗅景评价因子会影响整体环境偏好，为今后的整体环境提升设计提

供参考。此外，本文从感知评价的角度进一步证实了在实验室开展的嗅景研究不可脱离其多感环境[29]，类似的规律可以给未来声景和触景的研究提供参考。总而言之，嗅景研究还处于初级阶段，希望借此研究为融合嗅景的多感研究提供参考[30]。

参考文献

[1] Abraham, A., Sommerhalder, K., and Abel, T. Landscape and well-being: a scoping study on the health-promoting impact of outdoor environments[J]. Int. J. Public Health, 2010, 55(1): 59-69.

[2] Grahn, P., and Stigsdotter, U.K. The relation between perceived sensory dimensions of urban green space and stress restoration[J]. Landsc. Urban Plan, 2010, 94(3-4): 264-275.

[3] Nanay, B. Multimodal mental imagery[J]. Cortex, 2018, 105: 125-134.

[4] Schwarz, O. What Should Nature Sound Like? [J]. Ann. Touris. Res, 2013, 42: 382-401.

[5] Ulrich, R.S., Simons, R.F., Losito, B.D., Fiorito, E., Miles, M.A., and Zelson, M. Stress Recovery During Exposure to Natural Environments[J]. J. Environ. Psychol, 1991, 11(3): 201-230.

[6] Wrightson K. An introduction to acoustic ecology[J]. Soundscape: The journal of acoustic ecology, 2000, 1(1): 10-13.

[7] Schafer R M. European sound diary[J]. Vancouver: The Aesthetic Research Centre, 1977.

[8] Pheasant, R.J., Fisher, M.N., Watts, G.R., Whitaker, D.J., andHoroshenkov, K.V. The importance of auditory-visual interaction in the construction of 'tranquil space'[J]. J. Environ. Psychol, 2010, 30(4): 501-509.

[9] Preis, A., Kocinski, J., Hafke-Dys, H., and Wrzosek, M. Audio-visual interactions in environment assessment[J]. Sci. Total Environ, 2015, 523: 191-200.

[10] Xiao, J., Tait, M., and Kang, J. A perceptual model ofsmellscape pleasantness. Cities, 2018, 76: 105-115.

[11] Herz, R.S., Eliassen, J., Beland, S., and Souza, T. Neuroimaging evidence for the emotional potency of odor-evoked memory. Neuropsychologia, 2004, 42(3): 371-378.

[12] Herz, R.S., and Engen, T. Odor memory: Review and analysis[J]. Psychon. Bull. Rev., 1996, 3(3): 300-313.

[13] Moskowitz H R, Dravnieks A, Klarman L A. Odor intensity and pleasantness for a diverse set of odorants[J]. Perception & Psychophysics, 1976, 19(2): 122-128.

[14] Schreiner, L., Karacan, B., Blankenagel, S., Packhaeuser, K., Freiherr, J., and Loos, H.M. Out of the woods: psychophysiological investigations on wood odors to estimate their suitability as ambient scents[J]. Wood Sci. Technol, 2020, 54(5): 1385-1400.

[15] Kim S M, Park S, Hong J W, et al. Psychophysiological effects of orchid and rose fragrances on humans[J]. Hortic. Sci. Technol, 2016, 34(3): 472-487.

[16] Ba, M., and Kang, J. A laboratory study of the sound-odour interaction in urban environments[J]. Build. Environ. 2019, 147: 314-326.

[17] Song, C., Ikei, H., and Miyazaki, Y. Physiological effects of forest-related visual, olfactory, and combined stimuli on humans: An additive combined effect[J]. Urban For. Urban Green. 2019, 44: 126437.

[18] Benjamin D. Young. PerceivingSmellscapes[J]. Pacific Philosophical Quarterly, 2020, 101(2): 203-223.

[19] Osgood CE. The Measurement of Meaning[M]. Chicago: Illinois Univ Press, 1957.

[20] Xu, X., and Wu, H. Audio-visual interactions enhance soundscape perception in China's protected areas[J]. Urban For. Urban Green, 2021, 61: 127090.

[21] Song X, Li H, Li C, et al. Effects of VOCs from leaves of Acertruncatum Bunge and Cedrus deodara on human physiology and psychology[J]. Urban For. Urban Green, 2016, 19: 29-34.

[22] Cohen-Mansfield J, Werner P. Outdoor Wandering Parks for Persons with Dementia[J]. Alzheimer Disease and Associated Disorders, 1999, 13(2): 109-117.

[23] 金荷仙．梅、桂花文化与花香之物质基础及其对人体健康的影响[D]. 北京林业大学，2003.

[24] Tabachnick, B.G., Fidell, L.S. Using multivariate statistics[M]. New York: Harper and Row, 6th ed, 2012.

[25] Snell T L, Simmonds J G, Klein L M. Exploring the impact of contact with nature in childhood on adult personality[J]. Urban For. Urban Green, 2020, 55: 126864.

[26] Todrank J, Byrnes D, Wrzesniewski A, et al. Odors can change preferences for people in photographs: A cross-modal evaluative conditioning study with olfactory USs and visual CSs[J]. Learn. motiv, 1995, 26(2): 116-140.

[27] Thomas H, F Therese, Daniel B, et al. The Rewarding Effect of Pictures with Positive Emotional Connotation upon Perception and Processing of Pleasant Odors-An FMRI Study[J]. Front. Neuroanat, 2017, 11.

[28] Sabiniewicz A, Schaefer E, Cagdas G, et al. Smells Influence Perceived Pleasantness but Not Memorization of a Visual Virtual Environment[J]. i-Perception, 2021, 12(2).

[29] Gilbert A N. What the nose knows: the science of scent in everyday life[M]. New York: Crown Publishers, 2008.

[30] 陈意微，袁晓梅．气味景观研究进展[J]. 中国园林 33(02), 2017: 107-112.

作者简介

齐莹，1998年5月，女，满族，河北保定人，西北农林科技大学在读硕士研究生，研究方向为景观感知偏好与健康景观。电子邮箱：qiying@NWAFU. edu. cn。

陈曲婧，1994年9月，女，汉族，陕西杨凌人，西北农林科技大学在读硕士研究生，研究方向为复愈性环境规划设计，jing941001@nwafu. edu. cn。

高天，1982年2月，男，汉族，陕西西安人，博士，西北农林科技大学，教授，研究方向为生物多样性保护。电子邮箱：tian. gao@nwsuaf. edu. cn。

邱玲，1981年7月，女，汉族，陕西西安人，博士，西北农林科技大学，副教授，研究方向为生物多样性保护与景观认知评价。电子邮箱：qiu. ling@nwsuaf. edu. cn。

声景感知对于历史文化街区景观评价的冬夏差异
——以中央大街为例[①]

The Difference Between the Perception of Soundscape and the Landscape Evaluation of Historical and Cultural Districts in Winter and Summer
—A Case Study of the Central Street

瑞庆璇　赵　巍*

摘　要： 历史文化街区作为历史文化遗产保护体系的重要组成部分，是不可再生的珍贵资源，具有重要的历史文化价值。本文研究声景感知对与历史文化街区景观评价的冬夏差异。选取哈尔滨市中央大街历史文化街区作为研究对象，采用问卷调查的方式。结果表明：①游客对于夏季声源喜好度评价普遍高于冬季，同时自然声源喜好度评价较高，冬季特色演奏声喜好度评价较高；②夏季自然声源优势度对声景感知具有积极正向的影响，冬季相对而言人工声源优势度对景观愉悦度具有积极影响，而汽车鸣笛声对声景愉悦度的评价具有消极影响；③总体来说，声景感知与景观评价具有正向相关性，夏季好于冬季。夏季建筑风貌评价与声景感知的相关性偏低，冬季街巷格局评价与人工声愉悦度具有显著相关性。

关键词： 历史文化街区；声景感知；季节差异；景观评价

Abstract: Historical and cultural blocks are an important part of the historical and cultural heritage protection system. They are non-renewable precious resources and have important historical and cultural values. This paper studies the difference between the perception of soundscape and the landscape evaluation of historical and cultural blocks in winter and summer. The historical and cultural district of Central Street in Harbin is selected as the research object, and a questionnaire survey is used. The results show that: ①The preference of tourists for summer sound sources is generally higher than that of winter, while the preference for natural sound sources is higher, and the preference for special performances in winter is higher; ② The dominance of natural sound sources in summer is opposite Scenery perception has a positive effect. In winter, the artificial sound source dominance has a positive effect on the pleasantness of the landscape, while the sound of car horns has a negative effect on the evaluation of the pleasantness of the soundscape; ③Generally speaking, the sound There is a positive correlation between landscape perception and landscape evaluation, and summer is better than winter. In summer, the correlation between architectural style evaluation and soundscape perception is low, and in winter, there is a significant correlation between the evaluation of street and lane pattern and artificial acoustic pleasure.

Keywords: Historical and Cultural Blocks; Soundscape Perception; Seasonal Differences; Landscape Evaluation

引言

历史文化街区景观系统是一个复杂多维的整体，除视觉景观外，声景观、香景观等都是公共空间景观系统重要的组成部分。它承载着一座城市的过往，向人们展示时间所留下的痕迹，沉积了丰富的历史文化物质遗产，直观地展现了以往的社会面貌以及风土人情，是研究社会发展、科学技术以及文化艺术的重要例证。因此，我们要从系统的角度出发，对历史文化街区进行景观评价。20世纪90年代，我国引入国际上通用的“历史地段”这一概念，1986年，我国公布了第二批历史文化名城，并对“历史文化保护区”这一相关性的概念做出了限定。同时指出对能展现历史风貌和传统特色的历史街区应予以保护。2002年，在《中华人民共和国文物保护法》中正式提出了关于“历史文化街区”的概念。将之前不够完善的“历史街区”的概念取而代之[1]。

人类获取信息的渠道主要通过视觉和听觉，其中视觉所占的比例是83%，听觉占11%，其他感觉占6%[2]。声景观作为通过听觉所感知到的景观，是视觉景观以外最重要的景观形式，一般而言，视觉感知和声景感知同时发生且互相影响[3]。相较于视觉景观强大的冲击力，历史文化街区的声景观才是一座城市更为活态的存在，在塑造地域文化个性方面具有独特优势。然而在以往的历史文化街区的更新规划工程中更专注于街区建筑风貌等视觉特征的修复，缺少对于历史文化街区文化特性的继承和发扬[4]。声景观在塑造地方个性、增加地方感、提升居民归属感等方面具有超越视觉的独特优势，考虑将声景设计纳入城市历史街区的更新规划中，对宣传城市文化、创造更为舒适的声环境、提升历史街区景观完整性具有

① 基金项目：国家自然科学基金（51778169）、黑龙江省政府博士后基金（LBH-Z17078）共同资助。

重要的意义。

声景学是一类综合学科，涉及环境声学、景观学和心理学，其中包含“声、景、人”三要素，通过对三要素的掌握能够更好地分析声景观。声与景在季节更替中不断变换，人作为主体感知声景。因此，对声景的研究不应只考虑静态，更应从动态的角度去考虑[5]。寒地城市四季分明，冬季漫长寒冷，植物凋零减少自然声源构成。从季节差异入手，分析历史文化街区声源构成、声景感知及景观评价在不同季节的变化，能够更准确地掌握声景内在运行规律，为历史街区声景的更新设计提供指导。

1 研究方法

1.1 研究区域概况

根据《历史文化名城名镇名村保护条例》等有关规定，为更好保护、挖掘和继承黑龙江省优秀历史文化遗产，保护城乡传统格局和历史风貌，黑龙江省政府于2020年确定哈尔滨市中央大街历史文化街区为黑龙江省第一批历史文化街区。中央大街是哈尔滨市最为繁华的一条历史商业步行街，位于道里区，北起江畔的防洪纪念塔广场，南接新阳广场，总长1400m。各式各样欧式风格的建筑，独具异域风情的声环境背景，使哈尔滨中央大街历史文化街区成为城市历史文化街区的典型代表。中央大街始建于1900年，街道建筑包罗了文艺复兴、巴洛克等多种风格的建筑[6]，尽显哈尔滨的独特历史文化。具有重要的历史、文化和艺术价值。具体区位及冬夏景观如图1所示。

图1 哈尔滨市中央大街历史文化街区区位图

1.2 问卷设计

该问卷的受访对象为中央大街游玩的游客，问卷由四部分构成：第一部分为使用者信息，对受访对象的基本资料进行调查；第二部分为声源类型，受访者勾选出所听到的声源类型，并对声源喜好程度以及感知强度、感知频率加以评价；第三部分为游客对声景感知的评价，分别从声景的愉悦度和丰富度进行评价；第四部分从视觉满意度出发，对中央大街的建筑风貌、城市特色、历史氛围以及街巷格局进行评价。

1.3 调研实施

问卷的发放在2021年的冬、夏两季进行，问卷数量的确定是根据前人的研究，“城市环境声景调查的问卷100～150份可以具有代表性”[7]。本研究分两个时段进行：冬季调研的时间为2021年1月，调研时间为上午9点至下午3点，选择天气晴朗的日子进行，共计回收有效问卷129份；夏季调研时间为2021年7月份，调研的时间为上午9点至下午5点，同样选择天气晴朗的日子进行调研，共计回收有效问卷155份。将收集所得数据采用SPSS 26.0统计软件进行统计分析。

1.4 可靠性分析

使用SPSS 26.0对测量量表进行可靠性分析，结果表明：冬季调研所得数据基于标准化项的克隆巴赫系数（Cronbach’s alpha）为0.894，夏季调研所得数据基于标准化项的克隆巴赫系数（Cronbach’s alpha）为0.929，所得系数均大于0.7，接近1，表明该量表具有良好的内部可靠性。

2 结果与分析

2.1 冬夏季声源喜好度差异

声源类型的定义对于声景感知评价十分重要，声源分类则对声景感知质量具有重要影响[8]。参考以往对历史街区声景的研究，将所得声源分为自然声、人工声和机械声。在冬季声源的构成中，由于天气严寒，因而自然声源以呼啸的风声为主，人工声源则为人群喧哗声、儿童嬉戏声、吆喝声和音乐演奏声，机械声源由汽车行走声和汽车鸣笛声构成。在夏季声源的构成中，与冬季相比自然声源更为丰富，有水声（喷泉）、风吹树叶声以及鸟鸣声，人工声源和机械声源与冬季一致。通过对现场游客的采访，对不同声源的声喜好度进行了评价，采用李克特五级量表进行打分评价（打分标准为：1极不喜欢；2不喜欢；3一般；4喜欢；5极喜欢），取声喜好度评价的平均值进行冬、夏季的对比，如图2所示。

夏季声源构成中游客对于自然声源的喜好度普遍偏高，水声、风声、鸟鸣声的分数分别为4.25、3.98和4.02；人工声源喜好度中演奏声评分较高，为4.03，机械声的声喜好度评价普遍较低。冬季由于气候寒冷，没有水流声以及鸟鸣声的感知，风声的喜好度为3.45，相对

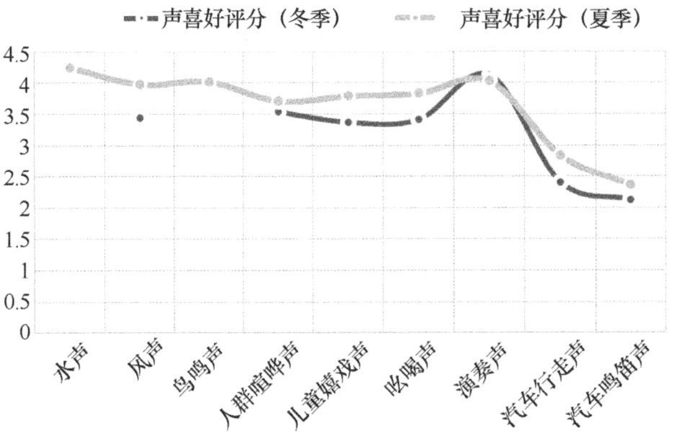

图 2　声喜好评价冬夏季差异

偏低；游客对于人工声中的演奏声喜好度评价最高为 4.12，机械声的声喜好度评价同样较低。

对比冬、夏季节：夏季游客对于声景喜好度评价普遍高于冬季，其中风声、儿童嬉戏声、吆喝声以及汽车行走声的评分差异较大；演奏声较为特殊，冬季的喜好度评价略高于夏季。

2.2　声源对声景感知影响的季节差异

声景感知评价主要包含丰富度和愉悦度两个方面。为了综合分析不同声源在历史街区中的特征，进一步引进了声源优势度（*SDD*）的综合概念[9]。声源优势度由声源的感知频率（*POS*）和感知强度（*PLS*）决定，即 $SDD=POS\times PLS$[4]。将冬夏季声源优势度评价较高的声景挑选出来分别与声景感知愉悦度和丰富度做 Pearson 相关分析，如表 1、表 2 所示。

夏季声源对声景感知的 Pearson 相关分析　表 1

声源优势度（*SDD*）	声景愉悦度	声景丰富度
水声	0.645**	0.502**
风吹树叶声	0.523**	0.442**
鸟鸣声	0.368**	0.391**
人群喧哗声	0.049	0.263*
儿童嬉戏声	0.004	0.328*
吆喝声	0.311*	0.125
演奏声	0.615**	0.147*
汽车行走声	0.126	0.115*
汽车鸣笛声	0.147	0.135

注：* $p<0.05$，** $p<0.01$。

冬季声源对声景感知的 Pearson 相关分析　表 2

声源优势度（*SDD*）	声景愉悦度	声景丰富度
风声	0.590*	0.457**
人群喧哗声	0.057	0.379*
儿童嬉戏声	0.51*	0.258**
吆喝声	0.528**	0.438**
演奏声	0.763**	0.364*
汽车行走声	0.038	0.356*
汽车鸣笛声	−0.161*	0.253

注：* $p<0.05$，** $p<0.01$。

夏季自然声源对声景愉悦度和丰富度的感知评价均具有较为显著的正向相关性，人工声源中演奏声对声景愉悦度评价具有较为显著的正向相关性，吆喝声对于声景愉悦度评价具有显著的正向相关性，人群喧哗声、儿童嬉戏声、演奏声以及汽车行走声对于声景丰富度的评价具有显著的正向相关性，其余声源与声景感知评价则不具有相关性。冬季风声对于声景愉悦度评价具有显著的正向相关性，丰富度评价具有较为显著的正向相关性，儿童嬉戏声、吆喝声和演奏声对声景评价具有正向相关性，汽车行走声对声景的丰富度评价具有正向相关性，而汽车鸣笛声对声景愉悦度的评价具有负向相关性。

对比冬、夏季节：自然声源的感知优势度越高，则对声景愉悦度和丰富度的评价越好；夏季的人工声源与声景丰富度相关性更高，而冬季的人工声源则与声景愉悦度相关性更高；夏季的交通声与声景愉悦度不具有相关性，但冬季的汽车鸣笛声则与声景愉悦度评价呈现负相关性，表明冬季汽车鸣笛声对声景愉悦度有着消极的影响。

2.3　声景感知对历史景观评价影响分析

历史文化街区整体景观评价受到视觉和听觉的影响[10]，声景感知与历史街区景观评价进行相关性分析，历史街区景观从历史氛围、城市特色、建筑风貌以及街巷格局四个维度进行评价，采用李克特五级量表法（1 极不赞同；2 不赞同；3 一般；4 赞同；5 极赞同）以描述游客对中央大街的景观评价。分别与愉悦度和丰富度进行相关性分析，不同季节的分析结果如图 3 和图 4 所示。

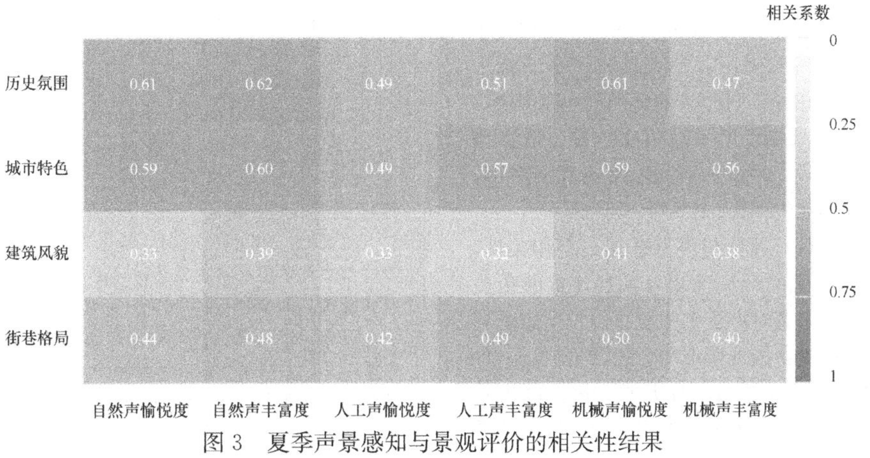

图 3　夏季声景感知与景观评价的相关性结果

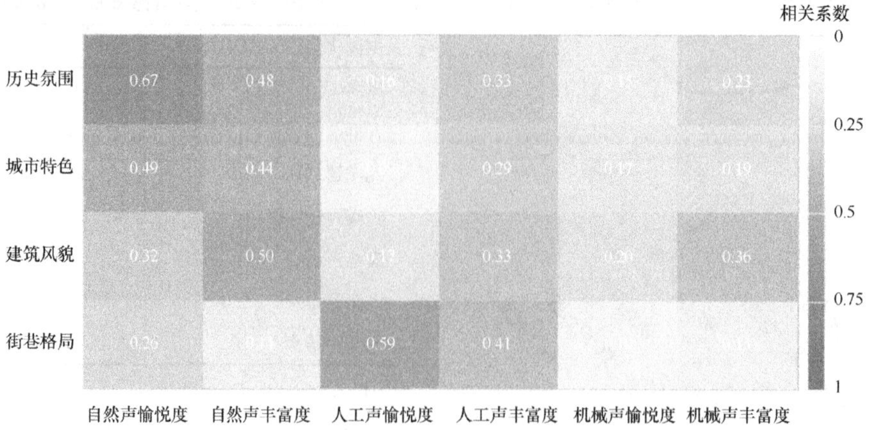

图 4　冬季声景感知与景观评价的相关性结果

夏季声景感知评价与历史文化街区景观评价相关性较高，其中声景愉悦度和丰富度与历史氛围和城市特色呈现较为显著的正向相关性；建筑风貌与声景感知评价相关性偏低；冬季自然声景感知评价与历史文化街区的历史氛围和城市特色相关性相对较高，人工声愉悦度与街巷格局呈现显著的正向相关性。

对比冬、夏季节：夏季总体声景评价与历史文化街区景观评价的相关性普遍高于冬季，而冬季自然声景愉悦度评价与历史氛围的相关性，自然声源丰富度与建筑风貌的相关性以及人工声源愉悦度与街巷格局的相关性高于夏季。

3　结论

本文选取哈尔滨市中央大街历史文化街区作为研究对象，在问卷调查的基础上进行数据分析，探究不同季节下，历史街区声源喜好度的差异，声源与声景感知的相互作用关系，以及声景感知下历史街区历史感知评价的相关分析进行研究，所得结论如下：

（1）人们对历史文化街区声源喜好度进行评价，通过对比分析：夏季游客对于历史文化街区的自然声源如风声、水声、鸟鸣声喜好度评价较高，冬季自然声较少，且风声喜好度的评价低于夏季。同时冬季人工声以及机械声的喜好度评价普遍低于夏季，因此可在冬季增加相关隔声设施，阻隔交通噪声进而提高游客对声景的喜好度评价。

（2）自然声源对历史文化街区的声景感知评价均有积极影响，具有地方特色的吆喝声以及有异域风情的音乐演奏声，对游客声景感知评价同样具有显著正相关影响，冬季汽车鸣笛声则与声景愉悦度呈现负相关性。适当增加更具地方文化特色的人工声源，例如吆喝声和演奏声，可以提高游人对声景感知的评价。

（3）历史文化街区景观评价与声景感知具有相关性，夏季游客对历史文化街区的声景感知与景观评价的相关性普遍高于冬季，夏季游客对声景丰富度、愉悦度感受越好，对历史文化街区历史氛围及城市特色的评价更高，冬季游客对人工声愉悦度感知越强，对历史文化街区街巷格局的满意度则越高。因此，为更好体现历史街区的景观风貌特征，提高游客舒适度及满意度，应将声景纳入历史街区的规划营造之中。

参考文献

[1]　胡冰寒．历史文化街区有机更新新方法探究与应用——以武汉市昙华林历史街区更新改造为例[J]. 中国建筑装饰装修，2016(9)：127.

[2]　Pijanowski B C，Villanueva-Rivera L J，Dumyahn S L，et al. Soundscape ecology：The science of sound in the landscape[J]. BioScience，2011，61(3)：203-216.

[3]　王亚平，尹春航，籍仙荣，等．城市历史街区声景观及视听感知实验研究[J]. 应用声学，2020，39(01)：104-111.

[4]　刘江，杨玲，张雪葳．声景感知与历史街区景观评价的关系研究——以福州三坊七巷为例[J]. 中国园林，2019，35(01)：35-39.

[5]　扈军，葛坚，王觅．城市公园声景观的时间维度解析[J]. 建筑与文化，2016(09)：169-171.

[6]　牟瑶，庞颖，闫思宇．遗产保护视角下的中央大街历史街区的价值与保护[J]. 山西建筑，2019，45(04)：12-13.

[7]　Kang J，Zhang M．Semantic differential analysis of the soundscape in urban open public spaces[J]. Building & Environment，2010，45(1)：150-157.

[8]　Nilsson M E，Botteldooren D，De Coensel B. Acoustic indicators of soundscape quality and noise annoyance in outdoor urban areas[C]//The 19thInternational Congress on Acoustics，Madrid，2007.

[9]　Liu J，Wang Y J，Zimmer C，et al. Factors associated with soundscape experiences in urban green spaces：A case study in Rostock，Germany[J/OL]. Urban Forestry & Urban Greening，2018.

[10]　Maffiolo V，Castellengo M，Dubois D. Qualitative judgments of urban soundscapes：proceeding of InterNoise 1999 [C]//FL：Fort Lauderdale，1999：1251-1254.

作者简介

瑞庆璇，1996 年 10 月，女，汉族，黑龙江省鸡西市人，哈尔滨工业大学建筑学院风景园林专业硕士研究生，研究方向为城市声景观。电子邮箱：1095868304@qq. com。

赵巍，1985 年 9 月，女，汉族，吉林省松原市人，博士，哈尔滨工业大学建筑学院，寒地城乡人居环境科学与技术工业和信息化部重点实人验室，讲师、硕士生导师，研究方向为城市声景观。电子邮箱：zhaoweila@hit. edu. cn。

生态感知为媒介的人-景互动关系探究

——基于 CiteSpace 可视化图谱分析①

The Research on the Interaction between Human and Landscape with Ecological Perception as a Medium

—Based on CiteSpace Visual Map Analysis

汪方心怡　王　敏*

摘　要：公园城市理念下公众对空间需求多元化、人景关系紧密化有更高的诉求，如何推动人景弥合，形成空间认同，提供符合市民新时代空间需求的生态系统服务，以更好地发挥绿色空间的生态及社会效益，是城市建设必须面临的新课题。基于此，研究引入生态感知概念，借助 CiteSpace 可视化图谱分析，梳理国内外以生态感知搭建人—景关系的相关研究，厘清生态感知的层级内涵、关联及研究趋势，并结合"风景园林三境"提出感知主客转化的人—景互动三层级研究框架与实现途径。研究旨在促进更好地理解由生态感知介导的人景关系转化机制，推动物境—情境—意境三境耦合、人—景主客二元互动的风景园林研究与实践，实现空间生态功能与社会服务的高效整合。
关键词：生态感知；人景关系；人景互动；CiteSpace；层级；研究趋势

Abstract: Under the concept of the park city, the public has higher demands for diversified space and the closer human-landscape relationship. How to promote the bridge between human and landscape, form spatial identity and provide ecosystem services that meet the space needs of citizens in the new era, so as to better utilize the ecological and social benefits of green space are new issues of urban construction. Based on this, the research introduces the concept of ecological perception, sorts out the domestic and foreign related researches to understand the connotation of the ecological perception levels, the correlation between the levels and the research trends by CiteSpace. Then combining the"three realms of landscape"(content conception, passion conception and artistic conception), a three-level research framework and realization approach of human-landscape interaction are proposed. The research aims to promote a better understanding of the transformation mechanism of human-landscape relationship mediated by ecological perception as well as promoting the research and practice of landscape three-dimensional coupling and subject-object interaction to realize the efficient integration of ecological functions and service values.
Keywords: Ecological Perception; Human-landscape Relationship; Human-landscape Interaction; CiteSpace; Perception Level; Research Trends

1　研究背景

当前城市发展中，空间建设多注重于公园绿地等生态空间作为生态系统服务供体产生的供给过程，偏重场地的增量建设以及外在造型、结构和形式，而轻视公众作为相应受体的服务接受过程，对人的感知、交流、认同和归属等心理需要的关注较少，使得人与环境的联系较弱甚至割裂，相互认同不足，造成了生态空间与公众需求的匹配存在错位，导致空间闲置、活力匮乏、资源浪费、场所沦陷等现象[1]。随着 2018 年"公园城市"理念的提出，"人、城、境、业"和谐统一已成为新时期城乡人居环境建设的要求与导向，公众对传统生态服务产品在空间需求多元化、人景关系紧密化等方面提出了更高的诉求。其本质在于生态价值的人本转化[2]，人景相协的空间建设。因此，如何推动人景弥合，形成空间认同，提供符合市民新时代空间需求的生态系统服务，以更好地发挥绿色空间的生态及社会效益，是城市建设必须面临的新课题[3]。

在此背景下，本研究引入生态学研究的前沿理念——生态感知概念，以新兴视角切入，借助 CiteSpace 可视化图谱分析，梳理国内外以生态感知搭建人-景关系的相关研究，厘清生态感知的层级内涵、关联及研究趋势，探索并初步构建生态感知在人景互动中的转化机制与实现途径，旨在改变以往人与客体自然具有外在关系而无内在关联的认知，侧重人本视角下的生态-社会感知相协，促进理解人景关系的影响机制，从而实现生态功能与服务价值的高效整合[4]，形成人-景的整体性关系。本研究系统性地整理生态感知的先验知识，强调不仅需要注重物质空间品质，更应思考如何融合和引导公众感知于生态过程之中[5]，搭建外部环境与人类幸福感间的主客联系，其本质与"公园城市"发展理念所蕴含的"以人为本"思想相统一，体现人类和自然共生和谐的关系模式，对探究空间生态—社会效益融合提升具有重要的意义。

① 基金项目：国家重点研发计划课题"绿色基础设施生态系统服务功能提升与生态安全格局构建"（编号：2017YFC0505705）。

2 生态感知概念辨析

感知概念源于心理学，由感觉和知觉两部分心理过程组成，感觉指的是心理学中人脑对直接作用于感觉器官的事物的个别属性的反映，是复杂心理过程的基础，知觉是基于感觉，将事物的不同个别属性加以综合，产生对事物全面的反映，是对感觉信息的组织和解释过程，二者紧密联系，都是对客观事物的反映[6]。生态心理学进一步提出生态感知是有机体行为与环境的双向联结，是有机体在真实自然环境下对“供体和不变”的探知，由有机体在环境中的融入和移动介导。在环境心理学领域，董慰等提出环境感知是感知者在物理环境中接收处理信息后形成的心理环境[7]，是个体或群体直接地真实地感知自然及人工环境信息的过程，能够指导外在行为，注重对环境整体信息的选择与加工，受到信息与知识经验的双重影响，重视人格与文化特点[8]。

随着近年多学科研究的推进，对感知的内涵衍生出更深的理解：不仅包含认知事物、信息处理的心理过程，更延伸为文化信仰、价值观和审美判断的塑造过程。在生态美学领域，Gobster等将生态美学引入景观感知，联合审美诉求与生态知识，提出生态感知通常需要生态过程的知识以及通过感应景观的时令变化而得到的直接体验，从生态审美要素角度构建景观感知过程框架，将其划分为：个体、景观、人-景互动、互动引发成果4个方面，强调人类与生态系统的双响影响过程[9]。

由此可见，在生态感知的概念中，存在着由客观环境感受向主观心理思考不断递进的层级关系。借助中国古典园林中关于三境——物境、情境、意境的论述，景观感受以客观空间环境为基础，是一个由物境、情境，逐步上升到意境且三境交融的多层次感知过程。空间意境组织是结合了精神感受的更高层次追求[10]。

3 基于CiteSpace的生态感知层级关联分析

为明晰生态感知层级的具体内涵及其相互关联，研究借助CiteSpace软件对文献进行科学图谱分析。CiteSpace是文献数据挖掘和可视化软件，融合了方法分析、社会网络分析等多种分析方法，能够判断领域的基础知识和研究前沿，探测学科研究特征，以及不同研究主题之间的交叉、互动关系等[11]。研究以web of science数据库和中国知网（CNKI）为数据来源，时间跨度为近20年（2000～2020年），进行关键词共现网络分析、共引分析等。

3.1 基于知网的生态感知层级分析

基于CNKI的关键词共现图谱（图1）表明，学界对人-景关系的感知研究主要聚焦于基于感官的感知量化与景观评价、公众感知、美学感知体验以及感知技术等方面。其中感知技术作为相对独立的研究部分综合服务于其他3个相互关联的研究主题，并分别体现出物境、情境、意境的研究导向。

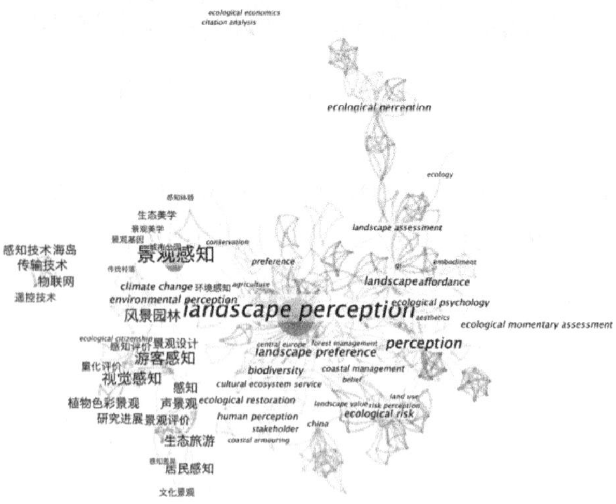

图1 基于CNKI的关键词共现图谱

3.1.1 物境层级

在物境层级，生态感知指的是感知器官对于自然生态环境刺激的直接反应阶段，最基础的感觉为人的5种基本感官——眼、耳、鼻、舌、皮肤对周围环境形成的视觉、听觉、嗅觉、味觉、触觉上的直观感受，以视觉感知为主导地位[12]，主要受外部物理环境条件影响，从而形成普适性、共性化的一般性规律[13]。

景观分析评价四大范式学派中认知学派提出风景园林感受可以理解为风景园林客观环境信息被接收、转译，进而成为主观感受信息，一个信息编码、处理和传输的过程[14]。以视觉为主要方式，具有促进公众健康和幸福、增加人和自然联系的重要作用，是一种实现人与自然交融的景观体验新范式[15]。近年，研究由视觉逐渐拓展为多感官。刘滨谊团队对视觉景观感知与评估进行了系列研究，对视觉景观的空间感知、视觉特征与偏好、评估方法、景观感受的时空转换机制等多进行研究[10, 12, 16-19]；俞孔坚通过视觉感知对自然景观空间序列进行美学评价[20]；何谋、刘江、许晓青等人对声景感知的研究动态、影响因素、景观评价等进行了研究[21-27]；马克·林奎斯特提出多感官体验的景观评估发展方向[28]。

在此层级，生态感知在研究中主要作为客体环境在公众视角下的转译工具，旨在通过感知信息数据归纳、总结影响空间特征体验、偏好、评价等的景观要素及其影响方式等。

3.1.2 情境层级

在情境层级，生态感知指的是将感官信息进行组织、分类并转化为经验知识的过程，是亲身经历的情感体验。它受人口特征与社会经济背景影响等内在因素限制，如年龄、性别、文化教育背景、个体知识或经验、职业与经济条件等[8, 29-31]，会在独特局地特征与人文背景下形成个性化的认知与知识经验[13]。

董慰、董禹等人针对不同群体展开建成环境的感知测度、情感意愿、行为影响研究[32-35]；王敏等人针对景观空间特征、设计模式等进行主观评价，研究公众的感知类型、感知偏好与内在差异[4, 15]；林广思、于冰沁、王志芳、刘颂等人对居民游憩偏好、感知维度、情感联系等进行评价研究[36-40]，张昶等人对城市生态文化感知体系偏好进行分析[41]。

在此层级，生态感知作为客体环境影响主体行为的判断依据，旨在在物境层级基础上，更深入地理解不同客观环境条件（如：景观要素、空间特征等）以及不同主观人群条件（如：年龄、社会经济背景）等之下，人群行为及情感体验所形成的差异，体现出心理情感感知对主体行为产生的内在影响。

3.1.3 意境层级

在意境层级，生态感知指的是人类和生态互动的广泛概念，是在物理环境条件和人文背景双重作用下，世界观、价值观的构建。其中，既存在客观环境与主流价值引导下形成的思想共性，又保留独立个体的主观偏好意愿，是景观获取社会和文化意义的过程[42]。

研究着重讨论生态价值与审美价值相协同的新型景观审美感知模式以及构建新型感知教育等内容[43]。许愿、朱育帆、于冰沁、王向荣等人在探讨生态伦理、生态主义思想的过程中提到，以往生态学体系中并未或很少涉及个体知觉、情感、记忆与想象等人文量，以及它们对物质环境的赋形作用，而近年对这一维度研究的渴求提升[44]，美学的哲学基础发生了由人文主义到科学主义和生态主义的转变[45]。1987 年，威特提出“基于生态的美学”（ecologically-grounded aesthetic）认为审美与生态原理的结合能够拓展人们对环境的综合感知和欣赏能力，是早期对此方向的探索[44]，此后 Gobster 在生态美学的研究中对生态审美体验和景观审美感知两个核心问题进行研究，探究景观感知研究方法，并将审美体验视为人与环境系统相联系的途径，构建了人与环境在景观中相互影响的概念模型，并基于生态与美学的互动总结了关于景观感知的七大思考，推动审美体验的重要性、知识与鉴赏的结合以及景观感知与评估的整体框架发展[43]。

在此层级，生态感知作为客观环境及主观意识双重作用下的空间取向与价值选择，既是公众生态或审美知识、经验和价值观的外在表现，也是为个人情感体验偏好的表征，能够分别从理性和感性双视角对二者的相互关系（如权衡协同作用关系等）进行研究。

3.2 基于 WOS 的生态感知研究趋势分析

基于 WOS 的生态感知研究关键词时间线图谱及研究文献共被引图谱（图 2、图 3）表明，近 20 年（2000～2020 年）国内外关于生态感知的研究主要围绕气候变化、景观偏好、生态心理学、生态系统服务、保护区、公众健康、生态修复等话题展开。其中关键的研究节点多集中在 2012～2017 年，Daniel TC、Chan KMA、Plieninger T、Martin-lopez B、Scholte SSK、Van Berkel DB 等围绕感知与生态系统服务在生态、文化、社会视角下的框架构建、制图、评估量化、驱动因素等方面展开研究[46-52]，Ode A、Diaz S、Soini K 等研究自然与人的关系，构建概念框架以及研究感知要素、指标与景观偏好关系[53-55]，Gobster、Rogge 等将感知与生态美学进行结合[56, 57]。

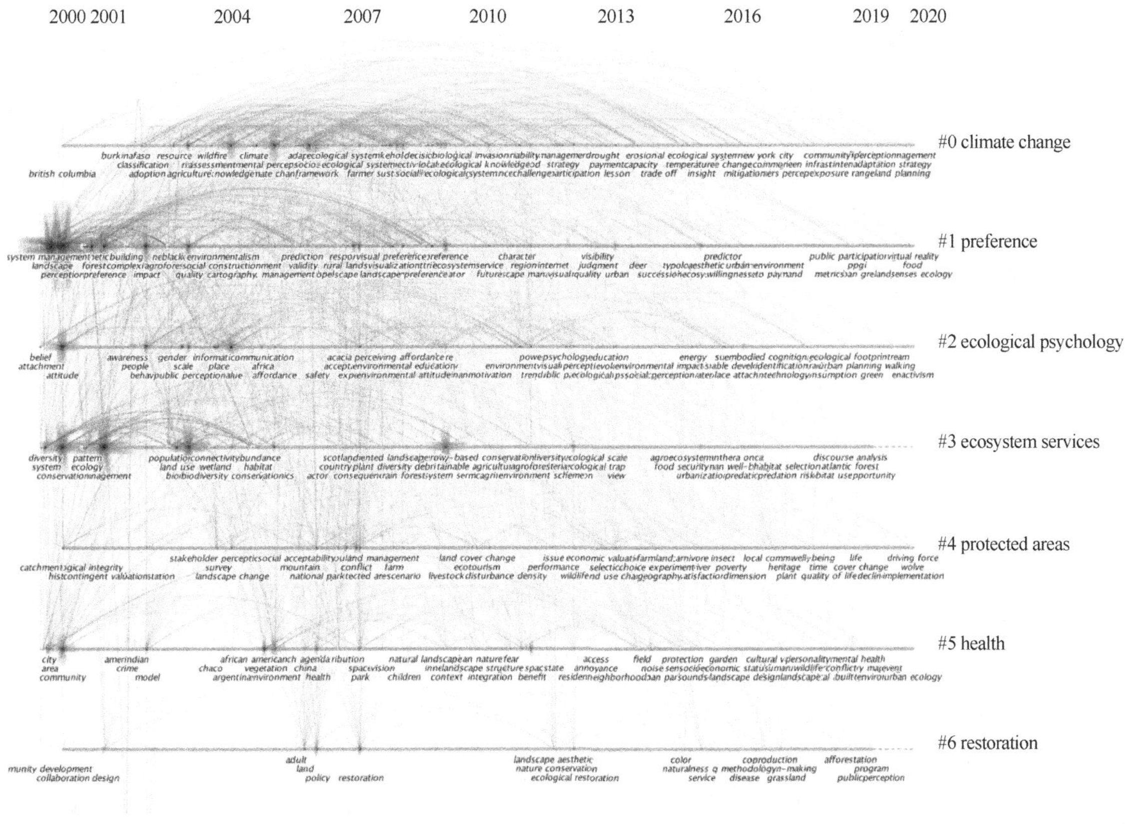

图 2　基于 WOS 的生态感知研究关键词时间线图谱

图 3　基于 WOS 的生态感知研究文献共被引图谱

研究经历了对单一自然或人工环境系统感知向自然—社会耦合系统感知的研究转变，加强了与城市生态空间及公众的密切程度。例如有关偏好的感知研究由对自然或人工空间的视觉偏好、地标构筑等偏好研究向文化偏好、多感官多人群偏好、审美偏好、疗愈偏好等方向转变；生态系统服务的感知研究由对生态要素诸如海洋、森林、草原、生物多样性等的研究向城市绿色空间的生态系统文化服务、功能价值评价优化与供需耦合研究转变，均体现出研究层级由物境向意境逐渐转变的趋势。

4　人-景互动的生态感知实现路径构建

基于上述分析，本文构建了由生态感知介导的物境—情境—意境三境耦合，人-景二元互动研究框架（图 4）。客体景观空间通过环境刺激，形成生态感知，可进一步细分为物境—情境—意境三大层级的影响，其中既存在层级内部的横向作用，也存在层级间的纵向作用，使得公众感知主体产生直观感受、转化知识经验与情感体验并影响世界观价值观的构建。根据对生态感知不同层级的研究，能够分别总结景观环境普适化的影响规律、公众对景观环境个性化的认知与知识经验，明晰当前时代下的公众对景观环境的思想共性与个体间的主观偏好，并最终体现于公众的空间行为取向，从而能够反过来影响客体景观空间的塑造。在此三层途径中，生态感知分别作为客观环境的主观转译工具、客观环境影响行为主体的判断依据以及主客观条件共同作用下价值选择与情感偏好的双重表现参与人景互动过程。

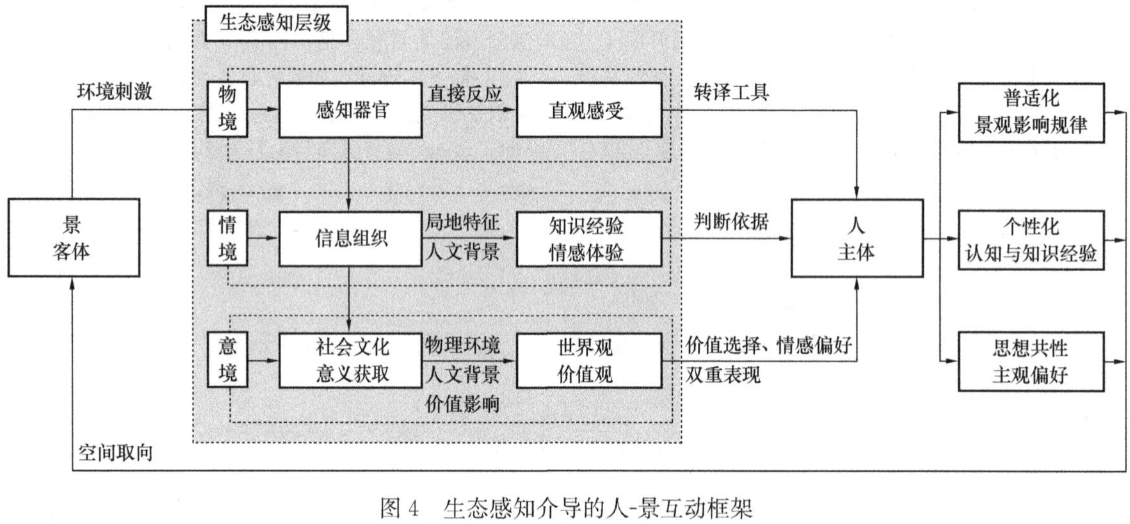

图 4　生态感知介导的人-景互动框架

5　结语

城市生态系统由人与城市环境构成，公众是景观环境的使用行为主体[58]，关注人城关系、人境关系是促进景观人本化精细化、培育生态复兴的社会机制，是实现可持续发展的重要途径[59]。生态感知作为人在环境社会要素下产生的内在反馈，是公众意愿的重要表征，会对内在生态意识和外在生态行为产生显著影响[58]。在生态文明时代下，加强对它的关注与研究，有助于明晰人与自然主客体间复杂嵌套的影响关系，是重塑人境社会联系、理解公众需求、探索新兴公众参与方式的重要研究工具。

目前，以生态感知为媒介的人-景互动研究尚处于探索阶段，本文通过生态感知的概念辨析、层级内涵与关系梳理以及人景互动关系框架构建，尝试从传统风景园林理论角度对其形成较为清晰的认知，探索它与人-景研究间的关联与应用可能，旨在为生态感知进一步扩展研究成果提供科学支持与参考借鉴。未来，作为多学科交叉的研究概念，在探索与新兴技术的高效结合及更广泛的学科应用语境等方面仍大有可为。而以此研究为基础，生态感知对人-景研究的形式与内容、价值观念、表达方法和实践技术等方面也将会有更深层面的影响与变革。

参考文献

[1]　甘美娜．广州有活力街道与广场的场所精神研究[D]．广州：华南农业大学．

[2]　成都市公园城市建设领导小组．公园城市：城市建设新模式的理论探索[M]．四川人民出版社，2019．

[3]　张鑫彦，涂秋风．公园城市背景下大都市中心城区环公园

绿道建设探讨——以上海为例[J]. 中国园林，2019，(S2)：93-97.
[4] 王敏，王茜. 基于Q方法的城市公园生态服务使用者感知研究——以上海黄兴公园为例[J]. 中国园林. 2016，(12)：97-102.
[5] 王敏，朴世英，汪洁琼. 城市滨水空间生态感知的景观要素偏好分析——以上海后滩公园与虹口滨江绿地为例[J]. 建筑与文化，2020，(11)：157-159.
[6] 彭聃龄. 普通心理学[M]. 北京师范大学出版社，2012.
[7] 董慰，刘岩，董禹. 健康视角下城市居民对建成环境感知的测度方法研究进展[J]. 科技导报，2020，(7)：61-68.
[8] 俞国良，王青兰，杨治良. 环境心理学[M]. 人民教育出版社，2000.
[9] 程相占. 美国生态美学的思想基础与理论进展[J]. 文学评论，2009，(1)：69-74.
[10] 刘滨谊，张亭. 基于视觉感受的景观空间序列组织[J]. 中国园林，2010，(11)：31-35.
[11] 安传艳，李同昇，翟洲燕，等. 1992-2016年中国乡村旅游研究特征与趋势——基于CiteSpace知识图谱分析[J]. 地理科学进展，2018，(9)：1186-1200.
[12] 唐真，刘滨谊. 视觉景观评估的研究进展[J]. 风景园林，2015，(9)：113-120.
[13] 唐立娜，李竞，邱全毅，等. 景感生态学方法与实践综述[J]. 生态学报，2020，(22)：8015-8021.
[14] 刘滨谊. 风景园林主观感受的客观表出——风景园林视觉感受量化评价的客观信息转译原理[J]. 中国园林，2015，(7)：6-9.
[15] 王敏，朴世英. 景观生态设计模式的公众感知研究——以上海黄浦江滨江绿地为例[J]. 西部人居环境学刊，2018，(6)：43-47.
[16] 帕特里克·米勒，刘滨谊，唐真. 从视觉偏好研究：一种理解景观感知的方法[J]. 中国园林，2013，(5)：22-26.
[17] 刘滨谊，戴睿，陈威. 中国诗词的景观感受时空转换机制[C]//国际风景园林师联合会，2012.
[18] 刘滨谊，范榕. 景观空间视觉吸引要素及其机制研究[J]. 中国园林，2013，(5)：5-10.
[19] 刘滨谊，姜珊. 纪念性景观的视觉特征解析[J]. 中国园林，2012，(3)：22-30.
[20] 俞孔坚. 自然景观空间意义之探索——南太行山典型峡谷景观韵律美评价[J]. 北京林业大学学报，1991，(1)：9-17.
[21] 何谋，庞弘. 声景的研究与进展[J]. 风景园林，2016，(5)：88-97.
[22] 刘江，杨玲，黄丽坤. 生态型城市公园声景体验的影响因素研究[J]. 风景园林，2019，(5)：89-93.
[23] 刘江，杨玲，张雪葳. 声景感知与历史街区景观评价的关系研究——以福州三坊七巷为例[J]. 中国园林，2019，(1)：35-39.
[24] 莫尔科夫基纳·达莉雅，刘海龙，许晓青. 水声景与人的感知研究[J]. 中国园林，2020，(7)：99-104.
[25] 许晓青，郭晓彤，韩锋，等. 武陵源世界遗产地声景感知及影响感知的要素研究[J]. 风景园林，2019，(6)：97-102.
[26] 许晓青，杨锐，彼得·纽曼，等. 国家公园声景研究综述[J]. 中国园林，2016，(7)：25-30.
[27] 许晓青，庄安頔，韩锋. 主导音对自然保护地声景感知情绪的影响——以武陵源世界遗产地为例[J]. 中国园林，2019，(8)：28-33.
[28] 马克·林奎斯特，埃卡特·兰格，唐真. 风景园林中的多感官体验：从景观可视化到环境模拟[J]. 中国园林，2013，(5)：17-21.
[29] Jim C Y，Chen W Y. Perception and attitude of residents toward urban green spaces in Guangzhou (China) [J]. Environmental management，2006，38(3)：338-349.
[30] Jim C Y，Shan X. Socioeconomic effect on perception of urban green spaces in Guangzhou，China [J]. Cities，2013，31：123-131.
[31] Wang B，Tang H，Xu Y. Perceptions of human well-being across diverse respondents and landscapes in a mountain-basin system，China[J]. Applied Geography，2017，85：176-183.
[32] 董慰，刘岩，董禹. 健康视角下城市居民对建成环境感知的测度方法研究进展[J]. 科技导报，2020，(7)：61-68.
[33] 董慰，娄健坤，董禹. 社区可步行性对老年人地方依恋及就地养老意愿影响研究——以哈尔滨市香坊老工业区为例[J]. 上海城市规划，2020，(6)：30-35.
[34] 董禹，李珍，董慰. 城市住区绿地感知与居民压力水平的关系研究——以哈尔滨市12个住区为例[J]. 风景园林，2020，(2)：88-93.
[35] 董禹，秦椿棚，董慰，等. 地铁站周边不同范围建成环境对居民出行方式的影响研究——哈尔滨的实证[J]. 南方建筑，2020，(2)：35-41.
[36] 林广思，吴安格，蔡珂依. 场所依恋研究：概念、进展和趋势[J]. 中国园林，2019，(10)：63-66.
[37] 刘颂，李菀辰，丛楷昕. 黄浦滨江绿道骑行环境感知评价[J]. 中国城市林业，2020，(4)：39-43.
[38] 王志芳，蔡扬，张辰，等. 基于景观偏好分析的社区农园公众接受度研究——以北京为例[J]. 风景园林，2017，(6)：86-94.
[39] 吴安格，林广思. 城市公园使用者的场所依恋影响因素探索——以广州市流花湖公园与珠江公园为例[J]. 中国园林，2018，(6)：88-93.
[40] 于冰沁，谢长坤，杨硕冰，等. 上海城市社区公园居民游憩感知满意度与重要性的对应分析[J]. 中国园林，2014，(9)：75-78.
[41] 张昶，王成，郄光发，等. 西安生态文化建设的社会需求分析(Ⅲ)：公众偏好——生态文化感知体系的调查与分析[J]. 中国城市林业，2015，(1)：55-60.
[42] Fernandez-Gimenez M. The role of ecological perception in indigenous resource management：a case study from the Mongolian forest-steppe [J]. Nomadic Peoples，1993，33：31-46.
[43] 保罗·戈比斯特，杭迪. 西方生态美学的进展：从景观感知与评估的视角看[J]. 学术研究，2010，(4)：2-14.
[44] 许愿，朱育帆. 风景园林学视野下生态伦理的应用范畴辨析[J]. 中国园林，2020，(1)：87-90.
[45] 于冰沁，王向荣. 生态主义思想对西方近现代风景园林的影响与趋势探讨[J]. 中国园林，2012，(10)：36-39.
[46] Chan K，Guerry A D，Patricia B，et al. Where are Cultural and Social in Ecosystem Services? A Framework for Constructive Engagement [J]. Bioscience，2012，62(8)：744-756.
[47] Chan K，Satterfield T，Goldstein J. Rethinking ecosystem services to better address and navigate cultural values [J]. Ecological Economics，2012，74：8-18.
[48] Daniel T C，Muhar A，Arnberger A，et al. Contributions of cultural services to the ecosystem services agenda [J]. Proceedings of the National Academy of Sciences of the U-

nited States of America，2012，109(23)：8812-8819.
[49] López-Martínez，Francisco. Visual landscape preferences in Mediterranean areas and their socio-demographic influences [J]. Ecological Engineering，2017，104：205-215.
[50] Plieninger T，Dijks S，Oteros-Rozas E，et al. Assessing，mapping，and quantifying cultural ecosystem services at community level [J]. Land Use Policy，2013，33(14)：118-129.
[51] Berkel D B V，Verburg P H. Spatial quantification and valuation of cultural ecosystem services in an agricultural landscape [J]. Ecological Indicators，2014，37：163-174.
[52] Scholte SS K，Teeffelen A J A V，Verburg P H. Integrating socio-cultural perspectives into ecosystem service valuation：A review of concepts and methods - ScienceDirect [J]. Ecological Economics，2015，114：67-78.
[53] A K S，B H V，A E P. Residents' sense of place and landscape perceptions at the rural-urban interface [J]. Landscape & Urban Planning，2012，104(1)：124-134.
[54] Ode A，Tveit M S，Fry G. Capturing Landscape Visual Character Using Indicators：Touching Base with Landscape Aesthetic Theory [J]. Landscape Research，2008，33(1)：89-117.
[55] Díaz S，Demissew S，Carabias J，et al. The IPBES Conceptual Framework-connecting nature and people [J]. Current opinion in environmental sustainability，2015，14：1-16.
[56] Gobster P H，Nassauer J I，Daniel T C，et al. The shared landscape：what does aesthetics have to do with ecology? [J]. Landscape Ecology，2007，22(7)：959-972.
[57] Rogge E，Nevens F，Gulinck H. Perception of rural landscapes in Flanders：Looking beyond aesthetics[J]. Landscape & Urban Planning，2007，82(4)：159-174.
[58] 廖冰，张晓琴. 引入中介与调节变量的生态认知对生态行为作用机理实证研究[J]. 资源开发与市场，2018，(4)：539-546.
[59] 刘晓芳，吝涛，赵宇，等. 城市公园景感要素及其对不同人群公园活动方式的影响[J]. 生态学报，2020，(22)：8176-8190.

作者简介

汪方心怡，1996年10月，女，汉族，江西人，同济大学建筑与城市规划学院，风景园林学在读硕士研究生，研究方向为风景园林规划设计。电子邮箱：644833647@qq.com。

王敏，1975年11月，女，汉族，福建人，博士，同济大学建筑与城市规划学院景观学系副主任、副教授、博士生导师，上海市城市更新及其空间优化技术重点实验室水绿生态智能分实验中心联合创始人，研究方向为水绿空间生态系统服务、城市绿地与生态规划设计、韧性景观与城市可持续。电子邮箱：wmin@tongji.edu.cn。

新冠肺炎疫情下城市公园环境感知与情绪改善的关系研究

——基于上海中心城区39个公园的文本分析①

Study on the Relationship of Environmental Perception and Emotional Improvement in Urban Parks

—Based on Textual Analysis of 39 Parks in Shanghai Under COVID-19

王　敏　陈梦璇

摘　要：城市公园作为与日常生活密切相关的健康支持性环境，其环境感知对促进市民情绪健康有重要作用。以新冠肺炎疫情期间上海市内环内39个城市公园为研究对象，基于社交媒体文本分析，运用关联分析法，识别并探讨市民到访城市公园后所感知的环境特征与正面情绪产生和负面情绪消除的关系，以期得到促进情绪健康的公园环境优化的相关启示。结果表明新冠肺炎疫情下，①城市公园的自然特征比非自然特征更易感知；②比起消除负面情绪，公园环境感知更能激发正面情绪；③正面情绪中，喜爱和幸福情绪的产生更多受到城市公园自然特征与形态特征的积极影响，兴奋情绪的产生主要受到非自然特征的影响；④公园的色彩、花卉、天气的感知与喜爱情绪正相关，天气、树木、花卉、动物、水体、色彩的感知与幸福情绪正相关，建筑物的感知与幸福情绪负相关。

关键词：城市公园；环境感知；情绪改善；关联分析；新冠肺炎

Abstract: As a health-supportive environment closely related to daily life, the perception of the environment in urban parks plays an important role in promoting citizens' emotional health. We identified the environmental features and emotional performance perceived by citizens after visiting urban parks based on social media text analysis of 39 parks in Shanghai under COVID-19, and used correlation analysis to explore the relationship between perceived park environmental features and show of positive emotion and disappearance of negative emotion. The results show that ①natural features of urban parks are easier to perceive than non-natural features; ②perception of park environmental features can promote emotional improvement, and the perception of park environment can stimulate positive emotions more than vanish the negative emotions; ③natural and morphological features of urban parks are positively associated with the generation of liking and happy emotions, and the generation of excitement emotions are mainly influenced by unnatural features; ④the perception of colors, flowers, and weather of parks are positively correlated with liking emotions, the perception of weather, trees, flowers, animals, water bodies, and colors are positively correlated with happiness emotions, and the perception of buildings is negatively correlated with happiness emotions.

Keywords: Urban Parks; Environmental Perception; Emotion Improvement; Association Analysis; COVID-19

1　研究背景

近几十年来，伴随着城市化进程推进，人口激增，各种城市病蔓延，城市居民心理问题日益突出。2020年新冠肺炎疫情暴发，为加强疫情防控而推行的城市封闭式管理制度使得足不出户的城市居民产生了一定的心理应激反应，焦虑、恐慌、抑郁等情绪问题接连出现[1]。研究表明，居民与城市自然环境接触有利于促进恢复性体验，唤醒积极情绪，减轻压力[2]。例如设计良好的公园植被对多数人的精神压力具有直接的积极解释功效；水景可以让游览者进行视觉、听觉和触觉观赏，引导个体行为转变，达到放松心情、缓解疲惫的功效[3]。因此，城市公园作为城市居民日常亲近自然的主要途径，在疫情期间，是为数不多能够承担市民户外活动的公共空间，为公园使用者在情绪状态等方面带来益处[4]。

传统检验绿地环境感知与情绪状态的方法多基于问卷调研[5,6]和穿戴式仪器检测[7]，集中在一个或者少量公园，存在样本量小、耗时长以及封闭式问卷限制被调查者自主意识等问题。社交媒体数据作为一种样本量大、不系统且碎片化程度高的定性数据，能够获取城市居民自由表达使用城市公园时主动感知的环境特征和情绪状态，避免传统研究方法可能存在的假设性偏见[8]，为挖掘个人感知的城市公园环境特征与情绪表达提供了新的契机：可以通过文本分析定义其语义空间的类属与边界，划分事务类别并促进事务的定量描述[9]，还可以通过关联分析实现在大量事务数据库中挖掘事务之间有趣的关联规则，以揭示隐藏其中的行为模式[10]。已有研究利用社交媒体文本数据探寻绿地景观感知，但多为基于词频分析的绿地使用后评价[11]、游憩服务满意度分析[8]或情感倾向识别[9]；在利用关联分析法方面开始有学者尝试基于社交媒体文本数据挖掘社会环境与大学生情绪模式的关

① 基金项目：国家重点研发计划课题“绿色基础设施生态系统服务功能提升与生态安全格局构建”（编号：2017YFC0505705）。

系[10]，探讨绿地感知要素与个人价值观的关系[12]等。

基于此，本研究挖掘社交媒体数据，采用文本分析方法来获取新冠肺炎疫情下城市居民对公园环境特征的感知和情绪状态，并引入关联分析法探讨二者关系，旨在回答以下问题：在新冠肺炎疫情期间，城市居民更偏好主动感知哪些城市公园环境特征？公园环境特征的感知是否有利于促进疫情期间市民情绪改善？哪些公园环境特征的感知显著影响正面情绪的产生和负面情绪的消除？以期得到促进情绪健康的公园环境优化的相关启示。

2 研究方法

2.1 研究对象及数据采集

上海市内环高架路内的高密度中心城区面积约 $120km^2$，用地紧凑，人口密度高，能确保各等级公园均有一定数量的社交媒体用户访问。选取上海市内环内的城市公园为研究对象，研究使用到的社交媒体文本数据来源于大众点评 App 上海周边游频道。具体数据采集是在社交软件内检索上海市绿化和市容管理局官网公示的内环内 63 个城市公园并使用 Python 爬取每个公园的评价信息，包括用户名称、评价时间及点评文本内容。根据中国抗疫白皮书《抗击新冠疫情的中国行动》界定的抗疫历程表，以市民能够进行省内活动的疫情防控常态化阶段初期为研究时间范围（2020 年 4 月 29 日～2020 年 5 月 31 日），筛选该阶段内为期 1 个月的评论文本，最终爬取到 39 个城市公园（图 1）共 1417 条评论数据，总计约 10 万字。社交媒体评论文本的描述性内容是本研究中识别市民感知到的公园环境特征和正面情绪产生及负面情绪消除的来源。

2.2 数据过滤、编码及分类

研究采取无差别大数据文本采集，所采集数据存在重复、残缺或偏离主题等问题，因此首先对数据进行过滤和清洗，共删除 114 条重复性和不相关评论文本，最终获得 1303 条评论文本数据。之后在对上下文充分理解的基础上进行数据编码，从描述性内容中获取市民感知到的公园环境特征和情绪状态，编码规则示例如表 1 所示。

描述性文本编码示例　　　表 1

文本	感知特征 1	感知特征 2	感知特征 3	情绪状态 1	情绪状态 2
条目 1	绿树成荫			惬意	
条目 2	鸽子	滑滑梯		开心	忘却烦恼
条目 3	花迷宫		法式风格	喜欢	

将提取的特征值和情绪描述根据含义用代表性词语进行分组，例如活动设施包括游乐场、秋千、滑梯，幸福代表惬意、愉快、安逸等，使用上述方法对评论文本进行分类，并根据文本内容在数据栏中写入描述性词语是（T）否（F）出现，如表 2 所示。

描述词语分类在总结原有文本内容的基础上参考了绿地感知和情绪健康相关文献[13-14]，将被感知的环境特征分为自然特征、非自然特征和形态特征三类。其中自然特征包括树木、草坪、花卉、水体、动物、天气和其他（包括地形、石头），非自然特征分为活动设施及场地、休憩设施、装置及小品、建筑、历史文化和其他（包括灯光、声音），形态特征分为面积、风格形式和色彩。情绪改善分为正面情绪产生和负面情绪消除两类[13,15]，其中正面情绪分为幸福情绪、兴奋情绪、喜爱情绪，负面情绪消除主要包括恢复情绪，表达负面情绪往好的方向改变（如"憋了很久，得以散心"）。环境感知特征和情绪改善分类的具体描述见表 3。

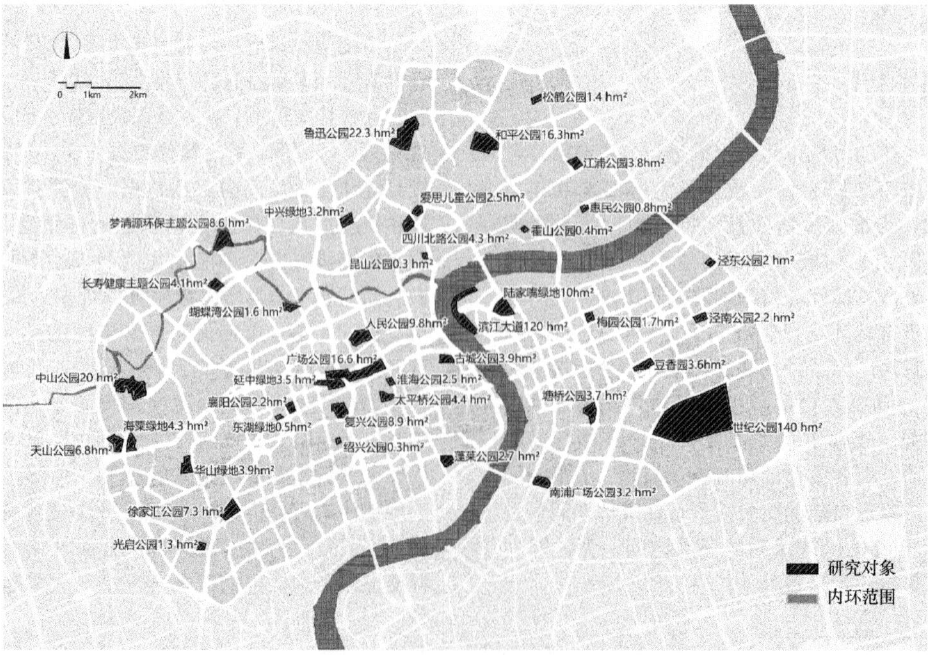

图 1　研究区域及研究对象

文本分类写入数据栏示例　　表 2

自然特征	树木	草坪	花卉	水体	动物	天气	其他
	T	F	F	T	T	F	F
非自然特征	活动设施及场地	休憩设施	装置及小品	建筑	历史文化	其他	
	T	F	F	F	F	F	
形态特征	面积		风格形式			色彩	
	T		F			T	
情绪改善	正面情绪产生	幸福	兴奋	喜爱	负面情绪消除	恢复	
		T	F	F		F	

感知特征及情绪改善文本示例及频数　　表 3

变量		描述文本示例	条目总数	占比
感知特征	自然特征		882	67.7%
	树木	参天古树、银杏、桂花树、树林	345	26.5%
	草坪	绿地、草坪、草丛	210	16.1%
	花卉	樱花、绣球花、鸢尾花、玫瑰园	338	25.9%
	水体	护城河、小溪、小瀑布、小流水、湿地	242	18.6%
	动物	喵星人、鸽子、老虎、熊猫、鱼儿	249	19.1%
	天气	好天气、空气清新、微风徐来、阳光	119	9.1%
	其他	小山、山石、地形	46	3.5%
	非自然特征		513	39.4%
	活动设施及场地	健身器材、游乐场、儿童游乐园、跑道	316	24.3%
	休憩设施	长椅、石凳、石桌子、	34	2.6%
	装置及小品	雕塑、纪念碑、马恩雕像、盆景、喷泉人工水景	92	7.1%
	建筑	茶室、小桥、六角亭、拱门、亭台楼阁	153	11.7%
	历史文化	抗战纪念、二大会址	25	1.9%
	其他	声音、灯光	12	0.9%
	形态特征		421	32.3%
	面积	迷你、面积不大、小公园、面积大	253	19.4%
	形式	法式、三角形、欧洲风情、放射状	47	3.6%
	色彩	绿油油、紫花、粉色、红砖	176	13.5%
情绪改善	正面情绪		569	43.7%
	幸福	舒服、惬意、悠闲、温馨、愉悦	275	21.1%
	兴奋	高兴、开心、有趣、快乐、不亦乐乎	104	8.0%
	喜爱	喜欢、可爱、点赞、棒、不错、赞	211	16.2%
	负面情绪消除	解压、换换心情、放松紧绷神经/放松	68	5.2%

2.3 数据分析与关联模型构建

分类后词频的高低作为绿地环境特征感知强弱的表征，正面情绪产生和负面情绪消除的描述词频表示情绪改善的程度，比例越高，情绪改善越明显。借助 SPSS Modeler 软件的 Apriori 分析模块构建关联分析模型探索公园环境特征感知和特定情绪之间的关联规则。此关联性呈现为“前因—结果”的形式，在本研究中“前因”为被感知到的公园环境特征，“结果”是情绪改善，前因的存在关联着结果的发生。关联规则的强度通过 3 个指标来评估：支持度（support）、置信度（confidence）和提升度（lift）。支持度表示同时包含前因和结果的文本条目占总文本条目的比例；置信度表示同时包含前因和结果的文本条目和仅包含前因的文本条目的比例；提升度表示“包含前因的条目中同时包含结果的比例”与“包含结果的文本条目”的比值。提升度反映了关联规则中前因和结果的相关性，提升度>1 且越高表明正相关性越高，提升度<1 且越低表明负相关性越高，提升度＝1 表明没有相关性[10,12]。

3 研究结果与分析

3.1 公园环境特征感知偏好分析

1303条评价文本中，共1010条文本描述了市民在使用城市公园时感知到的环境特征。如表3所示，其中882条文本感知到了至少一项自然环境特征，占总评论条目的67.7%，其中受普遍关注的是树木（26.5%）、花卉（25.9%），且多数市民感知到了当季花卉的种类及相应色彩。相较于对花卉的精确感知，市民对树木感知相对模糊，描述性内容偏向整体氛围，如“绿树成荫”“绿植很多”“绿化覆盖率高”等。由此可见，树木作为构建公园自然景观空间的基础框架被到访市民普遍感知，花卉是营造公园景观特色的重点[3]。其他感知占比较高的自然特征包括水体、动物和草坪等，均为总条目数的16%以上。其中水体是人类潜意识亲近的自然要素从而易被感知，草坪与市民的视野范围和体力活动息息相关，动物因其异于城市空间的生态特质而易捕获市民的注意力[16]。

共513条文本表达了对至少一项公园非自然要素的感知，占总评论条目数的39.4%。其中诸如健身器材、游乐场、儿童活动设施等活动设施和场地作为市民在自然空间中开展多样活动的支持性媒介，易被感知（24.3%）。建筑及景观构筑物作为三维空间视觉焦点且具有多种复合功能，易与市民活动之间产生联系，市民感知也相对强烈（11.7%）。休憩设施作为城市公园环境中普遍出现的非自然要素且常被市民使用，但在本研究中被感知的程度较低（2.6%），推测这与疫情背景下市民对自然特征的亲近意愿和倾向开展中高强度的体力活动等户外游憩目的性有关，休憩设施通常仅仅提供坐息等静态活动。

此外，部分市民表达了对公园环境形态特征的关注，占总条目数的32.3%。其中多数市民对公园空间面积大小和环境色彩表示关注，仅极小部分市民能够主动感知公园的风格形式。总的来说，新冠肺炎疫情下市民在日常使用城市公园过程中，对于自然特征的环境感知强度高于非自然特征；且市民常能同时感知到多种自然特征，而对非自然特征的感知往往集中于特定一类；仅少部分市民能主动感知到美学形式等更深层次的形态特征。

3.2 公园环境特征感知对情绪改善的总体影响

1303条评价文本中，共计622条文本表达了到访公园后自身情绪的改善，占总评论条目近50%。如表3所示，其中569条文本表达了游览公园后产生的至少一种正面情绪（43.7%）。21%的市民感受到幸福感，体现为舒服、惬意、悠闲等情绪；8%的市民产生兴奋感，出现高兴、开心、快乐等情绪；16%的市民对其所到访的公园绿地产生了喜爱情绪，如满意、赞、喜欢等。仅有68条评论文本主动表达了游览公园后负面情绪的消除，如解压、放松紧绷神经等恢复情绪。

以公园环境感知为“前因”，以情绪改善为“结果”的关联分析模型结果（表4）显示，41%的文本条目同时描述环境感知与情绪改善，环境特征感知对情绪改善的置信度为53%，提升度为1.11；38%的文本条目同时描述环境感知与正面情绪产生，环境特征感知对正面情绪的置信度为49%，提升度为1.12；4.2%的文本条目同时描述环境感知与负面情绪消除，环境特征感知对负面情绪消除的置信度为5.5%，提升度为1.06。模型结果表明，新冠肺炎疫情背景下，公园环境感知对情绪改善有积极影响，且正面情绪的激发作用远高于对负面情绪的改善作用。

感知特征对情绪改善的影响　　　表4

关联	频数	支持度	置信度	提升度
环境特征-情绪改善	535	0.41	0.53	1.11
环境特征-正面情绪产生	492	0.38	0.49	1.12
环境特征-负面情绪消除	56	0.04	0.05	1.06

3.3 公园环境特征感知与不同类型情绪改善的关联

幸福情绪、喜爱情绪、兴奋情绪及恢复情绪与环境特征之间的共现网络关系如图2所示。共现关系越强，表明某一类公园环境特征对某一类情绪改善的链接越强，支持度越高。分析结果显示，幸福情绪和喜爱情绪的产生与公园环境特征的强链接较多，尤其自然特征如树木、水体、花卉等对幸福和喜爱情绪的支持度较高。非自然特征方面，活动设施及场地对幸福和喜爱情绪的支持度较高。公园环境特征对兴奋情绪的支持度较低，仅活动设施及场地这一非自然特征与兴奋情绪达到较强链接。疫情下城市公园环境特征感知对消除负面情绪的支持度普遍较低，仅花卉、草地和活动设施及场地达到中链接频次。

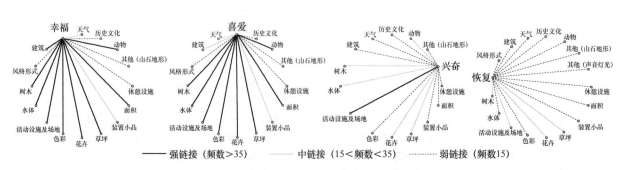

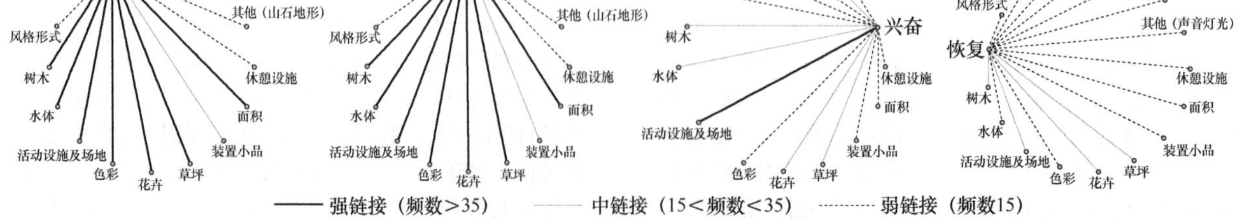

图2　各类环境特征与情绪状态的链接关系

该研究结果与郭艳欣等人对疫情期间与城市绿地相关的网络舆情分析的发现一致，网民情感属性多表现为喜悦和赞扬[17]，兴奋作为较高程度的正性情绪，表示个体全神贯注和快乐的情绪状态[13]，在疫情期间，仅被活动设施和场地这类能够为市民提供深度感知体验的公园特征所激发。研究发现公园环境的感知对负面情绪的改善作用不明显，这与陈筝等学者通过问卷调查发现的城市公园到访时长与负面情绪的改善显著正相关[15]的发现不一致。这一方面可能是由于在未经科研人员引导的自发性描述条件下，市民倾向直接表达自己的正面情绪，而忽视公园环境感知对负面情绪消除过程的表达；另一方面也可能由于新冠肺炎疫情带来的负面情绪心理应激反应复杂且较为强烈，公园环境心理复愈作用与之相较并不明显。

3.4 显著影响喜爱和幸福情绪的公园环境特征感知

设定支持度和置信度分别大于2%和20%的关联规则[12]，进一步细化探索显著影响情绪改善的公园环境特征感知，得到11项关联，均聚焦喜爱和幸福情绪。与已有研究结果一致，树木、水体和动物与幸福情绪的产生正相关，这三类特征有利于营造城市公园的自然性、平静安逸性和物种丰富性，是复愈环境建构的重点[18]，为市民带来宁静感、惬意感等幸福觉知。特别是本研究在文本分析中发现，市民对动物的感知既包含对公园内野生动物的觉察，如蛙、鸟、鱼、虫，也包含对部分综合公园设置的动物园的感知，因此动物激发的幸福情绪既来源于市民对公园自然性、物种丰富性的体会，也涵盖了参观动物园与动物互动得到的满足感和愉悦感。

公园色彩、花卉的感知对喜爱情绪和幸福情绪的产生均有促进作用。大量研究表明，花卉作为城市公园内不可或缺的自然要素可以持续地以不同方式刺激感官，激发公园到访者的视觉、嗅觉、触觉等多重体验，有益于市民的情绪改善[19]。同样对色彩的感知代表了市民视觉上的深度体验，分异的色彩增强了公园与外部城市环境或内部绿地景观空间的对比度[20]，推动市民对惯性情绪的远离和对公园本身环境品质和魅力的关注[16]，有助于激发喜爱感和幸福感。

公园内建筑的感知与幸福情绪产生负相关，建筑作为非自然特征，与疫情期间市民逃离逼仄城市，拥抱自然的目的不兼容[1]，无法满足市民需求，建筑所展示的人工要素也无法有效提供异于城市环境的信息[16]，因此不利于情绪的改善。

环境特征感知与情绪改善的关联　　表5

关联	感知特征	情绪改善	支持度	置信度	提升度
1	色彩	喜爱	0.03	0.24	1.51
2	花卉	喜爱	0.06	0.22	1.37
3	天气	喜爱	0.02	0.21	1.30
4	面积	喜爱	0.04	0.21	1.27
5	天气	幸福	0.02	0.26	1.23
6	树木	幸福	0.06	0.24	1.13
7	花卉	幸福	0.06	0.23	1.11
8	动物	幸福	0.04	0.23	1.08
9	水体	幸福	0.04	0.22	1.06
10	色彩	幸福	0.03	0.22	1.02
11	建筑	幸福	0.02	0.20	0.96

4 结论与设计启示

城市公园设计中关注使用者感知体验，有利于发挥绿地景观对情绪健康的促进作用，明确公园环境特征感知与情绪改善的关系对建设健康友好型公园具有启示意义[16]。研究基于上海市39个公园的1303条社交媒体评论数据的文本分析，探寻了疫情常态化阶段初期城市居民到访公园后感知的环境特征和情绪改善状况，利用关联分析方法挖掘特定公园环境特征和情绪状况之间的关联性。基于研究结果，提出促进情绪健康的公园设计启示。

（1）自然特征的塑造应是城市公园设计关注的重点，不仅需要关注自然要素的量，还应当关注自然营造的质，注重形态风格设计对自然要素的组织作用，增强植被、花卉、水体自然感、荒野感的表达，唤醒市民对自然性的觉知，促进情绪改善。

（2）优化绿地景观资源的多感官体验。促进公园绿地的彩化、珍贵化建设，为生物多样性带来益处并增加公园的自然性，同时营造出丰富且连贯的空间，多感官唤醒市民觉知，促进情绪改善。

（3）有机置入建筑等非自然要素。严格控制城市公园的建筑面积，保护自然氛围不受破坏，促进公园建筑设计景观化，遵循自然环境的原始魅力。

研究利用大数据分析手段，解决传统研究存在的被调查者自主性缺失等问题，找到了市民自主感知城市公园环境特征促进自身情绪改善的关键要素，为城市公园设计指明重点。由于社交媒体用户群体偏向中青年，使得研究结果缺乏老年人和儿童的角度，存在一定局限性，期待未来研究能够挖掘更多元、涵盖面更广泛的数据，弥补研究人群结构存在的不足。

参考文献

[1] 苏斌原，叶苑秀，张卫，等．新冠肺炎疫情不同时间进程下民众的心理应激反应特征[J]．华南师范大学学报（社会科学版），2020，4（03）：79-94.
[2] 张国钦，李妍，吝涛，等．景感生态学视角下的健康社区构建[J]．生态学报，2020，40（22）：8130-8140.
[3] 谭少华，杨春，李立峰，等．公园环境的健康恢复影响研究进展[J]．中国园林，2020，36（02）：53-58.
[4] 王兰，李潇天，杨晓明．健康融入15分钟社区生活圈：突发公共卫生事件下的社区应对[J]．规划师，2020，36（06）：102-106+120.
[5] 翟宇佳，黎东莹，王德．社区公园对老年使用者体力活动参与和情绪改善的促进作用——以上海市15座社区公园为例[J]．中国园林，2021，37（05）：74-79.
[6] 周素红，黄畅如，张琳．城市公园环境对个体恢复性感知的影响及设计启示：以青少年活动环境感知为例[J]．风景

园林，2021，28(05)：16-22.
[7] 陈筝，刘颂．基于可穿戴传感器的实时环境情绪感受评价[J]. 中国园林，2018，34(03)：12-17.
[8] 王志芳，赵稼楠，彭瑶瑶，等．广州市公园对比评价研究——基于社交媒体数据的文本分析[J]. 风景园林，2019，26(08)：89-94.
[9] 龚启东，朱捷．基于网络文本分析的环城生态区游憩空间使用后评估——以成都市锦城公园为例[J]. 园林，2021，38(06)：81-87.
[10] 郭芳，王林，唐慧洁，等．基于文本挖掘的大学生情绪结构及关联特征研究[J]. 工业技术与职业教育，2021，19(01)：64-73.
[11] 崔庆江，赵敏燕，唐甜甜，等．基于网络文本分析的大熊猫国家公园公众体验感知研究[J]. 生态经济，2020，36(11)：118-124+131.
[12] Wan C，Shen G Q，Choi S．Eliciting users' preferences and values in urban parks：Evidence from analyzing social media data from Hong Kong[J]. Urban Forestry & Urban Greening，2021，62(7)：127172.
[13] 黄丽，杨廷忠，季忠民．正性负性情绪量表的中国人群适用性研究[J]. 中国心理卫生杂志，2003，4(01)：54-56.
[14] 刘江，唐新蔚．基于景感生态理念的恢复性景观设计思考[J]. 风景园林，2021，28(03)：107-112.
[15] 陈筝，董楠楠，刘颂，等．上海城市公园使用对健康影响研究[J]. 风景园林，2017，4(09)：99-105.
[16] 王鸿达，叶菁，陈凌艳，等．城市绿地恢复性感知研究进展[J]. 世界林业研究，2021，34(01)：7-13.
[17] 郭艳欣，应君，张一奇．疫情期间城市绿地与公众健康网络舆情分析及对策[C]//中国风景园林学会．中国风景园林学会2020年会论文集(上册)，2020：6.
[18] 宋瑞，牛青翠，朱玲，等．基于绿地8类感知属性法的复愈性环境构建研究——以宝鸡市人民公园为例[J]. 中国园林，2018，34(S1)：110-114.
[19] 丹尼尔·罗尔，肖恩·贝利．花园在前所未有的时代中的作用[J]. 风景园林，2020，27(09)：24-34.
[20] 李雨奇，刘佳雯，胡雨婕，等．基于新冠防疫期景观偏好的居住区绿地规划[C]//中国风景园林学会．中国风景园林学会2020年会论文集(上册)，2020：7.

作者简介

王敏，1975年生，女，汉族，福建人，博士，同济大学建筑与城市规划学院景观学系副主任、副教授、博士生导师，上海市城市更新及其空间优化技术重点实验室水绿生态智能分实验中心联合创始人。研究方向为水绿空间生态系统服务、城市绿地与生态规划设计、韧性景观与城市可持续。电子邮箱：wmin@tongji.edu.cn。

陈梦璇，1997年生，女，汉族，重庆人，同济大学建筑与城市规划学院风景园林学在读硕士研究生，研究方向为风景园林规划设计。电子邮箱：2030146@tongji.edu.cn。

促进人群压力缓解的高密度城市街道环境感知要素研究[①]

Study on the Perceptual Elements Relieving People' Pressure in High Dense Urban Streets

王　瑶　王淑芬*　许春城　韩英杰　王星龙

摘　要： 高密度城市居民多数面临巨大的生活压力，健康问题凸显。城市街道环境是城市居民接触最频繁的地方，探索促进人群压力缓解的街道环境感知要素对提升街道空间品质、促进城市居民身心健康具有重要意义。本文以北京市东直门外大街、亮马河南路、三里屯路、工人体育场北路、农展馆南路、团结湖路街段为研究对象，基于生理反馈仪器法、主观评测法，采集街道环境感知要素与人群心生理指标数据进行相关性分析，探究街道环境的压力缓解效益，揭示街道感知要素对不同压力缓解因子的影响程度。结果表明：街道样本除工人体育场北路以外都具有不同程度的压力缓解效益，远离性与舒适性感受在很大程度受到绿化品质的影响，延伸性感受受车辆聚集的影响，相容性感受受公共空间的影响程度较大，迷人性与噪声、界面个性化密切相关，愉悦性感受受公共空间、绿化品质影响较大。

关键词： 压力缓解；城市街道环境；生心理指标；街道感知要素

Abstract: A majority of high-density urban residents are facing huge life pressure and prominent health problems. Urban residents are most frequently exposed to streets, so it is of great significance for the improvement of the quality of street space as well as the physical and mental health of urban residents to explore street environment perceptual elements that can relieve people's pressure. Sites of research in the paper include Dongzhimenwai Street, Liangma River South Road, Sanlitun Road, Workers' Stadium North Road, Agriculture Exhibition Hall South Road, and Unity Lake Road. Based on the physiological feedback instrument method and subjective evaluation method, the analysis of the correlation between street environment perceptual elements and psychological and physiological index data was carried out to explore street environment's effectiveness in pressure relief and to reveal the influence of street perception elements on four pressure relief factors: separation, comfort, extensibility, compatibility, charm, and pleasure. The results show that all street samples are efficient in relieving pressure in varying degrees except Workers' Stadium North Road. The feelings of separation and comfort are greatly affected by the quality of afforestation; the extensibility feeling is influenced by vehicles gathering; the compatibility is relatively highly affected by public space; the charming feeling is closely connected to noise and personalized interfaces; the pleasant feeling is greatly affected by public space and the quality of afforestation.

Keywords: Pressure Relief; Urban Street Environment; Psychological and Physiological Index; Perception Elements

引言

当前高密度城市生活节奏快，人群普遍面临巨大的压力，人身心疲惫、精神紧张，身体处于亚健康状态。有研究证明，城市环境与人群健康有密切的关系，绿地景观、自然环境有利于人群压力减缓，精神放松。但高密度城市由于建设用地紧缺，存在公共空间不足、人均公共绿地面积不够的现象，而街道空间几乎是每个人每天都会接触的城市环境，良好的街道环境能够发挥身体、心理、社会层面的健康服务功能，城市街道可能具有潜在的压力缓解效益，城市居民在街道环境中获得压力缓解的机会和频率高于城市公园环境，所以着眼于高密度城市街道环境的压力缓解效益研究，对整体提升城市居民健康具有重要价值。本文从高密度城市街道环境对人的精神压力影响视角，选择北京市 6 条不同街道样本进行生心理试验和实地调研，开展定量评价和比较分析，科学验证街道的压力缓解效益潜能，探究街道感知要素对不同压力缓解因子的影响程度，希望研究结果能为高密度城市街道压力缓解性环境设计提供理论指导，从而整体提升街道公共空间品质，促进居民健康。

1　相关研究进展

在长期设计实践中，人们发现具有某些特质的自然环境会使人身心愉悦，释放压力。1983 年 Stephen Kaplan 提出了“恢复性环境”的概念。Kaplan R. 与 Kaplan S. 提出的“注意力恢复理论”（ART）总结了恢复性环境的 4 个特征：远离性、延展性、迷人性和兼容性。Hartig T. 等人则进一步提出并编制了“感知恢复量表”（PRS）。随着居民生活品质的提高，恢复性理论的产生促使身心健康与环境的关系成为研究的重点之一，社会学、心理学、生理学等学科交叉呈现多元化的发展特征。目前针对人的压力缓解、精神恢复与建成环境关系的研究主要包括三方面：第一方面是对比自然环境与人工环境，例如 Berman 和 Hartig 分别通过实验室研究和

① 基金项目：北京市自然科学基金项目——基于主动健康的城市公园适老化配置及设计研究，项目编号 8212006。

实景漫步法，证明含有自然要素的环境更具有恢复效益；Marcus Hedblom借助皮电生理指标，对城市公园与森林的恢复性效益进行了循证设计。第二方面是更加细化的环境类型对人的身心理影响。Ulrich等人将有水、植物的自然环境和城市环境做对比，发现有水的环境对情绪的影响更积极；刘博新探究了草坪、水体、山林、农田、湿地五种景观类型对老年人身心健康的影响；张延龙团队采用心生理指标测量法探究了不同校园景观对学生压力缓解的影响。第三方面是探究建成环境要素对人群的身心健康的影响程度及效应机制。大多数学者主要关注绿地、公园、校园等建成环境的压力缓解效益，而针对街道环境多数学者关注街道环境感知与不同人群的行为活动的关系，对于街道环境的压力缓解效益近年来才刚刚涉及，如陈筝采用VR实验法探究界面、绿视率对迷人性街道的影响；徐磊青提出了“疗愈街道”的概念，并建立相关模型。

总体而言，国内外对于建成环境的恢复性特征有了一定的研究基础，但是研究类型主要集中在自然要素较多的建成环境，较少涉及街道空间。研究方法上，国外多为量表、生理试验等主客观结合方法，国内多采取观察法、问卷访谈法获取被访者的感知描述。本文的关注点则集中在高密度城市的街道空间，引入客观生心理试验结合主观感知调研，系统探究街道环境感知要素特征与不同压力缓解因子的关联性，为未来街道研究提供新的理论依据与技术方法。

2 研究方法与数据获取

2.1 研究方法

主要采用生心理反馈法、认知心理法等主客观结合的方法。生心理反馈法主要通过客观的生理指标，如心率、压力值等以及心理量表对人的身心状态进行定量测试，从而更科学地研究人对环境的情绪感受；认知心理法则利用人的直接感受去评价街道景观要素特征，从而得到街道的整体品质评价。

2.2 数据获取

2.2.1 生心理指标及街道环境感知要素选取

从生理指标、心理量表、街道环境感知3个层面收集主客观数据，以保证更科学地评价每条街道的压力缓解效益。

(1) 生理指标：心率变异性已被证明是最可靠的压力指标之一，心率指标由欧姆龙血压仪（HEM-8612）和鱼跃血氧仪（YX306）两种仪器获取，正常范围内，同一位被使者心率越低表明越放松，压力越小。压力值可以直接证明人身体的压力情况，压力值越低代表人压力越小，压力值由荣耀智能腕表（HONOR Watch GS Pro-692）获取。

(2) 心理量表：由藤泽和高山修正的压力恢复量表（Restorative Outcome Scale，简称ROS）以及哈提格等学者提出的知觉恢复性量表（Perceived Environmental Restorativeness Scale，简称PRS）是评价心理学注意力恢复度的较为通行的评价方法。本文将PRS与ROS量表根据街道环境进行整合简化，总结出迷人性、远离性、相容性、延伸性、愉悦性、舒适性6个有助于压力缓解的环境特征因子，对特征简单阐述并对其进行正负5个等级的打分，正值代表产生了较好的压力缓解效益，负值代表压力缓解状况不佳。

(3) 街道环境感知要素：环境感知是指人们在环境中不同的感知体验，这种体验是环境与人交流的结果，人的压力、情绪的缓解程度主要通过环境感知去评价，本文通过搜集相关文献，对街道环境感知要素进行筛选和提取，作为街道样本主观感知评价的依据（表1）。

街道环境感知要素　　表1

街道环境感知要素分类	街道环境感知要素特征	要素来源
街道设施	有足够的休息座椅 感觉绿化品质很高 有足够的公共活动空间（街边公园、街边活动场地）	陈崇宪、谭少华、徐磊青
街道界面	感到街道界面色彩丰富 感到界面有个性化的风格 常常见到建筑有窗户，玻璃 感到建筑功能很丰富（购物、医疗、教育、生活等）	Patricia、邓一凌、Richardson、Macintyre、Parrell、李晴
街道环境质量	感到街道噪声很大 感到地面平整、洁净 总有较多车辆聚集	陈崇宪、张昀、邹韵、Evans、Perkins、谭少华
空间尺度	感到街道两侧狭窄 感到人行道宽阔	McIntyre、Gandelman、徐磊青

2.2.2 街道样本及被试者选取

通过Google map和百度街景地图，结合实地调查，选择北京市东直门外大街街段、亮马河南路、三里屯路、工人体育场北路西侧、农展馆南路南侧、团结湖路等6条街段作为试验样本，选择街段长度为10min左右的步行距离（约800m），研究主要面向步行人群。这6条街段宏观建成环境特征基本相同，但在微观景观特征，如空间尺度、自然要素、环境要素等方面存在一定的差异（图1）。

被试者由研究人员在街道步行人群中招募，主要为承受较大生活压力、易产生心理疲劳等问题的工作人群（25～55岁）。因已有研究发现，在保证安全的前提下，人们在独处时获得压力缓解体验的可能性更高，故选择20名独自出行者参与试验，男性8人，女性12人，其中

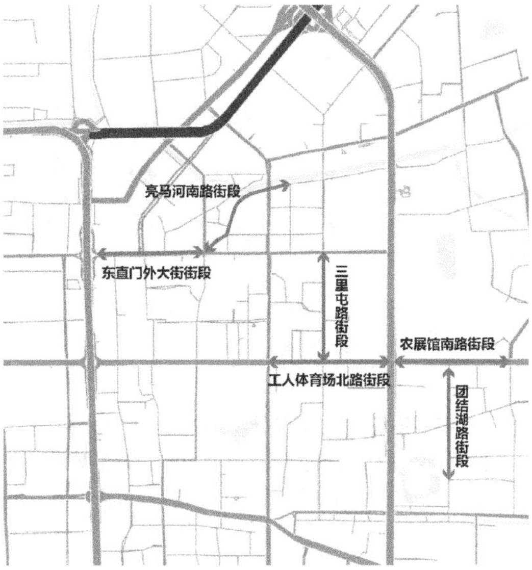

图 1　街道样本区位图

具有专业背景的（指工作或学习背景与规划、景观和建筑有关）6 人。

2.2.3　实验过程及数据采集

选择晴朗、温度适宜出行的天气进行试验，时间避开上下班高峰期。参与者佩戴 HONOR Watch GS Pro-692、OMRON 血压仪（HEM-8612）以及鱼跃血氧仪（YX306）3 种仪器，在街道环境体验前测试每个被试者的心率以及压力值，然后以自然状态在街道样本中行走，在每条街道不同特征街段停下来体验 5 分钟，记录仪器测得心率以及压力值（图 2）。每走完一条街道样本，完成一份街道环境感知调查问卷以及心理量表。共采集 30 套生心理指标数据以及街道环境要素感知数据，为了量表的信度与可靠性，在每条街道发放心理量表与街道感知问卷 30 份，最后回收有效问卷 180 份。

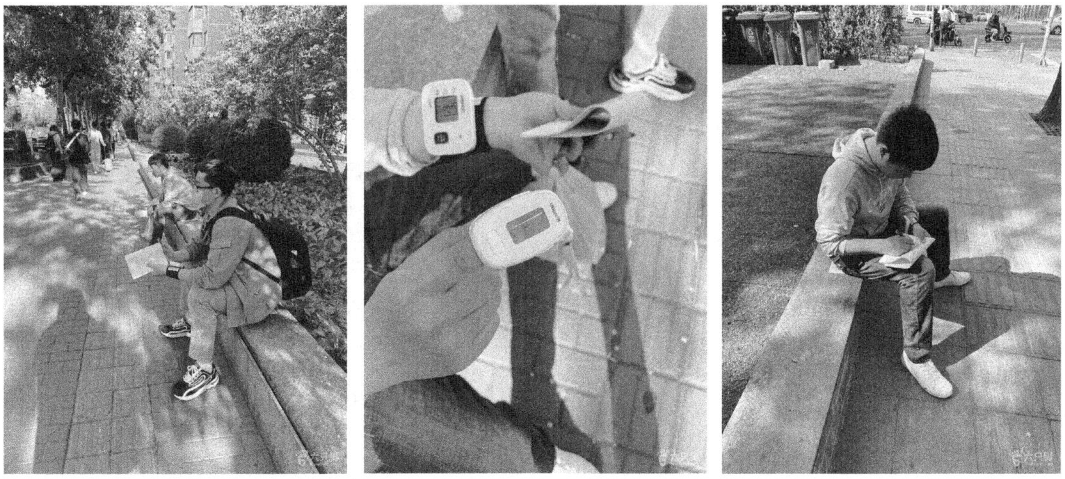

图 2　被试者试验过程

3　数据分析

3.1　样本街道环境感知要素特征

对问卷进行统计，得出 6 条街道感知因子得分，代表 6 条街道的感知环境优劣。工人体育场北路街段无论在街道设施、街道环境质量等层面，感知都比较差。其他街道样本在不同层面各有优劣，三里屯在街道界面层面感知最优，并且有足够的休息设施；亮马河南路绿化品质最为突出，环境氛围相比于其他街道样本最安静；团结湖路给人比较突出的感觉是建筑功能丰富，尺度宜人，人文气息浓厚；农展馆南路绿化品质比较高，有较足够的休息座椅；东直门外大街休憩设施较少，前半街段噪声较大，整体空间狭窄，后半街段绿化配置比较丰富，整体氛围较安静（图 3）。

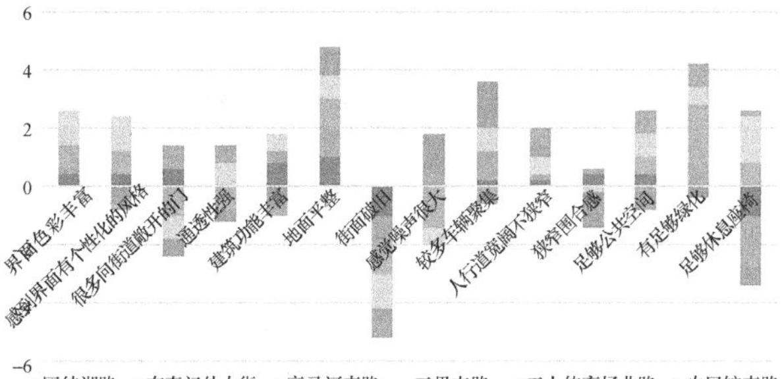

图 3　样本街道环境感知特征图

3.2　街道环境感知要素与压力缓解效益的关系

3.2.1　各街道样本压力缓解效益

据统计，被试者生理指标由缓和到紧张的街道排序为：亮马河南路＞农展馆南路＞团结湖路＞东直门外大街＞三里屯路＞工人体育场北路；心理量表评分由高到低的街道排序为亮马河南路＞三里屯路＞团结湖路＞农展馆南路＞东直门外大街＞工人体育场北路（图 4）。

整体分析，除三里屯路以外，其他街道样本排序基本一致。最让人心情放松、有压力缓解效益的街道为亮马河南路；最让人心情紧张的街道为工人体育场北路街段。根据街道环境感知评分，亮马河南路在各个感知层面都显示最高分，而工人体育场北路都显示最低分，初步判断街道环境感知要素能使人群精神压力发生变化。另外，被试者在三里屯路体验生理指标偏高，而心理量表则相反，原因可能为三里屯路街段界面个性化十足、色彩丰富，独特的环境吸引人群，主观心理感觉此环境迷人有趣，所以整体量表评分较高，而当人被喧嚷的声音、个性化的界面所吸引时，心情会随之激动兴奋，生理指标受此影响而升高。

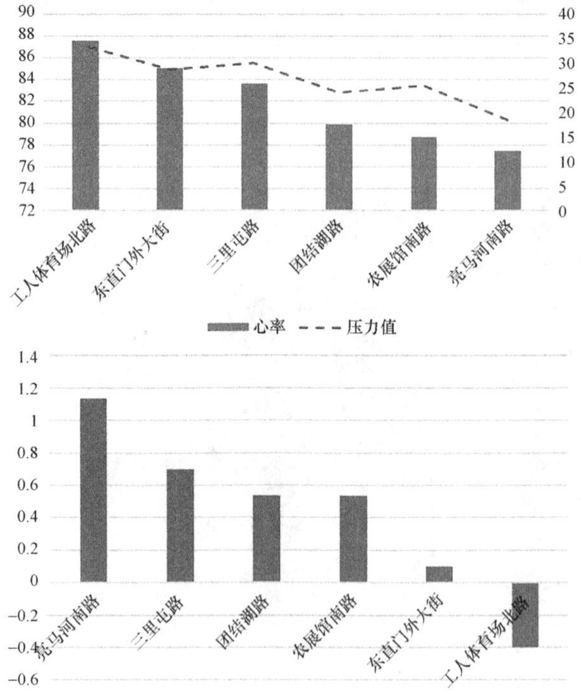

图 4　样本街道生心理指标统计图

3.2.2　主观压力缓解效益与客观压力缓解效益的关系

将心率、压力值代表的客观压力缓解效益与心理量表代表的主观压力恢复效益进行相关性分析（表 2、图 5），结果可知：主观压力缓解效益与客观压力缓解效益显著负相关，即街道主观压力缓解效益评分越高，心率越缓，压力值越低，所以心理量表能够科学地表达人体验环境时的压力情况，并且可以减轻街道环境要素过于复杂对试验结果产生的影响。

心生理指标相关性分析结果　　表 2

		心理量表
心率	皮尔逊相关性	−0.892*
	Sig.（双尾）	0.017
压力值	皮尔逊相关性	0.923**
	Sig.（双尾）	0.009

注：* $p<0.05$，** $p<0.01$。

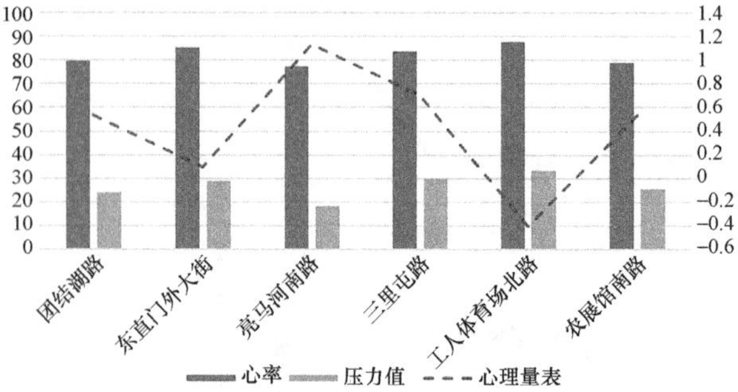

图 5　生理指标与心理指标的关系图

3.2.3　街道环境感知要素与压力缓解效益的相关性分析

将心理量表得分数据与街道感知要素数据进行皮尔森相关性分析得知，不同压力缓解效益因子受到不同街道感知要素的影响（表 3）。

街道环境感知要素与压力缓解因子皮尔森相关性分析结果　　表 3

压力缓解效益因子	街道环境感知要素
远离性	绿化品质好（0.643）；感觉噪声很大（−0.417）；地面平整洁净（0.383）
迷人性	感觉噪声很大（−0.574）；公共空间较多（0.537）；界面个性化十足（0.530）；绿化品质好（0.512）；界面色彩丰富（0.507）；足够多的休息设施（0.454）；街面破旧被损坏（−0.395）
延伸性	有较多的车辆聚集（−0.424）；公共空间较多（0.374）
相容性	公共空间较多（0.595）；足够的休息设施（0.363）；绿化品质好（0.362）
愉悦性	公共空间较多（0.671）；绿化品质好（0.503）；感觉噪声很大（−0.472）；足够的休息设施（0.369）
舒适性	绿化品质好（0.555）；感觉噪声很大（−0.431）；有较多的车辆聚集（−0.409）

多元线性回归分析结果表明（表 4），远离性和舒适性感受与绿化品质（$B=0.437$，$P<0.001$；$B=0.422$，$P<0.001$）呈现强显著正相关关系，即绿化品质越高，人在街道中行走感受越舒适，远离烦恼，这一点与已有研究所证明的绿色自然要素的显著恢复性功能相一致。迷人性与噪声（$B=-0.597$，$P<0.001$）呈强显著负相关关系，说明街道环境噪声越大，越不能引起人的好奇心，从而抑制发现新奇事物的欲望，导致压力更大，心情烦躁。街道界面个性化风格与迷人性感受（$B=0.426$，$P<0.05$）呈显著正相关关系，说明街道界面个性化越明显，越能引起人们的注意，从而转移人们的注意力，促进压力缓解。延伸性与车辆聚集度（$B=-0.394$，$P<0.05$）呈现显著负相关关系，说明车辆聚集度越高，越让人感觉街道环境缺乏秩序，延伸性感受越差。相容性感受与街道公

共空间数量（$B=0.562$，$P<0.001$）呈强显著正相关关系，街道公共空间通常是线性街道的局部放大，能够满足居民的日常活动，促进人的交往，而相容性衡量的是街道环境对人们需求的满足程度，进行必要的社交活动是人的一种内在需求，所以公共空间越多，相容性感受越强烈。愉悦性感受与公共空间数量（$B=0.540$，$P<0.001$）呈强显著正相关关系，与绿化品质（$B=0.254$，$P<0.05$）呈显著正相关关系，人在进行社会交往时，愉悦性感受比较强烈，加上自然要素的点缀与装饰，更加让人心情愉悦，促进压力缓解。

街道环境感知要素与压力缓解因子多元线性回归分析结果　　表 4

因变量	自变量	未标准化系数 B	未标准化系数 标准错误	标准化系数 $Beta$	t	P
远离性	（常量）	0.163	0.129		1.258	0.219
	绿化	0.437	0.098	0.643	4.448	0.000
迷人性	（常量）	0.480	0.164		2.935	0.007
	噪声	−0.597	0.161	−0.574	−3.713	0.001
	（常量）	0.371	0.160		2.327	0.028
	噪声	−0.450	0.163	−0.432	−2.756	0.010
	界面个性化	0.426	0.186	0.360	2.294	0.030
延伸性	（常量）	0.531	0.190		2.786	0.009
	车辆聚集	−0.394	0.159	−0.424	−2.479	0.019
相容性	（常量）	0.063	0.144		0.435	0.667
	公共空间	0.562	0.144	0.595	3.917	0.001
愉悦性	（常量）	0.397	0.113		3.520	0.001
	公共空间	0.540	0.113	0.671	4.786	0.000
	（常量）	0.283	0.105		2.690	0.012
	公共空间	0.480	0.100	0.596	4.782	0.000
	绿化	0.254	0.081	0.389	3.119	0.004
舒适性	（常量）	0.503	0.157		3.196	0.003
	绿化	0.422	0.120	0.555	3.533	0.001

4　结语

精神压力与人的健康密切相关，相关研究证明自然环境能够缓解人的压力，鉴于高密度城市的空间资源有限性，街道环境的恢复性潜力已经受到众多学者的关注。本文采用主观感知方法结合客观的生理反馈法，验证了品质良好的城市街道具备压力缓解作用，并进一步表明不同街道环境感知要素对不同压力缓解效益因子影响的程度也不尽相同。例如：远离性与舒适性感受在很大程度上受到绿化品质的影响，延伸性感受受车辆聚集的影响，相容性感受受街道公共空间的影响程度较大等。研究结果表明通过规划设计手段能够提升街道环境压力缓解作用。本文在主观感知基础上引入生心理指标对精神压力情况进行测量，转变了一贯以主观认知的方法来评价微观环境空间的思路，从感知维度运用数理统计方法揭示街道环境特征与压力缓解因子的关联性，为高密度城市街道景观设计提供理论指导，对街道空间设计理论提供有益的补充。

为了试验的便捷性，选择了小范围的街道样本进行研究，未考虑地域差异等问题，没有对街道客观指标的影响进行调研和评价，未来会扩大研究范围，引入街道客观性指标，对不同类型街道进行深入的研究与分析，以针对性地总结出提升各类街道压力缓解潜能的方法，增强对街道环境设计的指导性。

参考文献

[1] Bowler DE，Buyung-Ali LM，Knight TM，et al. A Systematic Review of Evidence for the Added Benefits to Health of Exposure to Natural Environments [J]. BMC public health，2010，10(1)：456.

[2] 余洋，蒋雨芊，张琦瑀. 城市街道健康影响路径和空间要素研究[J]. 风景园林，2021，28(02)：55-61.

[3] Kaplan，S. A Model of Person-Environment Compatibility [J]. Environment and Behavior，1983，15(3)：311-332.

[4] Kaplan S. The restorative benefits of nature：Toward an integrative framework[J]. Journal of environmental psychology，1995，15(3)：169-182.

[5] Berman MG，Jonides J，Kaplan S. The Cognitive Benefits of Interacting with Nature[J]. Psychological science，2008，19(12)：1207-1212.

[6] Hartig T，Evans GW，Davis DS，et al. Tracking Restoration in Natural and Urban Field Settings[J]. Journal of environmental psychology，2003，23(2)：109-123.

[7] Ulrich R. Natural versus urban scenes：some psychological effects[J]. Environment & Behaviour，1981，13(5)：523-556.

[8] 刘博新，徐越. 不同园林景观类型对老年人身心健康影响研究[J]. 风景园林，2016(07)：113-120.

[9] 王茜，张延龙，赵仁林，等. 四种校园绿地景观对大学生生理和心理指标的影响研究[J]. 中国园林，2020，36(09)：92-97.

[10] 徐磊青，孟若希，陈筝. 迷人的街道：建筑界面与绿视率的影响[J]. 风景园林，2017(10)：27-33.

[11] 徐磊青，胡滢之. 疗愈街道　一种健康街道的新模型[J]. 时代建筑，2020(05)：33-41.

[12] 陈筝，刘颂. 基于可穿戴传感器的实时环境情绪感受评价[J]. 中国园林，2018，34(03)：12-17.

[13] 谭少华，韩玲. 城市街道美景影响因素分析——以重庆市的三条街道为例[J]. 城市问题，2015(02)：43-49.

[14] Li D，Sullivan W C. Impact of views to school landscapes on recovery from stress and mental fatigue[J]. Landscape and Urban Planning，2016，148：149-158.

[15] Tyrvaeinen L，Ojala A，Korpela K，et al. The influence of urban green environments on stress relief measures：A field experiment[J]. Journal of Environmental Psychology，2014，38(09)：1-9.

[16] Hartig，T.，Korpela，K.，Evans，G. W. &Grling，T. A measure of perceived environmental restorativeness [J]. Scandinavian Housing and Planning Research. 1997，(14)：175-194.

[17] 李珍. 生活性街道环境感知特征对城市居民心理健康的影

响研究[D]. 哈尔滨工业大学，2019.

作者简介

王瑶，1995 年 3 月，女，汉族，河北石家庄人，北京工业大学城市建设学部建筑与城市规划学院在读硕士研究生，研究方向为风景园林规划与设计。

王淑芬，1965 年 10 月，女，汉族，河北鹿泉人，博士，北京工业大学城市建设学部建筑与城市规划学院，副教授，研究方向为建成环境适老化、园林绿地与公共健康。

许春城，1993 年 10 月，男，汉族，河南周口人，北京工业大学城市建设学部建筑与城市规划学院在读硕士研究生，研究方向为风景园林规划与设计。

韩英杰，1997 年 1 月，男，汉族，北京人，北京工业大学城市建设学部建筑与城市规划学院在读硕士研究生，研究方向为风景园林规划与设计。

王星龙，1997 年 12 月，男，蒙古族，内蒙古鄂尔多斯人，北京工业大学城市建设学部建筑与城市规划学院在读硕士研究生，研究方向为风景园林规划与设计。

交通安全视角下地铁站公共空间隔离设施的评价与优化①

Evaluation and Optimization of Public Space Isolation Facilities in Subway Station From the Perspective of Traffic Safety

王云静　董贺轩*

摘　要： 地铁站公共空间内的隔离设施是交通安全的重要保障。选择与交通安全关系最为紧密的5种隔离设施进行评价，从形态特征和空间布局特征中选取7个特征因子，运用SD法统计每种隔离设施的各特征因子得分和可能发生的危险类型，并分析安全性差异的原因。最后提出针对形态和布局的隔离设施优化建议，以期完善符合人们安全感期望的地铁站公共空间出行环境。
关键词： 地铁站公共空间；隔离设施；交通安全；SD法；空间布局

Abstract: The isolation facilities in the public space of Metro stations are an important guarantee of traffic safety. Five kinds of isolation facilities which have the closest relationship with traffic safety were selected for evaluation, and seven feature factors were selected from the morphological features and spatial distribution features, the SD method was used to count the scores of each characteristic factor and the possible risk types of each isolation facility, and to analyze the reasons for the differences in safety. Finally, some suggestions are put forward to optimize the shape and layout of the isolation facilities, so as to perfect the public space of the subway station which accords with people's security expectation.
Keywords: Public Space of Subway Station; Isolation Facilities; Traffic Safety; SD Method; Spatial Layout

引言

由于具有运量大、速度快、准点发车等优势，发展轨道交通成为各大城市缓解交通拥堵问题及优化城市交通体系的重要突破口[1]，地铁站点逐渐成为人群密集、功能复杂的新型城市公共空间。同时，地铁站地面层和地下空间的环境特征差异较大，常出现功能空间混乱、步行不顺畅、人车流线重合等现象，带来碰撞、跌倒、混乱、迷路、污染等潜在的安全性问题，因此需要在地铁站点及其出入口空间进行合理的交通疏导。

国内对地铁站公共空间的安全性研究主要集中在对地铁站出入口空间的整体考虑，尤其是出入口的数量位置、与周边城市空间的关系等[2-4]，关于交通隔离设施的研究成果集中在材料选择、制作工艺和质量规范等方面，且主要涉及护栏和标线两类隔离设施，缺少对出入口空间内具体元素的形态和布局研究，尤其是针对隔离设施的系统性研究[5]。地铁站公共空间的隔离设施本身具有阻挡、分割和围合空间的作用，是空间划分和交通疏散的重要工具，合理布局隔离设施可降低公共交通危险事件发生的可能。因此有必要对隔离设施的空间作用展开进一步研究。

本文将隔离设施划分为护栏式、站桩式、绿化式、构筑物隔离和标线式隔离5类，以提升地铁站公共空间安全性为目标，尝试选取武汉地铁二号线中光谷火车站—佳园路—光谷大道—华中科技大学—珞雄路—光谷广场—杨家湾7个地铁站样本，聚焦地铁站公共空间隔离设施的形态特征和空间布局，结合实地观察与问卷调查，并运用SD法进对5类设施的危险性进行评价赋值，得出它们的危险性大小及造成危险的具体特征，分析隔离设施与危险事件之间的作用关系，提出针对不同设施的具体优化策略（图1），为地铁站公共交通设施建设提供借鉴，促进实现全民安全健康出行。

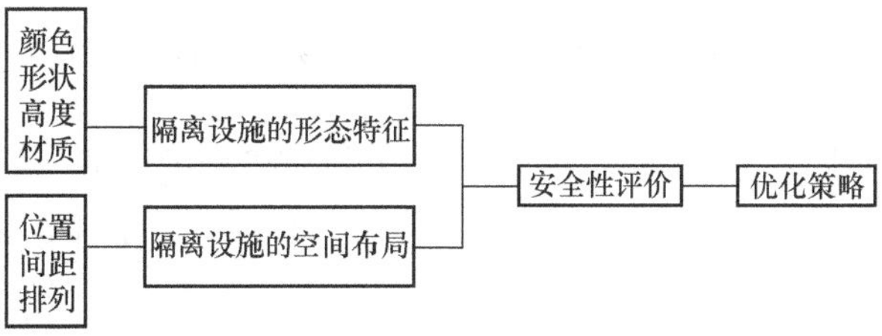

图1　研究框架

1　地铁站公共空间隔离设施形态及空间分布

护栏和站桩是传统意义上的隔离设施，绿化式隔离和构筑物隔离是发挥隔离作用的其他类型，标线式隔离设施是间接的隔离设施。本研究对隔离设施的形态特征和空间布局进行归纳。

① 基金项目：国家自然科学基金面上项目（项目编号：51978298）。

1.1 隔离设施的形态特征

先对每类隔离设施进行总体定义，概括其总体外观形态特征，然后通过对比颜色、形状、高度、材质等形态属性，细分为不同类型，总结各类型设施的异同。

1.1.1 护栏式隔离设施

路基防护栏可以在车辆失控偏离原行驶路线时，阻挡失控车辆或减缓其前进，防止其冲入其他场地[6]，既保护周边步行安全，同时分隔不同方向的人群。地铁站公共空间的护栏式隔离设施包括地下的导流围栏和地面的路边护栏，有效地分隔通行人群和限定通行范围。

根据颜色、高度、材质、底座等形态属性将护栏式隔离设施分为4类。其中地面护栏与地下导流围栏形态差异较大，地下导流围栏均为不锈钢材质，高度在1m左右，只在底座和隔板的形态方面略有差异（表1）。

护栏式隔离设施的形态特征 **表1**

护栏式隔离设施	颜色	高度（cm）	底座	隔板	材质	隔离强度
	银灰色	100	梯形墩	玻璃板	不锈钢	强
	银灰色	100	Y形	竖栅栏	不锈钢	强
	银灰色	100	无	竖栅栏	不锈钢	强
	白色为主 蓝色栅栏 黑色底座	55	梯形墩	竖栅栏	塑料	强

1.1.2 站桩式隔离设施

站桩式隔离设施可以有效防止各种车辆的不合理通行，常设置在工业区、加油站、停车场、人行道附近，为行人与各类车辆的分流起隔离作用。地铁站公共空间的站桩式隔离设施指地面层的排列成组的桩石和柱体，其中圆柱体站桩只限制机动车通过，其他形态的站桩阻挡所有车辆进入，实现多层次的人车分流。

根据颜色、形状、材质等形态属性将站桩式隔离设施分为5类。其中形状有转折柱、圆柱、圆墩等，差异较大，颜色分为灰色和黄色两大类，材质分为石材和钢材，高度均在50cm左右（表2）。

站桩式隔离设施的形态特征 **表2**

站桩式隔离设施	颜色	形状	高度（cm）	占地面积（m^2）	材质	隔离强度
	灰色	半圆柱	30	0.18	石灰石	一般
	灰白色	圆墩	55	0.2	大理石	一般
	深灰色	转角柱体	45	0.03	钢材	较强

续表

站桩式隔离设施	颜色	形状	高度（cm）	占地面积（m^2）	材质	隔离强度
	蓝色	柱体	60	0.05	钢材（表面烤漆）	一般
	黄黑相间	柱体	60	0.05	钢材（表面反光源）	一般

1.1.3 绿化式隔离

地铁站公共空间的绿化式隔离指站口附近的树池、花池和花台等，绿色植物的引入不仅增加了空间的美观性和生态性，还可有效阻挡进出场地的人流车辆，限定行人的视线范围和活动空间。

根据种植池形态和植物种类的不同将绿化式隔离分为 4 类。种植池边界规则，形态多为矩形，差异较小。内部植物布局有规则式和自然式两类，因在植物种类选择方面区别明显故而高度差异较大（表 3）。

绿化式隔离的形态特征　　表 3

绿化式隔离	绿化类型	高度（cm）	植物配置	隔离强度
	灌丛	100	灌木	强
	花台	60	草本花卉	一般
	树池	500	乔灌	一般
	花池	500	乔灌草	强

1.1.4 构筑物隔离

地铁站公共空间的构筑物隔离是除上述隔离设施外具有高差的硬质部分，包括台阶、挡墙、墙体等。其中抬升空间的阻挡限定效果较强，常作为空间的边界，下沉空间虽然没有视线阻挡，但高差的存在阻挡车辆进入，也对行人通行产生一定影响，尤其是行动不便的人群。

根据硬质类型和高度将构筑物隔离分为 4 类（表 4）。各类间高度差异较大，商铺和居民楼墙体一般较高，而挡墙、台阶较低。台阶又可分为纯硬质台阶和绿化台阶。

构筑物隔离的形态特征　　表 4

构筑物隔离	类型	高度（cm）	隔离强度
	硬质台阶	300	较强
	建筑墙体	—	强
	广场挡墙	30	较强
	绿化台阶	80	较强

1.1.5 标线式隔离设施

狭义的标线是用涂料将各种文字、箭头、符号等绘于路面的管理设施，其作用在于引导和管制交通秩序，同时也具有视线诱导功能[7]。地铁站公共空间的标线式隔离设施包括地面层的非机动车停车范围线和地下通道空间的物品存放框线，为停车和物品存放提供指引。

根据颜色、形状、线条、尺寸、材质等形态属性将标线式隔离设施分为 3 类（表 5）。其颜色、线条和材质属性差异较大，其中形状是指标线的整体轮廓，线条包括虚实和和立面上是否凸起，尺寸分为形状和线条尺寸。

标线式隔离设施的形态特征 **表 5**

标线式隔离设施	颜色	形状	线条	尺寸（cm）	材料	隔离强度
	白色	矩形框；箭头；自行车图案	虚线	60×200 线宽 15	油漆涂料	一般
	黄色	线形	实线（有凸起）	线宽 60	铺地砖	弱
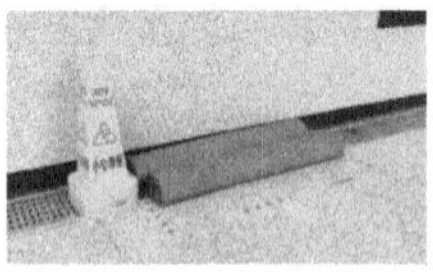	黄色 黑色	矩形框；文字	实线	60×120 线宽 10	塑料胶带	弱

1.2 隔离设施的空间布局特征

1.2.1 隔离设施的空间分布

对每种设施的空间分布类型进行归纳分析，包括设施单体的空间位置、间距密度和排列形式等。根据与人行道或站口建筑的位置关系，定位各类隔离设施，然后归纳其间距密度和排列方式。隔离设施在空间内总是成排成组地出现，组排内保持一定的间距密度，组排间存在一定的排列规律。

（1）护栏式隔离设施

分布在地下部分和地面层，且集中在地下部分。地下部分集中在进闸机前的通道区域，地面层主要在站口台阶和无障碍坡道旁，还有一些分布在人行道靠近机动车道的边界上。地下通道内的位于站口台阶旁侧的护栏也分两侧均有和仅在靠近或远离人行道的一侧存在，引导人群在站口前广场完成疏散。

排列形式以一字形、二字形和 L 形为主，而凹形排布较少。其中地下部分多平行式排布，安检前的平行式排布，限定出特定通道空间；转换通道内的一字形排布分隔相反方向的人流，无障碍坡道旁的护栏多 L 形排布，限定出安全的半围合空间（图 2）。

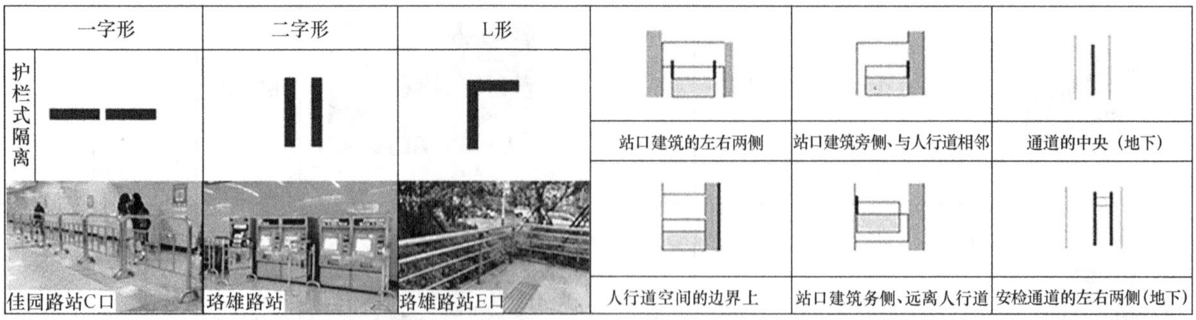

图 2　护栏式隔离设施的空间布局特征

（2）站桩式隔离设施

站桩组内单体的间距和密度与所需阻挡强度相关。限制机动车而允许非机动车通过的站桩间距较大，限制所有车辆进入的站桩间距较小，约 140cm。

站桩式隔离设施主要集中在地面层站口建筑和人行道之间，影响出入口空间的限定和划分。根据其与站口建筑的位置关系分为远离站口的广场边界、靠近围合站口、与站口建筑相接 3 大类。

排列形式以一字形、L 字形和凹形为主，而平行式排布几乎没有。其空间位置与布局形态有一定的对应关系：边界处的站桩排布为 L 形，围合限定出入口空间；靠近站口的站桩排布为凹形，进一步划分出仅供行人进入的站前空间；与站口建筑相接的站桩排布为一字形，分隔出入口空间和人行道空间（图 3）。

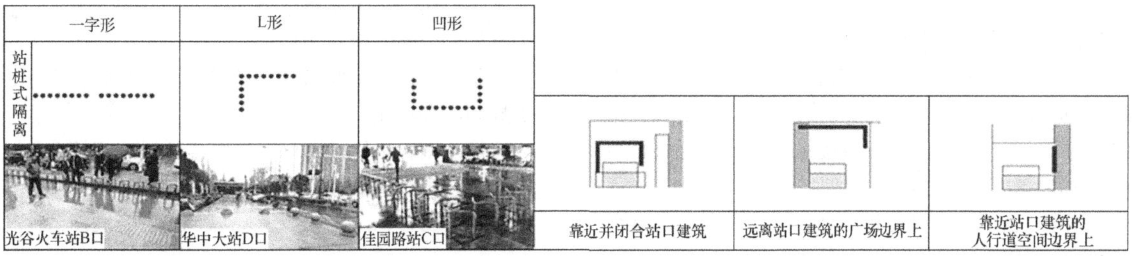

图 3　站桩式隔离的空间布局特征

（3）绿化式隔离

绿化式隔离主要集中在站口建筑和广场边界附近。根据其与站口建筑的位置由近及远分为紧邻站口建筑、与站口建筑相接并向外延伸、远离站口建筑 3 大类。紧贴站口建筑的种植池绿化主要起美观作用，远离站口建筑沿边界延伸的绿化限定围合广场空间。

排列方式为一字形、二字形、L 形和凹形，其中 L 形排布相对较多。L 形排布的绿化多与其他隔离设施结合，限定围合空间的效果更明显；人行道上一字形排布的花台限制着车辆通行且分隔不同方向的人流，与一字形排布的站桩石作用类似；与护栏设施结合的绿化主要起美观作用（图 4）。

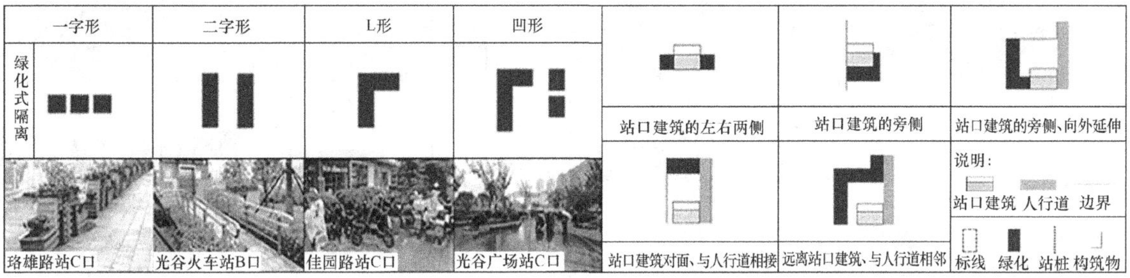

图 4　绿化式隔离的空间布局特征

（4）构筑物隔离

构筑物隔离主要指站口建筑附近的台阶和广场边界的墙体。站口建筑与出入口广场之间的台阶尺度较小，且不阻挡视线，对空间的分隔强度较弱；广场边界的墙体位于站口建筑的对面或旁侧，高度较高，对视线的遮挡性较强（图 5）。

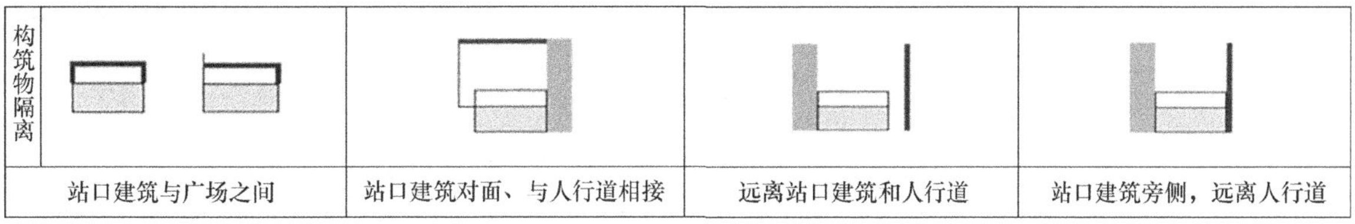

图 5　构筑物隔离的空间布局特征

（5）标线式隔离设施

主要集中在地面层和地下通道的墙角墙边。紧靠墙边的地下标线尺寸不大，造成安全性问题的可能较小，地面部分的标线设施的位置与人行道关系密切。根据其与人行道的连接关系，分为人行道内、与人行道垂直相接、与人行道分离 3 类。地下标线以单体形式存在，地面部分标线排布多为一字形和 L 形，较少为二字形。其中一字形排布标线及停放在该区域的非机动车，对两侧空间有较强的分隔作用，连续的界面还可引导视线；与其他隔离设施结合的标线常呈 L 形排布；平行式排布的情况较为少见，其可限定出中间通道区域（图 6）。

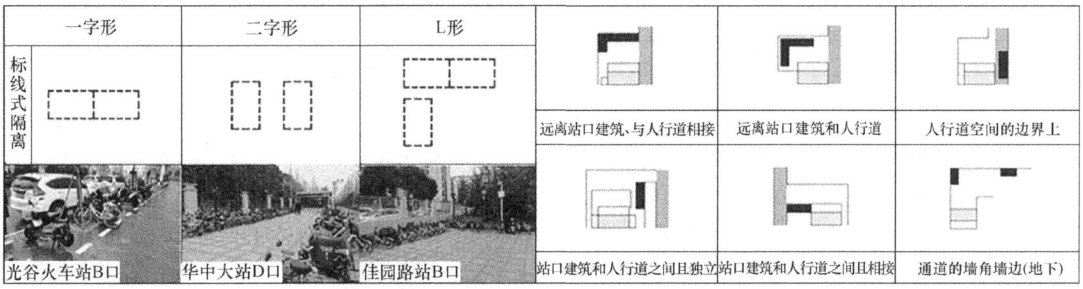

图 6　标线式隔离设施的空间布局特征

1.2.2 隔离设施的空间组合

地铁站公共空间内同时存在多种类型隔离设施，不同设施内部形成各自特定的空间，各类空间通过相离、相邻、相接和围合等连接方式完成拼接组合，形成更加复杂的空间关系。（图7）

（1）相离：包括平行分离和垂直分离，限定出通道空间，具有引导作用。

（2）相邻：主要指平行相邻，包括平面的贴合和高度的叠加，分隔阻挡作用增强。

（3）相接：主要指垂直相接，限定出转折空间，兼有引导和围合作用。

（4）围合：L形排布与其他排列形式相结合，兼有分隔阻挡和引导围合作用。

（5）复合：三种及以上隔离设施的空间组合

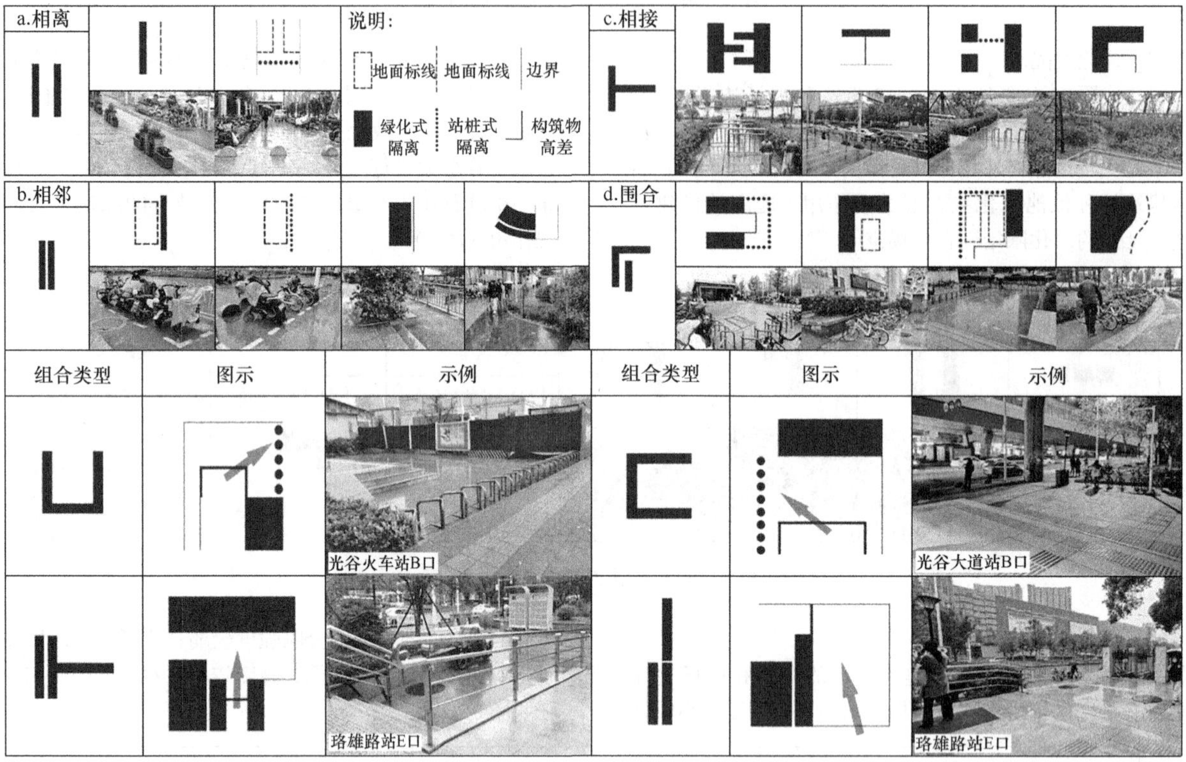

图7 隔离设施间的空间组合

2 基于危险源的隔离设施安全性评价

2.1 确定评价因子和设置分值

在现场调研和整理资料的基础上，根据SD法的“二级性”原理，筛选隔离设施的7个属性作为评价指标（表6）。然后采用5段危险性的评价尺度，以“极大可能”“很可能”“可能”“一般不会”“不可能”为危险性等级描述，并分别赋值为−2、−1、0、1、2（表7）。其中个别设施未涉及，属性分值设置为0。

评价因子及形容词对　　　　表6

序号	评价因子	形容词对
1	颜色	不可能—极大可能
2	形状	不可能—极大可能
3	高度	不可能—极大可能
4	材质	不可能—极大可能
5	位置	不可能—极大可能
6	排列方式	不可能—极大可能
7	间距密度	不可能—极大可能

评价赋值表　　　　表7

	极大可能	很可能	可能	一般不会	不可能	
负	−2	−1	0	1	2	正

2.2 设计调查问卷

问卷内容分为对地铁站隔离设施安全性的整体评价和对各类隔离设施不同属性进行安全性评价两大部分。题目分为多选和单选，其中单选题为分别提问每类隔离设施的7个属性造成危险的可能性大小，选项为上述5个描述等级，多选题为每类隔离设施可能造成的危险事件类型，如混乱、碰撞、跌倒等。

2.3 收集处理数据

对每位调查对象介绍调查目标的具体内容和填写要求，共发出调查问卷105份，有效问卷97份，有效率达92%。统计问卷中5个危险性等级描述选项的百分比，计算5种隔离设施不同属性的安全性评价得分（表8），得出不同设施的安全性评价折线（图8）和与危险事件的关联（图9）。

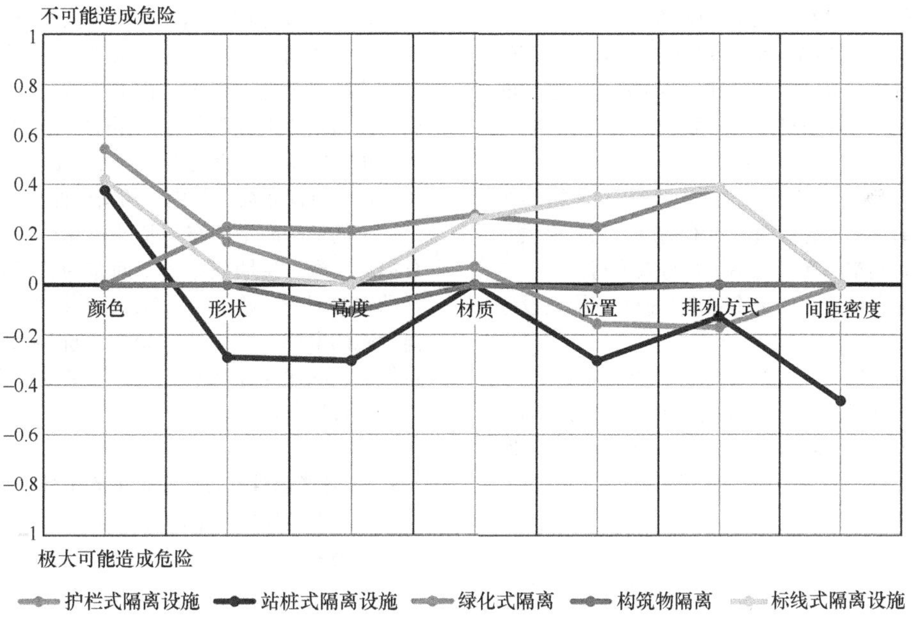

图 8　安全性评价折线图

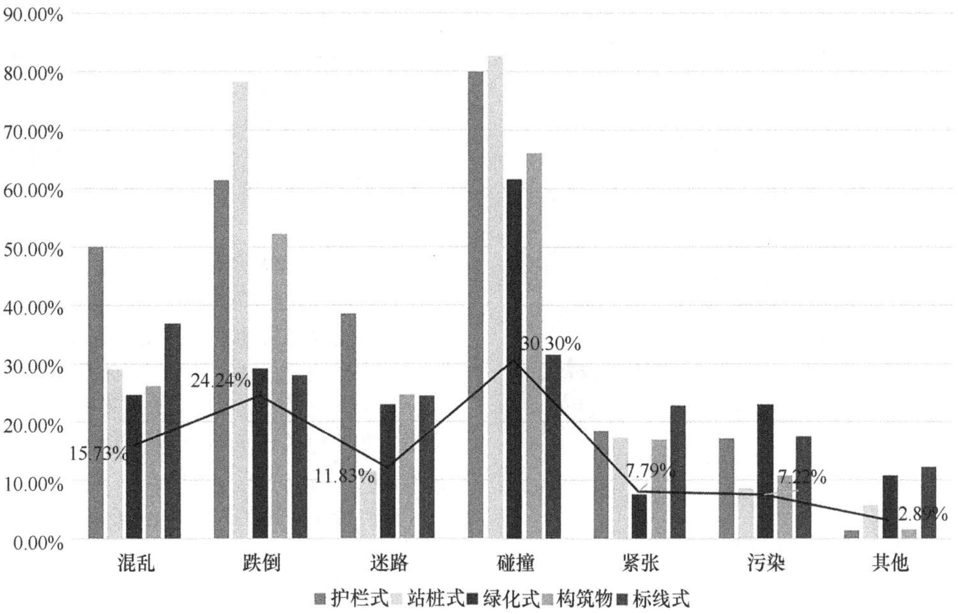

图 9　隔离设施与危险事件的关系

隔离设施安全性评价结果　　　　表 8

序号	评价因子		护栏式	站桩式	绿化式	构筑物	标线式
1	形态特征（F1）	颜色	+0.543	+0.377	0.000	0.000	+0.421
2		形状	+0.171	−0.290	+0.231	0.000	+0.035
3		高度	+0.014	−0.304	+0.215	−0.108	0.000
4		材质	+0.071	0.000	+0.277	0.000	+0.263
			+0.0029	+0.0010	+0.0037	+0.0017	+0.0042
5	布局特征（F2）	位置	−0.157	−0.304	+0.231	−0.015	+0.351
6		排列	−0.171	−0.130	+0.385	0.000	+0.386
7		间距	0.000	−0.464	0.000	0.000	0.000
			−0.0016	−0.0043	+0.0047	−0.0002	+0.0065

2.4　数据结果分析

通过观察图表发现以下现象：首先各类隔离设施的折线走势差异较大，且有明显的安全性强弱倾向；然后在形态和空间布局特征的不同影响下，折线的走势从左至右发生变化；其次各特征因子的得分均徘徊在−0.6 和+0.6 之间，且与设施种类有一定关联；再次各设施的危险类型的可能性分布较为一致。下文将结合设施的形态和空间布局特征，进一步分析各类隔离设施安全性强弱的原因，比较形态和空间分布特征对安全性的影响差异，讨论不同特征因子如何影响设施的安全性。

2.4.1　不同隔离设施间安全性的对比分析

（1）绿化式隔离和标线式隔离较为安全

两类设施的综合得分分别为0.814和0.729，远超其他三类设施。其中绿化式隔离安全性最强，常位于建筑外围和空间边界，且排列方式最为多样，不挤占通行空间的同时又能灵活分隔空间，而且绿色植物的引入又能减轻人群的焦虑感。

标线式隔离设施的安全性次之，其上停放非机动车后才对空间有隔离作用。标线自身没有高度，只有材质对安全性略有影响，其空间布局也不影响行人通行。

（2）站桩式隔离设施、构筑物隔离和护栏式隔离设施较不安全

三者综合得分分别为−0.214、0.143和0.300，折线走势较一致。其中站桩式隔离设施安全性最弱，其形状、材质和空间布局均较为多样，常伴随着大小不一的间距和混乱的交通，而且其具有符合人体尺度的高度和半径，常引发危险的玩耍和停靠行为。

构筑物隔离常伴随着台阶高差，其不确定的高度和不合理的位置是产生危险的主要原因。高差的存在会限制部分人群的日常通行，特殊情景下如雨雪天气和昏暗的傍晚，室外的台阶高差也是发生危险的主要区域。

护栏式隔离设施的不安全性主要来自其单调的排列方式和特殊的空间位置，在地下部分常平行式排布或一字形孤立于通道中央，容易造成视觉疲劳，激发抵触情绪（图10），地面部分护栏常位于高差附近和人行道、车行道的边界，这些地方本即容易发生危险事件（图11）。

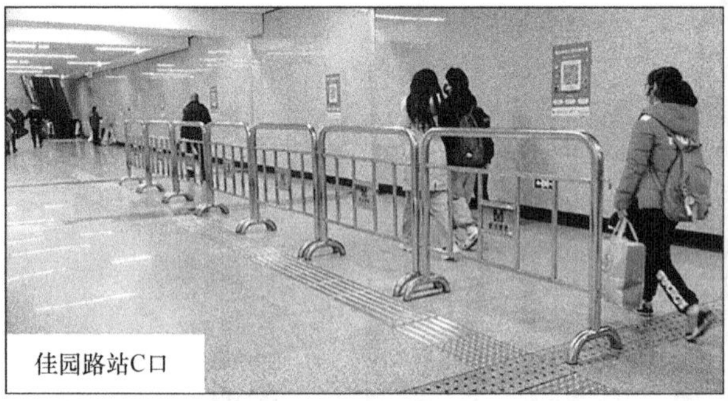

图10　一字形的护栏

图11　拆除的护栏

2.4.2　形态特征与空间布局特征的安全性差异

（1）形态特征因子的安全性评价得分整体较高

设施的形态特征相对较安全，隔离设施常成排成组地出现以发挥空间作用，因此虽然单体存在一些安全性问题，但放到空间使用上，形态特征的重要级下降。其中站桩式隔离设施在形态方面的安全性与其他设施相比较弱，因为站桩组常存在大量间隔与通行人群接触，因此单体形态对安全性产生的影响不可忽略。

（2）空间布局特征因子的安全性与设施种类有关

不同设施的空间布局特征的安全性评价与其综合得分趋势一致，说明设施的空间布局特征是影响设施安全性的重要因子。站桩式隔离设施、构筑物隔离和护栏式隔离设施的空间特征因子安全性评价均为负值，综合得分也较低；绿化式隔离和标线式隔离的安全性评价均为正值，综合得分也较高。

2.4.3　各类属性特征因子间的安全性差异

（1）颜色属性在形态特征因子中的安全性较强

各类隔离设施颜色的安全性得分均达到0及以上，其中站桩式隔离设施的颜色较为安全，这与调查前的预判不同，现场调研发现部分站桩石的颜色与地面铺装颜色极为接近，可识别性不强，调查结果可能是受到其他颜色标识较强的站桩类型的影响。

（2）高度属性在形态特征因子中的安全性较弱

高度是形态特征因子中总体得分最低的属性，其中站桩式隔离设施和构筑物隔离的高度属性安全性最弱。这与调查前的预判一致，有些建筑墙体阻挡视线，局促的高差使行人感到压抑紧张，安全感降低。

2.4.4　隔离设施与危险事件的关系

（1）隔离设施的种类与危险类型的关系

各隔离设施可能造成的危险类型的分布趋势较为一致，其中碰撞、跌倒、混乱和迷路是可能性最高的3种类型。其中绿化式隔离的分布略有不同，其危险类型分布图中污染和其他的比重明显高于其他设施，这表明绿化的污染性问题需要进一步考虑。

（2）隔离设施的形态和空间布局特征与危险类型的关系

隔离设施的形态特征中高度和形状是相对危险的属性，对应的危险类型为碰撞和跌倒。不合理的空间布局则会带来碰撞、跌倒、混乱、迷路、踩踏等危险。

而合理的设施布局能发挥分隔—人群分流、阻挡—方向转换、围合—范围限定的空间作用。不同方向的人群在设施的分隔下分流、能有效缓解碰撞拥挤问题、设施的阻挡也及时地引导人群转换前进方向，减少迷路和混乱行为，设施限定的空间还能为行人提供安全感。

3　安全视角下公共空间隔离设施的优化策略

3.1　形态特征的安全性问题及优化建议

3.1.1　极易混淆的颜色——标识性较弱

站桩石的灰色与地面铺装的颜色极为相近，在夜间

和雨雪天气易发生误撞、跌倒等危险事件；地下部分银色的护栏与顶棚和墙面颜色较为接近，标识性较弱且易使人产生视觉疲劳，进而产生急切烦躁心理。可适当改变设施的颜色来与环境色区分，还可将标识性较弱的设施与其他设施相结合，提高其空间可辨识度。

3.1.2 坚硬疏离的质感——舒适性较低

部分站桩石过于坚硬和光滑，有的小孩在上边攀爬玩耍，易发生磕碰滑倒的危险，且过于冰凉坚硬的质感，不经意地与身体接触也会产生不适；地下不锈钢护栏在白色灯光照射下易产生炫光，使人感到不适。可以在光滑的设施表面附着其他材质的薄膜，地下部分可在不同区域设置不同颜色的灯光（图 12）。

图 12 运用不同颜色的灯光

3.1.3 局促压抑的高度——阻挡性过强

大部分站口建筑附近的台阶高差旁的无障碍坡道过陡，这类构筑物阻碍了特殊人群的便捷通行；还有站口建筑附近高耸的建筑墙体给人压迫感。可结合垂直绿化或装置艺术对墙体表面进行美化设计，也可应用其他具有引导作用的设施将视线引导至其他开阔区域（图 13）。

3.1.4 单调重复的形式——美观性不足

地下通道内的不锈钢护栏外观形态几乎完全一致，

图 13 墙体绿化引导

图 14 生锈的站桩石

均为一字形和平行式排布，易使人产生烦躁心理；地面部分有一些站桩设施生锈严重，视觉效果较差（图 14）。地下空间内可将护栏与多种类型的隔离设施相结合，也可探索使用地面部分常用的绿化式隔离，用艺术化的装置和丰富的植物配置隔离地下空间，但要考虑植物的生长环境和养护成本问题。

3.2 空间布局的安全性问题及优化建议

3.2.1 大小不一的间距——阻挡性过弱

一些人行道与出入口广场间的站桩石组间距大小不一，阻挡车辆的作用减弱，不能实现人车分流，间距大的地方自然地成为人车进出的通道。可以在间距过大的区域放置一些临时的可移动隔离设施，补充站桩的分隔阻挡作用。

3.2.2 不合常理的位置——实用性缺失

有些非机动车停放需求量大的区域，仅有较小的标线划定区域，因而出现大量沿路岩石和沿盲道停放的非机动车组，有的甚至随意停放在空地，阻碍着行人通行；而有些地面标线划定在阻挡非机动车通过的站桩石内侧，非机动车根本无法进入，更不能安全停靠（图 15），造成地面标线的实用性缺失。应该在需求量大的地方增划地面标线，或者在合适的区域设置其他形式的限定设施，供非机动车安全停靠。设计地面标线前应做好调研，选择合适区域设置数量合理的标线。

图 15 地面标线不实用

3.2.3 混乱迷失的空间——引导性降低

地下空间的物理环境与地面层不同，且单一的护栏式隔离设施对人群的引导不连续，通行人群易迷失方向，进而产生紧张焦虑情绪。沿着地面护栏限定的通道空间行走的同时要抬头寻找指引信息，这也存在一定的安全隐患。因此可以丰富护栏的外观形态，并使其与导引标识设施相结合，使地下通行的人群更加便捷安全地到达目的地。

4 结语

4.1 充分发挥小型绿地的隔离功能

通过分析调查结果可知绿化式隔离的安全性较高，多样的植物种类带来丰富的色彩搭配和立面效果，带来愉悦感和轻松气氛，而且其具有灵活的排列方式，可有效发挥多种空间作用。可以考虑将其与休憩设施结合，在出入口广场的边角区域设置一些凹形空间，在保证高效通行的基础上提供短暂休息停留功能。还需要考虑绿化的污染性问题，注意选择无毒无刺无异味的植物种类，并定期进行养护管理。

4.2 适当赋予隔离设施的文化内涵

隔离设施位于人群密集的区域，易作为传播信息的载体，有些站桩石的侧立面还贴有小广告。因此在完善隔离设施分隔、阻挡和围合空间作用的同时，也可适当赋予其更深层次的文化内涵，或结合一些科普娱乐功能，增加隔离设施的趣味性，缓解人车疏散空间中的焦虑急躁情绪。

4.3 积极探索其他形式的隔离设施

探索其他形式的具有隔离作用的设施，来配合现有隔离设施发挥空间作用，尤其是与地下部分隔离设施的结合，可引入声音、光线、触感等不同形式的智能导引设施，与地下护栏设施相结合指引人群安全到达目的地。还可发掘与铺装相结合的地面隔离设施，通过地面图案和颜色划分空间，并利用凸起的触感指引人群的行为活动。

参考文献

[1] 赵木寒．武汉地铁出入口外部空间调查与评价研究[D]．武汉：武汉理工大学，2016.
[2] 王硕．地铁车站出入口位置选定及相关衔接规划研究[J]．科技资讯，2019，17(20)：21-22.
[3] 孙永青，王恒，刘立钧，等．人本视角下的天津地铁刘园站站域微空间安全[J]．城市轨道交通研究，2019，22(09)：136-139.
[4] 马佳琳．安全性视角下地铁站域小学通学空间特征研究[D]．苏州：苏州科技大学，2019.
[5] 吕常欢，柳松林，吕常乐．交通安全设施对交通安全的影响分析[J]．建材与装饰，2020(04)：265-266.
[6] 侯悦．公路交通安全设施的设计理念与实施要点分析[J]．工程建设与设计，2020(17)：61-62.
[7] 陈婧．浅析交通安全设施中的标志、标线、护栏隔离栅[J]．江西建材，2016(10)：151-152.

作者简介

王云静，1998年11月，女，汉族，河南南阳人，华中科技大学建筑与城市规划学院，在读硕士研究生，研究方向为城市设计。电子邮箱：276185858@qq.com。

董贺轩，1972年，男，汉族，河南濮阳人，博士，华中科技大学建筑与城市规划学院，教授，研究方向为城市设计。电子邮箱：415091740@qq.com。

城市步道使用效率及其影响因素研究

——以重庆市南滨路滨江步道为例

Research on the Utilization Efficiency of City Footpath and Its Influencing Factors

—Take the Binjiang Footpath of Nanbin Road in Chongqing as an Example

魏　菡　谭少华

摘　要： 城市步道作为公共环境资源在促进居民健康生活方式上有着重要作用，其使用效率和人口聚集程度除了与自身设施配套相关，也受到周边建成环境的影响，如步道所处区位、周边土地利用混合度、城市综合交通配套以及周边人口密度等。本文选取重庆市南滨路滨江步道进行研究，并将步道进行分段，利用百度热力图作为研究工具之一，将相同时间下每段步道的使用强度作为衡量使用效率的指标依据，并与建成环境要素对比，旨在探索城市步道建成环境对其使用情况的影响以及作用机制，并提出步道建设的优化策略，达到提升人群使用效率，促进公共健康的目的。

关键词： 城市步道；建成环境；使用效率；热力图

Abstract: As a public environmental resource, urban footpath plays an important role in promoting residents' healthy lifestyle. Its use efficiency and population aggregation are not only related to its own facilities, but also affected by the surrounding built environment, such as the location of the footpath, the mixing degree of surrounding land use, the comprehensive transportation facilities and the surrounding population density. In this paper, the riverside trail of Nanbin road in Chongqing is selected for research, and the trail is divided into sections. Baidu thermal map is used as one of the research tools to compare the use intensity of each section of the trail with the built-up environment elements at the same time. The purpose is to explore the impact and mechanism of the built-up environment of urban trail on its use, and to put forward the optimization strategy of trail construction, To improve the utilization efficiency of the population and promote public health.

Keywords: Urban Footpath; Built Environment; Use Efficiency; Thermodynamic Diagram

引言

城市步道是一种线性的绿色开敞空间，作为人本主义城市发展的重要内容之一，其建设与规划策略不断受到重视。步道内部可供市民和游客散步、骑行，具有景色观赏性，同时步道起到连接城市各类重要功能区的作用。城市步道的建设有助于提升城市形象，作为交通系统的一部分，合理优化步道建设，能加强城市各区域的联系和功能分区，提升对居民的使用吸引力。

目前对城市步道的研究主要聚焦在内部环境，包括建造品质、景观营造及其设施配套研究等，同时与使用者的心理感知相联系并进行量化分析；也有研究将城市步行者的空间感受与体验作为研究对象，研究步道的连续性、便捷性、舒适性以及可步行性；有学者基于 ArcGIS 和层次分析法构建了步道建设适宜性评价因子体系和技术方法，对步道规划有较好的指导作用；此外还有研究关注步道内部更新，通过实地调研寻找步道的空间特色和更新策略。而针对城市步道外部环境对步道使用效率的影响的研究相对较少，多侧重关注步道区域条件和周边用地功能，缺乏对外部建成环境的统筹考虑。

在此背景下，大数据的出现为研究“城市步道—周边建成环境”及其使用效率提供了新的路径。大数据具有量大、信息丰富、时效性较高等特征，通过对大数据的挖掘分析，可为研究分析等过程提供支撑，有助于提升人居环境研究的科学性。本文尝试将大数据与 ArcGIS 平台相结合，分析重庆市滨江步道的使用效率以及外部建成环境对其影响机制，既是对公园内部性研究的补充，也为提升城市公园的使用效率提供优化建议。

1　研究方法与数据搜集

1.1　研究区概况

重庆由于特殊的地形原因，步道建设相对平原城市来说更具特色，《重庆主城区美丽山水规划 2014》中提出“利用山体、水系资源，串联旅游资源，将居民的生活和生产环境进行结合，构建城市内部的慢行系统，发展重庆特色的绿道系统”。本文选取重庆市南滨路滨江步道作为研究对象，此段步道城市资源丰富，兼具生态、休闲以及商业服务等功能，在重庆市沿江路段中有着较高的研究价值。步道起于南滨路与兰花路的交叉口，终点位于洋人街码头，靠近寸滩长江大桥，全线 18.83km，城市居民的日常使用以休闲运动为主，伴有少量旅游参观活动，是一条典型的城市滨江步道。在调查中将步道进行分段，以重要交通节点和景观节点作为步道出（入）口，将每两个相邻步道出（入）口连接起来，最终得到14个步道分段（图1）。

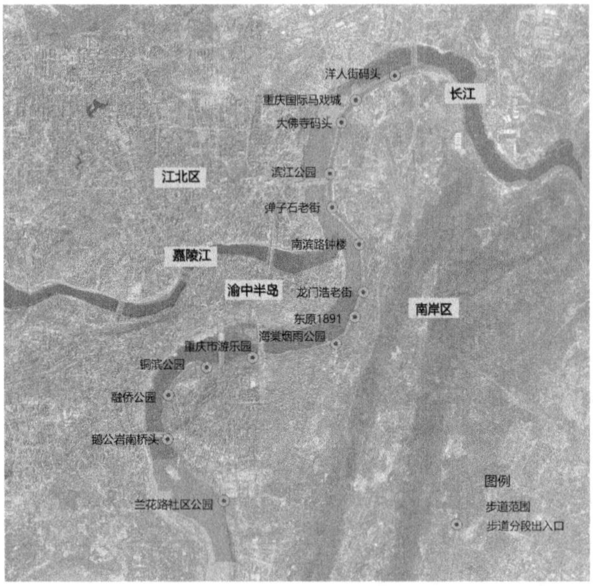

图1　步道范围及分段示意图

1.2　研究方法

1.2.1　研究框架

本文从“城市步道—周边建成环境”视角出发，研究同一城市步道在不同地段使用效率的差异是如何受到外部环境的影响。城市步道的使用强度通常指市民和游客对步道的到访、活动的频率、人数或聚集程度，本文通过百度热力图大数据以及ArcGIS平台测度的步道人群聚集密度进行表征。本文聚焦步道外部影响因子，即周边建成环境对步道使用效率的影响，将主观层面的人口密度归为直接因素，人流量越大则步道的使用概率越高；将吸引层面的潜在环境归为间接因素，主要分为用地混合、综合交通。在研究中划定以步道为起点且步行适宜的建成环境研究范围，在固定相同时间的前提下，将不同建成环境下的每段步道热力数据进行对比，分析步道使用效率空间分布特征，探索建成环境如何变化能吸引更多人来使用步道，从而揭示现存城市步道周边的空间利用模式与步道建设策略（图2）。

1.2.2　研究方法及数据处理

（1）城市步道使用空间分布特征分析

本文通过将获取的百度热量图数据导入ArcGIS，将热力值数据匹配到所研究的滨江步道的矢量数据上进行空间分析。根据步道分段对采集的数据进行分段统计，得到每段步道的使用强度，作为后续研究城市步道使用效率的空间分布差异特征及其影响因素的基础数据。

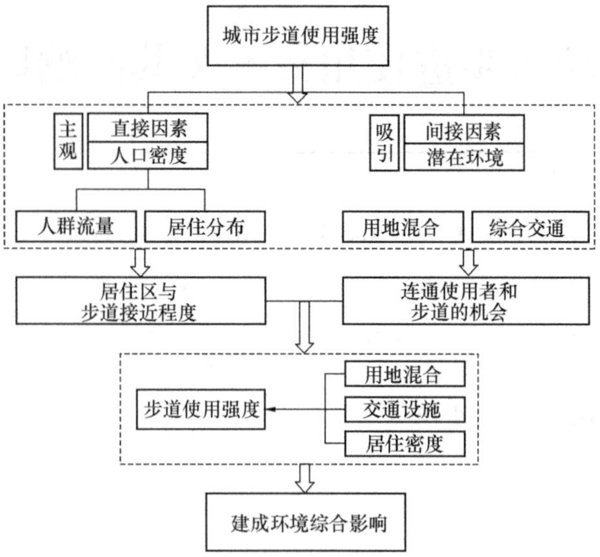

图2　步道使用强度研究框架

（2）周边建成环境比较

分别收集每段步道周边建成环境数据，分为用地类型及混合度、综合交通设施配套以及居住分布。其中，研究范围内建成环境的混合度POI数据分为购物、餐饮、居住、生活服务和体育活动五类，将研究范围划分为100×100的栅格大小，将5类数据依据使用热度分别赋值0.3、0.3、0.2、0.1、0.1，通过空间链接以及加权总和获得综合各个用地类型的密度分区，以此表征步道周边建成环境的用地混合度空间分布。

（3）模型构建

采用Spss回归分析，假设研究对象滨江步道使用强度受到使用者潜在来源地的建设强度（用周边建成环境的用地混合度表征）以及与沿线居民的接近程度（用沿线周边的居住分布表示）的影响，同时考虑综合交通布局情况（用500m范围内站点数量表示）对步道使用的影响。通过构建多元线性回归模型，建立城市步道使用效率与周边建成环境的定量关系：

$$Y_n = B_n + P_n + T_n + e_n \tag{1}$$

式中　n——步道片段的标号；

Y_n——n片段步道的使用强度；

B_n——n片段步道周边的土地利用类型混合度；

P_n——n片段步道周边人口密度；

T_n——n片段步道周边综合交通布局情况；

e_n——误差项。

1.3　研究范围

步道的周边建成环境是使用人群的主要来源地，研究需确定建成环境的影响范围以及步道的吸引力范围。针对山地城市的特色环境，主要考虑步行的出行方式，划定15min的步行影响范围，并在ArcGIS中以每段步道入口为起点划定步行影响缓冲区范围1000m，研究该范围内建成环境与步道使用效率的相关性（图3）。

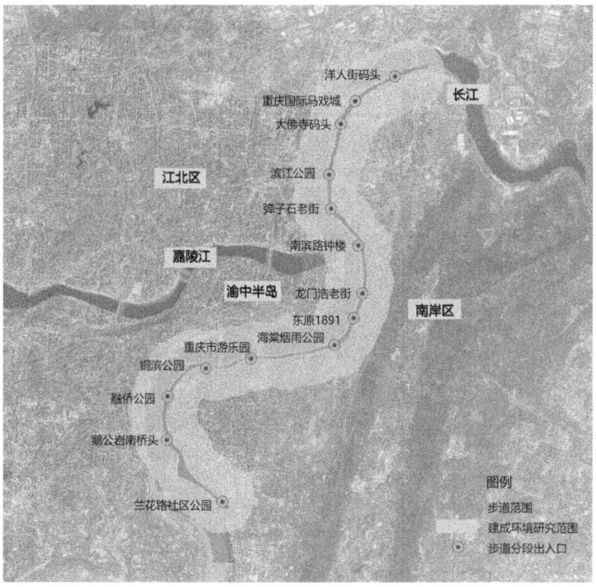

图 3　步道周边建成环境研究范围示意图

2　研究结果分析

2.1　数据及模型分析

2.1.1　研究数据分析

通过 ArcGIS 数据量化处理得到每个步道分段的使用强度，以及对应周边建成环境的用地混合、人口密度和公交设施配置情况（表 1）。由数据可知，南滨路滨江步道的人群使用强度最高段集中在中部地区，其对应的建成环境也更具有多样性，具有明显较高的用地混合以及居住人口数量，其中从龙门浩老街到重庆市游乐园设有较充足的公共交通站点，居民可达性相对较高。

研究数据统计　　　　表 1

步道分段	入口区位	使用强度（人/km）	POI 核密度	周边人口密度（人/km²）	公交站点数（个）
1	洋人街码头	80	5	1033	1
2	重庆国际马戏城	62	17	4142	0
3	大佛寺码头	90	13	1163	1
4	滨江公园	96	98	4142	2
5	弹子石老街	88	328	4567	2
6	阳光广场	104	45	6621	3
7	龙门浩老街	101	174	9404	3
8	东原 1891	104	414	9193	2
9	海棠烟雨公园	123	351	7989	3
10	重庆市游乐园	120	193	10067	4
11	铜滨公园	99	48	9292	1
12	融侨公园	107	241	4308	1
13	鹅公岩南桥头	82	119	5099	0
14	兰花路社区公园	88	76	4896	1

2.1.2　多元线性回归模型分析

将数据带入式（1）中可得，在步道辐射 1000m 范围内，周边建成环境的三项指标与每段布道的使用强度呈正相关（表 2）。分析可知，周边用地是步道使用人群的最大来源地，其土地利用混合度越高，该段步道上的使用人数则越多。同理，居住分布较为密集的区域步道使用效率也会随之提升。此外，步道周边的综合交通配套也是影响步道使用的重要因素，合理选址的交通站点可以提升步行辐射范围以外人群使用步道的可达性和易获得性。

多元回归分析　　　　表 2

指标	使用强度	
拟合度	R=0.838	显著性
周边居住人口密度	0.638（0.001）	0.014
POI 核密度（用地混合）	0.556（0.028）	0.039
公交站点数量	0.795（2.340）	0.001

注：表中数字为变量的标准回归系数，括号里为标准误差。

2.2　周边建成环境与步道使用强度相关性

通过相同时间内百度热力图显示的人群分布密度以及建成环境的相关数据分析，南滨路滨江步道的人群使用效率呈现较为明显的“中部高、两端低”的特征（图 4），且与周边建成环境状况有较强的关联性（表 3）。

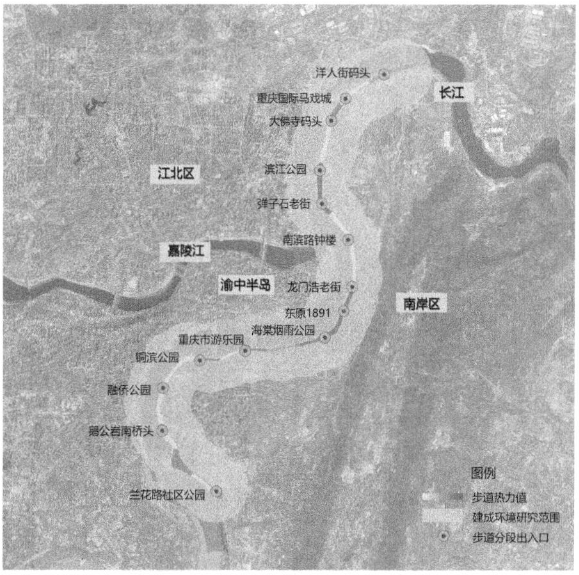

图 4　步道使用效率空间特征分布图

步道热力图及相关环境要素 **表 3**

步道分段	入口区位	热力图	相关环境要素		
			用地属性	居住分布	综合交通
1	洋人街码头	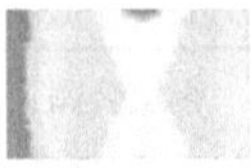	在建，靠近寸滩长江大桥	暂无	公交站周边（500m 以外）
2	重庆国际马戏城		餐饮商业为主，少量居住	周边居住小区较少	公交站周边（500m 外）
3	大佛寺码头		居住、公园绿化为主	周这居住小区较多	公交站周边
4	滨江公园		商业、居住为主	周边居住小区较多	公交站、地铁站周边
5	弹子石老街	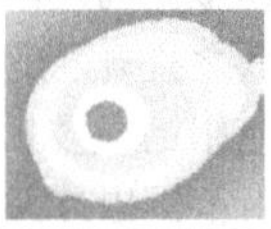	商务、商业综合体、绿化广场、居住为主	周边居住小区较多	公交站、地铁站周边
6	阳光广场		绿化广场、居住为主	周边居住小区较多	公交站周边
7	龙门浩老街		旅游商业为主	周边居住小区较少	公交站、地铁站周边
8	东原 1891	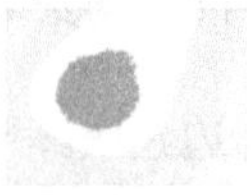	商业综合体，旅游商业为主	周边居住小区较少	公交站周边
9	海棠烟雨公园	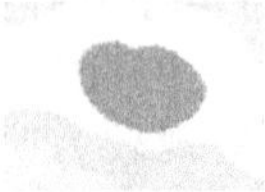	公园广场、商业、居住为主	周边居住小区较多	公交站、地铁站周边
10	重庆市游乐园	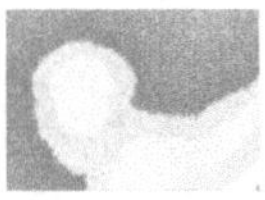	游乐设施、居住为主	周边居住小区较多	公交站周边（500m 以外）
11	铜滨公园	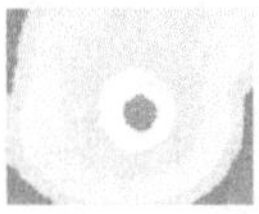	绿化广场、居住为主	周边居住小区较多	公交站周边
12	融桥公园	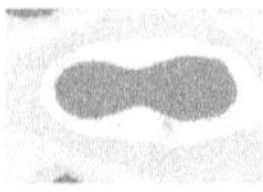	公园绿化、居住为主	周边周住小区较多	公交站周边（1000m 以外）
13	鹅公岩南桥头		居住、配套商业为主	周边居住小区较多	公交站周边（1000m 以外）
14	兰花路社区公园		居住、配套商业为主	周边居住小区较多	公交站周边

2.2.1 土地利用混合度与步道使用强度相关性

对比热力图数据和用地混合度可得，滨江公园至弹子石老街段、龙门浩老街至烟雨海棠公园段的步道人群聚集度最高，其周边用地属性也较为丰富，土地利用混合度明显高于其他分段步道，因此土地利用类型混合度与步道的使用强度呈显著正相关（图 5）。

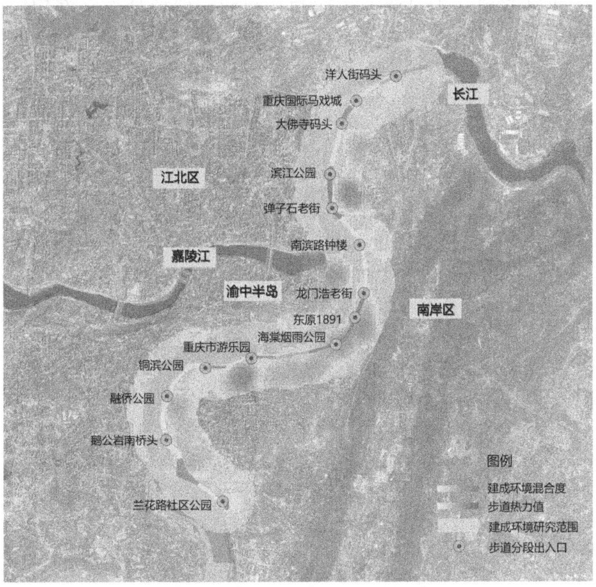

图 5　步道周边用地混合度

分析步道由南向北的周边建成环境，南部从兰花路社区公园到重庆市游乐园，主要是居住用地集聚区，内部有较好的设施配套与公共绿地空间，成为居民日常散步、游憩活动的主要选择。中部从重庆市游乐园到弹子石老街段紧邻步道有大量商业设施、生活休闲配套以及公园广场，人群聚集度较大，步道使用效率最高。北段步道周边多为少量居住用地以及大量待开发用地、在建用地，人群随之减少。

2.2.2 综合交通设施与步道使用强度相关性

南滨路滨江步道由南至北的综合交通配套存在一定差异，中部使用效率最高段的公交站以及地铁站点配套情况较好，紧邻步道且站点较多，外部人群使用步道的可达性随之较高。而南部和北部的步道分段综合交通配套相对较弱，公交站点距离步道多位于 500m 或 1000m 以外（图 6）。

由数据可知，研究范围的每段步道周边的交通设施类型越丰富、站点距离步道越近、交通网络覆盖率越广，其对应的步道人群使用效率越高。因此城市综合交通设施的连通性与步道的使用强度呈显著正相关。在公共交通资源丰富的地区，城市步道的使用效率普遍较高，各类城市综合交通设施可为步道提供较高的可达性。

2.2.3 周边居住分布与步道使用强度相关性

由数据可知，步道中部，即从滨江公园至重庆市游乐园居住分布相对密集，集中大量高品质住房以及商业、商

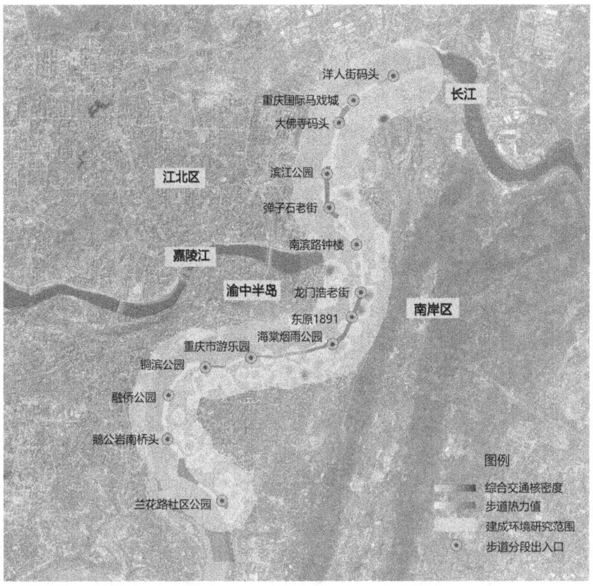

图 6　步道周边综合交通设施情况

务办公等配套，人群密度较大，且通勤人数较多，为步道的使用提供了潜在概率，该段步道的使用强度也相对更大；而南北两端的居住人口密度有所降低，对应步道的使用强度也相对较弱。因此周边居住用地密度与步道的使用强度呈现出较强的正相关性，步道周边居住人群聚集度越高，居民使用步道的概率则越高（图 7）。

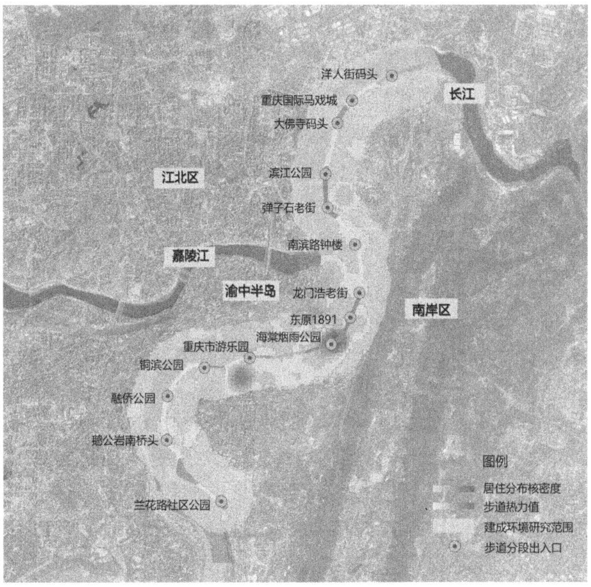

图 7　步道周边居住分布

2.3 建成环境对城市步道使用效率影响要素分析

通过对研究结果的关联性分析可知，城市步道的使用效率受到建成环境的综合影响，步道辐射 1000m 范围内的用地功能混合、交通设施配置以及沿线人口密度与步道使用强度均呈现明显正相关性。分析可知，周边建成作为步道使用人群的最大来源地，上文的三要素将分别

从人群多样性、交通可达性以及周边居民服务性三方面对步道使用效率起到促进作用。

2.3.1 周边用地功能混合度——多样性

城市步道的周边用地作为步道使用人群的主要来源之一，对步道使用效率影响较高，周边土地开发强度越高，用地功能混合度越高，人群流量也将随之提升，则连通步道与周边建成环境的潜在可能性越大。紧凑的土地开发模式和用地功能混合，可使居民在城市空间中的活动相对集中在一个较小的空间范围内，提升居民通过步行和骑行等慢行交通出行方式的概率，从而对区域内如城市步道一类的公共设施使用效率产生影响，增强各类公共空间的活力。

2.3.2 周边综合交通配套——可达性

城市公共交通的快速发展使得人们的出行结构改变，公共交通的连通效率对于步道使用效率的增加起到重要作用。在公共交通资源丰富的地区，城市步道的使用效率普遍较高，各类城市综合交通设施可为步道提供较高的可达性。依据公交网络对步道合理选择、科学规划步道出入口与公交站点的距离可以提升步道可达性，而站点之间的有效对接有也可提升居民选择公交出行使用步道的概率。

2.3.3 区域内居住分布——服务性

在一定区域范围内应根据周边居住分布情况以及人口密度合理规划城市步道的区位分布、规模大小及其内部配套，综合考虑不同人群的使用需求有利于提升城市步道使用效率。在人口密度较高的地区通过增加城市步道的长度、面积、可达性以及内部设施优化来提升步道对周边居民的服务能力，促进周边人群在步道中参与体育活动休闲。尤其应结合周边人口结构（年龄、性别和收入等）进行合理配置，更好地满足社区居民日常活动的旺盛需求。

3 讨论与结论

城市步道使用效率在空间上的差异化分布可从步道外部条件剖析，辨析其吸引人群的主要因素。从外部空间来看，城市步道周边建成环境是步道使用人群的主要来源，与步道使用存在空间关联性，通过提升周边土地利用率，加强公共交通连通性以及可达性，均可提升城市步道使用效率。此外，在不同城市功能区内根据人口密度、人口结构以及人群需求对步道进行合理配置，可使其更友好地服务于居民，提升步道使用效率。

在以往城市用地的研究中，土地开发强度对居民出行会产生一定程度的影响，紧凑的土地开发模式可以促进区域内的经济发展和居民步行的选择概率，从而对范围内的如城市步道一类的公共设施使用效率产生影响。因此科学规划步道选址、配套，与周边建成环境条件相适应，对提升城市步道人群使用效率有着积极的正面效应。

参考文献

[1] 林月彬，刘健，余坤勇，柯彦．冠顶式步道景观环境感知评价研究——以福州“福道”为例[J]．中国园林，2019，35(06)：72-77.

[2] 冯悦．基于可步行性体验的滨水慢行空间设计——以新加坡圣淘沙跨海步行道为例[J]．装饰，2017(08)：130-131.

[3] 丁洪建．基于GIS的国家登山健身步道的建设适宜性评价——以北京昌平国家登山健身步道规划为例[J]．城市发展研究，2015，22(09)：109-114.

[4] 赵玮，张岩．城市街道慢行空间更新策略初探——以北京市三条主要干道为例[J]．美术大观，2020(09)：129-131.

[5] 李方正，董莎莎，李雄，雷芸．北京市中心城绿地使用空间分布研究——基于大数据的实证分析[J]．中国园林，2016，32(09)：122-128.

[6] 王兰，廖舒文，赵晓菁．健康城市规划路径与要素辨析[J]．国际城市规划，2016，31(04)：4-9.

[7] 赵宇，李远，刘磊．重庆主城区绿道步行环境现状研究[J]．西南师范大学学报(自然科学版)，2018，43(01)：110-117.

[8] 朱战强，黄存忠，柳林，刘宣．“绿道—邻里”视角下建成环境对城市绿道使用的影响——以广州为例[J]．热带地理，2019，39(02)：247-253.

[9] 王录仓．基于百度热力图的武汉市主城区城市人群聚集时空特征[J]．西部人居环境学刊，2018，33(02)：52-56.

[10] 曹松，唐翀．基于城市居住区POI数据的昆明市公共交通站点可达性分析[J]．住区，2020(04)：65-72.

作者简介

魏菡，1996年1月，女，汉族，重庆人，重庆大学建筑城规学院，在读硕士研究生，研究方向为建成环境与人群健康。电子邮箱：1836159205@qq.com。

谭少华，1963年，男，汉族，湖南人，博士，重庆大学建筑城规学院，教授、博士生导师，研究方向为建成环境与人群健康。

不同尺度绿色空间心理恢复效益比较试验研究[①]

A Comparative Experiment Study on the Psychological Restorative Effect of Green Spaces Based on Different Spatial Scales

吴承照　何　虹

摘　要： 以无锡城中公园、长广溪湿地公园和三江源国家公园为例，通过拍摄全景照片和制作全景漫游场景，结合网络问卷调查，对比了不同尺度绿色空间的心理恢复效益和感知特征差异，以及感知特征对心理恢复效益的影响。结果表明：①大尺度绿色空间的心理恢复效益最高，比小尺度和中尺度绿色空间的心理恢复效益分别高出41.4%和6.8%；②随着尺度增大，绿色空间的“荒野度”“物种丰富”和“前景开阔”特征会越来越明显并被人强烈地感知到，“社会活动”特征则慢慢弱化；③在不考虑尺度大小的情况下，影响绿色空间心理恢复效益的最大的两个感知特征是“物种丰富”和“前景开阔”，其次就是“荒野度”这一感知特征，影响程度分别为38.4%、32.4%和15.3%。这项试验研究结果进一步证实绿色空间的自然疗愈价值，不同尺度绿色空间在心理恢复方面具有不同的疗愈效果，为风景园林学在健康中国建设中的积极作用提供了理论支撑。

关键词： 风景园林；绿色空间尺度；心理恢复效益；比较试验

Abstract: This study takes Chengzhong Park, Changguangxi Wetland Park and Sanjiangyuan National Park as examples. By taking panoramic photos and making panoramic roaming scenes, combined with network questionnaire survey, the differences of psychological recovery benefits and perceived features of green Spaces at different scales are compared, and the impact of perceived features on psychological recovery benefits is also compared. The results show that: ① The psychological recovery benefit of large－scale green space is the highest, which is 41.4% and 6.8% higher than that of small－scale green space and mesoscale green space respectively. ② As the scale increases, the features of "wildness", "species richness" and " broad prospect" of green space will become more and more obvious and be strongly perceived by people; The characteristics of "social activities" are gradually weakened. ③ Without considering the scale, the two biggest perceptual features that affect the psychological recovery benefit of green space are "species richness" and "broad prospect", followed by the perception feature of "wilderness", with an impact degree of 38.4%, 32.4% and 15.3%, respectively. Based on this, the green space natural therapy system is proposed, which can be applied to the practice of landscape prescription in China and give full play to the health benefits of green space.

Keywords: Landscape Architecture; Green Space Scales; Psychological Recovery Benefits; Comparative Experiment

引言

从庭院花园、社区绿地、街旁绿地到城市公园、郊野公园，再到国家公园，这些不同尺度的绿色空间都是人们接触自然的重要媒介，对居民身心恢复有巨大的积极影响。然而由于缺乏对绿色空间尺度和感知特征的了解，当设计师想要设计出能够缓解疲劳、减轻压力的绿色空间时就面临许多现实的挑战。

关于绿色空间心理恢复效益的研究大都以罗杰·乌尔里希于的“压力缓解理论”[1]和史蒂芬·卡普兰、雷切尔·卡普兰的“注意力恢复理论”[2]为基础，通过生理指标监测或心理自评量表来证实绿色空间对人的健康起促进作用。为了探究具有更高恢复效益的景观的具体特征，一类研究对景观类型进行了进一步细分，如城市公园景观、森林景观、荒野景观、滨水景观、乡村农业景观、草原湿地景观等[3-8]；另一类则聚焦到具体的景观环境特征上，如景观的自然程度、生物多样性水平、植被类型、植被密集程度、森林的林分结构属性、空间开敞程度等等，发现具有高度的自然性和生物多样性的环境往往能给人带来更大的幸福感，从而具有更高的恢复效益，缓解压力和放松身心的效果越好[9-10]。

感知特征是由瑞典农业科学大学的研究人员开发的描述绿色空间感官体验的一套指标，包括“宁静”“空间”“自然”“物种丰富”“庇护”“文化”“前景开阔”和“社会”[11]。目前也有很多关于绿色空间感知特征的研究发现感知特征与压力缓解之间存在有益的关系，某个特定的感知特征或某几种感知特征的组合会让景观具有更好的恢复效益[12-15]。

本研究以无锡城中公园、长广溪湿地公园和三江源国家公园为例，旨在探索不同尺度的绿色空间对人所产生的心理恢复效益的差异。并进一步挖掘绿色空间感知特征对心理恢复效益的影响，从而为不同尺度绿色空间的规划设计提供一些参考，使公园能够发挥更好的心理恢复效益，起到切实舒缓人们精神压力的作用。

① 基金项目：国家自然科学基金项目“自然景观游憩健康资源评价方法及其疗愈模式谱系研究”（编号32071835）。

1 研究方法

1.1 绿色空间尺度界定与案例选取

“面积”和“视线可及范围”是界定尺度大小的两个重要指标。面积属于客观指标，一般而言，面积越大的绿色空间其尺度也越大。此外，视线可及范围也是一个重要的影响因素，属于主观感受指标，会影响人实际所感知到的空间尺度大小。本研究中选取的小、中、大尺度的绿色空间，需要同时满足“面积”和“视线可及范围”两个指标，即面积和视线可及范围从小到大的过渡是具有一致性的，客观指标和主观感受指标不一致的不在本研究探讨范围内。

此外，还通过一些定性、描述性的指标可以对尺度的大小进行界定：如“尺度等级”“区位”“景观类型”和“景观特征”等，详见表1。

不同尺度的界定标准与案例选取 表1

		小尺度	中尺度	大尺度
定量指标	面积（hm^2）	≤10	10～10000	≥10000
	视线可及范围（m）	≤100	100～1000	≥1000
定性指标	尺度等级	街区尺度	城区尺度	区域尺度
	区位	位于城市中心区或城区范围以内	远离城市或位于城郊地带	位于荒野及人迹罕至的地方
	景观类型	人工自然景观	半自然景观	荒野景观
	景观特征	经过精心设计和管理的园林化景观；有较多人工设施、构筑物或建筑群	有一定程度的人为干预和管理；人工的痕迹在整体上与自然环境较为协调，景观整体富有自然野趣	能够体现自然演化的过程或结果；几乎没有任何人工设施或痕迹
	主要绿地类型	社区绿地、口袋公园、街旁绿地	综合性城市公园，郊野公园	国家公园
案例选取	公园名称	城中公园	长广溪湿地公园	三江源国家公园
	区位	无锡市中心	无锡西郊地带	青藏高原腹地
	面积（hm^2）	3.6	690	12310000
	视线可及范围（m）	10～50	100～500	1000～5000
	典型景观	人工自然景观：园林化景观、亭台楼阁、古典建筑、小桥流水	半人工半自然景观：整体富有生态自然野趣、湿地芦苇滩、水杉林	荒野景观：高寒草甸草原、灌木丛、大果圆柏林、湿地河流、雪山冰川

需要指出的是，绿色空间对人发挥心理恢复效益也受到天气、季节、自然要素类型、公园内各景观元素占比和空间封闭开放程度等多方面的影响。由于时间限制，没有将上述所有影响因素包含在内。最终选取了无锡城中公园作为小尺度绿色空间的研究案例，长广溪湿地公园作为中尺度绿色空间的研究案例，三江源国家公园作为大尺度绿色空间的研究案例。公园场景拍摄均在夏季晴天完成（图1～图3）。

1.2 拍摄设备与漫游场景制作

由于需要通过虚拟漫游场景提供给受访者身临其境的自然环境体验，因此使用360°全景视频拍摄像机Insta360 One X（光圈：F2.0）作为拍摄设备（图4）。

全景漫游是在“VR云全景”平台上制作完成的。将前期拍摄的全景视频上传到自己的资源库中进行编辑，编辑页面如图5所示，可以选择场景切入的视角、添加热点、对场景出现的顺序进行重新排序等等。场景制作完成并经过审核成功发布后，会自动生成二维码或链接，即可分享给他人观看体验。

图1 城中公园

图 2　长广溪湿地公园

图 3　三江源国家公园

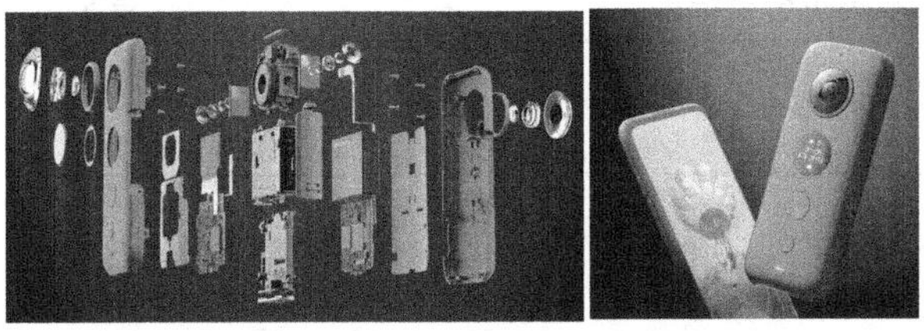

图 4　Insta360 One X 全景相机内部结构和外观

图 5　全景漫游场景在线制作界面

1.3　问卷设计

通过问卷调查获取 3 个不同尺度绿色空间的心理恢复效益数据和感知特征数据，通过数据对比研究，发现不同尺度绿色空间心理恢复效益的差异。问卷内容由受试者基本信息、感知特征评价以及知觉恢复量表三部分组成。

关于感知特征评价，由于本研究未涉及声音体验，并且在预测试中发现受访者对“空间”和“文化”的理解差异很大，所以最终采用了 5 个感知特征：“自然”“物种丰富”“前景开阔”“庇护”和“社会”，为了方便受试者更好地理解每个感知特征的含义，问卷中将这 5 个感知特征表述为：“荒野度”“物种丰富”“前景开阔”“安全庇护”和“社会活动”（表 2）。通过在线体验全景漫游场景，结合照片的提示，让受访者对他们所感知到的 5 个特征分别打分，1 分代表“完全没感知到”，7 分代表能够“强烈地感知到”。

感知特征内涵解释　　　　表 2

感知特征	解释
荒野度	环境人为干预或人工设施少，野生而自然
物种丰富	环境富有生机，动植物种类繁多
前景开阔	可以眺望到远方
安全庇护	环境提供给人一种安全、僻静的感觉
社会活动	环境能够为各种社交活动提供合适便利的场所

关于心理恢复效益评价，选择了 11 个条目版本的“知觉恢复量表（PRS）”[16]。该量表是基于注意力恢复理论而开发出来的一个衡量环境的恢复性潜力的自评量表，涵盖了“远离性”“连贯性”“迷人性”和“相容性”四大维度（表 3）。

知觉恢复量表条目　　　　表 3

维度	条目
远离性（A）	A_1 这里的环境可以让我忘却烦恼
	A_2 在这里感觉逃离了都市的喧嚣和烦躁
	A_3 为了停止思考那些我必须要做的事情，我喜欢来像这样的地方
连贯性（B）	B_1 这里有秩序，不会感到很混乱
	B_2 可以看出来这里的景物是如何组织布局的
	B_3 这里的景物很协调

续表

维度	条目
迷人性（C）	C_1 这里的景色很迷人
	C_2 在这里，我的注意力被许多有趣的事物吸引
	C_3 在这里，我不会感到无聊
相容性（D）	D_1 我在这里有一种归属感
	D_2 这里足够大，可以进行多方面的探索

2 结果

2.1 受访者基本信息统计

本次网络问卷调查通过一对一的问卷发放填写完成。共收集到217份问卷，问卷整体质量较高，没有无效样本。受访者年龄段较为集中，主要是18～40岁的中青年人群，占比达93.74%。本科及以上学历人群为本次调研的主力，占比高达93.09%。有近一半（47.93%）的受访者压力水平一般，也有34.56%的受访者表示近期压力较大。受访者绝大部分是景观、建筑或规划专业，或者从事相关行业的专业人士，占比达72.81%，问卷答案的可靠性较高。

2.2 不同尺度绿色空间的心理恢复效益对比分析

单因素方差分析结果显示（表4）：不同尺度的绿色空间对于总体心理恢复效益与4个维度（远离性、连贯性、迷人性、相容性）均现出显著性（$p<0.05$），意味着不同尺度的绿色空间的心理恢复效益具有显著差异。

不同尺度绿色空间心理恢复效益方差分析结果 **表4**

	尺度类型（平均值±标准差）			F	p
	小尺度（n=217）	中尺度（n=217）	大尺度（n=217）		
总体PRS	4.23±1.12	5.60±0.86	5.98±0.87	198.401	0.000**
远离性	4.04±1.33	5.74±0.99	6.23±0.92	238.443	0.000**
连贯性	4.62±1.13	5.73±0.85	5.77±0.94	96.314	0.000**
迷人性	4.28±1.29	5.50±1.00	6.06±1.01	146.82	0.000**
相容性	3.87±1.28	5.32±1.07	5.79±1.09	164.461	0.000**

注：* $p<0.05$，** $p<0.01$。

首先，看总体心理恢复效益得分，可以发现：大尺度绿色空间的心理恢复效益显著高于小尺度绿色空间的心理恢复效益，高出41%；中尺度绿色空间的心理恢复效益显著高于小尺度绿色空间的心理恢复效益，高出32%；大尺度绿色空间的心理恢复效益显著高于中尺度绿色空间的心理恢复效益，高出6.7%。

其次，看各维度得分，可以发现（图6）：尺度类型对于远离性、连贯性、迷人性、相容性4个维度得分均呈现出0.01水平显著性。此外，在远离性、迷人性和相容性3个维度上，大尺度绿色空间的得分显著高于小尺度绿色空间和中尺度绿色空间的得分；同时，中尺度绿色空间的得分显著高于小尺度绿色空间的得分。不过，在连贯性的维度上，虽然大尺度绿色空间的连贯性显著高于小尺度绿色空间的连贯性，中尺度绿色空间的连贯性显著高于小尺度绿色空间的连贯性，但是大尺度和中尺度绿色空间在连贯性方面差异不显著。

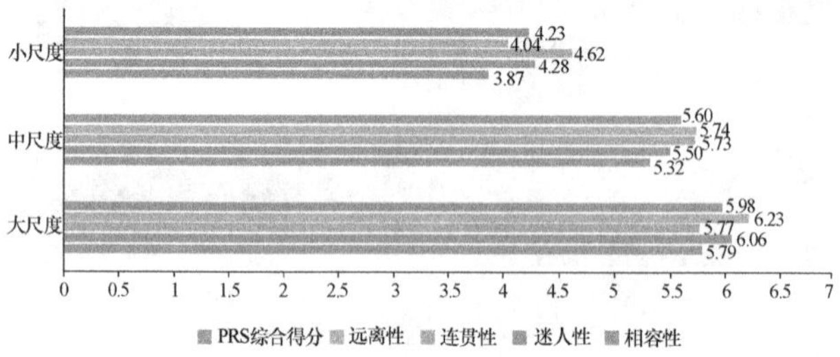

图6 不同尺度绿色空间心理恢复效益总体得分与各维度得分对比

2.3 不同尺度绿色空间的感知特征对比分析

通过单因素方差分析去研究尺度对于“荒野度”“物种丰富”“前景开阔”“安全庇护”“社会活动”这5个感知特征得分的差异性，从表5可以看出：不同尺度类型的样本对于5个感知的得分均现出显著性（$p<0.05$），这意味着不同尺度的绿色空间的感知特征具有显著差异。

不同尺度绿色空间感知特征方差分析结果 **表5**

	尺度类型（平均值±标准差）			F	p
	小尺度（n=217）	中尺度（n=217）	大尺度（n=217）		
荒野度	4.18±1.56	5.79±1.08	6.58±0.85	225.263	0.000**
物种丰富	4.11±1.40	5.37±1.16	6.19±1.15	154.541	0.000**
前景开阔	3.99±1.49	6.00±1.01	6.52±0.90	288.567	0.000**
安全庇护	4.88±1.27	5.02±1.34	4.66±1.79	3.175	0.042*
社会活动	5.30±1.25	4.03±1.52	3.47±1.89	77.465	0.000**

注：* $p<0.05$，** $p<0.01$。

对于“荒野度”“物种丰富”和“前景开阔”3大感知特征，大尺度绿色空间比小尺度绿色空间分别高出了57.4%、50.6%和63.4%，比中尺度绿色空间分别高出了13.6%、15.3%和8.7%；对于“安全庇护”这一特征，3种尺度绿色空间的差异不显著；对于“社会活动”这一特征，小尺度绿色空间比中尺度绿色空间高出了13.9%，比大尺度绿色空间高出了34.5%。随着尺度增大，绿色空间的“荒野度”“物种丰富”和“前景开阔”特征会越来越明显并被人强烈地感知到；同时，“社会活动”特征慢慢弱化，越能在其中感受到一种逃离人群的孤独感（图7）。

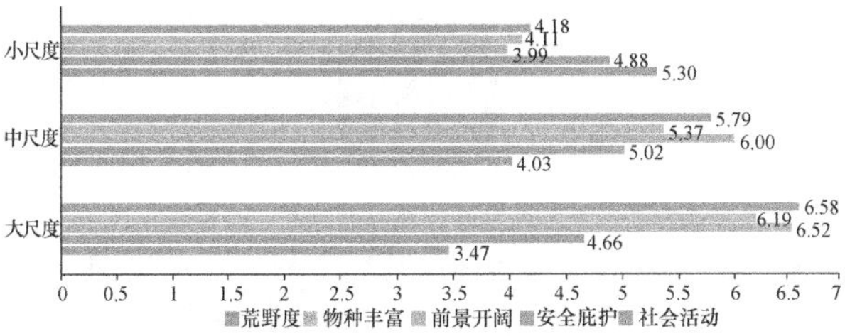

图7　不同尺度绿色空间感知特征得分对比

2.4　感知特征对心理恢复效益的影响

2.4.1　小尺度绿色空间感知特征对心理恢复效益的影响

针对小尺度绿色空间的217份样本，将“荒野度”“物种丰富”“前景开阔”“安全庇护”和“社会活动”这5个感知特征作为自变量，总体的心理恢复效益和各维度的得分作为因变量进行线性回归分析，结果显示：“物种丰富”（t=4.088，p=0.000）、“前景开阔”（t=5.135，p=0.000）和“安全庇护”（t=3.872，p=0.000）3个感知特征会对小尺度绿色空间心理恢复效益产生显著的正向影响关系。“荒野度”（t=0.582，p=0.561）和“社会活动”（t=1.094，p=0.275）特征不会对小尺度绿色空间心理恢复效益产生影响。通过比较标准化回归系数值的大小发现：“前景开阔”和“物种丰富”对小尺度绿色空间的心理恢复效益影响最大，影响程度分别为31.8%和27.5%；“安全庇护”位列第三，影响程度为23.6%。

2.4.2　中尺度绿色空间感知特征对心理恢复效益的影响

中尺度绿色空间同样进行线性回归分析，结果显示：“荒野度”（t=3.256，p=0.001）、“物种丰富”（t=4.249，p=0.000）、“前景开阔”（t=4.104，p=0.000）和“社会活动”（t=2.642，p=0.009）4个感知特征会对中尺度绿色空间心理恢复效益产生显著的正向影响关系。“安全庇护”（t=1.948，p=0.053）特征不会对中尺度绿色空间心理恢复效益产生影响。通过比较标准化回归系数值大小发现：“前景开阔”和“物种丰富”对中尺度绿色空间的心理恢复效益影响最大，影响程度分别为26.9%和26.2%；“荒野度”位列第三，影响程度为21%。

2.4.3　大尺度绿色空间感知特征对心理恢复效益的影响

大尺度绿色空间同样进行线性回归分析，结果显示：“荒野度”（t=2.102，p=0.037）、“物种丰富”（t=6.141，p=0.000）、“安全庇护”（t=2.040，p=0.043）和“社会活动”（t=2.430，p=0.016）4个感知特征会对大尺度绿色空间心理恢复效益产生显著的正向影响关系。“前景开阔”（t=0.404，p=0.686）特征不会对大尺度绿色空间心理恢复效益产生影响。通过比较标准化回归系数值的大小发现：“物种丰富”和“荒野度”对大尺度绿色空间的心理恢复效益影响最大，影响程度分别为42%和20%。

3　讨论

3.1　尺度大小与心理恢复效益的关系

大尺度绿色空间的“远离性”维度得分最高，比其他3个维度总体高出了6%，证明荒野能够给人一种逃避琐事烦恼、远离都市喧嚣的逃离感，提供心理慰藉，让注意力和精力得到恢复。中尺度绿色空间的“远离性”和“连贯性”维度得分均很高，比其他两个维度总体高出了22%，中尺度绿色空间可以在一定程度上提供给人一种逃离城市环境的感觉，同时公园内总体的景物组织布局比较协调，有一定的秩序感和规则性。小尺度绿色空间的“连贯性”维度得分最高，比其他3个维度总体高出了14%，主要是通过对有限场地内各景观要素的精心组织布局来发挥其心理恢复效益的，而且作用较为有限。

心理恢复效益与绿色空间的尺度大小之间有着正相关关系，即绿色空间的尺度越大，其心理恢复效益也越大。此外，尺度大小与“远离性”和“相容性”关系最为密切，相关系数值分别为0.62和0.56。说明绿色空间的尺度大小与人们在其中感受到的逃离感和归属感关系最为密切，尺度越大的绿色空间越能提供人逃离感和归属感，这种逃离都市与回归大自然的感受更有助于压力缓解和身心放松。

3.2　尺度大小与感知特征的关系

小尺度绿色空间“社会活动”和“安全庇护”特征最为明显，有较多的人工设施、构筑物或建筑群，有良好的遮荫挡雨功能，能吸引人集聚，提供给人社交的空间。中尺度绿色空间“前景开阔”和“荒野度”特征最为明显，拥有大片的自然区域，整体富有自然野趣，同时可以在一定程度上提供前景开阔的眺望空间。大尺度绿色空间是尺度巨大的连片完整的自然生态空间，往往以远景辽阔、大气恢宏的景观为特色，具有荒野和原始自然美的特质，因此“荒野度”和“前景开阔”特征最容易被人感知到（图8）。

“荒野度”“物种丰富”“前景开阔”特征与尺度大小之间有着正相关关系，即尺度越大，绿色空间的“荒野度”“物种丰富”“前景开阔”特征就越明显，越容易被人

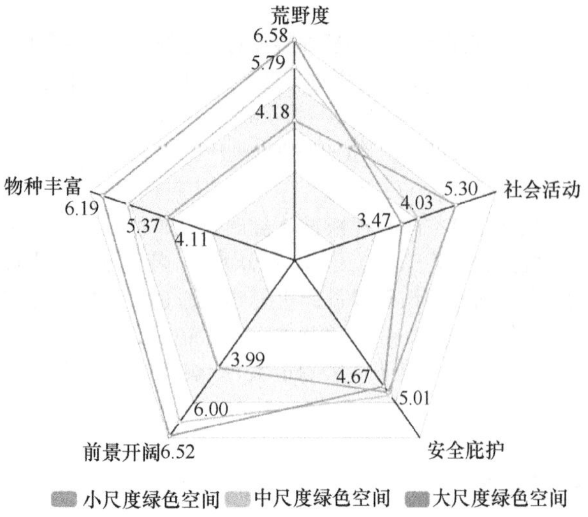

图 8　不同尺度绿色空间五大感知特征得分雷达图

感知到。"社会活动"特征与尺度大小是负相关关系，说明尺度越大，越能在其中感受到一种逃离人群的孤独感。此外，通过比较相关系数值的大小发现：尺度大小与"前景开阔"和"荒野度"这两个感知特征关系最为密切，相关系数值分别为 0.65 和 0.63，证明了尺度越大的绿色空间，就越能让人感受到自然的气息，越富有荒野的特质，同时也越能提供开阔的远景瞭望空间。

3.3　基于感知特征的绿色空间心理恢复效益提升策略

对于小尺度的绿色空间，"前景开阔""物种丰富"和"安全庇护"是对心理恢复效益影响最大的 3 个特征，影响程度分别为 31.8%、27.5%和 23.6%。因此，在对小尺度绿色空间进行设计时，需要注重在有限的空间里提供更为丰富的视觉体验，提供给人远眺的场所，同时通过植物、水体、构筑物等的搭配打造出有丰富开合变化的空间。

对于中尺度的绿色空间，"前景开阔""物种丰富""荒野度"是影响最大的 3 个特征，影响程度分别为 26.9%和 26.2%和 21%。因此，在对中尺度绿色空间进行设计时，需要提升其物种的丰富性，并通过对自然生态的保护营造出适合多种鸟类、鱼类、昆虫等的生境空间。同样地，也需要提供一些视线无遮挡的、可以远眺的空间。此外，必须重视自然的野性和原生态，要避免过于人工化、园林化的场景。

对于大尺度的绿色空间，"物种丰富""荒野度"是影响最大的两个特征，影响程度分别为 42%和 20%。大尺度绿色空间能够人为设计和改变的因素很少，我们能做的就是要保护好这些荒野的生物多样性和原始自然美的特性，把它们本有的"物种丰富"和"荒野度"特征发挥到极致。这样，当人们身处其中时才会体验到更震撼人心的景观，体验到人与自然的连接，才能把荒野景观的心理恢复效益和健康价值充分发挥出来。

3.4　不同尺度绿色空间自然疗愈系统

从小尺度的庭院花园、社区绿地、街旁绿地，到中尺度的城市公园、郊野公园，再到大尺度的国家公园、区域自然生态空间，这些不同尺度的绿色空间都是人们接触自然的重要媒介，对人的身心恢复有巨大的积极影响。每一种尺度的绿色空间都有各自的不同感知特征，对人所产生的心理恢复效益也都有各自的侧重点，可以相互补充，却不能相互替代。可以进一步把不同尺度的绿色空间引入心理咨询或治疗领域，构建"园艺疗法""生态疗法""荒野疗法"三大疗法相互补充、相互促进的绿色空间自然疗法系统（图 9）。针对不同心理健康程度的人群，建议他们去不同尺度的绿色空间，参与不同类型的户外活动或社交活动，采取与之最相适应的自然疗法进行疗愈。

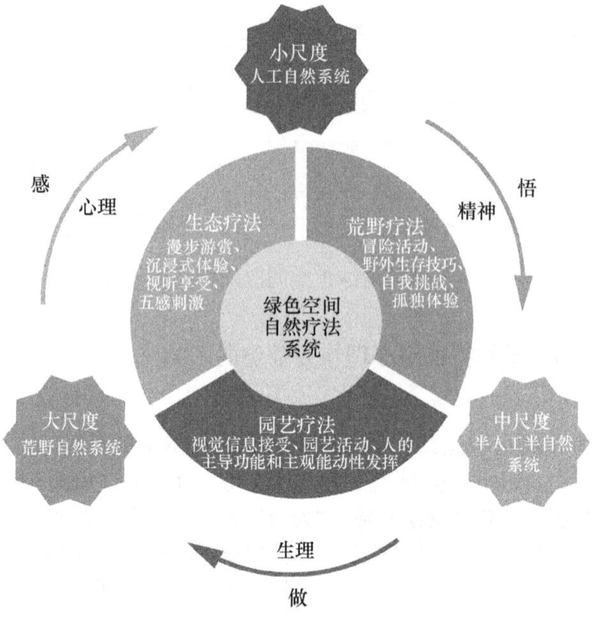

图 9　不同尺度绿色空间自然疗愈系统

4　结论

本研究以无锡城中公园、长广溪湿地公园和三江源国家公园为案例，探究了不同尺度绿色空间的心理恢复效益和感知特征差异，以及感知特征对心理恢复效益的影响。

大尺度绿色空间的心理恢复效益比小尺度绿色空间的心理恢复效益高出 41.4%，比中尺度绿色空间的心理恢复效益高出 6.8%，证明荒野能够给人一种逃避琐事烦恼、远离都市喧嚣的逃离感，给人带来极大的归属感和丰富的探索可能性，更有助于人的身心恢复。

研究在有限的样本下发现不同尺度绿色空间的心理疗效和感知特征各不相同，提出了绿色空间自然疗愈系统。绿色空间一直是被忽视和未被充分利用的康复资源，"景观处方"或者"自然处方"应该引起更多的关注和重视。结合目前国际上流行的"公园处方"相关研究，本研究成果可以应用到中国"景观处方"开具的实践中，鼓励市民在自然环境中，通过户外活动和户外体育锻炼来促进身心健康，充分发挥绿色空间的健康效益。

未来的研究可以给出不同健康程度的人群的具体划

分标准和更有针对性的“景观处方”内容，比如去什么类型的绿色空间，在公园的哪些地方重点停留，开展什么样类型的活动以及活动强度和活动频率等，为健康中国建设贡献风景园林学的智慧。

参考文献

[1] Ulrich R S. Aesthetic and affective response to natural environment[J]. Behavior & the Natural Environment，1983，6：85-125.

[2] Kaplan S，Berman M G. Directed Attention as a Common Resource for Executive Functioning and Self-Regulation[J]. Perspectives on Psychological Science，2010，5(1)：43-57.

[3] Knecht C. Urban Nature and Well-Being：Some Empirical Support and Design Implications[J]. Berkeley Planning Journal，2016，17(1)：82-108.

[4] Heintzman P. Spiritual outcomes of wilderness experience：A synthesis of recent social science research[J]. Park Science，2011，28(3)：89-102.

[5] Cheesbrough A E，Garvin T，Nykiforuk C I J. Everyday wild：Urban natural areas，health，and well-being[J]. Health & Place，2019，56：43-52.

[6] White M，Smith A，Humphryes K，et al. Blue space：The importance of water for preference，affect，and restorativeness ratings of natural and built scenes[J]. Journal of Environmental Psychology，2010，30(4)：482-493.

[7] Xiaobo W，Hanlun Z，Zhendong S，et al. The Influence of Viewing Photos of Different Types of Rural Landscapes on Stress in Beijing[J]. Sustainability，2019，11(9)：2537.

[8] 刘博新，徐越．不同园林景观类型对老年人身心健康影响研究[J]. 风景园林，2016(7)：113-120.

[9] Hipp J A，Ogunseitan O A. Effect of environmental conditions on perceived psychological restorativeness of coastal parks[J]. Journal of Environmental Psychology，2011，31(4)：421-429.

[10] Hipp J A，Gulwadi G B，Alves S，et al. The Relationship Between Perceived Greenness and Perceived Restorativeness of University Campuses and Student-Reported Quality of Life[J]. Environment and Behavior，2015：45-50.

[11] Grahn P，Stigsdotter U K. The relation between perceived sensory dimensions of urban green space and stress restoration[J]. Landscape and Urban Planning，2010，94(3-4)：264-275.

[12] Grahn P，Stigsdotter U K. The relation between perceived sensory dimensions of urban green space and stress restoration[J]. Landscape and Urban Planning，2010，94(3-4)：264-275.

[13] Peschardt K K，Stigsdotter U K. Associations between park characteristics and perceived restorativeness of small public urban green spaces[J]. Landscape and Urban Planning，2013，112：26-39.

[14] Stigsdotter U K，Corazon S S，Sidenius U，et al. Forest design for mental health promotion - using perceived sensory dimensions to elicit restorative responses[J]. Landscape & Urban Planning，2017，160：1-15.

[15] Memari S，Pazhouhanfar M，Nourtaghani A. Relationship between Perceived Sensory Dimensions and Stress Restoration in Care Settings[J]. Urban Forestry & Urban Greening，2017(26)：104-113.

[16] Pasini P，Berto R，Brondino M，et al. How to Measure the Restorative Quality of Environments：The PRS-11[J]. Procedia-Social and Behavioral Sciences，2014，159：293-297.

作者简介

吴承照，1964年11月，男，汉族，博士，同济大学建筑与城市规划学院教授，博导，国家公园及自然保护地规划研究中心主任，研究方向为国家公园规划与管理、风景园林理论与规划设计、自然能保护与公共健康、景观游憩学与旅游规划。电子邮箱：wuchzhao@qq. com。

何虹，1995年生，女，汉族，江苏无锡人，硕士，中铁上海设计院集团有限公司，研究方向为公园游憩与健康效益、景观规划设计。

基于 ENVI-met 模拟的广场绿化优化研究

——以三峡广场为例

Research on Optimization of Square Greening Based on ENVI-met

—Taking Sanxia Square as an Example

俞壹通* 李菡芸

摘 要： 基于城市微气候模拟软件 ENVI-met，以重庆市三峡广场为对象，通过实地测量与软件模拟，得出 ENVI-met 模型的模拟结果与现实环境的微气候变化趋势基本一致，能较好反映实际情况。通过 ENVI-met 模拟三种绿化改造方案（调整植物种类、优化植物组合、丰富绿化层次）的微气候状况，结果表明：①乔木有改善行人高度热舒适度的功能，且冠径大、遮荫效果好的乔木具有更好的降温、增湿作用；②合理调整乔木种植方式可以增大广场的遮荫面积，对于热风具有降温作用，能明显改善广场的热舒适性；③局部的灌木、草地的设置对于改善行人高度的热舒适性效果有限，在应用中，应当与其他优化手段共同考虑。

关键词： 微气候；热舒适度；ENVI-met；三峡广场

Abstract: Based on the urban microclimate simulation software ENVI-met, with Sanxia Square as the object, through field measurement and software simulation, it is concluded that the microclimate simulation of ENVI-met software can better reflect the microclimate changes in the simulated area. Using ENVI-met to simulate the microclimate conditions of the three greening transformation schemes (adjusting plant species, optimizing plant composition, and enriching greening levels), the results show that: ① Trees have the function of improving the high thermal comfort of pedestrians, and the crown diameter is large and sheltered. Trees with good shading effect have better cooling and humidification effects; ② Reasonable adjustment of tree planting methods can increase the shading area of the square, which has a cooling effect on hot wind and can significantly improve the thermal comfort of the square; ③ Shrubs, The setting of grass has a limited effect on improving the thermal comfort of pedestrian height. In application, it should be considered together with the optimization and adjustment of trees.

Keywords: Microclimate; Thermal Comfort; ENVI-met; Sanxia Square

引言

随着城市化进程的快速推进，自然地表被人工地表所取代，改变了城市下垫面的热力效应，加重了城市热岛效应，城市微气候不舒适的现象日益严重。城市广场作为居民日常活动与交往的重要场所，其环境质量会直接影响居民的使用率。当前的城市广场研究多集中于空间布局、交通组织等方面[1]，未将微气候要素考虑在规划设计中，导致广场夏季热舒适性差、空间使用率低等问题。

绿地作为广场的重要组成部分，其遮阳和蒸腾作用在改善广场微气候的过程中起到了十分重要的作用。目前，已有学者在不同尺度绿地的降温增湿作用，叶面积指数对于街谷微气候的影响，乔木林、乔灌林、灌丛的降温效应强度等方面进行了研究[2-4]。但是，目前广场绿化领域的微气候优化研究还相对较少。本文以重庆市三峡广场为研究对象，利用 ENVI-met 模拟分析不同绿化形式的微气候特征，进而研究不同绿化改造方案的微气候优化效果，以期为今后的广场绿化改造提供科学依据。

1 数据与方法

1.1 研究区概况

三峡广场步行街位于重庆市沙坪坝区。重庆是典型的冬冷夏热城市，年平均气温 16～18℃，最热月份平均气温 26～29℃，近年来夏季高温日数呈现缓慢上升趋势，长期的高温高湿天气使得重庆被称为中国“四大火炉”城市之一。研究场地三峡广场地形特征明显，是融合山地建筑与梯坎、坡地地形的多层次的立体空间[5]，内部建筑密度较高，大体量的商业建筑同小体量的低层住宅错落布置，高强度的开发模式对广场采光与通风产生了较大影响，同时，广场内多为硬质铺装，绿地空间有限，在高度人工化的环境中，微气候不舒适的情况较为严重。

结合广场现状，选择广场人流量较大的三个绿地空间作为研究样地（图 1），1 号绿地位于广场主要步行街南侧，整体呈长方形，面积约 1300m²，内部绿化由两组双排布置的小叶榕组成，小叶榕冠辐较大，具有良好的遮荫效果。2 号绿地位于主要步行街上，面积约 3800m²，绿化布置较为松散，主要树种为银杏与桂花，广场中的银杏与桂花冠幅较小，遮荫降温效果有限。3 号绿地位于广场东部入口处，面积约 1200m²，内部绿化由一组单排布置的黄葛树组成，黄葛树冠辐大，枝下高，遮荫效果好。

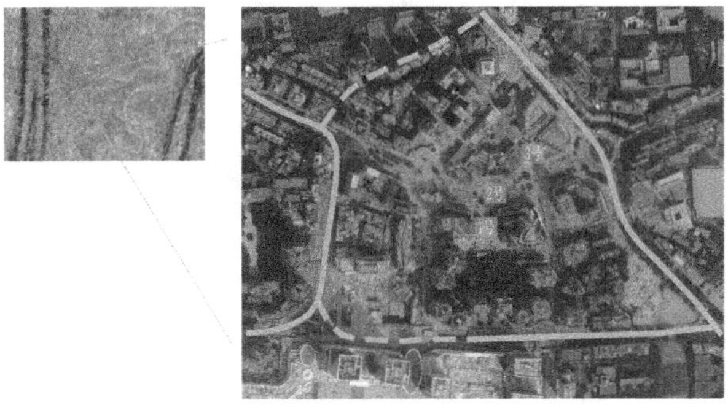

图 1　研究区域

1.2　研究流程

1.2.1　实地调查

实地进行气象数据测量是一种常用的城市微气候研究方法，实地测量获得的数据准确性高、针对性强，可为后期的软件模拟及理论研究提供相关依据。本研究选取日最高气温在 35℃以上、晴朗少云的夏季典型气象日进行，于 2021 年 7 月 22 日在三峡广场进行 12 小时（8：00～20：00）的温度、湿度、风速数据测量，每次测量间隔为 1 小时，共计收集 4 组、144 个数据。温度、湿度的测量选用衡欣 AZ8701 温湿度计，风速测量选用泰仕 TES1341 手持热线式风速仪，测量高度距离地面 1.5m，实验仪器参数见表 1。

仪器参数　　表 1

仪器	测量参数	测量范围	分辨率	准确度
衡欣 AZ8701 温湿度计	1.5m 处温度	−10.0～50.0℃	0.1℃	±2%
	1.5m 处湿度	5.0～95.0%RH	0.1%RH	±2%
泰仕 TES1341 热线式风速仪	1.5m 处风速	0～30.00m/s	0.01m/s	±3%

1.2.2　ENVI-met 模拟

ENVI-met 软件是由德国 Bruse 教授等人通过研究城市下垫面、植被、建筑和空气之间的热应力关系开发的用于城市微气候的模拟软件，在城市微气候研究中得到了广泛的应用[6]。本研究中，通过实地调研，获取三峡广场的建筑高度、铺装类型、绿化情况等基础信息，导入 ENVI-met 的 SPACE 插件进行场地建模，研究区域范围为 250m×250m，场地内最高建筑高度为 100m。在 ENVI-met 中共设置 50×50×40 个网格，水平方向的网格大小为 5m×5m，垂直方向为了消除顶部边界对于模拟精度的影响，需要保证边界高度大于两倍建筑高度，在 30m 内网格分辨率为 1.5m，在 30m 以上每层网格以 15%增加。模拟步长为 12 小时，从 8：00 至 20：00，将实测数据作为边界条件输入模型。

2　研究结果

2.1　模型精度评价

虽然 ENVI-met 软件的准确性在其他研究中得到了验证，但是在建模过程中对于场地进行了简化，使得模拟结果与实际情况存在一定差异。为验证模型的准确性，在开展后续研究之前需要将实测数据与模拟数据进行对比分析。

取测点 1 的温度、湿度、风速的观测值与模拟值进行对比（图 2），可以看出实测值与模拟值的变化趋势一致，拟合度较高。模拟值与实测值的最高温差大约为 1.3℃，出现在下午 16：00，这是由于模拟过程忽略了建筑材料热容性能导致的，使得模拟区域内的温度低于实测温度[7]。在湿度上，模拟值与实测值拟合良好，模拟与实测的最低湿度均出现在下午 4 时，且模拟值与实测值的全天最大误差在 10%以内。由于 ENVI-met 的风环境模拟仅考虑了大气环流，未将局地环流考虑在内，因此模拟结果相对较为平稳，与呈现波动特征的实测风速相比有一定差异。

为进一步验证模型的准确性，选取同类研究中常用的误差平方根（RMSE）与平均绝对百分比误差（MAPE）对模拟精度进行评价[8]，误差平方根主要衡量实测数据与模拟数据的偏差，值越小说明模拟精度越高，平均绝对百分比误差是相对百分误差值的绝对值，衡量模拟值偏离实际值的程度。方程如下所示：

$$RMSE = \sqrt{\frac{1}{n}\sum_{i=1}^{n}(y_i - y)^2} \quad (1)$$

$$MAPE = \frac{1}{n}\sum_{i=1}^{n}\frac{|y_i - y|}{y_i} \times 100\% \quad (2)$$

在公式（1）、（2）中：y_i 为模拟值，y 为实测值，n 为实测次数。结果见表 2，温度的误差平方根为 1.01℃，平均绝对百分比误差为 2.84%；湿度的误差平方根为 4.21%，平均绝对百分比误差为 5.30%，温度与湿度的平均绝对百分比误差在 10%以内，说明模拟的准确性较高。由于实际风速的影响因素较多，而在模型中进行了简化，风速的模拟误差较大，平均绝对百分比误差为 16.25%，但未超过 20%。总的来说，ENVI-met的模型模拟能较准确反映模拟区域内的微气候变化情况。

测点 1 RMSE 与 MAPE 分析　　表 2

指标	误差平方根（*RMSE*）	平均绝对百分比误差（*MAPE*）
温度	1.01℃	2.84%
湿度	4.21%	5.30%
风速	0.11m/s	16.25%

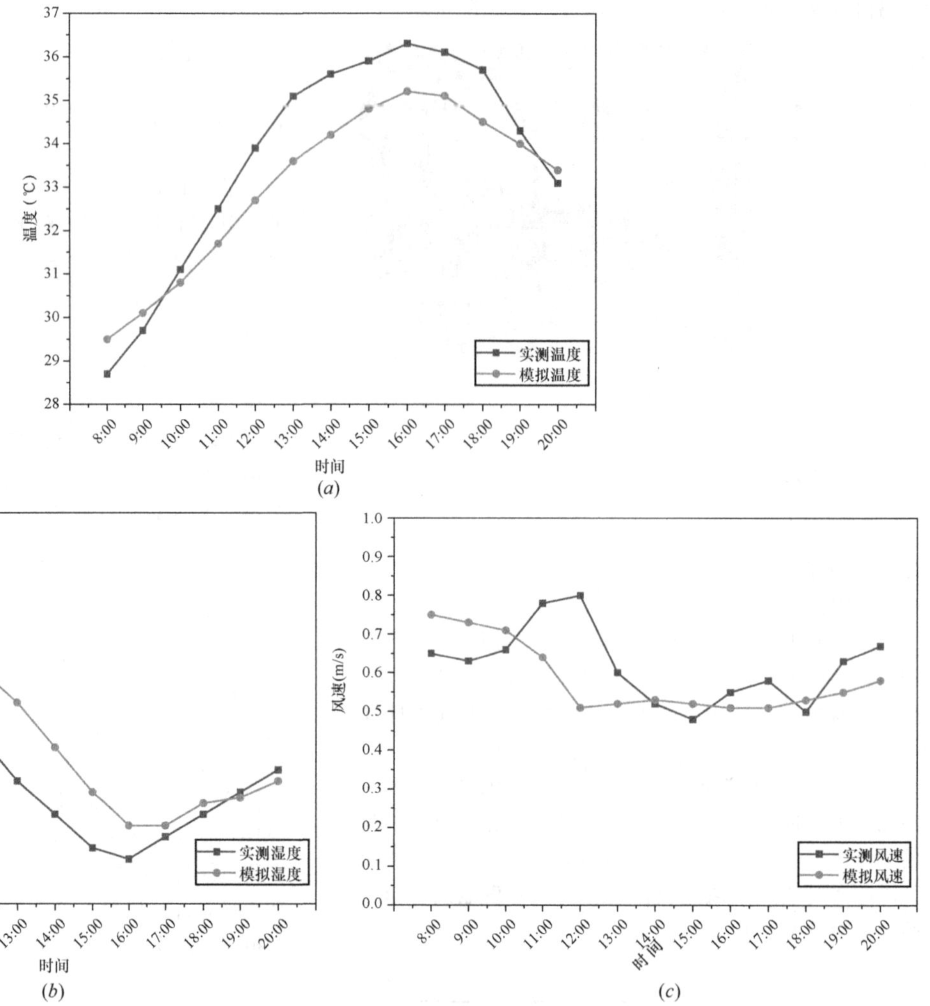

图 2　测点 1 实测值与模拟值对比

（*a*）温度实测值与模拟值对比；（*b*）湿度实测值与模拟值对比；

（*c*）风速实测值与模拟值对比

2.2　模拟结果分析

2.2.1　温度模拟结果分析

通过现场调研可以发现，18∶00 是广场人流量最大的时段，上班族通勤和市民外出就餐、娱乐都集中在这一时段，故选取 18∶00 作为时间节点分析场地内的微环境情况。模拟结果如图 3 所示，温度大于 36℃的区域约占到总面积的 10%，主要分布在研究区的东侧和东北侧，因为这一区域主要是车行道路，植被较少，铺装多为柏油路面，吸热能力较强。温度低于 34.8℃的区域集中在研究区的西南侧，主要因为这一区域内部种植有较多高大乔木，其遮荫和蒸腾效应起到了良好的降温效果。对比三种不同特征的绿地，可以得出 3 号单排乔木绿地（33.3℃）<1 号双排乔木绿地（33.6℃）<2 号分散乔木绿地（33.7℃）<入口开敞空间（34.4℃），说明温度与乔木种类有关，乔木冠幅越大，遮荫效果越好，区域的温度也就越低。

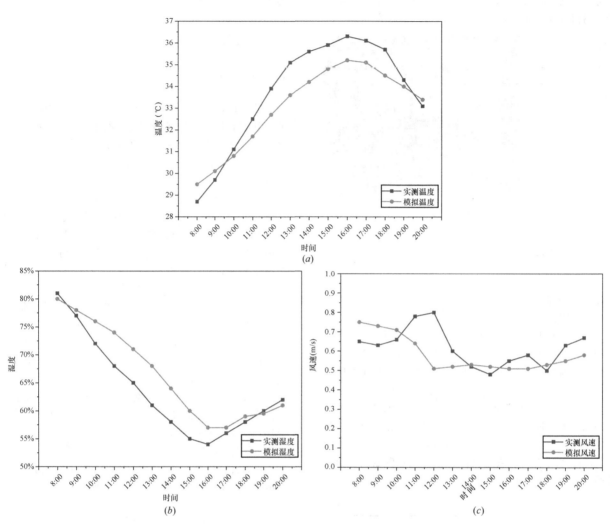

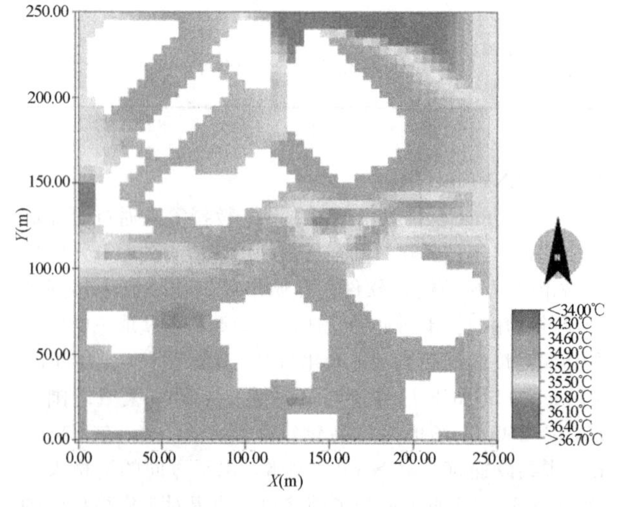

图 3　18∶00 温度模拟示意图

2.2.2 湿度模拟结果分析

如图 4 所示，18：00 研究区内的最小湿度为 49.2%，最大湿度为 58.9%，湿度差为 9.7%。其中，湿度较低的区域主要分布在研究区的东部与东北部，与温度较高的区域基本重合。湿度适中的区域面积占研究区比重最大，这是由于内部有一定数量的绿化覆盖的结果。湿度较高的区域在内部呈点状分布，面积较小，这些区域都具有相同的特征，即具有一定数量的乔木，且乔木冠幅较大，与周边区域相比，呈现出高湿的特征。对比三种不同特征的绿地，可以发现入口开敞空间（53.3%）<2 号分散乔木绿地（58.1%）<3 号单排乔木绿地（59.3%）<1 号双排乔木绿地（59.6%），说明场地的湿度与绿化的面积、乔木的排列方式有直接关系。

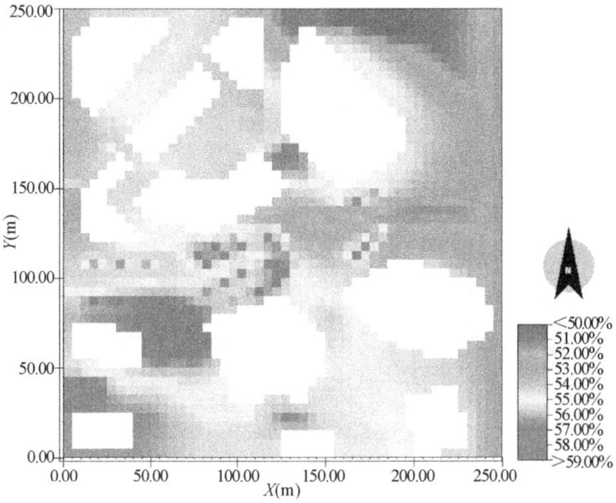

图 4　18：00 湿度模拟示意图

2.2.3 风速模拟结果分析

风速模拟结果如图 5 所示，18：00 研究区内主导风向为东风，最大风速为 3.01m/s，位于研究区东侧，主要是由于风从道路等开放空间进入较为狭窄的广场地段，产生街峡效应，导致入口处风速较高的现象。东西向的步行街是广场内部的主要通风廊道，风速明显高于广场内其他地段。风在进入广场后，在地面绿化遮挡和街峡效应减弱的综合作用下，近地面风速迅速降低，从入口处的 2～3m/s降低到步行街内部的 0.2～0.8m/s。通过与植物分布图进行对比分析，可以发现在局部地段，有植被覆盖的区域风速要低于周边地区，降低幅度多在 0.1～0.3m/s。在边缘地区出现较低的风速，主要由于缺少周边环境的建模导致。对比 3 种不同特征的绿地，可以发现 3 号单排乔木绿地（0.54m/s）<1 号双排乔木绿地（0.56m/s）<2 号分散乔木绿地（0.83m/s）<入口开敞空间（1.34m/s），说明植物具有降低风速的作用，且风速与乔木的三维绿量、枝下高度等指标有关联。

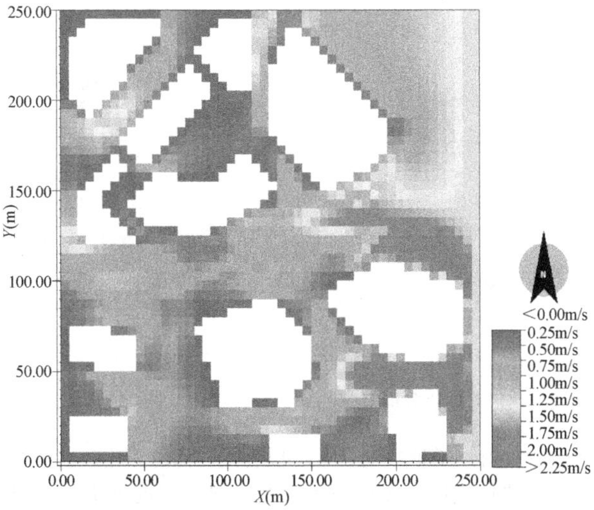

图 5　18：00 风速模拟示意图

2.2.4 热舒适度分析

温度、湿度、风速均会影响人对于微环境的感受，当多种因素共同作用时，需要建立相应的评价标准来衡量微气候的舒适度。目前在城市微气候研究中广泛使用的热舒适度评价指标 PMV（预测平均票数）是丹麦 Fanger 教授从人体热平衡方程及 ASHRAE 55 的 7 点标度出发，提出的表征人体热反应的评价指标[9]。PMV 的范围通常在−3 和 3 之间，标度越接近 0，人体感受越舒适，各标度具体含义见表 3。

PMV 指标评价指示表　　　　**表 3**

热感觉	冷	凉	微凉	适中	微暖	暖	热
PMV	−3	−2	−1	0	+1	+2	+3

如图 6 所示，18：00 研究区内的最小热舒适度为 2.36，最大热舒适度为 3.31，研究区内的热舒适度均大于 2，说明整个区域的热舒适度不佳，处于偏热的状态，这与人在广场中的感知相吻合。热舒适度最大的区域位于研究区的西侧和东侧，主要是这些区域多为开敞空间，缺少绿化植被，同时低反射率接受了更多太阳辐射，因此热舒适度较高。广场内部由建筑围合的区域由于建筑阻挡，接受的太阳辐射较少，内部形成相对较低的热舒适度。在街道上有绿化覆盖的区域，热舒适度较周边地区有 0.4～0.6 的降低，说明植物有较明显的降温效果。局部

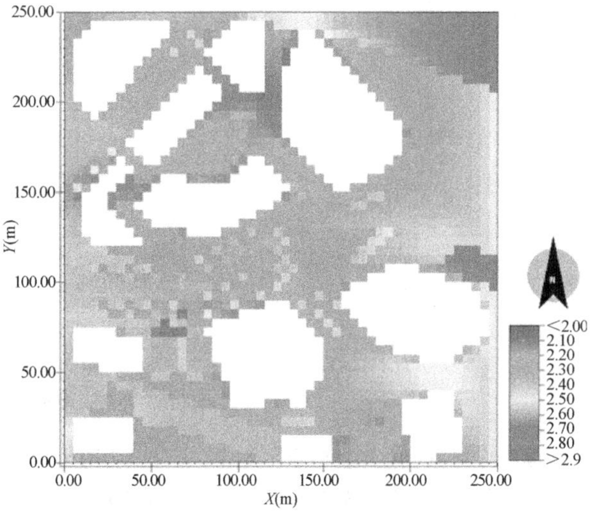

图 6　18：00 热舒适度模拟示意图

绿化出现热舒适度高于周边环境的情况，这可能是由于在太阳辐射较小的情况下，植物的降温速度要低于周边硬化铺装的降温速度所导致。对比 3 种不同特征的绿地，发现 2 号分散乔木绿地（2.23）＜1 号双排乔木绿地（2.29）＜3 号单排乔木绿地（2.34）＜入口开敞空间（2.48），说明广场上的绿化有改善广场微气候的作用。

2.3 优化方案评估

在对现状微环境分析对比中发现，各项微气候指标与广场绿化有直接且明显的关系，植物种类、形态、规模均会对微气候造成影响。因此，本研究尝试从广场绿化入手，通过对广场绿化的改造与优化，达到提升广场微环境舒适度的目的，以提升广场活力。

绿化优化改造主要从丰富绿化层次、调整植物种类、优化植物空间组合 3 个方面入手，通过将现状和优化后的热舒适度进行对比，研究不同改造方案对于微环境优化的效果。

2.3.1 调整植物种类

从不同地段的对比分析可以看出，研究区内种植有冠幅较大的乔木的地区，其温度与湿度往往低于种植冠幅较小的乔木的地区。在研究中，尝试将研究区内的桂花树、银杏树，整体替换成冠幅大、遮荫效果好的黄葛树和小叶榕。对模型进行修改后（图 7）导入 ENVI-met 进行热舒适度模拟，得到图 8 结果。

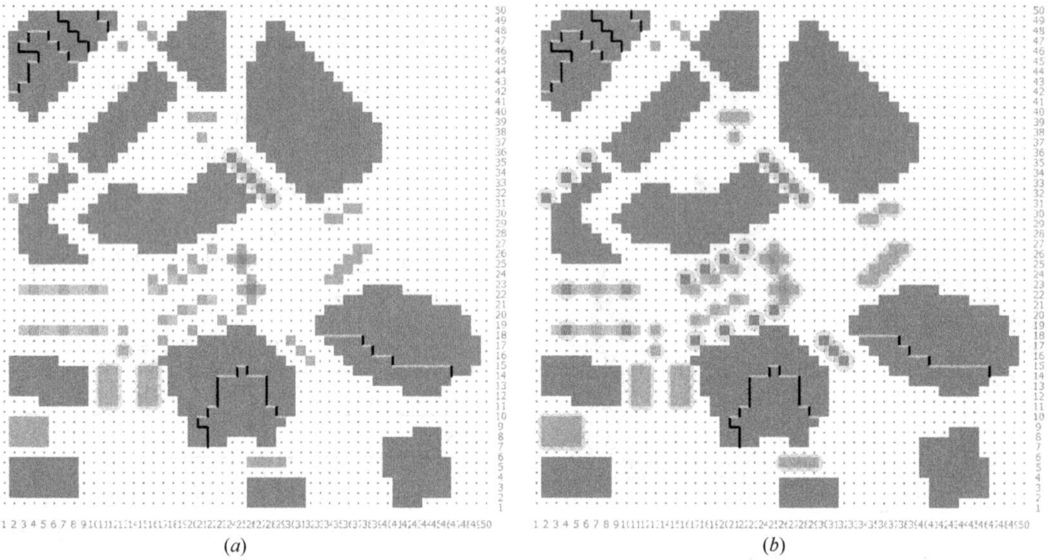

图 7 绿化方案优化前后对比图

（a）现状；（b）调整植物种类后

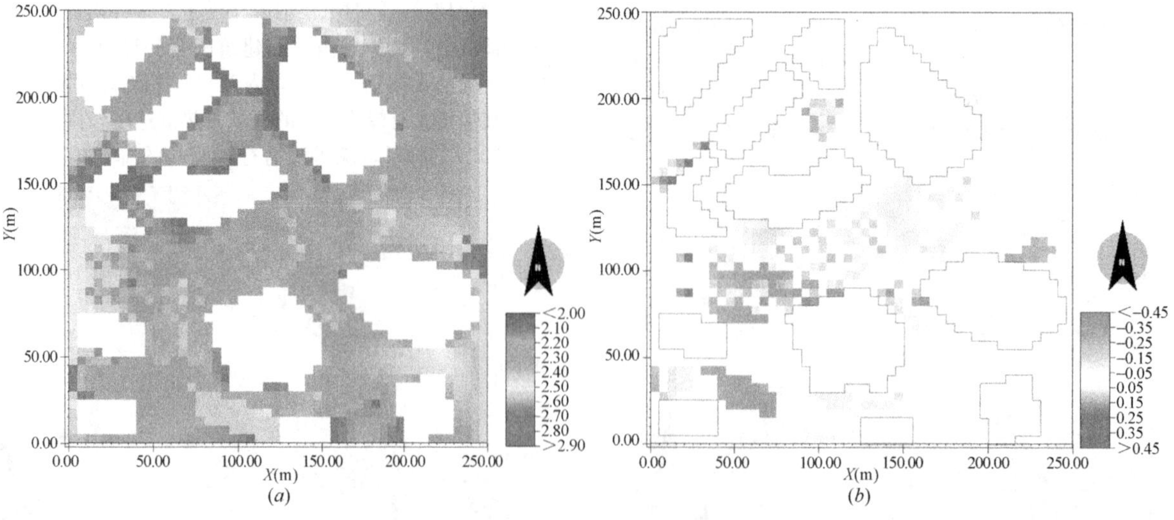

图 8 优化后热舒适度分析图

（a）优化后热舒适模拟图；（b）优化前后热舒适差值分析图

从图 8 可见，在调整植物种类后，研究区内的热舒适度有一定的改变。最高热舒适度由 2.81 降低到 2.71，最低热舒适度由 0.27 降低到 0.26，研究区整体热舒适度有所改善。就局部地段而言，可以看出局部的绿化改造会对周边的热舒适度产生明显的影响，热舒适度下降最明显的是广场中部和西南部，局部热舒适度有 0.2～0.4 的下降，说明调整植物种类对于片区热舒适度的改善有较明显的效果。在西南部绿化的上风向区域，出现了热舒适度改善的现象，可能是由于调整植物种类提高了片区的风速，改善了热舒适性。但是，在局部也出现热舒适度上升的情况，将改造方案与热舒适度进行对比可见，热舒适度上升的区域，往往是植物独立布置、未形成组团的片区。因此，在改造中，应进行多次模拟，对于不同的绿化形式确定不同的改造方案，以达到最佳的优化效果。

2.3.2 优化植物组合

现状广场乔木排列较为规整、紧密，多以树阵景观的形式出现，紧凑的种植方式带来的遮荫范围有限，难以向周边拓展。在研究中，尝试改变乔木的排列方式，将并排、平行排列的乔木调整为错落布置（图 9）。

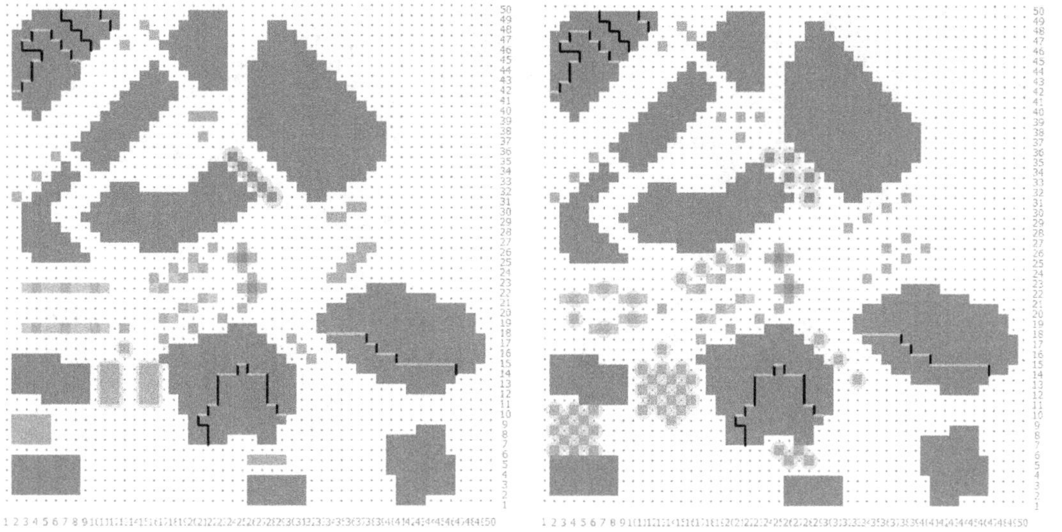

(a) (b)

图 9　绿化方案优化前后对比图

(a) 现状；(b) 优化植物组合后

对优化植物组合后的方案进行热舒适度模拟，得到图 10，从图 10 可见，优化植物组合对于改善研究区的热舒适度有一定的作用，最大热舒适度由 2.81 降低到 2.75，最低热舒适度没有变化，优化植物组合对于降低最大热舒适影响较为明显，对于最低热舒适影响较小。在广场的西侧和西南侧，热舒适改善效果较明显，在调整植物组合后，热舒适度大于 2.5 的面积明显减少，整体热舒适度有 0.1～0.4 的降低，且对下风向的热舒适度也有一定的改善。改造前后其他区域的热舒适度变化不明显。对比可见通过优化植物组合的方式改善微气候需要有一定的乔木规模，通过错落布置的乔木对于热风的阻挡，减少进入广场的热风，从而达到优化广场微气候的目的。

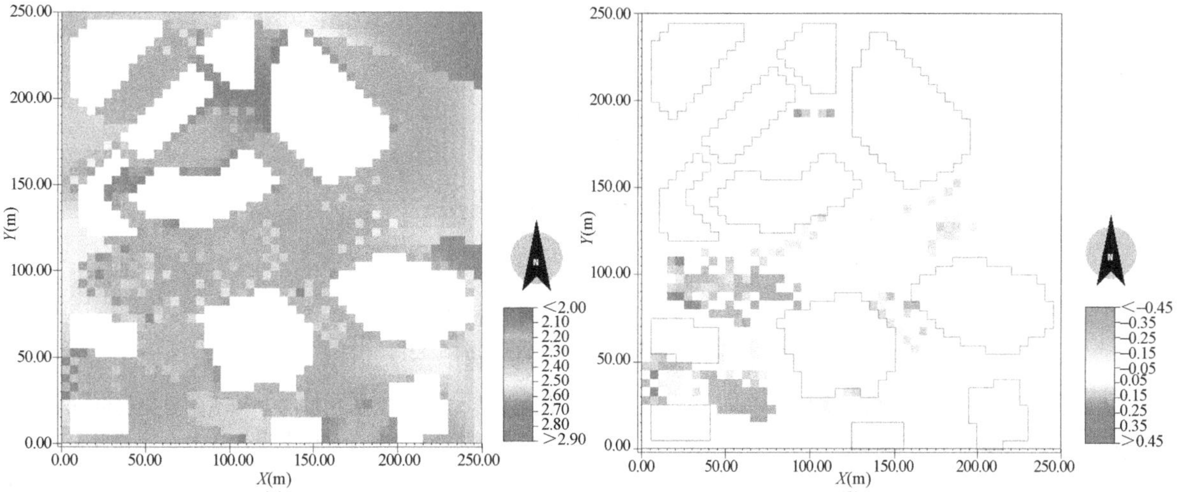

(a) (b)

图 10　优化后热舒适度分析图

(a) 优化后热舒适模拟图；(b) 优化前后热舒适差值分析图

2.3.3 丰富绿化层次

现状广场绿化层次较为单一，多以乔木形态独立出现，仅在局部地段出现乔木+草坪、乔木+灌木的绿化形式。为探究多层次绿化对于广场热舒适改善的影响，在现状绿化的基础上，增加乔木和灌木，组成多层次的绿化格局（图 11）。进一步进行热舒适度模拟，由图 12 可见，通过丰富绿化层次的手段在小尺度上改善广场微气候效果不明显，改造后最大热舒适度由 2.81 降低到 2.79，最低热舒适度由 0.27 上升到 0.28。热舒适性优化的地段多呈点状分布，与灌木、草坪位置基本重合，且优化幅度在 0.1 左右，未能为广场带来明显的热舒适改善。因此，在广场绿化改造中，应将灌木、草地增设同乔木数量、位置、种类的优化协同考虑。

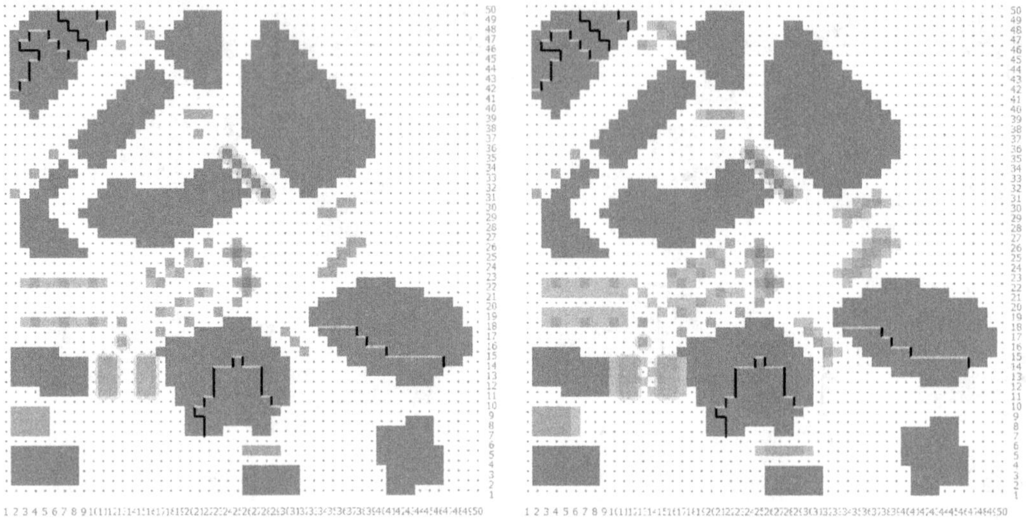

(*a*)　　(*b*)

图 11　绿化方案优化前后对比图

（*a*）现状；（*b*）丰富绿化层次后

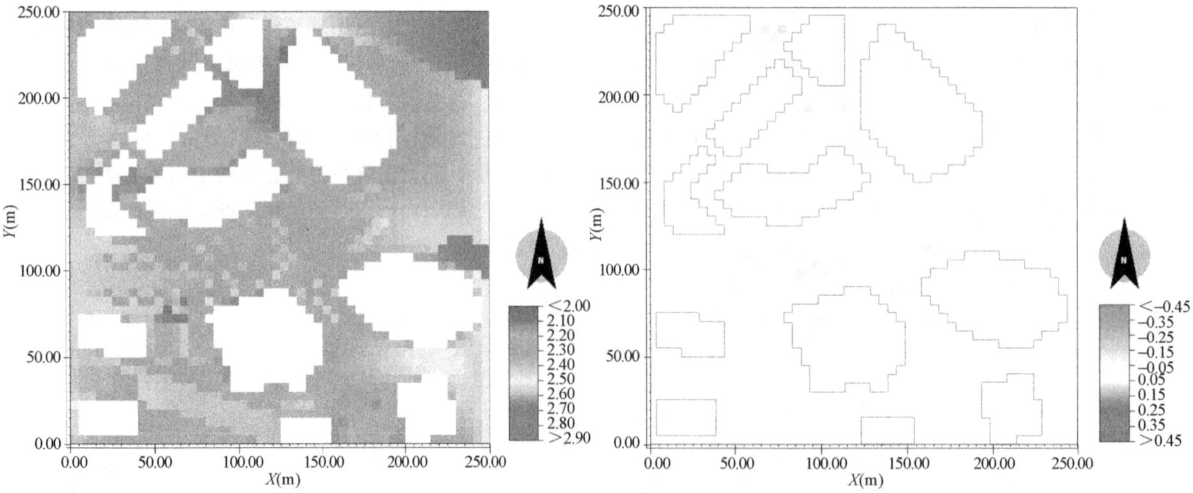

(*a*)　　(*b*)

图 12　优化后热舒适度分析图

（*a*）优化后热舒适模拟图；（*b*）优化前后热舒适差值分析图

3　结语

本文以重庆市三峡广场为例，在实测的基础上使用 ENVI-met 进行模拟，使用 RMSE 和 MAPE 两个指标验证对模拟的拟合程度和验证能力进行评价，结果表明 ENVI-met 模拟的精度较高，各项误差均在允许范围内，能准确反映实际微环境情况。

在现状基础的情况下，分别模拟了调整植物种类、优化植物组合、丰富绿化层次 3 种不同方案的微气候变化情况，与现状情况进行对比发现，乔木有改善行人高度热舒适度的功能，且冠径大、遮荫效果好的乔木具有更好的降温、增湿作用，能带来更好的热舒适性；合理调整乔木种植方式可以增大广场的遮荫面积，对于热风具有降温和阻挡作用，也能明显改善广场的热舒适性；灌木、草地的设置对于热舒适性的改善效果有限，在应用中，应当与其他绿化改造手法共同考虑。

本文通过对三峡广场的微气候模拟与优化研究，分析了现状微气候的特征与问题，验证了不同绿化改造方案对于微气候改善的效果，对于广场微气候优化提供了一定的建议。但是由于文章篇幅有限，没能在提升不同季节的微环境品质、定量分析改造效果等方面进行深入研究，需要在后续研究中进一步深入。

参考文献

[1] 阳文锐，李锋，何永．2003～2011年夏季北京城市热景观变化特征[J]．生态学报，2014(15)：4390-4399.

[2] 刘伟毅．夏热冬冷地区城市广场气候适应性设计策略研究.[D] 武汉：华中科技大学，2006.

[3] 吴菲，李树华，刘娇妹．城市绿地面积与温湿效益之间关系的研究[J]．中国园林，2007(06)：80-83.

[4] 谢清芳，彭小勇，万芬，等．小型绿化带对局部微气候影响的数值模拟[J]．安全与环境学报，2013(01)：161-165.

[5] 王琪．绿化对夏季室外热环境影响的实验研究[D]．长安大学，2010.

[6] 梁晓晓．基于风环境的重庆城市商业中心区优化策略——以沙坪坝三峡广场为例[D]．重庆：重庆大学，2019.

[7] 黄丽蒂，王昊，武艺萌．基于ENVI-met模式的某高校教学区室外微气候模拟与分析[J]．节能，2018，37(10)：12-18.

[8] 杨诗敏，郭晓晖，包志毅，等．基于ENVI-met的杭州夏季住宅热环境研究[J]．中国城市林业，18(6)：5.

[9] 劳钊明，李颖敏，邓雪娇，等．基于ENVI-met的中山市街区室外热环境数值模拟[J]．中国环境科学，2017，37(009)：3523-3531.

作者简介

俞壹通，1997年3月，男，汉族，浙江台州人，重庆大学，在读硕士研究生，研究方向为城市微气候、城市设计。电子邮箱：425206799@qq. com。

李菡芸，1997年1月，女，彝族，云南昆明人，重庆大学，在读硕士研究生，研究方向为城市设计、乡村振兴 。电子邮箱：2521169591@qq. com。

公园城市理念下城市发展水平评价①

Evaluation of City Development Level under the Concept of Park City

周志强　董　靓*　徐　杰

摘　要：“公园城市”是习近平总书记2018年视察成都市天府新区时所提出。目前，国内已有许多城市提出了公园城市的建设目标。评价这些城市的发展水平，对于公园城市的建设和学术研究具有重要意义。本研究结合公园城市内涵，提出公园城市理念下的城市发展水平评价指标体系，采用因子分析法与层次分析法相结合的方法对我国已提出公园城市发展目标的30座城市进行综合评价。评价结果对各城市在社会公共服务、绿化建设、环境治理能力、生态环境、城市经济5个方面进行打分，并获得各城市综合发展水平得分。最后结合分析结果，对不同发展水平的城市提出相应的建设对策和建议。评价方法和结果可为相关研究和建设提供参考。

关键词：公园城市；评价指标；因子分析法；层次分析法

Abstract: Park City is an important instruction made by General Secretary Xi Jinping during his inspection of the Tianfu New District in Chengdu in 2018. At present, numerous cities in China take Park City as their development goals. Evaluating the development level of these cities is of great significance to the construction and academic research of Park City. Based on the connotation of Park City, this paper puts forward the evaluation index system of urban development level under the concept of Park City. It uses factor analysis and analytic hierarchy process to comprehensively evaluate the 30 cities that have proposed park development goals in China. The evaluation scores each city in five aspects: social public service , ecological environment base, greening construction, environmental governance capacity, and city economy, and obtains the comprehensive development level score of each city. Finally, combined with the analysis results, corresponding countermeasures and suggestions are proposed for cities with different development levels. Evaluation methods and results can provide references for related research and construction.

Keywords: Park City; Evaluation Index; Factor Analysis Method; Analytic Hierarchy Process

引言

2018年2月，习近平总书记在视察成都市天府新区时，首次提出了“公园城市”建设理念。公园城市被定义为：全面体现新发展理念的城市发展高级形态，坚持以人民为中心、以生态文明为引领，是将公园形态与城市空间有机融合，生产生活生态空间相宜、自然经济社会人文相融的复合系统，是人、城、境、业高度和谐统一的现代化城市，是新时代可持续发展城市建设的新模式[1]。

公园城市理念提出以来，学界进行了广泛的研究与讨论。吴志强认为，公园城市不仅是公园与城市的简单叠加，而是指“公”“园”“城”“市”4字含义的综合，其中“公”对应着公共交往的功能；“园”对应生态系统；“城”对应人居与生活；“市”对应的则是产业经济活动[2]。吴承照提出，公园城市强调经济、社会、文化、生态同步协调发展，应统筹好空间、规模、产业三大结构，合理布局城乡人口、生产力、基础设施和公共服务[2]。刘滨谊提出，公园城市的现阶段建设目标应当尤其注重城市公共环境滞后、城市公共财富贫瘠的问题，而城市公共财物首先是有生命的自然环境、市政基础设施、公共空间场所[3]。董靓认为，构成公园城市主体的将是有生态价值和人文价值的公园，公园将成为城市的生态基础设施、健康基础设施和休闲游憩设施，从整体上看，城市就是一座大型公园[4]。吴岩认为，公园城市指标体系的构建应兼顾已有的城市生态建设和环境建设方面的指标体系，落实“满足人民美好生活需求”的要求，坚持“绿水青山就是金山银山”的建设理念，以生态环境建设促进城市转型发展[5]。范颖提出，公园城市建设应当重点实现三个方面的价值——以绿色生态为城市基底的基础价值，以人民为中心的主导价值，以及融地域、利益、生态为一体的组织价值[6]。夏捷认为，公园城市虽然并非公园与城市的简单叠加，但公园数量的增加又是公园城市建设的关键，群落化的公园群体格局将对推动区域整体发展发挥重要作用[7]。

基于已有的研究成果，总结出公园城市理念下城市发展的侧重点：

（1）以生态文明为导向，自然系统与城市系统多维度融合，将良好的自然生态系统视为城市发展的重要战略资源。

（2）关注人的需求和幸福感，注重提高城市公共服务水平，使人民共享城市发展成果。

（3）具有成体系、成规模的绿化空间，并在城市功能中发挥重要作用。

（4）以绿色为基底，注重生态价值转化，使城市经济、文化、社会、生态同步发展。

目前，国内已有许多城市提出了各自的公园城市的

①　基金项目：国家自然科学基金项目（编号51678253）；华侨大学科研基金项目（编号15BS302）。

发展目标，从各地出台的相关文件来看，各城市的建设方案具有很高的相似性。而学界的研究主要聚焦于成都等大城市，对于中小城市的关注较少。本文结合公园城市内涵，在已有的城市统计指标中挑选适宜指标，建立公园城市发展水平评价指标体系，对国内提出建设公园城市的部分城市进行评价，评价结果显示了各城市之间的差异、发展优势与不足，并对不同发展程度的城市提出相关建议。

1 评价指标与方法

1.1 评价指标体系的构建

1.1.1 指标构建原则

（1）系统性原则

指标的选取应从不同的侧面反映评价对象，并符合逻辑关系和层次配比，形成一个功能完善的整体，全面地反映出公园城市的总体特征。

（2）可操作性原则

所选指标必须已由国家层面的统计机构（例如国家统计局）进行统一记录，使得对各城市的统计标准一致，减少因统计口径不同带来的误差影响。对于部分有评价意义但难以获取统计数据的指标予以摒弃或选用近似指标替代。

（3）可量化原则

所选指标应尽量用数值表达，对一些有代表意义但无法量化的指标用可量化的相近指标替代，避免出现指标量化不明确的情况，使评价结果更客观，提高指标体系的科学性。

1.1.2 指标设计

目前，我国尚未发布公园城市评价标准，但相关的研究已经开展。联合国人居署初步拟定了公园城市评价指标体系[1]，共设计了 91 个指标。本文借鉴该研究成果，秉承上述构建原则，从“人、城、境、业”4 个维度出发，构建公园城市评价体系，包括：1 个目标层、5 个准则层以及指标层 26 个具体指标（表 1）。

公园城市发展水平评价指标体系　　表 1

目标层	维度	准则层	指标层	指标性质
A 公园城市发展评价	人	B1 社会公共服务	C1 每万人公共汽车拥有量（辆）	正
			C2 每万人卫生机构床位数（张）	正
			C3 每 10 万人图书馆、文化展馆数（个）	正
			C4 每万人卫生、社会保障和社会福利业城镇单位从业人员数（人）	正
			C5 每 10 万人体育场馆数量（个）	正
			C6 每万人文化体育和娱乐业从业人员数（人）	正
	城	B2 环境设施建设	C7 建成区绿地率（%）	正
			C8 城市人均公园绿地面积（m^2）	正
			C9 人均铺装道路面积（m^2）	正
			C10 人均城市市政公用设施建设固定资产投资额（元）	正
			C11 国家级旅游景区数量（个）	正
			C12 公园免费开放率（%）	正
	境	B3 环境治理能力	C13 一般固体废物综合利用率（%）	正
			C14 城市污水处理厂集中处理率（%）	正
			C15 单位地区生产总值能耗（吨标准煤/万元）	逆
			C16 每平方公里年工业废水排放量（万 t）	逆
			C17 每平方公里年工业二氧化硫、氮氧化物排放量（kg）	逆
		B4 生态环境基底	C18 森林覆盖率（%）	正
			C19 地表水水质优良率（%）	正
			C20 空气质量达到及好于 2 级天数（天）	正
			C21 区域内物种丰富度（种）	正
			C22 人口密度（人/km^2）	逆
	业	B5 经济发展水平	C23 人均地区生产总值（元）	正
			C24 第三产业 GDP 比重（%）	正
			C25 经济密度（亿元/km^2）	正
			C26 规模以上企业数（个）	正

（1）人——社会公共服务

以人为本是公园城市建设发展的核心。对公园城市“人”维度的评价，应当聚焦于城市的社会公共服务的覆盖。该层面涉及城市交通、卫生、文化教育、社会保障、体育、文娱等多个方面，本文选取6个指标对公园城市社会公共服务水平进行评价。

（2）城——环境设施建设与环境治理

“城”维度的评价包括城市环境设施建设与环境治理能力两方面。对环境设施建设状况的评价，本研究选取6个指标对城市的绿地率、人均绿地面积和公用设施建设情况、公园开放率、景区数量进行评价，整体上反映出城市公共环境建设状况。在城市环境治理能力方面，本研究选取5个指标对城市废物利用、废水处理、单位GDP能耗、废水与废气排放情况进行评价。

（3）境——生态环境基底

“境”维度侧重于对区域生态环境的评价。公园城市以习近平总书记生态文明思想引领城市发展，良好的生态环境基底是公园城市建设的既有生态条件。对生态环境基底的评价包括5个指标，涉及对区域内森林、水体、大气、生物多样性、人口对自然环境的承载压力5个方面的评价，整体上反映出城市的自然生态状况。

（4）业——经济发展水平

“业”维度是对城市经济实力的评价。城市经济的稳健增长是公园城市持续发展的重要支撑。对该层面的评价包含4个指标，对城市经济规模、经济结构、经济发展质量进行综合评价。

1.2 评价方法

本研究采用因子分析法与层次分析法相结合的方式对上述指标进行赋权。因子分析法是一种客观赋权方法，对原有多个变量进行降维处理，重新组合为几个相互无关的、较少的综合变量，并能较好地反映原来的变量信息[8,9]。层次分析法是一种主观赋权法，将目标、准则、指标分解为多个层次，通过定性指标模糊量化方法算出层次单排序和总排序[10,11]。

单独采用主观评价法，所得结论容易受到评价者个人因素的影响，不够精确；而只采用客观评价法，虽然数理依据十分充分，但在实践中容易忽视策略制定与未来规划的影响[12]。因此，本文采用因子分析法分析指标层数据，对各个准则层进行评分，然后采用层次分析法对准则层进行赋权，最终得到目标层得分，对部分拟建设公园城市或有类似规划的国内城市进行评价。

1.3 评价对象

目前，全国已提出公园城市建设目标的城市有很多。这些城市在地理区域、城市体量等方面均存在较大差异。本研究共选择30座城市进行评价，为减少统计误差，所选城市均为地级市。其中，四川省作为公园城市首提地，所选城市最多，包括：成都、乐山、遂宁、绵阳、德阳、宜宾、泸州、广安、广元、眉山、自贡、南充、雅安、达州。其他地区的城市有：南京、扬州、淮安、石家庄、邢台、郑州、平顶山、商丘、青岛、淄博、温州、南宁、江门、长沙、贵阳、咸宁。

本研究所用数据来源于2019年《中国城市统计年鉴》《中国城市建设统计年鉴》，年鉴中个别城市缺失的数据则参考了该城市2019年政府统计公告。

2 评价分析

2.1 主成分分析

采用SPSS23软件对准则层B1区域生态环境基底下的5个指标变量进行分析，KMO和Bartlett′s球形度检验（巴特利特检验）结果如表2所示，$KMO=0.775>0.5$，且Bartlett球形度检验的p值小于0.01，说明拒绝5个变量相互独立的假设，可以进行因子分析。

B1准则层KMO和巴特利特检验结果　　表2

KMO取样适切性量数		0.775
巴特利特球形度检验	近似卡方	109.209
	自由度	15
	显著性	0.000

各成分特征值与方差解释率　　表3

成分	初始特征值			旋转载荷平方和		
	总计	方差百分比	累积（%）	总计	方差百分比	累积（%）
1	3.919	65.320	65.320	2.746	45.762	45.762
2	0.965	16.077	81.397	2.138	35.636	81.397
3	0.398	6.639	88.037			
4	0.314	5.228	93.264			
5	0.288	4.793	98.057			
6	0.117	1.943	100.000			

旋转后成分矩阵　　表4

	因子1	因子2
每万人公共汽车拥有量（辆）	0.271	0.026
每万人卫生机构床位数（张）	0.412	−0.167
每10万人图书馆、文化展馆数量（个）	0.462	−0.256
每万人文化体育和娱乐业从业人员数（人）	−0.028	0.367
每10万人体育场馆数量（个）	0.067	0.270
每万人卫生、社会保障和社会福利业城镇单位从业人员数（人）	−0.323	0.652

前2个因子累计贡献率为81.397%，大于80%（表3），因此保留前两个主成分即可。表4为旋转后的成分矩阵。设因子1、因子2分别为F_{11}、F_{12}，对C_1、C_2、C_3、C_4、C_5、C_6标准化处理（逆向指标先取相反数进行正向化处理，再进行标准化处理）后分别为，C_1^*、C_2^*、C_3^*、C_4^*、C_5^*、C_6^*，则两个因子表达式为：

$$F_{11}=0.271C_1^*+0.412C_2^*+0.462C_3^*-0.028C_4^*+0.067C_5^*-0.0323C_6^* \quad (1)$$

$$F_{12}=0.026C_1^*-0.167C_2^*-0.256C_3^*+0.367C_4^*+0.27C_5^*-0.652C_6^* \quad (2)$$

B1 社会公共服务综合得分计算式为：

$$F_1=0.45762F_{11}+0.35636F_{12} \quad (3)$$

代入数据后可得 B1 区域生态环境基础综合得分，如表 5 所示。

各城市社会公共服务综合得分　　表 5

城市	因子 1	因子 2	综合得分
成都	2.707	0.779	1.523
长沙	2.313	−0.158	1.012
青岛	1.010	1.374	0.950
南京	0.633	1.400	0.785
温州	0.920	0.538	0.614
南宁	0.826	0.036	0.394
郑州	0.632	0.286	0.392
咸宁	0.739	−0.163	0.284
广元	−0.789	1.734	0.247
雅安	−1.935	3.151	0.216
淄博	−0.511	1.213	0.191
邢台	0.449	−0.148	0.155
石家庄	0.874	−0.798	0.123
贵阳	0.489	−0.599	0.015
江门	−0.107	−0.053	−0.068
宜宾	−0.382	0.028	−0.166
平顶山	−0.107	−0.349	−0.172
泸州	−0.070	−0.407	−0.175
绵阳	−0.247	−0.355	−0.239
乐山	−0.924	0.433	−0.274
自贡	−0.485	−0.145	−0.275
扬州	−0.259	−0.796	−0.400
德阳	−0.405	−0.636	−0.411
淮安	−0.643	−0.621	−0.515
南充	−0.547	−0.770	−0.523
眉山	−1.033	−0.348	−0.599
商丘	−0.050	−1.645	−0.602
遂宁	−1.201	−0.590	−0.762
达州	−0.896	−1.088	−0.797
广安	−1.006	−1.303	−0.923

B2～B5 准则层 KMO 和巴特利特检验结果　表 6

		B2 环境设施建设	B3 环境治理能力	B4 生态环境基底	B5 经济发展水平
KMO 取样适切性量数		0.656	0.598	0.754	0.758
巴特利特球形度检验	近似卡方	50.990	93.477	83.379	62.604
	自由度	15	10	10	6
	显著性	0.000	0.000	0.000	0.000

采用同样的方式对其余 4 个准则层进行分析。检验结果（表 6）表明，各准则层指标 KMO 值均大于 0.5，且巴特利特球形度检验均小于 0.01，因此均可进行因子分析。鉴于篇幅所限，本文不再赘述其他 4 个准则层的因子分析过程，B2、B3、B4、B5 准则层评分在后文论述。

2.2　层次分析法分析

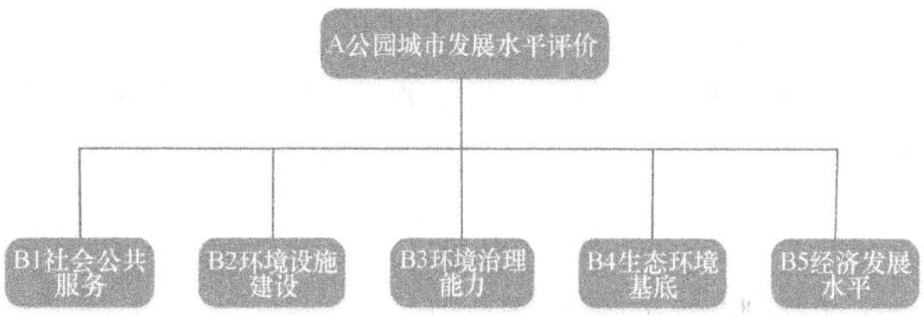

图 1　准则层层次结构图

准则层判断矩阵　　表 7

	B1 社会公共服务水平	B2 环境设施建设	B3 环境治理能力	B4 生态环境基底	B5 经济发展水平
B1 社会公共服务	1	1	1	1	2
B2 环境设施建设	1	1	2	1/2	1
B3 环境治理能力	1	1	1	1/2	2
B4 生态环境基底	1	2	1	1	1
B5 经济发展水平	1/2	1	1/2	1	2

判断矩阵标度与含义　　表 8

标度	含义
1	两个因素相比，具有同样重要性
3	两个因素相比，前者比后者稍微重要
5	两个因素相比，前者比后者稍微重要
7	两个因素相比，前者比后者强烈重要
9	两个因素相比，前者比后者极端重要
2、4、6、8	上述两相邻判断的中值
倒数	若因素 i 与 j 比较所得的标度为 b_{ij}，则因素 j 与 i 比较的标度为 $b_{ij}=1/b_{ij}$

各维度对应的 *RI* 值　　表 9

维度	1	2	3	4	5	6	7	8	9
RI	0.00	0.00	0.58	0.90	1.12	1.24	1.32	1.41	1.45

采用层次分析法对公园城市发展水平评价体系中的 5 个准则层进行赋权。赋权要突出生态环境、绿化建设和社会服务在城市发展中的作用，凸显公园城市特征。首先，

构造层次结构图如图 1 所示。然后建立判断矩阵（表 7），对准则层的各指标进行两两比较，判断矩阵标度与依据如表 8。采用方根法计算判断矩阵的最大特征根 λ_{max} 以及与之相对应的特征向量 W_i。

计算表 7 判断矩阵中每一行元素的乘积 M_i：

$$M_i = \prod_{j=1}^{5} b_{ij} \quad i,j = 1,2,3,4,5 \tag{4}$$

计算 M_i 的 5 次方根：

$$W'_i = \sqrt[5]{M_i} \tag{5}$$

对向量 $W'_i = [W'_1, W'_2, W'_3, W'_4, W'_5]^T$ 正规化处理：

$$W_i = W'_i / \sum_{i=1}^{5} W'_i \tag{6}$$

所求判断矩阵的特征向量为：

$$W = [W_1, W_2, W_3, W_4, W_5]^T$$
$$= [0.2213, 0.2010, 0.1745, 0.2576, 0.1455]^T \tag{7}$$

判断矩阵的最大特征根：

$$\lambda_{max} = \sum_{i=1}^{5} \frac{(BW)_i}{CW} = 5.176 \tag{8}$$

由表 9 得，$RI = 1.12$，对判断矩阵进行一次性检验，得：

$$CI = \frac{\lambda_{max}^{-5}}{C-1} = 0.044 \tag{9}$$

$$CR = \frac{CI}{DI} = \frac{0.044}{1.12} = 0.0393 < 0.1 \tag{10}$$

因此，判断矩阵具有满意的一致性，所得特征向量可以被认可。特征向量 W 的值即为各准则层的权重。

2.3 评价结果

各城市发展水平得分　　表 10

城市	准则层得分					综合得分
	B1 社会公共服务	B2 环境设施建设	B3 环境治理能力	B4 生态环境基底	B5 经济发展水平	
成都	1.523	0.793	0.234	−0.282	1.167	0.634
青岛	0.950	1.242	0.382	−0.210	1.076	0.629
长沙	1.012	−0.155	0.471	0.474	0.785	0.511
温州	0.614	0.364	0.563	0.325	0.820	0.510
广元	0.247	−0.505	0.766	0.965	−0.695	0.234
南宁	0.394	−0.371	−0.187	0.902	0.067	0.222
雅安	0.216	−0.347	−0.078	1.183	−0.514	0.194
南京	0.785	0.522	−0.805	−0.503	1.227	0.187
咸宁	0.284	0.105	0.001	0.556	−0.508	0.153
绵阳	−0.239	−0.132	0.581	0.574	−0.226	0.137
江门	−0.068	0.567	0.109	0.066	−0.029	0.131
郑州	0.392	0.255	0.052	−1.062	0.911	0.006
泸州	−0.175	−0.149	−0.003	0.441	−0.544	−0.035
石家庄	0.123	0.497	−0.469	−0.515	0.146	−0.066
扬州	−0.400	0.284	0.077	−0.541	0.532	−0.080
贵阳	0.015	−0.117	−1.545	0.632	0.149	−0.105
邢台	0.155	0.448	−0.120	−0.884	0.035	−0.119
淄博	0.191	0.596	−1.286	−0.600	0.603	−0.129
广安	−0.923	0.256	0.221	0.245	−0.571	−0.134
乐山	−0.274	−0.317	−0.730	0.604	−0.446	−0.161
宜宾	−0.166	−0.308	−0.419	0.258	−0.418	−0.166
平顶山	−0.172	−0.085	0.427	−0.623	−0.249	−0.177
淮安	−0.515	0.182	−0.087	−0.428	0.049	−0.196
遂宁	−0.762	−0.391	0.736	−0.107	−0.622	−0.237
达州	−0.797	−0.585	0.091	0.316	−0.454	−0.263
眉山	−0.599	−0.478	0.109	0.021	−0.508	−0.278
自贡	−0.275	−0.369	0.466	−0.653	−0.390	−0.279
德阳	−0.411	−0.195	−0.358	−0.306	−0.263	−0.310
南充	−0.523	−0.844	0.389	−0.044	−0.574	−0.312
商丘	−0.602	−0.433	0.563	−0.712	−0.557	−0.387

结合准则层得分与权重，可得 30 座城市综合得分（表 10）。取综合得分三分位数 0.134、−0.163，将 30 座城市划分为发展水平较高、一般、相对较低 3 个等级。

公园城市发展水平较高的有：成都、青岛、长沙、温州、广元、南宁、雅安、南京、咸宁、绵阳。这些城市多数发展比较均衡，或在个别领域具有明显优势。

发展水平一般的有：江门、郑州、泸州、石家庄、扬州、贵阳、邢台、淄博、广安、乐山。这些城市的发展优势与劣势均比较突出。

发展水平相对较低的有：宜宾、平顶山、淮安、遂宁、达州、眉山、自贡、德阳、南充、商丘。这些城市在多个层面均存在发展相对不足的问题。

（1）社会公共服务层面

社会公共服务依赖于长期的投资建设，因此，社会公共服务与城市经济之水平存在一定相关性，大城市的社会公共服务普遍优于中小城市。该层面得分较高的城市有：成都、长沙、青岛、南京、温州。

（2）绿化建设与生态环境治理

这两层面得分均未见与城市类别、地域分布发生明显关联，可推测，城市环境建设与生态环境治理受当地政策影响较多。在城市绿化建设方面，青岛、成都、江门、淄博等城市得分较高；在生态环境治理方面，温州、广元、遂宁、绵阳等城市取得的成果较为明显。

（3）生态环境层面

大部分省会城市在自然生态环境层面的得分低于一般地级市，而北方城市普遍低于南方城市。这是由于省会城市和大部分北方城市人口稠密、开发历史悠久，对生态环境的破坏更加严重，气候条件的差异也导致北方城市的自然生态系统的韧性普遍弱于南方。该层面得分较高的城市有：雅安、广元、南宁、乐山、绵阳等城市。

（4）经济发展层面

沿海城市、省会城市的经济发展优于内陆普通地级市。东部与西部、南方与北方的城市在经济发展层面也存在较为明显的差异。整体而言，经济发展得分与生态环境得分未见明显负相关，这表明，近年来我国城市的生态文明建设取得明显成果，使得经济与生态环境的矛盾得以缓和。该层面得分较高的城市有：成都、南京、青岛、温州、长沙等城市。

3 结论与建议

基于上述分析，可得以下结论：

（1）各城市虽然均以公园城市为建设目标，但在城市发展的各个层面存在较大差异，具有不同的发展优势与不足。因此，公园城市的建设策略应立足于本地区，不宜照搬其他地区建设模式。

（2）在公园城市理念的评价体系下，丰富的生态资源是城市发展的重要资本，如雅安、广元、咸宁等城市依托良好的生态环境基底，在综合得分上超过了贵阳、石家庄、郑州等部分省会城市。

（3）大城市在评比中依然具有显著优势，这得益于大城市的经济规模、产业结构、管理技术等多方面的有利条件。中小城市如何更好地建设公园城市，有赖于未来公园城市内涵的进一步丰富及建设策略的进一步探索。

针对不同发展水平的城市提出以下建议：

（1）发展水平较高的城市

对于成都、青岛、长沙、南京等人口众多、经济发达的大城市，应注重城市生态环境的保护与治理，减少城市人口过多对生态环境的负面影响；优化城市公园绿地系统，构建多元、多层次公园网络体系，提升城市生活品质，打造特色城市品牌，实现公园城市的全面发展。

对于雅安、广元、咸宁、绵阳等城市，应注重提高本地区生态价值的转化，借助得天独厚的自然条件构建城乡一体化公园体系，塑造特色风貌区，提升城市公共服务水平，依托生态优势带动城市经济与城市建设的发展。

（2）发展水平一般的城市

对于郑州、石家庄、扬州、淄博等经济水平较高、环境设施建设良好的工业城市，应着力提升城市环境治理能力，加快产业结构转型升级；通过科学规划城市绿地系统，带动人工造林、河道治理，逐步实现全域增绿提质，解决目前较为严重的大气和水体污染问题，优化城市生态格局，提升生态环境的承载力。

对于贵阳、泸州、广安、乐山等生态环境良好，但城市建设水平与环境治理能力较弱的中部城市，应借鉴发达地区发展经验，协调经济发展与环境的关系，减少城市发展对环境造成的负面影响；在对自然风景资源科学评价的基础上，合理规划森林公园、湿地公园、郊野公园；在城市绿化建设过程中，着力完善城市公共服务设施、提高路网密度，提升对生活垃圾、废水、废气的处理能力。

（3）发展水平相对较低的城市

在本文的评价体系中，这些城市的建设发展相比于其他城市较为薄弱，但却不乏自然与人文特色。对于发展水平相对较低的城市，应结合自身特点制定长期的公园城市发展战略，有选择性地承接发达地区的产业转移，并保护好自身生态资源；绿地系统规划应充分挖掘本地区自然与历史人文资源，凸显城市特色；减少大树、老树、名贵花木的移植，节约建设成本，不为追求短期建设效果而大搞公园绿化，通过科学的规划，积极营建惠民设施，使发展成果为民所享。

4 结语

公园城市的建设是一个漫长的过程，各城市应当基于当地的实际情况，发挥自身优势，弥补不足，制定适合自身发展的长期战略。相信在未来的城市建设探索中，公园城市的内涵将进一步丰富、发展，囊括不同的城市类型，为更多的城市提供借鉴与指导。

鉴于目前对于公园城市的研究尚未完善，因此，本文所提出的评价指标体系存在不成熟、不全面的缺陷。同时，由于不同城市的指标统计口径可能存在差异，本研究的最终评价得分可能存在一些误差。希望本文能够为相关领域的研究提供一些参考。

参考文献

[1] 成都市公园城市建设领导小组．公园城市——城市建设新模式的理论探索[M]．成都：四川人民出版社，2019.

[2] 袁弘，朱小路．如何规划建设公园城市 多位专家学者建言献策[N]．成都日报，2018-05-12(001).

[3] 刘滨谊．公园城市研究与建设方法论[J]．中国园林，2018，34(10)：10-15.

[4] 董靓．实现公园城市理念的一种概念性框架[J]．园林，2018(11)：18-21.

[5] 吴岩，王忠杰，束晨阳，等．"公园城市"的理念内涵和实践路径研究[J]．中国园林，2018，34(10)：30-33.

[6] 范颖，吴歆怡，周波，等．公园城市：价值系统引领下的城市空间建构路径[J]．规划师，2020，36(07)：40-45.

[7] 夏捷．公园城市语境下长沙公园群规划策略与实践[J]．规划师，2019，35(15)：38-45.

[8] 游家兴．如何正确运用因子分析法进行综合评价[J]．统计教育，2003(05)：10-11.

[9] 刘颂，章舒雯．风景园林学中常用的数学分析方法概览[J]．风景园林，2014(02)：137-142.

[10] 许树柏．实用决策方法：层次分析法原理[M]．天津：天津大学出版社，1988.

[11] 郭金玉，张忠彬，孙庆云．层次分析法的研究与应用[J]．中国安全科学学报，2008，18(5)：148-153.

[12] 樊治平，赵萱．多属性决策中权重确定的主客观赋权法[J]．决策与决策支持系统，1997(04)：89-93.

作者简介

周志强，1991年，男，汉族，山东曲阜人，华侨大学建筑学院，在读博士研究生，研究方向为公园城市、景观微气候。电子邮箱：1037666804@qq. com。

董靓，1963年，男，汉族，四川成都人，博士，华侨大学建筑学院，教授、博士生导师，研究方向为智慧城市、可持续景观设计。电子邮箱：leon@dongleon. com。

论文集

风景园林与城市生物多样性

城市新区绿地群落配置及植物多样性研究

——以上海新江湾城为例①

Research on the Planting Arrangement and Plant Diversity of New Urban District

—The New Jiangwan City of Shanghai as an Example

贾熙璇　张庆费*　张慧博　戴兴安

摘　要：城市新区绿地应促进城市重建自然和可持续发展，绿地群落结构是影响绿地健康稳定和生态功能的基础。本文以上海新江湾城绿地为研究对象，对生态走廊绿地、生态保育区、道路绿地共48个植物群落进行调查，共记录植物94科205属242种，其中草本植物占优势，共122种；上海原生种占种数的47.93%，具有独特观赏价值的栽培种占种数的33.06%，呈现原生种与栽培种合理配置的多样性格局；绿地群落类型多样，植物配置以自然混交或块状混交为主，α多样性指数较高，物种比较丰富；生态走廊绿地多采用接近自然的植物配置方式，道路绿地多采用乔-灌-草混交林式与模纹式相结合的植物配置方式，层次丰富，景观优美。新江湾城绿地植物配置理念和方式可以为城市绿地植物多样性培育和健康稳定群落构建提供借鉴。

关键词：城市绿地；植物配置；植物多样性；新江湾城

Abstract: Green space in new urban areas should promotes the natural and sustainable development of urban reconstruction, and the community structure of green space is the basis of affecting the health, stability and ecological function of green space. Taking the New Jiangwan city of Shanghai green space as the research object, this paper investigated 48 plant communities in ecological corridor green space, ecological conservation area and road green space. A total of 242 species of plants belonging to 205 genera and 94 families were investigated, among which 122 species of herbaceous plants were dominant. In Shanghai, 47.93% of the total species were native species, 33.06% were cultivated species with unique ornamental value. The community types of green land are diverse, the plant configuration is mainly natural mixed or block mixed, the α diversity index is high, the species is rich; The ecological corridor green space mostly adopts the plant configuration method close to nature, and the road green space mostly adopts the plant configuration method combining the arbor-shrub-grass mixed forest type and the pattern type, which has rich levels and beautiful landscape. The concept and method of plant allocation in New Jiangwan City green space can provide reference for plant diversity cultivation and healthy and stable community construction in urban green space.

Keywords: Urban Green Space; Planting Arrangement; Plant Diversity; New Jiangwan City

引言

城市新区是城市为缓解中心城区社会、经济、环境压力开发建设的城市拓展空间[1]。城市新区在规划和建设过程中，多采用以生态为导向的城市空间优化与功能组织规划，用绿色景观途径将城市规划引向重建自然和保护自然的空间塑造过程，努力实现城市“人地和谐”和可持续发展[2]。城市绿地作为城市唯一有生命的基础设施，在维持城市生态平衡并改善生态环境质量方面承担着重要使命，上海浦东新区、芬兰维累斯区、瑞典魏林比新城等新城区通过规划和管理改善绿地的布局，保护城市的生态价值[3-4]。城市绿地植物群落的健康与稳定是衡量绿地质量的前提，而群落结构的合理性关系到绿地植物群落的健康、稳定及可持续性[5]，对绿地群落调查与评价以及设计与构建配置的研究众多，促进了植物群落生态过程的认知，也为植物种植设计与群落构建提供科学依据[6]。但针对城市新区的绿地群落结构与配置的研究还不多[7-8]。

因此，本文以上海21世纪新规划建设的新江湾城为研究对象，调查绿地物种多样性与群落结构，分析其群落结构的组成特征，研究城市新区绿地的植物配置特点，为城市绿地植物群落景观构建和城市绿地建设提供借鉴。

1　研究区域概况及研究方法

1.1　研究区域概况

新江湾城位于上海市杨浦区，地处上海中心城区东北部，黄浦江南侧，为原江湾机场遗址，总占地面积9.45km²。江湾机场作为军用机场始建于20世纪30年代，1985年停止使用，成为上海市中心仅有的大面积遗留荒地。从21世纪初开始，新江湾城规划建设生态型、知识型的居住区和上海中心城的花园新城区[9]。新江湾

① 基金项目：上海市绿化和市容管理局科研攻关项目（编号：G202403）。

城建设以创造“生态人居”为目标，将生态理念渗透到整个区域建设过程中，形成了以生态保育区、新江湾城公园、园林式道路绿带、生态走廊绿地及居住区绿地等为主的绿色生态网络体系，成为上海城市绿化发展颇具特色的典范。

1.2 研究方法

1.2.1 样方调查

对新江湾城生态走廊绿地、生态保育区以及道路绿地植物群落进行全面调查。根据不同群落类型，共选择48个群落样地进行调查，样地调查面积为200m²，样地内设置随机分布4个1m²草本层样方。在调查中，详细记录物种名称、株数、胸径、树高、冠幅、盖度等。

1.2.2 数据分析

（1）重要值

能反映植物种类在群落中的地位重要程度，计算公式如下：

乔木层：$IV=$（相对密度＋相对显著度＋相对频度）×100%/3

灌木层：$IV=$（相对多度＋相对频度）×100%/2

草本层：$IV=$（单个物种的最大高度×盖度）×100%

（2）多样性指数

物种丰富度：

S=样地内所有物种数目

Shannon-Wiener 指数：$H'=\sum P_i \ln P_i$

Simpson 指数：$D=\sum P_i^2$

Pielou 均匀度指数：$E=(-\sum P_i \ln P_i)/\ln S$

式中 S为样方的植物种类总和，即丰富度指数；P_i为种i的个体数占所有种个体数的比率，$P_i=n/N$；n_i为第i种的个体数；N为所有种的总个体数。

2 新江湾城绿地植物多样性

2.1 物种组成

共调查到维管束植物94科205属242种，其中蕨类植物2科2属2种，裸子植物5科6属6种，被子植物85科188属226种。包括乔木33科49属55种、灌木27科40属52种、草本植物47科107属122种和藤本植物9科11属12种（表1、表2）。

新江湾城绿地维管束植物种类组成　　表1

分类群	科	属	种
蕨类植物	2	2	2
裸子植物	5	6	6
被子植物	85	188	226
总计	94	205	242

新江湾城绿地维管束植物生活型组成　　表2

生活型	科	属	种
乔木	33	49	55
灌木	27	40	52
草本	47	107	123
藤本植物	9	11	12
总计	—	—	242

2.2 物种来源

由表3可知，新江湾城绿地植物群落主要以上海原生种为主，占种数的47.93%，但乔木与灌木的原生种相对较少，引进物种超过原生种的3倍，而草本植物的原生种则占有绝大优势，占原生种种数的67.24%，如野豌豆、车前、半夏、活血丹等多年生草本，这与调查区域一直开展生态养护，注重野花野草保护有关；栽培种达80种，占比33.06%，主要是观赏性较好的花灌木及宿根花卉，如月季、桂花、绣球、锦绣杜鹃、红王子锦带花、鸢尾、火星花等栽培种，共80种；外来归化种共29种，占比11.98%，在道路绿地群落中出现较多，如红叶李、垂柳、石榴等适应性强的绿化植物。由于调查绿地生态养护对恶性入侵种进行合理控制，外来入侵种仅17种，占比7.02%。

新江湾城绿地群落植物物种来源　　表3

物种来源	乔木（种）	灌木（种）	草本（种）	藤本植物（种）	水生植物（种）	总计	
						种数	比例（%）
上海原生种	13	15	78	9	1	116	47.93
外来归化种	7	6	13	3	—	29	11.98
外来入侵种	1	—	16	—	—	17	7.02
其中：入侵种1级	—	—	3	—	—	3	1.24
入侵种2级	—	—	5	—	—	5	2.07
入侵种3级	—	—	1	—	—	1	0.41
入侵种4级	1	—	7	—	—	8	3.31
栽培种	36	29	13	2	—	80	33.06
总计	57	50	120	14	1	242	100.00

2.3 群落重要值

由表4可知，香樟、银杏、女贞、朴树等为新江湾城绿地群落的主要优势种。香樟、银杏、枫杨是生态走廊绿地应用最多的树种，重要值分别为17.42%、14.95%和10.86%；在道路绿地中，主要乔木种间无显著优势种，香樟、银杏、银荆、秃瓣杜英、雪松等优势度接近，重要值在7.82%～9.37%，有助于形成多样的植物景观；道路中央分隔带群落以香樟和榉树为优势种，重要值分别为21.99%、20.61%；生态保育区因建成时间长，人工林经过长期自然发育成为半自然林，耐瘠薄、适应性强的本土树种朴树成为主要优势种，重要值达36.61%，而原生树种女贞、香樟也具有较高优势度，重要值分别为17.57%和15.02%，构成该绿地常绿落叶阔叶混交林的优势树种。

生态走廊绿地群落的灌木种类比较丰富，重要值较为相近，八角金盘、桃叶珊瑚的重要值最高，分别为9.79%和8.21%；生态保育区灌木层以香樟、棕榈等更新苗为主，伴生种为海州常山和胡颓子等，多为自然发育的本土木本植物；路侧绿地的灌木种类丰富，其中以杜鹃、野蔷薇、南天竹优势度明显，重要值分别为13.51%、11.81%和10.13%，该绿地类型的灌木层物种与生态走廊绿地相比，极少出现乔木更新苗，大多为观叶观花植物，这与人工栽培和养护管理比较精细有关。道路中央分隔带群落的灌木物种与路侧绿地相似，以茶梅和栀子为主要优势种，占比22.27%和21.73%。

生态走廊绿地群落草本层以扶芳藤和春飞蓬为主要优势种，重要值大于10%，其次为山桃草、大吴风草等栽培草本花卉，重要值分别为7.25%和5%。路侧绿带主要为狗牙根、高羊茅、狗尾草、马唐等自生草本；道路中央分隔带草本层优势种为麦冬，其重要值远高于其他草本，为19.48%。自生植物莎草和栽培植物麦冬在生态保育区群落中占主导地位。

新江湾城各绿地植物群落优势种重要值比较 **表4**

	生态走廊绿地		生态保育区		道路绿地			
					路侧绿带		中央分隔带	
	名称	重要值（%）	名称	重要值（%）	名称	重要值（%）	名称	重要值（%）
乔木层	香樟	17.42	朴树	36.61	香樟	9.37	香樟	21.99
	银杏	14.95	女贞	17.57	银杏	8.43	榉树	20.61
	枫杨	10.86	香樟	15.02	银荆	8.34	银杏	13.03
	女贞	7.96	桑树	5.85	秃瓣杜英	8.28	日本晚樱	11.52
	榉树	6.35			雪松	7.82	红叶李	10.35
	梧桐	5.91			红叶李	6.74	鸡爪槭	9.20
					池杉	6.67	紫薇	9.20
					乌桕	5.81	秃瓣杜英	6.91
					榉树	5.70		
					臭椿	5.63		
					朴树	5.11		
灌木层	八角金盘	9.79	香樟	26.13	杜鹃	13.51	茶梅	22.27
	桃叶珊瑚	8.21	棕榈	13.00	野蔷薇	11.81	栀子	21.73
	女贞	6.94	海州常山	10.00	南天竹	10.13	杜鹃	11.4
	杞柳	5.48	猫乳	6.67	山茶	8.99	桂花	6.22
			胡颓子	5.42	金叶女贞	6.18	野蔷薇	5.58
					茶梅	5.52	红花檵木	5.21
					十大功劳	5.00		
草本层	扶芳藤	19.11	莎草	26.04	狗尾草	16.84	麦冬	19.48
	春飞蓬	12.26	麦冬	21.09	狗牙根	11.69		
	山桃草	7.25	大吴风草	9.4	高羊茅	7.47		
	吴风草	5.00	扶芳藤	5.93	马唐	6.46		
			野蔷薇	5.17	加拿大一枝黄花	5.22		

注：该表格仅列出4个样地植物群落中乔灌草层重要值大于5%的植物。

2.4 群落物种多样性

2.4.1 物种丰富度

如图1所示，各调查区域物种丰富度最高的都是草本层；乔木层以生态保育区群落丰富度最高，达7种，生态走廊绿地的丰富度最低，多以块状混交群落配置；灌木物种丰富度较高，其中以生态走廊绿地最丰富，平均6.58种，其他依次为生态保育区5.4种、路侧绿带4.4种和中央分隔带4.25种。路侧绿带和中央分隔带的木本植物丰富度相对较低，由于道路绿地面积受限且更侧重于景观效果，在植物配置上多选用灌草搭配。

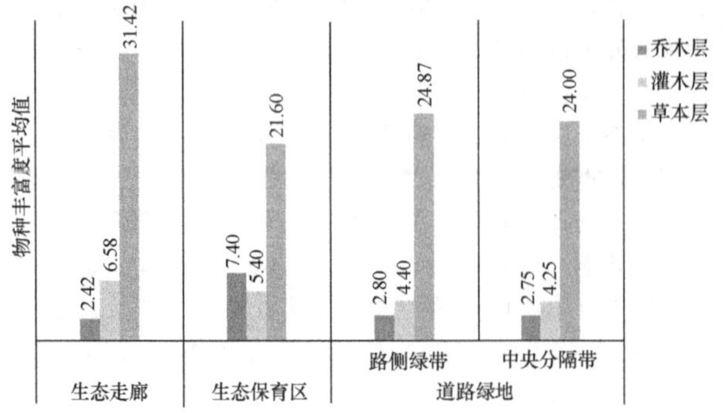

图 1　新江湾城城各绿地植物群落丰富度指数

2.4.2　物种多样性指数

由图 2～图 4 可见，新江湾城绿地植物群落 Simpson 指数和 Shannon-Wiener 指数均呈现草本层>灌木层>乔木层。新江湾城绿地草本层和灌木层的植被丰富，在提高群落稳定性、丰富景观多样性及群落功能上占有重要地位。各类型群落均匀度大致显示为灌木层>乔木层>草本层，且生态保育区绿地的乔灌木均匀度最高，生态走廊绿地乔灌木均匀度最低。这可能与生态走廊绿地为开放绿地，人为踩踏和干扰较大，而生态保育区绿地为封闭管理有关。总体而言，新江湾城的植物群落物种多样性较高，生境质量良好。

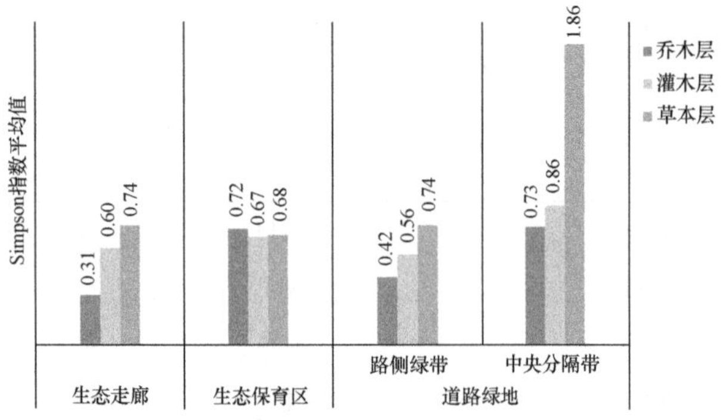

图 2　新江湾城城各绿地植物群落 Simpson 物种多样性指数 D

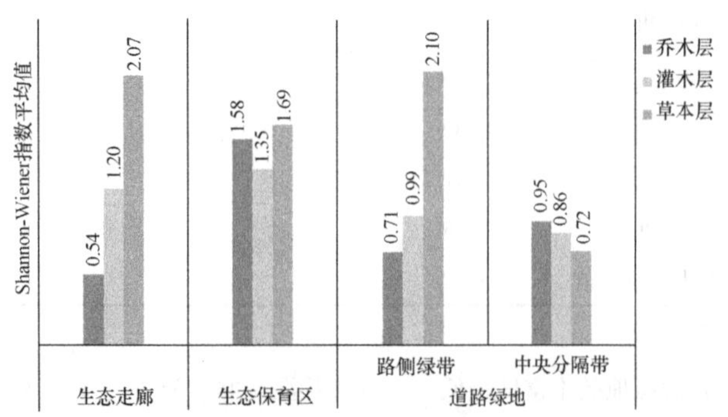

图 3　新江湾城城各绿地植物群落 Shannon-Wiener 物种多样性指数 H'

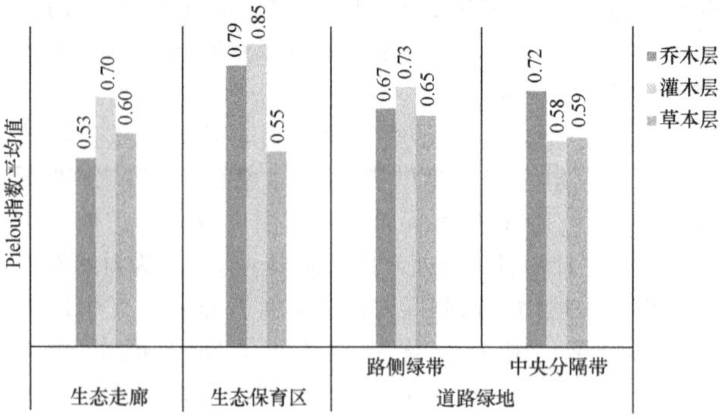

图 4　新江湾城城各绿地植物群落 Pielou 均匀度指数 E

3　新江湾城绿地群落结构配置

3.1　绿地群落类型

根据优势种种类组成，将调查的 48 个样地植物群落分为 6 种群落类型，如图 5 所示。其中，常绿阔叶混交型群落出现频率最高，占 47.9%；其次为常绿阔叶型和落叶阔叶型，出现频率分别为 18.8%和 14.6%；针阔混交型占 12.5%；落叶针叶型占 4.2%；针叶混交型仅 1 种，占 2.1%。新江湾城绿地群落类型多样，群落景观丰富。

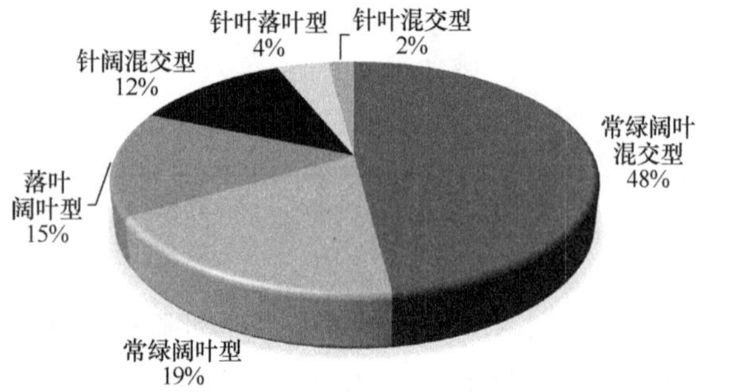

图 5　新江湾城绿地群落类型

3.2　群落常见木本植物种类及出现频率

由表 5 可见，新江湾城绿地 48 个调查群落中，出现频率最高的 10 种乔木树种为香樟、女贞、秃瓣杜英、桂花、构树、银杏、朴树、垂柳和榔榆，均为上海原生种或华东亚热带区域地带性树种。香樟、女贞、秃瓣杜英和朴树在新江湾城绿地中均常以群落优势种出现，桂花多作为灌木。而城市绿地鲜见的上海地带性植被优势种苦槠、青冈等在生态保育区内生长良好，为恢复和重建地带性植被优势种提供了良好借鉴。

灌木和木质藤本出现频率最高的分别是扶芳藤和八角金盘，占 37.5%和 25.0%，而野蔷薇、杜鹃、山茶、桃叶珊瑚、南天竹和栀子等分布频率也较高，多数灌木为耐阴物种或半耐阴种，对光照较强的环境也能较好的适应，在各群落下多生长良好，促进了复层群落结构的形成，也丰富了绿地植物群落景观。

新江湾城绿地群落常见木本树种出现频率（前10）　　表5

常见乔木	频率	常见灌木和木质藤本	频率
香樟	45.8%	扶芳藤	37.5%
女贞	31.3%	八角金盘	25.0%
秃瓣杜英	27.1%	野蔷薇	18.8%
朴树	25.0%	杜鹃	16.7%
桂花	20.8%	山茶	16.7%
构树	18.8%	火棘	16.7%
银杏	16.7%	桃叶珊瑚	16.7%
柳树	16.7%	南天竹	14.6%
榔榆	14.6%	栀子	14.6%

3.3 生态走廊绿地群落结构配置

生态走廊绿地以地带性植物为主，且以常绿阔叶型和常绿落叶混交型为主，借鉴江湾地区遗留的近自然群落结构，多采用接近自然的植物配置方式，乔木层多采用块状混交或多树种混交方式，并采用不同胸径、树高的乔木种植结构，改变城市绿地常见的单一规格的种植方式，形成乔木、灌木、草本植物复合结构，构成物种丰富、种间关系比较协调的绿地群落。

在树种选择上，主体树种选择香樟、女贞、银杏、榉树、榔榆、无患子、池杉等上海乡土树种或适生树种，落叶乔木种类和数量多于常绿乔木，以丰富绿地季相景观。除了局部营造香樟林、女贞林等常绿阔叶林，主要采用常绿树与落叶树混交的配置方式，如无患子+香樟+榉树、香樟+银杏、银杏+朴树+女贞等，形成常绿落叶混交林。而在灌木选择上，主要采用常绿灌木，如海桐、南天竹、栀子、八角金盘、杜鹃、阔叶十大功劳、金丝桃等；同时，也配置木槿、木芙蓉、伞房决明等花灌木，丰富绿地景观。另外，大量使用蜜源植物（如醉鱼草、伞房决明等）、鸟嗜植物（如大叶冬青、南天竹等）与形成野生动物友好的植被，发挥生态走廊绿地的野生动物栖息地功能。

3.4 路侧绿带群落结构配置

新江湾城路侧绿带突破原有单一行道树或乔草结构模式，采用乔—灌—草复层栽植模式，构成种类多样、景观丰富、层次分明的道路绿带景观，同时配置以石头、木料等天然材料构造的建筑小品、人工步道及休憩石凳，使人行道与绿地内的园径融为一体，尤其是绿道的开辟，成为上海颇具特色的道路绿道风景线。

路侧绿地群落的木本物种丰富，除了香樟、广玉兰等常用树种外，还有乌桕、枫香、秃瓣杜英、雪松、枫杨、枇杷、红叶李、香橼、日本晚樱、鸡爪槭和柿等树种，形成群落类型多样的路侧绿地，季相变化丰富。

3.5 道路中央分隔带群落结构配置

新江湾城道路中央分隔带多采用乔—灌—草混交林式和模纹式相结合的植物配置方式。新江湾城快车道中间段大多使用混交林式配置，乔木层由高到低为银杏、香樟、紫叶李，灌木层为紫荆、桂花、石榴、山茶、杜鹃等，充分体现了绿带结构的垂直层次。同时，注重群落平面的块状镶嵌，突出植物景观的季相变化，如春季有樱花，夏季有杜鹃、紫薇等，或种植桂花、栀子花等常绿灌木以弥补季相的不足，形成节奏与韵律的变化，满足人们的视觉及生理和心理体验[10]。

模纹式配置结构以植物组团造型为主，少量分隔带应用红花檵木、茶梅、栀子、金叶女贞、杜鹃及野蔷薇等耐修剪灌木，组成规整式或曲线式模纹图案。虽然仍为密集种植方式，但与一般绿带的单一灌木种类不同，隔离带整体感强，构图清晰、整洁。

4 结果与建议

4.1 绿化植物兼顾原生种与外来观赏品种，营造生态景观俱佳的绿地群落

新江湾城绿地群落以生态效应为主，兼顾景观效应，采用上海原生树种和栽培树种结合的模式，增强综合生态协调度。从图6可见，新江湾城绿地的原生种使用频率较高，原生种比例在50%～70%的群落最多，占71%；比例达70%以上的群落占19%；上海原生种比例在50%以下的群落仅3个。

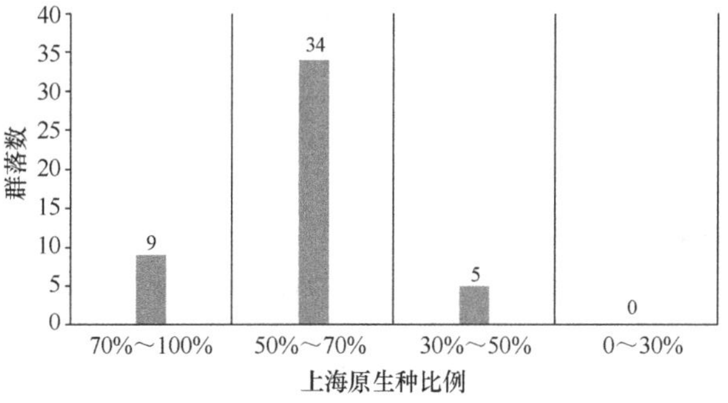

图6　新江湾城植物群落上海原生种应用比例

原生树种适应本地气候和土壤条件，生长势好，能更好地抵抗自然灾害，应成为城区绿化的主体树种。同时，外来物种往往具有独特的观赏价值，特别是秋色叶树种、花灌木、宿根花卉、观赏草等，能丰富城市绿地植物景观，提升新城区的绿化品质。因此，应适当引进和推广生态安全的优良观赏植物，同时，也要适当引进适应特殊生境条件的外来物种，如耐盐碱的常绿树种弗吉尼亚栎等。

4.2 丰富多年生草本植物

在新江湾城绿地48个调查样地中共记录草本植物122种，占总种数的50.83%。植物多样性的总体趋势显示为：草本层>灌木层>乔木层，草本植物所支持的生物物种的丰富度也远高于乔木和灌木群落[11]。由于草本植物对环境具有较强的适应能力，许多绿地都会大量使用多年生的草本植物来打造自然色彩丰富的景观，如美国高线公园、伦敦奥林匹克公园等[12]。新江湾城多年生草本植物的广泛应用打破了草本植物多为配景的配置方式，

丰富了草本层物种，高低错落、野花成簇，增加植物群落的物种丰富度和垂直层次感。

4.3 植物配置注重自然混交式

不同的植物配置不仅影响绿地的健康和稳定，也影响绿地的生态效应。如苏南新城区大多数都采用乔-草的单一配置方式，导致绿地的抑菌效益和生态效益较差[8]。新江湾城道路中央分隔绿带群落改变了城市道路常用的灌-草或简单的乔木-草坪配置的方式，以乔-灌-草混交林式自然配置为主，同时兼顾路段的规则式重复配置，垂直层次分明，季相变化明显，同时还选择抗逆性、耐瘠薄、抗风性强的绿化植物，如乔木层的红叶李、银杏、香樟、紫薇等，灌木层的桂花、山茶、红花檵木、石榴、紫荆、蔷薇等，草本层的美人蕉、麦冬等，使绿带群落结构具有更高的抗逆性和稳定性，群落自我维持和自我更新能力有所提高，形成了结构与功能相统一的绿带景观[10]，成为上海近年新建道路中结构最丰富、物种最多样的中央分隔绿带之一[13]。因此，城市新区绿地应多注重配置结构，追求自然空间，减小人为干预，以达到提高群落稳定性和自我更新能力的目的，为生物多样性创造适宜的生境和通道[14]。同时植物配置不仅要强调物种的多样性和群落稳定性，还需要了解该地植物配置的功能需求，科学选择植物品种，并尽可能达到最佳的视觉美观效果[15]。

随着时间的推移，新江湾城绿地复层群落将为更多的更新物种生长和发育提供良好生境，逐步形成草本层和灌木层物种丰富度高和乔木优势度大的多样性格局，培育种类丰富的复合群落结构，增强群落稳定性，提高生态景观价值。

参考文献

[1] 叶昌东，周春山．城市新区开发的理论与实践[J]．世界地理研究，2010，19(04)：106-112.

[2] 蔺雪芹，方创琳，宋吉涛．基于生态导向的城市空间优化与功能组织——以天津市滨海新区临海新城为例[J]．生态学报，2008，28(12)：6130-6137.

[3] 上海浦东生态环境建设综述[J]．风景园林，2004(55)：8-10.

[4] 董玉峰，何友均，娄美珍．国外城市发展新区绿化建设经验及借鉴——以北京大兴区国际化新区建设为例[J]．林业经济，2011(07)：92-96.

[5] 王旭东，杨秋生，张庆费．城市绿地植物群落构建与调控策略探讨[J]．中国园林，2016，32(1)：74-77.

[6] 王旭东，杨秋生，张庆费．国内城市绿地人工植物群落结构的研究现状与展望[M]//中国风景园林学会．中国风景园林学会 2017 年会论文集．北京：中国建筑工业出版社，2017：539-543.

[7] 徐玉成，李桂娥，李霞．郑东新区 CBD 区域绿化植物种类调查分析[J]．河南林业科技，2008(01)：24-26.

[8] 周军，潘文明，姜红卫，等．关于苏南新城园林植物配置应用研究的几点思考[M]//中国风景园林学会．中国风景园林学会 2009 年会论文集．北京：中国建筑工业出版社，2009：6.

[9] 赵敏华．绿色生态的水系综合规划——以上海新江湾城为例[J]．上海城市规划，2012(06)：45-49.

[10] 吴海萍，张庆费，杨意，等．城市道路绿化建设与展望[J]．中国城市林业，2006(06)：40-42.

[11] 吴军．基于生物多样性的城市草本植物群落景观设计方法探究[J]．智能建筑与智慧城市，2019(10)：92-100.

[12] 张心欣，翟俊，吴军．城市草本植物多样性设计研究[J]．中国园林，2018，34(06)：100-105.

[13] 张慧博，惠光秀，王肖刚，等．上海江湾城道路中央隔离带群落结构研究[J]．西北林学院学报，2011，26(02)：63-68.

[14] 张庆费．城市绿色网络及其构建框架[J]．城市规划汇刊，2002(01)：75-76+78-80.

[15] 曹娜．园林植物配置在园林绿化中的应用探究[J]．现代园艺，2021，44(08)：127-128.

作者简介

贾熙璇，1997 年 7 月，女，汉族，湖南岳阳人，中南林业科技大学，风景园林学院在读硕士研究生，研究方向为风景园林规划与设计。电子邮箱：763409810@qq.com。

张庆费，1966 年 12 月，男，汉族，浙江泰顺人，博士，上海辰山植物园，教授级高级工程师，研究方向为园林生态、城市植物多样性、植物群落学。

张慧博，1984 年 6 月，女，汉族，山西太原人，硕士研究生，太原师范学院附属中学，教师，从事生物学教育。

戴兴安，1968 年 2 月，男，汉族，湖南邵阳人，博士，中南林业科技大学风景园林学院，教授，研究方向为景观生态景观规划。

上海城区香樟林密度及其对草本层植物的影响①

Community Density of Cinnamomum Camphora and Its Effect on Herbacillary Layer Plants in Shanghai

刘雨沛　张庆费*　戴兴安　惠光秀

摘　要： 开展上海人工香樟林的密度调查以及不同密度对林下植物多样性的影响研究，为探讨城市草本植物多样性特征，充分发挥生态功能提供参考。采用植物群落调查，得到不同密度林下植物的重要值及各多样性指标，分析林下植物多样性随林分密度的变化影响。结果表明，草本植物多样性与乔木密度具有密切关系，且草本植物多样性对密度响应具有非同步性。林下草本层和灌木层多样性指数特征的4个指数均随着林分密度增大呈先增加后减少的趋势。研究结果表明，密度为1001～1500株/hm² 时，林下物种丰富度指数、多样性指数、均匀度指数均达到最高，表明此密度是林下植被生长发育较为合适的密度，能够保障林下植物多样性的维持。
关键词： 群落密度；植物多样性；香樟

Abstract: Through the investigation of the density of the artificial camphor forest in Shanghai and the research on the influence of different densities on the diversity of understory plants, the diversity characteristics of urban herbaceous plants are discussed, and the ecological functions can be fully utilized to provide references. The sociological survey of plant communities was used to obtain important values of understory plants at different densities and various diversity indicators, and to analyze the impact of understory plant diversity with the change of stand density. The results showed that herbaceous plant diversity was closely related to tree density, and the response of herbaceous plant diversity to density was non-synchronous. The four indices of the diversity index characteristics of the herb layer and shrub layer increased first and then decreased with the increase of stand density. The results showed that the species richness index, diversity index and evenness index reached the highest when the density was 1001～1500 plants /hm², which indicated that the density was a suitable density for the growth and development of understory vegetation and could guarantee the maintenance of understory plant diversity.
Keywords: Plant Diversity; Stand Density; Camphorwood

引言

密度是指树木对其所占空间的利用程度，是形成植物群落结构的主要因素之一，也是影响群落生态景观功能的重要因子[1]。群落密度在制约林木群体生长发育众多因素中起到关键作用[2]，通过密度调控，能对城市人工林生长及空间分布产生积极影响[3]。林冠结构决定了群落能量流动过程和强度，而群落密度决定着群落林冠结构，从而很大程度决定了下层植被物种丰富度和多样性[4]。因此，林下植被多样性变化以及群落结构的健康等诸多问题受到研究者关注[5]。

草本植物是植物群落的重要组成部分，草本层植被在维持生态系统多样性、营养元素的积累和循环、碳汇储量等方面具有不可忽视的功能和作用[6-7]，且草本层植被也为昆虫、禽类等动物提供天然的食物及庇护场所。随着对城市生物多样性研究与认识的深化，对城市林下草本层植被生长的关注度越来越高[8]。

香樟是上海绿地种植最广泛的树种之一。上海香樟林群落密度及其对林下植物多样性影响的研究主要是道路绿地[1]、公园绿地[8]，而从城区尺度的研究尚未见到报道。因此，本研究通过调查上海中心城区和外环绿带的香樟群落，研究香樟密度结构及其对草本层的影响，为城市绿地密度调控和群落优化提供参考。

1　研究区概况

上海市位于北纬30°41′～31°53′，东经120°51′～122°12′，属于亚热带北缘季风气候类型，年平均气温17.8℃，年平均降水量1457mm；地下水位较高，一般为60～80cm[9]。

为了解上海香樟群落密度及其生物多样性效应，调查中心城区公园绿地、外环绿带的香樟林，其中在上海外环线以内的中心城区8个公园绿地调查19个样方，外环绿带5段调查14个样方，样地数量共32个，总面积12800m²，包括黄浦、徐汇、长宁、普陀、杨浦、闵行、浦东、宝山、嘉定9个区（表1）。

上海城区绿地香樟群落调查样地　　表1

序号	地点	位置	建成时间（年）	样方数（个）	样方面积（m²）
1	延中绿地	黄浦区	2003	2	800

① 基金项目：上海市绿化和市容管理局科研攻关项目（编号：G202403）。

续表

序号	地点	位置	建成时间（年）	样方数（个）	样方面积（m^2）
2	凯桥绿地	长宁区	2001	1	400
3	新虹桥中心花园	长宁区	2000	1	400
4	华山绿地	长宁区	2001	1	400
5	上海植物园	徐汇区	1973	3	1200
6	上海动物园	长宁区	1954	4	1600
7	新江湾生态走廊	杨浦区	2004	6	2400
8	外环绿带三林段	浦东新区	1999	4	1600
9	外环绿带闵行段	闵行区	2003	2	800
10	外环绿带长宁段	长宁区	1999	2	800
11	外环绿带嘉定段	嘉定区	2003	4	1600
12	外环绿带宝山段	宝山区	2003	2	800
总计				32	12800

2 研究方法

2.1 植物群落调查方法

选取典型、均质的香樟纯林，结合不同密度结构，开展香樟群落样地的群落学调查。乔木群落样地面积为 20m×20m，草本层植物群落调查样地内的 4 个 1m×1m 小样方。记录所有乔木的种类、胸径、树高、冠幅以及树木健康状况，记录草本层植物（包括乔木更新苗）种类、高度与盖度等。

2.2 数据处理

2.2.1 群落密度

群落密度（株/hm^2）$=10000N/S$

式中 N 为某树种株树；S 为样方面积（m^2）。

2.2.2 重要值

重要值是反映植物种类在群落中地位重要程度的综合指标。

各物种的重要值计算公式为：

IV(重要值%)＝相对多度＋相对显著度＋相对频度

草本层 IV(%)＝相对盖度＋相对频度

2.2.3 物种多样性指数

采用物种丰富度、Simpson 指数（D），Shannon-Weiner 指数（H'）和 Pielou 均匀度指数（J_{sw}）等指标作为物种多样性测定的指标。

物种多样性测度指标的计算公式如下：

Patrick 丰富度指数：$D=S$

Simpson 指数（概率度量）：$D=\sum_{i=1}^{s}\frac{N_i(N_i-1)}{N(N-1)}$

Shannon-Weiner 指数（信息度量）：$H'=-\sum_{i=1}^{n}P_i\ln S$

Pielou 均匀度指数（基于 Shannon-Weiner 指数）：$J_{sw}=H'/\ln S$

式中 N_i 为第 i 个物种的重要值；N 为群落中各层次所有物种的重要值之和；$P_i=N_i/N$ 为第 i 个物种的相对重要值。

3 结果与分析

3.1 香樟群落密度

从图 1 可见，上海公园绿地、外环绿带香樟群落密度从 175 株/hm^2 到 2800 株/hm^2 不等，变化幅度较大；市区公园绿地密度平均为 657 株/hm^2，外环绿带密度平均为 1527 株/hm^2，公园绿地与外环绿带的密度具有明显差异（图 1）。

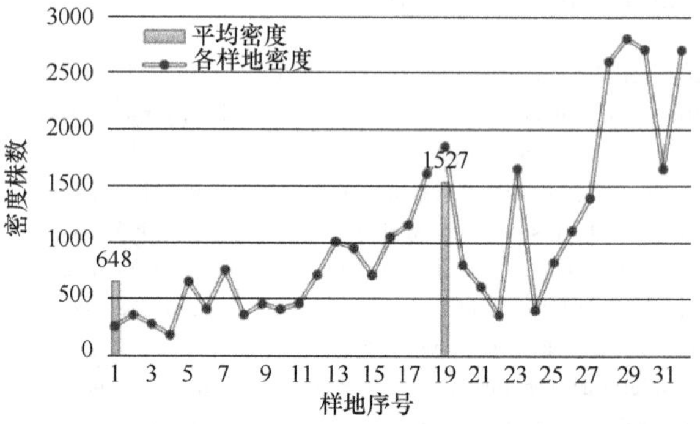

图 1 调查样地的香樟林密度

1-19 为公园绿地（其中上海动物园 1-4；上海植物园 5-7；延中绿地 8-9；新虹桥花园 10；华山绿地 11；凯桥绿地 12；新江湾城生态走廊 13-18）；19-32 为外环绿带（其中三林段 19-22；闵行段 23-24；长宁段 25-26；嘉定段 27-30；宝山段 31-32）；香樟群落代名下同

公园绿地和外环绿带均存在密度偏大现象，尤其外环绿带更为严重。市区动物园香樟群落林龄大，在 60 年左右，经过长期的生长竞争，形成比较适宜的密度，为 175～350 株/hm^2；新虹桥绿地、延中绿地、华山绿地密度也相对较合理，新江湾城生态走廊香樟群落因多数去梢，且栽植密度偏大，多在 1000～1500 株/hm^2。外环绿带香樟林密度偏大，如宝山顾村段 2695 株/hm^2 和嘉定段 2800 株/hm^2，密度超大现象已严重影响香樟生长。

香樟林密度分布 表 2

密度分级（株/hm^2）	样地分布比例		平均密度（株/hm^2）
	公园绿地（%）	外环绿带（%）	
0～500	47.4	14.3	346
500～1000	26.3	21.4	746
1000～1500	15.8	14.3	1138
1500～2000	5.3	21.4	1685
2000～2500	0.0	0.0	0
2500～3000	0.0	28.6	2699
平均密度(株/hm^2)	648	1527	

按500株/hm²间隔为梯度进行密度分级（表2），市区公园绿地密度相对较小，主要分布在0～500株/hm²和500～1000株/hm²等级，分别占47.4%和26.3%；而外环绿带香樟密度分布较分散，各级别分布比例相对接近，其中2500～3000株/hm²比例最高，占28.6%，而500～100株/hm²和1500～2000株/hm²均超过20%。

3.2 草本植被层物种组成

物种的重要性可作为群落植物物种优势度的度量指标，林下灌草层的生物多样性可以反映出该群落的林下结构组成特点。香樟样地草本层植物比较丰富，共调查到92种，其中木本植物22种，草本植物70种。

从表3可见，草本层中鸢尾（重要值为9.55）和麦冬（重要值为8.54）明显高于其他物种，占有明显优势；其次扶芳藤、构树、喜旱莲子草、乌蔹莓、鸡矢藤等重要值较大，分别为6.77、6.38、5.44、5.37、5.13。香樟林下栽植植物和自生草本植物均比较丰富，而且草本植物、乔木更新苗和藤本植物均有较多分布。

香樟群落草本层植物重要值　　表3

种名	科	重要值(%)
鸢尾 *Iris tectorum*	鸢尾科	9.55
麦冬 *Ophiopogon japonicus*	天门冬科	8.54
扶芳藤 *Euonymus fortunei*	卫矛科	6.77
构树 *Broussonetia papyrifera*	桑科	6.38
喜旱莲子草 *Alternanthera philoxeroides*	苋科	5.44
乌蔹莓 *Cayratia japonica*	葡萄科	5.37
鸡矢藤 *Paederia foetida*	茜草科	5.13
香樟 *Cinnamomum camphora*	樟科	4.3
荩草 *Arthraxon hispidus*	禾本科	3.35
龙葵 *Solanum nigrum*	茄科	3.3
铁苋菜 *Acalypha australis*	大戟科	2.81
狗尾草 *Setaria viridis*	禾本科	2.76
八角金盘 *Fatsia japonica*	五加科	2.73
爬山虎 *Parthenocissus tricuspidata*	葡萄科	2.65
加拿大一枝黄花 *Solidago canadensis*	菊科	2.49
一年蓬 *Erigeron annuus*	菊科	2.4
红王子锦带花 *Weigela florida* 'Red Prince'	忍冬科	2.25
朴树 *Celtis sinensis*	榆科	2.22
棕榈 *Trachycarpus fortunei*	棕榈科	2.21
蚊母 *Distylium racemosum*	金缕梅科	2.16
牛膝 *Achyranthes bidentata*	苋科	1.99
白车轴草 *Trifolium repens*	豆科	1.73
吉祥草 *Reineckea carnea*	天门冬科	1.7
桑树 *Morus alba*	桑科	1.68
烟管头草 *Carpesium cernuum*	菊科	1.64
葱莲 *Zephyranthes candida*	石蒜科	1.61
金钟花 *Forsythia viridissima*	木樨科	1.57
女贞 *Ligustrum lucidum*	木樨科	1.57
稗子 *Echinochloa crusgalli*	禾本科	1.51
酸模叶蓼 *Polygonum lapathifolium*	蓼科	1.47
野蔷薇 *Rosa multiflora*	蔷薇科	1.3
芦苇 *Phragmites australis*	禾本科	1.08
野线麻 *Boehmeria japonica*	荨麻科	1.02
狗牙根 *Cynodon dactylon*	禾本科	1.02

注：草本层植物包括草本植物和木本植物更新苗，只列出重要值>1的物种。

3.3 密度对植物多样性的影响

分析香樟群落密度对草本层植物多样性的影响，可为丰富香樟林植物多样性提供参考。

3.3.1 林下草本层植物多样性指数

由图2可知，Simpson多样性指数D和Shannon-Wiener物种多样性指数H'的变化趋势一致，从调查点比较，外环线长宁段>新江湾城生态走廊>外环线嘉定段>凯桥绿地>延中绿地>外环线闵行段>华山绿地>上海动物园>上海植物园>新虹桥花园>外环线三林段>外环线宝山段。市区公园草本层物种丰富度（23.3）大于外环绿带（19.7），均匀度、香农威纳指数、辛普森指数虽然相差幅度不大，但均为市区公园大于外环绿带。

从均匀度可以看出，外环绿带的均匀度高于公园绿地，这与外环绿带香樟植株各测树因子、生长势等均相对均一，林龄较小，植物群落发育还未达到比较稳定状态有关，而密度过大也影响正常生长势，群落分化不太明显，均匀度较高。

3.3.2 香樟群落密度对生物多样性的影响

将香樟群落密度按梯度分级，与每个梯度对应群落生物多样性指数平均水平作比较，分析二者之间的关系。

由图3可以看出，草本层各个多样性指数在不同密度林下呈现随密度的增大先增加、后减少的趋势，且变化基本一致，尤其是E、H'、D三种多样性指数变化趋势相同。香樟群落密度为1500株/hm²时左右，其物种丰富度最大，生物多样性最高，各指数峰值出现在密度级1500株/hm²处。可见，香樟群落密度在1500株/hm²左右，草本层植物多样性可能最大。

4 讨论与结论

群落物种重要值变化可以反映物种组成丰富性。公园绿地相对外环绿带而言，更加侧重景观效果，群落结构出现更多的乔灌草配置，公园绿地的开放性和人为管护，使得自然发育的草本植被人为干扰较外环绿带严重，草本层丰富度不如外环绿带高。

香樟群落林下草本层均匀度均为外环绿带明显高于公园绿地，生态走廊和新虹桥花园丰富度最高，这与林下灌木比较稀疏、人为干扰较少有关；而上海植物园和华山绿地丰富度最低，这与上海植物园林下密植青云实，草本植物难以发育有关，华山绿地则与较高频率的人为流动干扰和人为管护相关。可见，维护草本层较高的植物多样性，与群落结构密切相关，如适宜的乔木及灌木密度，林龄也有很大影响，如外环绿带建成年限较短，草本植物发育还处于演替初级阶段，喜光植物以及伴人植物大量发育，也增加物种丰富度；同时，养护管理也对草本层植物多样性产生影响，精细化的管护往往清除自生草本植物，野生草本植被难以生长发育。

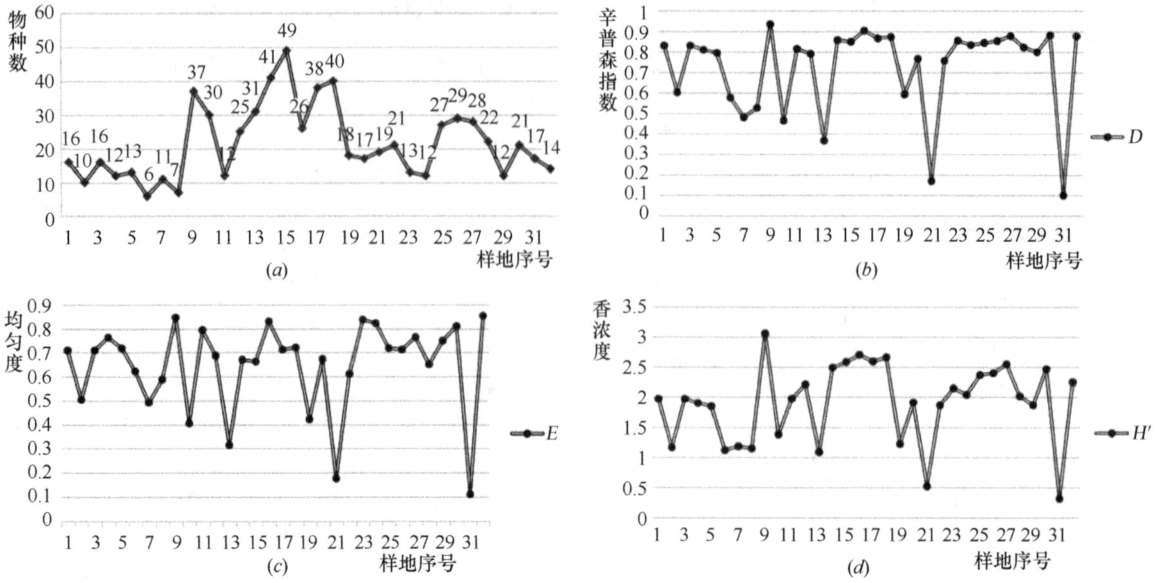

图 2　香樟群落草本层植物多样性比较

(*a*) 丰富度指数 (*S*)；(*b*) Simpson 指数 (*D*)；(*c*) pielou 均匀度指数 (*E*)；(*d*) Shannon-Wiener 指数 (*H'*)

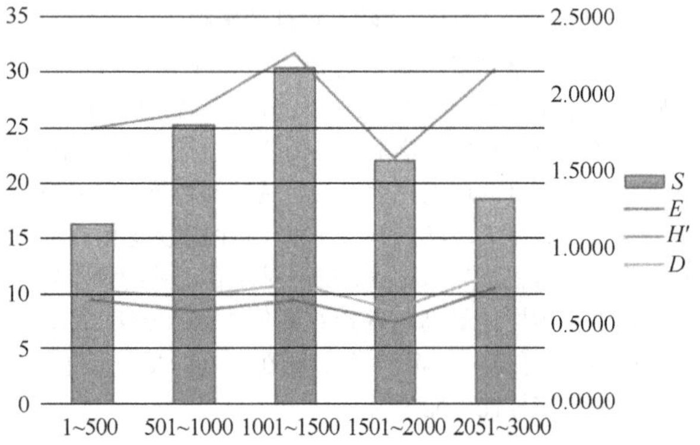

图 3　香樟群落密度与 α-多样性指数关系

草本层各多样性指数与乔木密度存在相似的耦合关系，但并非密度越大，物种越多，多样性越高，而是存在一定范围的临界。在密度较小的群落中，由于光照优势，喜光物种容易成为绝对优势种，大面积生长，导致其他物种生长空间不足，造成物种数少，物种多样性指数较低。可见，林下草本植被多样性对乔木密度响应具有非同步性[10]。香樟群落密度为 1500 株/hm^2 左右，草本层物种丰富度最大，生物多样性最高。合理的群落密度是维持群落生物多样性和合理健康群落结构的基础。对于人工林而言，新建林分应注意初值密度的合理规划，设计合理的株间距；幼林应清除生长势差和死亡植株，及时调整密度；成熟林要合理间伐，及时整枝，保证乔灌草各层次的营养空间[11]。

林下草本层植物生长状况与人工林群落密度有着密切关系[12]。一般情况下，密度较大的林分，水分、光照条件较为充足，植物发育较好，盖度和生物量较大。密度较高的林分，由于较强的蒸腾作用消耗了大量的水分，使林下水分严重不足，同时较高的郁闭度又使林下光照严重缺乏，从而使灌木、草本植物的生长发育受到严重影响，形成了盖度、生物量较低的灌草层[13-14]。林下草本层植物的生长状况直接受控于林地透光量的大小。

密度过大的香樟群落应参照群落密度表或参照较好的群落结构模式，合理抽稀，调整群落密度。保持绿带景观的完整性和连续性，重点抽稀生长不良和衰弱的树木，改善植物生长条件，促进植物多样性培育，以发挥更好的生态和景观效益。

参考文献

[1] 惠光秀，吴海萍，张庆费，等．上海浦东公路绿带意杨和香樟群落密度定量化控制[J]．东北林业大学学报，2010，38(03)：20-22.

[2] 李颖，余治家，佘萍，等．林分密度对人工华北落叶松林下植物多样性影响——以六盘山叠叠沟小流域为例[J]．甘肃农业大学学报，2021，56(02)：114-120.

[3] 胡凌，商侃侃，张庆费，等．密度调控对香樟人工林林木生长及空间分布的影响[J]．西北林学院学报，2014，29(2)：20-25.

[4] 刘晓瞳，戴兴安，胡婷，等．基于 1 公顷样地的上海崇明岛人工林草本植物多样性及其对林冠结构的响应[J]．生态学杂志，2017，36(06)：1564-1569.

[5] 褚建民，卢琦，崔向慧，等．人工林林下植被多样性研究进展[J]．世界林业研究，2007(03)：9-13.

[6] 李素英，刘钟龄，常英，等．内蒙古典型草原初级生产力的补偿性与稳定性[J]．干旱区资源与环境，2014，28(01)：1-8.

[7] 徐馨，王法明，邹碧，等．不同林龄木麻黄人工林生物多样性与土壤养分状况研究[J]．生态环境学报，2013，22(09)：1514-1522.

[8] 胡婷，廖秋林，张庆费，等．上海顾村公园人工群落 1hm^2 样地草本植物多样性研究[J]．中国城市林业，2017，15(02)：13-17.

[9] 蔡北溟，陈晓双，达良俊，等．上海市环城绿带建成初期林下自然草本植物多样性格局及其成因[J]．华东师范大学学报(自然科学版)，2012(06)：13-20.

[10] 李国雷．密度调控对针叶人工林地被和土壤影响的研究[D]. 北京林业大学，2007.
[11] 李颖，余治家，佘萍，等．林分密度对人工华北落叶松林下植物多样性影响——以六盘山叠叠沟小流域为例[J]. 甘肃农业大学学报，2021，56(02)：114-120.
[12] 雷相东，唐守正，李冬兰，等．影响天然林下层植物物种多样性的林分因子的研究[J]. 生态学杂志，2003(03)：18-22.
[13] 李双喜，朱建军，张银龙，等．人工马褂木林下草本植物物种多样性与林分郁闭度的关系[J]. 生态与农村环境学报，2009，25(02)：20-24.
[14] 于洋洋，廖博一，程飞，等．整地对尾巨桉人工林及林下植被生长的动态影响[J]. 河南农业大学学报，2018，52(03)：335-341.

作者简介

刘雨沛，1997年8月，女，汉族，湖南浏阳人，中南林业科技大学风景园林学院与上海辰山植物园联合培养在读硕士研究生，研究方向为风景景观规划与设计。电子邮箱：llauyp@163. com。

张庆费，1966年12月，男，汉族，浙江泰顺人，博士，上海辰山植物园，教授级高工，研究方向为城市植物生态学。电子邮箱：qfehang@126. com。

戴兴安，1968年2月，男，汉族，湖南邵阳人，博士，中南林业科技大学风景园林学院，教授，研究方向为风景景观规划与设计。

惠光秀，1984年4月，女，汉族，山东聊城人，硕士，华东师范大学图书馆馆员，研究方向为城市生态学。

基于河流时间维度的动态生境修复策略

Introduction to Architectural Education of Delft University of Technology

许哲瑶　张旭东　原雅迪

摘　要：目前我国的河流生态修复存在以静态、短期的河流生态研究为主，重生态治理轻自然过程以及单一目标的河流整治等局限和短板。"道法自然"这一可持续的基于自然的生态观在我国沿袭几千年并且一直传承发展，在当下的河流生态修复方面具有思维导向的指导意义。我国河流修复正处于工程治理向生态修复转变的阶段，河流的动态生境应作为规划设计的一部分。本文聚焦中尺度的河流廊道，以动植物生境的演替变化以及生境与多种河流生物适配性关系作为研究重点，归纳了基于河流时间维度的动态生境修复研究框架，并总结了地貌、流态和水质三类动态生境因子修复策略，以唐河的实践为例，探索适合我国国情的、可持续的、基于自然的河流生态修复方法。
关键词：河流；生态修复；动态过程；生境；策略

Abstract: At present, there are limitations and shortcomings in river ecological restoration in China, mainly static and short-term river ecological research, focusing on ecological governance over natural process, as well as river regulation with a single goal. The sustainable nature-based ecological concept of "Taoism and nature" has been inherited in China and developed for thousands of years, and has a thinking-oriented guiding significance in the current river ecological restoration. River restoration in China is in the stage of engineering management to ecological restoration, and the dynamic habitat of rivers should be taken as part of the planning and design. This paper focuses on the medium-scale river corridor, takes the evolution of animal and plant habitat and the adaptability of habitat and various rivers, summarizes the research framework of dynamic habitat restoration based on river time dimension, summarizes the restoration strategies of landform, flow and water quality, and explores the sustainable natural-based river ecological restoration methods suitable for our national conditions.
Keywords: River; Ecological Restoration; Dynamic Process; Habitat; Strategy

1　河流时间维度的生态修复困境与误区

由于土地利用和开发的需要，越来越多的河流被人为地改变河道。在我国，目前主要存在如下三方面误区和短板。一是注重静态或短期时间的景观格局研究，对生态过程的动态研究存在各方面的不确定因素，主观判断成分较多，分析结果具有或然性。[1]然而，根据景观生态学原理，景观格局和生态过程是动态发展的，具有可持续性，静态的研究需要持续不断地反复分析和适时调整，并且不能全面反映生态过程。二是重生态治理的工程措施和人工措施，轻自然演替过程，过于强调"快速""即时见效"，而忽视自然规律的演替过程。在农业和城市地区，不计其数的河流被加深、拓宽、取直，人们在自然的河道旁修建导水渠、更改河道。随着城市的进一步开发建设，分水岭地区、边缘地区已逐渐成为排水基础设施、道路、灌溉工程、洪水治理及航运工程的一部分。三是单一目标的河流整治、控制污染，功能主义占主导地位，河流被人们广泛地转变为运输水与沉积物的通道，还有把河道裁弯取直，为防洪而防洪的渠道化改造以及河岸硬化等。

2　基于自然的生态修复理念发展与实践

我国生态修复思想起源老子的《道德经》。老子的"道常无为，而无不为""道法自然"是我国最早的生态观、自然观，与现代"可持续的""基于自然的""近自然的"生态修复思想同源。"道法自然"的生态观在我国沿袭了几千年，且一直传承发展。春秋孔子言"伐一木，杀一兽，不以其时，非孝也。"[2]《孟子・告子章句上》"拱把之桐梓，人苟欲生之，皆知所以养之者。"[3]可见传统的生态观讲究顺应自然、顺应天时，主张利用大自然的自我修复、协调发展为主线，在大自然的自我修复中，人起协助的作用，以实现"天人合一，仁爱万物，道法自然"。先秦时期，我国先民已从农事上开始基于自然的生态修复实践，我国现存最早的一部农书——西汉《氾胜之书》记载："凡耕之本，在于趣时和土，务粪泽，早锄早获……得时之和，适地之宜，田虽薄恶，收可亩十石。"[4]把适地适树、注重土壤改良、使用土杂肥作为耕作的基本法则。《齐民要术》中"顺天时，量地利，则用力少而成功多。任情返道，劳而无获"[5]；南宋的《陈旉农书》指出耕稼是"盗天地之时利""法可以为常，而幸不可以为常"均强调掌握天时、地利以及利用自然力对于农业生产的重要性，认为"法"就是自然规律，不认识和掌握自然规律，"未有能得者"[6]。明朝《农政全书》"水利为农之本，无水则无田"[7]专门讨论开垦和水利问题。到1958年，为促进农业稳产，毛主席总结了"八字宪法"：土（深耕，改良土壤）、肥（增加肥料和合理施肥）、水（兴修水利和合理用水）、种（培育和推广良种）、密（合理密植）、保（防治病虫害）、工（工具改革）、管（田间管理）[8]，在当时对维护我国粮食安全发挥了积极作用。再到习近平新时代中国特色社会主义生态文明观——"树立和践行绿水青山就是金山银山的理念"，一脉相承了可持续的基于自然的生态理念。

在全球气候变化的影响下，河流生态系统的土壤侵蚀、沉积物堆积、水生栖息地退化、滨水廊道消失等环境问题日益受到关注，人们也逐步意识到人为的干扰活动都应在对河流的生态过程、形态及特征进行分析和理解的基础上进行。20 世纪 90 年代以来，我国对河流生态修复愈加重视，在近自然化河道设计[9]、生态河堤建设[10-11]等方面已取得了一定研究成果。2003 年，董哲仁提出“生态水工学”，认为在水利工程设计中应结合生态学原理，保证河流生态系统健康。随后他还提出了河流生态系统研究的理论框架[12]和水文过程－生态过程耦合模型[13]，为河流系统的生态修复研究奠定了一定的理论基础。当前我国河流修复正处于工程治理向生态修复转变的阶段[14]，理论上从河流廊道的角度关注城市水文过程与生态过程相互关系的研究还比较缺乏[15]，从跨学科的视角探索可持续的基于自然的生态修复相关研究更少。

在国外，越来越多的政府和学者认识到基于自然的生态修复河流的重要性，近十年，美国、德国、日本和瑞士提出了以河道自然演替为主导的生态修复河道系统的理念。如日本坂川古崎净化场是采用生物-生态方法——生物膜法修复河道[10]。日本荒川则是通过河道的上、中、下游纵向相连，又以河道为轴横向与周边城市相连，逐步恢复荒川流域的生态网络[16]。早在 20 世纪 50 年代，德国学者已经提出河道的整治要符合植物化和生命化的原理[17]。最早的河流生态修复实践是德国的 Ernst Bittmann 于 1965 年在莱茵河用芦苇和柳树进行的生态护岸试验[18]，1970 年代末瑞士 Zurich 州给鱼类等提供生存空间，把直线形河道改修为具有深渊和浅滩的弯曲自然河道[19]。到 1980 年代荷兰提出了“给河流以空间”的理念并应用于河流生态修复与防洪的结合[20]。近年来外国学者把河道治理的思路向流域、河流廊道尺度的多样化河流形态修复转变，在河流修复研究中 75% 是致力于河道形态的修复，大约 40% 是尝试修复丧失的河岸植被和群落。[21]

3 框架构建和实践研究思路

3.1 河流时间维度的生态修复原理

基于河流时间维度的生态修复是一种以“道法自然”为生态观的可持续的基于自然的解决方案。河流生态系统的空间尺度大致可以划分为景观（区域）、流域、河流廊道和河段[22]。不同尺度的水流、泥沙、地貌、结构和植被之间的相互作用不同，本文以河流廊道为空间研究尺度。基于河流时间维度的生态修复遵循河流自然演变规律，重视利用河流的自然力量，考虑河流上中下游的相互关系。研究范围按照地貌学划分，河流廊道沿河流方向包括河道、水陆交错带和高地（即水文学意义上的集水区）[12]。

本文研究河流生态系统中水文过程与生态过程的动态关系，其核心问题是研究景观结构功能与重要生境因子的耦合、反馈相关关系[13]。不同河流研究尺度的生境因子不同，而人们对河流生境的内涵的理解比较多元[23]，主要分为单一的河流物理结构特征[24,25]和综合多学科两个角度。基于多学科角度，董哲仁提出水文情势、水力学特征、河流地貌等三大因子[26]，随后他在搭建“河流生态系统研究的理论框架”时又进一步把“水力学特征”划分出“流态”和“水质”，形成四个主要生境要素，“水文情势要素主要在景观和流域尺度上影响生态过程和系统的结构与功能，而河流地貌、流态和水质主要在河流廊道和河段的这样相对较小的尺度上发挥作用”。[27]柴朝晖在此基础上进一步明确了河流生境主要因子[28]。河流时间维度的动态生境修复研究关注河流廊道尺度下的动态变化，强调综合性和整体性，因此本文研究的生境因子包括河流地貌、流态（又称水力学特征[26]、水环境条件[29]）和水质三大类，以研究生境的阶段性变化特征与河流生态系统结构功能变化的相关关系（图 1）。

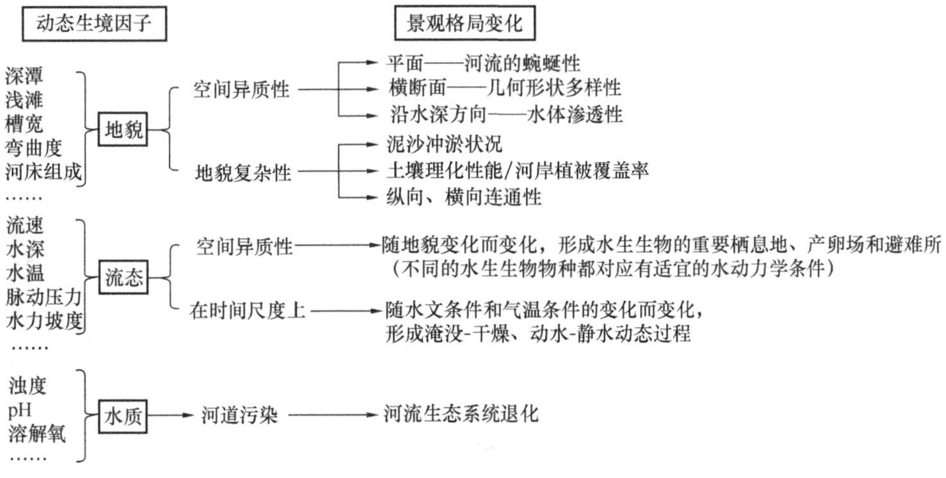

图 1 生境的阶段性变化特征与河流景观格局变化的相关关系

3.2 河流时间维度的动态生境修复研究框架

基于水文过程和生态过程在河流生态系统的耦合研究河流时间维度的动态生境修复，聚焦中尺度河流问题，以动植物生境的演替变化以及河流生境与多种河流生物适配性关系为研究重点，探索在以维持河流生态系统的健康运转为前提条件下，整个动态变化的过程中人的辅助生态修复措施，包括生态工程措施和河流廊道-流域系统工程措施。这两个方法涵盖了多种干预措施，是寻求应用自然替代方案来补充基于技术的基础设施，是可持续的基于自然的解决方案的应用（图 2）。

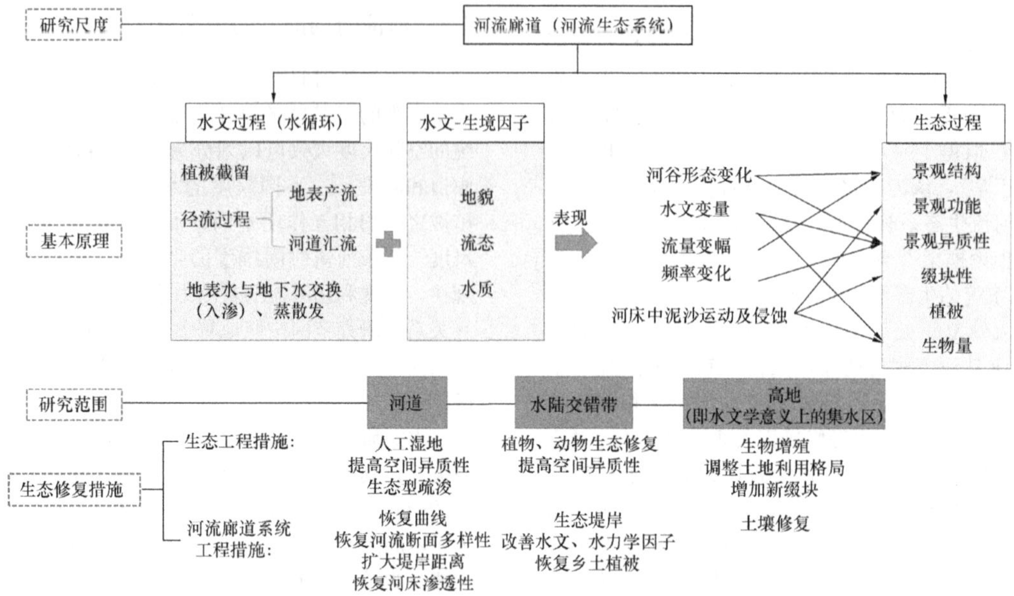

图 2　河流时间维度的动态生境修复研究框架

4　唐河新道基于河流时间维度的动态生境问题分析

4.1　河流时间维度的水文分析

唐河新道地处北京、天津、保定腹地，上游是自然河岸，溪滩潭泽坝散布，芦苇丛生、杨柳依依、河道宽阔。下游为白洋淀淀区——华北地区最大的湿地生态系统，被喻为“华北之肾”。中段则河道干涸，大面积河床用于农业生产，部分河段杂草其间，华北水乡河道风貌尽失。作为唐河主河道，20 世纪 70 年代白洋淀水域污染日趋严重，保定市为截留排入白洋淀的工业污水，修建了唐河污水库，全长 17.5km。唐河污水库原定于 1979 年停用，但是直至 2017 年 6 月底才实现彻底截污。几十年的污水排放，唐河污水库存有 10 万 m^3 的污水，周边村镇的工业垃圾、冶炼残渣、生活垃圾长年累月往里倾倒，生活在这一带的居民苦不堪言。唐河污水库库尾距离白洋淀仅 2.5km，南北污水库有污染遗存，对白洋淀的水环境质量构成严重威胁。2018 年开始开展河道污染治理，包括存余污水治理、固体废物清理、地下水污染监测等，但都是短期的生态治理措施，未能从根本上持久地解决唐河河道生态系统的环境问题。与此同时，唐河的现状立地条件薄弱。前 10km 河道由于超采导致干涸，地下水位低至 −15m～−5m，年蒸发量为降水量的 2 倍，雨水集中在 7～9 月，降雨量不足。上游来水水量不足，且来水过程中不断蒸发、下渗，一年四季水位均在不断变化。

4.2　河流时间维度的生境分析

唐河地貌景观的单一造成生境单一（图 3），被改直的河道河床断面形态单一，植被除了堤岸的护林带，堤岸植物单一，杂草较多，无法提供多样化的生境空间，各类生物的生长和繁衍较难进行。但是河床地质粗糙，经过合理的人为辅助措施，加上持续时间段的水动力作用下，能改善河流生境空间。

图 3　唐河改造前场地现场照片

5 基于河流时间维度的动态生境修复策略

5.1 地貌-生境修复策略

为了加强河流地貌的复杂性和空间异质性，创造生物多样性丰富的生境，实施了基于地貌-生境因子的生境修复策略，包括恢复河流曲线、恢复河流断面多样性、恢复河床渗透性等。河流随着水动力作用直流，河水下渗时间最短，水面表面积较大，蒸发量较大。恢复河流曲线（图 4），包括对河道的平面、横断面等进行改造。地貌作为生物栖息地的基础，在修复时以河流生境与多种河流生物适配性关系为出发点，兼顾考虑不同水生动物、两栖动物、底栖动物的共生关系。首先通过增加人工岛形成毛细水网，分散水流，增加同等横截面水流经过的时间，同时水流表面积缩小，在同样大小下渗面积的同时减少了蒸发量。水流通过地形的填挖，加之上游补水的水动力作用下，逐步形成河漫滩和湿塘，水流的路径长度增加，水下渗时间也同时增加。河漫滩和湿塘让河水得以蓄积，使水充分下渗。经过长时间的水流作用，形成深潭和浅滩，浅滩可为底栖生物提供栖息地，深潭可为鲤科鱼类提供栖息地。与此同时，河型由直变曲，沿程水面及糙率的变化率降低，稳定性提高，在水流的进一步作用下，逐步形成丰富的河床断面形态。5 年一个跨度完成岛、滩、塘、河形态上的变化，直到 30 年后达到相对稳定的环境（图 6）。由于唐河的水位一年四季都在不断变化，在动态变化中形成静水-动水环境，为各类生物的生长和繁衍提供多样化的生境条件。

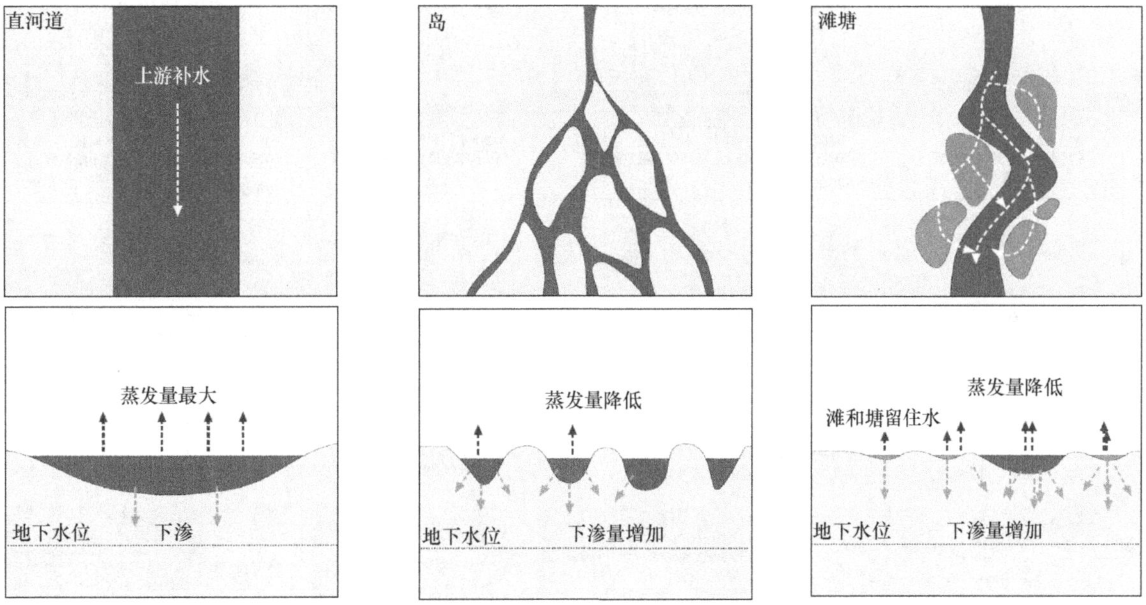

图 4　基于时间维度的地貌-生境修复策略

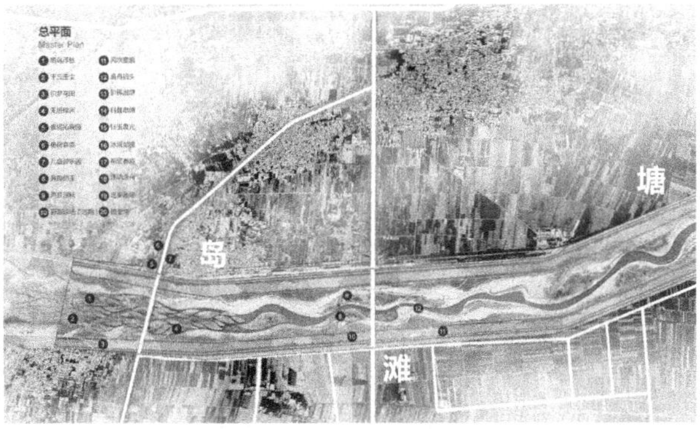

图 5　唐河河谷公园规划设计平面图

5.2 流态-生境修复策略

河流流态指流速、水深、水温、水力坡度等。在时间维度上，河流流态随气候、水文条件以及河流地貌的变化而变化，从而使河流产生明显的空间异质性。其中流速和水深是鱼类繁殖、生长发育的关键因子。唐河作为白洋淀的上游，过去白洋淀有几类特色鱼类，如降海洄游鱼类鳗鲡、梭鱼、鳡鱼，名贵鱼鳜鱼、三角鲂、翘嘴红鲌、赤眼鳟，由于 1980～1982 年 3 年连续干淀以及枣林庄和海河上大闸的建造而逐渐绝迹[30]。白洋淀作为半封闭式浅水型湖泊，自身野生鱼类资源匮乏，而且水体污染，鱼类长期被过度捕捞，外来物种如小龙虾入侵，鱼类生境亟待恢复。因此，唐河的流态-生境恢复首先考虑白洋淀的鱼类繁衍需求，据调查，目前白洋淀的鱼类包括鲫鱼、草鱼、黑鱼、鲤鱼、马口鱼、棒花鱼、鳜鱼、红鳍鲌、黄黝鱼、麦穗鱼、黄颡鱼、黄瓜鱼、鳊鱼等[31]。鲫鱼、草鱼、鲢鱼、梭鱼的喜爱流速上限为 0.6m/s，鲤鱼的喜爱流速上限为0.8m/s。根据鱼类的趋流性，恢复鱼类洄游通道，如草鱼洄游的适宜流速范围是 0.4～1.0m/s。基于河流的时间维度和鱼类的生长周期，其喜好的流速范围随着其体积的大小的变化而变化：体积较小的鱼喜好较低的流速和较宽的流速范围，体积较大的鱼喜好较高的流速和较窄的流速范围，规格小的鱼喜欢的水深明显大于规格大的鱼，喜好的水深范围也宽于规格大的鱼[32]。因此，通过设计不同大小和水深的串珠塘以满足不同鱼类在其生长过程中对不同水深和流速范围的需求。待鱼类生境逐步恢复后，逐年增加其他淡水鱼品种，提高水生动物的多样性。

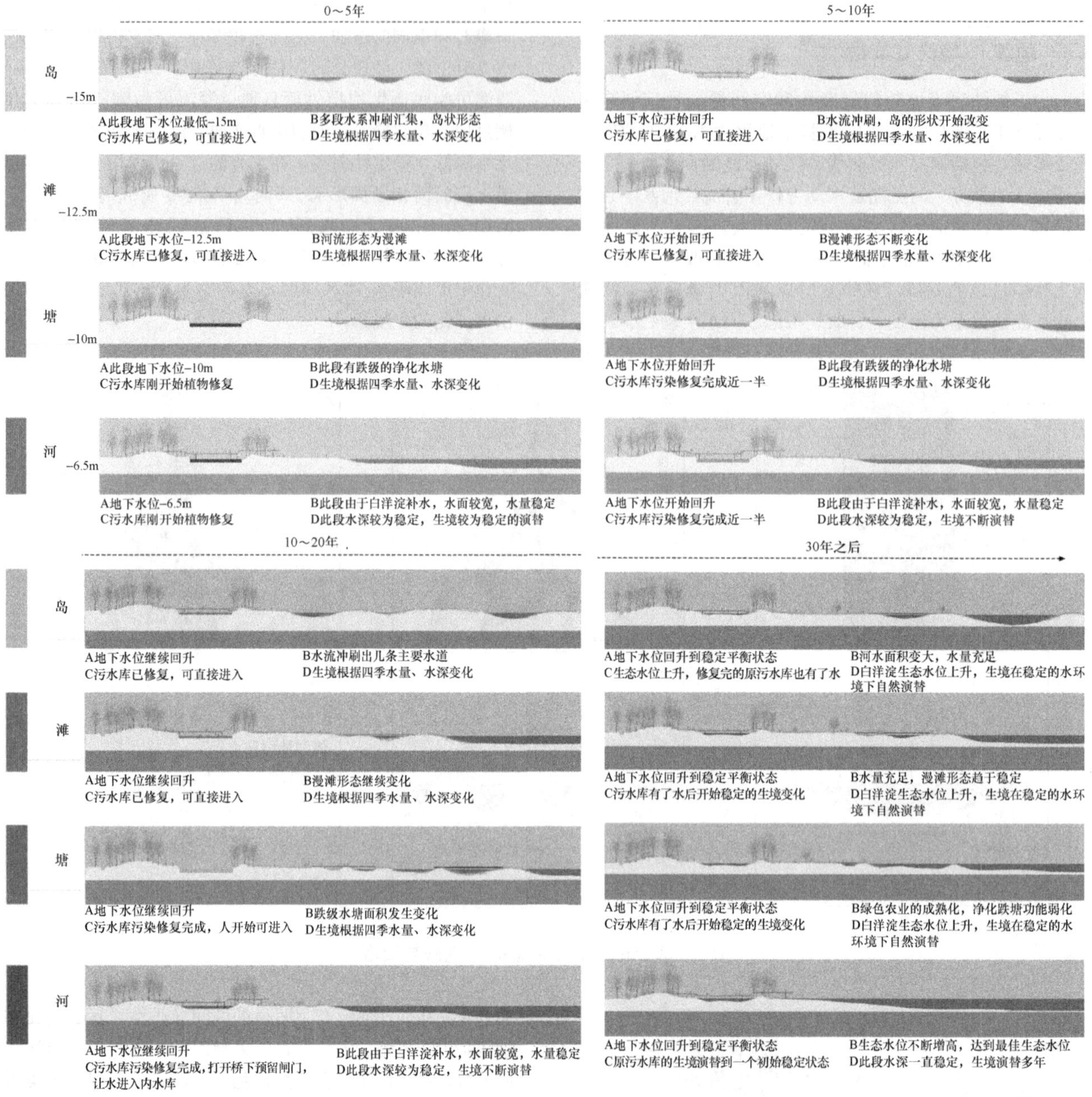

图 6　唐河基于时间维度的动态生境演变示意图

大型底栖动物的流速偏好与其摄食方式、生活型和形体结构相关，对水深的偏好性差异较小，另外其漂流密度随流速的增加呈减小趋势[33]。底栖动物对环境变化反应敏感，当水体受到污染时，底栖动物群落结构及多样性会发生改变[34]。水环境因子中透明度、叶绿素 α、水深、水温、溶解氧、氨氮、硝氮和氧化还原电位是影响底栖动物分布的主要因子；底泥环境因子中底质中值粒径、沉水植物生物量和氨氮含量是影响底栖群落分布的主要因子[35-36]。据调研，底栖动物中国圆田螺、中华圆田螺、绘环棱螺、羽摇蚊幼虫为唐河流域全年分布种[34]。由于污水库有污染遗存以及河流干涸，而底栖动物需要相对较固定的栖息地以满足较长的生活周期，因此要对底栖动物直接接触的底泥先进行修复，宜结合河流地貌的修复同步进行。

5.3　基于水质-生境因子的生境修复策略

水质生态修复技术主要包括生态补水、消解污染和污水库土壤修复 3 个方面，为了回补地下水，需要上游自西向东补水，以弥补季节变化水位的不确定，保障河道最小生态需水量。通过底泥疏浚、生态岛、人工湿地和串珠岛，消解多年累计的污染，逐步改善水质。长期补水后，需要充分考虑保水和对雨水的时空调节利用，以适应生态修复与水文变化的动态平衡。

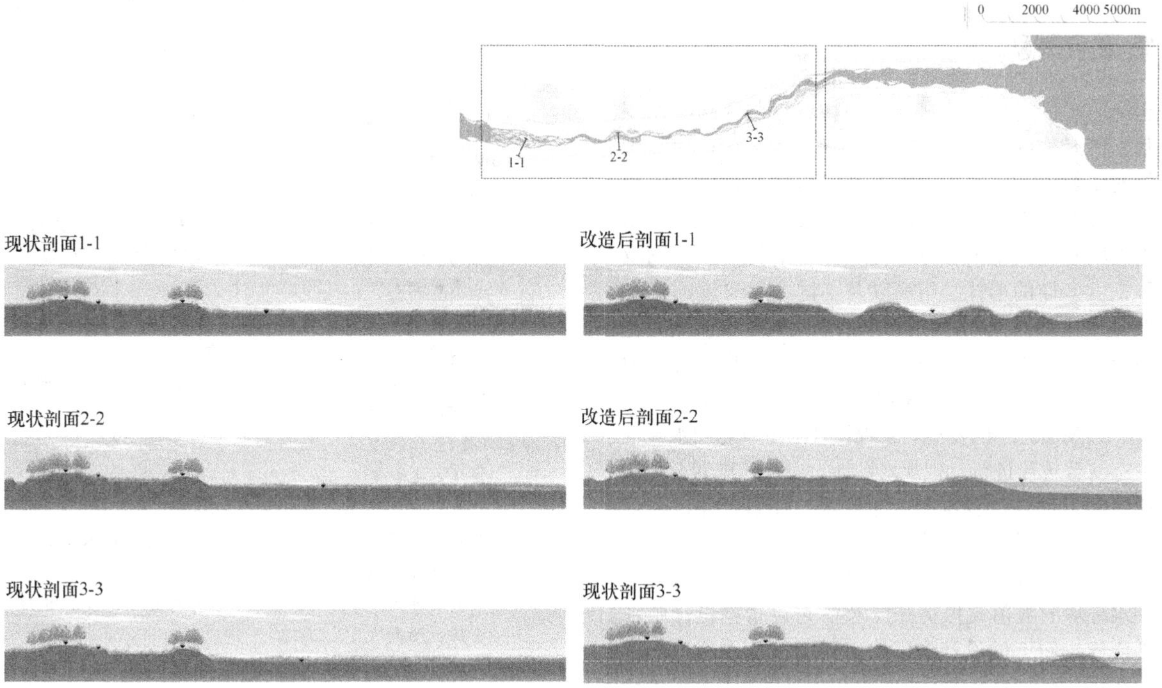

图 7 时间维度上流态-生境修复策略

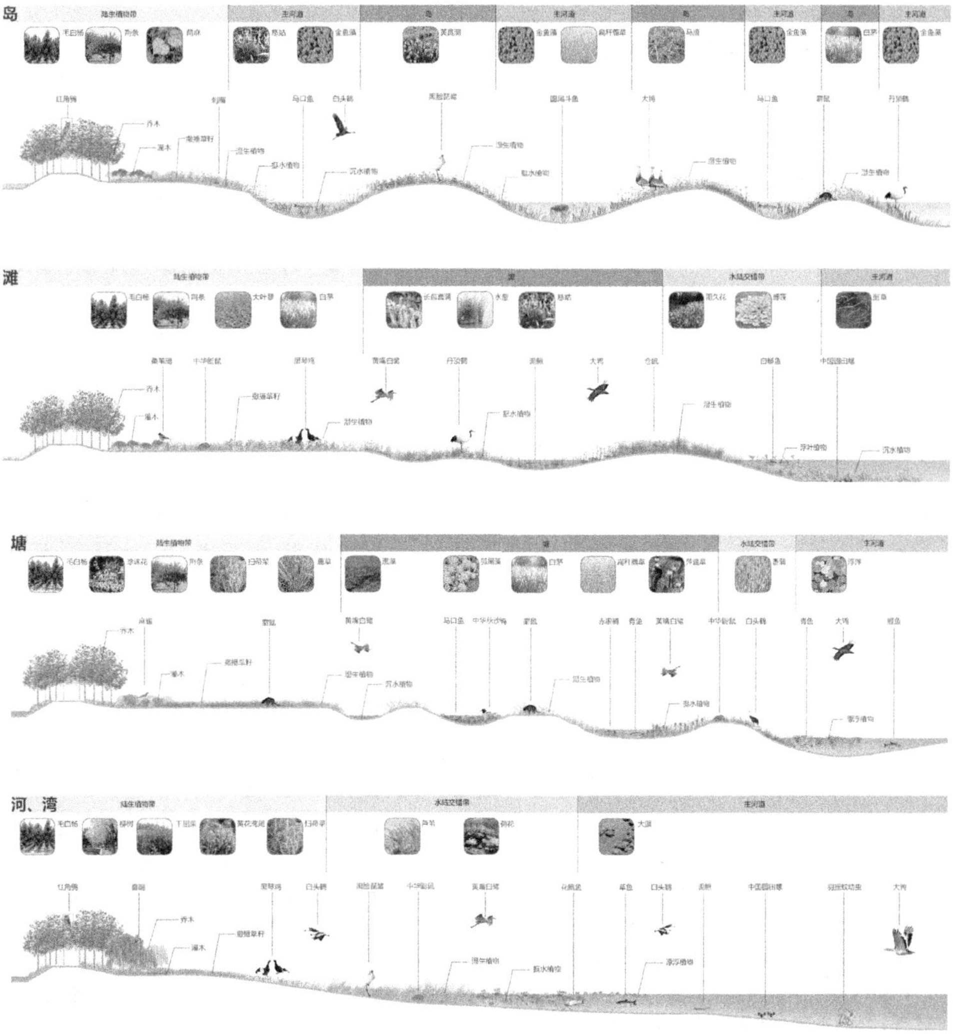

图 8 基于时间维度的河流生境与多种河流生物适配性关系

6 结语与展望

唐河的实践是一次在水文过程和生态过程同时作用下，基于河流时间维度的动态河流廊道生境修复，聚焦中尺度的河流廊道，研究动植物生境的演替变化以及生境与多种河流生物适配性关系是重点。通过地貌、流态和水质三类生境修复因子的相互作用，为大量的不同生物及其种群提供多样的形式、组成以及不同大小尺度的栖息地，"道法自然"的策略促进河流由顺直向弯曲演变，河流的稳定性逐步加强的同时提高生物的适应性，使得河流中以及河流旁的生存方式得以不断地进化。随着景观水文学、景观生态学的发展，景观设计师可以运用水文规律、生态演替规律进行景观规划设计，完整的规划设计过程不仅包含了设计过程本身，也涵盖了规划设计过程诱发下的生态演进过程。河流的形态演化与生态演替的过程和结果事先往往难以把控，但目前已有一定的技术方法，如水环境的数值模拟仿真技术[37]可以帮助设计师评估在平面或空间上的设计调整如何对场地的水环境产生影响，在规划设计前期进行方案比选。河道生态系统生境涉及生态水文学、自然地理学、生态水力学、景观生态学和生态水工学、河流地貌学等，是跨学科的交叉、融合研究[38]，目前这些新的交叉学科正处于方兴未艾阶段，以期从跨学科的视角，不断完善我国可持续的基于自然的生态修复方法论。

参考文献

[1] 徐佳芳．静态景观格局的生态过程动态化研究——以贵州草海珍稀鸟类栖息地为例[J]．中国城市林业，2013，11(03)：10.

[2] 戴圣．礼记精粹[M]．北京：海潮出版社，2012：34-35.

[3] 邓秉元．孟子章句讲疏[M]．上海：华东师范大学出版社，2011：14-15.

[4] 氾胜之．氾胜之书．汉程网，国学宝典[EB/OL]．http://guoxue.httpcn.com/book/c11bf2e146d748678b48610e29791d69/.

[5] 贾思勰著．缪启愉，缪桂龙译注．齐民要术译注(修订本)[M]．上海：上海古籍出版社，2020：50-51.

[6] 陈旉著．刘铭校译．陈旉农书校释[M]．北京：中国农业出版社，2015：3-5.

[7] 徐光启．农政全书[M]．长沙：岳麓书社，2002：26-27.

[8] 李萌萌．毛泽东与新中国农业机械化事业．中国共产党新闻网：2020(2020 年 09 月 25 日)[EB/OL]．http://dangshi.people.com.cn/gb/n1/2020/0925/c85037-31874412.html.

[9] 郝璐，孙阁．城市化对流域生态水文过程的影响研究综述[J]．生态学报，2021，41(1)：13-26.

[10] 李话雨．生物-生态法修复受污染河流的实例分析[J]．中国科技信息，2008(03)：17-18.

[11] 刘树坤．刘树坤访日报告：自然环境的保护和修复(一)[J]．海河水利，2002(01)：59.

[12] 董哲仁．河流生态修复的尺度格局和模型[J]．水利学报2006(12)：1476.

[13] 董哲仁．河流生态系统结构功能模型研究[J]．水生态学杂志，2008，29(05)：1.

[14] 王文君，黄道明．国内外河流生态修复研究进展[J]．水生态学杂志，2012，33(04)：143.

[15] 董哲仁，刘蒨，等．生态-生物方法水体修复技术[J]．中国水利，2002(03)：16.

[16] 刘树坤．生态学在水利工程建设中的价值．中国水利学会2003 学术年会论文集．

[17] 王思娜．生态恢复理论下的城市河道景观规划设计研究——以昌乐小丹河为例[D]．济南：山东建筑大学，2019：14-17.

[18] 崔鹤．基于河流生态修复理论的城市河道景观生态化设计研究 ——郑州市贾鲁河高新区段滨河公园设计[D]．北京：北京林业大学，2020：20-21.

[19] 付飞．以生态为导向的河流景观规划研究[D]．成都：西南交通大学，2011：5-7.

[20] 邢露露．城市河道弹性防洪景观规划和设计途径研究[D]．北京：北京林业大学，2019：6-7.

[21] (美)弗雷德里克・斯坦纳著．周年兴，李小凌，俞孔坚，等译．生命景观——景观规划的生态学途径(第二版)[M]．北京：中国建筑工业出版社，2004：56-57.

[22] 李林英，王弟，刘劲．河岸植被带恢复技术[M]．北京：中国林业出版社，2013：1-3.

[23] 肖琳．浑河流域河流生境的分类及其评价体系构建[D]．重庆：西南大学，2012.

[24] Stalnaker，C. The use of habitat structure preferenda for establishing flow regimes necessary for maintenance of fish habitat[C]//Ward JV，Stanford，J. A.，eds. The ecology of regulated streams. London：Plenum Press，1979，321-337.

[25] Barbour，M. T.，Biological assessment strategies：Applications and Limitations [C]//Grothe，D. R.，Dickson，K. L.，Reed D. K.，eds. Whole effluent toxicity testing：An evaluation of methods and prediction of receiving system impacts. Pensacola：SETAC Press，1996，245-270.

[26] 董哲仁，孙东亚，王俊娜，等．河流生态学相关交叉学科进展[J]．水利水电技术，2009，40(08)：37.

[27] 董哲仁．河流生态系统研究的理论框架[J]．水利学报，2009，40(02)：133.

[28] 柴朝晖，姚仕明．河流生态研究热点与进展[J]．人民长江，2021，52(04)：69.

[29] 游文荪，许新发．生境因子对河流生态系统胁迫程度探讨[J]．中国农村水利水电，2011(12)：43.

[30] 夏雪岭，翟雷田．几种在白洋淀野生状态下绝迹的经济鱼类及原因河北渔业[J]．2014(05)：63-64.

[31] 中国绿发会．绿会白洋淀湖泊野生鱼类资源调查快速评估与可持续利用报告(2017)[EB/OL]．https://baijiahao.baidu.com/s?id=1666095238935818654&wfr=spider&for=pc.

[32] 杜浩，班璇，张辉，等．天然河道中鱼类对水深、流速选择特性的初步观测：以长江江口至涴市段为例[J]．长江科学院院报，2010，27(10)：70-74.

[33] 陈含墨，渠晓东，王芳．河流水动力条件对大型底栖动物分布影响研究进展[J]．环境科学研究，2019，32(5)：758-765.

[34] 谢松，黄宝生，等．白洋淀底栖动物多样性调查及水质评价[J]．水生态学杂志，2010，31(01)：43-48.

[35] 杨雨风，易雨君，等．白洋淀底栖动物群落影响因子研究[J]．水利水电技术，2019，50(02)：21-27.

[36] 陈泽豪，杨文，等．白洋淀大型底栖动物群落结构及其与环境因子关系[J]．生态学杂志，2021，40(07)：2175-2185.

[37] 赵天逸，成玉宁．基于 CAESAR-Lisflood 的弯曲型河流景

观演化与洪泛区治理：以英国塞文河为例[J]. 风景园林，2021，28(2)：76-82.
[38] 董哲仁，孙东亚，王俊娜，等. 河流生态学相关交叉学科进展[J]. 水利水电技术，2009，40(08)：24.

作者简介

许哲瑶，1987年9月，女，汉族，广东广州人，硕士，广州园林建筑规划设计研究总院有限公司，风景园林设计高级工程师，研究方向为景观设计的地方特色、可持续风景园林规划与设计、人居环境景观规划与设计。电子邮箱：3496153945@qq.com。

张旭东，1990年12月，男，汉族，安徽全椒人，本科，广州园林建筑规划设计研究总院第五设计院副院长，研究方向为风景园林设计。

原雅迪，1995年1月，女，汉族，山西省晋城市人，硕士，广州园林建筑规划设计研究总院有限公司景观设计师，研究方向为风景园林规划设计。

发达国家生境制图的主要经验及对我国的启示

Experience and Enlightenment of Biotope Mapping in Developed Countries for China

赵聪聪　胡远东*

摘　要：城市化导致的生物多样性降低是当今世界面临的重大生态问题之一，而生境制图是开展生物多样性保护的重要工具。本文以德国、希腊和韩国等发达国家为例，浅析了不同发达国家生境制图的发展现状，对比了不同国家在生境图谱绘制和生境价值评估方法上的经验及其差异，归纳了适用于我国国情的先进经验与启示，在此基础上提出了未来我国生境制图的发展方向和相关建议，以期更好地推动和指导我国城市生物多样性的保护。

关键词：发达国家；生境制图；城市生物多样性保护；风景园林；经验与启示

Abstract: The reduction of biodiversity caused by urbanization is one of the major ecological problems in the world. Biotope mapping is an important tool for biodiversity conservation. Taking major developed countries such as Germany, Greece and South Korea as examples, This paper analyzes the development status and methods of biotope mapping and evaluation through three developed countries such as Germany, Greece and South Korea and summarizes the advanced experience and enlightenment for China. On basis of this, the development direction and relevant suggestions of biotope mapping are put forward in order to promote and direct the work of urban biodiversity conservation better for China in the future.

Keywords: Developed Countries; Biotope Mapping; Urban Biodiversity Conservation; Landscape Architecture; Experience and Enlightenment

引言

生物多样性是地球几十亿年进化的结果，是生物圈的核心组成部分[1]。生物多样性不仅为人类提供赖以生存的物质基础，还具有生态、经济、社会等多重价值[2]。根据世界卫生组织预测，到2050年世界城市人口将达到66%，中国城市人口将超过75%[3]。而高度城市化引发的一系列资源、环境问题，如绿色空间锐减、生境破碎化、生物栖息地片段化和生物多样性减少等诸多生态环境问题，制约了城市的可持续发展，威胁了城市生态系统的健康和生态安全[4-8]。目前，城市生物多样性的保护已受到全球的广泛关注，与城市生物多样性保护相关的研究与工作迫在眉睫且任重道远。

传统的生物多样性研究重点多集中于物种鉴别、种类数量及分布、就地保护等生物多样性基础研究。但仅仅关注物种本身的保护是不够的，因为物种离开生境不能生存，生境丧失是种群和物种灭绝最主要的原因[9,10]。因此，想要有效开展生物多样性的保护，应该先保护它们的生存空间，即生境（biotope，亦称生境单元）。然而，城市中现状生境中生物与非生物信息不清、生境质量情况不明，城市生物与环境观测数据缺乏有效整合以及生物多样性保护边界不清等问题，已经成为城市重要物种、生物群落、城市生物栖息地的保护以及城市生态空间边界管理的最大障碍[11-13]。而生境制图为揭示城市环境与生物多样性的分布规律、探寻城市生物多样性保护与管控的生态边界提供了有效途径和方法。

自1980年以Sukopp和Schult为代表的德国学者创立城市生境单元制图以来，迄今为止已历经了40余年。至2000年，德国已经完成了2000多个城市和农村地区的生境制图工作，其成果逐渐成为德国各级政府制定和开展生态规划的基本依据[7]。随后，韩国、希腊、英国、瑞典、日本、澳大利亚等发达国家相继开展了生境制图工作，并在理论和应用方面取得了诸多进展。而我国相关的生境制图工作开展较晚，虽然获取了一些城市环境信息和生物数据，但一直缺乏标准化的生境制图方法以系统整合、分析、评价这些不同来源和不同形式的数据信息，从而形成可视化的城市生境单元图谱，这为有效开展城市生物多样性保护规划工作带来了难度。风景园林专业作为环境保护家族的重要组成部分，应兼顾科学性和艺术性，我们应当积极改变、提升自己，掌握必要的生态学和生物学知识，与保护生物学家、恢复生态学家开展跨学科合作，才能发挥自己的专业优势，真正成为土地的守望者、资源的守护者[14]。因此，本文将以德国、希腊和韩国3个发达国家的生境制图发展历程为例，重点分析其生境图谱绘制和生境价值评估的典型案例，总结其主要方法并归纳相关经验，对我国开展生境制图和生物多样性保护等相关研究和工作带来的重要启示。

1　发达国家典型生境制图案例分析与经验总结

1.1　德国——美因茨市生境制图案例

1978年，德国选取慕尼黑、奥格斯堡、柏林作为第一批试点城市开展生境单元制图研究工作，并成立专门的“人文区域生境单元制图工作组”，标志着城市生境单元制图正式产生；1986 年提出了“德国人文区域生境单元制图基本工作方案”；1993 年完成“基本方案”修订版，在全国范围内建立了标准制图方法，使获取的科学数据可以相互比较；2000 年底，德国完成了 2000 多个城市和农村地区的生境制图工作，其研究水平也进一步得到欧洲其他国家的认可并被广泛借鉴[15]。

美因茨市位于莱茵河北部，是一座有着 2000 多年历史的城市，市域面积约 $100km^2$，在 1993～1997 年完成了生境制图工作，弥补了“修订版”的缺陷，对进一步完善和发展德国生境制图体系起到了决定性作用。因此，对该典型案例分析对我国有重要的借鉴意义。

此案例的分析包括以下四方面：

（1）改进了研究区域划分方法。过去研究区域以城市行政边界为界，但实际上一些生境自然分布会超出这个范围。因此，本项目改进了研究区域划分方法，将超出行政区域边界部分的生境也划到了本次研究范围内，保证了生境的完整性。

（2）构建新的生境分类体系。在以往研究中，生境分类方法存在一些不足，如由于缺少准确生境分级导致的数据在 GIS 中不兼容、不同生境类型界定困难等。而本案例改进了生境分类方法，在 1∶5000 的比例下对研究区域开展生境制图，将生境类型进行三级分类并编号。第一级“生境类型组”，每一组包含多个相近类型生境，并对该组生境进行编号，如牧场、果园、葡萄园和草场等是相近类型生境，排在该级别中第七组，编号为 7000；第二级“生境类型”，将每组中的每个生境分别提取出来并编号，如果园排在该级别中第六组，编号为 7600；第三级“生境亚型”，将上一级中每种生境进行更细致的分类并编号，如在黄土土壤上、以幼苗为主的果园，编号为 7611（表 1）。若典型样本区面积较小，制图比例则会更大，需要更细致、准确的分类，可根据实际情况继续进行第四、第五级分类。

此分类方法的优点是：可以根据研究区域的尺度、绘图比例的要求，选择将生境分类到哪一级别；可以根据应用目的的不同，将所需级别的生境图谱可视化；更新数据库更为方便，只需修改对应信息即可。

（3）丰富典型样本区生境数据。本案例在以往研究的基础上，不仅在样本区每一级生境类型中都更加详细地描述了生境的地理位置、空间分布、现状照片、非生物因素、优势种、濒危物种等信息，还记录了自然特征和人类活动信息的对应关系，可以得到在不同类型的生境中人们会进行哪些户外活动。除此之外，还增加了外部环境对生境影响信息记录，如水污染、废弃物、人类娱乐活动、管理等。丰富后的数据和生境图谱全方位地展示了样本区内每一个生境的详细情况，可以更好地指导生物多样性保护和景观规划。

（4）增加新的生境评价因子。根据德国政府制定的“环境质量目标”，本案例选择生物因素、非生物因素和美学价值 3 个评价因子进行评估。其中美学价值是根据要达到的目标新增加的评价因子。在对生境进行美学评价之前，先根据自然地理学和植物地理学将市域范围内的景观环境划分为三个区域：原始景观遗迹、多样化乡村景观区和城市工业景观区；然后，根据地质、地貌、历史文化地理和用地类型，将以上三种景观环境分成更小的景观单元，并详细描述每一个景观单元特征；最后，根据标准对每个生境进行美学价值评估。

美因茨市生境分类体系[16]　　表 1

Groups of biotope types
1000 City buildings mainly used for housing: mansions, housing areas
2000 Building in (former) villages, rural buildings
3000 Industrial and commercial buildings, military areas
4000 Parks, cemeteries, botanical & zoological gardens, sports fields
5000 Rivers, canals, ponds, reservoirs
6000 Railways, roads, pathways, parking lots, airports
7000 Rural biotopes: fields, orchards, vineyards, grassland
8000 Woodland, shrubbery, hedgerows
9000 Local biotopes: sand dunes, dikes
Biotope-types (example)
1100 Historical buildings of the " Old Town"
2300 Farmhouses
3100 Factory buildings
4200 City parks
5100 Rhine river
6100 Railway areas
7600 Orchards, fruit plantations
8100 Dry woodland
9300 Ruderal biotopes
Biotope subtypes and variations of subtypes (examples)
4233 Old city parks with an excessive management
5521 Semi-natural ponds
6134 Railway verge with shrub vegetation
7611 Fruit plantations with young trees andlawns, intensively cultivated on Loess soils
8610 Shrubs and hedges of indigenous species
9320 Ruderal grassland
Biotope microsites (examples)
2/21 Wooden fences, not treated with chemicals
3/30 Abandoned chimneys
4/10 Flower beds/vegetable bed
6/13 Cobble stones, with narrow gaps
7/13 Rough stone walls: topsides

1.2 希腊——克里特岛西北部沿海自然保护区生境制图案例

为了应对欧洲大陆物种及生境的巨大威胁，欧盟制定了 Natura 2000 自然保护区计划，拟开展区域合作，在欧洲大陆建立生态廊道以保护野生动植物物种、受到威胁的自然栖息地和物种迁徙的重要地区。在 1992 年颁布了“43 号指令”以保护栖息地和物种，一共认定了 18000 个保护区，其中有 29%的自然保护区位于希腊的克里特岛，其保护区面积居希腊首位[17,18]。

位于克里特岛西北部城市边缘的沿海自然保护区拟被纳入 Natura 2000 范围中，面积约 44.3km^2。当地政府通过对该自然保护区开展生境制图工作，选择较为科学、准确的多因子评价法对研究区域内生境质量进行评估，确定优先保护级别和有效管理策略，并探索出适用于其他保护区的生境评价体系。

该案例有以下两个特点：

（1）基于法瑞学派植被分类体系构建生境分类体系。首先，通过识别遥感图像，在 1：15000 的比例下将研究区域划分为 72 个植被单元；然后，利用 TWINSPAN 软件将这 72 个植被单元分成 18 个群落单元；最后，根据 1992 年欧盟发布的 43 号指令中的“群落单元与生境类型对照表”，将研究区域分成 16 种生境类型。

（2）采用多因子综合评估的生境价值评估方法。考虑到希腊本土自然保护要达到的目标和更好地指导实践两个因素，结合前人研究结果，选择了物种多样性、稀有度（国家尺度）、自然度、自我修复能力和人类干扰度 5 个评价因子。首先，在 GIS 中可视化每一个评价因子下各生境价值状况，得到 5 张单一评价因子生境价值图谱；然后，根据评价因子之间成对比较矩阵，计算得出各评价因子在综合评价中的权重，最终得到多因子综合评价下的各生境价值状况图谱，并确定了需要优先保护的 3 种生境类型。此方法的优点有：多因子综合评价得到的结果更加科学、准确，可以成为 Natura 2000 计划中其他自然保护地的标准评价系统；同时，此方法还可以监测人类干扰和环境变化带来的各生境类型保护价值变化情况。当然，该评价方法也有不足之处，如在给各评价因子打分环节中主观因素影响比较大，但是，本案例使用的 Dimopoulos 打分方法已经较为客观，可以在欧洲其他场地尺度下重复试验。

1.3 韩国——釜山市江西区生境制图案例

2000 年，在德国生境制图方法的基础上，韩国政府在首尔开展了生境制图，并在 2005 年完成了数据的第一次更新，为开展可持续城市规划和解决城市发展与保护之间的矛盾提供了长期、准确的数据支持，但由于德国的生境价值评估方法在韩国并不适用，因此，韩国开始探索适合自己国家的评价方法；2006 年，始兴市第一次将 LiDAR 技术运用到城市生境制图之中，是韩国在生境图谱绘制中一次重要的技术改革；截至 2009 年底，韩国已经完成了 9 个主要城市的生境制图工作，其他城市也陆续开展了相关研究的准备工作[19]。

釜山市是韩国第二大城市，江西区位于釜山市西部，面积约 170km^2，因为拥有自然保护区“洛东江候鸟栖息地”而极具生态价值，但快速的城市化对江西区的生态环境产生了严重破坏。为改善这一状况，政府和城市规划师需要详细的土地利用数据对现状进行评估，以制定科学、有效的保护和规划策略。

此案例是韩国探索适合自己国家生境评价方法的典型案例，根据研究区域用地特征和研究目的，改进了生境分类和生境价值评估方法，主要内容为：

（1）改进了生境分类方法。由于釜山市面临的是城市扩张和自然保护区之间的矛盾，因此，在一级分类时将研究区域分成建成区和开放区；二级分类时，基于首尔生境分类方法，根据江西区用地特征进行了调整，将建成区分为居住区、商业区、公共设施区等 11 种生境类型，开放区分为耕地、林地等 4 种生境。最终，在更细致的三级分类之后，将研究区域分成了 29 种生境类型，利用 GIS 将数据可视化，并用色块区分不同生境类型。根据研究目的制定的分类方法的优点是可以更精准地指导实践，如通过二级分类图谱可以知道建成区中居住用地仅占 2.53%，并不能满足江西区现有人口居住需求，可以预测该生境类型具有潜在高度扩张可能。因此，在城市规划时要重点控制居住用地的开发进程，以及制定针对高度人为干扰因素的自然保护策略。

（2）详细的植被调查。为给自然保护区制定精准的保护策略，对该区域进行了详细的植被调查。在一级生境分类基础上，对开放区进行了更为细致的二级、三级分类，摸清了现状植被分布情况。

（3）采用单因子评估生境价值。根据研究目的选择人类干扰度作为评价因子，由于人类干扰程度不同，土地利用类型和植被现状情况也不同。而各生境类型的干扰度级别则是通过土地利用类型和该土地利用类型的自然度来区分，然后根据前人使用的研究区域综合干扰度计算公式，计算得到江西区的干扰度指数。由于江西区现在面临的主要问题是城市化对自然保护区的破坏，因此选择合适的单评价因子得出的结果最便捷。通过各生境的评价结果可以筛选出需要优先保护的生境类型；根据研究区域的总体干扰度结果得知江西区的人类干扰度相对较低，生境质量较好。因此，在未来应予以持续监控并制定长期保护策略和科学的发展规划。

1.4 经验总结

1.4.1 构建合适的生境分类体系是生境制图的前提

由于每个研究区域的场地特征和研究目的的差异，没有办法制定一个标准化的分类体系以直接使用。但通过分析以上 3 个发达国家生境制图案例发现，尽管它们的分类方式各有不同，但都是依据要达到的目标和场地特征而构建的。在德国案例中，美因茨是人口密集的高度城市化区域，是为完善德国城市自然保护策略而开展的生境制图工作。因此，在对生境进行分类时，对现有土地利用类型进行了调整，通过“生境类型组—生境类型—生境亚型”多级分类构建生境分类体系。在希腊案例中，由于研究区域是位于城市边缘的自然保护区，因此，生境分类体系是在法瑞学派植被分类体系基础上建立的。在韩国案例中，江西区主要面临的是城市扩张对自然保护区造成干扰的问题。尽管在对生境分类时也采用了分级分类的方法，但是没有依据土地利用类型进行一级分类，而是将生境分成了建成区和开放区，再继续进行更细致的分类。这样可以更精准、更直观判断建成区中哪些生境类型对自然保护区干扰程度最强。

1.4.2 选择科学的生境质量评价因子是指导实践的重要依据

由于生境评价的结果影响决策，因此，应根据更为具体的目标选择单因子或多因子评价方式和评价因子。在德国案例中，德国将景观资源增加到自然保护目标中，所以，美因茨市在选择评价因子时，除传统的生物和非生物评价因子以外，增加了对生境的美学价值评估。在希腊案例中，欧盟需要根据生境质量评价的结果来决定是否将该自然保护区纳入 Natura 2000 计划之中，因此，在参考前人研究的基础上选择了五种评价因子，不仅对每一种生境类型进行单因子评价，还多因子叠加得到每种生境质量的综合评价结果，以提供更为全面、精准的信息供官方做决策。在韩国案例中，虽然只选择了一种评价因子，但可以满足江西区城市化对自然保护区干扰程度的判断，以及制定有针对性的保护措施和发展计划。

2 发达国家生境制图经验对我国的启示

2.1 我国应加快开展生境制图相关研究与工作

生境制图是发达国家解决城市化带来的城市生态问题的有效手段，并在城市生物多样性保护、生态修复等方面取得了成功。我国面临着更严峻、更紧迫的城市生态环境问题，应借鉴发达国家成熟的生境制图方法，结合我国国情和各地实际现状，在我国开展生境图谱绘制的相关工作，为城市中物种和生境的保护、生物多样性保护与管控的空间边界划定提供重要依据。

2.2 制定准确的保护和发展策略是实现城市生物多样性保护的重要保障

模糊、宏观的建议，片面地强调绿地数量的供给，忽略城市中存在的根本问题，并不能有效地保护城市生物多样性，准确的保护和发展策略才是实现城市生物多样性保护的重要保障。只有根据生境价值评估结果以及生境优先保护次序，针对具体生境类型存在的问题和可能面临的威胁，才能提供精准的保护措施和可持续发展意见，当地政府在开展城市建设时才会充分参考该意见，城市生物多样性保护工作才能落实。

2.3 风景园林专业人士应更深刻地理解人与自然的关系

在美因茨案例中增加了自然环境和人类活动关系调查。将数据对比之后可以发现，人们会偏好在一些特定环境进行特定的户外活动，如在草坪上踢足球、在林荫路上跑步、与人交谈时会选择乔灌结构周边的场地等。该项内容不仅为研究人类活动对自然的影响程度提供依据，还为风景园林师开展设计和生境修复工作时提供参考。只有设计师真正深刻了解人与自然关系的内涵，设计才会更具有科学性，才能更好地满足人们的各类需求。

3 总结与展望

城市生物多样性是城市重要的财富，关乎人类生存、福祉和可持续发展[20]。生境制图作为重要的工具，为揭示城市环境与生物多样性的分布规律、探寻城市生物多样性保护与管控的生态边界、制定保护与发展策略提供科学途径。本文通过对三个不同区域、不同类型和不同尺度的发达国家生境制图案例分析，总结了生境图谱绘制的经验，以期对我国开展相关工作有一定的指导和启示。

在未来，风景园林师将担负起生物多样性保护规划的社会责任，只有掌握相关领域知识，拓展跨学科合作领域，深刻理解人与自然关系，才能为保护、营造美好家园贡献自己的力量。

参考文献

[1] 马克平，钱迎倩. 生物多样性保护及其研究进展(综述)[J]. 应用与环境生物学报，1998，4(001)：95-99.

[2] MYERS，A R，MITTERMEIER，et al. Biodiversity hotspots for conservation priorities[J]. Nature，2000.

[3] 高晓奇，肖能文. 新加坡城市生物多样性保护[J]. 世界环境，2016，B(05)：41-45.

[4] 兰思仁，李霄鹤，彭东辉，等. 城市建设中的生物多样性及其保育对策[J]. 中国城市林业，2013，11(005).

[5] 钟乐，杨锐，薛飞. 城市生物多样性保护研究述评[J]. 中国园林，2021，37(5)：25-30.

[6] LOOKINGBILL TODD R，ROBERT H，GARDNER，et al. Conceptual Models as Hypotheses in Monitoring Urban Landscapes [J]. Environmental Management，2007，40 (2)：171.

[7] 高天，邱玲，陈存根. 生态单元制图在国外自然保护和城乡规划中的发展与应用[J]. 自然资源学报，2010，25(006)：978-89.

[8] CHEN T，BAO L，LIU Z B，et al. The diversity of birds in typical urban lake-wetlands and its response to the landscape heterogeneity in the buffer zone based on GIS and field investigation in Daqing，China[J]. European Journal of Remote Sensing，2021，54：33-41.

[9] ILKKAHANSKI，HANSKI，张大勇，等. 萎缩的世界：生境丧失的生态学后果[M]. 2006.

[10] CARDOSO R C，FERREIRA R L，SILVA M. Priorities for cave fauna conservation in the Iuiú karst landscape，northeastern Brazil：a threatened spot of troglobitic species diversity[J]. Biodiversity and Conservation，2021.

[11] GRAY J S. Marine biodiversity：patterns，threats and conservation needs[J]. Biodiversity & Conservation，1997，6 (1)：153-75.

[12] BLAND L M，KEITH D A，MILLER R M，et al. Guidelines for the application of IUCN Red List of Ecosystems Categories and Criteria，Version 1.0[M]. 2016.

[13] 胡文佳，周秋麟，陈彬，等. 海洋生境制图研究进展：概念、方法与应用[J]. 生物多样性，2021，29(04)：531-44.

[14] 王云才，王敏. 美国生物多样性规划设计经验与启示[J].

中国园林，2011，027(002)：35-8.
[15] FREY J. Practical aspects of biotope mapping in cities: methods, problems and solutions. An example of M ainz, Germany[J]. Deinsea, 1999, 5: 41-56.
[16] 张风春，朱留财，彭宁. 欧盟 Natura2000：自然保护区的典范[J]. 环境保护，2011.
[17] BOTEVA D, GRIFFITHS G, DIMOPOULOS P. Evaluation and mapping of the conservation significance of habitats using GIS: an example from Crete, Greece[J]. Journal for Nature Conservation, 2004, 12(4).
[18] MOON S Y, KIM H S, KIM Y M, et al. Biotope Mapping in Korea. History of biotope mapping and consideration of a new method[J].
[19] HYUN C S. Biotope Mapping and Evaluation in Gangseo-Gu of Busan Metropolitan City[J]. Journal of the Korean Association of Geographic Information Studies, 2008, 11(3).
[20] 马远，李锋，杨锐. 城市化对生物多样性的影响与调控对策[J]. 中国园林，2021，37(5)：8.

作者简介

赵聪聪，1989 年，女，汉族，吉林省长春市人，东北林业大学园林学院，风景园林学系在读硕士研究生，研究方向为城市生物多样性保护规划。电子邮箱：zhao _ congcong@nefu. du. cn。

胡远东，1977 年，男，土家族，湖北省宜昌市人，博士，东北林业大学园林学院，副教授，研究方向为区域景观规划与生态修复研究。电子邮箱：huyuandong@nefu. edu. cn。

风景园林与低碳发展

武汉都市圈绿色空间演化与碳固持服务供需关系探究

Research on the Relationship Between Green Space Evolution and Changes in Supply and Demand of Carbon Sequestration Service in Wuhan metropolitan Area

李文佩　陈　明*

摘　要： 提升碳固持供需比，即减少碳需求和增加碳供给，是实现碳减排、碳平衡的主要途径。目前，尚无通过空间定量研究区县尺度下碳固持供需比与绿色空间演变的关系。本文以武汉都市圈 48 个区县为研究对象，将 2000～2015 年间绿色空间演化类型分为不变、扩张、损失、交换 4 种，利用地理加权回归探析绿色空间演变类型与碳固持供需关系的关系。研究发现：① 都市圈各区县绿色空间整体上逐年缩减，绿色空间不变的面积先降后升，扩张、损失和交换的则先升后降；② 区县固碳量和碳排放增多，碳固持供需比呈现中部低、四周高的特征；③ 碳固持供需比与绿色空间扩张区呈正相关，与损失区、交换区和不变区呈负相关，影响强度大小为扩张＞损失＞交换＞不变，都市圈南部绿色空间较多的区域受到 4 类演化类型的影响都较高。研究为都市圈不同地理区位的区县绿色空间及其不同类型的优化调控提供了依据。

关键词： 绿色空间；碳固持服务；供需关系；时间演化；空间回归

Abstract: Increasing the carbon fixed supply/demand ratio, such as reducing carbon demand and increasing carbon supply, is the main way to achieve carbon emission reduction and carbon balance. At present, there is no research on the relationship between the carbon sequestration supply/demand ratio and the evolution of green space(GS) at the district/county scale through spatial quantitative analysis. Based on 48 districts and counties of the Wuhan metropolitan area as the research object, the evolution of GS between 2000-2015 is divided into four types: expansion, loss, exchange and unchanging. Geographically weighted regression is used to analyze the relationship between the GS evolution type and the supply/demand ratio of carbon sequestration. The study found that: ① The area of GS in the districts and counties of the metropolitan area has been reduced year by year. The area of the GS unchanging first decreased and then increased, while the expansion, loss and exchange increased first and then decreased; ② The carbon sequestration and carbon emissions in districts and counties have increased, and the supply/demand ratio of carbon sequestration is low in the central part and high in the surrounding area; ③ The carbon-fixed supply/demand ratio is positively correlated with the GS expansion and negatively correlated with the GS loss, GS exchange and GS unchanging. The impact intensity is different, with order of expansion＞loss＞exchange＞unchanged. The areas with more GS in the southern part of the metropolitan area are also highly affected by the four types of GS evolution. The research provides a basis for the GS of districts and counties in different geographic locations of the metropolitan area and different types of GS optimized regulation.

Keywords: Green Space; Carbon Sequestration Service; Supply/demand Ratio; Evolution; Spatial Regression

引言

全球城市化进程加快，人口增长及土地利用类型改变和各种燃料消耗加速，使得大气中的二氧化碳呈指数型增长[1,2]，加剧了热岛效应、气候变暖、生态环境恶化等环境问题。2006 年起，我国 CO_2 排放量超过美国，连续 13 年为全球最大的温室气体排放国[3]。2020 年 9 月，习近平总书记在第七十五届联合国大会上提出“力争 2030 年前二氧化碳排放达到峰值、争取 2060 年前实现碳中和的目标”，改善碳排放问题已刻不容缓。

减少大气中二氧化碳含量的方法主要为减少碳排放和增加碳固定[4,5]。绿色空间是固碳的重要途径[6]，主要发挥碳固持的生态系统服务功能[7]。碳固持服务指通过植物等载体，利用生物过程（光合作用）将大气 CO_2 固定于生态系统的自然过程[8]，其供应和需求分别对应生态系统的固碳能力和经济社会活动的碳排放总量[9]。相比固碳单一维度，固碳持服务供需关系能更深入全面地评价区域发展的可持续性，可优化区域碳补偿分配，还将影响“三生空间”规划[10]。

当前绿色空间下相关研究主要聚焦其固碳效应，以各类绿色空间的碳汇能力量化评估研究为主，以提供低碳绿色空间规划策略。其中，碳固持供需关系作为近年来的研究热点，提供了双向指标下的碳汇能力评估计算方法。其中，供需关系核算评估以碳排放和固碳量为重要指标，较少关注碳固持供需关系及其变化的量化研究[9]。影响机制早期关注生态管理措施和土地利用类型，如有效的土地生态管理可通过人为干预增加碳固持供应[11]，森林转耕地和耕地转森林将分别增加碳固持排放[12]和供应[13]。近年来逐渐关注经济发展[14]和区域功能结构[15]等人类社会活动和碳固持供需关系的相互影响机制。影响机制研究涵盖单因子和多因子协同作用。前者研究发现欧洲和中国东部森林碳固持供应随年降水量增加而增加[16,17]，温度和气候变暖可能促进碳固持或碳排放[18-21]，土地利用/覆被变化是影响碳平衡的重要因素[22,23]；后者如温度、降水和氮沉降对碳固持的协同响应[24]。

碳固持供需关系研究尺度方面以国家和全球等宏观为主，如中国区域土地利用变化对陆地碳收支的影响[25]；城市群、省、市等中观尺度也较多，如长三角城市群碳固持供需关系平衡性研究[26]，省域碳补偿[27]和碳汇效率[28]时空特征研究等；县级尺度较少，以基于县域碳收支评估提出功能区优化策略为代表[29]。目前，量化评估碳固持供需关系的研究方法包括难以表达空间关系的总量统计法[30]、基于土地利用数据和专家打分的半定量评估[31]及可显示碳固持空间格局的空间制图法[9,32]。

既往研究多关注某一类型绿色空间某年份碳固定或碳排放的单一评估，部分关注碳平衡，但极少关注绿色空间和碳固持供需比的演变。同时，因数据限制，既往研究主要为区域和国家等宏观尺度，区县等中观尺度研究较少，无法提供地域级差异化指导策略。故现阶段亟须开展区县级绿色空间演变下区域碳固持供需比变化的量化研究，为区域规划、城市规划布局和各类功能区划定、区县空间的公平和可持续发展以及区县碳补偿策略提供数据支撑和思路借鉴。

鉴于此，本研究以城市化背景下武汉市都市圈的区县为研究单元，以整体绿色空间为研究对象，运用遥感影像提取、空间分析和地理加权回归等方法，旨在分析绿色空间演化过程类型（扩张区、收缩区、交换区、不变区）对碳固持服务供需比的影响与规律。

1 研究区与数据来源

1.1 研究区概况

中部是我国人口大区和国家产业转移的重点地区，重化工的工业结构本应使其成为我国碳排放大区，但今年该区碳排放强度下降[33]。根据2000～2017年中国30个省碳排放量发现，中部地区仅湖北的碳排放有部分改善[34]，也是中部碳减排贡献最高的省份[35]。随着2002年“中部崛起”战略发展、2008年武汉都市圈“两型”（资源节约型和环境友好型社会）社会建设，2010年被确定为“国家功能区规划”重点开发区，武汉都市圈土地利用和绿色空间格局变化巨大[36-37]。

鉴于此，本研究以武汉都市圈的区县为研究对象。武汉都市圈位于湖北省东部，包含中心城市武汉和150km范围内8个城市，分别为鄂州、孝感、黄冈、咸宁、仙桃、天门和潜江，共48个区县，总面积5.78万km^2。武汉都市圈仅占湖北省总面积的31.09%，而人口占全省的一半，生产总值占全省60%以上，是湖北省及全国的重要战略支点。同时，都市圈资源丰富、地理区位佳，是中国重要的农产品生产区和中部经济最为发达的地区之一，是以长江经济带为轴的中国东、中、西部协调发展的关键轴承[38]，也是长江中游最大、最密集的核心都市圈之一。

1.2 数据来源

土地利用/土地覆被数据来源于中国科学院资源环境科学数据中心的中国多时期遥感监测数据库（CNLUCC，http：//www.resdc.cn），该数据集以美国卫星Landsat 5 TM/ETM+和Landsat 8 OLI卫星遥感数据为主要信息源，通过人机交互目视解译的方式构建。选取2000年、2005年、2010年和2015年进行分析。数据为30m空间分辨率的栅格格式，可直接用于分析。

各区县的碳排放和固碳量数据来源于Chen等[39]已公开发表的国际文献中的开源数据，包括2000～2015年中国30个省下辖的各区县的年固碳量和碳排放碳数据，固碳量以遥感卫星获得的净初级生产力作为关键指标计算[40]，碳排放量则通过极高分辨率的卫星地图数据和夜间灯光数据反演得到[39]。

2 研究方法

2.1 绿色空间分类

根据中国土地资源分类系统的分类标准，将研究区的土地利用/覆盖类型分为绿色空间和非绿色空间两大类，耕地、林地、草地、湿地和非绿色空间五小类（图1）。根据研究区特点、固碳量数据特征及国内外学者对绿色空间的界定，选取下垫面中典型的耕地、林地、草地和湿地为绿色空间的研究对象。

2.2 绿色空间的演化类型

借鉴陈燕红等[41]的研究方法，将绿色空间演化类型分为以下四种：绿色空间扩张，表示非绿色空间向绿色空间转化（如非绿色空间向林地草地的转变）；绿色空间损失，表示绿色空间向非绿色空间转变（如林地草地向非绿色空间转变）；绿色空间交换，表示绿色空间类别之间的相互转换（如林地草地之间的相互转换）；绿色空间不变区，即绿色空间类型未发生变化。利用ArcGIS 10.2先将

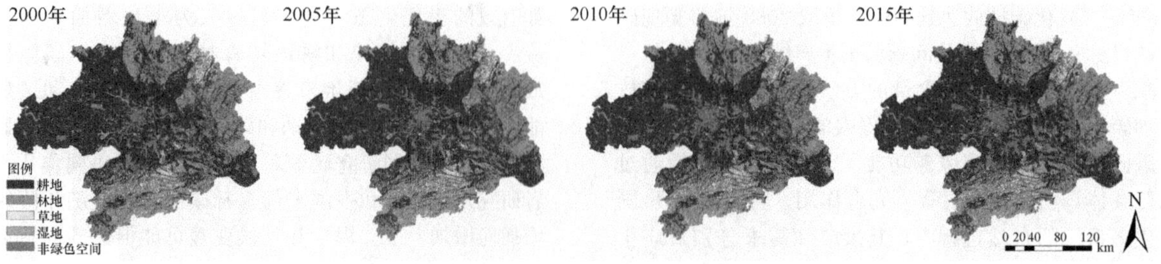

图1 都市圈土地利用/覆盖变化类型示意图

四个年份的土地利用类型分别编号，同类型编号相同，再利用栅格计算器分别得到2000～2005年、2005～2010年、2010～2015年和2000～2015年4个时段武汉都市圈各区县的绿色空间演化类型及其面积（图2）。

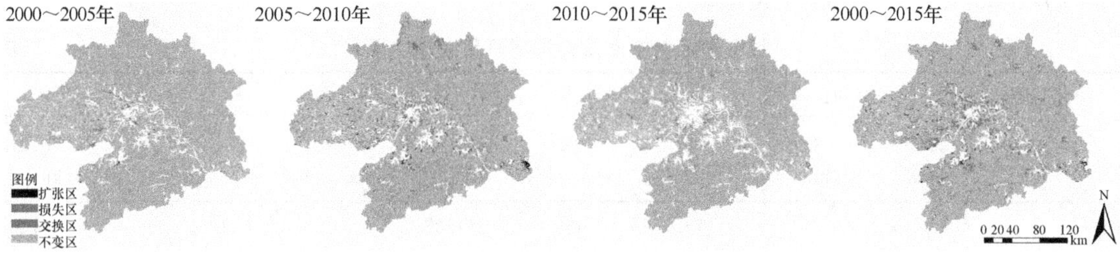

图2 都市圈绿色空间演化类型分布示意图

2.3 碳固持服务供需关系

参照已有研究方法[9,42]，碳固持服务的供需状态采用供需比进行评估。

$$R = S/D \times 100\% \quad (1)$$

式中 R——碳固持的供需比；

S、D——碳固服务的供应量（即固碳量）和需求量（即碳排放）。

因本文关注各时段绿色空间演变，故以碳固持供需比差值为因变量，即前后研究年份的供需比差值。

2.4 地理加权回归分析

地理加权回归（Geographically Weighted Regression，GWR）本质是最小二乘模型在空间范围内的扩展[43]，是一种局域空间分析方法[44]。与传统回归模型相比，它考虑到空间参数变化和非平稳性，可使不同地理空间反映不同的空间关系，表现局部空间的异质性[45]。本研究利用GWR分析武汉都市圈各区县绿色空间演化类型和模式对固碳持供需比的影响，采用衡量模型拟合优良性的标准之一的高斯核函数和AIC准则（Akaike Information Criterion，AIC）。

3 结果与分析

3.1 土地利用及绿色空间演化特征

总体上，15年间武汉都市圈土地利用变化特征表现为：非绿色空间以各区县城镇空间为中心快速扩张，耕地数量锐减，林地减少率持续增加，草地减少率呈现先增加后降低的趋势，湿地略有增加，这一趋势在以武汉为中心的长江和汉江边缘较为明显（图1）。15年间都市圈绿色空间面积共减少2028.46km²，2005～2010年减少率最高，为0.37%（表2）。耕地收缩严重，共减少1954.06km²。林地2005～2010年少量扩张，其他时段收缩较多，共减少64.19km²。草地持续收缩，共减少42.62km²。湿地2005～2010年增量比2000～2005年和2010～2015年的总减少量多，故共增加32.41km²。从各研究时段来看，2000～2005年湿地、草地、林地和耕地转入非绿色空间的面积分别为183.65km²、15.58km²、38.48km²、536.43km²；2005～2010年分别为173.32km²、26.3km²、200km²、1478.77km²；2010～2015年分别为49.66km²、7.13km²、96.4km²、529.79km²；2000～2015年耕地对非绿色空间贡献最大（2290.72km²），湿地（328.61km²）和林地（305.01km²）次之，草地贡献最小（42.52km²）。值得注意的是，2005～2010年，耕地、草地和总绿色空间的减少率都最大，因该阶段为城镇快速扩张时期；林地和湿地呈增加趋势，主要为"退耕还林"和"两型"社会建设结果（表1）。

各时段绿色空间演化类型的面积关系一致，大小排序均为绿色空间不变区>绿色空间损失区>绿色空间交换区>绿色空间扩张区（表2、图4）。其中，2005～2010年四类绿色空间演化类型面积及年变化量与2000～2005年和2010～2015年间相比数值极大，与该时段耕地、草地、绿色空间减少率最大的原因相似。也因此2005～2010年四类演化类型空间分布与2000～2015年大致重合。

都市圈土地利用/覆盖变化 表1

土地类型	面积（km²）				总变化量（km²）	年变化率（%）			
	2000年	2005年	2010年	2015年	2000～2015年	2000～2005年	2005～2010年	2010～2015年	2000～2015年
耕地	29946.4	29475.43	28410.22	27992.34	−1954.06	−0.31	−0.72	−0.29	−1.40
林地	17556.38	17542.72	17570.13	17492.19	−64.19	−0.02	0.03	−0.09	−0.07
草地	1446.04	1428.34	1409.21	1403.41	−42.62	−0.24	−0.27	−0.08	−0.61
湿地	644.38	556.57	716.01	676.79	32.41	−2.73	5.73	−1.10	0.96
绿色空间	49593.20	49003.06	48105.57	47564.73	−2028.46	−0.24	−0.37	−0.22	−0.85
非绿色空间	8397.31	8987.37	9887.23	10427.78	2030.47	1.41	2.00	1.09	3.89

变化趋势方面，2000～2005 年、2005～2010 年和 2010～2015 年三个时段中，区县绿色空间扩张区、损失区和交换区面积均先升后降，绿色空间不变区则是先降后升。变化幅度上，区县扩张区、损失区和交换区与 2005～2010 年间增幅较大。

都市圈绿色空间演化类型面积统计结果 **表 2**

研究阶段（年）＼演化类型	绿色空间扩张		绿色空间损失		绿色空间交换		绿色空间不变	
	面积（km²）	年变化（km²/年）	面积（km²）	年变化（km²/年）	面积（km²）	年变化（km²/年）	面积（km²）	年变化（km²/年）
2000～2005	184.08	37	774.15	155	251.05	50	48567.34	9713
2005～2010	978.33	196	1878.38	376	1735.71	347	45381.96	9076
2010～2015	142.40	28	682.98	137	235.36	47	47186.97	9437
2000～2015	936.32	187	2966.87	593	1782.03	356	44837.10	8967

空间分布方面，扩张区和损失区的高值区主要位于西部，而交换区和不变区的高值区主要位于都市圈外围，尤其是东侧（图 3）。具体来看，都市圈区县绿色空间扩张区高值区主要分布在西部，东部的黄梅县在 2005～2010 和 2000～2015 年扩张区也为同时段高值。绿色空间损失区面积高值区主要位于都市圈中部东西轴线上，即该区域损失区面积较大，如仙桃、武汉和黄冈部分区县，这些地方也是都市圈内经济发展较好、城镇化水平较高的区域；南北端区县损失区面积也比中部区县小，主要是因为南北端绿色空间多、生态本底好。绿色空间交换区高值区主要位于都市圈东部外围圈，麻城市、通城县四个年份均较高。绿色空间不变区表现为从都市圈外围向核心圈降低，东部高值区多于西部，这主要由区县原有绿色空间面积决定。

3.2 碳固持的时空特征

3.2.1 碳排放和固碳量时空特征

2000 年、2005 年、2010 年和 2015 年武汉都市圈碳排放总量分别为 80.48Gg、120.91Gg、177.11Gg、185.04Gg。

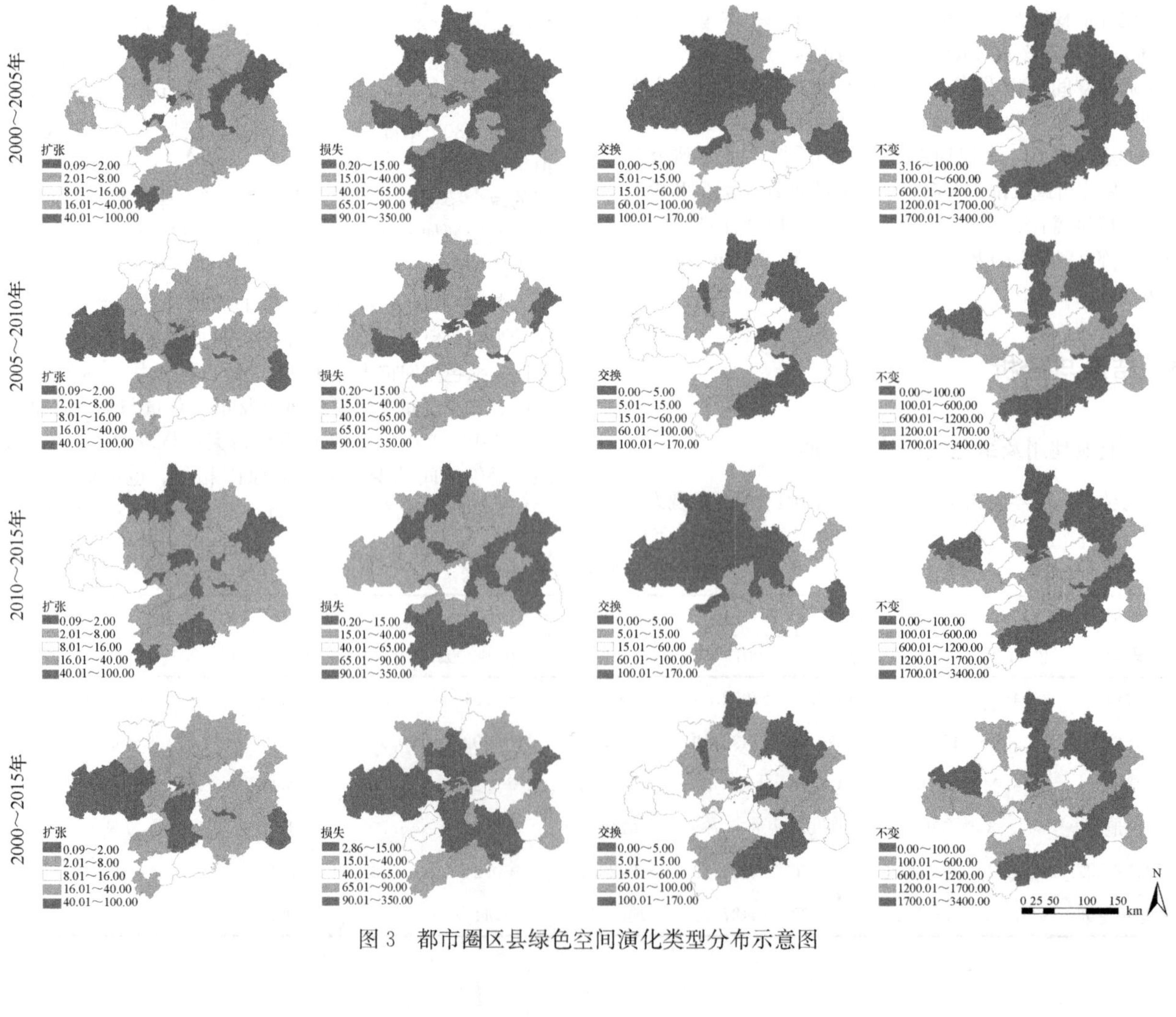

图 3 都市圈区县绿色空间演化类型分布示意图

都市圈碳排放表现为中心高、四周低，东西高、南北低的空间特征，各年份碳排放的高值区和低值区基本不变。2000年、2005年、2010年和2015年都市圈固碳量分别为84.32Gg、89.81Gg、97.84Gg、110.42 Gg。15年间仅江汉区固碳量减少0.01Gg，其余区县碳固定均增加。都市圈4个年份的固碳量均表现为“东高西低、中心低边缘高”，核心区县最低，各区县之间固碳量的高低相对关系也基本一致（图4）。总体上，固碳量高的区县，往往碳排放较低。因为中西部具有区位、政策和资源方面的优势，人类活动干扰大，碳排放较高固碳量低；而东部及外围区县森林资源丰富，农业生产功能强，干扰较少[46]。

可以发现，都市圈碳排放和固碳量均逐年上升，碳排放涨幅更大，进一步分析碳固持供需比可提供新的视角，对绿色空间的优化调控更具指导意义。

3.2.2 碳固持供需比时空特征

碳固持供需比的低值反映了碳供需紧张，2000～2015年，低值的区县由中部向西部扩散增多。供需比形成了以武汉市各区县为低值中心，南高北低、东高西低的空间格局（图5）。供需比小于1的区县主要分布在核心圈层和紧密圈层，并逐步向西部扩散，至2010年，西部所有区县及东部武穴市及黄梅县供需比均小于1。其中，中部梁子湖区、通山县、崇阳县、英山县和罗田县在四个年份碳固持供需关系均较好，因其生态环境本底较好，且被划为生态文明建设试点。总体上，碳固持供需比均值先持续下降，于2015年少量上升，表明武汉都市圈碳供需关系先趋向紧张，至2015年供需紧张状态有所缓和。这是由于，2007年都市圈正式批准为两型社会建设试验区，至2015年多个乡镇成为生态村、生态镇，但因政策和转型的滞后性，环境规制在2010年以后才发挥正向作用[47]。供需比小于1的区县逐年增多，表明碳供需关系紧张的区县增多；供需比高值也持续下降，即以前碳供需平衡关系较好的区县，随时间发展碳固持供需开始紧张，如通山县供需比由2000的20.28变为2015年的6.438。

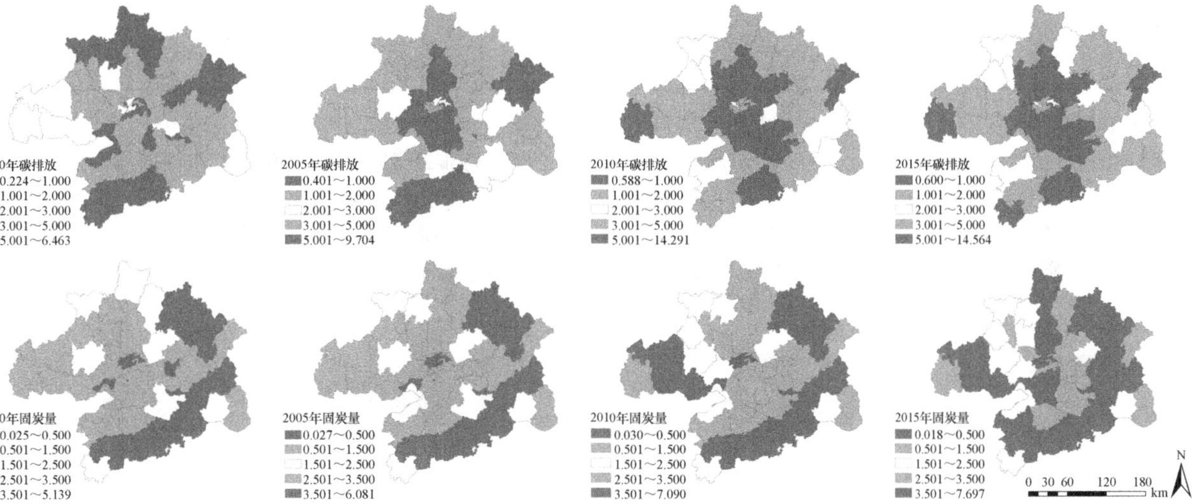

图4 都市圈碳排放和固碳量（Gg）分布

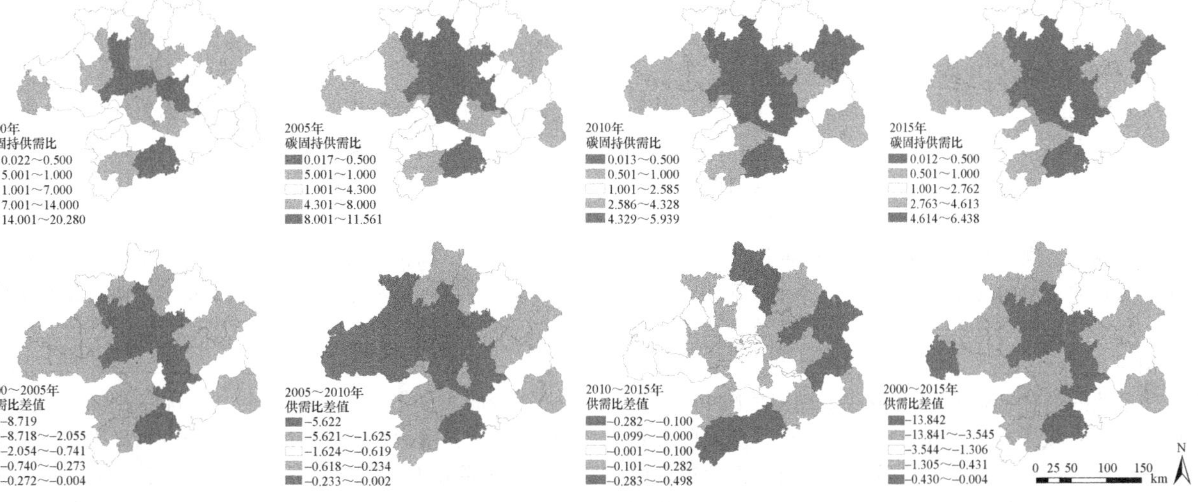

图5 都市圈碳固持供需比及其差值分布示意图

2000～2015 年，各区县供需比差值均为负值，说明随着年份递增，碳固持供需逐渐趋于紧张。空间上以都市圈中心向四周扩散逐渐减少，东部区县差值绝对值比西部高，南部比北部高，说明东部和南部区县供需关系紧张度加剧程度更大。通山县、英山县、罗田县和崇阳县供需比差值一直为同时段高值区，表明供需关系紧张度加剧。其中，2010～2015 年，36 个区县碳固持供需比差值为正，也反映出 2015 年的固碳成效有所提升。高值区主要位于外围圈层东侧的大悟县、英山县、蕲春县、通山县、通城县、崇阳县，表明供需比关系趋好。12 个负值的区县主要位于都市圈中西部，红安县、团风县和罗田县的供需比差值较小，表明其供需比紧张趋势持续加剧。

3.3 绿色空间不同演化类型对供需比的影响

3.3.1 空间回归模型构建

为识别绿色空间演化类型与碳固持供需比变化的关系，利用 ArcGIS 10.2，以各时段碳固持供需比差值为因变量，以同时段 4 类演化类型的面积为自变量，分别进行最小二乘法模型（Ordinary Least Squares，OLS）计算和地理加权回归（Geographically Weighted Regression，GWR）分析。*AIC* 值越小，调整 R^2 值越高，模型拟合优度更高[48]。结果显示，GWR 的模型拟合效果更好（表 3），故本文采用地理加权回归分析各时段不同演化类型对碳固持供需比差值的影响。除 2010～2015 年外，其余时段 GWR 模型的 R^2 值均大于 70%，模型拟合较好。

OLS 和 GWR 模型参数统计　　表 3

	2000～2005 年		2005～2010 年		2010～2015 年		2000～2015 年	
	OLS	GWR	OLS	GWR	OLS	GWR	OLS	GWR
AIC	138.975	111.433	114.850	79.558	−49.832	−58.598	198.245	177.936
R^2	0.546	0.877	0.427	0.874	0.337	0.568	0.407	0.832
调整 R^2	0.504	0.800	0.373	0.793	0.276	0.447	0.352	0.716

GWR 模型的局部 R^2 代表各演化类型对局部的解释力度。图 6 显示，2000～2005 年、2005～2010 年和 2000～2015 年大部分区县调整 R^2 值高于 50%；2010～2015 年 33 个区县的调整 R^2 值低于 40%，说明四类绿色空间演化类型对该时段碳固持供需比变化的解释力度相对较低，可能因为该时段部分区县供需比差值为正。空间方面，四个时段局部 R^2 的高值区均位于都市圈南部，说明南部区县的四类演化类型对供需比变化有较强解释力度。高值区基本位于都市圈主要绿色空间，如北部桐柏山、东北部大别山和南部幕阜山。

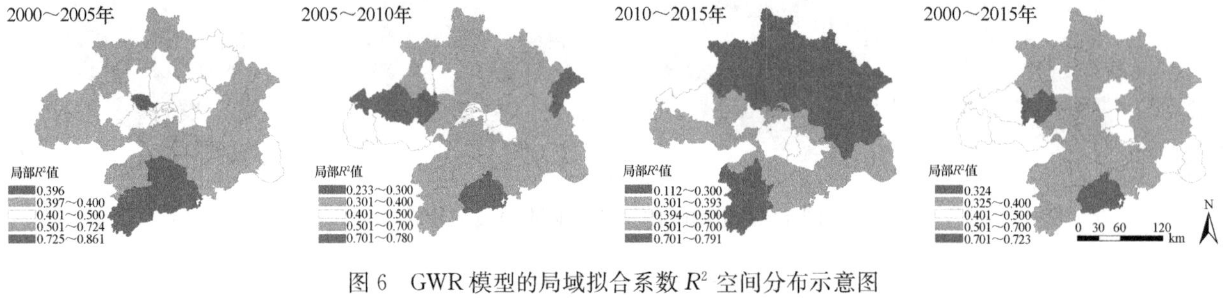

图 6　GWR 模型的局域拟合系数 R^2 空间分布示意图

3.3.2 绿色空间演化类型对碳固持供需关系

（1）绿色空间扩张区对碳固持供需比影响的空间分异特征

绿色空间扩张区面积与碳固持供需比差值的回归系数大部分为正值（图 7），两者呈正相关，供需比差值越大，说明绿色空间的扩张有利于增加固碳量或减少碳排放量。从系数正负值来看，2000～2005 年、2005～2010 年、2010～2015 年、2000～2015 年回归系数为负值的区县分别为 0、10、4、3，故可认为两变量主要呈正相关关系。从系数的绝对值来看，扩张区系数绝对值减小，绿色空间扩张区对碳固持供需比变化影响减弱。从回归系数空间分布来看，2000～2005 年系数从东南向西北逐渐降低，表明扩张区对东南影响更大；其余三个时段，均表现为东北—西南轴线上武汉、黄冈区县系数较高，影响较大，轴线两端区县尤为显著；2005～2010 年与 2000～2015 年，东北—西南轴线上系数相差不大，扩张区对轴线两侧的区县影响更大，如麻城市、嘉鱼县、赤壁市等。

（2）绿色空间损失区对碳固持供需比影响的空间分异特征

绿色空间损失区对碳固持供需比差值的回归系数主要为负值（图 7），说明绿色空间损失面积越大，该阶段期末供需比越小，即对碳的需求量越多。从系数正负值来看，四个时段共 68 个正值区、128 个负值区，故认为两变量呈负相关。系数绝对值在 2005～2010 年明显减小，后三个时段变化不大，表明损失区对供需比在 2005 年后影响减弱，随后影响较为稳定。从空间角度来看，2000～2005 年系数从西北向东南减小，对南部黄石和咸宁等地影响更大；2005～2010 年和 2010～2015 年系数大致由东南向西北减小，对西北方孝感天门影响更强；2000～2015

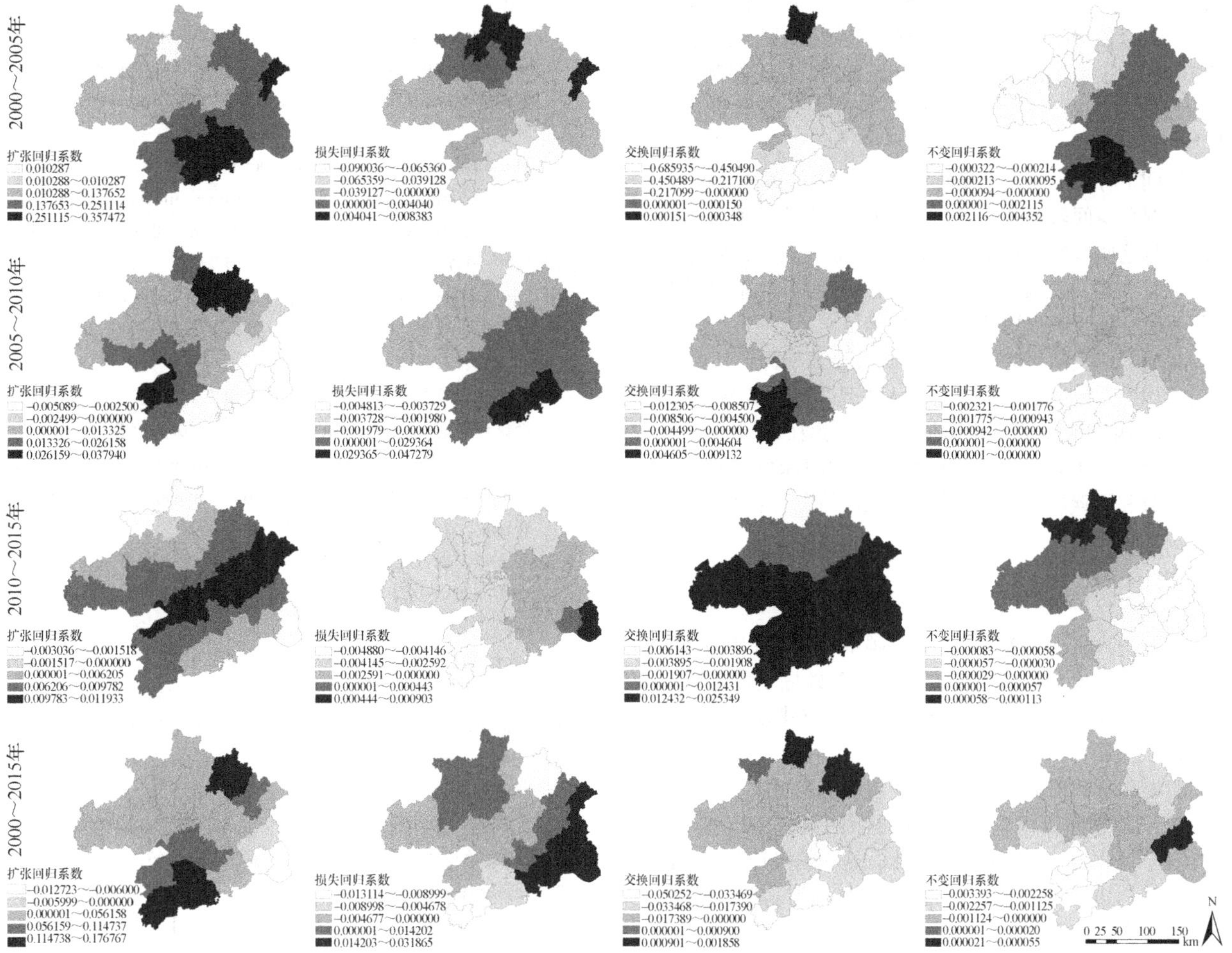

图 7　GWR 模型绿色空间演化类型的回归系数空间分布示意图

年则是东北—西南向轴线系数较高，该时段损失区对黄冈、黄石、鄂州等地影响较大。

（3）绿色空间交换区对碳固持供需比影响的空间分异特征

绿色空间交换区面积与碳固持供需比差值的回归系数大多为负值（图 7），交换区面积增加，供需比差值也将减小，其绝对值将增加，因此将加剧碳供需紧张关系。原因可能是绿色空间交换时，需要先毁掉现有绿色空间再植入新绿色空间，过程中将释放大量植物中的二氧化碳，如毁林已成为仅次于化石燃烧的大气 CO_2 排放源，开垦草地也将极大增加碳排放[12]，且发育后期的林木才能成为碳源[49]。系数正负值方面，共 58 个正值区和 134 个负值区。其中，2010～2015 年回归系数大多为正值，交换区利于供需关系缓解紧张，可能与该阶段绿色空间交换的类型有关，该时段耕地、林地、草地转向湿地的面积和草地转向林地的面积更少，且与另两个年份的差值极大，表明交换区中转向湿地、林地等碳汇能力强的绿色空间越少，越利于碳平衡。系数绝对值反映交换区对供需关系影响减弱。从空间分布来看，2000～2005 年和 2000～2015 年系数都从北向南减小，但从系数绝对值来看，交换区对南方的咸宁等地影响更大；2005～2010 年系数由西北向东南减小，交换区在此时段对东南的黄冈市影响更大。

（4）绿色空间不变区对碳固持供需比影响的空间分异特征

绿色空间不变区面积对碳固持供需比差值的系数多为负值（图 7），两者呈现负相关，即不变区越大，越会加剧区县碳供需紧张度。从系数正负值来看，四个时段仅 45 个正值区，故两者主要呈负相关。这可能是因城市经济发展，人为干扰增加，各区县的碳排放增率大于固碳量，因而绿色空间不变区也使供需关系紧张。但是，与另三类演化类型相比，不变区回归系数绝对值均较小，且相差较大，表明不变区对供需比差值影响较另三类演化类型弱；同时，系数绝对值变化较小，说明不变区影响较为稳定。空间方面，2000～2005 年，系数由东南向西北减小，西北部区县受到的影响更强；2005～2010 年和 2000～2015 年，由东北向西南减弱，南部黄石、咸宁等地受到不变区影响较大；而 2010～2015 年，系数则由西北向东南减小，东南部黄冈、黄石受到负向影响强度较大。

从演化类型影响方向来看，除绿色空间扩张区外，其余演化类型与碳固持供需比呈负相关。从影响强度来看，绿色空间扩张区与碳固持供需比差值的回归系数在各时段明显较大，损失区与交换区次之，前者稍大，不变区系数极小，影响最弱。因此，扩大绿色空间最益于碳平衡，收缩绿色空间最易加剧碳平衡紧张关系，改变现有绿色空间类型和仅仅保持现有绿色空间也不利于缓解碳固持供需关系。鉴于此，在城市建设中应以扩张绿色空间为主；控制绿色空间的损失区；谨慎对待现有绿色空间，以生态管理和生境优化为主，提高碳汇能力，同时控制区域内碳排放；必须变换绿色空间类型时，以灌草转林木为主。

空间上，各类演化类型均表现出对南部黄冈、黄石、咸宁等绿色空间较为集中区域[50]的碳供需比差值影响更显著，且这些区域 GWR 模型的 R^2 值也更高，说明绿色空间演化类型对生态本底好的区域影响更强，结果可为区域绿色空间生态规划及保护提供借鉴。

最后，四类演化类型回归系数大致表现为：15 年间隔时段回归系数比 5 年间隔时段大，且 15 年间隔数据的 GWR 模型解释度更高。说明长期演化类型面积对碳固持供需比影响更大，故需持续监测更精细的绿色空间演变与碳排放和固碳量数据，探究更为准确的影响关系。

4 结论

中国进入实现“碳达峰”和“碳中和”目标的关键时期，区县级土地和绿色空间演化特征与碳固定的关系探究有助于制定更可持续的土地开发和城市建设策略。本研究以武汉都市圈为例，分析了绿色空间演化类型与固碳量抵减碳排放值的响应关系，主要结论包括以下 3 点。

(1) 15 年间武汉都市圈绿色空间不断收缩，耕地、林地和草地收缩，湿地有少量扩张，这一趋势在武汉及长江和汉江周边较为明显。各研究时段中，武汉都市圈绿色空间演化类型的面积大小排序均为绿色空间不变区＞损失区＞交换区＞扩张区。绿色空间扩张区、损失区和交换区年变化量均先升后降，绿色空间不变区年变化量则是先降后升。扩张区和损失区的高值区主要位于西部，而交换区和不变区的高值区主要位于都市圈外围，尤其是东侧。

(2) 四个研究年份中，武汉都市圈碳排放和陆地植被固碳量上升，碳固持供需比下降。碳排放呈现为“中心高、四周低，东西高、南北低”的空间特征，固碳量呈现类似格局，碳固持供需比表现为以武汉市各区县为低值中心，南高北低、东高西低的空间格局，供需比差值的绝对值表现为类似的空间格局。在供需比小于 1 的区县，即碳供需关系紧张的区县逐年增加，且由中部向西部扩散，至 2015 年除梁子湖区外中西部区县供需关系均较为紧张。

(3) 碳固持供需比与绿色空间扩张区面积大致呈正相关，有利于碳供需平衡，影响强度由西北高东南低发展为东南高西北低，影响强度在减弱。碳固持供需比与损失区、交换区和不变区均呈负相关，影响强度分布为南高北低，影响强度均有所下降。演化类型的影响强度大小为扩张＞损失＞交换＞不变。

参考文献

[1] IPCC. 拟议的 CO_2 排放限制的影响[R]. 1997.

[2] Augustin L, Barbante C, Prf B, et al. Eight glacial cycles from an Antarctic ice core[J]. Nature, 2004, 429(6992): 623-628.

[3] http: //www.globalcarbonatlas.org/cn/CO2-emissions.

[4] Silaydin Aydin MB, Çukur D. Maintaining the carbon - oxygen balance in residential areas: A method proposal for land use planning[J]. Urban forestry & urban greening, 2012, 11(1): 87-94.

[5] Morani D J, et al. How to select the best tree planting locations to enhance air pollution removal in the MillionTreesNYC initiative [J]. Environ Pollut, 2011, 159(5): 1040-1047.

[6] Pan Y, Birdsey R A, Fang J, et al. A large and persistent carbon sink in the world's forests[J]. Science, 2011, 333 (6045): 988-993.

[7] 余新晓，鲁绍伟，靳芳，等．中国森林生态系统服务功能价值评估[J]. 生态学报，2005(08)：2096-2102.

[8] Feller C, Bernoux M. Historical advances in the study of global terrestrial soil organic carbon sequestration[J]. Waste Manag, 2008, 28(4): 734-740.

[9] 孟士婷，黄庆旭，何春阳，等．区域碳固持服务供需关系动态分析——以北京为例[J]. 自然资源学报，2018，33 (07)：1191-1203.

[10] 张红旗，许尔琪，朱会义．中国“三生用地”分类及其空间格局[J]. 资源科学，2015，37(07)：1332-1338.

[11] Houghton R A, et al. The U.S. Carbon Budget: Contributions from Land-Use Change[J]. Science, 1999, 285: 574-578.

[12] 张小全，武曙红，何英，等．森林、林业活动与温室气体的减排增汇[J]. 林业科学，2005(06)：153-159.

[13] Fang Jinyun, et al. Changes in Forest Biomass Carbon Storage in China between 1949 and 1998[J]. Science, 2001, 292: 2320-2322.

[14] 王刚，张华兵，薛菲，等．成都市县域土地利用碳收支与经济发展关系研究[J]. 自然资源学报，2017，32(07)：1170-1182.

[15] 李璐，董捷，徐磊，等．功能区土地利用碳收支空间分异及碳补偿分区——以武汉城市圈为例[J]. 自然资源学报，2019，34(05)：1003-1015.

[16] Weltzin J F, Bridgham S D, Pastor J, et al. Potential effects of warming and drying on peatland plant community composition[J]. Global Change Biology, 2003, 9(2): 141-151.

[17] YU G, ZHANG L, SUN X, et al. Environmental controls over carbon exchange of three forest ecosystems in eastern China [J]. Global change biology, 2008, 14(11): 2555-2571.

[18] Woodward F I, Cao M. Dynamic responses of terrestrial ecosystem carbon cycling to global climate change[J]. Nature, 1998, 393(6682): 249-252.

[19] SORENSEN PL, MICHELSEN A. Long-term warming and litter addition affects nitrogen fixation in a subarctic heath[J]. Global change biology, 2011, 17(1): 528-537.

[20] Zhou X, Luo Y, Gao C, et al. Concurrent and lagged impacts of an anomalously warm year on autotrophic and heterotrophic components of soil respiration: a deconvolution analysis[J]. The New phytologist, 2010, 187(1): 184-198.

[21] Piao S, Ciais P, Friedlingstein P, et al. Net carbon dioxide

losses of northern ecosystems in response to autumn warming[J]. Nature, 2008, 451(7174): 49-52.
[22] Houghton R A. The annual net flux of carbon to the atmosphere from changes in land use 1850-1990[J]. Series B: Chemical and Physical Meteorology, 1999, 51(2): 298-313.
[23] Houghton R A, House J I, Pongratz J, et al. Carbon emissions from land use and land-cover change[J]. Biogeosciences, 2012, 9(12): 5125-5142.
[24] Zavaleta E S, Shaw M R, Chiariello N R, et al. Grassland Responses to Three Years of Elevated Temperature, CO_2, Precipitation, and N Deposition[J]. Ecological Monographs, 2003, 73(4): 585-604.
[25] 付超，于贵瑞，方华军，等. 中国区域土地利用/覆被变化对陆地碳收支的影响[J]. 地理科学进展，2012，31(01)：88-96.
[26] 孙伟，乌日汗. 长三角核心区碳收支平衡及其空间分异[J]. 地理研究，2012，31(12)：2220-2228.
[27] 刘欣铭. 基于碳公平的省域碳补偿时空变化特征研究[D]. 哈尔滨：哈尔滨师范大学，2019.
[28] 李慧，李玮，姚西龙. 中国省域全要素碳排放效率空间特征与动态收敛性研究[J]. 科技管理研究，2019，39(19)：98-103.
[29] 赵荣钦，张帅，黄贤金，等. 中原经济区县域碳收支空间分异及碳平衡分区[J]. 地理学报，2014，69(10)：1425-1437.
[30] Baro F, Haase D, Gomez-Baggethun E, et al. Mismatches between ecosystem services supply and demand in urban areas: A quantitative assessment in five European cities[J]. Ecological Indicators, 2015, 55: 146-158.
[31] Burkhard B, Kroll F, Nedkov S, et al. Mapping ecosystem service supply, demand and budgets[J]. Ecological Indicators, 2012, 21: 17-29.
[32] Larondelle N, Lauf S. Balancing demand and supply of multiple urban ecosystem services on different spatial scales[J]. Ecosystem Services, 2016, 22: 18-31.
[33] 齐绍洲，林屾，王班班. 中部六省经济增长方式对区域碳排放的影响——基于Tapio脱钩模型、面板数据的滞后期工具变量法的研究[J]. 中国人口·资源与环境，2015，25(05)：59-66.
[34] 贺泽远. 中国省级碳排放量与经济发展演变的差异分析——基于"十四五"碳中和目标的实证分析[J]. 商展经济，2021(09)：128-130.
[35] 韩梦瑶，刘卫东，谢漪甜，等. 中国省域碳排放的区域差异及脱钩趋势演变[J]. 资源科学，2021，43(04)：710-721.
[36] 陈峰云. 湖北省土地利用/覆被变化及其对自然环境要素的影响[D]. 武汉：华中农业大学，2009.
[37] 朱家莹. 快速城市化背景下的武汉市土地利用结构变化及驱动力研究[D]. 武汉：华中师范大学，2019.
[38] 湖北省发展和改革委员会. 武汉城市圈总体规划纲要[EB/OL].（2007-04-15）. http://wenku.baidu.com/view/dfb19f60ddccda38376baf96.html.
[39] Chen J, Gao M, Cheng S, et al. County-level CO_2 emissions and sequestration in China during 1997～2017[J]. Scientific data, 2020, 7(1): 391-404.
[40] Chen J, Fan W, Li D, et al. Driving factors of global carbon footprint pressure: Based on vegetation carbon sequestration[J]. Applied Energy, 2020, 267: 114914.
[41] 陈燕红，蔡芫镔，仝川. 基于遥感的城市绿色空间演化过程的温度效应研究——以福州主城区为例[J]. 生态学报，2020，40(07)：2439-2449.
[42] 孙伟，乌日汗. 长三角核心区碳收支平衡及其空间分异[J]. 地理研究，2012，31(12)：2220-2228.
[43] 李晶晶，闫庆武，胡苗苗. 基于地理加权回归模型的能源"金三角"地区植被时空演变及主导因素分析[J]. 生态与农村环境学报，2018，34(8)：700-708.
[44] 覃文忠，王建梅，刘妙龙. 地理加权回归分析空间数据的空间非平稳性[J]. 辽宁师范大学学报（自然科学版），2005(04)：476-479.
[45] 邵一希，李满春，陈振杰，等. 地理加权回归在区域土地利用格局模拟中的应用——以常州市孟河镇为例[J]. 地理科学，2010，30(01)：92-97.
[46] 李璐，董捷，徐磊，等. 功能区土地利用碳收支空间分异及碳补偿分区——以武汉城市圈为例[J]. 自然资源学报，2019，34(05)：1003-1015.
[47] 陈路. 环境规制、技术创新与经济增长[D]. 武汉：武汉大学，2017.
[48] McMillen D P. Geographically Weighted Regression: The Analysis of Spatially Varying Relationships[J]. American Journal of Agricultural Economics, 2004, 86(2): 554-556.
[49] 王春权，孟宪民，张晓光，等. 陆地生态系统碳收支/碳平衡研究进展[J]. 资源开发与市场，2009，25(02)：165-171.
[50] 高雅清. 都市圈空间发展特征及空间引导策略研究[D]. 武汉：华中科技大学，2019.

作者简介

李文佩，1996年生，女，汉族，四川南充人，硕士，华中科技大学建筑与城市规划学院，科研助理，研究方向为绿色空间、绿色基础设施。电子邮箱：1292897758@qq.com。

陈明，1991年生，男，汉族，福建福州人，博士，华中科技大学建筑与城市规划学院，讲师，研究方向为城市绿色空间、绿色基础设施、大气颗粒物污染。电子邮箱：chen_m@hust.edu.cn。

百万亩造林工程对陆地生态系统碳储量的影响研究

——以北京市平原区为例

Study on the Impact of Million mu Afforestation Project on Carbon Storage in Terrestrial Ecosystem

—A Case Study of Beijing Plain Area

潘瑞琦　郑　曦

摘　要： 为评估百万亩造林工程对北京市平原区陆地生态系统固碳量的影响，采用 InVEST 模型和 GIS 空间分析方法定量评估 2010～2020 年北京平原区土地利用和碳储量的时空变化。结果表明：①2020 年北京平原区林地面积较 2010 年增加 154.2 km^2，增加面积和增长率在各地类中处于较高水平；②2020 年北京平原区总碳储量较 2010 年增加 3.54×106Mg，各地类中林地碳储量增量最大。得出结论：2010～2020 年北京平原区碳储量呈增长趋势，百万亩造林工程对生态系统碳储量的提升具有重要作用。

关键词： 百万亩造林；生态系统碳储量；固碳效益；InVEST 模型

Abstract: To assess the impact of the"million mu afforestation project"on the carbon sequestration of terrestrial ecosystems in Beijing plain area, we assess quantitatively the spatial and temporal changes of land use and carbon storage in Beijing plain area from 2010 to 2020 using the InVEST model and by GIS spatial analysis to The results show that ① the forested area in Beijing plain area in 2020 increased by 154.2 km^2 compared with 2010, and the increased area and growth rate are at a high level among all categories; ② the total carbon storage in Beijing plain area in 2020 increased by 3.54×106 Mg compared with 2010, and the increase in carbon stock in forest is the highest among all categories. It is concluded that the carbon storage in Beijing plain area had been increasing from 2010 to 2020, and the"million mu afforestation project"has played an important role in improving the carbon storage of ecosystem.

Keywords: Million Mu Afforestation; Ecosystem Carbon Storage; Carbon Sequestration Benefit; InVEST Model

引言

受人类活动的影响，全球大气中二氧化碳浓度急剧上升，气候变化引发的一系列灾害事件已影响到全球超过 5 亿人的生存。国内外学者开始探索有效的途径以减缓气候变化，碳增汇、碳减排已成为研究热点。

陆地生态系统一直以来扮演着重要的碳汇角色[1]，通过将碳固存在植物、土壤及其他生物质中来减少大气中的温室气体。森林生态系统作为其中的固碳主体，贡献了 80%的固碳[2,3]，在缓解气候变化中的作用已得到广泛认可[4]。森林固碳利用自然过程，在调节气候稳定和维持碳平衡等方面发挥了重要作用[5]。

中国已提出“2030 年前实现碳达峰、2060 年前实现碳中和”的发展目标。近年来，各地纷纷开展大规模国土绿化行动，森林蓄积量持续增长。北京市高度重视森林碳汇的作用，2012～2017 年实施了百万亩平原造林工程和平原地区重点区域绿化建设工程，从 2018 年开始在全市范围开展新一轮百万亩造林工程。如何量化造林工程的碳汇效益并指导未来的城市森林建设，值得深入研究。对于城市尺度的碳储量计算，常见的模型有 InVEST、CEVSA2 等。其中，InVEST 模型是一种可量化多种生态系统服务功能的综合评估模型，已广泛应用于生态系统碳储量估算及生态系统服务价值评估[6-9]。

本文基于北京市平原区的土地利用格局变化，使用 InVEST 模型的 carbon 模块计算 2010～2020 年之间碳储量变化，量化评估生态系统的固碳效益，分析百万亩造林工程对生态系统碳储量的影响，为北京森林城市和低碳城市建设提供新的视角。

1　研究区域

北京位于华北平原西北部（115.7°～117.4°E、39.4°～41.6°N），平原区主要包括北京东南部的平原和西北部的延庆盆地（图 1），总面积 6338km^2，约占北京市总面积的 38%。2010 年以前，平原区的森林资源以防护林带为主，片林面积小且破碎[10]，森林资源体量与城市生态需求存在差距。2012 年北京在城市人口密集、污染相对突出的平原地区开展百万亩平原造林工程，截至 2017 年底，累计完成平原区造林 117 万亩（1 亩≈666.7m^2），平原森林覆盖率由 2011 年的 14.85%提高到 2017 年的 27.81%，初步形成了以大面积森林为基底、大型生态廊道为骨架、九大楔形绿地为支撑的城市森林生态格局[11]。在 2018 年北京开启的新一轮百万亩造林工程中，平原区仍作为绿化重点，全面推进大尺度森林湿地、城市公园、小微绿地等的建设。截至 2020 年底，平原森林覆盖率已超过 30%。

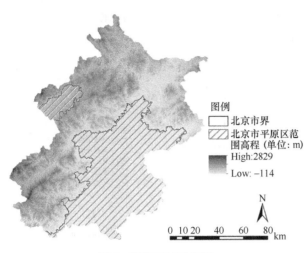

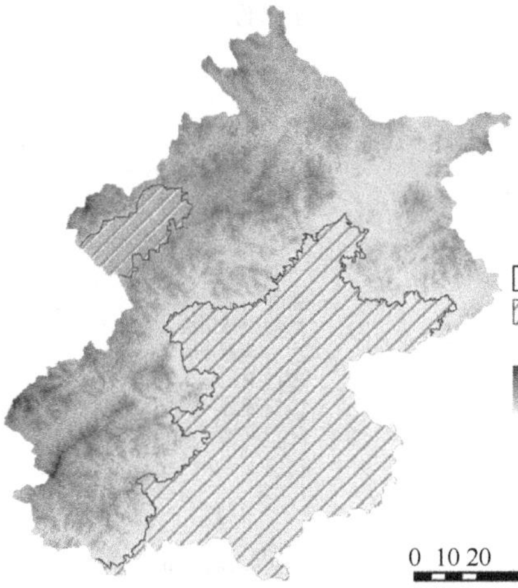

图 1　研究区域示意图

2　研究方法与数据来源

2.1　研究方法

本文运用 InVEST 碳储量评估模型分析北京平原区生态系统碳储量的变化。InVEST 碳储量模型以土地利用类型为评估单元，利用区域土地利用/覆被信息、碳密度数据，通过栅格叠加评估陆地生态系统碳储量。模型考虑了 4 种类型的碳库：地上碳库、地下碳库、土壤有机质碳库、死亡有机质碳库。地上碳库包括陆地表层上所有存活植被的碳储量；地下碳库主要指植物活的根系系统中的碳储量；土壤碳库包括土壤有机碳和矿质土壤有机碳形成的碳储量；死亡有机质碳库包括枯立木、倒木和凋落物中所含的有机碳。

模型的计算公式如下：

$$C_i = C_{i\text{-}above} + C_{i\text{-}below} + C_{i\text{-}soil} + C_{i\text{-}dead} \tag{1}$$

$$C_{total} = \sum_{i\cdot=1}^{n} C_i \times S_i \tag{2}$$

式中　i——某种土地类型；

C_i——土地利用类型 i 的总碳密度；

$C_{i\text{-}above}$、$C_{i\text{-}below}$、$C_{i\text{-}soil}$、$C_{i\text{-}dead}$——土地利用类型 i 地上植被、地下活根、土壤和植被枯落物的碳密度，MgC/hm^2；

C_{total}——总碳储量，MgC；

S_i——土地利用类型 i 的总面积，hm^2；

n——土地利用类型的总数。

根据研究需求，采用我国土地利用/覆盖遥感监测分类体系《土地利用现状分类》GB/T 21010—2017 中的一级分类系统，将土地划分为耕地、林地、草地、水域、建设用地、未利用土地 6 种主要类型。

2.2　数据来源

本文使用的数据包括北京平原区土地利用数据和各种土地利用类型的碳密度数据。

2.2.1　土地利用数据

本文采用北京市平原区 2010 年和 2020 年的土地利用数据，数据来源于中国科学院资源环境科学数据中心（http：//www. resdc. cn/），由 Landsat TM /ETM 影像解译得到，空间分辨率为 30m×30m。

2.2.2　碳密度数据

碳密度数据根据不同地类的植被覆盖状况与植被碳密度、土壤碳密度获得。本文不同地类的土壤碳密度数据（包含表层和深层）通过已经公开发表的文献[12-15]获得。研究表明，土壤碳密度与降水量之间呈现明显的正相关关系[16,17]，考虑到碳密度受所在区域自然地理条件的影响，结合北京市实际情况，使用 Alam[16]的公式进行碳密度值的校正。

$$C_{SP} = 3.3968 \times MAP + 3996.1 (R^2 = 0.11) \tag{3}$$

根据碳库生物量的比值——碳转换率的研究成果[18]换算出其他 3 种碳库的碳密度（表 1）。

北京市各土地利用类型碳密度（单位：MgC/hm^2）　　表 1

土地利用类型	地上生物量	地下生物量	土壤有机质	死亡有机质
耕地	12.04	7.95	55.34	1.54
林地	31.53	6.31	104.78	2.91
草地	17.49	20.99	94.88	3.66
水域	0	0	0	0
建设用地	5.58	1.11	25.19	0
未利用土地	6.81	1.42	22.63	0.63

（1）城市建设用地：总碳密度＝植被碳密度(21%)＋土壤有机质碳密度(79%)。植被碳密度：地下生物量/地上生物量的值为 0.2。

（2）其他土地类型：总碳密度＝植被碳密度(26%)＋土壤有机质碳密度(72%)＋死亡有机质碳密度(2%)。其中耕地、林地、草地、未利用地植被碳密度：地下生物量/地上生物量的值分别为 0.66、0.2、1.2、0.2。

3　研究结果

3.1　土地利用时空变化

百万亩造林工程通过改变土地利用/覆被类型，间接影响生态系统碳储量。因此，首先对北京平原区土地利用格局的主要变化进行分析（图 2～图 4、表 2）。

（1）各类土地面积

2010～ 2020 年，平原区各种土地利用类型百分比的变化不明显。占比最大的建设用地和耕地面积之和占据了平原区总面积的九成。退耕地及建设用地中的腾退地成为造林的主要地类。

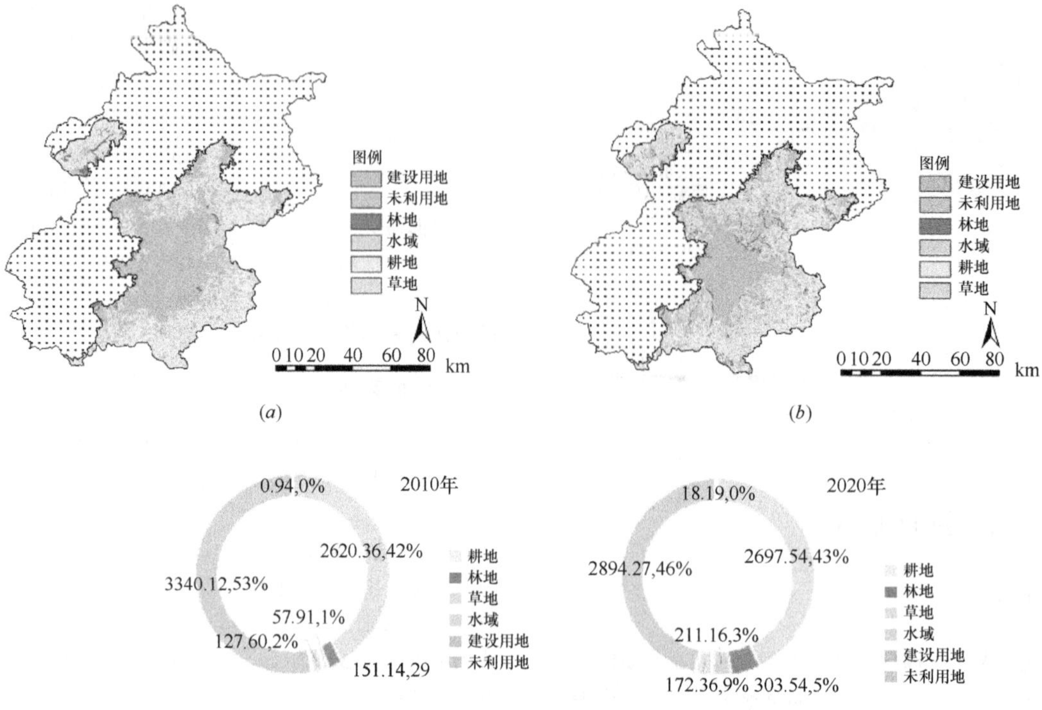

(c)

图 2　2010 年、2020 年土地利用类型及各地类占比

(*a*）2010 年土地利用类型示意图；(*b*）2020 年土地利用类型示意图；(*c*）各地类占比

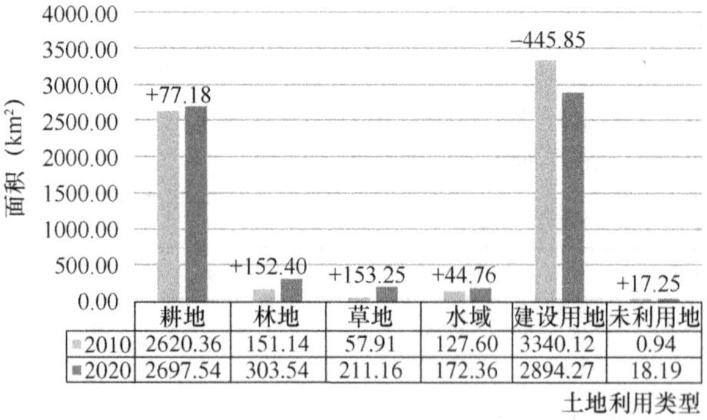

图 3　2010～2020 年土地利用变化

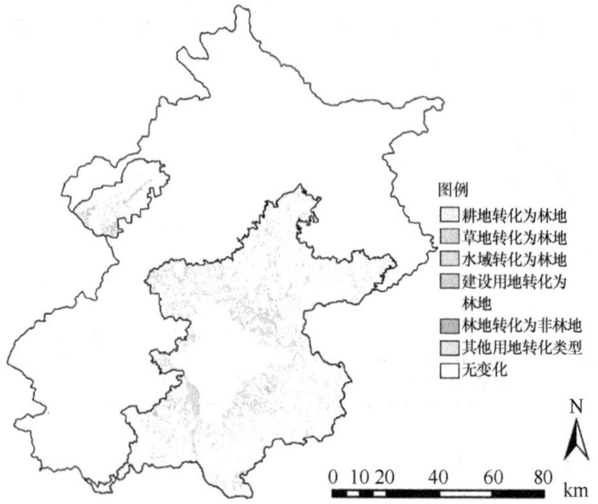

图 4　2010～2020 年林地与非林地时空转换分布示意图

2010～2020 年土地利用转移矩阵（单位：km²）　　**表 2**

土地利用类型		2018 年						总计
		耕地	林地	草地	水域	建设用地	未利用土地	
2015 年	耕地	2217.01	100.24	21.12	36.52	235.78	8.86	2619.53
	林地	27.06	106.61	3.57	3.19	7.48	3.24	151.14
	草地	2.67	4.68	45.84	0.11	4.61	0.00	57.91
	水域	11.79	7.87	16.81	81.39	7.34	2.34	127.55
	建设用地	438.07	84.15	123.83	51.15	2639.05	3.75	3339.99
	未利用土地	0.94	0.00	0.00	0.00	0.00	0.00	0.94
合计		2697.54	303.54	211.16	172.36	2894.27	18.19	6297.05

10 年间，林地和草地增长明显，林地面积增长 100.8%。耕地转化为林地的面积最大，达 100.24km²，表明北京市在百万亩造林工程中，有效落实了退耕还林的政策。其次为建设用地，转化为林地 84.15km²，表明北京市在减量发展过程中，大量腾退地转化为了生态绿地。

2020 年，平原区森林覆盖率比 2010 年增加了约 15.15%，即人工造林面积达 954km²。其中，通过非林地转化林地增加的森林面积为 154.2km²，占比 16.2%，实施造林的主要地类有腾退地、河滩沙地、废弃鱼塘等[19]。其余增加的森林为土地利用类型不变的情况下，提升绿化覆盖率而得，如在公路、铁路两侧植树造林，以及在核心区、中心城区实施“留白增绿”。

(2) 土地类型分布

2010～2020 年，新增的林地呈线状或点状分布，呈向中心城区扩张的趋势。沿永定河、北运河和潮白河三条主要河流两侧建立了绿色廊道，该部分林地主要由建设用地转化而成。在平谷、昌平、大兴等区，部分耕地转化为林地。延庆、门头沟和亦庄的部分林地被耕地、建设用地等侵占。

3.2 碳储量时空变化

由图 5、图 6 可以看出，2010～2020 年北京市平原区总碳储量由 33.79×10⁶ Mg 增长到 37.33×10⁶ Mg，提升了 10.48%。可见，其他用地转化为碳密度较高的林地，提升了陆地生态系统的总碳储量。对于各类土地，除了建设用地和水域外，其他几种地类的碳储量都有不同程度的增长，其中林地碳储量增量最大，达 2.22×10⁶ Mg，增长率为 100.9%。建设用地碳储量有所降低，这是建设用地面积缩减导致的。

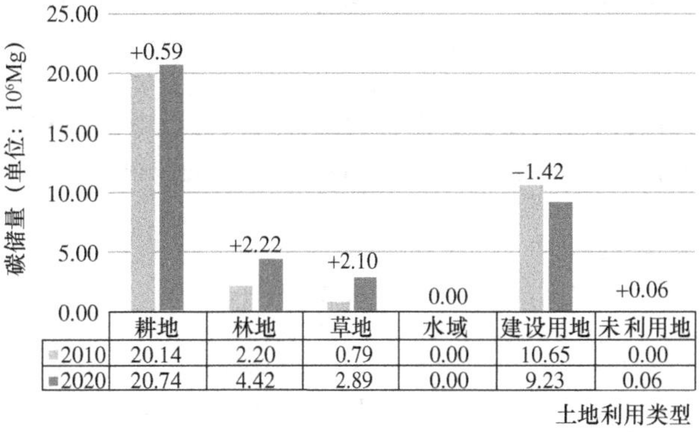

	耕地	林地	草地	水域	建设用地	未利用地
2010	20.14	2.20	0.79	0.00	10.65	0.00
2020	20.74	4.42	2.89	0.00	9.23	0.06

图 5　2010～2020 年不同土地利用类型的碳储量变化

从空间分布来看，在东南部平原和延庆盆地，碳储量均呈周围高、中心低的状态分布，碳储量较低的区域与建设用地集中分布区域基本一致。2010～2020 年，碳储量下降的用地主要为被其他用地侵占的林地和新增的建设用地，呈散点状分布在平原地区新城。林地和草地的单位面积碳储量较高。由于林地向中心城区扩张，碳储量高的区域呈向中心聚拢的趋势，并集中沿三条河流绿廊、九条楔形绿地分布。分布模式由 2010 年的零星分布变为 2020 年的集中连片分布，表明北京通过百万亩造林工程形成的绿色空间体系具有较好的碳汇效益。部分碳储量增量较高的区域分布在平原区和浅山区交界处，这是由于新一轮百万亩造林工程的范围扩大到了全市，促进了北京市域绿色空间协同高质量发展。

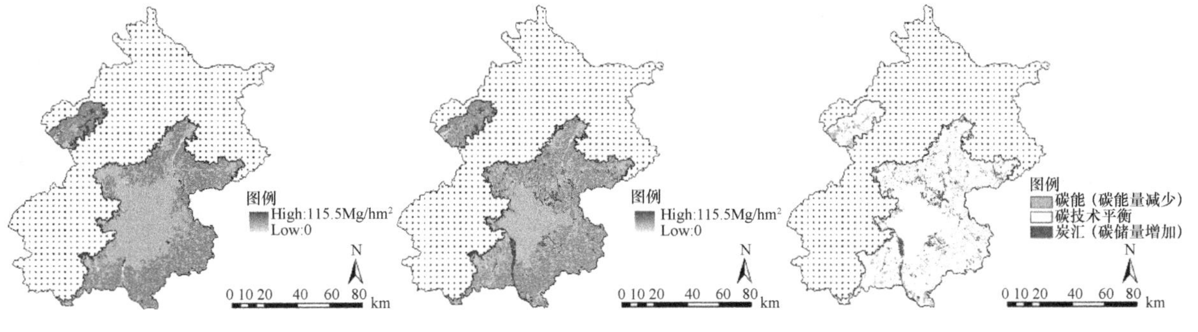

图 6　2010 年、2020 年单位面积碳储量空间分布及变化示意图

4 结论与讨论

4.1 结论

(1) 2010～2020 年北京市平原区碳储量呈增长趋势。各种土地利用类型中，林地的碳密度值最高，固碳效益强。10 年间，林地面积的不断增大为平原区碳储量的提升作出了重要贡献。

(2) 百万亩造林工程对陆地生态系统碳储量的提升发挥了显著作用。人工造林以非林地向林地转变和增强非林地（如建设用地）碳密度的方式提升了北京市平原区的碳储量，同时带来森林覆盖率的提升，有效改善了首都的生态环境，实现了城市发展、绿化美化和民生福祉的和谐统一。

4.2 不足与展望

(1) InVEST 模型的局限性在于简化了碳循环的过程，未考虑固碳速率随时间的变化；计算的碳储量只受土地利用类型变化及木材采伐的影响，忽略了土地利用类型不变的情况下由于自然演替所增加的碳汇量。因此，模型计算出的碳储量低于实际值。陆地生态系统中的碳循环过程较为复杂，无法通过模型完整还原。因此本文采用的方法仅适用于全球、国家、城区尺度的碳储量估算及变化趋势研究，无法实现中小尺度碳储量的精准计算。

(2) 百万亩造林工程在大尺度增绿的同时注重城市公

园、小微绿地的建设，以构建完整的城市森林生态系统。由于研究尺度较大，本文将建设用地划为一大类，取平均碳密度进行估算。研究结果表明，建设用地中绿色空间是百万亩造林成果的重要组分。因此，应进一步探索建设用地中绿地及各类附属绿地碳储量更精准的计算方法，提升陆地生态系统固碳效益评价的科学性，以期为园林绿化高质量发展和低碳森林城市建设提供理论依据。

参考文献

[1] 高扬，何念鹏，汪亚峰．生态系统固碳特征及其研究进展[J]．自然资源学报，2013，28(7)：1264-1274.

[2] Paul Schroeder. Carbon storage potential of short rotation tropical tree plantations[J]. Forest Ecology and Management，1992，50(1/2)：31-41.

[3] Schimel D S，House J I，Hibbard K A，et al. Recent patterns and mechanisms of carbon exchange by terrestrial ecosystems[J]. Nature，2001，414(6860)：169-172.

[4] Fang J Y，Guo Z D，Hu H F，et al. Forest biomass carbon sinks in East Asia，with special reference to the relative contributions of forest expansion and forest growth[J]. Global Change Biology，2014，20(6)：2019-2030.

[5] Pan Y D，Birdseyra，Fang J Y，et al. A large and persistent carbon sink in the world's forests[J]. Science，2011，333：988-993.

[6] 黄卉．基于 InVEST 模型的土地利用变化与碳储量研究[D]．北京：中国地质大学，2015.

[7] Ardavan Zarandian，Jalil Badamfirouz，Roya Musazadeh，et al. Scenario modeling for spatial-temporal change detection of carbon storage and sequestration in a forested landscape in Northern Iran[J]. Environ Monit Assess，2018(190)：474.

[8] Von Essen M，Rosario I T，Santos-reis M，et al. Valuing and mappingcorkand carbon across land use scenarios in a Portuguese montado landscape[J]. PLoS ONE，2019，14(3)：1-13.

[9] Chacko S，Ravichandran C，Vairvel S M，et al. Employing measurers of spatial distribution of carbon storage in Periyar tiger reserve，southern western Ghats，India[J]. Journal of Geovisualization & Spatial Analysis，2019，3(1)：1-7.

[10] 王成．北京平原区造林增绿的战略思考[J]．中国城市林业，2012，10(1)：7-11.

[11] 孙杰．近十万亩平原今年添新绿[N]．北京日报，2018(2018-04-09)[2021-07-26].

[12] 李随民，栾文楼，宋泽峰，等．河北省南部平原区土壤有机碳储量估算[J]．中国地质，2010，37(2)：525-529.

[13] 奚小环，李敏，张秀芝，等．中国中东部平原及周边地区土壤有机碳分布与变化趋势研究[J]．地学前缘，2013，20(1)：154-165.

[14] Chuai X W，Huang X J，Lai L，et al. Land use structure optimization based on carbon storage in several regional terrestrial ecosystems across China[J]. Environmental Science & Policy，2013，25：50-61.

[15] 黄麟，刘纪远，邵全琴，邓祥征．1990～2030 年中国主要陆地生态系统碳固定服务时空变化[J]．生态学报，2016，36(13)：3891-3902.

[16] Alams A，Starr M，Clark B J F. Tree biomass and soil organic carbon densities across the Sudanese woodland savannah：a regional carbon sequestration study[J]. Journal of Arid Environments，2013，89(2)：67-76.

[17] 陈光水，杨玉盛，刘乐中，等．森林地下碳分配(TBCA)研究进展[J]．亚热带资源与环境学报，2007(1)：34-42.

[18] 柯新利，唐兰萍．城市扩张与耕地保护耦合对陆地生态系统碳储量的影响——以湖北省为例[J]．生态学报，2019，39(2)：672-683.

[19] 冯雪，马履一，蔡宝军，等．北京平原百万亩造林工程建设效果评价研究[J]．西北林学院学报，2016，31(1)：136-144.

作者简介

潘瑞琦，1998 年生，女，汉族，北京人，北京林业大学园林学院硕士在读，研究方向为风景园林规划设计与理论。电子邮箱：794856002@qq. com。

郑曦，1978 年生，男，汉族，北京人，博士，北京林业大学园林学院，院长、教授，研究方向为风景园林规划设计与理论。电子邮箱：zhengxi@bjfu. edu. cn。

江洋畈生态公园次生植被群落分类与演替研究

Study on the Secondary Vegetation Community Classification and Succession in Jiangyangfan Ecological Park

全琛琛　张红梅　高淑滢

摘　要：在前期调查基础上，2017～2021年，重点对江洋畈生态公园淤泥库区内的次生植被进行现场调查，探明了植物群落的生境特征、群落类型、优势群落变化、群落动态演替规律以及群落演替影响因素，并结合现状问题，提出了江洋畈生态公园相关生态保护建议。

关键词：生境特征；群落类型；动态演替；生态保护

Abstract: On the basis of previous investigation, the secondary vegetation of sediment deposited in jiangyangfan Ecological Park reservoir were investigated on spot from 2017 to 2021. Then, habitat characteristics, community types, dominant community changes, dynamic succession of plant communities and influencing factors of community succession were acquainted. Combining current situation, suggestions on ecological protection of park was put forward successfully.

Keywords: Habitat Characteristics; Community Types; Dynamic Succession; Ecological Protection

引言

江洋畈生态公园位于杭州市西湖区与上城区的交界处，三面环山，南眺钱塘江，其前身是西湖淤泥疏浚地，面积约19.8hm^2。2008～2010年，钱江管理处对江洋畈淤泥库区进行规划建设，因地制宜引入姿态飘逸、花叶自然的水湿生植物及陆生植物[1]。

近年来，公园地表有逐年沉降的趋势，部分区域水深在逐年增大，导致有些植被面临长期水淹胁迫的不良影响，出现生长不佳或逐渐消亡的情况，如水系边的南川柳（*Salix rosthornii*），在水淹胁迫下出现倒伏、生长不良甚至死亡的情况，且有扩大的趋势[2]；而适应水湿生环境的植被，如芦苇（*Phragmites australis*）、菰（*Zizania latifolia*）、香蒲（*Typha angustifolia*）、中华天胡荽（*Hydrocotyle chinensis*）、狐尾藻（*Myriophyllum verticillatum*）等数量和分布范围在逐年增大。因此，本文重点对公园淤泥库区内次生植被群落自然演替进行动态监测和相关研究。

1　研究方法

2017～2021年，以生境类型为基础，在研究区内选择17个固定样地、59个样方每年进行定期观测，样地涵盖了公园典型植物群落，通过调查记录植物种类、分布、物候、生境等特征，对植物群落结构进行动态监测。群落的命名采用优势种原则，即以各群丛优势种名称作为该群落的名称，优势种的确定采用柱形图处理，利用Excel表完成。

2　研究结果

2.1　植物群落类型及优势群落的变化

依据群落生境特征，将江洋畈淤泥库区植物群落分为三类，分别是中生植物群落、湿生植物群落和水生植物群落。中生植物指的是脱离水淹环境可以生存，若遇短期水淹，也可忍耐不至死亡，但水淹不能全株没入水下；湿生植物指的是在水淹没根部或全株在湿度极大的条件下生长；水生植物指的是可在水中生长，生境全年潮湿。2009年以来，研究区优势群落类型及变化如表1所示。

2009年以来江洋畈库区植物优势群落变化

表1

植物群落分类	2009年	2016年	2021年
中生植物群落 Mesophyta vegetation			
盐肤木群落 *Rhus chinensis*	√	√	√
风轮菜群落 *Clinopodium chinense*		√	√
飞蓬+一年蓬群落 *Erigeron acer*+*Erigeron annuus*	√	√	√
野菊群落 *Dendranthema indicum*		√	√
牛繁缕+繁缕群落 *Myosoton aquaticum*+*Stellaria media*	√	√	√
反枝苋群落 *Amaranthus retroflexus*	√		
大吴风草群落 *Farfugium japonicum*			√
萱草群落 *Hemerocallis fulva*			√
薹草群落 *Carex linn*			√
小蜡群落 *Ligustrum sinense*	√	√	√

续表

植物群落分类	2009 年	2016 年	2021 年
活血丹群落 *Glechoma longituba*		√	√
黄鹌菜群落 *Youngia japonica*	√	√	√
野芝麻群落 *Lamium barbatum*	√		
酸模＋羊蹄群落 *Rumex acetosa* ＋ *Rumex japonicus*	√	√	√
蛇莓群落 *Duchesnea indica*		√	√
湿生植物群落 Hygrophyte vegetation			
大叶柳群落 *Salix magnifica*	√	√	√
南川柳群落 *Salix rosthornii*	√	√	√
高粱泡群落 *Rubus lambertianus*	√	√	√
接骨草群落 *Sambucus chinensis*	√	√	√
大狼杷草群落 *Bidens frondosa*	√	√	√
柳枝稷群落 *Panicum virgatum*	√	√	√
地笋群落 *Lycopus lucidus*		√	√
斑茅群落 *Saccharum arundinaceum*	√	√	√
白苞蒿群落 *Artemisia lactiflora*	√	√	√
泥胡菜群落 *Hemistepta lyrata*	√	√	√
水蓼群落 *Polygonum hydropiper*	√	√	√
天胡荽群落 *Hydrocotyle sibthorpioides*		√	√
中华天胡荽群落 *Hydrocotyle chinensis*		√	√
木芙蓉群落 *Hibiscus mutabilis*		√	√
蒲苇群落 *Cortaderia selloana*		√	√
峨参群落 *Anthriscus sylvestris*			√
臭牡丹群落 *Clerodendrum bungei*			√
溲疏群落 *Deutzia thunb*			√
大叶蓼群落 *Polygonum orientale*	√		
蒲儿根群落 *Sinosenecio oldhamianus*	√		
茴茴蒜群落 *Ranunculus chinensis*	√		
扯根菜群落 *Penthorum chinense*	√	√	√
喜旱莲子草群落 *Alternanthera philoxeroides*	√	√	√
水生植物群落 Aquatic vegetation			
芦苇群落 *Phragmites australis*	√	√	√

续表

植物群落分类	2009 年	2016 年	2021 年
菰群落 *Zizania latifolia*		√	√
水芹群落 *Oenanthe javanica*	√	√	√
香蒲群落 *Typha angustifolia*		√	
鸢尾群落 *Iris tectorum*		√	√
黄菖蒲群落 *Iris pseudacorus*		√	√
狐尾藻群落 *Myriophyllum verticillatum*		√	√
梭鱼草群落 *Pontederia cordata*		√	√
旱伞草群落 *Cyperus alternifolius*		√	
慈菇群落 *Sagittaria trifolia*		√	√
水莎草＋莎草群落 *Juncellus serotinus*＋*Schizaea digitata*	√		
芦竹群落 *Arundo donax*	√	√	√
千屈菜群落 *Lythrum salicaria*			√
灯心草群落 *Juncus effusus*			√
荷花群落 *Nelumbo nucifera*			√

2.2 植物群落的动态演替

2009 年以来研究区植物科、属、种数量变化状况如图 1 所示，2009 年共有植物 33 科 66 属 77 种，中生植物占 53.25%，湿生植物占 38.96%，水生植物占 7.79%；2016 年共有植物 42 科 89 属 102 种，陆生植物占 49.02%，湿生植物占 39.22%，水生植物占 11.76 %；2021 年共有植物 59 科 117 属 133 种，陆生植物占 51.88%，湿生植物占 35.34%，水生植物占 12.78%。各时期生活型植物种类数量变化见表 2。

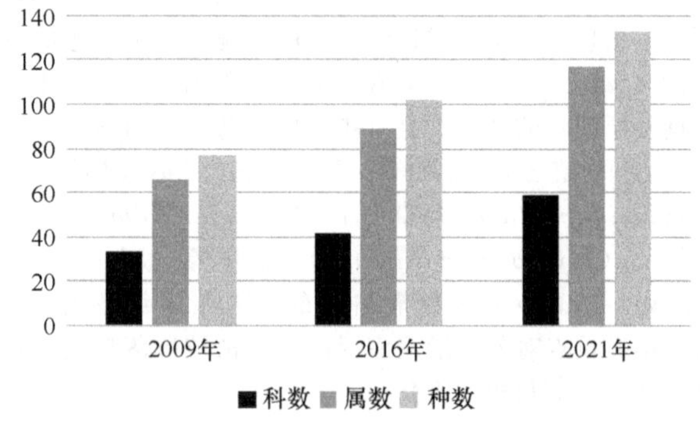

图 1　2009 年以来江洋畈淤泥库区植物科、属、种数量变化

2009 年以来江洋畈淤泥库区各生活型植物种类数量变化　　表 2

种类	2009 年		2016 年		2021 年	
	种数	所占比例（%）	种数	所占比例（%）	种数	所占比例（%）
中生植物	41	53.25	50	49.02	69	51.88
湿生植物	30	38.96	40	39.22	47	35.34
水生植物	6	7.79	12	11.76	17	12.78
合计	77	100.00	102	100.00	133	100.00

与2009年相比，2016年江洋畈淤泥库区物种数量大幅增加，增加的种类多数为水湿生的植物群落，一方面，2009～2010年，因公园建园施工时在淤泥库区内引入了大量乡土水湿生植物；另一方面，2010年公园竣工对外开放后，淤泥库区仍保留了大部分原生植被，在日常养护中尽量避免人工干预，经过一段时间的自我修复，水湿生植物种类数量有上升的趋势。

2021年调查研究表明，与2016年相比，江洋畈库区物种数量继续增加，水湿生植物群落种类持续增长。一方面受人工干扰影响，在2018年11月～2019年8月，江洋畈生态公园实施了彩化提升工程，重点清理了蒲苇、旱伞草、狐尾藻、香蒲等繁殖扩张能力强的水生植物，拓宽了水景空间，同时对芦苇进行清理，打造芦苇荡景观，增加花叶水葱（*Scirpus validus*）、再力花（*Halia dealbata*）、芦竹（*Arundo donax*）等水湿生植物，进一步丰富湿地景观，并在主游步道沿线增加臭牡丹（*Lerodendrum bungei*，图2）、溲疏（*Deutzia thunb*）等耐阴植物。另一方面，因施工清理后，给其他植物留出了足够的生长空间，有利于植物多样性，同时，淤泥里带来西湖种子，在适宜条件下仍在逐渐苏醒萌发，如荷花（*Nelumbo nucifera*）种子开始萌发，经过几年的生长，已形成一片荷花池（图3）。

2.3 植被群落动态演替规律

江洋畈淤泥库区次生植被群落的演替发展，在实施江洋畈建设项目时，已经历了四个阶段。第一阶段，淤泥堆积前场地原有植物群落主要为山谷林地，并且已经形成了较为完善的生态系统；第二阶段，1997～2003年，受到人为干预，大量西湖淤泥通过管道源源不断输送到这里，谷地内的植物基本被掩埋；第三阶段，新的植物群落自然演替开始，在场地淤泥填满后，土壤含水量较大，淤泥中原有和鸟类带来的耐水湿种子开始萌发，耐水湿植物开始生长，逐渐形成了湿生植物群落；第四阶段，水分蒸发，淤泥逐渐沉降，土壤含水量降低，乔木逐渐长大，成为优势种群，水生、湿生植物逐渐减少，形成了杭州独特的次生湿生林生境[3]（图4）。

江洋畈淤泥库区的次生演替，其实是一个植物填充淤泥沼泽的过程，每一个阶段都是以水分蒸发、淤泥不断干化，而为下一个阶段的群落出现创造条件。按照推算，第五阶段，如果不进行人工干预，随着淤泥的干化，淤泥库区植被将逐渐演替成与周围山林一致的次生山林植被群落，也就是趋向于恢复到当年淤泥填充之前的原生群落类型。现有的次生群落只是次生演替系列中的一个阶段，但如果利用不当或条件改变，它会不断地继续消退，而且不大可能恢复到原来的类型。如现有的上层乔木主要为南川柳，部分区域受到长期深水淹没胁迫，超过极限天数，将开始凋落死亡[4]；另外南川柳因扎根在淤泥中，根基不稳，受大风、大雨影响，易倒伏（图5），这也严重影响到正常生长。

图2 砂石路边的臭牡丹

图4 江洋畈次生湿地景观

图3 夏日的荷花池

图5 南川柳大量倒伏

3 讨论与分析

3.1 植被群落动态演替影响因素

江洋畈淤泥库区这10年来的植物群落动态演替变化，主要受建设施工、水位波动和淤泥沉降等因素影响，未来也将继续对植被次生演替产生重要影响，具体来说有以下几方面。

3.1.1 建设施工

江洋畈淤泥库区在2009～2010年建园施工以及2018～2019年提升改造中，都受到了大范围、大面积的人工干预，第一次建园施工主要是做加法，引入了大量花叶自然、姿态飘逸的水湿生植物，营造自然野趣的湿地景观。第二次提升改造主要是做减法，对当年引种的蒲苇、香蒲、菰、旱伞草、中华天胡荽、狐尾藻等已形成入侵趋势的植物进行清理（图6、图7），腾出生长空间，使次生湿地植物群落得到恢复。

图6 香蒲繁殖力强，大片侵占水面

图7 香蒲被清理后的水面

3.1.2 水位波动

为了维持淤泥库区的常水位，需要通过人工来调节水位。一年内水位最高的时候出现在夏季汛期，最高曾达到25.4m，一旦超过这个警戒水位，会开闸放水，而当旱季、枯水期来临时，会从钱塘江引水入园。因此，到了夏季水位会出现频繁涨落的情况，出现干湿交替的环境，这一情况持续到9月，植物难以快速适应环境条件的骤变，只能通过加强地上部分的伸长以从环境中补充获得氧的供应。除了旱涝期的调节外，平时也会适时地引排水，如为了维持水系景观需要补水，为了割芦苇等观赏草需要排水。

3.1.3 淤泥沉降

目前从淤泥库区内的木栈道与两座桥、砂石路的高差数据来看，2010年至今这11年来，淤泥沉降值约为50～60mm，沉降并不均匀，与当时华东勘测设计院所模拟的淤泥软土上PE管基础沉降数值分析结果基本吻合，土体初期沉降随时间基本成线性分布规律，直至栈桥施工5年后速率开始下降，后趋于稳定，但是沉降稳定需要时间相当长[5]。随着淤泥不断沉降，将导致部分植物受到长期水淹胁迫，处在这部分区域的植物体会开始凋落死亡，而部分区域将经历短期水淹过程。同时，被淹没的植物体为了从环境中获取氧的供应，而通过增加地上部茎的伸长，所以整体株高呈增长趋势[6]。

3.2 江洋畈淤泥库区所面临的生态问题

由于江洋畈特殊的淤泥地质条件，地形、植物、水体等要素仍然处于动态变化之中，当前面临的生态问题主要有以下几点。

3.2.1 淤泥持续沉降

淤泥持续沉降，一方面对植被影响很大，淤泥沉降间接造成了水深加深，而水深变化会对植物分布、生长发育、形态特征、种群密度等产生影响。目前淤泥库区木本植物相对较少，主要分布在较干燥区域，而季节性积水和常年积水区域以水湿生草本植物为主。上层乔木南川柳出现部分倒伏或死亡的情况，而中层植物相对较少，给人一种萧条的景观感受。另一方面，木栈道一直在整体沉降，与两座桥的高差逐渐增大，部分配件出现扭曲变形，而砂石路也有路面沉降和局部塌陷等情况，经常需要填补、修复，存在着一定的安全隐患。

3.2.2 人为干扰频繁

江洋畈作为生态公园，有对外开放展示的需要，同时纳入杭州市“双最”公园评比体系，需要按照有关标准进行维护运营，人为干扰一直存在，主要体现在施工改造、日常养护、水位调控等，对植物群落有较大影响。为维持水系景观和水湿生植物生长，淤泥库区水位通过人工调控，基本维持在一定的水位范围内，水位年内波动幅度较建园前大大减少，中生植被分布面积减少。如果不进行人工调控，冬春季水位下降后，部分区域会干涸，将为植物萌发和生长提供有利条件。

3.3 江洋畈淤泥库区生态保护的建议

针对江洋畈淤泥库区面临的这些生态问题，今后园区将重点从以下几个方面考虑，处理好人为干预与自然演替之间的关系，做好相关举措，保护好公园的生态环境。

3.3.1 定期监测维护

今后应持续开展植物种类、群落结构变化和对外来入侵物种的定期监测，同时请专业机构做好淤泥沉降监测，做到及时预警，以免对木栈道、景观廊等各构筑物的结构安全，甚至整个生态系统带来破坏性的影响。定期清理繁殖力强的侵害性植物，控制分布范围，同时定期做好各种构筑物、游览设施的基础保养和维修，确保园区游览安全。

3.3.2 库区水位调控

汛期和台风季的暴雨短时间内抬高水位，适当的高水位可以促进水湿生植物的快速生长，而冬春季水湿生植物种子冬眠，保持较低的水位可以给植物提供充足的光照条件，促进植物的种子和繁殖体的萌发[7]。因此，适当进行水位调控，使冬春季保持低水位 24.9m，夏季提高至 25.2m，形成冬低夏高的水位波动模式，是目前满足淤泥库区水湿生植物生长发育的关键水位，同时还能维持水系景观、促进水湿生植物多样性。

3.3.3 重点区域保护

为了营造公园四季景观，对几个重要节点进行了花境布置，总体来说，相对其他公园，江洋畈坚持“最小干预”原则，以粗放养护为主，需要重点保护的区域主要有以下两个。

（1）苇池及水系区。苇池是江洋畈保留下来的一个原有池塘，四周生长着大片芦苇（图 8），由于特有的生境条件，此处成了各种动物的栖息地，应通过围隔技术控制好芦苇的面积，以免繁殖过快侵占水面，破坏生态平衡。要定期疏通因淤泥淤塞的水系，形成良好的水体生态循环，避免出现沼泽化，对芦苇、蒲苇、香蒲、菰、中华天胡荽、狐尾藻等繁殖力强的植物进行范围控制，留出足够的观赏水面。

图 8　芦苇景观

（2）生境岛及原生态修复区。公园内有 9 个用钢板围合起来的“生境岛”，将部分次生湿生林完整地保留下来，延续场地原有的自然演替进程，生境岛内以南川柳、接骨草为主，每个生境岛中呈现的是不同树龄的南川柳共同生长的景观。库区内大量原生态修复区域（图 9），没有大量营造人工群落，而是通过繁殖原有淤泥中的野生植物种子，来营造保护和发展自然植被群落。这些区域要尽量减少施工和养护的影响，尽量保持原生态自然景观，以延续场地原有的自然演替进程。

图 9　库区内原生态修复区域

参考文献

[1] 唐宇力，张珏，范丽琨．拟天然生境造精雅空间：杭州江洋畈生态公园建设实践探索[J]．中国园林，2011(8)：13-14.

[2] 全瓅瓅，黄飞燕，范丽琨．江洋畈生态公园植物资源调查及景观动态监测[J]．中国园林，2016(3)：48-51.

[3] 王向荣，林菁．杭州江洋畈生态公园规划设计[R]．北京：北京多义景观规划设计事务所，2009：22.

[4] 艾丽皎．南川柳对三峡消落带干湿交替环境的生理生态响应研究[D]．南京：南京林业大学，2013：39-41.

[5] 周奇辉，胡士兵，王金昌，等．西湖疏浚软土上 PE 管基础沉降数值模拟分析[J]．道路工程，2013(12)：136-139.

[6] 谭淑端．植物对水淹胁迫的响应与适应[J]．生态学杂志，2009，28(9)：1871-1872.

[7] 王化可．基于水生生物需求的巢湖生态水位调控初步研究[J]．中国农村水利水电，2013(1)：27-30.

作者简介

全瓅瓅，1984 年生，女，汉族，湖南人，硕士，杭州西湖风景名胜区钱江管理处，高级工程师，研究方向为园林绿化。电子邮箱：709559346@qq. com。

张红梅，1984 年生，女，汉族，海南人，硕士，杭州西湖风景名胜区钱江管理处，工程师，研究方向为园林绿化。电子邮箱：danzhou _ people@163. com。

高淑滢，1986 年生，女，汉族，江西人，硕士，杭州西湖风景名胜区钱江管理处，工程师，研究方向为园林绿化。电子邮箱：282292386@qq. com。

中国滨海红树林蓝色碳汇生态机制及效用探讨

Ecological Mechanism and Effect of Carbon Storage of Mangroves in China Coastal Area

唐雨倩　刘旭阳

摘　要：气候危机已经达到了无法想象的危险境地，温室气体排放的控制迫在眉睫。作为解决温室气体问题的主要方法，大气脱碳是人类目前所知的最有效的缓解方法；而红树林具有很高的固碳速率，能够在沉积过程中埋藏封存大量有机碳，在全球碳循环中扮演着重要角色。本文以探讨红树林对海滨蓝碳的存储原理以及效用为主，通过对比海南省东寨港红树林湿地近年来的二氧化碳固存量变化发现：①其红树林面积同大多数城市一样，在1959～2002年面积减少了50%，2010年以后则呈逐渐平稳的趋势；②红树林的碳存储量几乎占据了我国蓝碳总资源的50%；③人类活动与自然灾害是影响红树林碳脱除效益的直接原因。通过分析红树林碳固存技术对全球气候变化的重要性，提出对红树林保护的不足及建议。

关键词：二氧化碳脱除；蓝碳；碳固存；红树林

Abstract: The climate crisis has reached a dangerous situation that we cannot imagine, and the control of greenhouse gas emissions is urgent. Decarbonization of the atmosphere is the most effective mitigation method known to man as the main solution to greenhouse gas problems. Mangrove has a high carbon sequestration rate, which can bury and store a large amount of organic carbon during the deposition process, and plays an important role in the global carbon cycle. Based on the study of coastal mangrove blue carbon storage principle and utility is given priority to, by comparing the east village of hainan province port of mangrove wetlands in recent years, carbon sequestration, found that ① the mangrove area, like most cities, area decreased by 50% in 1959～2002, after 2010 area is a trend of gradual pace; ② Mangrove carbon storage accounts for almost 50% of the total blue carbon resources in China; ③ Human activities and natural disasters are the direct causes affecting the efficiency of mangrove carbon removal. In conclusion, the importance of mangrove carbon sequestration technology to global climate change was analyzed, and the deficiencies and suggestions for mangrove conservation were put forward.

Keywords: Carbon Dioxide Removal; Blue Carbon; Carbon Storage; Mangrove

1　背景

1.1　大气脱碳

洪水、山火、台风、病毒……近年来人类不断遭受自然灾害的冲击，《巴黎协定》预示着全球气候已经达到十分危险的地步，同时也宣告人类对抗气候变化危机的决心。尽管如此，《巴黎协定》颁布的这五年来，温室气体的排放量仍有不减及增的趋势。因此，更加有效固碳阻止全球升温迫在眉睫[1]。目前用于减少温室气体排放的技术主要为提高能源利用效率，利用新能源替代燃料和温室气体封存和固存技术[2]。二氧化碳作为对全球升温最有影响的一种气体，对大气中已有二氧化碳的清理以及减少之后的排放是缓解全球气候危机的首要手段。碳固存即是对大气中现有二氧化碳捕获并安全存储的技术，又分为自然脱除、物理脱除与化学脱除[3]。二氧化碳的自然脱除（又称NCDR）与大自然的作用密切相关，也是运用风景园林与景观生态手段发挥作用的重要范畴，使得风景园林专业在应对全球气候危机方面能抓住机遇，从而在国家"碳达峰"和"碳中和"发展目标中发挥重要作用。

1.2　碳固存技术

结合文献的研究以及对多年来运用风景园林应对气候危机的设计手段进行分析，可将碳固存分为自然固存、化学固存、物理固存三类，每种固存的常见方式与现状如表1所示。

二氧化碳脱除具体措施[1]　　表1

类别	固存方式	发展现状
自然脱除	植树造林	
	城市绿化	
	滨海湿地	
	土地利用	
	土壤回收	
	荒漠、废地吸收	
化学脱除	化学生物技术对二氧化碳进行回收	比较可靠
物理脱除	二氧化碳回注油田	成熟，部分商业化
	煤层注入二氧化碳	
	二氧化碳注入含盐水砂岩层	
	二氧化碳注入大洋深层	
	使用重型木结构材料	
	使用低碳水泥混凝土	

1.3 蓝碳

“蓝碳”是与陆地植被的“绿碳”相对而言的。由于受到海水周期性潮汐淹没的影响，滨海湿地的碳汇功能强大，是降低大气二氧化碳（CO_2）浓度、减缓全球气候变化的重要途径[3]。这些滨海湿地与海草床等生态系统所固存的碳被称为海岸带“蓝碳”（blue carbon）。在滨海湿地中蕴藏着丰富且还未完全开发的“蓝碳”资源。“蓝碳”指储存在湿地植被、潮汐盐沼和海草床的土壤、地上活生物质（叶、枝、干）、地下活生物质（根）和非活体生物质（如凋落物和枯死木）中的碳[4]。与陆地上将碳氧化的固碳技术不同，蓝碳生态系统下饱和的土壤水环境使土壤保持厌氧状态或几乎无氧状态，进而利用土壤本身或植物持续保持着垂直方向上的储碳[5]。从大气中吸收二氧化碳是植物进行光合作用的必要过程，因此植物对二氧化碳的吸收成为全球碳循环中天然产生必不可少的环节。在蓝碳生态系统中，这种过程又尤为重要，其中红树林更是碳存储技术的主力军。因此，本文围绕红树林为主视角进行探讨，以期为今后更深入地研究红树林碳库效应、红树林覆盖面积变化的动态过程以及红树林生态的保护与修复提供有益的参考。

2 红树林

2.1 红树林的分布

在最近的一项研究中，路易斯安那州立大学的研究院估计，世界海岸线上红树林的木材和土壤含有 30 亿 t 碳，比热带森林还要多[6]。红树林不单指一种植物，而是生长在热带和亚热带海湾河口潮间带的常绿阔叶植被生态系统，涵盖了 70 多种乔木和灌木。红树林硫化氢的含量很高，因此不仅能利用近旁的泥滩来存储碳，更可以利用泥滩中大量的厌氧菌，在光照条件下能利用硫化氢为还原剂，使二氧化碳还原为有机物，这是陆地森林难以达到的[7]。红树林分布在全球 105 个国家，生长在陆地和海洋的交汇处，全世界共有红树植物 16 科 24 属 84 种，在全球尺度上红树林的总面积约为 $1.4\times10^5\,km^2$[8]。在中国，天然的红树林较少，主要分布在海南省三亚市，人工引种则遍布在海南、广东、广西、福建、浙江、台湾、香港及澳门等地[9]。

2.2 红树林固碳机制

红树林本身是种子丰富的植物，其在母体内便能萌发为胚轴，掉落到淤泥后短时间内便能成长为新的植株；甚至能随海浪在大海上漂流好几个月，在几千公里外再次扎根生长[10]。所以红树植物本身是群体生命较顽强的生物，横向固碳的面积较其他植物便更大。红树植物由于生长在海岸附近，拥有气生根，根上有粗大的皮孔，对空气的需求非常大。红树林在海滨的固碳来源分为两个部分：内源碳与外源碳[11]。内源碳指植物自身从大气中固定的二氧化碳，通过叶片、根茎等组织进入厌氧的土壤中，沉积为碳；外源碳指受到海浪、潮汐等影响从附近的生态系统中由复杂的植物根系捕捉到的沉积物。红树林生态系统中大部分的碳来自自身植物体的光合作用，有时也会有部分外源碳。

《巴黎协定》中要求每个国家都要在控制温室气体排放的过程中给予自己的国家自主贡献（NDC），因此确定蓝碳生态系统中，每个部分拥有的碳库大小也是非常重要的指标。一般来说，国家级的碳项目实行计算量都会考虑地上活生物量、地上死生物量、地下活生物量和土壤碳库四个部分。通常邻近生态系统迁移过来存量较小的有机物不会被纳入蓝碳生态系统中，但当存量大于 5%时，就能独立为一个碳库直接测量[11]。对于红树林生态系统来说，地上活生物（乔木、灌木和草本等）所谓系统的主体，理所当然应全部计入碳储量中；相比之下枯木与活根占据碳库的比例较小，地上部分生物量大概占总生物量的 67.1 %，地下部分占 32.9%，即红树林地下部分生物量与地上部分生物量之比为 0.49。全球红树林单位面积净初级生产力 11.1Mg/(hm^2·年)，其中，印度洋、太平洋等热带地区的红树林碳储存量为全球最高，突破了 1000Mg/hm^2；相较之下，亚洲的红树林植株普遍比热带地区较矮，所以我国红树林的平均碳储量明显较低，为 (355.25±82.19) Mg/hm^2，仅相当于热带地区红树林的 1/3[12]。具体机制如图 1 所示。

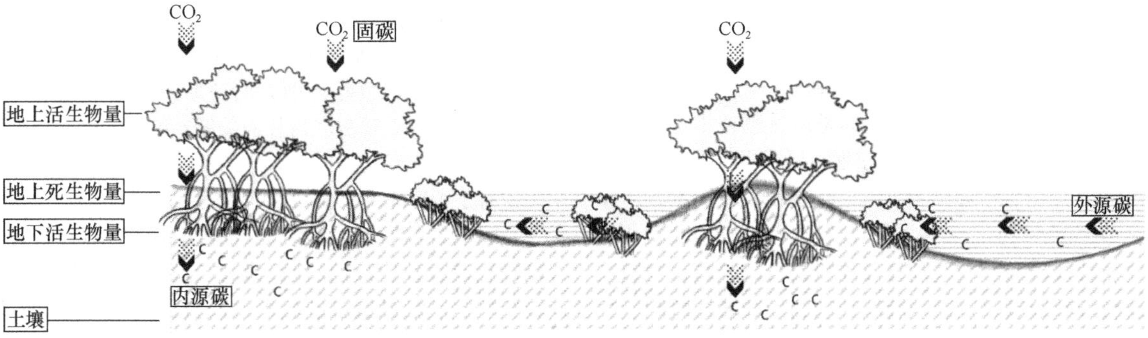

图 1 红树林固碳机制及效益

由此可知，红树林是滨海碳固存系统的主要贡献者，其蕴含的生态价值远超我们想象。后文将结合前人的研究实例对红树林碳固存的贡献进行探讨。

3 海南省东寨港红树林湿地碳固存量

李翠华等[13]对东寨港保护区的红树林群落结构生物量进行了测定。一共在地区中布置了44个样方（尺寸包括10m×10m、6m×6m、2m×2m），记录每个样方内的群落类型、红树林生长情况等，选取其中典型的21个样方来计算红树林的生物量；再通过《湿地指南》中红树林生物量碳固存量的计算公式计算出总碳量：

$$C = B \times (1 + R) \times CF \tag{1}$$

式中 C——红树林群落的碳储量，tC/hm^2；

B——红树林单位面积地上部分生物量碳储量，t/hm^2；

R——红树林地下部分生物量与地上部分生物量的比值；

CF——红树林的碳含量，t/t。

十年来，通过获取海南省东寨港的红树林生态系统面积、生物量等情况，不同的学者计算出不同年份中此地区碳存储的总量变化如表2所示。

2010～2018年红树林储碳量变化[13,14]　　表2

	红树林面积（hm^2）	碳存储总量（t）
2010年	1627.21	5.85×105
2015年	1576.24	3.95×105
2018年	1665.42	6.75×105

据表可知，海南省东寨湾的红树林具有较强的固碳能力，根据历年计算数据，此地区红树林的单位面积碳存储量约为412.56tC/hm^2，而根据李捷[15]等的数据可知，我国蓝碳资源单位面积总固碳量为884.60tC/hm^2。从实例分析可以看出，红树林的碳存储量几乎占据了我国蓝碳总资源的50%，是不可或缺的自然固碳技术。

4 关于影响红树林碳存储的因素探讨

通过研究案例能发现，红树林本身的碳存储效用也会随某些因素的改变存在上下的波动。

（1）红树林的面积

遥感技术监测范围较大、可持续性强，能利用最小的人力获取大量的信息数据，因此目前研究中，对于红树林群落面积的获取，无一例外采用的是用遥感技术进行实地调查[16]，得到地区群落分布的特征与面积，进而得到红树林面积的综合。如李春干等[17]利用遥感技术发现1960～2010年广西红树林面积从9062.5hm^2减少到了7054.3hm^2，破碎化严重。对于东寨港的研究同理，仔细对比历年的数据发现，海南省东寨湾的红树林面积在1959～2002年减少了50%，2010年以后则呈逐渐平稳的趋势，中间因为测量误差等原因稍有范围不大的波动，但还是维持着稳步上升的势头。然而在这短期的波动中，红树林的储碳量也跟着有了些许波动。2010年以前，这些面积的变化大多是人类行为引起的，如塔市地区红树林被砍伐改造成为鱼塘，而三江地区则被砍伐改造成为“万亩椰林”等[18]；之后因为红树林保护区的建立以及对当地民众关于红树林知识的系统性普及，生态系统得到了较好的保护，才没有让情况走向更糟糕的境地。这说明人类的活动不仅直接对二氧化碳的排放与脱除活动产生着直接的影响，也通过对周边生态对温室环境造成着间接的影响。

（2）自然气候等因素

不止人为的影响，气象因素也是影响其效用的原因之一[19]。海南地区易受台风、风暴潮等天气影响，红树林虽是海岸的天然屏障，能在海岸线抵御台风、风暴潮等危害，但也会使自身受到一定程度上的损害，根系等固碳的能力短时间内降低。除此之外，外来自然生物入侵时，病虫害的危害也能破坏红树林的生存环境，致其死亡，间接导致了部分碳循环的终止。因此，利用生态手段保护、修复红树林环境，不仅仅是在保护其本身，也是在为气候的修复环节打下坚实的保障。

5 不足与展望

在全球气候变化的局势下，红树林的碳存储技术能对此做出最大程度上的响应。滨海湿地的蓝碳资源固碳能力高、潜力大，我国是世界上为数不多的同时拥有红树林、盐沼、海草床这三种蓝碳生态系统的国家之一，更应该发挥每一个生态系统的潜力。然而，在看到红树林固碳潜力的背后，也应当考虑到其是否带来了一些负面影响；该如何规避与改善，才能使红树林植物的生态效用发挥到最大。在红树林潜力还未完全开发之前，更应该保护其不受到其他因素的破坏。作为一种重要的海岸湿地类型，红树林具有重要的生态服务功能，但由于其直接经济价值不高，之前人们低估了其生态价值和重要性，缺乏对其科学性的认知，导致不管是人们对滨海湿地的破坏，还是地理气候的影响，都已经对世界上大多数红树林生态循环系统造成了不可逆转的断裂。

综合考虑这些问题，在当前形势的基础上，笔者认为应该对我国海岸的蓝碳生态系统采取针对性的保护措施，如像东寨湾一样建立红树林自然保护区等。应定量分析遍布我国的每个红树林生态系统，随时观测红树林的生长状态，统计碳汇的情况。除了现有的红树林之外，笔者认为应该大力鼓励种植人工红树林，在维持和增加碳固存总量的同时，也能帮助人们透彻研究红树林深层次的知识，系统建立观测红树林的碳循环模型，以期能更好地维护地球生态系统，应对未来的气候变化。

对于中国整个蓝碳生态系统来说，实施基于单位生态系统（如红树林生态系统）的海洋管理可以有效提升海岸带蓝碳生态系统总的增汇潜力。除此之外，以红树林为首的海岸带蓝碳生态系统不仅是重要的碳汇，更在维护生物多样性、改善环境，确保沿海地区经济社会在可持续发展方面发挥重要作用，以其为基础发展相关的经济产业，使两者相互助益，能创造比想象中更可观的经济价值，同时产生的经济价值也能帮助维持保护更多的自然生态系统。

参考文献

[1] 赵鹏，谭论．从马德里气候变化大会看《巴黎协定》时代蓝碳的发展[J]．国土资源情报，2020(06)：11-14.

[2] 张树伟，刘德顺．碳固存技术的现状与发展[J]．环境科学动态，2005(04)：27-29.

[3] 玛莎·施瓦茨，伊迪丝·卡茨．设计师的地球工程"工具箱"：危机给予风景园林师扭转、修复和再生地球气候的机会[J]．风景园林，2020(12)：10-25.

[4] Jia ping，Wu Haibo，等．Opportunities for blue carbon strategies in China[J]．公共卫生与预防医学，2020，194.

[5] Gail L，Chmura，等．Global carbon sequestration in tidal，saline wetland soils[J]．Global Biogeochemical Cycles，2003，17(4)：22-1.

[6] Robert Twilley，AndreRovai，等．Why protecting'blue carbon'storage is crucial to fighting climate change，https：//www.greenbiz.com/article/why-protecting-blue-carbon-storage-crucial-fighting-climate-change.

[7] 蓝宗辉，詹嘉红，杜联穆．红树林及其在海洋生态中的作用[J]．韩山师范学院学报，2002，23(2)：63-67.

[8] 王法明，唐剑武，叶思源，等．中国滨海湿地的蓝色碳汇功能及碳中和对策[J]．中国科学院院刊，2021，36(3)：241-251.

[9] 中国绿色时报．蓝碳生态系统[EB/OL]．http：//aoc.ouc.edu.cn/2019/0307/c15171a234618/pagem.htm.

[10] 廖宝文，张乔民．中国红树林的分布、面积和树种组成[J]．湿地科学，2014，12(4)：435-440.

[11] 陈鹭真，卢伟志，林光辉，译．滨海蓝碳 红树林 盐沼 海草床碳储量和碳排放因子评估方法[M]．厦门：厦门大学出版社，2018.

[12] 徐慧鹏，刘涛，张建兵．红树林碳埋藏过程对海平面上升、气候变化和人类活动的响应[J]．广西科学，2020，27(1)：84-90.

[13] 李翠华，蔡榕硕，颜秀花．2010～2018年海南东寨港红树林湿地碳收支的变化分析[J]．海洋通报，2020，39(4)：488-497.

[14] 颜葵．海南东寨港红树林湿地碳储量及固碳价值评估[D]．2015.

[15] 李捷，刘译蔓，孙辉，等．中国海岸带蓝碳现状分析[J]．环境科学与技术，2019，42(10)：207-216.

[16] 周磊，马毅，任广波．孟加拉国海岸带近30年红树林变化遥感分析[J]．海洋环境科学，2019，38(1)：60-67.

[17] 李春干，代华兵．1960～2010年广西红树林空间分布演变机制[J]．生态学报，2015，35(18)：5992-6006.

[18] 王胤，左平，黄仲琪，等．海南东寨港红树林湿地面积变化及其驱动力分析[J]．四川环境，2006，25(3)：44-49.

[19] 罗丹，王德智，李正会，等．海口市东寨港红树林面积动态变化分析[J]．农村经济与科技，2013(2)：97-99.

作者简介

唐雨倩，1995年生，女，汉族，重庆人，西南交通大学硕士在读，研究方向为园林历史与理论。电子邮箱：657814174@qq.com。

刘旭阳，1995年生，男，汉族，河南人，青岛农业大学，研究方向为生物与医药微生物。电子邮箱：774259390@qq.com。

碳汇视角下的园林绿地营建和管理

The Construction and Mangement of Green Space from the Perspective of Carbon Sink

郭婷婷　邵　锋　付彦荣*　章银柯

摘　要：为全面评价园林绿地的增汇减排功能，文章简要梳理碳汇的概念和研究历程，从全周期视角，深入剖析了园林绿地的碳汇、碳排过程和相关影响因素，提出优化植物种植结构、推广低养护型绿地、降低园林绿地建设的碳消耗3项园林绿地增汇减排策略，建议将多种碳汇测定方法相结合、开展多地区多植物的碳汇研究以及碳汇能力强的植物和植物群落筛选作为未来研究的重点方向。
关键词：园林绿地；碳汇；碳排；植物

Abstract: In order to comprehensively evaluate the function of green space in increasing foreign exchange and reducing emission, the article reviewed the concept and research history of carbon sink, the processes of carbon sink and emission of green spaces and the related influencing factors for them were analyzed. Three strategies for increasing sink and reducing emission were put forward as optimizing planting structure, promoting low-maintenance green spaces, and reducing carbon consumption during construction stage. Several future directions for green space carbon sink research were proposed including combining multiple carbon sink measurement methods, conducting research on carbon sinks of multiple plants in multiple regions, and screening of plants and plant communities with strong carbon sink capacity.
Keywords: Garden Green Space; Carbon Sink; Carbon Emission; Plant

引言

园林绿地作为一种特殊的生态系统，在人居环境中发挥着重要作用。它能够为人们提供舒适的户外环境和良好的游憩场所，为生物提供适宜的生活环境，是人与自然沟通的桥梁[1]。园林绿地除了有改善环境的功能外，还有防灾避险、改善生态、休闲游憩等功能，其在改善环境方面的作用，包括释放氧气（O_2）、固定二氧化碳（CO_2）、降温增湿、滞尘防尘、涵养水源、隔离噪声以及清除污染物等。随着工业化、城市化进程的加快，城市环境日益恶化，城市空气组成成分的平衡受到严重破坏，CO_2的排放和污染成为国际社会关注的热点问题之一[2]，各国也开始从不同的方向研究碳汇。其中，园林绿地可以有效吸收CO_2，从而产生一定的碳汇效益[3]。因此，有必要对当前碳汇相关研究进行梳理，分析当前研究所存在的问题，并展望未来研究的方向。

1　碳汇的概念

1.1　概念缘起

改革开放以来，国家大力支持经济建设，经济增长速度持续创下新高，人民生活水平不断提升，但经济增长的背后是对资源的无节制利用，以及对环境的破坏，从而导致各种生态问题，尤为显著的是大气中CO_2浓度上升引起的温室效应。20世纪中叶以来，中国的升温速率明显高于全球同期水平[4]。全球针对温室效应采取了一系列措施，《京都议定书》中规定：世界各国可以通过增加陆地生态系统碳储量来抵消经济发展中的碳排放量[5]；《巴黎协定》的目标是努力将温度上升幅度限制在1.5℃以内[6]。2020年，中国政府在75届联合国大会上提出，CO_2将在2030年前达到峰值，争取在2060年前实现碳中和。减缓温室效应的任务迫在眉睫，碳汇理念正是基于当前气候变化的高度上提出来的，园林绿地是发挥碳汇功能的重要部分，以植物为主的园林绿地的碳汇具有重要意义。

1.2　内涵解析

《联合国气候变化框架公约》将温室气体“源”定义为任何向大气中释放温室气体、气溶胶或其前体的过程、活动或机制；温室气体“汇”为从大气中清除温室气体、气溶胶或其前体的过程活动或机制[7]。在温室气体中，从对温室效应的作用来看，最重要的是CO_2，以CO_2为主的温室气体对温室效应的贡献率达66%[8]，因此最主要的是控制CO_2的排放，同时增加CO_2的吸收。碳汇的内涵为固碳效应，将CO_2固定并吸收，碳汇对降低大气中温室气体浓度、减缓全球气候变暖现象具有十分重要的作用。为便于对不同类型、不同地区园林绿地的碳汇能力进行比较，以植物碳密度、单位面积年固碳量、单位面积年净碳汇量以及总固碳量作为评价园林绿地碳汇能力的基本指标。

1.3　概念发展

国外的碳汇研究开始较早，从1992年开始，国际社会制定一系列文件，《联合国气候变化框架公约》和《京都议定书》广为人知[9]。此后，各国开始进行碳汇的相关研究，包括碳储量、碳循环和碳平衡等方面。2002 年，Nowak 通过生物量方程对美国城市的整体树木进行碳储量估算[10]；同年，开展了对不同植物的碳汇能力进行研究[11]。国内于 20 世纪 80 年代开始研究陆地生态系统的碳循环，系统研究了中国陆地生态系统碳循环的各个构成要素[12]。90 年代起，开始碳储量研究，管东生通过生物量法计算广州城市绿地的碳汇量及碳储量[13]；陈自新等通过同化量法对单棵树木进行碳汇量的计算[14]；2009 年，陈莉等使用遥感影像和技术软件进行碳储量的研究[15]。碳汇的最终目标是降低空气中的 CO_2，即为低碳[16]，目前，更多的研究侧重于碳平衡的研究，将碳排放和碳汇同时考虑[17]。

2 园林绿地的碳循环

2.1 碳循环分析

自然界的碳循环基本过程如图 1 所示，园林绿地的碳循环主要包括植物和土壤的汇碳和排碳，植物的碳循环首先通过光合作用吸收大气中的 CO_2，将碳储存在体内的地上和地下部分，固定为有机化合物，部分有机化合物会通过植物的呼吸作用返回大气，同时，植物在养护管理的过程中也会产生部分的 CO_2[18]。树木作为碳循环中不可忽略的一部分，发挥着至关重要的作用碳通过森林生态系统过程不断地从大气中去除，在生长过程中固定碳，并储存在植被和土壤中[19]。

碳循环过程中涉及的有机碳代谢，从光合作用固定到植物、动物和微生物之间的呼吸释放，以及凋落物和土壤有机质的生长和分解，外部自然事件、极端天气条件等造成的全球大气 CO_2 浓度增加，使得碳循环不能保持动态平衡[20]。

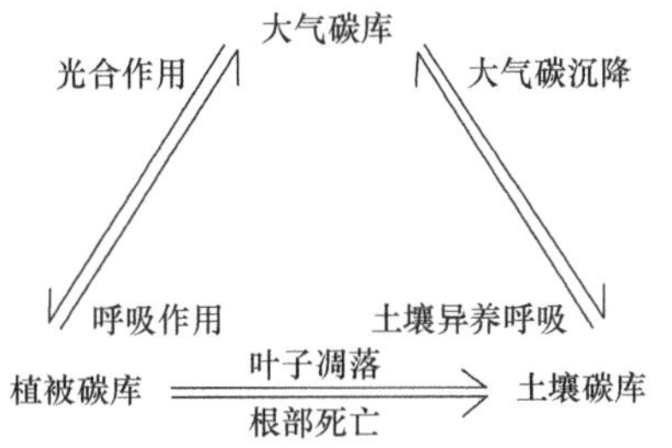

图 1 自然界的碳循环

2.2 园林绿地的碳汇

2.2.1 碳汇量估算方法

园林绿地碳汇量估算是评估园林绿地生态价值的重要途径[21]。国内外针对碳汇量估算已出现多种计算方法，包括针对单棵植物和植物群落，以及大尺度绿地的碳汇量估算。其中针对单棵植物的碳汇量估算方法分别有同化量法[14]、叶面积指数法[22]、国家树木效益计算工具 NTBC（National Tree Benefit Calculator）模型估算法[23]、i-Tree 模型估算法[24]、异速回归模型法[25]等；针对植物群落和大尺度绿地的碳汇量估算方法分别有遥感估算法、微气象学法、Citygreen 模型估算法、The Pathfinder 估算系统[26]等。

2.2.2 碳汇能力分析

提高园林绿地的碳储存能力对于降低城市 CO_2、缓解气候变化具有重要的意义。通过比较单位面积年固碳量、单位面积日固碳量、植物固碳速率以及植物碳密度等相关指标，评估植物或园林绿地的碳汇能力，包括评估植物、植物群落以及大尺度绿地的碳汇能力。在单棵植物中，广玉兰、悬铃木、枫杨、香樟、紫薇、紫荆、海桐、麦冬等植物[27-30]的固碳释氧能力较强；在植物群落中，采用乔-灌-草的复层景观结构，栽植密度控制在 250～450 株/hm^2 的范围内，营造适当的郁闭度，可更好发挥植物的固碳效应，便于植物正常生长，同时确保观赏效果[23]。

2.2.3 碳汇组成分析

园林绿地的碳汇包括植物、土壤和水体三部分，其中土壤是园林绿地固碳的主体，通常占到总固碳量的 60%以上，部分土壤的固碳量为植物的 3～4 倍，园林水体因占的分量相对较少，其碳汇量通常忽略不计。植物中乔木为固碳的主体，通常占到植被固碳量的 90%以上，灌木占 5%～10%，草本的固碳量不足 5%，通常忽略不计。植物本身的固碳量与植物的胸径、冠幅、年龄、种类、类型等有关。壮年时期的树木年固碳量较高，成年时期的树木总固碳量较高；植被类型中，常绿针叶和常绿阔叶固碳量较高，常绿树种的光合速率和固碳速率较落叶树种高。在整个生长季中，树种的单位面积日固碳释氧能力随季节的变化为：夏季>秋季>春季，可能与夏季和秋季进行光合作用的强度有关。

2.3 园林绿地的碳排

2.3.1 碳排量估算方法

园林绿地作为城市地区内碳汇贡献量最大的一部分，发挥着不可替代的作用，但在建设初期和养护管理时期存在着 CO_2 的排放。园林绿地碳排放的定量研究通常使用全生命周期评价法，全生命周期分为材料生产阶段、设计施工阶段、使用与维护管理阶段及废弃处置阶段。全生命周期评价包括三个步骤：一是确定研究对象和评价范围；二是定量表示研究范围所包含各种数据和数据参数；三是评估研究对象所造成的环境影响[31]。碳排放计算模型[17]为：

全生命周期的碳排放 C_{CO_2} = 材料生产 Cm + 建造 Cc + 日常使用维护 Co + 更新及拆除 Cd，即：

$$C_{CO_2}=Cm+Cc+Co+Cd$$

式中 Cm——材料生产的 CO_2 排放量；

Cc——建造过程及材料运输中的 CO_2 排放量；

Co——日常维护阶段的 CO_2 排放量；

Cd——更新和拆除阶段的 CO_2 排放量。

2.3.2 园林绿地的碳排分析

园林绿地全生命周期中碳排放的主要来源为设计施工阶段和使用与维护阶段。设计施工阶段产生的碳排包括在园林绿地施工企业的施工材料取得、运输、设备利用、植物栽种及措施、人员作业、工程竣工各环节中直接或间接产生的 CO_2 总量。使用与维护阶段产生的碳排包括施肥、修剪、补苗、刈割、防病虫等过程中机械、人员等的直接或间接产生的 CO_2 总量。因此，不同的施工方案和养护管理方案会导致不同的碳排量。

2.4 园林绿地的碳收支评价

在园林绿地的营建过程中，存在碳源和碳汇两个过程，碳源过程主要在始建阶段、养护管理阶段及后期枯叶处理阶段，为产生碳较多的阶段；碳汇过程主要在园林景观稳定，发生光合作用的阶段，为吸收碳较多的阶段。一般会认为植物的碳汇一定是多于碳源，但在相关的研究中发现，抵消营建过程产生的碳，可能至少要几十年的时间。冀媛媛运用全生命周期模型，比较了居住区园林的碳源和碳汇，其结果表明，居住区建设初期存在碳源和碳汇的不平衡，在至少 30 年的时间中才会达到碳源和碳汇的平衡，碳源主要存在于材料生产和景观维护阶段[17]。为此，园林绿地营造和管理过程中，一方面要减少碳源，即要选择碳消耗少的材料、维护管理阶段的碳排放；另一方面是要增加植物的碳吸收，即要增加植物的碳汇能力，选择固碳能力强的植物和群落。

3 园林绿地的增汇减排策略

3.1 优化植物种植结构

园林绿地的碳汇增加主要来自植物的固碳，在确保景观观赏效果的前提下，选择固碳能力强的树种作为骨干树种，如紫薇、广玉兰、悬铃木等；种植多年生草本植物，以减少养护管理产生的碳排放，如鸢尾、麦冬等。增加园林绿地的面积总量和植物种植所占比例，优化园林绿地植物种植结构，保持合理的乔灌草比例，选择乡土、耐干旱、养护管理粗放的树种，营建高效可持续的乡土生态群落，减少养护管理阶段碳足迹[32]，同时保护好现有的园林绿地和植被，避免过多的碳排放。

3.2 推广低养护型绿地

提升园林绿地的养护管理水平，延长树木寿命，同时倡导低养护型绿地，减少养护管理次数。在进行绿地养护时，选择节水灌溉设施及节能电灯，推广采用喷灌、滴灌等节水型灌溉措施，减少机械灌洒，可采取适当措施收集雨水或采用中水进行灌溉，以减少碳排放[33]；将枯枝落叶等生物废弃物进行回收，处理成土壤改良剂和绿色有机肥，尽量减少化肥施用，采用生态法防治病虫害。Strohbach 通过比较不同的情景得知研究对象在全生命周期内的碳收支情况，在控制变量的情况下，减少割草机的使用可降低 52%～70%的碳排放量，选择其他的草坪覆盖方法来降低修整草坪的频率与强度能够减少 60%的碳排放[34]。

3.3 降低园林绿地建设的碳消耗

在园林绿地施工的过程中，尽可能就地取材，减少植物的转运碳排放；选择低碳环保建设材料，如木结构、卵石结构、植草砖等生态材料；选择可以循环利用的建设材料，如再生木材、再生石膏等；降低对不可再生能源的需求，大力推广太阳能等可再生能源；建设材料的使用寿命要足够长，维护成本低，减少碳排量。

4 结语

园林绿地是城市建设用地的重要组成部分，同时是碳汇量组成的重要部分。科学评价园林绿地的碳汇功能，从全生命周期角度，认识园林绿地的碳循环过程，对于更好地发挥园林绿地的增汇碳排功能具有重要意义。未来在进行园林绿地的碳汇研究过程中，应注重多种研究方法相结合，通过实地调研，将软件模拟和仪器定量计算相结合，使测得数据更有信服力，同时将碳排放考虑其中，选择碳汇量大的植物，将碳排放量控制在最小；开展多地区、多植物的碳汇研究，进行数据积累，为碳汇绿地提供数据支撑，同时开展不同地区、不同施工方式和不同养护管理方式下的碳收支研究，用以指导设计、施工和养护；目前多数研究集中在 CO_2 数据测定阶段，未将其运用在园林绿地的营建上，可在研究中筛选出碳汇能力强的植物和植物群落，运用于园林绿地营建实践中。

参考文献

[1] 徐文辉. 城市园林绿地系统规划[M]. 第 3 版. 武汉：华中科技大学出版社，2017：22-32.

[2] 武文婷，夏国元，包志毅. 杭州市城市绿地固碳释氧价值量评估[J]. 中国园林，2016，32(3)：117-121.

[3] 王万军，赵林森. 昆明市翠湖公园碳储量及碳汇效益分析[J]. 北方园艺，2012(8)：97-99.

[4] 中国社会科学院，中国气象局. 应对气候变化报告 2019：防范气候风险[M]. 北京：社会科学文献出版社，2019.

[5] 张婉茹. 基于碳汇功能的植物群落优化研究[D]. 沈阳：沈阳建筑大学，2020.

[6] 张崇洋. 郑州市屋顶绿化生态系统碳储存估算及影响因素研究[D]. 郑州：河南农业大学，2020.

[7] 李玉强，赵哈林，陈银萍. 陆地生态系统碳源与碳汇及其影响机制研究进展[J]. 生态学杂志，2005(1)：37-42.

[8] 潘家华. 减缓气候变化的经济分析[M]. 北京：气象出版社，2003.

[9] 鲁月. 南京市江宁区东山街道园林绿地植物绿量与生态效益的调查研究[D]. 南京：南京农业大学，2017.

[10] NOWAK D J，CRANE D E. Carbon storage and sequestration by urban trees in the USA[J]. Environmental Pollution，2002，116(3)：381-389.

[11] NOWAK D J，STEVENS J C，SISINNI S M，et al. Effects of Urban Tree Management and Species Selection on Atmospheric Carbon Dioxide[J]. 2002：10.

[12] 方精云，位梦华. 北极陆地生态系统的碳循环与全球温暖

化[J]. 环境科学学报，1998(2)：3-11.
[13] 管东生，陈玉娟，黄芬芳. 广州城市绿地系统碳的贮存、分布及其在碳氧平衡中的作用[J]. 中国环境科学，1998(5)：53-57.
[14] 陈自新，苏雪痕，刘少宗，等. 北京城市园林绿化生态效益的研究(2)[J]. 中国园林，1998(2)：49-52.
[15] 陈莉，李佩武，李贵才，等. 应用CITYGREEN模型评估深圳市绿地净化空气与固碳释氧效益[J]. 生态学报，2009，29(1)：272-282.
[16] 杨阳，赵红红. 低碳园林相关理论研究的现状与思考[J]. 风景园林，2015(2)：112-117.
[17] 冀媛媛，罗杰威，王婷，等. 基于低碳理念的景观全生命周期碳源和碳汇量化探究——以天津仕林苑居住区为例[J]. 中国园林，2020，36(8)：68-72.
[18] 陶波，葛全胜，李克让，等. 陆地生态系统碳循环研究进展[J]. 地理研究，2001(5)：564-575.
[19] Mcguire A D, Sitch s, Clein J S, et al. Carbon balance of the terrestrial biosphere in the Twentieth Century: Analyses of CO_2, climate and land use effects with four process-based ecosystem models[J]. Global Biogeochemical Cycles, 2001, 15(1): 183-206.
[20] Luo Y, Weng E. Dynamic disequilibrium of the terrestrial carbon cycle under global change[J]. Trends in Ecology & Evolution, 2011, 26(2): 96-104.
[21] 冀媛媛，罗杰威，王婷. 建立城市绿地植物固碳量计算系统对于营造低碳景观的意义[J]. 中国园林，2016，32(8)：31-35.
[22] Gratani L, Varone L, Bonito A. Carbon sequestration of four urban parks in Rome[J]. Urban Forestry & Urban Greening, 2016, 19: 184-193.
[23] 依兰，王洪成. 城市公园植物群落的固碳效益核算及其优化探讨[J]. 景观设计，2019(3)：36-43.
[24] 施健健，蔡建国，刘朋朋等. 杭州花港观鱼公园森林固碳效益评估[J]. 浙江农林大学学报，2018，35(5)：829-835.
[25] Jo H K, Kim J Y, Park H M. Carbon reduction and planning strategies for urban parks in Seoul[J]. Urban Forestry & Urban Greening, 2019, 41: 48-54.
[26] 王昕歌，尹正. 基于Pathfinder的城市绿地碳汇效益估算及优化——以西安市小雁塔改建前景区为例[J]. 城市建筑，2021，18(17)：166-168.
[27] 董延梅，章银柯，郭超等. 杭州西湖风景名胜区10种园林树种固碳释氧效益研究[J]. 西北林学院学报，2013，28(4)：209-212.
[28] 陈高路，陈林，庞丹波，等. 贺兰山10种典型植物固碳释氧能力研究[J]. 水土保持学报，2021，35(3)：206-213，220.
[29] 陈莹，闫淑君，宋宛蓉，等. 4种城市绿化观赏草的碳贮量及其碳汇功能研究[J]. 福建林学院学报，2013，33(4)：322-325.
[30] 陈月华，廖建华，覃事妮. 长沙地区19种园林植物光合特性及固碳释氧测定[J]. 中南林业科技大学学报，2012，32(10)：116-120.
[31] 依兰. 城市公园植物群落的碳收支评估及其优化研究[D]. 天津：天津大学，2019.
[32] 殷利华，姚忠勇，万敏. 园林绿化工程施工阶段碳足迹研究——以武汉光谷大道隙地绿化工程为例[J]. 中国园林，2012，28(4)：66-70.
[33] 萧箫，陈彤，郑中华，等. 上海公园绿化养护碳排放量计算研究[J]. 上海交通大学学报(农业科学版)，2013，31(1)：67-71.
[34] Strohbach M W, Arnold E, Haase D. The carbon footprint of urban green space—A life cycle approach[J]. Landscape and Urban Planning, 2012, 104(2): 220-229.

作者简介

郭婷婷，1998年生，女，汉族，河南南阳人，浙江农林大学硕士在读，研究方向为园林植物应用与园林生态。电子邮箱：1265715612@qq. com。

邵锋，1979年生，男，汉族，江苏盐城人，博士，浙江农林大学，副教授、硕士生导师，研究方向为园林植物应用与园林生态。电子邮箱：shaofeng@zafu. edu. cn。

付彦荣，1975年生，男，汉族，河北涉县人，博士，中国风景园林学会，副秘书长、高级工程师，研究方向为风景园林学科行业发展、规划与设计、绿色基础设施、园林植物应用等。电子邮箱：yanrongfu2003@163. com。

章银柯，1979年生，男，汉族，浙江富阳人，北京林业大学博士在读，杭州植物园，副园长、高级工程师，研究方向为园林植物引进应用与景观生态交叉领域的研究和实践。电子邮箱：zyk1524@163. com。

论文集

风景园林与城市更新

景观都市主义视角下的山地城市失落空间更新

——以重庆磁器口片区为例

Renewal of Lost Space in Mountain Cities from the Perspective of Landscape Urbanism:

—A Case Study of Ciqikou Area in Chongqing

陈玖奇

摘　要： 景观作为一种城市重要的构成因素，不仅仅是作为城市的生态保障和市民的休憩空间，更能够通过空间规划带动周边产业升级，实现城市片区整体更新。本文从景观都市主义的角度出发，阐述了该理论在山地城市营建过程中的适用性，并对以景观更新来引导城市设计方向进行了探索和讨论。笔者以重庆磁器口片区作为研究对象，对其现存的空间结构问题进行了梳理，并对山地城市营建过程中产生的失落空间进行了重点研究。以山水结构构建、失落空间赋能、公园产业化打造、空间要素整合等规划策略，实现城市景观空间和产业空间的有机融合，真正体现山地城市营建中的“山水城市”意向。

关键词： 景观都市主义；失落空间；城市更新；山地城市

Abstract: Landscape, as an important component of a city, not only serves as ecological protection of the city and recreational space for citizens, but also can promote the upgrading of surrounding industries through spatial planning and realize the overall renewal of urban areas. From the perspective of landscape urbanism, this paper expounds the applicability of the theory in the construction process of mountain cities, and explores and discusses the direction of urban design guided by landscape renewal. The author takes Ciqikou area of Chongqing as the research object, combs the existing problems of its spatial structure, and focuses on the lost space generated in the construction process of mountain cities. Planning strategies such as landscape structure construction, lost space empowerment, park industrialization and spatial element integration are used to realize the organic integration of urban landscape space and industrial space, which truly reflects the intention of "landscape city" in the construction of mountain cities.

Keywords: Landscape Urbanism; Lost Space; Urban Renewal; Mountain City

引言

山地城市规划在我国规划历程中占有重要的地位，因其空间结构的独特性和与自然的依附性，自古以来就已围绕“城市营建”与“自然空间”进行了大量的研究。由于山地城市的特殊性，无论景观空间或是城市空间远比平原城市复杂化且多元化，仅在城市层面进行生搬硬套式的规划，难以有效挖掘山地景观特色，也难以实现真正的城市与自然山水的有机融合。

重庆是典型的山地城市，蕴含着丰富的山地特色空间和优越的自然资源条件。然而快速城镇化带来的盲目建设，在城市迅猛发展的同时也遗留下来大量衰败的自然空间。通过景观都市主义这一视角，从“景观-城市”的更新逻辑对失落空间进行统一更新，将景观系统积极融入城市系统并产生使用价值，走出一条具有山地城市特色的城市更新道路。

1　山地城市空间研究背景

1.1　山地城市空间营建实质

在山地城市空间营建过程中，“人工力”和“自然力”自古以来便是左右城市空间结构的两大因素。最早的山地城市营建活动规模较小，城市空间大多服从于自然空间和地形地貌；而现在当城市已经可以摆脱自然空间的限制时，两类要素逐渐从“一家独大”演变为“分庭抗礼”之势。所以现在山地城市营建的实质，实则为自然空间与城市空间相互耦合的过程，类似于霍华德在“田园城市”中强调城市与乡村像磁体一样相互吸引、共同结合。同样，山地城市空间营建的过程也是“城-山”空间关系有机化和合理化的过程，即形成动态平衡的耦合系统。

1.2　山地城市空间营建现状

在宏观尺度上，山地城市的空间营建反映在城市布局、城市总体结构、山水格局、景观系统等方面，这也是山地城市规划最为关注的方面；在微观尺度上，山地城市的空间特性反映在古镇古街、滨江空间、山地公园等规划设计中，而这些中小型的空间特性往往是最能被市民切实感受到的，也是最能打造山地城市意向的研究尺度。

然而，现有中观乃至微观尺度的山地城市空间研究上，多反映在建筑空间，或者自然景观各自独立的领域，针对“人工空间”与“自然空间”系统性的协调并没有落实到位，所以山地城市在诞生一部分引人注目的特色网红景点同时，仍会出现大量失落空间，整体呈现空间破碎化、风貌差异化的特征，这也是自然空间与人工空间耦合失衡的表现。

1.3 山地城市失落空间的产生

1.3.1 失落空间概念解析

罗杰·特兰西克在《寻找失落空间》中提出：“失落空间指的是令人不愉快、需要重新设计的反传统的城市空间，对环境和使用者而言毫无益处；它们没有可以界定的边界，而且未以连贯的方式去连接各个景观要素。”

在早期山地城市营建过程中，由于相关规划理论的缺乏，建设用地总是见缝插针地安排在山沿水岸，那些城市留下来的剩余用地往往成了阻碍组团间交流的最大障碍。这些空间是未被规划设计过的，是城市发展遗留下来的产物，对城市功能、空间结构的组织有着消极的影响，却又是微观尺度上自然空间与人工空间耦合过程中的重要节点。

1.3.2 山地城市失落空间分类

重庆作为山地城市的代表，存在大量以下类型的失落空间（图1），且这些空间往往呈碎片化分布于城市核心区之间，对城市的景观风貌、空间品质，乃至市民的日常使用都有着重要的影响。

山地城市失落空间	特征	成因	示例
基础设施周边绿地	多位于大型基础设施周边	基础设施的修建，如轨道交通、跨江大桥、城市立交所需用地面积较大，而在建成之后遗留下来的以绿地为主	
闲置河岸滩涂	多为滨江滨水的河岸滩涂，以及废弃的码头	但由于城市建设迅猛发展和大型基础设施的修建，导致滨水空间与城市逐渐割裂，空间品质衰败	
原有工厂旧址	呈大面积块状出现于城市核心区	主城区原有的大量的钢厂、军工厂等迁出后的旧址，至今尚未进行有效的存量更新	
城市更新所遗留的用地	多呈碎片状分布于建筑组团周边	多存在于城市的老旧片区，或者古镇古街周边。空间品质低下，建筑风貌凌乱，已不再适宜于当下城市发展的需要，但由于种种原因没有得到规划的重视	

图1 山地城市失落空间分类

1.3.3 山地城市失落空间更新现状

山地失落空间长期分布在城市组团间，难以进行有效更新。首先，失落空间是在城市建设过后遗留下来的用地，没有明确的功能定位，且大多以绿地形式出现，公共效益较强，难以产生很高的土地收益，直接导致更新动力不足。

其次，现阶段城市更新多以建筑空间为主，而失落空间多为建筑周边用地，或者建筑与绿地混杂构成，在进行建筑空间更新的过程中，往往会忽视此类绿地的存在。从规划视角到功能定位，再到规划策略上，都没有很好地提出系统性的解决方案，才导致了失落空间至今仍成为山地城市更新的难点。

2 景观都市主义视角下的城市更新

2.1 景观都市主义概念解析

景观都市主义最早由查尔斯·瓦尔德海姆在1997年正式提出，核心是景观应该替代建筑，成为决定城市形态和城市体验的最基本要素。瓦尔德海姆吸收和整合了麦克哈格的生态规划思想和科纳的城市设计理念，旨在将城市理解成一个生态体系，通过景观基础设施的建设和完善，将基础设施的功能与城市的社会文化需要结合起来，实现城市和景观的共荣共生。

另一位学者詹姆斯·科纳强调认为，城市化是一种动态过程，城市地段由经济系统、生态系统和社会系统的相互作用而成形。而景观最适合作为变化中场所精神的载体，相比于城市和建筑有着更短更新周期和更便捷的更新过程，比宏观规划视角更具有首位性。

2.2 景观都市主义视角下的城市更新方法论构建

综合相关学者的研究可以得出，景观都市主义更为强调的是一种由“城市-景观”整合的系统性设计逻辑和过程，更加关注城市空间与自然空间的耦合过程，避免就空间而论空间，且尺度既覆盖了城市层面、地区层面、节点层面又在城市更新运用中更具有实操性和科学性。

2.2.1 山水格局整体构建

在系统化的规划理念指引下，更新的首要因素在于对场地整体内景观要素进行梳理，按照山地城市“山-城-水”的山水关系，构建片区的整体景观格局，确定重要空间廊道和景观节点，作为空间更新的骨架。

2.2.2 失落空间体系构建

在波士顿大都会公园规划中提到：“项链式的公园体系，将数块孤独的城市空间链接在一起，给予都市人群在他们习以为常的环境当中无处寻见的自然以及蕴含其中的静谧、单纯与自由的活动空间①。”

在大尺度的景观体系基础上，依据场地内现有的轨道站点、旅游景点、文化片区等重要因素，利用绿地和产业节点串联区内现有与未来的城市节点。这样既可以体现各个分区的自然环境，结合不同产业发展，形成各区独特定位与风貌，又通过项链式空间体系整合为一个有机整体（图 2）。

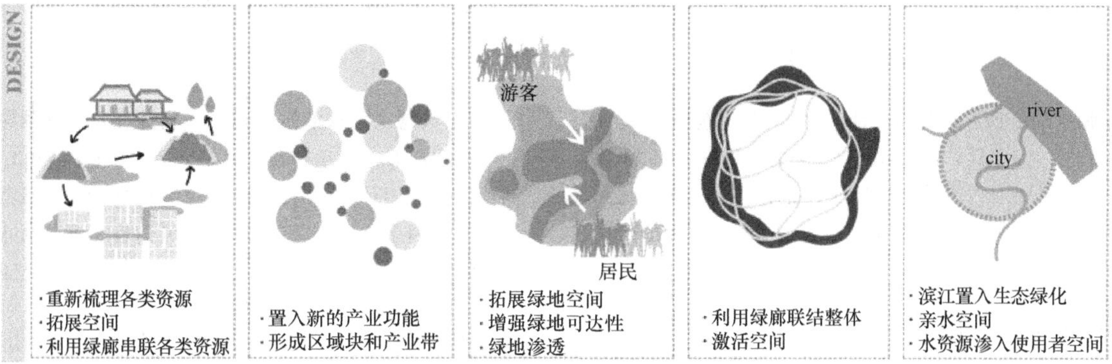

图 2　项链式公园体系构建逻辑

2.2.3 片区物质要素更新

景观系统的构建最终目的是为了实现整个片区的整体性提升。所以通过景观更新带动空间节点更新，这个过程中也附带着交通系统的完善、功能的优化、产业的升级，从而进一步激发城市触媒效应，带动周边地块建筑风貌、城市功能、街区活力、街道品质等其他物质要素的提升，从而在山地城市失落空间重塑的同时，实现片区城市更新。

3 山地城市失落空间更新案例

3.1 项目概况

磁器口片区紧邻沙坪坝城市副中心，主要范围是由国道 212、兰溪高速、沙滨路三条主干道围合成的区域，面积约 396hm²，歌乐山、磁器口老街、清水溪是沙坪坝最具吸引力的旅游景点之一，是典型的山地城市滨水旧城区（图 3）。但其优越的山水格局由于周边建设的无序、景观规划的缺失、临近地块的高强度开发，淹没了基地的自然山水环境特征，伴随的是整个片区建筑肌理混乱、空间品质衰败，亟待从城市层面进行整体性更新（图 4）。

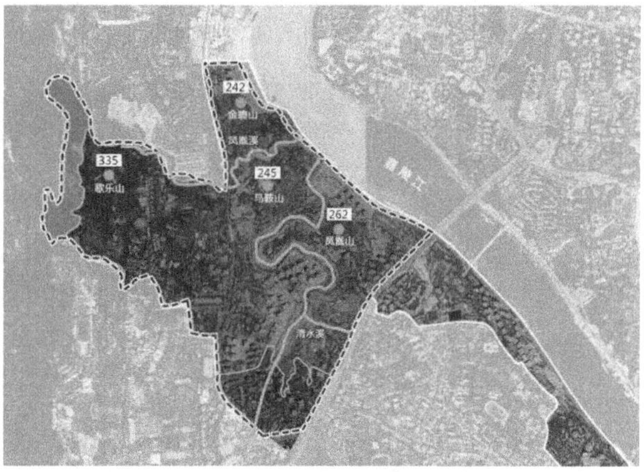

图 3　场地范围

3.2 整体山水结构及场地失落空间梳理

场地自然资源优越、山水格局特殊，整个片区按照“歌乐山—清水溪—凤凰山—嘉陵江”构成了一道主要的东西向城市廊道，连通了山水与城市的关系，是场地主要的山水空间序列。核心区被凤凰溪与清水溪所环绕，溪流周边存在三座城中山体——金碧山、马鞍山、凤凰山，整体展现出“一岛、两溪、三山”的景观格局（图 5）。

① 侯深在《自然与都市的融合》中对于波士顿大都市公园体系的评价，https：//www.sohu.com/a/213009324_280164。

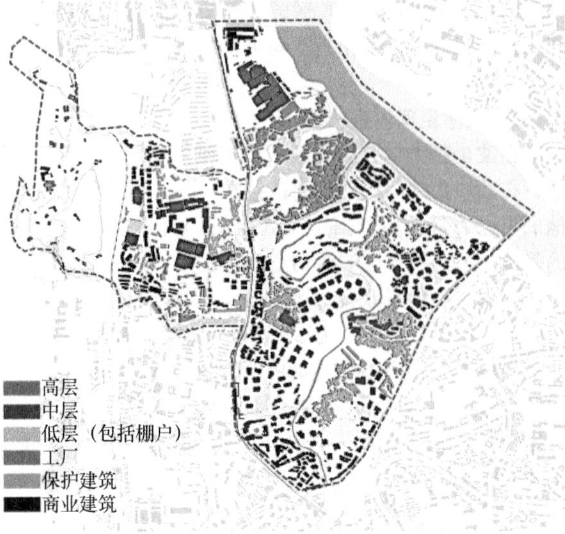

图 4　场地建筑肌理

场地内的大型失落空间共计 12 处，以建筑空间为主的坪桥社区、特钢厂，以景观空间为主的歌乐山、凤凰山，以未建设用地为主的匝道绿地，都是产地内的潜在要素和重要的空间结构组成部分，对片区的整体风貌有着重要的影响。

3.3　失落空间更新策略

3.3.1　失落空间功能赋予——公园产业化导向

在景观都市主义的语境里面，对公园的定义不仅局限于有着较好绿化环境和休闲空间，同时也要具备城市使用功能。“产业”指的是通过公园内自然、人文、交通区位条件等资源的综合利用，将整个片区开发成具有观光、休闲、服务的完整产业链。通过公园产业化目标，旨在以绿色产业复苏带动城市破碎地块的重生，打造地区公园 IP——集文化、经济、生态为一体的以山水景观为导向的一体化城市片区，促进自然与人工空间“空间-产业”协同耦合。

在产业构成上，整个片区根据现有产业布局形成休闲型、创新型、生态型、文旅型、特色型、生活型六大产业板块。在此基础上打造游览产业带和体验型产业带两条特色产业带，针对不同板块内的核心空间进行串联。游览型产业带主要沿城市道路，打造文旅产业、商业产业、环境特色产业、文化创意产业四大类别；特色体验型产业带则依托已有的自然景区和待更新的工厂周边地块，形成主题公园产业、山水游憩产业、采摘地景产业、科教创新产业（图 6）。

3.3.2　失落空间联通性构建——项链式公园体系导向

公园产业带的构建需要与良好的空间结构相互耦合，而项链式公园体系的基础是空间的可达性，大多数空间衰败的成因多在于其基础的交通可达性不足，使得原本景色怡人的自然景区逐步变成人迹罕至的失落空间，更丧失了产业功能区的过渡功能。

所以在原有交通骨架的基础上，重点规划连通“山-城-江”的慢行交通系统，并结合城市绿带打造宜人的使用环境，形成能够延续周边城市活力的连接型空间，实现片区内失落空间和重要城市功能区的交通、产业、功能、空间结构多维度的网络化连通。对于节点型空间的打

图 5　场地山水结构示意

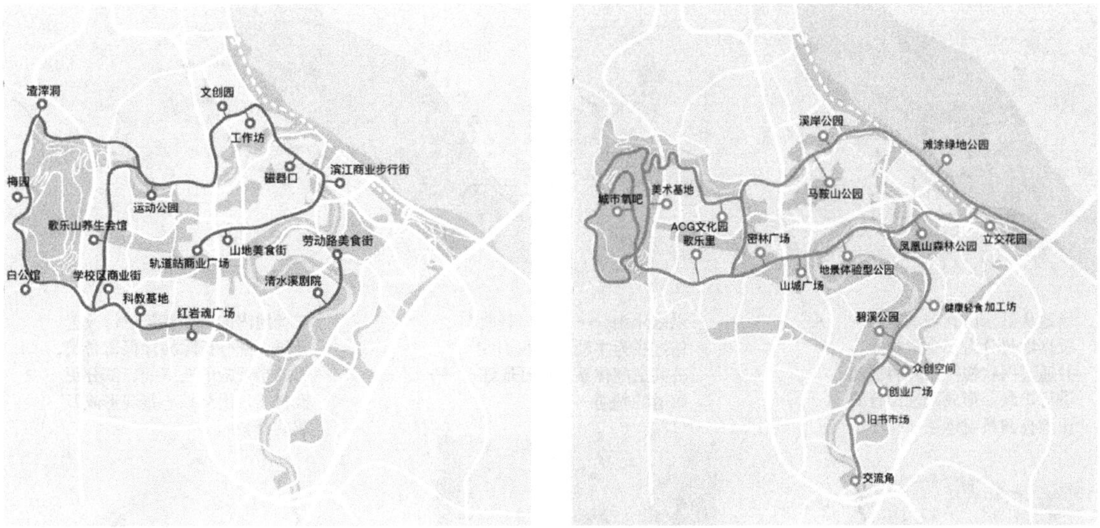

图 6　游览型产业带和特色产业带

造，根据其功能要求打造不同形态的步行网络深入场地内部，用丰富空间体验性唤醒场地活力，能够让人群真正参与到空间使用上来。由此构建点线结合、彼此连通的项链式公园体系，用以承接失落空间公园产业化的良好运作（图 7）。

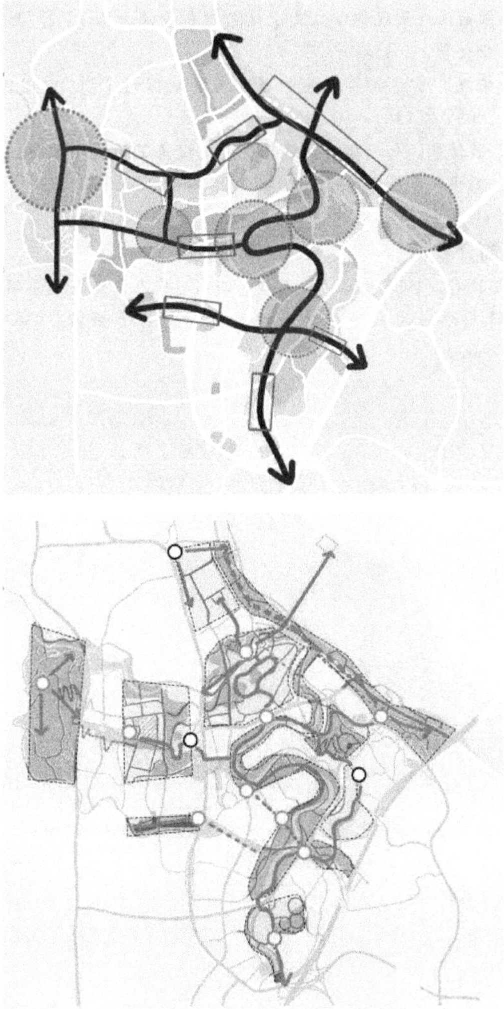

图 7　项链式公园体系规划

3.3.3　失落空间要素整合——体系化设计导向

景观都市主义语境下的空间形态设计，是将交通、景观、建筑作为三个构成要素去考虑。以康明斯工厂节点为例，该区域位于城市廊道核心区，同时也是歌乐山自然景区与磁器口旅游区的重要衔接地段。原有的场地由于封闭的原因，不仅阻塞了城市通江廊道的构建，导致整个片区东西向连通缺失，也导致了城市风貌破碎化。

对于空间形态的考虑，首先跳出以建筑空间为主体的更新手段，将重点放在如何更好地疏通山-城-水的关系。笔者基于歌乐山到轻轨站点的步行轴线的构建，以这条步行线路对两侧的山地景观重新设计，形成空间形态丰富的山地城市慢行空间，既能以绿色空间串联起歌乐山和磁器口两大空间类型，又能通过慢行系统连接东西片区的人流，形成城市活力主轴。

在此基础上对场地内步道工厂建筑进行改造升级，围绕核心开敞空间主线对封闭式的厂房进行改造，根据产业定位将其打造为半开放的共享空间，模糊建筑与自然的边界，以外部空间的更新改造带动建筑空间的品质提升，以及激发场地活力，形成山地文创公园综合体，彻底实现失落空间物质要素更新（图 8）。

4　结语

本文以磁器口片区的城市更新为例，以景观都市主义的视角，以山水城市构建、失落空间体系化构建、公园产业化、物质要素一体化设计等方式对城市失落空间进行改造升级，构建了中微观研究尺度上山地城市山水意向的打造，本质上回答了在新的语境下如何落实山地城市更新、如何打造山地城市特色的问题。通过这类规划实践的探索，希望为国内现阶段的山地城市空间更新提供新的解决思路和规划逻辑。

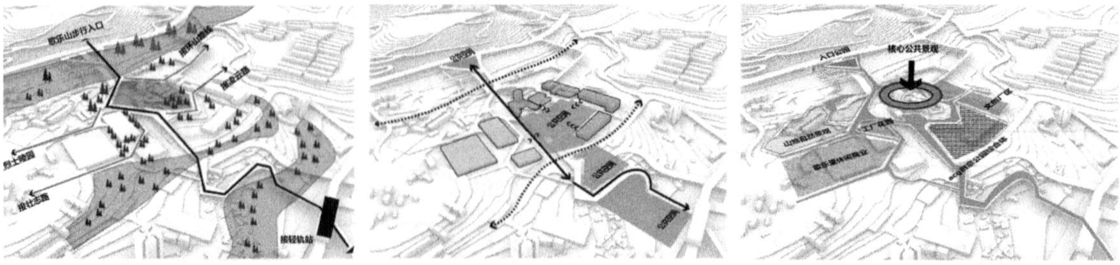

场地从歌乐山到国道212，根据地势分为三个景观面，并通过网状慢行系统将彼此进行串联，形成网轴结合的山地公园景观体系

以歌乐山——磁器口轻轨站连线为主轴，沿线形成公共空间体系，保证通江廊道的畅通

对场地内的工厂建筑进行改造升级，部分拆除楼顶保留骨架，形成半开敞的灰空间，部分更换材质，围绕核心景观形成开放共享公园

图 8　空间要素体系化整合

参考文献

[1] 张雅萌，车震宇．基于景观都市主义的城市开放空间规划研究[J]．城市建筑，2019，16(23)：34-36.

[2] 宋秋明．景观作为促进城市更新的媒介[J]．重庆建筑，2019，18(10)：25-29.

[3] 孙雯，贾玲利．景观都市主义视角下公园城市建设发展途径与趋势研究[J]．城市建筑，2020，17(34)：195-198.

[4] 李和平，肖竞．山地城市“城-山”营建关系的多维度分析[J]．城市发展研究，2013，21(08)：40-46.

[5] 曹珂．山地城市设计的地域适应性理论与方法[D]．重庆：重庆大学，2016.

[6] 李倩芸．基于公园城市理论的公园绿地系统连接方式思考[C]//中国风景园林学会．中国风景园林学会 2020 年会论文集(上册)，2020：4.

[7] 胡一可，刘海龙．景观都市主义思想内涵探讨[J]．中国园林，2009，25(10)：64-68.

[8] 邹丽丽．景观都市主义设计思想与手法初探[D]．北京林业大学，2011.

[9] 杨锐．景观都市主义的理论与实践探讨[J]．中国园林，2009，25(10)：60-63.

[10] 黄修华，付而康．景观都市主义视角下的城市综合公园规划设计初探[J]．住宅产业，2018(Z1)：59-61.

作者简介

陈玖奇，1997 年，男，汉族，四川遂宁人，重庆大学硕士在读，研究方向为城市设计与步行城市。电子邮箱：93637428@qq. com。

路易斯维尔开放空间网络的形成与发展[①]

Formation and Development of Louisville Open Space Network

陈绮婷　张晋石 *

摘　要： 通过介绍美国路易斯维尔市开放空间系统的形成及发展过程，概述了路易斯维尔从城市的建立与发展、工业革命时期奥姆斯特德设计的路易斯维尔公园系统的建立，再到城镇化时期解决城市问题的《基石 2020》等相关规划，以及面向未来时期提出的多元价值集于一体的开放空间系统优化的这一长期发展历程，最后总结出路易斯维尔开放空间网络体系具有有序生长、互联集成和在地文化的特征。
关键词： 公园系统；公园和开放空间规划；发展历程；城市未来发展形势

Abstract: By introducing the formation and development process of the open space system of Louisville in the United States, it outlines the establishment and development of Louisville from the establishment and development of the city, the establishment of the Louisville Park System designed by Olmsted during the Industrial Revolution, and the solution to the city during the urbanization period. The question's "Cornerstone 2020" and other related plans, as well as the long-term development process of the optimization of the open space system with multiple values integrated in the future, concluded that the Louisville open space network system has orderly growth, interconnection and integration. And the characteristics of local culture.
Keywords: Park System; Park and Open Space Planning; Development History; Future Urban Development Form

引言

路易斯维尔是美国开发较早、经济发展较好、城市体系发展较成熟的城市之一，其城市化历程大致可以分为城市兴起、城市急速发展、城市郊区化、城市再度繁荣四个阶段，城市化过程可谓是经验和教训兼备。研究美国路易斯维尔城市发展和开放空间网络的演变规律，可让我们更加准确地认识新时代背景下具有中国特色的城市发展规律，把握其未来的大致走向，为制定较符合实际的科学性发展战略提供借鉴。本文分析了城市发展背景下，美国路易斯维尔各阶段城市开放空间网络系统的演变规律及原因，旨在为新时代背景下中国城市的开放空间网络发展提供参考。

1　路易斯维尔城市的建立与发展（18 世纪末～19 世纪）

1779 年 4 月，乔治·罗杰斯·克拉克（George Rogers Clark）带领希望在肯塔基州建立新定居点的士兵和平民，来到俄亥俄瀑布（Falls of the Ohio）成功建立了第一个永久性定居点，即路易斯维尔（Louisville）。次年 5 月，弗吉尼亚大会通过了路易斯维尔的城市宪章，路易斯维尔正式作为弗吉尼亚州肯塔基县县城，开始进行郡县规划和建设。1815 年前后，随着蒸汽船的发明和使用，向俄亥俄河上游旅行和贸易运输的商业价值开始显现。商业和制造业纷纷在路易斯维尔周边集聚，出现了造船厂及早期的磨坊、工厂等。这一时期，路易斯维尔的经济得到快速发展。1859 年，当路易斯维尔和纳什维尔之间的铁路竣工时，路易斯维尔成了俄亥俄河流域的战略中心，在铁路和水路货物运输贸易发展中作用日益凸显。随着路易斯维尔铁路和水路等线性基础设施的铺设，一些大小和用途各异的开放公共广场、绿地等，也随着线性走廊的网络连接而展开（图 1）。

2　路易斯维尔早期公园系统（1891～1897 年）

19 世纪末，世界范围内出现了第二次工业革命，极大推动了社会生产力的发展。在工业化的推动下，美国的城市数量急剧增加，规模不断扩大，城市发展进入了鼎盛时期。作为美国迅猛扩张的城市之一，路易斯维尔的发展也达到了极限，并寻求公园来改善生活质量和提高经济竞争力。路易斯维尔的领导人认为，新的绿地公园可以改善邻近的房地产价值，吸引和保留熟练的劳动力，为当地居民提供健康福利，也为城市的未来发展奠定基础。

1887 年，路易斯维尔城市领导人发表了一份报告，建议为三个主要公园购买和开发土地，这三个公园成为该市公共领域的典范：肖尼公园（Shawnee Park）、切诺基公园（Cherokee Park）和易洛魁族公园（Iroquois Park）。1891 年，公园委员会任命弗雷德里克·劳·奥姆斯特德（Frederick Law Olmsted），以三座公园为基础，为城市公园系统制定总体规划，该规划于 1897 年完成（图 2）。

① 基金项目：中央高校基本科研业务费专项资金（2019ZY40）。

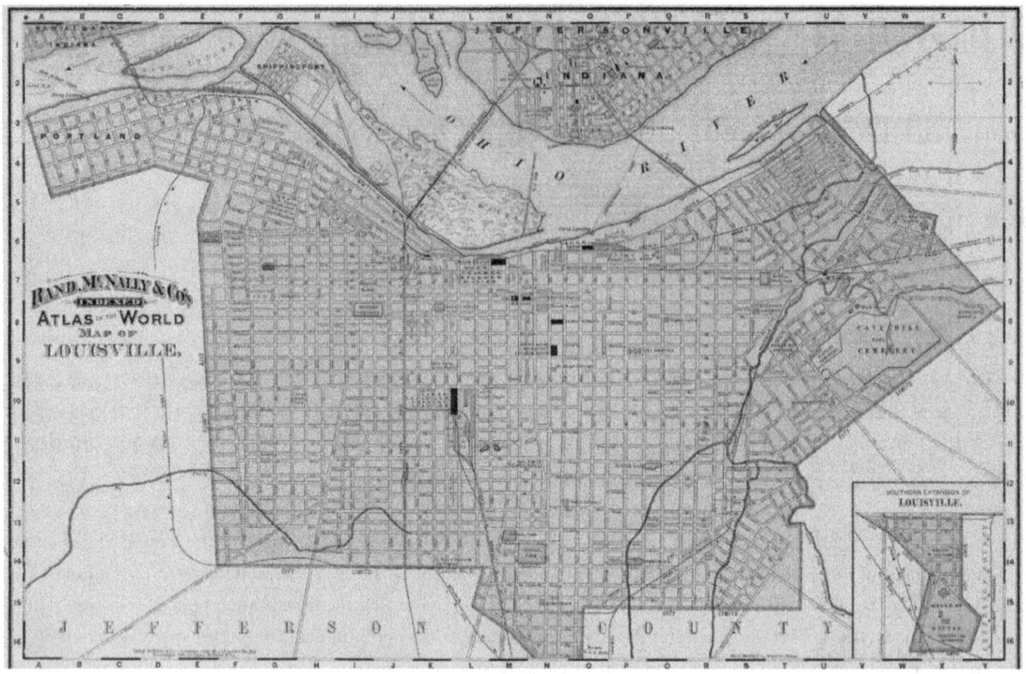

图 1　路易斯维尔的早期城市空间发展（1865 年）
（图片来源：网络）

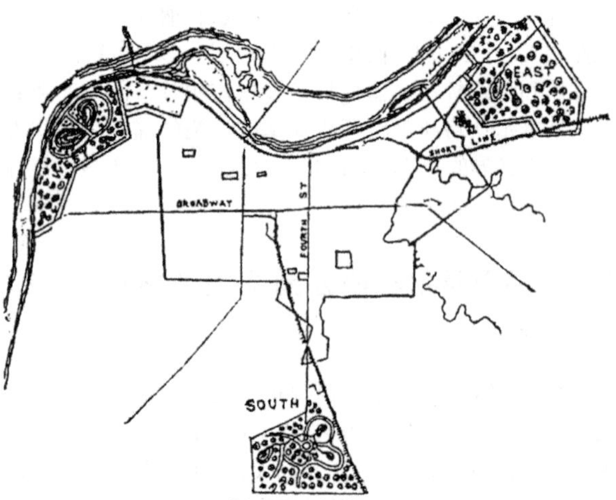

图 2　奥姆斯特德设计的路易斯维尔公园系统总体规划草图（1897 年）
（图片来源：网络）

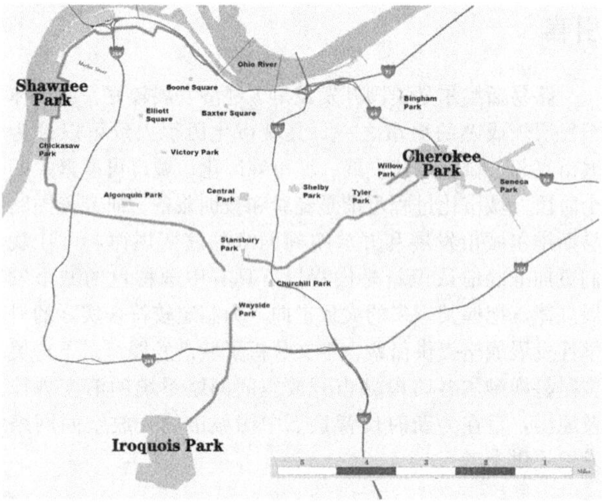

图 3　奥姆斯特德创建的“公园及林荫道环线”平面(1897 年)
（图片来源：网络）

奥姆斯特德早期制定的路易斯维尔公园系统总体规划，巧妙地诠释了城市领导人的愿景：一个由三个公园组成的框架，其中城市内的公园保存并连接了三个具有地区特色的景观，即俄亥俄河（以肖尼公园为代表）、蓝草谷（切诺基公园）和附近一个被称为“诺布斯”的山（易洛魁族公园），之间由公园林荫道环线相连。奥姆斯特德创建的公园及林荫道环线，对路易斯维尔这座城市的发展建设起到了积极促进的作用，并成为接下来百年路易斯维尔公园系统发展的基础（图 3）。

此外，奥姆斯特德还提出建设路易斯维尔公园大道系统（Olmsted Parkway System），以连接城市东部、西部和南部边缘的三个拟建公园（切诺基公园、肖尼公园、易洛魁族公园），并将这些公园大道设计为线性公园，实际上它们是作为路易斯维尔环路的“绿带”，将一个地区连接到另一个地区，并连接着城市最珍贵的公园（图 4）。20 世纪初，当城市围绕着路易斯维尔公园系统和线性公园扩展时，它们成了奥姆斯特德把自然引入城市设想的范例，实现了塑造城市地理、促进社会互动及推动经济发展的目标（图 5）。

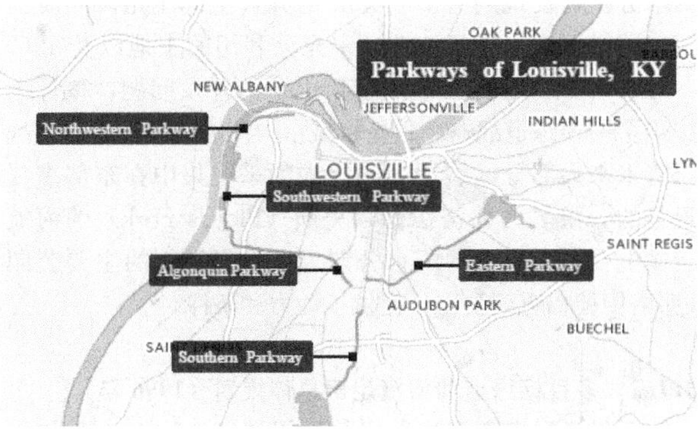

图 4　奥姆斯特德创建的“路易斯维尔公园大道系统”平面（1897 年）
（图片来源：*Green Infrastructure*：*A Landscape Approach*）

图 5　奥姆斯特德提出建设的路易斯维尔公园大道系统现状照片（1897 年）
（图片来源：*Green Infrastructure*：*A Landscape Approach*）

3　城镇化发展催生的开放空间规划（19 世纪末～21 世纪初）

继 19 世纪的两次工业革命，美国工业发展突飞猛进，发达的经济推动了全国的城镇化进程，却出现了人口密集、环境污染、交通阻塞等问题。某些城市甚至暴发了瘟疫灾难，城市卫生改革运动、公园运动、城市美化运动等一系列运动应运而生并迅速传遍全国。20 世纪演变的几项改造城市环境的运动，继早期奥姆斯特德制定的路易斯维尔公园系统总体规划建成后，进一步影响了路易斯维尔公园系统，并增强了城市和周边地区开放空间联系。

从城市公园运动开始，路易斯维尔城市开放空间的发展重点就从大型公园和市政广场转向了针对附近居民的基于活动和设施的休闲公园，公园系统越来越注重提供娱乐服务，加上人们对历史保护的关注，促进了关于奥姆斯特德遗产（公园及林荫道系统）的更多保护。如 1970 年的环境运动将注意力集中在沿水道的水质和资源保护上，对开放空间环境质量的关注，再加上“铁路”到“步道”交通方式的变化，以及联邦政府为改善交通而对步道的资助，逐渐演变为绿道运动，从而为该地区的俄亥俄河和河流走廊提供了依据……这些公园和开放空间运动所产生的结果共同促进了区域开放空间系统的互联互通。

3.1　《基石 2020》全面计划（1993 年）

路易斯维尔的《基石 2020》（*Cornerstone* 2020）是 1993～2000 年之间的七年规划，为路易斯维尔成为一个更宜居、更具吸引力、流动性、高效和环境敏感性的社区提供了愿景。

《基石 2020》的研究委员会讨论了多个领域的规划工作，包括土地使用、公园空间、开放空间、交通、经济增长以及居民、企业和公共机构之间的联系。这些委员会通过侧重于俄亥俄河走廊、杰斐逊纪念森林、波特兰码头、开放空间、公园、步道等区域和概念的规划，对补充《基石 2020》进行了辅助研究，包括居民、工作和住房之间的联系以及社区生活的其他特定领域。《基石 2020》更加强调城市发展与社区环境的相容性、公共空间与交通的有机联系以及衰落社区的重建，在制定过程中产生若干相关规划，其中最主要的是公园和开放空间总体规划（1995 年）和多目标绿道及河流走廊总体规划（1996 年），之后著名的路易斯维尔环的概念也在河流走廊总体规划（1996 年）中有所体现。这些规划为早期奥姆斯特德设计的公园系统的完善与后来各种公园和开放空间的发展整合提供了机会（图 6）。

3.1.1　公园和开放空间总体规划（1995 年）

公园和开放空间总体规划以奥尔姆斯特德设计的路易斯维尔公园系统为基础，为路易斯维尔和杰斐逊县在 20 世纪的公园和开放空间建立“宏伟愿景”。该愿景将奥尔姆斯特德的公园规划和设计理念与对当代问题的回应相结合，如现代休闲需求、以汽车为导向的开发模式以及

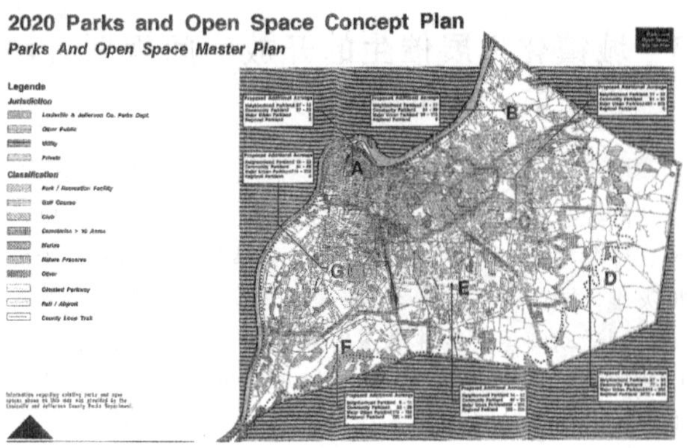

图 6　公园和开放空间总体规划中的概念图（1995 年）
（图片来源：*Green Infrastructure*：*A Landscape Approach*）

有限的环境资源等。公园和开放空间总体规划由 WRT 景观设计公司及 Skees 工程公司于 1995 年共同制定，并提出三项基本部分（外部景观、全县环路和弗洛伊德公园），这些部分共同拓展了路易斯维尔的公园系统。

首先，规划采用了大都市地区开放空间总体规划的方法，该方法与奥姆斯特德最初的公园系统规划相似。公园和开放空间总体规划扩展了该模型，并使其适应了新的都市规模和增长模型所涵盖的更大的景观区域。公园和开放空间总体规划提出了一个由三部分组成的外部景观框架，即该地区的三种主要景观类型：河滨区（包括标志性的滨水公园）、诺布斯地质（杰斐逊纪念森林）和蓝草谷（弗洛伊德福克斯河）。

其次，公园和开放空间总体规划提出 160km 长的"全县环线步道"，以连接县境周边的三个外部景观类型。这条路线反映了路易斯维尔 1891 年对城市雄心勃勃的构想，体现了规划的核心思想，即连通性、自然系统和社区发展（图 7）。这条线性步道将公园和开放空间区域相互连接，并与周围的社区相连，连接俄亥俄州河流走廊，穿过杰斐逊县纪念森林（Jefferson County Memorial Forest），向东到达弗洛伊德福克斯，然后再向北到达俄亥俄州河。

最后，以三个外部景观和路易斯维尔环线步道为基础，公园和开放空间总体规划根据全市人口增长预测的

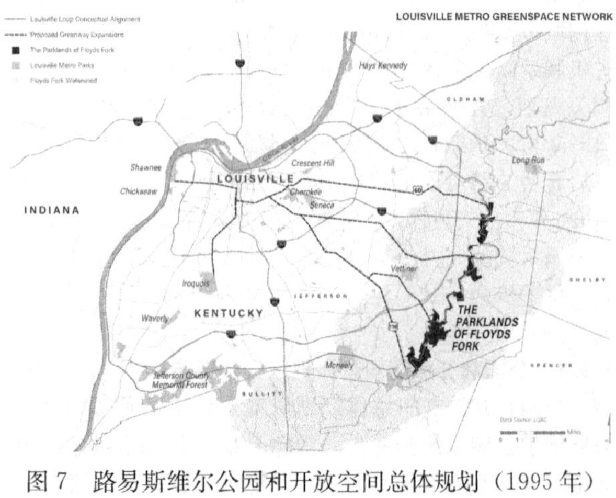

图 7　路易斯维尔公园和开放空间总体规划（1995 年）
（图片来源：图 4～图 7 均引自：*Green Infrastructure*：*A Landscape Approach*）

需求分析，发现约有 2000hm^2 的开放空间不足；同时为解决路易斯维尔市区工业，未充分利用的土地以及 1960～1980 年州际公路发展所遗留土地的开发问题，该计划提出了一项绿道战略，重新将城市与河流连接起来。该战略将未来大部分区域性公园绿地的采购集中在东部杰斐逊县的一条名为弗洛伊德福克斯（Floyds Fork）的河流走廊上。由此产生的滨水公园为后来发展新的主要公园（弗洛伊德福克斯公园）提供了动力和条件。

3.1.2　多目标绿道和河流走廊总体规划（1996 年）

多目标绿道和河流走廊总体规划（1996 年）是作为《基石 2020》的一部分制定的，提出沿路易斯维尔和杰斐逊县河流走廊相互连接的绿道和开放空间网络体系规划；同时是对公园和开放空间总体规划的补充，以实现"将公共步道与尽可能多的绿道合并"的开放空间系统，提供区域内的连接，并将该区域连接到城市的其他部分，从而创建一条绿道系统。尤其是在区域绿道内规划设计绿道和休闲设施的地方，出现如堤岸步道（Levee Trail）的早期阶段试点项目（图 8）。

同时还提出"河流走廊"的主要概念，对之后路易斯维尔环（Louisville Loop）的规划产生了重大影响。规划包括以邻里连接和连续的河廊步道（环路）的形式扩展沿河道交通，这条步道也将吸引人们到河边欣赏河上的风景。该规划除了连接绿道和步道来增加社区联系之外，还提出了每隔一定距离（约每 3km）建设一个"活动中心"来集中公共设施（如公园和广场）或适当的私人商业企业，如作为餐馆和码头，这些都将成为沿河边缘的社区聚集地。

3.1.3　路易斯维尔环——城市的社区归属感（2011 年）

路易斯维尔环的这一愿景始于 1993 年开展《基石 2020》的七年努力。其结果是呼吁将我们的城市转变为一个社区，将人们聚集在具有独特地方感的宜居社区中。路易斯维尔环继承了《基石 2020》及相关规划的愿景："沿着西南俄亥俄河全长的外围环路……沿着池溪（Pond Creek）向东经过麦克尼利公园（McNeely Park）到弗洛伊德河岔路口……回到俄亥俄河。"

2005 年，艾布拉姆森（Abramson）市长发起了以路易斯维尔环为中心的公园城市计划，同时扩大和改善了公园绿地和环境教育。由于社区的开发投入，周边的连接步道也被命名为路易斯维尔环。之后路易斯维尔环发展成为约 160km 的步道系统，将环绕城市，并将现有和新的公园和社区与城市景点连接起来，同时提供包括自行车和公交在内的交通替代方案。

2011 年，市长格雷格·费舍尔（Greg Fischer）致力于完善路易斯维尔环的建设，并专注于通过步行、自行车和公交将人们连接到社区聚会场所、学校、工作场所、自然环境和商业中心等。路易斯维尔环的建设增强了路易斯维尔城市的社区归属感，打造了开放空间一交通一体化的复合网络，营造了自然和文化的可持续社区，为城市居民提供安全路线和提升居民的健康水平（图 9）。

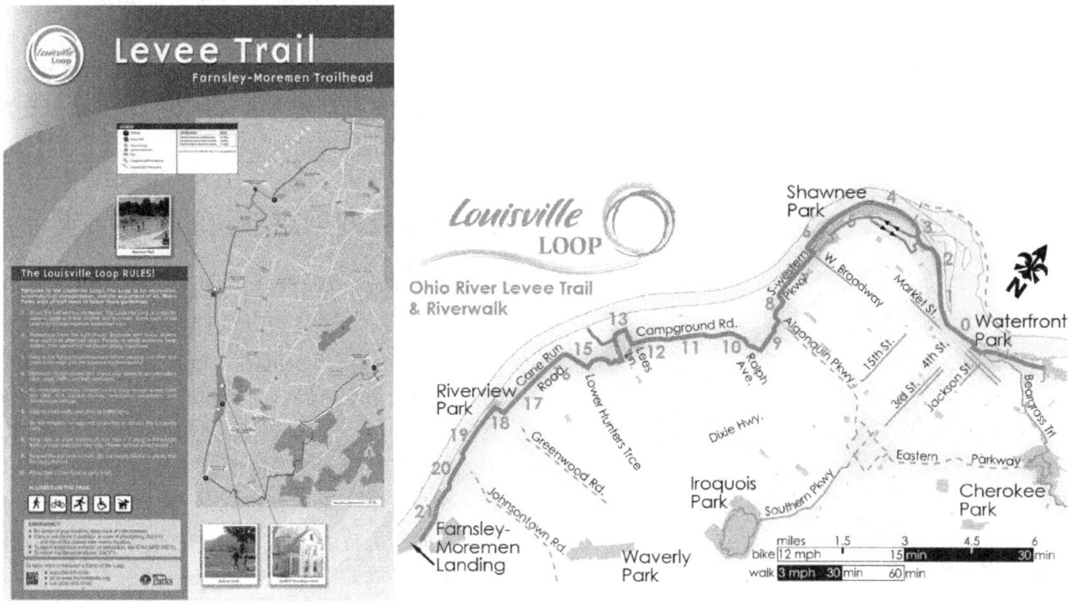

图 8　堤岸步道（Levee Trail）（2010 年）（图片来源：网络）

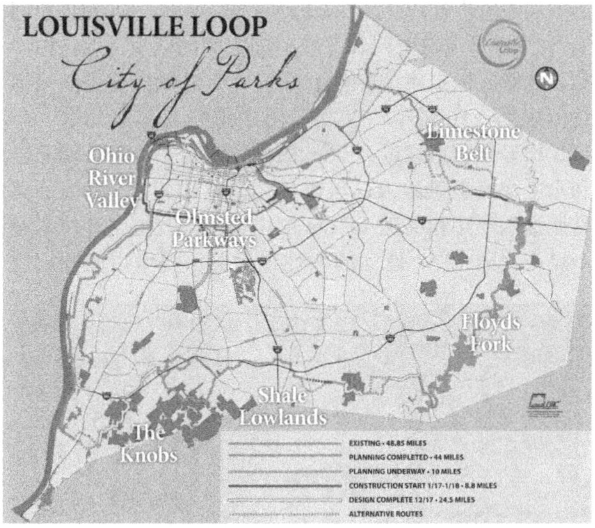

图 9　路易斯维尔环的完善（2011 年）

3.2　弗洛伊德福克斯公园——塑造未来城市发展形式（1995～2015 年）

20 世纪末，交通条件的改善加速了城市的郊区化，促使大量的中产阶级搬到郊区新开发的居住区；随着人口的流失，市区开始经济衰退，路易斯维尔重要城市的光环开始褪去。为了提升城市形象、增强综合竞争力，1993 年，路易斯维尔市和邻近的杰斐逊县（Jefferson County）提出合并，成为路易斯维尔—杰斐逊县大都市（Louisville-Jefferson County Metro）。同年，未来基金会（Future Fund）的土地信托基金开始在路易斯维尔—杰斐逊县都会区较不发达的东部边缘——弗洛伊德福克斯河沿线收购土地，目的是保护该地区免受未来城市发展影响，实现更具可持续性的模式。经过土地信托、公园基金会和当地慈善机构之间的谈判，最终决定在公园和开放空间总体规划中建议沿着弗洛伊德福克斯河创建一个大型区域公园。

除了作为路易斯维尔环路沿线的三大主要外部景观之一的区域性角色外，弗洛伊德福克斯公园（Parklands of Floyds Fork）还被认为是一种主动指导都会区未来发展的工具。与早期奥姆斯特德设计的公园系统一样，公园作为邻近社区发展的开放空间和便利设施，将在未来数十年中塑造东部都会区的城市发展形式。

2015 年建成的弗洛伊德福克斯公园是对路易斯维尔公园体系进行的世界级系统性扩展，占地 1618hm²，由四个面积超过 80hm² 的大型公园组成。四个公园由路易斯维尔环路、水上步道和公园路相连，都位于森林、草地、田野和农田的绿道中——所有这些都沿着弗洛伊德河流这条典型的肯塔基河流而建，同时每个公园都是由河流的一个支流形成的，这些支流流经的区域沿水系串联着 1500hm² 的城市边缘绿地（图 10）。

为解决公园在社区发展中的作用，并确保公园区未来的健康背景，公园总体规划提出与周围社区和自然空间紧密结合的长期战略。未来城市的社区发展将与沿弗洛伊德福克斯支流、连接道路和其他中间通道的公园相连。这样，福克斯公园将通过行人/自行车导向的步道系统在其边界外与较小的社区公园和邻里公园相连，并通过河岸和森林栖息地走廊与附近的栖息地相连（图 11）。让绿地融入城市生活，建立多维空间连接，打造“无边界公园”，不仅扩展了公园的影响力，更塑造了新时代的城市建设新模式。

3.3　小结

本章讲述路易斯维尔及其都会区如何从区域范围到站点范围，对奥姆斯特德设计的路易斯维尔公园系统进行充实和完善，针对城市扩张及现代城市问题，更加切实可行地规划和开发城市开放空间网络；描述了《基石 2020》

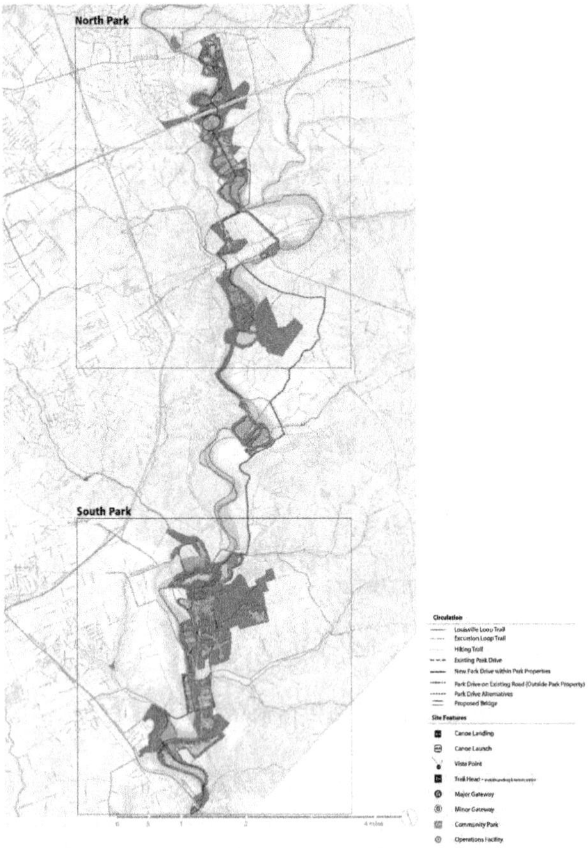

图 10　弗洛伊德福克斯公园总体规划图（2015 年）
（图片来源：网络）

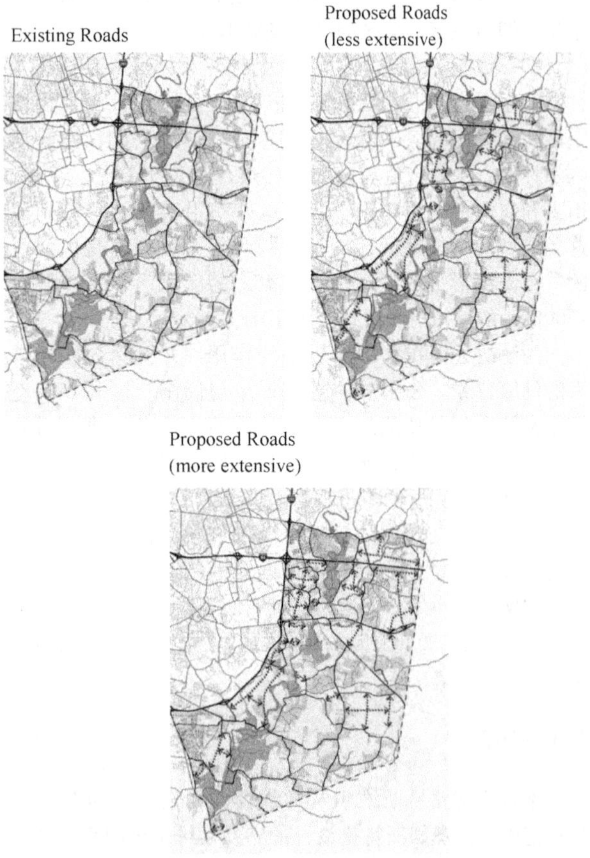

图 11　弗洛伊德福克斯公园与当地的联系（2015 年）
（图片来源：网络）

全面计划所产生的公园，开放空间和绿道总体规划如何在路易斯维尔的历史公园系统上进行扩展，以路易斯维尔环的形式创建更大范围的开放空间网络系统。最后，重点介绍了对路易斯维尔公园体系进行的世界级系统性扩展——弗洛伊德福克斯公园。

4　开放空间网络系统的完善（至今）

路易斯维尔开放空间网络植根于百年前由奥姆斯特德在 19 世纪 90 年代设计的路易斯维尔公园系统。踏入 21 世纪，随着城市及周边区域发展，开放空间网络体系的发展进入不断拓展、完善和提升的新时期。从大型的田园公园到连续、渗透的休闲公园，从河岸森林到都市栖息地，从社区花园到娱乐场地，从农田到生产性景观……新的时代背景下，路易斯维尔的开放空间网络系统将日益完善，向着更持续、更生态的空间方向和更多元化的价值方向不断发展。

4.1　贯通的线性开放空间系统

通过建设完善公园的步道系统与河流交通道，开发更多从周边步道到社区、公园和开放空间的“步道连接网络”，来提升流域公园和开放空间之间的联系，促进河岸和森林栖息地走廊的保护和发展。弗洛伊德福克斯绿道总体规划（2008 年）以及多用途道路总体规划（2009 年）均提出包括超过 230km 的城市步道系统，公园车道和水上交通道供游人、居民使用。其中超过 32km 的路易斯维尔环路和绵延 161km 的多功能铺装道路环绕了整个城市（图 12），建立的线性走廊网络将城市的开放空

图 12　“The Parklands” 步道（2009 年）

间（包括流域公园、河流、街道与社区等）联系起来；连续的水道则沿着肯塔基河流而建，为季节性划水提供娱乐机会。

4.2 都市的生态自然栖息地

河流走廊是构成路易斯维尔开放空间网络系统的基本线性组件。池溪走廊共享路径与生态恢复规划（2011年）指出，俄亥俄河、弗洛伊德河和相关的河流走廊对路易斯维尔和杰斐逊县的环境、生态、休闲娱乐的至关重要性。这些走廊上的重要资源包括大量未开发的土地、陡坡、自然社区和野生动植物栖息地，如森林、湿地、风景名胜和历史遗迹。

连续性的公园系统创造出一条重要的都市栖息地廊道，这条廊道将在路易斯维尔境内延伸32km，把散布的森林连接起来。同时作为栖息地走廊充当生物“通道”将斑块连接起来，形成连续野生动植物走廊，以支持野生动植物的自由流动，通过栖息地的保护和改善来增加生物多样性。

4.3 更完善的休闲开放空间

路易斯维尔和杰斐逊县拥有丰富的公园和露天场所设施资源，从小型邻里公园和社区公园到历史悠久的奥尔姆斯特德公园，都各有特色。路易斯维尔公园体系的规模是其最大的优势，拓展后的公园体系比路易斯维尔当初的奥姆斯特德公园系统更大，对周边居民未来的生活质量产生重要影响。同时，路易斯维尔和杰斐逊县也建立更多社区公园、步道和其他设施来提供和开发多功能的娱乐活动，如野外运动、慢跑、划水、观鸟、野餐、音乐会和热气球发射等。更多便利的邻里公园和聚会场所的建设，为该县不断发展的社区提供动力，并为路易斯维尔的居民和游客提供新的体验娱乐和文化活动目的地，促进路易斯维尔都会区和邻近土地的发展（图13、图14）。

图13　公园地中的鸡蛋草坪（活动草坪）（2015年）
（图片来源：公园新设想：引领美国公园新发展——以肯塔基州路易斯维尔市弗洛伊兹河流公园地为例）

4.4 专用的农地开放空间

由于本底自然资源丰富、土壤适宜种植，农业发展一

图14　公园地中的仓筒中心——既是活动和探险项目的空间场所，也可用于仓储用途（2015年）
（图片来源：公园新设想：引领美国公园新发展——以肯塔基州路易斯维尔市弗洛伊兹河流公园地为例）

直是路易斯维尔和杰斐逊县的重要组成部分。随着城市和郊区的发展，杰斐逊县的农地数量急剧减少，同时土地价值的增加以及与地区开发不兼容的问题，使得维持可行的农业基础将变得越来越困难。

《基石2020》制定公园和自然地区、绿道、历史遗迹和农田相关的目标，以逐步建立和完善未来路易斯维尔居民的公园和土地保护需求。至今，路易斯维尔地区仍不断深化实践可持续农业的发展战略：将农业保留为生产景观的一部分，通过建立专用的农地开放空间（如可持续农业示范农场）（图10），来提醒人们该地区的农业遗产。作为传统农业的可行替代方案，可持续农业和生产性景观在水和栖息地价值以及作物多样化方面具有更大的价值。

4.5 可持续的开放空间设计

路易斯维尔相互连通的开放空间走廊发挥着重要的生态系统功能，如防洪和防侵蚀、维持水质和为野生生物提供栖息地。因此在规划和设计过程中，更多地考虑可持续性做法：使用本地植物、可循环再利用的材料、可再生能源以及针对雨水和废水的创新处理系统等，例如：

（1）通过“过滤平台”将现有MSD水处理厂的废水处理操作与公园开放空间的体验质量相结合。

（2）设计水上花园净化污水，展示无害环境废水处理的本质，并提供令人印象深刻的生物过程场景。

（3）利用草甸沼泽的多种用途，包括湿地生物过滤（可去除雨水带来的沉积物和污染物）。

（4）使用Parklands河岸缓冲带增强技术来改善Floyds Fork的水质……

5 展望未来——《2040计划》（2021年）

《基石2020》于2000年采用，目标是20年。随着2020年里程碑的到来，城市发展发生了许多变化。为应对多变的未来与城市居民的更多需求，路易斯维尔也提出更新一轮的规划。

《2040 计划》代表了指导路易斯维尔未来 20 年发展的最新篇章。该计划在城市未来需求和愿景的基础上，更新并借鉴了之前《基石 2020》的成功经验，完善并扩展了路易斯维尔的城市空间网络，其中最重要的因素被纳入《2040 计划》的五项指导原则：连接、健康、真实、可持续和公平（被称为 CHASE 原则）。

与之前的规划相比，《2040 计划》更多的是对历史保护和公共艺术的关注，以及更好地解决社区健康和社会公平问题。《2040 计划》概述了雄心勃勃的生态恢复蓝图、广泛的休闲机会、增强的社区连通性和河流通达性以及区域的经济活力。新的绿道、公园及开放空间网络系统有了更详细的规划：包括社区目的地的互连系统、步道和环路网络、丰富的历史文化资源和视觉元素、乡村遗产、公共休闲设施以及沿着俄亥俄河和环路绵延的一系列生态公园等；新的绿道系统将会提供独特的线性公园体验，满足城市居民接近自然的健康生活需求，更好地保护和展示该地区丰富的自然和文化历史，同时不断连接、延伸和发展城市的开放空间网络（图 15）。

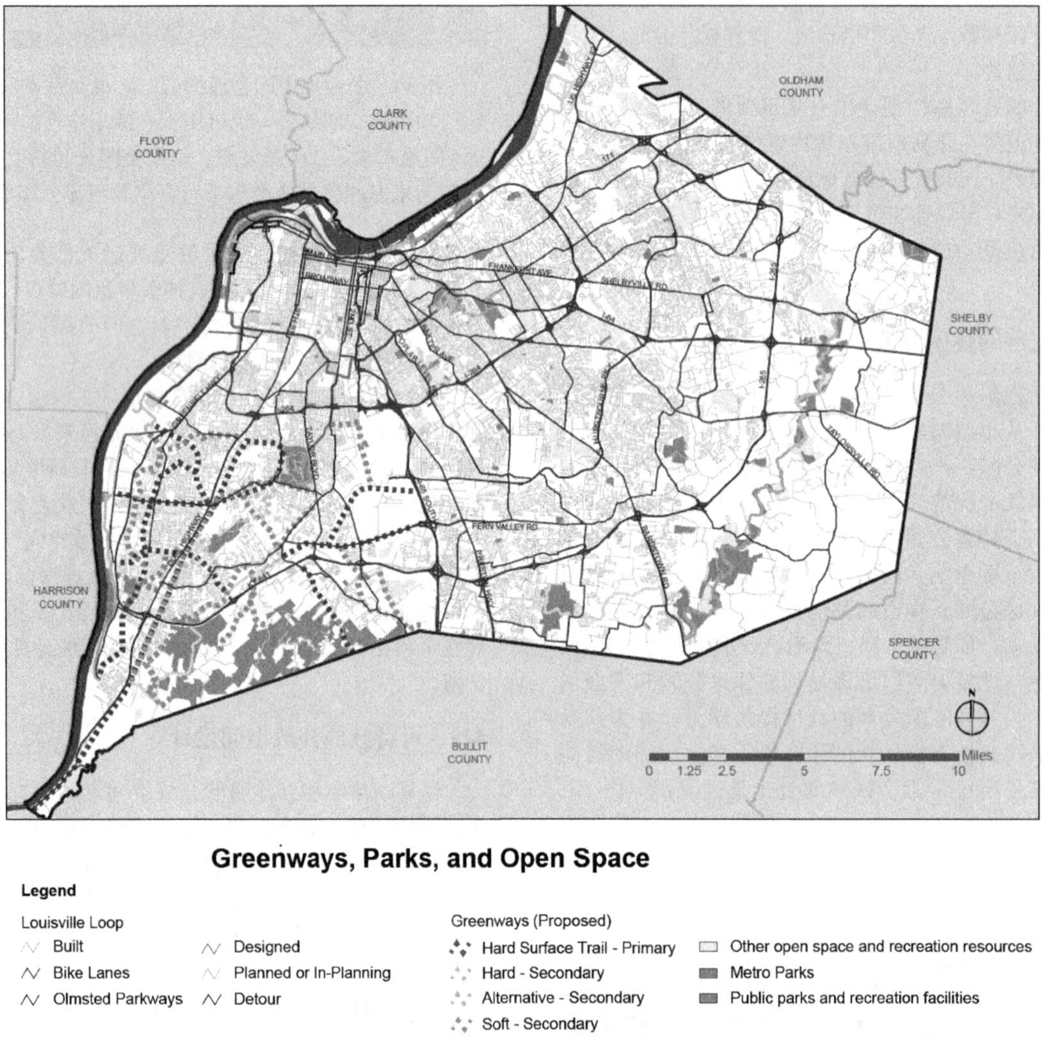

图 15 《2040 计划》中的公园和开放空间总体规划图（2021 年）（图片来源：网络）

6 路易斯维尔开放空间系统的规划特点

路易斯维尔以著名的港口城市和城市工业著称，拥有多样的自然和文化资源与丰富的历史遗产。城市从公民领袖的远见中受益匪浅，实现从森林和农田到城市和郊区的过渡，创造了奥姆斯特德公园路系统和杰斐逊县纪念林等瑰宝。在此基础上，在若干改造城市环境运动和城市规划的影响下，实现其开放空间系统的演变、完善和优化的发展历程。其规划历史大致经历了 4 个阶段，与殖民-工业-城镇化一未来的社会时代划分一致（表 1）。每个阶段的规划虽然有着不同的价值诉求，但路易斯维尔的每一次规划都从之前的规划成果中寻找优势，并在新的规划中赋予其更新的价值，呈现出一种有序生长的状态。时至今日，路易斯维尔开放空间网络仍在持续地发展，对城市发展形象、环境和谐生态、公众舒适生活和城市历史延续起着重要的作用。

路易斯维尔的开放空间网络具有互联、集成和在地文化的特点。互联系统是指路易斯维尔公园和开放空间系统的各个组成部分在地理位置上相互联系。线性绿道将公园和开放空间区域相互连接，并与周围的社区相连，与蓝绿基础设施相互渗透。通过互连系统网络串联起城市多样的开放空间元素，来不断地加强城市生态韧性，完善和提升城市开放空间功能与品质；路易斯维尔现有开放空间的计划功能，在未来开放空间系统中也能实现多个功能目标。例如，俄亥俄河的防洪区和自然阶地，除了防洪以外，还可以提供公共娱乐和自然教育等功能；开发行人和自行车绿道网络以代替使用汽车，在未来可保护自然栖息地，以及有效组织和管理城市雨水径流。从集成的多功能角度出发，可以构想出路易斯维尔每个未来的开放空间、绿道或绿地。

路易斯维尔和杰斐逊县拥有丰富的自然和文化遗产，其自然地理区域、原生植被以及城市和农村土地利用的历史格局在开放空间景观设计中得到体现。对于不同环境中的开放空间，如俄亥俄河滨水区、原始生长森林、诺布斯山地和弗洛伊德的农业基调……从自然或文化特征中汲取灵感，采用不同的设计方法，以突出其独特的生态特征，提供与过去的联系，从而延续路易斯维尔过去的自然与文化特征，构建功能完整和价值多样的城市景观。

路易斯维尔开放空间系统的历史阶段对比 **表 1**

社会时代	代表规划	主要服务对象	主要创作对象	应对问题	规划思路	核心价值诉求
殖民时期（18 世纪末～19 世纪）	路易斯维尔郡县规划	早期定居者	俄亥俄河流域、路易斯维尔周边	早期城市开发	沿河流、铁路及商业、制造业发达地方开发建设	经济
工业革命时期（1891～1895 年）	路易斯维尔公园早期系统规划	城市居民	三大公园为首的早期公园系统	城市发展即将到达极限	寻求公园来改善生活质量和提高经济竞争力，为城市的未来发展奠定基础	社会
城镇化时期（1995～2020 年）	《基石 2020》等相关规划	人类和其他物种	复合价值的开放空间系统	城市过度发展催生“城市病”，潜在开放空间不足	可持续发展论，强调人与自然的和谐，深度挖掘文化价值，实现开放空间效益最大化	生态、文化
未来时期（2020～2040 年）	2040 计划	社区和社会	社区周边及城市空间网络	应对未来人口，经济和社会状况变化做出的计划	对历史保护和公共艺术的关注，以及更好地解决社区健康和社会公平问题	生态、人文、生活

7 结语

路易斯维尔的开放空间网络是一个成功而富有活力的典型案例，从形成开始就在不断的发展、演变与更新，时至今日仍在不断地完善与提升；在过去的价值中继承与发展，赋予了城市旺盛的生命力。在可持续控制未来城市增长，营造积极共生的城市、人与自然的关系方面，路易斯维尔开放空间网络规划做了很多卓有成效的工作，其中的经验能够为中国大型城市的规划工作提供宝贵的借鉴意义。

中国的城镇化过程目前仍处于高速发展阶段，大量城市已进入成长关键期，新型城镇化背景下的城市公共开放空间价值观已从单纯的物质空间规划转向空间在生态、文化、社会等层面的内涵式发展，尤其是新时代背景下对城市存量空间资源的挖掘、改造和再利用，路易斯维尔的开放空间系统建设在这一方面对中国城市有一定启发。通过对多元复合生态价值的重视与空间内生活力的营造，培养城市开放空间基于内部资源的生长能力，实现本底资源价值最大化，使其内涵式发展得以延续，促进城市的活力复兴，贴合并引领城市居民的多元需求。

展望未来，新时代背景下路易斯维尔对城市生态活力的激发、在地文化特征的发掘与城市空间人文价值的丰富必将成为中国城市建设的重要内容。虽然目前很多中国城市的开放空间网络已形成一定规模，但往后如何延续其中的生态与文化特征，构建功能完整和价值多元的城市景观，走出一条中国特色的城市发展道路依然任重道远。

参考文献

[1] 张惠良，胡玎．滨河生活的回归——美国路易斯维尔市河滨公园简介[J]．园林，2003(7)：26-28.

[2] 刘滨宜，余畅．美国绿道网络规划的发展与启示[J]．中国园林，2001(6)：77-81.

[3] 丹尼尔·H·琼斯公园新设想：引领美国公园新发展——以肯塔基州路易斯维尔市弗洛伊兹河流公园地为例[J]．景观设计学，2012(3).

[4] Plan _ 2040 _ Louisville _ Metro _ Comprehensive _ Plan _ Final [EB/OL]．[2019-01-01]．https：//louisvilleky. gov/sites/default/files/planning _ design/plan _ 2040 _ louisvil le _ metro _ comprehensive _ plan _ final _ 11-1-18. pdf.

[5] Cornerstone 2020. Parks and Open Space Master Plan [EB/OL]．[1995-06]．http：//www. mappery. com/map-of/Fairmount-Park-System-Map.

[6] Olmstead Shared-Use Path System - 3 - Previous Studies.

[7] Green Infrastructure：A Landscape Approach[R]. 2013.

[8] [EB/OL]．https：//louisvilleky. gov/government/louisville-

loop/louisville-loop-master-plans.
[9] [EB/OL]. https：//www. wrtdesign. com/work.
[10] [EB/OL]. https：//link. springer. com/article/10. 1007/s42532-019-00024-4.
[11] [EB/OL]. http：//www. chla. com. cn/htm/2018/0409/267629. html.
[12] [EB/OL]. https：//wenku. baidu. com/view/f3f6ba828762caaedd33d486. html.

作者简介

陈绮婷，1996年生，女，汉族，广东人，北京林业大学硕士在读，研究方向为风景园林规划设计与理论。电子邮箱：1053013656@qq. com。

张晋石，1979年生，男，汉族，山东人，博士，北京林业大学园林学院，副教授，研究方向为风景园林规划与设计。电子邮箱：zhangjinshi@bjfu. edu. cn。

重庆市老旧社区绿化空间与户外活动的影响机制研究

——以华福巷社区为例

Research on the Influence Mechanism of Greening Space on Outdoor Activities in Old Urban Community of Chongqing

邓鸿嘉

摘　要： 重庆市老旧社区具有典型山地特征，目前同质化的微更新缺乏整体研究，影响原有物质与社会空间，社区绿化空间属公共空间体系，却易被忽视，需精细化设计。以华福巷社区为例，分析公共空间体系、户外活动时空间特征，解释公共空间体系、户外活动与人群的关系，探讨绿化空间对户外活动的影响机制。结果表明：前三者是相互适应的整体，形成多元的生活场景，而绿化空间具有产生互动与促生场景的功能，影响户外活动的类型与分布。由此，本文提出整体适宜、弹性留白、可供互动等设计建议。

关键词： 老旧社区；社区更新；公共空间；绿化空间；户外活动

Abstract: The old urban community in Chongqing has typical mountain characteristics. At present, the homogeneous micro renewal lacks overall research, which affects the original material and social space. The community greening space belongs to the public space system, but it is easy to be ignored and needs fine design. Taking huafuxiang community as an example, this paper analyzes the public space system and the spatial characteristics of outdoor activities, explains the relationship between public space system, outdoor activities and people, and discusses the impact mechanism of green space on outdoor activities. The conclusion shows that the first three adapt to each other and form multiple life scenes, and the green space has the function of generating interactive and promoting scenes, which affects the type and distribution of outdoor activities. Therefore, this paper puts forward some design suggestions, such as overall suitability, elastic space and interaction.

Keywords: Old Urban Community; Community Renewal; Public Space; Green Space; Outdoor Activities

引言

社区更新是衔接城市空间、修复社区物质空间、提升治理能力的复杂工作，其中以微更新为主的规划行动改变了社区原本破旧的风貌，以小节点激活社区促进发展，但是相对分散的设计方式缺乏对社区整体与居民需求的在地研究，造成同质化、单一化的公共空间，需精细化设计。重庆市是山地城市，地形复杂、空间局促，但具有多元丰富的公共空间体系，承载了居民日常生活，而绿化空间是易被忽视的组分，本文以“空间-活动-人群”的研究路径，探索绿化空间的功能与影响机制，认知山地城市社区生态资产的价值，为更新规划提出策略建议。

1　主要理论与研究背景

1.1　主要理论

环境知觉（environment perception）理论指出，不同个体通过各异的环境刺激，结合自身知识、经验、生活方式、文化背景等个人特征，对环境信息产生了不同的评判[1]。其中布伦斯威克的透镜理论认为，感知个体主观性与差异性强，将大量的环境信息过滤、重组，因此感知的结果受个体认知影响更大；而吉布森的生态知觉理论认为，环境本身就蕴含了感知的实质和意义，因此个体在获取与处理信息时就是空间本身的特征。两种理论尽管观点不同，但感知者与环境之间的互动关系是影响居民行为活动的关键。在社区更新的议题中，探索社区居民这一主体与公共空间的关系，有利于解释居民真实的行为逻辑、空间喜好，并解析公共空间对户外活动的影响机制，由此得知空间要素与居民的互动关系，最终可以反馈到更新规划中。

资产为本（asset-based）的社区发展理论是以积极态度认知社区的价值，再应用优势资产带动社区发展，以长板发挥优势促进短板提升，主要包含物质资产、人力资产、社会资产、文化资产。而物质资产衍生有生态资产，狭义上主要指成片绿地、公园、山体、水系等生态资源集中的空间，而对于山地城市老旧社区而言，细碎而散点的绿化空间才是广义上主要的生态资产，在本文指所有生长在社区内部、人工与自然创造的绿植形成的空间。

1.2　研究背景

社区更新规划是存量规划，以单元化、城市设计等理念融合到更新过程中。而社区更新目标多元化，需兼顾空间规划、社区治理、产业规划等内容，要促进多方参与、共同营造社区，因此它是提升社区整体品质、促进社区人成长、修复邻里关系的社区发展规划，内容复杂。在此背景下，公共空间规划需回应居民需求、保护文化属性、契合治理方式，而社区绿化空间是公共空间体系的重要组成部分，也是促进日常交往的重要因素[2-10]。

2 山地城市老旧社区主要特征与研究内容

2.1 主要特征

山地城市老旧社区高差显著、物质空间老旧、整体品质较差、老龄化明显、流动人口较高，另外居民社会网络较紧密，属于熟人社会，居民生活方式市井化，山城历史文化显著。目前，由于经济形势改变、人口流失、拆除改造等现状，本土空间特色与价值逐渐被削弱。以重庆市为例，渝中区是大量老旧社区聚集区域，空间、社会、经济特征相似，但部分社区以拆改或新建的方式改变了原有面貌，原有社会关系消解，社区物质空间新旧差异明显，社区感消退，如苍白路社区；而部分社区仍保留原有空间本底，居民相处融洽，但是资产效率较低、整体发展较缓，如华福巷社区，本文主要研究第二类。

2.2 研究对象与内容

本文选择重庆市华福巷社区进行研究，主要关注三方面内容：首先，整体上公共空间、居民户外活动、社区居民之间的关系；其次，绿化空间对户外活动的作用、意义以及影响机制；最后，什么是合适的绿化空间，并提出设计建议。

3 公共空间体系、户外活动与人群的关系分析

3.1 华福巷社区概况

华福巷社区是重庆市渝中区大溪沟街道下辖社区，位于街道南部，辖区面积 0.144km^2，常住人口约 10770 人。社区周边教育与文化资源丰富，邻接多个交通要道，旅游潜力较高。但社区整体空间局促、品质不高（图 1），并且老龄化较高，60 岁以上的老年人约 3600 人，流动人口与弱势群体较多，治安情况复杂、管理难度较大。从 2019 年至今经历一次老旧小区改造，增加了基础服务设施，提升了部分节点与步道的空间品质。目前治安问题已有改善，但是仍存在公共空间使用率较低、更新后设施闲置、管理不善等问题。

图 1 社区实景

3.2 公共空间体系特征

调研分析得知，华福巷公共空间体系主要包含步行空间与公共空间，部分区域存在消极的闲置空间。而绿化空间包含规划设计、自然形成、居民改造三类，形态不一，以散点、块状、线性三种方式分布于步行与公共空间中。另外，围栏或围墙形成了高差分界线与空间间隔，位于同一平台的建筑形成居住小组，规模平均约三四栋居民楼，由南北向两条主要步行道串联。除基础服务设施外，居民也创造了生活空间。公共空间体系呈现高差明显、线性串联、碎片分散的特征（图 2）。

3.3 居民户外活动时空间特征

借助观察法得知，居民户外活动总体属于休闲生活型。活动状态上，包含通过型与停留型；人群聚集度上，包含群体与单体活动；活动内容上，包含通勤穿过、步行聊天、聊天（坐下与站立）、游戏（儿童游戏、棋牌）、娱乐（跳舞、唱歌、玩手机）、健身（做操、跑步、遛狗）、放松（眺望、静坐）等内容。结合问卷调查，约 92.7% 的居民会外出活动，剩余居民是行动能力较差的 85 岁以上老年人与残疾人，共 71.5% 的居民是多人结伴活动，交往密度较高。另外，约 67.6% 的活动属于停留型，约 23.1% 的健身、聊天活动属于通过型。

统计各公共空间与步行空间的空间要素、活动类型与活动人群信息，获得各空间的环境特征与活动特征（图 3、图 4）。整体来说，公共空间存在狭长型、弯折型、块状、高差间隔、高差联系等形态，步行空间存在近乎直线、弯折型、竖向高差、高差联系、坡道等形态，主要包含服务设施与基础设施、生活空间、绿化空间，部分空间由步行道穿过，其中晾衣杆、花盆、改造的小花园（观赏

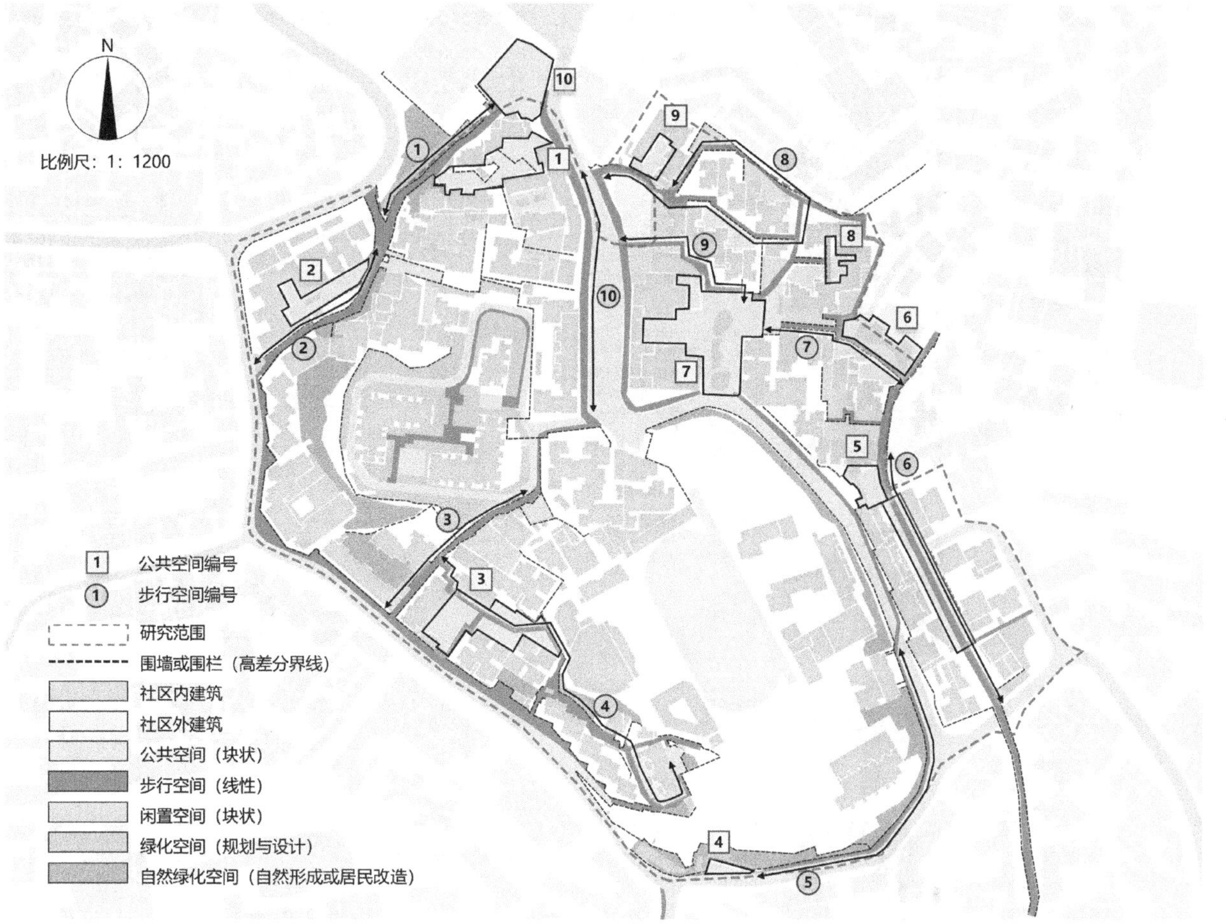

图 2　华福巷公共空间体系示意图

与食用）主要位于私密性较高的生活庭院，停车占用现象存在。自然生长的乔木与灌木主要分布于下沉空间、步行道中央与两侧。

社区居民生活规律，因此统计 8：00～10：30、2：00～18：30、19：30～22：00 三个时间段的活动人数，并以性别与年龄层次计算活动比例，即儿童（3～6 岁）、少年（7～17 岁）、青年（18～29 岁）、中年（30～59 岁）、老年（60～79 岁）以及老年（80 岁以上）。结果显示，各空间活动人群的性别差异不大，且中年人比例接近，而老年人、儿童、少年、青年差异较大，主要原因是青年人包括旅游人群，偏好标识清晰、特色明显的空间，而老年人主要选择交往密度集中的空地，儿童除此之外也偏好空间要素丰富、可供互动游戏设施较多的场所。其中 3、4、7、9 号公共空间及 4、6、10 号线性空间活动密度较高、活动类型丰富。

3.4　结论：活动与空间相互适应与创造互动场景

华福巷社区公共空间体系复杂、原生性强。在长期发展过程中，居民与空间要素相互适应，形成了各种富有活力的活动场景。通过访谈与问卷结果，有 92%的居民认为空间要素对活动有影响，而平约 86%的人群认为座椅、健身、照明、游戏设施，以及空地与楼梯是合适与必要的，而平均 50%的居民与游客认为规划乔木与灌木、自然灌木不合适，而规划草坪、自然乔木、改造灌木、改造花盆与花园是合适的。因此，空间要素会影响居民并产生不同感知结果，如厌恶、喜欢、无感等情绪，居民依据感受选择活动形式、活动内容与是否结伴，完成互动。另外，居民对自然与自身改造的空间接受度较高，对过度设计的公共空间不满意（图 5）。

4　绿化空间的主要功能与影响机制

4.1　绿化空间的主要功能与意义

综合以上分析，绿化空间存在两方面功能：一是绿化本身的功能，如观赏、邻避、遮荫、玩耍等；二是成为空间整体的功能，如营造适合交往的场所、提供可以游玩的空间。以 3 号公共空间为例，儿童玩耍时会摘取树叶和草片进行游戏，父母会讲解相关知识，小家庭会选择临近平整草坪的空地，而静坐的老年人会选择花卉开放、树荫遮蔽的座椅，青年旅游穿行时会选择垂直绿化丰富的路径。以 4 号步行空间为例，改造后灌木成为小花园，植物功能主要是观赏与食用，居民在此设置座椅与餐桌，邻居与朋友在此活动，而自然生长的乔木临近步道、形态各异，成为儿童游戏的场所。综合来看，乔木、灌木、草地都具有互动性，它们与其他空间要素组成不同功能与意义的场所。

编号	基本信息	现场照片	空间要素	平均活动人数(人)	主要活动类型	总活动人群比例(男、女%)
1	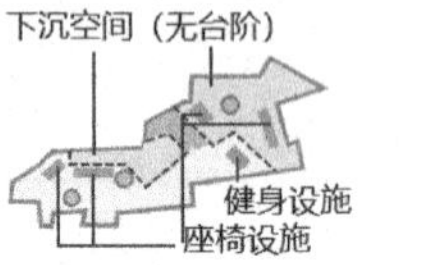		空间形态：狭长型、高差间隔 主要设施：座椅与健身设施、围栏 生活空间：晾衣杆、花盆 绿化空间： （1）规划设计：乔木类 （2）自然形成：灌木类	8:00～10:30：9 2:00～18:30：13 19:30～22:00：7	（1）通过型： 多人步行聊天 （2）停留型： 多人聊天、单人游戏、单人健身、单人放松	儿童(3～6)：12（4、8） 少年(6～17)：15（8、7） 青年(18～29)：17（9、8） 中年(30～59)：13（5、8） 老年(60～79)：20（9、11） 老年(80+)：15（7、8）
2	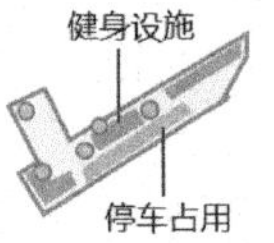		空间形态：狭长弯折型 主要设施：健身设施 生活空间：停车空间 绿化空间： （1）规划设计：乔木草本类	8:00～10:30：6 2:00～18:30：4 19:30～22:00：5	（1）通过型： 多人步行聊天 （2）停留型： 多人聊天、多人娱乐、单人健身	儿童(3～6)：3（2、1） 少年(6～17)：8（5、3） 青年(18～29)：10（6、4） 中年(30～59)：22（12、10） 老年(60～79)：31（15、16） 老年(80+)：26（12、14）
3	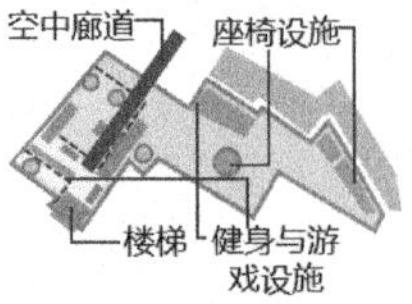		空间形态：块状弯折型、高差联系、步道穿过 主要设施：座椅健身与游戏设施、艺术小品、照明设施 空中廊道、楼梯、围栏 生活空间：无 绿化空间： （1）规划设计：灌木类 （2）自然形成：乔木与灌木类	8:00～10:30：8 2:00～18:30：15 19:30～22:00：9	（1）通过型： 单人通勤穿行、多人步行聊天 （2）停留型： 多人聊天、多人游戏、多人娱乐、多人健身、单人游戏、单人健身、单人放松（静坐）	儿童(3～6)：16（9、7） 少年(6～17)：8（5、3） 青年(18～29)：9（4、6） 中年(30～59)：16（5、11） 老年(60～79)：24（11、13） 老年(80+)：17（7、10）
4	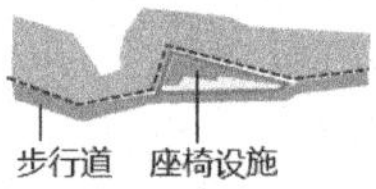		空间形态：狭长三角型、邻接步道 主要设施：座椅设施、照明设施 生活空间：无 绿化空间： （1）规划设计：灌木类 （2）自然形成：乔木类	8:00～10:30：9 2:00～18:30：16 19:30～22:00：8	（1）通过型： 多人步行聊天 （2）停留型： 多人聊天、多人游戏、多人娱乐、多人健身、单人游戏、单人健身、单人放松（静坐与眺望）	儿童(3～6)：15（9、6） 少年(6～17)：7（4、3） 青年(18～29)：12（7、5） 中年(30～59)：18（10、8） 老年(60～79)：23（11、12） 老年(80+)：25（12、13）
5	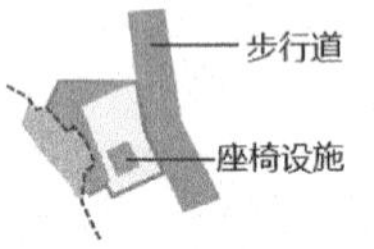		空间形态：块状、邻接步道 主要设施：座椅设施 生活空间：无 绿化空间： （1）规划设计：灌木类 （2）自然形成：乔木灌木类	8:00～10:30：5 2:00～18:30：4 19:30～22:00：7	（1）通过型： 单人通勤穿行、多人步行聊天 （2）停留型： 单人健身、单人放松（静坐、眺望）	儿童(3～6)：2（1、1） 少年(6～17)：3（2、1） 青年(18～29)：24（14、10） 中年(30～59)：25（13、12） 老年(60～79)：22（13、9） 老年(80+)：24（13、11）
6	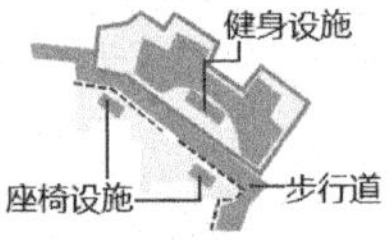		空间形态：块状、高差、邻接步道 主要设施：健身座椅设施 生活空间：晾衣杆 绿化空间： （1）规划设计：乔木草本类	8:00～10:30：10 2:00～18:30：18 19:30～22:00：15	（1）通过型： 单人通勤穿行、多人步行聊天 （2）停留型： 多人聊天、多人游戏、多人娱乐、多人健身、单人健身	儿童(3～6)：5（3、2） 少年(6～17)：11（7、4） 青年(18～29)：21（11、10） 中年(30～59)：16（12、14） 老年(60～79)：27（12、15） 老年(80+)：20（8、12）
7	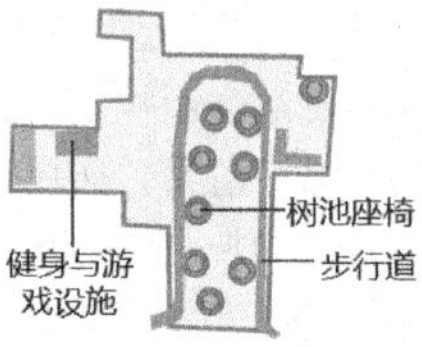		空间形态：弯折块状、步道穿过 主要设施：健身座椅游戏设施、 生活空间：晾衣杆、花盆、停车空间、小摊贩、厨餐桌 绿化空间： （1）规划设计：乔木类 （2）自然形成：乔木类	8:00～10:30：32 2:00～18:30：46 19:30～22:00：27	（1）通过型： 单人通勤穿行、多人步行聊天 （2）停留型： 多人聊天、多人游戏、多人娱乐（棋牌与儿童游戏）、多人健身、单人健身、单人游戏、单人放松	儿童(3～6)：24（14、10） 少年(6～17)：12（8、4） 青年(18～29)：11（5、6） 中年(30～59)：23（9、14） 老年(60～79)：21（9、11） 老年(80+)：9（4、5）
8	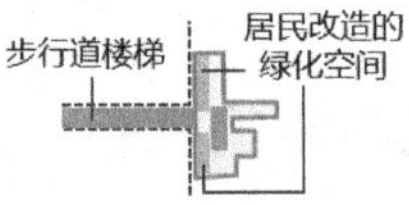		空间形态：狭长型、邻接楼梯 主要设施：座椅设施 生活空间：花盆、晾衣杆 绿化空间： （1）居民改造：灌木类（观赏与食用）	8:00～10:30：4 2:00～18:30：3 19:30～22:00：10	（1）通过型： 单人通勤穿行 （2）停留型： 多人聊天、多人娱乐、单人游戏、单人放松（静坐）	儿童(3～6)：4（2、2） 少年(6～17)：6（3、3） 青年(18～29)：12（7、5） 中年(30～59)：24（15、9） 老年(60～79)：28（16、12） 老年(80+)：26（13、13）
9	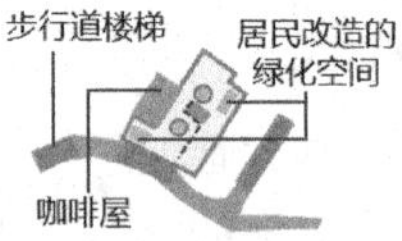		空间形态：块状、邻接步道 主要设施：咖啡屋、座椅设施 生活空间：晾衣杆、花盆 绿化空间： （1）居民改造：灌木类（观赏）	8:00～10:30：7 2:00～18:30：8 19:30～22:00：5	（1）通过型： 单人通勤穿行 （2）停留型： 多人聊天、单人放松（静坐）、单人游戏	儿童(3～6)：3（1、2） 少年(6～17)：7（3、4） 青年(18～29)：28（12、16） 中年(30～59)：19（14、15） 老年(60～79)：24（11、13） 老年(80+)：19（10、9）
10	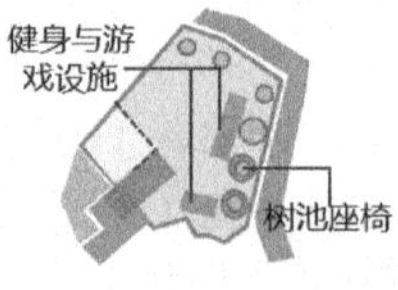		空间形态：块状、邻接步道 主要设施：座椅健身游戏设施 生活空间：无 绿化空间： （1）规划设计：乔木类 （2）自然形成：乔木类	8:00～10:30：35 2:00～18:30：58 19:30～22:00：26	（1）通过型： 单人通勤穿行、多人步行聊天 （2）停留型： 多人聊天、多人游戏（棋牌与儿童游戏）、多人娱乐、多人健身、单人游戏、单人健身、单人放松（静坐）	儿童(3～6)：29 少年(6～17)：14 青年(18～29)：12 中年(30～59)：21 老年(60～79)：10 老年(80+)：14

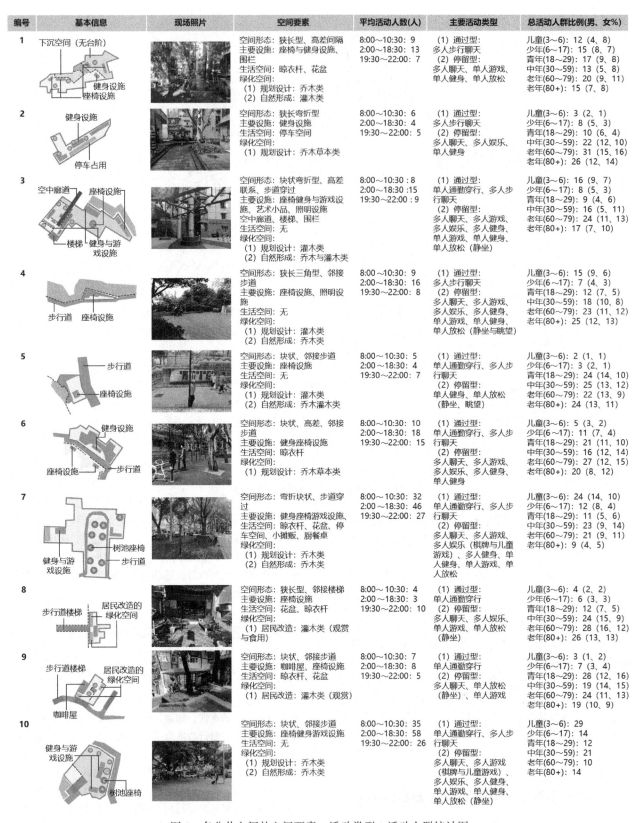

图3　各公共空间的空间要素、活动类型、活动人群统计图

4.2　结论：场景氛围与整体性价值

总体来说，山地城市老旧社区公共空间体系形成特定的场景与氛围，影响居民对空间的感知，人群与之适应，选择不同的活动内容与功能分区；而居民具有较强的适用性与主观能动性，因此日常活动影响了原有空间布局与要素，两者是互相适应的关系。具体来说，步行空间联系其他空间，而公共空间、绿化空间、生活空间与基础服务设施因尺度较小、设计灵活，易被改变；居民户外活动中，停留型活动、交流活动（聊天）、休闲活动（健身、

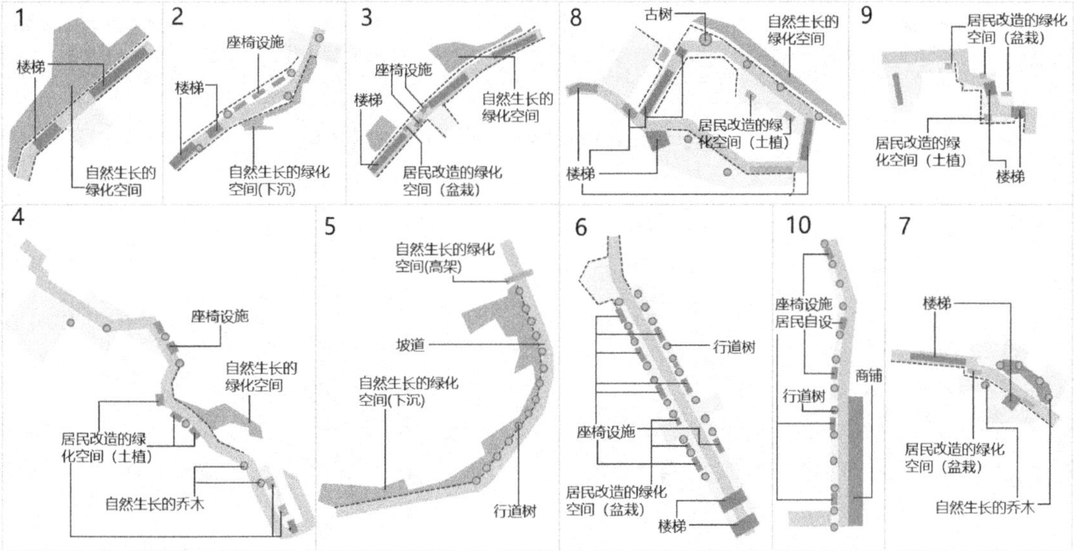

编号	现场照片	空间要素	平均活动人数(人)	主要活动类型	活动人群比例(男、女%)
1		空间形态：近乎直线、竖向高差 主要设施：照明设施、墙绘、展示板、围栏 绿化空间： （1）规划设计：乔木类 （2）自然形成：灌木类	8:00～10:30：25 2:00～18:30：17 19:30～22:00：6	（1）通过型： 单人通勤穿行、多人步行聊天 （2）停留型： 单人放松（静坐）、单人娱乐（玩手机）、单人健身（遛狗）	儿童(3～6)：12 少年(6～17)：10 青年(18～29)：14 中年(30～59)：20 老年(60～79)：18 老年(80+)：26
2		空间形态：弯折型、竖向高差 主要设施：座椅设施、照明设施 绿化空间： （1）规划设计：乔木与灌木类	8:00～10:30：14 2:00～18:30：17 19:30～22:00：7	（1）通过型： 单人通勤穿行、多人步行聊天 （2）停留型： 多人聊天、单人娱乐（玩手机）、单人健身（遛狗）	儿童(3～6)：19 少年(6～17)：15 青年(18～29)：30 中年(30～59)：11 老年(60～79)：17 老年(80+)：8
3		空间形态：弯折型、高差联系 主要设施：座椅设施、照明设施、楼梯、围栏 绿化空间： （1）居民改造：灌木类 （2）自然形成：乔木与灌木类	8:00～10:30 : 8 2:00～18:30 :16 19:30～22:00 : 7	（1）通过型： 单人通勤穿行、多人步行聊天 （2）停留型： 多人聊天、单人娱乐（玩手机）、单人健身（遛狗）	儿童(3～6)：10 少年(6～17)：15 青年(18～29)：27 中年(30～59)：20 老年(60～79)：23 老年(80+)：4
4		空间形态：弯折型 主要设施：座椅设施、照明设施 绿化空间： （1）规划设计：灌木类 （2）自然形成：乔木类、灌木类 （3）居民改造：灌木类	8:00～10:30：20 2:00～18:30：38 19:30～22:00：18	（1）通过型： 单人通勤穿行、多人步行聊天 （2）停留型： 多人聊天、多人放松（眺望）、单人娱乐（玩手机）	儿童(3～6)：28 少年(6～17)：12 青年(18～29)：15 中年(30～59)：27 老年(60～79)：11 老年(80+)：7
5		空间形态：弯折型、高差联系、坡道 主要设施：座椅设施 绿化空间： （1）规划设计：乔木类（行道树） （2）自然形成：乔木灌木类	8:00～10:30：15 2:00～18:30：30 19:30～22:00：13	（1）通过型： 单人通勤穿行、多人步行聊天 （2）停留型： 多人聊天、多人放松（眺望）、单人娱乐（玩手机）	儿童(3～6)：5 少年(6～17)：12 青年(18～29)：31 中年(30～59)：25 老年(60～79)：15 老年(80+)：12
6		空间形态：近乎直线、竖向高差 主要设施：座椅设施、照明设施、艺术小品、楼梯、围栏 绿化空间： （1）规划设计：乔木 （2）居民改造：灌木	8:00～10:30：40 2:00～18:30：67 19:30～22:00：36	（1）通过型： 单人通勤穿行、多人步行聊天 （2）停留型： 多人聊天、多人娱乐、多人游戏、多人放松（眺望）、单人娱乐（玩手机）、单人健身（遛狗）	儿童(3～6)：21 少年(6～17)：16 青年(18～29)：18 中年(30～59)：27 老年(60～79)：11 老年(80+)：7
7		空间形态：弯折型、高差联系 主要设施：楼梯、照明设施、围栏 绿化空间： （1）规划设计：乔木 （2）自然形成：灌木	8:00～10:30：20 2:00～18:30：27 19:30～22:00：13	（1）通过型： 单人通勤穿行、多人步行聊天 （2）停留型： 多人聊天、单人娱乐（玩手机）、单人健身（遛狗）	儿童(3～6)：10 少年(6～17)：12 青年(18～29)：18 中年(30～59)：37 老年(60～79)：8 老年(80+)：5
8		空间形态：回型、高差联系 主要设施：楼梯、照明设施、围栏 绿化空间： （1）居民改造：灌木类（可食用） （2）自然生长：乔木类	8:00～10:30：12 2:00～18:30：15 19:30～22:00：10	（1）通过型： 单人通勤穿行、多人步行聊天 （2）停留型： 单人娱乐（玩手机）、单人健身（遛狗）	儿童(3～6)：5 少年(6～17)：8 青年(18～29)：12 中年(30～59)：37 老年(60～79)：26 老年(80+)：12
9		空间形态：弯折型、高差联系 主要设施：楼梯、照明设施、围栏 绿化空间： （1）居民改造：灌木	8:00～10:30：10 2:00～18:30：15 19:30～22:00：7	（1）通过型： 单人通勤穿行、多人步行聊天 （2）停留型： 单人娱乐（玩手机）、单人健身（遛狗）	儿童(3～6)：2 少年(6～17)：5 青年(18～29)：7 中年(30～59)：61 老年(60～79)：16 老年(80+)：9
10		空间形态：近乎直线、高差联系、坡道 主要设施：座椅设施（居民自设）、照明设施、商铺 绿化空间： （1）规划设计：乔木	8:00～10:30：48 2:00～18:30：76 19:30～22:00：49	（1）通过型： 单人通勤穿行、多人步行聊天 （2）停留型： 多人聊天、单人娱乐（玩手机）、多人放松（眺望）	儿童(3～6)：12 少年(6～17)：14 青年(18～29)：21 中年(30～59)：31 老年(60～79)：12 老年(80+)：10

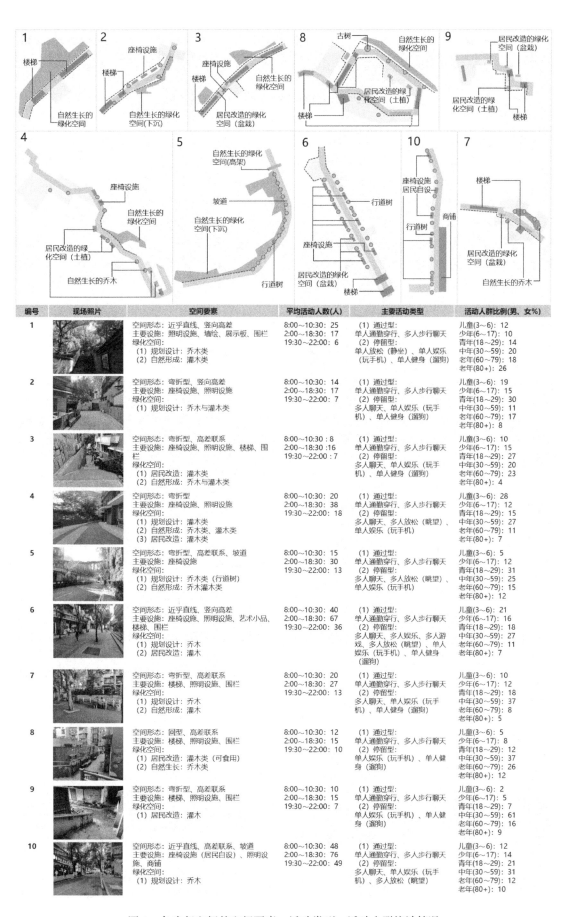

图 4　各步行空间的空间要素、活动类型、活动人群统计情况

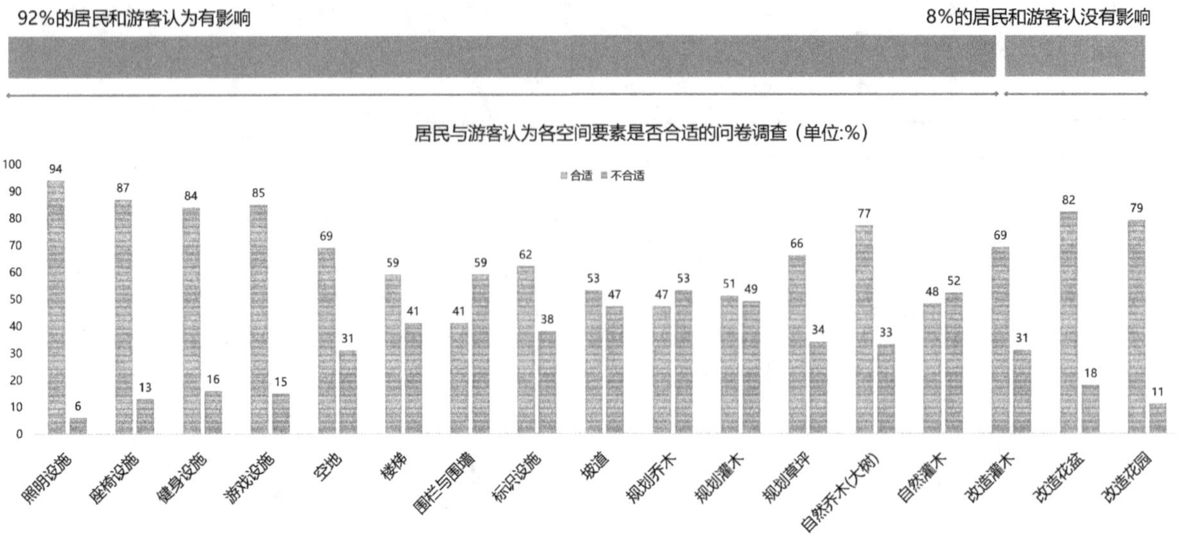

图5 居民与游客对空间要素影响情况与合适与否的调查

游戏、娱乐、放松等）是居民建立与维持社会关系的途径，空间与活动形成联系，呈现功能多元的核心空间。另外，绿化空间与其他空间要素共同提供活动场所，居民进行功能分区，形成丰富的生活场景，因此绿化空间、其他空间要素、户外活动、活动人群具有整体性价值，绿化空间对户外活动有相互适应、整体关联的影响机制（图6）。

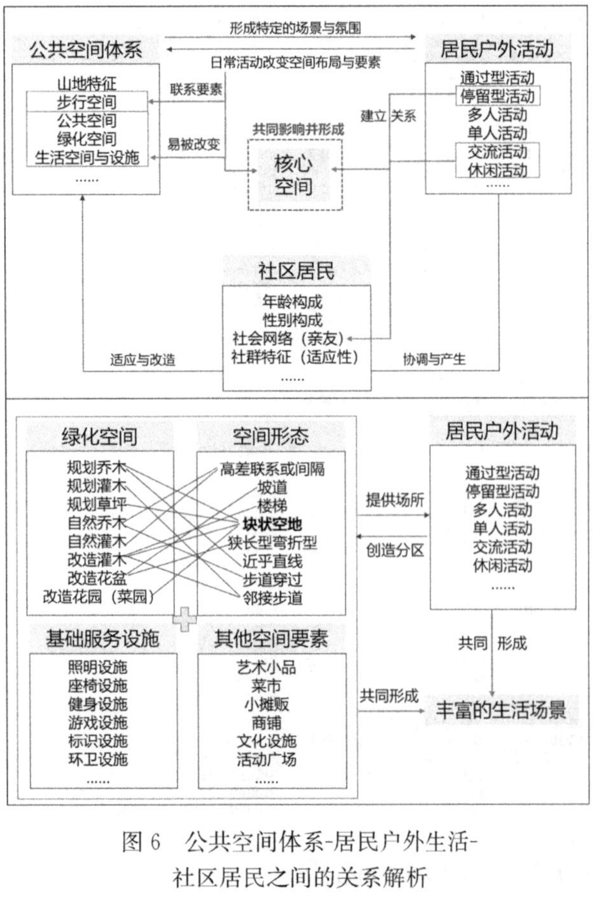

图6 公共空间体系-居民户外生活-社区居民之间的关系解析

4.3 设计建议

基于以上结论，绿化空间需结合其他要素进行设计。①整体适宜。以保护提升原则，在社区范围内使用尺度适宜、风格协调、避免遮掩拥堵的绿化配置，促进形成结构连通的公共空间体系。②局部留白。由于空间局促、居民需求各异，需要保护原有植被（乔木类），避免设计大面积的植被群，以点状、线状的灌木与草坪点缀于公共空间中，同时增加趣味性与安全性。③可供互动。回应不同人群的需求与偏好，提供自由种植空间，结合设施等要素，设计具有趣味性、安全性、舒适性的绿化空间。

5 结语

本文在重庆市老旧社区更新的背景下，通过研究公共空间体系，分析了绿化空间的重要功能（产生互动或促生场景），解释了它对户外活动的积极作用与相互适应的影响机制，最终获得空间、活动、人群作为整体形成社区生活场景价值的结论，以保护原有生活文化、促进整体发展的角度，为山地城市老旧社区空间规划提出新的设计建议。

参考文献

[1] 徐磊青，杨公侠．环境心理学[M]．上海：同济大学出版社，2002.

[2] 吴良镛．人居环境科学导论[M]．北京：中国建筑工业出版社，2001.

[3] 李晴．具有社会凝聚力导向的住区公共空间特性研究——以上海创智坊和曹杨一村为例[J]．城市规划学刊，2014(04)：88-97.

[4] 许凯，KlausSemsroth．“公共性”的没落到复兴——与欧洲城市公共空间对照下的中国城市公共空间[J]．城市规划学刊，2013(03)：61-69.

[5] 黄瓴，沈默予．基于社区资产的山地城市社区线性空间微更新方法探究[J]．规划师，2018，34(02)：18-24.

[6] 黄瓴，罗燕洪．社会治理创新视角下的社区规划及其地方途径——以重庆市渝中区石油路街道社区发展规划为例[J]. 西部人居环境学刊，2014，29(05)：13-18.
[7] 侯晓蕾．基于社区营造的城市公共空间微更新探讨[J]. 风景园林，2019，26(06)：8-12.
[8] 李易烨，许俊萍．社区营造视角下的恩宁路“微更新”策略研究[J]. 中外建筑，2021(04)：93-97.
[9] 李峰．空间生产视角下旧城社区更新研究[J]. 山西建筑，2018，44(13)：16-17.
[10] 张泉，邢占军．社区空间布局对老年人社区关系网络的影响机制研究[J]. 城市发展研究，2015，22(11)：87-93.

作者简介

邓鸿嘉，1995年生，女，汉族，重庆人，重庆大学硕士在读，研究方向为社区更新与社区规划。电子邮箱：20191513037t@cqu.edu.cn。

触媒理论下历史遗迹周边景观风貌提升研究

——以南京市老城区为例

Study on the Enhancement of Landscape Features around Historical Relics Based on Catalyst Theory

—Taking the Old City of Nanjing as an Example

徐　珂　王之湄　杨冬辉*

摘　要： 随着城市化水平的稳步提高，城市的第三产业比重逐渐增大，城市发展由量变转向质变，城市发展的需求由增量转为存量。南京历史遗迹资源禀赋，但在历史遗迹的传承保护过程中，存在历史遗迹标识性不强、与周边环境融合度不高、文化吸引力不够等问题。本次研究以触媒理论为指导，对国内外相关的研究情况进行梳理，从南京市老城区历史遗迹的种类特点入手，针对其周边的景观环境风貌进行分析，在梳理现状的同时，分析其未来发展的需求，并提出对遗迹周边环境进行塑造城市触媒的可行性，结合触媒元素的选取、激活和完善触媒、引导与控制触媒效应这三个步骤对南京老城区部分历史遗迹周边风貌进行提升展开详细论述，为南京市历史遗迹回归城市的激活再生提供全新的发展视角。

关键词： 触媒；历史遗迹；景观风貌；周边环境

Abstract: With the steady improvement of the urbanization level, the proportion of the tertiary industry in the city gradually increases, the urban development changes from quantitative change to qualitative change, and the demand for urban development changes from incremental to inventory. Nanjing's historical relics are endowed with resources, but in the process of inheritance and protection of historical relics, there are some problems, such as weak identification of historical relics, low integration degree with surrounding environment, and insufficient cultural attraction. The study on the catalytic theory as the instruction, the related research situation at home and abroad were reviewed and comb, from nanjing the kinds of the characteristics of the historic old town, on its surrounding landscape environment were analyzed, and the style at the same time of combing the status quo, analysis of the future development needs, and put forward the feasibility of shaping urban catalyst was carried out on the site surrounding environment. In combination with the three steps of catalyst element selection, activation and improvement, as well as guidance and control of catalyst effect, this paper discusses in detail the enhancement of the surrounding features of some historical relics in the old city of Nanjing, providing a new development perspective for the activation and regeneration of Nanjing's historical relics returning to the city.

Keywords: Catalyst; Historical Relics; Landscape; Surroundings

引言

在城镇化快速发展背景下，城市发展的需求由原来的增量发展转化为存量发展。城市中散落着的历史遗迹都是时间的社会构成，有着不可再生、不可复制的属性，使其成为城市存量挖潜中的稀缺资源，同时也是一座城市中重要的文化名片。

历史遗迹指古代人类通过各种活动遗留下来的痕迹[1]。联合国教科文组织在20世纪颁布的一系列公约中将“历史遗迹周边环境”定义为体现真实性的一部分，并需要通过建立缓冲区加以保护。重拾历史遗迹及其周边景观风貌的地域性与人们对其的文化认同感，成为当代国人的精神文化追求。

1　触媒理论引入

历史遗迹周边景观环境是复杂的有机体，涉及建筑、街巷、道路、文物等物质空间特征，也包含人们居住于此的归属感、群体记忆，以及传统节庆祭祀等非物质文化特征。因此，应在不破坏这些历史遗迹周边景观风貌的基础上，引入“城市触媒”理论，以对周边景观环境风貌伤害最小的途径介入，对各类历史遗迹周边景观风貌点进行提升和重组，探索延续历史文脉，继往开来探寻活化周边景观风貌的新思路。

1.1　城市触媒

“触媒”是催化剂的另一种称谓，作用是改变化学反应进程的速度。国际纯粹与应用化学联合会（IUPAC）于1981年定义为：它能够改变反应的速率而其自身不会被消耗。在事物的变化过程中起到促进效果或媒介的作用称为触媒效应[2]。

引申到城市设计领域，20世纪80年代末韦恩·奥图（Wayne Atton）、唐·洛干（Donn Logan）在《美国都市建筑——城市设计的触媒》中首次提出了“城市触媒”

的概念，将其定义为策略性引进的新元素，可以有效地激活原始触媒，并且不会改变原始触媒的本质属性[3]。

城市触媒的工作原理类似于化学反应过程，每个城市元素都可被视为化学反应中的反应物，触媒元素最初作用于邻近城市元素，通过改变现有元素的内在属性或外在条件，使城市元素间相互作用力的能量进行传递，原始触媒点与新元素联合成更大范围的触媒点，层层递进引起“链式反应”，逐步由区域的激活到促进城市整体空间的持续更新。

1.2 国内外相关研究

国外对于历史遗迹的研究主要是物理上的保护及修复，如 Vaiva 在《具有城市意义的文化性城市触媒》中将城市文化节点作为触媒因子，认为城市的文化节点会催化创新潜力在城市人口中的流动[4]。

国内对于“城市触媒”的理论多集中于历史文化街区的触媒研究。朱佳奇在《基于“城市触媒”理论的历史文化街区保护更新研究——以苏州古城 15 号街坊为例》中选取苏州民间工艺厂作为原始触媒，以传统手工艺为核心通过小规模产、展、销的形式推动体验式旅游达成街坊的复兴[2]。赵秀敏在《最南京与醉金陵：历史文化街区视听触媒生态位叠影与叙事》中将触媒与生态位相结合，从文化空间、公共空间和商业空间切入探讨提高滨水文化街区的生机活力[5]。

综上所述，国内外学者的研究虽取得了较多成果，但针对历史遗迹周边景观风貌的触媒研究依然空缺。触媒理论作为当前城市更新中切实有效的方法，需要进行更深层次的研究。

1.3 历史遗迹周边景观风貌与触媒理论的关系

历史遗迹周边景观风貌因其依托于历史遗迹而具有宏大且强韧的区域自组织性，该特性可通过小范围物质性的更新（如公共服务设施），以及与非物质性的激活（如文化、经济效益衔接人与历史文化归属感），从而反作用于其自身，以一种稳固且稳定的方式对区域进行影响。随着时间打磨，历史风貌价值与内涵会进一步沉淀，新的游历方式与鉴赏方式随时代更迭，构建出更为多元化的游览体系，对区域空间整体的发展作出贡献，进而对整个城市发展产生系统性影响。这与“城市触媒”的运作特点有很高的相适性，符合韦恩·奥图描述“城市触媒”具有渐进发展性、系统层次性、整体关联性、功能融合性、形态多样性等运作特点。历史遗迹周边风貌的更新可通过物质性要素与非物质性要素的激活与更新来重塑环境，并且能够在这个过程中逐步带动各类元素的更迭，引起更大范围内触媒效应，促进城市整体的良性发展。

2 项目现状分析

2.1 项目背景

2018 年南京市委市政府提出建设“创新名城、美丽古都”发展愿景，对进一步彰显城市内涵和魅力提出新要求。南京历史遗迹资源禀赋，但在历史遗迹的传承保护过程中，存在历史遗迹标识性不强、与周边环境融合度不高、文化吸引力不够等问题，与《南京历史文化名城保护规划》中“中华文化重要枢纽、南方都城杰出代表、具有国际影响的历史文化名城”的保护目标定位相比，还存在一定差距。南京市建委希望能够通过此次历史遗迹周边景观氛围提升研究项目，一方面弘扬地域文化的特色，使历史遗迹作为南京市历史文化展示的另一标识性窗口；另一方面，提升历史文化资源的价值转换能力，提高南京市历史遗迹及周边景观风貌的活力（表 1、表 2）。

南京历史遗迹周边环境资源评价评分标准　　表 1

评价因子	评语等级				
	5	4	3	2	1
年代值 D1	明清之前	明代	清代	民国	现代
知名度 D2	享誉海内外	全国知名	区域知名	较不知名	无人问津
文保级别 D3	国家级文保单位	省级文保单位	市级文保单位	近现代重要建筑	中国工业遗产
文物 D4	>500	300～500	150～300	50～150	0～50
历史建筑 D5	保存完好	保存较完好	保存一般	保存较差	全部新建
景观格局 D6	很高	高	一般	低	很低
舒适度 D7	很高	高	一般	低	很低
参与度 D8	很高	高	一般	低	很低
对历史的敬仰 D9	很好	好	一般	差	很差
地理位置 D10	交通方便	交通较方便	一般	交通较不便	交通不便
资源规模 D11	>50hm^2	10～50hm^2	1～10hm^2	5000～10000m^2	<5000m^2
资源保存完整度 D12	很完整	完整	一般	差	很差
周边现状 D13	优质	较优质	一般	较差	差

南京各历史遗迹周边环境评分　　表 2

序号	景点名称	D1	D2	D3	D4	D5	D6	D7	D8	D9	D10	D11	D12	D13	得分
1	清凉山	5	3	3	2	3	5	5	4	2	4	5	4	3	3.59
2	周处读书台	5	2	3	1	3	4	1	1	2	2	1	2	2	2.2
3	光宅寺	1	2	2	2	2	1	2	1	2	1	2	1	2	1.61
4	扫叶楼	2	2	2	3	1	1	1	1	2	1	2	1	2	1.6
5	静海寺遗址	1	2	2	3	2	1	2	1	2	1	2	1	1	1.54
6	武庙遗址	1	2	2	3	1	1	2	1	1	1	2	1	2	1.48
7	香林寺	2	2	2	2	2	1	2	1	2	1	1	1	2	1.59
8	朱状元巷清代住宅	2	1	2	2	2	1	3	1	2	1	2	1	1	1.51
9	愚园	3	4	3	4	5	5	5	4	4	4	3	4	4	3.93
10	李鸿章祠堂	1	2	2	3	2	1	2	1	2	1	2	1	1	1.54
11	陶澍、林则徐二公祠	2	2	2	1	2	1	2	1	2	1	2	1	1	1.53
12	毗卢寺	1	2	1	2	2	1	2	1	2	2	2	1	2	1.58
13	清真寺	2	2	1	2	2	1	2	1	2	1	2	1	2	1.56
14	惜阴书院旧址	1	2	2	3	1	1	2	1	1	1	2	1	2	1.48
15	清凉寺	2	2	2	1	2	1	2	1	2	2	1	1	1	1.53
16	大市桥	2	2	1	2	1	1	3	1	1	1	2	1	1	1.35
17	天后宫	1	2	2	3	2	1	2	1	2	1	2	1	1	1.54
18	绫庄巷 31 号古民居	1	2	2	3	2	1	1	1	2	1	2	1	2	1.59
19	牛市古民居建筑	1	2	2	1	2	1	2	1	2	1	2	1	2	1.58
20	高岗里 39 号古民居	1	1	1	3	2	1	2	1	2	1	2	1	2	1.44
21	吴家账房	3	2	3	2	2	2	2	3	1	1	1	2	2	1.95
22	曾静毅故居	1	2	2	3	2	1	2	1	2	1	2	1	1	1.54
23	饮马巷古民居	3	2	3	1	2	2	2	2	2	1	1	2	2	1.98
24	沈家粮行	1	2	2	2	2	1	2	1	2	1	2	1	2	1.61
25	柳叶街 41 号古民居	1	2	2	3	2	1	2	1	2	1	2	1	1	1.54
26	明故宫	4	5	5	5	5	5	5	4	5	5	5	5	4	4.79
27	朝天宫	4	4	5	5	5	3	4	4	5	5	5	4	4	4.37
28	卞壶墓碣	1	1	2	3	2	1	2	1	2	1	2	1	2	1.54
29	曾公祠	2	2	2	1	2	1	2	1	2	2	1	1	2	1.63
30	道圣堂旧址	2	2	1	2	1	1	3	1	1	1	2	2	1	1.5
31	行知馆	1	2	2	3	2	1	2	1	2	1	2	1	1	1.54
32	民国时期中央通讯社旧址	2	1	3	1	2	1	1	1	2	1	2	1	1	1.48
33	民国时期国民政府经济部旧址	1	2	2	2	2	1	2	2	2	1	2	1	1	1.57
34	民国时期国立编译馆旧址	2	2	2	3	2	1	2	1	1	1	2	1	2	1.57
35	民国时期国民政府资源委员会旧址	2	1	2	1	2	1	2	1	2	1	2	2	1	1.58
36	国民大会堂旧址	2	5	5	4	4	4	4	5	5	4	2	5	4	4.29
37	民国时期国民政府财政部旧址	2	1	3	1	2	1	1	1	2	1	1	2	1	1.56
38	民国时期国立中央政治大学门楼	1	2	2	3	2	1	2	1	2	1	2	1	1	1.54
39	下关火车站	2	2	2	3	2	1	2	1	1	1	2	1	2	1.57
40	原中华邮政总局旧址	1	1	3	1	2	2	1	1	1	1	2	2	1	1.52
41	基督教青年会旧址	1	2	3	3	2	1	2	1	2	1	1	1	1	1.57
42	基督教百年堂及宿舍旧址	1	2	2	3	2	1	2	1	2	1	2	1	1	1.54

续表

序号	景点名称	D1	D2	D3	D4	D5	D6	D7	D8	D9	D10	D11	D12	D13	得分
43	浙江兴业银行旧址	1	2	2	1	2	1	2	1	2	1	2	1	2	1.58
44	南京招商局旧址	2	2	2	1	3	3	3	2	2	2	2	3	3	2.37
45	金陵及其制造局旧址	2	4	5	2	5	4	3	3	4	4	3	4	4	3.8
46	南京民国首都电厂	2	2	1	1	4	4	3	5	5	3	4	4	4	3.37
47	拉贝故居	2	5	5	4	5	5	4	4	5	4	2	5	4	4.33
48	陈立夫公馆	2	3	3	2	4	4	3	3	4	4	2	4	4	3.39
49	武夷路 4 号民国建筑	1	1	2	3	2	1	2	1	2	1	2	1	2	1.54
50	谭延闿故居	2	1	1	2	2	1	1	2	2	2	1	2	2	1.62
51	傅抱石故居	2	2	3	3	4	4	3	3	2	3	1	3	3	2.69
52	雍园民国建筑	2	3	3	4	5	4	4	5	4	4	5	3	4	3.72
53	颐和路民国公馆	2	5	3	5	5	5	4	4	4	5	5	4	5	4.27
54	交通银行旧址	2	4	5	2	4	3	3	2	2	4	3	3	4	3.25
55	金陵兵工厂旧址	2	3	5	2	2	1	2	2	2	1	2	2	2	2.27
56	蓝庐	2	1	2	1	2	1	2	1	2	1	2	1	2	1.53
57	童寯故居	2	2	4	4	3	3	4	2	3	3	2	4	3	3.05

通过上位规划可知，南京市老城区现状已形成了由明城墙、护城河、历史轴线等线状要素串联形成的“一环”“三轴”“多廊”的历史文化廊道，以及由廊道结合而成得到“三区”“多片”“多点”构成的历史文化空间网络，具备较为深厚的历史文化积淀，便于形成沉浸式的历史文化体验区。另外，老城区人流密集，是南京市最具活力的基础片区，结合老城区中其他已经具备知名度的景点提升历史遗迹的游人基数将事半功倍。因此本次研究对象范围主要位于南京市老城区（也就是现主城区：玄武区、鼓楼区、秦淮区），能够提供较充足的旅游人群基数，交通便利，基础设施完善，同时易于结合周边的其他休闲娱乐景观构成充实且具有特色的旅游路线（图 1、图 2）。

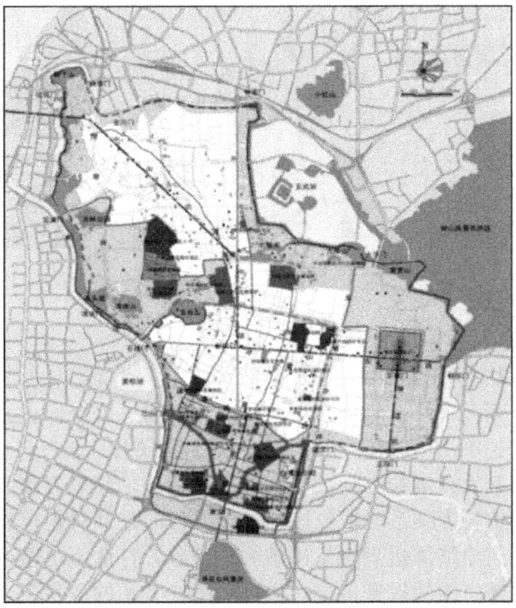

图 1　主城历史文化空间网络

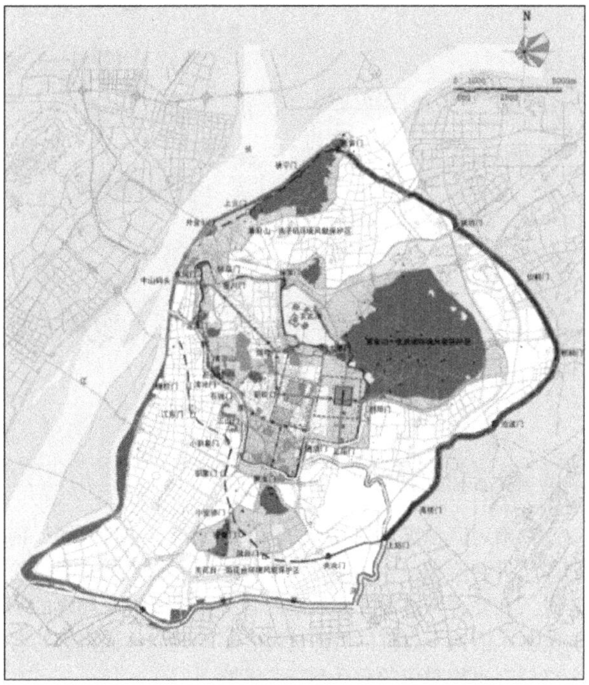

图 2　老城历史文化空间网络

根据触媒理论的发展模式，本次研究将选取南京市内具有代表性的历史遗迹周边景观环境进行重塑，步骤依次为触媒元素的选取、激活和完善触媒以及引导与控制触媒效应。下文将结合这三个步骤进行详细的论述与探讨。

2.2　触媒元素的选取

结合本次的项目背景和研究目标，对南京市老城区内现存的历史遗迹周边景观环境进行了调研。筛选出 57

个有条件改造的点进行更为深入的详细调研。同时，根据这些点位周边环境的类型进行了分类，共得出4大类7小类的遗迹周边环境类型，涵盖了临街型公园类遗迹、临街型建筑类遗迹、内巷型建筑类遗迹和住区内建筑类遗迹。然后利用AHP层次分析法构建出一套对历史遗迹周边景观环境的评价体系，对各个遗迹进行分析，将各点的历史遗迹本体、物质性要素、非物质性要素（包括经济、文化、社会、产业各方面）进行了详细的记录和评估。最终选择了分数最高的4个点，由高到低分别为：明故宫、朝天宫、拉贝故居、南京国民大会堂旧址。因此本次研究将选取这四个点成为最具潜力的触媒进行下一步的激活和完善，使南京历史遗迹周边景观风貌焕发新生（图3）。

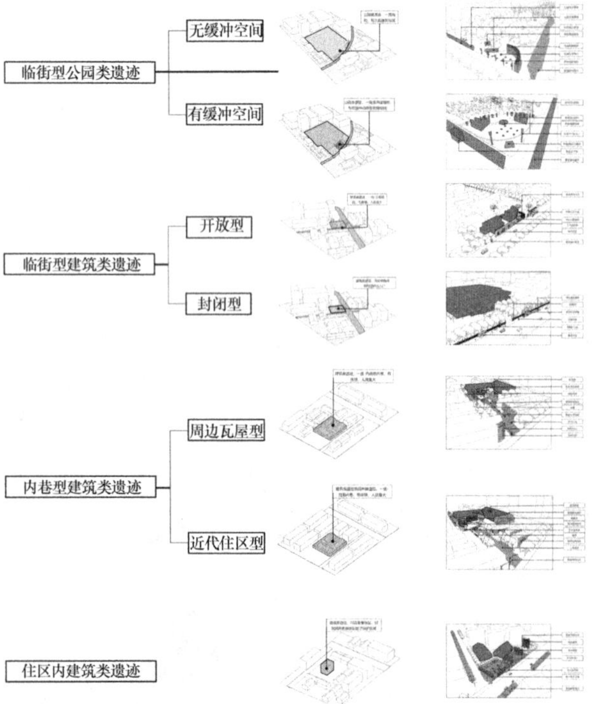

图3 遗迹周边环境类型

2.3 激活和完善触媒

在确定完触媒点位为明故宫、朝天宫、拉贝故居、南京国民大会堂旧址后，我们将通过一系列的方法策略将其激活和完善，进而发生后续的各类效应，扩张触媒的影响范围。因四个点位的具体情况各不相同，我们将针对各个点位提出相对应的激活与完善策略。

2.3.1 明故宫遗迹

明故宫位于南京市玄武区中山东路311-3号，整个遗址由中山东路划分为明故宫遗址公园和午朝门公园两部分，属于有缓冲空间的临街型公园遗迹。中山东路本身为双向六车道，加之近年来在午朝门一侧更是设置了公交站，进一步遮挡了入口景观，导致南北延续性较差。此次景观提升的目标是强化明故宫的存在及其氛围，营造景区的历史氛围感。

（1）物质性更新

导识系统设计：在明故宫周边的人流量较大的地方，如地铁口、公交站牌处设置导识牌，并借助地铁站和公交站幕布强化文旅宣传。

城市家具设计：景区外人行道地面铺装可延续明故宫内的明代地面铺装，同时嵌入与明故宫相关的历史故事地雕，提升步行环境的同时增加游人的沉浸式历史体验感；明故宫路和明故宫南门处的中山东路的路灯可选用明代礼制宫灯，宫灯下部可装饰部分彩旗，营造明朝的历史氛围感；在井盖的处理上可选用明代的钱币造型搭配明故宫的标识Logo，视觉方面起到宣传和树立明故宫旅游IP的作用。在城市家具颜色的搭配上需保持色彩的厚重感，避免过多的鲜艳色调破坏整体氛围。

植物景观设计：明故宫入口空间植物是重点打造的区域，因此在植物配置方面应该选择开敞式设计，使得在游客能够清晰看到明故宫入口的主要建筑物。同时其配置应与中山东路南边午朝门公园入口处的植物统一协调，弱化中山东路的分隔效果。

（2）非物质性激活

明代民俗礼仪体验：可在景区外部入口空间处在特定日期举行明代传统节日的民俗礼仪会演。同时可邀请周边市民或过往游客参与其中，建立共同参与的传承体系，从而提高传统节日的交流度，扩大其影响力。

明代文学曲艺渲染：以明代宫廷礼乐为切入点，在景区绿篱围墙处安装隐蔽式音箱，促进传统场地的文化复苏。同时还可以开发线上交流互动平台，每月选取得票率较高曲目编排播放，也鼓励大众在此基础上进行个人创作投稿，建立明代文学曲艺交流群，加强明代曲艺文化的渗透感染力，使传统文化得到继承与发扬（图4）。

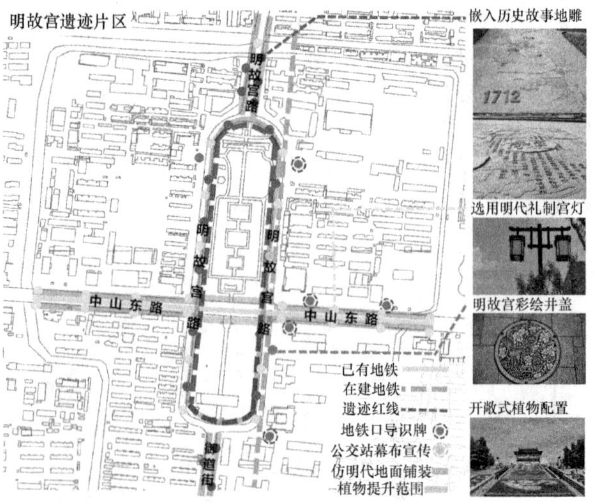

图4 明故宫片区提升图

2.3.2 朝天宫

朝天宫位于南京市秦淮区水西门内，为全国重点文物保护单位，素有“金陵第一胜迹”之美誉。通过调研可定位其为有缓冲空间的临街型公园遗迹，其东侧和北侧的环境较为杂乱。选取该点的主要目的是针对现存少有的文庙建筑周边景观氛围缺失的现状，打造历史遗迹周边景观氛围的提升范式。通过对图底关系的考察及道路距离测算，将朝天宫南侧和北侧最靠近的两条道路及西侧外围道路设为主要提升路线，东侧和西侧相接的两条道路设为次要历史遗迹提升路线。

（1）物质性更新

导识系统设计：根据之前确立的主要和次要氛围提升路线，在朝天宫遗址的东南西北四个道路交叉口采用统一明清时期仿古木质风格的路标、公厕标志、景点标志和简介等景观标识系统，营造风格一致的外围景观导示系统，有利于游客对朝天宫片区形成统一的认识和叙事印象。

景观小品设计：选取不同历史时期文化元素，采用抽象、组合、变形、重构等方式，将其应用到景观小品的设计中，并通过造型、色彩、材料等的综合运用，将相对抽象的道教文化精神，用直观和明晰的方式，如雕塑、景观墙等表现形式转变为游客可感知、可体验的景观形象。

公共设施设计：朝天宫西侧具有面积较大的活动空间，可结合朝天宫本身的历史、文化特色，适当增设与之风格协调的座椅等休憩设施，延长场地的可停留时间，提升场地活力。朝天宫北侧紧邻住宅的狭窄区域增设适当的非机动车停车架，停车架的造型可参考导识系统的风格进行统一设计。

植物景观营造：在朝天宫南边人流量集中的休憩活动区域营造具有场所感的植物景观。结合场地四周原有地形设计常绿乔灌木围合空间；同时利用场地四周的微地形设计，以视觉型、触觉型、嗅觉型感官植物为指导，与建筑、小品结合形成独立的特色空间，为游客提供变化之感的绿色活动场所。

（2）非物质性激活

道观文化的激活：基于行为互动，可在朝天宫南部和主要人流来向路口处设置以声光电为主的互动性景观，通过多媒体演映或答题互动等方式进行道观文化宣传普及（图5）。

图5　朝天宫片区提升图

2.3.3　拉贝故居

拉贝故居位于南京市鼓楼区广州路小粉桥1号，是抗战时期原南京国际安全区主席约翰·拉贝的故居，全国重点文物保护单位。通过实地调研，定位其为封闭型临街类建筑遗迹。虽然靠近广州路和珠江路两大人流密集区，但由于位于校园之中，少有人问津，且周边环境较为混乱，缺乏引导设施，纪念形式单一，难以让游客有深刻共鸣。选取该点的主要目的是为了能够凸显当时特殊的历史，回顾抗战历程，进一步提高游客的参与性。作为名人故居，其周边景观风貌的提升改造具有较强的代表性。

（1）物质性更新

导识系统设计：根据实地调研可知，拉贝故居入口东侧50m处为珠江路地铁1号口，西边20m处为广州路中山路公交车站，人流量较大，可在这两处地方设置导识性标牌或地标，起到导引游人的作用。在拉贝故居周边500m范围内的窨井盖可选用拉贝故居轴侧立体地图，对景区进行指引和标注。

景观小品置入：在近拉贝故居100m范围内东边道路（小粉桥路）和南边道路（广州路辅路）的围墙上设置情境浮雕，或配置互动式小品，再现往日拉贝故居的历史情节，打造空间氛围，将其塑造为网红合影打卡点。

植物景观营造：通过调研可知，拉贝故居景区内部植被丰富，但景区外部空间杂乱，无植被覆盖。基于实际情况，可在故居围墙外侧设置立体绿化，与景区内部和谐统一，美化装饰遗迹外部环境氛围。

（2）非物质性激活

弘扬世界和平精神：在直通拉贝故居的广州路路边人行道可选用拉贝日记中的叙述文字制成字影走廊、小粉桥路边的围墙制为宣传片的投影板，重启拉贝先生的生命历程，重温这段黑暗历史中闪耀的人性之光，共同铭记历史、珍爱和平，渲染景区外部空间氛围。

文创+设计产品：可借助南京大学的力量组织举办和平主题文创设计大赛，并将大赛的获奖作品置于景区围墙展示橱窗处进行自助售卖，续写拉贝精神（图6）。

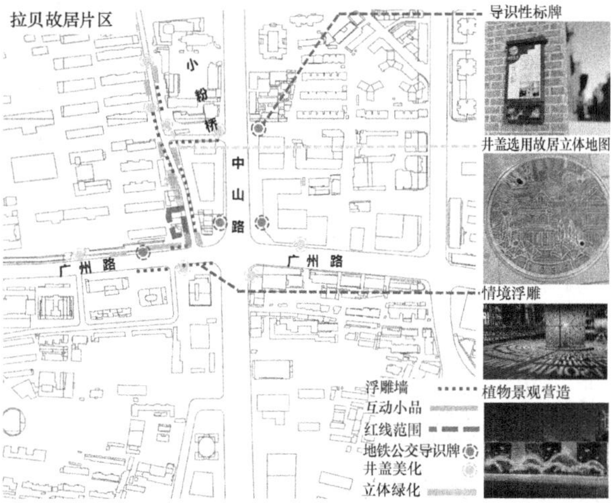

图6　拉贝故居片区提升图

2.3.4　南京国民大会堂旧址

南京国民大会堂旧址，位于南京市玄武区长江路264号（原国府路），整体为中西合璧式建筑风格，是原国民政府进行大选及召开国民大会的重要场所，全国重点文物保护单位。通过实地调研可定位其为临街型建筑类遗迹，建筑与道路无过渡空间，衔接较差。建筑正南边设置有红色景观标识物，但纪念形式单一。选取该点的主要目的是针对开放型临街型建筑类遗迹周边景观氛围缺失的现状，打造民国时期历史遗迹周边景观氛围的提升范式。

（1）物质性更新

导识系统设计：根据实地调研及计算得出，南京国民大会堂旧址的辐射范围约为500m，因此其导视系统可沿长江路、太平北路、碑亭巷、石婆婆庵布置，在大行宫地铁站和网巾市公交站重点布置，如采用粉刷或镶铜线加文字地雕等方式。

景观小品置入：大会堂前地面铺装以民国时期的灰色系列青石板为主，路灯可选用黑白色系庄重的中式宫灯。大会堂前长江路上的行道树间或建筑物与行道树间可悬挂旗帜和灯笼来烘托氛围。

植物景观营造：大会堂前的绿化种植池可选用色彩较为鲜艳的草本植被塑造出党旗或党徽样式，或在特定节假日用主题文字绿植来塑造气氛，在会堂前的空地上运用可移动式植物种植箱分隔人流和强化节日氛围。

（2）非物质性激活

弘扬爱国主义精神：采用投影技术复活历史。定期组织举办党史活动教育，积极组织党员在此合影打卡留念，让百年党史照亮国民大会堂未来发展新征程（图7）。

图7　南京国民大会堂旧址片区提升图

2.4　引导与控制触媒效应

2.4.1　宏观调控

政府出台相应政策组织进行规范化引导和实施，有序推进“链式反应”。明确各职权部门的职责分工，及时进行功能完善、业态调整与秩序管理等，保证相关政策、改造措施的稳定性与连续性[6]。

2.4.2　中观推广

借助多媒体加强对各点进行文化宣传，增强各类遗迹的知名度来促进其周边环境的提升。通过各类纪录片和短视频增加其曝光度和宣传度，提高市民的文化认同感和对外来游客的吸引力。集合各类遗迹周边环境的文化展演和文创产品做成南京市的品牌文宣产品，扩大触媒效应。

2.4.3　微观引导

组织各类遗迹所属的社区和非政府组织（NGO）积极参与、大力宣传，加强民众对各类遗迹的认知，鼓励民众积极参与遗迹周边景观的提升。建立民众志愿者信息库，定期在遗迹周边环境开展各类活动，并对遗迹周边景观进行维护，形成全民共建共享的良好氛围。

3　总结

在城市化的发展过程中，历史遗迹及其周边环境作为城市的存量有着不可再生、不可复制的属性，是一座城市的重要的文化名片。本文通过引入触媒理论来提升南京市老城区历史遗迹周边景观风貌。基于项目背景分析和实地调研，通过定量研究法选取触媒，并采用物质性更新和非物质性激活各类触媒，最后从宏观、中观、微观三个层面对触媒效应进行引导与控制。本次研究通过一系列具体的改造措施提高历史遗迹及周边环境的活力，并为南京及其他城市后续的历史遗迹周边景观风貌提升提供指导借鉴。

参考文献

[1]　夏鼐．中国大百科全书·考古学[M]．北京：中国大百科全书出版社，1986.

[2]　朱佳奇，夏健，刘露．基于“城市触媒”理论的历史文化街区保护更新研究——以苏州古城15号街坊为例[J]．苏州科技大学学报(工程技术版)，2020，33(02)：45-50.

[3]　韦恩·奥图，唐·洛干．美国都市建筑——城市设计的触媒[M]．王劭方，译．台北：台北创兴出版社，1994.

[4]　Balvočienė Vaiva，Zaleckis Kęstutis. Cultural Urban Catalysts as Meaning of the City[J]. Architecture and Urban Planning，2021.

[5]　赵秀敏，王励楠，石坚韧．最南京与醉金陵：历史文化街区视听触媒生态位叠影与叙事[J]．北京文化创意，2020(06)：22-31.

[6]　赵丛钰．“人文触媒”视角下的历史街区更新策略研究——以北京市什刹海地区为例[J]．美与时代(城市版)，2018(12)：43-47.

作者简介

徐珂，1997年生，女，汉族，浙江东阳人，东南大学硕士在读，研究方向为大地景观规划与生态修复。电子邮箱：752926151@qq.com。

王之湄，1998年生，女，汉族，江苏扬州人，东南大学硕士在读，研究方向为园林与景观设计。电子邮箱：1204436701@qq.com。

杨冬辉，1969年生，男，汉族，辽宁沈阳人，博士，东南大学建筑学院，副教授，研究方向为风景园林设计、古典园林、风景园林工程。电子邮箱：413782029@qq.com。

“守望市集”
——广州市长湴综合市场空间更新探析①

“The Protection and Prospect of Market”
—Analysis on the Spatial Renewal of Guangzhou Changban Market

郭星辰　李敏稚*

摘　要：随着新型城镇化进程的加快，城市公共空间营造和使用已成为当前热点。尤其传统意象的公共空间更新议题更是研究前沿。“具体而微”的菜市场空间承载着许多城市生活和文化记忆，在城市更新过程中却屡遭遗弃，凸显出诸多问题。以广州市天河区长湴综合市场更新改造为例，综合现场调查、公众访谈、规划模拟等方式进行研究，辨析新需求与旧环境之间的矛盾，并探讨其可持续发展路径。利用微改造介入、艺术主题设计和多样化场所营造等策略对现有商业、交往、文化等空间进行渐进式更新，提出“新兴社区综合体”概念模式，以期有效融合传统市井空间与现代生活方式，为同类型更新项目提供有益借鉴。

关键词：传统公共空间；城市更新；菜市场；微改造；新兴社区综合体

Abstract: With the acceleration of new urbanization, the construction and use of urban public space has become a hot spot. In particular, the issue of public space renewal of traditional image is the research frontier. The "concrete and micro" vegetable market space carries a lot of urban life and cultural memory, but it is often abandoned in the process of urban renewal, highlighting many problems. Based on the course of landscape planning and design for South China Landscape postgraduates, taking the renovation of Changban market in Tianhe District of Guangzhou as an example, this paper analyzes the contradiction between the new demand and the old environment and discusses its sustainable development path by means of comprehensive field investigation, public interview and planning simulation. By using the strategies of micro transformation, art theme design and diversified place construction, the existing commercial, communication, cultural and other spaces are gradually updated, and the concept mode of "emerging community complex" is proposed, so as to effectively integrate the traditional urban space and modern lifestyle, and provide useful reference for the same type of renewal projects.

Keywords: Traditional Public Space; Urban Renewal; Market; Micro Transformation; Emerging Community Complex

引言

菜市场作为城市中最有人情味的地方之一，承载着城市中最接地气的市井文化，维系着人与人之间朴实的情感纽带。走进菜市场的热闹中，摩肩接踵、人声鼎沸的景象能够让人重新萌发对生活的热爱。近年来，我国新型城镇化进程加快，肉菜市场这类涉及人群众多、使用频率极高的城市公共空间已经成为现在城市规划改造的重点。

随着人们逐渐提高的精神需求和审美能力，城市空间的设计思路和方法也得到了拓展，针对外形、功能、管理等方面的设计也有更为深入的剖析。以此为契机，综合市场空间改造对于新时期的城市生活品质提升和社会公共资源发掘有着重要意义。例如，近期吸引众多报道的广州东山口菜市场及扉美术馆，正是因为关注到了摊贩们本身的需求和情感，并让社会关注、认识到了他们，摊贩本身也第一次获得了身份的认同和尊严。扉美术馆作为“助推剂”，让民众在空间创作上的想象力和主体性，以及他们参与和实践公共的希望、积极的行动都扮演了建构城市“公共性”不可获缺的角色，更成为今后城市更新和社区营造的重要力量[1]。这也体现了人们看待菜市场这一类传统公共空间的态度正在转变，包括社会的认知，建立同理心、维护社会公平、协调城市化和传统保护的矛盾等问题。

因此，本文以广州市长湴综合市场为例，分析现状情况，明确其在城市更新的改造提升当中值得留存的优势和需要改进的缺点，探讨综合市场这类社区邻里空间的更新模式和具有实践性的操作方法，以期为解决相关社会问题提供新思路。

1　国内菜市场空间更新的普遍特点与不足

城市更新强调原有建成环境改善的同时不减损原有权利主体的权益，是一种注重公平、兼顾效率、追求更优

①　基金项目：国家自然科学基金面上项目“基于多元博弈和共同创新的城市设计形态导控研究”（编号 51978267）；广东省高等教育教学研究和改革项目“‘新工科’理念下城市设计创新人才培养模式探索”（编号 x2jz/C9203090）；华南理工大学校级教研教改项目“‘开放、协同、跨域、创新’的城市设计教学模式探索”（编号 x2jz/C9213056）；广东省研究生教育创新计划学位与研究生教育改革研究项目“基于城市设计视野的风景园林规划与设计课程体系建设研究”（编号 2018JGXM06）。

综合容量的城市可持续发展方式[2]。然而实际上，国内针对综合市场空间的更新改造往往过于粗放式，绝大多数时候以管理者的角度针对空间界面、功能布局、业态模式等方面提出相对直接的处理办法，缺乏针对原有权利主体的调查和了解，无法从更深入的角度把握场地和空间的问题。最终导致更新改造后风貌维持时间短、功能布局不合理、相关职责无人管等恶性结果，更严重的还会产生疏远使用者、外观审美低下、破坏原有社交和生活品质等情况。前文提到的广州东山口菜市场由于违建等原因，不得不面临拆除的命运，而后新建的口袋公园虽然是周边居民休闲的好去处，但却破坏了原住民的生活空间和使用习惯。类似的城市公共空间还有很多，改造或更新是必要的，但往往只是物质空间的变化，很难关注到相关弱势群体曾经和将要面临的问题，忽略了很多非基础性功能的需求，难以解决现状问题，甚至激发出深层次社会关系问题。

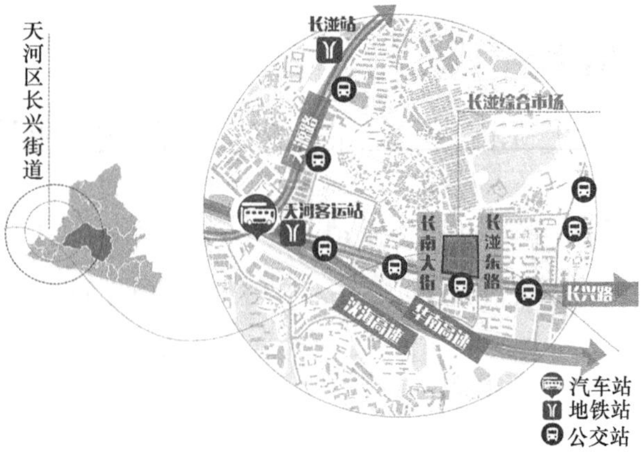

图 1　长湴综合市场区位情况

2　广州市长湴综合市场空间更新实验

2.1　项目背景

广州市长湴综合市场位于天河区长兴街道长湴社区，由长湴经济发展有限公司于 1995 年建成，由村社物业自发管理，是集批发、零售、集市贸易为一体的大型综合性市场。该市场呈方形布局，总占地面积约为 28000m²，是其 2km 范围内规模最大的市场。周边密集分布了大量的住宅区，同时还存在长湴、元岗两处城中村，交通干道密集，是天河客运站与地铁三号线、六号线交汇之处，人流规模庞大且性质复杂（图 1）。

由于市场硬件设施老旧，乱搭建、乱摆卖、乱拉挂情况严重，经营秩序和环境卫生状况不容乐观，一度成为脏乱差市场的反面典型。2015 年，长湴综合市场进行了一轮升级改造。目标是打造“干净、整洁、平安、有序”的城区环境，统一规范门面招牌，拆除乱搭建棚区，配备各种公共设施，实行高质量保洁制度。但最终实施后，相关问题几乎没有改善，实际效果不尽人意。

2.2　市场空间风貌

实地调查现场情况，结合相应的空间、人群、色彩等要素分析和使用者问卷访谈，针对空间尺度、功能布局、场地防护性、舒适性、愉悦性等方面进行评价，可以发现，场地的空间风貌整体品质依然低下，场地内外给人的使用体验不够良好。

场地外围主要集中的是非生鲜区，如干货、五金等类型的店铺布置于此。立面风貌形式单一且色彩杂乱；人行道荫蔽不足且十分狭窄，缺乏停留空间；电动车、自行车与人混行，常有危险情况发生。东、西、北三侧面朝尺度相对怡人的城市次级街道，人群络绎不绝、环境嘈杂拥挤、流动摊贩密布，且有明显的机动车占道情况；南侧面朝尺度更大的城市干道，人行道相对更宽，但存在商家占道经营的情况，人流稀少（图 2）。

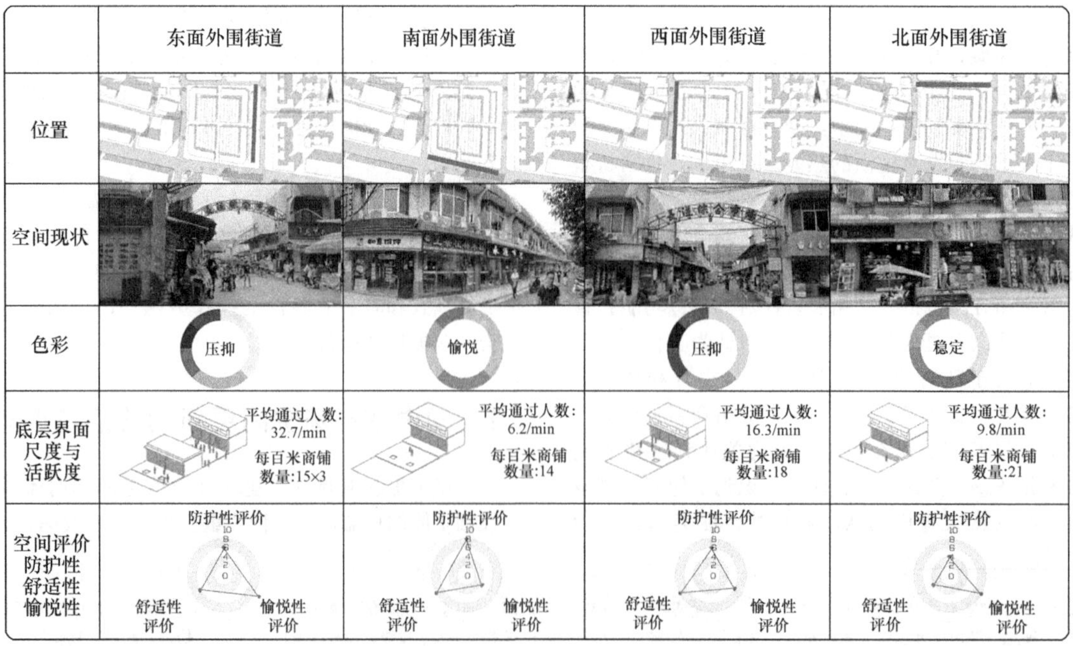

图 2　场地外围空间风貌分析

场地内部则是生鲜市场和小商品市场的主体部分，场地被十字形和环形道路大致分为四个体块。其中，东西向主路和南北向次路的空间相对疏朗，能够满足大量人流的使用需求，整体风貌氛围比较轻快但缺乏美感与特色；其余部分则相对狭窄阴暗、氛围压抑，舒适性和愉悦性都更为欠缺（图 3）。

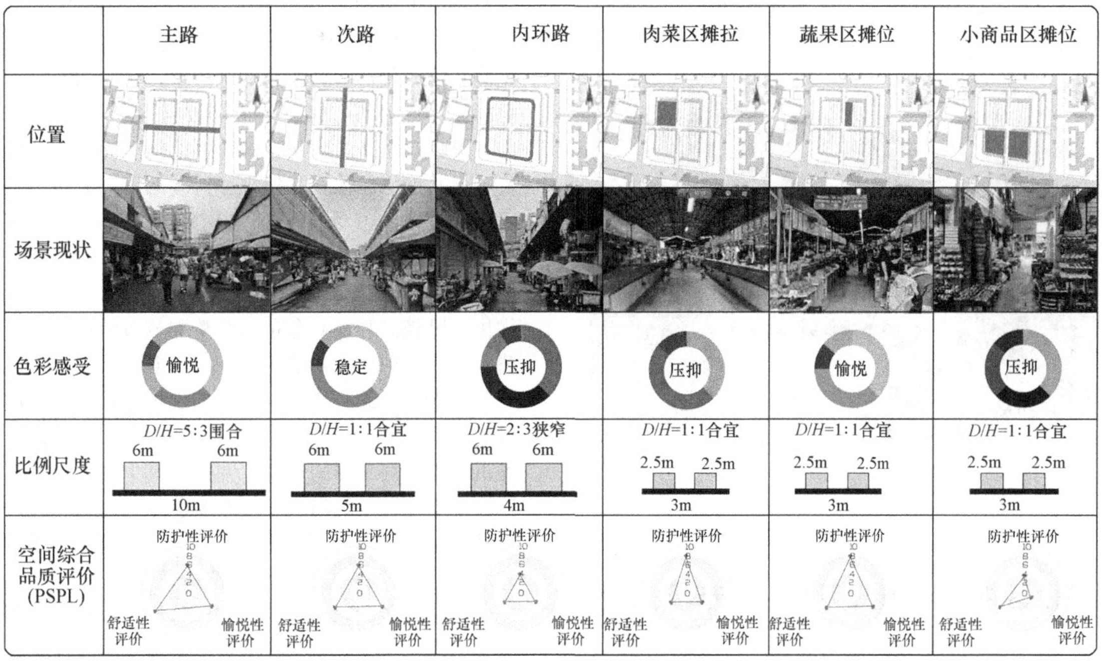

主路
次路
内环路
肉菜区摊拉
蔬果区摊位
小商品区摊位
位置
场景现状
色彩感受
愉悦
稳定
压抑
压抑
愉悦
压抑
比例尺度
D/H=5:3围合
D/H=1:1合宜
D/H=2:3狭窄
D/H=1:1合宜
D/H=1:1合宜
D/H=1:1合宜
空间综合品质评价(PSPL)
防护性评价
舒适性评价
愉悦性评价

图 3　场地内部空间风貌分析

2.3　市场业态管理

市场在上一轮改造后，整体业态分区进行了大刀阔斧地重新划分，市场一层业态丰富，各类业态互相交错，购买体验较为多样，但各类摊位之间并没有很好地与现实使用情况契合从而进行空间分配，市场管理方也没有制定规范措施，如水产类和蔬菜类摊位往往会往外拓展占据过道空间，干湿分区不够分明，缺乏精细化设计和管理。同时，市场还保留一些较为传统的店铺，如香烛店、缝补店等。市场二层主要为房屋住宿租赁，部分摊主住于二层。另外市场内还会在早晚两个高峰期潮汐式地出现流动摊贩，类型有小吃、熟食、蔬果等，常依附于市场与街道的边界，是市场最有活力的要素（图 4）。

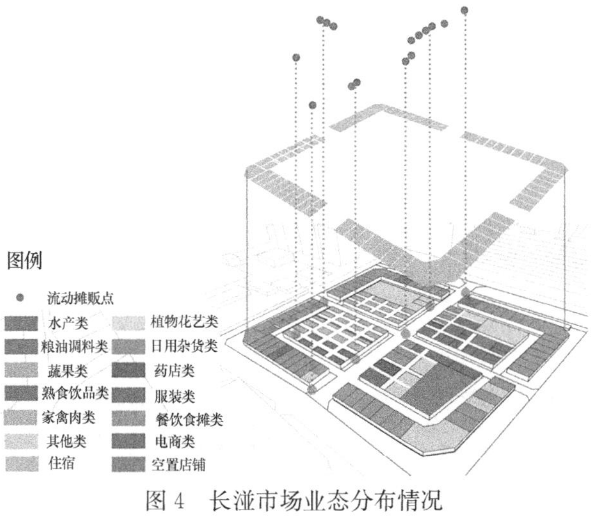

图 4　长湴市场业态分布情况

2.4　市场基础条件

长湴综合市场除外围一圈为永久性建筑外，其余部分均为临时性的构筑物或建筑，以钢结构大棚和装配式板房为主，因此，菜市场主体存在着许多关于使用的基本问题和印象（图 5）。例如，钢结构顶棚无法起到保温隔热作用，采光效果也不足，使得市场空间潮湿闷热、阴暗无光；地面没有合理的排水沟造，水产区域积水多，滋生异味；除了难以改变的客观条件之外，市场也没有足够的维护管理意识，市场卫生状况差，卫生间、垃圾桶等公共设施环境糟糕。

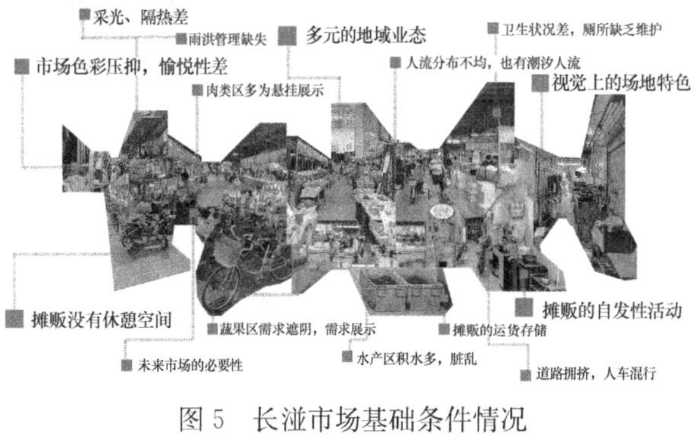

图 5　长湴市场基础条件情况

2.5　市场人文关怀

实地调查过程当中，长湴市场同样也存在着社区邻里空间的特质，然而市场的改造在这方面几乎没有贡献，甚至是产生矛盾。使用者之间往往能够打破界限的划分，共享一部分空间，形成更多的商品展示面，或者是形成摊贩的休憩与日常生活空间。整齐划一的功能空间划分、商铺展示界面，在一段使用时间之后也会逐渐回归传统的市井风貌，多样的饮食文化和频繁的社交需求使得市场不会受制于简单粗暴的管理，产生各式各样的使用者自发行为（图 6）。

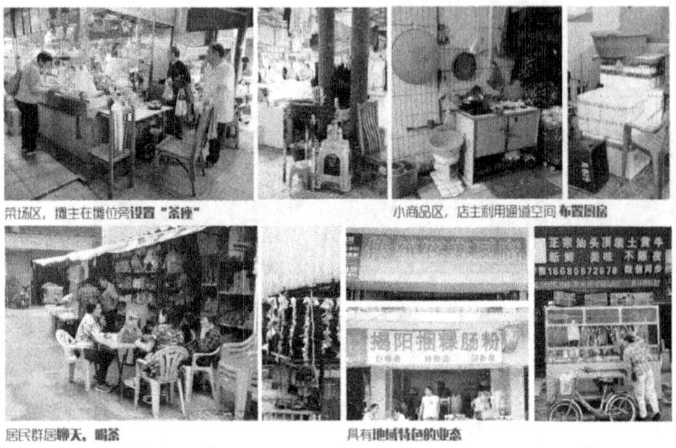

图 6　使用者的自发行为

3　新兴社区综合体模式下的综合市场探析

为缓解我国副食品供应偏紧的矛盾，农业部于 1988 年提出建设“菜篮子工程”，以保证居民一年四季都有新鲜蔬菜吃。时至今日，伴随着我国城市规模扩大和旧城更新改造的推进，综合市场数量和体量逐步增长、老旧市场的更新也逐步产生，对于综合市场的品质和功能有了更高要求。广州市 2019 年 5 月印发《粤港澳大湾区“菜篮子”建设实施方案》，提出用三年时间构建以广州为枢纽的粤港澳大湾区“菜篮子”生产及流通服务体系，提供更多更优的食用农产品[3]。长湴综合市场已被列入该方案枢纽市场，其未来规模必然扩大，也会形成标准化、科技化、体系化、绿色化、补贴化的特质（图 7），急需形成可持续发展模式。

社区综合体模式是近些年来社区生活圈理念兴起后针对属地生活圈为基本单元、各类人群的多元需求为核心视角的社区多功能服务整合措施[4]。其由于各主体利益偏好的分化，信息沟通和统筹协调机制的不足，带来显著的碎片化困境，解决困境需要优化精细化设计管控标准，保障空间品质，同时构建多部门全周期统筹机制，完善多元共治协作体系，促进可持续运营[5]。

长湴综合市场作为长兴街道重要的邻里交往空间，在改造与改进的过程中，首先需要探求人群和场地的需求，识别场地的市井文化与精神；再通过合理的空间结构优化、风貌提升、业态布局调整和节事活动策划等手段去艺术化地守护住生活的烟火气息；同时也需要与时俱进，展望未来更多的可能性。在规划模拟过程中，通过对长湴市场社区公共生活载体和市井文化体验中心的定位，明确市场表层展现出的现象，并挖掘其里层涉及的空间、设计、管理等方面的问题，找准改进方向为布局改造、基础提升、未来展望和风貌寻求（图 8），利用微改造介入、艺术主题设计和多样化场所营造等策略对现有商业、交往、文化等空间进行渐进式更新，形成“新兴社区综合体”模式。即在未来能够做到长期性与阶段性兼顾，针对现代化的使用需求改造空间本身的客观条件，同时从场地形成的主观现象中发掘使用者潜意识里的弹性化需求，关注使用者的难点和痛点，尽可能地塑造社会公平。在该模式下，整个系统需要从自上而下的一元视角转换为自下而上的多元参与，动态协调避免发展矛盾；也可以解决目前城市当中同一空间两类功能无法共存的问题，让一个菜市场同时也可以是一个棋牌室、小公园、博物馆，一个连接人与人、人与城市的场所除了满足基础性的功能外，还可以承载精神的寄托。

1999-2009年这一时期进入提高农产品安全性的阶段，我国基本进入无公害产品时期。
农业部于1988年提出建设“菜篮子工程”，以保证居民一年四季都有新鲜蔬菜吃。
2010年开始，要求提高技术进步。
长湴市场的机遇与挑战
菜篮子工程枢纽市场
广州市2019年5月印发《粤港澳大湾区“菜篮子”建设实施方案》
标准化
大湾区统一标准
产品一品一码
科技化
互联网模式引入
更多新型设施
体系化
品牌成体系供应
绿色化
大力推广绿色食品
倡导环保意识
补贴化
经营主体享优惠
气象指数保险

图 7　“菜篮子”建设实施方案构建

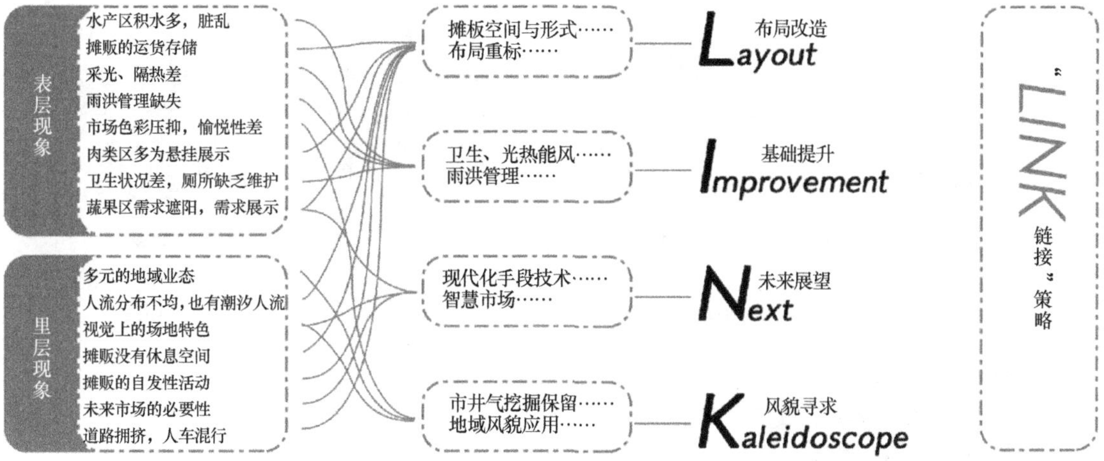

图 8　长湴市场改进方向

3.1　功能空间合理化

针对长湴市场空间划分和功能布局的改进，应当贯彻市井生活气息的延续性、尊重场地的微更新和动态协调的渐进式发展，不同的区域有不同的应对方式。例如，在该市场内，可以整合内部摊位空间，形成更多的共享方式；激活次路消极空间，引入人流，结合潮汐式摊贩，打破原有的阴暗消沉；塑造中部核心空间，通过设置弹性设施，增加空间使用的多样性，承载市集多元功能（图 9）。

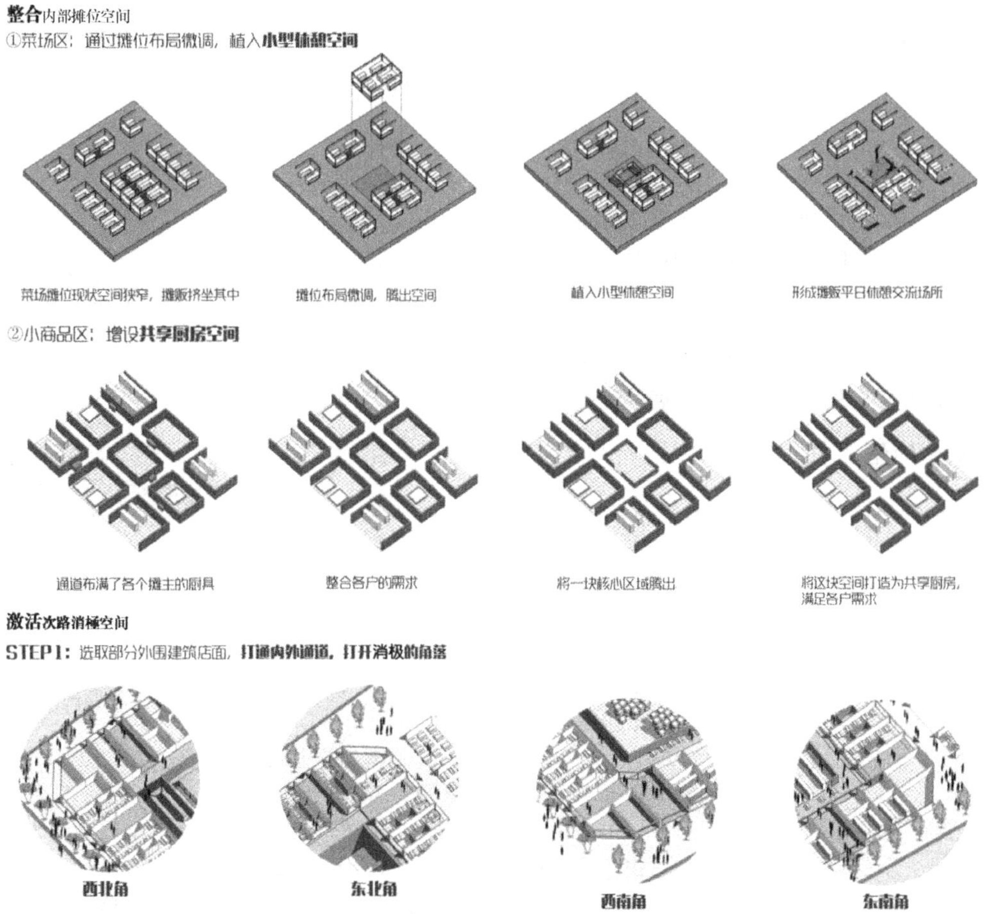

图 9　长湴市场功能空间改进思路（一）

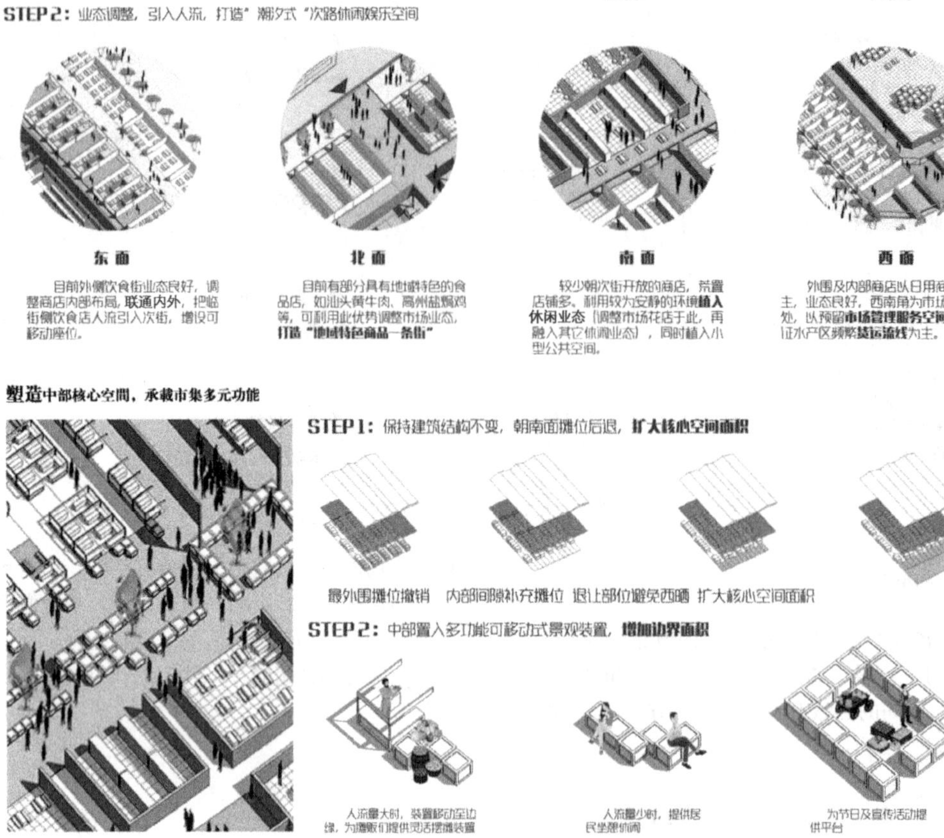

STEP 2：业态调整，引入人流，打造"潮汐式"次路休闲娱乐空间
东面
目前外侧饮食街业态良好，调整商店内部布局，联通内外，把临街侧饮食店人流引入次街，增设可移动座位。
北面
目前有部分具有地域特色的食品店，如汕头黄牛肉、高州盐焗鸡等，可利用此优势调整市场业态，打造"地域特色商品一条街"
南面
较少朝次街开放的商店，荒置店铺多。利用较为安静的环境植入休闲业态（调整市场花店于此，再融入其它休闲业态），同时植入小型公共空间。
西面
外围及内部商店以日用商品为主，业态良好，西南角为市场管理处，以预留市场管理服务空间及保证水产区频繁搬运流线为主。
塑造中部核心空間，承載市集多元功能
STEP 1：保持建筑结构不变，朝南面摊位后退，扩大核心空间面积
最外围摊位撤销
内部间隙补充摊位
退让部位避免西晒
扩大核心空间面积
STEP 2：中部置入多功能可移动式景观装置，增加边界面积
人流量大时，装置移动至边缘，为摊贩们提供灵活摆摊装置
人流量少时，提供居民坐憩休闲
为节日及宣传活动提供平台

图 9　长湴市场功能空间改进思路（二）

相应地，不同属性的摊位也应该根据实际情况进行精细化设计。蔬果区增加悬挂阳伞、果蔬灯等满足遮阳和打光需求，大容量、多层次货架满足蔬果大空间展示面的需求；水产区聚合具有本地特色水产的商铺，形成穿梭空间和可停留空间，避免非占道经营，灵活化处理摊位，增加其可达性和展示性，同时还需布置能够及时排污的设施，保持水产区的整洁卫生；生鲜肉类区域可以通过界面内折、立体空间利用等方式增加更多的悬挂展示面。

3.2　市井风貌本地化

在明确相关功能空间布局的前提下，针对市井风貌提升可以分为基本属性和场地精神两个阶段。

针对基本属性，长湴市场目前整体风貌雅俗共存，但仍有不少色彩杂糅、审美不足的情况，但改进的过程当中应当注重对场地文化和传统的保留。例如，市场当中的各家店铺招牌应当保持色彩和谐、信息明确；市场的天幕、铺装、墙体等应有与场地契合的艺术手法，并定期维护保持清洁，解决采光、保温、隔热卫生等基本问题（图10）。

针对场地精神，应当尊重并发掘场地特点，在入口空间、通道空间等地方设置地域风物元素的标志物、精神堡垒等，更重要的是结合市场当中存在的邻里空间、潮汐摊贩等布置多样的弹性装置。

3.3　管理手段邻里化

作为社区综合体，市场所承载的功能更加繁多和复

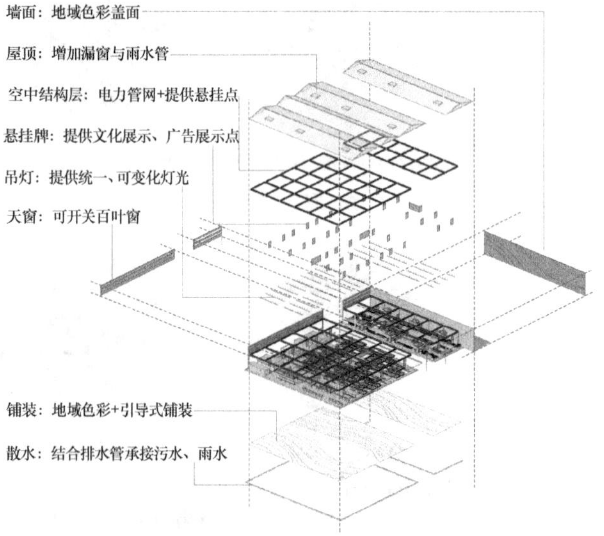

图 10　长湴市场基础问题改进思路

杂，尤其是邻里空间的构建。在此思路下，设计介入的方式较为多元，可以是常规意义上的"设计"，也可以是临时性的装置、景观事件、公示与展览，甚至是访谈与调查，其成果经常表现为非通常意义上的建成项目，还可以是相关的活动组织等[6]。长湴市场的管理方面对场地中存在的自发性共享空间、潮汐式摊贩等现象应该有具体的弹性化管理手段，同时也应该主动策划相关的社区经营方式或活动，提供诸如共享厨房、摊贩子女活动室、贯穿全年的节事策划等，动态化满足使用者的需求。这也是

在新的发展趋势下，建立政府引导下的多元参与机制，接纳并有效组织各种社会力量推动旧城更新的体现[7]。

4 总结

综合市场类公共空间伴随着城市发展，逐步承担起更多的非原生功能，其特有的日常功能属性以及与城市居民的高紧密性使得该类空间在城市更新的过程中面临巨大的变化挑战。

城市更新背景下，现代化进程与空间的传统文化、场所特质、人文气息、使用功能等不应该是矛盾的，而应“求同存异”并发掘城市的文化价值，有机保留与创新活化一个城市的传统生活和文化意象，探讨公共空间多元博弈和共同创新的新途径。同时，城市更新应和社区共生，在充分尊重各种人群的诉求和意愿的前提下，提升公共空间和服务设施水平，盘活存量土地和空间，促进多元协同和公众参与，采取立体化和多层次空间设计和管理模式，运营模式上尤其需要更多地探索更合理和可持续的方式。

“新兴社区综合体”是一种创新的载体，有功能、空间、景观、活动等方面的集聚性和活力，又有运营上可以动态管理的优势，符合城市空间可变、重组（自组织）的发展趋势。但相应地，决策者、管理者和设计者的营建方式和水平也需要整体提升。以广州长湴综合市场为例，探讨了这类空间在“新兴社区综合体”模式下应该改进的问题以及相应的解决思路，可为类似的实践提供一定的借鉴参考。

参考文献

[1] 何志森．从人民公园到人民的公园[J]．建筑学报，2020(11)：31-38.

[2] 王世福，沈爽婷．从“三旧改造”到城市更新——广州市成立城市更新局之思考[J]．城市规划学刊，2015：26-31.

[3] 广州市人民政府办公厅．关于印发粤港澳大湾区“菜篮子”建设实施方案的通知(穗府办函〔2019〕60号)．广州：广州市政府办公厅，2019[2021-07-26]. http：//www. gz. gov. cn/zwgk/fggw/sfbgtwj/content/mpost _ 4759430. html.

[4] 于一凡．从传统居住区规划到社区生活圈规划[J]．城市规划，2019：18-23.

[5] 刘佳燕，李宜静．社区综合体规建管一体化优化策略研究：基于社区生活圈和整体治理视角[J]．风景园林，2021，28(04)：15-20.

[6] 侯晓蕾，郭巍．社区微更新：北京老城公共空间的设计介入途径探讨[J]．风景园林，2018，25(04)：41-47.

[7] 刘垚，田银生，周可斌．从一元决策到多元参与——广州恩宁路旧城更新案例研究[J]．城市规划，2015，39(08)：101-111.

作者简介

郭星辰，1995年生，男，汉族，四川人，华南理工大学硕士在读，亚热带建筑科学国家重点实验室，广州市景观建筑重点实验室，研究方向为城市设计、城市景观设计等。电子邮箱：342358096@qq. com。

李敏稚，1979年生，男，汉族，广东人，博士，华南理工大学建筑学院风景园林系、华南理工大学亚热带建筑科学国家重点实验室、广州市景观建筑重点实验室，副教授、硕士生导师，研究方向为城市设计、风景园林规划与设计、大型公共建筑设计、校园规划与设计等。电子邮箱：liisthebest@126. com。

景观公平视角下演替混杂式社区景观更新研究

——以济南市姚家庄片区为例

Research on the Landscape Renewal of Succession Hybrid Community Based on the Perspective of Landscape Justice

—A Case Study of Yaojiazhuang Area in Jinan City

郭妍馨　王　玥　肖华斌*

摘　要：社区的公共空间是人民物质生活联系最密切的区域，相较于新建社区中完备、系统、标准的景观水平，老旧社区尤其是混杂演替式社区因空间不足、质量低下、分异明显等问题造成景观不公平的现象。文章以济南市姚家庄片区为例，深入调研，从基础设施、绿地景观、人群组成三个层面进行景观评估并划分景观层级，梳理引起片区居民不公平感的现状问题，结合居民需求从空间、主体、方法三个方面识别景观更新要素，从设施公平、活动公平、生态公平、就业公平的角度提出具体的更新改造策略，进而实现景观公平目标下混杂社区的景观更新，为老旧社区公共空间更新改造提供新的思路与方法。

关键词：景观公平；社区更新；公共空间；演替混杂式社区

Abstract: The public space of the community is the area where people's material life is most closely linked. Compared with the complete, systematic and standard landscape level in the new community, the old community, especially the hybrid succession community, has caused landscape injustice due to insufficient space, low quality and obvious differentiation. Taking Yaojiazhuang District of Jinan City as an example, this paper conducts in-depth research, conducts landscape evaluation and divides landscape levels from three aspects of infrastructure, green landscape and population composition, sorts out the current problems that cause residents' sense of injustice, identifies landscape renewal elements from three aspects of space, subject and timeliness according to residents' needs, and puts forward specific renewal and transformation strategies from the perspectives of facility justice, activity justice, ecological justice and employment justice, so as to realize the landscape renewal of succession hybrid communities under the goal of landscape justice, and provide new ideas and methods for the renewal and transformation of public space in old communities.

Keywords: Landscape Justice; Community Renewal; Public Space; Succession Hybrid Community

引言

我国快速发展的城市化使得人们在物质生活方面得到极大满足的同时，对城市外部活动空间也产生了更大的需求。在对城市整体公共空间进行研究规划后，更多学者开始关注社区景观空间的更新改造[1-3]。但大部分老旧小区在规划之初并没有很好地考虑到景观、设施、道路等问题，并在城市快速建设过程中引发一系列问题，老旧社区环境与城市整体发展之间产生了不可调和的矛盾，社区环境的现状不容乐观[4]。城市公共空间隔离、绿地景观分异显著、公共设施分配不均等问题日益凸显，城市绿地的景观公平问题得到大家的广泛关注。其中演替混杂式社区的景观公平问题尤为突出，急需解决[5-7]。

景观公平的提出起源于20世纪80年代美国兴起的环境公平运动，起初社会弱势群体要求被给予平等的环境权益，并在此之后逐渐扩展到物质环境，尤其是城市绿地景观资源和设施的公平获取[8,9]。城市公共绿地资源和公共环境设施作为城市公共空间活动的重要组成部分，理应被每一位社会成员平等享有。景观公平的目标正是改善景观资源配置不均的问题，尽可能地让社会弱势群体享有一定的景观绿地和公共设施，以景观介入的手法减少不同人群的公共健康水平差异，构建良好和谐的社区空间[10]。但值得注意的是，景观公平不同于平均主义，并不意味着每个人获得相同品质的景观空间使用量，景观公平的基本前提是强调使用个体的差异性，即每个个体都拥有平等进入公共空间、使用公共空间的权利，且可以在公共空间中进行无歧视的安全交往[11]。

1　案例地概述

1.1　研究对象基本情况

姚家庄片区位于济南市历城区西部，东侧紧邻济南中央商务区，属于济南市泛中央商务区（图1）。片区东侧为山东省博物馆、美术馆、大型商场等，其余三侧为高层住宅（图2）。片区北邻经十路，西邻浆水泉路，周边公共交通资源丰富，有很好的区位优势和发展条件。

片区属于演替混杂式社区，内部有北部棚户区、武警医院、姚家小区、华洋名苑、中润世纪城、东部冷冻市场

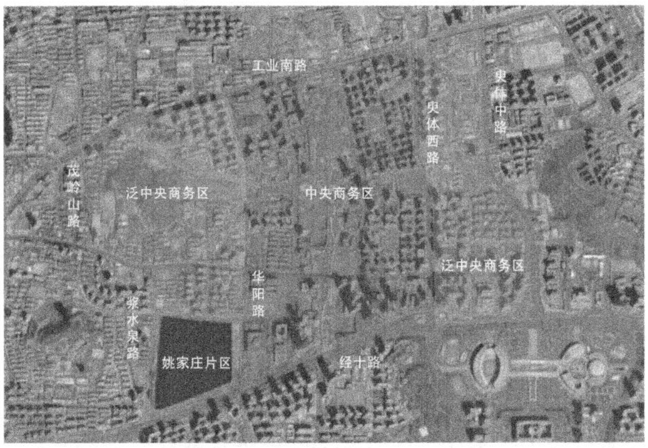

图 1　姚家庄片区区位图

图 2　姚家庄片区内部组成及周边环境

及菜市场等（图 2），其内建筑建造年代跨越 20 世纪 50 年代至 21 世纪初，是济南城市快速向东发展的产物，具有经济区位和地域空间混合交错、居住人口与利益需求复杂多样的主要特征。

1.2　研究区域分析

本研究采用实地观察和拍照记录的方法，从基础设施、绿地景观、人群组成三个层面分析姚家庄片区的景观公平问题。可以看出，姚家庄片区内部空间分异明显，按建筑物功能属性、建造年代及景观现状可划为五个部分（图 3），其中，高收入的高层住宅区/CBD、高层写字楼、武警医院公共空间景观质量最好；职工宿舍类老旧中层小区作为济南市社区更新重点改造项目，公共空间景观质量一般；而低收入弱势群体所处的棚户区几乎没有公共空间及绿地景观，景观质量极差。

1.3　存在问题分析

由于姚家庄片区内部残存棚户区及老旧社区较多，人口老龄化率较高，目前尚存一些问题：①片区内部道路破损狭窄且停车设施缺乏，步行体验感较差；②公共空间分散、空间品质较低、基础设施不足，居民活动缺乏场地；③市政设施杂乱，残旧建筑未得到修缮休整，在一定程度上影响社区容貌，管理混乱；④绿色空间数量不足、质量不高，生态服务与人群需求不符，居民生态健康没有保障；⑤片区紧邻文化属性极强的公共建筑，但缺乏引进利用，配套服务设施也相对匮乏，片区产业价值不明晰。

1.4　社区更新需求

良好的景观空间是社区更新的重要基础，基于上述分析可得，姚家庄片区的社区更新需求首先应当是对市政

空间分异
S·高层住宅/CBD
A·高层写字楼
B/C·老旧中层小区
D·棚户区
E·农贸市场/绿地
A
B
C 建筑密度中 景观质量良
D 建筑密度高 景观质量差
E
场地周边：
多为新建高层住宅及商业综合体
环境分析：
1.基础设施完善，交通设施便利，生活环境优越
2.植物景观层次丰富，生活环境舒适宜人
3.景观风貌整洁，辨识度高
4.业态丰富，就业机会较多
场地西南部：
包括高层写字楼及医院
环境分析：
1.基础设施较为丰富，停车区域富足，交通便利
2.植物景观较为丰富，办公及疗养环境较适宜
3.高层写字楼办公区景观风貌较好
4.高素质就业人群集中，白领居多
场地中西部：
多为20世纪80年代多层建筑，内有改造示范老旧小区，整体状况一般
环境分析：
1.道路系统不完善，有少量分布的环卫设施
2.景观绿化比较单一，以大叶女贞为主，景观风貌比较单一
3.多为职工家属楼，居住人群以退休老年人为主
场地西北部：
棚户区，以2—4层老旧建筑以及个人加建的彩钢板夹层为主，建筑质量差，整体景观质量杂乱、无序
环境分析：
1.道路路面严重老化，地面积水严重，严重缺乏环卫、市政等基础设施
2.植物景观缺乏，休闲设施匮乏
3.人口密度极高，人群构成单一，以外来务工的中青年男性为主
场地东部：
其中北部为农贸市场空地，南部为荒废绿地，有较大的景观提升潜力
环境分析：
1.农贸市场前广场存在大面积的空置场地，可为居民活动提供场地，但现状质量较差
2.农贸市场可为当地居民提供一定的就业机会
3.绿地缺乏管理，杂草丛生，植物现状生长质量较差

图 3　姚家庄片区内部分异情况

设施、老旧楼宇、公共空间、植物景观等物质环境进行更新，同时考虑不同区域人群的景观使用公平，适当对周边区域进行更新利用。随着博物馆、美术馆两馆服务与片区的融合，逐步更新片区业态，文商旅配套服务与居民休闲活动成为社区综合更新的目标需求。

2　景观更新要素

2.1　更新空间识别

社区更新首要的是对现有用地空间进行梳理规整，

评估现状，识别各类用地及更新空间，为下一步社区更新提供基础[12]。为了实现景观空间格局公平，在识别更新空间对象时，应重点考虑未完全开发利用的、潜在价值高的剩余空间，以提升区域价值、满足人群需求、低投入高效益为目标要求[13]。

由于本研究地区主要解决景观资源最少的棚户区低收入人群的景观空间需求矛盾，为了确保景观更新的可行性和易实施性，应优先考虑基地内可利用的公共空间，如废弃空间、残破建筑、低利用区域、基础设施缺乏区域、环境效益差的区域等；同时在既有空间难以再分配的情况下探索建成区内具有更新潜力的空间进行挖掘重塑，结合其地理位置、功能属性及居民需求、更新意愿等，利用场地工作日与休息日或节假日的功能转换，提高空间的使用效率，进而补充完善社区公共空间的绿地生态、景观要素、公共设施，间接实现优化公共空间景观资源的分配公平。

2.2 更新主体构成

社区公共空间更新的主体构成是过程公平中的重要因素。通常社区更新过程中有政府部门、投资开发商、当地居民三类主要更新主体。根据更新主体的不同，社区更新的路径可分为“自上而下”“自下而上”以及不同阶层协商合作的“上下并行”三种方式[14,15]。

姚家庄片区由于毗邻博物馆、美术馆、万象城等重要商业文化用地，因而在使用属性上可以考虑作为文化附属用地引进艺术家、设计师等更新主体，对整体风貌进行一定的把控，形成设计师试验、政府主导、艺术家管控、投资商开发、居民督建参与“上下并行”的更新模式，保证不同主体平等地享有使用和更新社区公共空间的权利，实现景观更新的绩效可持续。

2.3 更新方法选取

景观介入是社区更新的重要方式，面对片区公共空间不足、功能单一、潜能未开发、不宜大改动等问题，考虑景观使用公平性，基于短期临时性改造与长期演替性更新，灵活性高、参与性强的更新方法更有利于片区的景观更新[16-17]。因此针对研究片区，提出剩余空间激活、功能叠加再生、补偿绿地补给、临时景观置入四类更新方法。

2.3.1 空间潜能未开发——剩余空间激活

由于建造年代久远，片区内存在众多建筑老化、部分公共空间使用率低、基础设施品质低下等问题。对于紧凑的老旧社区，应当挖掘利用率低的闲置废弃空间更新潜能，结合现有环境及居民需求，激活其空间活力。如V型居民楼入口空间、老旧自行车房、楼间绿地、废弃绿地等，同时将缺乏清晰界定的消极空间打造成为社区共享的公共活动空间。

2.3.2 空间功能单一——功能叠加再生

对于公共空间稀少的老旧片区，公共空间的功能叠加复合是有效提高空间使用率的途径。针对低利用率、功能单一的街道、楼间绿地、停车场等，通过分时利用、功能植入、属性更新等方式提高其使用弹性。尝试置换片区内独立用地的功能，如对混乱嘈杂的菜市场进行规划梳理，利用其潮汐属性对剩余时间的场地进行活动置入，结合傍晚、周末向公众开放，延展服务时间，扩充服务人群，更新服务业态，增加使用功能，促进单一固有资源的集聚分配。

2.3.3 公共空间不足——补偿绿地补给

由于棚户区大多是自主无序的建造，导致现有公共空间完全缺失，因而考虑政府强制介入，对部分破旧废弃建筑进行拆除更新，进而对该区域进行补偿绿地的补给，在短期内快速弥补该区域的景观缺失问题。同时对大型垃圾场、废弃厂房等进行绿地改造，补充片区生态空间。

2.3.4 空间不适宜改动——临时景观置入

在可改造空间有限的情况下，对于无法通过空间扩张来解决的场地，可以通过低成本、可持续的临时性景观介入方式进行试验，快速参与社区景观更新，满足居民活动需求，提升景观更新的高效性和可持续性。例如，政府联合投资商和社区团体等对旧物、废弃物进行改造，制造移动花箱、移动座椅等，让居民参与社区更新的同时，满足公共空间的使用需求。

3 景观公平提升路径

“景观公平”理念在社区更新的融入不仅仅是为了解决社区居民交往活动空间场地的问题，更应该关注社会弱势群体的需求，为更多的居民产生更高的社会价值。因此在景观公平提升路径方面，以物质环境、居民活动、环境生态、业态结构四个维度为抓手，整合社区资源与居民诉求，提出设施公平、活动公平、生态公平、就业公平四个路径对姚家庄片区进行景观公平的整体提升（图4、图5）。

图4 姚家庄片区景观提升示意图

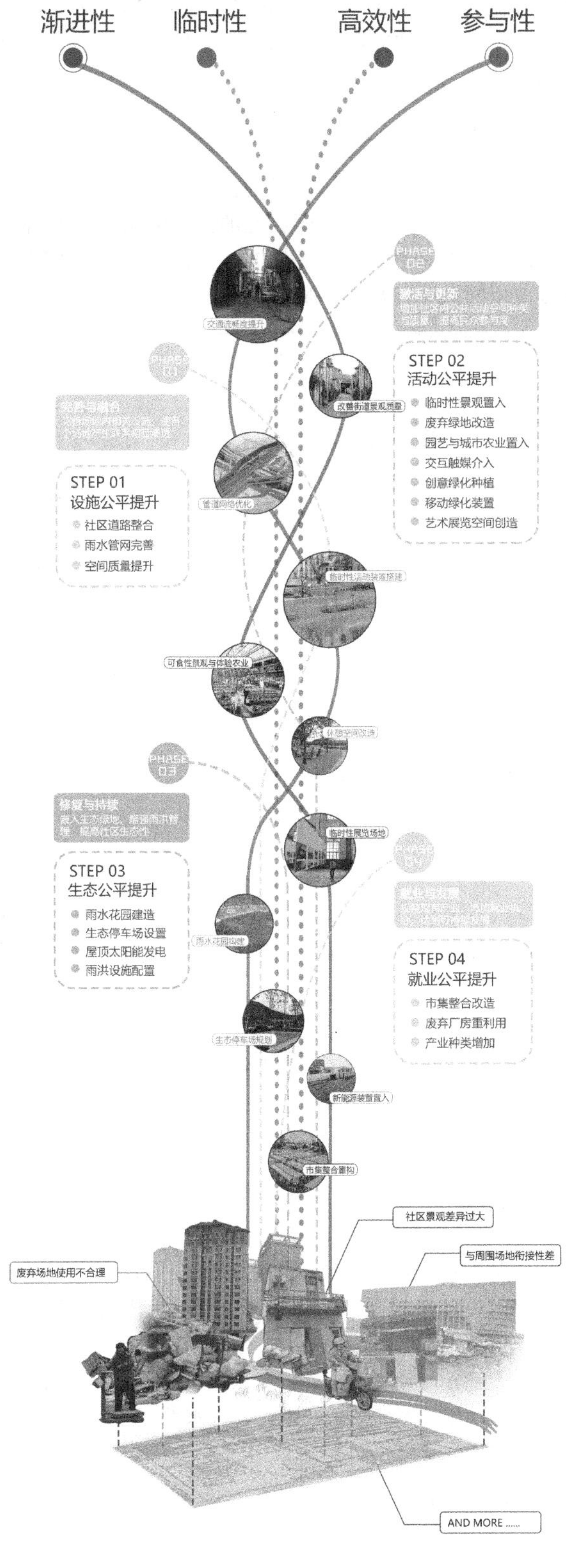

图 5　姚家庄片区社区更新景观提升路径

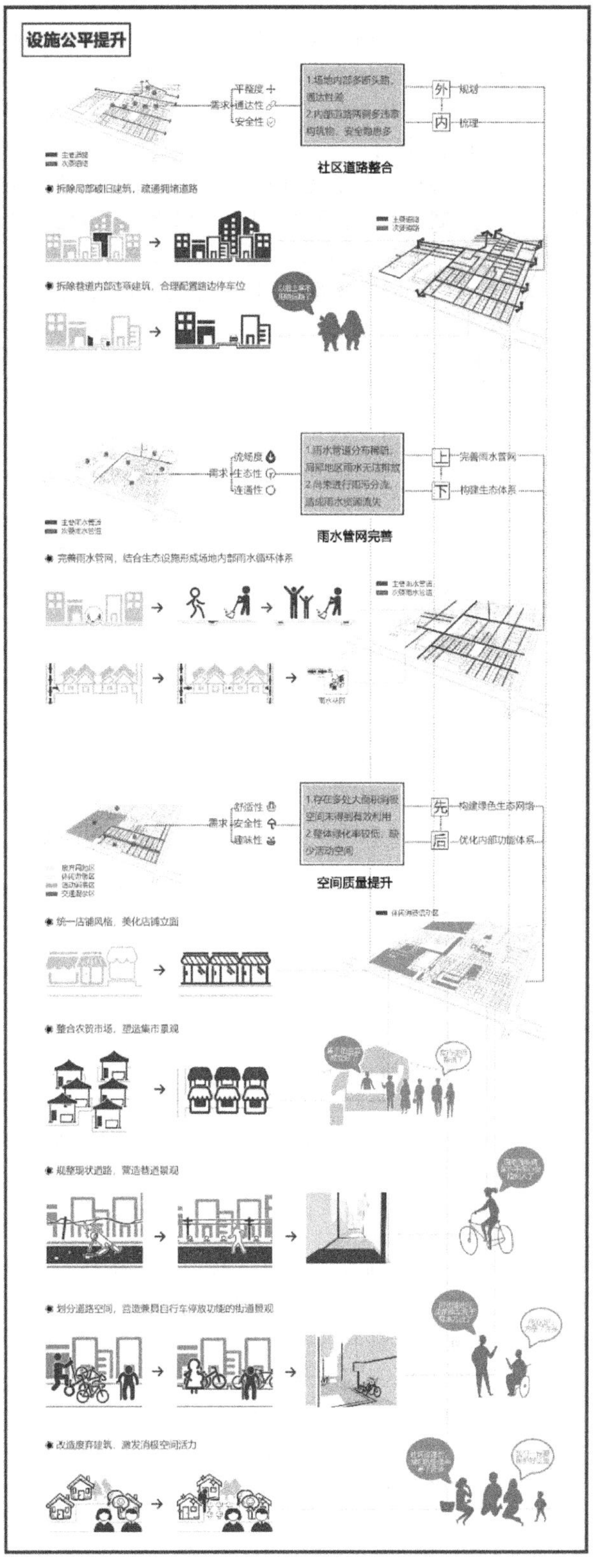

图 6　姚家庄片区设施公平提升策略

3.1　设施公平

针对姚家庄片区整体基础设施，由政府统一规划，整合社区道路，提升空间品质，激活空间活力，形成基础设施优质型社区，实现优化公共空间基础设施资源的分配公平（图 6）。

3.1.1　社区道路整合

根据目前场地内部通达性差、道路两侧多违章构筑物、安全隐患多等问题，拆除局部破旧、违章建筑，提升开放性；疏通拥堵道路，增加慢行绿道，使片区路网与城市道路达成多口衔接；合理配置路边停车位、驻留空间，设立康体健身、口袋公园等活动节点，营造兼具自行车停放功能的街道景观；同时对片区内安全设施进行统筹规划，增设或维护安保亭、安全通道、消防平台等。

3.1.2 空间质量提升

目前场地整体问题是建筑质量良莠不齐、空间异质严重，消极空间较多、空间利用不足，绿化空间不足、缺少活动空间等。针对以上问题，重点从景观美观性、适用性、功能性等方面对片区进行优化改造，结合不同居住人群的实际情况，因地制宜进行提升设计：通过统一店铺风格，美化店铺立面；整合农贸市场，塑造集市景观；规整现状道路，营造巷道景观；改造废弃建筑，激发消极空间活力。

3.2 活动公平

针对姚家庄片区居民的活动公平问题，结合不同居民的实际需求，通过对不同属性的公共空间进行具体改造，形成大小兼备、公私合营的公共活力型社区，实现优化公共空间活动资源的过程公平（图 7）。

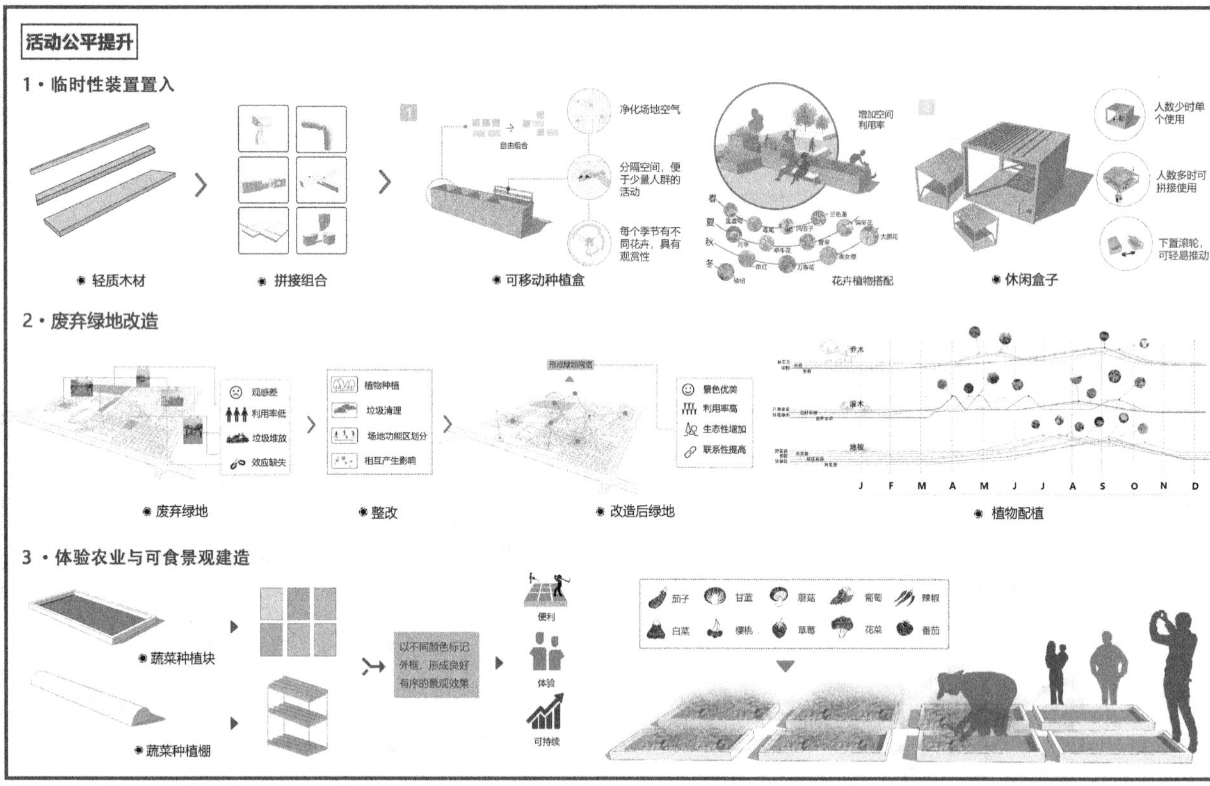

图 7 姚家庄片区活动公平提升策略

3.2.1 大型空间改造

对于大型活动空间，以公共产权的公共开放空间为例，由政府或投资商主导进行废弃绿地改造：对于棚户区内大型垃圾场，改为口袋公园，成为棚户区中心活力点，增加区域活动空间；对于东部菜市场及冷库区域，整体规划内部结构，改造广场区域，引入园艺与城市农业、交互触媒、艺术展览等多属性功能活动，使其成为片区中心活力点，进一步服务周边人群。

3.2.2 小微空间改造

对于片区内零散分布的小微公共空间，如被废弃或者被占用的道路边缘及建筑角隅等空间，由于此类空间不宜进行大规模改造且覆盖区域灵活，因此可以由居民或者第三方组织主导进行低成本、低维护的改造，如临时性景观置入、创意绿化种植、移动绿化装置等。

3.3 生态公平

针对姚家庄片区居民的生态公平问题，在空间格局基本得到满足的基础上，将绿色空间与雨洪设施关联设计，如建造雨水花园，设置生态停车场、屋顶太阳能，构建集水设施，增加场地不透水面积，形成收集与利用于一体的生态设施体系，形成场地内部雨水循环体系，创造生态美好的居住环境（图 8）。

3.4 就业公平

针对姚家庄片区居民的结业公平问题，可以利用片区地理区位优势，整合市场环境，优化内部业态品质；引入具有文化旅游属性的创意产业，利用废弃厂房，塑造吸引因子，创造就业条件；升级市井生活产业，提高片区生活服务质量；完善产业结构，丰富就业岗位，带动周边的社会发展，提升片区经济活力（图 9）。

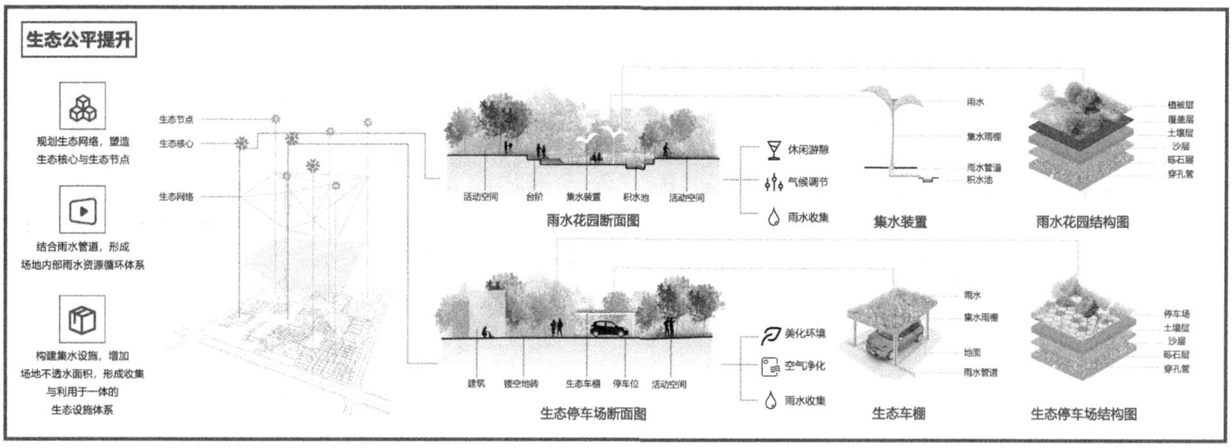

图 8 姚家庄片区生态公平提升策略

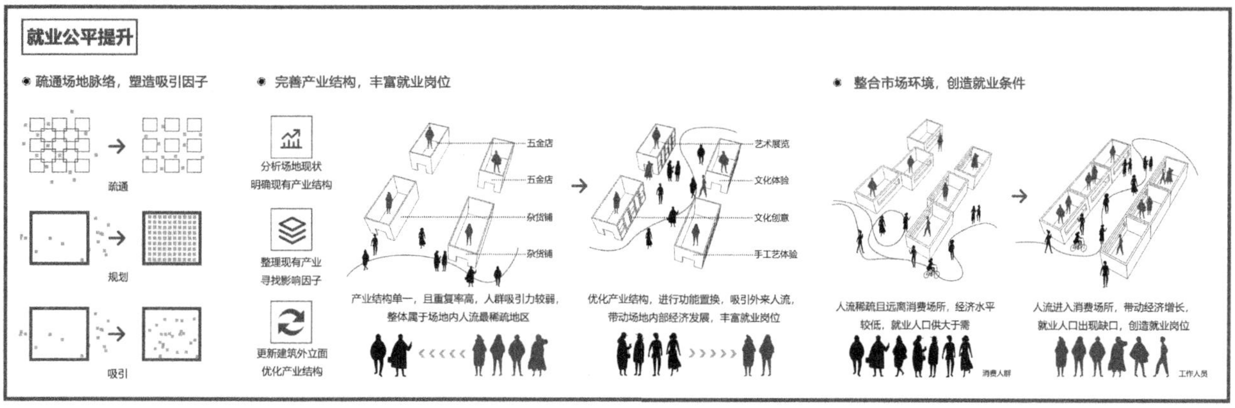

图 9 姚家庄片区就业公平提升策略

4 结语

景观公平作为推进混杂社区公共空间更新不可回避的重要问题，是老旧社区更新的重点和难点。作为社会治理的基本单元，在社区更新的过程中保证其分配公平、过程公平和互动公平有着至关重要的价值，肩负着弥补城市规划上历史性公平不足的问题，因此其机制路径和实施模式都至关重要。但出于思考的局限性、更新实践中未考虑到的种种问题，景观公平策略的社区更新在未来仍需要更多的实践和完善。

参考文献

[1] 单瑞琦．社区微更新视角下的公共空间挖潜——以德国柏林社区菜园的实施为例[J]．上海城市规划，2017，(05)：77-82.

[2] 章迎庆，孟君君．基于“共享”理念的老旧社区公共空间更新策略探究——以上海市贵州西里弄社区为例[J]．城市发展研究，2020，27(08)：89-93.

[3] 杨睿智，郑文慧，张俊，等．社会转型期城市社区冲突治理困境及对策研究——以演替混杂式社区为例[J]．产业与科技论坛，2019，18(22)：221-223.

[4] 王琛，叶林．老旧社区更新中的绿色空间公平问题及对策[C]//中国城市规划学会，重庆市人民政府．活力城乡 美好人居——2019 中国城市规划年会论文集（02 城市更新）2019.

[5] 金云峰，周艳，吴钰宾．上海老旧社区公共空间微更新路径探究[J]．住宅科技，2019，39(06)：58-63.

[6] 陆勇峰．基于空间正义价值导向的上海老旧住区有机更新规划实践[C]//中国城市科学研究会，江苏省住房和城乡建设厅，苏州市人民政府 2018 城市发展与规划论文集[C]. 2018.

[7] 魏方，余孟韩，李怡啸，等．基于战术都市主义的社区公共空间更新研究——一种促进景观公平的实践路径[J]．风景园林，2020，27(09)：102-108.

[8] 王辉．“空间正义”视角下的城市文化景观再生——以沈阳东贸库城市更新设计为例[J]．当代建筑，2021(04)：28-32.

[9] 周兆森，林广思．基于空间与程序途径的城市绿地景观公正研究[C]//中国风景园林学会．中国风景园林学会 2020 年会论文集（下册）. 2020.

[10] 邓代江，杜春兰．空间正义视角下的老旧社区健康景观营造策略探究[C]//中国风景园林学会．中国风景园林学会 2020 年会论文集（下册）. 2020.

[11] 叶郁，李升，艾德·沃尔．景观公正——英国格林威治大学风景园林学院院长艾德·沃尔教授专访[J]．风景园林，2020，27(09)：116-121.

[12] 李贵君．环境正义的视角对景观正义的探索[J]．现代园

艺，2020，43(13)：137-138.

[13] 叶裕民．包容性城中村更新与社区营造[J]．住区，2021(01)：9-10.

[14] 社区更新新趋势："渐进式更新"与"微更新"[J]．中国房地产，2021(01)：78-79.

[15] 顾大治，瞿嘉琳，黄丽敏，等．基于多元共治平台的社区微更新机制优化探索[J]．现代城市研究，2020(02)：2-8.

[16] 陈弓，谢圣祺，王薇．基于共享理念下老旧社区公共空间微更新[J]．工业建筑，2020，50(01)：80-83；90.

[17] 徐宁．效率与公平视野下的城市公共空间格局研究——以瑞士苏黎世市为例[J]．建筑学报，2018(06)：16-22.

作者简介

郭妍馨，1997年生，女，汉族，山西运城人，山东建筑大学硕士在读，研究方向为绿色基础设施及大地景观规划。电子邮箱：645309983@qq.com。

王玥，1998年生，女，汉族，山东烟台人，山东建筑大学硕士在读，研究方向为风景园林与规划设计。电子邮箱：1442114704@qq.com。

肖华斌，1980年生，男，汉族，博士，山东建筑大学建筑城规学院，副教授、硕士生导师，研究方向为地景规划与生态修复。电子邮箱：shanexiao@qq.com。

开放社区视角下回族社区空间更新策略

——以西安洒金桥回坊片区为例

Spatial Renewal Strategy of Hui Community from the Perspective of Open Community

—Take Huifang Area of Sajinqiao in Xi'an for Example

李曼妮

摘　要：传统回坊承载着回民独特的生活方式与丰富的文化内涵，经过长久发展，回坊也成了现代城市景观中重要的一部分。但与此同时，相对封闭的坊内空间与外部城市空间的联系弱化严重影响了回坊的发展。目前针对回族历史文化遗产保护、空间功能、形态变迁等方面的研究已经较为丰富，但对于回族社区居住空间如何适应现代化发展需求的研究还较为薄弱。本文以西安洒金桥回坊片区为研究对象，分析了回族社区空间方面存在的封闭性问题，同时考虑到回民诉求以及现代化发展的更新要求，引入了开放社区的理念。以“共同缔造”为途径，从道路网络体系、公共活动空间、生态居住环境、寺坊治理模式四个方面，对洒金桥回坊片区的空间发展问题提出了探索性的思考。

关键词：城市更新；回族社区；开放社区；共同缔造；更新策略

Abstract: Traditional Huifang carries the unique lifestyle and rich cultural connotation of Hui people. After long-term development, Huifang has also become an important part of modern urban landscape. However, at the same time, the relationship between the relatively closed inner space and the outer urban space is weakened, which seriously affects the development of Huifang. At present, the research on the protection of Hui historical and cultural heritage, spatial function and morphological change has been relatively rich, but the research on how to adapt the living space of Hui community to the needs of modern development is still relatively weak. Taking the Huifang area of sajinqiao in Xi'an as the research object, this paper analyzes the closed problems existing in the space of Hui community. At the same time, considering the demands of Hui people and the renewal requirements of modernization development, the concept of open community is introduced. Taking "joint creation" as the way, this paper puts forward exploratory thoughts on the spatial development of Huifang area of sajinqiao from four aspects: road network system, public activity space, ecological living environment and temple governance mode.

Keywords: Urban Renewal; Hui Community; Open Communities; Joint Creation; Update Strategy

引言

回坊最早可追溯到唐朝蕃客留居中华形成的“蕃坊”[1]，中华人民共和国成立后，由于土地使用权重新分配等原因，人口密度不断增加，居民无序的自建现象也不断加剧，居住空间结构产生了较大改变，回坊传统的院落居住模式延续至今，转变为了拥挤层叠的复杂网格状街巷住区形态[2]。生活在信仰统一、紧凑发展的回族社区中的回民具有较强的社区归属感与依恋感[1]，但城市化的推进使回族传统受到现代发展的冲击，社会属性和空间属性[3]产生了变化，回族社区内的居住环境条件与城市现代居住区的差距也与日俱增，回民的社区归属感下降。近年来，对美好人居环境的需求使得坊内居民对于回坊改造逐渐迫切起来。

民族历史街区蕴含的历史文化价值和资源十分丰富，其民族优势可以带动民族历史街区的复兴[4]。在城市更新进程中，一些回坊商业街在改造后得以注入活力，但同时，回坊内部空间存在的诸多问题对片区的进一步发展存在制约。因此，针对以共同缔造为目标的开放式回族社区空间更新的研究，能够有助于塑造良好的回坊人居环境，提高回民生活满意度，使回坊社区在保留自身民族特质的条件下跟上城市现代化进程。

1　洒金桥回坊片区概况

1.1　基本情况介绍

莲湖区是西安市城市三大中心区之一，而洒金桥回坊片区就位于西安市莲湖区东部的明城墙内，地理区位优越（图 1）。从宗教意义上讲，该片区是西安回坊地理格局——“七寺十三坊”的一部分。洒金桥路北起莲湖路，南至新寺巷，全长 800m，洒金桥路由于其特殊的地理位置，在古代就承担着向皇城内输送物资的功能，保留至今也成了该片区重要的生活性干道。地铁 1 号线经过片区北部，洒金桥站位于洒金桥路入口处，此外，距离洒金桥最近的西安西站仅有 1.6km，周边还有数个汽车站可供长短途出行，交通十分便利。洒金桥片区位于以发展商贸旅游服务业为目标的莲湖路组团中，且处于莲湖区经济发展规划里“两轴、两带、三板块、十组团”空间格局中的优化升级轴上（图 2）。

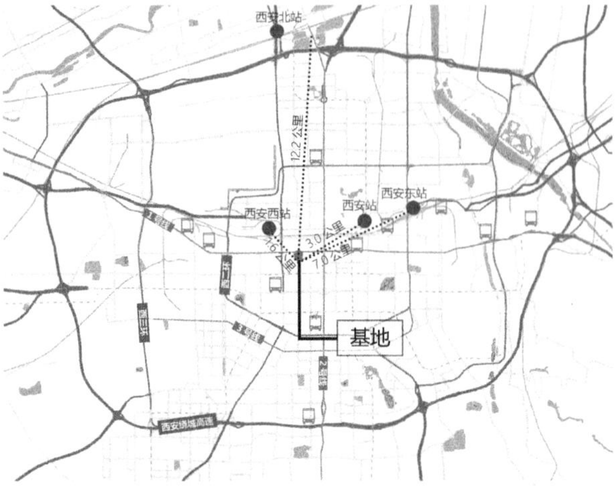

图 1　洒金桥回坊片区地理交通区位图
（图片来源：根据百度地图改绘）

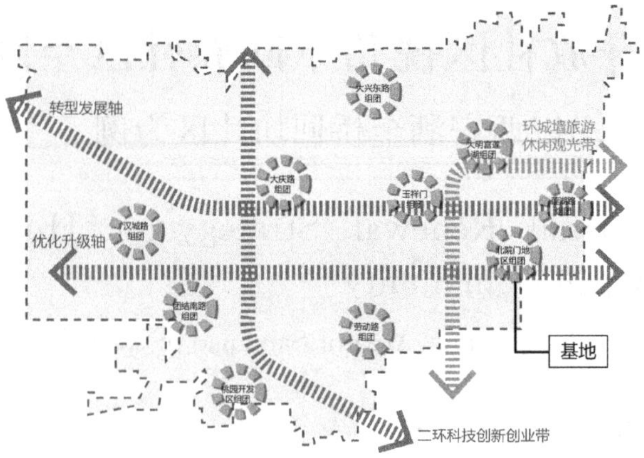

图 2　洒金桥回坊片区经济区位图
（图片来源：根据莲湖区经济发展规划示意图改绘）

1.2　洒金桥回坊片区空间现状问题

通过对洒金桥进行实地调研和回民访谈，发现该片区具有民族文化多元、对外交通方便、教育设施完善、建筑风貌独特、沿街商业空间人气充足等优势，但同时也存在着坊内出行巷道狭窄、内部交通人车混杂、居住环境条件差、自建构筑物无序无组织、开敞空间与休憩设施缺乏、归属感减弱导致的民族文化传承受到影响等问题(图 3)。

街巷空间
内部巷道狭窄，尺寸多为1.1～1.7m，呈复杂网格状结构
堆积杂物、随意停车导致人车通行不便，存在安全隐患
商业主街热闹，但坊内街巷狭长单调、昏暗闭塞导致人气低迷
居住空间
建筑私搭乱建导致传统院落空间不复存在
窗户朝向巷道或天井，但由于巷道狭窄，采光较差
居住建筑密度过大，建筑间距不满足消防要求
由于空间狭小，社区内没有足够绿化，居住品质较差
公共空间
清真寺几乎为唯一的核心公共空间，院落空间被占用
缺少大量点线面型公共空间，街头开敞空间中遍布摊贩
植物较少，绿化分布杂乱无系统
公共服务设施缺乏，不能满足游客及居民的旅游、生活需求
商业空间
沿主要道路两侧底商分布有大量基础业态
餐饮功能为主，经济结构单一，卫生条件也得不到保障
生活秩序和城市形象不佳
餐饮零售占比大，娱乐休闲占比最少
文化空间
回民围寺而居的特点导致清真寺的独特风貌被外围建筑遮挡，无法使其良好的文化氛围渗透人气充足的商业主街
汉文化与现代文化渗透下，回族居民民族认同感与归属感受到冲击，文化传承有一定影响
缺乏面向游客的回族多元文化展示中心，民族特色的表现不够丰富，如同城市景观中一块蒙尘的宝石

图 3　洒金桥回坊片区空间问题分析及现状图

大多数问题产生的根本原因是中华人民共和国成立后回坊原有居住空间结构的大幅变化，而后期回族社区更新过程缓慢又受到回民素质教育问题、房屋产权问题、回民安置问题、忽视坊内人居环境建设等多方面的影响，随着经济社会的不断发展、制度的不断完善、回民素质的不断提高，更新过程也在不断加快。在此基础上，笔者在考虑回族社区未来与现代城市融合发展的现实情况以及回民的生活需求的背景下，做出了整体、系统的更新策略思考。

2 对回族社区开放式建设的理解

2.1 开放式回族社区研究内涵

封闭住区强调封闭性和自完整性[5]，而开放社区周围没有界限隔离，在空间上与城市相互联系，在功能上与城市有机整合，是城市空间与功能的有机组成部分。开放社区的本质特征是融合共享，拥有适宜的尺度、便捷的交通、共享的设施、丰富的活动、交融的文化，可以体现出居住环境与城市的共生性[6]。针对回坊片区中由于封闭性与密集性导致的诸多问题，就此引入开放社区理念来进行思考。

2016年2月21日，中共中央国务院出台的《关于进一步加强城市规划建设管理工作的若干意见》中提出“已经建成的小区和单位大院要求逐步打开”。但由于回坊存在特殊性，在回坊社区更新时需要考虑其与现代社区在社会属性和空间属性[3]上的差异（表1），并根据回民的行为特点和实际需求，提升回坊人居环境品质，实现回族居民的社会尊重、自我参与和价值重塑。

现代社区与回坊社区在社会属性、空间属性上的差异一览表　　表1

	差异	现代社区	回坊社区
社会属性	人口构成	汉族为主	回族为主
	生活习俗	饮食自由、春节等	饮食禁忌、礼拜等
	文化内核	唯物主义思想	伊斯兰教
	信息技术	信息、设备、学习能力强	信息较为封闭
	社会关系获得感	社会关系淡薄，依靠业缘	强，依靠血缘、地缘、宗族
	公共参与	丰富：活动多元	单一：宗教活动
空间属性	政策关注	高	较少
	用地功能	功能分区明确	功能布局混杂
	空间格局	形式多样	围寺而居
	配套设施	完善	缺乏
	居住空间	密度低，环境好	密度高，环境差
	活动空间及设施	多元：社区广场、游园、会所等	单一：清真寺

2.2 共同缔造目标下洒金桥回坊片区开放式更新价值与可行性

共同缔造包含“共谋、共建、共管、共评、共享”五大机制，是一种参与式规划，强调以公众参与为核心，居民、政府、规划师与其他社会力量等多元利益主体共同推进美好环境与和谐社会建设[7-8]。改革开放后，回民本身积累了一定的自组织建设经验[2]，开放式回坊社区共同缔造是指以回民参与为核心，从回民关心的居住环境、服务设施等需求出发，让其在共谋中赢得尊重、在共建中得到参与、在共管中形成责任、在共评共享中获得归属，营造具有实用性和民族特性的回坊社区空间以及具有认同感的社区文化氛围[9]，实现美好环境与和谐社会共同建设。

西安回坊“围寺而居”“依坊而市”的空间形态发展至今，依然保持着一定的生机和魅力。洒金桥回坊片区从空间肌理上看[10]，基本延续了以街道围合的方格网状街巷系统，且与外部城市空间并没有生硬的界限隔离，有利于开放社区的实施（图4）；从功能上来看，回坊除了居住、宗教功能外，其独特的民族文化也成了城市旅游经济的重要组成部分。虽然回坊存在建筑密度过高、公共空间不足、配套设施不足等问题[11]，但回坊的居住形式尤其是回坊外部空间，一定程度上与开放社区安全性、私密性及领域感的要求相吻合，因此对于回坊来说，开放社区理念引入存在可行性。

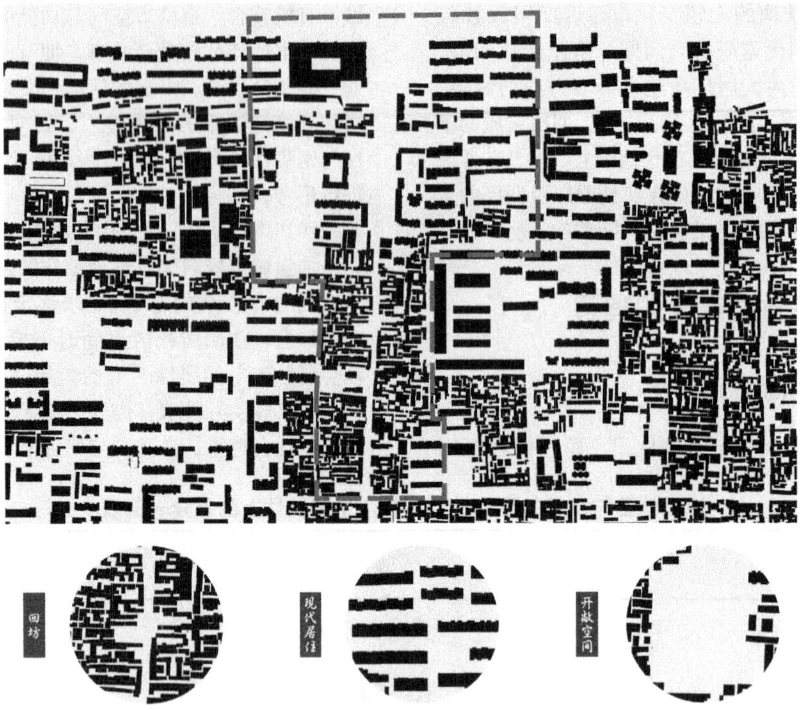

图 4　洒金桥回坊片区空间肌理图

3　洒金桥回坊片区空间更新策略

3.1　建立开放舒适的道路网络体系

舒适通畅的街道空间尺度是保障回民出行和参与活动的前提（图 5）。按照开放社区标准拓宽主要巷道，延续古都古城的营建格局，与周边地块形成开放的方格网状路网系统结构，将密集的回坊划分为多个以清真寺为核心的开放小街区，配备一定数量的机动车停车位与固定的非机动车停车区域。拆除部分居民自组织更新过程中修建的建筑，恢复传统的、私密的院落空间结构[11]，构建步行环线加以联系。同时，通过标志性引导设计等措施增强片区道路的导向性。

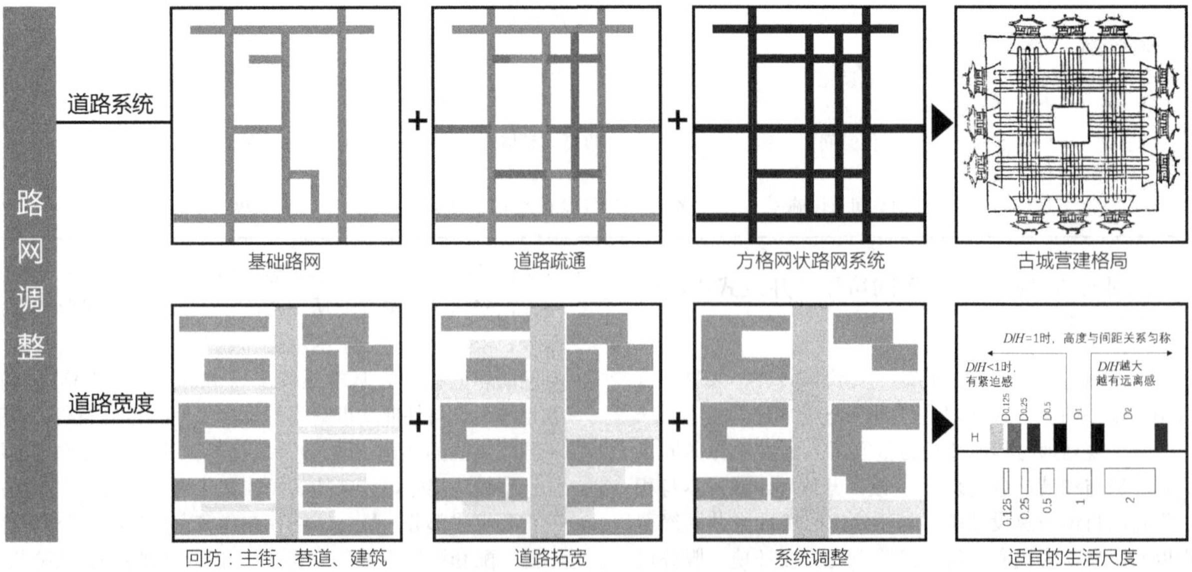

图 5　开放舒适的道路网络体系构建图

3.2 创造整体系统的公共活动空间

在进行回坊社区公共空间设计时，与社区周边环境进行有机联系，共同建构一个系统的公共活动空间体系。此外，基于回民多元的活动需求，建立共享的公共设施体系网络[11]（表 2），打造满足全年龄段人群的活动场所（图 6），通过交通网络进行联系。可将部分沿街、出入口位置的建筑结合回族特点改造为供技艺传承、知识学习、参观体验的公共活动空间，这一改造可以吸收回族剩余劳动力、打破单一经济结构、帮助回民进行文化传承，以实现其自我价值，也能让更多人有机会体验回族文化。

酒金桥回坊片区公共活动空间配置表 **表 2**

空间形态	空间类型	活动类型	相关配置
点	街旁绿地	晒太阳、休憩、聊天、喝茶、驻足	提供适量桌椅、遮阳棚、休闲娱乐设施
	院落空间	晒太阳、休憩、聊天、喝茶、健身	提供适量桌椅、健身器材
	寺前空间	小型宗教活动	提供适量桌椅、遮阳棚
	公建空间	技艺传承、知识学习、参观体验	休闲娱乐设施、展示设施、图书、桌椅
线	街巷空间	游览、通行、驻足	提供适量座椅
面	城市广场、公园	大型活动、舞蹈、临时市场、健身	开敞设置，配置健身器材、休闲娱乐设施，兼顾回族节日大型活动的开展

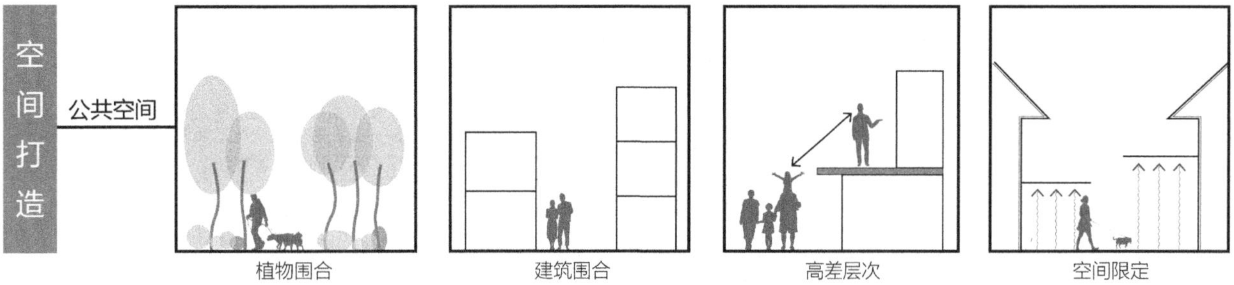

图 6　公共空间构建方式图

3.3 打造绿色共享的生态居住环境

将空间划分为垂直界面空间与水平界面空间两大类[12]，对不同的空间类型采取有针对性的环境改造方式（表 3）。在通过绿化植入改善坊内生态环境的同时，通过分析民族特色元素、挖掘历史文化典故，提取艺术元素进行景观设计，应用于建筑形态修复[4]、牌匾广告牌设计[13]、小品设计、物质空间风格定位、景观塑造、节点空间设计等，共同营造具有特色的民族历史文化氛围，提高回民与游客对片区的识别度。

酒金桥回坊片区不同类型空间环境改造要求汇总表 **表 3**

空间形态	空间类型	空间特点	改造要求
垂直界面空间	建筑边界	建筑墙体形成的边界	协调牌匾、广告牌的风格、色彩、悬挂高度等；统一建筑立面风格，通过砖雕、墙绘等营造民族氛围；尽可能应用垂直绿化
	延伸边界	建筑底商向街道空间的延伸部分	通过延伸出的过渡空间打造富有层次的垂直界面空间形态，同时可增加部分公共活动空间
	其他边界	围合空间的植物、行道树、路灯、夜间灯光带、引导标识系统等	尽量利用植物围合空间；形成连续的行道树景观序列；统一路灯风格、形式和亮度；通过夜间灯光带控制空间私密度、打造不夜城的形象、烘托热闹的气氛、起到引导作用；完善指示牌等
水平界面空间	街旁绿地	街边、转角的开敞空间	见缝插针地在边角空间植入绿化、文化小品等
	院落空间	居住建筑围合形成的开敞空间	以舒适和居民喜好为前提，打造放松惬意的院落环境
	寺前空间	清真寺前的一块空地	以宗教功能为基础，在四周进行绿化设计
	街巷空间	商业街空间和坊内街巷空间	结合点状空间和垂直界面空间打造丰富的线性景观序列；完善地面引导标识
	城市广场、公园	坊外邻近的城市广场和公园	可考虑以民族文化为主题，加入带有民族元素的景观艺术设计

3.4 构建管理高效的寺坊治理模式

完善管理体系[14]，建立回民—寺管会（清真寺民主管理委员会）—规划师—政府等多方交流平台，共同完成社区规划建设治理。在社区空间更新的前期准备阶段建立多方交流平台，充分收集回民改造意愿；在实施阶段，帮助回民理解方案，并再次进行方案优化和公示；在后期管理中，由寺管会组织群众完成后期维护，发现问题及时上报处理。此外，还应对环卫、公服等设施的后期维护细则进行落实，定期进行评估和公示，可适当引入奖励机制，调动回民积极性（图7）。

图7 寺坊治理模式图

4 结语

回坊社区不仅是特殊的历史文化遗产，还是回民日常生活的场所。开放社区理念下对回族社区空间更新进行研究，符合当代社会发展背景，强调了充分听取回民意见、顺应其自身特点与发展规律为前提进行更新。通过建立开放舒适的道路网络体系使回坊从空间上融入现代城市；通过创造整体系统的公共活动空间使回民从行为上融入现代城市；通过打造绿色共享的生态居住环境使回民从心理上融入现代城市；通过构建管理高效的寺坊治理模式使回族从发展上融入现代城市，建立更符合现代生活需求的、开放且有秩序的回族社区，最终实现回坊人居环境良好的愿景。

参考文献

[1] 黄嘉颖．西安鼓楼回族聚居区结构形态变迁研究[D]．广州：华南理工大学，2010.

[2] 崔筱曼．西安明城区回坊地段居住生活空间自组织更新研究[D]．西安：西安建筑科技大学，2017.

[3] 刘西慧．现代化浪潮下南京市少数民族聚居区的演化与特征初探[D]．南京：东南大学，2015.

[4] 徐红罡，万小娟．民族历史街区的保护和旅游发展——以西安回民街为例[J]．北方民族大学学报(哲学社会科学版)，2009(01)：80-85.

[5] 黄雪菲．西安市开放式社区规划建设发展研究初探[D]．西安：西安建筑科技大学，2018.

[6] 亢梦荻．里弄住宅外部空间对开放式住区设计的启示——以天津原英租界为例[C]//中国城市科学研究会，郑州市人民政府，河南省自然资源厅，2019城市发展与规划论文集．2019：1685-1690.

[7] 黄耀福，郎嵬，陈婷婷，等．共同缔造工作坊：参与式社区规划的新模式[J]．规划师，2015，31(10)：38-42.

[8] 孙立，田丽，李俊峙．以共同缔造理念推进乡村振兴建设——以遂宁市印合村为例[J]．小城镇建设，2019，37(06)：70-78.

[9] 李郇，彭惠雯，黄耀福．参与式规划：美好环境与和谐社会共同缔造[J]．城市规划学刊，2018(01)：24-30.

[10] 王西西．城市纹理断裂区的缝合[D]．天津：天津大学，2012.

[11] 李健彪．民族历史街区保护的意义和价值——以西安"回坊"改造为例[J]．城市问题，2010(05)：30-35.

[12] 杨宜同．归属感视角下西安北院门历史街区公共空间更新策略[D]．西安：西安建筑科技大学，2016.

[13] 杨月姣．西安回民街商铺牌匾文化意蕴管窥[D]．西安：陕西师范大学，2016.

[14] 于海滨．封闭社区与开放社区邻里关系对比研究[D]．宁波：宁波大学，2017.

作者简介

李曼妮，1997年生，女，汉族，四川乐山人，重庆大学硕士在读，研究方向为社区发展与住房规划。电子邮箱：1064887439@qq.com。

文化景观视角下的山地城市梯道活力重塑策略探究

——以重庆市南山黄葛古道为例

Research on the Strategy of Rebuilding the Vitality of Mountain City Terraces from the Perspective of Cultural Landscape

—Taking Huangge Ancient Road in Nanshan, Chongqing as an Example

刘 洋

摘 要： 梯道，作为复杂地形上衍生的特色空间，是山地城市慢行网络及活动场所的重要组成，更是历史记忆及文化内涵的物质载体。在建设健康城市环境、推进城市步行化的背景下，以南山黄葛古道为例，挖掘古道文化景观要素，构建空间-行为耦合特征分析框架，剖析梯道步行系统孤立、景观体验单一及文化延伸不足三大问题，从文化景观视角切入，提出从对接游览体系、缝补点线景观及烘托场所氛围三个方面优化梯道空间品质，重塑古道活力，旨在为文化型山地梯道更新激活提供有价值的路径参考。

关键词： 文化景观；山地城市；黄葛古道；梯道空间；活力

Abstract: As a characteristic space derived from complex terrain, stairway is not only an important part of slow traffic network and activity place in mountainous cities, but also a material carrier of historical memory and cultural connotation. Under the background of building a healthy urban environment and promoting urban pedestrian, taking Huangge Ancient Road in Nanshan as an example, this paper excavates the cultural landscape elements of the ancient road, constructs a spatial behavior coupling feature analysis framework, analyzes the three major problems of isolated echelon pedestrian system, single landscape experience and insufficient cultural extension, and puts forward from the perspective of cultural landscape to connect the tourism system The space quality of the stairway is optimized and the vitality of the ancient road is reshaped from three aspects: sewing the spot and line landscape and setting off the atmosphere of the place. The purpose is to provide valuable path reference for the renewal and activation of cultural mountain terraces.

Keywords: GIS Cultural Landscape; Mountain Cities; Huangge Ancient Road; Stairway Space; Vitality

引言

山地城市依山就势，人居环境具有明显的分台聚集和垂直分异特征。为克服地形限制，梯道这一特殊步行形式应运而生。作为竖向步行网络的重要构成，梯道向来是串联堡坎、断崖、缓坡及各类高差空间的交通廊道。城市的发展促使单一梯道演变为兼具交通出行、商业服务、生活娱乐、观光游憩等复合型线性空间，丰富了城市公共空间和特色景观体系。然而，在城市化与机动化进程中，梯道体系逐渐破碎化，而完善的机动交通体系进一步压缩了梯道的交通需求性。步行体系破碎、空间品质衰败及交通功能弱化使得梯道活力严重下降，日渐式微。

梯道是城市公共空间及步行系统中不可或缺的毛细血管。在健康城市环境建设与城市步行化的背景下，梯道空间活力复兴已成为城市步行体系建设的重要议题，亟须探索新时代下的梯道激活策略。重庆市已率先编制《重庆市主城区山城步道专项规划》，对山城步道规划及建设工作进行积极探索。各学者从不同视角对山地梯道展开系统性研究。史靖源从文化景观视野剖析山城步道的构成与特征[1]；徐苗针对老年人需求建立研究框架，总结出山地城市阶梯步道的适老性设计要素及其设计原则[2]；肖洪央解析了重庆渝中半岛山城步道线性文化景观，并提出保护和构建城市线性文化的一般方法[3]。本文以文化底蕴深厚的黄葛古道为例，从文化景观视角切入，剖析古道的空间一行为耦合特征，并针对梯道现存问题，提出空间品质提升和梯道活力重塑策略。

1 黄葛古道的文化景观要素

1.1 文化景观的概念

“文化景观”是遗产保护学、历史地理学、风景园林学、城乡规划等领域研究的重点内容，美国地理学家索尔(Sauer)首次明确定义了文化景观，即“附加在自然景观上的人类活动形态”[4]。换言之，文化景观，就是关于人类在地表活动而创造的景观事物，是人工活动干预地表自然的景观表征[1]。本文研究的黄葛古道，是在山地城市中经过长期性人工改造而形成的交通类线性文化景观，具有明显的地域特征及文化特色。

1.2 黄葛古道背景概况

黄葛古道位于重庆南山风景区，是有“巴渝第一古道”之称的山林型梯道，区位优势明显，生态资源优越，文化底蕴深厚。古道总长 2.3km，东西走向呈“Y”形，西起上新街和江山里，东止黄桷垭老街。古道相对高差约 220m，路面铺设条石，文化资源密集，是串联南山景点、山上山下的交通骨架（图 1）。古道始于唐朝、盛于明清，是“古西南丝绸之路”的重要干道。纵观其八百年历史，因川黔商贾而兴盛，却自 20 世纪因城市现代化而衰败没落。

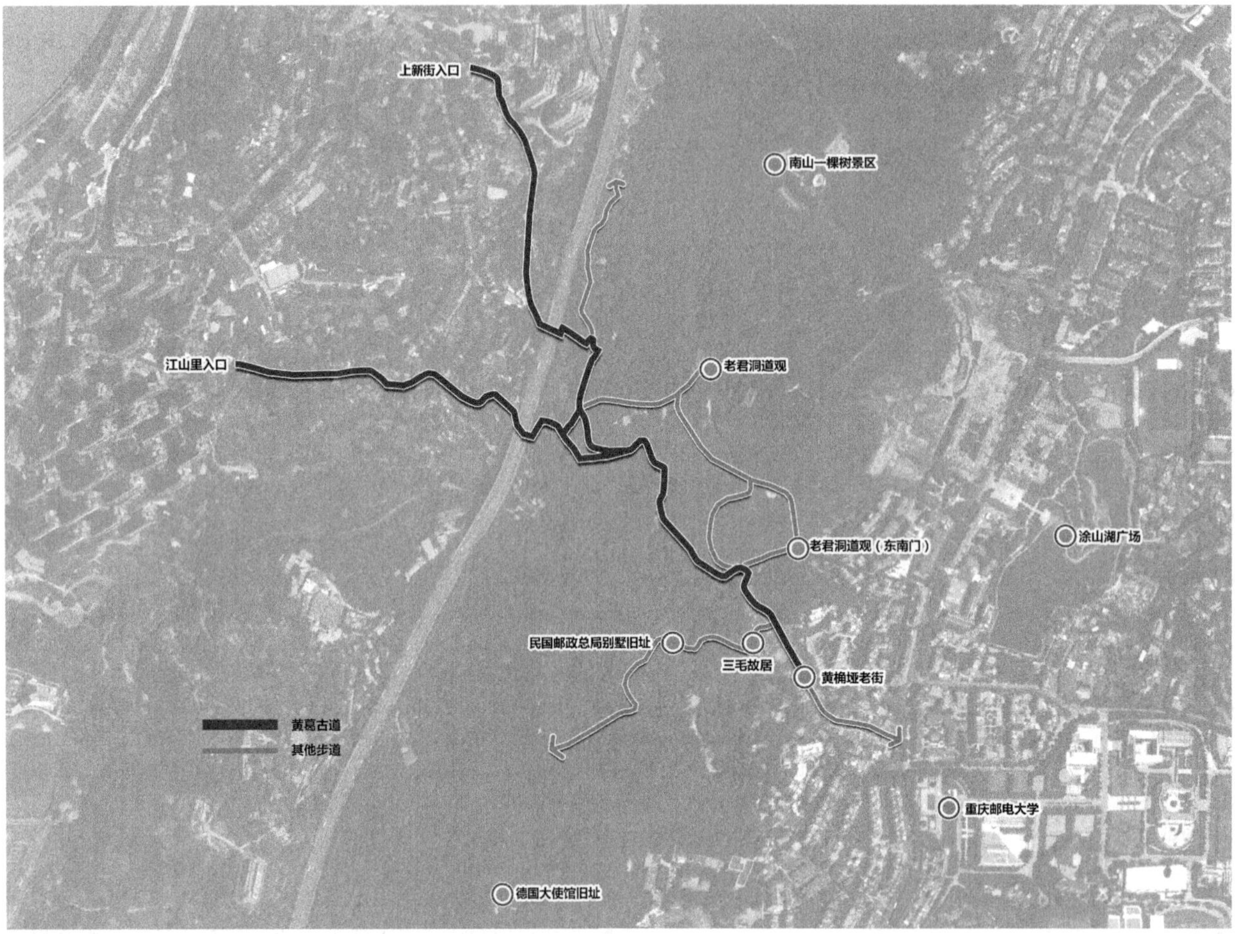

图 1　黄葛古道路线图

1.3　黄葛古道的文化景观要素

文化景观是物质与精神的统一，物质是精神的空间载体，精神是物质的文化意涵[1]。文化景观的构成要素，包括物质系统构成要素和价值系统构成要素[5]。

黄葛古道是典型的文化景观型山林梯道。从物质系统构成要素来看，古道包含两侧地形地貌、山林缓坡、古树植被、悬崖堡坎等自然要素，以及条石铺地、梯道、古遗址、摩崖石刻、木质栏杆、栈道、观景亭、驿站、雕塑、儿童乐园、景观装置等人工景观要素（图 2）。从价值系统构成要素来看，古道是历史文化和产业文化的集合载体，可细分为马帮文化、驿站文化及抗战文化，现古道的转型赋予其更多元化的文化内涵。黄葛古道的文化景观是精神与物质合一的有机整体，其物质系统和价值系统有着密不可分的内在联系。

自然要素
人工景观要素
山林缓坡
梯道、木质栏杆、驿站、雕塑、文物遗址
古树植被
雕塑、景观装置、条石铺地、木质栏杆
悬崖堡坎
儿童乐园

图 2　黄葛古道物质要素

2 黄葛古道的空间及行为特征

物质空间源于人类需求指导下的人工活动，同时物质空间的固有特征又反作用于引导人群行为，人群行为与物质空间相互作用，耦合成总体和谐、各具特色的文化景观。

根据黄葛古道环境特征及周边功能，将古道划分为城市荒野段、马帮遗址段、山居老街段（图 3），并深入剖析古道各段的空间特征及行为特征。

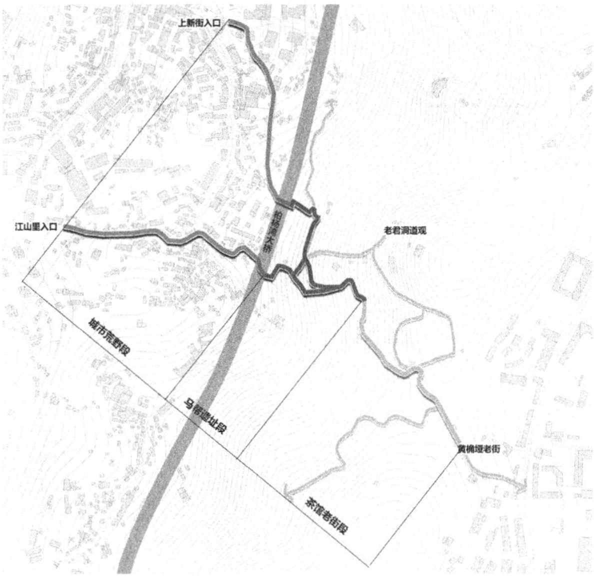

图 3 黄葛古分段示意图

2.1 城市荒野段

2.1.1 空间特征

城市荒野段是城市与南山的过渡段，长约 1000m，步道由连续梯道石阶组成。荒野段地势陡峭，两侧为陡坡和堡坎，荒地山坡上覆盖黄葛树与香樟树等，地被遍布蕨类植物，自然要素层次杂乱，较少有高大乔木荫蔽梯道。梯道在陡峭地形上起伏，两侧围挡竖立，周边为施工工地或荒野废墟，空间尺度狭长压抑（图 4）。荒野段建筑废墟与自然荒野给人以荒凉逼仄之感，加之停驻设施缺乏，步道连续性弱，空间品质极低，人群活力较弱。

2.1.2 行为特征

当户外空间的质量不理想时，就只能发生必要性活动[6]。荒野段具有毗邻城市的区位优势及逼仄荒凉的空间特征，故此段仅有零星活动发生，且人群以必要性穿越及通行活动为主。

2.2 马帮遗址段

2.2.1 空间特征

马帮遗址段是黄葛古道文化景观代表路段，长约 750m，其文化特色最集中，空间特征最凸显。五尺道遗址、无字摩崖、古树、饮马槽等遗址均集中于此。遗址段深处南山林地植被层次丰富，遍布黄葛、梧桐、刺桐、香樟、马尾松、肾蕨、百合等植物。植被浓密，遮天蔽日，山野氛围浓郁。高大乔木构成了尺度适宜的顶界面，地被

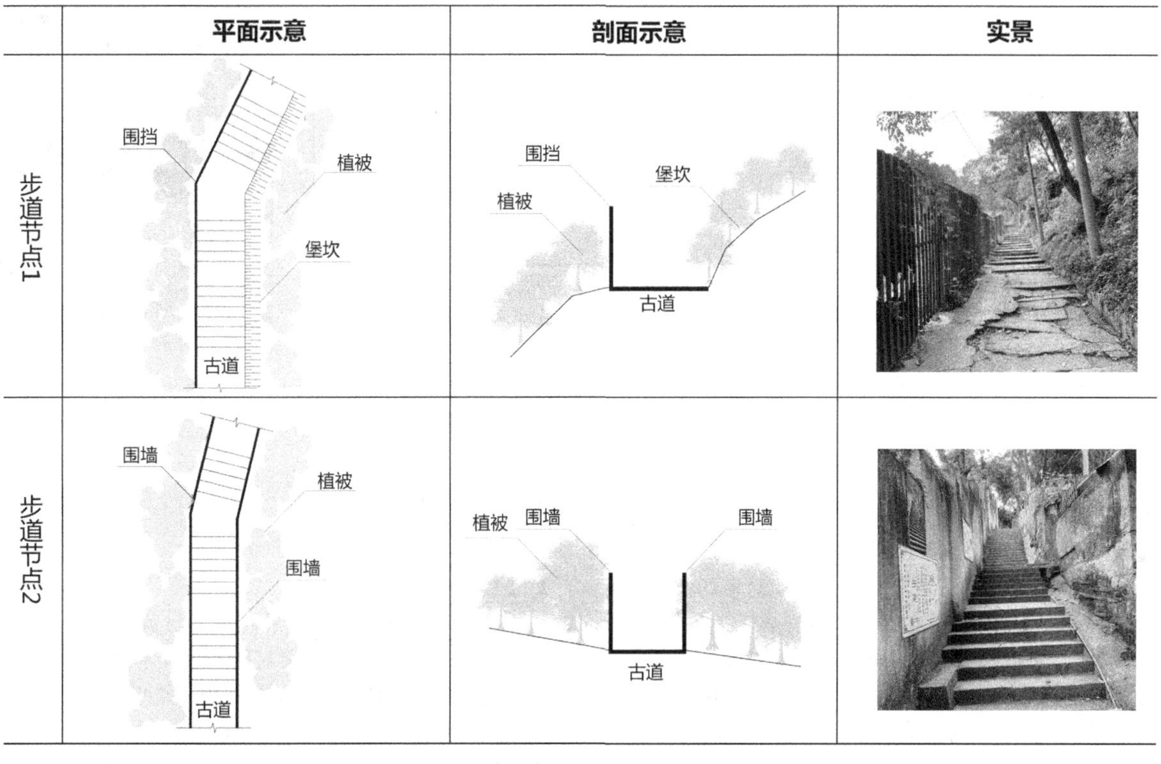

图 4 城市荒野段空间特征示意图

植物丰富了梯道两侧面，空间复合多变，充满山林野趣。相较于荒野段，遗址段梯道开阔无遮挡、曲折有致、张弛有度。零星平坦场地与古道遗址相结合，配置雕像、驿站、栈道、装置、座椅等景观设施，打造出层次多变、主题鲜明的景观节点群（图5）。总体来说，遗址段的趣味性及体验性最为突出。

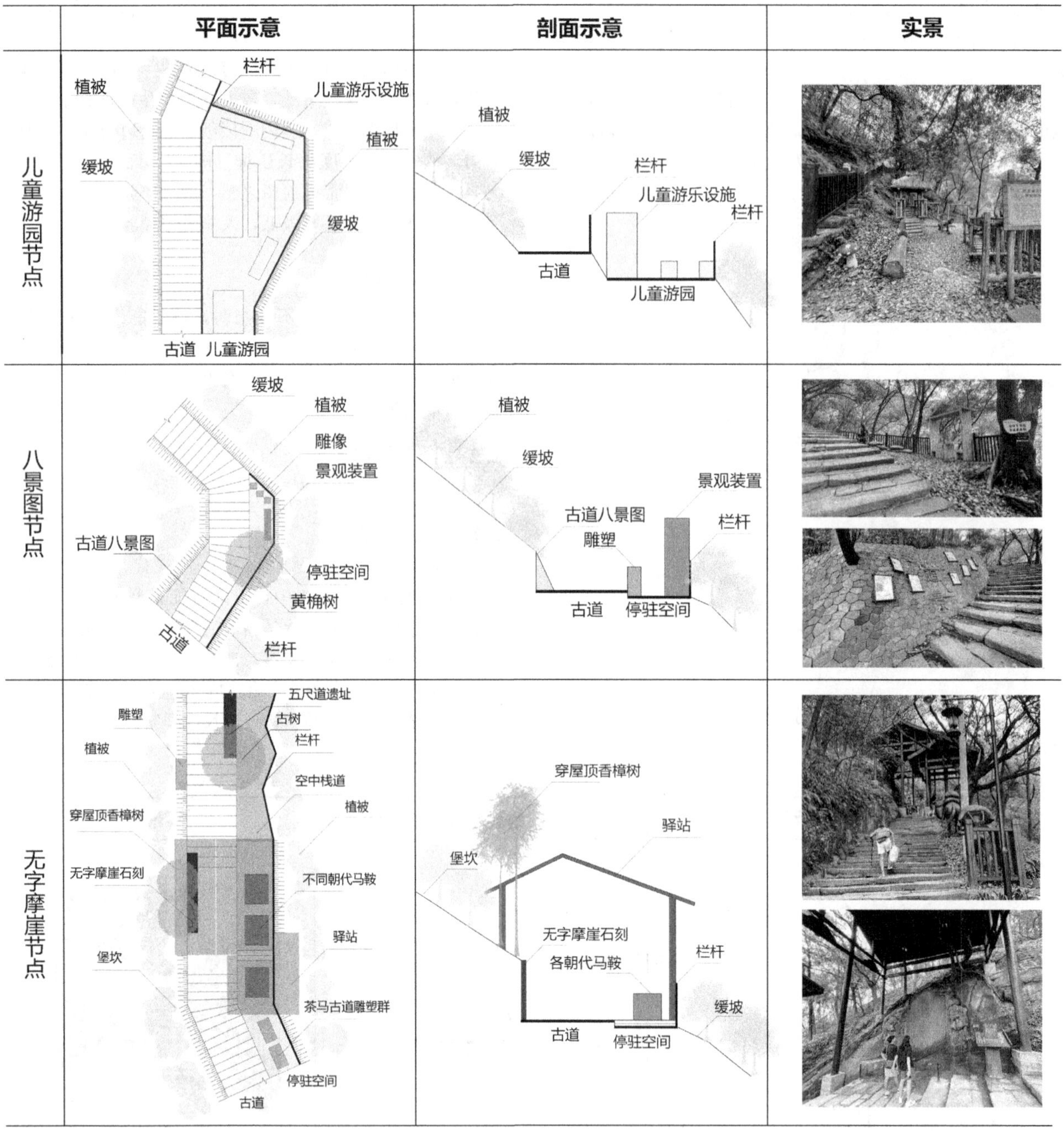

图5　马帮遗址段空间特征示意图

2.2.2　行为特征

遗址段深厚的文化沉淀与丰富的自然层次营造出趣味且独特的文化景观，而复合空间是人群活动的空间基础与催化剂。高大树群给人的亲切感与安全感，步道景观给人新鲜感与趣味感，两者共同诱发人群自发性活动与社会性活动的产生。自发性活动包括登山、散步、游览、观景、驻足、摄影、休憩、饮食等；社会性活动包括儿童游戏、交谈、闲聊等。

2.3　茶馆老街段

2.3.1　空间特征

茶馆老街段位于古道最高处，与黄桷垭老街入口相接，总长500m。老街段乘高居险、乔木高耸，有极佳的景观视野。由于地形平坦又毗邻南山繁华街区，老街段散布零星建筑群，部分已废弃或施工改造中，其余置换为茶馆、餐饮及棋牌等休闲服务功能。梯道与建筑结合紧密，走线紧贴建筑布局，蜿蜒曲折，收放自如。公共活动空间开阔平坦，大多已改造为露天茶馆，布置临时顶棚或座椅。虽然缺乏趣味性景观节点，但老街段空间开敞、尺度适宜，为人群提供更舒适的活动场所。同时，其服务功能更为凸显，使之成为古道的休闲服务驿站（图 6）。

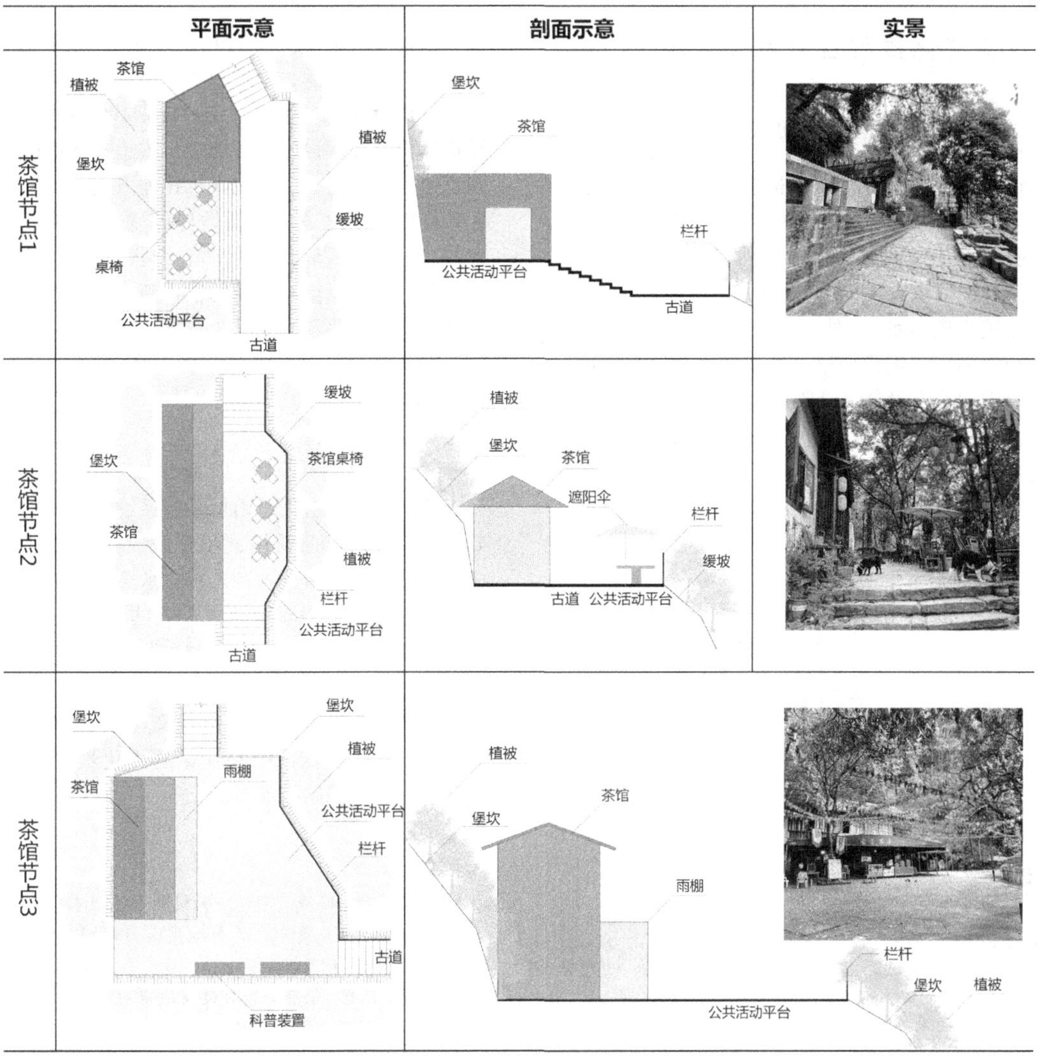

图 6　茶馆老街址段空间特征示意图

2.3.2　行为特征

茶馆老街段的人群活动集中在建筑及开敞空间，舒适的山林景观、开阔的活动空间以及完善的休闲服务为社会性活动创造了有利基础，并使其成为古道的服务集中地与人群活力点。人群在茶馆老街段登山、散步、休憩、驻足、饮茶等，并进行聚会、聊天、棋牌娱乐等社会性活动。

3　黄葛古道现存问题

3.1　梯道系统孤立，入口衔接较弱

黄葛古道毗邻城市，背靠南山，但古道与城市道路及南山游览步道的联系较弱，缺乏统一规划。其入口较为偏僻，加之缺乏入口空间设计及标识引导，可识别性和便捷性较差。此外，古道被城市道路割裂，梯道连续性存在一定程度的断裂。古道的系统性、连续性及便捷性的缺失，极大影响了游人的游览体验，严重制约古道活力。

3.2　节点零散不均，游赏体验单一

黄葛古道的景观序列是由线性空间和节点空间共同构成。然而，古道景观节点集中在马帮遗址段，其余路段节点缺乏组织设计，景观视觉单一。一方面，黄葛古道节点零散、分布不均，导致整体景观序列杂乱、零碎、疏密混乱；另一方面，杂乱的景观序列极大地弱化了游客游赏体验的连续性与趣味性，直接削弱了其对潜在活力人群的吸引力。

3.3　文化缺乏延伸，主题拓展不足

在文化氛围营造方面，黄葛古道仅依托遗址打造停驻节点，未充分发挥文化优势进行延伸设计，山地文化景观的特色塑造尚不明显。古道出入口节点、城市荒野段及茶馆老街段的文化氛围与马帮遗址段有明显脱节。在主

题打造方面，古道与黄桷垭老街作为首尾相接的南山地标群，未进行统一规划，环境差异较大，主题尚不统一，不利于有效发扬古道精神文化价值及打造景观集群。

4 黄葛古道文化景观活力重塑策略

4.1 对接南山游览体系，关联城市功能服务

黄葛古道是连接城市与南山的重要通道。因此，应采取“外延内接”的策略，全面贯通南山游览体系及城市服务架构。“内接”即缝补步行断点，增加交汇口节点设计，打通与老君洞、文峰塔、一棵树等景点的步行廊道，进一步融入南山游览步道体系。“外延”即向外拓展对接城市公共空间及交通网络，形成四通八达的步行体系。同时，加强古道入口空间节点设计，设置指引标识，提高古道的可识别性与便捷性，使之成为城市慢行和景观系统的重要组成架构，大幅提升梯道使用率与活力度（图 7）。

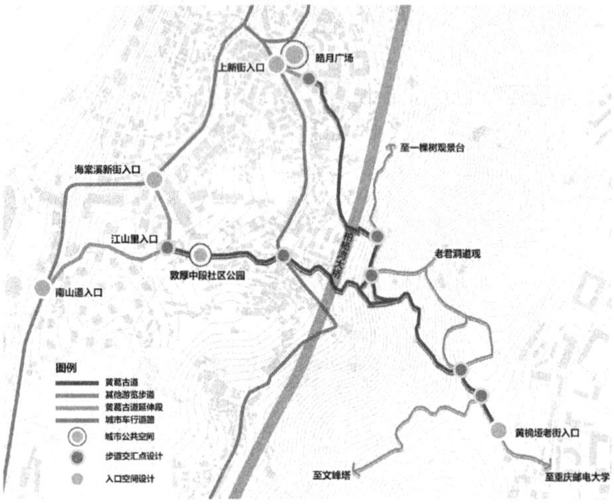

图 7 “外延内接”策略示意

4.2 缝补点线复合空间，置入多元游赏体验

作为承载地方特色与文化特征的线性文化景观，黄葛古道需要把自然山林、历史文化与城市人文组织起来，形成集自然、历史、人文于一体的复合型景观空间，打造新时代地域文化景观。基于此，提出优化景观品质、丰富游赏体验两大策略。

一是缝补点线空间、重构景观序列。包括根据古道不同路段的空间及活动特征，对梯道空间及两侧开敞空间进行统一优化。合理划分古道特色路段，有序布置景观主次节点，重构错落有致、张弛有度的景观序列。

二是置入多元设施、丰富游赏体验。重点打造主要节点空间，基于各路段自然、人文和历史特色侧重点，置入观景台、亭台廊道、艺术装置、雕像、灯光互动装置等多元化设施，凸显梯道特色，丰富游赏体验，营造互动性强、体验性佳的线性文化景观空间。

4.3 烘托古道场所氛围，联动老街打造品牌

八百年历史沉淀是黄葛古道优势资源，应深挖其历史沿革、文化内涵、遗迹故事等内在特色。以此为原则，优化古道沿线建筑风貌，统一规划梯道铺装、景观小品、导视标识及配套设施等，使之与古道文化底蕴相融合。共同营造古道特色文化景观，烘托地方文化氛围。此外，抓住黄桷垭老街这一重庆新地标的发展机遇，发挥一衣带水的双倍优势，联合打造“老街古道”的新场景、新品牌，共同讲述老街与古道的古今新故事，探索山城特色线形文化景观新路径。

5 结语

在城市发展历程中，山地城市梯道虽因机动交通发展而式微，但梯道仍是山地步行系统的重要组成，更是承载城市人文内涵的线性文化景观。梯道空间活力重塑已成为城市更新的重要议题。本文从文化景观视角出发，整合黄葛古道文化景观要素，并在古道空间与行为特征的基础上挖掘发展痛点，提出对接游览体系、缝补点线景观及烘托场所氛围三个方面的活力营造策略，在复兴梯道活力的同时，发扬其作为山城文化景观的地域特征与空间特色，旨在为城市中碎片化的文化景观型梯道更新激活提供有价值的路径参考。

参考文献

[1] 史靖塬，史耀华．文化景观视野下的山城步道构成与特征解析——以重庆渝中半岛山城步道为例[J]．中国园林，2017(09)：120-123.
[2] 徐苗，陈瑞，孙锟，等．健康城市视角下的山地城市阶梯步道适老性及其设计要素研究——以重庆山城步道为例[J]．上海城市规划，2017(03)：6-16.
[3] 肖洪未，李和平．城市文化资源的整体保护——城市线性文化景观的解析与保护研究[J]．中国园林，2016(11)：99-102.
[4] 单霁翔．走进文化景观遗产的世界[M]．天津：天津大学出版社，2010.
[5] 李和平，肖竞．我国文化景观的类型及其构成要素分析[J]．中国园林，2009(02)：90-94.
[6] 扬·盖尔．交往与空间[M]．北京：中国建筑工业出版社，2002.

作者简介

刘洋，1996 年生，女，汉族，重庆人，重庆大学硕士在读，研究方向为城市设计、步行城市。电子邮箱：1225163806@qq.com。

包容性设计理念下的城市公园适老化更新策略研究
——以武汉市洪山公园为例

Research on the Adaptable Renewal Strategy of Urban Parks under the Inclusive Design Concept
—Take Hongshan Park in Wuhan as an example

彭 茜 汪 民*

摘 要：积极应对社会老龄化，使老年人获得美好的生活体验，已成为实现我国社会高质量发展的重要内容之一。包容性设计理念强调以人为核心，尽可能地降低环境给使用者带来的不便，通过加大对不同类型人群的包容程度，使城市公共设施易于大众接近和使用。本文选取武汉市洪山公园进行实地调研，通过对公园环境与老年人游憩行为特征进行分析，提出公园适老化更新策略，旨在提高城市公园的建设对老年群体的包容程度，促进实现社会环境的公平性，以期对城市公园更新研究进行有益探索。
关键词：包容性设计；适老化；城市公园；更新

Abstract: Actively responding to the aging of society and enabling the elderly to have a better life experience has become one of the important contents of realizing the high-quality development of our society. The inclusive design concept emphasizes that people are the core and minimize the inconvenience caused by the environment to users. By increasing the tolerance for different types of people, urban public facilities can be easily accessed and used by the public. This paper selects Hongshan Park in Wuhan City to conduct field research. Through the analysis of the park environment and the elderly's recreational behavior characteristics, this paper proposes an aging update strategy for the park. In order to make useful explorations on the research of urban park renewal.
Keywords: Inclusive Design; Age-appropriate; Urban Parks; Renewal

引言

根据中国第七次人口普查结果，全国 60 岁及以上人口占比达 18.7%，65 岁及以上比重达到 13.5%。我国人口老龄化日益凸显，公园中老年人群的比例也越来越高，公园现有环境条件难以完全满足老年人日常活动的需要，主要问题表现为大多数公园在最初设计时缺乏从老年人需求进行规划。根据相关研究，我国 60 岁以上老年群体中，70%存在心理问题，严重影响了老年人的身心健康。而城市公园是老年人使用频率较高的地方，所以在公园环境里面，构建适宜老年人群健康的研究是社会当前的迫切需求。对城市公共设施进行包容性设计，能够有效提高老年人的日常生活多样性，提升人际交往，促进老年人的身心健康；能够在包容的环境中资源共享，获得他们需要的各种服务。

1 包容性设计的定义

包容性设计起源于英国，是对 20 世纪 60 年代以来各种设计实践和理念的整合，它试图将设计和社会需求联系起来，以应对老龄化、残疾和社会公平等问题。包容性设计是指个体不受年龄和能力状况的影响，都易于使用和接受产品与环境，或通过与使用者共同努力来消除社会、技术、政治和经济过程中所产生的障碍的一种基础建设和设计方法。包容性设计不需要适应和特别设计，就能使产品和服务满足尽可能多的用户需求。与包容性设计相关的其他专业术语包括通用设计和无障碍设计，这三者服务人群差异如表 1 所示。无障碍设计关注特殊人群的特殊需求，通用设计与包容性设计关注多样化人群的多样性需求，但是通用设计被看作是一个很难真正实现的“崇高目标”，而包容性设计则被看作一个可以不断完善的过程。因此，包容性设计是应对社会老龄化的一种有效方法。

包容性设计、通用设计、无障碍设计服务人群差异 表 1

	包容性设计	通用设计	无障碍设计
服务人群	设计的产品和环境尽可能多地满足用户的需求	创造的产品和环境适用于各类人群	残疾人、老年人、孕妇、儿童等特殊群体的需求

2 老年人行为特征与需求

2.1 老年人生理特征与需求

随着年龄的增长，身体逐渐衰老，老人身体机能、感知能力、思辨能力等各方面都会退化，如许多老人易出现步履蹒跚、身体稳定性差、体力不支等情况，这些生理变化让他们更易遭受周边环境潜在危险的影响。因此他们会对生活环境有特殊的要求以面对生理上产生的一些变化，主要表现为对安全无障碍环境、声环境、空间舒适性、便捷可达性等方面的特殊需求。

2.2 老年人心理特征与需求

老年人不止生理上会衰老，心理上也逐渐出现衰老特征。同时由于退休等因素，生活从繁忙逐渐悠闲，甚至很多老年人会产生空虚的感觉，这使他们在心理上也发生了一系列的改变：社交能力下降、易依赖家人的陪伴、易自卑、情绪敏感等，严重影响老年人心理健康。老年人这些心理变化，使得他们加强了对邻里感、归属感、安全感、舒适感等方面的需求。

3 包容性理念下的城市公园更新策略研究——洪山公园

3.1 研究地概况及问题分析

洪山公园位于湖北省武汉市武昌区，始建于20世纪50年代，是武汉市市级开放式综合性公园，占地9.97hm^2。洪山公园历史建成环境相对悠久，为研究适宜老年人的公园环境提供了良好的基础。公园周边有大片居民小区，可以容纳四季不断的人流；北靠洪山，是闹中取静的宝地。

这里每天都会有大量的老年人相约活动，早晨、夜晚是广场舞人的聚集地，午后则是牌友棋友的遮荫地。笔者在对洪山公园进行调研中发现，洪山公园现存主要问题为：①公园场地过于强调其美化作用，而导致活动场地面积狭小，场地拥挤（图1）；②公园内活动场地类型缺乏，老人以交通空间作为羽毛球运动场地，安全性不高（图2）；③公园中活动设施供应不足，老人活动健身常以树木或其他设施作为体育器材（图3）；④公园现有公共健身设施易用性较差、安全性较低，且不能满足老年人活动多样化的需求（图4）；⑤公园中休憩类设施布局不合理，常需自带座椅（图5）。

图1 场地拥挤

图2 打羽毛球

图3 利用围栏或树木健身

图4 健身活动

图5 自带座椅

3.2 公园老年人游憩行为特征分析

3.2.1 公园老年人游憩行为密度分析

洪山公园的老年人游憩行为密度分析如图6～图8所示，分别为上午、下午和晚上不同时间段的空间分布。由于该公园面积较小，且依附山体，因此其核密度分析在公园较为平坦的树阵广场附近出现波峰，老年人游憩行为活动的聚集停滞现象有明显的取向，随着道路结构的延伸逐渐分散。

上午晨练的高峰时段，老年人主要聚集在树阵广场和临近的硬质广场，进行广场舞、交际舞等活动。此外，在小面积硬质铺装场地也有一定数量的老年人，主要进行小团体活动，如打太极、踢毽子等。洪山公园硬质广场

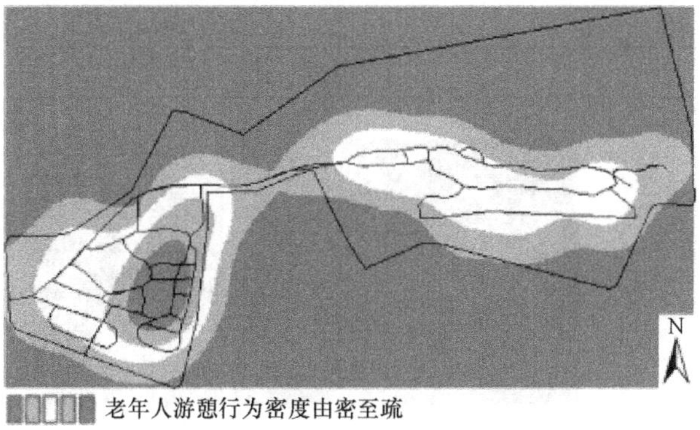

图 6　上午行为密度分析图

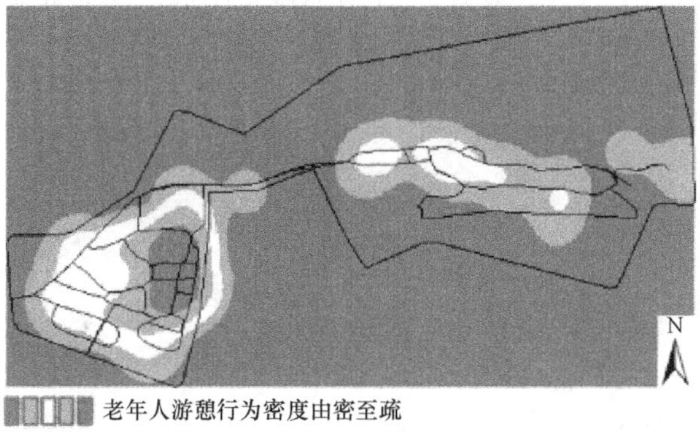

图 7　下午行为密度分析图

较少，使得亭廊及林下开敞空间都有老年人活动。午后时间段，老年人游憩分布空间与上午不同，老年人群主要聚集在树阵广场及亭廊等遮荫地，活动以打牌、下棋为主，这些地方相较于其他区域更为阴凉，更受老年人的喜欢。晚间灯光较暗，给老年人的安全感不足，因此在小路和山上活动的老年人较少，老年人主要集中在入口广场及其他开敞铺装场地，进行广场舞等大规模活动。同时亦有一定数量的老年人绕着公园园路进行循环散步。

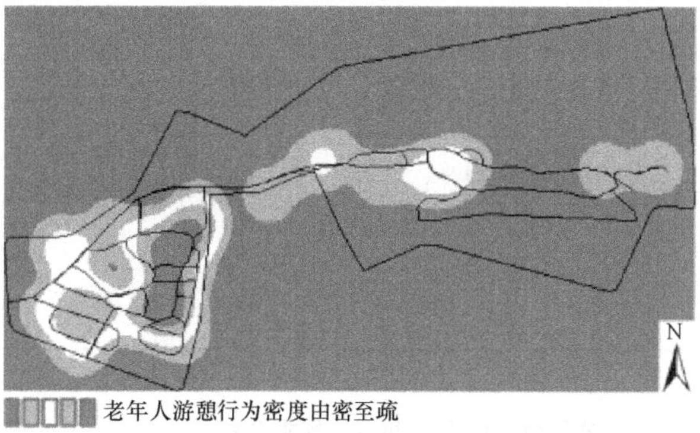

图 8　晚上行为密度分析图

3.2.2　公园老年人行为与环境因素分析

笔者运用行为观察法对老年人游憩行为进行调研，采用猫眼象限微信小程序对老年人活动进行记录。老年人的游憩行为活动类型丰富多样，如广场舞、吹奏乐器、健身、打扑克等，他们主要在开敞空间、半开敞空间和私密空间进行活动。不同类型的空间具有不同的景观环境，老年人的游憩行为亦会有所不同（表 2）。老年人在各类空间进行活动时，会出现需求与环境现状不匹配的现象，例如，在老年人进行棋牌类活动时，大多数老年人都是自带桌椅，同时会引发一定规模的老年人进行围观，且只能站在旁边观看，所以在对场地进行规划时，应该多方面观察老年人行为，关注他们的需求。在对整个公园进行规划设计时，应当根据老年人需求对场地进行适当的景观改造，增加一些让老年人具有参与感的景观设施，增强空间活力。

不同空间类型中老年人行为与环境关系简表　　表 2

空间类型	主要活动类型	环境影响因素	典型照片
开敞空间	广场舞、交谊舞、地面书法、带小孩、散步等	大面积硬质铺装广场，空间开阔，路面平整；缺少座椅等休憩设施	 
半开敞空间	棋牌、太极拳、交流聊天、拍照、乐器等	有一定的硬质铺装场地；拥有景观亭、长廊等景观元素，缺乏座椅等休憩设施	 

续表

空间类型	主要活动类型	环境影响因素	典型照片
私密空间	个人健身、聊天、乐器、静坐、观景、太极拳等	安静的私密空间；有硬质铺装场地；高大乔木与灌木营造植物空间	

3.2.3 公园中老年人游憩行为需求分析

笔者对在洪山公园中进行游憩活动的老年人进行随机访谈。根据访谈结果，受访老年人中不少人认为活动空间硬质面积过小，多种活动拥挤在一处，不利于活动的展开；看护小孩的老年人表示公园没有设置儿童活动空间，导致他们在公园停留的时间短暂。在公共设施方面，部分老年人表示座椅数量不够，且大多铺设石材，使用不舒适，他们对上山步道设置休息座椅表现出强烈的需求，少数老年人希望在坡道两边增设扶手。在植物景观方面，受访老年人普遍反映的问题是季相景观不够明显，色彩不丰富，不能满足他们在视觉上的需求。综上所述，老年人认为公园活动空间狭小，公共设施不足，植物配置颜色单一，他们需要适宜的场地进行多种类型的活动且相互之间不发生干扰。此外，老年人需要充足的座椅、丰富的健身器材、完善的无障碍设施等，以满足他们心理和生理上的需求。

3.3 包容性理念下的城市公园适老化更新策略研究

(1) 多元空间结构式适老化设计策略。老年人群由于生理上的退化，运动精力有限，活动范围跨度不宜过大，可将适宜老年人群活动的空间设置在离主入口较近的地方。将游憩活动空间进行分级，形成开敞—半开敞—私密的过渡关系，形成层次分明的空间结构，让老年群体可以根据自身需求选择不同规模和开放程度的空间进行活动。注重活动空间设计，为老年人提供高质量休闲空间，延长老年群体在户外的活动时长，丰富老年人活动类型（图9）。增加不同游憩目的的老年群体在公园中活动的兼容可带来人群活动的融合碰撞，提升公园空间活力。同时考虑照看孙辈的老年人，将儿童活动空间与老年人休憩空间规划在一起，方便老年人在休息聊天的同时照看嬉戏玩乐的孙辈（图10）。老幼共享在很大程度上满足了老年人的心理需求。

图9 丰富的活动空间（图片来源：网络）

图10 老幼共享空间（图片来源：网络）

(2) 公共设施无障碍式适老化设计策略。增加公园中座椅数量，以木制等隔热材料制成的带扶手座椅对老年人的迎合度更高。合理设置公园座椅间隔距离，满足老年人生理需求（图11）。提供多种座椅选择，引导参与公众活动等措施，可以有效满足老年人自主独立的需求。增加公园健身器材的多样性且符合老年人的生理特征，以促进老年人参与更多的活动。同时在未来可以设置语音和视频讲解，教导老年人如何正确使用器材才是于自身有益的，提高安全性。增加无障碍设施的使用，公园中的坡道应该防滑并且坡度缓和，且在有坡道的地方设置扶手，保障老年人的安全通行等（图12）。设置适宜的照明夜

图11 30～50m设置座椅（图片来源：网络）

灯，提高夜间老年人进行活动的安全性，可以将照明设施与公园园路和活动场地相结合。同时可增加一些趣味小品，丰富老年人的精神文化生活。

图 12　双层扶手（图片来源：网络）

（3）景观环境疗愈式适老化设计策略。较高的绿视率有助于缓解焦虑和压力，集中注意力。公园中的绿色空间能够通过改善环境条件、提供生态系统和环境服务功能等方式，促进老年人身心健康（图 13）。将公园中的墙体、裸露的山坡等进行垂直绿化，增加公园景观美化度与绿视率。在增加公园中开敞空间的同时，避免炎热的太阳，保证良好的通风，利用高质量环境促进活动的“自发性”与“社会性”。根据植被季相变化，选择无病虫害、无飞絮、无毒开花的常绿植物以及各类色叶、开花类植物，尽可能实现四季有景（图 14）。也可选择一些芳香类的植物，满足老年人对植物景观在视觉、嗅觉、触觉上的追求。深化植物种植层次，根据不同的空间进行植物的搭配，有利于促进老年人的游憩活动。

图 13　可持续的自然环境（图片来源：网络）

图 14　色彩丰富的植物搭配（图片来源：网络）

（4）小规模渐进式适老化设计策略。公园绿地空间的小规模渐进式更新体现了对老年群体的关怀，熟悉、可理解的规划环境对于老年人群辨别空间方位、获得安全感和空间归属感十分重要，过于激烈的环境要素变化则可能会导致老年人尤其是认知症患者的不适应，从而影响其对空间的认知度。在适老化公园建设中，应当保留老年人活动频繁且集中的场所，根据环境条件对其进行适当的优化。

4　结语

英国罗杰·科尔曼认为：在整个生命周期中，人的能力和需求都在发生变化，包容性设计应在考虑这些变化的基础上，不受年龄或残障不利因素的影响，尽量满足大多数用户对改善产品、服务和环境的需求。包容性设计是为了提高环境对人群的包容程度，促进环境资源的公平性，为不同类型人群提供参与社会生活、享受公共空间环境资源的机会，让人们能够有能力参与并控制环境。在进行城市更新设计时，需要将老年人的需求摆在重要位置，这也是包容性的设计内涵。践行包容性设计就是在为我们的家人、朋友和未来的自己而设计。

参考文献

[1]　郑颖，桑志慧．日常锻炼对干休所 90 岁老年人心理健康和主观幸福感的影响[J]．心理月刊，2021，16(11)：95-96.

[2]　李正阳．基于老年人行为的城市综合公园休闲活动空间包容性设计研究[D]．西安：西安建筑科技大学，2018.

[3]　Keates S．Developing BS7000 Part 6-Guide to Managing Inclusive Design[C]// User-Centered Interaction Paradigms for Universal Access in the Information Society，8th ERCIM Workshop on User Interfaces for All，Vienna，Austria. 2004.

[4]　李青．老龄化社会视角下城市公园设计的对策[J]．职业技术，2015(05)：120-121.

[5]　张文英，冯希亮．包容性设计对老龄化社会公共空间营建的意义[J]．中国园林，2012，28(10)：30-35.

[6]　唐瑜皎．基于住宅区户外小尺度空间的康养花园设计探究——以重庆龙湖颐年公寓康复花园为例[J]．四川农业科技，2021(05)：69-71.

[7]　胡以萍，黄皆明．老龄化社会背景下城市公共设施的包容性设计研究[J]．装饰，2021(02)：103-105.

[8]　李岱珍．包容性视角下街道空间适老化改造策略[J]．城市住宅，2021，28(04)：62-65.

[9]　Carmen，Keijzer D，Cathryn，et al. Green and blue spaces and physical functioning in older adults：Longitudinal analyses of the Whitehall IIstudy[J]. Environment International，2019.

[10]　Shi S L．Important Elements and Features of Neighborhood Landscape for Aging in Place：A Study in Hong Kong[J]. Frontiers in Public Health，2020，8：316.

[11]　陈崇贤，罗玮菁，李海薇，等．居住区景观环境与老年人健康关系研究进展[J]．南方建筑，2021(03)：22-28.

[12]　Coleman R．Inclusive design primer：overv-iew.

作者简介

彭茜，1995 年生，女，汉族，四川南充人，华中农业大学硕士在读，农业部华中地区都市农业重点实验室，研究方向为风景园林规划与设计。电子邮箱：603821017@qq. com。

汪民，1973 年生，男，湖北武汉人，博士，华中农业大学园艺林学学院风景园林系，副教授、硕士生导师，农业部华中地区都市农业重点实验室，副主任。电子邮箱：wangmin009@mail. hzau. edu. cn。

基于社交媒体数据分析的大运河公共空间使用评价研究

——以杭州西湖文化广场为例①

Research on POE of Public Space Based on Analysis of Social Media Data

—Taking Hangzhou West Lake Cultural Plaza as an Example

唐慧超* 孔雨爽 洪 泉

摘 要：以大运河杭州段的西湖文化广场为研究对象，基于社交媒体评论数据，通过文本分析探究广场评价与使用人群特征、评论时间的关系，以及不同人群的关注偏好与评价差异。研究发现：①公共空间的管理服务水平、配套设施维护与运营是影响评价的关键因素；②不同来源地游客的关注偏好差异较大；③游客对于“运河文化”等非物质文化的关注度较低；④西湖文化广场的公众服务质量不断提升。研究建议大运河公共空间提升应重点关注“运河文化”的宣传推广，提升文化旅游吸引力，同时充分考虑居民及游客的不同需求，加强广场的管理与维护，使得大运河公共空间的社会与文化价值相得益彰。将大数据的手段应用于运河沿线公共空间的评价研究，对大运河文化带建设有较高的参考价值。

关键词：大运河；公共空间；大数据；文本分析；使用评价

Abstract: Take West Lake Cultural Plaza in Hangzhou section of the Grand Canal as the research object, based on the social media data. Through Text analysis to explore the relationship between plaza evaluation and user characteristics and review time, as well as the attention preference and evaluation differences of different groups. The study found that: ① The management and service level of public space, the maintenance and operation of supporting facilities are the key factors affecting the evaluation; ② The preference of tourists from different sources varies greatly; ③ The attention to material culture is low; ④ The public service quality of West Lake Cultural Plaza has been continuously improved. It is suggested that the promotion of the public space of the Grand Canal should focus on the promotion of "canal culture", enhance the attraction of cultural tourism, and fully consider the different needs of residents and tourists, strengthen the management and maintenance of the square, and make the public space of the Grand Canal social and cultural value Complement each other. The application of big data in the evaluation of public space along the canal has a high reference value for the construction of the Grand Canal cultural belt.

Keywords: Grand Canal; Public Space; Big Data; Text Analysis; Post Occupancy Evaluation

1 研究背景

2019年2月，中共中央办公厅、国务院办公厅印发了《大运河文化保护传承利用规划纲要》，将大运河文化带建设提升为国家战略。2019年12月，国务院印发《长城、大运河、长征国家文化公园建设方案》，大运河被列入首批国家文化公园试点。京杭大运河流经中国8省27市，当下面临着空间品质优化和整治的突出问题[1]。大运河公共空间品质提升是大运河文化带建设和国家文化公园建设的重要内容。杭州是京杭大运河的南段起始点，西湖文化广场是运河沿线重要的公共空间，同时地处杭州市中心，研究其使用情况，对提升运河沿线两岸的空间品质以及大运河文化带等建设有着重要的现实意义，同时也可以为大运河沿线其他城市区段公共空间的完善与建设提供参考。

目前针对公共空间的评价多使用问卷调查、实地调研等方法，存在样本量小、问题设置主观性过强、调研时间过于集中等问题。随着大数据时代的到来，基于大数据的研究途径为研究公共空间使用评价提供了新的思路。近年来，以大数据作为手段的研究基本集中在利用手机信令数据、卫星定位、社交媒体数据以及具有地理信息位置的照片分析四个方面[2]。其中，社交媒体数据在探究使用者的感知、情绪及行为偏好，城市景观的使用后评价[3-5]、感知[6-7]与吸引力[8]等方面均有所应用。社交媒体数据具有评论样本量大、评论覆盖时间跨度较长的优势。实证研究表明，社交媒体数据与现场调研相比，同样有着可靠的参考价值[9-10]。

本研究基于社交媒体数据的文本分析，对比较长时间跨度内，不同人群对西湖文化广场的使用评价，探究公共空间评价与评价时间、使用人群属性之间的关系，以期为未来大运河沿线公共空间改进提升提供思路。

2 研究对象与研究方法

2.1 西湖文化广场概况

西湖文化广场位于杭州市中心，同时位于京杭大运

① 基金项目：浙江省公益技术研究计划项目“大运河文化带公共空间服务绩效评价与空间优化策略研究——以大运河杭州段为例”（编号LGF19E080015）；浙江省重点研发计划项目“乡村生态景观营造技术研发——浙江省乡村生态景观营造技术研发与推广示范”（编号2019C02023）。

河北岸，是一个集文化、娱乐、科普、展览等多种功能于一体的综合性广场，是大运河杭州段沿线的主要滨水公共空间，占地面积 13.3hm^2。广场主轴呈南北走向，沿轴线布置有文化浮雕、音乐喷泉等，绿地率为 49%，建筑基座由东向西分为科普教育、演艺、商业、展示四大功能体块[11]（图 1）。周边用地类型丰富，以居住用地、商业用地、公共服务用地为主。广场周边现有 3 种公共交通方式：公交车、地铁和水上巴士。

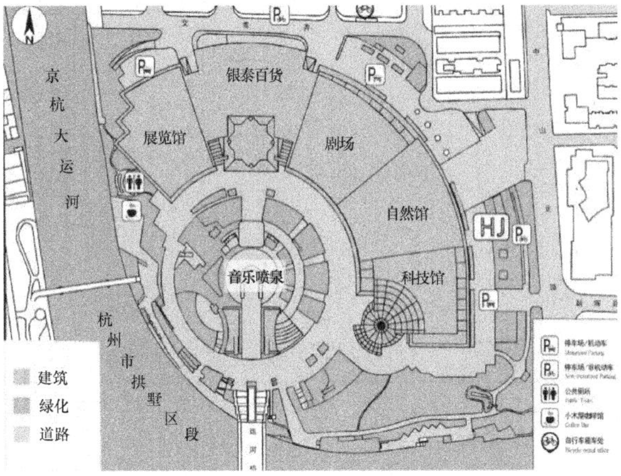

图 1　西湖文化广场平面图

2.2　数据采集与处理

本研究数据采集自“大众点评网”的杭州“周边游”，利用网络爬虫工具爬取西湖文化广场的评价信息，包括用户的性别、所属地域，以及对广场的点评文本内容、评价星级（1～5 星）、评价时间。研究共爬取评论 1347 条，在剔除评论者信息缺失及无效评论后，最终获取有效评论 1119 条，共计 13.1 万字。评论时间跨度为 2013 年 1 月～2020 年 2 月。

研究借助武汉大学开发的 ROST CM6 中的“词频分析”以及“社会网络和语义网络分析”工具对评论文本进行量化处理与分析，获取不同属性使用主体对西湖文化广场的对比评价结果，并探讨评价与使用人群、评价时间之间的关系。通过提取关键词归纳剖析使用者对于西湖文化广场中场地要素、场地活动、场地感受的关注偏好与评价差异。

3　研究结果与分析

3.1　积极与消极评论的关注偏好

在研究时段内，广场评分的年平均星级为 4.6 星，属于较高满意度评价。为探究积极评论、消极评论的关注偏好及影响要素，将评论归类，并进行语义网络分析。

将 4～5 星评论归为积极评论，0～2 星的评论归为消极评论，并对 3 星评论进行主观判读。该广场的积极评论共计 1079 条，占整体评论的 96.3%；消极评论共 18 条，占比为 1.6%。其他评论为中性评论。提取星级评分为 4～5 星的评论文本，进行语义网络分析，得到积极评论高频词汇的共现关系图（图 2），图中节点为高频词汇（黄色节点表示高关注度的高频词汇，蓝色节点表示其他高频词汇，后同），节点间连线表示高频词间的关联。发现游客的积极评论对以下几方面关注度较高：交通便利性、运河、广场内的大型公共建筑（如银泰百货、博物馆等）。可见，该广场因配置有多个博物馆及购物商场而对游客有着较强的吸引力。

另外，由于消极评论数量仅 18 条，故采用主观判读的方法对相关评论进行分析。发现消极评论主要关注 4 个方面：交通便利性、公共服务设施（停车场、电梯、无障碍通道）、夜晚照明、餐饮（表 1）。因广场建成于 2005 年，随着城市人口不断增多，以及人们的日常生活不断丰富，广场管理服务水平与配套设施的运营成为影响使用者对广场评价的关键内容。

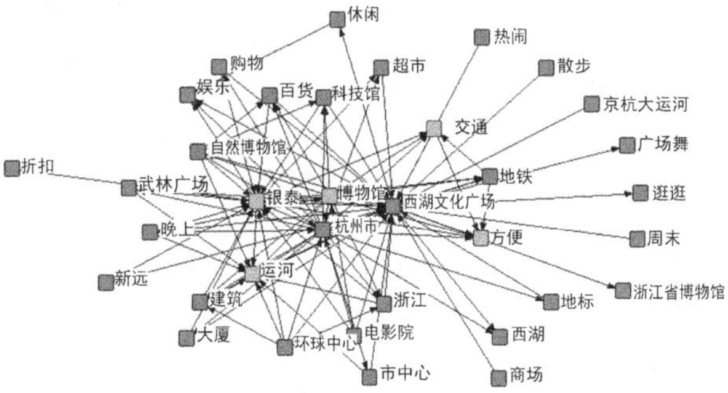

图 2　积极评论高频词汇的共现关系图

西湖文化广场消极评论的代表性评论　　表 1

项目		代表评论
交通便利性		很大，很多的科技馆。要说不好的，打车太难打了(2017 年)
公共服务设施	停车场	停车不方便，车位难找，晚上也黑乎乎的，看不清，从西湖文化广场回家，光出停车场就花了近半个小时，希望这方面可以改进(2019 年)
	电梯	作为杭州市一个有展览的地方，设施真的有点差，可能建筑时间也久了，很多设施都是坏的。但是坏了可以修吧。连手扶电梯都是坏的(2019 年)
	无障碍设施	进入广场只有在博库书城那一头有斜坡而且没有障碍物，可以推车，除此之外都不方便轮椅和婴儿推车进出广场。虽然本意是为了阻止自行车进入广场，但是也没有考虑到残疾人和小孩(2018 年)
夜晚照明		就是一个文化广场，环境很不错，就是晚上没有灯，一个人过去还是挺害怕的(2015 年)
餐饮		银泰百货还有餐饮广场，吃饭也方便，就是周末人比较多，好多吃的店都人满为患，略有不便(2018 年)

3.2　不同属性人群的评价分析

统计点评者的性别和来源地发现，男性点评者 298

人，女性点评者821人，男性、女性点评者的评分均值分别为4.65星、4.63星，评分非常接近；本地游客836人，外地游客283人，二者评分均值分别为4.69星、4.46星，本地游客评分高于外地游客。可见，女性比男性更乐于发表评论，游客的来源地比性别对于评分影响更大。

应用“词频分析”对全部评价文本进行关键词提取解读，通过“过滤词表”统一删除地标性和无意义的词汇，将评价关键词按照场地要素、场地活动、场地感受3个方面进行分类。再对不同性别、不同来源地点评者的相关评价进行统计与分析（表2）。发现不同性别对场地要素中的公共建筑与服务设施关注度差别不大，女性仅对于“银泰”（50.9%）的提及频率明显高于男性（38.6%）；对于景观环境要素，男性（42.3%）对“运河”提及的频率高于女性（36.5%）；对于非物质文化的提及频率整体低于5%，男性对于“运河文化”“西湖文化”“吴越文化”提起的频率均略高于女性。在场地活动方面，女性对于广场上进行的活动，如散步（22.4%）、跳广场舞（13.6%）、健身（9.3%）的关注均高于男性（13.4%、9.1%、7.0%），男性更加关注娱乐、游玩、展览、吃喝玩乐等的活动。对于场地感受，可以用“方便”“漂亮”“热闹”“现代”“繁华”“齐全”来概括。“方便”是二者评论中被提及最多的关键词。另外，女性对“免费”提及的频率（7.2%）高于男性（4.4%），说明女性对消费成本更为关注。

不同属性点评者对于场地评价相关关键词提及的比例　　表2

场地评价内容		关键词	男性评论提及比例（%）	女性评论提及比例（%）	外地游客提及比例（%）	本地游客提及比例（%）
场地要素	公共建筑与服务设施	博物馆	65.1	64.6	80.3	59.3
		银泰	38.6	50.9	39.4	39.7
		电影院	33.9	31.2	14.8	37.6
		科技馆	27.2	24.7	28.5	24.3
		超市	22.8	22.5	16.5	24.6
		环球中心	22.1	14.7	16.5	16.7
		武林门码头	9.4	10.4	10.9	9.8
		博库书城	7.0	8.4	3.9	11.8
		地铁站	3.4	5.5	5.3	4.8
	景观环境	运河	42.3	36.5	32.7	39.8
		灯光秀	9.4	9.7	4.9	11.2
		音乐喷泉	9.4	8.0	5.3	9.4
		夜景	8.1	7.3	7.7	7.4
		环境	5.7	4.4	5.3	4.5
	非物质文化	运河文化	4.7	3.8	3.5	4.2
		西湖文化	4.4	3.8	3.5	4.1
		吴越文化	3.0	2.4	2.5	2.6
场地活动		娱乐	14.8	11.1	13.7	11.5
		购物	14.4	11.1	12.7	11.7
		散步	13.4	22.4	23.6	23.7
		广场舞	9.1	13.6	6.0	14.6
		展览	8.4	6.6	6.3	7.3
		健身	7.0	9.3	8.1	8.8
		吃喝玩乐	7.0	4.9	2.8	6.3
		游玩	5.7	2.7	4.9	3.0
		演出	5.4	4.8	4.9	4.9
		打卡	4.7	5.4	3.2	5.9
		逛街	2.3	5.0	1.8	5.1
场地感受		方便	21.5	25.9	28.5	23.4
		休闲	12.8	6.7	10.9	7.4
		漂亮	12.1	12.1	10.2	12.7
		热闹	6.4	12.3	5.3	12.5
		现代	5.7	3.2	4.2	3.7
		免费	4.4	7.2	5.3	6.8
		繁华	3.4	2.8	2.8	3.0
		齐全	3.0	4.0	1.8	4.4

就不同来源地的点评者而言，对于公共建筑与服务设施，外地游客对博物馆（80.3%）、科技馆（28.5%）的关注高于本地游客（59.3%、24.3%），而本地游客对与日常生活关联更紧密的电影院、超市、书城的偏好更强。景观环境方面，本地游客对运河的关注远高于外地游客，另外，外地游客对“灯光秀”“音乐”的关注度相对较低，因为“灯光秀”“音乐喷泉”主要在重要节日进行表演，有一定时间限制。对于非物质文化的关注，本地游客对“运河文化”“西湖文化”“吴越文化”提起的频率均高于外地游客。在此方面，应丰富对于外地游客的文化宣传方式与内容。在场地活动方面，外地游客对“购物”“娱乐”“休闲”“游玩”有更高关注，而本地游客的出行时间受限相对较少，对日常活动如“广场舞”“健身”“展览”“吃喝玩乐”“打卡”“逛街”提及更多。对于场地感受，“方便”是本地及外地游客都提及最高的关键词，另外，由于本地游客对广场有着更全面的体验，对于“热闹”“齐全”的使用感受比外地游客更强烈。

3.3 使用评价的时间规律

2013年1月～2020年2月，西湖文化广场的网络评价星级整体呈增长趋势，平均打分从2013年的4.15星逐步上升至2020年的4.80星（图3）。选取数据量相对丰富的2014年、2017年、2019年的网络文本进行语义网络分析，进一步探究随着时间的推移人们对广场要素的关注变化情况。

图 3　西湖文化广场评价星级年变化趋势图

2014 年人们评价场地提及最多的要素是“博物馆”“科技馆”“银泰”等场地内的公共建筑与服务设施，购物、观影等主要的休闲活动，除此之外还关注场地的交通可达性（图 4）。2017 年人们开始更多地关注环境要素，如运河、灯光、夜景，以及场地的便利性及公建设施（图 5）。2019 年，人们关注的要素更加多样化，增加了美食、健身、展览等活动（图 6）。通过 3 个年份的对比发现，场地内特有的公共建筑与服务设施一直是人们关注的重点，对于环境要素的关注度日益提高，而场地承载的活动类型也在不断丰富。可见，未来对场地进行改造提升时，应将运河文化传承、场地功能丰富与人们的关注要素相结合，以更有效地推进大运河文化带的建设。

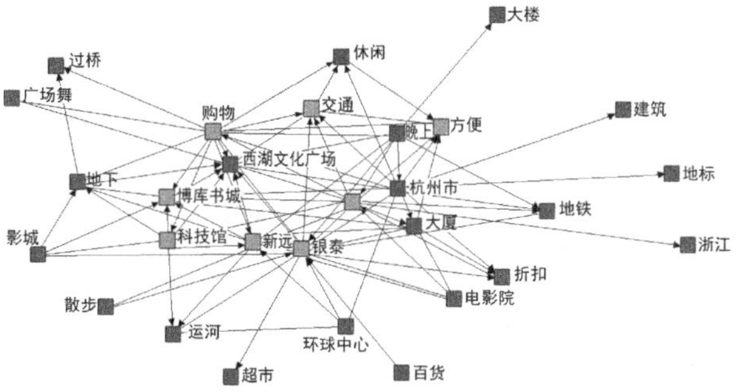

图 4　2014 年评论语义网络图

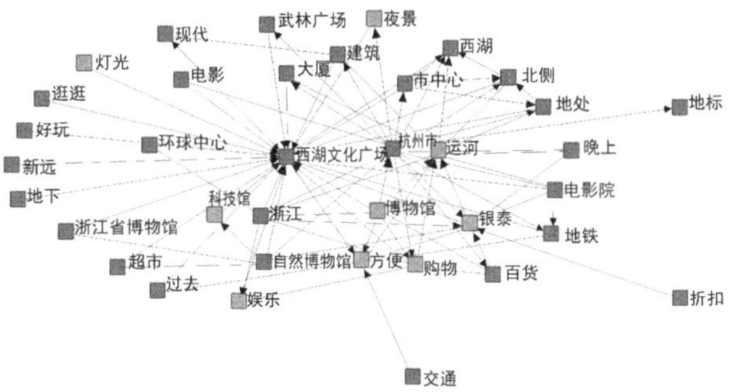

图 5　2017 年评论语义网络图

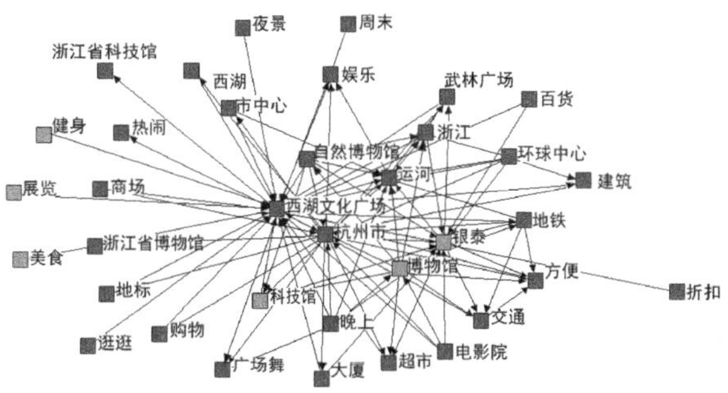

图 6　2019 年评论语义网络图

4　结论与建议

4.1　结论

4.1.1　公共空间的管理服务水平、配套设施维护与运营是影响评价的关键因素

本研究发现该公共空间的整体评价满意度较高，场地所配备的博物馆、商场、超市等公共设施，紧邻运河的景观风貌吸引了大量游客。影响游客评价的关键因素在于广场建成后，长期使用过程中的管理状况，具体包括场地的管理服务水平（交通停车、无障碍设施）、配套设施维护与运营（照明、餐饮）等。

4.1.2　不同来源地游客的关注偏好差异较大

在对于广场的整体评价中，性别对于评分影响较小，游客的来源地对评分影响较大，本地游客评分高于外地游客。本地游客较外地游客更关注“运河”景观，以及与日常消费关联更密切的超市、影院、书城等，而外地游客对博物馆、科技馆的关注度更高。广场今后的改造提升及活动组织应充分考虑不同属性游客的偏好。

4.1.3　游客对于“运河文化”等非物质文化的关注度较低

值得注意的是，虽然广场名为西湖文化广场，场地中布置有大型文化浮雕，但各类使用者的评论所显示的，其对于广场所传递的运河文化、西湖文化、吴越文化等非物质文化的关注度，明显低于广场的服务设施、景观环境等要素。而西湖文化广场作为大运河文化带沿线重要的公共空间，如何使得运河文化通过适当的载体进行表达，针对具体的运河文化类型，丰富其表达及传播方式，促使游客能够有效感知，值得深入研究[12]。

4.1.4　西湖文化广场的公众服务质量不断提升

网络评论可以相对客观地记录广场在较长时间跨度内的发展情况，如承载活动的变化、服务设施的问题与调整等，为该广场或类似公共空间的完善提供宝贵经验。同时，网络评论也可以反映广场对于公众服务的成效，2013～2020 年，广场的星级评价整体趋于上升，可见广场近年为公众提供了较满意的服务价值。

4.2　建议

4.2.1　大运河公共空间提升应重点关注“运河文化”的宣传推广，提升文化旅游吸引力

本研究显示，紧邻运河的风貌对于游客有较强的吸引力，但游客评论对于运河文化较少提及。2019 年出台《大运河文化保护传承利用规划纲要》，提出要充分认识和发掘运河的文化基因和文化密码。因此，运河公共空间管理者在未来应以更丰富的形式展现宣传运河文化，引导游客在观光休闲的同时加强对于运河文化与特色的关注

与认知。另外，管理者应注意增强大运河非物质文化活动的组织及宣传，尤其应考虑借助网络平台进行大运河文化的普及教育和宣传，有效推动大运河文化带的建设。

4.2.2 要充分考虑居民及游客的不同需求，加强广场的管理与维护

大运河沿线的公共空间，往往既是服务外地游客的旅游景区，也是本地及周边居民日常、休闲、锻炼、购物的重要场所，这意味着公共空间的复合功能与高频使用。因此，其业态管理与服务设施的维护，一方面要及时了解使用者物质使用需求，主动适应人们生活与消费方式的转变；另一方面，通过活化利用大运河遗产资源向公众传递历史文化价值，丰富大运河沿线群众精神文化生活，从而使得大运河公共空间的社会与文化价值相得益彰。

5 总结与展望

西湖文化广场是杭州运河沿岸代表性的公共空间，也将成为大运河文化带和大运河国家文化公园建设的重要组成部分，借助社交媒体评价文本来分析使用者的使用情况，有助于管理和规划部门更全面地了解场地使用者的评价感受，从而更加精准地解决公共空间所存在的问题，提升其空间品质。因大众点评网的使用人群多以有表达意愿的中青年为主，本研究仍存在一定局限。期待今后对网络评论进行更深入的研究，为大运河沿线公共空间的品质提升、大运河文化带的建设提供更全面的参考。

参考文献

[1] 王建国，杨俊宴．历史廊道地区总体城市设计的基本原理与方法探索——京杭大运河杭州段案例[J]．城市规划，2017，41(8)：65-74.

[2] 党安荣，张丹明，李娟，等．基于时空大数据的城乡景观规划设计研究综述[J]．中国园林，2018，34(3)：5-11.

[3] 郝新华，王鹏，段冰若，等．基于多源数据的奥林匹克森林公园南园使用状况评估[C]//北京：中国建筑工业出版社，2016.

[4] 蒋鑫，吴丹子，王向荣．基于网络点评数据的园林展会后利用评价研究[J]．风景园林，2018，25(5)：74-80.

[5] 王志芳，赵稼楠，彭瑶瑶，等．广州市公园对比评价研究——基于社交媒体数据的文本分析[J]．风景园林，2019，26(8)：89-94.

[6] 张天洁，张晶晶，师宇豪．基于网络评论的女性游园者历史景观感知研究——以天津中心城区历史公园为例[J]．中国园林，2016，32(3)：30-36.

[7] 沈啸，张建国．基于网络文本分析的绍兴镜湖国家城市湿地公园旅游形象感知[J]．浙江农林大学学报，2018，35(1)：145-152.

[8] Marie L D，Bonnie L K，Spencer A W，et al. Using social media to understand drivers of urban park visitation in the Twin Cities，MN[J]. Landscape and urban planning，2018，175(7)：1-10.

[9] Wang Z F，Jin Y，Liu Y，et al. Comparing social media data and survey data in assessing the attractiveness of Beijing Olympic forest park[J]. Sustainability，2018，10(2)：382.

[10] Franziska K，Flueina M W，Felix K，et al. Comparing outdoor recreation preferences in peri-urban landscapes using different data gathering methods[J]. Landscape and urban planning，2020，199(7)：1-10.

[11] 王亦民．杭州西湖文化广场[J]．建筑学报，2005，52(9)：31-33.

[12] 唐慧超，洪泉，胡海琦．运河文化的公众认知与感知研究——以大运河杭州拱墅段公共空间为例[J]．中国名城，2020(07)：86-91.

作者简介

唐慧超，1984年生，女，汉族，天津人，硕士，浙江农林大学风景园林与建筑学院，讲师，美国康奈尔大学访问学者，研究方向为风景园林规划与设计、景观绩效评价。电子邮箱：tanghc@zafu.edu.cn。

孔雨爽，1998年生，女，汉族，浙江杭州人，浙江农林大学硕士在读，研究方向为景观修复。电子邮箱：kongyushuang81@163.com。

洪泉，1984年生，男，汉族，浙江淳安人，博士，浙江农林大学风景园林与建筑学院，副教授，美国康奈尔大学访问学者，研究方向为风景园林规划与设计、园林历史与理论。电子邮箱：hongquan@zafu.edu.cn。

高架桥下体育运动场地与周边公共空间的一体化设计研究[①]

Research on the Integrated Design of Sports Field and Surrounding Public Space under Viaduct

王云静　董贺轩*

摘　要： 从缓解高架桥下体育运动场地及周边公共空间的现状问题出发，分析桥下体育运动场地与周边公共空间的关系特征及潜在整合途径，从空间功能、视觉感受和工程技术三方面提出两者的一体化设计策略。以宁波高架桥下运动型口袋公园改造方案设计为实践，提出"打造功能完善的运动场地、构建亲切舒适的社区活动中心、提供安全有序的步行环境"的设计目标及方案，旨在对桥下体育运动场地与周边公共空间进行一体化整合，为高架桥下空间的活化利用提供思考与借鉴。

关键词： 高架桥下；体育运动场地；公共空间；口袋公园；一体化设计

Abstract: Starting from alleviating the status quo of sports venues and surrounding public spaces under the viaduct, the relationship between the sports venues under the bridge and the surrounding public spaces and potential integration approaches are analyzed, and the integration of the two is proposed from the three aspects of space function, visual experience and engineering technology. Design strategy. Taking the design of the renovation plan of the sports pocket park under the Ningbo viaduct as practice, the design goal and plan of "creating a fully functional sports venue, constructing a friendly and comfortable community activity center, and providing a safe and orderly walking environment" is proposed. It aims to integrate the sports venues under the bridge with the surrounding public space, and provide thinking and reference for the activation and utilization of the space under the viaduct.

Keywords: Under the Viaduct; Sports Field; Public Space; Pocket Park; Integrated Design

引言

城市人们对运动休闲活动的参与度和积极性逐步增强，但与城市内缺少体育运动场地和设施相矛盾[1]。同时，缓解交通压力的高架桥在城市内大量出现，带来大量未开发利用的消极空间，闲置的桥下空间为容纳体育运动活动场地提供了可能。但桥下体育运动场地与周边空间特征差异较大且联系较弱，尤其是相邻的城市空间常常被忽略，呈现为未被开发的荒地、野化粗放的植被区、废弃建材和生活垃圾堆放地等，高架桥下空间与周边缺少有效的整合。

国内关于高架桥的景观化改造研究，也主要集中在发掘桥下灰色空间的公共空间潜力，但缺少对周边空间的考虑。已有从植物配置角度发掘在桥体及桥下空间引入绿化空间的可能性[2-3]，也有探索对高架桥附属空间进行功能优化的途径[4-6]，包括对高架桥下体育运动功能的初探[7]，但这些研究主要关注如何改善桥下的物理环境以及怎样带来更复合的公共场所功能，对高架桥下空间与周边地块的一体化设计研究相对较少。

1　高架桥下体育运动场地及周边空间的利用现状

在高架桥下引入运动场地是开发利用桥下空间的常见做法，带来空间特征差异明显的桥下空间和周边空间。桥下空间指桥体正下方的投影区域，是较为规整且有顶的半封闭空间[8]，具有硬质场地面积大、围合感强、光照日晒少的空间环境特征，桥下空间的常见利用方式有放置运动场地、停车场、公交站台、市政绿化带、小型公园等[9]，周边空间指高架桥与相邻街道或建筑间的开敞区域，形态较为多样（图 1、图 2）。

图 1　上海市闵行区嘉闵高架桥下停车场
（图片来源：网络）

① 基金项目：国家自然科学基金面上项目"住区开放空间的适老健康绩效与设计导控研究——基于武汉实证"（项目编号：51978298）。

图 2　北京北苑路高架桥下绿化隔离带（图片来源：网络）

桥下空间开发利用为体育运动场地可满足周边居民的休闲活动需求，提升高架桥及周边地块的公共空间活力，但桥下运动场地常常将高架桥与周边城市空间割裂，具体存在下列问题。

（1）桥下空间利用不充分：桥下体育运动场地孤立，与周边城市公共空间联系较弱，且桥下限制因素较多[10]，不利于体育运动活动的开展。如绍兴市越西廊桥下单独设置的体育运动场地，由于缺少相关配套服务设施，且受到桥面高度和墩柱间距的限制，桥下空间压迫感较强，篮球场等一系列场地的使用率不高，运动休闲功能未得到充分发挥（图 3）。

图 3　绍兴市越西廊桥下运动设施（图片来源：《从废弃桥下“灰空间”到活力“社区综合体”》）

（2）周边空间未被开发利用：由于缺少明确的功能定位和后期维护管理，桥下体育运动场地的周边空间环境恶劣，公共性和吸引力较低。如张家口市崇礼区高架桥下容纳了包括足球场、篮球场在内的 16 项体育健身项目，但周边是崎岖的山谷，难以进行开发利用（图 4）。

（3）桥下空间及周边空间交通混乱：多种公共空间功能在桥下叠加，容易造成人车流线交叉，增加了桥下空间及周边的交通压力，步行友好度降低。

图 4　张家口市崇礼区高架桥下的足球场（图片来源：网络）

2　高架桥下体育运动场地与周边空间的一体化设计途径及策略

2.1　高架桥下体育运动场地与周边空间的关系特征

高架桥作为使用频率较高的城市快速路，承载着大量人流车流，具有成为公共活动中心的潜力，为桥下空间与周边进行一体化设计奠定基础。同时桥下空间及周边具有差异化的空间环境特征，两者在空间结构和交通组织方面具有协同整合的可能，在视觉感受和功能定位方面对比明显，可组成变化丰富的空间序列。

具体表现如下。①空间结构方面：桥下空间与周边空间关系紧密，两者在水平方向上隔着桥下墩柱相互渗透。②使用方式方面：运动场地的功能定位突出，周边空间缺少明确的功能，两者主次关系明显，可实现功能的叠加复合。③视觉感受方面：受到桥面高度和柱墩密度的限制，桥下空间的围合感相对较强，周边空间视野开阔，但缺少视觉焦点，两者结合可带来丰富的视线变化。④交通组织方面：桥下空间与周边地块作为公共活动游线中的停留节点和通行空间，周边空间可进行交通转换和人车分流，缓解桥下公共活动场地交通压力（图 5）。

研究旨在探索两者进行一体化整合的潜在途径，打造一个体育休闲场所感鲜明、体验感受丰富[11]、步行可达性较强的一体化高架桥附属空间，并从空间功能、视觉感受、工程技术三方面提出以下一体化设计策略。

2.2　高架桥下体育运动场地与周边空间的一体化设计策略

（1）完善桥下体育运动场地及设施，增强一体化空间的场所感

通过完善运动场地及设施强化桥下体育运动功能定位，并在周边空间中安排与运动场地配套的其他场所及设施，构建高架桥下及周边一体化空间的多重场所感。如在高架桥周边区域补充半开敞空间，可供运动锻炼人群的短暂休息，同时满足周边居民的日常休闲活动需求；还可利用高架桥的墩柱打造艺术空间，提供文化展示和科普教育功能（图 6）。

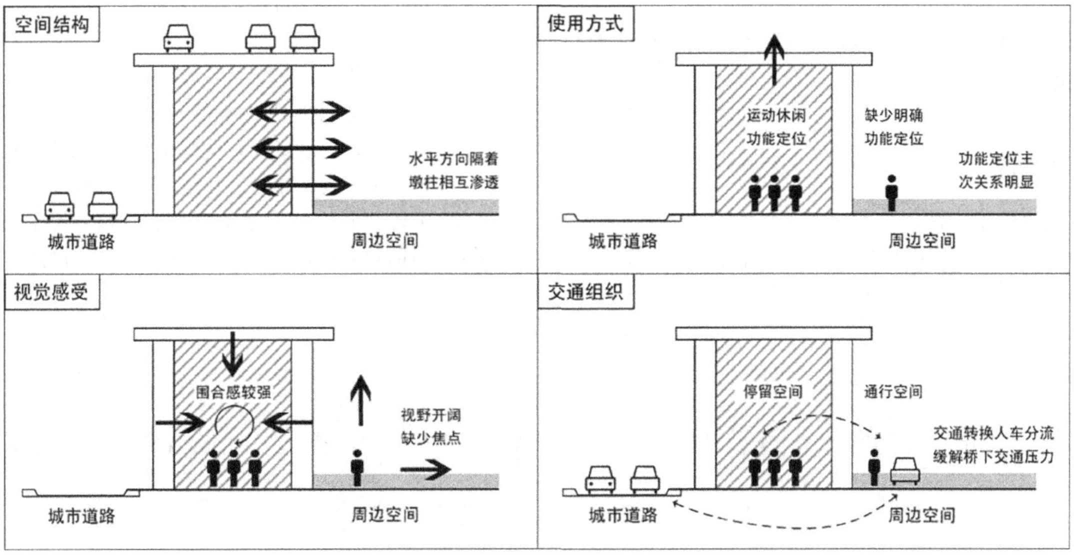

图 5　桥下空间与周边空间的关系示意图

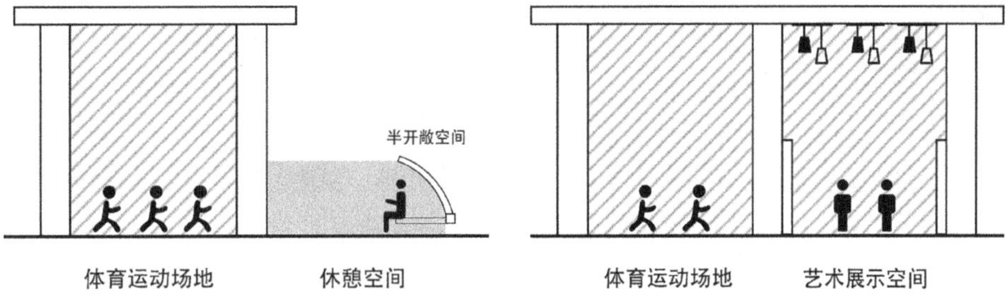

图 6　补充休憩空间和打造墩柱艺术空间

(2) 调节桥下空间与周边空间的差异，丰富一体化空间的视觉感受

首先，运用延展形构图，增强空间的序列感。融入城市肌理的园路串联节点并引导视线，打造一个连续的公共空间序列，将桥下空间与邻接城市街道连接起来，弱化高架桥主导的单调构图。

其次，设置视觉焦点，削弱高架桥的压抑感。充分利用桥下空间的顶部和立面设置特色节点，如在桥体底部悬挂艺术装置、在地面增加宜人的绿化空间、结合墩柱设置展示空间等，打破桥面和墩柱对空间的限制，激发使用人群与节点空间的互动。

最后，增加过渡空间，缓解周边空间的空旷感。按照适宜开展公共活动的尺度，在开阔空间内划分出多个节点，缓解周边地块的空旷单调感，并通过运用植物要素营造过渡空间，如垂直绿化和地面植被软化了高架桥的硬质边界，还有乔木覆盖空间带来与桥下场地相似的郁闭感。

(3) 运用工程技术组织交通并营造空间，提高一体化空间的安全性

梳理桥下活动场地与周边空间的交通流线。通过合理规划慢行交通路线、优化机动车停车场的位置、增设非机动车停放点等，重新组织桥下及周边空间的交通流线，提高步行可达性和安全性。

根据桥下空间的高宽比开展安全适宜的活动。一方面，需要确保桥下开展的活动本身具有较高的安全系数，且不会对高架桥的结构造成影响；另一方面，当桥下空间的高宽比在一定范围内，桥下活动的场所感和安全感最强，但当高宽比过大或过小时，桥下空间会过于空旷或封闭，不利于人群活动及植物生长（图 7）。

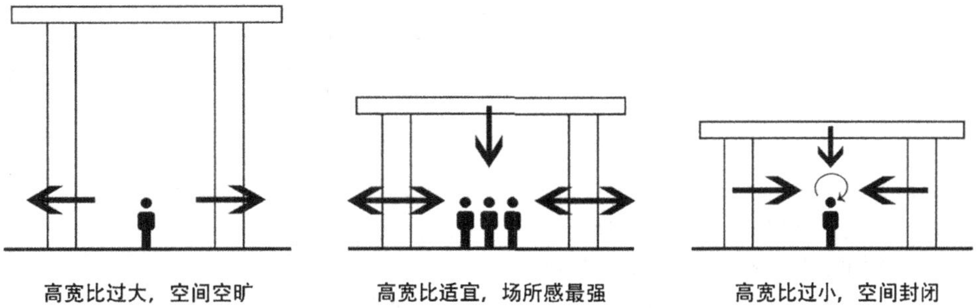

图 7　桥下空间高宽比影响人群活动

堆放着简易房、生活垃圾和建材废料。

3 设计实践：宁波市高架交叉口下运动型口袋公园设计

3.1 场地概况

项目地块位于宁波市鄞州区福明路与环城南路交叉口的东南侧，北至环城南路高架，西至福明南路，东至盛家河，南至杭甬高速，占地面积约 17000m²（图 8）。场地西部立交桥下为体育运动场地，其他区域为绿化草坪，堆放着简易房、生活垃圾和建材废料。

3.2 现状问题

场地四周被高架桥和河道包围，内部是建设完工及部分在建的体育运动场地，同时辐射周边的四个社区，常住人口约 1.8 万人。作为地块的主要受众，社区居民的活动需求从高到低依次为运动锻炼、交流互动和休憩赏景（图 9）。通过对照场地建设现状和居民使用需求，分析场地存在以下具体问题。

图 8　场地区位及周边用地情况

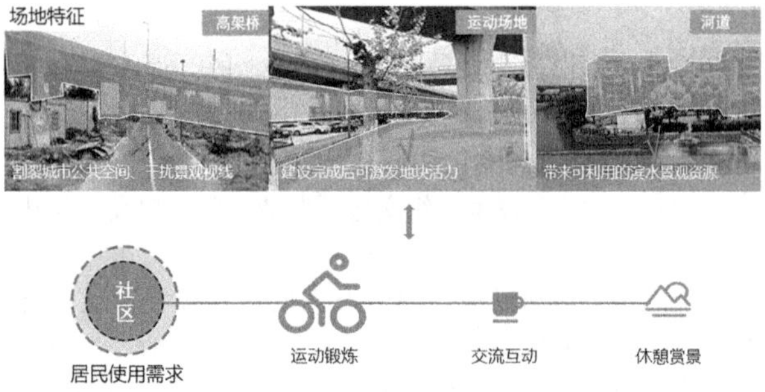

图 9　场地建设现状与居民使用需求

（1）桥下体育运动场地与周边草坡及社区割裂且功能不完善

场地的北西南三侧被高架桥围合，东侧是盛家河河道，在高架桥和河道的全方位包围下，羽毛球馆、足球场等运动场地的活力被限制在桥下，与未被利用的周边地块对比明显，未能延展出多元化体育运动体系。同时，由于缺少与运动场地配套的公共场所及设施，桥下体育运动功能不完善，且除运动锻炼外居民的其他日常需求未得到满足。

（2）密集的高架桥和未利用的荒地影响景观形象和视觉感受

一方面，从外向内看的视线被遮挡，潘火特大桥是场地的南侧边界，桥体下缘距地面仅 3m，从桥下穿过的出入口空间狭小，对街道行人的吸引力较低。以福明南路高架上通行的机动车为视角，场地呈现被树丛掩映的状态，给人杂乱无序的感受。另一方面，背靠高架桥围合的立面，视线向东侧的河道和草坡打开，但管理粗放、未被合理利用的草坡形象不佳，整个空间缺少视觉焦点（图 10）。

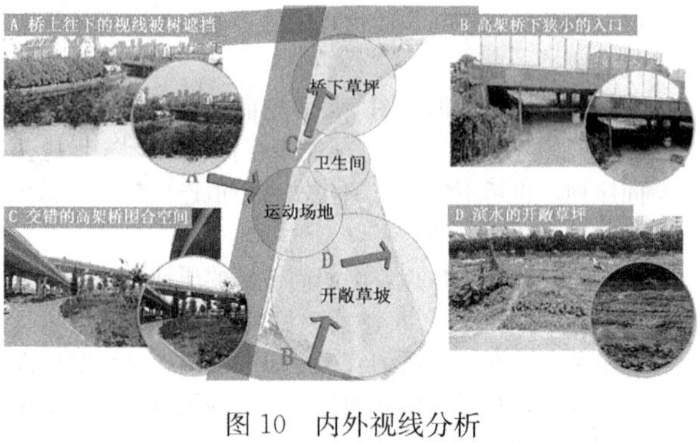

图 10　内外视线分析

（3）桥下车行安全系数低且对行人的出入活动产生干扰

场地内有一条 6m 宽的南北向主要道路，从潘火特大桥延伸到福明南路高架下的城市道路，还有一条 3m 宽的小路环绕主路并闭合。机动车从桥下穿过时视线不通透，尤其是场地南侧潘火桥下的出入口，未满足安全视角范围的通视需求。由于主路上人车均可通行、小路只允许步行，步行人流与主路上的车流交叠，人群的通行和停留活动被干扰，造成交通安全隐患。

3.3 设计方案

基于健康城市和智慧城市建设理念，针对上述空间割裂、视觉干扰和交通混乱等问题，打造服务社区居民的运动型口袋公园。利用流线形构图和互动节点将桥下体育运动场地和社区联系起来，提供完善的体育运动功能和日常休闲功能，增强空间的视觉连续性和亲切感，同时带来舒适安全的步行体验（图 11）。

图 11　鸟瞰效果图

（1）打造功能完善的运动场地

根据各年龄段人群的身体机能及运动偏好，在周边空间增设可供攀爬、走跑和弹跳的多类型体育运动场地，与现状桥下特色篮球场相连接，提升周边居民的户外运动品质。增设的节点有：入口处益智类运动节点童趣山丘、靠近河道的环状活力跑道、结合滨水交流广场的轮滑场地、适合各年龄段人群休闲活动的练习场，还有考虑到老年人的身体状况，设置具有针对性的健身设施和相应的交流分享空间，这些运动休闲场地与中青年喜爱的特色篮球场对接，共同组成丰富完善的运动型空间序列（图 12）。

图 12　运动休闲活动节点

（2）构建亲切舒适的社区活动中心

1）满足居民的日常使用需求。除了完善已有的体育运动功能外，还考虑到周边居民的交流互动和休憩赏景需求，如结合浓绿树阵和特色花灌木的交流花园，古朴的树桌和石凳带来惬意安静的空间氛围，可供独自阅读和多人交谈。还有北侧出入口与河道间的圆形广场上，配有艺术灯阵和廊架设施，可满足赏景、大型集会和观演需求（图 13）。

2）运用延展形构图带来连续体验。流线型的园路和跑道将圆核形和方块形的节点串联起来，沿着曲曲绕绕的园路散步或跑步，依次路过风景独好的滨水景色、舒适完善的运动场地、欢乐互动的展示空间等。

3）增设结合新技术的互动空间。位于色彩斑斓花丛中的展示幕墙节点，运用信息感应、数据传输、移动设备接收的智慧互联技术，使人们可以通过手机掌握公园环境情况和使用信息。还有桥下的跃动色块节点，通过运用 LED 互动地板屏，设置冒险闯关模式，吸引人们在色块上弹跳，不同的压力和速度将带来丰富的图案（图 13）。

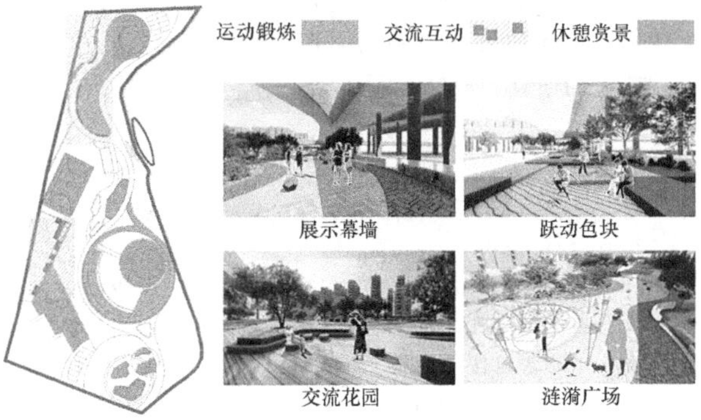

图 13　不同功能的节点空间

（3）提供安全有序的步行环境

通过限制机动车穿越场地实现人车分流，只允许步行或骑行出入和活动。由于在场地内无法增设人行天桥、开辟地下通道等，考虑从增加隔离设施、标识设施和优化园路设计三方面限制机动车进入。在保证南端下穿高架桥的出入口位置不变的前提下，在现有道路的南端增加隔离设施，并在南北两端出入口设置结合标识的机动车停车位，还将停车区域附近的园路宽度减小，引导并控制人们在指定区域有序停车，规避可能带来的安全隐患。

4　结语

（1）该口袋公园改造方案的设计理念及目标均来自对现状问题的考虑，如何缓解这些矛盾冲突是方案设计的主线。前提是充分了解周边居民的日常活动需求[12]，再结合实地调研的情况，从场地建设现状与使用需求之间的矛盾入手，发现最核心的问题，然后从使用者的角度出发，分析在使用过程中可能出现的其他问题。

（2）城市灰色基础设施常与包括口袋公园在内的公共空间进行整合。随着人们对运动休闲活动的积极性逐步增强，城市土地资源紧张且公共空间分布不均的问题日益凸显，口袋公园作为占地面积小且功能完善的集约型绿地，可有效提升居民的户外活动品质。且口袋公园多选址于城市的灰色角落，常带来意想不到的惊喜，尤其是与城市灰色基础设施的一体化整合，在提高了城市空间使用绩效的同时，也改善了呆板冰冷的城市形象。

（3）高架桥下体育运动场地与周边空间的一体化设计需要继续探索。国内开发利用高架桥下空间的热度很高，尤其是近年来兴起的建设桥下体育运动场地，带来交通功能、市政功能、绿化功能和体育运动功能的纵向叠加，但由于未能处理好与周边空间的横向连接关系，可能加剧高架桥对城市空间的割裂影响。

本文主要从空间功能、视觉感受和交通组织三个方面，提出高架桥下体育运动场地与周边城市空间进行一体化设计的策略及方法。首先，强化桥下体育运动功能并在周边空间增设其他配套功能，增强桥下与周边空间的连续性和场所感；其次，通过考虑构图、设置视觉焦点及增加过渡空间等，调节桥下与周边空间的感受差异；最后，运用工程技术保证在桥下与周边空间进行户外活动的安全性。除了上述三方面，还可从增加文化艺术性、结合商业设施等角度，研究空间与周边空间的有效衔接，将运动场地唤起的公共空间活力带向社区，为实现全民健康创造更加适宜的户外空间环境。

参考文献

[1] 王武龙，刘亚恩．我国休闲体育发展现状与趋势[J]．才智，2010(14)：208.

[2] 李鹏，李娜，包满珠．武汉、上海、重庆三市中心城区高架桥绿化比较研究[J]．中国园林，2015，31(10)：96-99.

[3] 杨晶．北京地区高架桥立体绿化建设探讨[J]．市政技术，2020，38(05)：126-127；134.

[4] 杨锐，杨云峰，朱漪．基于"景观基础设施"理念的城市高架桥整治——以宁波机场高架快速路为例[J]．中国园林，2014，30(05)：69-73.

[5] 姚艾佳．城市高架桥附属空间景观设计与改造研究[D]．西安：西安建筑科技大学，2015.

[6] 赵楠楠．共享理念下城市高架桥下空间利用研究——以武汉市主城区为例[J]．城市建筑，2020，17(07)：58-61+155.

[7] 殷利华，杨鑫．国外高架桥下运动休闲利用对我国的启示[C]//中国风景园林学会．中国风景园林学会2019年会论文集(上册)．2019.

[8] 罗聪．存量背景下北京城市高架桥下附属空间景观设计研究[D]．北京：北京农学院，2021.

[9] 殷利华，秦凡凡．城市高架桥下空间形态与利用方式研究：以郑州市为例[J]．华中建筑，2019，37(10)：69-74.

[10] 张贝贝．城市高架桥下空间利用形式探讨[C]//中国城市规划学会，东莞市人民政府．持续发展 理性规划——2017中国城市规划年会论文集(07城市设计)．2017.

[11] 张芳，周曦．"反桥"背景下街区景观重构与场所共生[J]．中国园林，2021，37(03)：44-49.

[12] 刘宙．从废弃桥下"灰空间"到活力"社区综合体"[C]//中国城市规划学会，杭州市人民政府．共享与品质——2018中国城市规划年会论文集(02城市更新)．2018.

作者简介

王云静，1998年生，女，汉族，河南南阳人，华中科技大学硕士在读，研究方向为城市设计。电子邮箱：276185858@qq.com。

董贺轩，1972年生，男，汉族，河南濮阳人，博士，华中科技大学建筑与城市规划学院，教授，研究方向为城市设计。电子邮箱：415091740@qq.com。

日常都市主义视角下社区步行空间景观设计研究

Research on the Landscape Design of Community Pedestrian Space from the Perspective of Everyday Urbanism

巫雪松

摘　要： 城市精细化治理与倡导低碳出行的“绿色社区”建设成为当下城市更新的热门话题。本文聚焦于城市社区步行空间，首先归纳城市现状步行空间的问题，强调需发挥景观规划“设计-实施-维护”的全过程引领作用。并以日常都市主义视角为切入点，从规划理念、实施过程、治理模式和场景构建等方面探究其核心设计要义。以成都市九眼桥片区为例，在分析基地人群特征和需求的基础上，探索社区步行空间景观的空间选择、设施配置、绿化景观和铺装等要素的设计方法，提炼出日常都市主义视角下社区步行空间景观设计的重点内容和方法路径，为塑造以居民为中心的生活化步行景观设计方法提供新思路。

关键词： 日常都市主义；步行空间；景观设计；生活化

Abstract: Refined urban governance and green community construction advocating low-carbon travel have become a hot topic of urban renewal. This paper focuses on urban community pedestrian space. First, it sums up the problem of pedestrian space in the city, then it emphasizes the need to play a leading role in the whole process of landscape planning, design, implementation and maintenance. It also explores the core design essence from the perspective of everyday urbanism from the aspects of governance mode and scene construction during the implementation of planning concept. Jiuyan Bridge area of Chengdu was selected as the empirical design base. Based on the analysis of the characteristics and needs of the base population, the paper explores the design method of space selection, facility configuration, green landscape and pavement, and other elements of the community pedestrian space landscape. It also extracts the key contents and methods of landscape design of community pedestrian space from the perspective of everyday urbanism, and provides a new idea for shaping the living-oriented pedestrian landscape design method with residents as the center.

Keywords: Everyday Urbanism; Pedestrian Space; Landscape Design; Lifestyle

引言

2020年10月，党的十九届五中全会指出，“十四五”期间要努力实现“社会治理特别是基层治理水平明显提高”的目标。2021年，我国城镇化率迫近64%①，根据诺赛姆曲线，我国城镇化进程即将进入后期阶段。城市建设也会由大拆大建时期转向更注重“精细化”治理的新阶段。传统的城市空间规划注重区位、形态和规模等要素的考量，而精细化规划与治理则更加注重人与空间的关系，于是更加关注居民生活需求的“日常都市主义”理念逐渐进入城市更新的领域。而“社区”作为城市治理的基层，社区更新可成为城市更新的主要抓手，将研究视野聚焦于更加微观的“社区”层面，可实现城市精细化治理的相关措施落地。2019年，国家发展改革委发布了关于印发《绿色生活创建行动总体方案》的通知，“绿色社区”的概念正式出现在规划的视野，次年住房和城乡建设部等六部门印发《绿色社区创建行动方案》，从整治机制、基础设施、社区环境等方面阐述了绿色社区创建的要点。倡导低碳出行的慢行交通是对国家“碳达峰、碳中和”方针的贯彻和落实。因此，本文从日常都市主义的视角聚焦于社区步行空间景观，运用资产为本、场景营造等理念，对城市精细化治理和绿色社区的理念实践具有重要意义。

1　日常都市主义与社区步行空间

1.1　日常都市主义

日常都市主义属于“再城市主义”的一种类型，它起源于20世纪70年代左右的社会设计运动，未经任何专业训练的城市居民自发对自己的城市环境进行改造，用最贴近于日常生活需求的方式对城市的街道、建筑等进行重新设计，引发了城市学者对传统的、主流的专业城市设计进行了反思[1]。20世纪末期，约翰·蔡斯、玛格丽特·克劳福德等在《日常都市主义》中提出“日常生活”概念，将“日常都市主义”定义为一种将城市规划设计与居民日常生活和需求联系起来的新理念[2]（图1）。总言之，日常都市主义强调人与空间的互动，从使用者日常生活需求出发设计城市空间，强调使用者共同参与设计和建设过程。

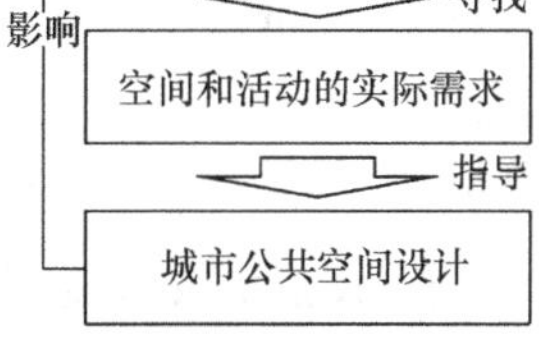

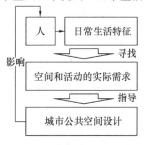

图1　日常都市主义视角下的城市设计

① 第七次全国人口普查数据结果显示，居住在城镇的人口为90199万人，占63.89%。

1.2 社区步行空间景观及其现存问题

在“绿色社区”城市理念的引导下，社区步行空间的重要性日益凸显，结合J·麦克卢斯基等的描述，本文将“社区步行空间”定义为“存在于社区内部，供行人通行、停留、游憩的公共空间系统”[3]。社区“步行空间”与“公共空间”“道路空间”的区别在于社区步行空间包括线性的步行通过性空间和点面状的休憩性空间，兼具通过和游憩的作用（表1）。相对于社区公共空间，功能和形式更加丰富；相对于道路空间，更强调步行优先。

社区尺度下不同类型空间对比　　表1

	社区步行空间	社区公共空间	社区道路空间
服务对象	行人、非机动车	行人	人、机动车、非机动车
功能	通行、停留、游憩	停留、游憩	机动车通行、人通行
空间特征	线性、点面状	点面状	线性
图示	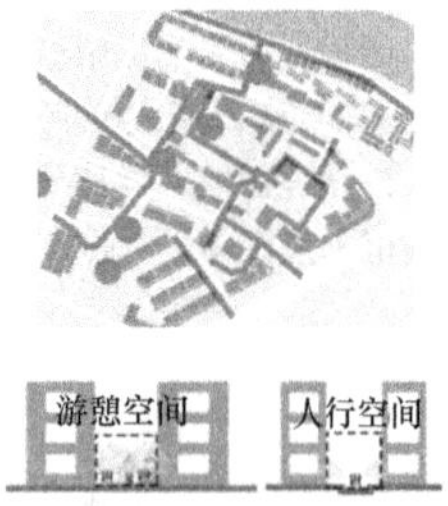		

现阶段在实施城市更新行动背景下，社区步行空间景观营造存在以下问题：①社区微空间快速营造带来社区步行空间设计的同质化，未反映不同社区的特质差异；②步行空间景观拘泥于形式，缺乏生活化场景营造，居民参与感和体验感不足；③步行空间景观后续维护不足，可持续性不强。基于此，本文以日常都市主义视角，尝试探索一套从居民日常生活需求出发、具有社区特质的、居民参与感强的生活化社区步行空间景观设计方法。

2 日常都市主义视角下社区步行空间景观设计要点

“十四五”之后更加强调城市精细化治理，特别是在社区规划层面，规划不仅提供设计决策，更需要在规划全过程发挥作用。将日常都市主义理念延伸至规划全过程，结合前文“日常都市主义”的定义，步行空间景观规划设计的核心要义应注重创新设计理念、强调多方参与和共享治理、营造生活化的景观场景。

2.1 人本化的规划设计理念

规划设计由传统的“目标导向”转为“需求导向”。从人群特征的差异性出发，分析调研不同人群步行习惯、使用需求、活动偏好、生理差异等方面，结合居民实际生活需求，对社区步行空间景观的绿化景观、建筑小品等要素进行精细化设计。在设计的过程注重儿童友好与适老化设施，同时关注社区常见的“非正式摊贩”等群体，体现规划设计的公正性与包容性。

2.2 多元化的规划实施过程

日常都市主义强调居民根据生活自发设计公共空间，居民共同参与规划设计的实施是实现生活化场景营造的重要途径。在政府组织和社区规划师的引导下，结合社区现有的步行空间，居民生活的多样性可使他们创生出“非常规”的步行停留空间。步行空间景观植物、设施等的配置权也可选择性地下放至居民。结合“社区规划师”制度，利用社会组织等社会资产，形成“居委引领、规划师协同、社会组织服务、居民主导”的生活化实施过程（图2）。

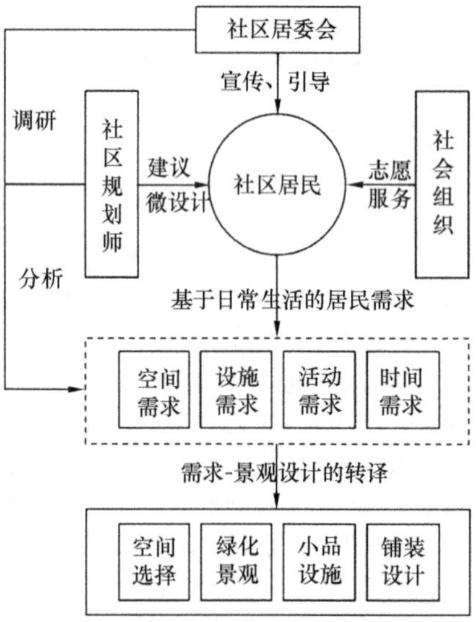

图2　规划实施过程

2.3 共享化的运营治理模式

建成之后的管理和维护是实现社区步行空间景观可持续化的核心路径。在社区居委会的引导和社区规划师的协调下，居民参与方案设计、建设实施和运营维护全过程，最终形成“权责利”分明的社区公约，促使多方共同维护社区步行空间景观（图3）。吴良镛先生在2010年最早提出“完整社区”的概念，他指出一个完整的社区包括“硬件”和“软件”两方面。硬件即为社区建成环境的打

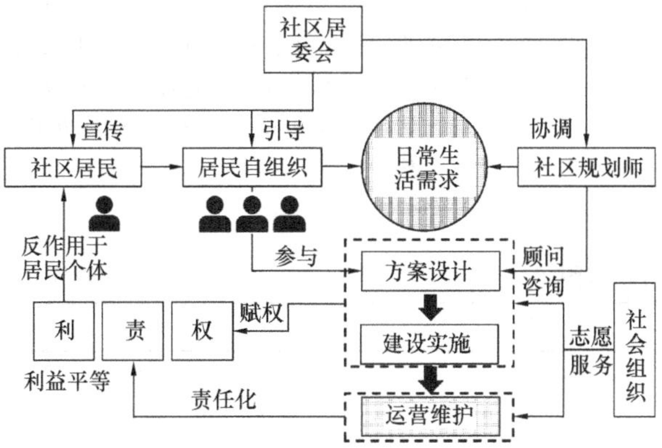

图 3　共享化的运营治理模式

造，软件则属于社区管理机制和社区服务的完善[4]。社区步行空间的景观营造也需要硬件和软件共同驱动、相互协作，才能促进整个社区积极发展。

2.4　生活化的步行景观场景

社区管理者需要有意识地利用社区现有物质、人力和社会资本[5]，协调居民进行自组织培育，适当引导居民个体或自组织进行社区步行空间的日常使用和景观的设计和维护修缮，全方位激活社区步行空间的活力，发挥居民的主观能动性，从而营造出富有生活化的社区步行空间景观场景。

3　日常都市主义视角下社区步行空间景观设计实践

3.1　基地现状与人群特征

基地位于成都市武侯区望江路街道，基地滨临府南河，内部有九眼桥酒街、安顺廊桥等成都代表性建筑，还有成都市老年大学、四川音乐学院（北校区）等公共服务设施（图 4）。社区内部步行空间景观具有碎片化、可达性较差、设施匮乏等问题。基于问卷和访问调查，得出基地内老年人、大学生、酒街顾客三类人群数量较多。三类人群的活动空间、设施需求、活动需求和活动时间特征如表 2所示。

图 4　基地区位图

主要居民群体需求调研表　　表 2

	老年人群	川音学生人群	酒街人群
活动空间	宅旁空间、单元公共空间老年大学	学校周边空间	酒街旁沿河空间
设施需求	无障碍设施、照明设施、安全设施、健身设施	研讨桌椅、表演剧台	聚餐桌椅、照明设施文化小品
活动需求	园植、广场舞、棋牌聊天、静坐	讨论、音乐演奏	喝酒、聊天、唱歌、露天电影
活动时间	7：00～10：00；16：00～18：00	11：30～12：30；17：30～21：30；	18：30～1：30（次日）

3.2　步行空间景观设计要点

3.2.1　空间选择：利用现有步行空间，循迹居民生活发掘潜在空间

首先对基地内社区步行空间进行梳理，整理出基地内部现有的线性和点面状步行空间，再根据实地观察居民日常生活经常经过或停留的"非正式空间"，结合问卷调查分析这些空间的景观可塑性，从而得出该片区所有的潜力步行空间（图 5）。

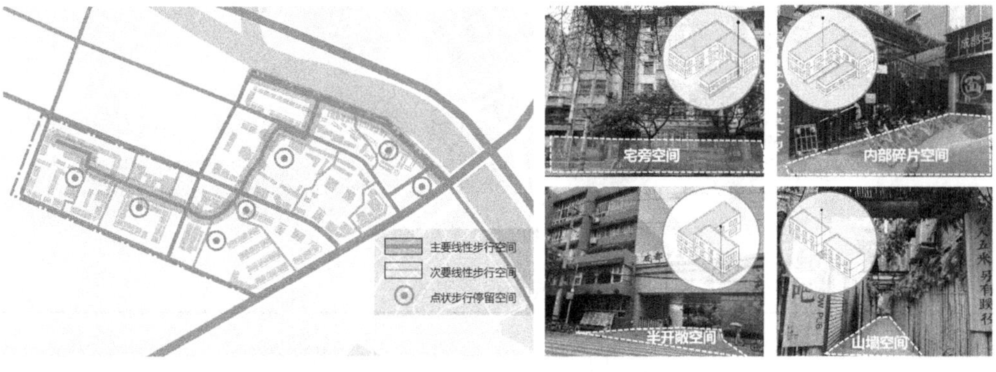

图 5　社区现有潜力步行空间梳理

3.2.2 设施配置：满足安全性和刚性需求的同时适当放权于居民

景观规划可通过设计景观空间从而设计居民的日常生活。规划考虑社区步行空间最刚性需求的设施，如安全设施、照明设施、市政设施、适当的休憩设施和宣传标识栏等。其他设施的设置权可以让居民行使，社区居民可根据日常生活选择可移动、可变化、可拆卸的灵活小家具。例如，设置固定立柱，居民随着不同的生活场景将其改造成晾衣杆或者球场，让使用设施的人群和设施的功能随需求的差异而变化（表 3）。

社区步行空间设施类型和图示　　表 3

设施类型	设施图示					
刚性需求设施	名称	照明设施	环卫设施	固定桌椅	标示设施	宣传栏
	图示					
弹性需求设施	名称	小型花架花坛	多功能立柱	可移动式座椅	儿童活动设施	其他
	图示		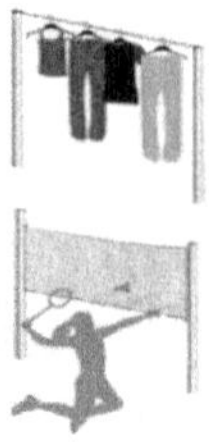		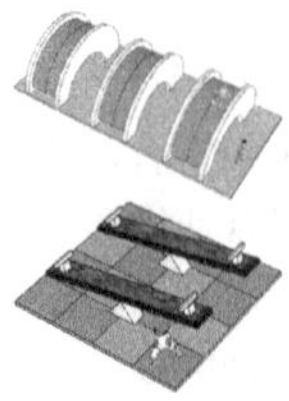	
	设施功能	居民自主设计、维护的盆景园林设施	功能灵活可变：晾衣服、球类运动场	根据日常活动的类型和人数而变化	结合儿童活动特征和需求设置	舞台、露天电影台

3.2.3 绿化景观：与居民日常生活结合的社区花园

首先结合成都市在地化的气候特征挑选出备选的植被种类，以社区居民日常生活需求为主要导向，多方探讨植物配置的可行性，确定最终的配置方案（图 6）。

如何将植物景观与居民的日常生活相结合是日常都市主义视角下景观设计的重要问题。刘悦来提出的“社区花园”理念在各地进行了较多的实践（图 7）[6]。“社区花园”是社区居民共建共治共享的社区景观绿地，结合可食地景可以打造与居民日常生活紧密结合的城市景观花园，让田园式的日常生活回溯至城市之中[7]。在较成规模的社区步行空间中的景观营造中建设“社区花园”，让景观培植成为居民日常活动的一部分，结合城市“可食地景”的景观设置理念，共同构成生活场景化的步行空间景观体系。根据基地现状步行空间特征，社区花园可行的设置形式包括街区型、住区型、校区型和园区型（表 4）。

图 6　植物配置方案

社区花园设置形式　　表 4

社区花园类型	街区型	住区型	校区型	园区型
特征描述	线性空间，多结合慢行步道设置	小区内部组团绿地，可达性最高	老年大学内部绿地，服务老年学生	商业旁绿地，规模较大，服务人群多元

续表

社区花园类型	街区型	住区型	校区型	园区型
图示			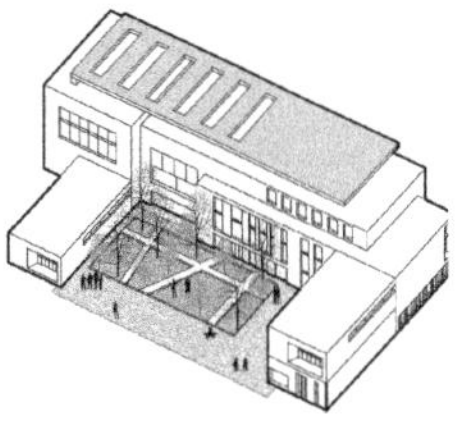	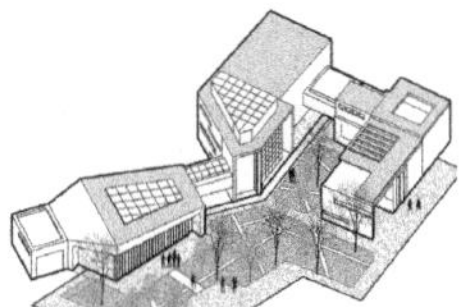

图 7 社区花园实拍

3.2.4 铺装设计：以人群差异精细化设计要点

聚焦规划基地内三类核心人群。结合色彩心理学等相关理论，景观的颜色影响人群的生理情绪，红色给人快乐/兴奋的情绪，白色使人平静，不同颜色对于不同群体的心理会产生不同影响[8]。同时综合问卷分析和人群实际生理情况或活动需求，得出铺地颜色和图案的选择原则（表 5）。

3.3 规划设计方法

3.3.1 分段分片区设计，半规划，轻介入

以人群需求和特征为导向，结合现状资源禀赋差异，采用不同手法设计不同主题的步行空间景观。基地的步行空间体系分成三个部分，分别针对基地内酒街人群、老年人群和学生人群。结合前文设计要点，设置码头线性公园、老年活动中心、学生音乐游园等不同主题的步行空间体系（图 8）。规划设计会预留弹性用地或弹性设施，将设置权交给社区居民，居民后续将根据日常生活所需，在社区规划师和相关部门的引导下创生出其他生活化的空间和布置灵活的景观设施。

铺装设计要素和原则 **表 5**

设计要素	老年人群		川音学生人群		酒街人群	
	设计原则	图示	设计原则	图示	设计原则	图示
铺地颜色	明度、饱和度低下		色相丰富		明度高，提高视觉冲击	
铺地图案	简约		音乐韵律和变化	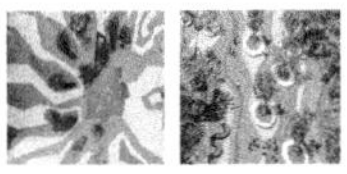	结合设施和主题设置	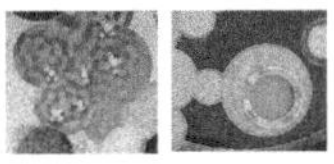

3.3.2 结合共享参与的社区花园，营造生活化的步行景观场景

在社会学领域中，“场景”被认为是由人（活动）、空间、舒适物设施共同组成的集合[9]。生活化的社区步行空间可看成是由若干个不同的场景组成。线性、点面状空间丰富场景的形式，步行空间的绿化景观和居民自发设计使用的桌椅等构成场景的舒适物设施。居民可在场景单元内发生系列生活化的活动：栽植盆栽、种植蔬菜、聊天、音乐会、露天饮酒、晾晒衣物等（图 9）。日常都市主义下的步行空间场景将会丰富城市的文化生活内涵，增强居民的社区归属感和认同感。

3.3.3 遵循协作式规划，发挥景观设计从“设计-实施-维护”的全过程作用

传统的景观规划编制的核心主体是规划师和其他社区相关部门，最终的设计成果会脱离居民实际生活需求而产生使用率低下、缺乏活力等问题。日常都市主义视角

下的景观规划渗入“规划设计”“实施落地”和“后期维护”全过程，多方联动，发掘现状社区步行空间的“真问题”，灵活运用社区现有资产，增加居民公众参与的频率，实现社区中“人、空间、服务”的良性互动。

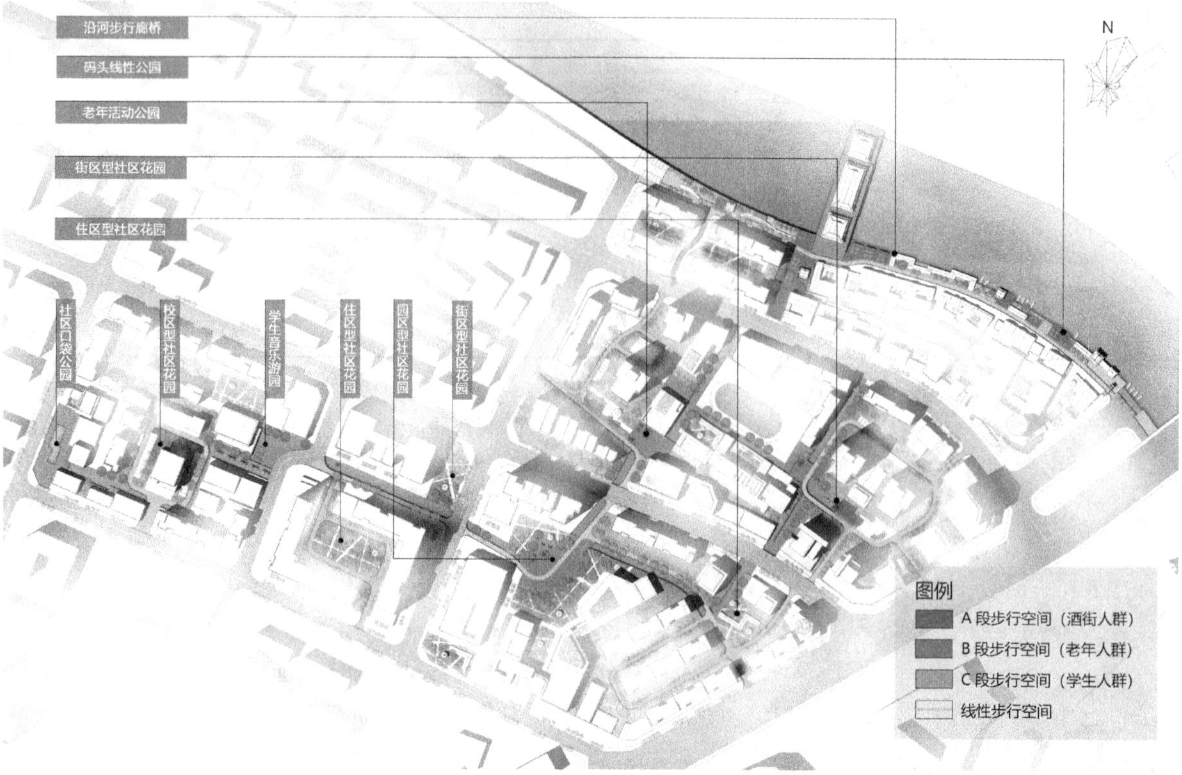

图8　步行空间景观规划平面图

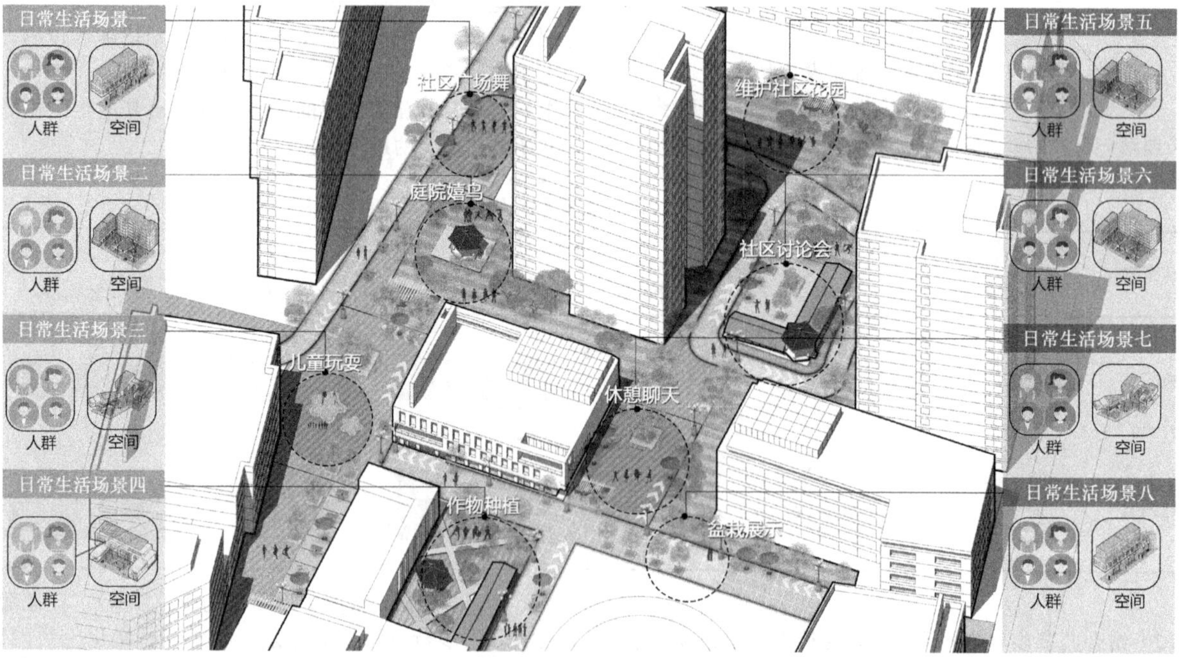

图9　步行空间日常场景单元

4　结语

随着城市更新行动不断向更加微观的社区层面扩展，日常都市主义的思想还可运用到社区建筑改造、业态规划等其他方面。社区作为居民日常生活的直接载体，未来也能与城市共同发挥出整体性价值。城市精细化治理阶段更加注重人与空间服务的联动，日常都市主义可回归居民日常生活本源，将景观规划从目标导向转变为需求导向的同时，倡导景观规划的全过程引领作用，构建以居民需求为主导的多元治理模式。本文利用日常都市主义视角，浅析了社区步行空间景观设计方法的核心要义，提出了初步的设计方法和策略，在理念和方法上具有一定的创新性，为未来倡导低碳出行的“绿色社区”建设和社区场景单元营造方法提供新的思路。

参考文献

[1] 道格拉斯·凯尔博，钱睿，王茵．论三种城市主义形态：新城市主义、日常都市主义与后都市主义[J]．建筑学报，2014(01)：74-81.

[2] 玛格丽特·克劳福德，陈煊．日常都市主义的现状[J]．国际城市规划，2019，34(06)：1.

[3] 王峤，臧鑫宇，夏成艳等．基于韧性原则的社区步行景观设计策略——以天津梅江地区某社区规划为例[J]．风景园林，2018，25(11)：40-45.

[4] 陈球，张幸，陈梓．“完整社区”理念下的老旧小区改造实例与探讨[J]．城乡建设，2020(19)：59-61.

[5] 黄瓴，沈默予．基于社区资产的山地城市社区线性空间微更新方法探究[J]．规划师，2018，34(02)：18-24.

[6] 刘悦来，许俊丽，尹科娈．高密度城市社区公共空间参与式营造——以社区花园为例[J]．风景园林，2019，26(06)：13-17.

[7] 刘悦来，尹科娈．从空间营建到社区营造——上海社区花园实践探索[J]．城市建筑，2018(25)：43-46.

[8] 李霞．园林植物色彩对人的生理和心理的影响[D]．北京：北京林业大学，2012.

[9] 丹尼尔·亚伦·西尔，特里·尼科尔斯·克拉克．场景：空间品质如何塑造社会生活[M]．北京：社会科学文献出版社，2019.

作者简介

巫雪松，1997年生，男，汉族，重庆人，重庆大学硕士在读，研究方向为社区发展与住房建设规划。电子邮箱：714869428@qq.com。

基于 HLC 的城乡历史景观信息库构建方法研究
——以英格兰大曼彻斯特地区为例[①]

Research on the Construction Method of Urban and Rural Historical Landscape Information Base Based on HLC
—a Case Study of Greater Manchester

吴雪琳　鲍梓婷*　蒋定哲

摘　要：我国城乡景观在城市化与城市更新的进程中面临着历史文脉割裂、地域感和集体记忆丧失等诸多问题。系统全面地认识理解全域城乡景观的历史维度，为未来城市更新工作提供信息化与数字化的历史景观数据库与技术支撑，是当代城乡历史文脉延续的必然要求。本文系统梳理了英格兰历史景观特征评估（HLC）方法的源起与演变，总结了其从点历史数据到覆盖全域历史信息数据库的发展历程；并以英格兰大曼彻斯特地区的实践为例，深入分析了其基于 GIS 的历史信息空间化的技术过程与数据来源，为我国建立覆盖全域的历史景观信息数据库提供了宝贵经验与借鉴。
关键词：历史景观；HLC；数据库；景观变化

Abstract: In the process of urbanization and urban renewal, China's urban and rural landscape is faced with many problems, such as the fragmentation of historical context, the loss of identification and collective memory. A systematic and comprehensive understanding of the historical dimension of the whole urban and rural landscape, and the provision of information and digital historical landscape database and technical support for the future urban renewal work are inevitable requirements for the continuation of contemporary urban and rural historic culture. This paper systematically reviews the origin and evolution of Historical Landscape Character Assessment (HLC) in England, and summarizes that it developed from point historical data to historical information database covering the whole region. Taking the practice in Greater Manchester as an example, this paper deeply analyzed the technical process and data source of historical information spatialization based on GIS, which provides valuable experience and reference for the establishment of historical landscape information database covering the whole region in China.
Keywords: Historical Landscape; HLC; Database; Landscape Change

引言

自然与历史是每一片土地景观变化过程不可忽视的两大维度，如今“历史与遗产”已由原先作为一种历史纪念的概念，走向了对其整体、无形、主观和功能维度的理解与认识[1]，每一片土地均存在时间深度与历史价值，均需要将其放于历史维度的视角下，置于周边环境的背景中加以识别与解读。根据《欧洲景观公约》中的定义，景观作为自然因素和人为因素随着时间的推移不断相互作用的历时性建构[2]，这个概念为全域动态的城乡历史保护新理念提供了理解与解读的方式。

近年来我国在国土空间改革进程中开始大力号召和提倡全域历史的保护，先后提出了一系列政策和工作要求。2021 年 3 月，自然资源部、国家文物局印发《关于在国土空间规划编制和实施中加强历史文化遗产保护管理的指导意见》中提出“将历史文化遗产空间信息纳入国土空间基础信息平台，对历史文化遗产及其整体环境实施严格保护和管控”等意见，明确了要建立历史文化遗产资源数据库，纳入国土空间基础信息平台，对非物质文化遗产高度遗存的自然环境和历史文化空间，进行区域整体保护和活化利用的空间管控等工作要求。

历史文化遗产与景观领域的结合，兼顾了历史的故事性、规律性与景观策略的空间性、动态性，为无处不在的空间提供了易读的理解方式。起源于英格兰，在欧洲已得到广泛应用的历史景观特征评估（Historic Landscape Characterisation，HLC）便是一种覆盖城市、乡村与自然全域的，基于 GIS 平台，进行历史景观识别、绘制与信息数据库构建的重要方法[3]。

1　我国历史景观数据库建立的背景与挑战

1.1　全域历史景观信息库的构建是我国城乡景观保护的重要工作

当前，我国城市历史保护与发展的矛盾日益凸显，我

① 基金项目：国家自然科学青年基金项目“区域尺度景观特征变化的评估与监测方法研究——以珠江三角洲为例”（编号 51908223）；广州市社会科学基金羊城青年学人项目（编号 2019GZQN11）；广州市科技计划项目（编号 202102021193）。

国第一次大规模城市化与城市扩张集中发生在20世纪80年代后，大量的乡村与农业景观被现代化的城市景观所替代，众多传统乡村景观正快速消亡，失去了其历史的维度和地域特性。自2011年我国城市化率超过50%，城市更新成了第二次城市化的重点内容[4]。增量规划转变为存量规划，城市在建成区域的基础上进行利益格局重组。2020年，广州城市更新工作活化存量用地34km^2，新增配套公共服务设施170万m^2[5]。但当下城市更新方式大多是抹除式、自上而下式的，虽提高了土地利用的经济效率，但往往威胁到城市的固有价值和文化遗产，造成了城市形象趋同、空间归属感缺失等一系列问题[6]。在城市更新大步推进的过程中，我们对土地历史维度的认知仍是局部、片段式和不完善的。历史区与其他区域分离的二分法保护使得历史街区被固化，而其他地区则陷入被推平与重建的梦魇，城市的整体环境、风貌遭受破坏。所以对全域城乡景观历史维度进行清晰全面的认识、识别与绘制是支撑与优化我国城市更新工作的必要基础。

2011年UNESCO（联合国教科文组织）通过了《关于历史城市景观的建议书》（HUL），进一步促进了遗产管理和城市发展的融合，这一概念将城市视为一个整体[7]。城市区域的景观变化更具有复杂性，演替的年代更短，集体记忆更复杂，在城市更新这一背景下我们更迫切地需要理解其全域的历史背景信息，通过加强对全域历史文化资源的梳理，构建与国土空间规划“一张底图”“一个平台”相对应的全域历史景观信息数据库。英格兰历史景观特征评估工具按照特定的技术标准和目的将大量的信息整合到GIS平台之上，实现了对历史文化资源的全面摸清家底工作，有较大的参考与借鉴意义。

1.2 我国历史景观信息库构建的挑战

历史信息数字化是当今信息化数字化时代的发展趋势，我国国土空间与历史保护也已迈入了数字保护、智慧保护的新阶段。在国际上，英格兰的HLC、荷兰的景观备忘录、美国的历史档案都是建立历史数据库的成熟工具，而我国仍处于初级阶段，现在已经开展了遗产数字化建档等工作，但相关工作仍缺乏统一的标准与平台，缺乏系统的全域历史景观调查绘制方法。目前我国在信息库构建方面面临的难题与挑战主要包括：价值观上对历史信息记录工作的忽视、历史数据自身的复杂性、历史信息数字化工具的缺乏。

1.2.1 历史地图信息记录的缺失

在欧洲，从较早就有比较连续的遥感或航空照片记录，或用于军事的各类地图绘制与照片等第二次世界大战期间空中摄影记录已较为成熟，英国更是从17世纪中叶就有较为准确、连续的郡县与全国土地测量地图。但在中国基本以各地的年鉴与县志类的文字性记录为主，难以体现空间与景观变化的内容。也有记载了地图信息的古籍，但是清末之前绘制的地图只主观抽象地表达了地点方位描述等信息。例如明代用于农田管理的鱼鳞图（图1），可以说是最早的地理信息管理系统，但是之后并未进一步发展。直到清末，在西方国家的影响下，才开始

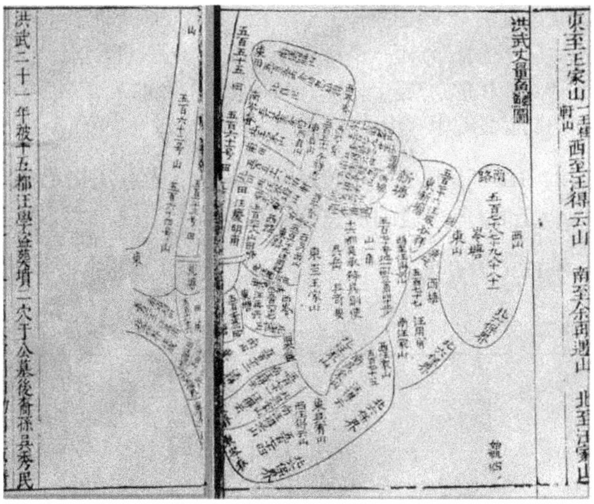

图1　明代洪武丈量鱼鳞图[8]

有了边界清晰的测量地图。

1.2.2 历史数据的复杂性

一些国家历史数据结构较为简单，如美国的历史主要从16世纪建国以来开始记录，并且有着大量的荒野景观，而非文化的景观。相较于此，我国历史悠久，发展过程复杂，很多城市早在商周就有记载，随着朝代更替，景观演替无时无刻不在进行着。面对大量复杂的历史信息，如何提取表达能为城市发展、历史遗产保护所用的信息，如何建立易读好用的历史景观信息库，是我们所面临的挑战。

1.2.3 历史信息数字化工具的缺乏

我国历史保护仍存在保护对象不完善、数据平台不统一等问题[9]，这与如今历史保护的观念不符。历史价值观从历史保护区保护到全域保护已是一种全球的趋势，如何在更大尺度下开展全域全要素历史文化保护是一大挑战。所以，需要在国土空间“一本规划、一张蓝图”的实践中提供历史维度的信息，建立覆盖全域的历史景观信息数据库是历史景观保护和城市可持续更新发展的基石[10]。

2 英格兰历史景观特征评估的发展历程

城乡景观历史维度的识别、描述与理解是管理城乡景观变化的重要基础依据，历史景观的特征化是绘制历史景观变化的一种重要方法。如英格兰的历史景观特征评估（HLC）已经发展相对成熟，基于GIS系统提供了历史信息数字化、信息化、空间化的共享平台。

2.1 HLC的核心目的：理解今日景观的历史维度

HLC方法摆脱了仅关注特定历史时期或特定遗址类型的传统识别方式，认为所有的历史景观都有价值。该方法注重全域景观的历史维度，强调景观在时间维度上的连续性。从技术上而言，HLC是一种基于地图的方法，通过一定程度上的主观性和概括性对当前景观的历史和

文化维度进行系统的描述与解释。HLC 提供的是客观、中立的“信息”，而非“判断”。其目的是通过描述让人理解景观变化的历史与现状，从而保证未来的改变与发展不会削弱景观中有特色或有价值的要素。

2.2 HLC 在英格兰的发展与演进：从点历史数据到覆盖全域的历史信息数据库

HLC 自开展以来都在不断地演化，从最初根据文字与表格记录的绘图，到结合点信息式遗产数据的 SMR（Sites and Monuments Records）数据库开展 HLC 电子数据库的初步构建，到如今以 GIS 为平台、更为系统整合与数字化管理的 HLC 与 HBSMR 系统，英格兰覆盖国土全域的历史信息数据库建设正日益成熟完善。本小节主要对历史英格兰遗产数据服务中心[11]上 39 个实践项目进行分析（表 1），并将这些项目按照是否发生了重大技术突破分为以下三个阶段。

英格兰地区在郡县尺度上共 39 个按启动时间顺序列表　　表 1

编号	项目名称	网址	项目		
			项目完成年份（年）	项目完成年份（年）	项目发布年份（年）
C1	Cornwall Historic Landscape Characterisation	https://doi.org/10.5284/1027510	1994	2011	2014
C2	Avon Historic Landscape Characterisation (HLC)	https://doi.org/10.5284/1027501	1995	1998	2014
C3	Peak District National Park Historic Landscape Characterisation	https://doi.org/10.5284/1038991	1995	2000	2016
C4	Gloucestershire Historic Landscape Characterisation (HLC) including the Cotswolds and the Wye Valley Areas of Outstanding Natural Beauty	https://doi.org/10.5284/1020235	1997	2002	2013
C5	Hampshire Historic Landscape Characterisation	https://doi.org/10.5284/1019864	1998	1999	2013
C6	Nottinghamshire Historic Landscape Characterisation	https://doi.org/10.5284/1039451	1998	1999	2016
C7	Lancashire Historic Landscape Characterisation	https://doi.org/10.5284/1041581	1999	2000	2017
C8	Somerset and Exmoor Historic Landscape Characterisation	https://doi.org/10.5284/1022039	1999	2000	2013
C9	Cumbria and the Lakes Historic Landscape Characterisation	https://doi.org/10.5284/1028832	2000	2009	2014
C10	Essex Historic Landscape Characterisation Project	https://doi.org/10.5284/1022584	2000	2010	2014
C11	Surrey Historic Landscape Characterisation	https://doi.org/10.5284/1043263	2000	2001	2017
C12	Devon Historic Landscape Characterisation	https://doi.org/10.5284/1032952	2001	2004	2015
C13	Kent Historic Landscape Characterisation	https://doi.org/10.5284/1027509	2001	2001	2014
C14	Shropshire Historic Landscape Characterisation	https://doi.org/10.5284/1032953	2001	2004	2015
C15	Cheshire Historic Landscape Characterisation	https://doi.org/10.5284/1019865	2002	2007	2013
C16	Merseyside Historic Characterisation Project	https://doi.org/10.5284/1017433	2003	2011	2012
C17	Peterborough Historic Landscape Characterisation	https://doi.org/10.5284/1028982	2003	2003	2014
C18	Sussex Historic Landscape Characterisation	https://doi.org/10.5284/1027508	2003	2010	2014
C19	Black Country Historic Landscape Characterisation	https://doi.org/10.5284/1000030	2004	2009	2009
C20	Northamptonshire Historic Landscape Character Assessment	https://doi.org/10.5284/1032006	2004	2004	2015
C21	South Yorkshire Historic Environment Characterisation Project	https://doi.org/10.5284/1019858	2004	2008	2013
C22	Northumberland Historic Landscape Characterisation	https://doi.org/10.5284/1030284	2005	2005	2015
C23	North Yorkshire, York and Lower Tees Valley Historic Landscape Characterisation	https://doi.org/10.5284/1022583	2005	2010	2014

续表

编号	项目名称	网址	项目		
			项目完成年份（年）	项目完成年份（年）	项目发布年份（年）
C24	Cranborne Chase and West Wiltshire Downs AONB Historic Landscape Characterisation	https://doi.org/10.5284/1041584	2006	2008	2017
C25	Colne Valley Park Historic Landscape Characterisation	https://doi.org/10.5284/1000019	2007	2007	2007
C26	Greater Manchester Urban Historic Landscape Characterisation Project	https://doi.org/10.5284/1017434	2007	2012	2012
C27	Worcestershire Historic Landscape Characterisation	https://doi.org/10.5284/1027499	2007	2013	2014
C28	Lincolnshire Historic Landscape Characterisation	https://doi.org/10.5284/1043265	2008	2011	2017
C29	Oxford Archaeological Plan	https://doi.org/10.5284/1022572	2009	2012	2013
C30	Derbyshire Historic Landscape Characterisation	https://doi.org/10.5284/1039452	2010	2013	2016
C31	The Leicestershire, Leicester and Rutland Historic Landscape Characterisation Project	https://doi.org/10.5284/1050894	2010	2011	2019
C32	Birmingham Historic Landscape Characterisation	https://doi.org/10.5284/1043264	2011	2015	2017
C33	West Yorkshire Historic Landscape Characterisation	https://doi.org/10.5284/1042125	2011	2017	2017
C34	City of York Historic Environment Characterisation Project	https://doi.org/10.5284/1032005	2012	2013	2015
C35	Tyne and Wear Historic Landscape Characterisation	https://www.gateshead.gov.uk/media/10347/Tyne-and-Wear-Historic-Landscape-Characterisation-final-report-/pdf/McCord _ Centre _ Report _ 2014.1.pdf?m=636759910035700000	2012	2014	2014
C36	Oxfordshire Historic Landscape Characterisation	https://doi.org/10.5284/1043765	2012	2018	2018
C37	Wiltshire and Swindon Historic Landscape Characterisation	https://doi.org/10.5284/1042742	2012	2017	2017
C38	Coventry Historic Landscape Characterisation	https://doi.org/10.5284/1021108	2014	2014	2015
C39	East Berkshire Historic Landscape Characterisation	https://doi.org/10.5284/1059008	2014	2019	2020

2.2.1 早期：产生与实验阶段（1990～1997 年）

HLC 的想法最初源于 1990 年的白皮书《共同的遗产》（*This Common Inheritance*）。当时人们已经意识到，点信息式遗产数据的局限性：一是单独的历史纪念物需要被放到整个环境中去考虑；二是遗产名录永远不能记录任何特定地区的所有考古遗址的登记册[12]。为解决这一问题，英格兰遗产基金会资助了一些研究项目，其中包括 HLC。1993 年，在康沃尔郡的高地博德明荒原进行了 HLC 的第一次全面测试。

2.2.2 建立电子数据库阶段（1997～2007 年）

1997 年启动的埃文项目开始使用 GIS，这标志着 HLC 从基于纸张的特征化描述步入了数字化的进程。这些项目逐渐在兰开夏、埃塞克斯郡等地开展。这一时期，根据地图创建的每一个特征多边形开始使用属性数据表并产生多种输出；另一个显著的突破在于对 SMR 点数据的综合利用。

2.2.3 地理信息系统的进一步发展（2007 年至今）

之后的 HLC 项目调查与操作技术更加成熟，其中在大曼彻斯特的 HLC 项目中使用到了 HBSMR（Historic Buildings, Sites and Monuments Record）这一数字表征。这一时期地理信息系统进一步发展，特别是 HBMSR 的应用，使得遗产数据库得以直观地为 HLC 项目起到辅助判断的作用。同时，在项目标准化上取得了一些进步，包括使用标准化的字符类型来定义每个已绘制的土地地块。至此，在英格兰的郡县尺度上基本形成了概括类型（broad type）与子类型（sub type/narrow type/individual）两个层级的类型，在概括类型上主要体现的是土地覆盖情况，而子类型则包括了历史、形态、使用情况等多方面的内容。下面将以最新阶段的大曼彻斯特历史景观特征评估为例，对 HLC 实践的过程与所用到的数据进行详细说明。

2.3 HLC 的核心平台与构成板块

概括而言，GIS 作为 HLC 工具运作与成果制作的核心平台与工具，主要运用在以下几个阶段：①前期数据的收集与数字化；②各图层叠加与空间分析；③成果数据库的系统构建与存储；④与其他数据库的协同与联动。各 HLC 数据库主要包括以下板块：在线地图、历史环境记录、HLC 单元、现状要素、历史地图数字化源数据，并且每个单元都可以连接到相应的说明文字、照片信息等，以清楚地了解其现状与历史用途（图 2）。

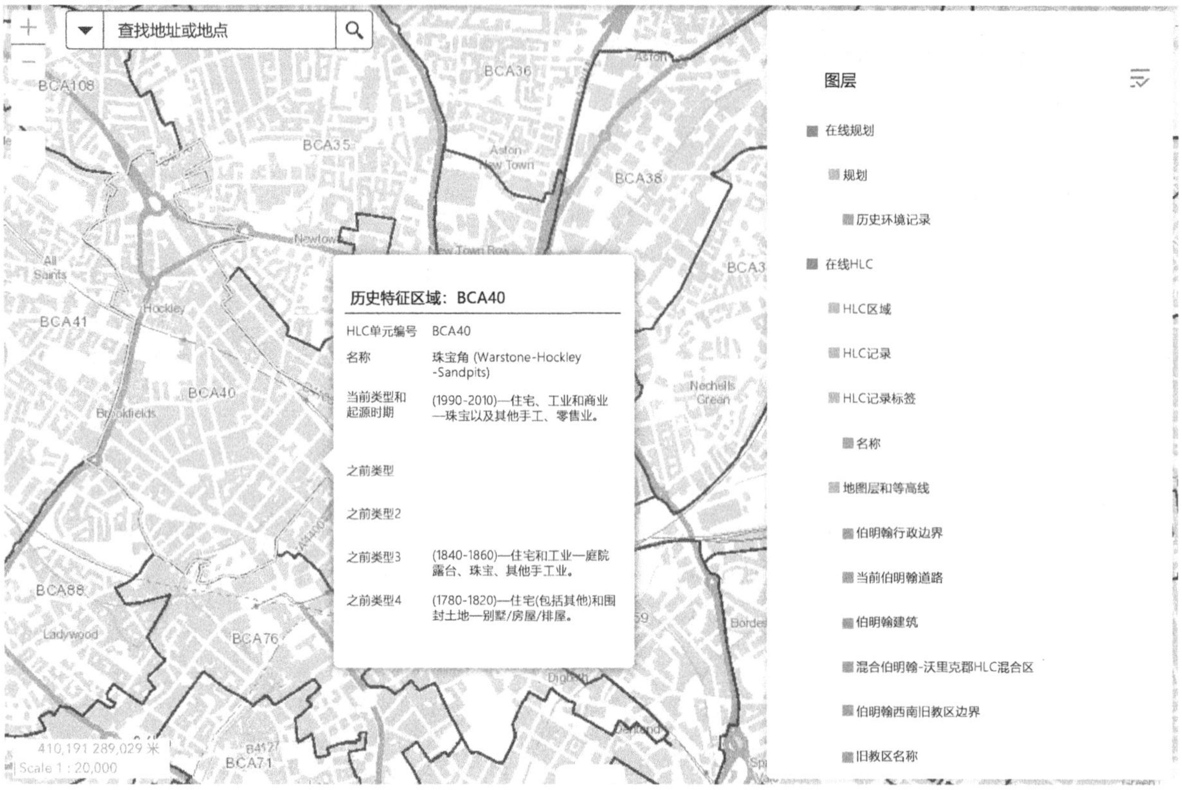

图 2　伯明翰历史景观特征在线数据库

3　英格兰大曼彻斯特地区 HLC 的实践

3.1　英格兰大曼彻斯特历史景观评估概况

英格兰大曼彻斯特城市历史景观特征化项目从 2007 年开始到 2012 年完成，相比于之前的郡县级项目，是一个大都市城市特征化的案例。该项目的总体目标是利用地理信息系统（GIS）和一个链接数据库（HBSMR）对大曼彻斯特的景观进行广泛描述，鼓励通过规划过程和制定研究策略来管理和理解景观。

3.2　HLC 结果：历史景观一张图

大曼彻斯特地区 HLC 项目的结果可以通过一张图来清晰地展现，无须繁琐的文字说明，比如我们看到下图鲜红色的区域就是商业地区。由于尺度问题，在全域的范围我们只能定义到“概括类型”（图 3），在下一尺度，则可以看到博尔顿市的“子类型”情况（图 4）。在 GIS 平台上可以通过缩放来展现不同层级的嵌套关系，所以说是历史景观一张图。这样清晰直观的展现方式与开源的平台，便于不同学科或研究方向的人共同使用项目的成果。

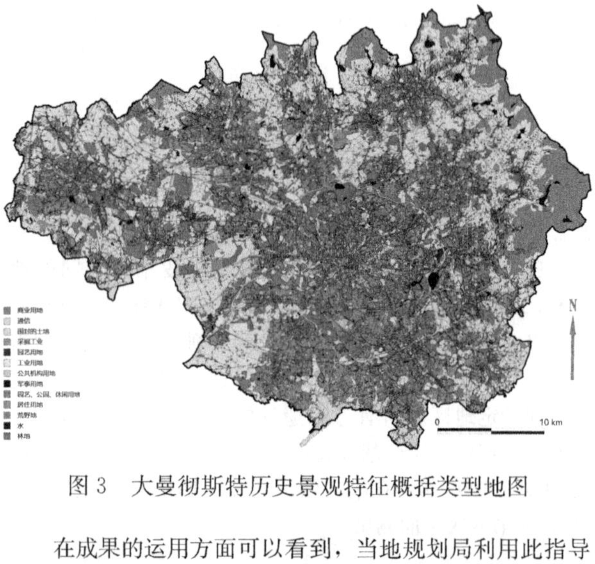

图 3　大曼彻斯特历史景观特征概括类型地图

在成果的运用方面可以看到，当地规划局利用此指导核心策略，自然保护区利用此成果预测新保护区潜力。另外，对于英格兰的另一项工具景观特征评估（LCA）来说，HLC 增加了 LCA 经常低估的城市尺度，HLC 也提供了更多的空间来关注近期景观特征的变化，而 LCA 为 HLC 类型的细节提供了一个更简单、更高层次的全局背景[13]。

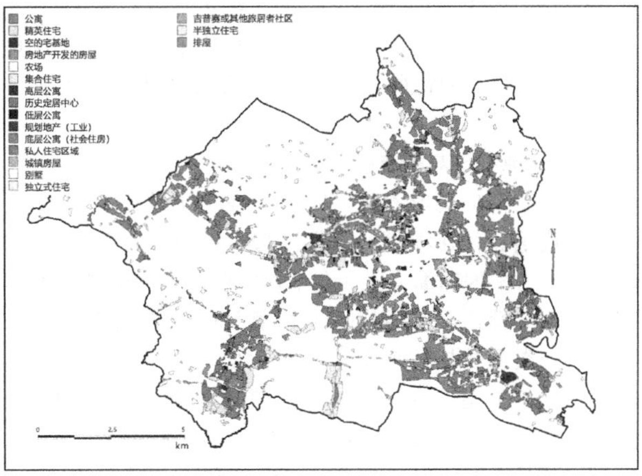

图4　博尔顿市历史景观特征子类型地图

3.3　大曼彻斯特地区 HLC 的数据来源

在大曼彻斯特地区 HLC 实践过程中，主要运用到以下四类历史数据（表 2）[14]。

一是地图数据，包括定义当前特征区域的最新一版 OS 地图和用于追溯当前特征区域历史起源的历史 OS 地形测量图等。由于 19 世纪和 20 世纪初不同郡的地图在不同年份制作，这意味着断代日期是整个区域的近似日期，而不是精确日期。

二是遗产资源数据库，大曼彻斯特历史环境记录（GMHER）包含考古调查、纪念碑和迷路发现的记录、法定名称（如列入名单的建筑物、注册公园和花园及自然保育区）以及本地特色历史建筑，这可能会产生一个公众参与的机会。

三是历史文献与书籍，同时在日常特征描述和编写地区报告时，也参考了大量文献如大曼彻斯特卷中的西北部湿地调查，以及书籍资料。

四是互联网，当时主要是必应或 Google 的在线地图和街景，用来辨析特征类型和日期。

大曼彻斯特地区 HLC 的数据来源列表　　表 2

数据类型	数据名称	数据细节		数据应用指向
地图数据	2006 年英格兰 OS 地图	2006 年	1∶2500	定义当前景观特征类型
	柴郡、德比郡、兰开夏郡的 OS 郡县系列地图	1848～1932 年	1∶10560/1∶2500	判断当前景观的起源日期
	英格兰全国地图	1950～2005 年	1∶10000/1∶2500	判断当前景观的起源日期
	阿什顿、维冈镇等 OS 城镇测量地图	1847～1888 年	1∶10560	辅助判断当前景观的起源日期
	其他本地测量地图	1577～1851 年		辅助判断当前景观的起源日期
遗产资源数据库	大曼彻斯特历史环境记录（GMHER）	包含考古调查、纪念碑和零星发现、法定指定的记录，如列入名录的建筑物、注册的公园和花园和保护区，以及当地有兴趣的历史建筑		提供了额外的细节和考古深度
历史文献与书籍	特定类型土地的调查	西北湿地调查(大曼彻斯特卷)/大曼彻斯特工业考古指南/英格兰建筑		撰写报告文件
	特定地区的历史调查	曼彻斯特到 1851 年的历史/曼彻斯特城市规划/曼彻斯特：隐藏的历史/罗奇代尔教区历史		
互联网	Bing 和 Google 在线航拍卫星图和街景	大曼彻斯特的大部分城市和郊区可以从街道尺度上近距离观察		确定年代模糊的区域

3.4　HLC 实施过程：基于 GIS 平台的信息空间化

3.4.1　定义特征区域类型：概括类型和子类型

特征区域类型可以在概括类型（broad type）和子类型（sub/narrow/individual/HLC type）两个层次上定义（表 3）。概括类型主要考虑了土地利用情况，子类型则是考虑了功能形态以及数据的可获得性，如在工业用地中考虑主导工业部门、建筑规模等。在项目进行的过程中，将添加一些之前未能预见到的其他特征类型。

大曼彻斯特地区概括类型和子类型关系以及分类依据列表　　表 3

概括类型	子类型	考虑的属性信息（子类型分类依据）
围封土地 enclosed land	连片的田地（agglomerated fields）、史前田野系统（prehistoric field systems）、带状田地（prehistoric field systems）等	田地大小、格局、边界形态、前类型的可查取性

续表

概括类型	子类型	考虑的属性信息（子类型分类依据）
工业用地 industrial	酿酒厂（brewery）、纺织厂（textile mill,）、造纸厂（paper mill）等	主导工业部门、建筑规模、前类型的可查取性

3.4.2 创建多边形：以现在的地图为基础

历史景观特征多边形的创建以当前景观为基础，通过使用1∶10000的OS（Ordnance Survey）测绘地图来识别离散的特征斑块，必要时使用Master Map细化边缘。

3.4.3 HBSMR：可连接的遗产数据库

HBSMR（Historic Buildings，Sites and Monuments Record）是一个数据库、地理信息系统和图片管理系统（网址：https：//www.esdm.co.uk/hbsmr-historic-environment），由exeGesIS空间数据管理有限公司专门为地方当局的地点和纪念碑记录（也称为历史环境记录Historic Environment Records，HERs）而开发的（图5）。HBSMR使用Access作为数据库，MapInfo或ArcView作为GIS组件。HLC组件包含一组表和数据输入表单，允许为字符区域创建的多边形轻松地与相关数据链接。使用HBSMR的另一个优点是，HLC数据可以很容易地与考古遗址、事件和法定指定有关的现有HER数据一起查看。这标志着，原本在兰开夏郡做出的点数据与历史景观特征建立联系的尝试受到了更多的重视。

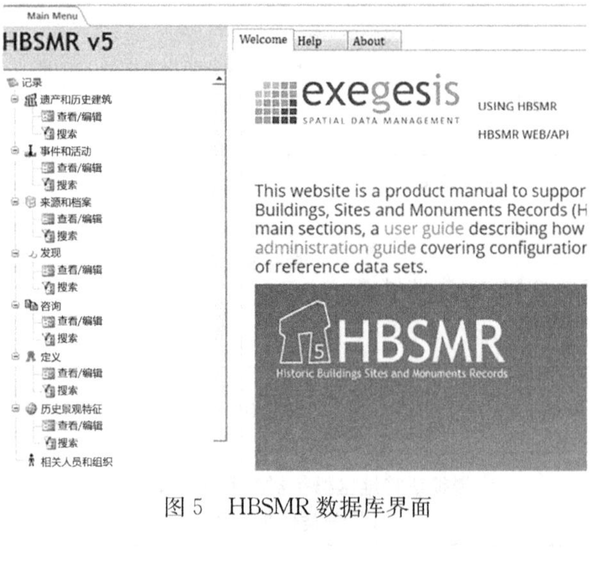

图5　HBSMR数据库界面

3.4.4 赋值：根据数据库定义特征类型

一旦创建了一个历史景观特征多边形，在该多边形区域内任何现有的带有GIS点的HER记录都被链接到HLC记录。例如，这些历史景观特征斑块可以是某一特定日期的住宅区的范围，通过查看街道的布局和房屋的类型来判断建造的大致日期。然后查阅历史地图，确定该地点以前的土地用途，并确认该类型的起源日期，从而完成将时间深度添加到每个单独的特征区域这一过程。如果一个地点的用途已经发生转变，实质上它的转变不止一次，那么以前的特征类型可以进入数据库进一步追溯。

3.4.5 实地考察与报告撰写

考察主要是实地考察，以校验在历史地图中难以确定的年代信息，在项目的后期阶段，Bing地图和谷歌街景也成了考察的辅助手段。在报告中概述了每种“概括类型”的定义特征，并通过“子类型”检查“概括类型”。具体特征类型的描述框架包括两大部分：一是概述概括类型及其子类型的发展规律，二是提出未来潜在发展方向，下面以工业用地这一概括类型为例。首先基于HLC成果概述其发展历程，如“18世纪末和19世纪，曼彻斯特及其腹地以纺织业为基础发展成为世界领先的制造业中心”；第二部分则会提供一些发展建议，如“以前的工业综合体被拆除后，周围的基础设施却得以保存，这些‘棕色地带’在新的、低成本的住房开发方面具有发展潜力”[14]。

4 对我国历史景观数据库建立的启示

4.1 全域性

所有的地方都是有历史的，所有的时刻都在成为历史。这种全域的、动态演进的历史观念已逐渐成为一种趋势，而HLC则体现了这样的历史观。所以，我国在建立历史景观数据时也应该是全域的，包括了历史保护区内部与外部，包括了自然、乡村与城镇。

4.2 空间性

相比于历史名录与照片描述性的数据库，HLC所划分出的空间历史景观特征单元与最后呈现出的一张图，增加了易读性与传播性，也便于空间规划的管理。相反，比如我们可以看到现在提供的省级文物保护建筑，只有一个名字，我们不知道它们的位于山间还是平原，是聚集着大量的古建筑还是只有一个。HLC所补充的空间维度使得我们可以把矢量的、具有明确空间信息的特征单元与文字、照片连接起来，形成全面的了解与查找方式。

4.3 数字信息性

将历史维度以数字化的方式储存在GIS平台中，达到可修正、可共享、可协作的目的。在大曼彻斯特项目中，特别是HBSMR数据库的使用，为历史景观数据库与不同数据的连接提供了启示，也为社会参与式的历史调查提供了可能。在未来，我们可以包括风景园林师、规划师、社会学家、历史学家、人类学家、环境学家、生态学家和地质学家等，还有公共的团体、普通公众，也就是所有在不同时间生活、工作和参观不同景观的人们[15]。同时，城市更新也与社会参与密切相关，不仅是自上而下的决定。在互联网技术飞速发展的今天，共享与协作的数字化平台将发挥更加重要的作用。

5 总结

在我国国土空间规划和城市更新的大背景下，在历史观念转变的前提下，我们对全域的历史信息越来越重视。HLC为理解和描述历史景观和管理景观变化提供了一个系统的框架，其成果为历史景观GIS图与报告文件，可以为当地规划局指导核心策略等提供较为科学客观的依据。我国在建立历史景观数据库的过程中，需要考虑到全域性与空间性，同时充分利用互联网技术，并通过文献、书籍、跨学科合作来弥补历史信息的缺失。

参考文献

[1] Loulanski T. Revising the concept for cultural heritage: the argument for a functional approach[J]. IJCP, 2006, 13: 207.

[2] Fairclough E G, Rippon S. Europe's landscape: archaeology, sustainability and agriculture[R]. Europae Archaeologiae Consilium.

[3] Turner S, Crow J. Unlocking historic landscapes in the Eastern Mediterranean: two pilot studies using Historic Landscape Characterisation[J]. Antiquity, 2010, 84(323): 216-229.

[4] 杨震．城市设计与城市更新：英国经验及其对中国的镜鉴[J]．城市规划学刊，2016(01)：88-98.

[5] 2021年广州市政府工作报告[R/OL]．广州市：广州市第十五届人民代表大会第六次会议．(2021-07-30)．http://www.gz.gov.cn/zwgk/zjgb/zfgzbg/content/post_7067312.html.

[6] 彭舒妍．空间正义视角下的城市更新治理模式比较研究[J]．住宅科技，2021，41(07)：31-35；46.

[7] Bandarin F, Van Oers R. the UNESCO recommendation on the historic urban landscape[M]. Chichester: John Wiley & Sons, Ltd, 2012.

[8] 栾成显．洪武鱼鳞图册考实[J]．中国史研究，2004(04)：123-139.

[9] 严国泰，赵书彬．建立文化景观遗产管理预警制度的战略思考[J]．中国园林，2010，26(09)：12-14.

[10] 周剑云，蒋定哲，鲍梓婷，等．历史景观特征——链接"保护区"与"城市历史景观"[J]．国际城市规划：1-18.

[11] English Heritage. Historic Landscape Characterisation[J]. Archaeology Data Service, 2018.

[12] Fairclough E G, Rippon S. Mapping Lancashire's historic landscape: the Lancashire Historic Landscape Characterisation program[J]. 2002: 11.

[13] Fairclough G, Herring P. Lens, mirror, window: interactions between Historic Landscape Characterisation and Landscape Character Assessment[J]. Landscape Research, 2016, 41(2): 186-198.

[14] Norman Redhead. Greater Manchester Urban Historic Landscape Characterisation Project (HLC)[R]. English Heritage, 2012, 3.

[15] Turner S. Historic Landscape Characterisation: A landscape archaeology for research, management and planning[J]. Landscape Research, 2006, 31(4): 385-398.

作者简介

吴雪琳，1999年生，女，汉族，安徽人，华南理工大学硕士在读，研究方向为景观特征评估。电子邮箱：3303226306@qq.com。

鲍梓婷，1987年生，女，汉族，山东人，博士，华南理工大学建筑学院，亚热带建筑科学国家重点实验室，副教授、硕导，研究方向为景观特征评估。电子邮箱：ztbao@scut.edu.cn。

蒋定哲，1995年生，女，汉族，湖南永州人，硕士，广东省城乡规划设计研究院有限责任公司，工程师，研究方向为城乡规划与管理。电子邮箱：1477992308@qq.com。

健康城市视角下社区公共空间老年人出行行为及空间特征研究：以成都典型社区为例①

Research on the Behavior and Spatial Characteristics of the Elderly in Community Public Space from the Perspective of HealthyCity: A Case Study of Typical Communities in Chengdu

张文萍　魏琪力　郭莹雪　王倩娜*

摘　要：城市中老旧小区的老龄化程度更高，且呈一定加速发展态势，营建适应老年人活动需求的社区公共空间在城市更新及构建健康城市背景下显得尤为重要。研究选取成都市老年人口密度较高的玉林街道所辖部分社区为研究范围，以老年人为研究对象，通过实地考察、问卷调查等方法，系统分析了社区内的公共活动空间与社区公共服务设施等空间要素，归纳总结了社区内老年人的行为方式和特征，明确了老年人日常出行活动具有多样性、地域性、复合性三大特点，对社区公共空间提出了适宜性、便利性、复合性的要求。基于老年人的行为及空间特征分析，提出社区公共空间适老化更新改造策略，以期为建设健康宜居的适老化社区公共空间提供参考。

关键词：社区公共空间；适老化策略；行为特征；城市更新；成都

Abstract: The aging degree of old community in cities is higher, and the development trend is accelerated to a certain extent. It is particularly important to build the community public space that meets the activity needs of the elderly in the context of urban renewal and the construction of healthy city. In this paper, some communities under the jurisdiction of Yulin Street with high elderly population density in Chengdu are selected as the research scope, and takes the elderly as the research object, through field investigation and questionnaire survey, systematically analyzed the space elements such as public activity space and community public service facilities in the community, as well as the behavior patterns and characteristics of the elderly, determined that the daily activities of the elderly are characterized by diversity, regionality and complexity, which puts forward the requirements of suitability, convenience and complexity for the community public space. Based on the behavior and spatial characteristics of the elderly, the aging renewal and renovation strategy of community public space is proposed in order to provide reference for the construction of healthy, livable and aging community public space.

Keywords: Community Public Space; Appropriate Aging Strategy; Behavioral Characteristics; Urban Renewal; Chengdu

引言

为应对快速城市化带来的健康威胁，促进城市健康可持续发展，世界卫生组织（WHO）于20世纪80年代开始倡导健康城市建设，并将其作为一项全球性战略[1]。2017年，建设健康中国上升至国家战略[2]，健康城市建设成为健康中国的重要抓手，而健康老龄化是健康城市建设的重要方面。社区作为居民日常生活的主要场所，是居民养老的第一阵地。2020年初经历了由新冠疫情引发的全民隔离，促使公众广泛对“健康、社区、空间、管控”产生前所未有的关注与思考，进而充分意识到社区建成环境对生活及健康的重要影响[3]，健康社区的建设也成为后疫情时代的重要课题。

老年人指年龄在60周岁以上的人群，虽然空闲时间丰富，但受自身生理条件限制，出行范围较小，社区中的公共空间成为其户外活动和社会交往的重要场地。相关研究表明，良好的社区绿色基础设施不仅能丰富居民生活、活跃社区氛围，还发挥重要的生态价值，改善人居环境，更是紧急情况下的避难场所[4]。然而旧城区中往往缺少大型公共绿地，仅存的少数绿地对于老年人的可达性较低[5]，老旧社区的公共空间也普遍质量不高、功能不足，使得老年人整体活动质量偏低，主要表现出活动内容单调、在健体益智和陶冶情操等方面十分欠缺的问题。事实上，只要环境条件合适，很容易触发老年人的自发性活动和社会性活动[6]。因此，对社区公共空间的适老化研究，有助于增加老年人生活的幸福感和满意度，营造一个健康的老年宜居社区环境。

社区公共空间是指社区或社区群中，在建筑实体之间存在着的开放空间体，是社区居民进行公共交往，举行各种活动的开放性场所[7]，对老年人的生活质量和身心健康有着至关重要的影响。设计得当的公共空间可以诱发散步、锻炼、社交、园艺等一系列有益身心的活动，具有减缓衰老、预防常见慢性疾病的功效[8]。汪丽君等[9]将

① 基金项目：国家自然科学基金青年项目“成渝城市群绿色基础设施多尺度空间格局分析及空间规划方法研究”（编号31500581）；成都市科技项目“成都市公园城市建设政策体系及推进策略研究”（编号2019-RK00-00261-ZF）；四川大学2019年“大学生创新创业训练计划”省级项目“人口老龄化背景下有温度的养老社区营造研究——以成都市玉林社区为例”（编号C2019107263）。

可能会对老年居民健康状况产生影响的社区公共空间要素总结为五个方面，分别是整体规划布局、流线设计、治安环境、疗愈康复性、空间归属感及场所精神营造；孙艺等人[10]通过建立社区活动场地空间环境特征对老年人吸引力的多元回归模型，揭示老年人活动人数与场地空间环境特征之间的定量关系。以上研究表明，既往对于社区公共空间的适老化研究多通过定性定量结合的方法进行关联性[11]、群体需求[12]、景观偏好[13]、满意度评价[14]等方面的研究，或基于规划设计的角度进行适老化改造策略指导，更加侧重于物质环境，对精神层面的关注较少，且将不同年龄段老年人分类进行的研究也比较少。

基于以上背景，本研究以玉林街道所辖部分社区为研究范围，以老年人为研究对象，通过问卷调查、实地考察，从行为角度了解老龄居民日常出行目的、时段、时长等行为特征；从需求角度分析老年人对社区内各类养老服务设施的认知能力、需求偏好，以及对公共空间的使用规律和特征。研究结果能为建设健康宜居且具有人文关怀的适老化社区公共空间提供依据和参考。

1 研究范围及方法

1.1 研究范围

以成都市玉林街道下辖的玉东社区、玉北社区和倪家桥社区部分区域及三个社区相连的公共空间为研究范围（图1）。此片区建于20世纪80年代，面积0.45km²，总人口约3万人，其中老年人口约占20%，具有典型的蓉城特色，是四川省“首批城乡社区治理试点单位”、成都市百佳示范社区。社区内部街道四通八达，公共空间类型丰富，基础服务设施齐全，居民日常活动极具特色，是成都传统生活的缩影，但同时也面临老旧建筑过多、空间场所有限、居民结构复杂及老龄化等问题。

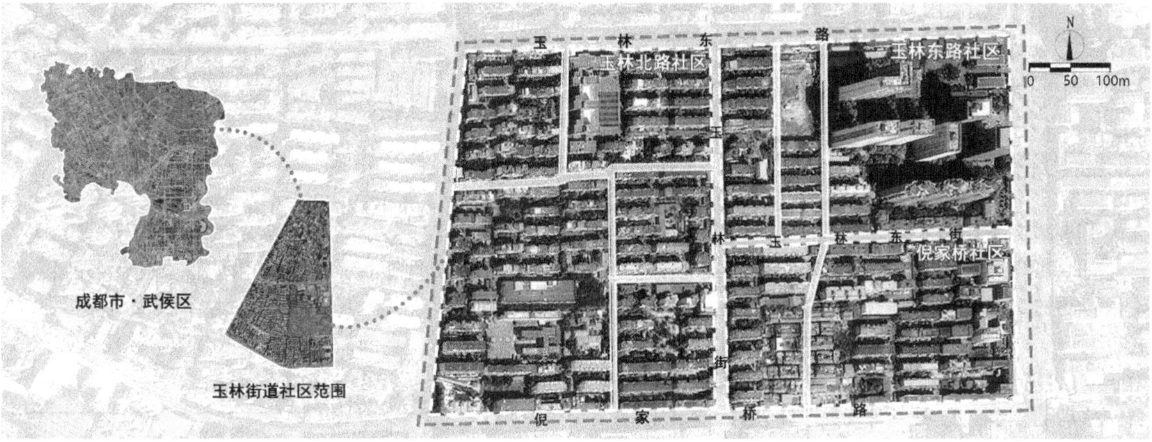

图1 研究范围

1.2 研究方法

1.2.1 社区公共空间识别及分析

通过实地调研、观察记录、现场拍摄、场景绘制等方法，对社区公共空间进行识别和分类，分为开放活动空间、街道空间、过渡空间三种类型，并绘制公共空间分布图，进一步分析老年人的出行和空间特征。

1.2.2 社区公共空间老年人出行行为特征分析

首先，基于访谈法和观察法了解老年人日常出行活动，依据年龄将老年人分为低老化（60～70岁）、中老化（70～80岁）、高老化（80岁以上）三种类型。进一步设计问卷，问题包含老年人的基本情况（年龄、性别、教育程度、兴趣爱好等）、日常出行活动情况（出行目的、范围、出行方式、出行时间、时长、频率）。最终发放问卷150份，回收有效问卷113份，有效率为75.33%。

其次，经社区居委会协助，对5位居民（低老化居民3位、中老化居民2位）一天内（8：00～20：00）的出行路径进行记录并可视化。

最后，依据凯文·林奇的城市意象理论，引导6位低老化居民描绘自己对于社区的印象，了解老年人对现状社区的认识，明确老年人常走的路线和常去的地方，更好地了解老年人的空间行为及需求。

1.2.3 社区公共空间老年人出行空间特征分析

经多次走访，通过记录、绘制、拍摄等方式，对社区内主要开放空间、街道空间进行实地考察，选择典型街道记录老年人的行为特征、街道的空间关系，绘制街道断面图，选择社区内使用频率较高的开放活动空间，在一天中的四个时间点（9：00、12：00、15：00、18：00）对空间内老年使用者的活动进行定点观察，记录其活动类型和位置。最后，对部分老年人、社区居委会人员进行访谈，征求目前社区公共空间建设、使用存在的问题及适老化改造的建议。

2 研究结果

2.1 社区公共空间识别及分析

通过实地调研，根据形态和功能属性将社区公共空间分为开放活动空间、街道空间、过渡空间三种（图2），分析不同类型公共空间下老年人的行为特征。

开放活动空间主要指社区内的活动广场，通常由一些软性隔断围合，内部开敞，是居民举行集体活动、休憩、交往的场所。其内一般布置有健身器材、休憩设施、景观小品，往往成为社区的标志性场所和重要的点缀性空间，人流量相对较高。

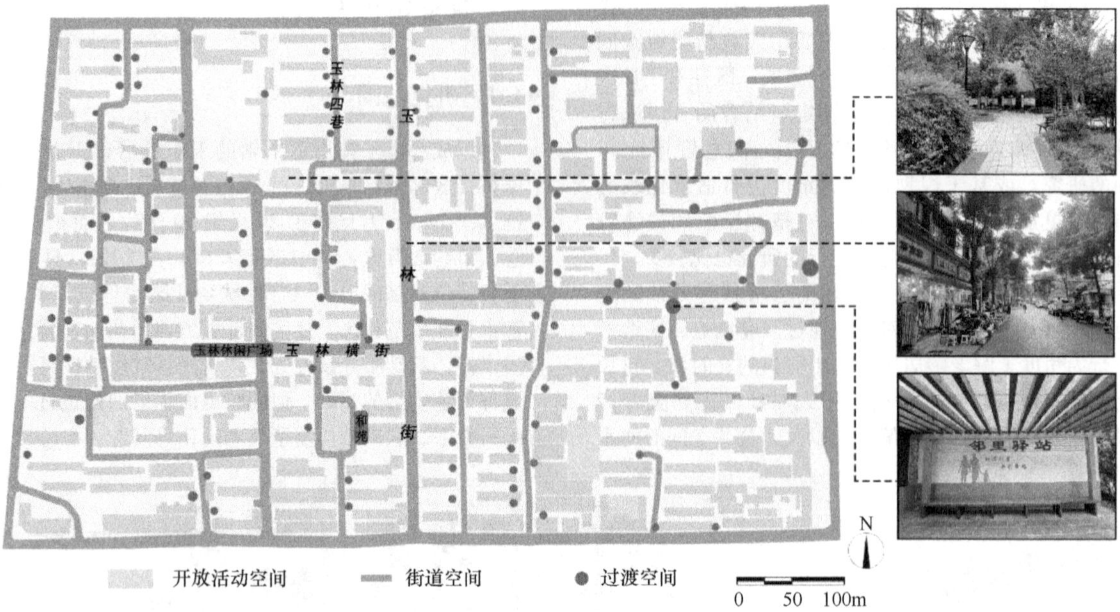

图 2　社区公共空间分类分布图

社区道路是城市道路的延续，包含交通干道、生活性街道、宅间小巷及道路边界空间等，承担居民社会交往、消费娱乐等功能。街道空间具有半开敞性和便捷的通达性，老年人一般进行散步、购物等目的性较强的发散型动态行为，以及打牌、休憩聊天等静态行为，其布置不仅要考虑交往活动的便利，还要充分考虑居民出行的舒适感和安全性。

过渡空间通常指不同性质的空间交接的区域，在社区中包括小区、建筑的出入口，民房的宅前屋后空间，是居民每日进出的必经之路。老年人在出行过程中因等候、偶遇熟人、体力不支停下休息，都会停留在过渡空间。玉林社区尝试将此类过渡空间升级为共享空间，如打造小型社区驿站。充分利用过渡空间，更容易激发老年人的聚集行为，丰富老年人的社区生活。

2.2　社区公共空间老年人出行行为特征分析

2.2.1　老年人日常出行特征分析

对 113 名老年人的日常出行习惯进行问卷调查与统计后，总结出了老年人的一般出行目的、时间、时长、活动选址等行为特征。

问卷结果（表 1）表明：在出行目的上，老年人对因购买、娱乐、医养需求出行的频率很高。在活动场地选址上，对活动室、健身点等专用场所兴趣不高，更喜欢去可达性高、空间开阔、设施齐全的玉林活动广场和玉东园。在出行时间上，主要集中在上午和傍晚时段，16：00～20：00 出门意愿最高，尤其是晚饭后，大部分老年人都有出门散步闲坐的习惯，20：00 之后几乎很少出行。老年人出行时长多在 50min 左右或 2h 以上，其中老年人到达社区内部服务设施和主要销售点约需要 50min，2h 以上的出行多出现于行动更加自由的低老化老年人身上，包括去社区以外的公园、商场购物、跳广场舞等，此类活动既满足了老年人的精神需求，也有助于保持身体健康。

社区老年人调研信息表　　表 1

调查因子		人数（人）	比例
年龄	60～70 岁	63	56%
	70～80 岁	40	29%
	80 岁以上	10	15%
出行目的	购买	75	66%
	餐饮	35	31%
	医养	45	40%
	娱乐	54	48%
	携孙	16	14%
	探亲访友	8	7%
性别	男	59	52%
	女	54	48%
活动场地选址	社区庭院	17	15%
	小广场	14	12%
	活动室	10	9%
	健身区	11	10%
	社区街道	10	9%
	玉东园	24	21%
	玉林活动广场	27	24%

2.2.2 老年人行为轨迹可视化分析

老年人出行轨迹（图 3）表明，社区现状服务设施能够满足基本的娱乐和购物出行，大部分出行距离在 500～900m 内，但社区现有的服务设施可能无法满足部分老年人的求医需求及个别娱乐活动。低老化的老年人追求更加丰富多样的精神生活，不拘泥于社区范围，出行半径更广，步行或乘坐公共交通工具去社区以外的地方；玉林综合市场距离核心居住密集区相对较远，中高老化老年人买菜一般就近选择小区门口或十字路口聚集的流动摊贩，虽然会对交通和街道整洁造成影响，但在一定程度上便利了老年居民的生活，也增添了社区的市井气息。

2.2.3 老年人社区意向地图分析

将获取的 6 份社区意向地图进行叠加及改绘（图 4），可将老年人对社区的印象节点总结为五类：教育场所；绿地、广场等休憩场所；菜市场、超市、餐馆等购物消费场所；活动中心等社区服务场所；其他印象节点。不难发现，老年人对社区的认识了解是基于他们的日常需求和一些特有的地标建筑形成的，对不常去的地方只能大概梳理方位，但对于菜市场、社区广场、居委会、药店、饭店等这类与老年人生活贴近的场所，不论空间大小，均可以明确定位。

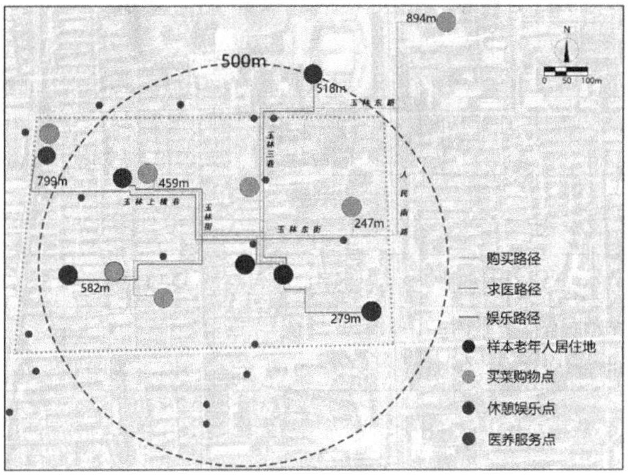

图 3　老年人出行轨迹图

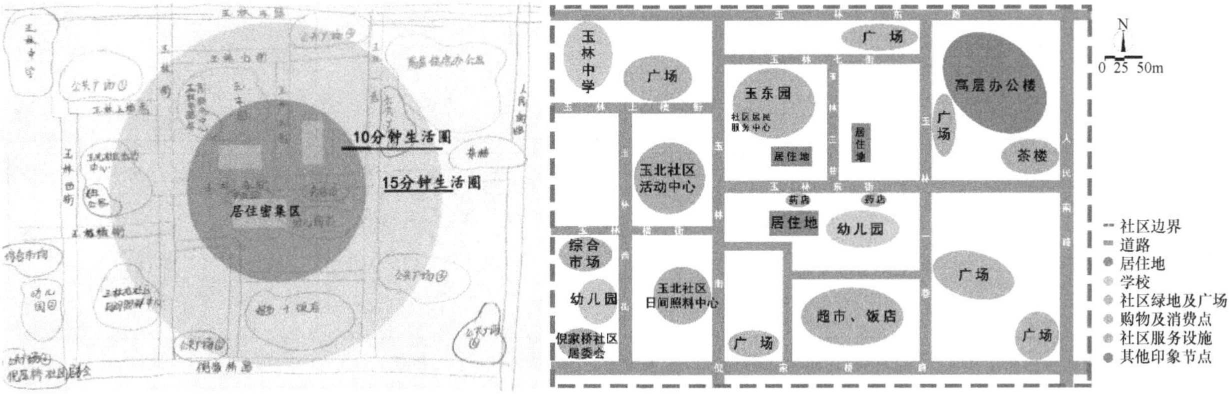

图 4　居民绘制的社区意象地图和改绘后的社区意象地图

2.2.4 小结

以上调研及分析结果表明，社区内老年人的出行活动具有多样性、地域性、复合性三大特点。多样性体现在除必要的生活性活动，老年人还进行许多与身体健康相关的医疗保健活动和丰富精神生活的娱乐活动；地域性体现在调研范围所处的玉林社区是典型的老旧社区，社区内老年人的生活习惯、兴趣爱好、邻里氛围甚至街道格局都独具特色；复合性体现在老年人在活动选址时更倾向于具有复合功能的场所。这三大特点能为社区公共空间的更新和适老化建设提供依据。

2.3　社区公共空间老年人出行空间特征

2.3.1　开放活动空间的使用特征

通过观察社区开放活动空间中的老年使用者，将其活动形态归纳为散步、闲坐、跳舞、遛狗、健身、带孩子、打牌下棋七种类型（图 5），不同活动类型有不同的空间特征和需求。棋牌、健身等强空间独立性活动，一般需要场地内有相应的设施，遛狗、散步、闲坐等空间独立性弱的活动，需要提供更好的环境氛围。老年人在开放活动空间中的平面分布形态可以分为点、线、面三种，一般呈面状的活动类型参与人数更多，需要的空间面积更大，往往需要独立的空间。

以社区内老年人使用频率较高的两处开放空间——玉林休闲广场、和苑为对象，绘制老年人的时空分布图（图 6）。玉林休闲广场靠近综合市场，空间上层树荫浓郁，下层开敞通透，和苑位于居住区内部，可达性高，绿化环境好，氛围静谧。9：00～15：00，两处空间中的老年人数量都较少，活动类型单一，以闲坐聊天为主，偶有老年人散步、遛狗和打牌。18：00，两处空间中老年人数量明显增多，主要进行聊天、打牌等休闲娱乐和散步、广场舞等康体活动。和苑的空间具有一定私密性，老年人会进行小规模的聚集，主要分布于凉亭和四个椭圆花台周围；玉林活动广场空间开敞，老年人会围绕活动和休憩设施进行活动，因此老年人呈点状矩阵分布就是受设施排布的影响。两处场地都缺乏专门的儿童游乐设施，携孙的老年人集中在健身器材和座椅附近。

活动类型	散步	闲坐	跳广场舞	遛狗	健身	携孙	打牌下棋
空间需求	地面平坦无障碍物	有休憩设施，遮阴良好空间围合，氛围私密	空间面积大，视野开阔，地面平坦	地面平坦，遮阴良好有绿地及休憩设施	有健身设施，空间开阔遮阴良好	地面平坦，有休憩设施、游乐设施	有休憩设施，遮阴良好、可挡风避雨
空间独立性	弱	中等	强	弱	强	中等	强
空间形态	线状	点状	面状	线状	点状	面状	面状
出行目的的强弱	弱目的性	弱目的性	强目的性	弱目的性	弱目的性	强目的性	强目的性
活动人数	1～2人	1～4人	10人以上	1～2人	1人以上	2～4人	4～10人
出行时间	8:00～20:00	8:00～20:00	8:00～20:00	8:00～10:00, 18:00～20:00	18:00～20:00	16:00～20:00	10:00～12:00, 16:00～20:00

图 5　开放空间中老年人活动类型

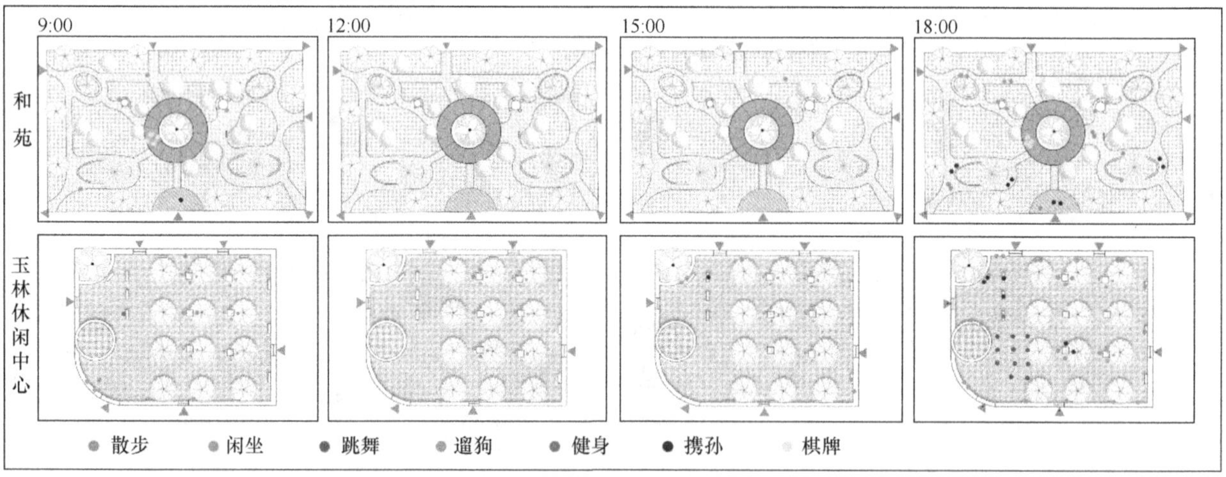

图 6　社区开放空间老年人时空分布

2.3.2　街道空间的使用特征

受用地紧张限制，成都市的老旧小区一般形成以街道为中心的空间组织模式，居民充分利用街道空间展开形式多样的密集的日常活动。依据调研结果，可将社区街道空间划分为：满足居民通勤活动的交通型街道、以日常购物消费为主的消费型街道、以日常生活和邻里活动为主的生活型街道（图 7）。

交通型街道区别于其他街道体现在其核心功能是满足交通需求。在玉林社区中基本上是分布于社区外围的城市次干道，有倪家桥地铁站和数量众多的公交换乘点，车流量大，作为进出社区的必经之路，会有通行的老年人，但停留较少。消费型街道以商业功能和社会交往功能为主，如玉林街等支路和其他社区内部道路，宽度普遍宽于生活型街道。街道两侧一般存在临街铺面、公共服务设施和活动空间，空间类型丰富，安全监控系统和照明设施齐全，考虑到一定的无障碍设计，可达性高，氛围热闹，老年人的使用频率高，活动类型也更加丰富。生活型街道一般为“巷”层级空间，呈枝状结构，多为尽端式道路，缺少交通回路，具有较强的内向性。宽度一般在 1～2m，空间尺度相对较小，氛围静谧，适合进行人数少、私密性强的邻里活动。

通过实地观察，将社区中老年人在街道空间的活动形态类型总结为拄拐杖、坐轮椅、买菜、携孙、休憩闲坐、推婴儿车、结伴、聚集八种类型（图 8），不同活动类型在街道上的分布和对空间的要求有所不同（表 2）。以具有代表性的玉林街、玉林四巷、玉林横街为例，绘制道路断面图，更直观地分析现状社区中不同类型街道空间的尺度、设施和使用特征。

典型街道空间分析　　表 2

	玉林四巷	玉林横巷	玉林街
空间类型	生活型	消费型	交通型
街道形式	围墙＋围墙	底商＋围墙	底商＋围墙
优点	氛围静谧 墙面美化	空间丰富 功能复合	功能复合 遮阴率高
缺点	遮阴率低 无照明设施	商铺、非机动车占道	商铺、非机动车占道
活动类型	闲坐聊天	闲坐聊天 买菜购物	闲坐聊天 打牌、购物、遛狗

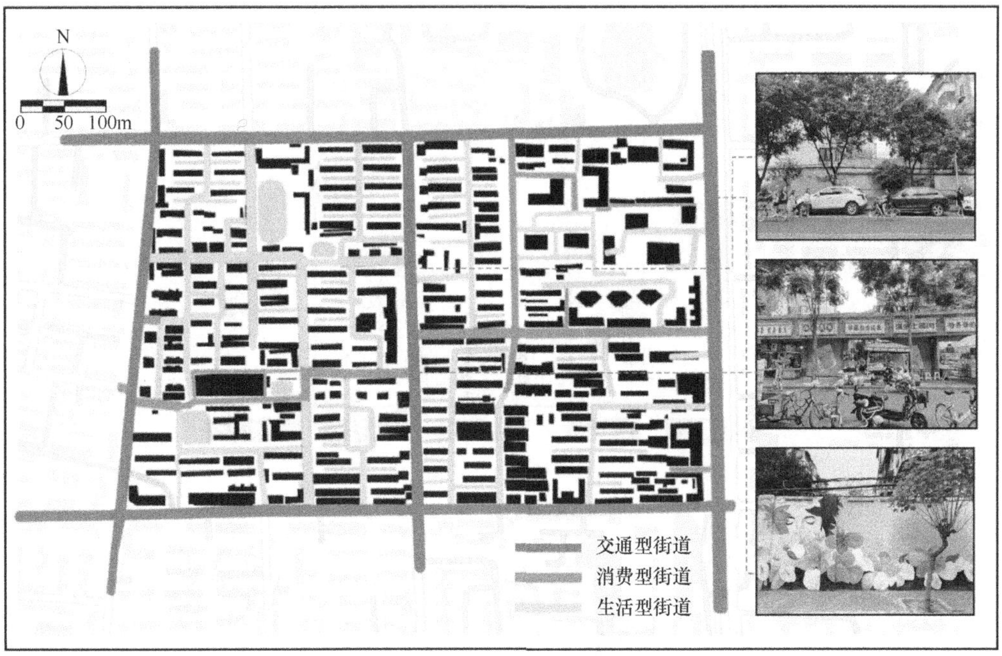

图 7 街道空间分类

活动类型	500mm 柱拐杖	800mm 坐轮椅	600mm 买菜	1000mm 携孙	1600mm 休憩闲坐	800mm 推婴儿车	1200mm 结伴	2000mm 聚集
空间需求	地面平坦 无障碍物	地面平坦 有无障碍设计	地面平坦 遮阴好	地面平坦，有休憩设施，安全系数高	绿化及遮阴效果好，有休憩设施，视线良好	地面平坦 有无障碍设计	地面平坦 路面宽敞	空间开敞、遮阴良好 可遮风避雨
出行目的强弱	弱目的性	弱目的性	强目的性	强目的性	弱目的性	强目的性	强目的性	强目的性
行为状态	动态	动态	动态	动态	静态	动态	动态	静态
出行时间	8:00～20:00	8:00～20:00	6:00～10:00 18:00～20:00	8:00～20:00	8:00～20:00	8:00～10:00 16:00～20:00	8:00～20:00	10:00～12:00, 16:00～20:00

图 8 街道空间中老年人活动类型

玉林四巷（图 9-a）是社区内典型的居住型街道，街巷治理与环境美化相结合，有垂直绿化和墙面涂鸦，沿街布置休憩座椅和一处智能共享书柜，使用率不高，但使街道空间更加丰富。因为靠近居民住宅，行动不便或不愿远走的老年人就近在此闲坐和聊天，活动类型相对单一。

玉林横街（图 9-b）底层商业形态丰富，街道活力较高。定位为书信文化街区，文化氛围浓厚，平时作为休憩空间，有老年人在此闲坐聊天。商业建筑前摊贩占道经营，老年人只能在车行道上挑选、购买和行走，既影响出行体验与空间美观，对老年人来说也存在一定安全隐患。

位于中轴线上的玉林街（图 9-c）具有商业、交通、服务、居住等复合功能，行道树遮荫率高，道路与建筑宽高比适宜，商业建筑一侧的人行道由于非机动车停放和店铺占道经营而空间不足，导致老年人在车行道上行走，存在安全隐患（图 9）。

2.3.3 小结

以上调研及分析结果表明，老年人日常出行要求社区公共空间具有适宜性、便利性、复合性的特点。同时老年人的普遍诉求总结为可达性高、安全通行、舒适宜人、有休憩设施四个方面。适宜性体现在大部分老年人的出行活动对公共空间的物理环境、卫生环境、绿化环境有一定要求。便利性体现在场所的可达性和无障碍设施的设置上，可以激发老年人的出行。复合性体现在老年人的出行活动对公共空间多功能化的需求——既有明确划分的

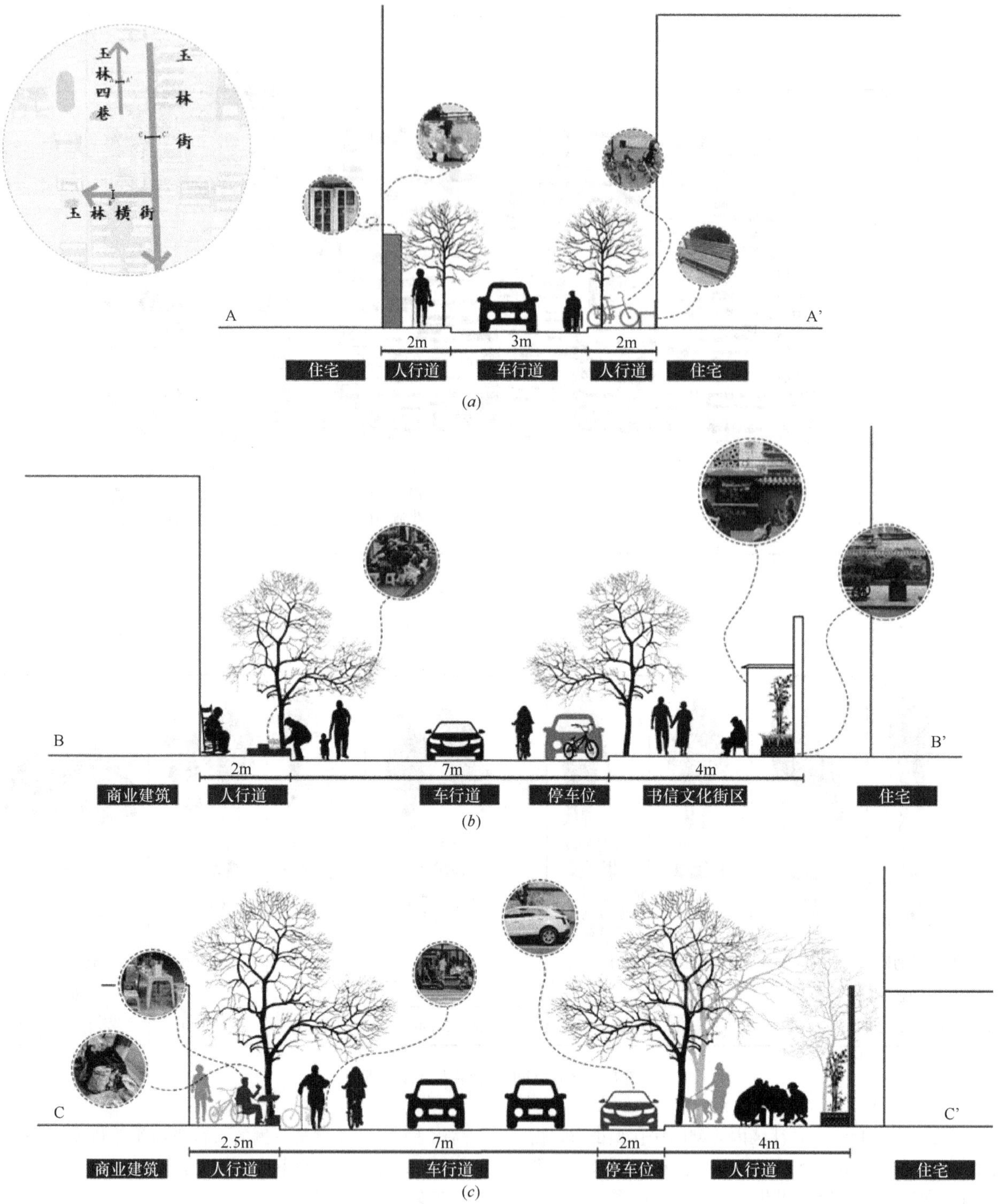

图 9　典型街道断面图

功能空间，又可以相互融合，有助于增进邻里关系，丰富老年人生活。

3　基于老年人出行行为及空间特征的社区公共空间适老化更新策略

通过对研究范围内老年人的出行特征和社区公共空间环境（主要针对开放活动空间、街道空间）的研究，了解到老年人不同行为特征对社区公共空间的多样化需求。虽然老年人的行为具有多样性和复合性的特征，依然可以根据其需求进行合理的资源配置和适老化更新，对空间中的行为进行善意引导，使老年人在自然状态下做出合理的、符合预期的行为。社区公共空间的设计和适老化更新不应脱离使用者的行为特征和心理需求，应关注老年群体的使用诉求，构建适老化的社区公共空间体系。

3.1 适老的街道空间优化

首先，构建以道路景观为基础的出行网络，老年人出行以步行为主，身体因素限制了其出行时间和距离，依托社区内现有的高密度路网，构建完整的社区步行网络，增强居住空间、休闲空间、康养设施之间的连续性。其次，加强街道空间细节的适老设计，适老的街道空间必须保证安全性，优化居住型街道安全系数时注意人行道应宽敞平坦，铺装防滑，防止摔倒，实行人车分流；减少摊贩和非机动车占道现象，保持沿街空间的视线通透和干净整洁；对路灯维护、升级，实现照明设施的全面覆盖；对人流量大的消费型街道和生活型街道进行精细化的无障碍设计，尤其保障高老化老年人和身体障碍者出行的连贯性。

3.2 健康社区的景观提质

整合社区公共空间景观资源，提升节点质量，除了景观欣赏功能之外，更应实现对不同生命周期人群的健康关怀，引导居民于健康的社区场景中培育健康的精神，重构健康的生活方式。一方面要从老年人的心理需求出发进行景观设计和设施配置，如疗愈身心的康复型景观和一些感官刺激和互动性比较强的活动设施，主动干预老年人的行为活动，缓解其孤独情绪；另一方面，由于社区内人口背景复杂，有不同年龄段、不同文化程度以及异乡养老的老年人，要尊重部分老年人对精神生活和社区空间品质的多元化、特殊化要求，丰富社区功能空间，增加设施的种类及功能，营建功能复合型景观。

3.3 社区绿色基础设施的适老化构建

在社区绿色基础设施建设中，不要局限于建设大型公园，应根据社区居民的使用情况，因地制宜地设置街头绿地，如袖珍花园、社区菜园，甚至拥有良好行道树景观的街道空间，见缝插绿，构建社区绿色网络。在绿色基础设施的适老化构建上，除了一定的健身活动设施，绿色空间的自然属性是促进使用的重要原因。运用自然的方式进行绿色空间设计，选择具有地域性和生活性的植物材料，种植空间灵活多样，并积极引导老年人在绿色空间内娱乐和活动，真正发挥其健康服务功能。

4 结语

本研究范围内老年人的日常出行具有多样性、地域性、复合性三大特点，这对社区公共空间提出了适宜性、便利性、复合性的要求。现状公共空间在绿化环境、服务设施、空间功能、运营管理等方面有待提升，基于此提出优化适老的街道空间、健康社区景观提质、构建适老的社区绿色基础设施等改造策略。在复杂的社区肌理和人口背景下，本研究后续宜结合场地适老化开展更新实践。此外，在未来的研究中，借助 GPS 等工具采集高精度数据，进一步围绕社区的物质环境和社会环境展开深入研究，积极与心理学、医学等其他学科进行交叉融合，共同指导健康宜居适老的社区环境建设。

致谢：

感谢四川大学 2019 年“大学生创新创业训练计划”省级项目成员瞿欣、廖子萱在前期调研访谈、数据资料提供中提供的帮助！

参考文献

[1] 董贺轩，潘欢欢．城市社区大型公共空间老龄健康活动及其空间使用研究——基于武汉“吹笛”公园的实证探索[J]．中国园林，2017，33(02)：27-33.

[2] 赵晓龙，侯韫婧，金虹，等．寒地城市公园健身路径空间运动认知模式研究——以哈尔滨为例[J]．建筑学报，2018(02)：50-54.

[3] 吴承照，刘文倩，李胜华．基于 GPS/GIS 技术的公园游客空间分布差异性研究——以上海市共青森林公园为例[J]．中国园林，2017，33(09)：98-103.

[4] 任斌斌，李延明，卜燕华，刘婷婷．北京冬季开放性公园使用者游憩行为研究[J]．中国园林，2012，28(04)：58-61.

[5] 戴晓玲，董奇．设计师视线之外的全民健身路径研究——杭州五处健身点的环境行为学调查报告[J]．中国园林，2015，31(03)：101-105.

[6] Park K，Ewing R．The usability of unmanned aerial vehicles (UAVs) for measuring park-based physical activity[J]．Landscape & Urban Planning，2017，167：157-164.

[7] 代婷婷，马骏，徐雁南．基于 Agisoft PhotoScan 的无人机影像自动拼接在风景园林规划中的应用[J]．南京林业大学学报(自然科学版)，2018，42(04)：165-170.

[8] 侯韫婧，赵晓龙，张波．集体晨练运动与城市公园空间组织特征显著性研究——以哈尔滨市四个城市公园为例[J]．风景园林，2017(02)：109-116.

[9] Cohen D A，Setodji C，Evenson K R，et al．How much observation is enough? Refining the administration of SOPARC[J]．Journal of Physical Activity & Health，2011，8(8)：1117.

[10] 刘海娟，张婷，侍昊，等．基于 RF 模型的高分辨率遥感影像分类评价[J]．南京林业大学学报(自然科学版)，2015，39(01)：99-103.

[11] 王玮，王浩，李卫正，等．基于小型无人机摄影测量的江南景观水资源综合利用分析[J]．南京林业大学学报(自然科学版)，2018，42(01)：7-14.

[12] Van Hecke L，Van Cauwenberg J，Clarys P，et al．Active Use of Parks in Flanders (Belgium)：An Exploratory Observational Study[J]．International Journal of Environmental Research & Public Health，2017，14(1)：35.

[13] Cohen D A，Setodji C，Evenson K R，et al．How much observation is enough? Refining the administration of SOPARC[J]．Journal of Physical Activity & Health，2011，8(8)：1117.

[14] 谭熊，余旭初，刘景正．无人机视频数据定位处理系统的设计与实现[J]．测绘通报，2011(04)：26-28；37.

作者简介

张文萍，1998 年生，女，汉族，山东烟台人，四川大学硕士在读，研究方向为绿色基础设施。电子邮箱：1404153419@qq.com。

魏琪力，1997年生，男，汉族，四川达州人，四川大学硕士在读，研究方向为绿色基础设施、风景园林规划设计、区域生态规划等。电子邮箱：13751135527@163. com。

郭莹雪，1998年生，女，回族，青海西宁人，四川大学本科在读。电子邮箱：scu-gyx@outlook. com。

王倩娜，1986年，女，汉族，重庆人，四川大学建筑与环境学院，副教授、硕导、风景园林教研室主任，研究方向为生态空间规划、绿色基础设施、新能源景观。电子邮箱：qnwang@scu. edu. cn。

儿童游戏偏好视角下老旧社区空间优化

——以北京市花园路街道社区为例①

Spatial Optimization of Old Communities from the Perspective of Children's Recreation Preferences: A Case Study of Huayuanlu Street Community in Beijing

岳凡煜　王　倩　王沛永*

摘　要："全面二孩"政策实施至今，新生儿童在不断增加，对儿童健康成长极为重要的户外游戏环境的需求同时持续增加，但是当前儿童游戏空间逐渐室内化的现象加剧，自然环境中的游戏空间一直处于发展滞后的状况，尤其是一些老旧社区公共空间游戏设施极为匮乏。本文以儿童为本，通过对儿童游戏偏好的分析，探讨儿童对游戏空间的功能需求。通过对花园路街道老旧社区的实地调研和勘察，总结目前社区存在的问题，从社区空间、街道空间和城市空间三个层级的公共空间进行儿童游戏空间的优化探讨，使社区儿童游戏空间功能完善，形成有秩序、有重点、可持续的发展模式。以期对以儿童需求为导向的城市社区儿童游戏空间的优化提供研究思路。

关键词：儿童游戏偏好；老旧社区；游戏空间；优化策略

Abstract: Since the implementation of the " the universal Two-Child" policy, the number of newborn children has been increasing, and the demand for outdoor recreation environments, which are extremely important for children's healthy growth, has also continued to increase. However, the phenomenon of gradual indoorization of children's has intensified. It is in a state of lagging development, especially in some old communities, which are extremely scarce in public space recreation facilities. This article is child-oriented, through the analysis of children's recreation preferences, to explore children's functional needs for recreation space. Through the field investigation and survey of the old community on Huayuan Road Street, we summarize the current problems in the community, and explore the optimization of children's recreation space from the three levels of community space, street space and urban space, so as to make the community children's recreation space function. Improve and form an orderly, focused, and sustainable development model. The purpose is to provide research ideas for the optimization of children's play space in urban communities oriented to children's needs.

Keywords: Children's recreation preferences; Old communities; Recreation space; Optimization Strategy

引言

关于儿童与城市环境的关系，很多学者探讨了城市环境及游戏功能的完善对儿童成长的重要性，缺乏游戏空间对于儿童个体乃至整个社会都是有害的[1]，户外活动可以培养儿童对集体的认同感归属感，增强儿童自尊心、自信心，通过观察、接触新事物，激发想象力创造力。城市空间中，社区是儿童生活的重要载体，应为儿童提供安全、卫生的环境，自由玩耍、休闲的空间，保证儿童的健康成长[2]。

从新中国成立初期到现在经历了很长一段时间儿童游戏空间依赖于学校和公园的时期[3]。我国早期建设的居住区中，社区公共空间的规划建设未系统地考虑儿童的游戏需求，一些老旧社区情况较为复杂，存在建筑密度大、公共基础设施配套资源并不完善的情况。"儿童友好型城市"和"旧区更新"的提出为城市建成区内的儿童走出困境提供了新机遇。本文尝试探寻一种以儿童游戏偏好为优化方向指引的方法，为以上问题提出解决方法，为城市老旧社区的儿童游戏空间的优化提供借鉴。

1　场地概况

根据住房和城乡建设部的界定，2000年以前建成的社区和部分2000年建成的社区属于老旧社区范畴。为较为全面客观地了解老旧社区现存问题以及儿童游戏偏好，本文选取了较为典型的北京市花园路街道社区内的15个老旧社区，在工作日的18：00和周六、周日分发调研问卷，最终整理出有效问卷250份，受访者为0～12岁的儿童（无问卷填写能力的儿童请家长代为填写）。并且对社区内的公共空间资源（社区内部绿地、社区广场、道路等）、城市公园（出入口位置、儿童活动空间）进行实地调研，了解花园路街道社区儿童游戏空间现状资源与分布情况与其再利用的潜在价值（图1）。

① 基金资助：中央高校基本科研业务费专项基金（编号BLY201502）。

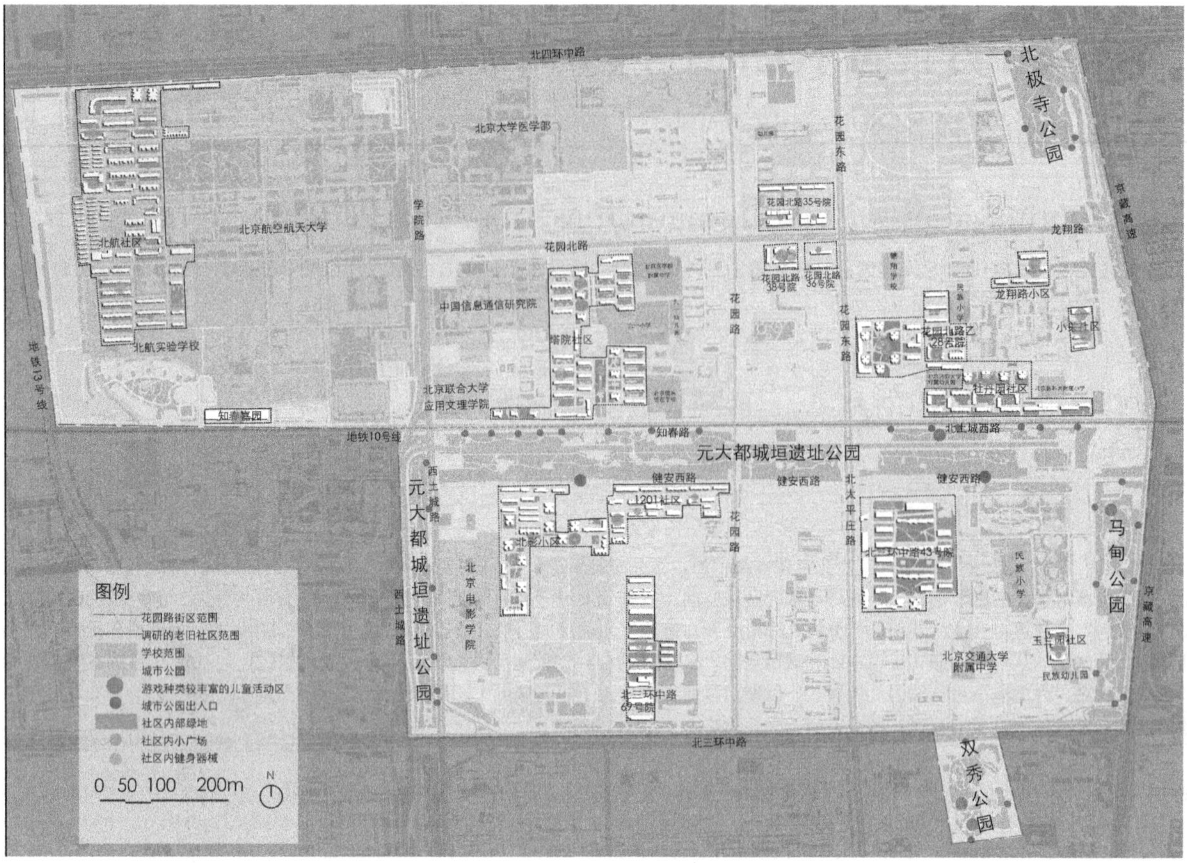

图 1　花园路街道社区基本情况

2　现状评价与分析

2.1　儿童对游戏空间选择

若要了解儿童的游戏行为特征，需要先了解儿童游戏活动集中的场所[4]。通过问卷调研“工作日和周末户外游戏地点选择”，得出儿童户外游戏空间选择情况（图 2）。

统计结果基本可以反映出儿童游戏地点规律：趋于宅化或近宅化，主要以社区内部公共空间为主。但儿童的游戏范围不仅局限于此，街道空间和城市公园也是其选择的游戏地点，周末儿童更倾向去距离较远的城市公园。总体来看，社区内部游戏空间是优化和建设的重点。

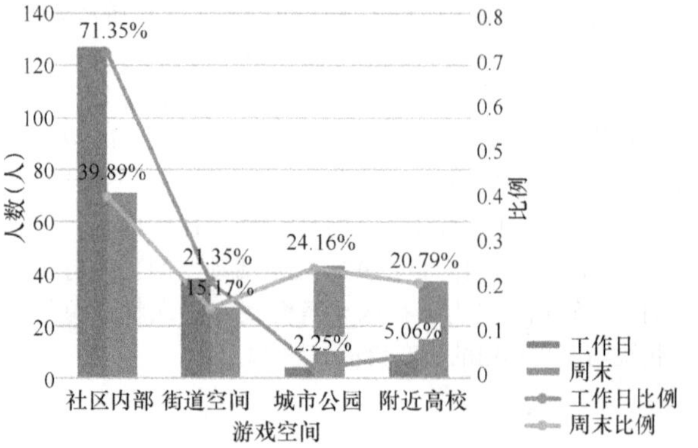

图 2　工作日和周末儿童户外游戏空间选择

2.2　儿童游戏空间资源现存问题

2.2.1　儿童游戏空间面积较小

通过实地走访及问卷调研，“对现状儿童活动空间满意度”结果显示：约 32%的受访者认为社区内无儿童游戏空间或其面积较小。小区内均有广场空间，但被停车位大量侵占（图 3）。

2.2.2　儿童游戏空间功能同质化且无年龄分级

约 56%的受访者认为社区内现有儿童活动区功能同质化严重，场地内游戏设施类型单一且模式化，可以承载的游戏活动非常有限；无年龄分级，无法满足多个年龄段儿童的需求。社区公共空间内简单陈列健身设施（图 4）；马甸公园内有滑梯、秋千等小型游戏设施，元大都遗址公园内有小型沙坑，双秀公园内有大型电动游戏设施（图 5）。

2.2.3　绿地被围合并未被高效利用

通过实地走访及问卷调研，“对社区内部与道路旁绿地的满意度”结果显示：55%的受访者认为绿地质量尚可，但被围合无法进入，与儿童的互动程度较低，并未被高效利用。社区内部绿地疏于管理，植物种类单一，长势杂乱；元大都城垣遗址公园自然环境良好，高差变化丰富。北极寺公园有低影响开发设计（图 6），双秀公园和北极寺公园自然状况良好，有再利用的潜力。

图 3　老旧社区内“见缝插针”式停车

图 4　社区内游戏设施

图 5　城市公园中的儿童游戏空间

图 6　老旧社区绿地现状

2.2.4　社区与城市公园通达性不足

现有交通体系主要服务于机动车，没有布局合理、独立、安全的儿童游戏路径。约 12%的受访者认为家与社区层级的儿童交通的安全性不佳。元大都遗址公园临健安西路的界面入口较少，开放程度较低，与周边社区通达性不足。

2.3　不同年龄段儿童游戏类型偏好

研究发现不同年龄段的儿童认知发展阶段、心理行为特征与对应的游戏类型有很大差异，儿童的认知发展分为三个阶段：0～2 岁、3～6 岁、7～12 岁，在此年龄分组的基础上探究儿童游戏需求较为合理细致[5]。受访者年龄比例如图 7 所示。

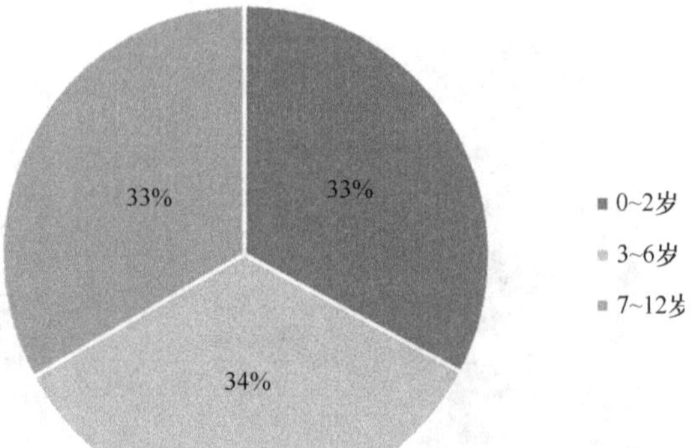

图 7　受访者年龄

良好的空间设计应尽可能多的为儿童提供选择机会、拥有许多符合儿童尺度的小空间以满足儿童多样的活动需要、能够让多类人群参与[6]。在游戏空间类型的建立上，应运用自然要素建立自然游戏场景，为儿童提供探索、体验风险的游戏空间[7]。将户外环境与儿童活动行为方式相结合的分类方式与儿童游戏空间的建设最为契合。因此问卷中将儿童游戏分为 6 种类别[8]，在其下列出可能的儿童游戏类型 15 类（公因子），其下设置具体游戏类型若干，作多项选择题作答。(见表 1)。

儿童游戏类型及特点 **表 1**

类别	公因子	游戏类型	特点
自然游戏类	自然观察	观察花鸟鱼虫、收集石头、树叶、树枝、认知植物	儿童与自然元素亲密接触的游戏空间，探索自然、释放天性
	自然体验	采摘野果、玩沙子、登山、亲自种花种菜、玩泥巴	
	自然感知	在花草丛地里玩、在溪边玩、去森林里玩、趟水	
	动物互动	去河里捉鱼、捉昆虫、和小动物互动	
开放空间类	单一活动	放风筝、跳跳绳、打水枪、在喷泉、水池边玩	有开阔环境的游戏空间，可以进行跑跳、轮滑和集体活动
	群体活动	打弹珠、进行追逐跑跳、足球、乒乓球等球类运动、进行集体游戏	
冒险类游戏	平衡类	平衡木、吊环、单杠、吊桥	空间形式较复杂，探索性强，引起儿童好奇心，满足强烈的求知欲
	攀爬类	爬坡、攀岩、绳索游戏、爬高	
隐匿游戏类	社交互动类	过家家、和朋友说悄悄话、模拟情景游戏	有私密性的空间，满足儿童所需安全感和领域感
	空间隐蔽类	捉迷藏、钻洞、迷宫	
设施游戏类	探索型	科学探索装置、可移动设施	大量的固定游戏设施，较为模式化
	听觉型	传声筒、可发声装置	
	器械型	蹦蹦床、秋千、跷跷板、攀爬架、滑梯等滑行设施、电动游戏器械	
街道游戏类	自发类	在墙上涂鸦、路途中的随机游戏	对儿童更友好包容的城市慢行空间
	慢行类	骑自行车、玩滑板、玩轮滑	

通过统计游戏类型的频次，发现不同游戏类型对不同年龄段儿童的吸引力也不同（图 8）。

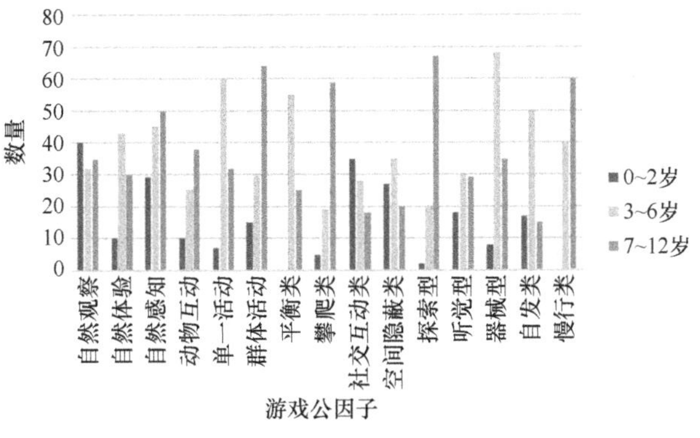

图 8　儿童偏好的游戏类型频次

0～2 岁的儿童对自然观察类游戏、隐匿游戏类有明显的偏好。0～2 岁的儿童年龄较小，好奇心强，喜欢探索认知新世界，侧重于依赖感官的游戏，因此带有不同色彩、图案、材质表面，可以发声的装置，可互动的小型游戏空间等符合这一阶段儿童的游戏需求。

3～6 岁的儿童偏爱平衡类的冒险游戏、自发类的街道游戏、单一活动类的开放空间游戏、器械型的设施游戏。3～6 岁的儿童身心进一步发展，体能和创造力的成长迅速，活动范围进一步扩大，对游戏空间的面积需求更大，对游戏内容需求更高。

7～12 岁的儿童偏爱攀爬类的冒险游戏、慢行类的街道游戏、开放空间类中群体活动游戏、探索型的设施游戏。他们表现出较强的团体意识，喜欢集体活动和社交，这类儿童对自然体验类游戏、难度高的游戏、需要技巧的游戏形式也表现出较高的兴趣，他们需要的游戏空间更加广阔、游戏内容更丰富、游戏设施种类更复杂。

3　儿童游戏空间功能优化策略

社区内部是工作日、周末的儿童户外游戏地点的首选，为重点优化对象，街道空间和城市空间是重要的资源补充。进行优化时需要考虑到现状老旧社区空间不足，资源有限，改造困难的问题，同时挖掘现状空间绿地资源，利用街旁绿地、城市公园，构建以社区为中心，儿童游戏偏好导向的城市绿色空间网络。

3.1　充分利用现状资源，增加儿童游戏空间的面积

建议在社区空间中，协调好小区内车辆停放占用大量地面空间的矛盾，优化停车空间，引入地下停车、立体停车等方式，以让出更多的空间，可整合楼间绿地、社区广场资源，扩大社区内儿童游戏空间的面积。

建议在城市公园中开辟儿童专用的场地与空间，增

加不同年龄段儿童的游戏设施及内容，尤其是元大都城垣遗址公园和北极寺公园中需要增加儿童专属的活动空间。

3.2 构建儿童友好的慢行体系，增加城市公园入口数量

社区与城市公园的距离较远是儿童日常较少涉足城市公园的原因之一。需要构建连接城市公园与社区的儿童友好的慢行系统。打开城市公园绿化带的栅栏，开放公园临街界面，整合以线性空间为主的城市公园边界绿地、利用社区周边街道、街角绿地空间局部拓宽出儿童专属路径，设置慢行类的街道游戏场地。

3.3 丰富儿童游戏类型，满足不同年龄段儿童的游戏偏好

在老旧社区内部空间资源有限的情况下，若要努力提高儿童游戏空间的质量，需要根据不同年龄段的儿童的游戏偏好，丰富游戏的类型。在社区空间层级，应优先满足0～6岁儿童的基本游戏需求。设置较为小型的0～2岁自然观察类、隐匿游戏类、亲子互动类游戏；3～6岁平衡类的冒险游戏、自发性的街道游戏、单一活动类的开放空间游戏、器械型的设施游戏。

在街角、路侧绿地设置沿道路布置的儿童游戏空间，可置入小型器械类，开放空间类中的单一活动游戏。利用质量高的社区绿地，置入开放空间类、设施类游戏。

周末去城市公园的儿童比例由2%增加为24%，可见城市公园对儿童有较大吸引力。城市公园资源丰富，是自然游戏类空间的主要场所，可供建设的空间较多，可构建满足全年龄段的儿童游戏偏好的游戏空间。建议设置户外综合性、群体性活动的场地，置入冒险类、开放空间类的游戏。基于北极寺公园低影响开发设计，设置探索型游戏设施。建议双秀公园设置开放空间类游戏，利用元大都城垣遗址公园高差变化及良好的自然环境设置冒险类游戏，自然游戏类活动。

在进行老旧社区空间有限的情况下，进行游戏类型结构布局时应从社区到城市层级，从小规模到大规模，从简单游戏到复杂游戏，从低年龄层到高年龄层进行有序选择和安排布置，相关游戏内容建议参考表2。

不同层级可设置的儿童游戏内容　　表2

层级	用地属性	游戏内容	适合年龄段	游戏内容例举
社区层级	儿童游戏空间	自然观察	0～2	花池、小草地、彩色石头
		自然体验	7～12	小沙坑、观花、果植物、小草坡
		单一活动	3～6	小型喷泉水池、运动场地
		平衡类	3～6	小型平衡类器械设施
		攀爬类	0～6	立体小型攀爬墙
		探索型	7～12	简单的声互动装置
	社区广场	群体活动	7～12	宽阔平整的广场、可移动设施、彩色拼花图案
	社区绿地	社交互动类	0～12	隐蔽空间：木房子、散落的积木、模拟情景的道具
		空间隐蔽类	3～6	小型可钻圆筒
		自然观察	0～2	以小型植物为主：低矮的花灌木、专类花园、菜园
街道层级	街道空间 街角绿地	自发类	0～6	涂鸦墙
		单一活动	0～6	小型运动场地
		器械型	3～6	蹦床、秋千、滑梯等
		慢行类	7～12	独立路线：滑板、轮滑、骑行
城市层级	城市公园	自然观察	0～12	自然湖面、溪流、大型植物、昆虫科普认知区、面积较大的草地
		自然体验	0～12	观果植物科普区、大型沙坑、地形草坡、可攀登的假山
		社交互动类	0～12	半围合的自然植物空间、情景体验大型组合构筑
		空间隐蔽类	7～12	迷宫、山洞
		器械型	3～12	电动游戏器械、秋千滑梯等组合设施
		探索型	3～12	科学探索、科普装置、传声筒、哈哈镜
		平衡类	3～12	吊桥、平衡木、绳索吊桥组合式冒险区
		攀爬类	7～12	地形起伏较大的草地、户外综合冒险攀岩场
		单一活动	3～12	大型喷泉水体、大型活动场地
		群体活动	7～12	开阔的广场、运动场

4 结语

通过以上分析，本文针对自然环境中儿童游戏空间缺失、发展滞后、儿童游戏空间逐渐室内化等问题，从儿童游戏偏好视角出发，研究了社区空间、街道空间、城市空间三个层级如何进行有序优化，以期改善北京市老旧小区公共游戏空间、设施功能、游戏类型匮乏的现状，有重点地构建以儿童游戏功能需求为导向的城市社区儿童游戏空间，为“全面二孩”政策平稳推进打下良好的基础，为增加的新生儿童提供充足优质的户外活动空间。

参考文献

[1] Stuart Lester，Wendy Russell. 儿童游戏权利[J]. 陕西学前师范学院学报，2018(1)：108-132.

[2] 林瑛，周栋. 儿童友好型城市开放空间规划与设计——国外儿童友好型城市开放空间的启示[J]. 现代城市研究，2014(11)：36-41.

[3] 陈翔宇. 城市居住区儿童户外游憩空间设计研究[D]. 安徽：安徽农业大学：2013：6.

[4] 扬·盖尔. 交往与空间[M]. 何人可译. 北京：中国建筑工业出版社，2002.

[5] 皮亚杰·英海尔德. 儿童心理学[M]. 吴福元译. 商务印书馆，1981.

[6] Dennis，Jr. Samuel F. Alexandra Wells and Candace Bishop (2014). A Post-Occupancy Study of Nature-Based Outdoor Classrooms in Early Childhood Education [J]. Children, Youth and Environments，2014，24(2)：35-52.

[7] Brunelle，Sara，Susan Herrington，Ryan Coghlan，and Mariana Brussoni. Play Worth Remembering：Are Playgrounds Too Safe? [J]. Children，Youth and Environments，2016，26(1)：17-36.

[8] 仙田满 . 面向世界之家的环境建筑[M]. 2010.

作者简介：

岳凡煜，1995年7月，女，汉族，山西太原人，硕士，北京林业大学园林学院，学生，研究方向为风景园林规划与设计。电子邮箱：yuefanyu2022@163. com。

王倩，1991年2月，女，汉族，河北承德人，硕士，苏州园林设计院有限公司，景观设计师，研究方向为风景园林规划与设计。

王沛永，1972年3月，男，汉族，河北定州人，博士，北京林业大学园林学院，副教授，研究方向为风景园林规划与设计、风景园林工程与技术。电子邮箱：bfupywang@163. com。

论文集

风景园林与国土空间

可食用景观视角下的社区更新探索

——以宜昌市金家台地区为例

Exploration of Community Renewal from the Perspective of Edible Landscape

—Take Jinjiatai Area of Yichang City as an Example

宜雪纯　刘承楷

摘　要： 可食用景观作为一种既可美化环境又可就近提供食物，减少运输成本的景观类型，逐渐多地运用在城市景观建设中。存量规划语境下，衰败的老旧社区更新成为城市建设的一项重点工作。本文从可食用景观的视角入手，以宜昌市金家台社区为例，从可食用景观体系构建、空间模式、组织管理、植被选择四方面进行社区更新，提出优化社区物质空间的方法，为打造看绿色和谐社区提供思路，为未来城市可食用景观建设提供资料。

关键词： 可食用景观；社区更新；城市农业；宜昌市

Abstract: As a type of landscape that can beautify the environment, provide food nearby, and reduce transportation costs, edible landscapes are gradually being used in urban landscape construction. In the context of stock planning, the renewal of declining old communities has become a key task of urban construction. This article starts from the perspective of edible landscape, taking Jinjiatai Community in Yichang City as an example, and renews the community from four aspects: edible landscape system construction, space model, organization and management, and vegetation selection. Look at the green and harmonious communities to provide ideas and provide materials for the construction of edible landscapes in future cities.

Keywords: Edible Landscape; Community Renewal; Urban Agriculture; Yichang City

引言

城市发展进入存量规划时代，可建设用地的减少、粗放式发展的弊端显露，城市空间资源大量缩减，人均可利用空间有限。老旧社区更新作为提高人民生活水平、实现土地资源重新利用的可持续发展的主要途径，必将成为城市发展建设的新型方式[1]。社区作为居民日常生活的载体，满足居民生活需求、促进邻里联系交流、助力社会良性发展应是其建设的目标。而老旧社区中本有的传统邻里关系在现代社会中难能可贵，也不可避免地肩负着延续中国传统文化生活的责任[2]，这在社区更新中不容忽视。

同时，传统农业生产伴随城市化的进程被居民带入其新的城市生活之中，住区内自发的种植现象也层出不穷。中国跳跃式的城市发展值得放慢速度去思考城市与农业脱节的问题[3]。可食用景观作为一种兼具美学与生产功能的景观类型，在满足居民需求与促进可持续化发展方面均有促进作用[2]。因此，本文从老旧社区的物质环境入手，结合老旧社区中的普遍现象，以宜昌市金家台社区为例，从可食用景观的角度探索社区更新途径。

1　相关概念阐释

1.1　可食用景观

20 世纪 80 年代，风景园林师罗伯特·库克（Robert Kourik）提出了“Edible Landscape”的概念，指在园林设计中运用可食用植物代替观赏性园林植物，并达到一定景观效果[4]。食用性和观赏游憩功能的兼备，是可食用景观的基本特点。

1.2　社区更新

更新是指除旧布新，微更新是指在原有基础上进行渐进式、小微尺度的更新[5]。本文所研究的社区更新则是学界主流倡导的微更新方式。因此，对此下定义为：在维持老旧社区原有空间格局与建筑肌理基本不变的前提下，对其局部的物质环境、空间功能、运营管理等进行整治、保护和提升。核心是强调通过自下而上的小微空间的改善促进社区的有机生长，从而达到社区的可持续发展。

1.3　可食用景观视角下的社区更新

本地性作物的种植对城市本土生态系统的保护与发展有着正向作用。提出从可食用性景观的视角来看社区更新，可从社区这一城市基本单位入手促进城市农业的发展，从小规模农业用地的置入与小微空间的改造开启城市农业的研究，为城市农业提供思路。而老旧社区的更新改造本就会关注到社区自身衰退的物质环境以及未被利用或重视的“灰色”空间，在升级提质此类空间时，从城市农业的角度置入可食用性景观提供生态产品，结合风景园林与城市规划相关知识，发动居民参与农业种植与景观维护，在推动老旧社区环境品质提升的同时也促进居民交流，延续中国传统生活风貌。

2　可食用景观在社区更新中应用的可行性

城市人口增多，居民对农产品的需求也越来越大，但耕地减少、气候恶化、水资源匮乏等也在影响着我国的食物安全[6]；健康饮食意识的不足以及优质健康食品价位较高导致肥胖问题居高不下；食物里程需要消耗能源运输食物，不环保的同时也未保证食物的新鲜度。

近年来，居民在屋顶宅前、闲置空地，甚至是景观花坛等空间的自发种植现象频繁出现，也一定程度上表明了乡村人口居民化过程中，居民对传统生活的留恋以及健康食物的渴求。

2.1　需求导向——公共空间待优化与社区自发种植现象看需求

2.1.1　衰退的社区公共空间

我国因城市的发展与扩张出现了许多遗留问题，重“量”轻“质”的城市化使老旧社区被忽视，其物质环境老旧化严重，往日的活力与生机也被都市的繁华冲淡。老旧社区逐渐成为城市空间中的“灰色地带”，如“城中村”般存在[1]。大量未利用的闲置空地与不达标准的人均绿地要求形成鲜明对比（图1）。

图1　衰退的公共空间

2.1.2　社区自发种植现象

居民的自发种植现象并不是新鲜事物，各大网站与新闻媒体对于该现象的报道也不胜其数。在日常生活中，我们也能看到许多在公共绿地、屋顶、阳台、街角等空间的自发性种植园地。居民的种植方式通常用园艺袋、泡沫箱等物品培土栽种（图2、图3），也不乏破坏原有景观直接在花坛中开土培苗、插杆爬藤（图4）的负面行为存在。居民的“田园情结”在自发种植行为中暴露出来，也代表他们对于田园生活与健康食品的向往。

2.2　目标导向——可食用景观的价值促目标

可食用景观包括食物供给价值、社会学价值以及生

图2　在公共空间盆植

图3　在公共空间盆植

图4　花坛中种植花椒树

态系统价值三类。可充分利用其价值提升社区物质环境、促进社会交往，达到社区更新目标。

在食物供给价值方面，据统计，城市农业生产的农产品所保留的营养成分比来自农村的农产品至少高出 30%～60%，可为居民提供新鲜健康的食品供应[6]。加之就地提供食物能够缩短食物里程[7]，降低仓储机会，减少居民获取健康食物的时间，可快速提供新鲜健康食物。

在社会学价值上，城市农场可作为聚会场所通过活动的组合促进社会融合、实现农业教育，促进居民交流[8]。此外，就地取材的便利性让居民们在疫情发生期间也能做到自给自足，利于良好的社会秩序。

在生态系统的价值上，可食用景观同其他绿色空间一样能够连通城市生境斑块、促进“碳-氧”平衡、完善生态系统。

3 宜昌市金家台地区可食用景观视角的社区更新探索

3.1 基地概况（图 5）

金家台社区地处湖北省宜昌市中心城区，位于东山大道，辖区面积 $0.5km^2$，共有居民楼 64 栋，居民小组 12 个，常住居民 1798 户，总人口 5671 人。辖区有一条主街 3 条支巷，242 个商业网点，10 个住辖区单位。地块周围环境条件良好，公交便捷；整体在长江东北部且距离较近，蓝绿空间基础良好；地块西北部邻近中心商务区，位于商业活动力边缘区（图 6）。

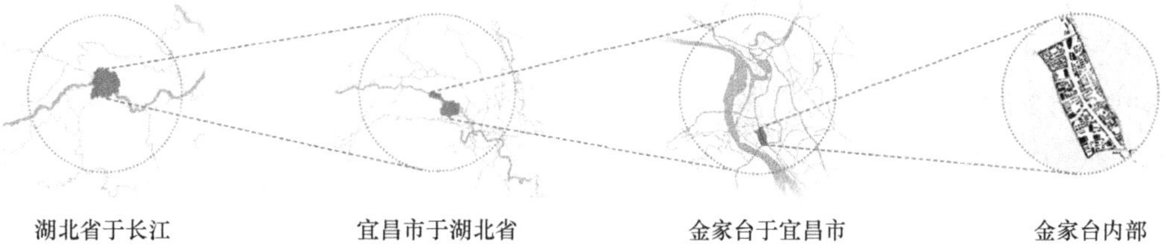

图 5　金家台区位分析

图 6　金家台社区周边条件

3.2 现状调研结果分析

3.2.1 空间固化

随着城市化进程发生的城市社会空间分异情况在金家台社区表现明显（图 7）。通过调研可见，金家台社区居民的空间使用习惯有固定化的体现（图 8），社区不同类型公共空间聚集的人群类型比较单一，社区居民缺乏相互交流的机会。

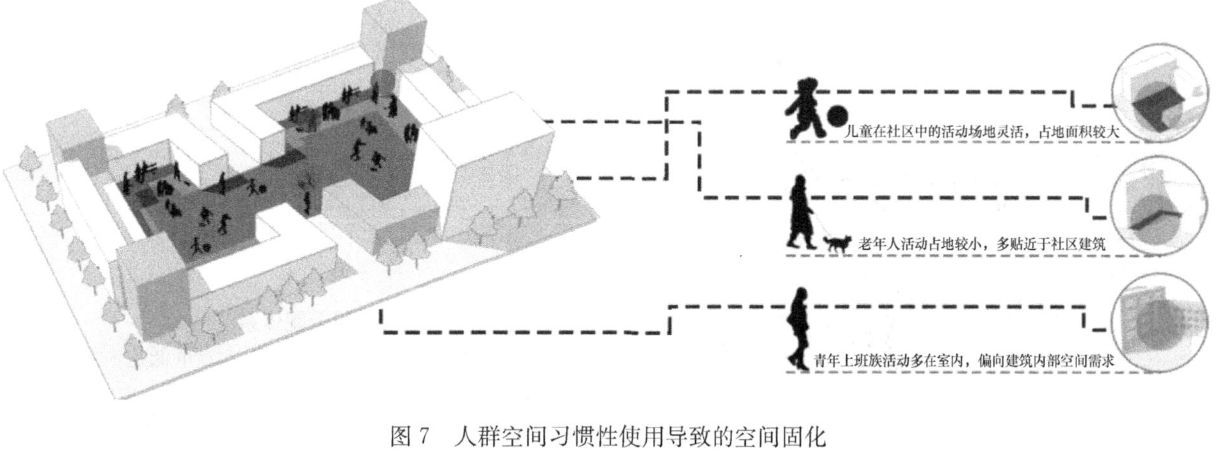

图 7　人群空间习惯性使用导致的空间固化

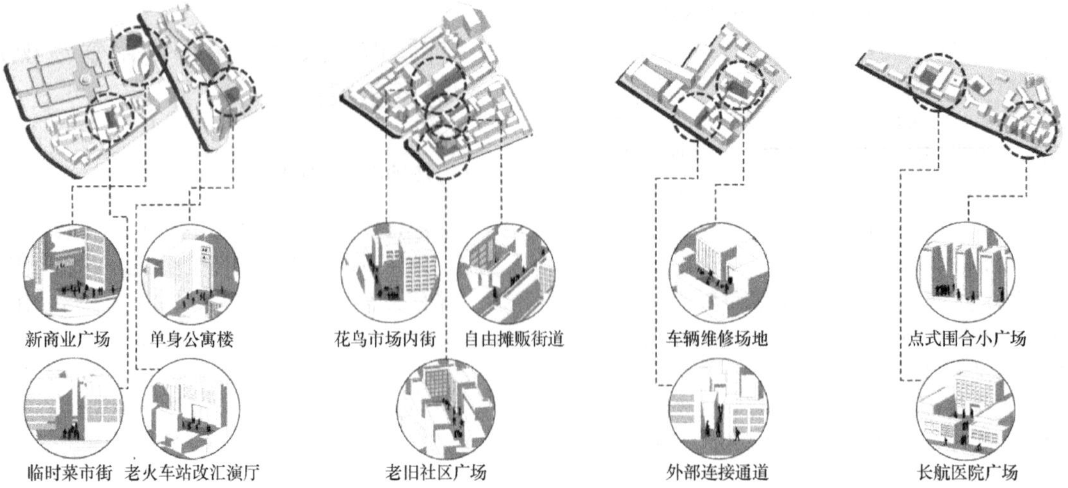

图 8　金家台社区代表性固化空间

3.2.2　绿地缺失与自发种植

绿地缺失是老旧社区普遍出现的现象，金家台也是例子之一。整个社区物质环境质量低下且多为硬质环境，鲜为人用，导致空间质量脏、乱、差，与都市繁华形成强烈对比（图 9），也体现了宜昌市 CBD 规划建设时的“表面形象”侧重。除此之外，社区内人群以老年人为主，城市化的浪潮没有轻易冲淡他们的传统种植生活习惯，因此该社区的自发种植现象很常见地分布在不同的小区内（图 10）。

图 9　低质量物质环境

图 10　老人与宅旁自发种植

3.3　可食用性景观视角下的社区更新策略

根据金家台社区建筑功能可见（图 11），地块以居住功能为主，商业主要沿道路两边分布，以商办与普通商业门面居多。受北部 CBD 中心的影响，地块内有多家私人专科医院沿东山大道分布。整体呈现外公共、内私密的氛围。由于住户多为互相熟识的老年人，社区邻里氛围和谐浓厚。本研究与以往的社区更新方式不同点在于，通过在社区中融合城市农业，为绿色景观空间添置生产性功能的方式来解决以上突出问题，向着绿色生态、和谐宜居的目标进行社区更新。本文主要从构建可食用景观体系、分类组织管理以及植物选择上提出建议。

图 11　建筑功能

3.3.1　组织构建可食用景观体系

针对金家台社区绿地物质环境质量低这一显著短板，在环境提升上首先从绿地系统出发，梳理地块可利用公共空间，目的是将现状闲置、衰败的空间整合起来并转化

图 12　可食用景观体系

为绿色公共空间，连同社区道路、建筑空间，形成分类分级的可食用景观体系（图 12）。其中，梳理出以不同规模大小的公共空间为承载主题的农业公园，主要以可食用街角公园与街坊公园为主；以各级道路为主要载体的线性可食用绿色基础设施；以建筑屋顶、宅旁等建筑空间与近建筑空间为主要载体的散点式可食用绿化景观。

3.3.2　可食用景观视角下空间更新模式

根据上述在规划层面构建的可食用空间体系，将空间按规模与形状分成面、线、点状三种类型，搭配不同的更新模式进行专项化更新。

（1）面状可食用空间更新营造模式

面状空间更新总体步骤是：首先梳理出合适的城市空间，其次作可食用景观植入或是替换，最后是植物选择与搭配（图 13）。其中，梳理选择的空间主要有三类：一是硬质居多，缺乏绿色的公共空间；二是已有绿植，但因为疏于管理而废弃或半废弃的绿化空间；三是街区的街角空间。可食用景观植入或替换则是通过置换硬化铺地、填充闲置空地以及重构景观空间来实现（图 14）。

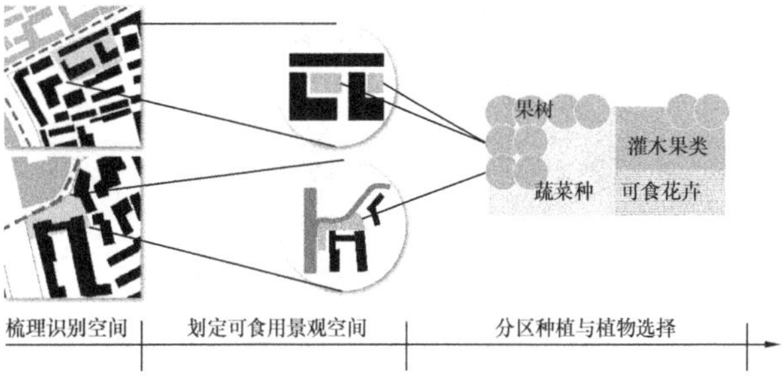

图 13　面状可食用空间更新步骤

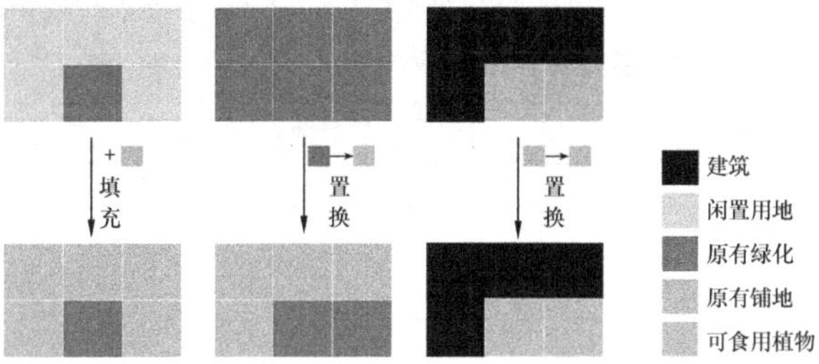

图 14　面状可食用空间更新模式

（2）线状可食用空间更新营造模式

线状空间伴随的是道路交通系统的梳理以及道路环境的提升。根据金家台地块的道路与街巷特点，将线状空间分为车行道路两侧沿路绿化空间、沿线性步行铺装空间以及建筑街巷空间立面空间三类。其中，城市道路可食用空间更新主要依靠行道树的树种置换来实现，将原有的仅观赏性行道树置换为有食用功能的果树，并软化树下空间，种植耐阴、耐干旱的草本类可食用植物（图 15）；沿线性步行铺装可通过路边可食用绿化景观以及上方空间上架花架的形式打造可食用景观，花架植物种类可选择爬藤类可食类别；街巷空间立面主要利用建筑与围墙围合的里巷空间的靠墙立面空间置入可植入景观（图 16）。

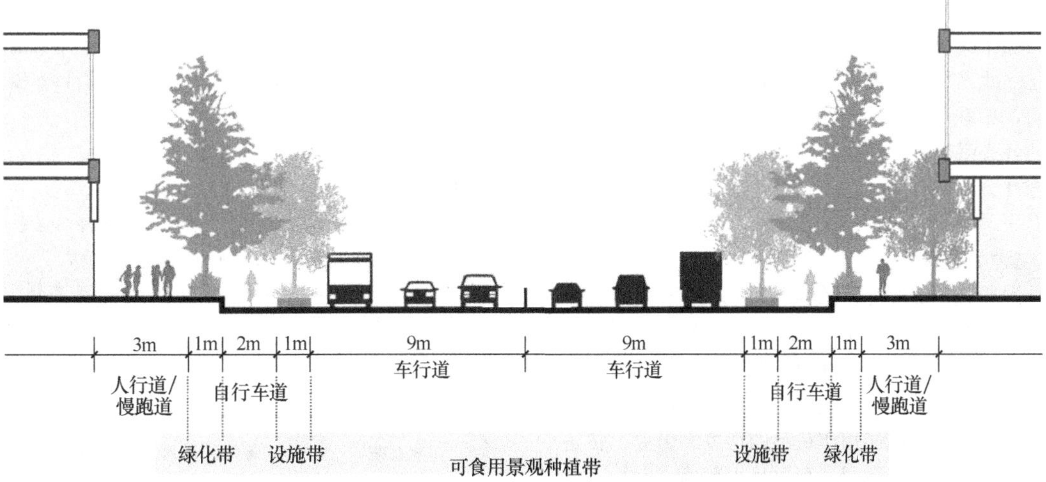

图 15　食物大道横断面（以东山大道为例）

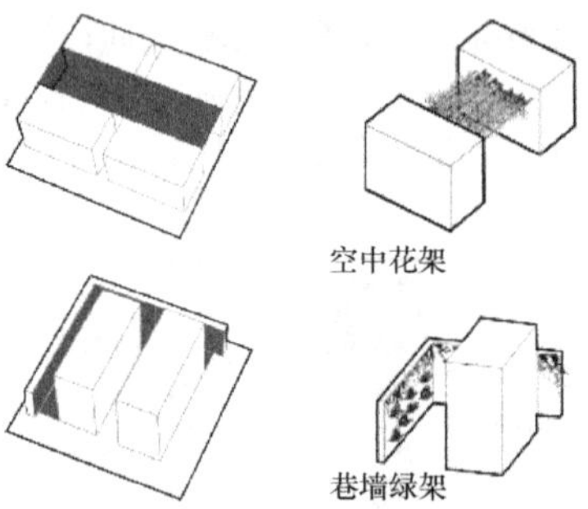

图 16　街巷空间可食用景观示意

（3）散点状可食用空间更新营造模式

散点状空间主要为建筑屋顶、宅旁空间。屋顶绿化种植在国内比较普遍，居民自发的“天台种植”现象频发在每个城市，本次屋顶以及阳台可食用绿化空间更新主要从技术层面入手，根据日照通风条件，选定阳光充足、通风良好的区域作为种植区，按覆土要求规划种植基底范围（图 17）。对于宅旁空间，则可不统一规划，仅划定栽种范围与规范种植行为供居民自发种植。

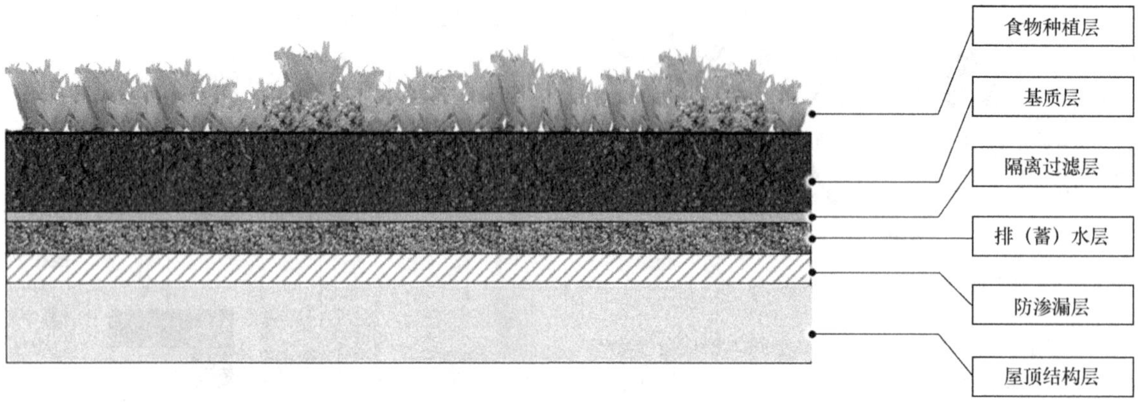

图 17　屋顶种植结构示意图

3.3.3　激发自主的组织管理

可食用景观除了观赏性与生产性之外，还可以通过鼓励公民参与的方式促进居民交流，营造和谐社会。社区更新作为城市更新类型之一也离不开政府的主导。因此，要想使社区可食用景观更新成为现实，就需要自上而下的引导与自下而上的参与。

在分类组织管理方面，主要有两点注意：一是确立社区更新中，城市农业的合法地位，将可食用景观纳入城市规划设计体系，保证有法可依；二是将景观分为政府建设管理工程与政府管理工程。城市街角可食用公园、交通线状可食用绿地为政府统一规划、统一管理对象，屋顶空间、里巷空间、宅旁空间则是由政府划定范围，提供满足种植条件的技术支持，由居民自己进行种植与管理，鼓励居民参与。除此之外，政府可围绕可食用景观主题开展文化教育活动，如在丰收季组织城市居民集体采摘分布在地块各处的各类果实，让居民体验农事乐趣，激发自主参与度，促进社会和谐。

3.3.4　植物种类选择

植物种类应选择适宜宜昌气候的地方性植物。宜昌属亚热带季风性湿润气候，土壤总体层次分异明显，呈酸性。因此，乔木类可选用适宜种植喜好酸性土壤的柑橘或可辅于食物的桂花；灌木类可选用树番茄、金橘、石榴等果树为主；草本类则可选能用作蔬菜的洋葱、土豆、甘薯等植物。对于墙面可食用景观，则可采用葡萄、豇豆、丝瓜、黄瓜等爬藤类植物，或用盆栽竖向组合的方式栽种圣女果、矮株辣椒等。栽种植物的选择可根据需求任意组合，规划居民自发种植区域可由居民自行决定，不做硬性要求。

4　结语

可食用景观不是一个新鲜词汇，也不是一项新的实践，但系统的可食用景观规划却并不普遍。国内都市农业的成功案例给可食用景观的可行性提供了实际性的支持，但在人地矛盾和人类活动固化的情形下，这一理念上的城市建设仍然是道阻且长。作为城市绿地系统的新形态，可食用景观可以以活动承载空间的形式植入居民的活动环境，将点、线、面的系统逐渐扩大、连通，未来可能有望成为城市级别的可食用生态斑块或廊道，成为集观赏、生产、游憩、教育为一体，并带有社会性的绿色基础设施，成为促进城乡融合与社会和谐的有效建设。

参考文献

[1]　岳璐. 基于农业城市主义的哈尔滨市香坊区老旧社区更新研究 [D]. 沈阳：东北农业大学，2020.

[2]　周燕，尹丽萍. 居住区可食用景观模式初探 [C] //中国风景园林学会. 中国风景园林学会 2014 年会论文集（下册）. 2014.

[3]　史亚军. 都市农业一种大科学观 [J]. 北京农业，2008 (07)：3-5.

[4]　李自若，余文想，高伟. 国内外都市可食用景观研究进展及趋势 [J]. 中国园林，2020，36 (05)：88-93.

[5]　赵哲瀚. 老旧社区微更新视角下的空间营造研究 [D]. 延吉：延边大学，2020.

[6] 郃杰，汤洪泉，曹晋，等. 国外城市农业景观（Urban Agriculture Landscape）案例评析［J］. 广东园林，2013，35（06）：45-49.
[7] 马恩朴，蔡建明，林静，等. 国外城市农业的角色演变、潜在效益及其对中国的启示［J］. 世界地理研究，2021，30（01）：136-147.

作者简介

宣雪纯，1997 年生，女，汉族，四川成都人，重庆大学硕士在读，研究方向为城乡生态规划与设计。电子邮箱：heyfor18@163. com。

刘承楷，1998 年生，男，汉族，安徽六安人，华中科技大学，研究方向为区域规划与城市群规划。电子邮箱：240167500@qq. com。

基于地域景观的云和梯田山地农业景观格局研究

A Research of Spatial Pattern of Agricultural Landscape in Mountainous Region at Yunhe Terraces Based on Regional Landscape

丁呼捷　林　箐*

摘　要： 在数千年来人类对自然的改造中，云和形成了独特山地农业景观。本文首先通过文献综述法归纳地域景观背景下云和山地农业景观格局的演变特征，其次以人居空间聚落为核心，使用图像分析法探究云和梯田现状景观元素空间分布，总结山地农业景观格局特征。云和山地景观格局展示了我国浙闽山区先民与自然和谐共生的生态智慧和精湛的农业生产技术。研究结果有助于探究中国山地农耕的支持系统，以及如何在原本并不适合农业生产的土地上延续、构建稳定景观格局。

关键词： 地域景观；云和梯田；山地农业景观；景观格局

Abstract: During the thousands of years of human transformation of nature, Yunhe has formed a unique mountain agricultural landscape. This paper first summarizes the evolutionary characteristics of Yunhe's mountain agricultural landscape pattern in the context of regional landscape through the literature review method. Secondly, the spatial distribution of landscape elements in Yunhe terraces is explored by using image analysis method with the spatial settlement of human settlements as the core. Finally, the characteristics of the mountain agricultural landscape pattern are summarized. The landscape pattern of the Yunhe Mountains demonstrates the ecological wisdom and superb agricultural production techniques of the ancestors who lived in harmony with nature in the mountainous regions of Zhejiang and Fujian, China. The results of the study help to explore the support systems for mountain agriculture in China. and how to perpetuate and establish stable landscape patterns in lands otherwise unsuitable for agricultural production.

Keywords: Regional Landscape; Yunhe Terraces; Mountainous Agricultural Landscape; Landscape Patterns

1　云和梯田概况

中国有着大量的山地，梯田农业系统作为一种特殊环境下的系统，是农耕社会人们为了生存，通过适应自然、改造自然逐渐形成的以农业为核心的景观，能够反映区域乡土景观的整体风貌特点。

云和县地处浙江南部丽水地区腹地，在国土景观层面上，是浙闽丘陵典型地理单元的代表。这也决定了云和区域地貌特征85%以上是以中山、丘陵为主的武夷山系，水网具有密集、独立性强等特点。云和县在明景泰三年（1452年）建县，其中管辖的三都地区范围覆盖当地海拔最高的山区。农业景观的形成与地域地理环境关系紧密，三都地区山地农业景观得到了较为完好的发展和保存，囊括了云和山地农业景观的核心，华东最大面积的梯田群——云和梯田。

景观格局是景观元素空间异质性的具体表现，具有层次性和结构性。景观元素和景观格局共同形成了环境认知，影响着区域的经济发展、文化塑造和社会组织。云和当地山民经历漫长历史的发展，用梯田农业的方式改变着地表形态、水体的流动以及植被的组合，使得区域人群得以定居。梯田山地农业系统内的山、水、林、田、村等景观元素共同构架景观格局。

2　研究方法与技术路线

由于技术和生产力水平的限制，山区农业一直发展缓慢，基本保持着茂密的原始森林。云和山地农业始建于唐代，梯田形式盛建于元明，完成于清，距今有1200多年历史。结合史料记载，云和山地农业建设发展总结如下(表1)。

区域山地农业演变　　表1

时间	唐之前	唐	宋	元	明	清
开垦人群	古越人	越族遗民和早期北迁畲族	畲族、汉族	畲族、汉族	矿工、逃民、畲族、汉族	客家、畲族、汉族
农业分区	山间盆地、山麓冲积扇	靠近水源的山腰，山间盆地、山麓冲积扇，向山坡挺进	向更高海拔山区蔓延	向更高海拔山区蔓延	山脚到山顶全面开垦	山脚到山顶全面开垦
农田形式	畈田	畲田	畲田，出现水田	梯田	梯田	梯田

续表

时间	唐之前	唐	宋	元	明	清
开垦方式	刀耕火种	刀耕火种	铁犁牛耕	铁犁牛耕	铁犁牛耕	铁犁牛耕
农田面积	农田面积小且零星分布，游耕	农田面积小且零星分布，游耕	农田面积扩大，游耕逐渐转变为连年种植	农田面积继续扩大，形成永久性农田	大面积开垦，云和梯田的规模基本成型	复垦，面积继续扩大
主要作物和新出现作物	旱地作物，稷、黍和豆	旱地作物	水稻开始种植并当作主食	水稻	水稻、茶叶、土豆、玉米	水稻（籼稻）、靛、稻田养鱼
水利设施	依水作业	依水作业	引水作业	出现堤埂，引水蓄水作业	水网结构	循环系统
总结	农业发展缓慢	梯田形成初期	农业技术提升	梯田技术出现	梯田规模成型	山地农业体系形成

独特的自然环境和社会条件下驱动着山地农业景观体系的形成，可以看出，在各个历史阶段，以“山-水-林-田-村”为景观元素的云和山地农业景观格局呈现以下演变过程。

（1）经年累积的基于山体的农田开垦和矿产开采，一定程度上影响了山体的形态，海拔越低受到人类活动影响越大；随着时间的推移，人类活动范围向更高海拔处扩张。

（2）对于水系的利用更为系统，从原来的依水作业，改变成引水作业，设置灌排渠系等对水网结构进行规划，并蓄塘存水，设置水量控制和循环系统。

（3）田从原本的原始农耕方式畲田演变为具有保持水土作用的梯田，田地肌理逐渐连接成片并扩大范围，地块不断细分，密度增加。

（4）由于人类活动范围不断往山地侵占，农业的开垦和矿产的开采使得森林面积逐渐减少，但是森林位于梯田之上结构依然存在，起到提供水源、保持水土、调节小气候的作用。

（5）聚落增多，位置从原来的山脚不断向山上扩展。本来的聚落位于梯田之上，随着对农田的需求不断增加，梯田开始在聚落上方扩张。

3 云和山地农业现状景观空间分布

3.1 研究概况

本文云和梯田研究范围东西两侧由干流淤溪和叶垟坑界定，南北由地形沿山脊线进行划分，总面积为 17.48km²，涉及 31 个自然村（图 1）。

考虑山区的乡村聚落以强度最高的人为活动为纽带，因此研究以聚落为核心展开，分别和其他山、林、水、田形成 4 对空间关系，对范围内土地利用现状进行分析，提取聚落、农田、水系和森林用地，利用 ArcGIS 进行研究云和梯田核心区范围内景观空间分布特征。

研究空间数据包括 2015 年 Google Earth 卫星影像，数字高程模型（Digital Elevation Model，DEM），以上栅格数据的分辨率均为 30m；以及云和县人民政府信息公开 2015 年属性数据等。

用 ENVI 从卫星图影像中提取用地的遥感图像信息进

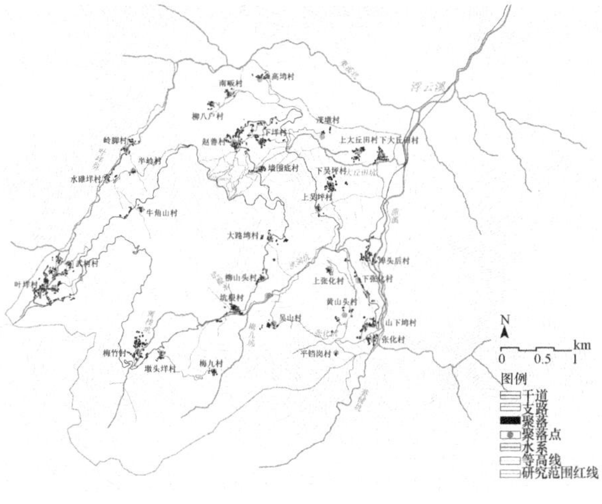

图 1 研究范围聚落水系分布图

行处理，得到格网分辨率为 30m 的分类格栅图（图 2），分析山地农业景观的不同组成部分。其中林业用地面积 12.16km²，占研究范围比为 69.56%；农业用地面积 3.70km²，占 21.15%；水域面积 0.64km²，占 3.64%；建设用地面积 0.99km²，占 5.65%。用 ArcGIS 对 DEM 分析可知，范围内的高程在 306～1521m 变化，坡度在 0～41.9°（图 3、图 4）。

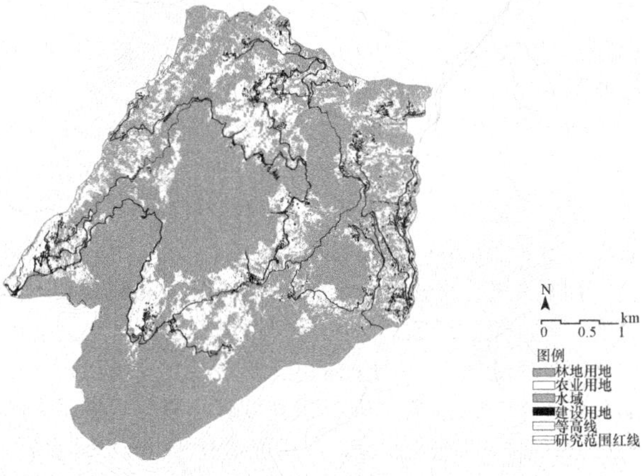

图 2 用地分类图

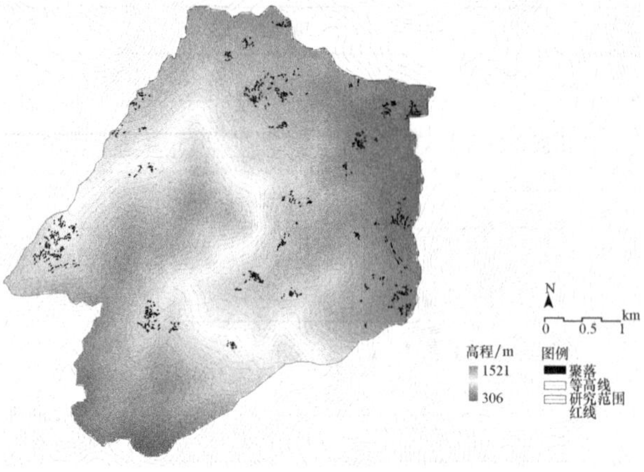

图 3　高程特征

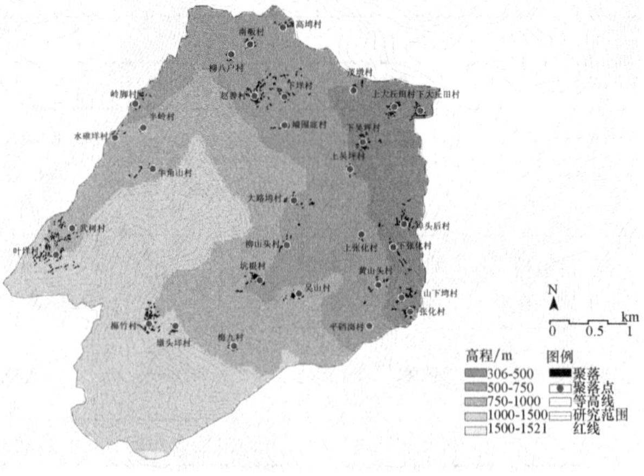

图 5　高程重分类图

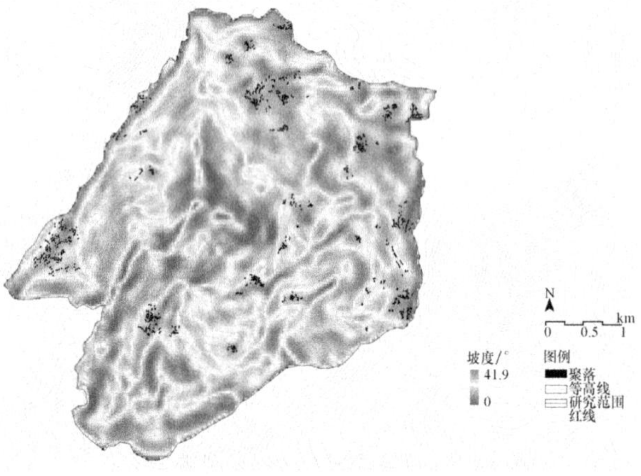

图 4　坡度特征

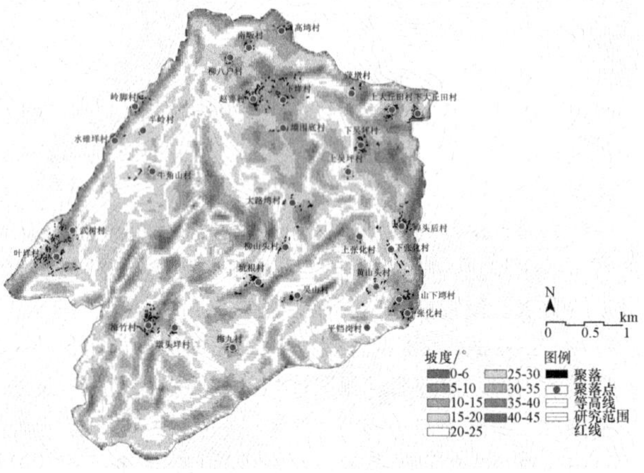

图 6　坡度重分类图

3.2　山地农业景观格局特征研究

3.2.1　聚落与山体

将高程进行重分类，将区域分为 500m 以下丘陵区、500～1000m 低山区与 1000m 以上的中山区。再叠加聚落位置，可得出不同高程范围内聚落数量（图 5），研究范围内有 31 个自然聚落，其中丘陵地区的聚落有 8 个，低山区范围聚落 20 个，中山区域聚落 3 个。丘陵区聚落面积要普遍偏大，平均在 3.8hm^2，此区间位于上游水系的汇水处，水资源充沛，发展空间充足。大部分聚落集中在低山区，该区间有良好的水稻种植条件，乡村聚落分布分散，面积普遍不大。中山地区聚落数量最少，大部分是高海拔谷地靠近水源的较大型聚落。

将坡度进行重分类，并叠加聚落位置，可以得到不同坡度范围内聚落的数量（图 6）。可以看出，研究范围内的坡度整体陡峭，5°以下的平缓地区极少。聚落所处的平均坡度在 12°左右，整体呈现出坡度越小聚落规模越大的规律。10°以下的坡度区间内乡村聚落有 11 个，平均坡度均大于 6°。而位于 10°～13°的乡村聚落用地相对来说较为一致，村庄规模相当，具有一定的相似性。坡度最陡的乡村聚落平铛岗村规模是研究范围内 31 个村庄中最小几个的之一。坡度大于 25°无村落。

丘陵和低山区的聚落往往分布在山脊处，主要原因一是山脊经过长时间的自然侵蚀相对较为平缓；二是较低海拔如果选址在山谷区容易发生水土流失产生自然灾害；三是山脊相对周边高程更高而能获得更多降水和阳光，具有较优良的农耕条件，有利于农业的开发。中山区聚落规模较大，部分集中在山谷缓坡处，这是由于此地区聚落上方山体的地质破坏较少，而在自然灾害少的情况往往选择水源更充足的山谷区。

3.2.2　聚落与水系

运用 ArcGIS 对研究范围内的水系开展水文分析，在得到的水系图的基础上叠加聚落位置和高程（图 7）。可以看出，水系随着海拔的降低发育程度增加，对径流调节能力越强。枝状水系的密度与聚落密度之间存在一定联系，大部分水系发源自低中山区，在主要是干流的中山区聚落密度低，而低山区水系交汇处聚落密度增高。

对水系进行 50m 和 100m 缓冲区分析，并和聚落位置进行对比，可以看到海拔越高，越位于水系上游的中山区聚落，距离水系越近，选址基本都在 50m 缓冲区内；而下游聚落，随着支流数量增加、水系流量增长，距离水系越远，位于缓冲区 100m 的范围外（图 8）。

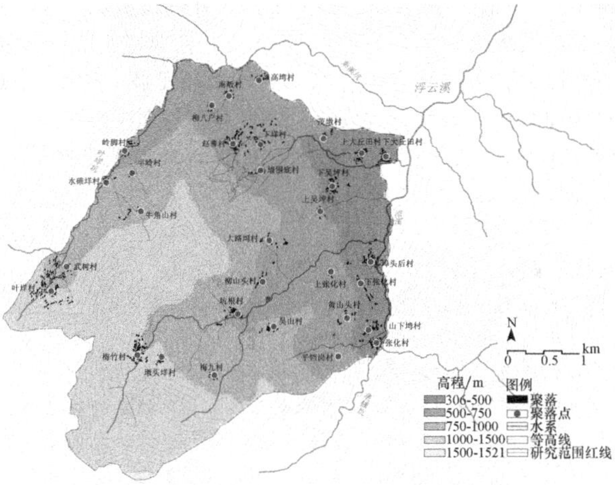

图 7　水系高程图

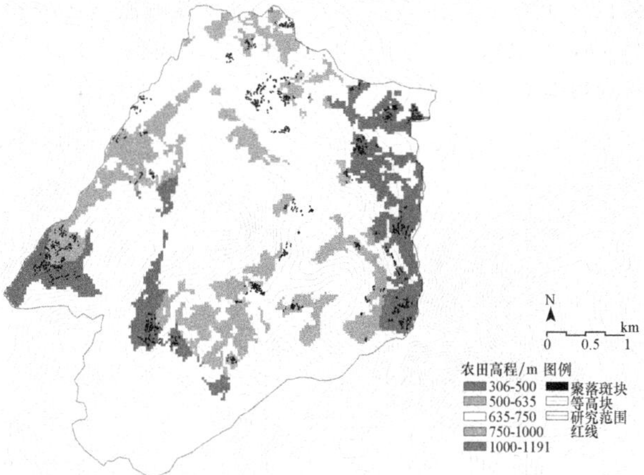

图 9　聚落、农田与高程关系

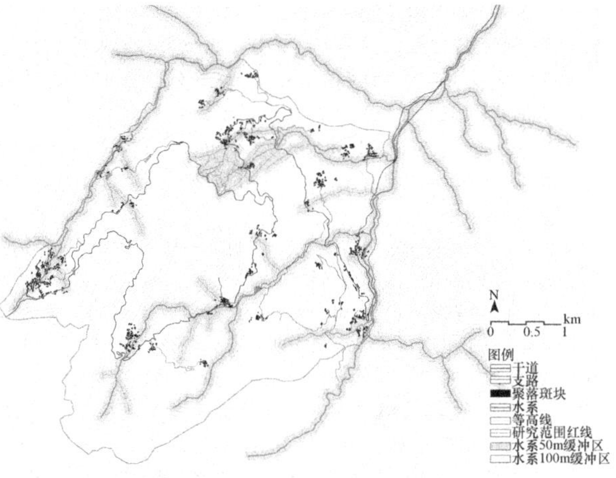

图 8　水系缓冲区

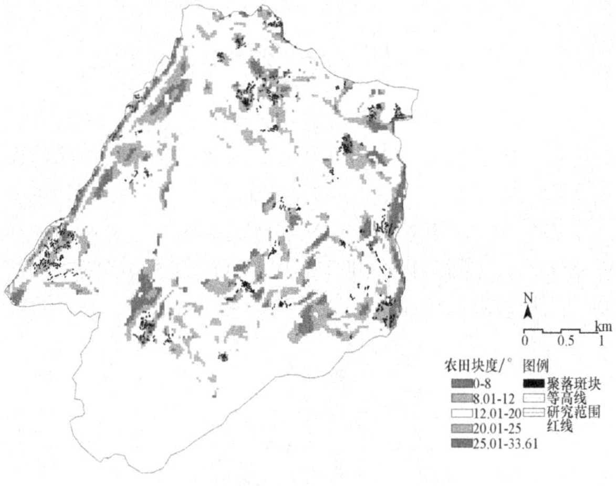

图 10　聚落、农田与坡度关系

总体而言，水系的空间分布特征可以总结为"树枝状水系连接，网格状水系覆盖"，水系以通过水利设施从高海拔森林引出，覆盖区域内的聚落和农田。此外，水文特征具有垂直差异，海拔越低，水系发育程度越高。聚落和水系的分布特征为聚落呈现出明显的沿水系分布，且聚集靠近分水点，与水系的距离随着河流流量的增加而增加的特点。

3.2.3　聚落与农田

提取农田斑块的高程数据，分析研究范围内聚落和农田高程的关系（图 9）。丘陵区属于当地较早开发农田区域，加上地势较为平坦，可耕作面积充足，聚落位于农田周边；在低山区的聚落往往位于农田的中心区域，农田围绕聚落根据地形向四周不断开发；1000m 以上的中山区，农田形态完整，破碎程度最小，连接成面，但是范围最小，聚落需要选址在接近水源的谷地，且普遍高于农田，为保护上游来水，聚落所在谷地上方农田范围极小，转而选择在山谷两旁坡地上进行开垦。中山区扩张的农田距离聚落基本处于聚落范围的两倍内，海拔 1200m 以上已不适合农田的开发。

提取农田斑块的坡度数据，分析研究范围内聚落和农田坡度的关系（图 10）。乡村聚落大部分都位于 20°以下的区域，大于 25°无聚落，平均坡度在 12°左右。农田的分布和聚落类似，主要开垦在 20°以下的区域，农田的边缘区域会出现 20°以上坡度，当坡度到达 25°以上，储水会相当困难，这一范围内农田依据等高线线状分布。

综合乡村聚落与农田高程、坡度的关系分析可知：①农田的分布和聚落类似，主要开垦在 20°以下的区域；②丘陵区形成"农田面状分布，聚落分布周边"，低山区形成"农田大范围散布，聚落位于核心"，中山区形成"农田在聚落两侧分布"的格局特征。

3.2.4　聚落与森林

以聚落、森林斑块分布叠加高程进行分析（图 11）。丘陵区森林斑块呈现破碎状，说明此范围的森林大部分被用于开垦农田与营建村落。在低山区，随着聚落密度的增加和农田范围的扩大，森林沿地形呈现出带状分布。750m 以上的中低山区的森林斑块呈现较为完整的面状，成为区域内的森林核心。其中位于中山区的聚落如因为农耕传统，有在山区放牧黄牛的需求，这要求聚落周围有相当面积的森林围合并留有较大间隙，这也是该区域聚落呈现出森林斑块大、村落分散的部分原因。海拔在1000m以上时，已无人类活动，森林斑块面积明显增加，呈现包围聚落的趋势。

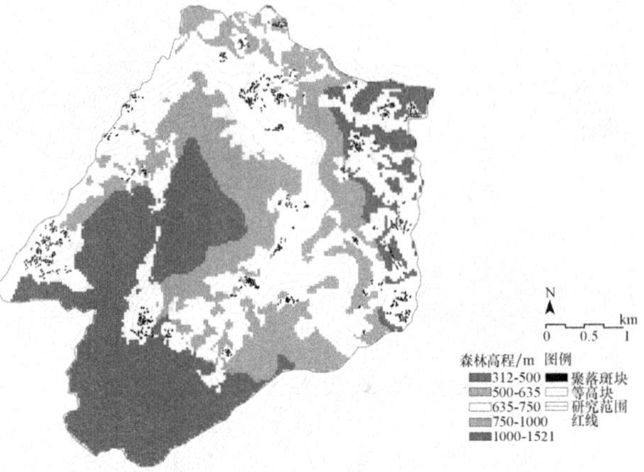

图 11　聚落、森林与高程关系

以聚落、森林斑块分布叠加坡度进行分析。区域内森林的面积随着坡度的上升而增大。坡度 20°以上的森林斑块呈现出完整的片状，30°以上斑块最大。主要集中在范围中心牛角山、北侧吴坪地区和南侧梅九尖。在丘陵区和低山区相对平缓地段，森林、聚落和农田之间形成竞争关系，森林斑块破碎减少，坡度较低（图 12）。

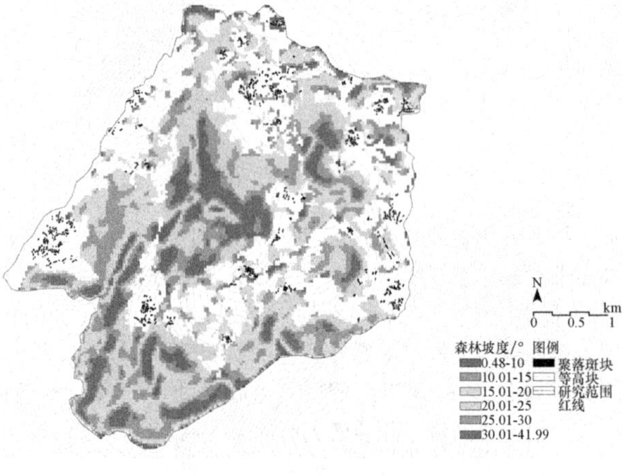

图 12　聚落、森林与坡度关系

综合聚落分布与森林高程和坡度的关系特征，可以总结出：①森林具有较高的坡度和高程适应性；②丘陵区形成“森林斑块破碎，环绕聚落镶嵌农田”的特征，低山区形成“森林斑块带状环绕聚落”，中山区形成“面状森林围合聚落”的格局特征。

4　结论

梯田农业是山地劳动人民应对复杂自然条件做出的一项适应措施，云和梯田展现了在中国古代“天人合一”思想影响下，浙闽山区人民在受自然环境、物质资源极大制约下的创造才能。所形成的“山-水-林-田-村”的景观格局一直处于稳定的动态演变中，具有生态系统多样性、景观格局协调性、实际运作具有可操作性等特征。开垦梯田与治山治水相结合的技术得到传承和发展，实现人与自然和谐共生的可持续发展。对其景观格局从历史演变到现在稳定状态的特征进行研究，在地域景观格局的研究中具有一定的价值和意义。

参考文献

[1]　曾雄生．唐宋时期的畬田与畬田民族的历史走向[J]．古今农业，2005(04)：30-41.

[2]　段延恒．梯田溯源[J]．中国水土保持，1991(03)：52.

[3]　冯智明．梯田观光、稻作农耕与民族文化的互利共生——基于龙脊梯田“四态均衡”模式的考察[J]．湖北民族大学学报(哲学社会科学版)，2020，38(04)：96-103.

[4]　韩茂莉．宋代东南丘陵地区的农业开发[J]．农业考古，1993(03)：132-136.

[5]　贾文超．浙西南梯田的保护性开发和经济价值研究——以云和梯田为例[J]．才智，2013(17)：6.

[6]　角媛梅，陈国栋，肖笃宁．亚热带山地梯田农业景观稳定性探析——以元阳哈尼梯田农业景观为例[J]．云南师范大学学报(自然科学版)，2003(02)：55-60.

[7]　刘阳，杨宇亮，角媛梅．流域视野下梯田聚落的人居环境空间特征——以元江流域为例[J]．风景园林，2019，26(12)：34-40.

[8]　王姣，彭圣军，刘颖，等．上堡客家梯田的农耕文化与自流灌溉系统[J]．江西水利科技，2020，46(01)：30-37.

[9]　于森，李建东．基于 RS 和 GIS 的桓仁县乡村聚落景观格局分析[J]．测绘与空间地理信息，2005(05)：56-60.

[10]　张建国，何方，肖胜和，等．基于农业文化遗产保护的江南梯田旅游发展探索——以浙江梅源梯田为例[J]．中南林业科技大学学报，2011，31(03)：47-53.

[11]　周杰灵．云和梯田的形成及传统农耕习俗探究[J]．古今农业，2014(03)：73-77.

[12]　周尚兵．唐代南方畬田耕作技术的再考察[J]．农业考古，2006(01)：145-149；155.

[13]　Arnáez J，Lana-Renault N，Lasanta T，et al. Effects of farming terraces on hydrological and geomorphological processes. A review[J]. Catena，2015，128.

[14]　García-Ruiz J M，Lasanta T，Nadal-Romero E，et al. Rewilding and restoring cultural landscapes in Mediterranean mountains：Opportunities and challenges[J]. Land Use Policy，2020，99.

[15]　Londoño Ana C，Williams Patrick Ryan，Hart Megan L. A change in landscape：Lessons learned from abandonment of ancient Wari agricultural terraces in Southern Peru.[J]. Journal of environmental management，2017，202(3).

[16]　Lipsky Z. The changing face of the Czech rural landscape[J]. Landscape and Urban Planning，1995，31(1-3).

作者简介

丁呼捷，1996 年生，女，汉族，浙江杭州人，硕士，杭州园林设计院股份有限公司，设计师，研究方向为风景园林规划设计。电子邮箱：625075786@qq.com。

林箐，1971 年生，女，汉族，浙江人。博士，北京林业大学园林学院，教授、博士生导师，研究方向为园林历史、现代景观设计理论、区域景观、乡村景观等。电子邮箱：lindyla@126.com。

“公园城市”背景下的成都市生态系统健康评估

Ecosystem Health Assessment in Chengdu with the Idea of Park City

段雨汐　张倩玉　林　箐*

摘　要： 健康的生态系统具备整体性、稳定性、可持续性的特点，并能为人类提供特定福祉，生态系统健康评估对于区域生态系统的管理至关重要。本文从公园城市的建设和发展理念出发，以构建健康的生态系统为目标，选择成都市为研究对象，构建VORES模型，从生态系统的活力、组织力、恢复力和服务价值，进行2000年、2010年和2020年的生态系统健康指标的时空分析。在结果分析基础上，总结了2000～2020年成都市生态健康演变的影响因素，主要在于：人类社会活动与城市扩张，山区生态修复工程以及城市公园体系与绿道体系的建设。以生态系统健康指数为参考，从景观维度对成都公园城市建设的实践提出建议和策略。

关键词： 区域生态系统健康；公园城市；土地利用规划；风景园林；成都市

Abstract: Healthy ecosystems are integrated, stable, sustainable and provide specific benefits to human beings. Ecosystem health assessment is critical to the management of regional ecosystems. Based on the concept of park city construction and development, this paper aims to build a healthy ecosystem, and selects Chengdu city as the research object. VORES model is constructed to analyze the ecosystem health indicators in 2000, 2010 and 2020 from the perspectives of ecosystem vitality, organization, resilience and service value. Based on the analysis of the results, the influencing factors of ecological health evolution in Chengdu from 2000 to 2020 were summarized, including human social activities and urban expansion, ecological restoration projects in mountainous areas, and the construction of urban park system and greenway system. Taking ecosystem health index as reference, suggestions and strategies for the practice of park city construction in Chengdu were put forward from landscape dimension.

Keywords: Regional Ecosystem Health; Park City; Land Use Planning; Landscape Architecture; Chengdu

引言

随着城市的发展和扩张对生态系统带来的压力与负面影响，生态系统健康的概念应运而生，健康的生态系统具备维持区域生态空间结构和生态过程、自我调节与恢复以及可持续满足人类社会特定需求的能力。

作为生态系统研究的重要部分，生态系统健康评估越来越受到重视。评估结果一方面能够为规划提供区域生态系统健康的指标参考，另一方面对于生态环境的保护和恢复具有重要的指导意义。国内外学者关于生态系统健康的指标类评估模型构建主要有两种：①Costanza等提出的“活力-组织力-恢复力”（VOR）评价体系，是较为经典的指标体系，主要侧重于衡量生态完整性和自然生态系统质量，但缺乏生态系统对人类社会的支持关系；②“压力-状态-反映”模型及其扩展模型（DPSIR等）强调了环境与人类社会活动的因果关系，但缺乏对生态系统自身状态的评判。本文将基于VOR模型，结合生态系统服务要素，选取优化的VORSE模型对区域生态系统健康进行指标分析。

自2018年习近平总书记提出“公园城市”理念以来，成都作为示范城市，以构建“山、水、林、田、湖、草生命共同体”、以实现“人、城、境、业”和谐统一为目标，如火如荼地开展城乡绿色发展。目前关于公园城市建设过程中生态系统健康定量评估的研究较少，本研究的主要目的在于通过构建生态系统健康指标评估体系，对2000年、2010年、2020年成都市的区域生态系统健康进行定量评估，一方面反映20世纪初期成都市生态系统的动态变化，另一方面一定程度反映公园城市建设初期的成果，为成都可持续发展提供决策支持，为公园城市规划的实践提供参考意义。

1　研究区域与数据来源

1.1　研究区域

成都是四川省的省会与最大城市，也是中国西南区域的金融、商业和高新技术中心与交通枢纽。位于102°54'～104°53'E，30°05'～31°26'N，总面积14335km²。位于亚热带湿润季风气候带，气候温和，四季分明。地形由西北向东南倾斜，西部为山地，东部位于成都平原中心地带，从西向东分别由平原、梯田和山区组成。

自1978年改革开放以来，成都市城市规模持续扩大、经济快速增长，常住人口由1978年的806万人增加到2020年2094万人，2020年成都地区生产总值（GDP）为17716.7亿元，高于全国1.7%，三产结构为3.7∶30.6∶65.7。

1.2　数据来源

本文使用的数据主要包括土地利用数据、气象数据、归一化植被指数（NDVI）、香浓均匀度指数（SHEI）等景观指数。

(1) 土地利用数据来自于中科院资源与环境科学数据中心（http://www.gscloud.cn/）。

(2) 气温、降水、辐射等气象数据来自于（http://data.cma.cn/）。

(3) 归一化植被指数（NDVI）数据通过地理空间数据云 Landsat 卫星 30m 栅格数据（http://www.resdc.cn/Default.aspx）为原始数据处理得出。

(4) 香浓均匀度指数（SHEI）等景观指数以土地利用数据为原始数据，使用 Fragstats4.2 软件计算处理得到。

2 研究方法——VORES 优化模型

健康的生态系统是稳定可持续的，在外部干扰下也能保持其组织结构、进行自我调整和恢复，也可以可持续地满足人类的合理需求（Costanza，2012）。因此，VORES 模型生态系统健康指数（EHI）的计算公式为：

$$EHI = \sqrt[4]{V \times O \times R \times ES} \quad (1)$$

式中 EHI——区域生态系统健康指数；

V——生态系统活力；

O——组织力；

R——复原力；

ES——生态系统服务价值。经过对计算结果归一化处理后，使用等间隔方法将生态系统健康指数分为五个等级，从低到高如下：病态（0～0.2）、不健康（0.2～0.4）、亚健康（0.4～0.6）、较健康（0.6～0.8）和健康（0.8～1）。

2.1 生态系统活力（V）

生态系统活力通常被解释为新陈代谢或净初级生产力。净初级生产力（NPP）是生态系统活力的有效指标。

以气温、降水、辐射、土地利用和 NDVI 为基础数据，参考朱文泉等（2007）改进的光能利用率模型（Carnegie-Ames-Stanford Approach，CASA），进行成都市 NPP 的计算。

2.2 生态系统活力（V）

生态系统组织力表示生态系统的结构稳定性，主要体现在景观异质性和景观连通性。在权重设置方面，由于景观异质性和整体连通性代表了生态系统结构的不同方面，在景观形态分析中具有同样重要的作用，将权重设置为 0.35；森林和水体的连通性不如景观整体连接重要，分别将权重设置为 0.15。组织力（O）的最终量化依据以下公式：

$$\begin{aligned} O &= 0.35LH + 0.35ELC + 0.30IPC \\ &= (0.20 \times SHEI + 0.15 \times MPFD) \\ &\quad + (0.20 \times CONNECT_{整} + 0.15 \times DI) \\ &\quad + (0.1 \times CONNECT_{水体} + 0.05 \times LSI_{水体} \\ &\quad + 0.1 \times CONNECT_{森林} \\ &\quad + 0.05 \times LSI_{森林}) \end{aligned} \quad (2)$$

式中 O——生态系统组织力；

LH——景观异质性；

$SHEI$——香农均匀度指数；

$MPFD$——平均斑块分维数；

ELC——整体景观连通性；

DI、$CONNECT_{整}$——景观划分、连接指数；

IPC——重要生态斑块的连接功能；

$CONNECT_{水体}$、$LSI_{水体}$、$CONNECT_{森林}$、$LSI_{森林}$——水体和森林的连接指数和景观形状指数。

2.3 生态系统恢复力（R）

生态系统恢复力（R）指区域生态系统受到外部干扰后恢复其原始结构和功能的能力。包括两个方面：抵抗力和复原力。前者是抵抗外部干扰的能力，保持生态系统稳定的结构和功能；后者是在遭受严重破坏后恢复其原始状态的能力。这两个方面可以用抗性系数和复原系数来衡量。结合文献的查询与专家评估的结果，设定各土地利用类型的阻力系数和弹性系数，由于研究区的区域发展速度快、人为干扰频繁，生态系统的抵抗力应高于复原力，因此将阻力系数权重设置为 0.6，复原系数设置为 0.4（表 1）。

$$R = 0.4 \times C_{抵抗} + 0.6 \times C_{复原} \quad (3)$$

式中 R——生态系统复原能力；

$C_{抵抗}$、$C_{复原}$——生态系统土地利用类型的阻力系数和弹性系数。

生态系统恢复力系数　　表 1

景观类型	耕地	林地	草地	水体	建设用地	未利用地
阻力系数	0.5	1.0	0.6	0.8	0.3	0.2
弹性系数	0.3	0.6	0.8	0.7	0.2	1.0
恢复系数	0.38	0.76	0.72	0.74	0.24	0.68

2.4 生态系统服务价值（ES）

为适用于成都市，对生态系统服务价值系数进行了两个方面的调整。第一，修正了生物量因子：通常生物量越大，生态系统服务的能力越强，成都的主要土地利用类型为耕地和林地，根据区域平均粮食产量与全国数据的比值以及成都森林生态系统平均净初级生产力（NPP）与全国范围内相应数据的比值，成都耕地和林地的调整值系数为 1.57 和 1.22。第二，建成区基本功能同时依赖于生态系统，根据文献研究为建成区分配了价值体系[24]（表 2）。

生态系统服务指数　　表 2

生态服务指数		耕地	林地	草地	水体	建成区	未利用地
供给服务	食物生产	1.57	0.40	0.43	0.53	0.01	0.02
	原料供给	0.61	3.64	0.36	0.35	0.00	0.04
调节服务	气体调节	1.13	5.27	1.50	0.51	−2.42	0.06
	气候调节	1.53	4.97	1.56	2.06	0.00	0.13
	水文调节	1.21	4.99	1.52	18.77	−7.50	0.07
	净化环境	2.19	2.10	1.32	14.85	−2.46	0.26

续表

生态服务指数		耕地	林地	草地	水体	建成区	未利用地
支持服务	土壤保持	2.31	4.90	2.24	0.41	0.02	0.17
	生物多样性	1.61	5.50	1.87	3.43	0.34	0.40
文化服务	美学景观	0.27	2.54	0.87	4.44	0.01	0.24
总指数		12.43	34.31	11.67	45.35	−12.00	1.39

3 结果分析

3.1 生态系统专项指标的空间模式

3.1.1 生态系统活力（V）

由于植被覆盖率较高，较高的活力值主要分布在研究区域的西部山区，由于平原区域耕地与建设用地的面积较大，中部的生态系统活力较低。2000～2020年，西部龙门山浅山区、东部龙泉山区域由于森林保护和生态修复，活力显著上升；中心城区周边出现点状活力上升的现象，主要原因是城市绿地系统的开发建设；城镇边缘地带由于城市的建设与扩张，出现了活力显著下降的情况（图1）。

3.1.2 生态系统组织力（O）

整体的空间分布来看，成都市中心、外围边缘相对较低，西部和东部山区最高，其次是大范围的平原农田区域（图2）。2000～2020年的变化过程中，大都市边缘的组织力明显下降，但由于人类活动降低和生态保护政策的实施，生态系统组织力明显增长的区域主要分布在东南龙泉山脉和北部的龙门山区。

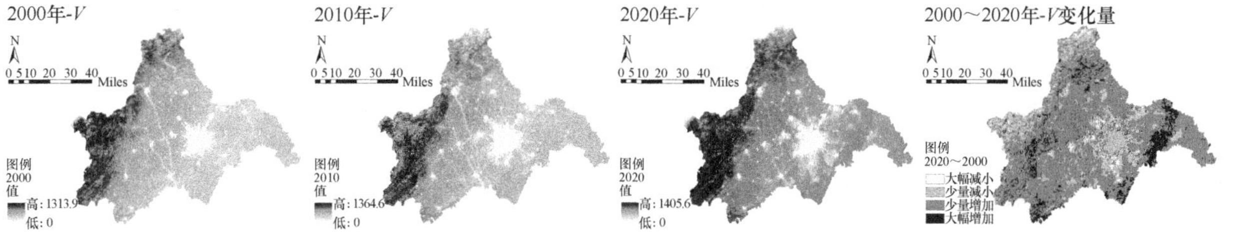

图1 2000年、2010年、2020年生态系统活力（V）的空间模式及变化趋势

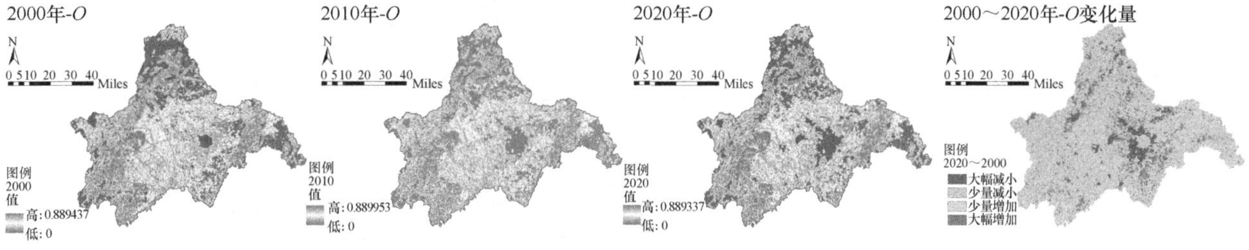

图2 2000年、2010年、2020年生态系统组织力（O）的空间模式及变化趋势

3.1.3 生态系统恢复力（R）与服务价值（ES）

恢复力和复原力均与用地类型相关。较高的生态系统恢复力和服务价值均出现在西部和东部的森林、水体区域，如西部的横断山脉、东部龙泉山区、金马河等；而建设用地和耕地的恢复力、服务价值较低。2000～2020年，大多数区域的用地类型没有明显变化，因此复原力与服务价值没有变化。但城市扩张过程对农田和林草地的侵占导致这些区域的相关指标有所下降，同时西部山区边缘由于山区生态保护政策，森林面积有所增加，导致抗灾能力和服务价值都有分散的区域出现显著提升（图3）。

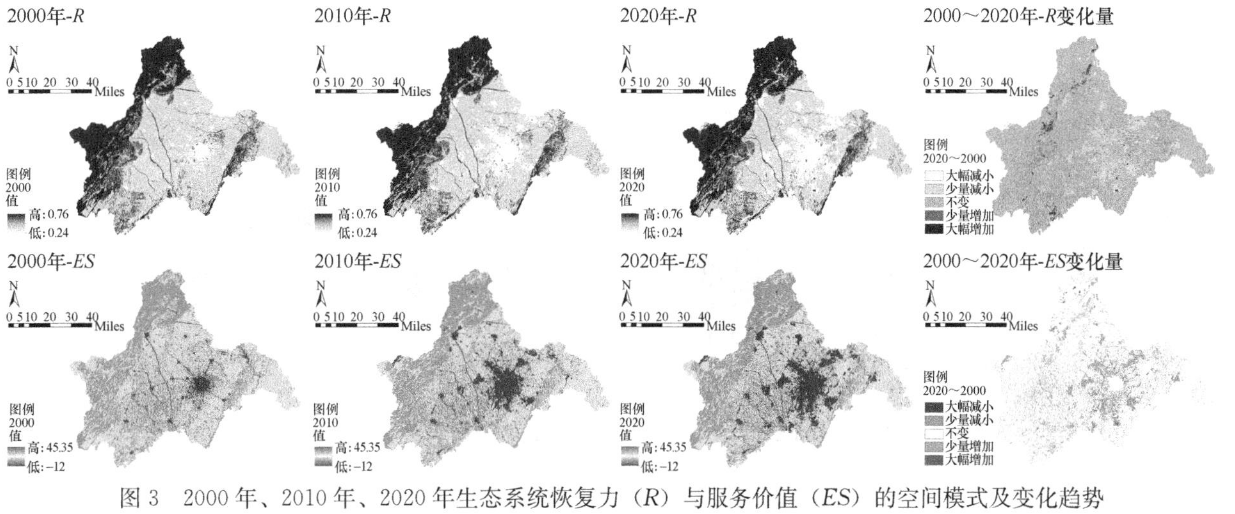

图3 2000年、2010年、2020年生态系统恢复力（R）与服务价值（ES）的空间模式及变化趋势

3.2 生态系统健康（*EHI*）

3.2.1 生态系统健康空间格局

图4表明，2000年、2010年和2020年成都市中部建成区范围的生态系统健康指数（*EHI*）较低，外围区域较高，最高的区域为西部山区，其次是东部山区，这与生态系统活力（*V*）的分布比较相似。

3.2.2 生态系统健康动态变化

对比各个健康等级的面积比例变化如图5所示，2000～2020年，"健康"的区域在2000年与2010年保持持平，2020年上涨了2%；"较健康"的比例20年内基本持平；"亚健康"区域占比约一半，2000～2010年少量减少，2010～2020年减少较多，减至45%；"不健康"区域占比也持续下降，从2000年的15%下降到2020年的20%；"病态"区域面积增幅最大，从16%增长到22%。

总体来看，2000年的生态系统健康状况在3期中最好，但是2000～2020年"健康"与"较健康"的区域不断增加，变化趋势呈现"整体衰减、局部提升"的情况。"整体下降"的主要原因在于城市的扩张、林草农田被部分侵占；"局部提升"则受益于生态保护政策。

如图4所示，2000～2020年生态系统健康指标（*EHI*）大幅提升的区域（$EHI_{变化}>0.1$）占比12.34%，分布在北部、东南部山区与城市边缘区域；大幅下降的区域（$EHI_{变化}<-0.1$）占比12.90%，则主要分布在主城区边缘、城镇边缘，主导因素主要为城市的扩张和人为因素的干扰；相对稳定的区域占比74.76%（$-0.1\leqslant EHI_{变化}\leqslant 0.1$），则主要在2000年已建成的建设用地与大面积的平原农田、较稳定的山地森林区。

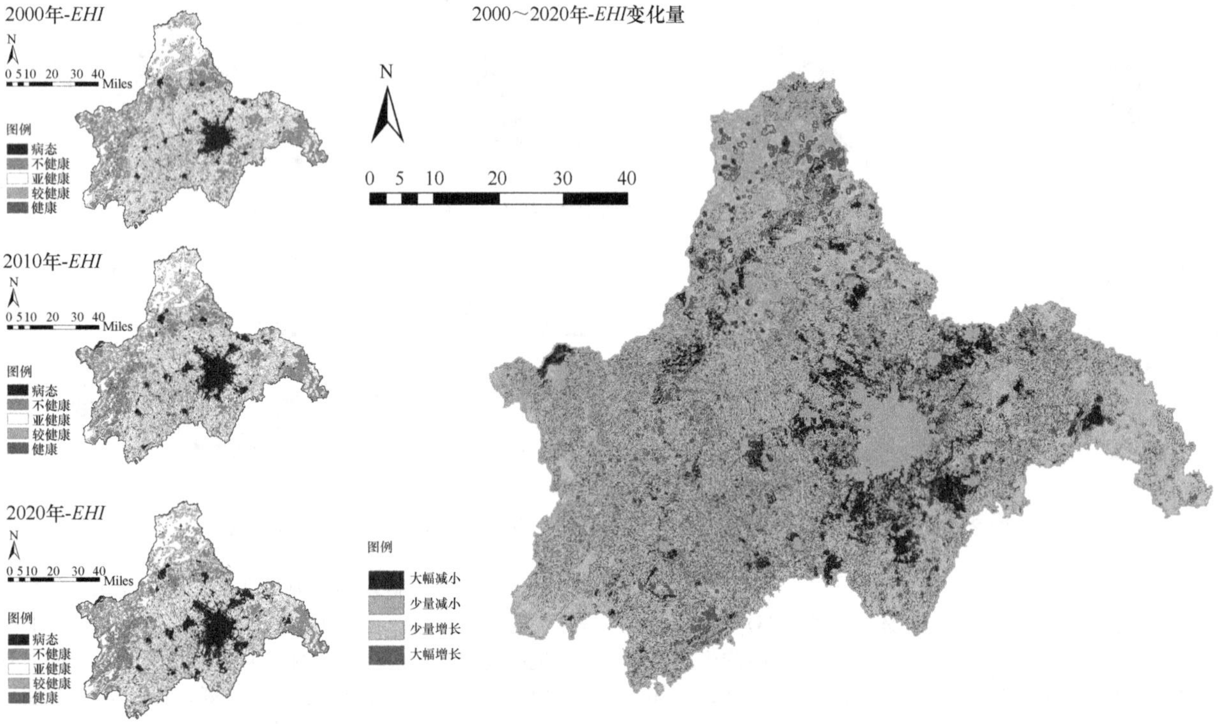

图4　2000年、2010年、2020年生态系统健康指数（*EHI*）的空间模式及变化趋势

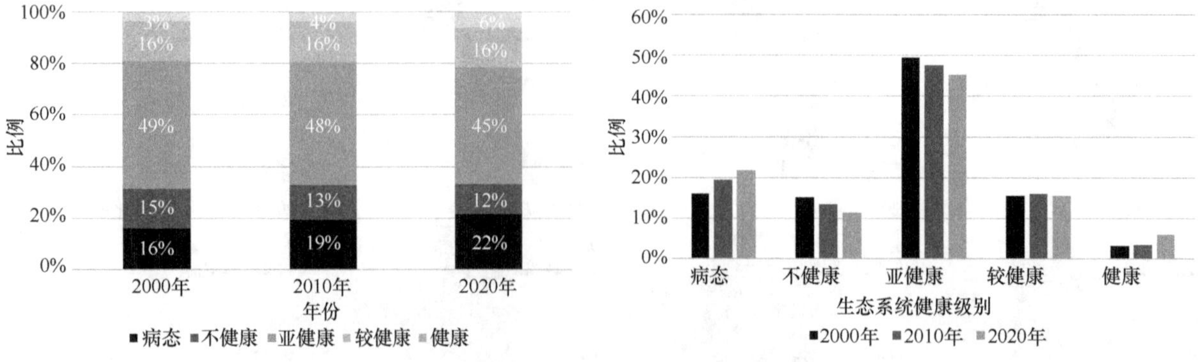

图5　2000年、2010年、2020年生态系统健康等级面积比例

4 总结与讨论

本研究的创新点在于使用优化后的VORES模型，同时考虑自然系统自身与供给人类福祉两个因素，开展对成都市生态系统健康状况的动态研究，得到的数据分析结果能够反映“公园城市”建设影响下的城市生态格局变化，并为后续实践提供空间数据支持。

4.1 生态系统健康动态变化的影响因素分析

2000～2020年，成都市生态系统健康状况出现“整体衰减、局部提升”的趋势，且“局部提升”主要发生在2010～2020年。分析其主要原因有三点。

（1）人类社会活动与城市扩张导致区域生态健康状况总体下降。具体表现为城镇不断蔓延，侵占城市周边农田、林地与草地，导致生态系统健康指数显著下降的区域集中在城市新的建成区。

（2）龙门山、龙泉山生态修复工程促进山区生态健康的提升。两山的森林保护培育、特色农林产业种植、林草植被恢复等措施，使这两个片区的生态健康呈现出散点状提升的趋势。

（3）公园体系和绿道体系的初步建设，使城市近郊区的生态健康出现部分提高的现象。

4.2 维持生态系统健康的公园城市实践策略

根据本次的研究成果，从景观维度维持生态系统健康方面，对成都市的公园建设提出以下的实践策略。

（1）统筹城镇用地的发展。控制城市扩张时期对林、草、田、湖的侵占，协调控制好城镇开发边界，控制建成区的空间形态。

（2）严控农业用地。一方面要保证农田不被城市发展侵占，另一方面需要对传统林盘系统进行保护，传统林盘农业体系的生态稳定性能力更强。

（3）完善水系的连通，提升湿地生态系统发挥的功能，应形成大型湖泊为骨架、河流为纽带、库塘湿地为补充的生态水系统。

（4）继续健全生态廊道和公园体系的建设。市域范围内生态廊道的建设有利于生物多样性的保护，公园体系的健全与完善有利于缓解城市生态系统亚健康的情况。

参考文献

[1] Rapport D J. What constitutes ecosystem health. Perspectives in Biology and Medicine[J]. 1989，33：120-132.

[2] Rapport D J，Costanza R，McMichael A J. Assessing ecosystem health Trends Ecol[J]. 1998，13(10)：397-402.

[3] Halpern B S，Longo C，Hardy D，et al. An index to assess the health and benefits of the global ocean[J]. Nature，2012，488(7413).

[4] Vollmer D，Regan H M，Andelman S J. Assessing the sustainability of freshwater systems：a critical review of composite indicators[J]. Ambio.，2016，45(7)：765-780.

[5] Styers D M，Chappelka A H，Marzen L J，et al. Developing a land-cover classification to select indicators of forest ecosystem health in a rapidly urbanizing landscape[J]. Landsc. Urban Plan，2010，94 (3-4)：158-165.

[6] Close R. Costanza Ecosystem health and ecological engineering Ecol[J]. Eng.，2012，45：24-29.

[7] Lackey R T. Values，policy，and ecosystem health[J]. Bioscience，2001，51(6)：437-443.

[8] Costanza R，Mageau M. What is a healthy ecosystem? [J] Aquat. Ecol.，1999，33：105-115.

[9] 袁毛宁，刘焱序，王曼，等. 基于“活力-组织力-恢复力-贡献力”框架的广州市生态系统健康评估[J]. 生态学杂志，2019，38(04)：1249-1257.

[10] Peng J，Liu Y X，Li T Y，et al. Regional ecosystem health response to rural land use change：A case study in Lijiang City，China[J]. Ecological Indicators，2017，72：399-410.

[11] 李雄，张云路. 新时代城市绿色发展的新命题——公园城市建设的战略与响应[J]. 中国园林，2018，34(05)，38-43.

[12] 成实，成玉宁. 从园林城市到公园城市设计——城市生态与形态辨证[J]. 中国园林，2018，34(12)：41-45.

[13] Costanza R. Ecosystem health and ecological engineering [J]. Ecol. Eng.，2012，45：24-29.

[14] Rapport D J. What constitutes ecosystem health，Perspect [J]. Biol. Med.，1989，33(1)：120-132.

[15] Kang P，Chen W，Hou Y，et al. Linking ecosystem services and ecosystem health to ecological risk assessment：a case study of the Beijing-Tianjin-Hebei urban agglomeration [J]. Sci. Total Environ.，2018，636：1442-1454.

[16] 朱文泉，潘耀忠，张锦水. 2007. 中国陆地植被净初级生产力遥感估算[J]. 植物生态学报，31(3)：413-424.

[17] Xiao R，Liu Y，Fei X，et al. Ecosystem health assessment：a comprehensive and detailed analysis of the case study in coastal metropolitan region，eastern China[J]. Ecol. Indic.，2019，98：363-376.

[18] Peng J，Liu Y，Li T，et al. Regional ecosystem health response to rural land use change：a case study in Lijiang City，China[J]. Ecol. Indic.，2017，72：399-410.

[19] Lopez D R，Brizuela M A，Willems P，et al. Linking ecosystem resistance，resilience，and stability in steppes of North Patagonia[J]. Ecol. Indic.，2013，24：1-11.

[20] Whitford W G，Rapport D J，DeSoyza AG. Using resistance and resilience measurements for ‘fitness’tests in ecosystem health[J]. Environ. Manag.，1999，57：(1)：21-29.

[21] Xiao R，Liu Y，Fei X，et al. Ecosystem health assessment：a comprehensive and detailed analysis of the case study in coastal metropolitan region，eastern China[J]. Ecol. Indic.，2019，98：363-376.

[22] 谢高地，肖玉，甄霖，鲁春霞. 我国粮食生产的生态服务价值研究[J]. 中国生态农业学报，2005(03).

[23] Kang Yu，Cheng Chuanxing，Liu Xianghua，et al. An ecosystem services value assessment of land-use change in Chengdu：Based on a modification of scarcity factor，Physics and Chemistry of the Earth[J]. Parts A/B/C，2019，110：157-167.

[24] 邓舒洪. 区域土地利用变化与生态系统服务价值动态变化研究[D]. 杭州：浙江大学，2012.

作者简介

段雨汐，1998年生，女，汉族，山东人，北京林业大学硕士在读，研究方向为风景园林规划与设计。电子邮箱：695089947@qq.com。

张倩玉，1991年生，女，汉族，甘肃人，硕士，建研互联（北京）工程科技有限公司，景观设计师，研究方向为研究方向为风景园林设计及历史理论。电子邮箱：zhangqianyu1991@qq.com。

林箐，1971年生，女，汉族，浙江人，博士，北京林业大学园林学院，教授、博士生导师，北京多义景观规划设计事务所，设计总监，研究方向为园林历史、现代景观设计理论、区域景观、乡村景观。电子邮箱：lindyla@126.com。

基于生态网络的齐齐哈尔市生物多样性保护研究①

Study on Biodiversity Conservation in Qiqihar City Based on Ecological Network

贾佳音　朱　逊　张远景*

摘　要：生态网络可以通过连接破碎化生境来保护生物多样性。本研究以齐齐哈尔为例，识别生态源地，使用最小累积阻力模型得到潜在生态廊道，再分析潜在生态廊道景观结构，探讨研究区潜在生态网络空间分布。结果表明：通过识别生态源地得到 56 个源地斑块，构建生态网络得出 141 条潜在生态廊道，廊道整体连通度较好，分布于全域。分析廊道景观构成发现耕地面积占比最大达到 50%，其次是林地（25%）和草地（17%）。结合研究区现状地类和潜在生态网络结构得到 11 个生态节点。通过生态廊道与路网的叠加交点选取 91 个生态断裂点，提出对应措施。研究结果可为齐齐哈尔市生物多样性保护提供方法和建议，为后续研究提供参考。

关键词：生态网络；最小累积阻力模型；潜在生态廊道；齐齐哈尔

Abstract: Ecological networks can protect biodiversity by connecting fragmented habitats. Taking Qiqihar as an example, this study identifies the ecological source, then uses the minimum cumulative resistance model to obtain the potential ecological corridor, then analyzes the landscape structure of the potential ecological corridor, and discusses the spatial distribution of the potential ecological network in the study area. The results show that 56 source patches are obtained by identifying ecological sources, and 141 potential ecological corridors are obtained by constructing ecological network. The overall connectivity of the corridors is good and distributed in the whole region. By analyzing the landscape composition of the corridor, it is found that the largest proportion of cultivated land is 50%, followed by forest land (25%) and grassland (17%). Combined with the current land types and potential ecological network structure of the study area, 11 ecological nodes are obtained. 91 ecological fracture points are selected through the superposition intersection of ecological corridor and road network, and the corresponding measures are put forward. The research results can provide methods and suggestions for biodiversity conservation in Qiqihar city and provide reference for follow-up research.

Keywords: Ecological Network; Minimum Cumulative Resistance Model; Potential Ecological Corridors; Qiqihar

引言

随着居住用地和城市的区域范围迅速扩大，生态系统的每个地区都有城市扩张的影子，生态系统的连通性和生态系统破碎度受到影响，直接加剧了人与自然环境的矛盾[1]，生态环境学家陆续提出有助于加强生态系统空间连通性的对策，为城市所处的生态系统提供动力[2]。生态网络通过廊道将彼此分离的保护区连接起来，保证自然界的物质循环和能量流动[3]。由于城市化进程的加快，生态建设和环境保护的任务变得越来越艰巨，因此构建高连接度的生态网络有利于我国生物多样性的保护和可持续发展。在国家层面上构建大尺度自然保护区生态网络，对改善生态“孤岛”和生境破碎化现象有重要意义。

构建生物多样性保护网络目前主流的方法是采用最小费用距离模型识别动物最小成本运动路径。生物廊道作为目前保护生物多样性的主要方式，已被世界各国所广泛接受[4]，它可以促进物种扩散、基因交流和繁殖[5,6]。为促进生物多样性保护，2015 年环保部发布了《中国生物多样性保护优先区域范围》，其中包括松嫩平原生物保护优先区。

本文以齐齐哈尔市域为研究区，采用最小累积阻力模型识别潜在生态廊道，依据现有生态网络的提取生态节点，同时结合交通运输用地和生态网络的交点找出生态断裂点，进而为齐齐哈尔的生态网络并提出优化建议。此研究可为其他地区构建生态网络保护生物多样性提供参考。

1　研究地区与数据来源

齐齐哈尔市地处黑龙江省西南部松嫩平原，总体地势平坦，北部地势较高，东部及南部地势较低；市域内包含嫩江等主要河流廊道，本土植被主要为草甸草原。松嫩平原主要是松花江和嫩江冲积形成的平原，沼泽湿地发达，动物资源丰富。丰富的湿地资源使齐齐哈尔具有多样的生物，但由于齐齐哈尔农业生产的不断发展和农田的扩大，割裂了自然保护区之间的联系，物种栖息地破碎化，面积也逐年减少。本文研究以齐齐哈尔基本农田为主要土地利用类型，而生态用地则分布较少，因此如何合理

① 基金项目：国土空间规划领域通专融合课程及教材体系建设，教育部首批新工科研究与实践项目（编号 B-ZYJG20200215）；国家自然科学基金青年项目“中东铁路遗产廊道的全域旅游空间模型研究”（编号 51908170）。

规划区域，对推动齐齐哈尔市生物多样性保护研究具有重要意义。

2 研究方法

2.1 生态源地的选择（图1）

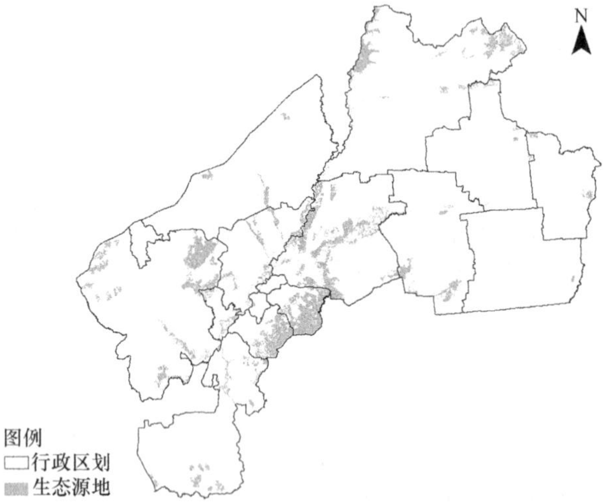

图1 研究区生态源地分布

2.2 阻力面的确定

本研究根据实际情况并参考已有研究[5-8]，对林地、水域、草地、耕地、园地、居住用地、交通运输用地和其他土地8类土地利用类型进行赋值；同时将高程数据（DEM）分为5级后赋值，将两种阻力面按权重叠加（表1），得到最后的阻力面。

生态阻力面赋值及权重　　　表1

阻力因子	分级	细　类	阻力赋值	权重
土地利用类型	林地	阔叶灌木林、阔叶林、绿化林地、乔灌混合林、人工幼林、疏林、针阔混交林、针阔混交灌木林、针叶灌木林、针叶林	0	0.5
	草地	低覆盖度草地、中覆盖度草地、高覆盖度草地、护坡灌草、绿化草地、牧草地、其他人工草地	100	
	水域	水域	100	
	园地	花圃、苗圃、乔灌果园、藤本果园、其他园地	100	
	耕地	水田、旱地	300	
	交通运输用地	道路	1000	
	居住用地	房屋建筑、构筑物	600	
	未利用土地	泥土地表、砾石地表、沙质地表、盐碱地表、人工堆掘地	1000	
高程DEM	＜50m		5	0.5
	50～100m		10	
	100～200m		20	
	200～500m		40	
	＞500m		80	

2.3 基于最小累积阻力模型构建潜在生态廊道

最小累积阻力模型是现有生态廊道识别的有力途径[9]，该模型计算源点到目标点所需克服的最小累积阻力，获得两斑块之间的最小成本路径，即物种扩散最优通道，公式如下：

$$MCR = \int_{\min} \sum_{j=n}^{i=m} (D_{ij} \times R_i)$$

式中 MCR——最小成本值；

D_{ij}——从原点 j 到空间单元 i 的空间距离；

R_i——空间单元 i 的阻力系数。

2.4 生态网络结构组成及廊道分级

齐齐哈尔动物多为哺乳类、两栖类和水禽类，因此将生态廊道宽度定为1.5km，通过多环缓冲区工具建立宽度为0.5km、1.0km两条缓冲带，分析其景观构成类型。再根据山水格局，将识别出的潜在生态廊道进行分级，分为核心廊道、关键廊道、重要廊道、一般廊道四级。

2.5 生态网络的优化

生态节点是具有关键生态作用的区域[10]，根据识别出的潜在生态廊道选取能够提升连通性的廊道交点作为重要生态节点。人工景观尤其是交通运输用地网贯穿于不同的景观类型之间，对生态过程有着严重的影响[11]，且不同级别的交通运输用地对生态系统的干扰存在差异[12]。选取国道、省道和县道3种交通运输用地与潜在廊道叠加，识别生态断裂点，并根据交通运输用地干扰强度将断裂点分为一、二、三级。

3 结果分析

3.1 潜在生态网络结构评价

景观类型阻力面（图2）显示，阻力较大地区集中分布于嫩江流域，以齐齐哈尔市为中心沿嫩江流域向周围扩展，这与嫩江流域地区经济建发达、人类活动频繁有关。受人类活动和植被覆盖度的影响，研究区东西两侧的阻力作用较小。总体来说，研究区中部嫩江流域由于人类活动导致该地区有较高阻力值，相比较来说，乌裕尔河流域和讷谟尔河流域阻力最小。

将生态源地数据和阻力值输入ArcGIS，使用成本路径计算得到了141条潜在生态廊道（图3）。嫩江流域以及扎龙自然保护区的潜在生态廊道连通性较好，生态源地遍布齐齐哈尔7区8县，整体市域潜在生态廊道连通性较好。如图4所示，核心廊道主要分布在嫩江、乌裕尔河、讷谟尔河、阿伦河、诺敏河流域，以扎龙为中心源地，核心廊道穿过市辖区，穿过多个重要湿地，如扎龙湿地、哈拉海、明星到湿地、双阳河湿地，减弱建成环境对

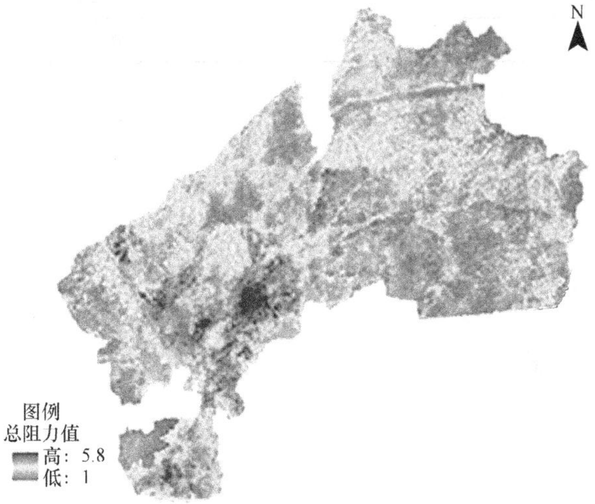

图2　叠加阻力面

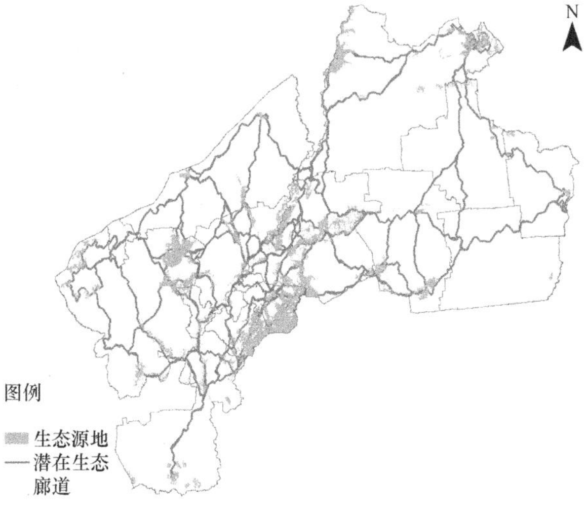

图3　潜在生态廊道

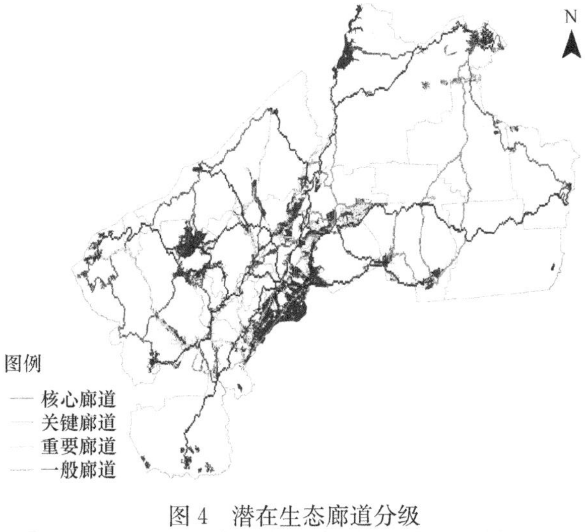

图4　潜在生态廊道分级

自然环境的分隔。关键廊道连通齐齐哈尔市域南北，从嫩江向东西两侧延伸，连接东西两侧丘陵地区的高质量森林。重要廊道位于齐齐哈尔西部，连接西部多个重要湿地以及森林。总体来看，潜在生态网络连接多个生态源地，形成南北纵横的网络结构，生态用地能受到较好的规划和保护，生态网络整体上质量较好。

3.2　生态廊道缓冲带分析

耕地是构成廊道的主要景观类型，约占潜在生态廊道总面积的50%，远大于其他类型面积占比，这可能是由于齐齐哈尔是国家重要商品粮基地，其基本农田占比远大于其他类型土地。在自然景观中，草地大于林地，林地仅为17%左右，这可能与齐齐哈尔是多林省份的贫林城市有很大关系，水域最少占廊道面积的5%左右。虽然园地、居住用地、交通运输用地和其他土地面积占比不大，但由于其对于生态过程有着较大的阻力，因此应进行合理规划以避免对生态廊道产生影响（表2）。

潜在生态廊道的景观构成　　表2

景观类型	0.5km缓冲带		1km缓冲带	
	面积（km^2）	占生态廊道面积比例（%）	面积（km^2）	占生态廊道面积比例（%）
林地	685.249447	17.7	1143.21881	16.38
草地	998.327085	25.78	1758.240058	25.2
水域	194.895735	5.03	325.607513	4.66
耕地	1837.514865	47.45	3550.58156	50.87
园地	7.016271	0.18	13.424948	0.19
居住用地	99.264857	2.56	99.264857	1.42
交通运输用地	26.212544	0.68	48.335373	0.69
其他土地	24.004337	0.62	41.218702	0.59
总计	3872.485141	100	6979.891821	100

3.3　生态网络问题识别

依据潜在生态廊道结构以及研究区现状土地利用类型，选择11个生态节点建立“踏脚石”斑块（图5），多由林地、草地及水域构成，如果加以规划和保护，形成对生态网络有显著连接作用的“踏脚石”斑块，不仅能够促进物种的流动，而且有利于生物多样性的保护。

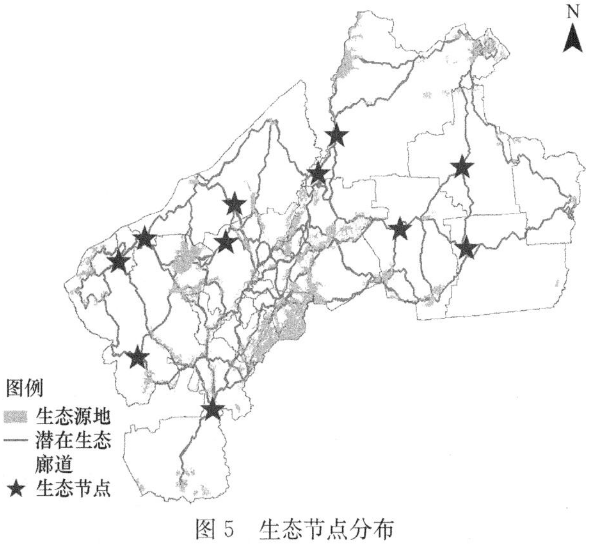

图5　生态节点分布

将潜在生态廊道与路网叠加，分析其交点，一共得到91个生态断裂点，其中一级21个、二级19个、三级51个，分别是生态廊道与国道、省道和县道的交点（表3）。一级生态断裂点主要位于嫩江流域，二级生态断裂点分布横跨齐齐哈尔东西，三级生态断裂点则分布于市域整个范围内。三种生态断裂点都跨过了多个自然保护区，可以采用地上或地下生物通道、涵洞、桥梁等工程措施，保护自然保护区不受破坏。

生态断裂点分布和工程措施 **表3**

生态断裂点分布		工程措施
一级生态断裂点	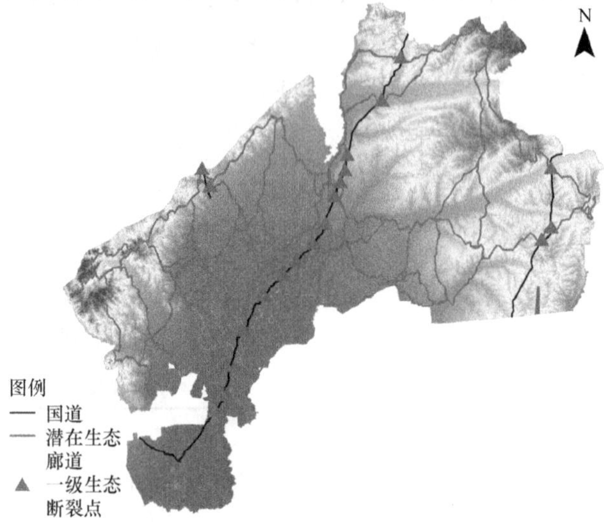	地下通道、过境隧道和天桥
二级生态断裂点	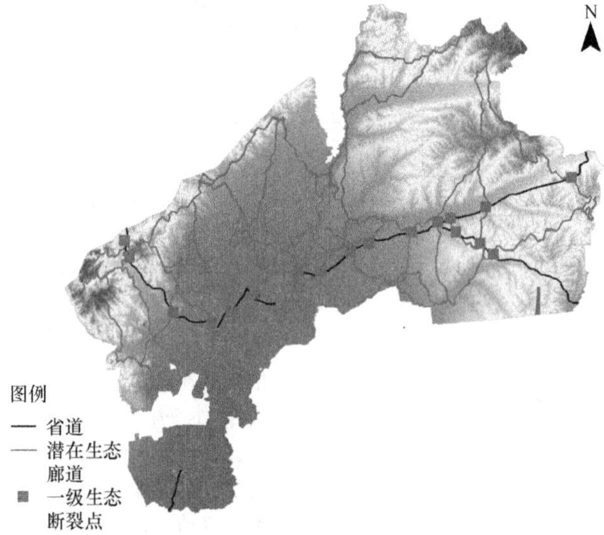	野生动物专用通道
三级生态断裂点	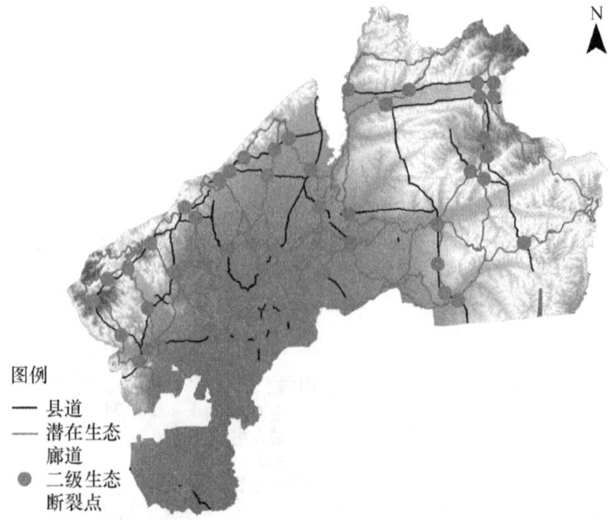	下穿式生物通道、桥梁、涵洞和管道

4 结论与讨论

本文以齐齐哈尔为研究区，结合土地利用类型、高程等数据，使用最小累计阻力模型构建潜在生态廊道，发现生态网络连通性较好，分布于齐齐哈尔全市域，并针对此提出优化策略。建立廊道缓冲带分析潜在生态廊道景观构成，发现耕地占比将近一半，基本农田以及人类活动对生态过程会产生较大的影响，因此可以采用退耕还林、还草、还湿等措施保护生物多样性。同时，虽然建设用地等占比较小，但是会对生态系统产生更大的影响，因此在规划建设用地道路等地时，需尽量避开生态重要区域。生态节点能够有效改善生态网络结构，因此对于一些可以进行改变的生态节点，应增加植被覆盖度或者建立自然保护区来提升生态网络结构。生态断裂点在很大程度上会减少生态廊道的连通性，阻碍生物交流，因此可以通过建设地下通道、过境隧道和天桥等方式促进物种迁徙。本研究可为其他区域构建生态网络保护生物多样性提供参考和借鉴。

参考文献

[1] 仇江啸，王效科，逯非，等. 城市景观破碎化格局与城市化及社会经济发展水平的关系——以北京城区为例[J]. 生态学报，2012，32(09)：2659-2669.

[2] 付刚，肖能文，乔梦萍，等. 北京市近二十年景观破碎化格局的时空变化[J]. 生态学报，2017，37(08)：2551-2562.

[3] RobH G J. Nature conservation planning in Europe：developing ecological networks[J]. Landscape and Urban Planning，1995，32(3).

[4] 王海珍. 城市生态网络研究[D]. 华东师范大学，2005.

[5] 谢慧玮，周年兴，关健. 江苏省自然遗产地生态网络的构建与优化[J]. 生态学报，2014，34(22)：6692-6700.

[6] 吴榛，王浩. 扬州市绿地生态网络构建与优化[J]. 生态学杂志，2015，34(07)：1976-1985.

[7] 卿凤婷，彭羽. 基于RS和GIS的北京市顺义区生态网络构建与优化[J]. 应用与环境生物学报，2016，22(06)：1074-1081.

[8] 殷炳超，何书言，李艺，等. 基于陆海统筹的海岸带城市群生态网络构建方法及应用研究[J]. 生态学报，2018，38(12)：4373-4382.

[9] 杨志广，蒋志云，郭程轩，等. 基于形态空间格局分析和最小累积阻力模型的广州市生态网络构建[J]. 应用生态学报，2018，29(10)：3367-3376.

[10] 诸葛海锦，林丹琪，李晓文. 青藏高原高寒荒漠区藏羚生态廊道识别及其保护状况评估[J]. 应用生态学报，2015，26(08)：2504-2510.

[11] 刘世梁，崔保山，温敏霞. 道路建设的生态效应及对区域生态安全的影响[J]. 地域研究与开发，2007(03)：108-111；116.

[12] 刘世梁，温敏霞，崔保山. 不同道路类型对澜沧江流域景观的生态影响[J]. 地理研究，2007(03)：485-490.

作者简介

贾佳音，1997年生，女，汉族，黑龙江哈尔滨人，哈尔滨工业大学硕士在读，研究方向为风景园林规划设计及其理论。电子邮箱：jiajiayin611@126.com。

朱逊，1979年生，女，满族，黑龙江人，博士，哈尔滨工业大学建筑学院，寒地城乡人居环境科学与技术工业和信息化部重点实验室，教授、博士生导师，研究方向为风景园林规划设计及理论。电子邮箱：zhuxun@hit.edu.cn。

张远景，1981年生，男，汉族，黑龙江哈尔滨人，博士，黑龙江省城市规划勘测设计研究院规划研究所，所长，高级城市规划师，国家注册城市规划师，研究方向为生态城市规划。电子邮箱：56858118@qq.com。

基于“两山”理论的济南市生态系统生产总值核算及其应用探索

Accounting of Ecosystem Gross Product in Jinan Based on the Theory of “Two Mountains” and Its Application

李雪钰　孙华文　肖华斌*

摘　要：济南市作为黄河流域下游重要的省会城市，其生态功能在实现“黄河流域生态保护与高质量发展”中占据重要的一环。本研究以“两山”理论为基础，以生态系统生产总值核算（Gross Ecosystem Product，GEP）为方法，构建“生态优势－经济优势”转换模型。对济南市 2019 年 GEP 进行核算，结果表明：①济南市的 GEP 总值为 3851.26 亿元，其中调节服务价值最高，占整体的 50.03%；②从不同的服务类型上来看，其自然景观价值最高，占总体的 33.39%；③从不同的生态系统类型上来看，林地生态系统生产总值最高，分别是林地>水域>耕地>建设用地>草地>未利用地；④从单位面积价值量来看，水域单位面积价值最高。

关键词：生态系统生产总值；“两山”理论；济南市；应用

Abstract: As an important provincial capital city in the lower reaches of the Yellow River, the ecological function of Jinan plays an important role in realizing “Ecological protection and high-quality development of the Yellow River basin”. Based on the theory of “Two Mountains”and the method of gross ecosystem product (Gep), this paper constructs the conversion model of “Ecological superiority-economic superiority”. The results show that: ①the total value of GEP in Jinan is 385.126 billion yuan. Among them, the value of regulating services is the highest, accounting for 50.03% of the total; ②the value of natural landscape is the highest, accounting for 33.39% of the total, in terms of different types of services; ③the total production value of forest ecosystem is the highest in terms of different types of ecosystems, they are forest land >water area>cultivated land>construction land >grassland>unused land. ④from the unit area value, the unit area value of water area is the highest.

Keywords: Gross Ecosystem Product; “Two Mountains” Theory; Jinan; Application

引言

自然生态系统是人类赖以生存和发展的基础，不仅在生产、生活等方面为人类提供必要的基础资料，更在气候调节过程中有着不可替代的价值[1]。在近三十年内，众多的国内外学者从地理学、生态学、经济学等多个学科开展了对于生态系统服务价值的研究，研究范围更是包含全球、国家、区域、流域等多个空间尺度和林、草、田等多种生态系统类型[2]。然而，在生态环境保护与社会经济发展矛盾日益突出的现状条件之下，过去单纯对于生态系统服务价值的研究已不能满足城市系统发展的需要，如何将生态效益与经济社会效益评价相结合成了如今研究的重点[3]。并且，十九大以来，习近平总书记指出要坚持人与自然和谐共生，树立“绿水青山就是金山银山”的生态发展理念，在这一背景之下，“生态系统生产总值”（Gross Ecosystem Product，GEP）作为量化“绿水青山”价值的重要手段具有重要的研究意义[4]。GEP 旨在对生态系统为人类提供的产品与服务价值进行量化，包含了生态产品提供价值、生态调节服务价值以及文化服务价值三个方面[5]。关于 GEP 的核算研究将生态系统的价值数字化，为生态系统的保护与管理提供了重要的数据支撑。但是目前关于 GEP 的研究重点多偏重于总体评价，其核算数据应用价值并不明显。

济南市作为黄河流域下游重要的省会城市，其生态功能在实现“黄河流域生态保护与高质量发展”中占据重要的一环。济南市在拥有丰富自然资源的同时，其生态环境非常脆弱，因此本文选取济南市为研究对象，在评估其生态系统生产总值的同时，将其价值体系落实到用地类型中，为济南市的用地优化、生态补偿等生态系统修复工作提供数据支撑。

1　研究区域概况

济南市（图 1）（36°01′～37°32′N，116°11′～117°44′E）位于山东省中部，南依泰山，北跨黄河，全市面积 10244km²，地势南高北低，依次为低山丘陵、山前倾斜平原、黄河冲积平原。区域内河流水系较为丰富，其气候类型为温带大陆性气候，有着四季分明、日照充足的特点。济南市全年平均气温 13.6℃，降水 614.0mm。2019 年末，全市总人口 890.87 万人，国内生产总值（GDP）9443.37 亿元。其中林地与农田所占比例最高（表 1），分别位于北部平原地带与南部山区。

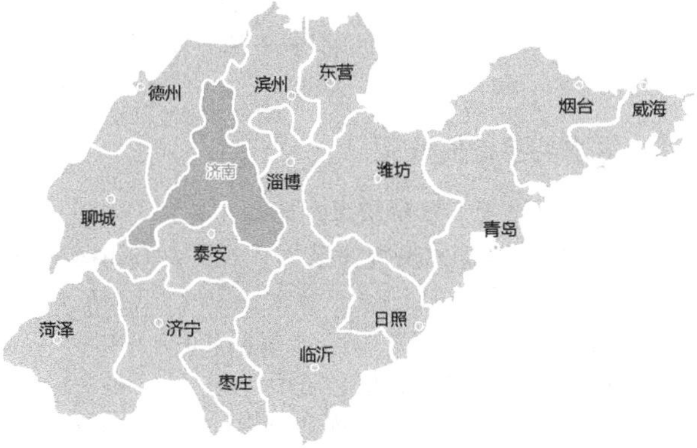

图 1　济南市区位图

2019 年济南市生态系统面积和占比　　表 1

生态系统类型	面积（km^2）	占比（%）
林地	2166.70	21.17
草地	952.56	9.31
耕地	4447.45	43.46
建设用地	1998.78	19.53
水域	145.59	1.42
未利用地	523.35	5.11

2　数据来源与研究方法

2.1　数据来源

本文所采用的产品统计数据、旅游收入等基础数据均来自《济南统计年鉴 2020》《济南市水土保持公报 2019》、济南市园林和林业绿化局以及相关文献；水资源数据来自《2019 年济南市水资源公报》；相关工程费用、固碳释氧费用等来自《森林生态系统服务功能评估规范》；大气净化成本数据来自由国家发改委颁布的《排污费征收标准及计算方法》；相关的土地数据是由对 LANDSAT 8 遥感数据进行解析获得。本文以济南市 2019 年的影像图为原始数据，时间设定为 6～9 月，云量小于 5%，使用 ENVI5.3 软件，通过目视将济南市土地类型划分为林地、草地、耕地、建设用地、水域及未利用地六个部分（图 2）。

2.2　研究方法

本文以 GEP 为理论依据，将济南市的 GEP 核算功能类别划分为产品提供、调节服务以及文化服务三个方向，并针对济南市的生态服务系统服务功能特征，确定了 13 项核算项目，具体核算方法如表 2 所示。

济南市生态系统生产总值核算项目及方法　表 2

功能类别	项目类型	核算方法
产品提供	农业产品	市场价值法
	林业产品	
	牧业产品	
	渔业产品	
	水资源	
调节服务	土壤保持	替代成本法
	洪水调蓄	影子工程法
	水源涵养	影子工程法
	大气净化	替代成本法
	水质净化	替代成本法
	固碳释氧	替代成本法
	气候调节	替代成本法
文化服务	自然景观	—

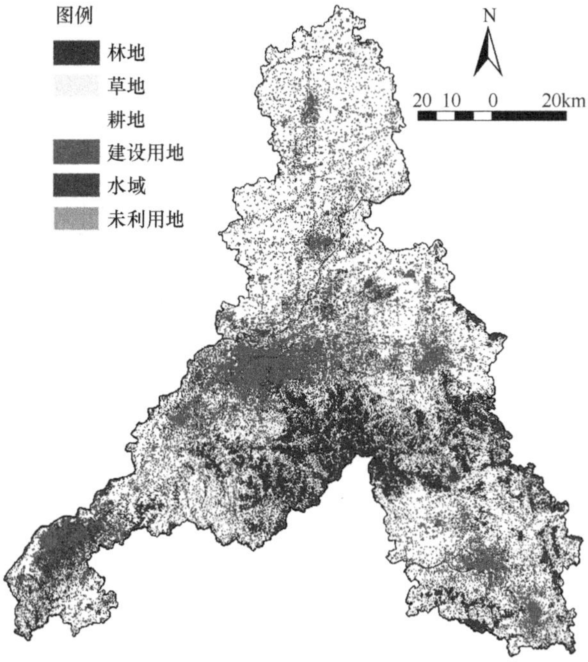

图 2　2019 年济南市用地分类图

3　产品提供价值量

产品提供价值量是指各类生态系统直接提供，并可以在市场上进行交易的产品与其市场单价乘积之和。目前，济南市的产品类型包括了农、林、牧、渔及水资源五项内容，其产品提供价值核算方法可采用市场价值法，公式如下：

$$V_{产} = \sum_{n=1}^{m} C_n \times D_n \tag{1}$$

式中　$V_{产}$——产品提供价值，亿元；

C_n——功能量；

D_n——产品单价。

3.1　农林畜牧渔产品价值核算

济南市农、林、牧、渔产品具体指标及其产量可通过《济南市统计年鉴 2020》获得。2019 年济南市的农林牧渔产品价值总计 600.35 亿元，其中农业产品占比最高，占到总体的 70.63%，渔业产品占比最低，占到总体的 1.13%（表 3）。

3.2 水资源价值核算

济南市的水资源定价实行分类定价与分级定价共同定价模式。生活用水实行三档价位，本文采用第二档水价为 5.60 元/m^3；农业用水于 2016 年推行农业用水价格改革政策，实行以量计价的模式，并根据供水水源区别定价，本文取综合平均值为 0.60 元/m^3；除生活与农业以外的其他用水为 6.05 元/m^3（表 3）。

济南市产品提供价值核算结果　　表 3

服务类型	具体指标	功能量	价值量（亿元）
农业产品	粮食作物（万 t）	285.46	424.04
	油料作物（万 t）	6.57	
	蔬菜（万 t）	671.24	
	棉花（万 t）	0.54	
	果用瓜（万 t）	48.02	
	水果（万 t）	62.95	
林业产品	果品（t）	686868	24.99
	木材（m^3）	355596	
牧业产品	肉类（t）	358655	144.53
	奶类（t）	321323	
	禽蛋（t）	365810	
渔业产品	水产品（t）	16167	6.79
水资源	农业用水（万 m^3）	80242	4.81
	工业用水（万 m^3）	14370	8.69
	生活用水（万 m^3）	17322	9.70
	市政用水（万 m^3）	4571	2.77
	生态用水（万 m^3）	20097	12.16

4 调节服务价值量

4.1 土壤保持价值核算

不同的生态系统类型均具有减少土壤侵蚀的能力，土壤保持价值便是其能力的价值体现，本文从减少泥沙淤积与减少 N、P 面源污染两个方面入手，采用替代成本法进行核算，公式如下：

$$V_{土} = \gamma \times \frac{S \times A_{模}}{\rho} \times c + \sum_{n=1}^{2} S \times A_{模} \times h_n \times p_n \quad (2)$$

式中 $V_{土}$——土壤保持服务功能总价值，亿元；

γ——泥沙淤积系数，取 0.24[6]；

S——用地面积，km^2；

$A_{模}$——土壤侵蚀模数，取 529.05t/(km^2·年)[7]；

ρ——土壤容重，取 1.25t/m^3；

c——水库清淤工程费用，根据中华人民共和国水利部建筑工程预算定额，取 17.63 元/m^3；

h_n——土壤中 N、P 的含量，根据中国土壤数据库济南市土壤数据估算，N、P 含量分别为 0.8625g/kg、0.5250g/kg；

p_n——N、P 降解成本，根据国家发改委颁布的排污费征收标准及计算方法，分别取 875 元/t 和 2800 元/t[8]（表 4）。

4.2 洪水调蓄价值核算

济南市的洪水调蓄价值采用影子工程法，其动态蓄水量可通过《济南市水资源公报 2019》及 2019 年水库河道水情表获得，公式如下：

$$V_{洪} = (134.83 \times e^{0.927 \times \ln S} + 0.35 \times W_{库}) \times c \quad (3)$$

式中 $V_{洪}$——洪水调蓄价值，亿元；

c——水库建设单位库容价格，参考《森林生态系统服务功能评估规范》，取 6.11 元/m^3；

S——湖泊面积，km^2；

$W_{库}$——水库库容总量[3,9]（表 4）。

4.3 水源涵养价值核算

水涵养价值体现的是生态系统增加有效水量以及改善径流的价值，济南市的水涵养量主要评价耕地、林地、草地三种生态系统类型，其水涵养价值量采用影子工程法，以不同用地类型的水涵养量之和与水库建设成本的乘积表示，计算公式如下：

$$V_{养} = c \times \sum_{n=1}^{m} S_n \times (J - K_n - E_n) \quad (4)$$

式中 $V_{养}$——水涵养价值，亿元；

S_n——生态系统面积，m^2；

J——降水量，mm；

E_n——蒸散发量，mm；

K_n——暴雨径流量，mm；

c——水库建设单位库容价格（表 4）。

4.4 大气净化价值核算

森林、草地生态系统具有降低大气污染物浓度、改善空气质量的作用，本文选取 SO_2、NO_x、烟粉尘量为评价指标对生态系统的大气净化价值进行评估，公式如下：

$$V_{气} = \sum_{n=1}^{m} \sum_{x=1}^{y} S_n \times W_{nx} \times c_x \quad (5)$$

式中 $V_{气}$——大气净化价值，亿元；

S_n——生态系统面积，km^2；

W_{nx}——第 x 种污染物在第 n 种生态系统内的单位面积净化量，t/(km^2·年)，林地和草地的 SO_2 吸收能力分别为 22.64t/(km^2·年)、1.13t/(km^2·年)，NO_x 吸收能力为 0.28t/(km^2·年)、0.06t/(km^2·年)，烟粉尘吸收能力为 0.60t/(km^2·年)、0.03t/(km^2·年)[10]；

c_x——不同污染物的处理成本，元/t，根据国家发改委颁布的排污费征收标准及计算方法，SO_2、NO_x、烟粉尘量处理成本分别取 630 元/t、630 元/t、150 元/t（表 4）。

4.5 水质净化价值核算

水质净化价值主要体现在湿地生态系统对污染物的吸收净化能力，本文选取 COD、N、P 为评价指标对济南市的水质净化价值进行估算，公式如下：

$$V_{质}=\sum_{n=1}^{m}S\times W_n\times c_n \tag{6}$$

式中 $V_{质}$——水质净化价值，亿元；

S——湿地面积，km^2；

W_n——生态系统单位面积净化的 COD、N、P 总量，t/km^2，分别为 $110.43t/km^2$、$8.56t/km^2$ 和 $8.56t/km^2$[10]；

c_n——COD、N、P 的降解成本，元/t，分别为 700 元/t[11]、875 元/t 和 2800 元/t（表 4）。

4.6 固碳释氧价值核算

固碳释氧价值是生态系统通过光合作用实现的固碳、释氧两方面的价值，其对缓解气候危机、改善大气环境有着重要的作用。本文采用碳社会成本法与工业制氧成本法共同计算，由光合作用方程式可知，植物每生产 1g 干物质可固定 $1.62g\ CO_2$、释放 $1.19gO_2$。公式如下[12]：

$$V_{固}=\sum_{n=1}^{m}\frac{NPP_N}{0.45}\times 1.62\times c_{碳}+\frac{NPP_n}{0.45}\times 1.19\times c_{氧} \tag{7}$$

式中 $V_{固}$——固碳释氧价值，亿元；

NPP_N——净初级生产力，本文根据现有研究成果进行取值[13]；

$c_{碳}$、$c_{氧}$——固碳价格和释氧价格，根据森林生态系统服务评估规范取值为 1200 元/t、1000 元/t（表 4）。

4.7 气候调节价值核算

气候调节价值指的是植被生态系统与水生态系统通过蒸腾作用消耗能量从而节约用电的价值，公式如下：

$$V_{调}=c\times\left[\frac{\sum_{n=1}^{m}GPP\times S_n\times a}{3600\times K}+\left(\frac{E\times q\times\rho}{3600}+E\times\gamma\right)\right] \tag{8}$$

式中 $V_{调}$——气候调节价值，亿元；

GPP——单位面积蒸腾消耗热量，林地、草地、耕地分别 $2837.27kJ/m^2$、$969.83kJ/m^2$、$969.83kJ/m^2$[10]；

S_n——生态系统面积，km^2；

a——空调开放天数，取 60[11]；

K——空调能效比，取 3.0[10]；

E——水面蒸发量，m^3；

q——挥发潜热，取 2453.2J/g；

ρ——水的密度；

γ——水蒸发耗电量，取 $125kWh/m^3$[3]；

c——济南市电价，取二档居民用电为 0.5969 元/kW·h（表 4）。

济南市调节服务价值核算结果　　表 4

服务类型	具体指标	功能量	价值量（亿元）
土壤保持	减少泥沙淤积（亿 m^3）	3.97	69.99
	减少 N 面源污染（万 t）	170.61	14.93
	减少 P 面源污染（万 t）	103.85	29.08
洪水调蓄	湖泊洪水调蓄量（亿 m^3）	48.19	294.44
	水库洪水调蓄量（亿 m^3）	1.42	8.68
水源涵养	林地水涵养量（亿 m^3）	1.41	8.62
	草地水涵养量（亿 m^3）	0.22	1.34
	耕地水涵养量（亿 m^3）	1.04	6.35
大气净化	SO_2 吸收量（万 t）	1829.76	115.27
	NO_x 吸收量（万 t）	24.23	1.53
	烟粉尘吸收量（万 t）	48.49	0.73
水质净化	COD 吸收量（万 t）	1.61	0.11
	N 吸收量（万 t）	0.12	0.01
	P 吸收量（万 t）	0.12	0.03
固碳释氧	固碳量（万 t）	1545.67	185.48
	释氧量（万 t）	1135.92	113.59
气候调节	林地降温增湿量（kW·h）	3.42×10^{10}	204.14
	草地降温增湿量（kW·h）	5.13×10^{9}	30.62
	耕地降温增湿量（kW·h）	2.40×10^{10}	143.26
	水面降温增湿量（kW·h）	1.17×10^{11}	698.37

5 文化服务价值量

2019 年，济南市的游客总人数为 10026 万人次，旅游收入 1285.9 亿元。

济南市生态系统生产总值（GEP）构成　　表 5

功能类别	价值量（亿元）	占比
产品提供	638.48	16.58%
调节服务	1926.88	50.03%
文化服务	1285.90	33.39%

综上核算结果，2019 年济南市的生态系统生产总值为 3851.26 亿元。其中生态系统的调节服务价值最高，为 1926.88 亿元，占总体的 50.03%；其次是文化服务价值，为 1285.90 亿元，占比 33.39%；产品提供价值最低，仅为 638.48 亿元，占总体的 16.58%（表 5）。由此可见，文化服务功能与调节服务功能为济南市生态系统服务的两大核心功能。

6 结果与讨论

6.1 结果

（1）产品提供价值

2019 年济南市的产品提供价值总量为 638.48 亿元，主要由林地、耕地、水域三种生态系统类型提供服务，林地产品的价值为 14.99 亿元，耕地产品的价值为 568.57 亿元，水域产品的价值为 44.92 亿元。其中，农业产品占比最大，而林地产品占比最低，这是由于济南市的森林相关工作重点在于生态环境的维护，而非经济林种植。同时山东省作为农业大省，农业作为重要的民生保障产业，在济南市用地类型中占有极高的比重。水域产品的价值虽然占据中间层级，但其比重较低，这与济南市的水资源紧缺现状存在密切的联系。不过从单位面积价值量上来看，济南市的水域单位面积价值量最高，为 0.31 亿元/km²，林地单位面积价值量最低，为 0.02 亿元/km²（表 6）。

（2）调节服务价值

本文选择了 7 个指标内容，涉及核算项目 20 项，核算可得 2019 年济南市的调节服务价值总量为 1926.88 亿元，从核算内容来看，气候调节的价值最大，为 1076.39 亿元，水质净化的价值最低，仅 0.15 亿元，济南市水域面积较低是造成水质净化价值量低的主要原因。

从不同生态系统各项服务价值量来看，2019 年济南市的调节服务价值最高的为水域生态系统 1007.34 亿元，其次为林地生态系统 448.80 亿元，耕地 331.38 亿元，其余生态系统的调节服务价值相对较低。并且，水域生态系统的单位面积价值量最高，为 6.92 亿/km²，分别是林地、草地、耕地、建设用地以及未利用地的 33 倍、115 倍、99 倍、173 倍、346 倍。可以看出，济南市不同用地类型的调节服务价值存在着较大的差距（表 6）。

（3）文化服务价值

济南市的文化服务价值由接待人次和旅游收入共同获得，因而无法按照用地类型做准确的价值划分，同时，调查可得，济南市的主要创收景区中林地占据极大的比重，因此本文暂将其划分于林地生态系统服务价值中（表 6）。

（4）GEP 综合分析

2019 年济南市的 GEP 总值为 3851.26 亿元，其中，林地的生态系统服务价值量最高，为 1749.69 亿元，水域生态系统次之，为 1052.26 亿元，耕地生态系统排名第三，为 899.95 亿元，其余生态系统服务价值较低。从单位面积生态系统服务价值量上来看，水域生态系统的单位面积价值量最高，林地次之，这是由于水资源的降温增湿效益远高于其他用地类型，因此造成了较大的单位面积价值量差异（表 6）。

2019 年济南市不同生态系统各项服务价值量（单位：亿元）　　表 6

服务类别	核算内容	林地	草地	耕地	建设用地	水域	未利用地	合计
产品提供	农林畜牧渔产品	14.99	—	568.57	—	6.79	—	590.35
	水资源	—	—	—	—	38.13	—	38.13
调节服务	土壤保持	24.20	10.33	49.67	22.32	1.63	5.85	114.00
	洪水调蓄	—	—	—	—	303.42	—	303.42
	水源涵养	8.62	1.34	6.35	—		—	16.31
	大气净化	114.91	2.62	0.00	—	—	—	117.53
	水质净化	—	—	—	—	0.15	—	0.15
	固碳释氧	96.93	15.01	132.10	48.32	3.77	2.95	299.08
	气候调节	204.14	30.62	143.26	—	698.37	—	1076.39
文化服务	自然景观	1285.90	—	—	—	—	—	1285.90
	合计	1749.69	59.89	899.95	70.64	1052.26	8.80	3851.26
单位面积价值量（亿元/km²）		0.81	0.06	0.20	0.04	7.23	0.02	0.38

注："—"表示不适合评估。

6.2　讨论

本文在已有研究的基础上，选择构建了适合济南市的 GEP 核算体系和参数，并重点探讨了不同生态系统单位面积生态系统价值量的比重，使核算结果更具有直观意义，对于济南市的用地优化、生态补偿等生态系统修复工作存在一定参考价值。

由于 GEP 的核算涉及多种学科的融合，同时存在较多的核算方法与指标类型选择[14-20]，并且尚未有统一的指标选择标准，这也使本文评估的结果存在一定的局限性和主观性。除此以外，本文还存在以下不足之处。

首先，从核算内容上来看，由于生态系统服务是一个庞大的概念，其中包含多种类型，并且存在难以量化的生态系统服务内容，因此本文核算并未能包含济南市的所有生态系统服务类型；其次，从数据获得上来看，本文在核算过程中存在部分数据难以获取的问题，因此采用了经验值进行计算，也造成了核算结果与实际存在误差的现状，并且本文通过对 LANDSTA 影像图进行基于像元的监督分类，得到的结果必然与实际生态系统用地面积存在误差；最后，本文的核算仅针对 2019 年的数据进行，未进行多年核算结果对比，可能出现核算结果具有特殊性的情况。

本文仅针对 2019 年济南市的生态系统生产总值进行核算，由此发现，济南市的 GEP 存在着较大的提升空间，面对济南市未来的城市发展规划，GDP 不应作为唯一的评判标准，针对 GEP 的政策制定也需要获得同样的关注。

参考文献

[1] 欧阳志云，林亦晴，宋昌素. 生态系统生产总值(GEP)核算研究——以浙江省丽水市为例[J]. 环境与可持续发展，

2020，45(06)：80-85.
[2] 马国霞，赵学涛，吴琼，等. 生态系统生产总值核算概念界定和体系构建[J]. 资源科学，2015，37(09)：1709-1715.
[3] 牟雪洁，王夏晖，张箫，等. 北京市延庆区生态系统生产总值核算及空间化[J]. 水土保持研究，2020，27(01)：265-274.
[4] 陈梅，纪荣婷，刘溪，等. "两山"基地生态系统生产总值核算与"两山"转化分析——以浙江省宁海县为例[J]. 生态学报，2021(14)：1-9.
[5] 高敏雪. 生态系统生产总值的内涵、核算框架与实施条件——统计视角下的设计与论证[J]. 生态学报，2020，40(02)：402-415.
[6] 韩增林，赵玉青，闫晓露，等. 生态系统生产总值与区域经济耦合协调机制及协同发展——以大连市为例[J]. 经济地理，2020，40(10)：1-10.
[7] 陈国坤. 基于样本数据的中国水力侵蚀定量化研究与比较[D]. 北京：中国科学院大学(中国科学院遥感与数字地球研究所)，2019.
[8] 国家发展和改革委员会. 排污费征收标准及计算方法[S]. 2003.
[9] 欧阳志云，朱春全，杨广斌，等. 生态系统生产总值核算：概念、核算方法与案例研究[J]. 生态学报，2013，33(21)：6747-6761.
[10] 王莉雁，肖燚，欧阳志云，等. 国家级重点生态功能区县生态系统生产总值核算研究——以阿尔山市为例[J]. 中国人口·资源与环境，2017，27(03)：146-154.
[11] 于森，金海珍，李强，等. 呈贡区生态系统生产总值(GEP)核算研究[J]. 西部林业科学，2020，49(03)：41-48.
[12] 景跃波，陈隽. 莱阳河自然保护区森林生态系统服务功能价值评估[J]. 林业资源管理，2007(5)：88-91.
[13] 朱文泉，潘耀忠，张锦水. 中国陆地植被净初级生产力遥感估算[J]. 植物生态学报，2007(03)：413-424.
[14] 赵寅成，孙雷，岳正波，等. 安徽省六安市生态系统生产总值核算研究[J]. 安徽农业科学，2021，49(04)：73-77.
[15] SMITH S V，HOLLIBAUGH J T. Annual cycle and inter-annual variability of ecosystem metabolism in a temperate climate embayment[J]. Ecological monographs，1997，67(4)：509-533.
[16] 臧正，高何洁，邹娴，等. 江苏沿海地区生态系统生产总值核算和评价[J]. 海洋开发与管理，2021，38(04)：48-52.
[17] 宋昌素，欧阳志云. 面向生态效益评估的生态系统生产总值GEP核算研究——以青海省为例[J]. 生态学报，2020，40(10)：3207-3217.
[18] 白杨，李晖，王晓媛，等. 云南省生态资产与生态系统生产总值核算体系研究[J]. 自然资源学报，2017，32(07)：1100-1112.
[19] 景兆鹏，马友鑫. 云南省西双版纳地区生态系统服务价值的动态评估[J]. 中南林业科技大学学报，2012，32(09)：87-93.
[20] 梁龙妮，王明旭，李朝晖，等. 珠三角地区经济生态生产总值核算及"两山"转化路径探讨[J]. 环境污染与防治，2021，43(01)：121-125.

作者简介

李雪钰，1995年生，女，汉族，四川简阳人，山东建筑大学硕士在读，研究方向为风景园林规划与设计。电子邮箱：hellolixueyu@163. com。

孙华文，1997年生，男，汉族，山东枣庄人，山东建筑大学硕士在读，研究方向为风景园林规划与设计。电子邮箱：sss-1661@qq. com。

肖华斌，1980年生，男，汉族，山东泰安人，博士，山东建筑大学，副教授、硕士生导师，研究方向为地景规划与生态修复。电子邮箱：xiaohuabin@foxmail. com。

基于“源-汇”理论的县域国土空间生态修复分区研究

——以四川省威远县为例

Research on Ecological Rehabilitation Zoning of County Territory Space Based on "Source-Sink" Theory

—Take Weiyuan County, Sichuan Province as an Example

林雨菡　杨培峰*

摘　要：开展国土空间生态修复保护的难点之一，在于从整体格局中识别出重点保护修复区域，从而开展科学性保护修复。进行国土空间生态修复分区有助于推进生态保护与修复的系统整体性。以威远县为例，基于“源-汇”理论开展县域景观空间格局的研究，并进行国土空间生态修复区的划分。在确定生态源景观的基础上，借助MCR模型模拟生态系统的变化过程，对不同景观要素进行阻力因子计算后，在阻力面的构建基础上将国土空间生态修复区划分为四类，并提出差异性修复策略。研究为西南地区生态良好的欠发达县域尺度下生态空间保护与利用提供了一定借鉴。

关键词：“源-汇”理论；国土空间；最小阻力模型；生态修复

Abstract: One of the difficulties in carrying out ecological restoration and protection of land and space lies in identifying the key protection and restoration areas from the overall pattern, so as to carry out scientific protection and restoration. Carrying out the ecological restoration zoning of the land and space will help promote the systemic integrity of ecological protection and restoration. Taking Weiyuan County as an example, based on the theory of "source-sink", the research on the spatial pattern of the county landscape is carried out, and the ecological restoration area of the territorial space is divided. Based on the determination of the ecological source landscape, the MCR model is used to simulate the change process of the ecosystem, and the resistance factors of different landscape elements are calculated. Based on the construction of the resistance surface, the territorial space ecological restoration area is divided into four categories, and the differences are proposed. Sexual repair strategy. The research provides a certain reference for the protection and utilization of ecological space at the scale of the underdeveloped counties in Southwest China.

Keywords: Source-sink Landscape Theory; Territorial Space; The minimum Cumulative Resistance Model; Ecological Restoration

引言

21世纪以来，中国在生态保护方面做出很多尝试和实践，环境保护政策和生态建设工程的实施使得国土的水源涵养、土壤保持等自然生态系统功能总体提升，但由于构建国土空间生态修复整体观意识的缺乏，以及对国土空间的关联性和生态系统的整体性考虑不足，仍存在部分生态空间退化的现象[1]。同时，部分地区规划中实行“大保护”的做法，对于生态保护的范围和过程没有相应管控，出现了生态“低效保护”现象[2]。如何在国土空间修复与生态功能效益发掘之间找到平衡点，在保护“绿水青山”的前提下发展“金山银山”，成为当前国土空间生态修复的重要难题。

在国家“山水林田湖草”生命共同体理念以及四川省生态修复“双百工程”的影响下，坚持“生态优先，绿色发展”战略，积极探索本地国土空间生态修复所面临的形势与挑战，明确生态修复区域的分区整治重点，成为开展国土空间生态修复的重要路径。国土空间生态修复源于新时期生态文明建设的战略需求，其本质在于恢复人地冲突、强化人地协同[3]，实现人与天调，然后天地之美生。

1　基于“源-汇”理论的国土空间生态修复

1.1　“源-汇”理论

当前在国际上生态修复方面的理论和技术已经比较成熟[4]，我国在单个生态环境要素治理方面也积累了相关经验，如矿山废弃[5]、湿地退化[6]、土壤污染[7]、土地沙化等生态修复经验。但生态修复仅仅聚焦于单个生态环境要素而忽视了要素之间的动态联系，可能出现生态修复空间不均衡的现象。因此，进行国土空间生态修复、统筹各个生态环境要素的项目库显得尤为重要。其核心是基于“国土要素”和“空间尺度”两个方面进行生态的修复。

20世纪末，“源-汇”理论引入并作为景观生态学的基本理论。“源”景观指在生态过程和格局的研究中，可以促进生态过程发展的景观类型，在空间上具有扩展性和连续性[8]；“汇”景观指阻止或者减缓生态发展过程的景观类型[9]。“源-汇”理论将生态景观格局与生态发展过程有机结合，可以从更加全面的角度解决复杂生态问题。

1.2 基于“源-汇”理论的国土空间生态修复

将“源-汇”理论运用到国土空间生态修复，可以达到生态景观格局与生态学量化分析的有效结合。在完成目前生态修复工程项目“点”修复和生态景观廊道“线”修复的基础上，完成国土空间生态修复分区“面”修复，实现国土空间规划多层次、多角度、统筹协调的生态修复，科学推动国土空间山水林田湖草的系统修复和综合治理。

故本文将“源-汇”理论运用到国土空间生态修复研究中，基于威远县现状条件，运用“源-汇”理论和MCR模型进行剖析。将威远县的“源”景观进行识别和提取，构建林地、草地、水体阻力面及综合阻力面，从而划分威远县域生态修复分区，并对其提出优化提升策略，促进国土空间生态可持续发展（图1）。

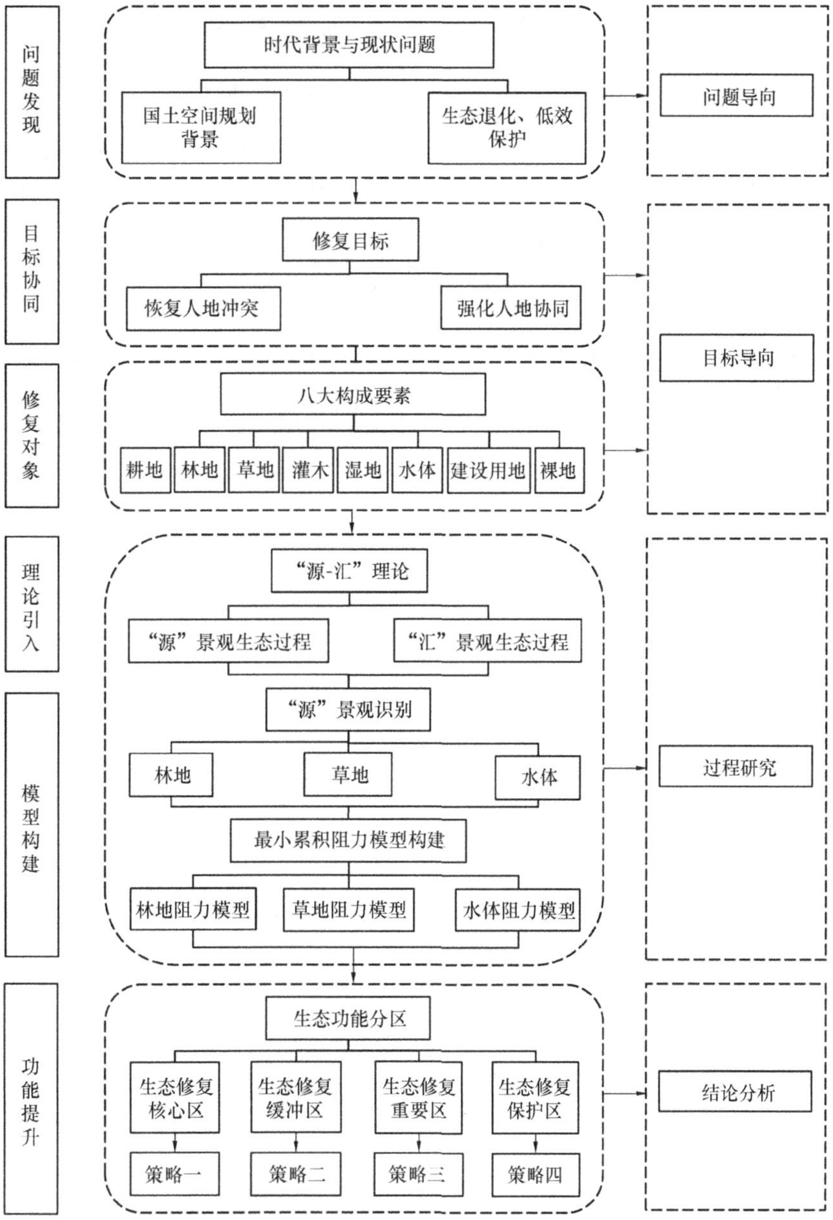

图1 基于“源-汇”理论的国土空间生态修复框架

2 研究范围和数据来源

2.1 研究区范围

威远县隶属四川省内江市，地处内江市西北部，位于四川盆地中南部，地跨北纬29°22′～29°47′、东经104°16′～104°53′。东邻内江市市中区，南连自贡市大安区和贡井区，西界自贡市荣县，北衔资中县，西北与眉山市仁寿县、乐山市井研县接壤，面积1289km²（图2）。威远县分低山和浅丘两类地貌，“威远穹窿”有902km²。气候属亚热带季风暖湿气候区，常年温湿多雾，被称为“红盆中之绿岛，热盆中之凉台”。

威远县作为川南地区的生态资源高地，山、水资源条件等生态本底优越。其独树一帜的世界级穹窿地貌，是四川省省级第二批自然遗产，也是四川盆地唯一一块三叠

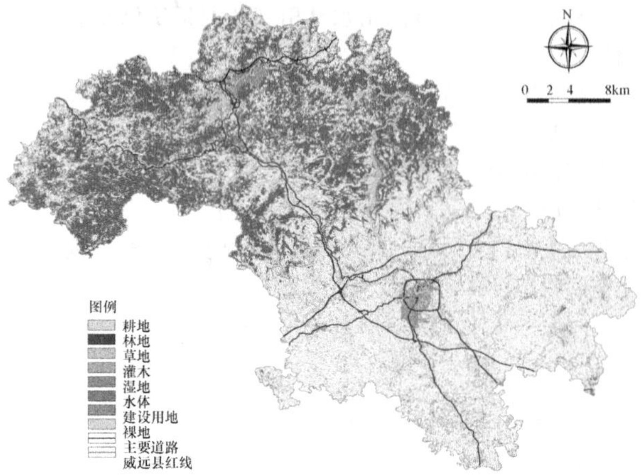

图 2 研究区土地利用示意图

系地质构造区。同时拥有湿地、市级风景名胜区等特色资源。但因其二产重工业发达，资源依赖型产业特征明显，生态环境压力大。为了减小生态环境压力，推动城乡自然资本加快增值，将“绿水青山”转化为“金山银山”，国土空间生态修复将被纳入威远县的生态文明建设中来。

2.2 数据来源与处理

威远县的数字高程模型（DEM）来源于地理空间数据云平台（http：//www.gscloud.cn），空间分辨率为30m。威远县的土壤数据来源于清华大学2017年全球土地覆盖数据。参照国土资源部《土地利用现状分类》GB/T 21010—2017，并根据威远县域生态资源实际条件，将耕地、林地、草地、灌木、湿地、水体、建设用地和裸地作为本次研究中市域空间的八大主要构成因素。将其导入ArcGIS 10.2中进行镶嵌配准校正后，完成图像预处理，得到相应图片和数据。

3 研究方法

3.1 生态“源”提取

林地和草地作为威远县域植物覆被率最高的用地类型，对于动植物迁徙以及维护生态系统稳定性具有重要作用。众多水系如清溪河、新场河、镇西河、越溪河等纵贯威远，有重要的生态涵养以及气候调节作用。故选择林地、草地、水体作为威远县域生态“源”景观。其中包括省级第二批自然遗产穹窿地貌、二湖—白牛寨风景名胜区（包括葫芦口湖、长沙坝湖、船石湖和白牛寨四个风景区）。这些地区具有重要核心功能以及高度生态敏感性、脆弱性（图3）。而建设用地、裸地在一定程度上影响生态的自然发展过程，故将其作为威远县域生态“汇”景观。

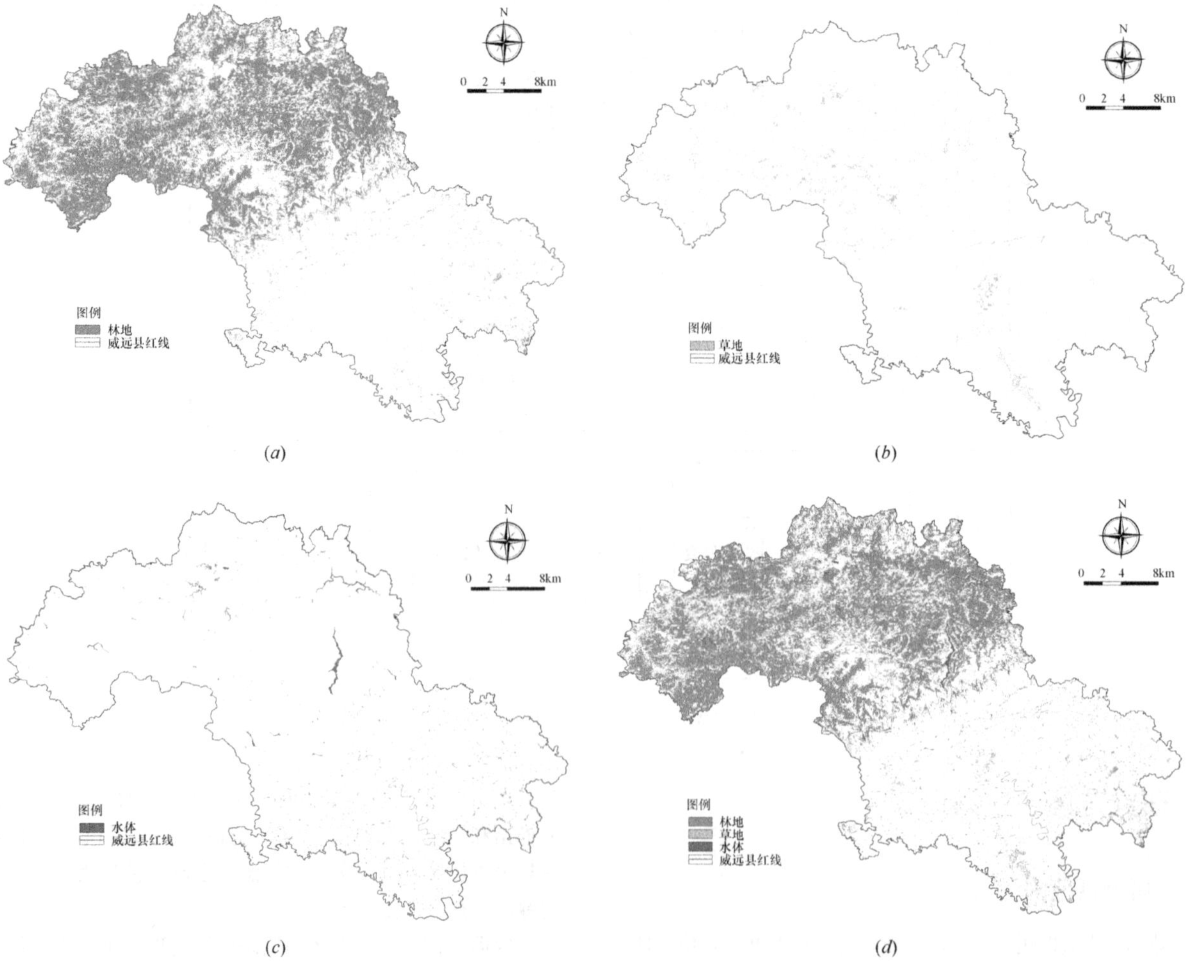

图 3 “源”景观识别示意图
（a）林地；（b）草地；（c）水体；（d）综合

3.2 阻力因子选取

自然地理条件和人为活动干扰会造成不同地域之间生态源扩张的差异性。依据威远县生态环境现状，从自然条件和社会活动两个方面选取高程、坡度、土地利用类型、距道路距离 4 个指标作为生态源阻力因子。每个因子划分为 5 个等级，分别赋值 1、2、3、4、5，等级越高，阻力越大，表示生态源的生态服务功能更难得到保护和维持，非生态空间的扩张能力越强。各个生态源的阻力因子分级及赋值权重如表 1 所示。高程、坡度分级参照文献 [10] 进行划分；土地利用类型是依据国土资源部《土地利用现状分类》GB/T 21010—2017 以及威远县生态资源实际情况划分；距道路距离的分级标准是参考文献[11]，并结合研究区实际划分（图 4）。

借助 ArcGIS 对生态源进行多因子加权叠加，建立阻力模型，得出威远县生态源地的发展阻力情况（图 5）。公式如下：

$$Z = \sum_{i=1}^{n} W_i^A \times P_i \tag{1}$$

式中 Z——综合阻力值；

W_i——因子 i 的权重值；

P_i——第 i 个因子分值；

n——阻力因子个数。

生态源阻力因子分级及权重　　表 1

生态源阻力因子		阻力因子分级	赋值	权重
自然地理条件	高程（m）	＜300	1	0.2
		300～450	2	
		450～600	3	
		600～750	4	
		＞750	5	
	坡度（°）	＜12	1	0.2
		12～24	2	
		24～36	3	
		36～48	4	
		＞48	5	
	土地利用	林地	1	0.4
		草地、耕地	2	
		灌木、湿地	3	
		水体	4	
		建设用地、裸地	5	
人为活动干扰	与道路距离（m）	＞2000	1	0.2
		1500～2000	2	
		1000～1500	3	
		500～1000	4	
		＜500	5	

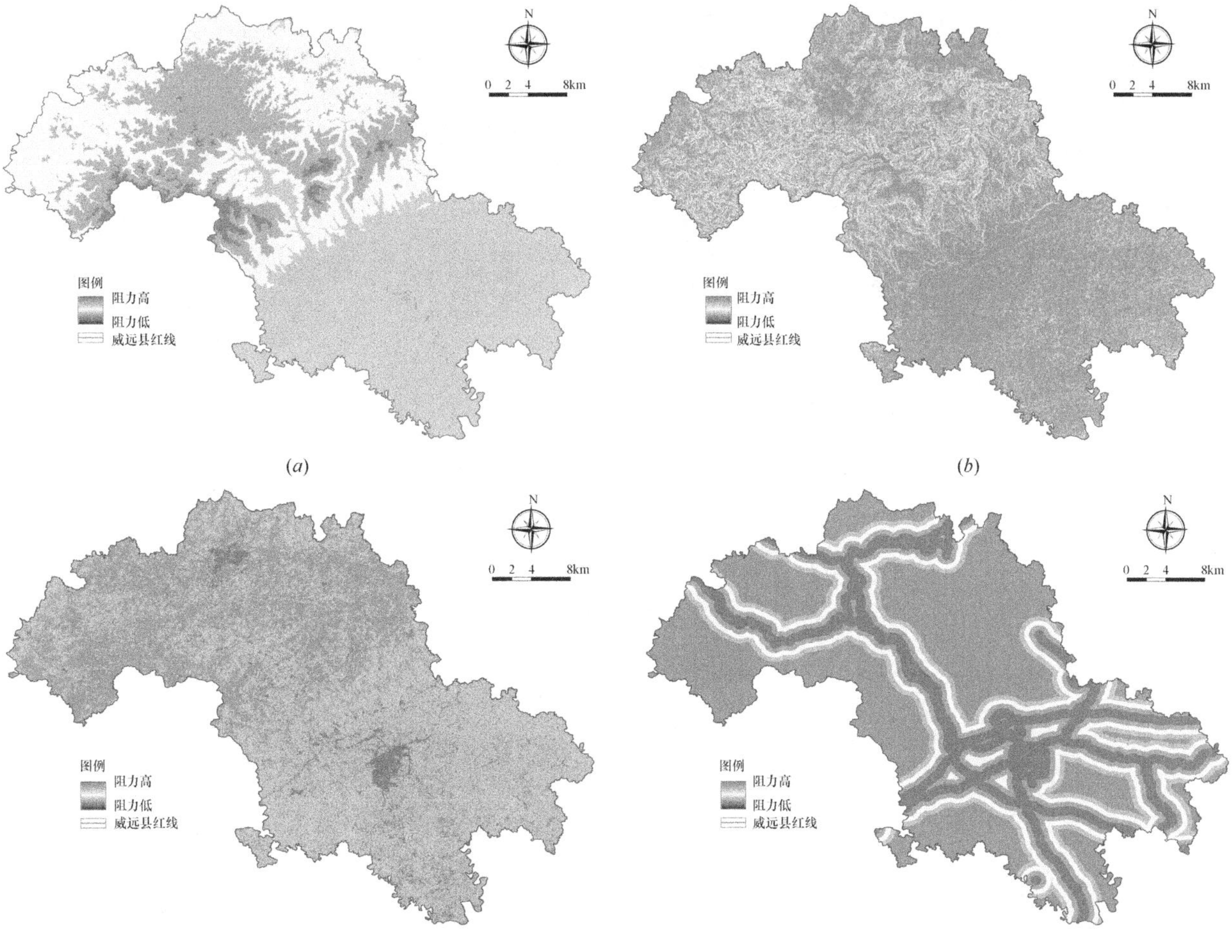

图 4　生态源阻力因子空间分布图示意图

（a）高程；（b）坡度；（c）土地利用类型；（d）距道路距离

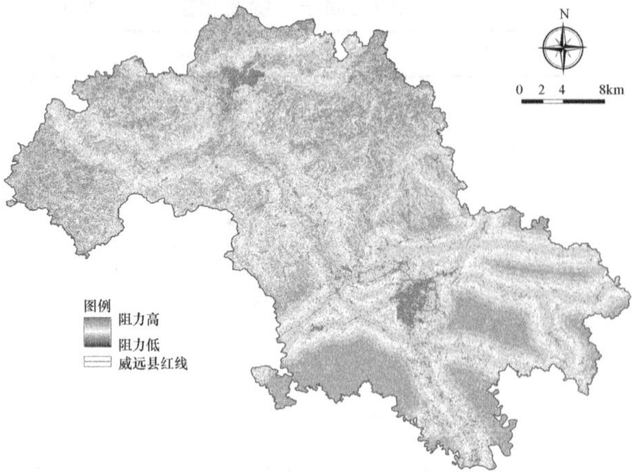

图 5 生态源综合阻力因子分布图示意图

3.3 基于最小累积阻力模型的阻力面构建

为了反映不同“源”景观克服阻力介质的过程，需要对“源”景观的动态过程进行景观阻力评估。本研究借助 ArcGIS 建立最小累积阻力模型，对各类“源”景观的动态发展过程进行空间模拟，即景观阻力面的建立[12]。再利用 ArcGIS 的叠加分析能力，将作为“源”景观的林地、草地、水体的阻力面进行叠加分析，进而进行生态修复区的划分。最小累积阻力模型考虑景观“源”、距离和景观界面特征[13]，公式如下：

$$MCR = f_{\min} \sum (D_{ij} \times R_i)$$
$$(i = 1,2,3,\cdots,m;\ j = 1,2,3,\cdots,n) \qquad (2)$$

式中 MCR——最小累积阻力值；

D_{ij}——从景观“源” j 到空间景观单元 i 的实地距离；

R_i——空间中景观单元 i 的阻力系数，代表运动过程的阻力值。

最小累积阻力模型实质上是对空间中景观从“源”到另一点路径可达性的评估和衡量，阻力值越小，说明从“源”到该点的可达性越高。由此，最小累积阻力模型可以反映区域内景观单元的潜在运动轨迹和运动趋势，对景观结构、景观功能以及景观特征的分析提供相应依据，进而根据生态过程对国土空间中的景观单元进行优化调整。

根据表 1 生态源阻力因子分级及权重对阻力因子进行重分类，得到各阻力因子的空间分布图（图 6）。再将各阻力面进行加权求和，进而得到生态源综合阻力因子分布图（图 7）。

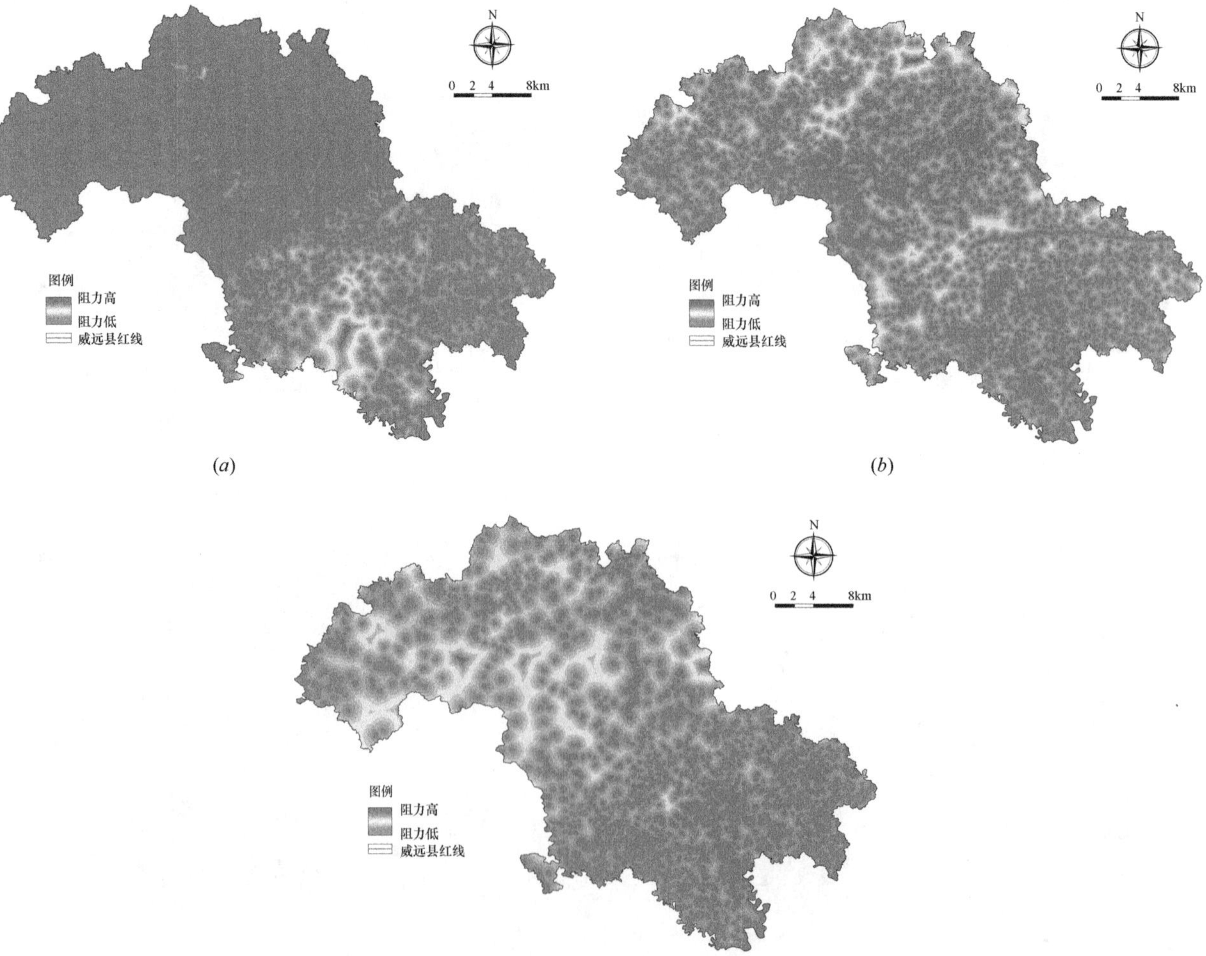

图 6 不同源景观阻力面分布示意图

(a) 林地阻力面；(b) 草地阻力面；(c) 水体阻力面

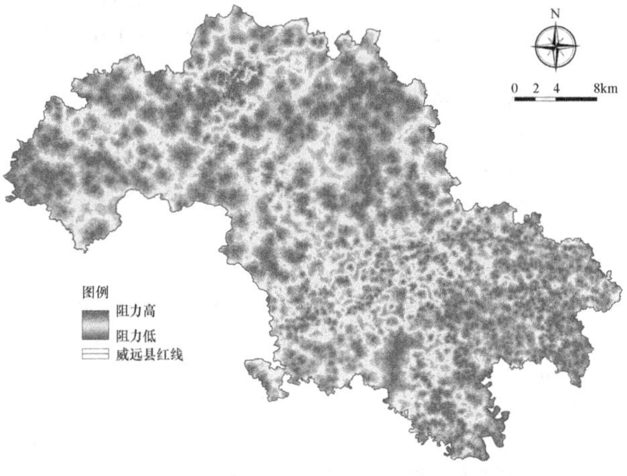

图 7 生态源综合阻力面示意图

4 国土空间生态修复分区

通过 MCR 模型的构建分析各个生态源的阻力分布情况。生态阻力值越高，说明该区域的生态要素特征越不稳定，需要进行生态修复。反之生态特征较为稳定，需要进行生态保护和稳定。

根据生态源地确定保护区范围，并依据综合阻力值的突变点把其他地区分成三类，进行人工微调后形成威远县的四个生态修复分区，分别是生态修复核心区、生态修复缓冲区、生态修复重要区、生态修复保护区。每个分区有不同的生态功能和保护重点，其分类结果如图 8 所示。

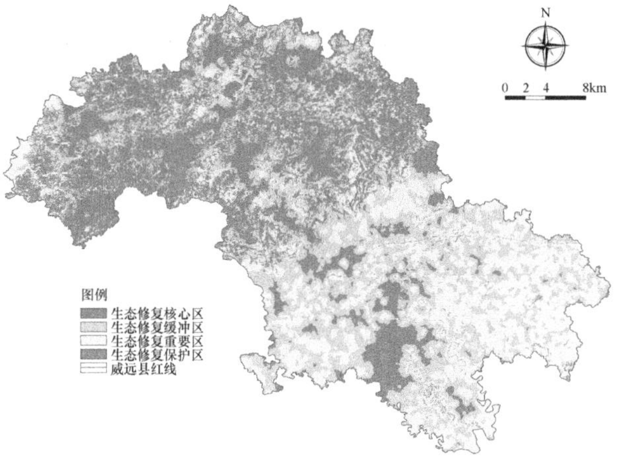

图 8 生态修复分区图示意图

生态修复核心区为阻力值较大的区域，面积为 105.62km²，包括南部城市建设区及其周边区域以及北部城市道路两侧区域，受人类活动影响较大。应以保护与发展相结合的思路进行生态修复，重点实施综合性整治修复，达到自然生态与城市建设的均衡发展；生态修复缓冲区为阻力值中等的区域，连接生态修复核心区与重要区，面积为 551.72km²，在条件允许的情况下，可以逐步向生态重要区发展，提高生态系统的斑块数量，减小生态景观破碎度；生态修复重要区为阻力值较小的区域，面积为 495.20km²，主要分布在南部接壤地区。重点实施水土保持和水源涵养等生态修复工程，在道路两侧规划景观林木；生态修复保护区为生态源地，生态功能良好，面积为 136.46km²，主要分布在北部穹窿山体，其修复应以保护为主，重点实施增量提质生态修复工程，保护原有动植物资源及其生境。

5 总结讨论

“源-汇”理论为国土空间生态修复的功能分区提供了新的研究路径，通过模型的构建能更好地体现出景观格局的空间特征。本研究基于“源-汇”理论提出了威远县生态修复的分区建设对策建议，考虑到了不同生态要素之间的生态功能差异性[14]，通过对县域内不同要素生态过程的研究进行功能分区的划分，对国土空间生态修复的分区更具有针对性。对于生态本底良好、生态系统功能要求较高的区域具有现实意义，一定程度上可以促进生态保护与城市建设的均衡发展。

本文在国土空间生态修复分区的划分方面做了一定探索，但受基础资料、研究时间以及个人水平的限制，研究还存在一些不足，尚需要进一步思考和讨论。

(1) 阻力值选取

在构建最小阻力模型的过程中，对于阻力值的选取来源于对相关文献的参考，但是否适用于本次研究区域，还未进行相关研究。未来还应结合区域特点以及生态功能进行更为精确的阻力值选取，从而对阻力模型进行进一步优化和修正。

(2) 模型构建依据

此次研究中的分区主要依据的是“源”景观的空间发展过程，但实际上影响生态因素动态变化的因素可能更多。本文构建的阻力模型是在一种较为理想的状态下进行的，实际中可能有更复杂的动态变化。同时由于技术和时间的限制，对于资源本底的了解来源于资料收集、文献检索等方式，精确性有所缺乏。未来可以应用更为先进的设备获取更加准确的数据，进一步增加研究的科学性。

(3) 与实际规划的协调

本次研究的目的是落实到国土空间生态修复规划中，而在现行规划体制下，城乡总体规划以及土地利用规划等上位规划已经对威远县的国土空间规划做出了相应指导。如何将此次研究的结果融入已有规划，从而指导国土空间生态修复工作，也是未来需要进一步探索的。

参考文献

[1] 王军，应凌霄，钟莉娜. 新时代国土整治与生态修复转型思考[J]. 自然资源学报. 2020，35(1).
[2] 木皓可，汤大为，张子灿，等. 基于“源”“汇”景观理论的北京浅山地区生态空间格局构建研究. 2019 风景园林年会论文集：1094-1098.
[3] 彭建，李冰，董建权，等. 论国土空间生态修复基本逻辑[J]. 中国土地科学，2020，34(5)：18-26.
[4] 付战勇，马一丁，罗明，等. 生态保护与修复理论和技术国外研究进展[J]. 生态学报，2019，39(23)：9008-9021.
[5] 关军洪，郝培尧，董丽，等. 矿山废弃地生态修复研究进

展[J]. 生态科学，2017，36(2)：193-200.
[6] 成玉宁，袁旸洋，成实. 人工引导下的湿地公园生态修复[J]. 中国园林，2014，30(4)：5-10.
[7] 陈保冬，赵方杰，张莘，等. 土壤生物与土壤污染研究前沿与展望[J]. 生态学报，2015，35(20)：6604-6613.
[8] 徐嵩，王鹤，孔维东. 防灾视角下基于MCR模型的山地生态安全格局优化研究——以京津冀山区为例[J]. 灾害学，2021，36(2)：118-123.
[9] 陈利顶，傅伯杰，赵文武. "源""汇"景观理论及其生态学意义[J]. 生态学报，2006(05)：1444-1449.
[10] 林伊琳，赵俊三，张萌等. 滇中城市群国土空间格局识别与时空演化特征分析[J/OL]. 农业机械学报，2019，50(8)：176-191.
[11] 赵筱青，李思楠，谭琨等. 城镇-农业-生态协调的高原湖泊流域土地利用优化[J]. 农业工程学报，2019，35(8)：296-307，336.
[12] Knaapen J P，Scheffer M，Harms B. Estimating habitat isolation in landscape planning. Landscape and Urban Planning，1992，23(1)：1-16.
[13] 俞孔坚，李迪华，吉庆萍. 景观与城市的生态设计：概念与原理. 中国园林，2001，17(6)：3-10.
[14] 陈龙，谢高地，张昌顺，等. 澜沧江流域典型生态功能及其分区. 资源科学，2013，35(4)：816-823.

作者简介

林雨菡，1996年生，女，土家族，湖北人，重庆大学硕士在读，研究方向为城市生态规划研究。电子邮箱：824658734@qq.com。

杨培峰，1972年生，男，汉族，浙江人，博士，福建工程学院建筑与城乡规划学院，院长，研究方向为城市生态规划研究、区域与城市空间发展研究。电子邮箱：young72@qq.com。

历史郊野风景游憩地的文化景观演变分析与特征识别

——以上海松江九峰地区为例

Cultural Landscape Evolution Analysis and Feature Recognition of Historical Country Scenic Sites

—A Case Study of Jiufeng Area in Songjiang, Shanghai

孙若彤　麦璐茵　周向频*

摘　要：我国的历史郊野风景游憩地是重要的文化景观类型，在城乡融合发展的今天，解读并认知其文化景观内涵对其保护和发展至关重要。本文在挖掘和梳理其历史与现状的基础上，引入文化景观的视角，探索历史郊野风景游憩地文化景观的有机演变与特征识别方法，开展上海九峰地区案例的实证研究，以期对历史郊野风景游憩地未来的保护和发展形成引导。
关键词：历史郊野风景游憩地；文化景观；演变分析；特征识别

Abstract: China's historical country scenic sites are an important type of cultural landscape. Under the background of urbanization development, the interpretation of its cultural landscape connotation becomes important to its protection and development. Based on the study of its history and current situation, this paper uses the perspective of cultural landscape to explore the evolution analysis and feature recognition methods of historical country scenic sites, and makes an empirical study through the case of Jiufeng area in Shanghai, in order to guide the future protection and development practice.
Keywords: Historical Country Scenic Site; Cultural Landscape; Evolution Analysis; Feature Recognition

1　历史郊野风景游憩地认知

1.1　历史溯源

《尔雅·释地》对"郊野"的定义是："邑外谓之郊，郊外谓之牧，牧外谓之野，野外谓之林，林外谓之坰。"[1]之后郊、野合为一个词，泛指城市以外、未至山林的广袤区域。现代的"城郊"一般指城市行政管辖范围内除城区以外的其他区域，包括近郊和远郊[2]。本文所讨论的历史郊野风景游憩地，指的是历史上处在城市外围郊野区域的风景优美、有一定规模、积淀了文化内涵并延续至今的游憩场所或地带；其中有些与现在的城郊游憩带有重叠，也有些已经被纳入城区范围。

从历史上看，它主要有四类来源。第一类是帝王皇室在郊野地带建造的皇家园林，如西安东郊的华清宫、北京西北郊的三山五园；第二类是士人或商贾在郊野地带构筑的私家园林，如王维的辋川别业、米万钟的勺园、邹迪光的愚公谷等；第三类是郊野地带兴建的寺观园林，如北京西北郊的香山寺、碧云寺、圆静寺等；第四类是郊野地带开发或自然形成的公共园林，如苏州虎丘、扬州蜀冈等。此类还包括位于郊野地带的文人雅集，送别亲友的亭台、驿站，如王羲之等人修禊集会的会稽山阴兰亭、王维送别友人的咸阳渭河渡口等[3]。

1.2　特征与现状

中国历史郊野风景游憩地大多都经历了漫长的时间演化，其主要特征可以归纳为三个方面：一是风景优美，拥有意象性突出的自然环境资源；二是文化多元，在历史发展过程中接收、吸纳、融合不同文化要素，形成了丰富的内涵积淀；三是公共属性，不论曾经由谁开发、归谁所有，都在历史发展过程中走向开放和公共。

时至今日，许多历史上的郊野地带已被纳入了城市建设范围，几乎失去了以往的山水构架与空间格局，如"三山五园"中圆明园、颐和园已不复郊野特质。另外，依然有许多尚未被城市化完全侵蚀的历史郊野风景游憩地，有的被岁月掩盖而不被关注；有的以现代郊野公园或风景区的形式被界定和开发；有的转化为其他功能属性，逐渐丧失了历史文化格调。在当代文化复兴和城乡统筹发展的背景下，急需从遗产角度认知其特征与价值，发掘其文化休闲资源潜力，恢复并维护其郊野风光，再现历史风貌。

2　文化景观的理论视角

2.1　作为文化景观的历史郊野风景游憩地

文化景观的概念可以追溯到20世纪初，索尔提出了文化景观综合自然与人文因素的动态模型[4]；1992年，世界遗产委员会定义其为“自然与人的共同作品”并纳入世界文化遗产[5]，此后被广泛应用于遗产、地理等领域。历史郊野风景游憩地作为在特定的人文地理区域内，集中体现了该地的人类与自然互动的多种表现的景观，反映了我国城市郊野地区独特的历史演变与文明结晶，可作为一种具有中国特色的类型纳入文化景观体系。

文化景观不止是一种景观遗产，更是一种发现人与自然、历史遗存与现代事物间相互关系以及重新理解文明生成、发展、演进过程的一种价值视野[6]，其核心思想是以动态、具体的文化角度来剖析和解读景观的生成、形态及意义，强调人与自然的互动性[7]。文化景观的理论视角为本文开展历史郊野风景游憩地的特征识别和未来保护提供了整体视野和方法，即既关注自然、文化、景观之间的互动关联，又关注其空间与特征的历史层积与演变。

2.2 文化景观演变分析与特征识别

“有机演进”的模式是文化景观的动态本质[8]，历史景观由不同时期的特征要素层积、演进而来[6]，这一过程既体现了文化景观动态发展、变化的有机状态，同时也反映了它的发展与变化是沿着一定的脉络和轨迹进行的[9]。

本文的文化景观特征识别重点在以文化景观视角，以复合、动态的方式对对象空间与文化的关系进行分析。通过对相关的文化景观理论文献考析和概念进行对比，提出四个构成文化景观关系的要素：原生自然、文化族群、生成景观、空间体验。“原生自然”是本底环境，为物质文化景观的建立和发展提供了各种条件；“文化族群”将满足需求的各类活动叠加在原生自然之上，是塑造景观结果的动因；“生成景观”包括改造的自然和建成环境，是文化动力作用后的“表征”与“结果”，也是翔实记载和反映人类改变地表的历史文化活动的“媒介”；“空间体验”是景观所引发的主观感受和联想，通过传播与积淀，它又与景观开发建设相互促进，成为凝结在景观中的共同记忆和精神价值[8-12]（图1）。通过对上述涵盖了自然与文化、物质与非物质、客观与主观的四种关系要素及其相互作用的剖析，对它们之间的关联进行查考与挖掘，构成文化景观解读和特征识别的过程与方法。

图1 解读文化景观关系的四要素

3 九峰地区的文化景观演变分析与特征识别

松江地区在清中期之前一直是上海地区的政治经济文化中心，是上海文化发源地。处于临海的河网地区，一马平川之地独有的几座山峰与水系合称“九峰三泖”①。九峰地区风景秀美，兼有历代留下的文物古迹，可谓典型的历史郊野风景游憩地，其风貌格局的演变体现着人类对郊野地区开发利用、审美感知和综合实践的演进过程。

本文以构成文化景观关系的四要素为依据，通过对九峰地区实地调研与文献考析，将获取的数据进行时间、空间、类型的归类分析，提炼出九峰地区在不同时期形成的六种典型特征景观；同时，分析了这些特征在时间脉络上的演变过程（图2）。研究的空间范围为以九峰为核心，扩展到周边的平原沃野；时间范围从6000年前有人类活动延续至今。

3.1 “水乡沃野”的生产景观

3.1.1 演变分析

九峰地区的生产景观自6000年前就已经萌芽。秦汉时期，“地广人稀，饭稻羹鱼”；三国至两晋时期，中原南迁的士族带来了技术和生产力，他们在沃野间拥有庄园、猎场和鱼池；唐宋时期，海塘修筑和农田水利建设促进了农业发展，大量河泖浅滩被围垦成圩田，三泖面积日益缩小；鸦片战争后，传统农业遭受一定破坏；中华人民共和国成立后，生产景观得到了恢复和发展；20世纪90年代以后进行农业产业结构调整，传统模式转向规模化生产，展现出现代化的农业景观[14]。

3.1.2 特征识别

（1）原生自然：九峰地区水网纵横、气候温和，适宜水稻与渔业生产，是典型的“鱼米之乡”。

（2）文化族群：随着农业技术引入、海塘修筑和水利

① “九峰”为天目山余脉，自西南向东北绵延13.2km，包括凤凰山、厍公山、佘山、辰山、薛山、机山、横云山、天马山、小昆山等12峰，最高的海拔为天马山98.2m[13]。

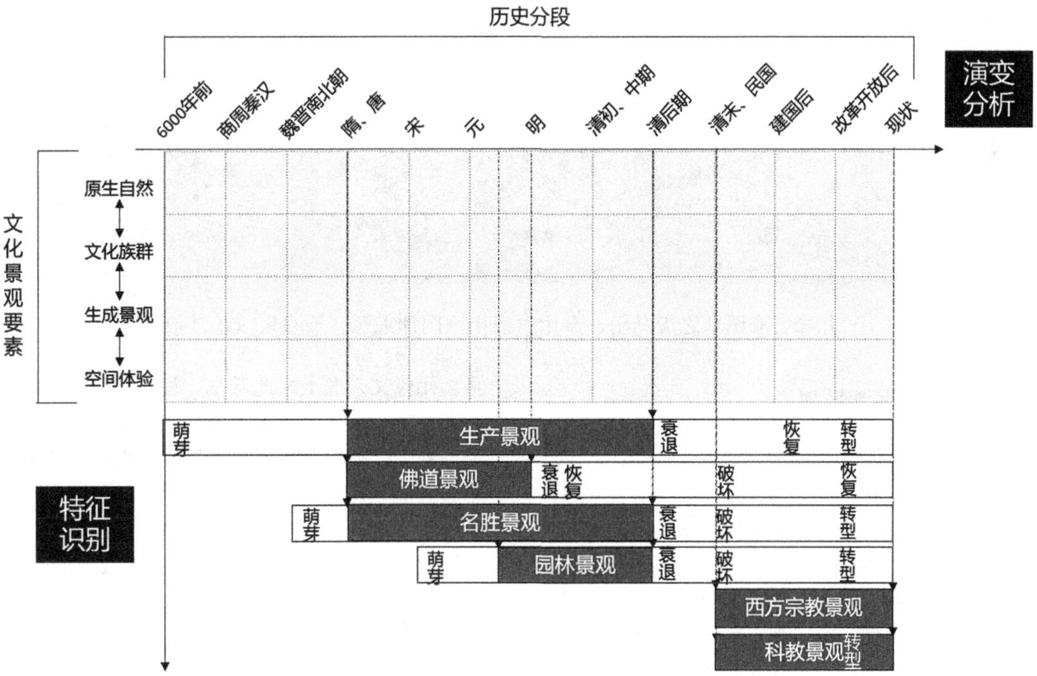

图 2　九峰地区文化景观的演变分析与特征识别

建设，大量河泖浅滩被围垦成圩田，农业发展从唐宋起步，到明清繁荣。

(3) 生成景观：林、田、水物产丰富，村居清朗安详。山林茂密，其间种植水蜜桃、兰笋等；桑田、稻田、麦垄绵延山脚下；三泖开阔，渔鸥互答，帆浪翻飞，勾起乡人的莼鲈之思。(图 3)

图 3　“九峰三泖”(图片来源：清《天下名山图》)

(4) 空间体验：历代文人通过诗画传达对九峰三泖富饶的生产景观的共同印象，表达自豪和思乡之情，也寄托文人归隐田园的愿望。这些文化意象凝结成了地方记忆。

“水乡沃野”的生产景观反映了九峰地区水网纵横的土地，是独到的自然条件与人类智慧的生产方式、朴实的生活情调的结合。

3.2　“香火鼎沸”的佛道景观

3.2.1　演变分析

九峰地区的佛道景观形成于唐，兴盛于宋、元，在明初发展受挫，明中、后期逐渐恢复，到清代又繁盛。清后期太平天国战争损毁了大量寺院，佛道景象不再，民国至中华人民共和国成立初期始终一蹶不振。“文革”时期停止一切宗教活动，至 1978 年恢复时，九峰的佛、道活动几乎不存，只留存天马山护珠塔等遗迹作为昔日见证。1997 年，在小昆山重建了九峰禅寺，九峰的佛道景观得以微弱延续[15-17]。

3.2.2　特征识别

(1) 原生自然：九峰地区作为松江郊区唯一山林环境，成为佛、道建设的不二选择。

(2) 文化族群：佛、道介入九峰环境的开发，唐宋元期间在九峰山林间营造了大量佛道建筑。

(3) 生成景观：佛、道建筑掩映在山林里，有沿山脚、坐落山腰、沿山势爬升的院落和耸立山间的塔，九峰山形与塔、寺组合成丰富的空间层次，清幽的自然环境与庄严神秘的宗教氛围叠合，构成独特的空间意象 (图 4)。

(4) 空间体验：文人记载大多为空灵静谧、物我合一的空间氛围。游人教众的祈愿和文人的怀古悟道、求寂参禅的境界追求凝结在了景观之中。

“香火鼎沸”的佛道景观是唐宋元时期九峰地区突出的特征，反映了九峰山林与佛、道的结合，为九峰景观打下佛道文化的烙印，其美学形式和精神也以有形和无形的方式得到传承与积淀。

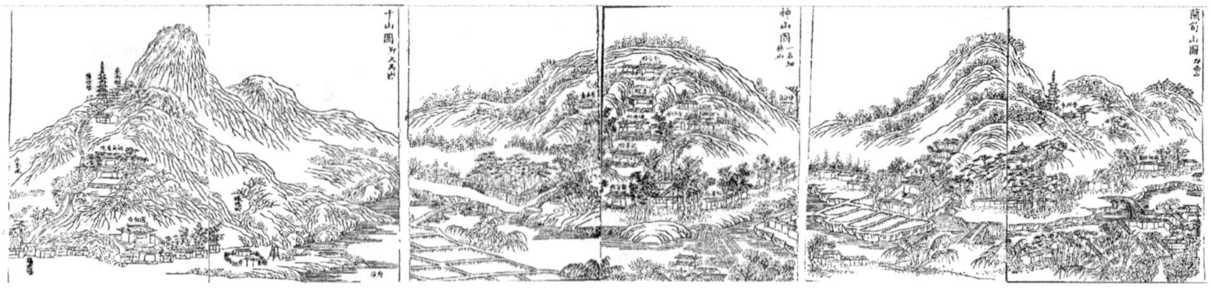

图 4 “九峰三泖图”之天马山、佘山、辰山（图片来源：清嘉庆《松江府志》）

3.3 “怀古休闲”的名胜景观

3.3.1 演变分析

西晋云间“二陆”之名使九峰地区声名远扬。唐宋文人游览九峰，写下不少记录山水风光的诗篇。元明两代著名画家及文人探访、留寓九峰，留下大量传世之作，尤其明代中后期，九峰旅游空前兴旺。到了清代仍有大量游人探访，胜迹多被记录和总结，上海开埠后逐步被冷落。太平天国时期，九峰作为战场遭到了严重破坏。20 世纪 30 年代曾短暂进行九峰风景区的开发。中华人民共和国成立后进行了一定的保护，从 20 世纪 80 年代开始，九峰地区加快了风景旅游开发建设，先后建立了佘山风景名胜区、佘山国家森林公园和上海佘山国家旅游度假区，名胜景观从怀古休闲转向了集游乐、观光、会务、休闲、度假、居住等多功能一体的综合开发[18]。

3.3.2 特征识别

（1）原生自然：九峰地区峰泖秀丽，对历代游人有着天然的吸引力。

（2）文化族群：文人群体的介入使九峰典故不断，名胜逐代累积，形成丰厚的人文景观底蕴。小昆山有二陆草堂，天马山有二陆读书台，佘山有眉公钓鱼矶等，赵孟頫、黄公望等常游九峰留下书画作品。特别是明代，经由文人探索，九峰的资源得到充分挖掘，风景内涵更丰富，游客也络绎不绝，大众旅游者的介入使九峰的传播影响力更甚。

（3）生成景观：经历代文人的探索发现，至清代，志载九峰各类景观共 100 余处，包括自然风光和人文胜迹，山崖、名泉、古树、寺庙、楼台、名人墓地等[20]在九峰山林间如画轴般展开。

（4）空间体验：历代文人都表达了对九峰自然风光的赞美或自豪，以及对九峰人文胜迹的追寻与思考。

“怀古休闲”的名胜景观反映了九峰地区自然风光与历代文人文化活动的结合与互动，九峰名胜通过文人和大众的游赏、传播不断地进行发展和扩充，增加新的内涵，引发新的联想，塑造了其独特的文化影响力。

3.4 “文人雅意”的园林景观

3.4.1 演变分析

南宋周显建来鹤亭，开启了九峰地区园林景观的序幕。元代文人逸士来此避乱，使得隐居山水间和在乡村建宅者众多，直接促进了九峰园林景观的发展。明代的松江经济繁荣，吸引了各方名流留驻于此，文人选择郊野地带隐居避世，九峰造园发展至巅峰。清代前期，兴建园林之风仍然盛行。鸦片战争之后，造园趋少，战争带来了严重破坏，大量园林失去园主，任其颓败，园林景观至此没落。20 世纪 90 年代，佘山国家森林公园建立后对园林古迹开展保护，但文人雅意的气质已不复存在[18-19]。

3.4.2 特征识别

（1）原生自然：九峰地区与城市有一定距离，是文人归隐山居的绝佳选址，且山势较缓的地形条件适宜营园。

（2）文化族群：宋代已有文人在九峰构筑宅园，元明两代经济发展、文人隐居避世，尤其明代后期造园鼎盛（图 5），陈继儒、施绍莘、张之象等都在峰泖之间隐居造园。

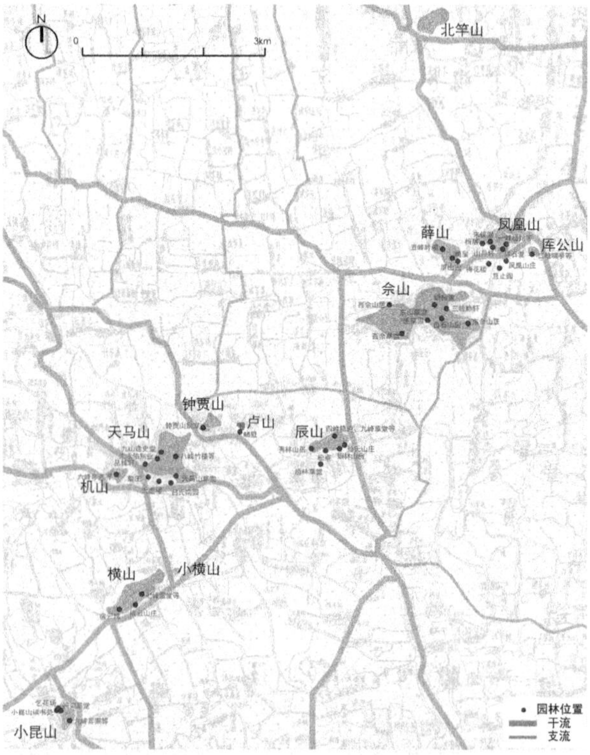

图 5 明代九峰园林分布示意图[20]

（3）生成景观：九峰地区布满了园池竞秀、亭台迤逦的山麓园林群。陈继儒的“东佘山居”富于天然雅趣；清初诸嗣郢的“九峰草堂”分布于九峰各峰之上。九峰园林规模有小有大，园中既有抚琴礼佛，又有观戏宴饮，还开园与民同乐，在空间、风格和功能上呈现出多元、雅俗交织的特征。

（4）空间体验：既有对纷繁文化乐事的称颂，也有对清雅园林环境的赞美。元明清时期松江地区著名文人在当时形成了全国性的文化影响力，文人的思想和品位渗透在园林里，也构成了九峰地域文化。

“文人雅意”的园林景观反映了九峰自然山水与文人造园的结合，是不同时期文人荟萃、雅集不绝的时代见证。

3.5 “庄重神秘”的西方宗教景观与“探索未知”的科普教育景观

3.5.1 演变分析

从1864年起，法国人购买九峰之佘山的大片土地，在佘山的佛教建筑旧址上，兴建起从山脚到山顶的一系列天主教建筑，1935年完成的圣母大殿成为著名的“远东第一大教堂”。“文革”时期宗教活动停止，教堂及设施遭毁坏。1978年教堂全面整修后被列入市文保单位，西方宗教景观重新焕发生机[16-17]。

近代以来，法国天主教会在佘山创建了天文台、地磁台、地震台等一系列科研观测站。中华人民共和国成立后，天文台、地震台被延续使用。20世纪80年代后期逐渐弱化科研功能，转向科普教育工作。2002年建上海地震科普馆，2004年建上海天文博物馆。这些机构从形式到功能都保留延续了百年前的原貌，形成九峰鲜明的科普教育景观[17]。

3.5.2 特征识别

（1）原生自然：九峰地区作为上海地区的自然制高点，吸引了近代的西方教会和科研机构。

（2）文化族群：近代以来，天主教和基督教在松江获得迅速发展的机会，基督教在小昆山建耶稣堂，天主教在佘山建圣母大教堂、中山堂、修道院，成为上海地区天主教的重要活动基地。此外，天主教会还在佘山建设了天文台、地震台。

（3）生成景观：天主教堂和天文台并立在山巅，占据了能够俯瞰整个九峰地区的制高点，成为佘山的一个标志，也促成佘山景观面貌在近代的极大改变（图6）。

图6 “佘山旅游图”[图片来源：（民国）于小莲《佘山小志》]

（4）空间体验：这些建筑设施给游人带来了宗教的启迪性和科技的科普性体验。

“庄重神秘”的西方宗教景观与“探索未知”的科普教育景观是在近代特殊背景下诞生的。它给九峰地区原有的传统秩序和文化氛围带来冲击，也注入了新活力，展示了“对话国际”和“探索科学”的时代新貌，也体现了九峰文化作为兼容并蓄的海派文化的一部分所拥有的独特魅力。

3.6 文化景观特征演变规律

总体来看，九峰地区的原生自然环境最早从6000年前开始由人类介入进行生产生活而形成了生产景观。随着时间推移，宗教、文人等多方文化族群不断融入，将文化价值叠加并锚固于景观之中，赋予自然更多文化和美学的意义，逐渐使九峰地区形成了复合多元的文化景观载体。

在社会发展的不同阶段，各类特征景观萌芽和成长的时间有所不同。在唐宋时期农业和宗教、旅游迅速发展，相应的景观也得到了充分的发展机会。元明时期是文化积淀与蓬勃的时期，各类景观在经济繁荣、文化勃兴的影响下相互交融。清末社会背景与局势发生变化，一方面上海开埠使松江地区的影响力下降，另一方面九峰各类景观受战乱波及，破坏严重；同时开埠也带来了西方的宗教文化和科技，衍生出了新的景观类型。中华人民共和国成立后，农田和山林的景观基底逐渐恢复。改革开放后，各类产业转型，建设频繁，相应的景观也迎来了新的发展。

九峰地区的各类景观从贵族所有、宗教开发、文人私有而逐渐走向公共、开放、共享。唐、宋、元不断积累，晚明前后出现各类景观的大发展与交融，在新中国的建设中实现转型。在这个过程中，文化族群的生成、消失和转变是影响九峰地区文化景观的历史价值的主导因素。

4 结语

历史郊野风景游憩地上丰富的自然资源与文化思想相互关联、融合，反映了我国历史上郊野地带的风景开发历程，也反映了郊野环境里社会、政治、文化、宗教、艺术等形成和发展的过程。通过文化景观的视角解读这一对象，可以更加整体、全面地认识到蕴含在其中的自然与文化、历史与现今的深层联系，不仅对判定其遗产价值意义重大，而且可以提供在当下快速城市化的语境中，大量历史文化景观面临的保护与发展矛盾的解决之道[8]，对城乡融合发展背景下郊野地带的风景资源的整体性保护、环境的适应性更新、建设管理与规划具有重要的指导意义。

参考文献

[1] （晋）郭璞注．尔雅[M]．杭州：浙江古籍出版社．2011.

[2] 张立明，赵黎明．城郊旅游开发的影响因素与空间格局[J]．商业研究，2006(06)：181-184.

[3] 周向频，王庆．从传统汲取智慧——古代郊野园林对当代郊野公园的设计启示[J]．园林，2016(12)：12-16.

[4] SAUER C O. The morphology of landscape. University of California Publications in Geography，1925，2(2)：19-54.
[5] 中国古迹遗址保护协会编译. 实施保护世界文化和自然遗产公约操作指南[M]. 2007.
[6] 肖竞. 文化景观视角下我国城乡历史聚落“景观-文化”构成关系解析——以西南地区历史聚落为例[J]. 建筑学报，2014(S2)：89-97.
[7] 韩锋. 世界遗产文化景观及其国际新动向[J]. 中国园林，2007(11)：18-21.
[8] 毕雪婷，韩锋. 文化景观价值的解读方式研究[J]. 风景园林，2017(07)：100-107.
[9] 肖竞，曹珂. 基于景观“叙事语法”与“层积机制”的历史城镇保护方法研究[J]. 中国园林，2016，32(06)：20-26.
[10] 杜爽，韩锋. 文化景观视角下的国外圣山缘起研究[J]. 中国园林，2019，35(05)：122-127.
[11] 汤茂林. 文化景观的内涵及其研究进展[J]. 地理科学进展，2000(01)：70-79.
[12] 徐青，韩锋. 文化景观研究的现象学途径及启示[J]. 中国园林，2015，31(11)：99-102.
[13] 何惠明编著，上海市松江区地方史志编纂委员会编. 九峰志[M]. 上海：上海辞书出版社，2003.
[14] 欧粤著，上海市松江区地方史志编纂委员会编. 话说松江[M]. 上海：汉语大词典出版社，2006.
[15] 张汝皋. 松江历史文化概述[M]. 上海：上海古籍出版社，2009.
[16] 严俊，费水弟. 上海松江宗教地图[M]. 上海：同济大学出版社，2019.
[17] 上海佘山国家旅游度假区志编纂委员会. 上海佘山国家旅游度假区志[M]. 上海：上海辞书出版社，2010.
[18] 上海市松江县政协文史工作委员会. 松江九峰[M]. 上海：上海古籍出版社，1995.
[19] 廖晓娟. 明代松江文人郊野园林的选址与营造研究[D]. 上海：同济大学，2017.
[20] 何惠明. 上海松江山水地图[M]. 上海：同济大学出版社，2018.

作者简介

孙若彤，1996年生，女，汉族，河南郑州人，同济大学硕士在读，研究方向为风景园林历史理论与遗产保护。电子邮箱：srtsara@163. com。

麦璐茵，1989年生，女，汉族，广东佛山人，同济大学博士在读，研究方向为风景园林历史与理论。电子邮箱：mailylulu@qq. com。

周向频，1967年生，男，福建人，博士，同济大学建筑与城市规划学院高密度人居环境生态与节能教育部重点实验室，副教授、博士生导师，研究方向为风景园林历史与理论、风景园林规划与设计。电子邮箱：zhouxpmail@sina. com。

荷兰层模型法的内容、应用和影响探讨

Discussion on the Ideology, Application and Influence of the Dutch Layers Approach

左心怡　郭　巍*

摘　要：层模型法是20世纪90年代末荷兰面临空间规划转型时，由荷兰风景园林师提出的一套框架性策略。该策略以其基于时间导向的严谨逻辑、跨学科的整合作用、实践应用中的灵活性及通俗易懂的图解在荷兰各级空间规划中得到发展和运用。本文结合实践项目探究其中蕴含的层模型法思想，并探讨层模型法在荷兰国内外产生的影响，旨在为我国风景园林从业人员提供一种参与国土空间规划的思路。
关键词：空间规划；风景园林；层模型法；综述

Abstract: The Dutch Layers Approach is a set of framework strategies proposed by Dutch landscape architects when the spatial planning in Netherland gradually transformed in the late 1990s. This approach has been developed in spatial planning at all levels in Netherland with its time-oriented logic, interdisciplinary integration, flexibility in application, and easy-understanding illustrations. In this paper, we want to explore the ideology of The Dutch Layers Approach with several projects, discuss on it influence in Netherland and abroad, and aim to provide Chinese landscape architects with a way to participate in territorial spatial planning.
Keywords: Spatial Planning; Landscape Architecture; Layers Approach; Summary

1　荷兰：三角洲的传统与新挑战

荷兰大部分国土可以视为莱茵河、马斯河和斯尔特河的三角洲，在敏感的水环境下，荷兰的建成环境史就是“与水争地”的历史。荷兰人基于共同水务利益结成社会团体参与水利建设与水务管理。为了追求土地利用最大效益，他们将土地有逻辑地划分，最终形成了大规模圩田景观。整体性水管理及圩田开垦的传统影响着荷兰人工建成环境的方方面面。荷兰城镇、乡村多经规划且在形态、尺度上与圩田景观结构契合。“公众参与”“整体规划”“追求实用”等意识也从早期的土地规划与设计中传承在日后的风景园林规划设计中。

20世纪初，须德海工程使荷兰中部洪泛风险大大降低。但1953年大洪水仍导致荷兰人口和财产的重大损失。灾后，水利专家提出了“三角洲工程”方案。然而，单功能的工程化方案带来了新问题，遭到众多利益相关方的反对。21世纪到来前的荷兰面临着空间规划转型的需求，荷兰风景园林界由此迎来了新的机遇。同时期Eo Wijers、NNAO等竞赛活动也成为规划设计的推动力，使一批风景园林师有机会免于土地使用规划程序的束缚，在从前属于规划范围的尺度上主导项目并展开设计，也使得规划设计的目的不再仅限于实施而更重在吸引公众参与及政治讨论[1]。

规划设计与政治衔接时，遇到了多层级、多部门问题。无法靠国家层面的空间政策解决所有尺度上的空间规划问题[1]。空间规划涉及多部门时，受各部门自身专业背景所限，常产生部门之间规划政策的矛盾冲突。实践中，规划师们需要重点思考如何将空间规划责任落实到各级政府，如何使各部门规划之间取得协调。

一方面，面对气候变化、城镇化发展等综合问题，荷兰需要更具科学性、可持续性及整合性的空间规划方法以调节空间利益冲突、满足社会各界的要求；另一方面，荷兰空间规划需要与各级政府及其众多部门实现衔接以得到落实。面对这些挑战，以当时一系列规划设计竞赛、研讨活动为契机，荷兰风景园林师给出了他们的方案——层模型法。

2　层模型法：跨学科的整合性规划方法

荷兰层模型法的雏形是Hoog，Sijmons和Verschuuren在1996～1998年研究“大都市辩论”（Het Metropolitane Debat）时构建的分层模型[2]。为了突破当时规划缺乏整合性的局限，研究团队构建了一个区域尺度的分层模型，将空间规划拆解到三个“层”中并叠加。

三个“层”由下至上为基底层、网络层、人居层。基底层为土壤、水等自然要素，该层的任务主要是应对气候变化影响，实现水资源管理系统现代化；网络层即基础设施网络，任务包括提升交通流通性以提高荷兰在国际网络中的地位等；人居层即建成区域，任务是适应空间需求，进行适应于景观价值的减量发展。最后，以“时间”建立各层间的协同关系，进行层的叠加。Hoog等认为，下层的物质变化速率比上层的慢，因此下部的层会作为上部其他层的条件，应具有更高的优先级[2]。

在此后十余年中，分层模型在荷兰国家、省、市各层级的空间规划中得到应用推广（图1）并发展为正式的规划方法，即层模型法[3]。

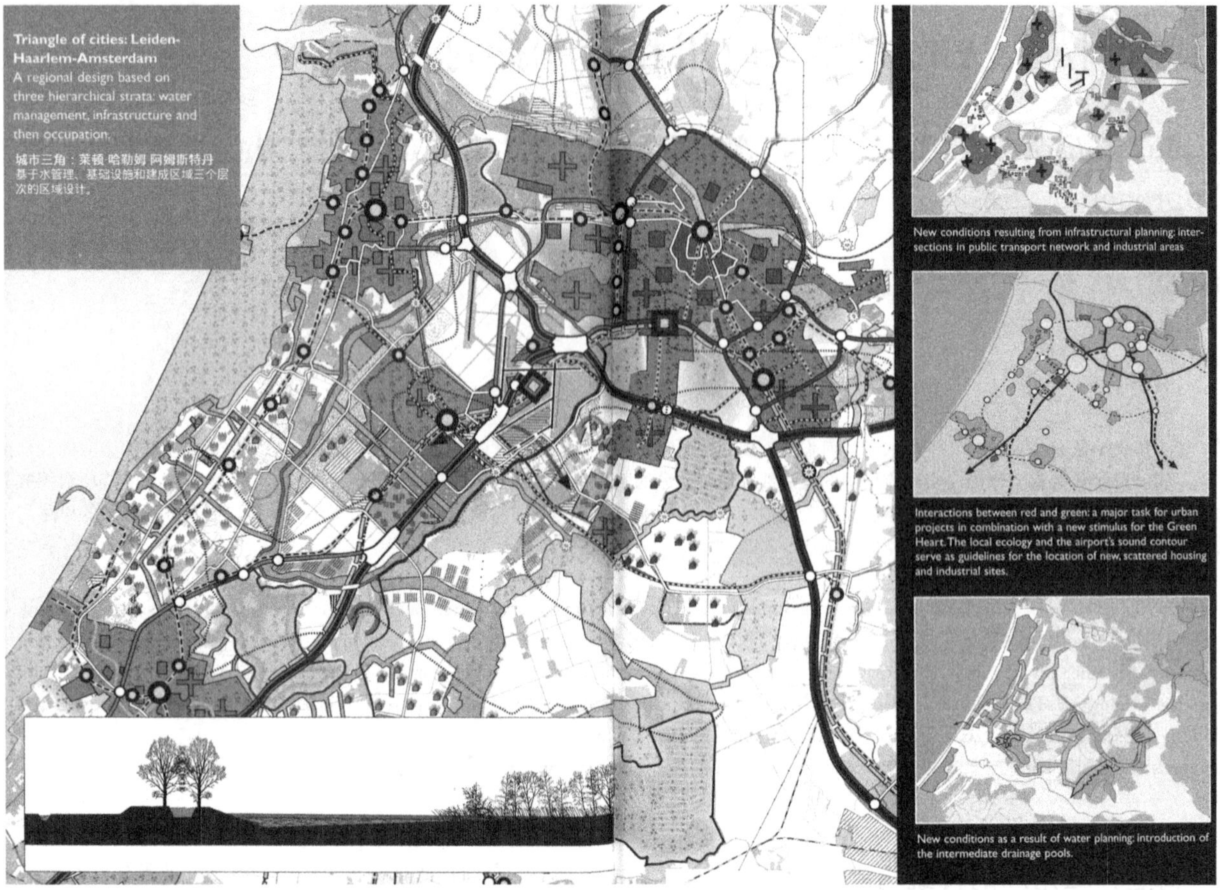

图 1　分层模型的早期应用：莱顿—哈勒姆—阿姆斯特丹区域设计[4]

（注：右下：水系规划——新的排水渠及中介池塘；右中：基础设施规划——节点、公交网络和工作区；
右上：城市（红）与景观（绿）的相互作用—— 由“绿心”引导的住区及工业区布局）

2.1　层模型法的多学科理论基础

层模型法体现了要素分解、层进分析[5]、分层叠加、时空关联的概念，具有来自地理学、生态学、城市规划学等多学科的理论基础。

要素分解，即将空间构成要素分类解析。19 世纪，自然科学分化促使专题地图兴起，体现了提取单类要素进行空间分析的思维。至 20 世纪 60 年代初，地图学逐渐形成了一门用特殊的形象符号模型来表示和研究要素的空间分布、组合、相互关系及变化的系统科学[6]。随后，基于专题地图的 Mapping 被引入到规划学科中。

层进分析，即从二维到三维、从物理空间到社会空间的递进分析。相关理论多出自城市规划学。如 Trancik 的三种城市设计理论[7]反映出分析维度的递进；“社会空间模型”[8]“空间流动理论”[9]“网络城市模型”[10]及 Heeling 的城市设计模型[11]，反映出从物理空间到社会空间的递进，对层模型法的后续发展有所启示。

分层叠加，即将已分层的要素叠加分析以研究其相互作用。分层原为科学领域的现象，如考古学中的文化层等。社会学家引用分层概念提出了“社会分层”[12]理论。20 世纪 60 年代末～70 年代，美国景观生态学家 McHarg 的思想理论传入荷兰，他提出的“千层饼模型”[13]对层模型法的形成有较直接的影响。

时空关联，即通过物理要素变化的速率及其时间周期来建立各层间的协同关系。历史地理学中“时间周期”[14]概念对层模型法中讨论物质变化的逻辑具有重要启示。生态学及植物社会学家 Chris van Leeuwen 提出的“关系理论”[15]阐述了生境演化中的时空关联现象。受其影响，Sijmons 在 1980 年代提出“框架概念”，Tjallingii 提出“双层网策略”，二者均可视为分层模型的前身[1]。

2.2　层模型法对多级政府和多部门规划问题的回应

在综合导向的国家层面空间规划中，层模型法有助于抓住问题的关键。Sijmons 指出，层模型法首先是作为“组织多项空间规划任务的策略”而存在的[2]。它明确了规划任务优先级：基底层优先于网络层，网络层优先于人居层。基于时间周期确定的层级关系，根据相应的空间尺度级别映射到政府责任权属。为了在国家尺度保证一系列项目的整合性同时也保留地区特性，国家政府应在基底层和网络层采取最低限度的措施以应对主要挑战，为地方政府留出人居层的规划空间。

多部门规划在平衡各方利益上更胜一筹，但其需要良好的组织和衔接。在后期应用层模型法的实践中，许多市政部门忽略原始模型中的优先级制度而侧重于整合性[16]。得益于其多学科理论基础和严谨的概念框架，层模型法能良好协调各方利益及工作任务，对多学科、多部门的规划起到支撑作用。

3　层模型法规划设计思想及实践

荷兰当代风景园林规划设计实践中也蕴含着层模型法的思想，Dooren 将其总结为四句格言：①尺度是设计的关键；②有效即是美；③设计是引导；④景观是过程，过程即景观[17]。

3.1　空间：尺度是设计的关键

荷兰风景园林师认为，通常被视为规划学工作对象的区域尺度场地也是风景园林设计对象。在层模型法的许多实践与研究中选择的空间尺度比区域尺度级别低得多[16]。Sijmons 则认为，只有在区域尺度上层模型法才能突出其优势[1]：将大尺度设计对象作为整体来理解，利于识别各层内部及各层间的矛盾冲突——即设计需要解决的问题。

如“保维尔水景观”（Watelsarlandschap Pauwels）[18]，该项目着眼于基底层和网络层，以水、农业、自然和基础设施作为设计切入点。如何面对强降雨对城市的影响及长期干旱对农业、自然的挑战？如何以水处理流程建立蒂尔堡城市与其周边乡村、自然保护区的紧密联系？如何为一系列基础设施赋予景观价值、构建游憩网络？在区域尺度上，设计团队识别出这些关键问题并整合各个子系统（图 2～图 4）。

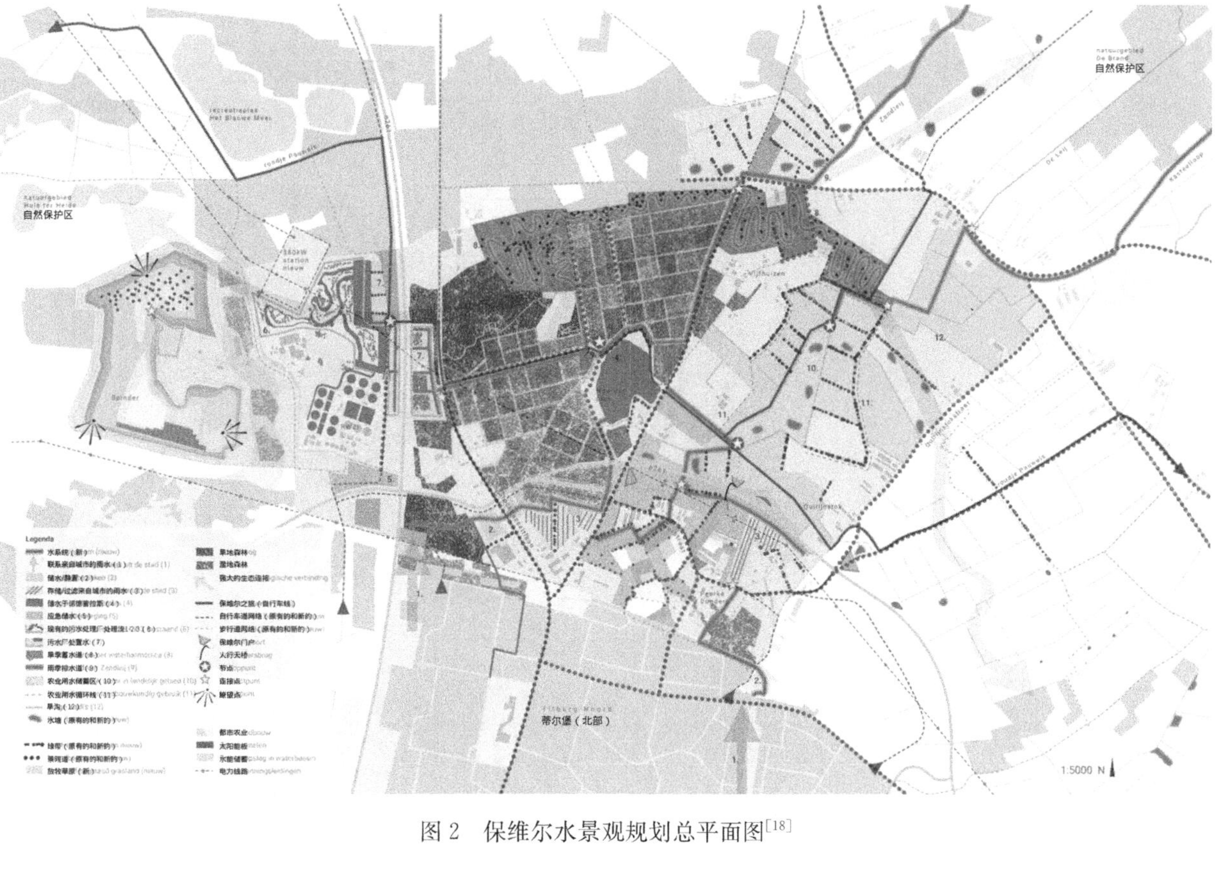

图 2　保维尔水景观规划总平面图[18]

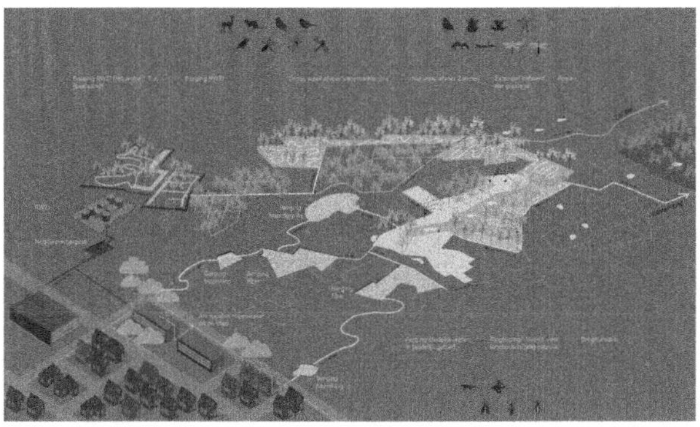

图 3　以水处理流程联系城-乡-自然[18]

图 4　依托水处理基础设施节点构建游憩网络[18]

3.2 实用：有效即是美

荷兰风景园林师通常将功能性的基础设施视为景观中不可剥离一部分，并为其寻求景观化的最优解[19]。层模型法中，网络层包含交通网络、能源网络、绿色生态网络等一系列基础设施，联系着基底层和人居层。Dooren认为，在设计师充分理解各层功能及其影响因素并具备优先级敏感度的前提下，如果景观能按设计师的预期发挥功能，它就会呈现出美——“美”不是设计的目的，而是自然而然产生的附加增益[17]。

在弗莱斯伦省面向2050年的能源转型研究中[20]，太阳能、风能、生物质能、地热能等能源转化的过程潜在地将城镇和乡村联成整体。基于省内基底条件，设计师构建了四种能源模块（图5），又根据城镇规模分别给出能源开发示例（图6），在此基础上建立可再生能源网络（图7）。能源转化自成景观层次，同时支持了乡村新型循环农业发展，为城镇中交通网络转型乃至街道空间品质改善提供了条件，形成更具吸引力的人文景观。

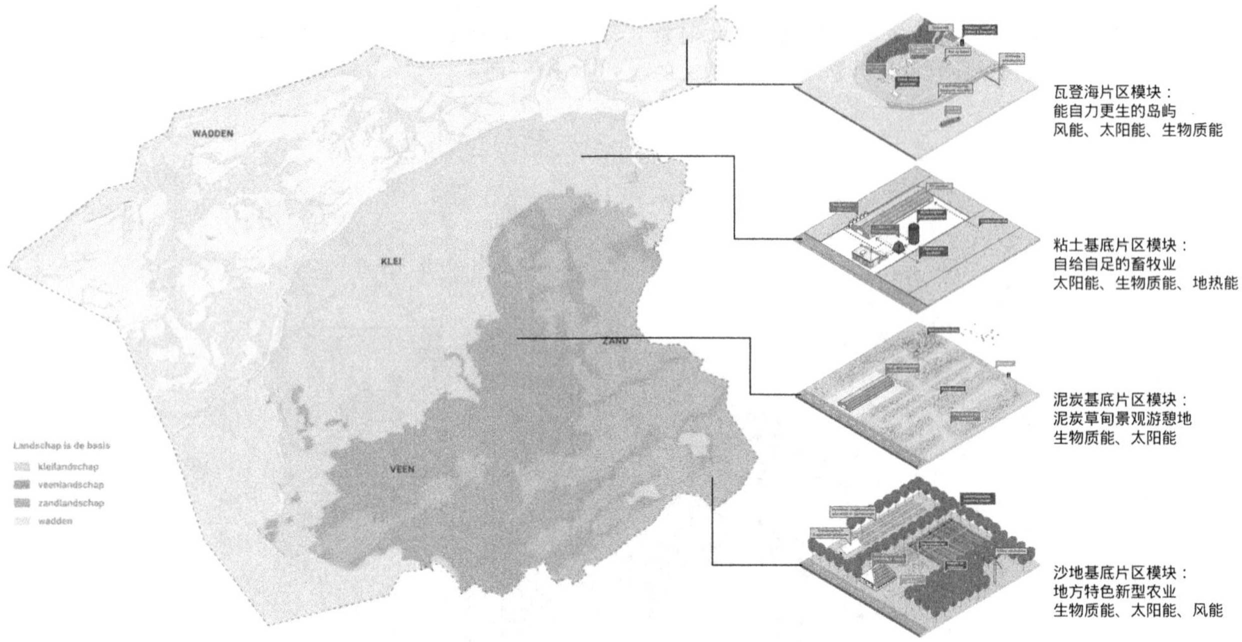

图5 弗莱斯伦省四类自然基底及相应的能源模块[20]

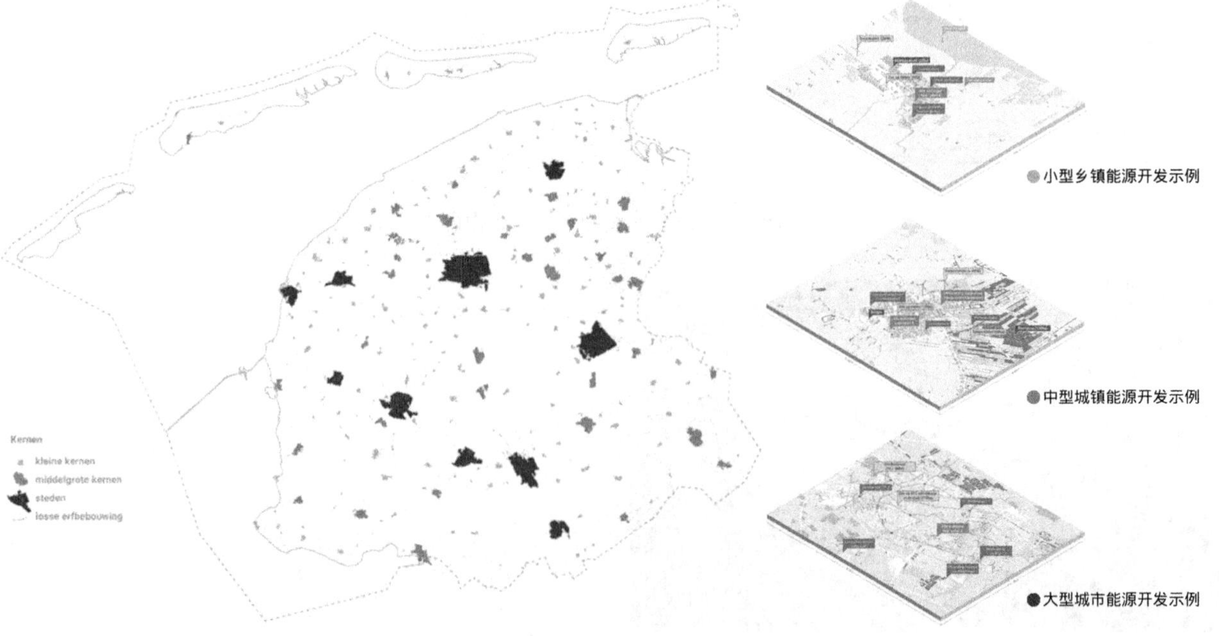

图6 弗莱斯伦省城镇规模划分及相应的能源开发示例[20]

图 7　弗莱斯伦省能源转型研讨会总平面图[20]

3.3　转化：设计是引导

De Hoog 等构建分层模型时对当时普遍的蓝图式规划进行了批判[2]。如果以时空关联的思维看待空间规划，就不应以固定的结果为目标。Dooren 提出，成功的设计应当为自然过程与人类活动提供条件[17]。设计师应了解系统各层、各要素之间相互转化、相互作用的过程并做预测，以有限的干预激活、引导景观转化过程，由其自发性产生作用。

奈梅亨市的 I-Lent 项目[21]体现了设计的引导。瓦尔河经奈梅亨市处形成一道急弯，在高水位时成为瓶颈，奈梅亨市的城市化扩张还对瓦尔河系统造成了干扰。设计团队在基底层上迎合水文动态干预流程体系结构，通过北侧堤坝内移、新开分洪道，增大行洪截面同时保留原有村庄为河心岛。方案实施后可轻松应对 16000m^3/s 的高峰排水需求，季节带来滨河景观的自然变化也为奈梅亨市民的滨水活动提供更丰富的机会（图 8）。

3.4　协作：景观是过程，过程即景观

空间规划或区域设计应是跨学科的团队工作，层模型法可为其搭建整合性框架。而从区域及更大尺度上看，风景园林就是涉及自然、基础设施、城市等众多要素的综合问题。Dooren 认为，在空间规划跨学科团队中风景园林师们应重视并引领“规划设计过程”：研究关键问题，协调多方利益，搭建策略框架，提供备选方案——促使各方从整体上看待问题而不局限于自己的工作[17]。

为了应对海平面上升问题，H＋N＋S 事务所领导了“海岸品质工作室”（Atelier Kustkwaliteit）项目，聚焦于搭建各团体协商的平台[22]。通过与各方交流，风景园林师们确认了保障海岸安全的决定性因素及关键的自然过程，明确了各项措施改善海岸景观的作用机制。尤其是与当地合作方密切沟通保证了措施的在地性（图 9）。在此项目中，比起绘制规划图，建立框架、搭建协作平台是更为重要的环节（图 10、图 11）。

4　层模型法的影响

层模型法在后续的研究和实践中产生了赋予权重、模型简化、时空维度调整、层数及内容调整等变体，其应用也从策略框架拓展到分析、指南、传播交流等方面[16]，在荷兰国内及世界上其他地区都产生了不可忽视的影响。

4.1　荷兰国内的影响

世纪之交，层模型法对荷兰国内空间规划转型、多级政府责任权属分配、多部门规划协调等需求及问题给予回应，得到荷兰国家住房部、空间规划部和自然环境部的提倡。一方面，层模型法融合了荷兰传统人居环境营建智慧及优先级划分、时空关联等先进理念，帮助荷兰在国家层面从“与水争地”向“与自然共进”转变；另一方面，层模型法也是荷兰风景园林界参与空间规划、扩展学科

可能性的重要探索。一定程度上，层模型法促进了荷兰空间规划结构及相关立法的调整，强化了风景园林规划设计与政府政策的衔接，其图解形式易被大众理解的特点，也为唤醒公众参与起到了重要作用[16]。

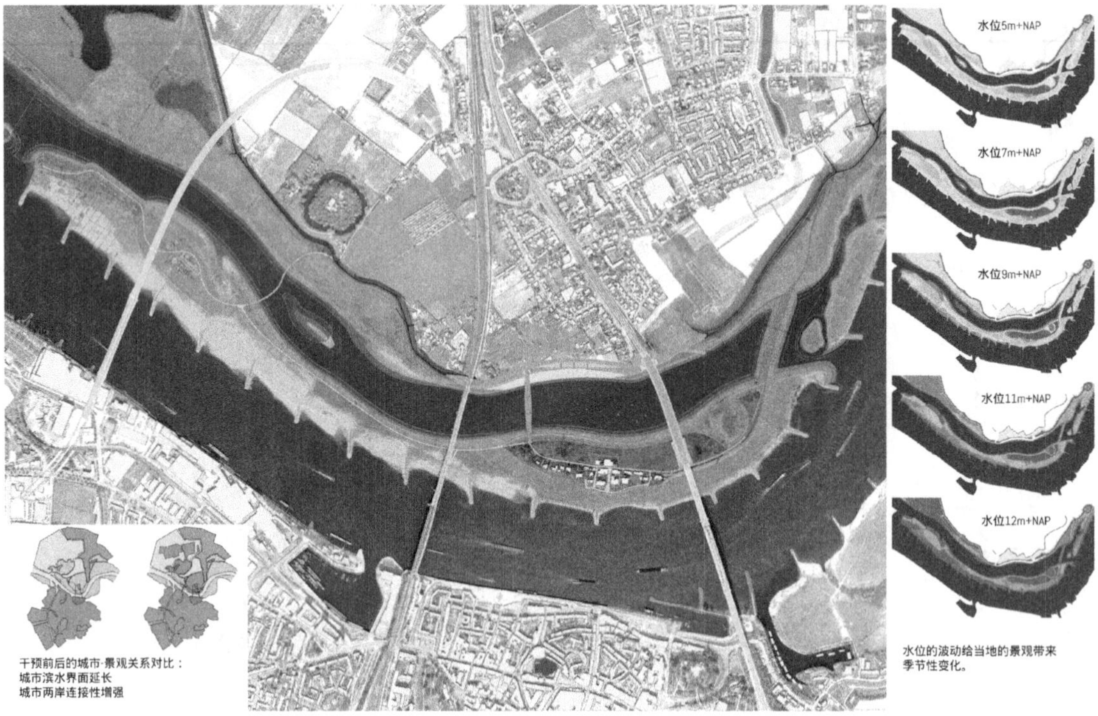

图8　奈梅亨 I-Lent 项目平面图及分析图[21]

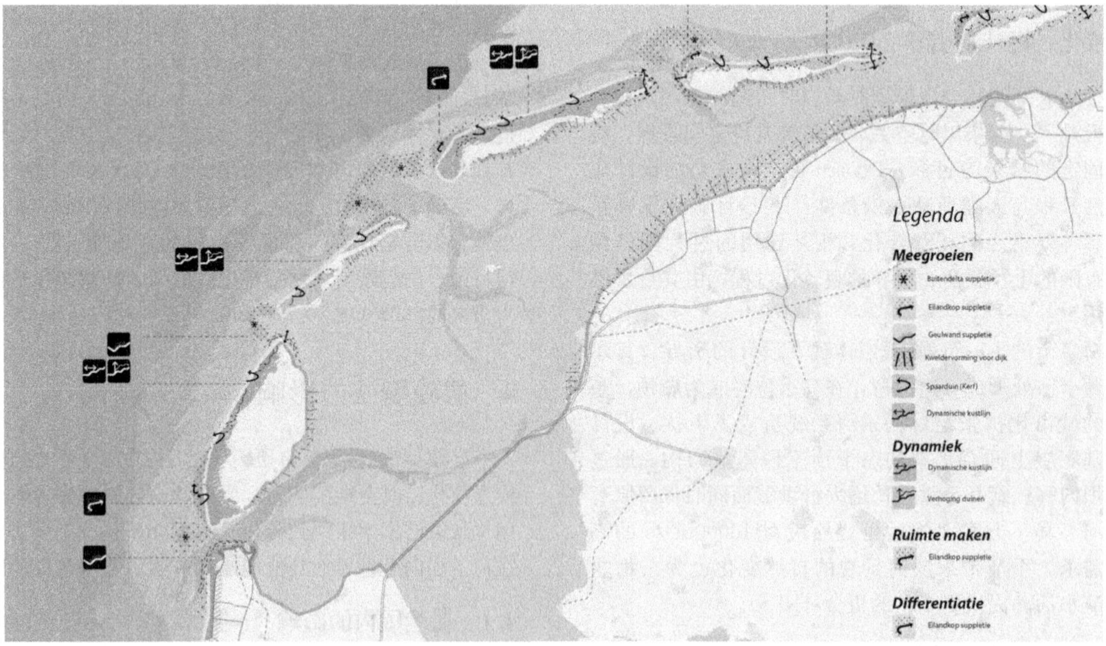

图9　海岸品质工作室系列项目策略图[22]

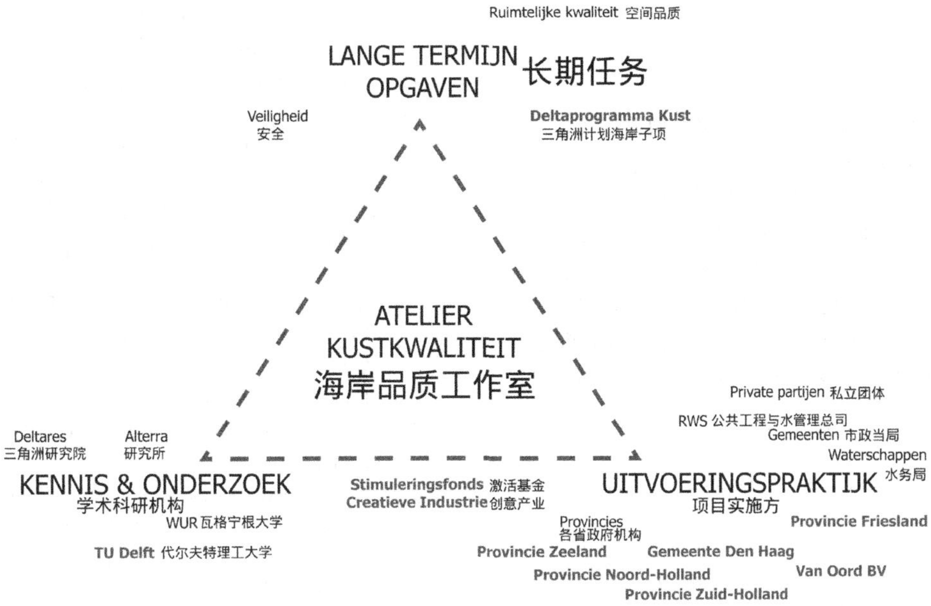

图 10　海岸品质工作室合作平台架构[22]

图 11　“海岸周”研讨活动[22]

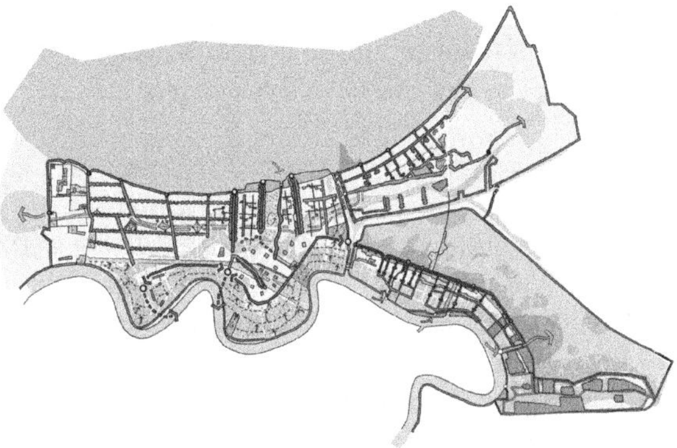

图 12　新奥尔良水系统规划平面图[23]

4.2　其他地区的影响

荷兰层模型法不仅适用于荷兰。2005 年新奥尔良遭受卡特里娜飓风袭击后，荷兰 H＋N＋S 事务所参与该市的城市水系统规划，应用层模型法识别关键问题，提出了海绵城市构想（图 12、图 13）[17,23]。日本“3・11”大地震灾后重建同样面临着多部门规划的挑战。日本方面与荷兰合作开展了“釜石智慧城市工作坊”，借助层模型法进行了鹈住居重建规划和釜石智慧社区总体规划[21]。其中鹈住居重建规划侧重于整合性，釜石智慧社区总体规划则侧重于过程性，突显了自下而上的公众参与对项目落实的推动作用。

层模型法的研究和实践向世界证明了风景园林学可以为改善人居生活质量作出超越传统范围的贡献。“重视规划设计过程”也得到各国规划设计行业认可，公众参与已成为大势所趋。如 Dooren 所言，不再把风景园林的问题视为单一维度的技术性任务，而是将其视为引导性的转变过程，这是荷兰对面向 22 世纪风景园林的主要贡献[17]。

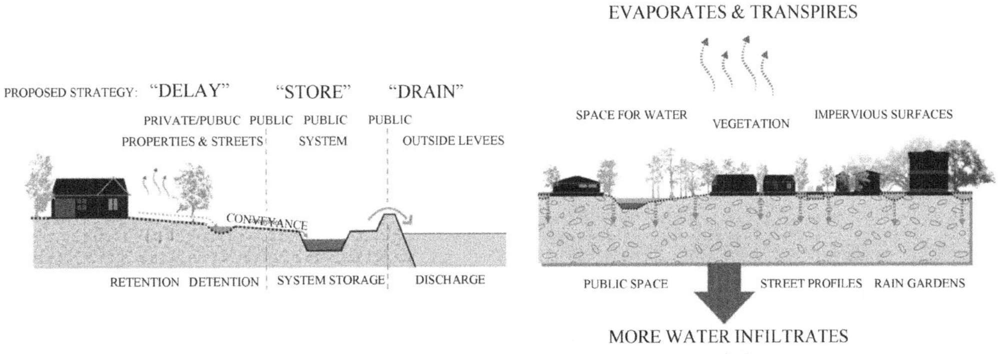

图 13　新奥尔良水系统规划中的海绵城市策略[23]

5 结语

较之荷兰，中国国土更辽阔，环境类型更多样、条件更复杂。荷兰层模型法产生于三角洲营建的特定背景，能否通用于任何时空尺度、地理环境暂无定论。但相关实践经验及其理念仍能带来许多启示。2018 年，自然资源部组建，“国土空间规划”成为重点议题。在此背景下，风景园林师应以整合性、过程性的思维看待问题，继承本国传统风景营建智慧，重视生态基底、蓝绿网络的规划建设，积极参与国土空间规划并发挥风景园林学科的优势。

参考文献

[1] Sijmons D. Moved Movement. Groningen：Drukkerij Tienkamp，2015.

[2] Hoog M D，Sijmons D，Verschuuren S. Herontwerp van het Laagland. in：D. H. Frieling（Ed.）Het Metropolitane Debat. Bussum，THOTH，1998：74-87.

[3] Van der Cammen H，De Klerk L. Ruimtelijke Ordening. Van Grachtengordel tot Vinexwijk . Utrecht：Het Spectrum，2003.

[4] H＋N＋S Landscape Architects. Plans. Sijmons D. ＝Landscape. Amsterdam：Architectura&Natura Press，2002：144-145.

[5] 周正. 城市形态图层分析体系研究[D]. 哈尔滨：哈尔滨工业大学，2019.

[6] 李慧希. 基于地图术(Mapping)的景观建筑学理论研究[D]. 南京：东南大学，2016.

[7] Trancik R. Finding Lost Space：Theories of Urban Design. Hoboken，NJ：John Wiley & Sons，1986.

[8] Lefebvre H. The Production of Space. Oxford：Blackwell Publishing，1991.

[9] Castells M. The Information Age：Economy，Society and Culture. Vol 1：The Rise of the Network Society. Oxford：Blackwell Publishing，1996.

[10] Dupuy G. Urban Networks—Network Urbanism. Techne Press，2008.

[11] Heeling J，Meyer V J，Westrik J. De Kern van de Stedebouw in het perspectief van de 21ste eeuw. Dl. 1. Het Ontwerp van de Stadsplattegrond. Amsterdam：SUN Publishers，2002.

[12] Park R E，Burgess W E. The City：Suggestions for Investigation of Human Behavior in the Urban Environment. Chicago：University of Chicago Press，1984.

[13] McHarg I L. Design with Nature. New York，NY：American Museum of Natural History，1969.

[14] Braudel F. Histoire et Sciences Sociales：La longue durée. Annales Histoire Sciences Sociales，1958，13(4)：725-753.

[15] Jong T D，Tjallingii S，Sijmons D. The theory of Chris van Leeuwen：Some important elements. Deft：Technische Universiteit Delft Press，2015 [2021-7-26]. http：//www.dauvellier. nl/uploads/The _ theory _ of _ Chris _ van _ Leeuwen. pdf.

[16] Jeroen V S，Klaasen I. The Dutch Layers Approach to Spatial Planning and Design：A Fruitful Planning Tool or a Temporary Phenomenon? . European Planning Studies，2011，19(10)：1775-1796.

[17] Dooren N V. Gardening the Delta：A Dutch Approach to Landscape Architecture. Amersfoort，H＋N＋S Landscape Architects：2015-08.

[18] H＋N＋S Landscape Architects. STAD＋BRON：Waterlandschap Pauwels. 2021[2021-7-26]. http：//www. hnsland. nl/nl/projects/waterlandschap-pauwels.

[19] H＋N＋S Landscape Architects. The Programme Guide. Sijmons D. ＝Landscape. Amsterdam：Architectura&Natura Press，2002：11-22.

[20] H＋N＋S Landscape Architects. ENERGIE＋ATELIERS：Ateliers Energie en Ruimte Fryslan. 2017[2021-7-26]. http：//www. hnsland. nl/nl/projects/ateliers-energie-en-ruimte-fryslan.

[21] H＋N＋S Landscape Architects. RIVIERVERRUIMING＋STADSPARK：I-lent，Ruimte Voor de Waal，Nijmegen. 2016[2021-7-26]. http：//www. hnsland. nl/nl/projects/ruimte-voor-de-waal.

[22] H＋N＋S Landscape Architects. KUSTVERSTERKING＋RUIMTELIJKE KWALITEIT：Projectleiding Atelier Kustkwaliteit，Nederlands Kustgedied. 2013[2021-7-26]. http：//www. hnsland. nl/nl/projects/atelier-kustkwaliteit.

[23] H＋N＋S Landscape Architects. SOLUTION＋QUALITY BOOST：A Sustainable Water Strategy and New Urban Perspective for New Orleans. 2013[2021-7-26]. http：//www. hnsland. nl/en/projects/urban-water-plan-new-orleans.

作者简介

左心怡，1997 年生，女，汉族，广西桂林人，北京林业大学硕士在读，研究方向为风景园林规划与设计。电子邮箱：565312624@qq. com。

郭巍，1976 年生，男，汉族，浙江人，博士，北京林业大学园林学院，教授、博士生导师，研究方向为水文导向的区域景观。电子邮箱：gwei1024@126. com。

风景园林与乡村振兴

基于复杂网络的西南县域游线规划实施评估

——以云南省罗平县为例

Implementation Evaluation of County Tour Route Planning in Southwest China Based on Complex Network

—A Case Study of Luoping County，Yunnan Province

丁彦竹　陈倩婷　杨　李　孙　傲　冯高乾

摘　要：近年来，中国西南地区的旅游经济得到长足发展，全域旅游规划的需求不断加强，但在游线规划方面，各相关政府单位或个人各自为营，尚未形成统一的共识，导致规划上出现资源利用不充分、发展不均衡、不满足游客需求等问题。而游线是旅游规划中的重要元素，笔者将在相关理论基础上，以我国省级全域旅游示范区——云南省罗平县为例，通过 python 获取实际游线数据，结合已有规划的游线产品，利用复杂网络分析的方法分析两种视角下游线网络结构特点，发现两者间的结构差异。最后从游客实际旅游路线、已有游线产品的角度，结合县域的自身资源禀赋，提出全域旅游游线规划的优化策略，以期对全域旅游规划实践起到指导意义，提升游客的旅游体验，带动全域社会经济发展。

关键词：旅游路线；复杂网络；旅游规划

Abstract: In recent years, the tourism economy in Southwest China has made great progress, and the demand for global tourism planning has been continuously strengthened. However, in terms of tourism line planning, all relevant government units or individuals operate separately, and a unified consensus has not been formed, resulting in insufficient utilization of resources, unbalanced development and failure to meet the needs of tourists. Tour route is an important element in tourism planning. On the basis of relevant theories, the author will take Luoping County, Yunnan Province, China's provincial global tourism demonstration area, as an example, obtain the actual tour route data through python, combine the planned tour route products, use the method of complex network analysis to analyze the structural characteristics of downstream line network from two perspectives, and find the structural differences between them, Finally, from the perspective of tourists' actual tourism routes and existing tourism line products, combined with the county's own resource endowment, this paper puts forward the optimization strategy of global tourism line planning, in order to guide the practice of global tourism planning, improve tourists' tourism experience and drive the social and economic development of the whole region.

Keywords: Tourist Routes; Complex Network; Tourism Planning

引言

目前，我国旅游业已进入了飞速发展时期，旅游业发展已成为带动区域统筹发展、促进城乡一体建设、美化环境和促进国民经济发展的支柱性产业。“全域旅游”的发展战略是推进旅游业转型升级的重要途径，是对空间经济学理论的灵活运用，其强调对旅游产业乃至整个社会经济体系发展序列的把控，践行空间经济学的“点-轴-域面”时空演进体系，通过对重大旅游项目、设施和重要旅游城镇的集约化、有序性要素投入，令其成为不断涌现的全域旅游增长极，带动周边产业和业态的自发性、集群化、联动式发展，继而带动整个区域的社会经济发展。同时，旅游路线的规划是全域旅游发展的重要环节，是旅游产品的重要组成部分，科学的旅游路线规划不仅有助于提升游客的旅行体验，还有助于地区资源的有效利用及开发，能带动当地旅游业的综合升级。

目前关于旅游路线规划的研究主要有以下几个方面：较早的工作大多集中利用 OP 问题（Orienteering Problem）作为基本问题，通过不同的变型对旅游路线规划问题进行建模求解。这类工作的重点是抓取游线规划问题中的某些因素进行建模，如景点开放时间、出行方式、用户类型等；采用 Hopfield 算法、蚁群优化算法等建立系统能量函数，优化计算问题的解，制定特色旅游路线；运用运筹学方法、GIS 优化旅游路线，以获得定量分析的结果；如今通过智慧旅游信息化系统的建设，能够带来多方面效益，包括经济效益、社会效益等，有效地融合目前的物联网、大数据、AR 等现代化的技术体验，设计智慧旅游路线为用户提供更为有趣的使用体验。

尽管目前已经出现了许多以定量的方法来规划旅游路线的研究，但是这类工作无法对现实生活中旅游路线规划的各种因素建模。在研究对象上，对于区域性的旅游路线研究较少，并且没有结合游客、景区本身、相关单位等多方感知进行系统科学的综合研究。为此，本文在全域旅游的背景之下，基于游客感知和政府感知的角度，在省级全域旅游示范区创建单位云南罗平县的全旅游规划中，以旅游线路为对象，在城乡规划和复杂网路分析的交叉领域，利用社会网络分析的原理和方法，构建罗平县游线网络模型，对比两种角度的结构特征，结合罗平自身资源禀赋，提出规划优化策略，以期对全域旅游规划给予实践性指导。

1 研究区域概况

罗平县是云南省曲靖市下辖的县之一，境东西宽75km，南北长99km，面积3116km^2。罗平县区位优势便利，位于云南省东部，滇、桂、黔三省结合部，有“鸡鸣三省”之称，这样的地理环境让罗平的旅游有着很好的客源市场。它西距省会昆明207km，北距曲靖市120km，东至贵州省兴义市71km，南距广西壮族自治区西林县城156km。2020年5月14日，丽江市古城区等21家单位被认定为云南首批省级全域旅游示范区，罗平县成为曲靖市唯一一家获批的省级全域旅游示范区创建单位。罗平县旅游资源尤为丰富，包含特大型旅游资源17处、大型旅游资源22处、中型旅游资源12处、小型旅游资源10处。自然资源方面有金鸡孤峰群、油菜花海、九龙瀑布群落、鲁布革峡谷、多彩多依河等；人文资源方面拥有古老奇特的布依族。罗平县委、县政府日益重视旅游发展，以休闲农业为主体的特色乡村旅游产品发展优势明显，以国际油菜花节为依托的发展优势突出（图1）。

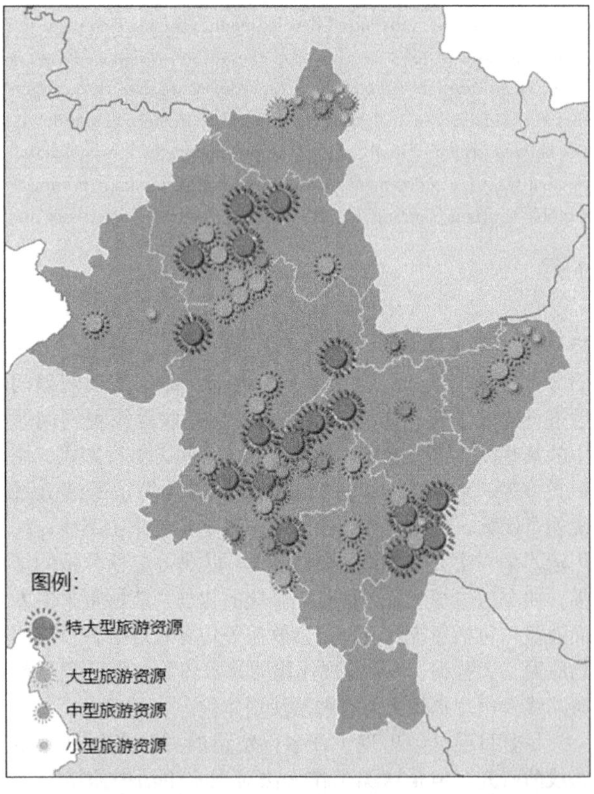

图1 罗平县域旅游资源规模分布示意图

长期以来，罗平县存在部分旅游线路单一、旅游服务设施不完善、全县旅游发展不平衡、游客满意度不高等问题，并且在上位规划、游客行为、资源禀赋上没有形成协调统一的局面。因此，以规划游线、游客实际游览数据、县域旅游资源分布作为研究样本，对游线产品进行综合分析与优化，为游客带来更加良好的旅游体验。

2 研究方案

2.1 技术路线

旅游线路是一张由景点及各景点之间联系构成的空间网络，在空间形式表现为“点”“线”两种形式。其中“点”即区域范围内的景点，“线”即游客的流动路线及流量，适用于复杂网络分析（CNA）方法的计算和评价。其基本原理是将游客及其游览行为构建一张“网络”，通过对网络结构的评价分析来研究相互关系，在综合景点本身分布特征，可进行综合的游线规划提升。

本研究分为三个步骤：第一步，构建罗平县不同游线产品及游客实际游览线路的网络拓扑模型；第二步，建立游线网络结构测评体系及相关指标，进行相关计算，对比两种角度下的网络结构特征；第三步，分析结论，再结合区域本身的旅游资源分布，提出罗平县游线规划的优化建议（图2）。

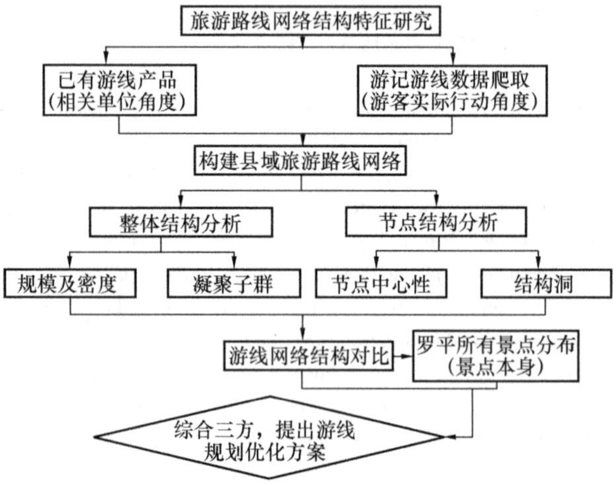

图2 技术路线图

2.2 研究数据与模型构建

本文选取云南省曲靖市罗平县的旅游景点为“节点”，若两个景点之间有旅游线路的联系，则景点之间存在“边”，以此来建立旅游线路网路的语义模型。从已有游线产品的角度，以现状一日游、三日游两类5种游线作为研究样本，“点”之间存在连接关系记为“1”，不存在连接关系记为“0”。通过上述语义构造与游线对应的二值邻接矩阵，之后运用复杂网络分析软件Gephi，根据表1对罗平县已有游线产品网络模型进行构建，得到基于相关单位角度的游线网络模型（图3）。从游客实际游览角度，本次研究采取数据爬取的方式获取马蜂窝、去哪儿网和携程等旅游路线数据，共收集云南罗平旅游路线数据409条，选取2018～2020年的数据，并依据游记名称、时间、线路将重复游记删除，最终得到有效旅行路线数据75条。最后，运用复杂网络分析软件Gephi，对云南罗平旅游路线网络模型进行构建（图4）。

已有游线产品及途经景点　　表 1

游线产品类型	旅游主题	途经景点和服务点
一日游	民俗风情一日游	罗平县城-芭蕉箐(芭蕉箐村、蜜蜂文化产业园)-腊者村-多依河-鲁布革三峡
	花海之旅一日游	罗平县城-羊者窝服务中心(含航空露营地)-菜花节主会场-坡依观景点-金鸡峰丛-九龙瀑布-牛街螺丝田
	彝族风情一日游	罗平县城-白石岩-大补董-那色峰海-板桥镇
	踏青赏花一日游	罗平县城-马街押解唐区域-马街阿市区域(阿市坝子、五里箐杜鹃岭)-马街松毛区域
三日游	魅力罗平三日游	第一日：罗平县城-芭蕉箐(芭蕉箐村、蜜蜂文化产业园)-多依河-鲁布革三峡
		第二日：羊者窝服务中心(含航空露营地)-菜花节主会场-坡依观景点-金鸡峰丛-九龙瀑布-牛街螺丝田
		第三日：罗平县城-小鸡登-那色峰海

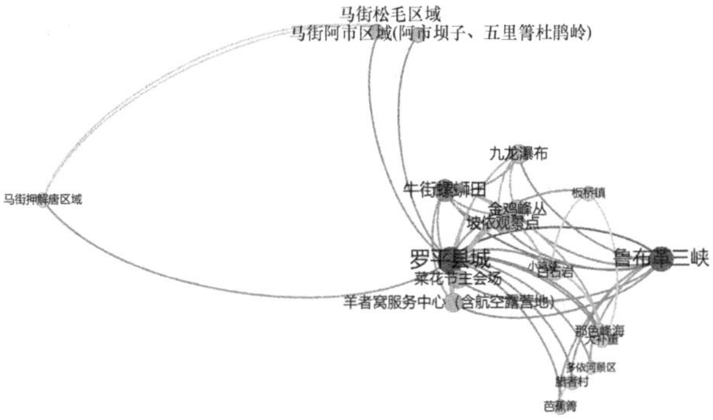

图 3　已有游线产品网络拓扑模型

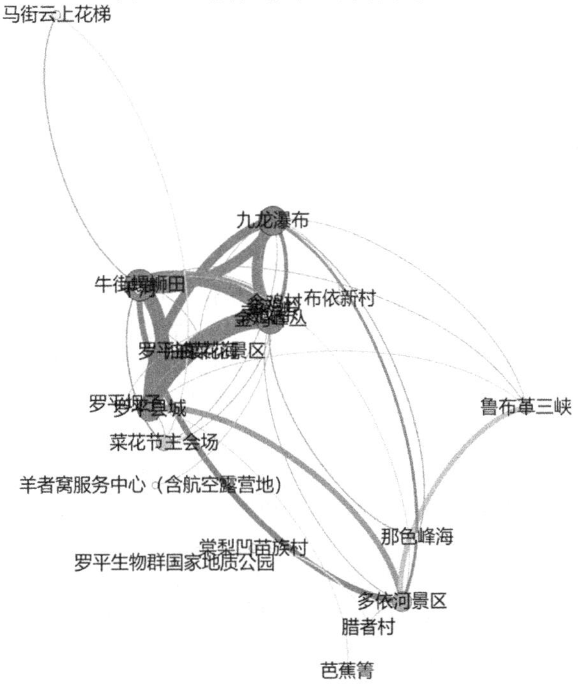

图 4　游客游览路线网络拓扑模型

本次研究指标主要包括整体结构特征指标和节点结构特征指标。整体结构特征指标分析内容包括网络密度、凝聚子群等，节点结构特征指标分析内容包括节点中心性、结构洞等。前者表征网络的整体结构，后者侧重表征节点的连接性。而本次研究将对比两种角度下的网络机构特征，并在之后结合罗平县本身旅游资源进行路线优化。

2.3　指标体系

2.3.1　整体结构特征指标

（1）网络规模与密度

规模是指网络当中的景点数量，网络密度是指在旅游线路网络中，各个景点之间实际存在的联系数量与理论上能够出现最大联系数量的比值。网络密度越大，表示各区县之间的旅游联系越紧密。网络密度可表示为：

$$P = L/[n(n-1)/2] \tag{1}$$

式中　P——网络密度；

L——旅游路线网络中实际存在的联系数量；

n——网络中景点数量。

（2）平均聚类系数

平均聚类系数可以反映拓扑网络集聚程度的优劣。平均聚类系数算式为：

$$Y = \frac{1}{n}\sum_{i}\frac{2E_i}{k_i(k_i-1)} \tag{2}$$

式中　Y——平均聚类系数；

n——节点数；

k_i——节点 i 的邻集；

E_i——k_i 这个节点之间存在的连接数。

（3）平均距离

平均距离为任意两个节点之间距离的平均值。平均距离也称特征路径长度，其值越小，表示网络中任意节点之间的距离越小。其算式为：

$$D = \frac{2}{n(n-1)}\sum_{i>j} l_{ij} \tag{3}$$

式中　D——平均距离；

l_{ij}——节点 i、j 之间的距离；

n——节点数。

2.3.2　节点结构特征指标

（1）节点中心性

中心性是复杂网络分析的重点之一，是对行动者具有权利或居于怎样中心地位的量化表示，用来描述旅游路线网络中节点在网络中的重要程度，包括度数中心度和中介中心度。度数中心度表现旅游路线网络中与某一景点直接相连的景点数量。其算式为：

$$C_{RD}(n_i) = d(n_i)/(N-1) \tag{4}$$

式中　$C_{RD}(n_i)$——相对度数中心度；

$d(n_i)$——与某一景点 n_i 直接相连的景点数量；

N——网络规模，也就是网络中的景点数量。

中介中心度则是指各景点在旅游路线关系上对其他景点的控制和依赖程度，如果某个景点处于两个景点之间的最短路径上，则说明该景点有较高的中介中心度。

$$C_B = \sum_{j}^{n}\sum_{k}^{n} b_{jk}(i),\ j \neq k,\ j < k \tag{5}$$

式中 C_B——中介中心度；

$b_{jk}(i)$——某一景点 i 处于景点 j 和景点 k 之间的最短路径上的概率；

n——网络中景点的数量。

(2) 结构洞

结构洞指标可以判断网络中具有旅游优势和劣势的景点，具有优势的景点，其效能越大，效率越高，约束，性越小。其中，效能（effective size）和效率值（efficiency）分别指节点的有效连接节点数和有效连接节点数与实际节点总数的比值，限制度（constraint）表示节点在网络中运用结构洞的能力，其值越小，在旅游路线网络中区位优势越明显。某个各景点拥有较大结构洞优势，则表示该景点具有较大旅游区位优势。其计算公式如下：

$$N_i = C_i\left(\sum_{n=1}^{C_i} C_n / C_i\right);\ E_i = N_i / C_i; \tag{6}$$

$$Q_{ij} = \left(\frac{1}{C_i}\right)^2\left(1+\Sigma\frac{1}{C_q}\right)^2 \quad (q \neq i,\ j;\ i \neq j) \tag{7}$$

式中 N_i——节点 i 的效能大小；

C_i——节点 i 的个体网规模；

C_n——与节点 i 相连的第 n 个节点的绝对读书中心度；

E_i——节点 i 的效率值；

Q_{ij}——节点 i 受到节点 j 的限制度；

C_q——节点 q 的个体网规模；

q——节点 i 和节点 j 之间的“中间人”（与 i 和 j 同时存在连接关系）。

3 指标计算分析

3.1 网络完备度评估

网络的节点数量、边数量、网络密度、平均聚类系数以及平均距离可以综合反映网络的规模大小、完备程度与紧凑程度。节点数量和边的数量可以反映网络规模的大小。已有游线产品的网络规模为19，游客游览路线的网络规模为22，可以看出游客实际游览路线的网络规模较大。已有游线产品的网络密度和平均聚类数较大，分别为0.269，0.852，这反映出已有游线产品的网络完备度更高。并且已有产品游线的途径长度均值为1.982，小于游客游览路线网络的途径长度均值，表明已有游线产品网络的紧凑度较高，更为合理（表2）。

罗平县域游线网络完备度指标　　表2

游线网络	节点	边	网络密度	平均聚类系数	平均距离
已有游线产品	19	46	0.269	0.852	1.982
游客游览路线	22	44	0.186	0.630	2.368

3.2 节点结构特征

3.2.1 核心节点差异——度数中心度

度数中心度可以衡量某个节点在网络中的核心性，其值越大，则越处于网络的核心位置。依据度数中心度算式进行计算，对比两种角度下罗平县游线网络的度数中心度（表3），度数中心度的度值越大，表明该景点与其他景点的联系越密切，其所处的地位越重要。而规划与实际的区别较为明显，实际游览中，牛街螺丝田的名气和地位最高，其次是较为著名的景点九龙瀑布、金鸡峰丛、罗平县城和多依河景区，它们的相对度数中心度分别是0.766、0.718、0.718、0.694、0.659；已有规划中将罗平县城置于最重要地位，之后是鲁布革三峡，以及牛街螺丝田、羊者窝服务中心和菜花节主会场，它们的相对度数中心度分别是0.806、0.778、0.676、0.611、0.611。由此可见，规划尚未紧密考虑实际情况，体现在规划游线网络中的核心景点与实际游览网络中的核心景点差异明显，导致规划不符合游览旅游需求（图5、图6）。

度数中心度排名前五的景点　　表3

排序	景点	已有游线产品相对度数中心度	排序	景点	游客游览路线相对度数中心度
1	罗平县城	0.806	2	牛街螺丝田	0.766
2	鲁布革三峡	0.778	3	九龙瀑布	0.718
3	牛街螺丝田	0.676	4	金鸡峰丛	0.718
4	羊者窝服务中心	0.611	5	罗平县城	0.694
5	菜花节主会场	0.611	1	多依河景区	0.659

3.2.2 过境节点差异——中介中心度

在旅游路线网路中，一个旅游地处于到达许多其他旅游地的捷径上，那么这个景点就具有较高的中介中心度，其值越大，则扮演的中介角色越强，那么在游线网络中作为过境节点的作用就越强。根据中介中心度算式进行计算，对比两种角度下罗平县网络的中介中心度（表4）。实际游客游览路线中介中心度值较大的是金鸡峰丛、牛街螺丝田、多依河景区、腊者村、九龙瀑布，其中介中心度分别是65.35、61.88、56.15、38.0、36.07，这表明在实际游览过程中金鸡峰丛作为“中间”点的角色最为突出，人流最为集中。而依据已有产品角度，其中介中心度较大的是罗平县城、鲁布革三峡、牛街螺丝田、那色峰海、白石岩，其中介中心度分别是78.83、55.67、15.5、15.33、2.67，这与实际情况的差别较大，已有游线产品的网络中，“罗平县城”的中间作用最强，其次是鲁布革三峡（图7、图8）。

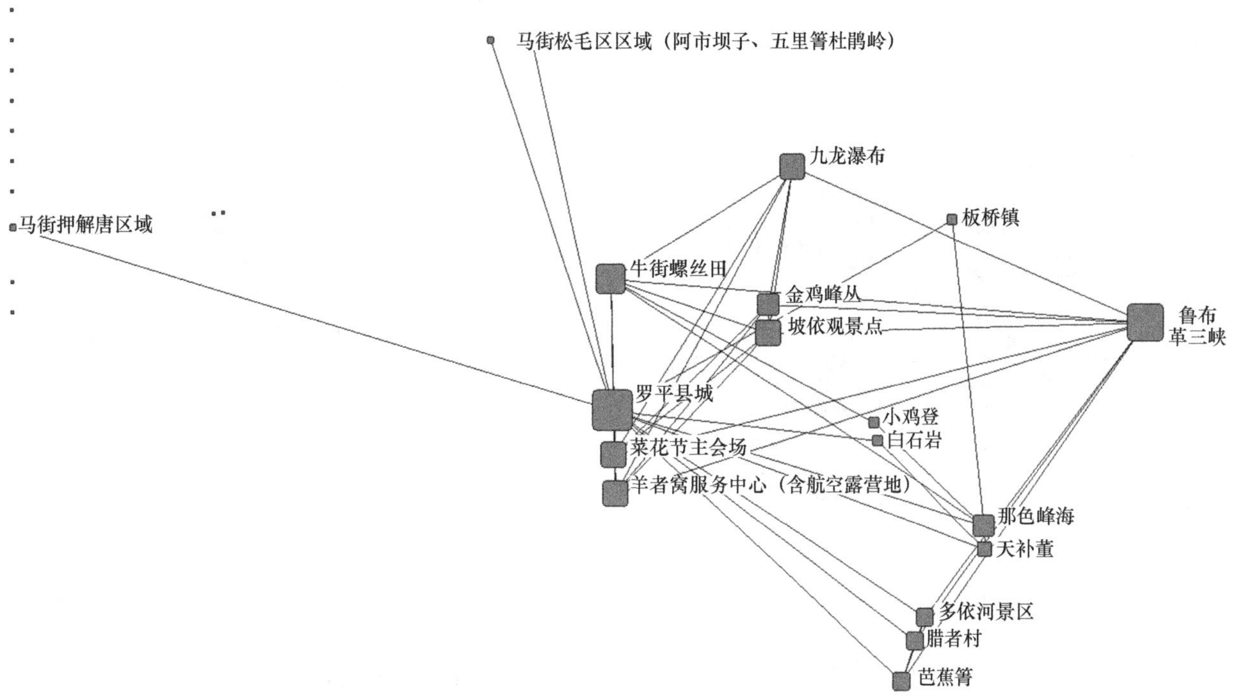

图 5　已有游线产品网络度数中心度拓扑模型

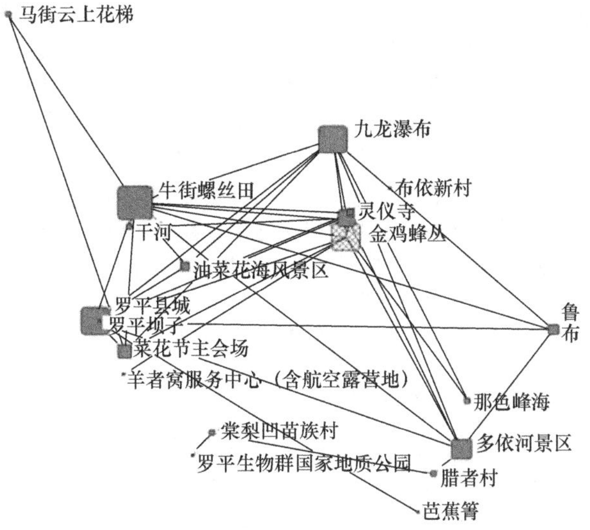

图 6　游客游览路线网络度数中心度模型

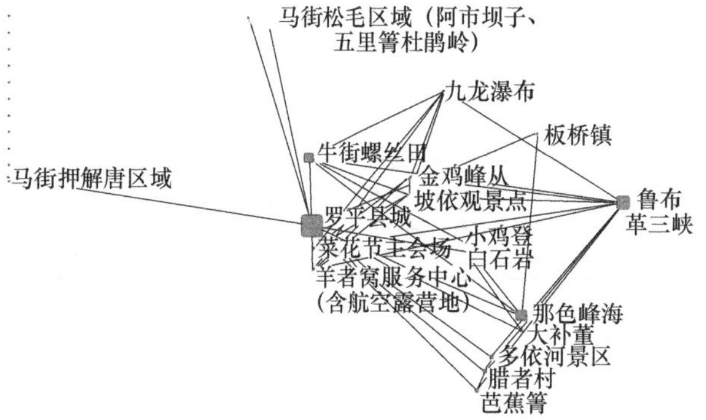

图 7　已有游线产品网络中介中心度模型

中介中心度排名前五的景点　　表 4

排序	景点	已有游线产品中介中心度	排序	景点	游客游览路线中介中心度
1	罗平县城	78.83	1	金鸡峰丛	65.35
2	鲁布革三峡	55.67	2	牛街螺丝田	61.88
3	牛街螺丝田	15.5	3	多依河景区	56.15
4	那色峰海	15.33	4	腊者村	38.0
5	白石岩	2.67	5	九龙瀑布	36.07

3.2.3　集散节点差异——结构洞

计算结果表明，在根据游客实际系行动建构的游线网络中，存在“结构洞”，该节点即称作“切点”。在所有景点中，牛街螺丝田具有最大效能值、较大效率值以及较小限制度，其值分别是 8.667、0.72、0.255；金鸡峰丛具有较大效能值、最大效率值和最低限制度，其值分别是 7.632、0.753、0.253。因此，牛街螺蛳田和金鸡峰丛在网络中起到“切点”的关键作用。在已有旅游路线产品的网络中类似的节点则为罗平县城，具有该网络中最大效能值、效率值以及最低限制度，其值为 8.800、0.88、0.216（表 5、表 6）。总体来看，已有路线产品缺少可替代的节点，且景点区位优势并不明显，起不到引流集聚的作用。应结合游客旅游实际情况，增加游客集中点和疏散点，带动较冷门景点的发展，减少热门景点瓶颈问题，保证客流。

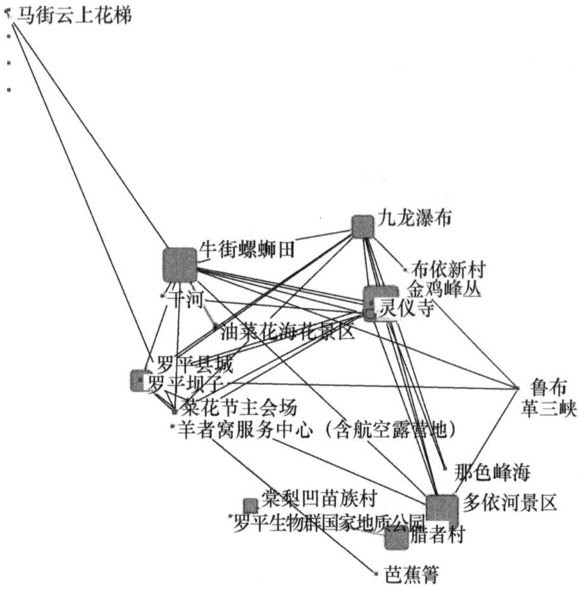

图 8　游客游览路线网络中介中心度模型

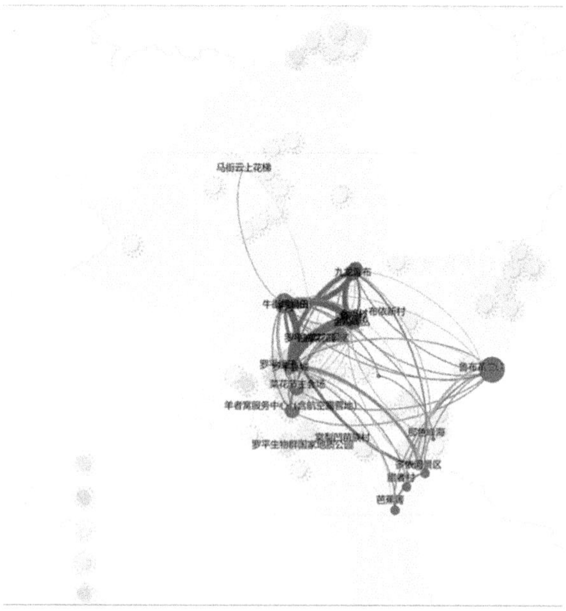

图 9　游客游线网络与已有产品网络在县域上的布局

游客游览路线结构洞分析　　表 5

排序	景点	效能	效率值	限制度
1	牛街螺丝田	8.667	0.722	0.255
2	金鸡峰丛	7.632	0.763	0.253
3	九龙瀑布	6.6	0.66	0.31
4	罗平县城	6.263	0.626	0.328
5	金鸡岭	3.727	0.62	0.448

已有游线产品结构洞分析　　表 6

排序	景点	效能	效率值	限制度
1	鲁布革三峡	5.222	0.58	0.35
2	牛街螺丝田	2.677	0.444	0.478
3	多依河景区	1.5	0.375	0.74
4	腊者村	1.5	0.375	0.74
5	芭蕉箐	1.5	0.375	0.74

4　游线网络优化策略

4.1　全域旅游资源协调发展

整个罗平县旅游资源数量多、类型丰富，一共有旅游资源 61 处，分布于全县，其中县域中部、北部、西部较为集中（图 9）。而从目前规划的产品游线和游客实际游览路线涉及景点可发现，县域北部、西北部资源几乎处于无人问津的状态，这体现出旅游线路规划与上位全域旅游规划的不协调，不利于全域均衡协调发展，不能起到热门核心景点带动周边景点协同发展的作用，需要及时做出优化与调整，既能发挥热门景点的辐射影响能力，充分利用资源，又能结合旅客实际兴趣需要，打造体验丰富旅游路线。

4.2　景点职能体系优化

旅游地经济发展和旅游资源丰富度的差异使得区域内旅游地呈现多层次、差异化、有机联系的特征。针对云南省罗平县没有清晰景点职能体系的现状，我们应当根据游客实际游线网络度数中心度、中介中心度以及结构洞的值来安排核心景点、过境景点以及集散景点。例如，选取表 3 中游客游览路线网络的度数中心度较高的景点，将牛街螺丝田、九龙瀑布、金鸡峰丛、罗平县城以及多依河景区作为罗平县的核心景点，再按照类似的方法选择过境景点以及集散景点。但在这个过程中还需要考虑全域旅游发展的目标，带动一些冷门景点的发展，可考虑将核心景点周边的景点作为次级景点一同打造，既能满足大众旅游需求，又能带动冷门景点的发展。

4.3　旅游路线网络优化

全域旅旅游背景之下，在旅游路线网络的整体构建上主要有以下几个方面的规划设计策略。首先是注重核心景点的联系，形成畅通便捷且符合市场实际情况的核心景点旅游环线，以保障核心景点的龙头带动作用。其次形成以核心景点为主，临近次级核心景点、一般景点、边缘景点为辅，组合而成不同主题的旅游组团，打造不同的主题游线，以满足不同游客的旅行需求。最后，规划层次分明的游线网络，形成“核心景点—次级核心景点—一般景点—边缘景点”的职能体系，其旅游流量大小的预测也随之呈现由大到小的关系，设计出主次结构鲜明、选择多样丰富的旅游路线网络。

4.4　旅游服务设施的协同提升

在原有的旅游产品游线规划中，出现了既具有观赏游览体验功能又具有休憩餐宿功能的景点，但实际情况并没有配套的住宿、餐饮等服务设施，如“牛街螺丝田”这一核心景点，这对游客的旅游体验造成负面的影响，他们会直接选择去往临近县城的景点。由此，旅游服务设施与旅游路线的协同提升也具有重要意义与作用。交通设施方面，在核心景点的联系上应考虑道路建设与连通，道路网络与旅游路线的匹配，以及公共交通类型的交通工具选择，如电瓶车、环线小巴等，给予游客便捷的出行体验和多样的出行选择。服务设施方面，需要在核心景点处配套餐饮、住宿、娱乐、购物、服务等设施，提高游客旅游体验的舒适度，除此之外，也可在核心景点邻近的同组团景点适量配套服务设施，以辅助解决旅游旺季核心景区承载过量的情况，承担部分住宿、餐饮等功能，同时增加该景点的客流量，进一步促进全面发展（图 10、图 11）。

图 10　牛街螺丝田实景图Ⅰ

图 11　牛街螺丝田实景图Ⅱ

4.5　加强多方意见的融合

全域旅游发展是发展地方旅游业、服务业的契机，其路线的规划不可单方面考虑一方需求，仅考虑政府及相关单位而忽略实际游客行为则会削弱“旅游规划”的作用，游客的需求尚不能得到响应与解决；仅考虑游客行为则会导致全域范围内资源利用不充分问题加重，发展差距拉大，难以实现全域协调发展的目标。因此从多方感知角度出发，结合大数据分析，考虑地方资源禀赋，进行旅游路线网络的规划才能保证决策的系统性、科学性和综合性。

5　总结与展望

本文通过多源数据融合将两种角度下的旅游路线信息综合到一起，借助复杂网络分析的原理和方法，基于罗平县现状游线产品、游客实际游览数据，构建罗平县旅游路线网络模型，建立网络结构测评指标，对其两种网络的整体特征和节点特征进行了分析比较和总结。然后结合罗平县旅游资源分布，利用旅游规划的相关思路和原理，建立景点职能体系，优化旅游网络。基于复杂网络的运用和规划设计方法，运用到县域尺度全域旅游的游线网络规划中，将定量与定性相结合，能有效减弱旅游路线设计不当、规划与实际不相符、差异较大的问题。

未来的相关研究将从以下三个方面展开。第一，景点联系的全面性。景点之间的联系不仅只有人流，还有交通流、信息流、资金流等要素，而本文只采用了人流作为空间结构的要素，因此希望今后能进一步加强其他方面的联系，使其更加完整全面地反映网络结构。第二，旅游路线网络的动态性，本文采集的数据年份均是 2018～2020 年，而旅游本身是个动态发展的过程，不同的时间段，其规律都会产生变化，可针对时空的变化做出更加深入的研究。第三，文章的优化部分需要加以相关数据的证明，整体提升优化的科学性。

参考文献

[1]　于洁．国内全域旅游研究进展与展望[J]．旅游研究，2016，8(06)：86-91.

[2]　魏如鹏．基于全域旅游理念的旅游规划思路探讨[J]．安徽农学报，2020，26(06)：161-162.

[3]　龚丹丹．基于 Hopfield 算法的特色旅游路线设计——以大岭山森林公园为例[J]．绿色科技，2014(05)：254-256；259.

[4]　潘文佳．基于蚁群优化算法的最优旅游路线优化模型[J]．电子设计工程，2020，28(22)：47-51.

[5]　付晶．GIS 技术在旅游线路设计中的应用[J]．上海师范大学学报(自然科学版)，2006(03)：92-97.

[6]　张子寒．基于多种模型的旅游线路规划探讨：以南京主要景区游览为例[J]．计算机应用，2016(S1)：278-280.

[7]　吴凯．旅游线路设计与优化中的运筹学问题[J]．旅游科学，2004(01)：41-44；62.

[8]　常亮．旅游路线规划研究综述[J]．智能系统学报，2019，14(01)：82-92.

[9]　薛淞文．旅游发展背景下的景观游线设计分析——以南岳衡山寺庙院落为例[J]．美与时代(城市版)，2020(07)：90-91.

[10]　常亮．旅游路线规划研究综述[J]．智能系统学报，2019，14(01)：82-92.

[11]　胡东洋．基于 SNA 的重庆市旅游流网络结构特征研究[C]//中国城市规划学会，重庆市人民政府．活力城乡美好人居——2019 中国城市规划年会论文集(16 区域规划与城市经济)．2019.

[12]　黄勇．风景名胜区游线网络结构测评及规划优化——以重庆长寿湖为例[J]．地域研究与开发，2018，37(03)：107-112.

[13]　邓良凯．旅游流视角下川西北高原旅游地空间结构特征及

规划优化[J]. 旅游科学，2019.
[14] 刘法建. 中国入境旅游流网络结构特征及动因研究[J]. 地理学报. 2010(08)：1013-1024.
[15] 虞虎. 都市圈旅游系统组织结构、演化动力及发展特征[J]. 地理科学进展，2016，35(10)：1288-1302.

作者简介

丁彦竹，1997年生，女，汉族，重庆人，重庆大学硕士在读，研究方向为城乡规划与设计、复杂网络分析。电子邮箱：553191800@qq.com。

陈倩婷，1993年生，女，汉族，江苏盐城人，重庆大学博士在读，研究方向为城市规划。电子邮箱：1187847390@qq.com。

杨李，1998年生，女，汉族，四川成都人，重庆大学硕士在读，研究方向为城乡规划与设计、复杂网络分析。电子邮箱：826569525@qq.com。

孙傲，1994年生，男，汉族，重庆人，重庆大学硕士在读，研究方向为城乡规划与设计。电子邮箱：450288049@qq.com。

冯高乾，1997年生，男，汉族，河南焦作人，重庆大学硕士在读，研究方向为城乡规划与设计。电子邮箱：1021533051@qq.com。

近 40 年佛山顺德区基塘景观格局变化特征研究①

Changes of Dike-pond Landscape Pattern in Shunde District, Foshan During Recent 40 Years

黄舒语　王春晓*

摘　要： 基塘系统具有防洪蓄涝、农业生产和维持区域生态平衡的作用，是珠江三角洲城乡国土空间的重要组成部分。近年来，随着中国城镇化的快速发展，基塘被侵占，致其功能退化，基塘的景观格局发生巨大改变。本文利用 1979～2020 年 5 期顺德区影像，计算景观格局指数。结果表明，1979～2020 年：①顺德区的基塘面积先增大后减小，基塘向建设用地转出的面积最多，耕地向基塘转入的面积最多。②景观水平上，顺德区景观整体呈现非均衡化趋势分布；1979～1990 年和 1990～2020 年顺德区景观格局变化的主导因素分别为景观破碎化增大和景观斑块复杂化。③类型水平上，基塘的景观格局破碎度和斑块形状复杂度先增大后减小再增大，优势度和团聚程度不断下降，部分基塘逐渐荒废和被侵占。根据结果，针对性提出三种不同的基塘发展模式，充分发挥其功能和效益。
关键词： 风景园林；基塘景观；景观格局；景观指数

Abstract: Dike-pond system is widely distributed in the Pearl River Delta region, which plays a role in flood control and storage, agricultural production and maintenance of regional ecological balance. In recent years, with the rapid development of urbanization in China, the dike-pond system has been occupied, resulting in its function degradation, and the landscape pattern of the dike-pond system has undergone great changes. In this paper, the landscape pattern index of Shunde district was calculated using the images of five issues from 1979 to 2020. The results show that: ① the dike-pond area in Shunde district increased first and then decreased, and the area transferred from dike-pond to construction land was the most, and the area transferred from cultivated land to dike-pond was the most. ② At the landscape level, the overall landscape distribution in Shunde district showed a disequilibrium trend; During 1979～1990 and 1990～2020, the dominant factors of landscape pattern change in Shunde district were the increase of landscape fragmentation and the complication of landscape patches, respectively. ③ At the type level, the fragmentation degree and patch shape complexity of the dike-pond landscape pattern first increased, then decreased and then increased, while the dominance degree and agglomeration degree decreased, and some dike-ponds were gradually abandoned and occupied. According to the results, three different dike-pond development models are put forward to give full play to their functions and benefits.
Keywords: Landscape Architecture; Dike-Pond Landscape; Landscape Pattern; Landscape Index

引言

基塘系统是劳动人民通过改造自然形成的复合水陆农业生产模式和湿地生态景观类型[1]，具有调洪蓄涝、促进农业循环经济发展和维持区域生态平衡的作用[2]。珠江三角洲的基塘系统历史悠久，经过上千年的人工开垦和自然演化，形成了充满地域特色的乡土景观。广东佛山的基塘系统曾被评为“中国重要农业文化遗产”和“世界灌溉工程遗产”[3]。近年来，随着珠三角城镇化的建设，基塘被侵占，致使其面积萎缩，水利、农业和生态功能退化[4]。厘清基塘系统的景观特征，对改善基塘生态环境，恢复其水利、生产和湿地生态功能具有重要意义。

在 21 世纪以前的农耕时期，珠江三角洲的基塘系统引起了国内外学者的广泛关注，研究集中在基塘系统的种养模式和投入产出经济效益等[5-8]。当前，众多学者采用文献梳理、实地调研访谈和遥感影像解译的方法对珠三角基塘的变化进行研究[9-15]，以定性分析为主。少数对基塘景观格局的定量研究[16]也多为某一年份的静态景观格局研究，无法揭示其动态变化特征。

因此，本文选取珠三角基塘景观最为集中的佛山顺德区为研究对象，利用 Landsat 卫星遥感影像分析 1979～2020 年顺德区的景观类型和景观格局的变化特征，提出顺德区基塘适应性发展的建议，以期为该地区基塘水利和农业文化的保护、国土空间的修复及乡土景观可持续发展提供依据和信息支持。

1　研究区域概况与研究方法

1.1　研究区概况

顺德区地处珠江三角洲腹地，毗邻广州、中山、江门三市，面积 808km^2[17]。全区下辖 4 个街道、7 个镇(图 1)[18]。

顺德区大部分属于由江河冲积而成的河口三角洲平原，河流纵横，主要河道有 16 条，基塘在境内广泛分

① 基金项目：国家自然科学基金青年项目“基于空间计量的珠三角传统基塘景观时空特征、演变机理与保护性规划研究”（编号 52008253）；2019 年广东省高等教育教学改革项目“基于 CDIO 的景观设计课程教学模式改革与实践”（编号 0000027117）。

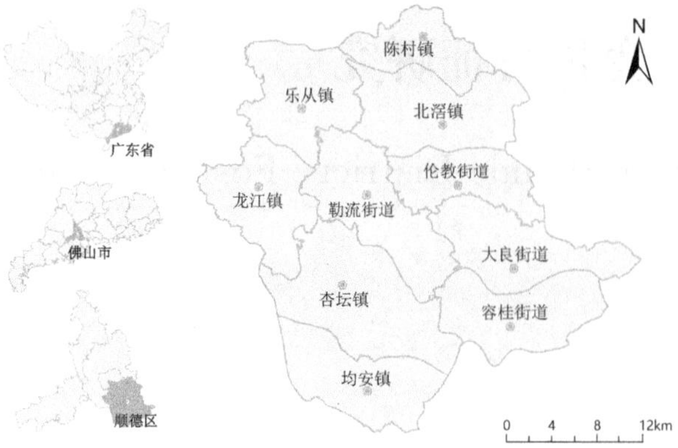

图 1 顺德区地理位置图

布[19]，主要集中在中部、西北部和西南部。历史上，顺德人民筑堤围垦修建基塘水利系统以防洪，到了农业经济时期，因地制宜创造了桑基鱼塘、蔗基鱼塘等复合水陆农业生产模式[19]，闻名中外。近年来，随着城镇化的快速发展，顺德区的基塘遭到侵占、面积萎缩。因此，对顺德区的基塘景观格局的变化进行研究，掌握其变化特征，提出基塘的适应性发展策略十分有必要。

1.2 数据获取

结合实地调研拍摄图片，利用研究区高分辨率的影像进行样地初选，建立相应的影像解译标志，为后期景观分类和影像解译奠定基础。遵循云量稀少、年份间隔相近的原则，从 USUS Earth Explorer 下载顺德区 1979～2020 年的 5 期遥感影像（表 1）。

卫星遥感影像信息　　表 1

年份（年）	影像时间	卫星	传感器	空间分辨率（m）	卫星轨道号
1979	1979-11-06	Landsat3	MSS	60	131-44
1990	1990-10-13	Landsat5	TIRS	30	122-44
2001	2001-03-01	Landsat5	TIRS	30	122-44
2010	2010-03-06	Landsat5	TIRS	30	122-44

1.3 影像解译

利用 ENVI5.3 软件对影像进行 FLASSH 大气校正和辐射校正，用 ArcGIS 10.6 软件对影像进行裁剪，将影像的分辨率统一重采样为 30m，坐标系统一投影为 WGS_84_UTM_Zone_49N。

采用监督分类与目视解译相结合的方法，利用 ENVI5.3 将顺德区景观类型划分为基塘、林地、水体、耕地、建设用地和未利用地 6 类。根据实地调研情况和高分辨率影像对解译数据进行修正，得到分类结果。

参照 Google Earth 高分辨率影像，选取 240 个样本点进行分类结果的精度验证，得到 5 个时期的总体精度分别为 90.2%、88.3%、91.7%、92.7% 和 92.1%，Kappa 系数分别为 0.87、0.84、0.89、0.90 和 0.90，符合所需的精度要求。

1.4 面积转移矩阵分析

景观面积的转移矩阵能直观反映研究初期阶段和末期阶段的各景观类型的转变方向和数量[20]。其变化情况可分为转入、转出与未变 3 种，数学表达式为：

$$P=\begin{bmatrix} P_{11} & P_{12} & \cdots & P_{1j} \\ P_{21} & P_{22} & \cdots & P_{2j} \\ \cdots & \cdots & \cdots & \cdots \\ P_{i1} & P_{i2} & \cdots & P_{ij} \end{bmatrix}$$

式中　P_{ij}——景观类型 i 转化为景观类型 j 的转移面积。

研究通过 ArcMap10.6 中 Intersect 工具计算 1979 年、1990 年、2001 年、2010 年、2020 年之间的面积转移矩阵。

1.5 景观格局指数分析

景观格局指数能够反映景观结构组成和空间配置等方面的特征，定量描述景观的差异。使用 Fragstats4.2 计算顺德区景观格局指数，根据研究需求，在类型水平上选择最大斑块指数（LPI）、平均斑块面积（MPS）、面积加权平均斑块分维数（FRAC_AM）和斑块黏合度指数（COHESION），在景观水平上选择斑块数量（NP）、蔓延度指数（CONTAG）、最大斑块指数（LPI）、面积加权平均斑块分维数（FRAC_AM）和香农多样性指数（SHDI）。这些指数的概念、计算方法及生态学意义参见文献［21］。

2 结果与分析

2.1 顺德区景观类型变化特征

2.1.1 景观类型分类

由图 2 和表 2 可见，1979～2020 年，顺德区的基塘面积先增大后减小，其中 1990 年基塘面积最大，占顺德区总面积的 50.27%。1979～2001 年，基塘面积占比最大，是顺德区的优势景观类型；2010～2020 年，建设用地面积超过基塘面积，成为优势景观类型。其他景观类型方面，耕地和林地面积不断减小，建设用地面积持续增大，水体和未利用地面积变化不大。

1979～2020 年顺德区景观类型面积变化（单位：km^2）　　表 2

年份	基塘	耕地	建设用地	林地	水体	未利用
1979	368.79	213.98	27.58	115.37	77.46	5.35
1990	406.66	163.72	116.72	44.78	72.66	4.37
2001	362.39	71.54	257.75	42.41	72.43	2.40
2010	255.12	53.09	383.86	42.24	72.18	1.60
2020	219.47	46.59	424.46	42.48	72.25	2.87

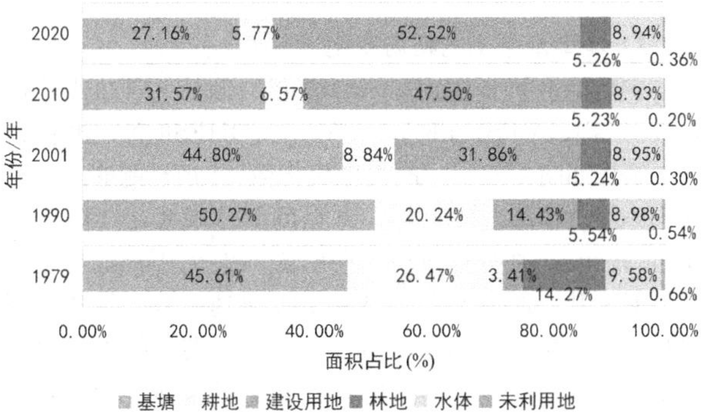

图 2 1979～2020 年顺德区景观类型占比

2.1.2 景观类型转变

利用 ArcMap10.6 中的 Intersect 工具计算得到1979～2020 年顺德区基塘景观的面积转移矩阵，提取与基塘有关数据得到表 3。

1979～2020 年顺德区基塘景观面积转移矩阵（单位：km²） **表 3**

转移类型	具体转移项	时间段				
		1979～1990 年	1990～2001 年	2001～2010 年	2010～2020 年	1979～2020 年
基塘转出	基塘→耕地	16.26	16.64	21.79	14.95	69.00
	基塘→建设用地	44.72	97.64	126.13	50.30	318.79
	基塘→林地	6.74	7.12	9.62	6.87	30.35
	基塘→水体	6.30	5.79	4.55	3.36	20.00
	基塘→未利用地	0.59	0.75	0.65	0.46	2.45
基塘转入	耕地→基塘	31.90	67.63	11.15	4.69	115.37
	建设用地→基塘	9.09	19.32	19.92	25.10	73.43
	林地→基塘	62.47	6.40	3.95	5.06	77.88
	水体→基塘	7.66	5.62	4.53	4.06	21.87
	未利用地→基塘	0.62	1.05	0.33	0.17	2.17

从基塘转出看，1979～2020 年，基塘向建设用地转出的面积最多，1979～2010 年基塘转向建设用地的面积持续增加，2001～2010 年转化面积最大，而后 2010～2020 年转化面积减小。这是因为在 1979～2001 年，身处改革开放前沿地带的顺德区响应"以经济建设为中心"的基本方针，大力发展工业和第三产业。基塘被占用，用于城市建设和产业发展。进入 21 世纪后，随着城市间竞争的加剧，顺德开始了城镇化战略转型，建设用地急速扩张，大面积基塘被侵占，因此 2001～2010 年，基塘转化为建设用地的面积最大。2010 年后，随着佛山市生态文明建设的推进，特别是《广东佛山珠三角基塘农业系统保护与发展规划》颁布后，基塘转化为建设用地的面积大幅降低。

从基塘转入看，1979～2020 年，耕地向基塘转移的面积最多。1979～2001 年，耕地向基塘转移的面积增大，1990～2001 年最大。1979～1990 年也有大面积林地转移成基塘。这是由于 1979～2001 年这一时期，顺德区该时期的农业从种植业为主转向养殖业，桑基鱼塘和蔗基鱼塘等复合农业模式蓬勃发展，成为区域经济支柱。

2.2 顺德区景观格局变化

2.2.1 景观水平上的格局变化

由图 3 和表 4 得出，1979～2020 年，整个顺德区的斑块个数（NP）先增大后减小，说明整体景观的破碎度在 1979～1990 年快速增大，随后持续减小。蔓延度指数（CONTAG）先减小后增大，说明 1979～1990 年顺德区景观的连通性下降，随后不断增大，空间格局分布趋于均匀。最大斑块指数（LPI）总体呈现上升趋势，说明优势景观类型的面积逐渐提升。香农多样性指数（SHDI）呈下降趋势，说明各景观类型所占比例趋于非均衡化，景观异质性降低。面积加权平均斑块分维数（FRAC _ AM）

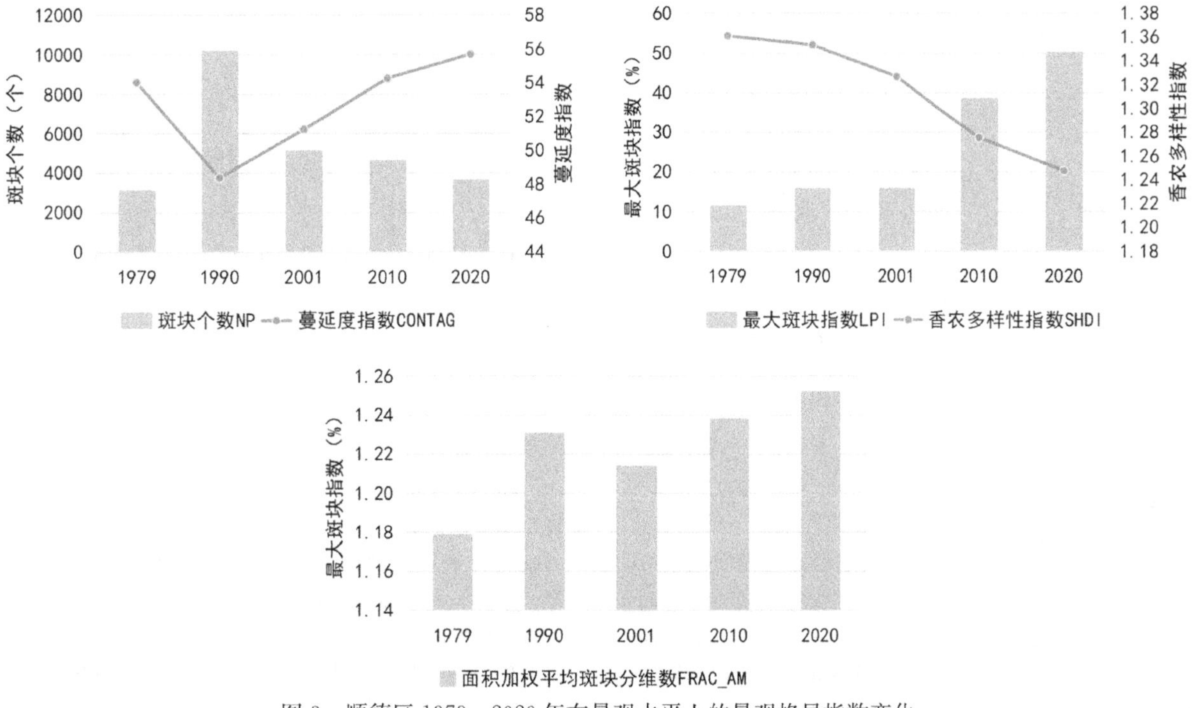

图 3 顺德区 1979～2020 年在景观水平上的景观格局指数变化

呈现先增大后减小再增大的趋势，景观形状复杂化程度变化较大，说明顺德区的景观结构不太稳定。

顺德区景观水平上的景观指数计算结果　表 4

年份（年）	斑块个数 NP（个）	蔓延度指数 CONTAG	最大斑块指数 LPI（%）	香农多样性指数 SHDI	面积加权平均斑块分维数 FRAC _ AM
1979	3053	54.0185	11.1262	1.3609	1.1781
1990	10145	48.3710	15.5925	1.3533	1.2301
2001	5082	51.2192	15.4948	1.3266	1.2135
2010	4584	54.2666	38.2690	1.2752	1.2377
2020	3599	55.6758	49.8123	1.2474	1.2516

总体来说，1979～1990 年，改革开放初期，产业发展对顺德区的景观结构的影像逐渐加大，使其景观的破碎度增大，景观连通性下降。1990～2001 年，由于当地生态环境保护政策的实施，人类活动对顺德区景观的影响变小，景观结构与上一级阶段相比更加稳定。1990～2020 年，城镇化的快速发展使顺德区景观的连通性不断增强，破碎度减小，空间格局分布逐渐稳定，但景观丰富度不断降低。

2.2.2　类型水平上的格局变化

在类型水平上对 1979～2020 年顺德区 4 种景观格局指数（LPI、MPS、FRAC _ AM、COHESION）进行计算，结果如图 4 所示。最大斑块指数（LPI）能够度量景观优势度。1979～1990 年，基塘的 LPI 增大，且在 1990 年达到最大，说明基塘在此期间为最大优势景观类型且优势度上升。1990 年后，基塘 LPI 迅速下降，被建设用地赶超。平均斑块面积（MPS）与景观类型的破碎化程度呈负相关。1979～1990 年，基塘的 MPS 大幅下降，破碎化程度急剧上升，1990～2020 年基塘 MPS 先上升再下降，破碎化程度呈现先下降后上升的状态，幅度较小。面积加权平均斑块分维数（FRAC _ AM）能够反映斑块的形状复杂性。1979～2020 年，基塘的 FRAC _ AM 整体下降，斑块形状变规整。其中，1990～2001 年，基塘的 FRAC _ AM 下降幅度明显，是因为在此期间，为了提高基塘的生产效率，部分自然基塘被人工整治成了规则形状进行水产养殖。斑块黏合度指标（COHESION）能够反映同类型斑块的团聚程度。1979～2020 年，基塘的 COHESION 整体下降，说明在此期间基塘的团聚程度不断降低。

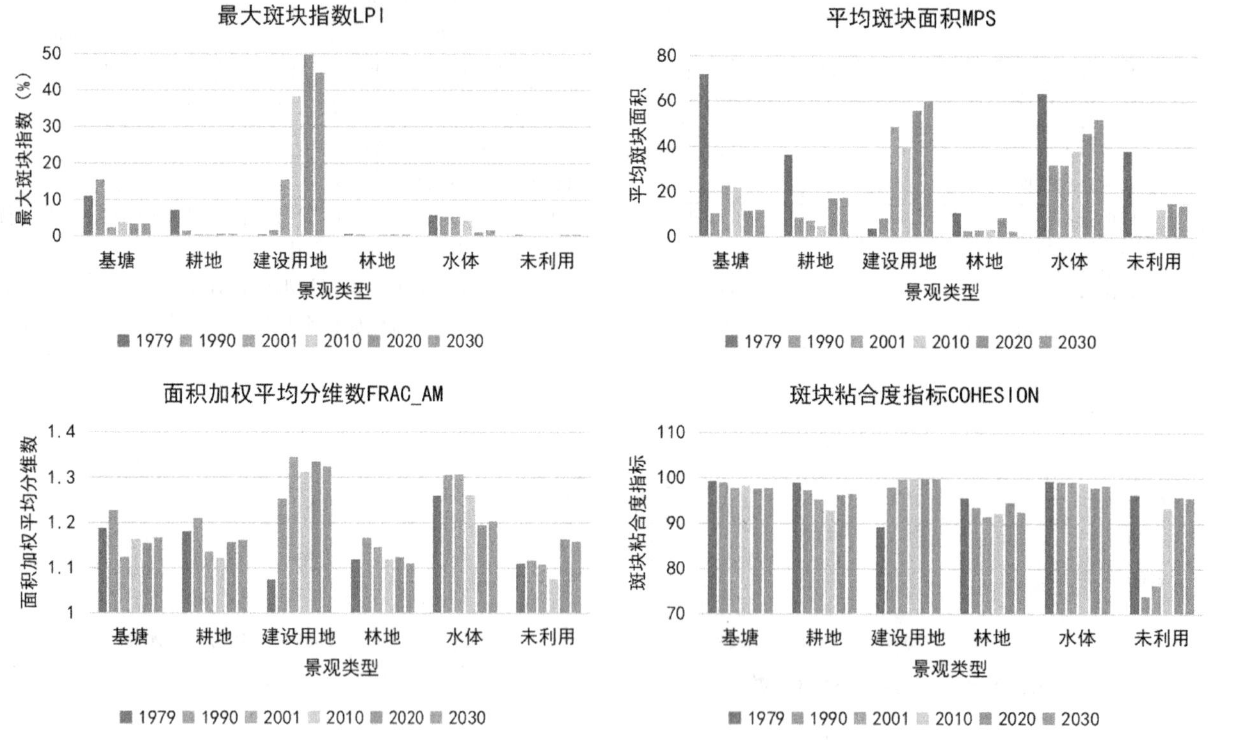

图 4　顺德区 1979～2020 年在类型水平上的景观格局指数变化

3　结论

（1）1979～2020 年，顺德区的基塘面积先增大后减小，1979～2001 年，基塘是顺德区的优势景观类型，而后建设用地成为优势景观类型。1979～2020 年，基塘向建设用地转出的面积最多，达 318.79km^2；耕地向基塘转入的面积最多，为 115.37km^2。

（2）1979～2020 年，顺德区景观格局发生巨大改变。

在景观水平上，1979～2020 年，顺德区整体景观呈现非均衡化趋势分布；1979～1990 年，顺德区景观格局的变化体现在景观的破碎化程度增大、连通性下降；1990～2020 年，景观破碎化程度降低，景观格局变化以景观斑块形状的复杂化为主导。

在类型水平上，可以将顺德区基塘的景观格局变化分为三个阶段：①1979～1990 年，顺德区的基塘农业模式由于生物产量高、经济效益好得到进一步发展，成为优势类景观，但基塘的扩张无序，破碎化程度变大；②1990～2001年，随着顺德区城镇化的不断推进，顺德区的建设用地加速扩张，基塘优势度明显下降，团聚度降低，但期间因为基塘旧改工程，其破碎度和形状复杂度均下降；③2001～2020年，由于顺德区城镇化水平发展迅猛，基塘逐渐丧失优势度，基塘景观的破碎度和形状复杂度上升，部分基塘逐渐荒废和被侵占。

4 讨论

根据地物的光谱特征运用SVM监督分类的方法提取顺德区的景观类型，能让分类更为简洁高效。但由于基塘的基面过窄，塘面和水体的光谱特征类似，分类结果会出现部分基塘和水体混淆的情况，需要对照影像对分类结果进行调整。

基塘系统是珠江三角洲城乡国土空间的重要组成部分，保留和发展基塘景观可以优化区域生态环境。结合当前顺德区景观格局，针对基塘的不同特征提出相应的发展模式。

（1）对于破碎度高，斑块形状复杂，团聚程度低且与林地、农田、水域邻近的基塘，不做人为干扰，必要时可圈地保护，任其自由生长，恢复生态，成为自然的过度区域。

（2）对于破碎度和斑块形状复杂度适中、分布较为连贯的基塘，可通过适当的人为规划和建设，利用水生植物群落、缓坡等修复基塘形状，通过水道、河涌将基塘贯通，再结合景观规划和设计打造具有旅游休闲与科普教育价值的生态园或湿地公园。

（3）对于破碎度和斑块形状复杂度低，连通性较高，且在小范围区域内优势度明显的基塘群，可以将传统基塘改造成高标准的现代基塘，通过高新技术手段将基塘的农业生产经济效益发挥到最大。部分基塘还可作为展示园区，打造具有地方特色的生态农业景观园。

参考文献

[1] 钟功甫．基塘系统的水陆相互作用．北京：科学出版社，1993.

[2] Ruddle K. The mulberry dike-carp pond resource system of the Zhujiang (Pearl River) Delta, People's Republic of China: I. Environmental context and system overview. Applied Geography, 1983, 3(1): 45-62.

[3] 闵庆文．传承历史 守护未来——记联合国粮农组织—全球环境基金全球重要农业文化遗产项目(2009～2013)．世界农业，2014(06)：215-218.

[4] 陈彩霞．粤港澳大湾区基塘多功能性的尺度效应及生态修复策略．生态学报，2021(09)：1-12.

[5] 钟功甫．珠江三角洲桑基鱼塘生态系统若干问题研究．生态学杂志，1982(01)：10-13.

[6] Lo C P. Environmental impact on the development of agricultural technology in China: the case of the dike-pond ('jitang') system of integrated agriculture-aquaculture in the Zhujiang Delta of China. Agriculture Ecosystems & Environment, 1996, 60(2): 183-195.

[7] 周劲风．珠江三角洲基塘水产养殖对水环境的影响．中山大学学报，2004(05)：103-106.

[8] 胡红玉．"桑-蚕-鱼"生态循环生产模式浅析．农技服务，2014，31(07)：104-106.

[9] 聂呈荣．现代集约农业下基塘系统的退化与生态恢复．生态学报，2003(09)：1851-1860.

[10] 申佳慧．珠江三角洲桑基鱼塘的农业景观发展及演变分析．现代园艺，2019(01)：104-105.

[11] 赵玉环．社会经济发展对珠江三角洲基塘系统的影响．仲恺农业技术学院学报，2001(03)：28-33.

[12] 黎丰收．基于WorldView-2数据的基塘系统遥感分类研究．湿地科学，2018，16(05)：587-596.

[13] 萧炜鹏．1980～2015年中山市基塘景观时空变化及驱动因素．生态科学，2019，38(06)：64-73.

[14] 冯荣光．珠三角典型县域土地覆盖格局动态分析——以广东省佛山市顺德区为例．水土保持研究，2014，21(05)：54-58+65.

[15] 符彦．基于多源数据的城市建设用地扩张时空特征分析——以佛山市顺德区为例．测绘通报，2019(08)：111-115.

[16] 赵家敏．基于面向对象技术提取的顺德区基塘系统格局分析[J]．生态科学，2018，37(02)：191-197.

[17] 冯荣光．快速城市化地区土地利用变化对生态服务的影响——以佛山市顺德区为例．生态科学，2014，033(003)：574-579.

[18] 叶延琼．佛山市顺德区土地利用变化及社会经济发展对生态系统服务的影响．生态科学，2014，33(05)：872-878.

[19] 高爱．佛山市顺德区土地景观格局变化研究．热带地理，2007(04)：327-331.

[20] 岳东霞．基于CA-Markov模型的石羊河流域生态承载力时空格局预测．生态学报，2019，39(6)：1993-2003.

[21] 邬建国．景观生态学：格局，过程，尺度与等级．第2版．北京：高等教育出版社，2007.

作者简介

黄舒语，1997年生，女，汉族，四川宜宾人，深圳大学硕士在读，研究方向为风景园林的规划与设计。电子邮箱：yellow_sy@163.com。

王春晓，1988年生，女，汉族，黑龙江人，博士，深圳大学建筑与城市规划学院风景园林系，助理教授、硕士生导师，研究方向为风景园林的规划与设计。电子邮箱：chunxiaoaura@163.com。

语义分析视角下的乡村地名景观特征研究

——以重庆兴隆镇为例

Study on the Landscape Characteristics of Rural Geographical Names in the Perspective of Semantic Analysis

—A Case Study of Xinglong Town, Chongqing

黄小川

摘　要：乡村景观与在地文化相融并符号化为乡土地名，成为传统村镇的文化意象。基于对乡土景观的文化认同，针对当前乡村振兴在地文化的不足，以及村镇景观规划理论地名文化语境缺失的现状，本文以重庆市兴隆镇为例，从镇域地名着手，运用语义分析，挖掘地名符号中的景观意象。建立尺度—语义—时空特征提取框架，借助 ROSTCM6 软件进行词频、语义结构分析，并于 ArcGIS 平台将乡土文本和景观意象空间连接，形成巢式结构的景观语义及要素图谱。最后对所得景观特征进行重构演绎，形成三类自然之景，以探索优化在地文化的景观塑造和精神传承。

关键词：风景园林；乡村景观；地名；语义分析

Abstract: The rural landscape is fused with the local culture and symbolized into local geographical names, which become cultural imagery of traditional villages. Based on the cultural identity of rural landscape, in response to the current shortage of local culture in rural revitalization and the lack of cultural context of toponymy in the village and landscape planning theory, taking Xinglong Town, Chongqing as an example, the landscape imagery in toponymy symbols is extracted from the township toponymy by using semantic analysis. A scale-semantic-spatio-temporal feature extraction framework is established, word frequency and semantic structure are analyzed with the help of ROSTCM6 software, and local text and landscape imagery are connected spatially on the ArcGIS platform to form a nested structure of landscape semantics and elements mapping. Finally, the resulting landscape features are reconstructed and interpreted to form three types of nature scenes, in order to explore the optimisation of local culture for landscape shaping and spiritual transmission.

Keywords: Landscape Architecture; Rural Landscape; Geographical Names; Semantic Analysis

引言

乡村振兴既需物质财富的创造，亦需精神财富的创造。文化传承与地方经验表露于乡土符号，乡土中蕴藏的与自然相处、与人相调之经验反映于在地文化层积。现有文化挖掘中，一则从地方志文本提取城镇传统规划、景观特质[1,2]，一则利用古诗词、典籍探寻乡村景观特质[3,4]，一则利用地名追溯城市街道的文化渊源用以历史文化遗产保护[5]。对乡村地名符号景观的内涵认识、技术挖掘、场景呈现缺乏针对性及空间性，缺少针对乡村景观进行地名大数据的文本挖掘，且地方志、古籍、诗词等文献资料侧重于知名地点，对于一般性乡村难有针对性，缺少普适、定量的方法以探究乡村景观特色。

乡村振兴需明确在地资源特性和资源内涵，做到创造更多物质和精神财富，以满足人民日益增长的美好生活需要。如何实现人与天调、和谐共生，传承在地文化和经验，成为乡村振兴的重点内容，本研究立足于此，着眼地名符号的景观挖掘，并将在地经验和文化落于乡村空间。

1　概念辨析

1.1　研究对象及研究区域

1.1.1　乡村地名

（1）地理对象的符号表述。乡村地名指乡村行政范围内的所有地理实体名称，包括行政乡、行政村、自然村名称、交通要素名、古迹纪念地、山水名称。

（2）物质世界的描述与人文精神的承载。不同的地名形成时间各异，且词语本身的意指与能指不同，形成不同的在地文化景观。

（3）经验库与设计创作源。所谓“悟已往之不谏，知来者之可追”，作为在地经验的承载物，乡村地名可用于重构乡村景观，同时吸收既有经验教训，实现人与自然的和谐共生。

1.1.2　重庆市兴隆镇概况

渝鄂边界，山地喀斯特地貌。兴隆镇位于重庆市奉节县，地处川鄂边界，处七曜山和巫山山脉连接带，天坑地缝风景名胜区腹地。境内有丰沛的地下水和众多河流溪水，独特的暖湿低温气候使得岩溶水文系统尤其发达。

奇美而非名城，大众亦有特质。相较于资源丰富的古镇名镇，兴隆镇仅为全国普通乡镇中的一员，进而对兴隆镇的地名景观分析具有可推广、可复制的潜力。奇美的自然风景区，使得兴隆镇的普通之上增添自然文化的异质性。

地广人稀，继往世经验，开当世兴隆。全镇面积 347.23km^2，总人口 5.46 万人，小城镇建设面积为 2.0km^2[6]。自然地貌占据镇域绝大部分，如何实现广域下景观的整体把握，对往世经验的提取归纳成为突破口，也是助力兴隆乡村振兴的手段。

1.2 技术方法

莫里斯依据符号自身逻辑，建构了语义、语构、语用的符号学体系[7]。语义分析即通过符号含义，认知客体的特殊性和规律性。地名符号不仅有个体性，还有共现性及网络性，从涵义推及结构最终助于认知实践，实现信息—知识—智慧的传递。

以国家地名数据库为依托，借助词义、词性、时间分析乡村地区的地名共现特征。知识网络的共现特性有助于认识网络的关联性和整体特征，从而做到乡村景观的全局把握。

Rostcm6 语义聚类工具。定性判断词性词义，并定量计算语义所占比重、词性聚类，形成语义簇群以识别乡村特色景观。结合 ArcGIS 将分类簇群空间关联，精准定位乡村特色景观。

2 乡村地名处理及景观分析

2.1 数据来源

文本大数据与数字高程。研究所涉数据主要分两类，一是 1∶25 万全国基础地理数据库，二是高精度公开数字高程——ALOS 12.5m DEM（表 1）。全国基础地理数据库可提供自然村级别的地名、空间位置，国家地名数据库则可查询所涵盖地名的得名涵义及成名时间，将以上两类数据整理输入 ArcGIS 及 Rostcm6 平台可进行空间聚类及语义聚类。

数据类目及来源　　表 1

类别	数据名称	数据来源
水系	1∶25 万全国基础地理数据库	全国地理信息资源目录服务系统
居民点		
交通		
地名标注		
地名信息	国家地名数据库	
地形	ALOS 12.5m DEM	图新地球 4

2.2 地名语义特征提取

地名的形成原因各异，关键在于抓住地名间的相互关系。首先对兴隆镇地名按巢式结构梳理归类，其次结合语义聚类及高维参照修正模糊地名，最后依照时间及空间分布，生成词义共现、空间共现、时间共现关系网络。

2.2.1 地名巢式结构

巢式结构即顶层由底层组成，无法脱离底层而单独表示，为底层的集合体。如同水系，次级水系的集合组成干系水系。在镇域语义中，单体标注物、自然村（居民点）、行政村、镇 4 个层级构成镇的整体意象（图 1），代表了历史层积下的经验积累[8]。

兴隆镇语义巢式结构体系见图 2。

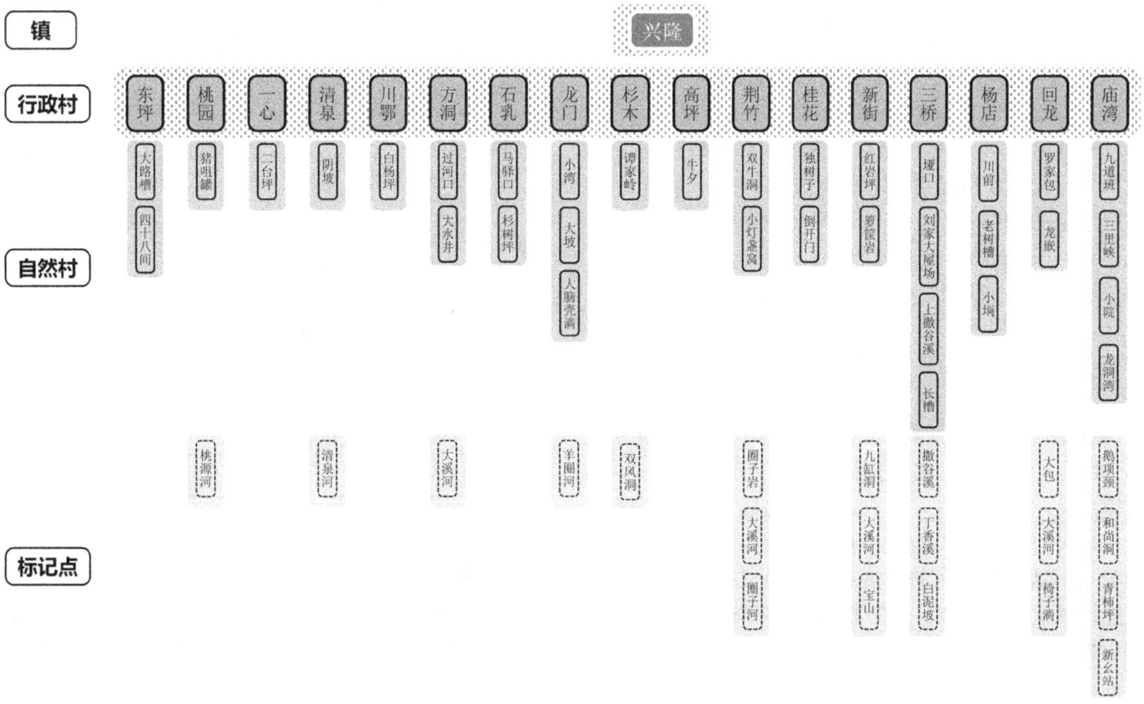

图 1　地名巢式结构

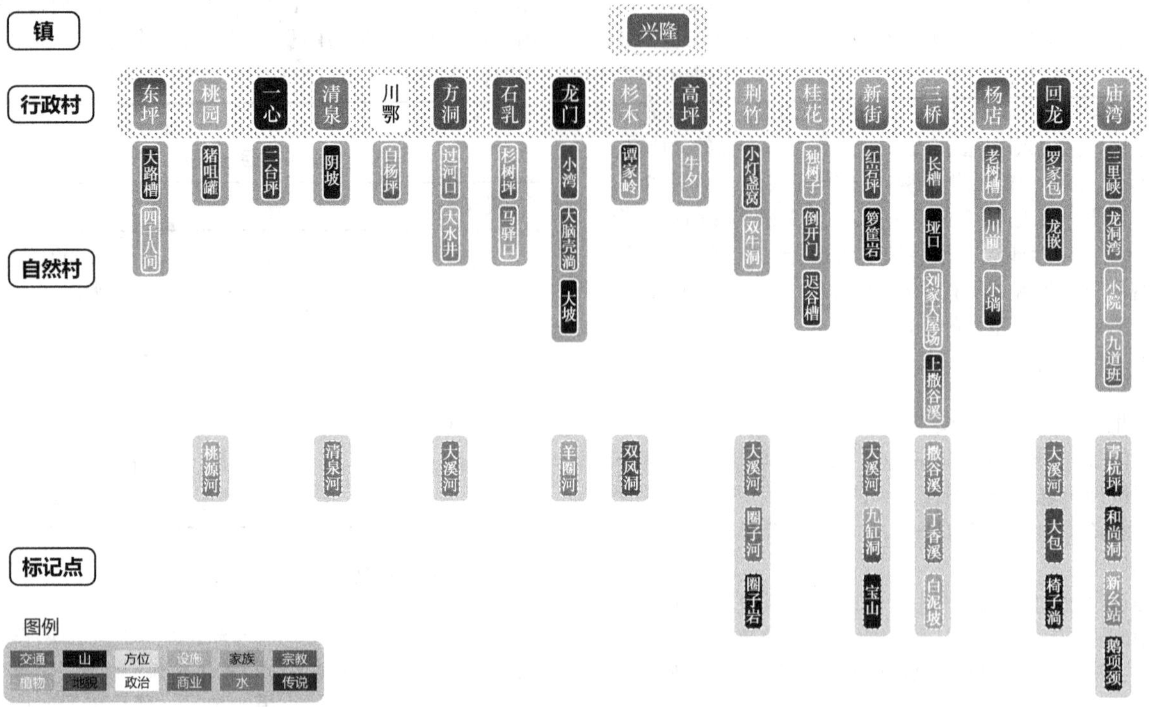

图 2　地名语义巢式结构

（1）兴隆镇为商旅特征，交通节点和生意往来形成镇域识别符号。

（2）镇所辖 17 个行政村，为地貌、植物、商旅 3 个特征，本地住户对当地地形地貌和突出植物的刻画描写，少量涉及商旅设施的表现，表明自然山水风光为村域层面的识别符号。

（3）行政村所辖 34 个自然村，分为山水、地貌、人造设施 4 个特征，本地住户对各类山水形胜的拟物拟人描写，辅以人造设施的点缀，表明自然风光集中于山势，人造物与山势合二为一，塑造自然村层面的识别符号。

（4）村域所辖 19 个标注点，分为山水、动植物、宗教设施 3 个特征，各标记点为特色鲜明的地表，为便于区分还加有形象的拟物描写，点缀其间的为宗教设施和宗教传说，成为识别体系中的锚定符号。

从“镇”到“标记点”4 级的巢式结构，丰富了镇域景观特征，形成兴隆镇的语义结构：商旅于镇行，山川形胜随路线，人造设施合山势，宗教一抹仙言。

2.2.2　高维归纳及语义聚类修正

（1）结合广域经验生成类型表

村镇语义非单独存在，还有其所在的县市省等大区域，依据超级向量机（SVM）原则，在分类中为解决低维度的分类不清问题，可将维度提高转换成高维函数解决。兴隆镇属重庆市奉节县，位于秦巴山区境内，因此借助地理数据库进行秦巴山区地名归纳统计，并统计兴隆镇之上的语义类型（表 2）。

秦巴区域语义表　　　　表 2

景观	田	土、田
	色泽	白、金、黄、青、红、清、玉
	气候	天、云
	山	山、岗、峰、岭、峪、坡
	水	河、溪、水、川、泉、江、湾、沙、滩、沟、湖
	平地	坝、坪
位置数量	方位	口、阳、高、东、西、南、北、中、门、上、头
	序列	三、五、双、八、万
动植物	动物	龙、马、牛、羊
	植物	林、柳、花、桃、园、树、竹
家族	姓氏	王、黄、张、杨、李、陈、赵
	聚点	庄、家、包、院、场
设施	宗教	庙、寺、观、元、文、星
	商业	店、集、场、铺、市、街
	交通	板、桥、渡
情感	传说	古、老、龙
	祈祷	安、兴、平、和、丰、福

（2）分词与标签化

中国地名数据库会对库中地名作涵义解释，运用 ROSTCM6 软件将各地名涵义进行分词，同时依据秦巴山区语义类型表进行标签替换，得到兴隆镇统一语义标签。

（3）语义聚类及修正

将分词及标签化后的文本在 ROSTCM6 中进行语义网络分析，形成共现景观语义（图 3），不同于语义集式结构，语义共现图将级内及级间语义关联成网，分为 5 大类 7 小类簇群（图 4）。

图 3　景观语义共现

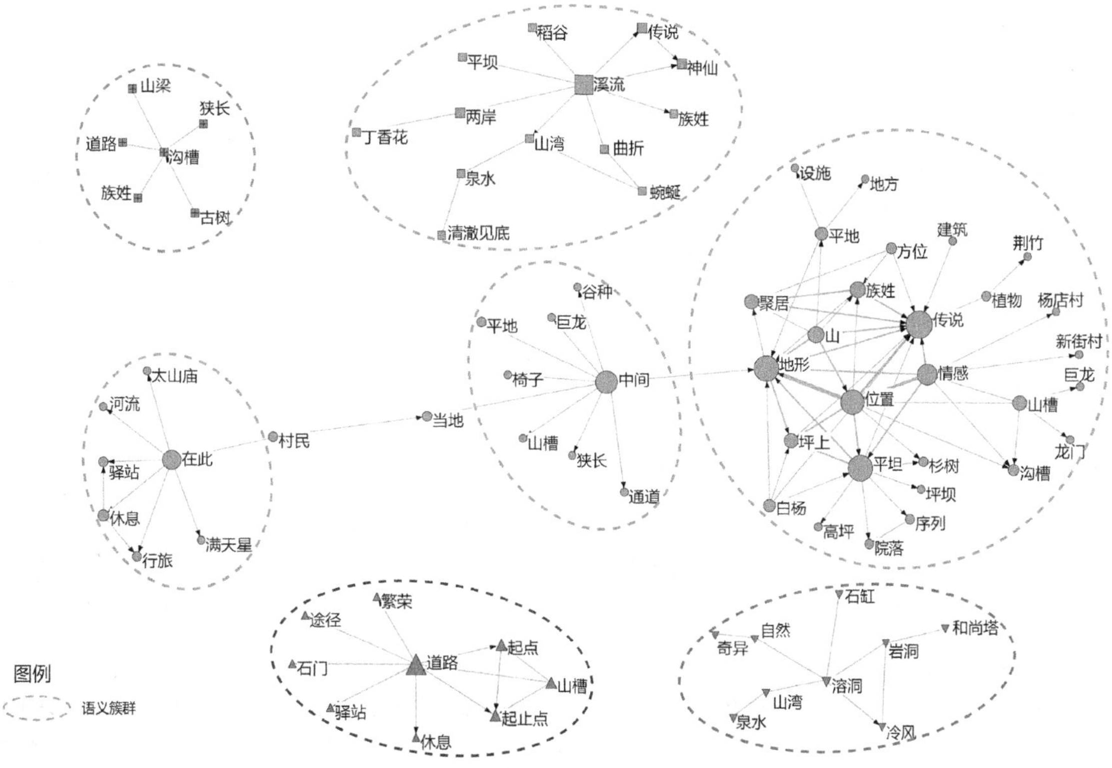

图 4　景观语义簇群

1）第一类为人视角下的地形地貌特征，描写此地特异的通道槽谷，并对地形地貌作白描、神话加工、情感寄予三方面叠加。

2）第二类为水环境特征，围绕溪流形成田园景观——稻谷沿溪、丁香两岸、山水交融处的山湾泉水婉转悠长，呼应农耕文化中的神仙传说。

3）第三类为溶洞特征，溶洞于山水交接处，泉水渗流，冷风呼呼，自然溶洞被人工利用形成石缸、岩洞等文化与自然复合之物，人与自然和谐相调。

4）第四类为交通特征，驿站属性和要道属性增添道路景观的独特性，兼具自然山势的独特形态美。

5）第五类为沟槽特征，狭长及地理要冲构成独特的自然人文景观，交通要塞和人居的情感寄予使得沟槽成为自然与人造的连接物。

（4）巢式结构与语义聚类簇群整合（图 5）

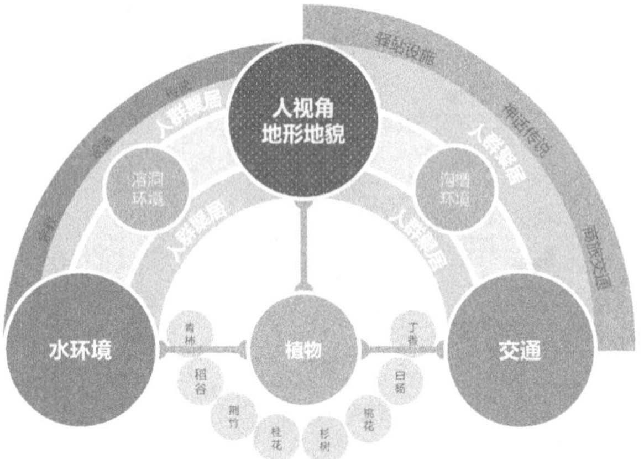

图 5　兴隆镇景观语义结构

人视角的地形地貌、水环境、交通三特征为兴隆镇一级特征；溶洞环境与沟槽环境为二级特征，水与地形地貌间形成人工利用的洞穴和自然溶洞，加以利用传承形成聚居点，并留有宗教、传说和人文设施，沟槽环境成为商旅交通的依附环境，形成特色驿站和与之相关的神话传说，在沟槽谷地中聚居大量人群，成为地域特征的有力支撑；植物特征成为三个一级特征的联系枢纽，以“青柿”“稻谷”“荆竹”“桃花”等 8 种植物为抓手，形成魅力的自然人文环境，人与天调和协与共。

2.2.3　时间共现与空间定位

时间共现与精准定位地名的形成时间可判断整体景观的主要年代，依据中国地名数据库所登记的地名时间，录入数据库，统计各时期地名共现。

时间共现，判定历史景观主成分。行政辖区名以民国时期为主，其次为中华人民共和国成立后成名，有少数明末清初地名（图 6）；交通及山水注记点以明朝及民国时期为主，中华人民共和国成立后地名次之（图 7）。中华人民共和国成立后的行政区划调整使得行政村的成名时间均集中于中华人民共和国成立后。以成名时间判定镇域历史层积的主成分（图 8），同时为村镇兴建带来更多“语料素材”，乡村景色营造便是须在时间层积的规律下，对不同时期的素材加以整合重构，以防形成呆板统一的

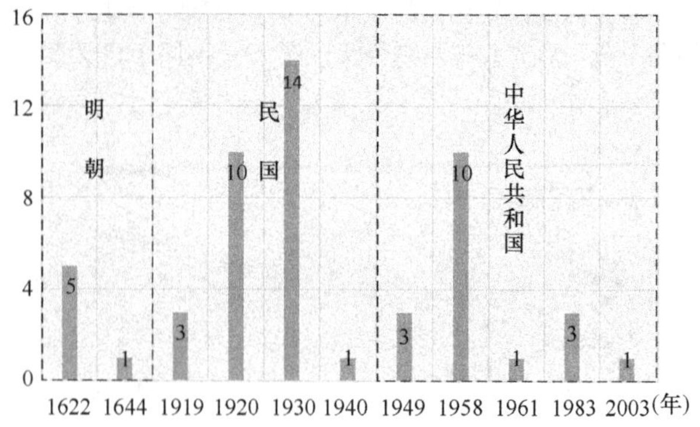

图 6　村社成名时间

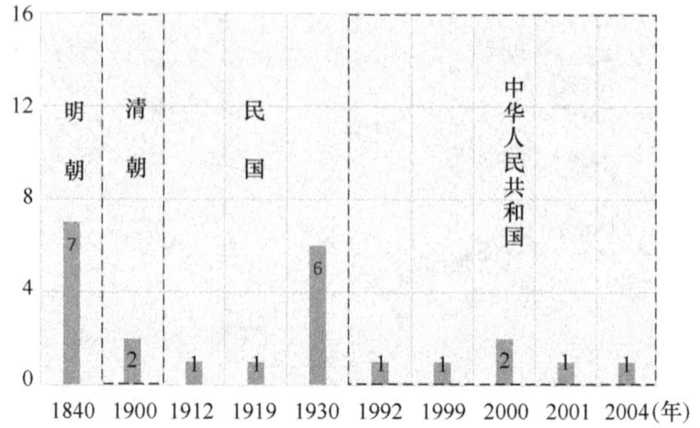

图 7　交通、山水注记点成名时间

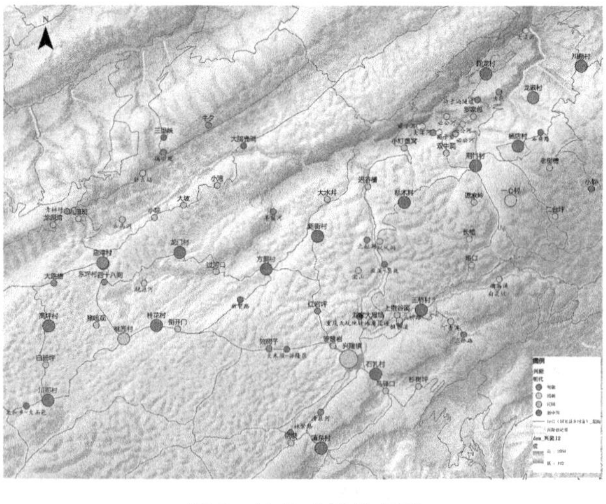

图 8　地名时间共现图

“模式乡村”。

空间定位，语义景观精准识别。语言结构和地名巢式结构为超验结构，具有定性判断和整体归纳之用，上述聚类落入空间，形成可使用可操作的村镇语义景观共现图（图 9）。兴隆镇呈现为三叉形空间结构，西北与南部均富集于山脉边缘处，成为与外界通往的复合点，山脉边缘便形成观山行旅之景，同时依据溶洞环境生成在地文化；东北富集于多脉水系处，亦是对外沟通之处，水系丰沛便形成观岩览竹之所，植物与水环境共生，自然野趣分外明显；中部成为山水交通汇集之处，沟槽与溶洞共现，锚定环顾四周的纵览特色。

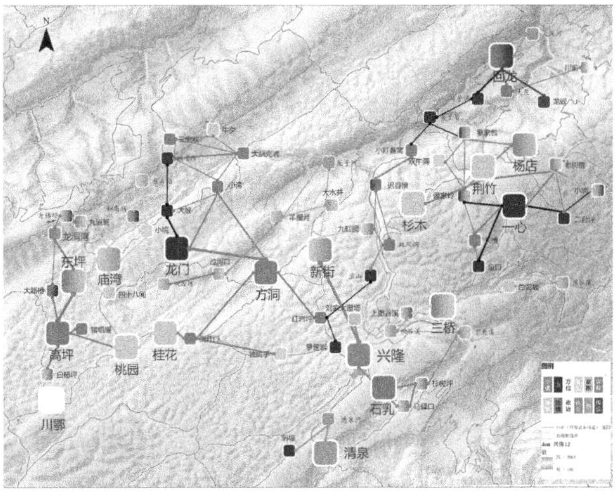

图 9　景观语义共现图

2.3　语义景观可视化

乡村景观特征终须当代再现，经语义提取，兴隆镇地名景观特征按人与自然关系，可组合为顺应之景、调适之景、改造之景（图 10）。

人类顺应自然之景。顺应自然，即在时间、涵义维度均承受住本地检验，山川形胜结合在地植物和小微环境。兴隆镇域独有的宝塔山形和天坑地缝即表达此景，峡门鹅项颈，云生秋月；赤甲晴辉，清泉流芳。

自然与人调适之景。所谓调适，即人的改造活动与顺应自然兼具，兴隆镇内独有的沟槽、溶洞环境一方面让自然做工，一方面人为整备环境。利用溶洞，形成凉爽之境，人为改造利用，可作为行旅、修行之所，制缸之地。四周青柿，下淌溪流，仰察鹅项颈峰，俯瞰桃桂园芳。沟槽之地成为行旅之径，交通驿站可背山面槽，享清爽谷风。

人对自然改造之景。人进地退，利用平坝台地形成聚居之地，街市汇集，其次凿洞取材加工制品，另有择水前平坦之地成为村庄院落。对自然进行改造的川前、新街、九缸洞等地为此类之景，形成时间两级分化。此类场地与人造庙宇、交通驿站等结合紧密，是当地人文景观之处。

3　结论

本文以兴隆镇地名景观特征挖掘为例，以语义分析为工具，构建尺度—语义—时空的景观特征提取框架，得出兴隆镇乡村景观特征：以人视角地形地貌、水环境和交通环境为主，借由溶洞微境及沟槽生境互相连接，衍生出仙道之境与商旅之所，本地植物承担场景锚定之责。最后重构村镇景观特征，归纳村镇顺应、调适、改造三类景。

以在地文化兴风景，本文仅拓展文本挖掘的横向类目，对地名与方志、诗词的文本联合仍需进一步探索，继而为乡村地域性设计提供更多参考。

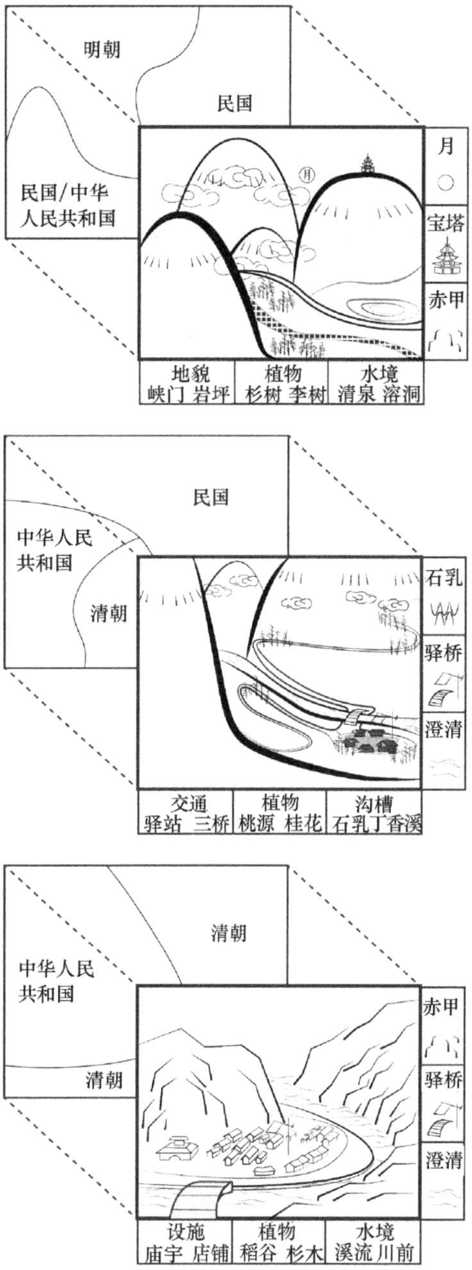

图 10　景观语义三景

参考文献

[1] 王墨泽，李小龙，张杨梅子．存名新规：一种重视已消失古迹之名称延续与空间复兴的传承理念[J]．城市规划，2021，45 (06)：125-126.

[2] 袁琳，袁琳．古代山水画中的地域人居环境与地景设计理念——宋《蜀川胜概图》(成都平原段) 为例[J]．中国园林，2014，30 (11)：113-116.

[3] 张建立，李仁杰，傅学庆．古诗词文本的空间信息解析与可视化分析[J]．地球信息科学学报，2014，16 (06)：890-897.

[4] 李春玲，李绪刚，赵炜．基于古诗词语义解析的乡村景观认知——以成都平原为例 [J]．中国园林，2020，36 (05)：76-81.

[5] 祝亚楠．地名文化遗产评价及保护途径探究——以重庆市渝中区道路地名为例[C]．2019(第十四届)城市发展与规划大会，2019：8.

[6] 陈章文．乡镇(街道)兴隆镇[M]．世界图书出版公司，2020：360-362.
[7] 郑嫣然，刘雷，斯震．景观意象下的诗化符号——基于符号学背景下的地域文化特色探究[J]．中国园林，2018，34(08)：74-77.
[8] 李和平，付鹏．城镇历史景观的层积规律解译及保护方法研究——以重庆龙兴古镇为例[J]．中国园林，2020，36(04)：49-54.
[9] 吴良镛．中国人居史[M]．北京：中国建筑工业出版社，2014.

作者简介

黄小川，1995年2月，男，汉族，四川绵阳人，重庆大学建筑城规学院在读研究生，研究方向为城市设计。电子邮箱：523509963@qq.com。

基于理水智慧的松阳传统聚落营建特征研究

Research on the Wisdom of Water Management in the Construction of Traditional Settlements in Songyang

王可欣　韩静怡　王自然　王向荣*

摘　要：古时位于浙西南的松阳为应对旱涝灾害，自南朝梁时期开始了治水探索，充分利用谷间平原地带开展农业生产，成为因水利而兴的“处州粮仓”。其遗存的古堰坝、圳渠、山塘等水利工程设施至今仍发挥着蓄洪、灌溉等功能。本文旨在探析松阳地区的古人理水智慧，在松谷平原的脉络上总结出“溪-堰-渠-塘”水网结构，将现存传统村落的选址和理水方式归纳为5种类型，在聚落尺度上分析传统村落以水为导向的空间布局以及水口节点的风景点缀。通过对松阳传统聚落风景营建的结构特征的总结，对乡建背景下松阳景观资源的保护和山水人居环境的传承起到参考意义。

关键词：松阳；理水智慧；传统村落

Abstract: To cope with droughts and floods, Songyang, a county located in the southwest of Zhejiang Province, has begun to explore water management since Liang Dynasty. By making full use of the inter valley plain to carry out agricultural production, Songyang became the “Chuzhou granary” due to water conservancy. The remaining weirs, canals, ponds and other water conservancy facilities still function in flood storage and irrigation. This paper summarizes the water network structure of “River-Weir-Canal-Pond” in Songgu Plain, and classifies the site selection and water management methods of the existing traditional villages into five types. In terms of settlement scale, the ancient wisdom of water management in Songyang area is demonstrated by analyzing the water oriented spatial layout of traditional villages and the landscape embellishment of water gap. By summarizing the structural characteristics of Songyang traditional settlement landscape construction, this paper has a reference significance for the protection of Songyang landscape resources and the inheritance of landscape living environment in the context of rural construction.

Keywords: Songyang; Wisdom of Water Management; Traditional Settlement

引言

松阳县始建于东汉建安四年（公元199年），是浙西南山区建置最早的县。其地处瓯江流域上游的山地丘陵地带，拥有河谷盆地、丘陵山地等多种地貌类型，具有“八山一水一分田”的特征[1]。

以松阴溪为轴的冲积平原仅占全县面积的12.5%，是松阳重要的农业生产地（图1）。自古以来，松阳人为了能充分地利用这片适宜农耕的地貌条件，在县域内修建了大量堰坝，以应对山溪性河流频繁带来的洪涝与干旱灾害，满足灌溉、运输等生活生产需求，促进社会经济的发展。纵观整个丽水市域，古堰坝集中分布在松阳地区（图2），再一次印证了松阳作为历史上瓯江流域主要粮食产区的重要地位[2]。现存的大量传统村落依水而立，遗存至今的古堰圳渠、山塘古井仍然在发挥作用，为今人展现古时的理水智慧。

图1　松阳地形（地形数据来源：Google Earth）

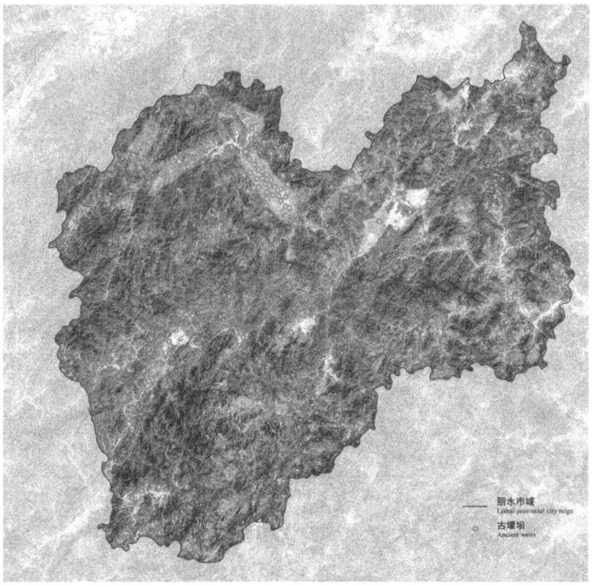

图2　丽水市域内古堰坝分布示意图（图片来源：改绘自参考文献［7］）

1　松阳地区宏观水网格局形成

1.1　自然水系

松阳地区降水充沛，平原两侧的山脉形成30余条主要支流，汇聚于松阴溪。自界首起，水系呈脉络状分布，干流穿境而东注入瓯江，与沿溪支流共同形成面积约175km² 的冲积平原。由于河谷两岸山高林深、坡降较大，源于深山峡谷的众多支流源短流急，河道狭窄而滩弯众多，降水汇流快，河水易涨易落，洪枯变化悬殊。旧志载："松阳山泽相半，十日之雨则病水，一月不雨则病旱。"[3]精确地描述了松阳地区山溪性河流特征。历史上，松阳地区在北宋以前未进行大规模修堰，《松阳县水利志》对唐代松阳县多处水患及在其影响下的县治迁址有着详细记载。北宋时期建州人杨亿对该地区的农耕环境评述为："矧又地势斗绝，涂潦不停。仍岁亢阳，泉源罄竭。倘旬浃不雨，即沟渎扬尘，稻畦焦枯，善苗立死。非三数日一降膏泽，无以望于秋成。"[4]先民依赖自然降水，而自然状态下的河水涨落不受控制，难以开展稳定的农业耕作活动，居民生存空间也时常受到威胁。因此，松阳先民认识到理水的关键是要滞洪蓄水、合理引流以满足灌溉和生活需求[5]。

1.2　人工干预下的水网结构

松阴溪及其支流已经为松谷平原提供了天然水源大动脉，若要实现平原内万亩农田的灌溉，必须借助于人工引水。早在南朝梁，松阳人就开始了治水的持续探索，通过对自然水系进行微介入式干预，千百年来不断地修筑水利工程。至清代，松阳地区已经在自然河流的基础上形成了陂渠相连、拦蓄兼备的"溪—堰—渠—塘"完整水网结构（图3）。

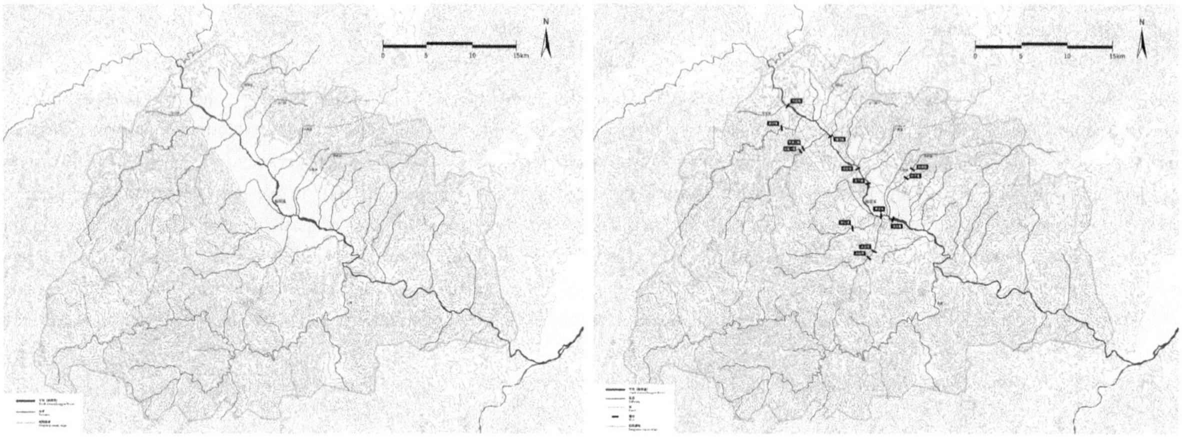

图3　松阳地区自然水系与人工干预后的水网结构

1.2.1　以堰拦水

在历史进程中，松阴溪河床逐渐受到侵蚀下切，水位相应降低，古人言"田藉灌溉而有成，水非激捍而不入。"松阳先民踏勘选址，筑堰横卧溪中以抬高上游水位，将干流和主要支流分为多段利用。历史上各朝代一直在开展堰坝的修筑工程。梁天监四年（505年），詹南二司马于松阳东乡堰头村筑通济堰，引水灌溉碧湖平原万亩农田，成为当时浙江规模最大的水利工程。北宋庆历年间（1041～1048年），邑城松阴溪南筑成百仞堰。而后又于十三都源筑芳溪一堰、二堰。元代，邑城南筑成白龙堰。大量古堰坝经水患屡毁屡修，民国《松阳县志》所载松阳全境大小堰坝1120多座，古堰共120余处，其中能够溉田千亩以上14处（表1），时至今日仍延续了历史原状并持续地发挥着灌溉、滞洪等作用[6]。百余座堰坝将松阴溪及其支流分为多段加以有序利用，堰坝作为地理标志，对后来的灌区形成、轮灌制度的建立等均起到重要作用。

古代水利工程往往采用传统的低技术营造。近千年前，松阳人就能够利用河道高地势潭水实施无坝取水，此外还使用木、竹、卵石等材料筑坝围堰（图4），然而竹笼卵石坝漏水严重且易被洪水冲塌，因此到了明代，改进后的块石干砌技术（图5）取代了传统的卵石木竹围堰，广泛应用并传承至今[7]。

松阳境内灌溉面积66.7hm²（千亩）以上古堰统计表　　表1

	古堰名称	修建年代	堰坝地理位置	灌溉面积(hm²)	渠长(km)
1	通济堰	南朝梁(505年)	堰头村松阴溪	13333.3	23.0
2	青龙堰(旧名百仞堰)	北宋庆历前	竹溪源与松阴溪交汇处	133	9.7
3	芳溪堰(一堰和二堰)	宋代	下源口；樟溪	604	13.2
4	金梁堰	元代末	力溪轭儿洞潭进水处	150	8.0
5	白龙堰	后汉乾祐年间(948年)	黄泉头	87	6.5
6	梓溪堰	明万历十二年(1584年)	竹客口上村边	72	4.5

续表

	古堰名称	修建年代	堰坝地理位置	灌溉面积（hm^2）	渠长（km）
7	朴子堰	明万历十二年（1584年）	竹客口下村边	80	4.0
8	观口堰	清初	古市下街	84	10.9
9	龙石堰	清代	寺市口上村头	100	4.0
10	济众堰	清代	竹溪村顶	293	7.7
11	新兴堰	清代	上源口村顶	166.7	4.0
12	响石堰	清代	大石桥下	140	5.0
13	神坛堰	清代	松山村顶	133	1.8
14	梁下堰	清代	石门圩上村顶	100	3

资料来源：《松阳县志》《松阳县水利志》。

图4　竹笼卵石堰（照片来源：《松阳县水利志》）

图5　块石干砌堰坝（照片来源：网络）

1.2.2　以渠引水

堰坝抬升水位后，利用地势差将松阴溪及其支流通过渠输送至平原各处。在最初依靠雨水浇灌的时期，截水入渠自流灌溉成为更稳定的灌溉方式。引水干渠自概闸引出，在垂直方向上开凿支渠、分凿毛渠，最终在松古平原内形成层级明确、范围广阔的竹枝状或规则网状渠系。

自然溪流的变化导致人为堰坝与渠系需要随之不断调整。例如明代屠赤水在《百仞堰记》中记载："庆历间（百仞堰）坏于洪水，溪南一带尽为赤土。"至万历二十四年（1596年）"周侯亲往相度形式，命徙堰基上数百武，地形稍高，南可决水灌田，北不漫流飘舍，两乡民遂共徙堰基。"即为现青龙堰址。又如光绪十二年（1886年）《重修京梁堰碑》记载："初由七象鼻潭入水。至明洪武年间，改而下之，则由扼儿洞潭进水。"因此现状渠网与古时相距较大，但从史料记载的各古堰渠长（表1），可以间接反映出兴盛时期的渠网几乎覆盖整个松谷平原乃至碧湖平原，源源不断地供给水源。

1.2.3　以塘蓄水

在堰渠的基础上，松阳境内还实施了大量蓄水工程，凭借天然的湖泊以及人工挖掘兴造山塘，拦蓄地面径流、集聚雨水，供农田灌溉之需，或供近塘居民生活之用。人工增设的大量山塘是当时松阳地区"海绵系统"的重要部分[8]，既增强了对雨季涝情的调蓄能力，同时又可在旱季自然水系径流量减小时补充水量。

民国《松阳县志》载："括在万山，石田齿齿，然特倚陂塘，川泽为旱备。"县志的《塘堰篇》记述最早的山塘"广可一顷"，位于县城西南120步处，元末塘废，后改为农田。清代杨姓先人在旺下长岗山边挖"杨六郎塘"，灌田8hm^2。民国时期修县志时所统计的全境山塘仅余14口，且均为小型塘（表2），实际上远不止这些。古时的山塘如今大多已经消失或修缮重建为水库，虽然在形态和规模上发生了改变，但也是对山塘传统功能的延续和改良。

松阳境内部分古山塘统计表　　表2

序号	山塘名称	修建年代	山塘地理位置	山塘面积
1	官塘	元代以前	县城西南120步	1hm^2
2	杨六郎塘	清代嘉庆年间	旺下长岗山边	可灌田8hm^2
3	刘家塘	清代	县东30里	可灌田1hm^2
4	叶家塘	清代	县西20里	5亩

资料来源：清光绪《松阳县志》《松阳县水利志》。

2 区域水环境与传统聚落营建

2.1 傍水而居：基于山水格局的聚落选址

在丰富的自然资源和多样的地理条件下，多种类型的传统聚落在松阳发源生长。传统“得水为上”一说体现了水在古代聚落选址上的重要性。先人堪舆重在背山近水，古人在相地选址时善于综合气候条件和耕地资源、水资源的考量，如“四方拱卫”的山下阳村，其选址过程记载于张氏族谱：“聚英公因来松时相阴阳、观流泉于古基隔水之西，独得命脉。”再如其他传统聚落，“天地人和”的横樟村、“五龙抢珠”的杨家堂村、“魁星斗踢”的黄岭根村等都具有典型的傍水立址的特征。此外，清乾隆《松阳县志》载：“松邑傍山依水，向无城墉”，以水绕城的布局使得松阳传统聚落在军事地理上具备了天然优势。

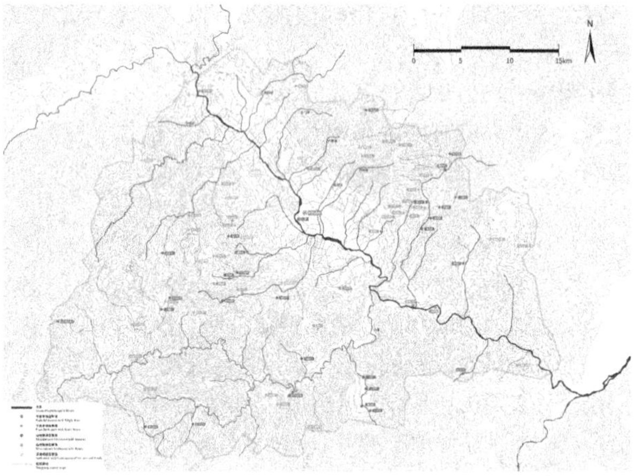

图 6 松阳传统村落分布

随着治水工程与技术的发展，这些傍水而居的村落探索出因地制宜的理水方式，采用多种引水与蓄水设施以及提水工具，趋水利、避水害。笔者对松阳地区 75 个传统聚落的基址与理水方式进行归纳总结，概括为平原单堰型、平原多堰型、山地穿溪型、山地陂塘型、溪塘相辅型 5 种常见的聚落理水类型（表 3）。

聚落理水类型及其特征　　表 3

类型	代表村落	理水特征描述
平原单堰型	界首村、桐溪村、吴弄村、桥头村等	筑堰拦水，以单条干渠引水入村，支渠密布分别供生活所需及农业灌溉
平原多堰型	松阳古城	多座堰坝分级引流，多条干渠环绕分布，结合凿井取水，共同满足生活生产需求
山地穿溪型	横樟村、木岱坑村、安岱后村、汤城村、周山头村、大洋坑村、膳垄村、南岱村、黄岭根村、周岭根村、大岭脚村等	自然溪流经过村落，由多级“土堰坝”拦蓄，利用高差逐级浇灌农田。凿井取水或直接近溪取用生活用水
山地陂塘型	西田村、黄山头村、平田村、陈家铺村、杨家堂村、西坑村、塘后村、风弄源村、呈回村、紫草村、上田村、下田村等	无自然溪流经过村落，存在天然小型湖泊或人工开凿山塘蓄水，以传统提水工具进行灌溉。凿井取水或采用竹管引天然山泉作为生活用水
溪塘相辅型	山下阳村、呈田村、平卿村、官岭村、吊坛村等	无大型堰坝，有自然溪流或人工开凿的圳渠经过村落，同时具有小型湖泊或山塘，共同满足生活生产需求

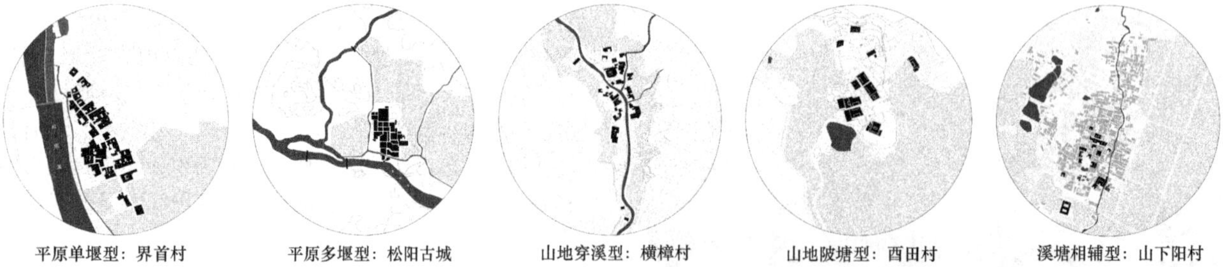

图 7 五种典型聚落的空间形态

2.1.1 平原单堰型

选址在松谷平原内的聚落，一部分傍溪而生，分布于松阴溪或其主要支流的两岸。平原单堰型聚落通常伴随着大型水利工程修筑，堰渠引水是其主要用水方式。以位于松古平原北端的界首村为典型案例，其地形地貌具有谷地平原边缘的地貌特色：背倚山川，面临河溪，呈现“山林—聚落—平田—溪流”结构。自堰首拦蓄溪水经干渠入村，上游供居民生活用水所需，下游通过支渠与毛渠引入农田灌溉。

2.1.2 平原多堰型

平原多堰型聚落通常位于多条河道交汇或环绕的区域，以多座堰坝分级引流，实现灌溉面积最大化。以松阳古城所在的古市镇为例，古城临近松阴溪，六都源、四都源、竹溪源、东坞源 5 条支流与干流共同为古城提供水源。自城西北 10km 处起，先后筑金梁堰、梁下堰、青龙堰、白龙堰 4 座堰坝，分阶段将松阴溪河道引至平原地带

图 8　古市镇内的水渠

图 9　竹槽引水（图片来源：《松阳县水利志》）

（图 8）。支流四都源上筑梓溪堰、朴子堰，引渠灌溉城北农田，竹溪源筑龙石堰灌溉城南农田[9]。平原地区地下水资源也相对丰富，清光绪《松阳县志・市井坊篇》记述："城内瑞阳井，在瑞阳门侧，大旱不竭；朱山井，在朱山麓，可灌田 40 余亩。"[10] 因此，多堰型聚落自然条件优越，农耕面积广阔，水陆交通发达，相较之下更易发展成为规模更大的城镇，这也是松谷平原内现存传统村落远少于山地区域的原因之一。

2.1.3　山地穿溪型

松阴溪上各支流的发源地在深山山坳处，小港作为松阴溪最长的支流，沿溪分布着众多传统村落。为了更高效地利用山地资源，先民垦山垒田，拦蓄溪水进行耕作。以横樟村为例，先人开辟出一片谷间平地，发源于留名尖山的横樟源横穿其中，在村落中段与东坑水交汇，形成"人"字形水系。在垂直方向上呈现"山林—梯田—平田—村落—山溪"的谷间平原景观层次。利用地势差，从地势高的上游引水至同一高程的农田，再逐级向下浇灌。山溪干流由块石堆砌的土堰坝分多段拦蓄，屋前沿溪，居民就近在埠头取用水；屋后背倚高山，常以竹管或木槽引山涧泉水供生活所需（图 9）。

2.1.4　山地陂塘型

无自然溪流经过的传统山地村落，则通过陂塘蓄水。西田村作为典型的山地陂塘型聚落，位于三面环山的山坳中，地势高于周围具有发达水系的平原，仅靠降水无法灌溉大面积的梯田，位于村落南部的陂塘起到了蓄水、控水的作用。陂塘承接雨水以及地表径流，由水阀调控。如遇水源地势低而农田高，则凭脚踏木制龙骨水车、水力筒车、戽斗等古老的提水工具进行灌溉（图 10）。山区地下水资源相比于平原地区较少，古人凭借经验观察确定水源，亦能凿井取水。世代相传的理水智慧，使得多数位于深山的聚落能够在相对封闭的山林中自给自足、繁衍生息。

古井　龙骨水车　竹篾戽斗

图 10　引水、提水传统工具（图片来源：《松阳县水利志》）

2.1.5　溪塘相辅型

一些山地聚落和没有大型筑堰工程的部分平原聚落，对小型溪流用天然石块简易垒砌筑"土堰"，同时挖掘陂塘，均被归为溪塘相辅型。以山下阳村为例，其位于平原与山地的交界处，远离松阴溪，村落东面一条支流由北向南环巷绕弄而过，与东北角若干山塘共同浇灌村东大片平田，村西地势稍陡，有三级逐层降低的小型山塘，面积余 3hm^2，浇灌西面梯田与地势最低处的平田。村落中心蓄水池名为"月池"，能够为村民提供消防用水、调节小气候。

2.2　循水而行：以水为导向的聚落空间布局

古代松阳人重视水环境的建设，不仅体现在村落的选址，还有以水为导向的空间布局，这包括街巷建筑、公共空间等要素[11]（图 11）。

不论是平原还是山区，松阳傍溪的传统村落大多沿水系走向形成狭长的带状聚落，街巷呈鱼骨形分布，村内主街通常临水或平行于水系方向，成为村落的主要轴线，两侧延伸支巷连接住宅、商铺，确保村落内各处到水源的

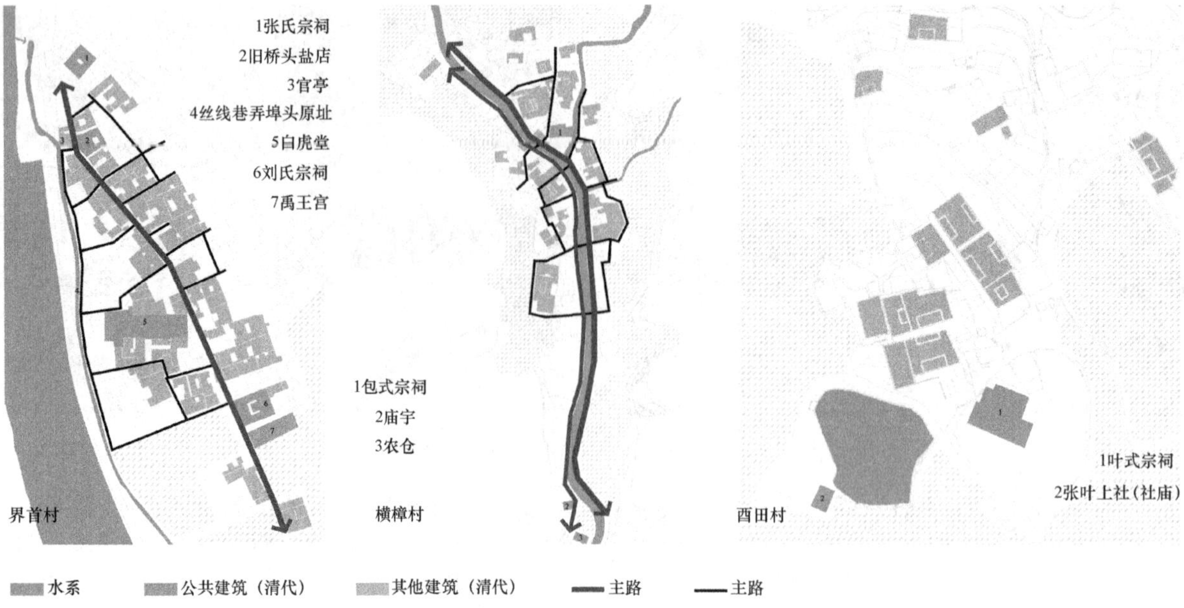

图 11　街巷与公共建筑空间布局

可达性较高。如界首村的宋代古驿道连接桥头（旧时盐运码头）与村落，沿街商铺林立，住宅沿支渠分布，屋后即可取水。此外，古时的水也是重要的动力来源，由水力运作的生产建筑常分布于下游临水之处，横樟村遗留的清代水碓即临溪而设，老屋内保存了水渠月轮、石臼、油车、面床等完整的设施，作为实物例证反映古人生产生活与水的密切关联。

村落内的公共空间分布也呈现出因水而生的特征。由于人的亲水性和对自然环境的向往，而水源附近又通常具有较高的辨识度，因此码头、桥头、山塘等临水的位置常设有以日常交流和生活劳作为主要功能的公共空间。另外，一些具有特殊意义的历史建筑如宗祠、庙宇近水而建，建筑前的开放空间便成为村落内大型节事活动的场所。

2.3　景由水起：水口节点的风景点缀

“一溪流水泻流银，鼓泄天机鲤跃身”是古代松阳人对芳溪堰水景的描述，清代叶葆彝在《古市志略》中也有对水口景观的记载：“古昔之时，市之首尾各有一塔，若船篙”。可见古人在营造水利工程和水口空间上同样注重景观化处理。

水口通常作为村落的入口与边界的象征，常以古树作为地标，结合廊桥、古亭、楼阁强调地界范围。松阳人善于营造水口林，其中以官岭村水口林规模最大，香樟、红豆杉等林木成片栽植，掩映村落[12]。另外，用于祈福镇水的建筑或雕塑常置于水口[13]。如横樟村村南老鹞岩上建观音殿，镇守村庄水口。西田村正南“朱雀”方位镇有一池塘，水口位置左侧为叶氏宗祠，右侧坐落着社庙，池塘附近的风水树马尾松点缀布局。道光《丽水县志》载：“石犀桥在县西五十里设石犀牛，上同松遂二县，岸近溪易崩。”这些石兽雕塑，与禹王宫、龙王庙等建筑一样，既是古人水崇拜的精神寄托，也是传统水环境中重要的风景点缀。

3　对松阳地区乡建的启示意义

松阳境内现存浙江省数量最多的传统村落，至今仍保留着传统的生活生产方式。松阴溪及 30 多条支流上的百余座古堰坝是松阳农耕文明、水运经济的基础，这些水利工程历经千百年而不废，实现“收水之利，绝水之患”。大到山川溪涧、古堰渠塘，小到古井竹槽、水车戽斗都反映着先人理水智慧，展现古时人类与自然的适应与改造过程。这些自然与人工相结合的大小水系统，经过历代风景经营，共同形成松阳独特的传统聚落风景体系。

如今，乡村建设在全国范围内如火如荼地开展，松阳传统村落也亟待在“保护”与“更新”之间寻求平衡。结合村落风景营建的特征对传统村落进行更新，才能实现对松阳乡村景观资源的遗产价值保护和山水人居环境的传承。

参考文献

[1]　松阳县志编纂委员会．松阳县志[M]．杭州：浙江人民出版社，1996.
[2]　李晨晖．基于价值特色认知的松阴溪水系古堰文化研究[J]．浙江水利科技，2020，48(01)：12-20.
[3]　王福群．松阳县水利志[M]．杭州：浙江人民出版社，2006.
[4]　(宋)杨亿．武夷新集：卷十五[M]．刻本．1778(清乾隆四十三年).
[5]　林昌丈．水利灌区管理体制的形成及其演变——以浙南丽水通济堰为例[J]．中国经济史研究，2013(01)：44-54.
[6]　(清)吕耀钤．中国地方志集成(民国)松阳县志[M]．1926.
[7]　韩冰．丽水市域内古堰灌区乡土景观研究[D]．北京：北京林业大学，2017.
[8]　叶可陌，李彦达，李雄．清末处州古城区域海绵系统构建研究[J]．工业建筑，2019，49(11)：188-194.
[9]　叶可陌，李雄．丽水瓯江流域古城山水风景系统构建特征

研究[J]. 风景园林，2020，27(07)：114-120.
[10] (清)支恒春. 松阳县志[M]. 影印. 中国台湾：成文出版社，1975.
[11] 傅娟，许吉航，肖大威. 南方地区传统村落形态及景观对水环境的适应性研究[J]. 中国园林，2013，29(08)：120-124.
[12] 叶高兴，阙献荣，洪梦茜，等. 松阳古村落从“船形村”到“鸟形村”的人文秘密[J]. 城市地理，2018(8)：30-39.
[13] 王培君. 镇水兽与中国传统镇水习俗[J]. 河海大学学报(哲学社会科学版)，2012，14(02)：53-57+92.

作者简介

王可欣，1997 年 8 月生，女，汉族，浙江丽水人，北京林业大学园林学院风景园林专业在读硕士研究生，研究方向为风景园林规划与设计。电子邮箱：1073608566@qq. com。

韩静怡，1997 年 12 月生，女，汉族，安徽合肥人，北京林业大学园林学院风景园林学在读硕士研究生，研究方向为风景园林规划与设计。电子邮箱：2508285363@qq. com。

王自然，1996 年 12 月生，女，汉族，浙江温州人，北京林业大学园林学院风景园林学在读硕士研究生，研究方向为风景园林规划与设计。电子邮箱：493775801@qq. com。

王向荣，1963 年 5 月生，男，汉族，甘肃人，博士，北京林业大学园林学院教授、博士生导师，研究方向为风景园林历史、现代风景园林设计理论、区域景观、乡村景观。电子邮箱：wxr@dyla. cn。

甘青民族走廊小流域多民族聚落空间格局特征研究[①]

Research on Spatial Pattern Characteristics of Multi-ethnic Settlements in Small Watershed of Gansu-Qing Ethnic Corridor

周雅维　崔文河

摘　要：清水河流域民族多元、宗教多样、地形地貌复杂、气候多变，是甘青民族走廊典型高原山地多民族聚落。针对当前城镇化建设与民族聚落格局的矛盾，剖析其聚落山水格局、族群分布、文化景观、产业方式及民族村落空间形态，总结出该地区多民族聚落美美与共的景观特征，指出多民族聚落空间格局的多样性是受地域环境、生产生活模式、民族宗教文化等多方面影响，是源于自然因素和人文因素共同作用的结果。本文的研究对该地区当前新型城镇化建设和促进民族关系和谐发展具有重要的启示意义。
关键词：甘青民族走廊；清水河流域，空间格局；景观特征；美美与共

Abstract: Qingshui river basin is a typical multi-ethnic highland settlement in the Gansu-Qing ethnic corridor, with diverse ethnic groups, religions, complex landforms and changeable climate. In view of the current urbanization construction with contradiction of settlement pattern, analyzes the settlement landscape pattern, population distribution, cultural landscape, industry and national village space form, sums up the region's multi-ethnic settlements meimei and landscape features, is pointed out that the diversity of the multi-ethnic settlements spatial pattern is influenced by geographical environment, mode of production and life of ethnic and religious, cultural aspects of influence, It is the result of the joint action of natural factors and human factors. This study is of great significance to the construction of new urbanization and the harmonious development of ethnic relations in this region.
Keywords: Ganqing National Corridor; Qingshui River Basin; Spatial Pattern; Landscape Characteristics; Beauty and Beauty Together

引言

甘青民族走廊位居我国西北民族走廊的核心地带，其中的族际接触、族际互动、族际交融具有突出的代表性。中华民族多元一体格局的形成发展过程实质上就是各民族交往交流交融的过程。随着城镇化经济社会的快速发展，甘青多民族地区聚落空间格局发生了巨大变化，民族交流交往比以往更为频繁。清水河谷位于甘青民族走廊的核心地带，也是我国农牧业文化交汇和过渡的地带，历史上一直是丝绸之路与茶马贸易的集散地和中心，该流域内民族多元、宗教多样，域内聚落景观丰富多彩。

本文采用多学科交叉与实地调研的方法，以甘青民族走廊典型的清水河流域多民族聚落为研究对象，对该地区的景观空间格局进行解析，从民族分布、山水格局、文化景观、产业方式及空间布局形态等聚落景观格局的多样性中归纳该地区聚落景观特征，指出多民族聚落空间格局的影响因素与各族群各居其位、互通有无、和谐共生的生存智慧。

1　清水河流域多元文化与聚落概况

1.1　清水河流域聚落概况

清水河流域处于青海东部的“循化地区”黄河谷地南侧，它是典型的河谷地带，也是民族多元、宗教多样、文化遗存最为丰富的地区之一，地形复杂多变，气候变化多端。地势南高北低，海拔1650～4010m，县境地貌为高海拔地貌，根据地表形态特征，由低到高可分为河谷川水、浅山、脑山、高山草甸4种地貌类型，总体为多山夹一河的“凹”字形的山水格局（图1）。主要居住着撒拉族、藏族、回族、汉族等民族。此区域位于甘青的咽喉要塞，还是一个各民族迁徙、交流、融合的大走廊。

1.2　清水河流域多元文化背景

域内自古以来就是多民族聚居的地区，且是古代文明发祥地之一。通过循化县各个遗址出土的文物可推断出新石器时期就有先人在此居住繁衍。历史上羌、氐、大月氏、戎、匈奴、汉、鲜卑、吐谷浑、突厥、吐蕃、回鹘、党项、蒙古等民族先后角逐进退于此。多民族血缘同宗胤合，支脉相连，你中有我，我中有你。各族群受地缘

① 基金项目：国家社会科学基金项目“甘青民族走廊族群杂居村落空间格局与共生机制研究”（项目编号：19XMZ052）。

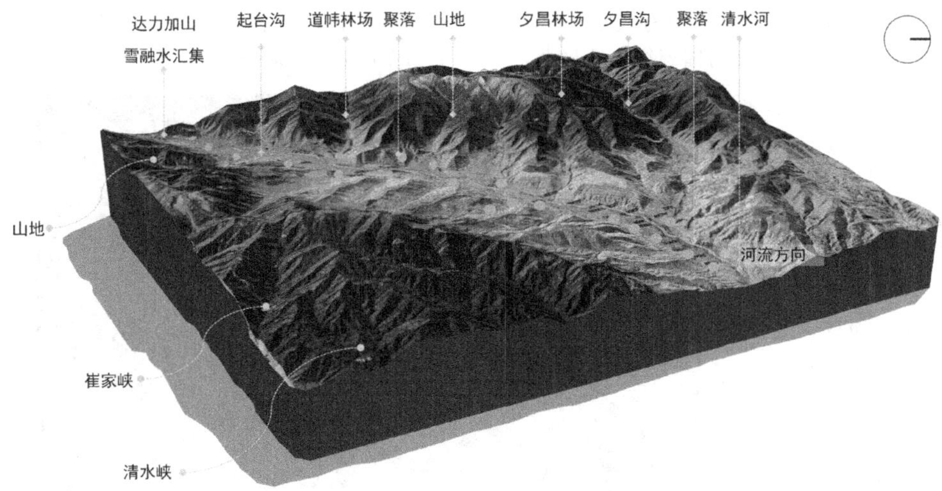

图 1　清水河流域地理环境

关系的影响，通过通婚、语言、宗教信仰、经济产业、民俗生活等方面的不断接触交往，为彼此补充注入新鲜血液，奠定了如今多民族聚落空间格局。

2　多民族聚落空间格局剖析

2.1　族群分布与山水格局

从从地理环境来看，整个区域呈现南高北低的走势。河谷两侧的山体，为藏族、撒拉族、回族、汉族等民族聚落提供了天然的保护屏障，河谷的水系主要由起台沟和清水河两条河流组成，其间支流纵横，河水自南流向北。域内有单一民族村落也有多民族杂居村落；水系与临共高速、S202 省道把各个民族村落串联起来，形成了“多山相夹，两水串接、山川交汇，民族交融”的宏观生态空间格局。

根据海拔高度的不同，不同民族村落垂直梯度分异明显。河谷平原地区是撒拉族、回族、汉族的交融叠合区域，由于地势平坦、资源丰富，以农耕为主、商贸为辅的民族都争相在此定居发展。而藏族则分布于地势较高南部山区，聚落依山而建，顺应地势沿等高线错落分布。

这些多民族聚落分布格局契合自然地形地貌，相地而建，顺势而为，顺应水系与山体走势，并与自然环境融为一体。聚落肌理从南部山区到谷底川水地区，在空间分布上呈现由疏散向紧凑逐渐过渡的特征，而聚落的规模、密度、数量也由小向大逐渐过渡。族群村落呈零星插花式分布。各民族在历史洪流中，共居河谷，聚居为邻，形成多民族大杂居、小聚居、互嵌共生的河谷人居环境格局（图 2）。

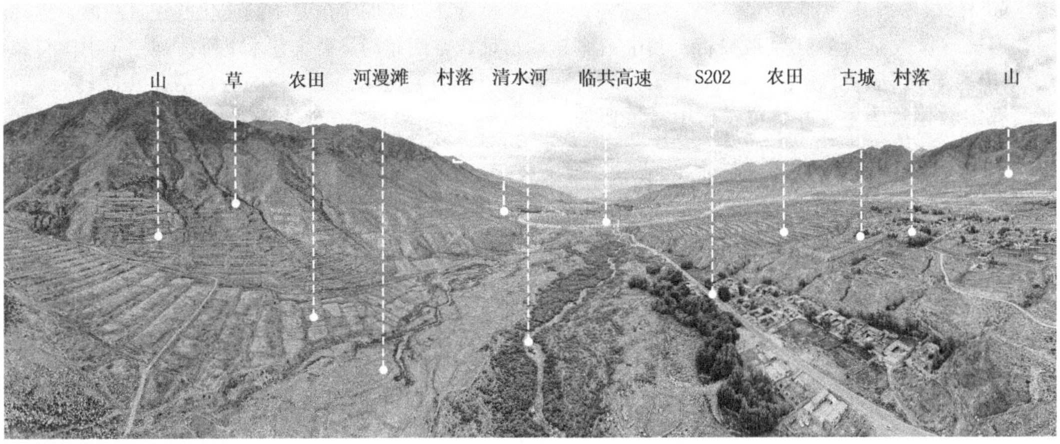

图 2　清水河流域山水格局

2.2　文化景观

2.2.1　文化景观格局

“和而不同”是清水河谷多元文化格局的主要特征，其历史底蕴丰厚，文化内涵深邃。多民族在长期历史交往过程中，创造了丰富多彩、数量繁多的民族文化遗产，形成兼容汉族、回族、撒拉族、藏族等多元的地域文化格局。其中科哇清真寺、张尕清真寺两处为国家级重点文物保护单位，另有 6 处省级重点文物保护单位。藏族螭鼓舞、撒拉族乐器、汉族社火等被收录到省级、国家级非物质文化遗产名录。族群村落传统历史风貌保存较好，先后有张尕村、科哇村等 12 个村落被评为国家级传统村落，其蕴含的历史、文化、艺术、社会等价值之高，可见一斑。这些丰富的民族文化共生并存、相得益彰的局面都是甘青多民族文化融合的重要体现（图 3、图 4）。

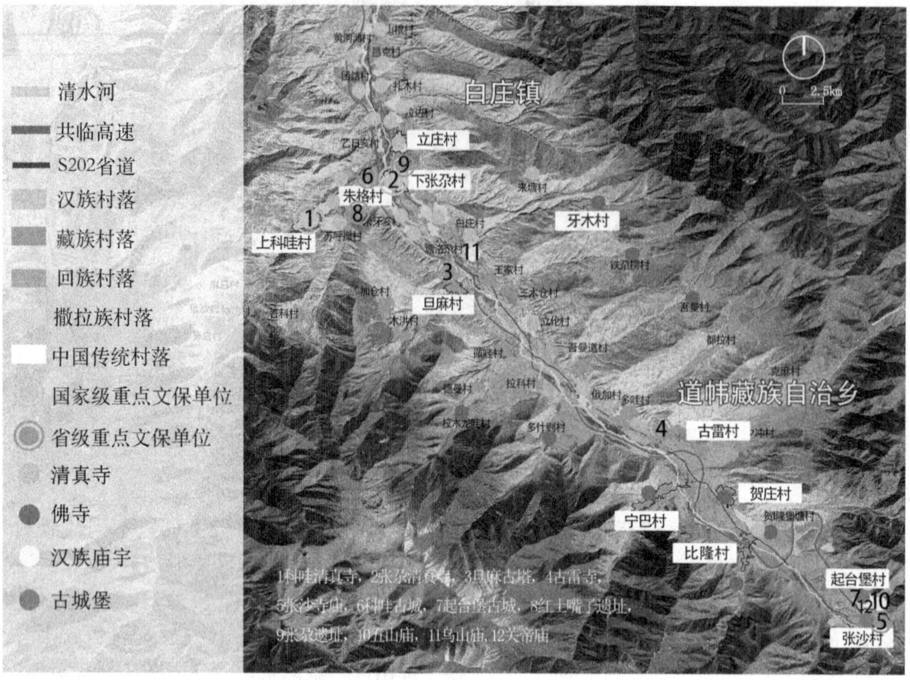

图 3　清水河流域多元文化景观汇聚

1.科哇清真寺（元）国家级重点文保单位　2.张尕清真寺（明）国家级重点文保单位　3.旦麻古塔（清）省级重点文保单位　4.古雷寺（明）省级重点文保单位　5.张沙寺（明）省级重点文保单位　6.科哇古城（元）省级重点文保单位　7.起台堡古城（明）待批

图 4　文保单位现场照片

2.2.2　宗教建筑样式

域内宗教建筑不仅数量众多且风格独特，其中清真寺有 25 所、藏传佛寺 13 所、汉族庙宇 3 所。主要以藏传佛教和伊斯兰教宗教建筑为主，并且位于村中最重要的位置，形成了有村落就有寺院的独特景观。清真寺、藏传佛寺、汉族庙宇虽是不同文化的建筑载体，但在各自的选址、空间布局、装饰艺术上都体现出了中国传统建筑形制与伊斯兰文化、藏文化的巧妙结合（表 1）。

民族宗教建筑样式特征　　**表 1**

宗教	伊斯兰教	藏传佛教	道教
宗教建筑	清真寺	佛寺	汉族寺庙
宗教建筑选址布局示意	 清真寺的选址：张尕清真寺(向寺而居)	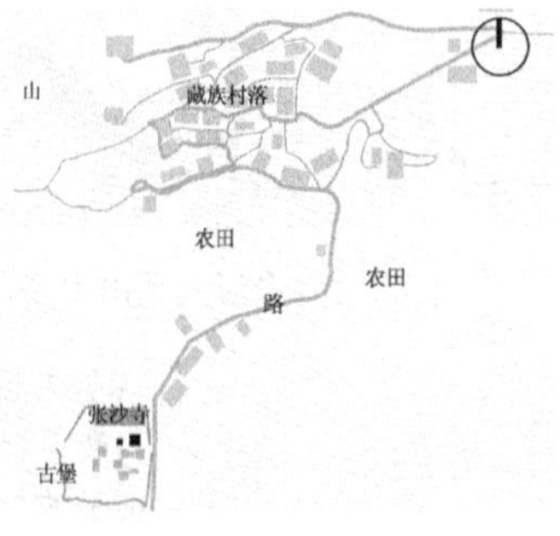 藏传佛寺的选址：张沙寺(枕山面水、远离尘世)	 汉族寺庙的选址：五山庙(背山面水)

续表

典型实例照片	 张尕清真寺	 张沙寺	 五山庙
平面形制	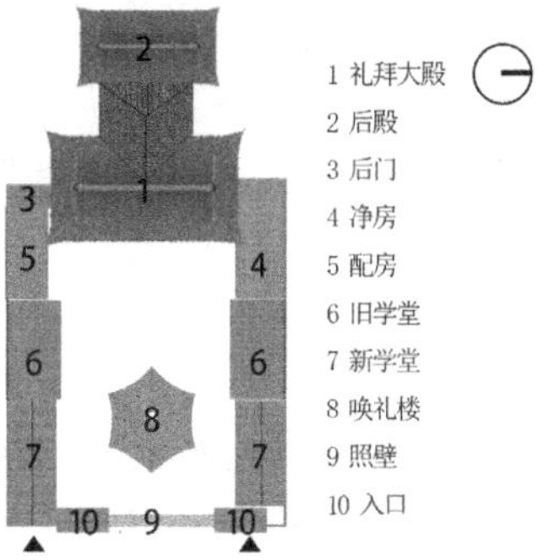	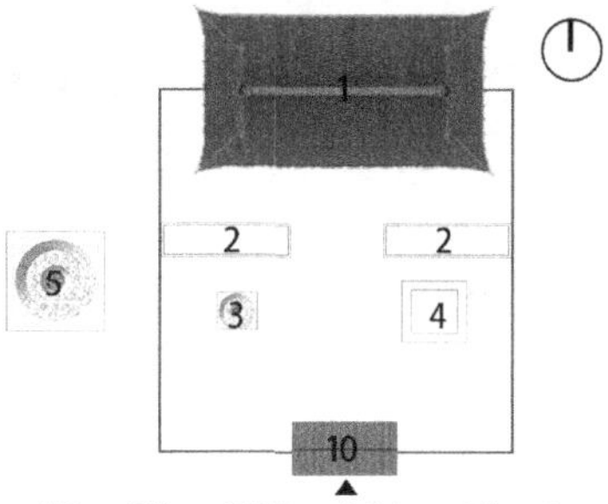	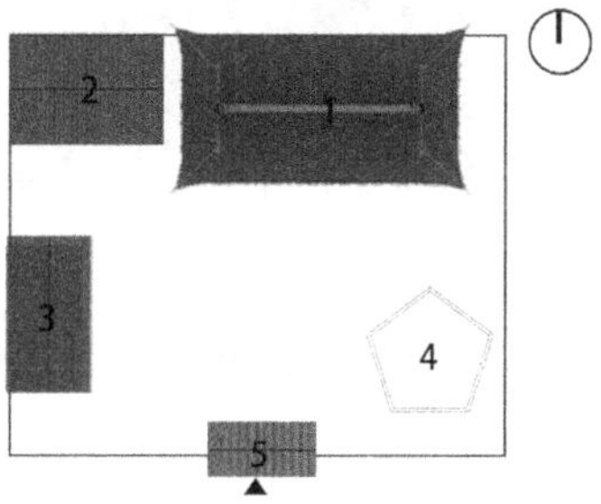
布局特点	院落式＋中轴式	院落式	院落式
朝向	麦加	坐北朝南	坐北朝南
建筑结构	砖木结构	砖木结构	砖木结构
装饰艺术	色彩：黄蓝绿白；图案装饰以古兰经经文、植物纹样为主，砖雕、木雕工艺精美	色彩：红黄白；“雕梁画栋”是佛寺装饰艺术的鲜明特征，饰有法轮、梵文、莲纹等图案	具有中国传统建筑特色，斗栱色彩浓烈，装饰木雕与传统山水画为主

2.3 生产方式

由于青海循化地区位于农牧交错区上，不同的地理环境下生产方式也各不相同。域内土地利用方式随海拔和地貌的变化，产生出适合不同产业发展的耕地、林地与草场，形成了牧业、半农半牧、农耕等不同的农业生产方式，以及极具多民族地域特色的“草—林—水—宅—田”景观格局，也体现出多民族遵循上牧下耕的各安其业的空间准则，对应形成“上宜牧、中宜居、下宜农”的生活模式。

2.4 民族村落空间形态

由于不同民族的产业方式、生存环境和海拔高度的不同，其村落空间形态具有明显的差异性（图 5）。

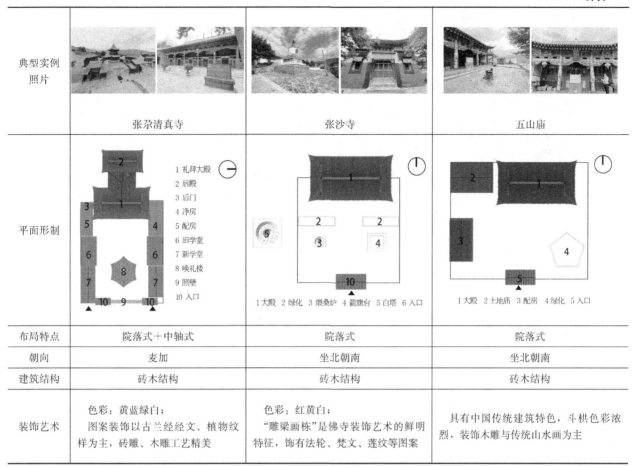

(*a*)

图 5 不同产业类型的村落空间形态（一）

（*a*）半农半牧型带状空间形态——比隆村（藏族）

(*b*)

(*c*)

图 5　不同产业类型的村落空间形态（二）

（*b*）农耕型团状空间形态——张尕村（撒拉族）；（*c*）牧业型散点式空间形态——铁尕楞村（藏族）

（1）内聚紧凑：张尕村为农耕类型村落代表，呈团状空间形态，撒拉族、回族民居以清真寺为核心形成内聚的布局形态，道路呈树枝状向外辐射，资源丰富，人口居住密度大且紧凑。

（2）一村一寺，上寺下村：比隆村为半农半牧类型藏族村落典型代表，随着海拔的变化，庄廓民居沿道路、河流走向布置，形成阶梯带状布局。村落背山向阳，道路多为S形且较为开阔，连接生活与生产空间。佛寺一般与村落保持一定距离，在佛寺周围还有经幡、拉则、白塔等宗教设施，“一村一寺，下村上寺”是藏族村落典型特征。

（3）疏散自由：牧业类型村落空间形态较为疏散自由，位于海拔较高的山部。如藏族铁尕楞村呈散点式布局，便于看管及安置自家牛羊，高山地区地广人稀，居住密度较小且松散。

3　多民族聚落空间格局特征的成因分析

基于对清水河流域聚落空间格局的分析，多民族聚落空间格局具有典型的多样性、异质性，体现出和而不同、美美与共的景观特征，这是受该地区地域环境、生产生活模式、民族宗教文化以及对自然资源的共享等多方面影响，是源于自然因素和人文因素共同作用的结果。

3.1　地域自然环境的复杂多样

地域自然环境是聚落产生的主导因素，也是导致该地区建筑模式语言相通的共性因素。各个民族对其聚落的选址布局与自然环境密切相关，都蕴含着一定的生存智慧。从该地区的传统宗教建筑和民居庄廓建筑来看，不论藏传寺庙、清真寺、汉族庙宇还是传统的各个民族所居住的庄廓，它们都是基于本地区气候条件和资源环境所做出的适宜建筑模式，都是该地区多民族为适应当地环境所创造的文化载体之一，在建筑风貌、空间布局、营建技艺、装饰艺术上都有一定共性，它们反映着族际文化融合的过程，呈现出农耕文化与游牧文化的交融，也体现出高原山地多民族聚落美美与共的景观特征。

3.2　生活网格的互联互通，产业方式的互惠共生

地域自然环境的复杂多样导致了该地区多民族的生活生产方式的异质多元，在生产生活中各民族都发挥各自的优势，形成了互惠共生模式。如：如撒拉族、回族、汉族等民族以农业为主，由于耕地有限，仅靠农业生产难以维持生活，因此，回族、撒拉族从事商业活动的人数日益增多（图 6）。藏族向汉族学习种植技术，其生产方式实现了从传统的畜牧到农牧兼顾的转变。此外，临共高速与省道 202 线纵穿南北，成为青海海东地区通往甘肃临夏的必经要道，推动各族群与外界的沟通。村落道路使各族群间的生活空间、生产空间、生态空间、信仰空间等紧密连通，是各族群交流、交往的空间，也是族群“互联互通”的人居空间网格。

(*a*)

(*b*)

(*c*)

图 6　产业类型多样

（*a*）牧业；（*b*）农耕业；（*c*）商业

3.3 多元民族宗教文化的交融与互动

甘青民族走廊横跨甘肃、青海两省，处于青藏高原和黄土高原的交汇处，地处我国青藏高原游牧文化和中原农耕文化的重合地带，也是我国各民族互鉴融通的重要地区之一。而清水河谷位于甘青民族走廊的腹心地带，历史上汉文化圈、藏传佛教文化圈和伊斯兰教文化圈在这里长期碰撞、交融。在特殊的地缘环境和多元文化中，最典型的是积淀深厚、影响深远的民族宗教文化，渗透在族群生活生产的各个方面。域内族群宗教信仰丰富，汉族信奉道教、佛教，撒拉族、回族信仰伊斯兰教，藏族信仰藏传佛教。不同信仰的族群共居河谷，宗教设施随处可见，同时民族宗教文化也是族际互动、族际交往的媒介，承载着多种民族宗教文化相互影响与借鉴、民族间互动交往的形式与程度。

3.4 基础设施共建，自然资源共享

新时代背景下，各族群的物质生活需求日益增高，各族群对本地区太阳能、风能等可再生资源的有效利用，共建水渠、道路、通信与新型的公共空间等基础设施，共同参与环境卫生治理与义务植树造林活动。这不仅缓解了人与自然的矛盾，而且促进了族际间的交往。多民族实现资源共享、优势互补、基础设施共建、多元共治，共享美丽家园。

4 结语

中国是个多民族国家，而清水河流域是青海多民族聚落的典型代表，更是我国多元一体格局的缩影。域内多民族文化具有深厚的历史积淀和生动的现实场景。本文探讨了清水河流域多民族聚落空间格局的多样性及其与自然环境、宗教文化、产业方式的密切关系，体现出多民族聚落在“各美其美，美美与共”的多元文化语境中共生共存的智慧，有助于当下在新时代背景下掌握多民族聚落空间模式特征。

参考文献

[1] 费孝通．中华民族多元一体格局(修订本)[M]．北京：中央民族大学出版社，1999：3-38.

[2] 新华社．中央民族工作会议[N]．人民日报，2014-9-30(01).

[3] 崔文河，樊蓉．甘青民族走廊族群杂居村落空间形态与共生设计策略研究——以贺隆堡塘为例[C]//第二十五届中国民居建筑学术年会论文集，2020：404.

[4] 卢科全．黄河上游地区民间宗祠建筑空间与文化研究[D]．西安：西安建筑科技大学，2017.

[5] 鄂崇荣．青海各民族交往交流交融历史与现状述略．[J]．青海高原论坛，2020，8(03)：1-7.

[6] 韦琮主编．循化撒拉族自治县志编纂委员会编．循化撒拉族自治县志[M]．北京：中华书局，2001.

[7] 马建福．族际互动中的民族关系研究[D]．北京：中央民族大学，2004.

[8] 马灿．河湟文化演变以及文化景观的地理组合特征[D]．西宁：青海师范大学，2009.

[9] 崔文河，王军，于杨．资源气候导向下传统民居建筑类型考察与分析[J]．南方建筑，2013(6)：30-34.

[10] 芈一之．撒拉族史[M]．成都：四川民族出版社，2004：361.

[11] 王默．多元信仰文化与族际互动——基于青海河湟地区的民族学研究[D]．兰州：兰州大学，2017.

[12] 朱金春．跨越边界的互动与融合：川甘青交界地区的族际交往与和谐民族关系建构[J]．青海社会科学，2020(3)：146-154.

作者简介

周雅维，1994年2月生，女，汉族，四川成都人，西安建筑科技大学在读硕士研究生，研究方向为民族走廊人居空间环境。电子邮箱：1042653832@qq.com。

崔文河，1978年8月生，男，汉族，江苏徐州人，博士，西安建筑科技大学，教授，研究方向为民族走廊人居空间环境。电子邮箱：hehestudio@126.com。

风景名胜区与自然保护地

基于环境健康效益的国家公园规划管理实践及其启示

——以美国、英国和澳大利亚为例

Practice and Enlightenment of National Park Planning and Management Based on Environmental Health Benefit

—US, UK and Australia Case Studies

罗玉婷　吴承照

摘　要： 大量研究已证实，国家公园中受到保护的大面积自然环境具有重要的健康价值。本文对比总结澳大利亚、美国和英国利用国家公园的健康资源全面改善国民健康状况的相关政策与实践经验，提出 4 项措施：全面认识国家公园健康价值，建立多方参与的政策体系与合作机制，开发信息共享平台和项目评估机制，以及通过规划设计进一步提升公园健康效益，旨在为我国国家公园的规划管理提供借鉴。

关键词： 国家公园；自然环境；健康效益；规划管理；国际经验

Abstract: A large number of studies have confirmed that the protected large-scale natural environment in national parks has important health value. This paper compares and summarizes the relevant policies and practical experience of Australia, the United States and the United Kingdom in using the health resources of national parks to comprehensively improve public health, and puts forward four measures: comprehensively understanding the health value of national parks, establishing a multi-participatory policy system and cooperation mechanism, developing an information sharing platform and project evaluation mechanism, and further improving the health benefits of parks through planning and design. This article aims to provide reference for the planning and management of national parks in China.

Keywords: National Park; Natural Environment; Health Benefit; Planning Management; International Experiences

引言

近几十年来，城市化进程快速推进，城市用地扩张、生态环境退化、生物多样性丧失等问题引发了一系列健康危机，健康成为社会共同关注的焦点。其中自然环境的健康效益是重要的研究方向。研究表明，自然环境对于人类健康的积极影响是多层次、多方面的[1,2]，包括提供广泛的生态系统服务和药物来源，以及覆盖个体的生理、心理、精神、社会健康和环境健康的全面效益，例如提供游憩活动场所、恢复精神疲劳、唤起地方感与灵感、加强社会关系、建立人与自然精神联结等方面。同时，以国家公园为代表的自然保护地因其更完整的生态系统和更丰富的生物多样性特征，往往具有比城市公园更突出的健康价值，对个人健康和环境健康都有更广泛而显著的提升作用[3]。研究和实践也证明通过结合科研、合理的政策、适宜的规划设计与有效的管理，自然环境的健康价值能够得到更充分的利用，惠及更多群体[4]。

基于以上共识，近 20 年间一些国家开展了开发公园健康资源的实践。澳大利亚的维多利亚州公园管理局于 1999 年最早提出“健康公园健康人民”（Healthy Parks Healthy People，以下简称 HPHP）的口号，并于 2010 年 4 月在墨尔本举办了第一届国际 HPHP 大会，探讨健康社区、健康公园、健康参与和健康人群 4 个议题，推动这一口号成为关注公园与健康的全球性运动。加拿大、美国、英国和西班牙等国家陆续加入该运动，通过科研、政策、活动和宣传，取得了普遍积极的效果[3]（表 1）。在 2014 年举办的 IUCN 世界公园大会上，“改善健康与福祉”成为会议的 8 个主要议题之一[5]，研究成果与实践经验共同揭示了保护地与国家公园将成为区域与全球生态平衡以及人类健康发展的核心[6]。

国际“健康公园”项目比较　　表 1

项目	国家	组织机构	起始时间(年)	主要成果
健康公园健康人民（Healthy Parks Healthy People）	澳大利亚	维多利亚州公园管理局	1999	实践成果：建立卫生部门和大学的联盟。宣传成果：举办 HPHP 国际会议，开创 HPHP 全球运动
健康来自自然（Healthy by Nature）	加拿大	加拿大公园委员会	2006	实践成果：由省级公园机构开发各类健康生活项目

续表

项目	国家	组织机构	起始时间(年)	主要成果
美国户外运动计划 (America's Great Outdoors Initiative)	美国	美国政府	2010	宣传成果：提高对自然环境的价值和效益的认识
健康公园健康人民 (Healthy Parks, Healthy People)	美国	美国国家公园管理局	2010	实践成果：制定战略行动计划 1.0，内容包括示范项目、研究和评价、传播教育、对接协同。 研究成果：制定 HPHP 科学计划(2013)，确定研究需求
监测自然环境接触 (Monitor of Engagement with the Natural Environment)	英国	自然英格兰	2012	研究成果：获得英国人使用自然环境的基准和趋势数据
西班牙的健康与保护地 (Health and protected areas in Spain)	西班牙	欧盟国家公园-西班牙	2013	研究成果：识别保护地的健康和福祉

资料来源：根据参考文献［3］整理。

我国于 2013 年提出建立国家公园体制，并于 2016 年颁布《“健康中国 2030”规划纲要》，首次将“健康中国”提升为国家战略，以普及健康生活、优化健康服务、完善健康保障、建设健康环境、发展健康产业为重点[7]。基于 HPHP 运动的成果，将国家公园作为健康资源，将有效提升健康生态系统服务，促进全民健康生活方式的形成和相关产业的发展。因此，借鉴各国在国家公园健康规划与管理方面的实践经验，将有助于充分认识国家公园环境的健康价值，推动完善我国的国家公园体制，对生态文明建设与国民健康改善均有重要意义。

1 各国国家公园的健康规划管理实践

综合考虑 HPHP 运动各参与国的实践经验、国家公园体系特点、科研水平等方面，本文选取澳大利亚、美国和英国 3 个国家作为案例，分析其政策体系、合作机制和具体措施。

1.1 澳大利亚国家公园的健康策略

在澳大利亚，对自然与健康的认知源自原住居民对“家园”（country）的信仰与热爱，这一质朴观念在漫长历史中维护着人与土地、海洋之间的和谐关系——“关爱你的家园，你的家园也会关爱你”[8]，并由原住民传递给公园管理者，推动了 HPHP 运动的诞生。澳大利亚的国家公园体制有悠久的历史，其国家公园分为属地管理和联邦政府管理，各州对其行政范围内的国家公园有较独立且各不相同的法规政策与管理机构[9]。自 HPHP 运动发起，联邦政府和各州公园管理局都积极支持，而维多利亚州公园管理局作为运动发起者，具有丰富的研究成果与实践经验，因此将以该州的政策与措施作为主要案例。

1.1.1 维多利亚州的政策框架与目标

维多利亚州公园管理局最新发布的公园环境与健康政策文件是《HPHP 框架 2020》（以下简称《框架》）[10]，提供政策目标、合作机制、项目活动、规划建设等，以最大限度开发利用公园的健康效益。框架理论依据包括管理局在 2008 年和 2015 年发布的两份科研成果综述[2,4]。该框架符合 2018 年法案所明确的公园目标和功能，并与其他部门政策相协调，包括卫生部门发布的《维多利亚公共健康与福祉计划 2019～2023》[11]，环境、土地、水和规划部门发布的《保护维多利亚的环境——生物多样性 2037》[12]和《维多利亚健康与自然备忘录》[8]，以及相关土地管理策略、合作计划、战略规划等，以创造健康宜居的环境、引导人们接触和爱护自然、改善人民健康为共同目标，建立部门间合作机制。

《框架》还提出管理公园的四个原则：①社会福祉依赖健康的生态系统；②公园培育健康的生态系统；③接触自然对改善情感健康、生理健康和精神健康至关重要；④公园是经济增长与保持社区活力的基础。由此可见，生态保护、健康改善与社区发展同为重要目标。

1.1.2 优先策略与国家公园实践

《框架》关注处于健康劣势的城市人口、儿童与青少年、自然中的家庭活动、老年人、残疾人以及原住民，提出现阶段的 5 个优先策略及其应用：①建设可持续的基础设施和无障碍设施，为所有人提供健康的场所和环境；②通过互利的合作项目促进健康改善，带动公园经济发展；③提供优质信息与证据，建立沟通与评估机制，实现信息资源开放共享与公园健康数字化；④领导全球、全国与各州的 HPHP 运动，分享实践经验，积极宣传；⑤公园管理局将成为示范性的健康工作场所。

该州各国家公园积极践行《框架》的指导，高山国家公园（Alpine National Park）在管理计划[13]中提出将识别与改善公园中各类活动的健康效益，例如骑行和自然教育。内皮恩角国家公园（Point Nepean National Park）则利用其作为检疫站的历史与原住居民家园文化，通过独特方式活化利用检疫站旧址（图 1），改建咖啡厅、餐厅、水疗设施（图 2），强化公园景观、游客健康、原住民家园福祉之间的联系[14]。

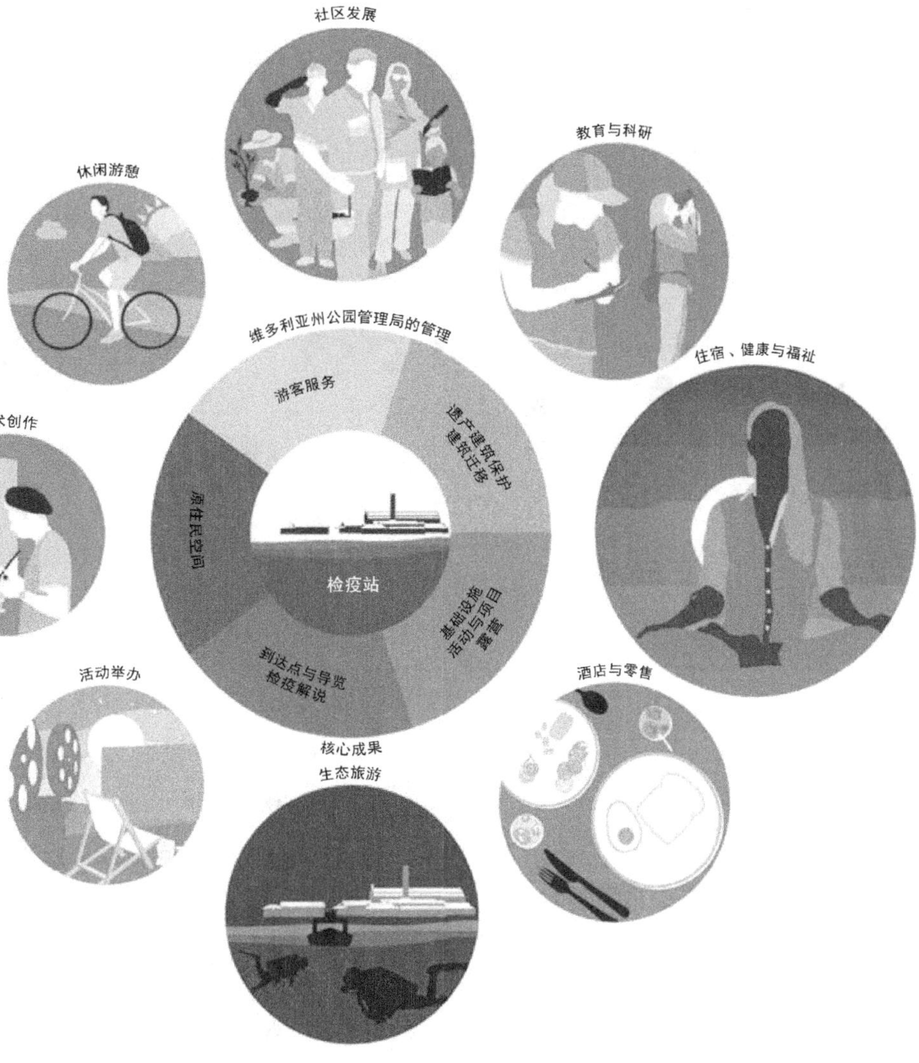

图 1　内皮恩角国家公园检疫站区域活化策略

（图片来源：作者改绘自参考文献［14］）

1.2　美国国家公园的健康策略

美国是世界上第一个建立国家公园的国家，也是较早认识到自然环境健康价值的国家之一。1921 年美国公共卫生部（USPHS）与国家公园管理局（NPS）签署协议，共同保护、促进和发展公园的健康效益，促进了公园内医疗体系与基础设施的发展，在经济大萧条和第二次世界大战时期为美国的公共卫生作出了重要贡献[15]。2010 年，美国国家公园管理局正式加入 HPHP 运动，成立了健康与福祉执行指导委员会，积极开展研究并制定相关政策。

1.2.1　科研计划与政策依据

美国国家公园管理局十分重视政策的科学依据，于 2013 年发布了《国家公园与公共健康：国家公园管理局的 HPHP 科学计划》（以下简称《科学计划》）[16]。该计划提出了研究重点：①证明公园具有健康效益；②制定并实施与健康相关的公园政策和项目，提供设施与环境；③量化公园体验的健康效益并作为基准，进一步提升健康影响。《科学计划》明确了国家公园中的项目、设施、自然与文化环境都是健康资源，为此后政策制定、项目开展、资源与效益评估、技术工具开发等提供了翔实的科学依据，同时也为环境与健康方面的后续研究指明方向。

1.2.2　愿景与战略计划

目前管理局的政策蓝图是《健康公园健康人 2018-2023 战略计划》（以下简称《战略计划》）[17]，也是该局的第二份 HPHP 五年计划。在第一个五年实践的基础上，《战略计划》进一步明确了国家公园内部和周边的自然与文化环境均为管理范围，提出 3 个“健康公园”目标：①国家公园管理局是健康的工作场所；②保护公园生态系统健康；③对现有或新建的设施、项目和环境进行改进和维护，使整体健康效益最大化。面向游客、公园工作人员和社区居民三个群体，提出 4 个“健康人民”目标：①国家公园管理局员工成为健康生活大使；②鼓励人们到公园中改善健康；③通过社区参与和建立合作关系扩

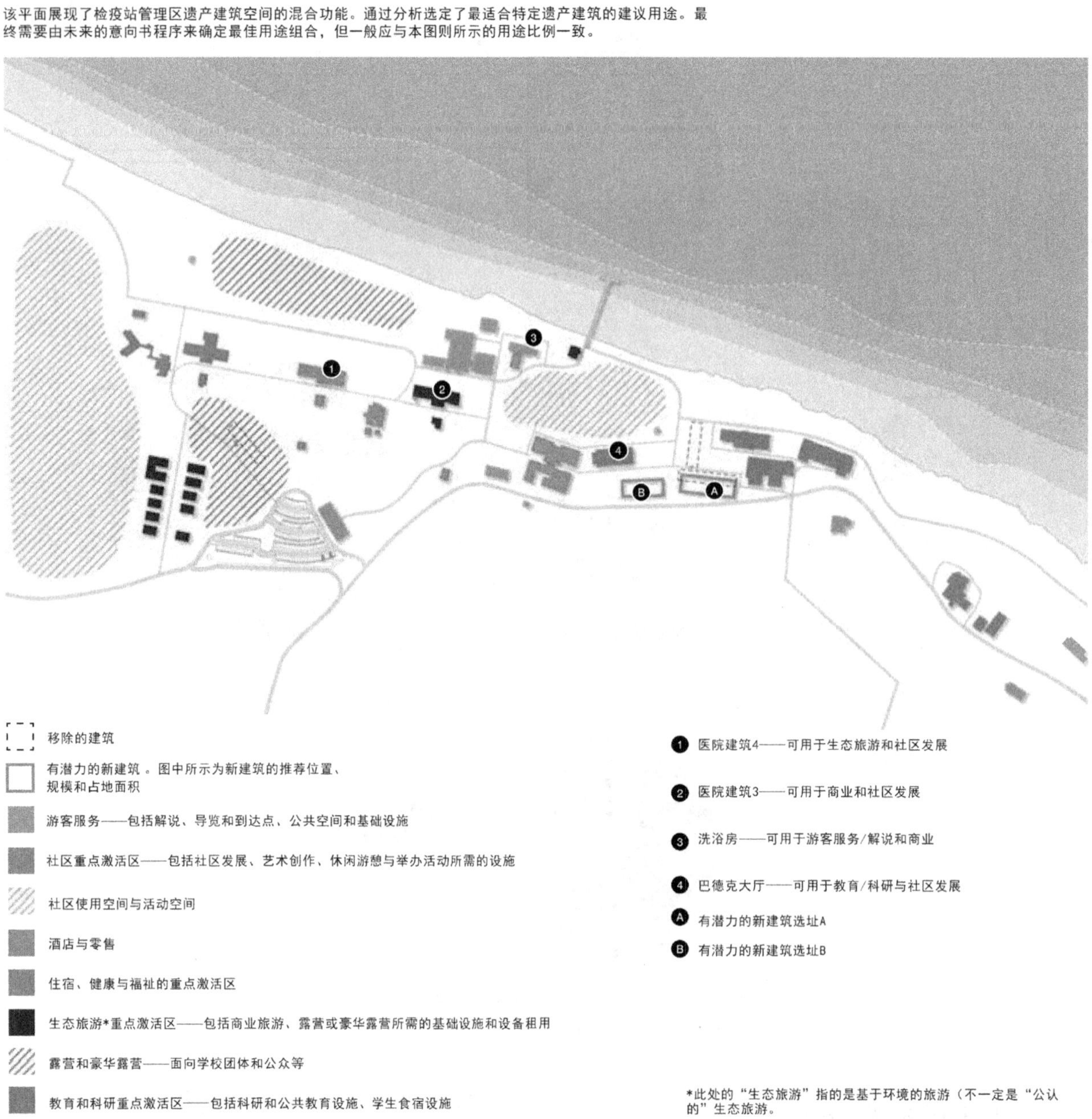
该平面展现了检疫站管理区遗产建筑空间的混合功能。通过分析选定了最适合特定遗产建筑的建议用途。最终需要由未来的意向书程序来确定最佳用途组合，但一般应与本图则所示的用途比例一致。
移除的建筑
有潜力的新建筑。图中所示为新建筑的推荐位置、规模和占地面积
游客服务——包括解说、导览和到达点、公共空间和基础设施
社区重点激活区——包括社区发展、艺术创作、休闲游憩与举办活动所需的设施
社区使用空间与活动空间
酒店与零售
住宿、健康与福祉的重点激活区
生态旅游*重点激活区——包括商业旅游、露营或豪华露营所需的基础设施和设备租用
露营和豪华露营——面向学校团体和公众等
教育和科研重点激活区——包括科研和公共教育设施、学生食宿设施
1 医院建筑4——可用于生态旅游和社区发展
2 医院建筑3——可用于商业和社区发展
3 洗浴房——可用于游客服务/解说和商业
4 巴德克大厅——可用于教育/科研与社区发展
A 有潜力的新建筑选址A
B 有潜力的新建筑选址B
*此处的“生态旅游”指的是基于环境的旅游（不一定是“公认的”生态旅游。

图 2　内皮恩角国家公园检疫站区域功能平面图
（图片来源：作者改绘自参考文献［14］）

大公园的健康影响；④提高当地与周边社区的经济效益与韧性。可见《战略计划》对于“健康”的理解是广义的，其愿景包含了国家公园生态系统的良好状态、社区的可持续发展以及不同人群的全面健康。

行动计划部分罗列了上百个项目所属的 11 个合作领域，具体包括提高公园可达性、游憩活动、游客服务、改善环境可持续性、管理局员工的健康与福祉、社区参与、志愿者活动、开展科研、建立沟通机制、开发技术工具以及保持合作关系等方面。

1.2.3　技术工具与项目实施

管理局为保障策略实施而开发了各类技术工具，例如为公园规划设计人员和健康游憩实践者提供的《公园、游径与健康手册》[18]，可作为公园健康导向场地规划设计与评估的指导手册；以及《HPHP 社区参与电子指南》[19]，为管理人员提供基础理论、相关政策以及大量项目案例；还有支持公园内的步行和骑行活动发展的《国家公园管理局公共交通指南》[20]。管理局也广泛宣传各项公园健康活动，公共健康办公室网站上为游客提供项目信息，例如宠物护林员、健身挑战、美食花园、绿色运动疗法、自然游戏区和不同主题的漫步、骑行活动，鼓励不同年龄、不同背景的游客充分参与其中并得到全面的健康改善。

1.3　英国国家公园的健康策略

英国国家公园的性质和管理体系都与美、澳有较大差别。在世界自然保护联盟（IUCN）的保护地分类体系中，英国国家公园为第五（V）类，即“陆地和海洋景观保护区”，保护国土中具有代表性的自然景观和乡村景观，每个

国家公园由独立的公园管理局（National Park Authority，NPA）管理，体系具有“自上而下”的特点[21]。为了充分利用其环境健康价值，国家至地区各级政府部门共同构建了自上而下的环境与健康政策体系，并落实到各国家公园的规划和管理实践中。由于大多数国家公园都分布在英格兰，因此将主要分析英格兰的政策和实践。

1.3.1 英格兰环境与健康政策体系

英国国家公园建立之初就已认识到其环境的健康价值，“建立国家公园的目的之一，是为在第二次世界大战中保家卫国的人们提供身心疗愈的场所”[22]。随着社会发展与研究深入，预防成为英国健康政策的核心，自然环境健康价值得到重视，2017 年英格兰公共卫生部与 10 个国家公园建立合作关系并签署协议，将一年 365 天、每天 24 小时开放国家公园，充分发挥其健康效益。而在 2018 年的环境战略——《一个绿色的未来：我们的 25 年环境改善计划》[23]中，“连接人与环境以改善健康和福祉”一章明确自然环境的健康价值，鼓励人们通过接触绿色空间改善身心健康。英格兰公共卫生部（Public Health England）则发布了《健康空间规划：规划设计更健康场所的证据综述》[24]，为将“自然与可持续环境”作为五个关键问题之一，通过循证的规划设计减少环境隐患、增加自然环境使用率和应对气候变化。英格兰体育部也在其策略[25]中提出通过接触自然解决缺乏活动的问题，加强儿童和青少年的自然活动，并鼓励人们参与公园志愿服务而获得健康改善。

基于以上政策，《英格兰国家公园的八点计划》[26]将“国家公园对国民健康的积极作用”作为八项重点之一，发布战略实施框架，优先事项首先是促进国家公园公共健康服务创新方案的研究与实施，其次是开发公园中户外游憩的巨大潜力，通过活动和配套设施支持游客进入公园改善健康。

1.3.2 南唐斯丘陵国家公园的健康促进策略

英格兰地区的各国家公园都在其管理计划和网站上提出了改善健康的措施与活动，其中南唐斯丘陵国家公园管理局（South Downs National Park Authority）将健康与福祉作为其规划管理专项，设置了 4 个相关部门及委员会，并制定了《健康与福祉策略》[27]，具有重要的借鉴价值。

南唐斯丘陵国家公园在其地方计划[28]中提出可持续发展原则之一是“通过设计和社区参与，促进形成健康的生活方式，促进身心健康和精神福祉”，而在其合作关系管理计划[29]中将“健康与福祉”作为主要成果之一，明确了公园管理局将与公园内部及周边的卫生机构、服务供应商和相关组织机构共同建立合作网络，以加强蓝绿基础设施建设、开发文化遗产的健康影响和提升游客体验。《健康与福祉策略》基于上述背景与现状，通过“健康地图”（图 3）识别出三个行动计划主题：①实现社区福祉，即确定公园内提供健康资源的优先区域，合作改善其绿地可达性、设施和交通可用性等；②实现个人福祉，即发展社会处方等健康机制，引导更多特定群体进入公园改善身心健康；③促进南唐斯丘陵国家公园成为健康

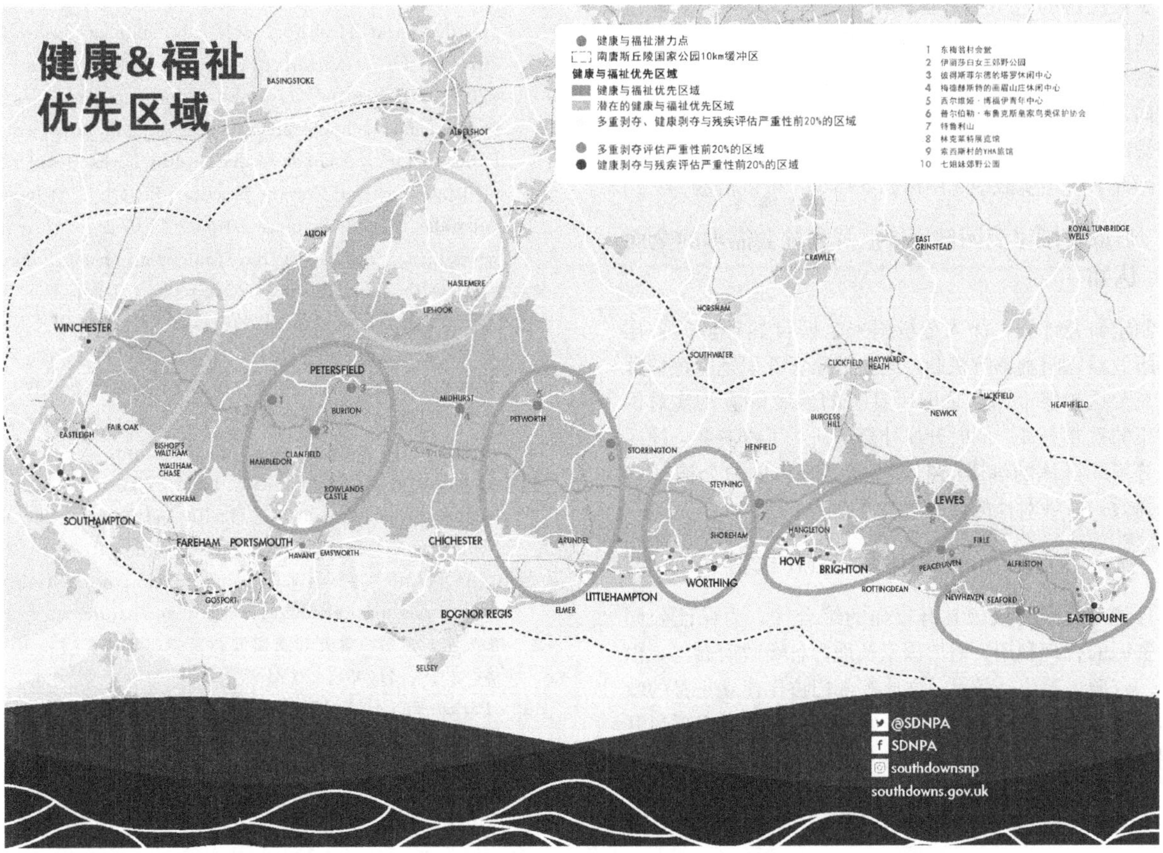

图 3 南唐斯丘陵国家公园健康与福祉优先区域（图片来源：作者改绘自参考文献［27］）

幸福的地方，即通过交流合作和调研评估，改善健康活动有效性，并进一步推广和宣传国家公园环境的健康效益。

1.4 三国实践对比与总结

上述三国的政策与实践既有共同之处，又各具特点。共同之处主要有3个方面：一是基于本质联系，将国家公园生态保护、游憩利用、社区发展、文化传承的目标与健康改善策略相结合，且“健康”的概念是多层次且惠及全民的，统筹兼顾；二是以研究为政策依据，利用HPHP全球平台交流共享，广泛宣传并持续共同推进研究与实践；三是构建多方合作的政策体系与行动计划，环境、卫生、体育和公园管理等部门相互协调，并与社区、企业和各组织机构合作实践。

而在不同国情下，澳大利亚传承了原住民的健康自然观，充分挖掘和发挥传统文化中与自然和谐共生的理念，加以活化利用。英国则基于对国民健康问题的深入分析，认识到预防是健康政策的关键，也是国家公园发挥健康作用的主要环节，而南唐斯丘陵国家公园还识别优先区域进行重点提升，具有针对性和有效性。英、美两国的研究还共同揭示了规划设计的作用，开始尝试通过设计优化提升国家公园的健康效益，美国的相关技术工具将有效推动公园健康场所的营造。

2 对我国国家公园建设的启示

与上述3个国家一样，我国对自然与健康的关联也认识已久，饮食文化、中医养生、隐逸文化、天人合一以及许多少数民族的自然观，都深刻地理解了人从自然环境中所能汲取的身心滋养与精神慰藉。而近年来循证科学的理论和方法则将自然与健康的研究引入了更客观准确的方向，但实证探究与应用实践都尚不充分，对自然环境中的健康资源认识不足，难以应用于国家公园体制建设中。因此从各国实践中总结出如下启示，可供借鉴。

2.1 形成对国家公园健康价值及其社会需求的全面认知

制定研究计划，深入分析国家公园自然环境的各层次健康效益，明确影响机制，建立健康资源识别与评估框架，充分认知每个国家公园所具有的健康价值及其对国民健康的重要意义。同时开展社会调研，了解游客、社区居民等不同群体的健康问题与需求，分析国家公园如何成为高效而有针对性的健康解决方案。

2.2 建立多方参与的政策体系与合作机制

环境与健康的议题具有较强的综合性，为保证公园健康资源的合理利用，需要国家及地方各级政府参与，由环境、资源、卫生、教育、文旅等部门协作建立完善的政策体系，各国家公园管理局主导实施，并充分考虑项目开展到实施各环节中的多元主体参与。

2.3 开发信息共享平台和项目评估机制

由于不同专业背景的多方主体需要共同参与到国家公园的各项健康促进项目中，为了政策的有效落实，实现公园信息数字化、建立资源共享平台并发布可供使用的各类技术工具十分必要。同时为了保证项目有效性，也应建立可量化健康影响的评估机制，并将评价结果作为依据反馈到新的政策与项目中。

2.4 通过规划设计进一步提升国家公园的健康效益

各国的研究与实践都已揭示出通过适宜的规划设计，自然环境的健康价值能够得到更充分的利用。规划管理人员应认识到生态系统、社区、文化遗产的健康发展状态与各群体的身心健康、精神福祉具有内在的一致性，因此国家公园多重目标与健康促进的策略相结合，应用于公园内的规划设计、建设发展、活动开展中，能够让环境健康资源更好地惠及更多群体，多方共赢。

参考文献

[1] Stolton S, Dudley N. Vital Sites: The Contribution of Protected Areas to Human Health: a Research Report by WWF and Equilibrium Research[EB/OL]. Switzerland: WWF, 2010 [2021-07-15]. http://d2ouvy59p0dg6k.cloudfront.net/downloads/vital_sites.pdf.

[2] Maller C, Townsend M, Leger L S, et al. Healthy parks healthy people: The health benefits of contact with nature in a park context[J]. Parks Stewardship Forum, 2009, 26(2).

[3] Romagosa F, Eagles P, Lemieux C J. From the inside out to the outside in: Exploring the role of parks and protected areas as providers of human health and well-being[J]. Journal of Outdoor Recreation and Tourism, 2015: 70-77.

[4] Townsend M, Henderson-Wilson C, Warner E, Weiss L. Healthy Parks Healthy People: the state of the evidence 2015[EB/OL]. Victoria, Australia: Parks Victoria, 2015 [2021-07-15]. https://www.iucn.org/sites/dev/files/content/documents/hphpstate-evidence2015.pdf.

[5] Parks Victoria. A Guide to the Healthy Parks Healthy People: Approach and Current Practices[EB/OL]. Melbourne, Australia: Parks Victoria, 2015 [2021-07-15]. https://www.iucn.org/sites/dev/files/content/documents/improving-health-and-well-being-stream-report_0.pdf.

[6] 吴承照. 保护地与国家公园的全球共识——2014IUCN世界公园大会综述[J]. 中国园林, 2015, 31(11): 69-72.

[7] 中共中央, 国务院. “健康中国2030”规划纲要[EB/OL]. 北京: 新华社, 2016[2021-07-23]. http://www.gov.cn/zhengce/2016-10/25/content_5124174.htm.

[8] Department of Environment, Land, Water and Planning. Victorian Memorandum for Health and Nature[EB/OL]. Melbourne, Australia: Victorian Government, 2017[2021-07-15]. https://www.environment.vic.gov.au/biodiversity/victorian-memorandum-for-health-and-nature.

[9] 张天宇, 乌恩. 澳大利亚国家公园管理及启示[J]. 林业经济, 2019, 41(08): 20-24+29.

[10] Parks Victoria, Victorian Government. Healthy Parks Healthy People Framework 2020[EB/OL]. Victoria, Australia: Parks Victoria, 2020 [2021-07-15]. https://www.parks.vic.gov.au/healthy-parks-healthy-people.

[11] Victorian Government. Victorian public health and wellbeing plan 2019-2023[EB/OL]. Melbourne, Australia: Vic-

torian Government, 2019 [2021-07-15]. https://s23705.pcdn.co/wp-content/uploads/2019/09/Victorian-public-health-and-wellbeing-plan-2019-2023.pdf.

[12] Department of Environment, Land, Water and Planning. Protecting Victoria's Environment - Biodiversity 2037[EB/OL]. Melbourne, Australia: Victorian Government, 2017 [2021-07-15]. https://www.environment.vic.gov.au/biodiversity/biodiversity-plan.

[13] Parks Victoria. Greater Alpine National Parks: Management Plan [EB/OL]. Melbourne, Australia: Parks Victoria, 2016[2021-07-15]. https://www.parliament.vic.gov.au/file_uploads/Greater_Alpine_National_Parks_Management_Plan_2016_9FyDnQMt.pdf.

[14] Parks Victoria. Point Nepean National Park Master Plan 2017[EB/OL]. Melbourne, Australia: Parks Victoria, 2017 [2021-07-15]. https://www.parks.vic.gov.au/-/media/e3f486985e344d84bae8a394cbd9cd46.pdf?la=en&hash=AA52397195C9753768FAAAE6724740A772D459A9

[15] National Park Service. Power of Parks for Health [EB/OL]. Washington, D.C.: NPS, 2021 [2021-07-16]. https://www.nps.gov/subjects/healthandsafety/power-of-parks-for-health.htm.

[16] National Park Service. The National Parks & Public Health: A NPS Healthy Parks, Healthy People Science Plan [EB/OL]. Washington, D.C.: NPS, 2013[2021-07-16]. https://www.nps.gov/subjects/healthandsafety/upload/HPHP_Science-Plan_2013_final.pdf.

[17] National Park Service. Healthy Parks Healthy People 2018-2023 Strategic Plan [EB/OL]. Washington, D.C.: NPS, 2018[2021-07-16]. https://www.nps.gov/subjects/healthandsafety/upload/HP2-Strat-Plan-Release-June_2018.pdf.

[18] NPS, CDC. Parks, Trails, and Health Workbook [EB/OL]. Washington, D.C.: NPS, 2020[2021-07-16]. https://www.nps.gov/subjects/healthandsafety/upload/Parks-Trails-and-Health-Workbook_2020.pdf.

[19] National Park Service. Healthy Parks Healthy People: Community Engagemente Guide[EB/OL]. Washington, D.C.: NPS, 2014[2021-07-16]. https://www.nps.gov/subjects/healthandsafety/upload/HealthyParksHealthyPeople_eGuide.pdf.

[20] National Park Service. National Park Service Active Transportation Guidebook[EB/OL]. Washington, D.C.: NPS, 2018 [2021-07-16]. https://www.nps.gov/subjects/transportation/upload/UPDATED_NPS_Guidebook_July2018_Final_UpdateSept2018-High-Res_WEB-2.pdf.

[21] 陈英瑾. 英国国家公园与法国区域公园的保护与管理[J]. 中国园林, 2011, 27(06): 61-65.

[22] Department for Environment, Food & Rural Affairs. Landscapes review: final report[EB/OL]. London, England: Defra, 2019 [2021-07-16]. https://assets.publishing.service.gov.uk/government/uploads/system/uploads/attachment_data/file/833726/landscapes-review-final-report.pdf.

[23] Defra. A Green Future: Our 25 Year Plan to Improve the Environment[EB/OL]. 2018[2021-07-16]. London, England: Defra, https://www.gov.uk/government/publications/25-year-environment-plan.

[24] Public Health England. Spatial Planning for Health An evidence resource for planning and designing healthier places [EB/OL]. London, England: PHE 2017[2021-07-16]. https://www.gov.uk/government/publications/spatial-planning-for-health-evidence-review.

[25] Sport England. Sport England: Towards an Active Nation Strategy 2016-2021[EB/OL]. London, England: Sport England, 2016 [2021-07-16]. https://sportengland-production-files.s3.eu-west-2.amazonaws.com/s3fs-public/sport-england-towards-an-active-nation.pdf?VersionId=zE6hDbFaa9dNK8tRqxP2HuVIM2Ls79HG.

[26] Defra, Environment Agency, and Natural England. National Parks: 8-point plan for England [EB/OL]. London, England: Defra, Environment Agency, and Natural England, 2016[2021-07-16]. https://assets.publishing.service.gov.uk/government/uploads/system/uploads/attachment_data/file/509916/national-parks-8-point-plan-for-england-2016-to-2020.pdf.

[27] South Downs National Park Authority. Strategic review of Health and Well-being 2020-2025[EB/OL]. South Downs National Park: SDNPA, 2020 [2021-07-16]. https://www.southdowns.gov.uk/wp-content/uploads/2021/04/HWB-Strategy-FINAL.pdf.

[28] South Downs National Park Authority. SOUTH DOWNS LOCAL PLAN[EB/OL]. South Downs National Park: SDNPA, 2014 [2021-07-16]. https://www.southdowns.gov.uk/wp-content/uploads/2019/07/SD_LocalPlan_2019_17Wb.pdf.

[29] South Downs National Park Authority. Partnership Management Plan 2020-2025[EB/OL]. South Downs National Park: SDNPA, 2020 [2021-07-16]. https://www.southdowns.gov.uk/partnership-management-plan/.

作者简介

罗玉婷，1995年7月生，女，汉族，四川西昌人，同济大学建筑城规学院风景园林专业在读硕士研究生，研究方向为大地景观规划与生态修复。电子邮箱：493184964@qq.com。

吴承照，1964年11月生，男，汉族，安徽合肥人，博士，同济大学建筑城规学院，教授、博士生导师，研究方向为国家公园规划与管理、风景园林与旅游规划设计、景观游憩学。电子邮箱：wuchzhao@vip.sina.com。

陆海统筹背景下海岸带自然保护与管理的景观方法

——以英国南部地区 SCA 为例①

Landscape Approaches to Coastal Zone Conservation and Management under the Background of sLand-sea Coordination

—A Case Study of SCA in Southern England

宋銮鑫　鲍梓婷　华国栋*

摘　要：目前，我国自然保护地体系尚不成熟，在海岸带这一陆海相交的地理单元内兼有陆域保护地和海域保护地，情况尤为复杂，亟须综合、统一的方法对其进行保护与管理。本文系统梳理了英国海岸带区域自然保护地体系的三大类型与面临的核心挑战，总结了景观方法与工具在英国海岸带景观保护管理工作中的创新应用与实践。英国海景特征评估（Seascape Character Assessment，简称 SCA）作为一个新的方法与工具，链接了已广泛应用的 LCA（Landscape character assessment），提供了陆海一致的、系统的空间框架来理解海岸带景观、管理景观变化，对陆、海自然保护地的统筹保护与管理具有指导意义。

关键词：陆海统筹；自然保护地；景观管理；海景特征评估；景观特征评估

Abstract: At present, the protected areas system in China is not mature, and there are both land protected areas and marine protected areas in the coastal zone, the geographical unit of the intersection of land and sea. The situation is particularly complicated, and it is necessary to protect and manage the protected areas in a comprehensive and unified way. This paper systematically reviews the three types and core challenges of the protected areas system in the UK coastal zone, and summarizes the innovative application and practice of landscape approaches and tools in the UK coastal zone landscape conservation and management. As a new approach and tool, the Seascape Character Assessment (SCA), which links to the widely used LCA, provides a consistent system framework for understanding coastal landscapes and managing landscape changes, guiding the overall conservation and management of land and sea protected areas.

Keywords: Land-sea Coordination; Protected Areas; Landscape Management; Seascape Character Assessment; Landscape Character Assessment

1　背景与挑战

1.1　陆海统筹的政策背景

党的十八大、十九大报告多次强调“坚持陆海统筹，加快建设海洋强国”的目标，与此同时，2019 年国务院印发了《关于建立以国家公园为主体的自然保护地体系的指导意见》，给我国建立完善的自然保护地体系带来新的机遇。当前，我国学者分别从陆域及海域自然保护地的角度进行了大量研究，然而基于陆海统筹的自然保护地保护与管理却一直较缺乏成熟的理论方法。

1.2　海岸带区域的复杂性

我国海岸带的定义一直较为模糊，一般简单按距离、行政边界进行划分，缺乏科学的依据。一般而言，海岸带是陆、海相互作用强烈的区域（图 1），生态系统多样，物质、能量交换频繁，是典型的生态脆弱带。同时海岸带又是我国人口、经济等方面最集聚的区域，2017 年，全国

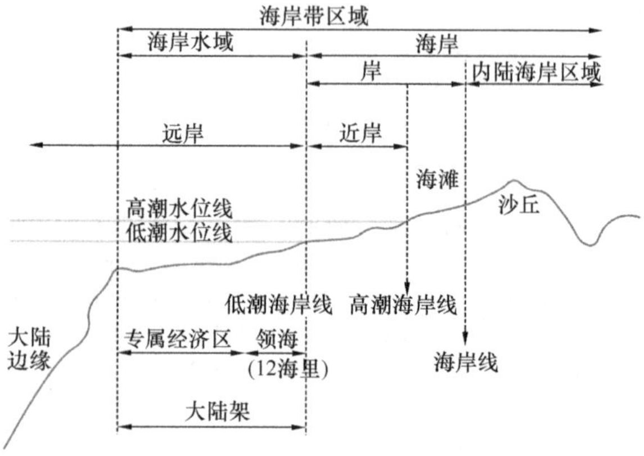

图 1　一种可能的海岸带空间范围及相关要素示意图
（图片来源：根据参考文献［3］改绘）

57%的 GDP 和 43%的人口集中在仅占陆域国土面积 13.5%的海岸带区域[1]。在快速城镇化及海岸带开发深化背景下，高强度的滩涂围垦、湿地养殖、滨海旅游等开发活动造成滨海湿地面积衰退、生态系统退化，对海岸带环

① 基金项目：由国家自然科学青年基金项目（51908223），广州市社会科学基金羊城青年学人项目（2019GZQN11），广州市科技计划项目（202102021193）共同资助。

境造成巨大冲击。我国海岸带正面临开发与生态环境衰退的矛盾[2]，对海岸带的保护刻不容缓。而在海岸带这一海陆相交的地理单元，其自然保护地的保护与管理具有复杂性。因此在海岸带内探索陆海一致的自然保护与管理方法，对我国自然保护地保护与管理体系的完善具有重要意义。

1.3 陆海统筹背景下我国海岸带自然保护地面临的矛盾与挑战

1.3.1 陆海发展不均，海岸带保护与管理滞后

我国自然保护地体系最早以自然保护区和风景名胜区为代表，而后海洋、水利、林业等主管部门相继设立特定类型保护地[4]（图2）。目前，我国没有针对海岸带区域设立特有的保护类型，相关保护地分散在其他保护地类别中（表1），其保护与管理往往忽视了海岸带的特殊性，滞后于陆域自然保护地。譬如，2017年修订的《中华人民共和国自然保护区条例》中的管理规定以针对陆域自然保护区为主，很多条款并不适用于海岸带的自然保护区[5]。

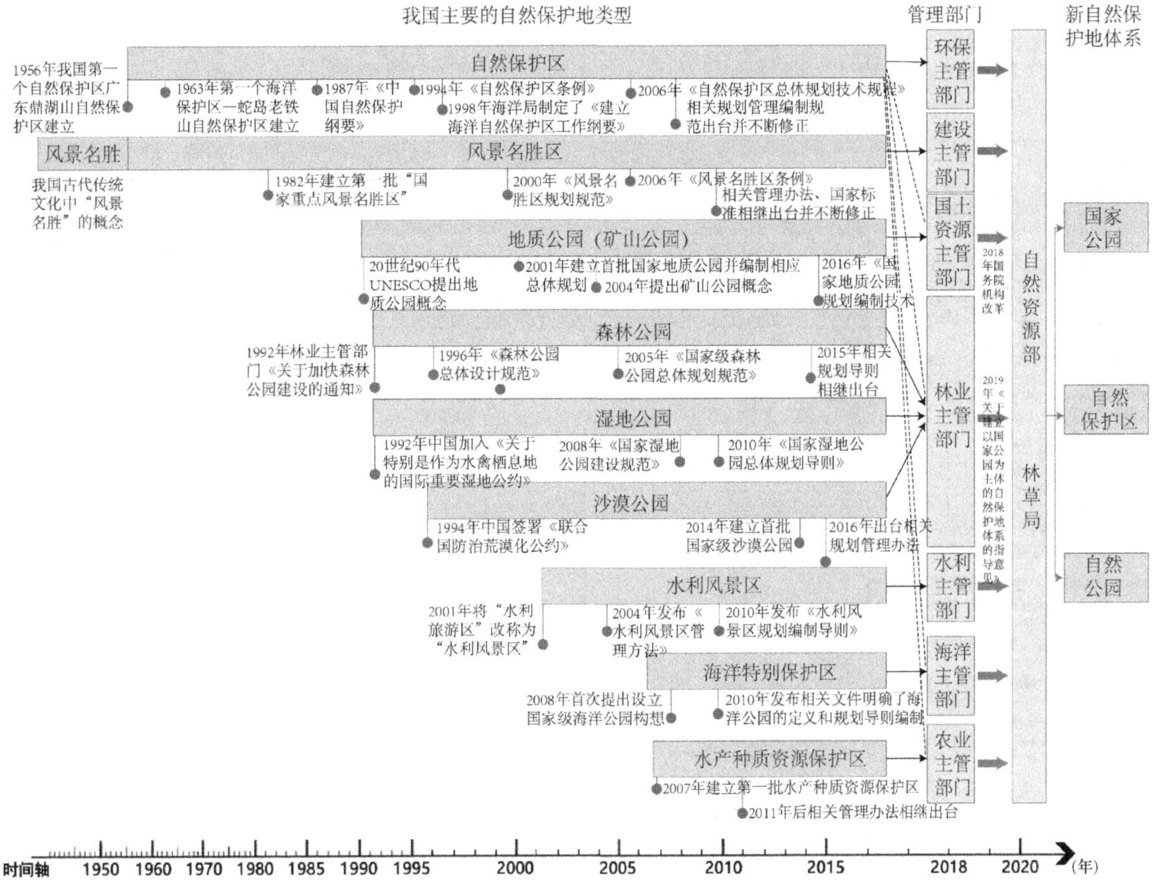

图2 我国各类自然保护地发展历程（图片来源：根据参考文献［4］改绘）

我国海岸带保护地类型　　表1

类型	保护内容	举例
自然保护区	自然生态系统、重要野生动物栖息地、自然遗迹等	江苏盐城湿地珍禽国家级自然保护区
风景名胜区	自然景观和人文景观交融的景观资源	青岛崂山风景名胜区
地质公园	沿海地质遗迹、地质景观	深圳大鹏半岛国家地质公园
森林公园	森林资源为主的自然和人文景观	上海海湾国家森林公园
湿地公园	湿地内生物及生境	北戴河国家湿地公园
海洋特别保护区（海洋公园）	以海洋资源为主的自然和人文景观资源	乐清西门岛海洋特别保护区
水产种质资源保护区	以水产种质资源为主的自然和人文景观	海陵湾近江牡蛎国家级水产种质资源保护区

资料来源：根据参考文献［4］整理。

1.3.2 缺乏顶层设计，存在交错重叠保护空缺

我国自然保护地的管理缺乏科学的部署与统一的空间框架。由于陆海缺乏统筹，且长期分属不同的部门管理，各部门主体各自为政造成保护地重叠设置、管理边界重叠，或同一保护区被分割成独立地块，缺乏空间有机联系的现象，破坏了生态系统的完整性。

1.3.3 保护功能单一，存在保护与发展的矛盾

我国保护地的功能定位可大致分为“保护物种及栖息地”和“合理进行资源利用”两类，均不能实现可持续发展的目标。面对保护与发展间日益尖锐的矛盾，一些地方政府甚至擅自调整保护地的范围，如东部沿海一些城市为建设港口而擅自占用候鸟迁徙的保护区，单一的功能定位无法协调保护与发展。

2 英国海岸带内自然保护地保护与管理的经验

2.1 英国海岸带保护与管理概况

英国的海岸线长达 18600km，在英格兰和威尔士海岸地区有 1/3 是国家公园和杰出自然风景区（AONB）。海岸带对英国社会、经济和环境福祉至关重要，而频繁的人类活动会对海岸带环境造成重大压力，英国一直在积极探索合理有效的海岸带保护和管理方法。

随着《海洋与海岸准入法》《海洋政策声明》和《海岸带综合管理法案》等一系列法律的颁布以及海洋空间规划体系和海洋保护地网络的建立，英国海岸和海洋综合治理框架迈出了真正的一步[6]。2009 年《海洋与海岸准入法》的颁布简化了英国海岸、海洋管理的复杂性，对不同部门的职责、监管范围及立法的权限范围进行了清晰的界定（图 3），自然保护地的管理主要由环境、食品和农村事务部（DEFRA）主管。

图 3　英国海岸监管机构及立法的权限范围（图片来源：译自参考文献 [7]）

2.2 英国海岸带内自然保护地类型

英国自然保护地的建立与管理具有“以法定方式施加给公共机构”的鲜明特征，从国家、地方政府到法定的保护机构，对自然保护相关的法律及政策的管理实施都具有直接责任[8]。海岸带内自然保护地的管理机构主要由环境、食品和农村事务部（DEFRA）下属的非部门公共机构（NDPB）——自然英格兰、海洋管理组织（MMO）、英国遗产（English Heritage）及其他非政府部门（NGO）组成。

2009 年《海洋与海岸准入法》要求划定海洋保护区（Marine Conservation Zones，MCZs），并与原有 4 类保护区（SACs，SPAs、SSSIs、Ramsar Site）共同构建海洋保护地网络（Marine Protected Areas，MPAs），拓展并完善了英国自然保护地体系。海岸带内的保护地类型众多，按其管理目标可大致分为保护生物多样性、保护自然景观和保护遗迹三大类。

2.2.1 生物多样性保护区

英国完善的法规体系明确规定了不同保护区的保护内容及管理机构。英国海岸带内用于保护生物多样性的保护区有 9 类（表 2），其保护内容一般为保护区内特定的物种、栖息地，主要通过限制人类活动的范围等来减少对特征的干扰，是一种静态的保护方式。

英国海岸带内保护生物多样性保护区 **表 2**

级别	名称	划定部门	设立依据	保护内容	管理机构
国际	生物圈保护区(Biosphere Reserves)	UK MAB 国家委员会评选推荐	教科文组织的人和生物圈(MAB)计划	具有代表性的陆地、海岸带或海洋生态系统	—
	国际重要湿地(Ramsar Sites)	—	《国际重要湿地公约》(《拉姆萨尔公约》)	国际重要性的湿地,特别是作为水禽栖息地	自然英格兰(管辖权延伸到平均低水位)
欧洲	特殊保育区(Special Areas of Conservation, SAC)	JNCC 评选推荐	《欧盟栖息地指令》(*EU Habitats Directive*)	欧洲境内被认为是稀有、特殊或受威胁的植物、动物和栖息地	自然英格兰
	特殊保护区(Special Protection Areas, SPA)	—	《野鸟条例》(*Birds Directive*)	对繁殖、喂养、越冬或在欧洲发现的稀有和脆弱鸟类物种	自然英格兰
国家	海洋保育区(Marine Conservation Zones, MCZ)	国务秘书或(各自)威尔士或苏格兰近海地区相关的大臣	《海洋与海岸准入法》(*The Marine and Coastal Access*)	国家重要海洋野生动物、栖息地和地质地貌	海洋管理机构(MMO)
	国家自然保育区(National Nature Reserves, NNR)	自然英格兰;自然苏格兰;威尔士自然资源部;北爱尔兰环境署	《英国国家公园和乡村准入法》(1949 年)	英国最重要的自然栖息地	法定保育机构
	特殊科学利益场所(SSSI)	自然英格兰;自然苏格兰;威尔士自然资源部;北爱尔兰环境署	《英国国家公园和乡村准入法》(1949 年);《野生动物和乡村法》(1981 年);《乡村和道路权力法》;《水资源法》(1991 年)等	英国植物、动物或地质或地貌特征	自然英格兰(管辖权延伸到平均低水位)
地方	地方自然保护区(Local Nature Reserves, LNR)	地方当局及地方自然保护机构	《英国国家公园和乡村准入法》(1949 年)	地方重要的自然栖息地	地方当局
	区域内重要的地质或地貌地点(RIGS)	地方当局	无	地方重要地质地貌	地方当局

资料来源:根据维基百科及政府网站整理。

2.2.2 景观保护区

英国用于保护自然风景的保护区类别众多,完备的法规政策体系保障了划定保护区与设立相应管理机构时有法可依,用于保护海岸带内优美自然风景的保护区包括以下 4 类(表 3)。

英国海岸带内景观保护区 **表 3**

级别	名称	划定部门	设立依据	管理机构	有无管理计划
国家	国家公园(National Parks)	自然英格兰;威尔士自然资源部;自然苏格兰	《英国国家公园和乡村准入法》(1949 年)、《国家公园法(苏格兰)》(2000 年)	国家公园管理局	有
	杰出自然风景区(AONB)	自然英格兰;威尔士自然资源部;北爱尔兰环境署	《英国国家公园和乡村准入法》(1949 年)、《乡村和道路权法》(2000 年)等	地方当局、接触自然风景区合作组织机构	有
	遗产海岸(Heritage Coast)	自然英格兰;威尔士自然资源部	多数在国家公园和 AONB 正式认定过,因此不受法律认定保护	地方当局与自然英格兰会、威尔士自然资源部	有
地方	当地景观指定地(Local Landscape Designation)	地方当局	无	地方当局	—

资料来源:根据维基百科及政府网站整理。

2.2.3 遗产保护区

英国遗产保护管理主要包括国家和地方两级政府以及“英国遗产”（English Heritage）等非政府部门，“英国遗产”作为遗产保护的中立机构，有效保证了历史遗产保护、管理与监控的客观公正；其遗产保护区逐步形成了国家机构划定历史遗产类别并编制保护原则，地方政府在规划审批时具体实施遗产保护的体系[9]，在海岸带地区的遗产保护区主要有6类（表4）。

英国海岸带内遗产保护区　　表4

级别	名称	划定部门	设立依据	管理机构
国际	世界文化遗产（World Heritage Sites）	文体部推荐，联合国世界遗产委员会通过确认	《保护世界文化和自然遗产公约》（1972年）	文体部、政府部、地方政府都有责任
国家	历史公园和花园（Historic Parks and Gardens）	“英国遗产”，分为Ⅰ、Ⅱ*、Ⅱ三个级别	由《历史建筑及古迹法》（1953年）提出，根据《国家遗产法》（1983年）实行	地方政府负责日常控制，“英格兰遗产”提供技术咨询
国家	登录建筑（Listed Buildings）	“英国遗产”推荐，文体部大臣确认划定，分为Ⅰ、Ⅱ*、Ⅱ三个级别	《登录建筑及历史保护区规划法》（1990年）	地方政府负责日常控制，“英格兰遗产”提供技术咨询，文体部处理上诉案件
国家	受保护沉船场所（Protected Wreck Sites）	文体部国务秘书	《沉船场所保护法》（1973年）	文体部国务秘书
国家	编录古迹（Scheduled Monument）	“英国遗产”推荐，文体部国务秘书确认划定	《古迹及考古场地法》（1979年）	地方政府负责日常保护和控制，“英格兰遗产”提供技术咨询，文体部处理上诉案件
地方	历史保护区（Conservation Areas）	地方政府	《登录建筑及历史保护区规划法》（1990年）	地方政府

资料来源：根据参考文献［9］及政府网站整理。

2.3 景观方法的发展及其在海岸带保护领域的应用

2.3.1 基于场地的保护区方法在实践中的失效

英国海岸带内保护区类型众多，其数量及空间范畴在不断的扩张，然而这种基于场地划定孤立保护区的方法在实践中并没有发挥显著的作用。2015年欧洲环境署（European Environment Agency）曾指出：在欧洲范围内，近20年来建立的保护地网络对保护目标（即脆弱物种和栖息地的保护状况）没有显著的积极作用[6]。从2007年到2012年，整个欧洲海洋保护地的海洋栖息地评估中表明，只有9%处于“良好保护”状态，66%处于“糟糕/不足”状态，25%被归类为“未知”状态[10]。传统基于场地保护区的方法由于其生态系统范式固有的局限性已无法实现对重要景观特征及生物多样性的保护[11]。

爱知目标（Aichi Targets）第11条指出，保护地和其他有效的区域保护措施（OECMs）应“融入更广泛的景观和海景”。这意味着保护地不应被视为生物多样性的孤岛，而应该成为更广泛的保护和可持续发展策略的一部分。

2.3.2 景观方法在海岸带保护领域的应用：从LCA到SCA

景观特征评估（Landscape Character Assessment，LCA）提供了一个理解景观及管理景观变化的系统框架，以管理景观变化为目的，确保变化以一种“积极”的方式进行[12]，在辅助规划决策及景观保护与管理领域发挥重要作用，已成为英国国家公园保护与管理的核心工具之一[13]。

海景特征评估（Seascape Character Assessment，SCA）作为2009年《海洋与海岸准入法》实施的一部分，遵循被广泛应用的LCA的方法，将特征评估的空间范围从主要关注陆域拓展至海域，提供了陆海一致的评估、规划及管理方法[14]，与保护区方法相比（表5），SCA突破了保护区红线边界，为各类保护地提供了综合的背景框架。

保护区方法和SCA方法对比　　表5

	划定保护区的方法	SCA的方法
保护对象	区域内特定物种、栖息地、景观资源	广泛的景观的特征
划定方式	有选择的圈定	基于景观特征进行分区
保护范畴	保护区内	覆盖全域
保护管理	限制人的行为；使保护区保持在良好状态	对动态的变化进行管理；引导积极的变化
保护成效	对特定的物种和栖息地起到一定程度的保护，但存在限制发展、保护内容局限的问题	为各类保护区提供综合的空间框架，引导可持续的发展

3 英国海岸带自然保护与管理的新工具——SCA

SCA作为一个新的方法和工具，在英国已有的较为成熟的保护体系上，补充了各类保护区红线外的空白，进一步完善了海岸带自然保护与管理的方法。SCA的成果主要包括两部分：其一为特征评估的输出成果，包括覆盖全域的海景特征区、海景特征类型及每个区的描述文件；其二为满足特定需求而辅助决策的成果，包括配套的海景战略和导则文件。SCA可为区域性保护地（NP、AOBN、遗产海岸等）制定保护与管理计划，同时可为海岸带内“孤岛式”保护区提供综合的整合工具。

3.1 SCA的特点

SCA是对特征进行识别和描述的过程，可以在任何尺度上进行，一般包括国家、区域和场地三个尺度。SCA包括了人们如何感知海景，但并不判断海景的优劣。工作步骤包括界定评估目的及范围、桌面研究、实地调研和分类描述，是一个反复迭代的过程，强调公众的参与。

3.1.1 陆海统筹：链接LCA，提供一致的评估及管理方法

SCA并不是要取代LCA在沿海地区重叠的部分，而是为LCA提供补充的空间分类和描述性证据。二者结合，提供完整的陆海景观特征和一致的评估、管理方法。

3.1.2 “整体性”保护与管理：提供一个综合的空间框架

SCA基于类型学，通过对广泛的物理、自然、文化和社会因素进行叠加，将区域划分为不同的特征区和特征类型，其结果整体地考虑了保护地红线外更广泛的要素，建立了覆盖全域的基线，可以为区域内“孤岛式”保护地提供一个综合的背景与空间框架。

3.1.3 “动态式”保护与管理，强调保护与发展并存

保护地的保护与管理强调通过限制人的行为，使保护地维持在良好的状态。但面对不断发展的环境，变化是不可避免的，SCA在引导积极的变化中发挥着重要作用，其输出结果可提供一个基线，根据这个基线可以对变化趋势进行分析，有助于确定某种类型的变化或发展是否合适，指导积极的决策和行动，进行“动态式”的保护与管理。

3.2 区域尺度的应用——英国南部地区SCA实施过程

英国于2014年编制完成《南部海洋规划区海景特征评估》（*Seascape Assessment for the South Marine Plan Areas*），以回应英国国家海景特征评估（National Seascape Character Assessment for England）（MMO1134）的要求。研究区域位于英国南部海岸地区，涵盖了从海岸延伸的南部近岸和远岸海洋规划区。尽管南部近岸海洋规划区终止于平均高潮海岸线，但SCA考虑了超出此范围的更广阔的海岸和内陆地区，促进跨陆、海界面的相互作用。

3.2.1 特征分区：叠加自然、人文要素，兼顾保护与发展

南部地区SCA除自然特征外，人类活动对景观的影响也被认为是景观特征的一部分。其SCA通过在GIS平台中叠加自然要素（地质、高程、生物多样性等）与人文要素（文化遗产、人类活动、保护地等）[15]，最终划定了14个海景特征区，在SCA过程中便将自然环境保护、游览观赏和经济开发相关因素纳入考虑框架，兼顾了自然保护与社会经济发展。

3.2.2 描述文件：覆盖全域的保护，补充保护地红线外的空白

SCA不局限于保护特殊地点的特征，而是对全域提出整体的方法。每个特征区都有单独、详细的描述文件，描述文件遵循结构化的框架，从整体概况、关键特性、影响因素及陆海互视度4个方面整体性地分析了区域现状，并对可能发生的变化进行了动态分析。以索伦特海峡（The Solent）特征区为例，其中包含广泛类别的自然保护地（表6），描述文件突破了保护红线的边界，从全域范围对影响因素（自然、文化和社会、审美和感知）进行描述分析，填补了保护红线外的空白，将保护地纳入一个覆盖全域的综合空间框架。

索伦特海峡特征区内的保护地　　表6

级别	类别	名称
国际	国际重要湿地(Ramsar Sites)	索伦特和南安普顿水域湿地(Solent & Southampton Water Ramsar)
欧洲	特殊保育区(Special Areas of Conservation, SAC)	索伦特海事 SAC(Solent Maritime SAC) 南怀特海事 SAC(South Wight Maritime SAC)(部分在内)
	特殊保护区(Special Protection Areas, SPA)	索伦特和南安普顿水域 SPA(Solent & Southampton Water SPA) 朴茨茅斯港 SPA(Portsmouth Harbour SPA) 奇切斯特和朗斯通港 SPA(Chichester and Langstone Harbour SPA)
国家	国家公园	新森林国家公园(the New Forest National Park)(部分在内)
	杰出自然风景区(AONB)	怀特岛(the Isle of Wight)(部分在内)
	遗产海岸(Heritage Coast)	奇切斯特港(Chichester Harbour) 哈姆斯特德(Hamstead) 丁尼生(Tennyson)

3.2.3 纳入海洋空间规划：支撑海洋规划战略的空间工具

SCA并非按行政区边界划分，而是遵循景观中的自然边界，因此特征区可作为自然环境保护的管理单元，成

为良好的辅助规划决策的框架。英国南部 SCA 的结果被纳入《南部海洋空间规划》，以支撑海洋规划中的决策制定，这意味着保护地与周边区域之间的影响和依存关系被纳入了更广泛的考虑框架中。

4 经验与启示

英国海岸带的自然保护突破了保护红线范围，实现了从划定"孤岛式"保护区到运用 SCA 对全域景观进行可持续管理的转变，各类保护地与 SCA 一起形成了完善的海岸带自然保护与管理体系，SCA 与 LCA 一起提供了陆海一致的理解景观、管理景观变化的方法，对我国海岸带自然保护与管理具有指导意义。

4.1 完善海岸带保护地体系，健全保护管理监督机制

英国针对海岸带区域有着非常完善的保护地体系，从不同的角度与维度设置了系统、清晰的保护类型，我国海岸带的概念仍相对模糊，更多的是从经济或行政的角度进行界定，并且针对海岸带区域的保护体系仍不够完善，管理办法滞后。我国应尽快完善海岸带保护类型，建立系统的监管机制。

4.2 促进陆海统筹，构建全域景观保护格局

英国 SCA 与 LCA 一起提供了陆海一致的评估、规划及管理方法，其输出结果补充了保护红线外的空白，为"孤岛式"保护地提供了一个整体、综合的空间框架。在当前我国陆、海自然保护地二元分离的模式下，应该积极探索陆海一致的保护管理方法，并建立全域的景观基线数据库，为孤立的保护地提供更广泛的背景框架。

4.3 灵活管理变化，调和保护与发展的矛盾

SCA 综合考虑了自然要素以及影响变化和发展的人文要素，输出结果可对变化趋势进行分析，并指导发展。我国自然保护地应改变当前单一的功能目标，将生态保护与经济发展综合纳入可持续发展的目标，调和保护与发展的矛盾。

4.4 完善法规体系与公众参与，建立政府主导多方参与模式

英国自然保护地具有完备的法律规范体系，保障了在划定保护地与设立相应管理监督机构时能做到有法可依。我国尚未建立完善的自然保护地法律规范体系，未能从法律层面为自然保护地的划定、保护、管理及监督机制提供支撑。此外，英国景观保护与管理过程中非政府部门和公众发挥着重要作用，这样不仅减轻了政府负担，而且能有效提高保护与管理成效。我国应改变目前主要依靠政府部门管理的现状，积极探索并建立政府主导、多方参与的模式，充分发挥社会公众的力量。

参考文献

[1] 刘大海，管松，邢文秀．基于陆海统筹的海岸带综合管理：从规划到立法[J]. 中国土地，2019(02)：8-11.

[2] 王金华，黄华梅，贾后磊，等．粤港澳大湾区海岸带生态系统保护和修复策略[J]. 生态学报，2020，40(23)：8430-8439.

[3] 文超祥，刘健枭．基于陆海统筹的海岸带空间规划研究综述与展望[J]. 规划师，2019，35(07)：5-11.

[4] 宋峰，周一慧，蒋丹凝，等．中国自然保护地规划的回顾与对比研究[J]. 中国园林，2020，36(11)：6-13.

[5] 刘洪滨，刘振．我国海洋保护区现状、存在问题和对策[J]. 海洋信息，2015(01)：36-41.

[6] Fletcher S，Jefferson R，Glegg G，等．England's evolving marine and coastal governance framework[J]. Marine Policy，2014，45：261-268.

[7] Boyes S J，Elliott M. The excessive complexity of national marine governance systems-Has this decreased in England since the introduction of the Marine and Coastal Access Act 2009? [J]. Marine Policy，2015，51：57-65.

[8] 罗杰斯克里斯托弗．英国自然保育法[M]. 北京：法律出版社，2016.

[9] 邓位，林广思．英格兰历史遗产保护体系：法律法规及行政管理框架[J]. 风景园林，2014(06)：153-156.

[10] European Environment Agency. The Contribution of Marine Protected Areas to Protecting Highly Mobile Species in English Waters. Final Report. [R]. European Environment Agency，2015.

[11] 鲍梓婷，周剑云．英国自然环境保护方法的转变——从孤立的"场地"保护到全面综合的景观管理[J]. 中国园林，2016，32(02)：87-91.

[12] 鲍梓婷，周剑云．英国景观特征评估概述——管理景观变化的新工具[J]. 中国园林，2015，31(03)：46-50.

[13] 张振威，杨锐．自然保护与景观保护：英国国家公园保护的"二元方法"及机制[J]. 风景园林，2019，26(04)：33-38.

[14] Natural England. An Approach to Seascape Character Assessment[R]. Natural England，2012：47.

[15] Marine Management Organization. Seascape Assessment for the South Marine Plan Areas：Technical Report. A report produced for the Marine Management Organisation[R]. MMO，2014：89.

作者简介

宋銮鑫，1998 年 7 月生，女，汉族，湖北人，华南理工大学建筑学院在读硕士研究生，研究方向为景观特征评估。电子邮箱：984004585@qq. com。

鲍梓婷，1987 年 10 月生，女，山东人，博士，华南理工大学建筑学院、亚热带建筑科学国家重点实验室，副教授、硕导，研究方向为景观特征评估。电子邮箱：cindy. b@foxmail. com。

华国栋，1965 年 12 月生，男，广东人，学士，高级工程师，广东省林业调查规划院，研究方向为海岸带生态修复。电子邮箱：1478055290@qq. com。

风景区聚落空间重构演变特征及规律研究

——以泸沽湖风景区三个旅游聚落为例①

Research on the Evolution Characteristics and Laws of Settlement Space Reconstruction in Scenic Spots

—Taking Three Tourist Settlements in Lugu Lake Scenic Spot as Examples

赵之齐　李和平　何依蔓　吴斯妤　向竹霞

摘　要：我国超过70％风景区内部包含乡村聚落，其旅游发展特殊性和必然性使其面临剧烈转型重构。本文以泸沽湖风景区内落水村、里格村、五支落村3个典型代表聚落为例，通过大数据解译和空间功能落位，从微观角度以空间功能表征量化结合空间形态学要素进行分析，总结风景区聚落空间重构演变特征及规律，提炼线性延伸和混合空间两类发展演化模型，为其他风景区聚落的旅游发展提供切实可行的参考。

关键词：风景区聚落；空间重构演变；空间形态；泸沽湖

Abstract: More than 70% of China's scenic spots contain rural settlements, which are facing drastic transformation and reconstruction due to the particularity and inevitability of tourism development. Taking Luoshui village, Lige village and wuzhiluo village in Lugu Lake scenic spot as examples, this paper analyzes the quantitative spatial representation and spatial morphological elements from a micro perspective through the interpretation of big data and the location of spatial functions, and summarizes the evolution characteristics and laws of spatial reconstruction of scenic settlements, slao refines the development models of linear extension and mixed space, which provides a practical reference for tourism development of settlements in other scenic spots.

Keywords: Scenic Spot Settlement; Spatial Reconstruction Evolution; Space Form; Lugu Lake

1　研究背景

我国国家风景名胜区制度成立后已公布各级风景区1000余个，其中超过70％的风景名胜区内含乡村聚落[1]。发展旅游业是风景区聚落的主导方向，剧烈产业转型下聚落原有的人地关系、空间功能格局等面临重大转型重构，同时因其资源本底和管理建设的特殊性，其重构发展历程与普通乡村存在较大差距[2-4]。在当下，不断有风景区聚落因转型发展不当面临过度旅游化、生态破坏、文化失落等问题[5-6]。现阶段相关研究主要集中于宏观景区和中观聚落体系层面[1,7-8]，多着眼于社会关系、利益分配、生态保护等视角下的发展策略、管理模式[9-11]，缺少对微观聚落空间层面从传统乡村到旅游乡村的全过程演变研究，在建设实际指导性上有一定缺陷，因此对风景区聚落的微观空间、功能演变进行研究具有一定的必要性和紧迫性。

本文以泸沽湖景区3个典型聚落为例，基于卫星地图解译及网络大数据挖掘，将各研究时间节点空间和功能详细划分并定位至建筑单体层面，以空间表征指标量化结合空间形态学要素分析为框架，从微观尺度总结风景区聚落空间重构演变特征及规律，建立发展演化模型，以期为未来其他风景区聚落的发展提供参考路径。

2　研究对象及方法

2.1　研究对象

泸沽湖风景区位于川滇交界，为国家重点风景名胜区，是发展较为成熟、最早开发休闲旅游的代表性区域[12]。落水村、里格村、五支落村3个聚落是泸沽湖风景区核心区的典型聚落（图1）。经历十余年的发展历程，其用地格局与功能演变特征明显，对于探索风景区聚落发展演变具有较好的研究和借鉴意义（表1）[13-14]。综合资料情况和景区发展历程[13,15]，本文选择2004年、2011年、2018年3个时间节点，分析聚落演变的特征及规律。

案例聚落概况　　表1

名称	落水村	里格村	五支落村
区位	泸沽湖西南沿湖	泸沽湖北沿湖	泸沽湖东南
行政区划	云南	云南	四川
景区资源	湖景	湖景	草海

① 基金项目：科技部“十三五”重点专项“绿色宜居村镇技术创新”课题：“村镇聚落空间重构数字化模拟及评价模型”（课题编号：2018YFD1100304）。

续表

	落水村	里格村	五支落村
基本情况	人口 3331 人，主要为摩梭人和汉族人。落水村是泸沽湖西岸的行政村和最主要聚落，村落旅游开发历史较长，是景区重要的综合旅游节点	人口 173 人，全为摩梭人，里格村是景区发展最早的一批村落之一，经历了自主发展、政府介入迁建规划等阶段，具有代表性	以摩梭人为主，共有 254 人，其中摩梭人口 220 人。五支落村村落整体结构和民俗文化留存较好，是草海区域的重要节点
卫星图片		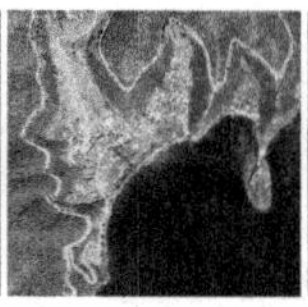	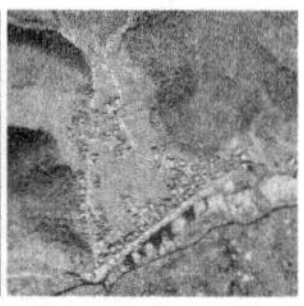

图 1　泸沽湖核心景区概况示意图

2.2　研究方法与数据获取

本文采取定量和定性研究相结合的方式，将空间功能与用地特征相结合，以空间表征指标量化结合空间形态学理论下要素分析为框架，通过谷歌历史卫星地图解译得到空间数据，通过百度地图、腾讯地图 POI、国家企业信息网、企查查、美团及大众点评数据获取历史功能信息，综合及其他网络大数据，整理形成空间功能数据并精准落位到建筑单体层面，通过 GIS 统一整合（图 2），尝试总结风景区聚落空间重构演变特征及规律。

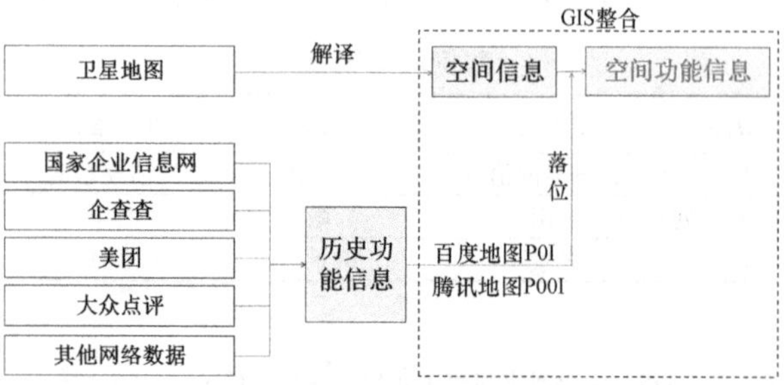

图 2　研究数据获取

3　风景区聚落空间重构演变特征及规律

3.1　空间格局重构

3.1.1　发展需求下的空间扩张与内聚化

纵观 2004～2018 年，聚落边界和建筑用地面积均明显递增，其增速和边界长度基本呈现先增后减模式，这表明了风景区聚落重构演变呈现空间从扩张到内聚的规律（图 3）。

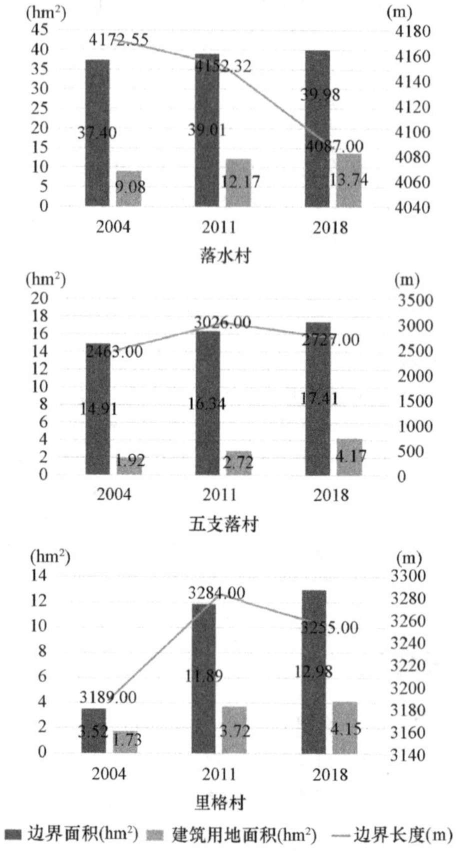

图 3　2004～2018 年聚落边界及建筑用地变化情况

在 2004 年之前，聚落呈现大分散、小聚居的典型乡村形态模式，用地小并存在大量独栋建筑散居情况，导致了边界不规则。

至 2011 年，聚落边界和建筑面积呈现了明显的增加，大规模的用地扩张调整为必要的旅游服务设施提供可开发的基础，使得聚落出现一批密集连续并拥有一定规模的建设用地，用地扩张带来边界范围拓宽，在五支落村与里格村边界范围呈现明显增长，落水村因原始聚落用地充足，开发建设使边界更加连续规整，边界开始缩小。

2011～2018 年，边界和建筑面积扩张速度明显放缓，边界长度出现减小，在资源约束和规划介入下，向外扩张趋势延缓，内聚程度明显加强，同时边界进一步规整化，经过前一时期的用地大规模膨胀，旅游用地已经基本达到饱和，规划调控下用地调整、功能置换成为主要演变特征。

(图 4)，聚落逐步构建结构网络化、功能多元化路网，整体从依附于单一道路的均匀零散排布，转化为以道路、景观等资源点为核心的空间点轴圈层网络结构（表 2）。

3.1.2 资源导向下空间结构网络化

2004 年到 2018 年，伴随着道路长度与面积持续扩张

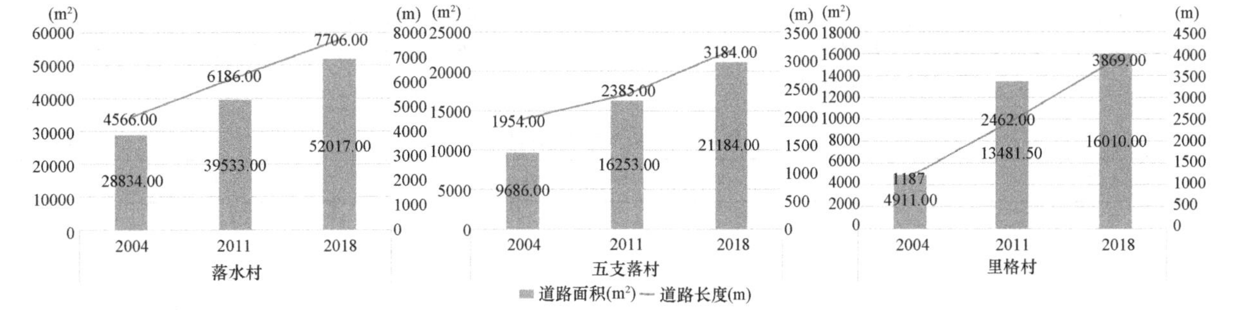

图 4　2004～2018 年聚落道路变化情况

聚落空间形态演变示意　　**表 2**

时间（年）	落水村	五支落村	里格村
2004		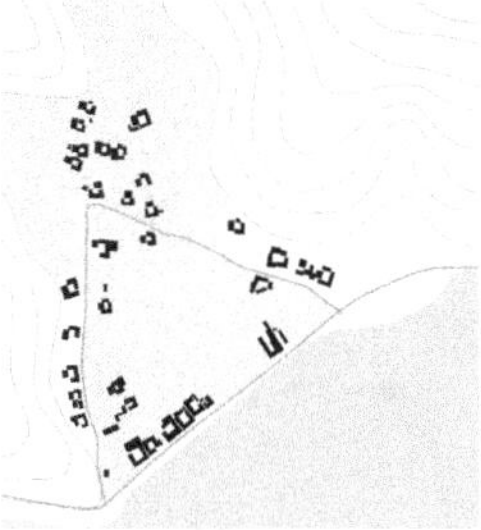	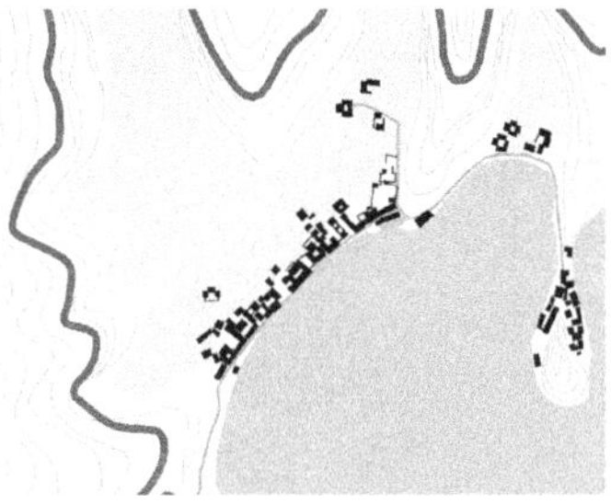
2011		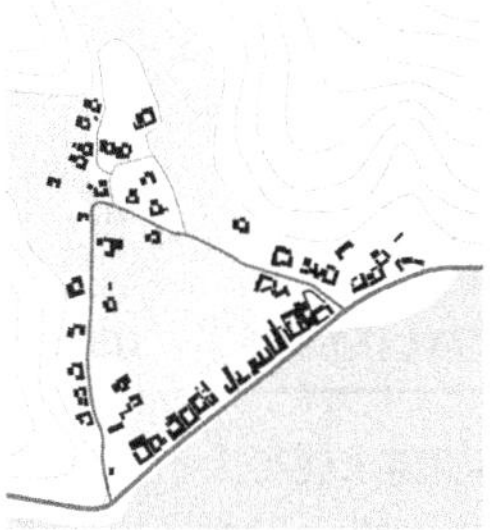	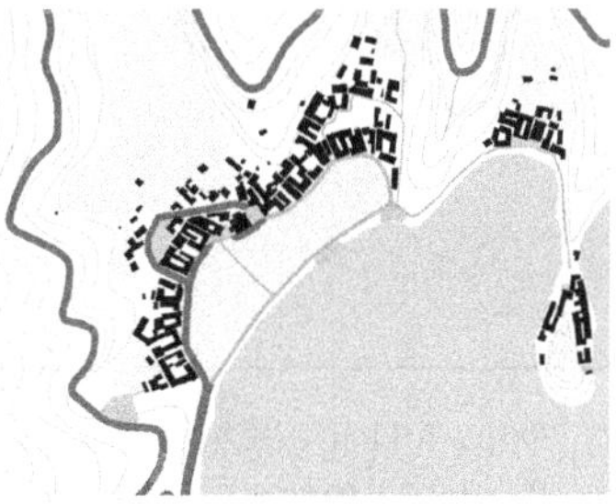
2018		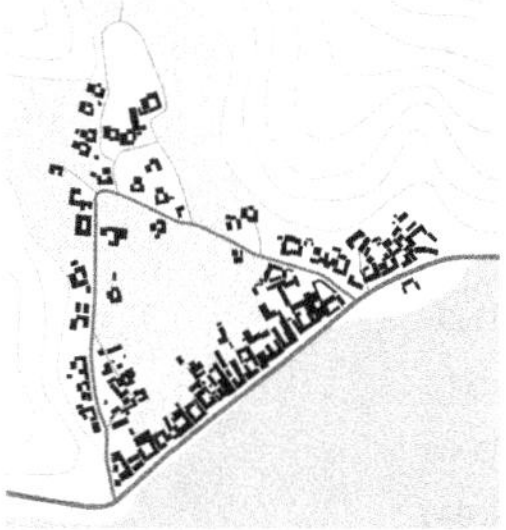	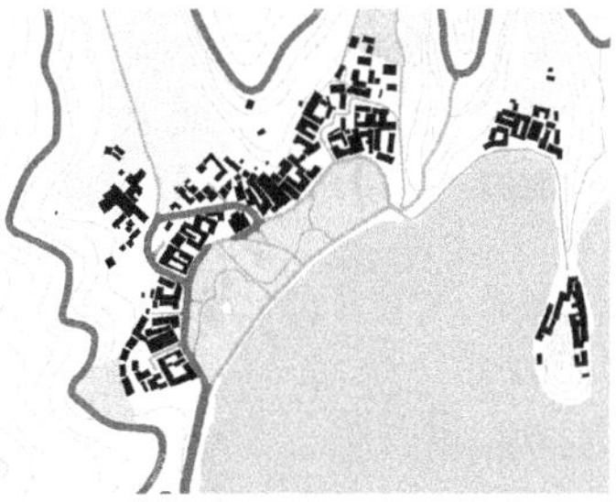

2004 年之前，旅游业方兴未艾，原始聚落空间格局与自然地理条件息息相关，沿等高线修建的聚落内部道路呈现单一化贯穿和生活性特征，建筑用地基本沿道路均匀化展开。

发展至 2011 年，道路面积增幅远超过长度，表明大量结构性道路构架完成。在发展空间较为充足的落水村，已初步形成了网格化路网，地形受限的五支落村与里格村出现小型环形结构，成为聚落中小组团的空间骨架。发展资源导向下，新增建设用地优先控制景观资源和交通区位的最优点，出现明显的组团感，空间点轴格局初成。

2011～2018 年，道路长度增幅远超面积，大量功能性路网出现。核心道路结构基本网格化，道路放射延伸与外部联系增强，内部可达性与游憩性提升，尤其里格村，多条道路向外连接与区域形成格网，向内打造游憩步道，呈现明显的资源攫取特征。旅游资源辐射力之下，以景观资源、道路网络为依托的空间结构成型，内部组团聚集呈

围绕核心资源点的纺锤形，整体形成空间点轴圈层网络。

3.2 空间功能演变

3.2.1 旅游外需拉动下功能结构转型

在旅游人群外部需求拉动下，聚落空间生产呈阶段式发展，从自发内部更新，到外来资本进驻住宿餐饮业，再转换为多主体大规模商业更新的发展模式。商业空间由分散走向集中，由2004年单一住宿服务功能散布，走向2018年有明显功能分区，涵盖住宿、餐饮、旅游服务等的复合形态（表3）。

2004年，旅游住宿功能最先出现，空间占比达到了45%，均为景观核心区居民自主置换的民宿，背湖靠山区域保留居住功能。

聚落空间功能演变示意 **表3**

时间（年）	落水村	五支落村	里格村
2004			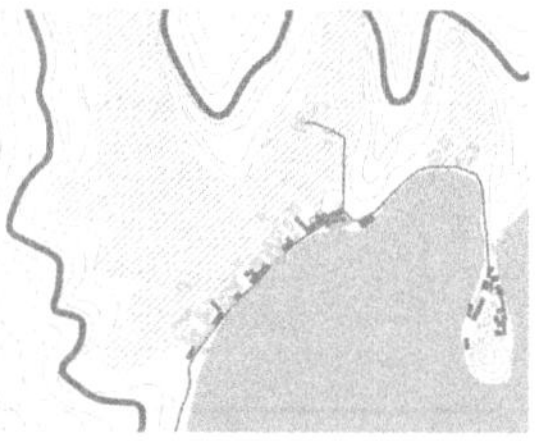
2011			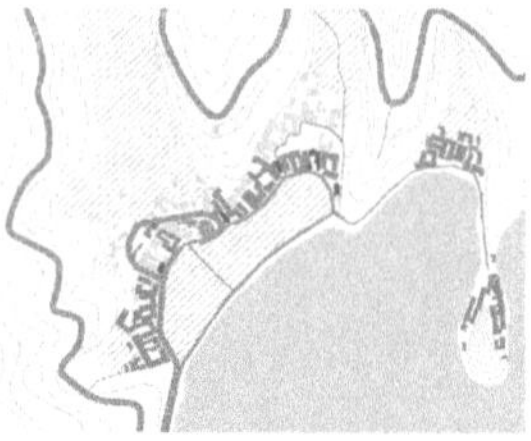
2018		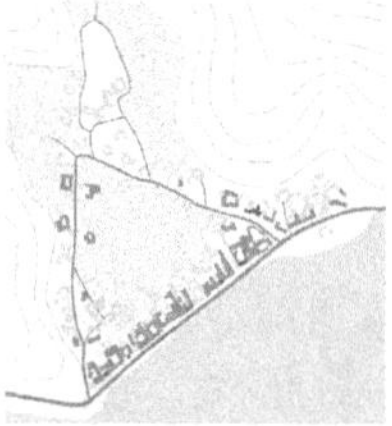	

住宿业　餐饮业　其他旅游服务　居住及生活服务

2004～2011年，民宿迅速发展，游客的体验需求使得大量外来资本涌入促使居住空间向住宿、餐饮空间转化，同时基于休闲娱乐需求，政府介入之下聚落开始出现文化展示、游客服务等功能，但沿街各类功能空间分布混杂。

2011～2018年，在道路系统不断完善的支撑下，商业功能进一步沿路向内渗透，道路两侧民居转化为民宿。体验展示等新资源点不断为应对旅游需求升级而更新扩张，空间呈现跳跃发展，形成分工明确的商业组团；原有商业不断更新升级，落水村70%空间以住宿餐饮为主，形成展示、体验、娱乐结合大规模民宿群的功能结构，居民生活已经退出了村庄的主体部分，在里格村仅占20%（图5）。

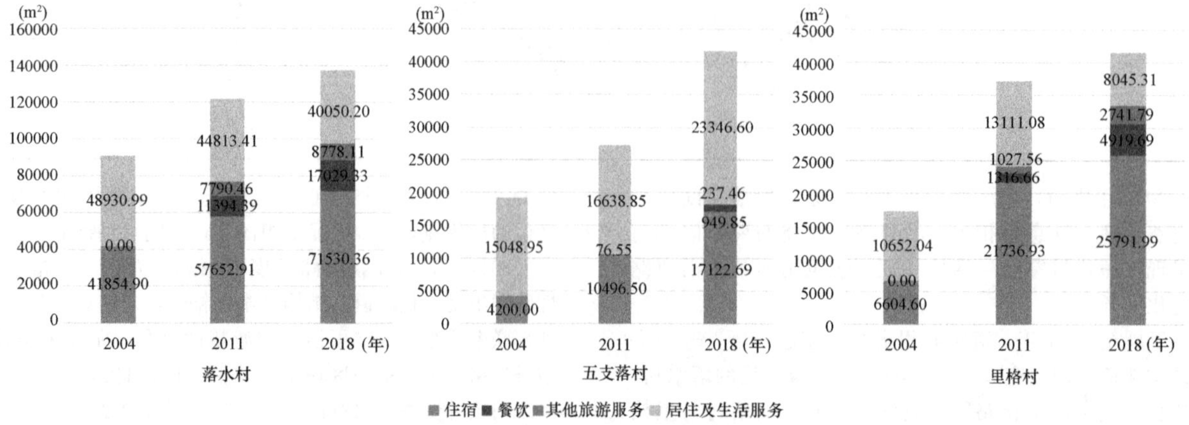

图5　2004～2018聚落功能空间面积变化情况

3.2.2 生产方式转变下建筑空间功能复合化

旅游发展带来了新型生产方式和生产关系，各类空间都成为生产资料和生产对象，从居住转变为复合功能。在农耕生产向旅游服务转变的过程中，生产需求使得建筑斑块面积不断扩大，年均增速达 9.2%。建筑不断向周边缝隙扩张，小型零散功能用房也逐渐发展为组团，新建的大体量旅游用房出现（图 6）。

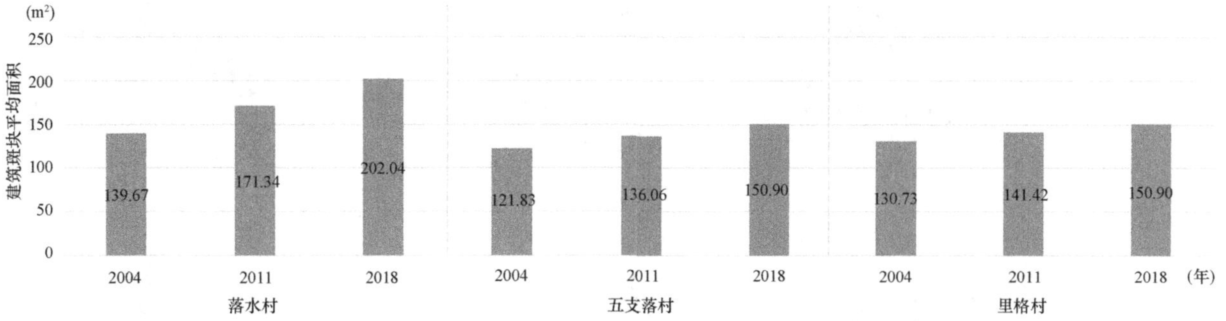

图 6　2004～2018 聚落建筑斑块平均面积变化情况

以此为依托，建筑空间复合化置换伴随了演变的全过程。一方面自下而上村民主动出租或者改建老宅经营，另一方面自上而下政府规划引导和资本介入，统一搬迁安置或集体管理经营。2004～2018 年，原始居住功能从移至二层到全部外迁，住宿服务成为主体功能，餐饮业逐步脱离民宿附带而独立，成为临街一层店面的主要部分，最终呈现核心区建筑复合餐饮、娱乐、住宿多功能，商业化程度极高的功能模式（表 3）。

3.3 公共空间转化

3.3.1 旅游行为驱动下的公共空间扩张

物质空间形态变化与主体行为紧密相连，风景区聚落重构是旅游行为介入的外部具体表征。原始公共空间集中于重要院落内部及交通节点，随着观览、集散行为的发生，为满足需求，2004～2011 年均扩张 0.29hm²，游客观览驱动院落空间外向转化，旅游集散驱使与道路、核心景观结合紧密的固有荒废空间转化为广场、停车等服务空间。2011～2018 年扩张速度逐渐加快达到年均 1.2hm²，在观景游憩、文化体验等多元旅游行为需求之下，公共空间景观展示功能逐渐强化，经济化、生态化倾向明显，多与商业结合增设服务节点，增设大量游憩空间（图 7、表 4）。

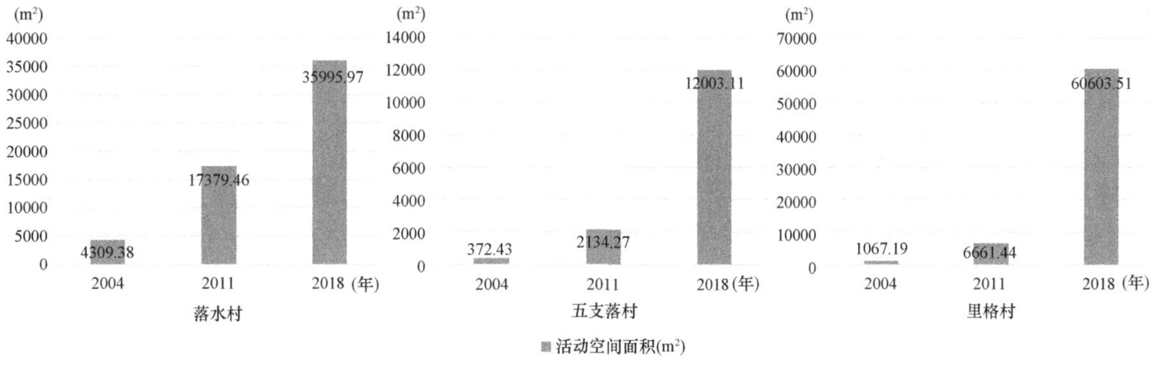

图 7　2004～2018 年聚落公共空间面积变化情况

聚落公共课空间演变示意　　**表 4**

时间（年）	落水村	五支落村	里格村
2004	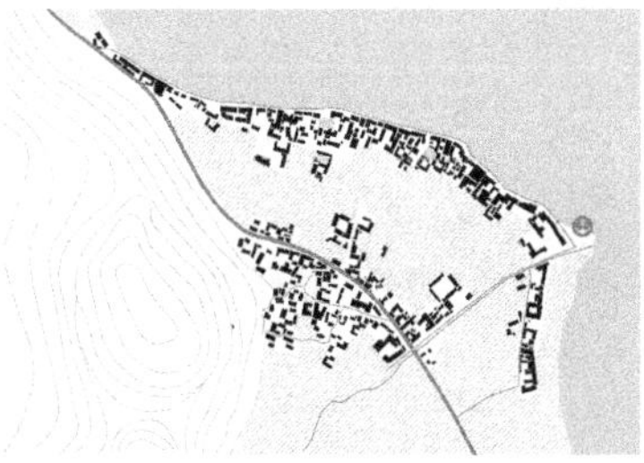	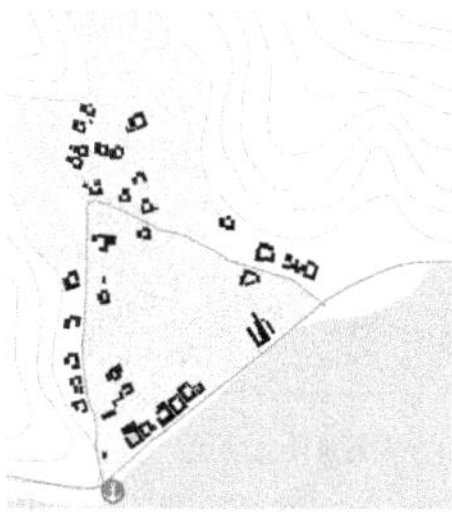	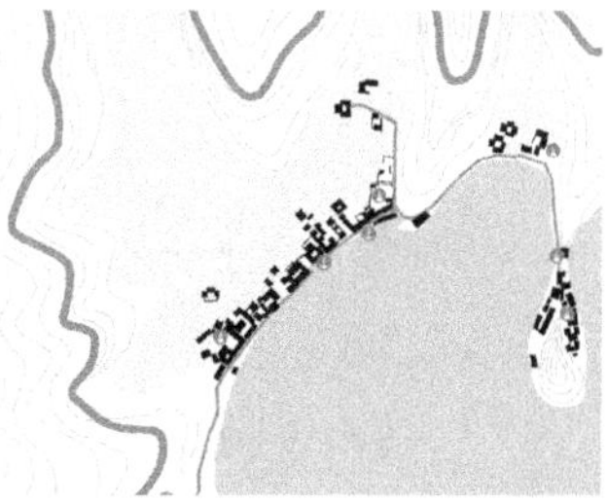

续表

时间（年）	落水村	五支落村	里格村
2011		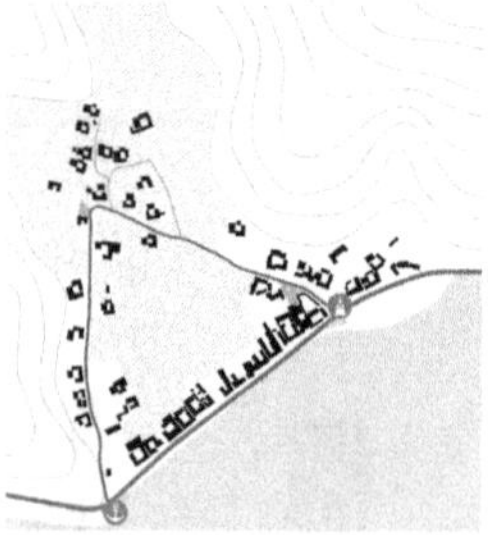	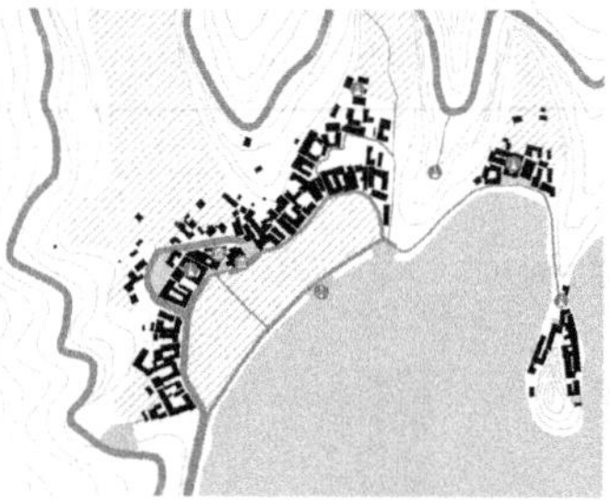
2018		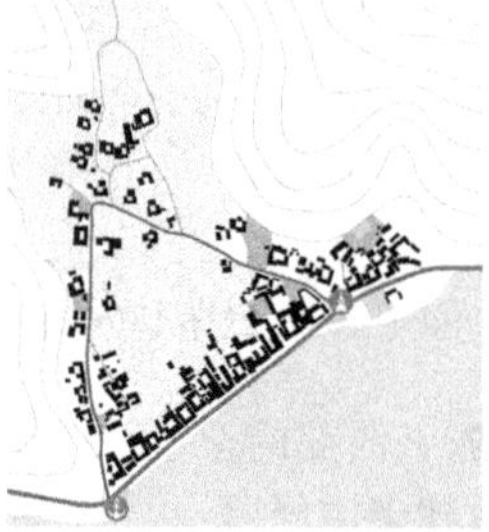	
	码头　标志物　文化展示设施　游憩空间　广场　停车场		

3.3.2 社会关系变化下公共空间功能转变

随着生产关系改变，聚落社会关系也发生巨变，空间使用主体由居民变为外来商户和游客，基于摩梭人社会关系的公共空间转化为基于旅游社群的体验型外向空间。聚落原始公共空间主要承担族群内部集会和生产需求，随着外来人群的社会占比增加，公共空间成为休闲文化体验的载体，原有内部院落空间转化为体验活动节点，码头等生产空间转化为集散文化节点，大量新增的公共空间结合文化标志物，承担体验游憩活动需求。

4 风景区聚落发展演化模型

依据案例分析，风景区聚落发展演化模式与自然地理条件和原始形态关系紧密，呈现阶段性特征，故提炼线性延伸与混合空间两大类型，构建普适化聚落发展演化模型。

4.1 线性延伸模型

线性延伸模型以里格村为代表，原始聚落沿等高线分布于用地受限地区，旅游发展基于对旅游资源的强依赖性，聚落迅速靠近所依托景点资源形成密集的建成区。由于原规模限制，用地沿干道向可开发空间鱼骨状扩张。在发展阶段，端头的空间节点演变为核心旅游空间，内部均质化空间依托功能植入、交通连接等新资源，形成点轴格局。核心节点辐射力限制下，内部节点趋向连接其他资源点，形成廊道、路径，获得新的发展动力。在成熟阶段点轴式空间完善，大区域形成放射网络结构，规划介入下联系通道、视线廊道结构成熟，承担聚落旅游产业溢出及服务承接转化的新节点将在连接途径或核心资源点附近跳跃式形成（图8）。

在功能上，沿景观资源边界的生活居住功能转化为商业主导，并逐步出现核心商业点，形成商业发展线；同

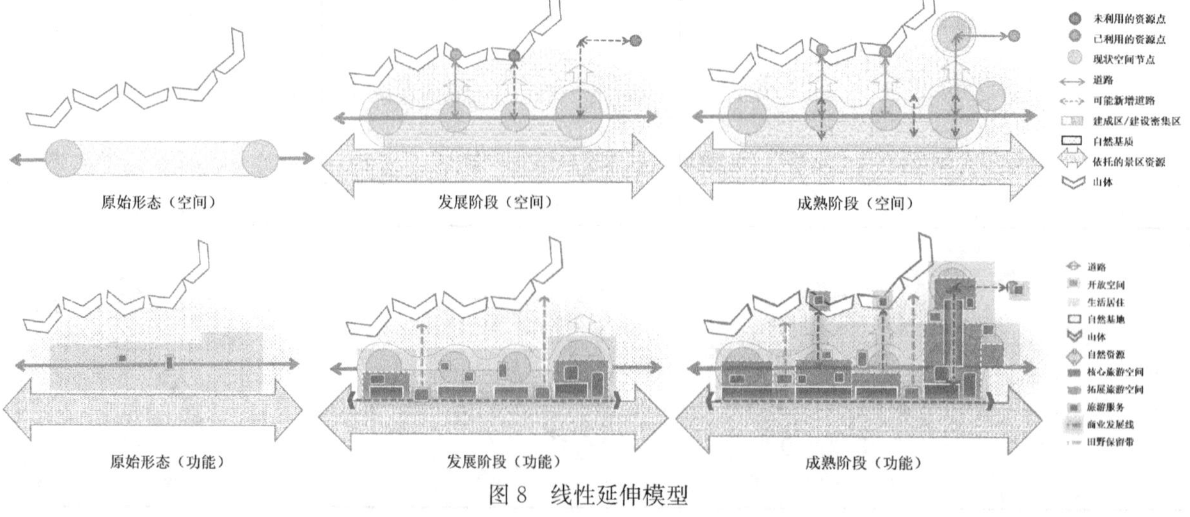

图8　线性延伸模型

时旅游服务出现，服务于游客的公共开放空间增加。当旅游发展趋于成熟，沿核心景观形成商业带，功能外溢并出现新的商业发展线；旅游服务逐渐增加，公共开放空间完善化、系统化。

4.2 混合空间模型

混合空间型以落水村为代表，原始聚落发展空间较大，呈组团状聚集，组团间保留大量的农田和自然基底。旅游发展中，聚落一方面将迅速靠近所依托景点资源形成密集的建成区，另一方面和原始聚落组团连接成片，形成中心自然介质、外围建筑的圈层结构，交通节点集聚明显。成熟阶段，受设施服务范围等因素的限制，聚落主要增加内部道路格网密度，向内部扩张集约发展，上一阶段的旅游空间节点通过新增辅助功能空间、对外连接其余资源点等方式提升空间品质，增强吸引力与服务能力，成为核心旅游空间。

功能上，随着旅游业的发展，商业分布于主要道路两侧和景观资源附近并逐步形成商业带，多元旅游服务出现，开放空间增加。随着旅游业发展更加成熟，沿环状道路形成居住带，商业分区成片沿道路渗透并连接其他资源点，出现更多系统化旅游服务和公共空间，沿路拓展链接其他资源，丰富商业空间节奏（图 9）。

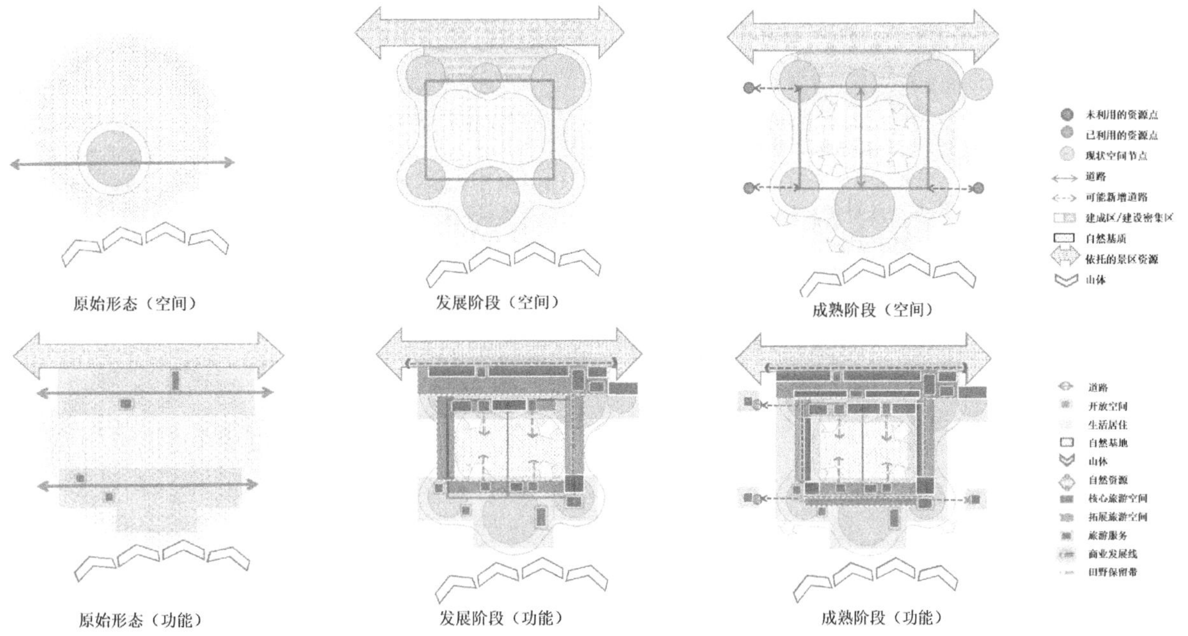

图 9 混合空间模型

5 结论

聚落转型发展有一定构成量化规律和空间图示特征，本文重点将空间功能与用地特征相结合，通过空间形态学的边界、道路、斑块、空间格局等要素进行定性、定量结合分析，总结风景区聚落空间重构演变特征及规律。研究发现，由旅游发展需求和以交通和景观为主的核心资源驱动，聚落空间向资源点聚集扩张，呈现从扩张到内聚的阶段规律，逐步构成点轴圈层网络化结构。由于生产方式的转变，建筑空间扩张并进行从自发到市场、政府主导的复合化置换，旅游外需拉动聚落功能结构从居住向复合化商业组团转型，呈现阶段式特征。多元化旅游行为驱动公共空间扩张加速，从内向型族群空间转化为基于旅游社群的体验型外向公共空间。

综上所述，风景区聚落有两种可供参考的发展演化模型：①线性延伸模型，适用于地形受限的狭长地区，沿核心景观形成线性核心功能带，强化交通以联系新资源点实现跳跃发展，延伸新的商业线，形成区域放射网络结构。②混合空间模型；适用于用地条件较好的聚落，易形成内部功能多元化的多组团形态，并通过交通轴线密切连接，形成商业—居住—自然空间的多轴圈层式结构。在发展模型的指引下，更应注意聚落旅游发展的管控，对于过度扩张集聚、盲目开发建设行为及时判断和干预，同时综合考虑景区发展需求，推动风景区聚落可持续渐进式发展。

参考文献

[1] 陆建城，罗小龙. 多因素影响下景中村群体特征与规划启示——以西湖风景区为例[J]. 风景园林，2020，27(08)：91-96.

[2] 席建超，赵美风，葛全胜. 旅游地乡村聚落用地格局演变的微尺度分析——河北野三坡旅游区苟各庄村的案例实证[J]. 地理学报，2011，66(12)：1707-1717.

[3] 李王鸣，高沂琛，王颖，李丹. 景中村空间和谐发展研究——以杭州西湖风景区龙井村为例[J]. 城市规划，2013，37(08)：46-51+59.

[4] 刘彦随. 中国新时代城乡融合与乡村振兴[J]. 地理学报，2018，73(04)：637-650.

[5] 喻忠磊，杨新军，杨涛. 乡村农户适应旅游发展的模式及影响机制——以秦岭金丝峡景区为例[J]. 地理学报，2013，68(08)：1143-1156.

[6] 黄嘉颖，肖大威，吴左宾. 风景名胜区人居环境建设的规划反思[J]. 中国园林，2009，25(11)：70-72.

[7] 冯巧玲，宋国庆，谭剑．旅游特色小镇成长阶段及不同阶段发展策略——以山岳旅游目的地为例[J]．小城镇建设，2017(07)：68-74+90.

[8] 肖华斌，袁奇峰，宋凤．城市风景区土地利用冲突演变过程及形成机制研究——以西樵山风景名胜区为例[J]．中国园林，2013，29(10)：117-120.

[9] 王咏，陆林．基于社会交换理论的社区旅游支持度模型及应用——以黄山风景区门户社区为例[J]．地理学报，2014，69(10)：1557-1574.

[10] 杨锐．LAC理论：解决风景区资源保护与旅游利用矛盾的新思路[J]．中国园林，2003(03)：19-21.

[11] 张琳，邓文君．风景名胜区社区的价值认知及调控规划——以阳河国家级风景名胜区为例[J]．中国城市林业，2017，15(03)：30-34+38.

[12] 魏雷，钱俊希，朱竑．旅游发展语境中的地方性生产——以泸沽湖为例[J]．华南师范大学学报(社会科学版)，2015(02)：99-109+190-191.

[13] 黄山．泸沽湖湿地旅游开发与生态保护形式探究[J]．南方农业，2017，11(14)：109-110.

[14] 崔景悦．泸沽湖云南段沿岸摩梭村落空间规划及小落水村规划研究[D]．昆明：昆明理工大学，2018.

[15] 张廷刚．泸沽湖旅游研究现状与展望(1994～2017)[J]．湖北民族学院学报(哲学社会科学版)，2018，36(03)：80-87.

作者简介

赵之齐，1996年4月生，女，汉族，四川武胜人，重庆大学建筑城规学院在读硕士研究生，研究方向为村镇聚落空间重构数字模拟、历史文化遗产保护。电子邮箱：mouseallen@163.com。

李和平，1967年4月生，男，汉族，湖北武汉人，博士，重庆大学建筑城规学院，教授、博士生导师，研究方向为历史文化遗产保护、山地城市规划与城市设计。电子邮箱：heping0701@126.com。

何依蔓，1997年3月生，女，汉族，四川广安人，重庆大学建筑城规学院在读硕士研究生，研究方向为城乡生态规划与设计。电子邮箱：770759170@qq.com。

吴斯妤，1995年7月生，女，汉族，四川达州人，重庆大学建筑城规学院在读硕士研究生，研究方向为城市设计与更新。电子邮箱：1072194638@qq.com。

向竹霞，1998年2月生，女，汉族，四川宜宾人，重庆大学建筑城规学院在读硕士研究生，研究方向为城市风热环境效应与生态规划。电子邮箱：2275566013@qq.com。

绿色基础设施

城市不同功能单元绿色空间格局对 $PM_{2.5}$ 的影响差异研究

——以武汉主城区为例①

Impacts of Urban Green Space Pattern on $PM_{2.5}$ among Different Urban Function Units

—A Case Study in the Main Urban Area of Wuhan

陈　明　姜佳怡*

摘　要： 城市绿色空间是缓解 $PM_{2.5}$ 的重要方式。基于武汉主城区 511 个控规管理单元划分的 5 类功能，选取 1km 分辨率的全球 $PM_{2.5}$ 浓度，以及 0.8m 分辨率遥感影像解译的绿色空间数据，采用空间回归模型，揭示不同功能单元中绿色空间格局对 $PM_{2.5}$ 的影响差异。结果显示，武汉主城区功能单元的 $PM_{2.5}$ 浓度存在显著空间自相关，且 $PM_{2.5}$ 浓度与 4 个绿色空间格局指标在不同功能单元之间存在较多显著差异。各类功能单元（除教科单元）的 MPS 均对 $PM_{2.5}$ 存在显著负影响，PD 仅在商业、教科单元中发挥显著作用，LSI 与 AI 仅在居住、教科单元中对 $PM_{2.5}$ 有影响。这些指标对 $PM_{2.5}$ 的相对重要性为：MPS>PD>AI>LSI。研究为城市不同功能单元的绿色空间格局优化提供了一定指导建议。

关键词： 风景园林；城市绿色空间；景观格局；空间回归；$PM_{2.5}$

Abstract: Urban green spaces play an important role in $PM_{2.5}$ reduction. This study revealed the impacts of urban green space pattern on $PM_{2.5}$ among different urban function units by using spatial regression models based on 511 zoning units in the main urban area of Wuhan. Global $PM_{2.5}$ concentration data with 1km spatial resolution and green space data interpreted from remote sensing image with 0.8m resolution were collected for analysis. Results show that $PM_{2.5}$ concentration in function units was significant spatial autocorrelation in the main urban area of Wuhan. $PM_{2.5}$ level and four green space pattern indicators were significant differences among different function units. Except for education units, MPS had a significant negative impact on $PM_{2.5}$. PD played a significant role in business and education units, and LSI and AI affected $PM_{2.5}$ in residential and education units. The relative importance of these indicators to $PM_{2.5}$ was MPs>PD>AI>LSI. The study provides some suggestions for the optimization of green space pattern in different function units.

Keywords: Landscape Architecture; Urban Green Space; Landscape Pattern; Spatial Regression; $PM_{2.5}$

引言

"十三五"期间，雾霾成为社会广泛关注的话题之一，并且仍是未来很长一段时间需要解决的问题。据 2020 年中国生态环境状况公报统计，以 $PM_{2.5}$ 为首要污染物的天数占重度及以上污染天数的 77.7%[1]。改善 $PM_{2.5}$ 污染，进一步打赢蓝天保卫战，仍有待更多研究的支撑。

城市绿色空间是风景园林学科致力于缓解 $PM_{2.5}$ 污染的有效方式之一，已被国内外诸多研究证实[2-4]。为有效指导规划设计，中宏观层面的绿色空间数量指标（绿化覆盖率、三维绿量等）[5-6]、形态格局指标（形态学空间格局）[7]、景观格局指标[8-9]是研究关注的重点。用于识别 $PM_{2.5}$ 空间格局的空间单元主要包含影响范围、栅格网、行政区等，其中，以 $PM_{2.5}$ 监测点为中心构建的圆形或方形空间单元最为常见，可进行街区尺度的研究[6-7]。然而，因有限的监测点数量，往往难以进一步深入。有学者基于不同宽度的格网空间单元，得出城市绿色空间数量或形态对 $PM_{2.5}$ 的影响[8-9]，但规则式格网对城市进行的生硬切割，忽视了城市原有的肌理，难以应用研究结果。以行政区边界形成的空间单元主要聚焦于城市尺度，探索城市圈或全国范围内不同城市绿色空间对 $PM_{2.5}$ 的响应[10]。城市功能分区作为国土空间规划的基本内容，也是落实规划管控的重要空间单元。实际上，$PM_{2.5}$ 分布特征在城市不同功能区具有明显差异[11]。因此，绿色空间在城市不同功能单元中对 $PM_{2.5}$ 的作用机制是否存在差异还有待揭示。

此外，当前研究基本采用双变量相关分析或传统的线性回归分析，探讨绿色空间与 $PM_{2.5}$ 之间的定量关系，却忽视了 $PM_{2.5}$ 污染存在的空间自相关现象[12]。鉴于此，空间回归分析可用于更科学地探讨绿色空间与 $PM_{2.5}$ 污染之间的关系。Yuan 等[13]基于 1km 栅格网单元，利用空间

① 基金项目：中央高校基本科研业务费专项资金"基于热环境与大气颗粒物协同改善的城市绿色基础设施研究"（2020kfyXJJS104）；国家自然科学基金面上项目"消减颗粒物空气污染的城市绿色基础设施多尺度模拟与实测研究"（51778254）。

回归分析了武汉主城区不同土地利用、城市形态与 $PM_{2.5}$ 之间的关系，但鲜有研究涉及绿色空间。

本研究依托城市控规管理单元，从城区功能空间差异的视角，深入分析不同功能空间单元的绿色空间对 $PM_{2.5}$ 的影响，理论上延伸并深化绿色空间与 $PM_{2.5}$ 的相关研究，并具有较高的实践意义，为城市空间合理的规划布局提供实用的参考，提出不同功能单元的绿色空间优化调控方法。

1 研究方法

1.1 研究区概况与城市功能单元

本研究关注我国 $PM_{2.5}$ 污染较严重的华中地区代表地——武汉市，聚焦于 $PM_{2.5}$ 污染的“重灾区”以及居民活动的集中区域——主城区，依据《武汉市城市总体规划（2017～2035 年）》，主城区范围为三环线以内的区域，面积约 526km^2。

采用武汉市的控规管理单元作为分析单元，剔除大规模的山林、水体，共得到 511 个单元。结合各个单元中的用地功能，将其划分为居住单元、商业单元、绿地单元、教育科研单元（教科单元）、工业单元、交通设施单元、混合单元 7 类功能单元（图 1）。当某类用地面积超过该单元面积的 50%时，即可定义该单元的功能属性；当单元中多类用地均未超过 50%时，可将其定义为混合空间单元[14-15]。由于工业单元与交通设施单元数量较少，故不作分析。

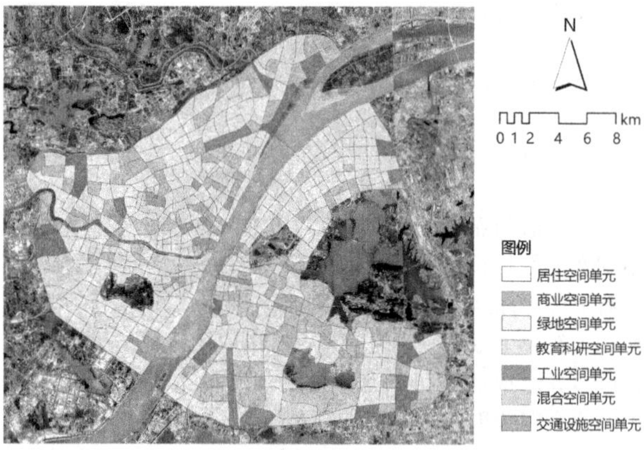

图 1 武汉主城区功能单元

1.2 数据来源与处理

$PM_{2.5}$ 来源于 Hammer 等[16]发布的全球逐年 $PM_{2.5}$ 平均浓度数据，结合大气气溶胶光学厚度（AOD）反演与数值模拟，得到 0.01°×0.01°（约 1km）的栅格数据，并结合地面站点实测数据进行验证，数据精度高。年均 $PM_{2.5}$ 浓度能有效避免数据的偶然随机性，已被用于我国城市 $PM_{2.5}$ 的时空特征以及 $PM_{2.5}$ 与土地利用、自然、社会经济因素之间的关系研究[17-19]。以 $PM_{2.5}$ 污染相对较为严重的 2016 年作为研究的分析年份，提取武汉主城区范围内该数据的栅格中心点，并赋值该栅格的 $PM_{2.5}$ 浓度值，采用空间插值法获得更密集的主城区 $PM_{2.5}$ 浓度[20]（图 2），进而计算基于各单元面积的归一化 $PM_{2.5}$ 浓度。

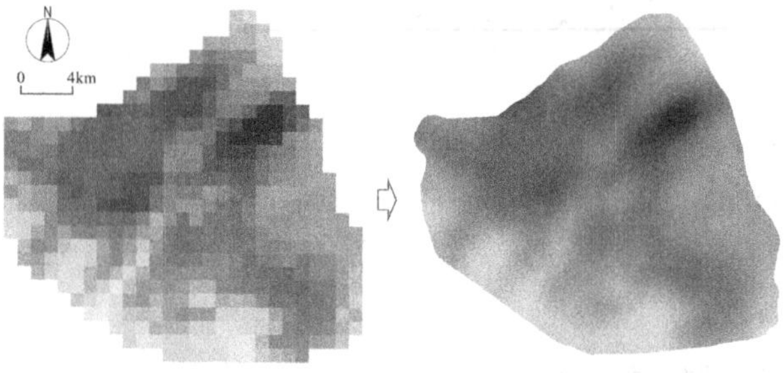

图 2 武汉主城区 $PM_{2.5}$ 浓度数据与处理

城市绿色空间广义上包含空间环境中的任何植被[21]，以此作为研究对象。基于 ENVI 5.4 软件，依托 2016 年 9 月 1 日拍摄的武汉主城区 0.8m 空间分辨率的高分 2 号遥感影像图，通过面向对象与规则的分类方法，以 NDVI 为分类规则，识别出研究区的绿色空间。在此基础上，通过人工目视解译对结果进行检验，得到精确的绿色空间矢量数据（图 3）。在武汉主城区内，绿色空间主要包括山体林地、草地、灌木地以及少量耕地等类型。

图 3 武汉主城区绿色空间及部分功能单元绿色空间样例

衡量绿色空间格局的重要方式之一为景观格局分析，在景观格局与空气污染的既有研究基础上，为全面分析主城区绿色空间格局，同时避免冗余指标引起潜在的共线性关系[22]，本研究从规模、密度、形态、聚散性 4 个维度各选取 1 个指标，包括平均斑块大小（Mean Patch Size，MPS）、斑块密度（Patch Density，PD）、景观形态指数（Landscape Shape Index，LSI）、聚集度指数（Aggregation Index，AI）。上述指标均相对于各功能单元或绿色空间总面积而言，因此具有可比性，可避免不同单元面积差异造成的影响。将绿色空间矢量数据转换栅格，通过 Fragstats 4.2 软件获得各个功能单元的各项指数。

1.3 数据分析方法

空间回归模型用于量化主城区功能单元的绿色空间格局与 $PM_{2.5}$ 浓度之间的空间关系，以 $PM_{2.5}$ 浓度为因变量，绿色空间景观格局指数为自变量，通过 GeoDa 软件进行分析。

首先，进行全局空间自相关分析，判别本研究区的 $PM_{2.5}$浓度是否存在空间自相关及其自相关程度如何。以莫兰指数 Moran′s I（−1～1）及其显著性 p 值衡量其空间自相关程度，Moran′s I 绝对值越高，表示 $PM_{2.5}$浓度存在越显著的正/负空间自相关。

其次，以局部自相关指数 Anselin Local Moran′s I（简称 LISA）识别 $PM_{2.5}$浓度在空间上存在的高/低聚类特征。

最后，进行空间回归分析。常用的空间回归模型包含空间滞后模型（Spatial Lag Model，SLM）与空间误差模型（Spatial Error Model，SEM），通过拉格朗日检验，对比模型的 Lagrange Multiplier（LM）、Robust LM 显著性，选择适合的空间模型。若空间回归模型不显著，则选用普通的线性回归模型（Ordinary Least Squares，OLS）。回归分析从整体以及 5 类功能单元两个层面展开，得出绿色空间格局在不同功能单元中与 $PM_{2.5}$之间的关系。由于各类功能单元均存在无邻接的区域，采用基于距离空间权重的方式计算空间权重矩阵。

为提供有效的绿色空间规划设计指导，基于空间回归模型，本研究重点分析对 $PM_{2.5}$具有显著影响的绿色空间指标，以及标准系数反映的各个指标之间的相对重要程度。

2 结果与分析

2.1 $PM_{2.5}$污染空间特征

武汉主城区 $PM_{2.5}$浓度总体呈中心高四周低的空间格局，伴随着高浓度区多中心的分布特征，与武汉市的多中心城市空间结构类似（图 4*a*）。单元 $PM_{2.5}$浓度的空间自相关指数 Moran′s I 为 0.921，说明 $PM_{2.5}$浓度有着显著的空间聚集特征。局部自相关分析表明，单元 $PM_{2.5}$浓度主要呈现显著的“高-高”“低-低”两种聚集特征，分别有 185 个和 97 个单元，占主城区单元总数的一半以上（图 4*b*）。浓度较高的单元主要位于武广、二七、青山片区，浓度较低的单元主要聚集于主城区南部。

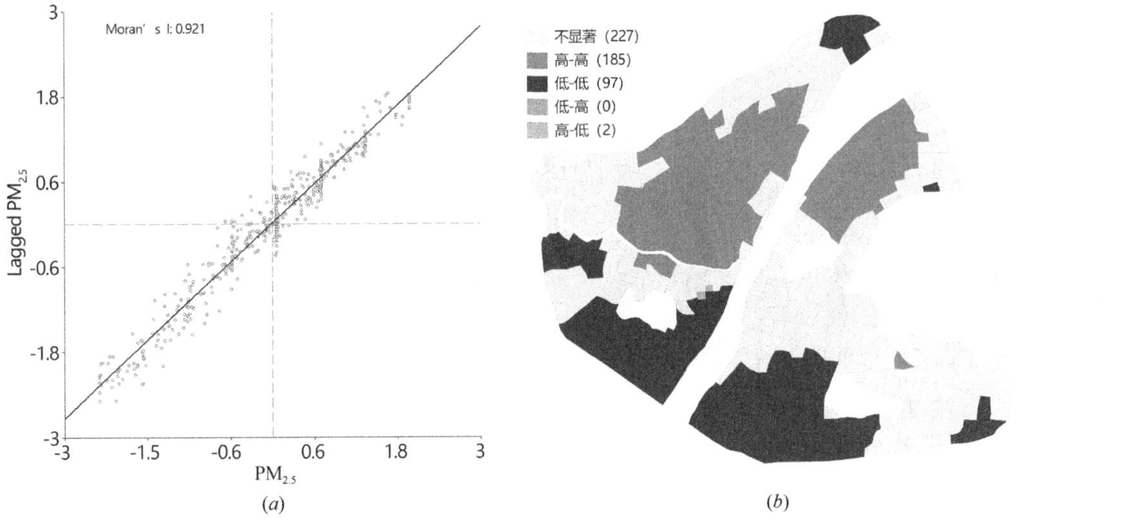

图 4　武汉主城区功能单元的 $PM_{2.5}$分布及其空间聚类特征

$PM_{2.5}$浓度在 5 类功能单元之间差异较大（图 5），从 $PM_{2.5}$浓度平均值来看，商业单元的 $PM_{2.5}$浓度最高，居住、教科、混合单元次之，绿地单元的 $PM_{2.5}$浓度最低。进一步通过单因素方差分析表明，居住空间单元与混合空间单元、绿地空间单元的 $PM_{2.5}$浓度存在显著差异，商业空间单元与混合空间单元、绿地空间单元的 $PM_{2.5}$浓度亦存在显著差异。

2.2 绿色空间格局分析

单因素方差分析表明，绿色空间格局指标在不同功能单元之间存在较多显著差异（图 6）。居住、商业单元的 PD 较高，MPS 与 AI 则较低，平均每公顷用地拥有 2.5 个以上绿色空间斑块，说明它们的绿色空间呈现破碎化、小规模与分散式布局的特征。受科教用地形态的影响，此类功能单元拥有最高的 LSI 与较高的 AI、MPS 值。绿地单元的 MPS 与 AI 普遍较高，PD 较低，绿色空间斑块平均规模达到 0.9hm^2以上，反映绿地空间单元中大规模、高聚集度与较整体的绿色空间形态，然而其 LSI 较低，说明绿地形状较简单。混合单元的各项绿色空间格局指标基本处于 5 类功能单元的中间位置。

2.3 绿色空间景观格局与 $PM_{2.5}$的空间关系

各类功能单元绿色空间与 $PM_{2.5}$的空间回归结果均通过拉格朗日的显著性检验（表 1），适宜进行空间回归分析。所有功能单元在 SLM 与 SEM 的 LM 显著性同等的情况下，SLM 的 Robust LM 显著性及统计值均高于 SEM，故选择 SLM 作为相对最优模型进行后续分析。

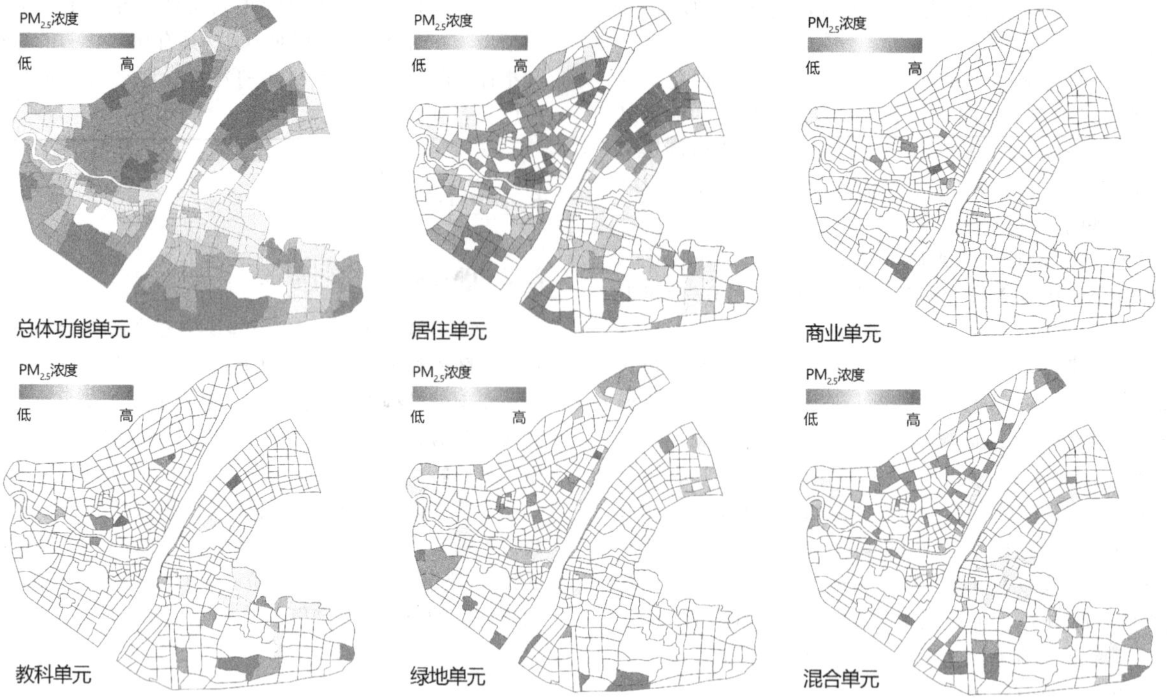

图 5　不同功能单元的 $PM_{2.5}$ 浓度差异

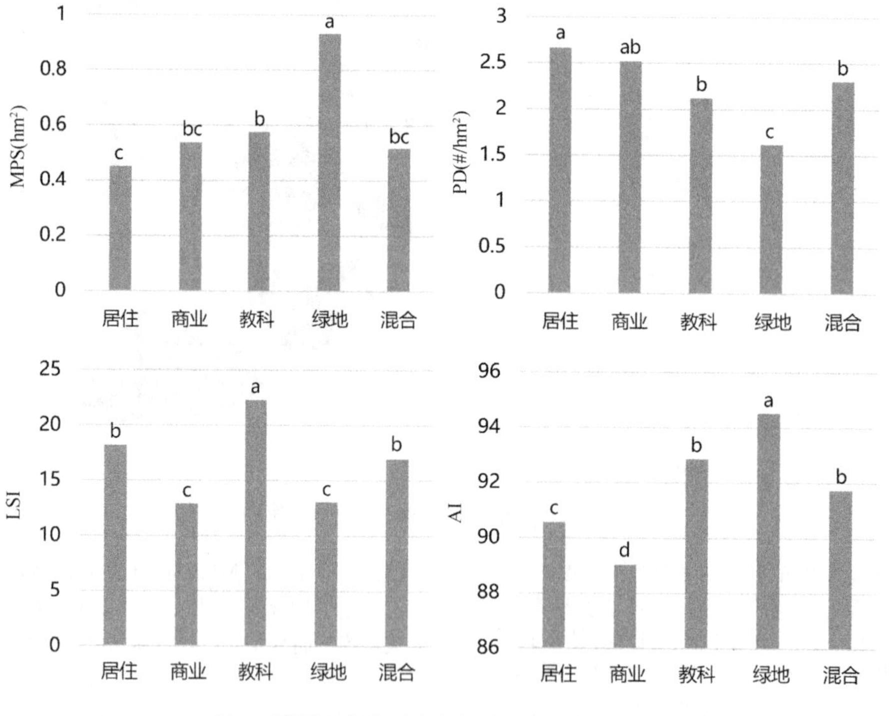

图 6　不同功能单元之间绿色空间指标的差异

（注：功能单元之间有相同字母，则表示它们绿色空间指标不存在显著差异）

空间回归模型选择 **表 1**

LM 检验		总体空间单元		居住空间单元		商业空间单元	
		显著性	统计值	显著性	统计值	显著性	统计值
SLM	LM	0.000	1019.088	0.000	845.175	0.060	3.545
	Robust LM	0.000	60.2853	0.000	57.737	0.132	2.271
SEM	LM	0.000	980.826	0.000	808.808	0.114	2.497
	Robust LM	0.016	22.0234	0.000	21.370	0.269	1.222

续表

LM检验		绿地空间单元		教育科研空间单元		混合空间单元	
		显著性	统计值	显著性	统计值	显著性	统计值
SLM	LM	0.000	39.322	0.029	4.776	0.000	93.753
	Robust LM	0.000	19.389	0.389	0.741	0.001	11.190
SEM	LM	0.000	24.358	0.044	4.049	0.000	83.159
	Robust LM	0.035	4.426	0.906	0.014	0.440	0.595

2.3.1 绿色空间景观格局与 $PM_{2.5}$ 空间关系的整体分析

综合所有功能单元构建 $PM_{2.5}$ 浓度与绿色空间的SLM模型，并与线性回归模型OLS对比（表2）。结果显示，SLM的模型解释度为95.4%，远高于OLS的14.6%，并具有更低的AIC与SC。因此，SLM能更好地解释基于功能单元的绿色空间对 $PM_{2.5}$ 的影响。

主城区绿色空间与 $PM_{2.5}$ 浓度的回归模型　表2

模型参数	SLM		OLS	
	回归系数	标准系数	回归系数	标准系数
MPS	−0.255***	−0.056	−1.657***	−0.364
PD	−0.023	−0.016	−0.365***	−0.261
LSI	−0.006**	−0.023	−0.028**	−0.108
AI	−0.007	−0.015	−0.121***	−0.258
R2	0.954		0.146	
AIC	517.807		1837.920	
SC	543.225		1859.110	

注：**、***分别表示在0.05、0.01水平上显著，AIC、SC分别是Akaike info criterion（赤池信息准则）、Schwarz criterion（施瓦茨准则），用以衡量模型的优劣。

SLM模型中，仅MPS、LSI分别在0.01、0.05水平上显著影响 $PM_{2.5}$ 浓度，并都呈现负向影响关系，说明绿色空间平均斑块越大，空间复杂程度越高，$PM_{2.5}$ 浓度越低。虽然4个指标在OLS模型中均与 $PM_{2.5}$ 浓度显著相关，但在纳入空间权重的情况下，部分指标的相关性降低。

以标准系数衡量各绿色空间指标对 $PM_{2.5}$ 浓度影响的相对重要程度，结果显示，MPS对单元 $PM_{2.5}$ 浓度差异的贡献最大，达到约51%，其次为LSI。PD、AI的贡献度相近。

2.3.2 绿色空间格局与 $PM_{2.5}$ 空间关系的功能单元差异分析

对5类功能单元分别构建空间回归模型，进一步探索绿色空间格局在不同功能单元中对 $PM_{2.5}$ 影响的差异（表3）。结果显示，不同功能单元的模型解释度有所差异，其中居住单元的SLM模型能解释89.2%的 $PM_{2.5}$ 浓度在地理空间上的差异，其次为教科、混合单元，绿地单元最少，仅51.6%。

首先，具有显著影响的绿色空间指标在5类功能单元中具有较大差异。居住单元中，绿色空间的MPS、LSI、AI对 $PM_{2.5}$ 浓度具有显著的负向影响，说明绿色空间采用相对集中的布局方式有助于 $PM_{2.5}$ 浓度的降低。商业单元中，MPS、PD对 $PM_{2.5}$ 浓度具有显著的负向影响，说明绿色空间密度（即单位面积上的绿色空间数量）越高，越有利于 $PM_{2.5}$ 浓度的消减。教科单元中，PD、LSI、AI对 $PM_{2.5}$ 浓度具有显著的负向影响。绿地单元中，仅MPS显著负向影响 $PM_{2.5}$ 浓度，较大的绿色空间斑块有利于消减 $PM_{2.5}$。虽然LSI、AI对 $PM_{2.5}$ 无显著影响，但其影响系数为正，与其余4类功能单元相反，说明在绿地单元中，绿色空间适当地分散布局和较为简单规整的形状，反而促进 $PM_{2.5}$ 的消减，这或许与绿地单元本身具有较好的绿色生态本底有关。混合单元中，亦仅MPS显著影响 $PM_{2.5}$ 浓度。尽管如此，各项指标对 $PM_{2.5}$ 浓度的正负影响总体一致，反映出绿色空间所发挥的较稳定的作用。

不同功能单元绿色空间与 $PM_{2.5}$ 浓度的空间回归模型　表3

空间回归模型参数		功能单元				
		居住	商业	教科	绿地	混合
回归系数	MPS	−0.444**	−2.901***	−2.162	−0.552**	−0.821*
	PD	−0.052	−0.759**	−1.046**	−0.122	−0.204
	LSI	−0.013**	−0.013	−0.076**	0.006	−0.017
	AI	−0.033**	−0.039	−0.331*	0.036	−0.038
标准系数	MPS	−0.071	−1.046	−0.378	−0.203	−0.153
	PD	−0.034	−0.767	−0.714	−0.092	−0.145
	LSI	−0.048	−0.037	−0.331	0.020	−0.063
	AI	−0.059	−0.130	−0.446	0.083	−0.089
R2		0.892	0.640	0.818	0.516	0.742
AIC		514.406	56.864	139.262	93.213	222.768
SC		536.446	63.410	151.084	101.206	237.833

注：*、**和***分别表示在0.1、0.05、0.01水平上显著。

其次，各个绿色空间指标对 $PM_{2.5}$ 浓度影响的重要程度不同，并且重要度较高的指标都发挥显著影响。居住单元中，整体上4个指标的重要度差异不大，MPS对 $PM_{2.5}$ 浓度的差异起关键作用，AI次之。商业、混合单元中，MPS、PD的贡献度最大，尤其二者在商业单元的贡献度达到92%，远高于LSI与AI。教科单元中，PD是相对最重要的指标。绿地单元中，MPS的重要度远高于其他指标，对单元中 $PM_{2.5}$ 浓度差异的贡献达到51%。综合来看，MPS相对最重要，PD、AI次之，LSI则是贡献度最小的指标。

3 讨论

3.1 绿色空间对 $PM_{2.5}$ 影响的功能单元差异

本研究得出了绿色空间对 $PM_{2.5}$ 的消减效果在不同功能单元中有着较大差异，拓展了当前相关研究仅从土地覆盖/利用方面，解释 $PM_{2.5}$ 浓度空间差异及其它们的影响。

绿色空间的量与 $PM_{2.5}$ 浓度之间的显著负相关关系已得到许多研究证实，街区的绿化覆盖率或城市绿地面积越大，越有利于 $PM_{2.5}$ 浓度的消减[4,23]。本研究进一步揭示了在城市不同功能区中，绿色空间的平均斑块大小对 $PM_{2.5}$ 浓度有着差异化的影响。在5类单元中，仅教科单元无显著影响，普遍较大的绿色空间斑块或许导致毫不显著的影响。在城市功能单元中，相对于绿化覆盖率或是反映绿色空间占比的PLAND指数，平均绿地斑块大小更有利于从空间形态上衡量绿色空间的大小规模，在高密度城市环境中，能更有效指导设计实践。

PD对商业、教科单元的 $PM_{2.5}$ 浓度有着显著的负向影响，这与基于监测站点构建的1～5km圆形缓冲区中，林地/绿地与 $PM_{2.5}$ 浓度的显著负相关关系一致[24-25]。PD一定程度反映绿色空间的破碎化程度，与整体相对，在高密度的城市建成环境中，绿色空间的整体性自身较弱，相对破碎的分布也有利于更好地疏通单元中通风效果。

绿色空间形状方面，LSI对总体及居住、教科单元的 $PM_{2.5}$ 浓度有显著负向影响，与其他学者基于若干个监测点得出的面积加权平均斑块形状指数与 $PM_{2.5}$ 浓度呈显著负相关相符[24,26]。绿色空间的复杂形状能够提高它与周围环境的物质能量交换，提高对 $PM_{2.5}$ 的吸附效果[26]。

AI反映绿色空间斑块分布的聚集与分散程度，既往研究基于10km栅格空间单元，发现AI与 $PM_{2.5}$ 浓度的相关性存在较大的地域差异。在长三角地区，AI与 $PM_{2.5}$ 浓度显著负相关，而在京津冀、成渝、关中地区，则显著正相关[8]。欧维新等[10]从行政区的尺度，得出长三角地区林地的AI与 $PM_{2.5}$ 浓度呈显著负相关关系。本研究聚焦城市功能单元，从更精细的空间管控尺度，揭示了居住、教科单元中，绿色空间的聚集分布有利于缓解 $PM_{2.5}$ 污染。

3.2 城市不同功能单元的绿色空间规划设计启示

研究结果对城市不同功能单元的绿色空间规划设计具有较大指导意义。从改善 $PM_{2.5}$ 污染的角度，构成城市的多种功能单元，其绿色空间格局优化策略有所差异，因此需要有针对性地提出相应的策略。

居住单元需要重点关注绿色空间平均斑块大小、形状复杂度及其空间聚散度。优先构建规模较大，形状复杂的绿地。以社区公园为引领，结合居住区附属绿地，形成绿色空间集聚效应。商业单元的公共空间一般由较大的广场、线性的步行街等硬质空间组成，在绿色空间规模有限的情况下，尽可能利用广场空间、建筑边角空间进行造绿，提高平均斑块大小。针对商业建筑高度较低的特点，实施屋顶绿化，增加斑块密度。教科单元优先提高绿色空间的斑块密度，其次为聚集度与形状复杂度。通过校园广场空间、图书馆等公共建筑广场空间等营造绿地，提升绿地数量。利用道路绿化廊道串联分散的绿地，增加聚集度。绿地单元由于其自身拥有较好的绿地空间环境，仅需注意绿地斑块大小，避免太多小规模的绿地孤岛。同时可适当分散布局，保持较简单规则的绿地形态。混合单元仅需尽量提高绿色空间斑块大小，规模较小的绿斑通过可利用空间的绿化种植，将其转化为大斑块。

4 结论

(1) 武汉主城区功能单元的 $PM_{2.5}$ 浓度存在显著空间自相关，Moran's I为0.921，主要呈现出"高-高"与"低-低"两类空间聚集特征。$PM_{2.5}$ 浓度由高至低依次为商业、居住、教科、混合、绿地单元。

(2) 4个绿色空间格局指标在不同功能单元之间存在较多显著差异。居住、商业单元的PD较高，MPS与AI则较低。科教单元拥有较高的LSI、AI与MPS。绿地单元的MPS与AI普遍较高，PD较低。

(3) 各类功能单元（除教科单元）的MPS均与 $PM_{2.5}$ 存在显著负向影响，PD仅在商业、教科单元中发挥显著作用，LSI与AI仅在居住、教科单元中对 $PM_{2.5}$ 有影响。综合4个绿色空间指标在各类功能单元的重要度来看，MPS相对最重要，PD、AI次之，最后是LSI。

参考文献

[1] 生态环境部. 2020中国生态环境状况公报[R]. 北京：生态环境部，2021.

[2] 余欣璐，高吉喜，张彪. 基于城市绿地滞尘模型的上海市绿色空间滞留 $PM_{2.5}$ 功能评估[J]. 生态学报，2020，40(8)：2599-2608.

[3] 戴菲，毕世波，陈明. 基于国家自然科学基金面上项目的城市绿色空间前沿研究分析：热点与方法[J]. 风景园林，2021，28(2)：10-15.

[4] Irga P J, Burchett M D, Torpy F R. Does urban forestry have a quantitative effect on ambient air quality in an urban environment? [J]. Atmospheric Environment, 2015, 120: 173-181.

[5] Fan S X, Li X P, Han J, et al. Field assessment of the impacts of landscape structure on different-sized airborne particles in residential areas of Beijing, China[J]. Atmospheric Environment, 2017, 166: 192-203.

[6] 陈明，戴菲. 城市街区植物绿量及对 $PM_{2.5}$ 的调节效应——以

武汉市为例[M]//中国风景园林学会. 中国风景园林学会 2018 年会论文集. 北京：中国建筑工业出版社，2019.

[7] Chen M，Dai Fei，Yang B，et al. Effects of urban green space morphological pattern on variation of $PM_{2.5}$ concentration in the neighborhoods of five Chinese megacities[J]. Building and Environment，2019，158：1-15.

[8] Feng H H，Zou B，Tang Y M. Scale- and region-dependence in landscape-$PM_{2.5}$ correlation：implications for urban planning[J]. Remote Sensing，2017，9(9)：918.

[9] Lu D B，Mao W L，Yang D Y，et al. Effects of land use and landscape pattern on $PM_{2.5}$ in Yangtze River Delta，China[J]. Atmospheric Pollution Research，2018，9(4)：705-713.

[10] 欧维新，张振，陶宇. 长三角城市土地利用格局与 $PM_{2.5}$ 浓度的多尺度关联分析[J]. 中国人口·资源与环境，2019，29(7)：11-18.

[11] 贺瑶，韩秀秀，黄晓虎，等. 南京市不同功能区冬季大气 $PM_{2.5}$ 分布特征及其来源解析[J]. 环境科学学报，2021，41(3)：830-841.

[12] 刘永红，余志，黄艳玲，等. 城市空气污染分布不均匀特征分析[J]. 中国环境监测，2011，27(3)：93-96.

[13] Yuan M，Song Y，Huang Y P，et al. Exploring the association between the built environment and remotely sensed $PM_{2.5}$ concentrations in urban areas[J]. Journal of Cleaner Production，2019，220：1014-1023.

[14] Song J C，Lin T，Li X H，et al. Mapping urban functional zones by integrating very high spatial resolution remote sensing imagery and points of interest：A case study of Xiamen，China[J]. Remote Sensing，2018，10：1737.

[15] 康雨豪，王玳瑶，夏竹君，等. 基于 POI 数据的武汉城市功能区划分与识别[J]. 测绘地理信息，2018，43(1)：1-5.

[16] Hammer M S，Donkelaar A V，Li C，et al. Global estimates and long-term trends of fine particulate matter concentrations (1998-2018)[J]. Environmental Science & Technology，2020，54：7879-7890.

[17] 刘海猛，方创琳，黄解军，等. 京津冀城市群大气污染的时空特征与影响因素解析[J]. 地理学报，2018，73(1)：177-191.

[18] 赵文斐，于占江，王让会，等. 石家庄市 $PM_{2.5}$ 时空特征及其对土地利用变化的响应[J]. 生态环境学报，2020，29(12)：2404-2413.

[19] 黄小刚，邵天杰，赵景波，等. 汾渭平原 $PM_{2.5}$ 浓度的影响因素及空间溢出效应[J]. 中国环境科学，2019，39(8)：3539-3548.

[20] 郭向阳，穆学青，丁正山，等. 长三角多维城市化对 $PM_{2.5}$ 浓度的非线性影响及驱动机制[J]. 地理学报，2021，76(5)：1274-1293.

[21] Kabisch N，Haase D. Green spaces of European cities revisited for 1990-2006[J]. Landscape and Urban Planning，2013，110：113-122.

[22] Ke X L，Men H L，Zou T，et al. Variance of the impact of urban green space on the urban heat island effect among different urban functional zones：A case study in Wuhan[J]. Urban Forestry & Urban Greening，2021，62：127159.

[23] 李琪，陈文波，郑蕉，等. 南昌市中心城区绿地景观对 $PM_{2.5}$ 的影响[J]. 应用生态学报，2019，30(11)：3855-3862.

[24] 宋海啸，于守超，翟付顺，等. 徐州市主城区绿地景观格局对 $PM_{2.5}$ 及 PM_{10} 的影响[J]. 北方园艺，2021，45(7)：88-95.

[25] 孙敏，陈健，林鑫涛，等. 城市景观格局对 $PM_{2.5}$ 污染的影响[J]. 浙江农林大学学报，2018，35(1)：135-144.

[26] 雷雅凯，段彦博，马格，等. 城市绿地景观格局对 $PM_{2.5}$、PM_{10} 分布的影响及尺度效应[J]. 中国园林，2018，34(7)：98-103.

作者简介

陈明，1991 年 9 月生，男，汉族，福建福州人，博士，华中科技大学建筑与城市规划学院，讲师，研究方向为城市绿色空间、绿色基础设施、大气颗粒物污染。电子邮箱：chen_m@hust.edu.cn。

姜佳怡，1993 年 2 月生，女，汉族，山东威海人，日本千叶大学博士研究生，研究方向为时空大数据挖掘、城市空间识别、绿色基础设施。电子邮箱：584671011@qq.com。

资源整合视角下的全域旅游风景道系统研究
——以新疆博尔塔拉蒙古自治州为例

A Study on the Holistic Tourism Scenic Byway System from the Perspective of Resource Integration
—A Case Study of Bortala Mongolian Autonomous Prefecture in Xinjiang

潘 悦 王子尧 林 箐*

摘 要： 新疆博尔塔拉蒙古自治州（简称“博州”）具有丰富的自然、文化资源，但缺乏系统的挖掘整合与联动，导致博州旅游发展水平较低。结合新疆博州自然文化遗产和旅游交通政策等，提出“挖掘特色资源、整合优质资源、完善基础设施”的策略，借助ArcGIS阻力模型和成本连通性计算等分析方法，规划串联各个资源点，模拟得到“一轴三环”的全域风景道系统结构，从而完善博州基础设施建设，对道路建设不完善但资源丰富的旅游欠发达边疆地区具有借鉴性和可实施性。

关键词： 绿色基础设施；风景道系统；全域旅游；欠发达地区

Abstract: Xinjiang Bortala Mongolian Autonomous Prefecture has rich natural and cultural resources, but lacks systematic mining integration and linkage, resulting in a low level of tourism development in Bortala. Combining with the planning of natural and cultural heritage and tourism transportation policy in Bozhou, Xinjiang, the strategy of "digging characteristic resources, integrating high-quality resources, and improving infrastructure" is proposed. With the help of analysis methods such as ArcGIS resistance model and Cost Connectivity calculation, the planning connects various resource points. The simulation obtains the "One-axis and Three-ring" holistic scenic byway system structure, thereby improving the infrastructure construction of Bozhou, which is of reference and implementability for the underdeveloped border region of tourism with imperfect road construction but rich resources.

Keywords: Green Infrastructure; Scenic Byway System; Holistic Tourism; Underdeveloped Region

1 研究背景

随着2015年《关于开展“国家全域旅游示范区”创建工作的通知》的提出，全域旅游正式进入大众视野。相对于普通的单一景点旅游，全域旅游强调整合地区旅游资源，并将多个景点联合起来，从而实现地区旅游的整体管理和发展。其中，可采用以公共道路串联整合森林、湿地、乡土植被等多项资源从而形成绿色基础设施网络的方式，通过“旅游+”的方针联动村镇、城市等多产业运营，从而带动区域经济整体协调发展。但对于一些边疆欠发达地区来说，其虽拥有较为丰富的自然人文资源，但道路系统不完善，缺乏对各类资源的挖掘和联动，导致资源不能有效被利用，在全域旅游的背景下，如何整合其资源并串联开发，从而形成基础设施网络，是一个值得研究的问题。

风景道（scenic byway）是一种路旁或视域之内，拥有交通运输、景观游憩、历史文化以及生态保护等多元价值的景观道路[1]。普通公路只是游客进入目的地的空间通道，而风景道则是一种动态旅游资源，是一个具有特殊观光价值的旅游系统[2]。“风景道”的概念起源于美国，从19世纪末奥姆斯特德提出的“公园路”理论发展至今，国外研究机构和学者对于风景道的理论研究主要集中在对风景道的概念界定[3-4]、管理评价[5-6]、规划设计[7-8]等方面，其中在管理评价和规划设计方面，美国国家风景道评估体系已发展较为成熟。

我国对于风景道及其体系的研究开始较晚，以余青[3,9-10]等学者为早期代表，研究了分析国外风景道起源、理论辨析和实践、发展状况等；宋冠杰[11]等通过对评价模型和案例的研究确定出风景道评价体系；容向达[12]等对道路周边驿站基础设施的功能、布局做了研究。一些学者对风景道道路体系规划做了相关研究，姚朋[13]等通过耦合周边资源进行生态风景道道路体系研究，钟静玲[14]等在原有道路的基础上整合场地资源构建风景道道路体系。

早期风景道建设未能以全域视角研究点线面的综合功能，导致其研究较为零散单一，仅关注景观评价、游憩价值方面的提升，缺乏科学的方法指导资源保护、道路系统设计、设施排布等统筹规划，缺乏对基础设施建设不完善的欠发达地区做风景道新路选线规划，且较少有对资源深入挖掘、以资源为串联对象进行选线规划、探索全域风景道体系构建的研究，本研究旨在对此做进一步细化和完善。

2 博州风景道系统规划

2.1 博州风景道系统规划策略

2021年《新疆维吾尔自治区国民经济和社会发展第

十四个五年规划和2035年远景目标纲要》发布，提出深入实施旅游兴疆战略，重点打造创新“旅游＋交通”融合发展模式，打造全域自驾精品旅游路线，并推动文化要素和旅游资源深度融合。

博尔塔拉蒙古自治州自然人文资源丰富，但由于处于天山北坡经济带末端，受到乌鲁木齐等大城市带动有限，且不属于城镇规划的交通枢纽，虽有丰富的旅游资源但“大资源，小开发”问题凸显，基础设施配套不足，景点分散，多以县级道路连通，且交通线长，路况较差，同时受到伊犁等邻旁旅游城市冲击，其旅游整体发展不佳。

结合新疆博州的相关政策规划以及文献研究，提出“挖掘特色资源、整合优质资源、完善基础设施”的风景道系统构建策略，以利用多级自驾道路网络联动全域旅游、集聚场地自然人文空间的方式串联整合博州资源，推动博州全域自然文化旅游的发展（图1）。

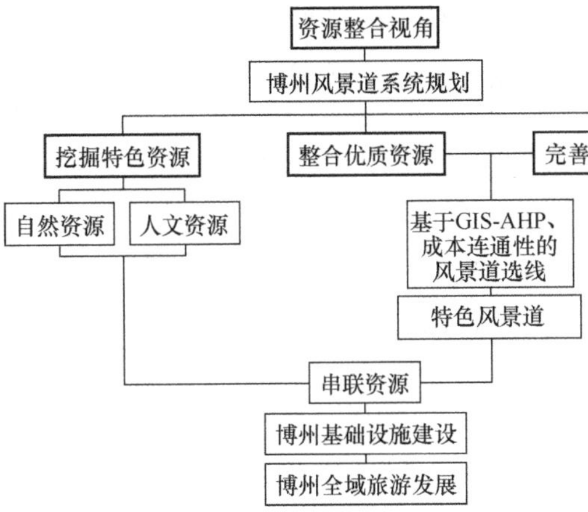

图1　研究技术路线

2.2　博州特色资源挖掘

自然资源方面，博州位于新疆西北部，总面积27000km²，其三面环山，自然资源丰富，雪山、沙漠、湖泊、森林、草甸等自然地貌形态多样，有赛里木湖和艾比湖两大湖泊，一条博尔塔拉河东西向横贯，又有精河连接艾比湖，目前有4个自然保护区、4个湿地公园、3个风景名胜区、3个森林公园和1个沙漠公园。

人文资源方面，博州位于古代丝绸之路北道，墓葬、古城遗址等人文遗产资源丰富，为多民族集聚地区，有蒙古族、汉族、维吾尔族、哈萨克族、回族等35个民族，多民族混居使得其文化多彩多样。其野外有不可移动文物640余处，全国重点文物保护单位5处，自治区级文物保护单位60余处[15]，主要为古墓葬、古遗址、岩画、石人等。（图2）

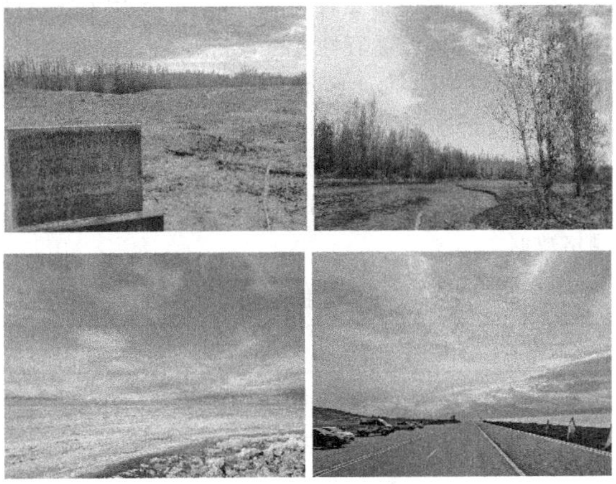

图2　博州风光
（从左至右：青得里古城遗址、博尔塔拉河沿线风光、赛里木湖风光、赛里木湖已建设风景道段）

深入挖掘博州特色资源，根据其重要程度和特色定位以及保存程度，最终确定了59处资源点，其中包括重要城镇6个、人文资源点33个和自然资源点20个（图3）。其中重要城镇是博州主要的经济发展城镇，也是风景道系统上最主要的旅游集散地，承载着交通中转、餐饮住宿、娱乐观景等多种功能，人文资源点是博州境内旅游开发价值较高且保存相对完好的古城、墓葬遗址以及壁画群等，自然资源点包括博州主要的自然保护区、森林公园、湿地公园以及其他具有特色的景区景点。

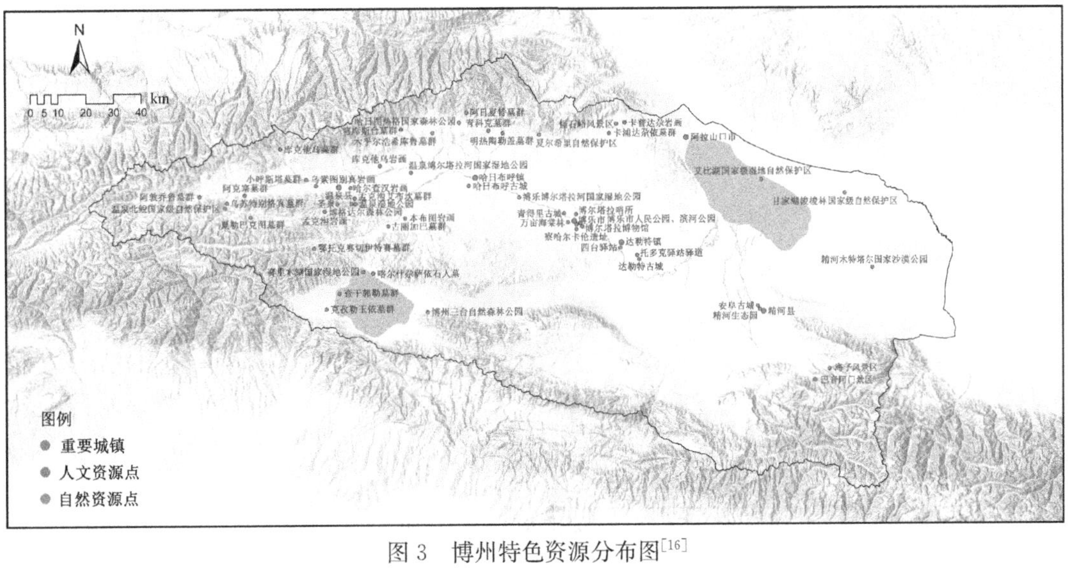

图3　博州特色资源分布图[16]

3 博州优质资源整合——风景道选线

在挖掘整理博州特色资源的基础上，实施“旅游＋”策略，以“旅游＋交通”为基础，融合“旅游＋文化”“旅游＋乡村”的规划方式，利用风景道基础设施网络体系对博州优质的自然人文资源进行整合串联，促进旅游发展串“点”成线，构建博州旅游空间格局，完善博州基础设施建设，实现全域旅游综合发展。

在“旅游＋”大背景下提出资源整合的策略，引入绿道选线中常用的“最小累计阻力模型”，运用 GIS-AHP 方法对博州土地建设适宜性进行评价并确定阻力面，运用 ArcGIS 软件中的 Cost Connectivity 成本联通性工具进行风景道系统的选线运算。

表 1 为研究采用的数据及来源汇总，数据在 ArcGIS 软件中进行一系列预处理工作后，统一转化为 50m×50m 的栅格数据。

研究数据来源　　表 1

数据名称	数据来源
DEM 高程数据（空间分辨率为 30m）	中国科学院计算机网络信息中心（地理空间数据云平台，http：//www.gscloud.cn）
土地利用类型（空间分辨率为 10m）	清华大学全球地表覆盖数据库（http：//data.ess.tsinghua.edu.cn/）
人口密度数据	中科院环境科学与数据中心（http：//resdc.cn/）
道路交通与河流水系矢量数据	BIGEMAP 地图下载器
自然人文资源点	《新疆维吾尔自治区第三次全国文物普查成果集成：博尔塔拉蒙古自治州卷》[16]、马蜂窝旅游网站记录的景点经纬度坐标

3.1 土地建设适宜性评价

风景道选线在土地适宜性基础上进行，利用获取的数据，采用筛选标准（表 2）利用 ArcGIS 软件进行裁剪、重分类、加权叠加（表 3）等处理之后，生成土地建设适宜性综合评价结果，见图 4。

评价指标筛选标准与范围[4,17-18]　　表 2

评价指标	筛选标准	筛选范围
土地利用	根据道路修建的难易程度、生态保护的重要程度以及行驶的安全程度等原因，进行分类评价	根据标准将 11 种土地利用类型分为 5 大类
坡度	当坡度越大时，景观敏感性就越大，景观被观察和注意到的可能性就越大。但坡度越大，安全量越低，施工量越大	选取坡度范围为 2°～12°
与河流距离	根据风景道定义，距离水系越近，其景观效果越好。根据现场调研，研究区域内道路相对平坦，视野相对开阔，将视距分组：近景带为 0～300m，中景带为 300～600m，远景带大于 600m，以便游客较清晰地分辨水系特征	选取与河流距离范围为 0～600m
人口密度	在旅游资源整合的视角下，人口密度越高，风景道所带来的经济、社会、文化效益越高	将人口密度分为 5 个级别进行评价
与道路距离	考虑到风景道建设的成本和环境影响，将充分利用场地现有道路进行风景道布局选线落位	选取与道路距离范围为 0～150m

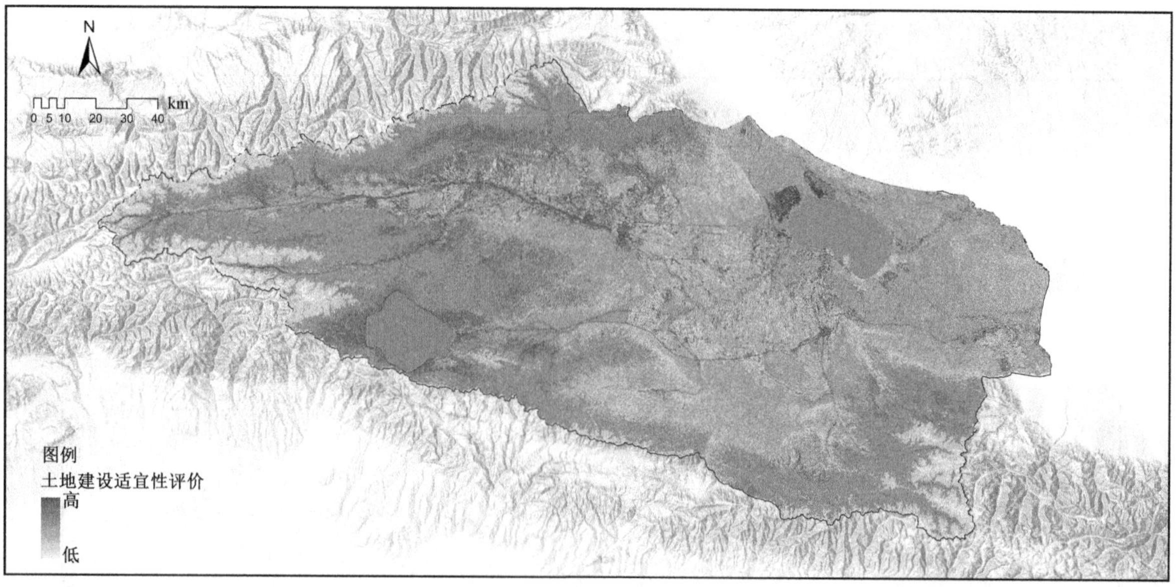

图 4　土地建设适宜性评价

土地建设适宜性评价指标[17-18] 表 3

一级评价指标	二级评价指标	指标分级/类别					指标权重
		1	3	5	7	9	
自然资源	土地利用	冰川、苔原、基本农田、水域	裸地	建设用地	林地、灌木林地、草地、湿地	道路	0.3834
	坡度(°)	>12	8～12	4～8	2～4	≤2	0.2106
	与河流距离(m)	>600	300～600	200～300	100～200	≤100	0.1181
人文资源	人口密度	较低	低	中	高	较高	0.0649
	与道路距离(m)	>150	80～150	40～80	20～40	≤20	0.2230

3.2 风景道构建

3.2.1 阻力面构建与廊道生成

通过叠加分析得到土地建设适宜性结果，适宜性评价结果越高，表示该地越适宜建设风景道。而阻力模型则与之相反，阻力值越高则表示越不适宜建设风景道。因此将土地建设适宜性结果取倒数，以此构建起阻力模型（图 5）。

在构建阻力模型的基础上，需要确定风景道串联的源地，采用深入挖掘得到的 59 个资源点作为廊道构建的源地。源地分为重要城镇、人文资源点与自然资源点 3 种类型。采用 ArcGIS 软件 Connectivity 工具模拟计算每一个源地与周边相邻源地之间的最小累计阻力路径，并叠加形成风景道选线模拟结果（图 6）。

图 5 阻力模型

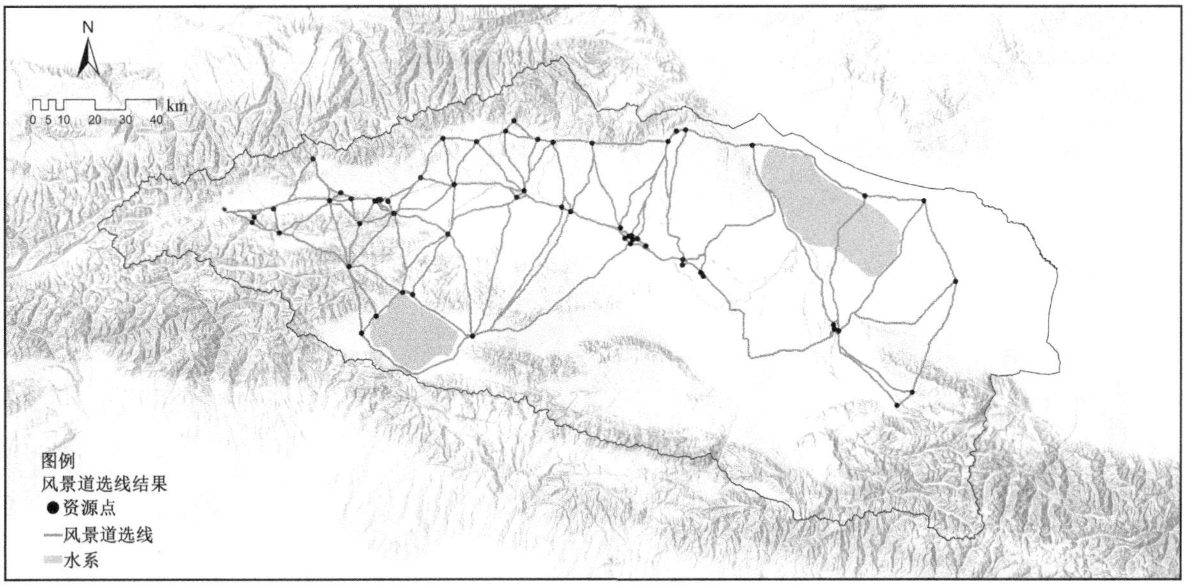

图 6 风景道选线结果

3.2.2 风景道优化

在博州相关政策规划的基础上，考虑风景道串联节点重要程度及其所形成的结构体系、穿越河道河谷以及山地等的建设难易程度、景点组团整合以及建设成本等因素，并本着生态开发的原则尽量对选线采用原有道路，减少新建道路，从而将软件模拟构建的风景道体系进行删减和优化，得到更加科学和具有建设可行性的风景道体系（图7）。

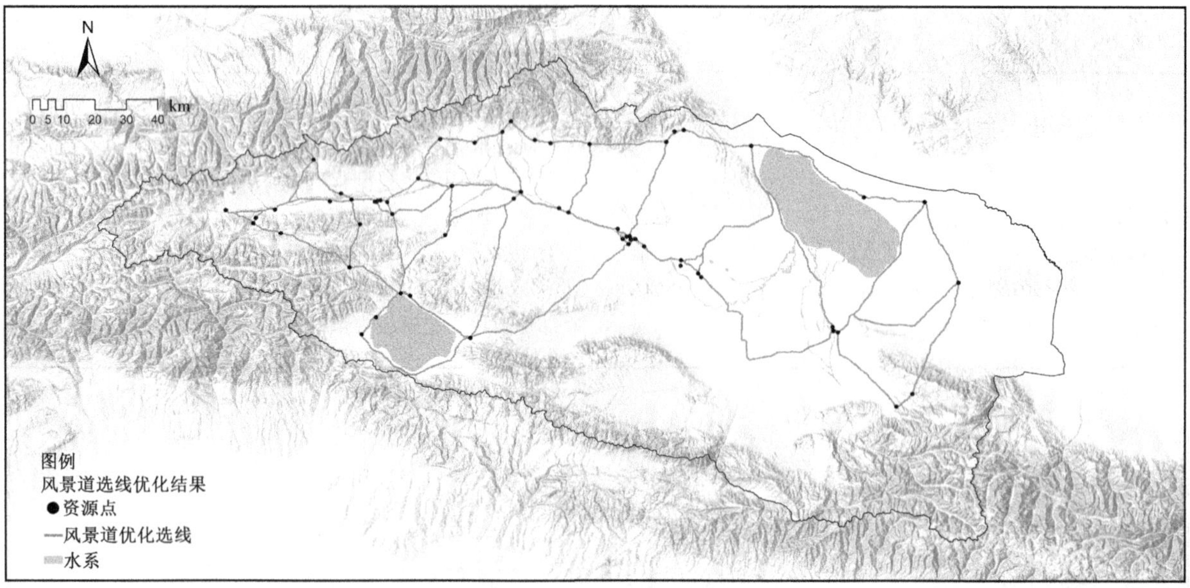

图 7　风景道选线优化结果

4　研究结果与结论

4.1　研究结果

优化后的风景道结构体系为："一轴三环"。"一轴"为"博河沿线风景道轴"，除新建道路外主要依托 G577 国道、连霍高速、乡道、县道以及部分博河沿线堤顶路布设，主要观看博河与周边的林地、灌林地、草地相互掩映形成的滨水景观。"三环"分别为：①"温泉北鲵国家级自然保护区—赛里木湖国家湿地公园环"，该环连接众多自然公园和墓葬群，穿越鄂托克塞尔河谷，除新建道路外主要依托连霍高速以及部分县道布设，主要观赏体验河谷风光以及湿地湖泊美景，观看博州墓葬遗址。②"温泉博尔塔拉河国家湿地公园—怪石峪风景区环"，该环连接众多自然公园、文化遗产群以及大草原，除新建道路外主要依托精阿高速和部分乡道、县道布设，主要观赏戈壁奇观、雪山草原以及具有民族特色的壁画墓葬。③"艾比湖国家级湿地自然保护区—巴音阿门景区环"，该环连接数个自然公园，除部分道路依托精阿高速布设外，其他为新建道路，主要观赏盐湖美景和沙漠风光。

与此同时，将风景道道路体系分为两级，分别是串联各个重要节点的一级道路和串联其他节点、连接交通的二级道路（图8）。

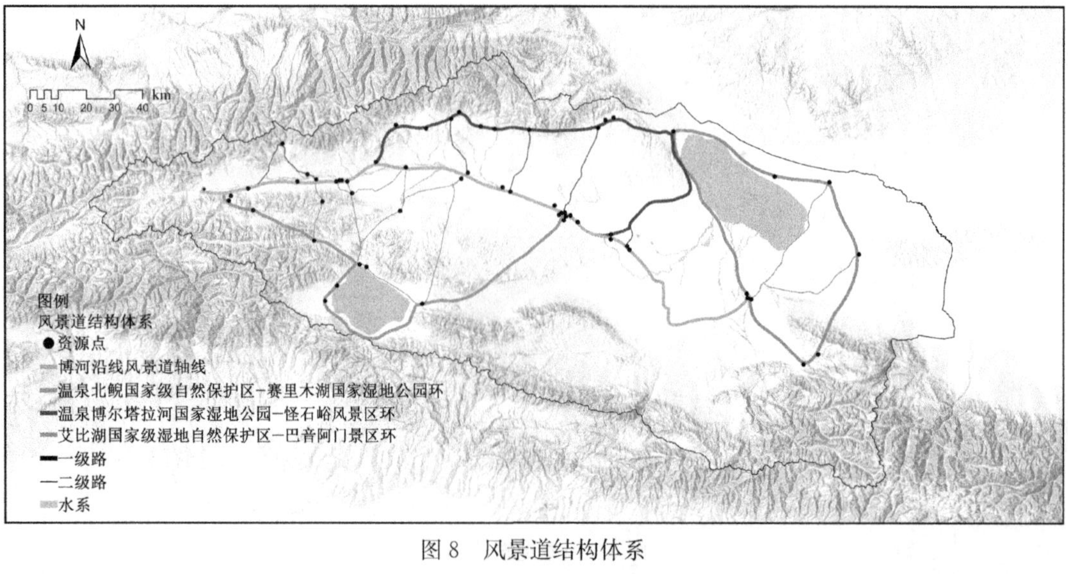

图 8　风景道结构体系

4.2 研究结论

4.2.1 研究方法讨论

针对博州这样的道路基础设施体系建设不完善、旅游发展较落后的地区，以资源整合为目的，通过书籍文献研究、网络数据收集以及现场调研等方式挖掘资源，通过ArcGIS软件模拟风景道选线串联整合资源，最终梳理得到博州风景道系统规划，对博州全域旅游的发展具有一定的借鉴作用。

另外的，在全域范围内系统性地挖掘旅游资源、并通过绿色廊道选线的方式串联资源模拟风景道构建，此类方式具有创新性，且对于博州等的资源丰富但基础设施建设不完善的边疆地区更具借鉴性和可实施性，也以此对现有风景道基础设施研究进行了补充。

4.2.2 研究不足分析

在研究结果方面，风景道选线结果还未做到线性功能的外延与内部结构的扩展，即还未形成与博州外界旅游系统的联系以及博州内部慢行体系的构建。以上不足也将作为后续研究的方向进一步探究。

参考文献

[1] 余青．美国主题型风景道规划设计[M]．北京：中国建筑工业出版社，2018.

[2] 鲁宜苓，孙根年．公路何以成为旅游资源[J]．公路，2017，62(3)：193-198.

[3] 余青，樊欣，刘志敏，等．国外风景道的理论与实践[J]．旅游学刊，2006(5)：91-95.

[4] Clay G R，Smidt R K. Assessing the validity and reliability of descriptor variables used in scenic highway analysis[J]. Landscape and Urban Planning，2004，66(4)：239-255.

[5] Eby D W，Molnar L J. Importance of scenic byways in route choice：a survey of driving tourists in the United States[J]. Transportation Research Part A：Policy and Practice，2002，36(2)：95-106.

[6] Ettema D，Gärling T，Olsson L E，et al. The road to happiness：Measuring Dutch car drivers' satisfaction with travel[J]. Transport Policy，2013，27：171-178.

[7] Qin X，Cui S，Liu S. Linking Ecology and Service Function in Scenic Road Landscape Planning：A Spatial Analysis Approach[J]. Journal of Testing and Evaluation，2018，46(4)：1297-1312.

[8] Ryan R L，Eisenman T S. Building connections to the minute man national historic park：greenway planning and cultural landscape design[C]//Proceedings of the Fábos Conference on Landscape and Greenway Planning，2019，6(1)：25.

[9] 廉俊娇．风景道规划设计理论、案例与实践应用[D]．北京：北京交通大学，2015.

[10] 余青，吴必虎，刘志敏，等．风景道研究与规划实践综述[J]．地理研究，2007，4(06)：1274-1284.

[11] 宋冠杰．风景道旅游质量评价研究[D]．长沙：湖南师范大学，2018.

[12] 容向达．绿道驿站设计研究——以南宁市绿道驿站设计为例[D]．西宁：广西大学，2019.

[13] 姚朋，孙一豪，奚秋蕙，等．耦合多元价值的生态风景道规划研究——以乌兰察布四横交通带风景道为例[J]．中国园林，2019，35(4)：101-106.

[14] 钟静玲，李果，胡文敏，等．风景资源整合视角下环洞庭湖区风景道体系构建[J]．长沙大学学报，2020，34(2)：129-135.

[15] 走进博州[EB/OL]. http：//www.xjboz.gov.cn/info/1928/83601.htm.

[16] 新疆维吾尔自治区文物局．新疆维吾尔自治区第三次全国文物普查成果集成：博尔塔拉蒙古自治州卷[M]．北京：科学出版社，2011.

[17] 李羽佳．ASG综合法景观视觉质量评价研究[D]．哈尔滨：东北林业大学，2014.

[18] Newman G D，Smith A L，Brody S D. Repurposing vacant land through landscape connectivity[J]. Landscape journal，2017，36(1)：37-57.

作者简介

潘悦，1996年1月生，女，汉族，云南人，北京林业大学园林学院在读硕士研究生，研究方向为风景园林规划与设计。电子邮箱：549860879@qq.com。

王子尧，1995年6月生，男，汉族，河北人，北京林业大学园林学院在读博士研究生，研究方向为风景园林规划与设计。电子邮箱：450053277@qq.com。

林箐，1971年11月生，女，汉族，北京林业大学园林学院，教授、博士生导师，研究方向为园林历史、现代风景园林设计理论、区域景观、乡村景观。电子邮箱：lindyla@126.com。

基于遥感反演的城市绿色基础设施形态对热环境的影响研究
——以南京市为例

Research on the Influence of Urban Green Infrastructure Forms on Thermal Environment Based on Remote Sensing Retrieval
—A Case Study of Nanjing City

魏家星　李倩云　宋　轶

摘　要： 合理布局绿色基础设施是改善城市热环境的有效路径，研究基于南京市三期 Landsat TM 遥感图像的地表温度反演，借助 MSPA 方法，将 7 个绿色基础设施形态要素划分为点、线、面和环 4 大类别，进而研究 4 种类别与热环境的相关性。结果表明：点状要素不具备降温效果，线状要素主要发挥对热量的传导作用，面状要素具有稳定持续的降温效应，环状要素偏向于对热量的缓冲作用。研究可为通过合理布局绿色基础设施形态改善城市热环境提供参考和借鉴。

关键词： 热环境；绿色基础设施；形态学空间格局分析法；降温要素

Abstract: The rational layout of green infrastructure is an effective way to improve the urban thermal environment. The study is based on the land surface temperature inversion of Nanjing Phase Ⅲ Landsat TM remote sensing image, and with the help of the MSPA method, the 7 green infrastructure morphological elements are divided into four categories, namely points, lines, areas and rings, and then the correlation between the four categories and the thermal environment is studied. The results show that the point-shaped elements do not have the cooling effect, the linear elements mainly play the role of heat conduction, the surface elements have a stable and continuous cooling effect, and the ring elements tend to buffer the heat. The research can provide reference and reference for improving the urban thermal environment through the rational layout of green infrastructure.

Keywords: Thermal Environment; Green Infrastructure; Morphological Spatial Pattern Analysis Method; Cooling Elements

城市化是社会发展的必然，随着城市空间扩张及人口增加，人为热源增多导致城市热环境问题更加突出[1-3]。热环境问题已成为代表性生态环境问题之一[4-5]。城市热环境是城市热岛的延伸概念，受建筑密度、人口密度、土地利用雷类型等多种因素影响，而土地利用类型中绿地和水体是缓解城市环境问题的重要因素[6-8]。近年对热环境与土地覆盖类型关系的众多研究，都表明城市绿色基础设施（Green Infrastructure，GI）所包含的林地、草地、湿地等具有稳定植被覆盖的土地类型和水域，是具有降温效果的景观类型[9-18]。

研究表明，不同类型绿色基础设施的不同布局方式对城市热环境的影响存在明显差异[19-20]。尤其在城市高密度建筑的环境下，绿色基础设施的布局方式对热环境的影响尤为关键。在既往关于降温效应研究中，有基于景观格局指数分析了以城市公园为对象的小尺度城市绿地空间结构的降温效果[21]；有基于“源-汇”景观理论识别与分析城市绿色空间及阴影景观的降温效率，分析降温景观的形状和面积与热环境的关系[22]；有基于遥感反演针对典型水域分析了不同形态、不同面积的水域降温效果[23]；也有基于形态学空间格局分析法（MSPA）定量评价城市 GI，在市域尺度下对比了不同景观连通性的景观类型的降温效果。

但目前关于降温要素的研究仍然聚焦于小尺度的景观空间或单类要素，且区域尺度上的相关研究多在于利用景观格局指数量化土地利用类型与地表温度的相关性，缺乏在区域尺度上的 GI 降温效应研究，同时对规划空间的落地性不高。MSPA 的方法应用于城市热环境的研究具有一定的创新性和更高的实用性。MSPA 方法从空间形态上说明了 GI 的连通性功能，弥补了传统景观格局指数缺乏空间信息的不足，形态学的研究相对于量化数值，更契合规划所需求的空间落实性[24-25]。本文尝试结合 MSPA 从空间形态学的角度，以夏季热环境问题突出的南京市为例，从市域层面研究不同的 GI 形态与热环境的相关性，为快速城市化背景下的城市 GI 规划与优化提供参考依据。

1　研究区与数据源

1.1　研究区域

南京市位于 31°14′N～32°27′N，118°22′E～119°14′E，市域总面积 6551.92km²，属亚热带季风气候，全年降水分布具有明显的季节性。南京市是以低山丘陵为主体的地貌综合体。长江穿城而过，与其主要支流秦淮河、滁河形成市内主要水网结构。全市林木覆盖率 26.4%，人均公共绿地面积 13.7m²，在全国位居前三，是中国四大园林城市之一。

根据南京市2018年行政规划，本文选取城市化水平高、具有典型的现代城市特征的玄武区、秦淮区、鼓楼区、雨花台区、建邺区5个中心城区和栖霞区、江宁区、浦口区3个近郊作为研究区域（图1）。该研究区域能反映南京市20年内的城市发展态势。

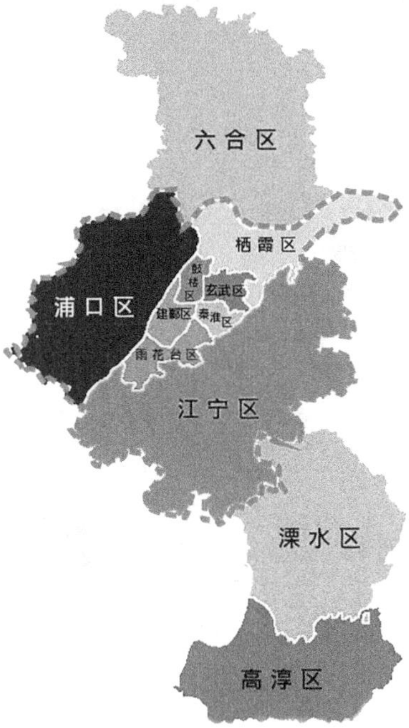

图1　研究区域示意图

1.2　数据源

既往关于南京市各季节地表温度的时空分布特征的研究表明夏季城郊地表温度差异最为显著[26-27]，故本文选取Landsat-TM1995年8月31日、2005年7月4日、2015年7月27日三期夏季遥感影像数据为数据源。

2　研究方法

2.1　MSPA方法原理

该方法由Vogt等[28-29]专家学者基于膨胀、腐蚀、开闭运算等数学形态学原理而提出，基于图像的形态结构，在功能型结构上进行分类。MSPA将景观分为7种类型：核心区、桥接区、孤岛、支线、环、孔隙和边缘，具体含义见表1。

MSPA景观类型含义　　表1

景观类型	生态学意义
核心区	前景像元中较大的生境斑块，可以为物种提供较大的栖息地，对生物多样性的保护具有重要意义，是GI网络中的生态源地
孤岛	彼此不相连的孤立、破碎的小斑块，斑块之间的连接度比较低，内部物质、能量交流和传递的可能性比较小
孔隙	核心区和非绿色景观斑块之间的过渡区域，即内部斑块边缘（边缘效应）

续表

景观类型	生态学意义
边缘区	是核心区和主要非绿色景观区域之间的过渡区域
桥接区	连通核心区的狭长区域，代表网络中斑块连接的廊道，对生物迁移具有重要的意义
环	连接同一核心区的廊道，是同一核心区内物种迁移的捷径
支线	只有一端与边缘区、桥接区、环道区或者孔隙相连的区域

基于MSPA的分类原理，本文对7种景观类型进行空间形态的聚类，分为4大类点状要素（孤岛）、线状要素（桥接区、支线、环）、面状要素（核心区）和环状要素（孔隙、边缘）。

2.2　地表温度反演

地表温度的提取是所有城市热环境研究中不可或缺的部分，对于Landsat TM数据，比较适宜的反演方法仅有提出的单窗算法[30]和普适性单通道算法。有学者就以上两种算法分别反演北京城区的地表温度，通过反演结果进行比较，结果表明覃志豪的单窗算法反演适用性更高[31]。故本文采取单窗算法反演地表温度，其主要流程见图2。

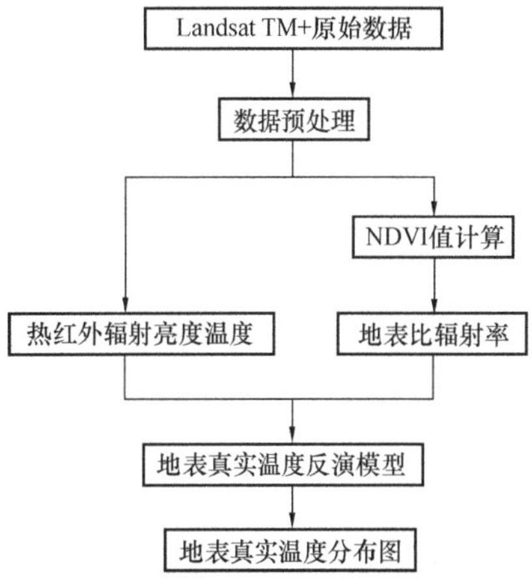

图2　地表温度反演流程图

2.3　热环境温度标准化与热岛强度计算

由于气候对城市热环境的影响，遥感影像所反演的LST不能排除数据采集当天风力或湿度等随机天气因素[32]带来的误差，不同时间的遥感热环境分布无法直接进行比较。在基于多源温度数据的研究中，为减少数据源和反演过程所带来的误差，得到真实且可在时空尺度进行比对分析的温度数据，对ENVI中最后反演出的温度进行标准化处理，使其值域位于0～1的范围内[13-14,32-33]。标准化公示如式（1）所示。

$$value = \frac{T_{t,i} - T_{t,\min}}{T_{t,\max} - T_{t,\min}} \tag{1}$$

式中　$T_{t,i}$——t年i点的温度，℃；

$T_{t,\min}$——t年最低温度，℃；

$T_{t,\max}$——t年最高温度，℃。

基于 OKE[34] 对热岛强度的定义，城市热岛强度为城市温度与郊区温度之差。本文的郊区温度用虚拟郊区气象站观测数据来代表，虚拟郊区站用与南京市纬度相近且毗邻南京市东部的镇江市句容站点代替[27]，热岛强度采用城郊温差表示。

$$\Delta T_{t,i} = T_{t,Ui} - T_{t,S} \tag{2}$$

式中 $\Delta T_{t,i}$ ——t 年 i 点的热岛强度，℃；

$T_{t,Ui}$ ——t 年的城区 i 点的温度，℃；

$T_{t,S}$ ——t 年的郊区温度，℃。

3 结果分析

3.1 基于 MSPA 的城市绿色基础设施格局时空演变

经过 GIS 对各景观类型面积的计算得到图 3，在研究区间内 GI 的总面积从 1995 年的 717.27km² 减少至 2015 年的 701.26km²。

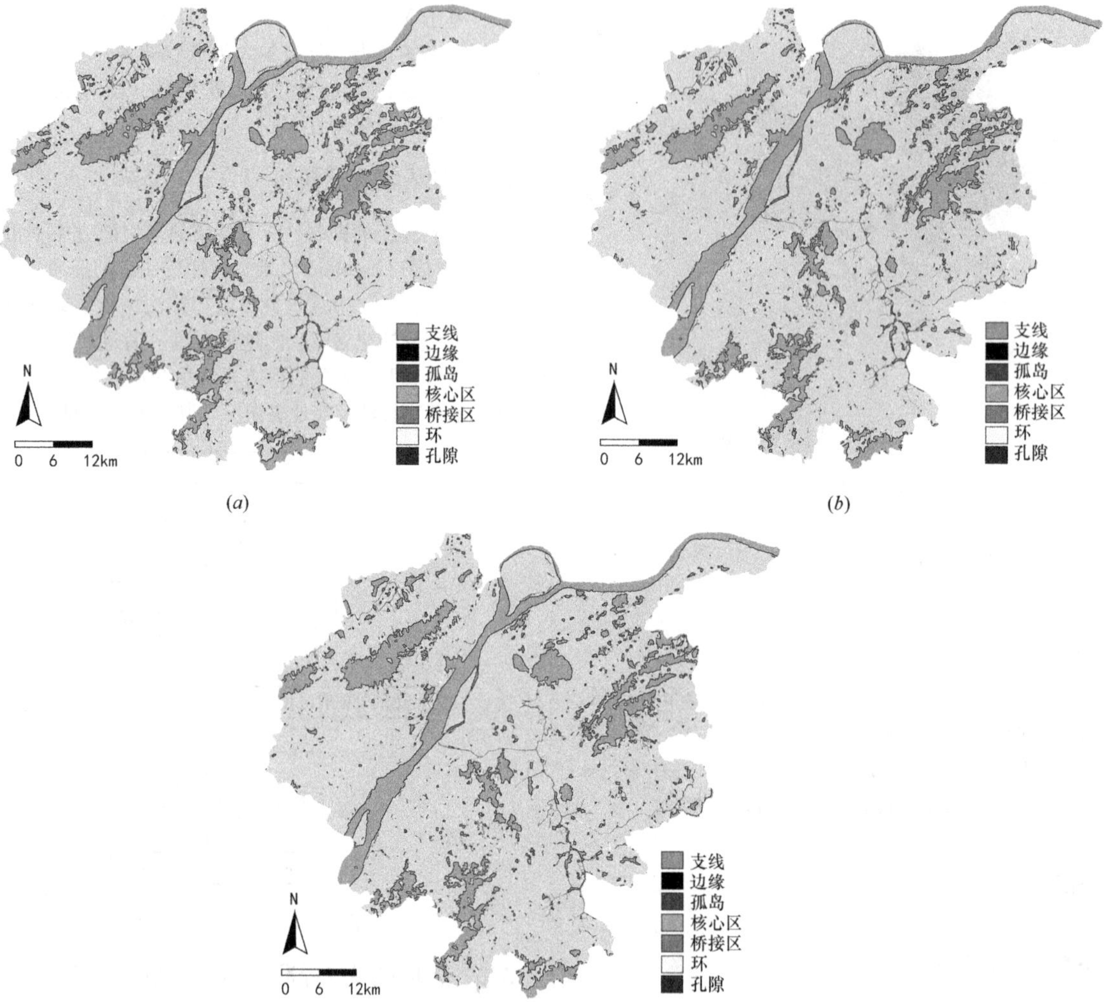

图 3 1995 年、2005 年、2015 年 MSPA 景观类型图

(a) 1995 年；(b) 2005 年；(c) 2015 年

从表 2 可以初步看出，总面积的减小主要源自点状要素孤岛面积的大幅度减少，平均每年的缩减率分别达到了 0.48% 和 1.83%。线状要素中，支线的面积在 20 年间持续减少，桥接区的面积持续增加，比较显著的位置是江宁区秦淮新河与将军山绿地与河流的连接，河流廊道由支线转变为桥接区；另一处则是九龙湖的扩大，直至与秦淮河支流连接，其支线转变为桥接区，而环的面积处于波动状态。面状要素核心区面积也处于波动状态，但浮动幅度微小。环状要素中，边缘面积波动与核心区面积波动呈负相关，相同的是两者波动幅度皆较为微小。孔隙在 2005～2015 年增加 3.70%，在空间分布上，主要出现在大型的核心区斑块内部，如老山、青龙山、紫金山等。

不同景观类型面积变化 **表 2**

	景观类型	年份	面积（km²）	研究区面积占比（%）	GI 面积占比（%）	年增长率
点状要素	孤岛	1995	33.29	0.04%	4.64%	—
		2005	31.68	0.04%	4.44%	−0.48%
		2015	25.88	0.06%	3.69%	−1.83%
	支线	1995	47.58	15.07%	6.63%	—
		2005	45.62	15.09%	6.39%	−0.41%
		2015	44.88	14.82%	6.40%	−0.16%
线状要素	桥接区	1995	12.75	0.17%	1.78%	—
		2005	13.54	0.18%	1.90%	0.62%
		2015	15.07	0.18%	2.15%	1.14%
	环	1995	2.34	0.61%	0.33%	—
		2005	3.16	0.67%	0.44%	3.52%
		2015	3.13	0.69%	0.45%	−0.12%
面状要素	核心区	1995	463.81	4.87%	64.66%	—
		2005	464.06	4.99%	64.98%	0.01%
		2015	453.31	4.94%	64.60%	−0.23%
	边缘	1995	156.10	1.16%	21.76%	—
环状要素		2005	154.81	1.13%	21.68%	−0.08%
		2015	157.69	0.90%	22.47%	0.19%
	孔隙	1995	1.38	1.68%	0.19%	—
		2005	1.32	1.65%	0.18%	−0.45%
		2015	1.81	1.60%	0.26%	3.70%

综上所述，城市 GI 的总体变化特征主要受到城市化的城市建设用地影响，同时城市 GI 内部七类景观类型面积，仅桥接区处于增长，其他都处于减少状态。

3.2　基于 MSPA 的不同景观类型温度分布特征

由图 4 可以反映出，不同的景观类型降温效果存在一定差异。通过三期的温度数据对比可以看出，城市 GI 的总体温度在逐年升高，七种景观类型中面状要素核心区的地表温度最低，其次为环状要素孔隙和边缘。点状要素孤岛的温度最高，其次是线状要素中的支线。

从图 5 可以看出孤岛的温度增长趋势最为缓和，其次是支线。相反温度增长幅度最大的为孔隙和环。综上初步表明，景观类型的平均温度与温度增长速度可能存在负相关性。

3.3　基于 MSPA 的不同景观类型热岛强度

运用热环境温度标准化与热岛强度的计算方法，计算不同景观类型的热岛强度和温度标准化，并将其图示化获得图 6。

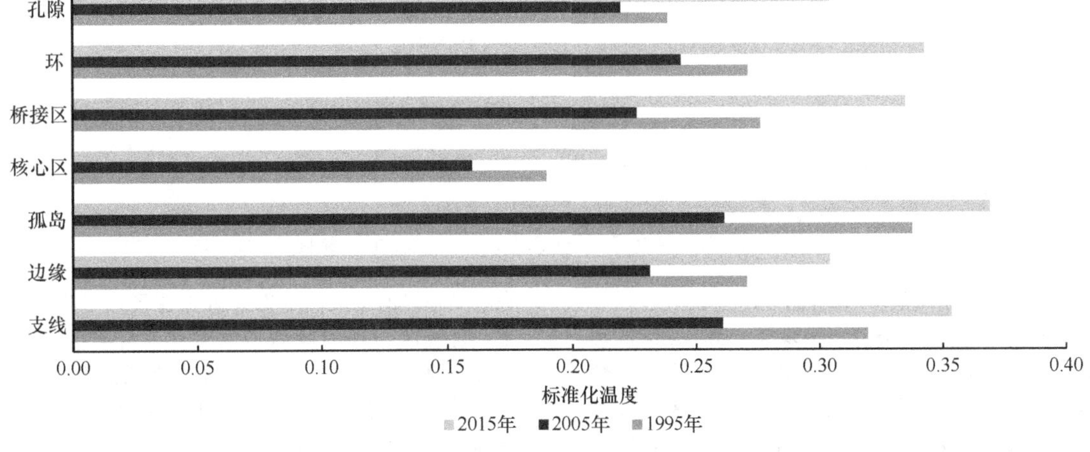

图 4　各景观类型标准温度值

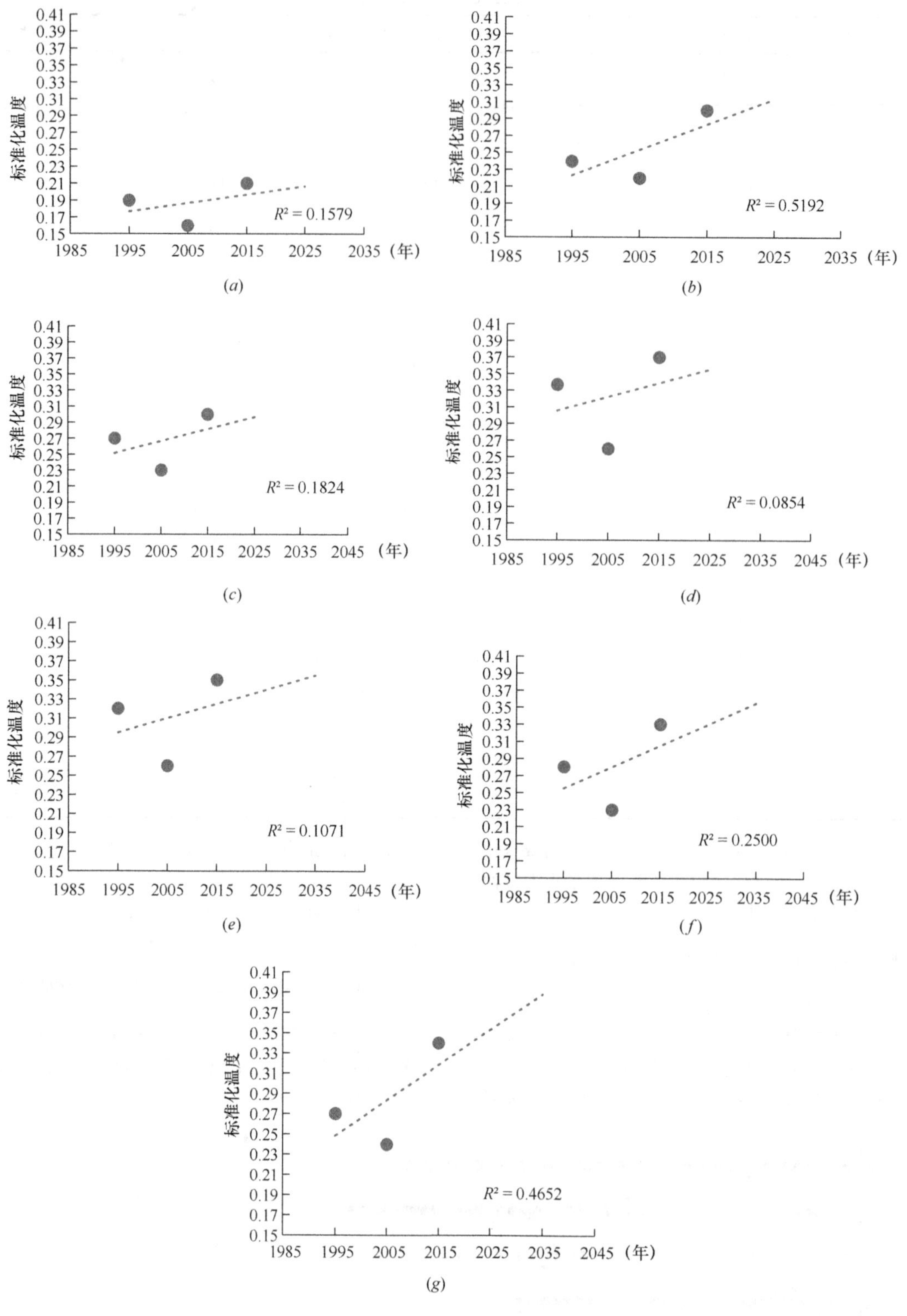

图 5 标准化温度变化

(a) 核心区；(b) 孔隙；(c) 边缘；(d) 孤岛；(e) 支线；(f) 桥接区；(g) 环

综合比较各不同景观类型的热岛强度（图 6）可以看出，总体上 GI 所发挥的冷岛效应呈现强—弱—强的波动趋势。其中，唯有点状要素孤岛的热岛强度为正数，反映其平均温度在热岛临界值之上，并不具备降温效果。线状要素中的支线波动幅度较明显，1995 年与 2005 年的温度在热岛临界值之上，而 2015 年时温度已下降到临界值之下。桥接区与环的冷岛强度近似，基本维持在 0.01～0.02。面状要素核心区，是所有景观类型中冷岛强度最大的一类，冷岛强度始终大于 0.1。环状要素孔隙和边缘的冷岛强度其次，维持在 0.02～0.05。

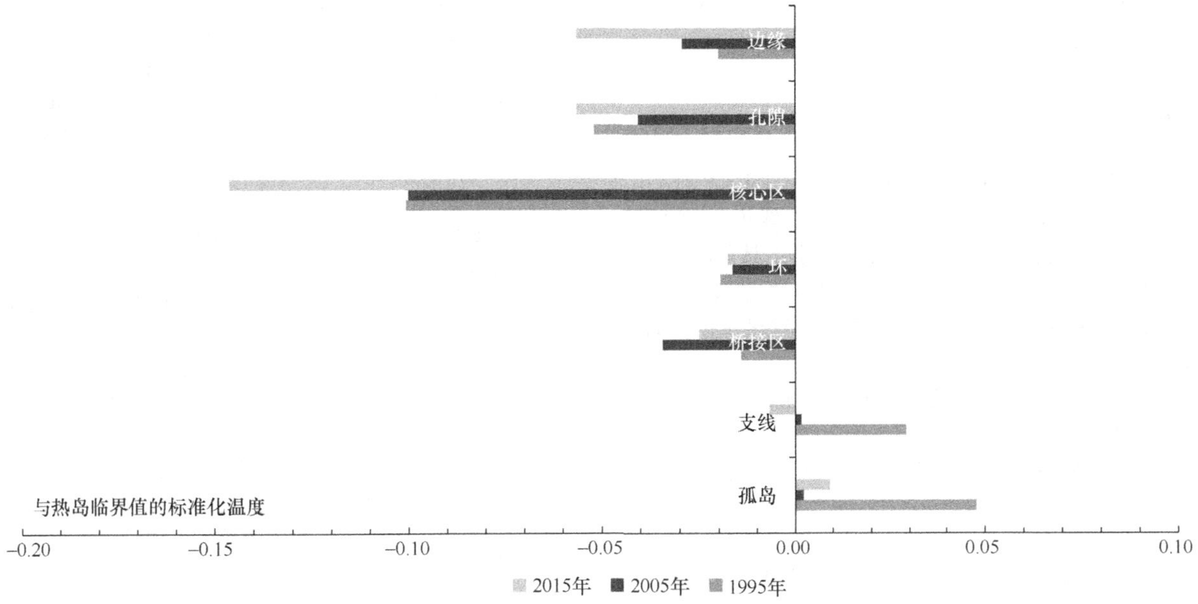

图 6　不同景观类型热岛强度

3.4　基于 MSPA 的不同景观类型与平均热岛强度的相关性

本文利用 SPSS24 分析了景观类型面积变化与研究区域年平均热岛强度的相关性，不同景观类型的动态变化与城市热环境之间的关系有较明显区别，见表 3。

年平均热岛强度与 MSPA 景观类型面积变化的相关性　　表 3

	点状要素	线状要素			面状要素	环状要素	
	孤岛	支线	桥接区	环	核心区	边缘	孔隙
平均热岛强度	0.200	0.884	−0.318	−0.826	−0.783	0.092	0.115

通过表 3 的结果可以初步表明，点状要素孤岛与热岛强度的相关性仅为 0.200，与核心区相比几乎不具备降温效果。线状要素支线、环和桥接区，在表 3 中平均热岛强度与支线的相关性达到 0.884，与环的相关性为−0.826，与桥接区的相关性为−0.318。可以表明线状要素是 GI 缓解热岛效应中较为重要的部分。面状要素核心区面积变化与城市平均热岛的相关性为−0.783，核心区的面积变化率在 20 年不超过 2.5（表 2），这反映出核心区对于城市热环境的改善具有较强的积极作用，并且是持续稳定的。环状要素边缘和孔隙的相关性指数在 0.15 以下，可视为基本无相关性。

4　讨论

结合各景观类型的面积变化与降温效应，对不同形态的景观类型有以下几点讨论：

（1）点状要素与面状要素。孤岛指不相连且聚集数量少而不能作为核心类的绿色像元集合，具有面积小、连通性低的特征。大量绿色像元的聚集，且与边界有一定距离的要素划分为核心区，在城市中主要表征为森林公园、自然风景区等大型绿地，具有面积大、连通性高的特征。孤岛与核心区的空间形态区别主要体现在绿色像元的聚集数量。

研究区间 20 年内孤岛的面积减少了 22.26%，是所有类型中面积减少最大、变化幅度最大的类型，核心区的面积变化率在研究区间内不超过 2.5%。在热环境格局中，孤岛为平均地表温度最高的类型，始终高于当年热岛临界值，相反核心区为七种景观类型中冷岛强度最高且持续稳定的一类，表明城市绿地的降温作用与其面积具有一定关联，孤立且面积小的绿地不具备降温能力，连通且面积大的绿地具有持续稳定的显著降温能力。

（2）线状要素与环状要素。线状要素支线指非核心类区域且只有一端与边缘类、桥接类、环类或孔隙类相连的绿色像元集合，即一端与降温要素连接，另一端与城市热岛连接的冷岛-热岛模式。环、桥接区的两端连接的是核心区，即冷岛-冷岛模式。环状要素边缘与孔隙，主要区别在于前者为核心区外部环带，后者为核心区内部环带。其中支线的面积变化，主要原因在于部分支线向桥接区的转换，最典型的区域即为秦淮新河。另一方面，支线是仅次于孤岛温度的类型，一直在热岛临界值附近徘徊。

综合相关性分析的结果可见，支线与热岛强度呈现显著正相关，环、桥接区与热岛强度呈现显著负相关。对比两类线状要素在热环境格局中的空间特征，主要区别在于“线”的“端点”是否连接热源，对比反映出“线”的“端点”对热源的扩散效果佳于“线”的“边缘”。

从空间形态来看，环状要素的内边缘与核心区（即冷岛）相贴合，外边缘内与热环境接壤。并且边缘、孔隙的地表温度仅次于核心区，然而与平均热岛强度却仅有 0.092、0.115 的相关性，表明边缘、孔隙本身不具备降温效果，但相对于外边缘高温环境的影响，受到内边缘核心区低温环境的影响更大，呈现出低温状态，表明对热量具有一定隔离作用。

5 结论

本文基于形态学的空间格局分析法（MSPA）对 GI 结构进行识别，并将 7 大要素分为了点状、线状、面状和环状 4 大类别。初步结果表明，点状要素不具备降温效果，线状要素主要发挥对热量的传导作用，面状要素具有稳定持续的降温效应，环状要素偏向于对热量的缓冲作用。

综上所述提出城市的降温机理而提出城市 GI 降温格局的优化措施大纲主要如下：

（1）改善城市热环境的基础——根据热环境温度分布特征筛选大型绿地斑块作为城市“冷岛”加强保育，稳定低温区。

（2）改善城市热环境的关键——结合现状城市绿地系统规划建设两条低温廊道，隔离高温区。

（3）改善城市热环境的主要内容——建立 GI 降温网络，提高景观连通性以改善中温区为起始，降低高温区地表温度。

参考文献

[1] 葛亚宁. 北京城市空间结构对其热环境效应的影响研究[D]. 北京. 北京林业大学，2016.

[2] 刘际超，李国庆. 浅谈城市热岛效应的危害和改善方法[C]. 2010 中国环境科学学会学术年会论文集(第一卷)，2010.

[3] 谈建国. 气候变暖、城市热岛与高温热浪及其健康影响研究[D]. 南京：南京信息工程大学，2008.

[4] Yue W Z, Xu J H, Xu L H. An analysis on eco-environmental effect of urban land use based on remote sensing images: a case study of urban thermal environment and Ndvi[J]. Acta Ecologica Sinica, 2006, 26(5) : 1450-1460.

[5] Huang J, Akari H, Taha H, Rosenfeld A H. The potential of vegetation in reducing summer cooling loads in residential buildings[J]. Journal of Climate and Applied Meteorology, 1987, 26(9).

[6] 但玻，赵希锦，但尚铭，等. 成都城市热环境的空间特点及对策[J]. 四川环境，2011，30(5) : 124-127.

[7] 李海峰. 多源遥感数据支持的中等城市热环境研究[D]. 成都：成都理工大学，2012.

[8] 姚远，陈曦，钱静. 城市地表热环境研究进展[J]. 生态学报，2018，38(03)：1134-1147.

[9] 裴丹. 绿色基础设施构建方法研究述评[J]. 城市规划，2012，(5)：84-90.

[10] 刘娟娟，李保峰，(美)南茜·若，等. 构建城市的生命支撑系统——西雅图城市绿色基础设施案例研究 [J]. 中国园林，2012，(3)：116-120.

[11] 黄欢欢. 城市景观格局变化与热环境影响分析[D]. 福州：福建师范大学，2015.

[12] 但玻，赵希锦，但尚铭，等. 成都城市热环境的空间特点及对策[J]. 四川环境，2011，30(5)：124-127.

[13] 张颖. 北京市城市热岛效应时空动态变化遥感监测[J]. 邢台职业技术学院学报，2017，(6)：59-66.

[14] 张兆明，何国金. 北京市 TM 图像城市扩张与热环境演变分析[J]. 地球信息科学学报，2007，9(5)：83-88.

[15] 孙明，谢敏，丁美花，等. 2001～2015 年间广西壮族自治区防城港市热岛效应时空变化研究[J]. 国土资源遥感，2018，30(1)：135-143.

[16] 张新乐，张树文，李颖，等. 土地利用类型及其格局变化的热环境效应——以哈尔滨市为例[J]. 中国科学院大学学报，2008，26(6)：756-763.

[17] 裔传祥，胡继超，李小军. 土地覆盖类型对城市热岛效应的响应分析[J]. 测绘通报，2018，(1)：72-76.

[18] 王蕾，张树文，姚允龙. 绿地景观对城市热环境的影响——以长春市建成区为例[J]. 地理研究，2014，33(11)：2095-2104.

[19] 许霖峰. 应对热岛效应的深圳低碳城绿色基础设施规划策略研究[D]. 哈尔滨：哈尔滨工业大学，2013.

[20] 黄俊达，王云才. 基于景观格局表征的绿色基础设施降温效应研究——以太原市六城区为例[M]// 中国风景园林学会. 中国风景园林学会 2020 年会论文集(上册)2020：5.

[21] 冯悦怡，胡潭高，张力小. 城市公园景观空间结构对其热环境效应的影响[J]. 生态学报，2014，34(12)：3179-3187.

[22] 马瑞明，谢苗苗，郧文聚. 城市热岛“源-汇”景观识别及降温效率[J]. 生态学报，2020，40(10)：3328-3337.

[23] 岳文泽，徐丽华. 城市典型水域景观的热环境效应[J]. 生态学报，2013，33(6)：1852-1859.

[24] Xie, Miaomiao & Gao, Yun & Cao, Yikun & Breuste, Jürgen & Fu, Meichen & Tong, De. Dynamics and Temperature Regulation Function of Urban Green Connectivity [J]. Journal of Urban Planning and Development.

[25] Soille P, Vogt P. Morphological segmentation of binary patterns[J]. Pattern Recognition Letters, 2009, 30(4): 456-459.

[26] 陈吉科. 顾及三维空间信息的城市地表热环境研究——以南京市主城区为例[J]. 地理与地理信息科学，2019，35(01)：126.

[27] 郭宇，王宏伟，张喆，等. 南京市热环境与地表覆被的时空尺度效应及驱动机制研究[J]. 生态环境学报，2020，29(07)：1403-1411.

[28] Saura S, Vogt P, Velázquez J, et al. Key structural forest connectors can be identified by combining landscape spatial pattern and network analyses[J]. Forest Ecology & Management, 2011, 262(2): 150-160.

[29] Ouyang B, Che T, Dai L Y, et al. Estimating Mean Daily Surface Temperature over the TibetanPlateauBased on MODIS LST Products[J]. Journal of Glaciology & Geocryology, 2012, 34(2): 296-303.

[30] 覃志豪，ZhangMinghua，Arnon Karnieli，等. 用陆地卫星 TM6 数据演算地表温度的单窗算法[J]. 地理学报，2001，56(4)：456-466.

[31] 黄妙芬，邢旭峰，王培娟，等. 利用 LANDSAT/TM 热红外通道反演地表温度的三种方法比较[J]. 干旱区地理，2006，29(1)：132-137.

[32] Imhoff M L, Zhang P, Wolfe R E, et al. Remote sensing of the urban heat island effect across biomes in thecontinental USA[J]. Remote Sensing of Environment, 2010, 114(3): 504-513.

[33] 张淮岚. 基于 Landsat 数据的自贡市城市热环境空间格局变化及其影响因子研究[D]. 电子科技大学，2016.
[34] OKE T R. Boundary layer climate[M]. Cambridge: Great Britain at the University Press，1987：1-3.

作者简介

魏家星，1986 年 10 月生，男，汉族，河南南阳人，博士，南京农业大学园艺学院风景园林系，副教授，研究方向为风景园林规划与生态修复研究。电子邮箱：weijx@njau.edu.cn。

李倩云，1997 年 6 月生，女，汉族，江西吉安人，南京农业大学园艺学院风景园林学在读硕士研究生，研究方向为风景园林规划与生态修复研究。电子邮箱：aqian05269tx@163.com。

宋轶，1997 年 3 月生，女，汉族，安徽宁国人，华南理工大学建筑学院硕士研究生，研究方向为风景园林规划与设计。电子邮箱：songyi _ eve@163.com。

绿色基础设施韧性体系建构研究
——以美国诺福克市为例①

Research on Resilience System Construction of Green Infrastructure
—A Case Study of Norfolk in the USA

周杏灿　裘鸿菲*

摘　要：面对高速的城市化进程和日益极端的气候条件，绿色基础设施是实现可持续发展的重要手段，具有突出的生态韧性。本文以美国诺福克市为例，通过方案提出、网络建构和社区塑造3个步骤，分析其绿色基础设施韧性体系的建构过程。结合诺福克市应对全球气候变化、保护发展绿色基础设施网络以及多部门全方位合作的关键措施，提出基础评估、蓝绿共融和公众参与三方面的本土行动，以期为我国绿色基础设施的生态韧性体系建设提供借鉴。

关键词：绿色基础设施；生态韧性网络；体系建构；诺福克市

Abstract: In the face of rapid urbanization and increasingly extreme climate conditions, green infrastructure is an important means to achieve sustainable development, highlighting its ecological resilience can enhance the anti-interference and evolution of the environment. Taking Norfolk city as an example, this paper analyzes the construction process of its green infrastructure resilience system through three steps: proposal, network construction and community shaping. To examine key measures to protect, sustain and connect the development of green infrastructure in Norfolk, as well as ways to use private land and engage the community sector. From the three aspects of blue-green integration, debris disposal and residents'participation, we explore local actions and seek distinctive development.

Keywords: Green Infrastructure; Ecological Resilience Network; System Construction; Norfolk

引言

绿色基础设施（Green Infrastructure，GI）作为“生命支持系统”，是基于自然的解决方案，评价城市和区域中自然和半自然要素的现状及综合效益，通过合理规划与管理自然资源的方式为人类提供多种效益[1-3]。当今城市用地极为紧张，生态环境保护遭遇严峻挑战，如何高效构建绿色基础设施网络以缓解城市问题尤为重要[4,5]。

绿色基础设施保护与发展并重的理念近年来逐渐被认可，根据各地实施侧重点的不同，逐步形成了土地管理型、环境宜居型、生态韧性型3种主流建设模式[6]。其中，韧性指的是一个系统在结构和功能上可以经历并仍然保持相同控制的变化量。生态韧性承认多样化的平衡状态，强调系统具有转化到这些不同状态的适应和变化能力，重视基础设施应对种种扰动的抵抗能力[7,8]。

生态韧性系统既可以指自然社区，也可以指人类社区，是自组织和自适应的[9,10]。一个有韧性的城市面对压力和潜在冲击，在各个层面都有能力生存、适应和发展，并在需要时进行自我改造。探索绿色基础设施的韧性网络建构，能大大提高系统的抗扰动和调节进化能力。本研究以问题突出且结构系统的美国诺福克市为例，吸收其规划建设经验，以期为我国城市的生态韧性发展提供指导。

1　研究背景

诺福克市位于美国弗吉尼亚州东南部汉普顿锚地，是该州第二大的城市和港口，地属四季分明的亚热带季风性湿润气候，在水陆交界处受到潮汐和风暴的巨大影响[11]，海平面上升和日益加剧的极端天气事件是该地的两大主要挑战。根据美国国家海洋和大气管理局（National Oceanic and Atmospheric Administration，NOAA）的数据，海平面上升带来的挑战使诺福克成为美国第二大受威胁的地区。

2015年，诺福克市入选“100个韧性城市”项目，强调提升城市韧性和社会公平[12,13]，并于2018年与非营利组织绿色基础设施中心公司（Green Infrastructure Center，GIC）以及欧道明大学（Old Dominion University，ODU）合作完成了一项绿色基础设施计划[14]。该计划作为美国国家鱼类和野生动物基金会（National Fish and Wildfire Foundation，NFWF）的一部分，评估了当前的绿色基础设施（树木、水、湿地和其他栖息地）以及海平面上升导致的沼泽和森林缓冲迁移，帮助城市构建绿色

① 基金项目：国家自然科学基金面上项目“基于蓝绿协同的城市湖泊公园景观绩效与优化调控研究——以武汉市为例”（编号：3177030329）；中央高校基本科研业务费专项资助项目（编号：2662018PY087）。

基础设施网络、加强生态韧性，更好地应对风暴、海平面上升、基础设施需求、社区凝聚力以及经济稳定和增长[15]。

这座城市正在开发新的方法和技术来与水共存，寻找新的方法帮助渗透或储存雨水，并恢复自然海岸线，为风暴提供栖息地和缓冲区。计划通过利用城市的自然资产改善环境健康和社区结构，从而帮助城市“设计未来的沿海社区”。

2 诺福克市绿色基础设施韧性体系建构

2.1 韧性方案提出

建构绿色基础设施韧性网络，该计划强调要先采取保护和恢复的手段，再缓解危机。首先探索如何最大限度地利用自然绿色基础设施，其次考虑如何利用人工绿色基础设施减轻城市发展的影响。行动流程从设定目标、获取数据、绘制资产图，到评估风险、确定机会，最后制定实施计划。

该计划的两大重点是土地和水，分别提出了相应的措施和目的，见表1。对于土地，重点是保护、连接和重新绿化景观，为野生动物和人类提供通道，渗透雨水，减少洪水，美化城市。对于水，重点是恢复海岸线栖息地，以支持水生生物，缓冲风暴潮，并促进包括观鸟、划船和捕鱼等娱乐活动。

该项目的实地工作包括对整个城市进行实地考察，以评估改善海岸线生境、连接和恢复景观以及改善水资源获取的机会。为了更好地管理其绿色基础设施对自然资产进行了评估，以确定该市自然资产的范围和条件。这项评估包括对诺福克土地覆盖、步道和公园的连通性，以及大片完整开放空间、沼泽和海岸线的位置的分析。

通过绿色基础设施提高生态韧性的方式　　表1

目标	措施	目的
土地目标1	对天然绿色基础设施如城市森林、灌木和草甸等，进行增加和维护	渗透净水、净化空气、降温增湿，提供野生动物栖息地和观赏风景
土地目标2	安装和维护人造绿色基础设施	滞蓄雨水，并对不适合进行天然绿色基础设施的地区进行优化
土地目标3	提供足够的开放空间	确保居民和游客的健康
水体目标1	保护和恢复自然海岸线	风暴缓冲和水过滤，为健康的水生生物提供支持
水体目标2	提高船工、渔民、观鸟者和步行者的水域可达性	为居民创造亲水条件

绿色基础设施中心利用国家航空影像项目的影像制作了一张土地覆盖图，绘制和评估诺福克市的自然绿色基础设施。通过对美国农业部航空影像项目的影像进行分类，确定土地覆盖类型以辨别城市的冠层，区分透水和不透水表面并识别其他特征。同时使用激光雷达进行光探测和测距，如根据树的高度识别树的大小，帮助区分大小植被。

2.2 韧性网络建构

2.2.1 增加和维护天然绿色基础设施

“丰富的林冠层”是天然绿色基础设施的关键。冠层数据是根据2015年国家农业图像创建的项目数据，2018年手动更新以反映大型规模变化，将城市冠层绘制成高度详细的地图（图1）。诺福克市目前的城市冠层率是25.8%，根据诺福克市规划，新的城市冠层率目标是增加到30%。这将需要以每年5200棵树的速度种植8.4万棵树，才能在20年内实现这一目标，它们将帮助城市吸收和净化更多的雨水，并减少洪水。

图1　自然冠层覆盖示意图
（图片来源：根据参考文献［15］整理、改绘，下同）

“有生命的海岸线”是另一个关键。作为约有1/3水的城市，与水共存是城市韧性战略的关键。生态韧性城市需要健康自然的海岸线作为缓冲并提供生物栖息地。有许多变量会影响海岸线的稳定，如不同的海浪和风能，需要选择性保护。这片水域形成了由河流、小溪和沼泽等包围的211英里(1英里≈1609m）长的岸线，而10.3英尺（1英尺≈0.3m）的平均海拔使城市的一些地区更容易受到沿海风暴、潮汐以及海平面上升等洪水的影响。

海岸线中已经加固的61英里有35英里可以自然化，从而减少侵蚀、保护财产免受海浪的影响，改善人类和野生动物的栖息地。种植植物吸收海浪和风能，并过滤径流来保护表层水域。海岸线恢复情况见图2左侧图片，黑线表示现有的硬质岸线，粉色表示经分析显示可以恢复到原来形态的硬质岸线，逐渐倾斜并覆盖植被，为野生动物和水生生物提供自然缓冲和栖息地。目前在50英尺的植被缓冲区内的红色区域可以种植树木（图2右），随海平面上升，缓冲区可能迁移到内陆，因为被淹没的地区变得不适合树木生长，并转变为沼泽。如果将来诺福克有植被覆盖的海岸线缓冲带，这些地区可能需要被保护起来，成为新的海岸线缓冲带。

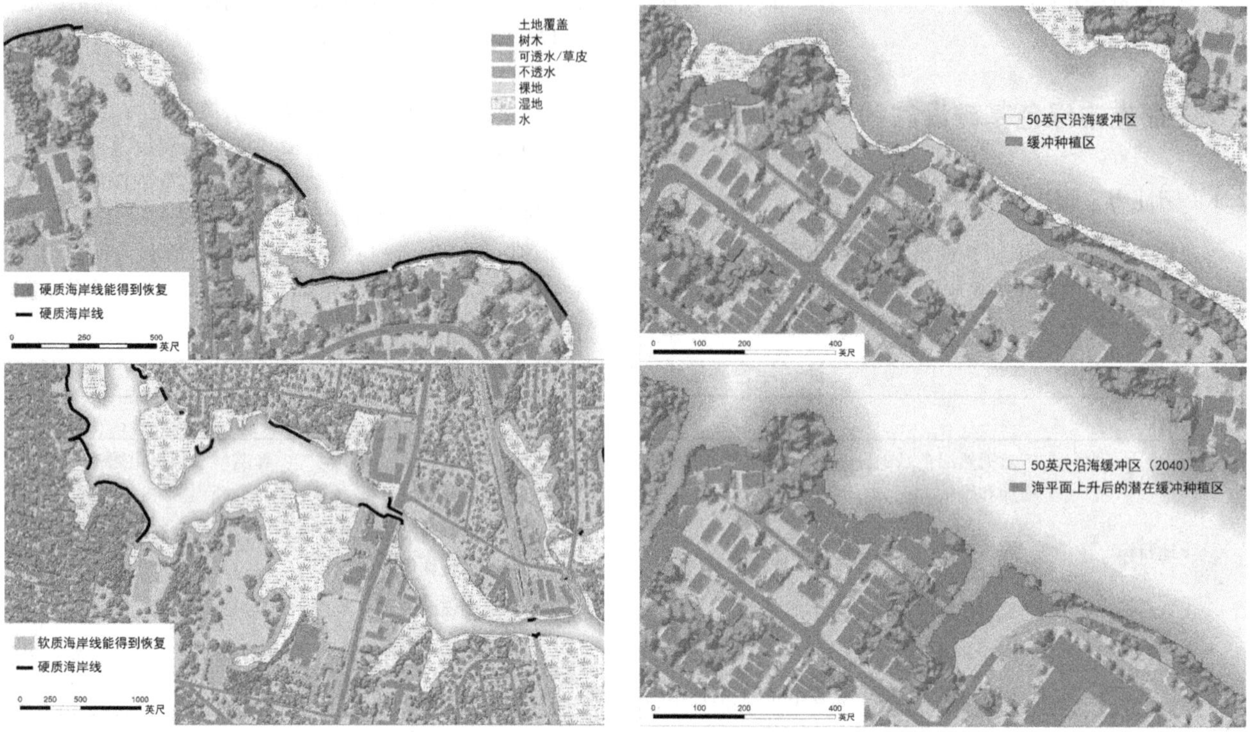

图2　海岸线恢复和沿海缓冲区示意图

2.2.2　安装和维护人造绿色基础设施

有树的街道更适合骑自行车和步行，因调查数据显示，1/4英里是大多数美国人愿意步行的距离，因此将其作为分析街道冠层的距离（图3）。沿街的冠层形成了荫凉小路，通过绿色路线鼓励步行和骑行。学校附近的街道绿色程度各不相同，让孩子们接触到绿色空间并在户外步行20分钟到达学校，更有利于孩子们日常活动与学习，所以没有冠层的街道以及通往公园和学校的直接通道应该有针对性地种植树木。

分析雨水管理区域（图4），高度不透水的地区和水可以渗透的地方应该有策略将水渗透到地面，如雨水花园或树木种植项目。高度不透水的地区和活跃的洪水区应该有集中蓄水的策略，如地面蓄水池或屋顶蓄水池，可蓄水后在暴雨期间缓慢释放，以减少街道洪水。确定达到或接近输送雨水能力的管道地区具有更高的优先级。

2.2.3　提供绿色开放空间、连接生态韧性网络

绿色基础设施网络支持以自然为基础的户外娱乐活动（图5），如皮划艇、钓鱼点、公园和小径。而博物馆、动物园或历史悠久的教堂等文化景观都是由树木、开放空间和水或沼泽支撑的。目前，每12英里的海岸线只有

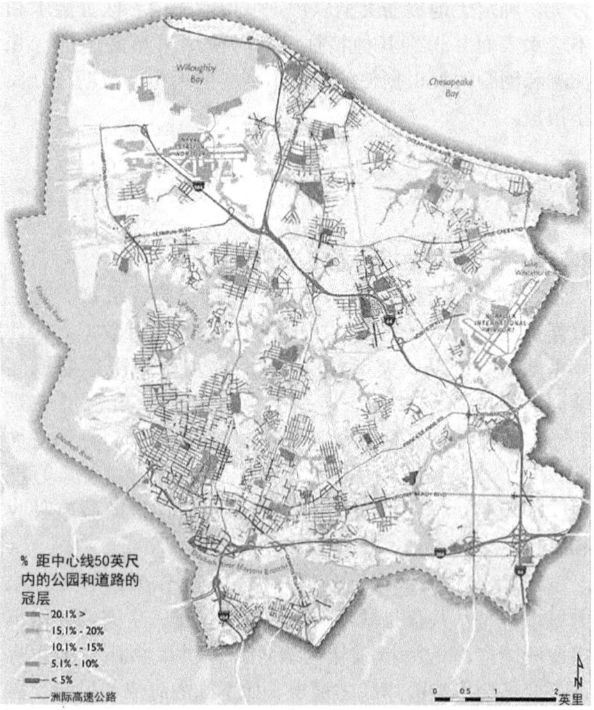

图3　在公园和学校操场的1/4英里内的街道树冠覆盖示意图

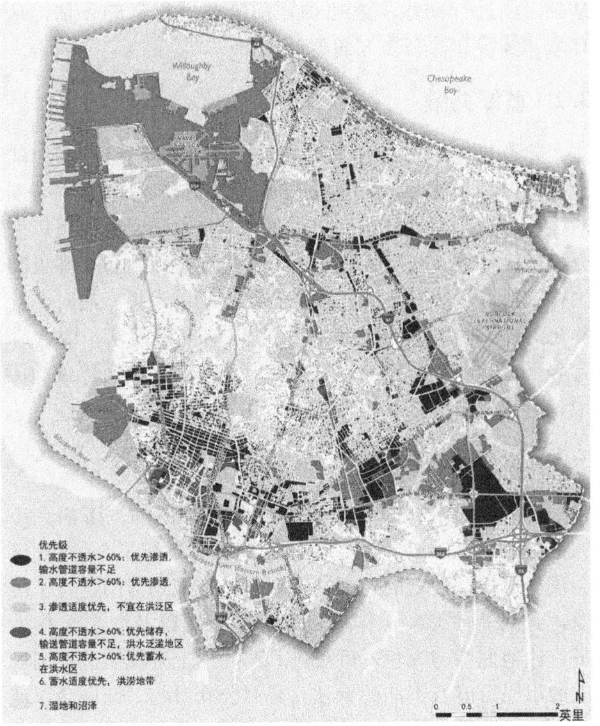

图 4　雨水管理区域示意图

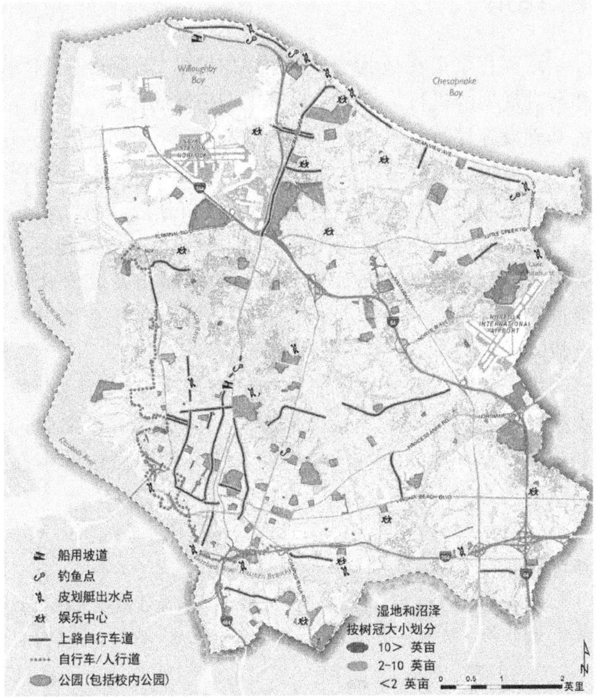

图 5　依托自然的休闲区域

1 个入水点（全市 16 个），为提高可达性，还需要新增几十个入水点以保障居民的亲水活动。

城市的天然绿色基础设施包括城市森林、完整的林冠斑块、湿地和沼泽公园等绿色空间。它们有助于清洁空气、遮荫城市、提供美景、缓冲风暴、吸收降雨，支持以自然为基础的娱乐活动，如散步、划船和钓鱼，以及文化资源的设置。同时还制定了一系列的措施以提高生态韧性（表 2）。

通过绿色基础设施提高生态韧性的方式　**表 2**

对象	方法	结果
自然区域	识别保护	保护重要冠层、湿地和沼泽区域，提高城市韧性
自然区域	增加植被	吸收水分、缓冲风暴影响，提供栖息地和景观
开放空间	促进连接	提高绿地和水域的可达性，促进社区健康
开放空间	识别保护	保护城市文化遗产
开放空间	研发工具	确立雨水渗透和水土保持的重点
社区居民	号召公众	创建宜居社区，提高公众环保意识

城市未来的绿色基础设施表明，城市绿色资产的连通性可以提高，以支持健康的生活方式。新链接（黄色线条）和规划的自行车路线形成了连接城市森林、湿地和沼泽、公园等其他绿色空间的通道。由于人们更可能步行或骑车穿过绿色区域，这可以提高居民的宜居性，提升居民对自然、文化等公共空间的访问频率。

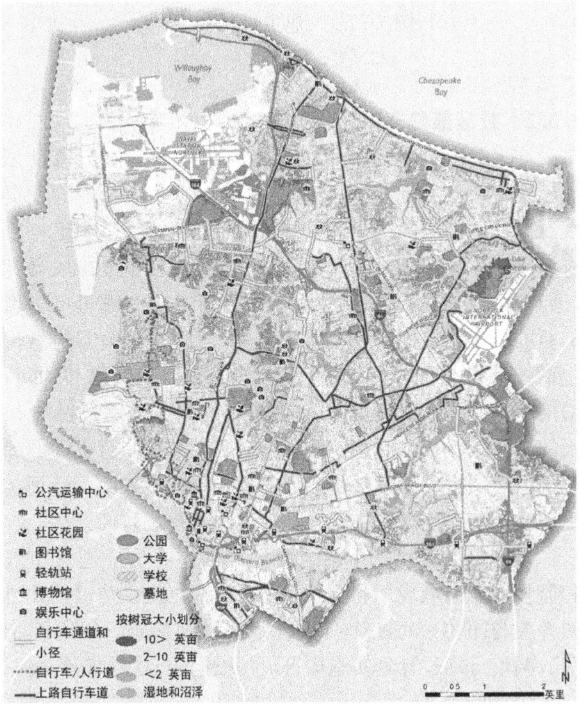

图 6　未来绿色基础设施网络

2.3　韧性社区塑造

2.3.1　私有土地利用

由于诺福克市可供种植的土地约有 60% 是私人土地，政府号召每个居民种植树木。这意味着，城市种植目标的实现大部分将依赖于私人业主的参与，如居民、企业以及私立学校和医院等机构。绿色遮荫显示现有的冠层，每个深绿色的树图标代表可能的树（图 7），种植地点要避开建筑物、地下设施和其他基础设施，且树的间距是 30 英尺。可以发现 47500 个单户住宅小区中，至少 31000 个有放置一棵树的空间，如果每个地块都增加一棵新树，计算得出它们每年可以拦截 6200 万加仑的雨水。

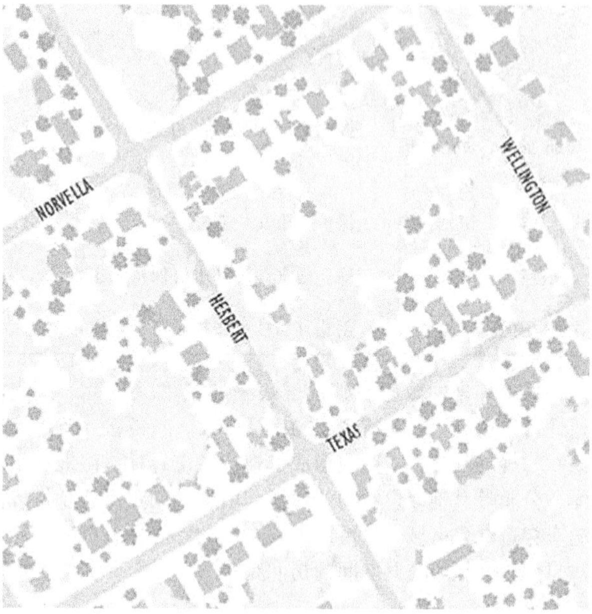

图 7　私人业主种植示意

2.3.2　社区部门合作

许多社区合作伙伴、城市机构和公众为制定该计划贡献了想法。共举行了 10 次社区会议，通报计划的发展情况。社区会议的参与者被问及的问题包括："哪里可以将海岸线恢复到野生动物更自然的状态，并缓冲风暴？""洪水是哪里的问题？哪里可以添加新树？""哪里可以增加新的步道或水通道来享受大自然？"利益攸关方的意见包括：希望增加水上娱乐活动的接入点，如划船和钓鱼；增加非裔美国人的历史和文化遗址；关注渗水以减少讨厌的洪水，更多地开放空间和步道，尤其是步行上学的绿色街道；更多的修复项目和已安装项目的维护等。计划实施期间还与多个城市机构和社区组织进行了协商。

该计划由诺福克市的流域管理工作委员会进行审查和监督，就流域规划和管理问题向诺福克提供建议，并协调各参与团体。每 6 个月进行一次计划检查，以跟踪指标、调整行动、计划实施项目，并根据需要添加新策略。

3　我国绿色基础设施建设启示

3.1　基础评估

通过多方协调的方式评估和管理绿色基础设施。树木和其他灌木等在拦截、吸收和净化降雨方面有巨大的帮助，应将城市冠层与雨水管理联系起来。公园和开放空间等绿色特征使城市更加宜居，同时人们会被吸引，选择居住在更绿色、能提供更健康生活方式的地区。在对绿色基础设施进行韧性体系建构之前需要进行基础评估，从环境、经济和社会多方面衡量。

3.2　蓝绿共融

建设具有生态韧性的城市应全面考虑蓝绿空间。陆地上可以种植更多的植被，并恢复内陆湿地和湖泊周围的生态环境，净水降温并提供景观。在水陆交界面可以恢复植被缓冲区，也可以创造有利于野生动物、鱼类和贝类生存的活海岸线，为人们提供与水互动的选择。同时，碎片化的小型蓝绿空间也是需要考虑的重要因素，因为综合起来可以产生巨大的累计效益，如小溪、植被覆盖的洼地、口袋公园等都利于连接生态景观，综合提升韧性。

3.3　公众参与

规划期间举行多种形式的公众参与活动。诺福克市在推进绿色基础设施体系建构期间，共举行了 10 次社区会议，通报该计划的发展情况，与城市规划部门进行了磋商，咨询了有重大合作项目的当地组织以及海军工作人员，让他们参与绿色基础设施和海平面上升规划。不同职业的市民可能有不同的看法，号召公众参与、开展会议或座谈等，有助于更深入地了解并推进绿色基础设施建设。

4　结语

诺福克市正在成为未来的沿海社区，随着分区制图和渐进规划的进行，建构了提升生态韧性的体系。这项绿色基础设施计划的实施将有助于城市在管理和连接其绿地方面取得巨大进展，从而创造一个宜居城市。该计划代表了实施城市韧性战略的创造性想法和分析，而许多相关行动如植树、恢复海岸线等，都需要城市机构和利益相关团体的合作才能实现。该计划提供了城市及其合作伙伴进行的分析结果，以及保护和恢复城市绿色基础设施的战略。

进行韧性体系建构，能够使城市从其绿色基础设施中获得新的或更大的利益，借鉴美国诺福克市系统的计划，进行本土化的改进，将有助于提升中国城市的生态韧性。

参考文献

[1]　胡庭浩，常江，拉尔夫-乌韦·思博．德国绿色基础设施规划的背景、架构与实践[J]．国际城市规划，2021，36(01)：109-119.

[2]　李凯，侯鹰，Skov-Petersen H，等．景观规划导向的绿色基础设施研究进展——基于"格局—过程—服务—可持续性"研究范式[J]．自然资源学报，2021，36(02)：435-448.

[3]　魏家星，张昱镇，梁继业，等．干旱区绿洲城镇绿色基础设施网络构建研究——以新疆阿拉尔市为例[J]．中国园林，2020，36(05)：24-29.

[4]　何侃，林涛，吴建芳，等．基于空间优先级的福州市中心城区绿色基础设施网络构建[J]．应用生态学报，2021，32(04)：1424-1432.

[5]　黄河，余坤勇，高雅玲，等．基于MSPA的福州绿色基础设施网络构建[J]．中国园林，2019，35(11)：70-75.

[6] 雷诚，顾语琪，范凌云．环境宜居型绿色基础设施建设模式探析——以美国西雅图市为例[J]．国际城市规划．
[7] 李翅，马鑫雨，夏晴．国内外韧性城市的研究对黄河滩区空间规划的启示[J]．城市发展研究，2020，27(02)：54-61.
[8] 申佳可，王云才．韧性城市社区规划设计的3个维度[J]．风景园林，2018，25(12)：65-69.
[9] Meerow S，Newell J P. Spatial planning for multifunctional green infrastructure：Growing resilience in Detroit[J]. Landscape and Urban Planning，2017，159：62-75.
[10] 沈清基．韧性思维与城市生态规划[J]．上海城市规划，2018(03)：1-7.
[11] Fiaschi S，Wdowinski S. Local land subsidence in Miami Beach (FL) and Norfolk (VA) and its contribution to flooding hazard in coastal communities along the U. S. Atlantic coast[J]. Ocean & Coastal Management，2020，187：105078.
[12] Hofmann S Z. 100 Resilient Cities program and the role of the Sendai framework and disaster risk reduction for resilient cities [J]. Progress in Disaster Science，2021，11：100189.
[13] Fitzgibbons J，Mitchell C L. Just urban futures? Exploring equity in "100 Resilient Cities"[J]. World Development，2019，122：648-659.
[14] 赵娟，许芗斌，唐明．韧性导向的美国诺福克城绿色基础设施规划研究[J]．国际城市规划，2020：1-13.
[15] The Green Infrastructure Center Inc. A Green Infrastructure Plan for Norfolk：Building Resilient Communities[Z/OL]．(2018) [2019-05-20]. https：//www.norfolk.gov/DocumentCenter/View/38067.

作者简介

周杏灿，1997年9月，女，汉族，湖北钟祥人，博士，华中农业大学在读博士研究生，研究方向为风景园林规划设计与理论。电子邮箱：zhouxc_la@foxmail.com。

裘鸿菲，1962年12月，女，汉族，上海人，博士，华中农业大学，教授、博士生导师，研究方向为风景园林规划设计与理论。电子邮箱：qiuhongfei@mail.hzau.edu.cn。

基于景观连接度分析的珠三角绿色网络评价研究①

Research on Green Network Evaluation of Pearl River Delta Based on Landscape Connectivity Analysis

朱榴奕　吴隽宇*　陈康富

摘　要：近年来珠三角响应国家号召，整合自然和人文景观资源，构建了一个符合珠三角现状、彰显地域特色和自然灵气、人与自然和谐共生的“绿道—古驿道—碧道”绿色网络。本文从景观生态学“斑块-廊道”理论出发，总结近年来珠三角绿色网络的规划和建设特点，通过景观连接度评价分析珠三角绿色网络的空间结构特征，并进一步探讨国土空间规划下珠三角绿色空间的发展趋势，为我国绿色网络构建和优化提供参考与借鉴。

关键词：绿色网络；连接度；珠三角

Abstract: In recent years, the Pearl River Delta has responded to the national call, integrated natural and cultural landscape resources, and built a "greenway ancient post road green road" green network in line with the current situation of the Pearl River Delta, highlighting regional characteristics and natural aura, and the harmonious coexistence between man and nature. Starting from the "patch corridor" theory of landscape ecology, this paper summarizes the characteristics of green network planning and construction in the Pearl River Delta in recent years, analyzes the spatial structure characteristics of green network in the Pearl River Delta through landscape connectivity evaluation, and further discusses the development trend of green space in the Pearl River Delta under land spatial planning, so as to provide reference for the construction and optimization of green network in China.

Keywords: Green Network; Connectivity; The Pearl River Delta

引言

绿色网络的概念兴起于20世纪末，是指通过绿色廊道将破碎的生境斑块（如自然保护区、森林公园、湿地公园等）和散布的人文资源（如城市公园、旅游景点等）连接起来形成的绿色景观结构体系[1]，强调生态、游憩、文化的复合特性，是重要的生态系统基础网络。珠三角在探索“绿色网络”方面走在了全国前列，从2008年开始先后启动绿道、南粤古驿道、碧道的规划和建设工作，逐步建成多目标、多尺度的“绿道—古驿道—碧道”绿色网络系统。

纵观珠三角十多年的绿色网络规划与建设，其生态修复潜力逐步体现，尤其在提倡国土空间综合性生态修复的今天具有较强的基础和区域优势。斑块和廊道是构筑珠三角绿色网络的骨架，斑块承载大部分的生态过程，是生物栖息地的重要载体，廊道能够连接多个斑块，将山水林田湖草等生态斑块有机联系。从异质种群理论及岛屿生物地理学理论角度看，城市中绿色网络的构建可以维护、恢复和重建景观之间的结构和功能的联系，成为提供区域景观功能、维持区域生态安全的重要手段[2]。因此由“绿道—古驿道—碧道”构成的绿色网络既是珠三角生态安全格局的底线也是国土空间生态修复的首要任务和空间基础[3]。而广泛应用在生物多样性以及城市绿色网络规划实践中的景观连接度是指景观中各要素在功能和生态过程上的相互联系和相互作用[4]，这种联系和作用是指群落、生物、非生物之间直接或间接的物质和能量的流动或转移。增加区域景观连接度，可有效降低生境破碎化程度，增强栖息地的互联互通[5]，因此景观连接度评价是对破碎化景观进行国土空间生态修复的关键。将景观连接度理论运用到城市绿色网络的评价与优化中，能够有效认识绿色网络生态效益的整体性和有机性。本文尝试以珠三角为例，基于景观生态学理论基础，分别从斑块、廊道两个方面总结珠三角绿色网络构建的成效与特点，并基于景观连接度评价与分析，进一步探讨国土空间规划下珠三角绿色网络的发展趋势，为我国绿色网络研究提供参考与借鉴。

1　珠三角绿色网络构建

一直以来，珠三角绿色网络构建是在景观生态格局的基础上，通过“廊道”连接重要的“斑块”，形成一个多尺度、多目标的绿色网络系统。下文从“斑块”“廊道”两个层面对珠三角绿色网络规划和建设的特点进行阐述。

① 基金项目：国家自然科学基金面上项目：绿道网络生态系统服务“环境—文化”功能耦合评估体系研究——以粤港澳大湾区为例（项目编号：51978274）。

1.1 “斑块”建设

斑块在景观生态学中是指空间上具有明确边界空间、内部具有均质性和生物多样性且对国土生态安全具有重要意义的自然生态空间，包括自然保护区、森林公园、风景名胜区等自然保护地。以我国第一个自然保护区——鼎湖山自然保护区为标志，珠三角在1956年正式开始了针对斑块的生态保护与修复实践。从1998年通过的《广东省风景名胜区条例》开始，各类型生态斑块保护政策相继出台，风景名胜区、湿地、森林公园、地质公园等各类型斑块逐步正式纳入珠三角国土生态修复的工作范畴。2013年，广东省新一轮的绿化大行动通过一系列森林碳汇生态工程，全面提升了珠三角地区的森林覆盖率和森林碳汇储量，优化了森林生态格局[6]，至2018年珠三角9市实现国家森林城市全覆盖，珠三角成为我国第一个国家森林城市群[7]。同时各类生态斑块总体规划的相继印发，逐步建立起珠三角各类“斑块”保护与修复体系，但各体系间相互独立，各类型斑块在空间上缺乏联系。

近年来，全省开展了自然保护地整合优化工作，此举一定程度上解决了珠三角斑块中现存的保护范围交叉重叠、碎片化、保护与利用矛盾等问题。目前珠三角形成了囊括各级自然保护区、森林公园、风景名胜区、湿地公园、地质公园等多类型斑块保护与修复体系。这些重要斑块主要分布在珠三角的外围山地屏障处、珠江沿岸以及南部的滨海近岸，共同构成了珠三角地区的山水林田湖草生命共同体以及生态安全格局的关键组成部分。

1.2 “廊道”建设

景观生态学将不同于周围景观基质的线状或带状的景观要素称为廊道[8]，廊道系统在人文价值、社会效益和生态保护等方面对地区绿色空间构筑起着至关重要的影响。珠三角的“廊道”建设充分体现了地区兼容并蓄之特色，既立足现实、依托人工廊道建设，又高瞻远瞩，与生态、历史保护结合，展现了区域绿色空间的游憩、文化和生态潜力。

1.2.1 人工与自然相结合的网络系统——绿道

2010年初，珠三角在借鉴国外绿道的理论与经验、结合广州增城区绿道实践的基础上，开展了一场绿道网络建设运动，这是中国进行大规模绿道实践的首次尝试。珠三角区域绿道源于区域绿地的规划背景，是在环境廊道（承载生态、文化和历史等重要因素的廊道空间）的基础上经过规划、设计与管理的多功能网络用地，由自然的绿廊系统和人工系统两大部分组成，具有生态、文化与景观的复合功能[9]。它最大的优势是通过“串珠成链”的方式将城乡重要的生态斑块与人文资源从分散式变为分布式的连接状态，加大了公共绿地的供给和使用效率[10]。通过绿道的建设，将公众引入绿道，激活绿色空间的社会价值，同时在公众的使用和监督下对绿道进行保护。珠三角绿道这种具有“沟通-连接”作用的空间特征优势开创了“绿色空间串联”的先河，成为高密度城市群景观空间治理和管制的可持续发展途径。2012年底，珠三角建成超过12500km绿道，珠三角绿道网络骨架基本搭建完成。但这种“运动式”建设方式引起了绿道使用率低下、绿道网在珠三角外围区域连接度低，无法与东、北部山区的生态斑块进行有机联动等问题，绿道建设处于瓶颈期。

1.2.2 历史文化线路网络系统——南粤古驿道

随着绿道运动在全国的兴起，人们对绿道文化价值的认知逐步深入，相关研究表明绿道可以作为建立在遗产保护区域化基础上的遗产廊道的空间载体[11]，有学者也提出将广州增城绿道沿线传统文化村落景观整合到绿道系统中的想法和策略[12]。2016年，省政府意识到水路和陆路古道在历史上扮演着文化交流和文明演进的重要作用，最大程度上展现了岭南历史文化的缩影和文化脉络，故提出保护与修复南粤古驿道，并以此提升绿道网管理和利用水平[13]。从绿道网向古驿道网建设的转化，表明绿道网络由最初的环境廊道功能逐渐向遗产廊道功能迈进，通过绿色廊道与古驿道的整体性保护形成一个更大尺度的文化空间。南粤古驿道是将古驿道遗存本体保护与修复作为基点，以古道、绿道、风景道等线路为载体，串联古驿道沿线重要的自然和文化节点构建文化线路，在达到乡村振兴、精准扶贫目的的同时，还可以为市民提供乡村生态体验和自然教育的机会。南粤古驿道在空间结构上以绿道网为基础，部分线路相互重合，深入肇庆、江门、惠州等珠三角外围区域，与绿道网相衔接，在内容上整合了沿线文化遗存，丰富了绿道网的文化内涵，是绿道在文化系统上的耦合，体现了文旅融合且具有明显地域特征的文化线路体系。

1.2.3 流域生态网络系统——万里碧道

珠江三角洲江河纵横，水网交织，自古因水而生，因水而兴，然而近年来因城市发展导致黑臭水体数量增多、河流破碎化等问题频发，水环境成为珠三角首要生态环境问题。水系作为区域自然网络的支撑，是珠三角绿道和古驿道建设中的自然骨架，但流域治理一直未被作为系统进行修复。如何以系统的观念对受损的河流廊道进行保护和修复，提升区域绿色网络的生态系统服务能力是珠三角生态修复所面临的重要课题。2018年6月，广东省提出整治河道水网，建设万里碧道，强调以水为纽带，通过水岸共治，统筹水环境治理、水生态修复、水安全保障、景观游憩等综合功能建立复合型廊道[14]。碧道的提出打破了以往仅注重防洪排涝、供水安全为主的传统治水模式，平衡了生态、人、社会发展的关系，打造区域-流域发展新模式[15]。碧道以自然流动的河流网络为基础，贯彻了“基于自然的解决方案”，对水生态过程尤为关注，是一个生态恢复和修复的综合性系统工程。碧道通过调水引水、截污清淤、生物净化等手段治理水环境，以及河湖自然形态修复、水系连通修复、重要生物栖息地修复等手段恢复河流廊道的连续性和自然性[16]，促进水系中物质能量的交换和流动，为鱼类和水鸟提供洄游通道和迁徙廊道，保护生物多样性；同时提升水生态系统自我调节能力，增强河流水系应对洪涝灾害等极端天气时的能力。截至2021年4月，珠三角完成了约1012.4km的省市级碧道试点，并成功通过水环境治理、水生态保护和修复等方面的验收评估，增江碧道、深圳茅洲河碧道、东莞华阳湖碧道等成为珠三角碧道建设典范，预计到2022年珠三角地区将率先初步建成骨干碧道网络[17]，逐步构建基于水生态过程的区域国土空间生态修复的框架和路径[18]。

1.3 “绿道-古驿道-碧道”耦合的绿色网络

随着南粤古驿道、碧道建设的深入推进，以绿道网建设为基础的珠三角“绿道-古驿道-碧道”绿色网络正逐步成型。该绿色网络是以“绿道-古驿道-碧道”廊道以及生态斑块和人文节点为基本骨架形成的网络体系，最初的“斑块”建设是以点状生态保护为主，但斑块之间缺乏连通性；三种类型“廊道”的陆续出现连接了重要生态斑块和游憩节点，沟通城乡休憩和文化空间，三者之间相互联系又独立，绿道从绿色空间切入，古驿道注重文化传承，碧道则强调水岸共治，相同的是，“三道”均强调网络的连接度和完整性，这种连接度和完整性主要依靠人工建设的廊道和自然流动的区域水系。水系是构成三“道”的蓝色纽带，它既是区域自然流通的骨架，其流域单元还作为划分地域文化的依据[18]，蕴含了丰富的生态和文化内涵。该绿色网络延续了最初绿道网中生态“连接”的作用，从独立的生态斑块，到遗产或河流廊道，再到网络连接，进而达到自然和文化系统的耦合，汇成一个“功能复合、空间联动、系统融合”的绿色网络。

珠三角绿色网络除了游憩、审美、精神启发等文化服务以外，还有较大的生态潜力。“廊道”连接“斑块”以达到生态连接的作用，一方面解决了“斑块”作为个体要素开展生态保育和修复工作的局限性，而“廊道”能吸收、过滤、集聚生物养分并向水系流动，促进附近生物繁衍、迁徙和交流，保护生物多样性[19]；另一方面，“廊道”建设反过来又促进了独立生态斑块保护的优化和整合。总之，“连接”对物种迁徙和河流保护起着至关重要的作用[20]，是国土空间生态修复的基础工作，那么，珠三角绿色网络中各要素之间的连接程度即景观连接度如何？能否指导绿色网络规划和建设的调整和优化？基于此，我们通过以下的分析作进一步探讨。

2 珠三角绿色网络连接度评价研究

景观连接度是反映斑块、廊道和节点在空间上连续性的度量指标[21]，基于景观连接度评价的绿色网络分析可从拓扑学的角度揭示其结构中各要素（斑块、廊道、节点）的耦合关系及网络局部和整体的生态互动效能。基于珠三角绿色网络连接度评价基础模型，构建景观连接度评价方法和体系，根据珠三角绿色网络构建的三个阶段，对绿道网络、绿道-古驿道网络、绿道-古驿道-碧道网络的景观连接度进行评价，分析珠三角绿色网络在不同发展阶段，即过去、现在、未来的网络连接度及其变化情况，目的在于从量化的角度揭示珠三角绿色网络发展对于促进区域生态保护和生态恢复的实际意义，同时发现其结构存在的不足之处，为珠三角区域的生态修复提供科学依据。

2.1 珠三角绿色网络连接度评价体系

根据珠三角的斑块、绿道、古驿道和碧道的规划与建设现状，结合卫星影像图和ArcGIS软件，分别矢量化珠三角斑块作为面要素斑块，将绿道、绿道-古驿道、绿道-古驿道-碧道作为线要素廊道，廊道交汇点作为点要素节点，将斑块、廊道和节点所构成的绿色网络作为景观连接度评价基础模型。

基于上述景观连接度评价基础模型，根据目前广泛应用的景观连接度评价方法[4,22]，利用斑块形状指数 I_i、斑块和节点度数 D_i、网络闭合度指数 α、线点率指数 β、网络连接度指数 γ 构建珠三角绿色网络连接度评价体系。斑块形状指数反映了网络中斑块与外界进行物质扩散、能量流动和物质转移等生态联系的密切程度，值越大说明该斑块内部生境越稳定，与外界联系越密切；斑块和节点度数反映了网络中斑块和节点易接近性，值越大说明该斑块或节点对外连接程度越高；α 指数反映网络中环路存在的程度（环路是指能为生物过程提供可能性路线的环线），值越大说明网络的物质循环和能量流通越流畅；β 指数反映每个斑块或节点与其他斑块或节点联系的难易程度，值越大说明每个斑块或节点间连接度越好；γ 指数反映网络中所有斑块和节点的连接程度，值越大说明该网络的斑块和节点间连接程度越好，网络的生态效能越高[4,22-26]。珠三角绿色网络连接度评价体系各项指标的计算公式见表1。

珠三角绿色网络连接度评价指标计算公式 表1

序号	评价指标	公式	解释
1	斑块形状指数 I_i	$I_i = P_i/2\sqrt{\pi A_i}$	I_i 表示斑块 i 的形状指数；P_i 表示斑块 i 的周长（m）；A_i 表示斑块 i 的面积（m^2）
2	斑块和节点度数 D_i	/	D_i 表示每个斑块或节点与之相接的廊道数量，即斑块和节点度数
3	网络闭合度指数 α	$\alpha=(L-v+1)/(2V-5)$	α 表示网络闭合度指数；L 表示网络中实际存在的廊道数量；V 表示网络中斑块和节点总数；$L-V+1$ 表示网络实际环路数量；$2v-5$ 表示该网络最大可能的环路数量
4	线点率指数 β	$\beta=2L/V$	β 表示线点率指数；L 表示网络中实际存在的廊道数量；V 表示网络中斑块和节点总数

续表

序号	评价指标	公式	解释
5	网络连接度指数 γ	$\gamma=L/(3(V-2)$	γ 表示网络连接度指数，为网络中廊道数量与该网络结构中最大可能的廊道数量之比；L 表示网络中实际存在的廊道数量；V 表示网络中斑块和节点总数；$3(V-2)$ 表示该网络最大可能的廊道数量

2.2 网络连接度评价结果与分析

2.2.1 珠三角斑块形状指数分析

利用 ArcGIS 软件生成绿道、绿道-古驿道和绿道-古驿道-碧道三个绿色网络各个斑块的形状指数空间分布图。结果表明：①绿道网络中，形状指数较大、与外界连接度较好的斑块主要集中分布在珠三角外围，形状指数较小的斑块大多数较为孤立地分布在珠三角中部区域；②与绿道网络相比，绿道-古驿道网络斑块数量增加了近一倍（由 36 个斑块变为 70 个斑块），但增加的斑块形状指数普遍较小，增加的斑块形状指数较大的同样主要分布在珠三角四周区域；③与绿道-古驿道网络相比，绿道-古驿道-碧道网络斑块仅增加 2 个，原因是碧道侧重河流廊道建设，新增斑块较少，且无新增形状指数较大的斑块。根据上述分析可知，未来珠三角绿色网络仍需不断连接新的斑块，同时考虑通过合并邻近斑块、增加斑块边界生境丰富度、加强斑块与廊道的连接等途径重点弥补形状指数较小斑块的不足。

2.2.2 珠三角斑块和节点度数分析

节点在网络中通常起着踏脚石的作用，是物种进行长途迁移运动和短暂栖息的中继点，节点的建设有利于整个绿色网络的生物信息循环运转[27]。结合与斑块和节点实际相接的廊道数量可分别获得绿道、绿道-古驿道和绿道-古驿道-碧道三个绿色网络各个斑块和节点的度数空间分布。结果表明：①绿道网络中，廊道建设的重心在珠三角中部区域，因此度数值较大节点主要分布在珠三角中部区域，度数值较小的斑块主要分布在珠三角四周；②与绿道网络相比，绿道-古驿道网络的廊道数量大大增加，原有的斑块和节点度数获得不同程度的增加，新增斑块度数较小，而新增节点的度数较大；③与绿道-古驿道网络相比，绿道-古驿道-碧道的新增廊道数量较少，集中分布在珠三角东南部，原有斑块和节点度数无明显变化，新增斑块度数较小，而新增节点的度数较大，原因是碧道与绿道、古驿道重合率较高，并且碧道规划侧重于节点间的廊道建设而忽略了部分斑块与廊道的联系。根据上述分析可知，未来珠三角绿色网络规划中应注意加强度数较小的斑块与廊道的连接，从而提高网络的整体连接度。

2.2.3 珠三角 α、β、γ 指数分析

结合 α、β、γ 指数计算公式，利用 excel 和 ArcGIS 软件分别计算绿道网络、绿道-古驿道、绿道-古驿道-碧道的 α、β、γ 指数值（表 2）。

珠三角绿色网络 α、β、γ 指数计算结果 表 2

绿色网络	L（实际廊道数量，个）	斑块数量（个）	节点数量（个）	V（斑块和节点总数，个）	α 指数	β 指数	γ 指数
绿道网络	135	36	89	125	0.04	2.16	0.37
绿道-古驿道网络	288	70	190	260	0.06	2.22	0.37
绿道-古驿道-碧道网络	327	72	208	280	0.09	2.34	0.39

随着绿道、古驿道、碧道的规划与建设，珠三角绿色网络的 α 指数不断增大，说明珠三角绿色网络整体的环路在不断增加的同时其物质循环与流通流畅度不断改善，物种扩散可能性也在不断增大，但三者 α 值均较小，说明珠三角绿色网络的环路较少，未来需加强珠三角绿色网络各廊道与斑块和节点间的联系，提高物质流通效率。β 指数反映了每个斑块或节点与其他斑块或节点联系的难易程度，在近年来绿色网络建设中，珠三角的 β 指数持续增大，说明斑块和节点通过彼此间的廊道联系的难度不断降低。碧道的规划使得珠三角的 β 指数达到了 2.34，借鉴同类型研究结果[23]可知，珠三角绿色网络偏向十字状发展，结构较完善，具有较高的廊道连通性。绿道网络和绿道-古驿道网络的 γ 指数均为 0.37，说明古驿道的建设对于珠三角绿色网络的整体连接度提升没有明显的贡献；而绿道-古驿道-碧道网络使 γ 指数增加到 0.39，说明碧道有利于提高所有斑块和节点的连接度，促进整体网络连接度的提升。

2.2.4 珠三角绿色网络连接度整体分析

整体上，在珠三角绿道-古驿道-碧道网络不断成型的过程中，斑块、节点、廊道数量不断增加，绿色网络生境结构趋向多样化和稳定化。在这个过程中，新增斑块的形状指数和度数均普遍较低，而新增节点的度数普遍较高，表明珠三角绿色网络规划与建设在不断提升节点间的廊道联系的同时忽略了斑块与外界的联系，因此未来珠三角绿色网络规划应重点提出加强斑块的廊道连接数量等提升斑块连接度的生态修复策略。另一方面，珠三角绿色网络的 α、β、γ 指数大小随绿道、古驿道、碧道的规划与

建设不断增大，珠三角绿色网络的整体连接度也不断增大，从区域的角度来看，珠三角整体的能量流动、物质循环不断加强，降低了区域生境的阻隔化和片段化，这对于提升珠三角生物多样性、生态系统稳定性和生态恢复具有积极的意义。但目前珠三角三个绿色网络的 α 和 γ 指数值较小，未来珠三角绿色网络仍需注意加强环路与廊道的建设，缓解珠三角生境孤立、缺乏联系这一棘手的生态问题。

3 结语与展望

在珠三角，一个以“斑块”和“廊道”为基础、“绿道-古驿道-碧道”三道耦合的区域综合型绿色网络正逐步建设成型。基于景观连接度的珠三角绿色网络评价揭示了其在发展历程中整体连接度的不断改善，有效地缓解了珠三角的“景观破碎化”和“孤岛效应”等生态问题，促进了国土空间生态修复格局的完善，同时也揭示了斑块连接度以及环路和廊道数量不足等网络结构问题，为优化和完善珠三角绿色网络提供了方向。一方面，珠三角绿色网络作为高密度城市群生态保护与修复的新思路，未来可从系统的角度，针对不同区域的自然和经济状况，考虑不同斑块或生态要素的受损程度和作用效果，围绕森林保育、水土保持、水源涵养、生物多样性保护、海岸带修复等方面，合理构建斑块、廊道的关系，有效增加廊道和环路的数量，实施差异化的生态修复策略，打造珠三角外围山地、珠江水系和南部蓝色海洋生态屏障，将绿色网络的生态潜力最大化应用于实际需求，形成“区域-流域”双尺度和“斑块-廊道”双手段的绿色网络生态修复范式。另一方面，珠三角绿色网络在结构体系和生态目标上与目前基于生态源地和廊道构建的“虚拟”生态网络有一定程度的相似性和关联性，生态网络仍处于理论构建阶段，而珠三角绿色网络在实践中走出了一条可行性绿色道路，未来绿色网络是否可作为生态网络的空间载体值得更多的研究和讨论。

参考文献

[1] 张庆费．城市绿色网络及其构建框架[J]．城市规划汇刊，2002(01)：75-76+78-80.

[2] 吴隽宇．广州市绿色廊道系统生态安全研究框架[J]．南方建筑，2011(01)：18-21.

[3] 叶玉瑶，张虹鸥，任庆昌．省级国土空间生态修复规划编制的思路与方法——以广东省为例[EB/OL]．热带地理．[2021-07-30]．https：//doi.org/10.13284/j.cnki.rddl.003357.

[4] 王云才．上海市城市景观生态网络连接度评价[J]．地理研究，2009，28(02)：284-292.

[5] 张庆费．城市绿色网络与生物多样性保育[J]．园林，2018(04)：2-5.

[6] 王钰，李涛，黎明．新一轮绿化广东大行动成效显著[N]．中国绿色时报，2018-11-21(01-02 版).

[7] 全杰，林荫．广东打响珠三角国家森林城市群攻坚战[N]．广州日报，2020-4-21(A8).

[8] Forman R T T，Godron M．Landscape Ecology[M]．New York：Wiley，1986.

[9] 刘铮．都市主义转型：珠三角绿道的规划与实施[D]．广州：华南理工大学，2017.

[10] 马向明，杨庆东．广东绿道的两个走向——南粤古驿道的活化利用对广东绿道发展的意义[J]．南方建筑，2017(06)：44-48.

[11] 俞孔坚，李迪华，李伟．论大运河区域生态基础设施战略和实施途径[J]．地理科学进展，2004(01)：1-12.

[12] 吴隽宇，徐建欣．增城绿道沿线传统村落的景观整合研究[J]．华中建筑，2015，33(05)：111-115.

[13] 广东省人民政府．2016 年 1 月 25 日广东省省长朱小丹 在广东省第十二届人民代表大会第四次会议上作政府工作报告[EB/OL]．(2016-02-01)[2020-12-30]．http：//www.gd.gov.cn/gkmlpt/content/0/144/mpost_144667.html#45.

[14] 广东省人民政府．广东万里碧道总体规划 2020-2035 年[Z]．2020.

[15] 广州市水务局，广州市城市规划勘测设计研究院，广州市水务规划勘测设计研究院．广州市碧道建设总体规划(2019-2035 年)[Z]．2020.

[16] 广东省河长制办公室．广东万里碧道试点建设指引(暂行稿)[Z]．2019.

[17] 南方新闻网．2022 年珠三角初步建成骨干碧道网[EB/OL]．(2020-9-11)[2021-5-9].

[18] 马向明，魏冀明，胡秀媚，等．国土空间生态修复新思路：广东万里碧道规划建设探讨[J]．规划师，2020，36(17)：26-34.

[19] Thorne J F．Landscape ecology：a foundation for greenway design[M]//SMITH D S，HELLMUND PC．Ecology of Greenways：Design and function of linear conservation areas．Minneapolis London：University of Minnesota press，1990：23-42.

[20] 朱强，俞孔坚，李迪华．景观规划中的生态廊道宽度[J]．生态学报，2005(09)：2406-2412.

[21] Margot D. Cantwell，Richard T．T．Forman．Landscape graphs：Ecological modeling with graph theory to detect configurations common to diverse landscapes[J]．Landscape Ecology，1993，8(4).

[22] 张远景．哈尔滨中心城区生态网络分析及其景观生态格局优化研究[D]．哈尔滨：东北农业大学，2015.

[23] 袁少雄，宫清华，陈军，等．广东省自然保护区生态网络评价及其生态修复建议[J]．热带地理，2021，41(02)：431-440.

[24] 陈小平，陈文波．鄱阳湖生态经济区生态网络构建与评价[J]．应用生态学报，2016，27(05)：1611-1618.

[25] 邬建国．景观生态学[M]．北京：高等教育出版社，2001.

[26] 肖笃宁，李秀珍，常禹，等．景观生态学[M]．北京：科学出版社，2003.

[27] 刘骏杰，陈璟如，来燕妮，等．基于景观格局和连接度评价的生态网络方法优化与应用[J]．应用生态学报，2019，30(09)：3108-3118.

作者简介

朱榴奕，1996 年 9 月生，女，汉族，江苏省江阴市人，华南理工大学建筑学院风景园林系在读硕士研究生，研究方向为绿道规划与评估、生态系统服务价值评估研究。电子邮箱：690633215@qq.com。

吴隽宇，1975 年 10 月生，女，汉族，广东省广州市人，博士，华南理工大学建筑学院副教授、亚热带建筑科学国家重点实验室、广州市景观建筑重点实验室成员，研究方向为绿道规划与评估、风景园林遗产保护、生态系统服务价值评估研究。电子邮箱：406427372@qq.com。

陈康富，1994年8月生，男，汉族，广东省湛江市人，华南理工大学建筑学院风景园林系在读硕士研究生，研究方向为绿道规划与评估、生态系统服务价值评估研究，电子邮箱：842355126@qq.com。

论文集

风景园林规划设计

基于多源数据的复合功能社区绿道选线方法研究

A Research on Route Selection Method of Multi-Function Community Greenway Based on Multi-source Data

冯嘉燕　林　箐*

摘　要：我国绿道理论与实践的探索大多着眼于区域尺度，以区域绿道和城市绿道的研究与实践居多，社区绿道建设较为薄弱，缺少科学选线模型。功能单一、与居民生活联系不够紧密的绿道已经难以满足城市居民的需求。本文基于居民出行的多元需求，尝试构建基于多源数据的复合功能社区绿道选线模型。该模型通过绿道关键节点的选取、绿道建设适宜性评价、网络分析选线、路线优化4步得出最终选线结果。选线过程综合考虑了社区绿道的多元功能、建设实施阻力以及路段可达性等因素，选线结果具有服务功能多样、贴合居民日常出行需求、连通性强等优点。

关键词：社区绿道；量化评价；功能复合

Abstract: The exploration of greenway theory and practice in our country mostly focuses on the regional scale, and most of the research and practice is regional greenway and urban greenway. Community greenway construction is relatively weak and lacks a scientific route selection model. Greenways that are not closely related to residents'lives and have single function have failed to meet the needs of urban residents. Based on the diverse needs of residents for travel, this article attempts to build a multi-source data-based route selection model for multi-functional community greenway. The model obtains the final route selection results through four steps: selection of key greenway nodes, evaluation of suitability of greenway construction, route selection by network analysis, and route optimization. The route selection process comprehensively considers the multiple functions of community greenways, construction and implementation resistance, and accessibility. The route selection results have the advantages of diversified service functions, meeting residents'daily travel needs and strong connectivity.

Keywords: Community Greenway; Quantitative Evaluation; Multi-function

1　研究背景

近年来，高峰堵车、尾气污染、人车矛盾问题日益凸显，随着共享单车绿色出行工具的兴起以及居民健康意识的快速提升，绿色出行方式重新回到人们视野。绿道的建设对于满足居民休闲游憩和日常出行的需求，营造健康生活方式，提升城市环境质量，降低城市碳排放具有重要意义，是落实美丽中国与健康中国的重要措施之一[1-3]。

我国绿道理论与实践的探索大多着眼于区域尺度，以区域绿道和城市绿道的研究与实践居多，而对与城市居民日常生活联系最紧密的社区绿道却关注甚少[4]。我国正处于存量发展时期，社区绿道位于高密度的城市中心，面临用地集约、服务效率提高、居民需求复杂多样等多重挑战，这对社区绿道的选线提出了更高的要求。本文基于多源数据融合法、网络分析法构建复合功能型社区绿道的选线模型。该模型结合城市公共资源点的分布，以居民游憩休闲及生活出行的最优路径为选线依据，对满足居民不同出行需求的绿道线路进行权重叠加分析，得出绿道初级选线结果。以广州市越秀区为例，检验选线模型的科学性，为今后社区绿道布局提供一定的参考。

2　复合功能的社区绿道选线模型构建

2.1　社区绿道的定义及功能

目前，我国《绿道规划设计导则》将社区绿道定义为在城镇社区范围内，连接城乡居民点与其周边绿色开敞空间的绿道[4]，该定义仅强调了社区绿道所具有的整合生态空间作用和游憩功能，并未对社区绿道关于整合城市公共资源、满足居民日常出行需求（通勤出行、生活出行、游憩出行）等方面的功能给予足够的重视。另一方面，我国高密度的城市环境对绿道功能的复合化提出更高要求。因此如何将社区绿道建设为功能复合、满足居民多元出行需求的绿色连廊，对于我国高密度城区的绿道建设工作具有重要的意义。

基于社区绿道的主要服务对象及使用需求，本文将社区绿道定义为服务于社区居民，串联绿色开敞空间、商业组团、办公组团、科研教育组团、医疗组团以及交通站点等城市公共资源，满足城市居民日常出行需求的绿道。在城市中，社区绿道的功能应以休闲游憩为主，满足居民其他日常出行需求为辅，并与慢行系统结合，构成连接性良好的生活网络。

2.2　功能复合型社区绿道选线模型的构建基础

社区绿道因受建设适宜度、路段吸引强度与路段需求强度等因子的影响，难以进行主观选线，因此需要构建一个基于多源数据的选线模型。本文对国内外有关社区绿道、城镇绿道或其他与城市居民生活联系紧密的绿道选线研究进行总结，归纳出生活联系紧密型绿道的串联节点类型以及建设适宜性影响因子（表1）。由相关研究可得，与居民生活联系紧密的绿道宜尽量串联城市各功能组团，如居住组团、游憩休闲、就业、科研教育、商业、交通枢纽等功能组团。此外，相比区域绿道、城市绿道这两种大尺度绿道的规划，社区绿道的选线规划应着眼于人本尺度，因此在考虑其建设适宜性时，道路等级、宽度、可达性以及路段绿化等对慢行体验影响较大的因素常成为重点考量对象。

日常生活联系紧密型绿道的选线影响因子总结[5-11] **表1**

研究者	串联节点类型	建设适宜性影响因子	绿道类型
周聪惠	生态型节点（公园绿地、旅游景区、景观水系）、公共人文型节点（商业、行政、体育、文化中心，历史街区，遗址公园）	道路级别、道路宽度、绿隔宽度	中心城绿道
王春晓	自然资源点，历史文化资源点，商业、餐饮、休闲服务点	道路级别、道路宽度、绿隔宽度、可达性	城镇型绿道
罗坤	公共绿地、河流水系、历史文化、文体设施、商业或商务中心、轨交站点	道路美景度、可达性与利用潜力	大都市区城市绿道
朱安娜、王敏	公园绿地、生态防护绿地、公交站、地铁站、高校、体育运动、商业综合体、历史民俗、文化艺术兴趣点、宗教建筑	土地利用类型、建设阶段、道路类型、路宽、绿隔宽度、道路绿化覆盖率	高密度城市绿道
ZiyiTang、YuYe 等人	商业服务点、公共服务点、工作点和交通点	绿视率、围合度、可达性、交通距离、可建造空间、车道宽度	人本尺度绿道
梁军辉、杜洋等人	居住区、就业/科研教育集聚区、公共交通枢纽区、游憩资源集聚区（公园、商业用地、体育用地、文化用地、遗址公园、展览馆、艺术馆等）	路段坡度变化、绿化覆盖率、路段等级、路段吸引强度、路段需求强度	通勤绿道

2.3 社区绿道选线的关键步骤

2.3.1 绿道关键节点的分类与选取

节点的选择是保证社区绿道复合功能及与居民日常生活融合等目标达成的基础。

根据社区绿道的服务需求方与供给方可将社区绿道的关键节点分为绿道服务需求点和绿道服务供给点。绿道服务需求点为居民主要聚集地，本文以生活圈中心点作为绿道服务的需求点，以各生活圈的居民数量作为需求水平的衡量指标。绿地服务供给点包括休闲游憩资源和日常服务资源两类城市功能点。其中休闲游憩资源包括公园绿地及广场、旅游资源点；日常服务资源包括生活服务组团、公共交通站点、商业服务组团、办公组团、科研教育组团和医疗组团六类重要的城市公共资源。

根据资源点的分布特征可将关键节点分为组团串联型和资源点串联型。其中组团串联型节点是指资源点数量多，分布具有整体分散、局部集中的特征，无法对所有资源点进行串联的节点类型，包括生活服务、商业服务、办公组团、科研教育以及医疗服务这五类节点。资源点串联型节点是指资源点分布无明显的集聚现象或每个资源点均具有较强的连接需求的节点类型。资源点串联型节点包括生活圈中心点、公园绿地及广场资源点、交通服务站点这三类关键节点。本文通过对资源点供给水平进行关键节点的筛选。其中公园绿地及广场资源点以其出入口表示，供给水平以公园绿地的面积进行衡量（表2）。交通服务资源点包括公交站、地铁站，供给水平按与生活圈中心点的距离进行自然间断点分级（表2）。组团串联型节点的服务供给水平由各组团的资源点数量作为衡量指标，以自然间断点法进行分级。最后，选取一级资源点作为社区绿道的关键节点。

针对组团串联型节点多聚集分布的特征，以组团中心点表示功能组团的分布。考虑到功能节点的服务水平随着距离居民点越远而越弱的特点，以1.8km（骑行5分钟的距离）作为各功能组团的最大分布直径。首先，借助GIS的制图分区工具，根据资源点的分布密度及数量进行组团分区，识别出各组团边界；而后通过GIS度量地理分布工具得出各组团的中心点，以此代表该组团资源点的分布情况；最后，将各组团的资源点总数赋予该组团中心点，并以自然间断点法进行分级（图1）。

关键点的服务需求水平及供给水平评价表 **表 2**

功能	关键点	等级划分
服务需求点	生活圈中心	按生活圈人数进行自然间断点划分为 5 级
服务供给点（游憩休闲）	公园绿地及广场	按公园面积划分： 大于 $25hm^2$（一级） $10\sim25hm^2$（二级） $1\sim10hm^2$（三级） $0.4\sim1hm^2$（四级）
服务供给点（日常服务）	生活服务组团 办公组团 科研教育组团 医疗组团 商业组团	按组团所包含的资源点数量进行自然间断点划分为 5 级
	公共交通站点	按与生活圈中心点距离进行自然间断点划分： 500m（一级） 2000m（二级）

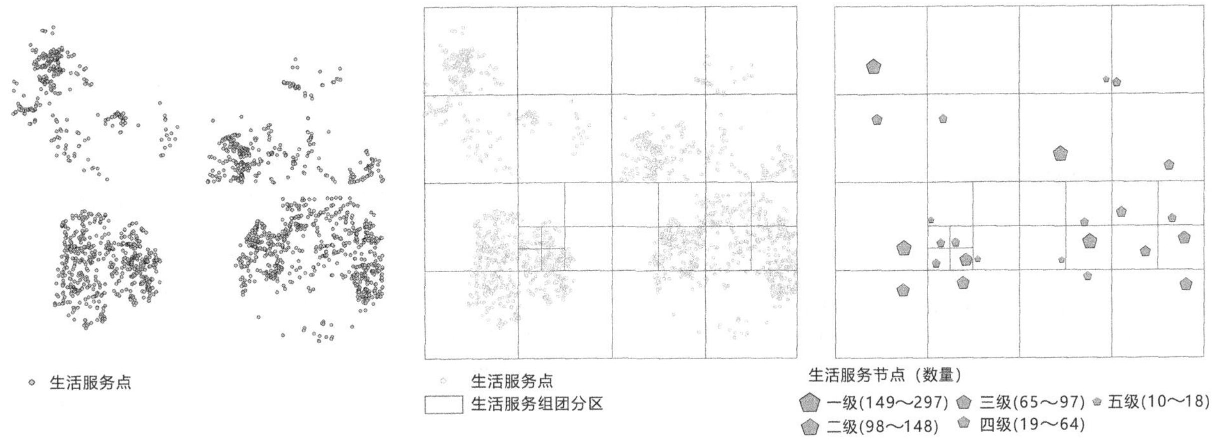

图 1　组团串联型节点的选择

2.3.2 基于网络分析法的社区绿道选线潜力评价

本文以现有交通线路及蓝绿开敞空间边缘等线性空间作为社区绿道的建设基础，将路径建设条件与可达性作为社区绿道建设适宜性的评价因子（表 3）。建设条件的衡量指标是建设社区绿道的空间开发潜力与步行友好性，通常情况下道路级别越高、车道越宽，机动车的干扰越大，步行友好性则越低，因此绿道建设适宜性越低。公园绿地及广场等绿色开敞空间边界、城市河流旁的带状绿地通常为景观较为良好的线性空间，因此绿道建设适宜度高。道路可达性的衡量指标是通过道路上某一出发点至任意一点的平均时间，时间越短则可达性越高，越适宜建设社区绿道。最后，按权重叠加路径建设条件结果与道路可达性结果，得出建设适宜性评价结果，根据建设适宜性评价结果构建网络数据集。利用 Arcgis 的网络分析工具连接生活圈中心与各功能型关键节点，得出各功能类型的社区绿道选线结果。

而后，对各功能类型的社区绿道选线结果进行权重叠加，得出复合功能的社区绿道初级选线结果。社区绿道的首要功能为联系生活圈，满足居民的休闲游憩需求，因此居住组团联系型绿道、游憩休闲型绿道的权重最高。其次为交通资源点串联型绿道，其他类型绿道的权重相等（表 4）。

社区绿道建设适宜性评价 **表 3**

影响因素	类型	分值	建设适宜性权重
路径建设条件	主要道路（国道、省道及环路）	1	0.7
	二级道路（城市主干道等）	3	
	其他道路（城镇道路、乡村道路）	5	
	绿色开敞空间边界	7	
	水体边界	7	
道路可达性	按出行时间进行自然间断点划分	1、3、5、7	0.3

各功能类型的绿道权重分配 **表 4**

绿道类型	节点类型	权重
居住组团联系型绿道（A）	生活圈中心（A1）	0.16
游憩休闲型绿道（B）	公园及广场资源点（B1）	0.22
日常服务型绿道（C）	生活服务组团（C1）	0.09
	办公组团（C2）	0.09
	科研教育组团（C3）	0.09
	医疗组团（C4）	0.09
	商业组团（C5）	0.09
	公共交通资源点（C6）	0.13

3 广州市越秀区社区绿道选线规划

本文以广州市越秀区为例进行社区绿道的选线研究。越秀区位于广州市中心城区，拥有高密度的城市环境，这对社区绿道的选线提出了更高的要求。广州市于2010年开始全市范围的绿道网建设工作，至2017年已建成3400km的绿道，有效助力广州城市品质的提高。随着城市发展与更新演替，广州绿道的功能经历了由“推进城乡一体化”到“改善居住环境”再到“提升城市品质”的转变，这反映了绿道建设的进化历程以及城市居民对绿道的日常化与品质化的更高要求。尽管广州市的绿道建设从数量或质量方面都已处于全国前列水平，然而目前已建成的绿道主要为区域绿道和城市绿道，社区绿道建设较为薄弱，缺少科学选线模型。现有城市绿道存在服务功能单一、尚未与居民日常生活紧密结合等问题[12]。因此，完善城市“毛细血管”——社区绿道的布局，对于提高绿道网络的服务水平、居民的生活质量以及城市的环境品质具有重要意义。

3.1 各功能型社区绿道选线评价

研究中生活圈的边界根据《广州社区生活圈及公共中心优化专项规划》进行确定，并依托GIS度量地理工具得出28个生活圈中心点。各功能型资源点的POI数据来源于高德地图，通过对8类资源点或组团中心点进行分级，选取其中的一级资源点作为关键节点。随后，进行建设条件分析与道路可达性分析，并按权重叠加得出建设适宜性评价结果（图2）。由建设适宜性评价结果看，若以评价值4分作为高、低分值界限，则68.5%的路段属于建设适宜性较高的路段，这说明越秀区具有较好的建设社区绿道的基底。

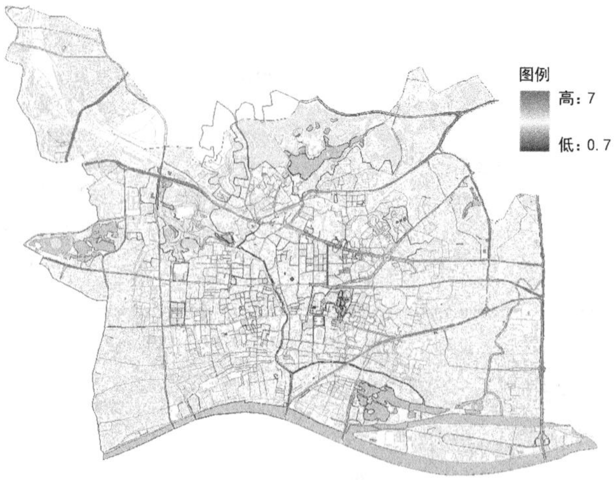

图2 越秀区社区绿道建设适宜性评价结果

通过网络分析工具构建连接各功能型关键节点与居住组团节点的绿道，共获得8种功能类型的社区绿道。最后，按各功能类型绿道的权重进行绿道选线结果叠加，得出绿道初步选线结果（图3）。

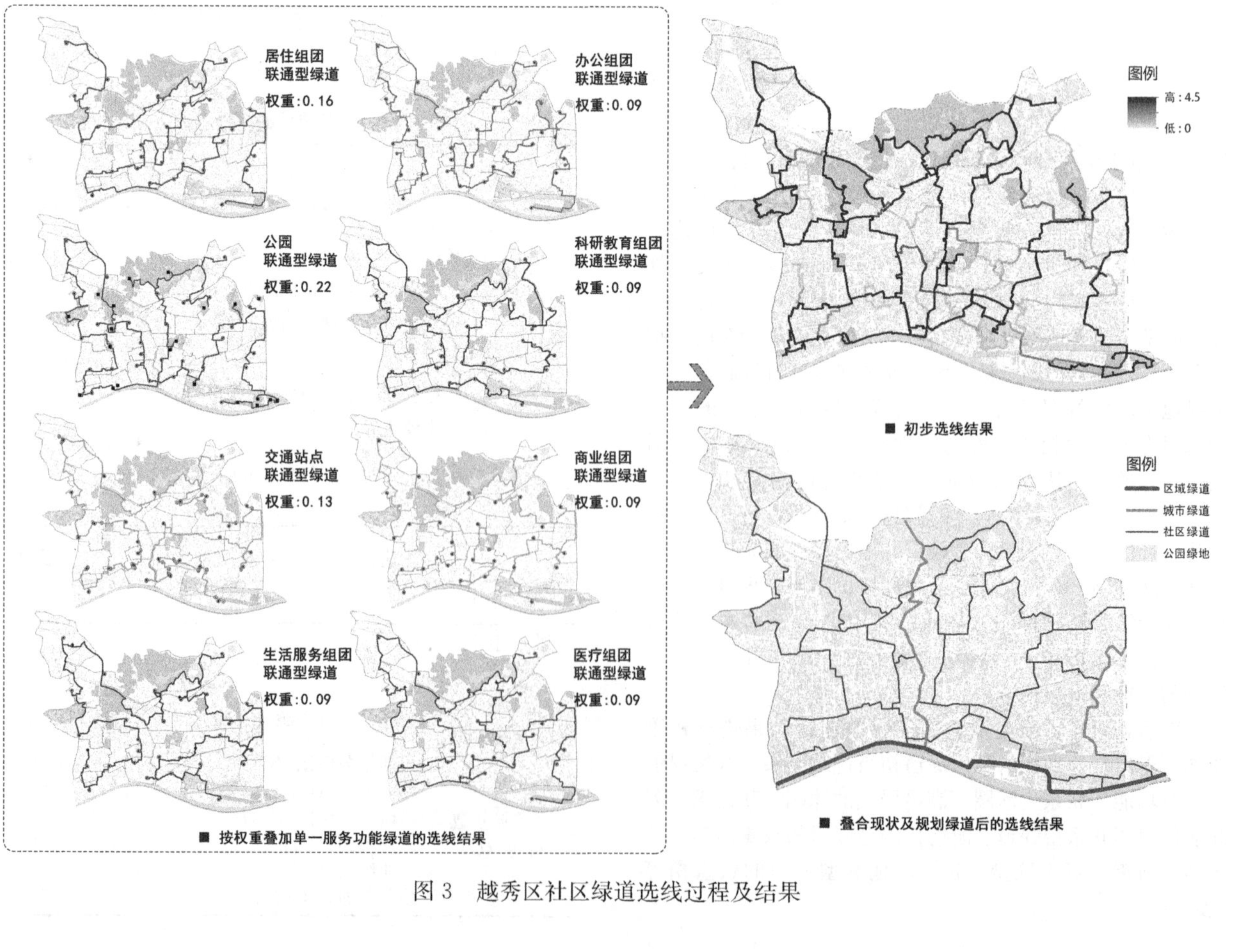

图3 越秀区社区绿道选线过程及结果

3.2 其他选线因素叠加分析

由《广州市绿道网建设规划》可知广州越秀区已建、在建或已规划未建成的绿道共 3 条，其中区域绿道 1 条，长 7.6km，城市绿道 3 条，长 8.8km。根据规划对初步选线结果进行调整，使社区绿道与城市绿道、区域绿道形成完整的绿道系统。同时，对过于曲折的线路进行人工调整，并删减建设潜力较低的线路。最终构建出功能复合的社区绿道网（图 3），越秀区社区绿道总长度为 51.4km。

4 反思与总结

本文的社区绿道选线模型是一种以满足居民游憩休闲需求以及其他日常出行需求为目标，以多源数据融合法和网络分析法为手段的绿道选线方法。基于多源数据的复合功能社区绿道选线模型的关键步骤为绿道关键节点的选取、绿道建设适宜性评价、网络分析选线以及路线优化，在选择关键节点时，应重点考虑绿地、广场等绿色开放空间以及主要的居民聚集区，并关注与居民生活密切相关的城市功能组团，选择服务供给能力或需求能力较强的资源点或组团中心点进行串联。社区绿道的建设适宜性应结合建设条件与可达性两方面内容进行评价。最终对各功能型线路进行权重叠加得出社区绿道的初步选线结果。尽管选线模型能够较快地模拟出绿道潜在线路，为规划工作提供参考依据，但对于选线结果仍需结合现实因素进行人工调整与优化。

参考文献

[1] 谭少华，陈璐瑶，杨春. 健康视角下绿道环境对居民使用强度的影响[J]. 南方建筑，2021(03)：15-21.

[2] 闫晋波. “山水城市”理念与当前城市建设实践案例刍议[J]. 城市发展研究，2020，27(10)：1-5+13.

[3] 严玉蕾，张隽. 健康导向下社区慢行绿道规划设计探讨[J]. 城市建筑，2018(02)：71-73.

[4] 韩西丽，王烨. 城市社区绿道的服务效率及设计优化研究——以深圳市为例[J]. 城市规划，2020，44(04)：90-96.

[5] 绿道规划设计导则(建城函〔2016〕211 号). 北京：中华人民共和国住房和城乡建设部. 2016-09-21.

[6] 周聪慧. 基于选线潜力定量评价的中心城绿道布局方法[J]. 中国园林，2016，32(10)：104-109.

[7] 王春晓，黄佳雯，林广思. 基于选线适宜性评价的城镇型绿道规划方法研究[J]. 风景园林，2020，27(07)：108-113.

[8] 罗坤. 大都市区绿道选线规划与建设策略研究——以上海市徐汇区绿道为例. 城市规划学刊，2018(03)：77-85.

[9] 朱安娜，王敏. 基于“吸引-阻力”分析模型的城市高密度地区绿道建设选线研究[C]//中国风景园林学会. 中国风景园林学会 2016 年会论文集，2016：5.

[10] Tang Ziyi，Ye Yu，Jiang Zhidian，et al. A data-informed analytical approach to human-scale greenway planning：Integrating multi-sourced urban data with machine learning algorithms[J]. Urban Forestry & Urban Greening，2020，56：126871.

[11] 梁军辉，杜洋，赛金波，等. 大数据背景下北京市大型居住区通勤绿道选线研究[J]. 风景园林，2018，25(08)：30-35.

[12] 赖寿华，朱江. 社区绿道：紧凑城市绿道建设新趋势[J]. 风景园林，2012，4(03)：77-82.

作者简介

冯嘉燕，1997 年 7 月生，女，汉族，广东人，研究生，北京林业大学园林学院风景园林专业在读硕士研究生，研究方向为风景园林规划与设计。电子邮箱：752984116@qq.com。

林箐，1971 年 11 月生，女，汉族，浙江人，博士，北京林业大学园林学院，教授、博士生导师，北京多义景观规划设计事务所设计总监，研究方向为园林历史、现代景观设计理论、区域景观、乡村景观。电子邮箱：lindyla@126.com。

《西雅图公园与娱乐战略规划(2020～2032)》解读与启示

An Interpretation of the Strategic Plan of Seattle Parks and Recreation，2020-2032

高远景　刘凌云

摘　要：西雅图是美国生活质量最高的城市之一，其公园系统规划与建设成绩显著。本文选《西雅图公园与娱乐战略规划(2020～2032)》，回顾相关规划和编制背景，研究主要内容，从价值取向、规划逻辑、规划内容、规划过程四方面归纳其主要特色，并结合我国国情，提出“城镇发展与百姓需求兼顾”“物质空间与配套服务共建”“政府主导与公众参与并举”的规划建议。

关键词：城市公园；战略规划；西雅图

Abstract: Seattle is one of the cities with the highest quality of life in the United States, and its park system planning and construction has achieved remarkable results. This article selects *A Strategic Plan for Seattle Parks and Recreation(2020-2032)*, reviews the relevant planning and preparation background, studies the main content, summarizes its main features from four aspects: value orientation, planning logic, planning content, and planning process, and combines my country's national conditions , Put forward three planning suggestions.

Keywords: Park; Strategic Plan; Seattle

引言

西雅图市（Seattle）位于美国华盛顿州西北部的太平洋沿岸，城市面积 369.2km^2，人口 753675 人[1,2]，其航天、计算机软件、生物信息科学等产业在全美乃至全球都具有领先地位，是微软、亚马逊等跨国公司总部所在地。该市筑于丘陵地形上，境内河流、森林、湖泊和田野广布，公园绿地系统完善（图 1），有“翡翠之城（the Emerald City）”“长青城”之称，是美国生活质量最高的城市之一。本文选取《西雅图公园与娱乐战略规划（2020～2032）》（*A Strategic Plan for Seattle Parks and Recreation 2020-2032*）[3]，分析解读其编制背景、主要内容和规划特色，以期对我国公园和绿地系统的规划与建设提供借鉴。

1　早期规划与编制背景

西雅图和美国的许多城市一样，很早就意识到公园的价值，早在 19 世纪后期就成立了公园和娱乐部门（Parks and Recreation Department），并于 1903～1908 年期间制定了一系列规划将公园、林荫大道和各类设施综合、联系成了一个系统。在随后城市化中，该市的公园和娱乐系统得到了全面而系统的发展。1994 年，西雅图为应对人口增加和土地蔓延等问题，编制了第一个城市总体规划，提出“可生长的规划结构”以实现可持续发展[4]。

21 世纪以来，西雅图先后又编制了《绿带规划》（2007 年）、《公园遗产规划》（2014 年）、《西雅图 2035 城市总体规划》（2016 年）、《公园与开放空间规划》（2017 年）等。然而，自 2014 年制定《公园遗产规划》以来，

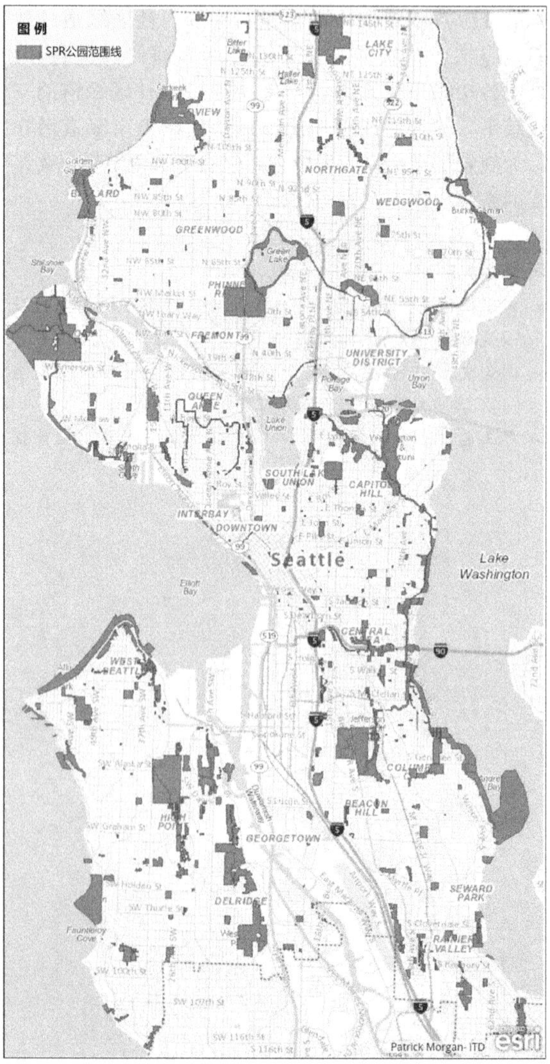

图 1　西雅图市公园总体布局图
（图片来源：根据《公园和开放空间规划》整理）

西雅图人口增长速度大大超过了预期（图 2），《西雅图2035 城市总体规划》执行的第一个五年间，人口增长已经实现了规划期末的大部分指标，给当地的宜居性、可负担性和交通系统带来挑战，也使公园、开放空间和设施倍感压力。

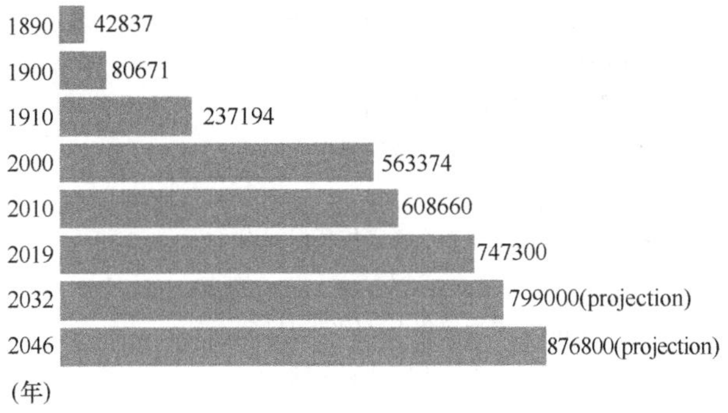

图 2　西雅图市人口增长
（图片来源：根据《战略规划》整理）

在此背景下，西雅图公园和娱乐部门（Seattle Parks and Recreation，简称 SPR）编制了《西雅图公园与娱乐战略规划（2020～2032）》（后文简称《战略规划》）以指导未来 12 年的优先事项和投资，而 2020～2032 年的执行期充分考虑了两轮《西雅图公园区规划》《公园与开放空间规划》以及城市总体规划修编的时序对接工作（图 3）。

2　规划的主要内容

2.1　规划基本原则

《战略规划》旨在指导西雅图公园和娱乐系统 2020～2032 年的项目、服务和投资。为更好地完成规划工作，该规划明确提出以下 8 个基本原则：①满足市民需求，系统内规划建设的公园、开放空间和其他设施必须以市民需求为主；②致力于种族平等，积极为弱势群体争取权益；③规划理念不断更新，做到与时俱进；④减轻气候变化的影响，保护城市生态系统；⑤尊重城市历史，保护多元性文化；⑥考虑公共服务全面化，使其具有包容性、创新性、无障碍性和宜居性；⑦提升市民参与度，与社区时刻保持互动；⑧提供优质服务，并进行创新。规划“以人为本”，从多个层面提出了以上基本原则。

2.2　四大规划目标

该规划确定了四大规划目标：健康的市民、卫生的环境、强大的社区和卓越的组织，且每点采用“分析现状—构建愿景—提出策略”的逻辑展开说明（表 1）。

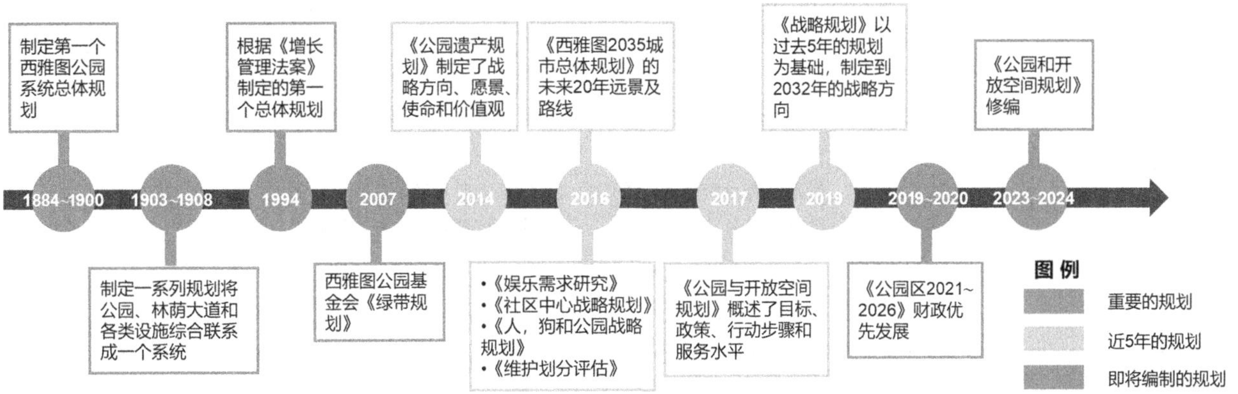

图 3　西雅图公园和娱乐系统相关规划
（图片来源：根据《战略规划》整理）

《战略规划》发展目标及策略　　表 1

目标	现状	愿景	策略
健康的市民	① 设施安全性问题 ② 食品健康问题 ③ 医疗需求未满足 ④ 体育活动需求未满足 ⑤ 社会孤立	打造平等、安全、自然、健康、包容的公园娱乐系统	① 为所有人群提供全面、公平的娱乐活动 ② 利用通用设计原则，使公园具有包容性 ③ 维持高质量的公园娱乐系统 ④ 确保市民了解公园娱乐系统 ⑤ 确保 10 分钟步行可达 ⑥ 重点关注服务不足的社区 ⑦ 重新规划社区中心 ⑧ 充分利用现有公园场地与设施 ⑨ 增强城市粮食系统的复原力

续表

目标	现状	愿景	策略
卫生的环境	① 人类活动频繁 ② 气候变化加剧 ③ 海洋环境恶劣	构建良好的生态系统和健康的城市森林	① 可持续性利用水资源 ② 回收、堆肥等措施减少垃圾 ③ 投资脱碳基础设施 ④ 恢复自然区域、开放空间的生态功能 ⑤ 尊重绿地空间遗产 ⑥ 尽量保证 SPR 所有设施全年可用 ⑦ 寻求合作伙伴，增强系统连通性 ⑧ 革新环保技术 ⑨ 通过节目、活动及志愿者宣传环保知识 ⑩ 开发新用地，增加新公园
强大的社区	① 贫富差距扩大 ② 非裔失业率高 ③ 无家可归者多	在全市范围内减少住房负担能力危机和日益增大的贫富差距问题	① 提供长期的学术指导和丰富的学习机会 ② 普及学前教育，关注失学儿童家庭 ③ 评估系统收费模式，简化注册制度 ④ 资助服务设施不足的社区 ⑤ 增强社区规划和社区合作 ⑥ 增强公园员工基础就业培训 ⑦ 提供公共活动，促进市民交流 ⑧ 加强 SPR 项目的宣传 ⑨ 满足社区成员需求 ⑩ 提供职业培训、学徒制和绿色就业 ⑪ 提高公共卫生间的清洁度、安全性和可用性
卓越的组织	① 人口增长 ② 需求增大	成为一支目标明确、自由沟通、合作互补、多元包容、资源充足的优质团队	① 优先投资服务设施不足的社区 ② 获奖成为国家认可的公园和娱乐机构 ③ 招聘并保留员工，妥善安排退休事宜 ④ 有效提高提供项目、服务和投资的能力 ⑤ 更新系统，提高绩效 ⑥ 定期倾听且满足特殊群体需求 ⑦ 定期评估现有规划，试验并创新方案 ⑧ 与多方机构合作 ⑨ 实现产品全生命周期管理 ⑩ 探索 SPR 咨询委员会的新模式

资料来源：根据《战略规划》整理。

2.2.1 规划目标一：健康的市民

《战略规划》通过对不同年龄、不同人群的健康问题调研分析发现，公园娱乐系统在设施安全、食品健康、医疗保健、体育活动、社会隔离等方面存在问题。规划应致力于消除健康差异，打造平等、安全、自然、健康、包容的公园娱乐系统，并从空间、设施、服务三方面提出规划策略。①充分利用空间。充分利用现有公园场地与设施，将单一用途空间转换为多功能空间，包括将网球场转换为多运动场，以便为更多市民提供服务。通过创造性地利用公园空间规划，以便为低收入家庭提供新鲜、便宜的食品和营养教育的机会。②优化公园设施。采用通用设计原则，使所有公园设施和项目都具有包容性。检查当前社区中心布局，重新规划社区中心，提高社区中心系统的公平性和有效性。③提供全面服务。为儿童、青少年、成人、老年人和残疾人提供全面、公平的项目和娱乐活动。优先考虑公园改造，确保所有西雅图居民距离无障碍公共空间步行距离在 10min 内。

2.2.2 规划目标二：卫生的环境

人类活动及城市化进程的加快对气候和生态系统以及海洋环境产生了负面影响。《战略规划》希望打造一个供市民平等使用的良好生态系统，提供清新的空气和土壤，使城市森林能够成为野生动物的自然保护区。规划从技术、管理及意识三方面提出规划策略。①革新技术。如通过智能灌溉、雨水管理等方式持续管理水资源。投资脱碳基础设施，减少公园娱乐设施和建筑项目的污染。提升太阳能电池板和地热井的利用率，弹性应对气候变化。②改变管理方法。保护现有公园土地，尊重绿色空间遗产。尽量保证 SPR 所有设施全年可用，以应对极端气候。通过与其他机构协作，加强公园及开放空间系统的连通性。建设新公园，增加开放空间面积。③提高环境保护意识。如培养垃圾回收意识，鼓励社区市民进行垃圾回收。组织志愿者活动，管理维护现有自然环境。

2.2.3 规划目标三：强大的社区

研究发现，截至2019年，西雅图仍有1/10的贫穷人口，贫富差距不断扩大，非裔失业率高且无家可归者多。规划希望提供市民经济能力范围内的文化教育及娱乐活动，开设增强社区凝聚力、提升生活技能的娱乐项目，在全市范围内减少贫富差距和住房负担能力危机等问题，并从公园学习项目、就业机会及服务力度三方面提出规划策略。①消除贫困人口学习障碍。如普及学前教育，并关注失学儿童保育项目。重新评估系统收费模式，增加免费课程，并简化课程注册系统，消除贫困人口的经济障碍，以确保公平性。对公园服务设施不足的社区制定资助项目计划，增强社区活力。②增加就业机会。如通过公园员工基础就业培训帮助无家可归者。增加职业培训、学徒制和绿色就业的机会来提升经济发展。③提升服务力度。如通过社区规划和社区合作确定优先事项，即适当增加照明设施、针头处理箱和提高设施维护频率提升公园安全性。加强对开设项目的宣传力度，加强公众对公园娱乐系统的了解。招募合作伙伴和志愿者，以扩大公园娱乐系统服务范围，让居民和社区组织参与管理公园资源和资产。提高公园娱乐系统内部公共卫生间的清洁度、安全性和可用性。

2.2.4 规划目标四：卓越的组织

数据表明，自2010年以来，西雅图的人口增长了近1/4，市民对公园和娱乐系统的需求大幅增长，而SPR在改善城市可负担性和宜居性方面具有重要作用，建立起一个卓越的组织迫在眉睫。规划希望建立一支以种族平等为原则，优先考虑包容性决策的团队，并能为青年提供就业培训及实习机会。规划提出卓越的组织应注重管理和创新。①注重管理细节。如招聘新员工，保留现有员工，妥善安排员工退休事宜。不断开发SPR咨询委员会的新形式，如公园专员委员会（the Board of Park Commissioners）、咨询委员会（Advisory Councils）和“朋友”小组（“Friends of” groups）等，以最大限度地提高参与机会。②培养创新精神。更新并简化面向公众的系统，如项目注册、活动安排等。定期评估现有规划政策，并不断创新规划方案，以满足不断变化的市民需求。采用全生命周期的方法管理设施，优先进行预防性维护，以延长设施寿命。

3 规划的主要特色

3.1 “追求公平”的价值取向

西雅图有色人种的低收入家庭大多都居住在工业污染较重的地区，医疗卫生条件差，体育锻炼无法被满足，长期处于营养不良的状态，从而引发各种健康问题。在西雅图，白人家庭平均收入是非裔美国人的两倍多。非裔青年人失业率是全市人口失业率的两倍。《战略规划》将“公平之路”作为总体指导思想，明确强调公园和娱乐系统发展的公平性，实现种族平等、性别平等和社会正义。该规划提出“公平之路”的重点应考虑公平而非平等，即资源的分配应保证公平合理而非相同的数额，为因历史和歧视性政策而被忽视的人群合理分配公园和娱乐资源。

为保证“公平之路”顺利落实，SPR对四大重点目标提出实施计划。一是技术提升，制定公平参与计划、利用现有数据制作公平计分卡和资源分配规划地图、改进SPR种族和社会正义倡议战略及行动，设法消除种族健康差异，尽量减少气候变化对脆弱群体的影响；二是服务改进，对SPR所有员工进行公平意识培训、开展具有文化意义的社区服务和参与活动、将公平绩效指标作为部门绩效管理工作的一部分，建设多元包容的社区与团队。

3.2 “层层细化”的规划逻辑

《战略规划》着眼长远并能将目标细化成具体任务。SPR以“如何更好地服务市民”为立足点，提出“健康的市民、卫生的环境、强大的社区和卓越的组织”四大规划目标，统筹谋划各个目标的建设任务和重大投资，全面提升西雅图市公园和娱乐系统的服务水平。

为实现重大发展目标，规划首先构建愿景，把控未来发展方向；其次提出策略，确定公园和娱乐系统发展相关规划实施的有效路径和方式方法；最后，规划将所提策略具体细化，全面且清晰地提出各项量化的具体措施。如“健康的市民”这一目标中，规划了25英里绿道、10个游泳池、151名儿童游乐区、13个钓鱼码头等等。在“卫生的环境”“强大的社区”中，该规划也提出一系列的设施建设来实现（表2）。SPR在制定《战略规划》时既能全局统筹式地提出远大的发展目标，又能将目标层层细化，精确定位到具体的场地、设施和项目。

四大规划目标对应的规划场地、设施、项目 **表2**

目标	健康的市民		卫生的环境		强大的社区	
规划场地/设施/项目	高尔夫球场	4个	公园	485个	社区中心	26个
	钓鱼码头	18个	动物园	1个	投票箱	7个
	室外网球场	140个	蜜蜂城	1个	艺术品	130个
	室内网球场	2个	社区花园	12个	表演设施	6个
	运动场	207个	植物园	1个	行政办公室	20个

续表

目标	健康的市民		卫生的环境		强大的社区	
规划场地/设施/项目	篮球场	223 个	果园	8 个	公共卫生间	131 个
	匹克球场	93 个	城市农场	3 个	狗公园	14 个
	游泳池	10 个	奥杜邦中心	1 个	室内会议设施	75 个
	涉水池和喷水场	32 个	特色花园	2 个	野餐点	43 个
	室内游戏区	25 个	水族馆	1 个	青少年生活中心	3 个
	室外健身中心	13 个	缺水应急计划	1 个	博物馆	3 个
	体育场	2 个	植物温室	1 个	圆形露天剧场	5 个
	儿童游戏区	151 个	灌溉团队	1 个	室外雕塑公园	1 个
	溜冰场	11 个	环境学习中心	4 个	公共浴室	11 个
	林荫道	25 英里	酒店	235 个	公共码头	3 个
	行山路径	120 英里	公共垃圾桶	2241 个	课后护理设施	23 个
			公共回收箱	330 个	学前教育点	25 个
			食用农产品	2800 磅	地标建筑	54 栋
			开放空间	6434 英亩	学龄儿童奖学金	170 万美元
			城市森林	2755 英亩	康乐奖学金	75 万美元
			鸟类	225 种		
			植物	350 种		
			哺乳动物	31 种		

资料来源：根据《战略规划》整理。

3.3 “重视服务”的规划内容

《战略规划》为市民提供丰富且可供不同人群选择的场地设施，引导市民与自然环境接触，增加市民体育活动和互动交流的机会。西雅图市公园内部设计有专门的遛狗场地、野餐区、休闲中心和水上运动中心，同时配备土地集约利用的多用途场地、各类运动场地及儿童游戏场地，还有表演区、圆形露天剧场、博物馆、社区中心等特殊场所以满足市民的不同需求。

《战略规划》不仅为市民提供休闲娱乐空间，还通过对不同人群需求分析，在每个发展目标中针对性地提供公园娱乐服务设施和项目。SPR 会根据全市不同片区内市民需求制定每个季度的活动计划手册（图 4），在不同社区中心内为不同年龄阶段的市民设置不同的活动项目，如青少年活动项目有各种球类运动课、水上运动、兴趣班等，婴幼儿和成年人活动项目也被考虑在内（表 3）[5]。SPR 在制定《战略规划》时既提供空间场所，又重视服务，为不同群体“量身定做”娱乐项目。

图 4　2020 年春夏季度 4 个片区活动计划手册
（图片来源：根据 https://parkways.seattle.gov/整理）

西雅图某社区中心服务项目信息　　　　表 3

群体	课程/娱乐项目	适合年龄	报名费（美元）
幼儿	亲子音乐舞蹈	6个月～3岁	53/60
	夏洛特老师的音乐课	6个月～4岁	120
	创意芭蕾	3～5岁	54/60
成年	健身计划	16岁以上	35/42
	动感单车	16岁以上	免费
所有年龄群	刚柔流空手道	7岁以上	免费
	唐秀道空手道	12岁以上	39
	私人定制音乐	5岁以上	30
	声乐	14岁以上	82/98
	电子设备使用课	所有人	免费
少年	芭蕾	5～7岁	45/60
	嘻哈	5～7岁	45/60
	舞蹈基本功	5～10岁	120
	声乐	5～13岁	82/98
	篮球	6～9岁	42/48
	唐秀道空手道	9～11岁	39
青年	“冰淇淋”社交	9～14岁	免费
	DJ	11～19岁	免费
	城市钓鱼计划	9～15岁	免费
	制造能源生产机	9～18岁	免费

资料来源：根据《西雅图2020春夏季度东南片区活动计划手册》整理。

3.4 “多方协同”的规划过程

《战略规划》以SPR部门为主导，与规划和社区发展办公室（Office of Planning and Community Development）、西雅图交通部门（Seattle Department of Transportation）、植物园基金会（The Arboretum Foundation）等多方机构及部门合作编制完成。其中SPR作为公园与娱乐系统的管理者，需要综合多方面的数据、意见及需求，全局性地制定战略规划。

在《战略规划》中，工作人员通过线上、线下两种方式来组织公众参与，参与人数超10000人，约占全市总人数的25%。其中线下方式在全市的社区中心或游泳池处进行，共举行超过20场的社区倾听会议、2场大型城市参与活动，在全市20多个社区中展示（图5）。线上方式采用社交媒体讨论、在线调查及提交电子邮件等。其中共举行50多个社交媒体讨论，8项在线调查。所有的参与方式均可使用12种语言。最终SPR对调查结果进行分析整合[6]。《战略规划》的制定既是政府多部门合作编制，又举行大规模的公众参与，时刻以市民需求为导向。

图5　西雅图公园规划公众参与[6]

4 规划启示

4.1 规划目标：城镇发展与百姓需求兼顾

美国城市公园绿地系统建设一直走在世界前列，早已过了大开发、大建设时期，而更新维护是主要的工作模式，因此《战略规划》更多从民众需求出发，在“公平”的理念下，将健康市民、卫生环境、强大社区、卓越组织作为规划目标，是符合当地社会经济发展实际的。我国改革开放以来，城市建设突飞猛进，然而，由于各地发展进程差异，使得我们同时面临“城镇要发展”和“百姓有需求”的双重问题。公园绿地系统规划与建设需充分意识到这一特点和难点，将规划的高位统筹和百姓的日常需求兼顾起来，既要谋划“大任务”“大工程”“大框架”，还要建设百姓最关注的“口袋公园”“小微花园”；不仅要努力提升城市整体水平指标，如绿地规模、绿地率、绿化覆盖率，还要体察百姓的切实感受和活动需求，比如公园可达性、参与性以及健身、教育、娱乐、游戏等活动需求。

4.2 规划内容：物质空间与配套服务共建

实现公园空间场地充分利用，需建设全面的公园游憩服务体系。首先，尝试在公园内建设社区娱乐中心，开设绘画、体操等艺术兴趣课程以及夏令营、工作坊等儿童保育课，为老年人和残疾人开设治疗课程。在社区娱乐中心内组织开展亲子教育、老年体育节、手工艺品展示等大型娱乐活动。其次，明确经营性项目及公益性项目概念。公益性项目如弱势群体课程及大型娱乐活动可采用财政拨款，经营性项目如儿童保育类课程以吸引社会或广告商投资为主。最后，建设专业化团队，通过市民需求制定项目手册，增设各类项目服务人员，使公园游憩服务体系得到科学支撑。

4.3 规划过程：政府主导与公众参与并举

探索我国城市公园管理新模式，需强调公众深度参与城市公园规划、管理和建设。首先，可尝试与民间非营利组织合作，成立公园管理委员会、咨询会员会等机构，主导公众参与，考核相关部门实施效率。其次，与居委会等基层单位合作，成立社区“朋友小组”，培养公民公众参与意识，定期收集公民意见。最后，政府可通过新闻发布会、新闻稿、公众号推文等方式扩大影响力，再由公园管理委员会等部门通过公园实地访谈、举行公开会议、市民热线等方式发放问卷及电子邮件等来获取公众参与结果。

5 结语

随着我国城市居民生活水平的提高，公园绿地与民众的健康、环境、社区密不可分。本文尝试以西雅图市为例，解读其《战略规划》，为我国建设优质的公园绿地系统提供借鉴与启发。纵然，两国国情与发展阶段不同，但并不妨碍我们吸取其中经验教训，更新理念方法，为公园绿地系统规划与建设提供新思路。

参考文献

[1] 美国人口普查局[EB/OL]. https：//www.census.gov/.
[2] 城市数据网[EB/OL]. https：//www.city-data.com.
[3] 西雅图公园和娱乐战略规划(2020-2032)[EB/OL]. http：//www.seattle.gov/Documents/Departments/ParksAndRecreation/PoliciesPlanning/SPR_Strategic_Plan.03.27.2020.pdf.
[4] 梁江，孙晖．可持续发展规划的范例——西雅图市总体规划述评[J]. 国外城市规划，2000，(04)：5-8.
[5] 西雅图2020春夏季度东南片区活动计划手册[EB/OL]. https：//cosparkways-wpengine.netdna-ssl.com/wp-content/uploads/2020/02/SE_20_spSumWEB.pdf.
[6] 西雅图公园和娱乐战略规划附录Ⅱ(2020-2032)[EB/OL]. http：//www.seattle.gov/Documents/Departments/ParksAndRecreation/PoliciesPlanning/StrataegicPlan_AppendixII_Combined.pdf.

作者简介

高远景，1996年11月生，女，汉族，河南许昌人，武汉理工大学土木工程与建筑学院在读硕士研究生，研究方向为城市设计。电子邮箱：1343612300@qq.com。

刘凌云，1978年11月生，女，汉族，湖北武汉人，博士，武汉理工大学土木工程与建筑学院副教授，研究方向为城市设计。电子邮箱：710746496@qq.com。

基于大数据智慧决策的疫后康养公园设计策略研究

——以武汉市知音湖疫后康养公园为例①

Research on the Design Strategy of Post-epidemic Health Parks Based on Big Data Smart Decision

—A Case Study of Wuhan Zhiyin Lake Health Post-epidemic Health Park

郭　灿　戴　菲　苏　畅*

摘　要：新型冠状病毒肺炎疫情作为一次重大的公共卫生安全事件，给世界人民的身心健康造成了不同程度的伤害，外部开放空间与公园作为身心疗愈的重要场所，亟须在疫后康复中发挥作用。为更好地了解疫情引发的身心健康问题以及疫后康养需要，从需求出发探索疫后康养公园的设计策略，本文引入了大数据智慧决策这一概念，结合相关文献研究，运用Python平台结合网络大数据工具对大数据进行收集与分析，得出人们在生理、心理、精神三个方面均有不同的康养需求，最后，针对具体的康养需求提出对应的康养公园的设计策略。

关键词：大数据；智慧决策；康养公园；新型冠状病毒肺炎

Abstract: As a major event, the Novel Coronavirus Pneumonia has caused varying degrees of damage to people's physical and mental health. The urban green space and parks, as important places for physical and mental healing, urgently need to play a role in rehabilitation after the epidemic. In order to understand people's health problems and health care needs after vacation, and explore the design strategy of health care park after vacation based on the needs, we introduced the concept of big data smart decision. We use Python tools to crawl and interpret big data, combined with relevant literature research, and analyze that people have different health needs in three aspects: physical, psychological, and spiritual. Finally, We propose corresponding design strategies for health parks based on specific health needs.

Keywords: Big Data; Smart Decision; Health Park; The Novel Coronavirus Pneumonia

2020年初，世界各地全面爆发新型冠状病毒肺炎（以下简称“新冠肺炎”）疫情，成为影响全球的重大公共卫生安全事件。虽然目前疫情总体已趋可控，但由于其传染病疫情特征，包括爆发初期的封城等紧急措施，患者以及非患者的身心健康受到不同程度的损害，根据国家卫健委公开数据，截至2021年7月21日，我国累计确诊新冠肺炎患者119815人，而未感染新冠肺炎、但受到影响产生健康问题的人群更是不计其数[1]。对于患者以及非患者的疫后身心康复，城市绿色开放空间（Urban Green Space）将承担重要责任。然而如何面向特殊类型的适用人群以及功能指向展开设计，采取何种策略，仍处于讨论之中。在此背景下，本文以武汉市知音湖疫后康养公园为例，运用大数据智慧决策手段，剖析人们疫后康养需求，并针对性地探讨疫后康养公园的设计策略。

1　大数据智慧决策概念与康养公园

1.1　大数据智慧决策

智慧决策是随着经济社会许多现实问题的复杂化而产生的，其特色主要体现在对“大数据”与“智慧”的运用[2]。“大数据”（big data）的概念十分庞大，用以指代各种规模巨大、无法通过手工处理来分析解读信息的数据海量，具有数据海量、类型丰富、价值密度低、处理速度快等特点[3]。而“智慧”则意味着能够满足目标人群不同的需求，并进行个性化的订制[4]。大数据智慧决策则是在庞大复杂的社会经济条件下，以大数据等新一代信息技术为支撑，通过对大规模、快速性、高价值、多样化的大数据资源进行实时获取、智慧分析，从而进行更加科学有效的决策。

大数据应用于景观设计领域较晚，但在地理信息系统[5]、多源大数据采集与分析[6]、人工智能运用[7]等方面的研究成果比较丰富。本文将以武汉市知音湖疫后康养公园设计为例，通过对疫情大数据的获取与解读，分析疫情后人们的健康情况和康复需求，从而为疫后康养公园提供设计依据。

1.2　康养公园

康养公园以康养性景观为主，康养性景观的概念融合了环境心理学和环境养生的理念，具有恢复和保持健康的能力，结合外部环境为改善人的身心状态的行为提供一个康养的环境，发挥疗愈作用[8]。

①　基金项目：中央高校基本科研业务费（HUST编号2020kfyXJJS022）。

我国对康养景观的研究领域主要集中在医院、疗养院、公园绿地中的康养景观设计、绩效评价等[9]。对于康养景观的功能研究多集中在植物景观的生态功能所带来的生理康养以及景观空间提供的心理恢复功能[10]，也有对于特殊人群如老人、儿童、患者、残障人士等针对性的康养研究[11]。国外对于康养景观的研究历史更为悠久，领域也更为广泛，除了对绿色空间、社区绿化等传统康养景观方向的探索，研究重点多集中在生态环境科学方向，关注生态环境与人类健康的关系[12]。

国内外针对康养景观在传统领域的研究已经十分丰富且成熟，但新冠肺炎疫情作为全球范围内大规模的公共卫生安全事件，其影响之广、程度之深都是前所未有的，且面对新型病毒和由之产生的新的健康问题，传统康养公园的形式以及设计方法已经不足以满足人们的健康需求，需要讨论后疫情时代下一种新的针对性的康养公园设计策略。

2 数据来源与研究方法

本文使用 Python 工具，对腾讯疫情数据进行抓取，结合微信指数与微博指数，生成社交媒体高频词云和高频词排序表，将需求信息图示化，直观地表现人们对于疫情最关心的话题，结合相关文献研究，分析人们疫后的康复需求，从需求出发并结合场地特征提出针对性的设计策略。

2.1 数据来源与处理

2.1.1 数据获取与存储

Slaver 端从 Master 端获取任务（Request 和 URL）进行数据抓取，在抓取过程中将新产生的 Request 提交给 Master 端处理，Master 端的 Redis 数据库，将会把未处理的 Request 去重和任务分配，处理后的 Request 加入待爬队列，并对爬取的数据存储到数据库 MongoDB 中[13]。通过上述方法统计自武汉火神山医院休舱即 2020 年 4 月 15 日起一周内的、与“新冠肺炎疫情”相关的高频词汇，并进行可视化解读与分析。

2.1.2 词云生成

用 Wordcloud 和 matplotlib 对数据进行高频词的统计，并生成高频词排序图（图 1）和词云（图 2）。

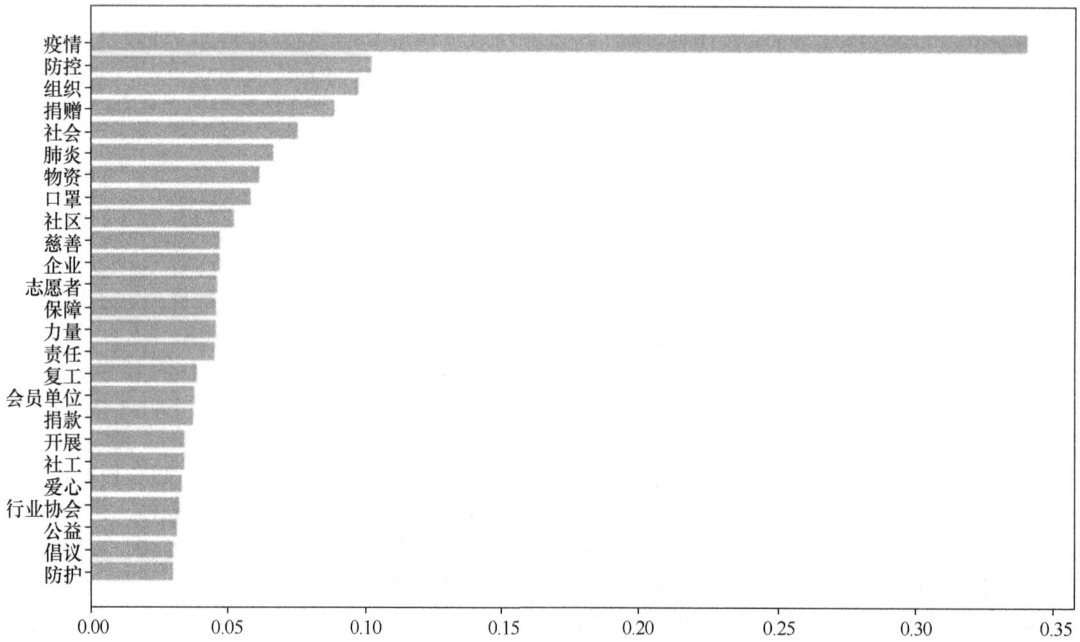

图 1　高频词汇排序图

图 2　词云

对高频词汇进行分类解读，可以得出人们对于新冠疫情最为关注的几个方面：

生理健康：肺炎、防护、感染、防疫、养老等。

心理健康：积极、爱心、保障、心理、困难、物资、生产、复工等。

精神力量：慈善、志愿、服务、公益、力量、活动、责任、号召、动员、捐款等。

2.2 数据解读与需求分析

通过对高频词汇进行解读与分类，本文将人们疫后康养的需求分为三个方面：生理康养、心理康养、精神康养。

2.2.1 生理康养需求

肺炎、防护、感染、防疫、养老等词汇出现频次较高，说明人们主要关注新冠肺炎防护与感染以及感染后的养护等生理方面的健康。

新冠肺炎患者康复之后，会出现一些生理健康问题，如肺功能永久性损伤[14]、肌肉萎缩[15]、易疲惫[16]、味觉和嗅觉障碍[17]等，这类患者是最大的待恢复群体，尤其是老年人这一群体，在感染新冠肺炎后身体受到的损伤更为严重，所以“养老”这一词汇出现的频次相对较高。

2.2.2 心理康养需求

在高频词云中，“心理”出现频次较高，说明人们同样关注疫情过后人们的心理健康。首先，创伤后应激障碍（PTSD）是大多数个体在经历、目睹或遭遇重大威胁如本次新冠疫情中的重病、离世等事件之后会产生的心理疾病之一[18]。“保障”“物资”“生产”等词则体现了人们在经历封闭之时对生产停滞、物资不足、生活资料缺乏保障等问题产生的焦虑不安、失望等消极心理。“复工”则传达出人们对于封闭状态下渴望走出家门、摆脱孤独、恢复日常生活工作的心情。这些心理疾病和消极的心理状态在疫后康养中同样需要得到重视。

2.2.3 精神康养需求

在词云中出现频次较高的如“慈善”“志愿”“服务”“公益”“力量”“责任”“捐款”等词汇，虽然没有直接体现人们的康养需求，但同样传达出人们对于疫情相关事件的重视程度，这些话题的高频次体现了人们对于抗疫期间涌现出的英雄人物、群体及其事迹的关注。这些英雄人物或群体所展现出的精神力量能够陶冶情操、振奋精神，进而达到精神康养的目的。

为便于后期对精神力量这一抽象概念进行设计策略方面的落实，再次进行数据爬取工作。由于成语诗词具有中国传统文化特色且高度凝练化表达的优势，此次对疫情数据的抓取主要统计文化类成语诗词相关词汇，统计结果如表1所示，选取传播频次较高的“众志成城”“山河无恙”“共克时艰”“齐心协力”等前30个词汇作为后期公园设计的参考。

成语诗词高频词表　　表1

排序	成语诗词	传播频次
1	众志成城	78297274
2	山河无恙	44003761
3	共克时艰	36078216
4	齐心协力	24517948
5	守望相助	15095134
6	同舟共济	14648573
7	救死扶伤	9984672
8	团结一心	8974050
9	守护生命	8950483
10	团结一致	7823401
11	人间皆安	7237871
12	没有一个冬天不可逾越	6419374
13	一方有难八方支援	6313636
14	大爱无疆	6089713
15	没有一个春天不会来临	6419374
16	山川异域，日月同天	4353458
17	同心抗疫	3521111
18	家国情怀	2964476
19	同心协力	2883982
20	国有难，召必至	2021221
21	医者仁心	1885094
22	岂曰无衣，与子同裳	1428250
23	白衣执甲	1355621
24	滴水之恩，涌泉相报	1167398
25	同呼吸，共命运	649443
26	人心齐泰山移	634384
27	敬佑生命	466308
28	同气连枝共盼春来	462788
29	命运与共	402788
30	英雄之城	390710

2.3 总结

通过对高频词汇的解读与分析，新冠肺炎疫情后人们的康养需求主要有生理康养、心理康养、精神康养三个部分，并结合相关文献研究明确了人们正在或潜在的健康问题。针对具体的健康问题和康养需求便可以提出对应的康养公园设计策略。

3 武汉市知音湖疫后康养公园设计探索

基于大数据分析得出的疫后康养需求，结合设计场地特征，本文将针对性地进行生理康养、心理康养、精神康养三类康养设计模式的探索。

3.1 场地分析与总体规划设计

3.1.1 场地区位与分析

场地位于湖北省武汉市蔡甸区中北部，知音湖北部湖湾处。红线范围内面积30.61hm^2。

场地具有明显的湿地景观特征。三面陆地呈合抱之势，将知音湖北部部分水域纳入场地内部景观体系中，成为场地突出的中心景观资源，水质较好，开发基础较好。场地内地形平坦，易于开发。现状多为鱼塘、草地基底，具有较强的湿地景观特征（图 3）。

图 3　场地卫星图
（图片来源：https：//www.amap.com/）

场地北邻恒大御湖半岛居住社区，社区建设情况较好，社区景观与场地连接度较高。西北部临近同济医院，是新冠肺炎危重救治定点医院，具有较高的纪念意义和康养价值。东南与知音湖最大半岛隔湖相望，半岛上分布有四环垂钓园，建设情况较差但人气较高（图 4）。场地周边多为社区、城中村以及农林用地（图 5）。

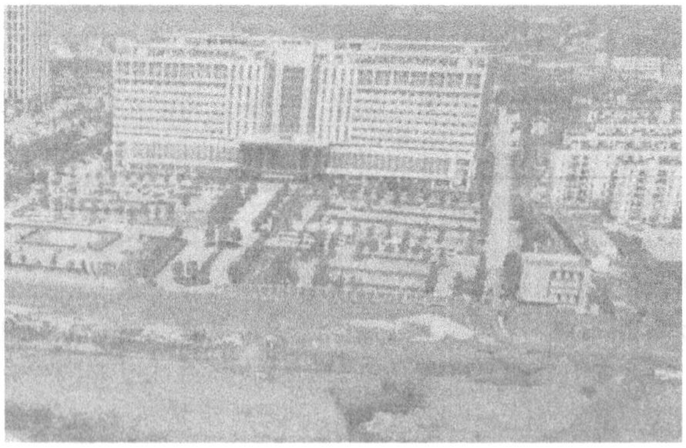

(a)

(b)

图 4　现场照片
（a）同济医院；（b）四环垂钓园

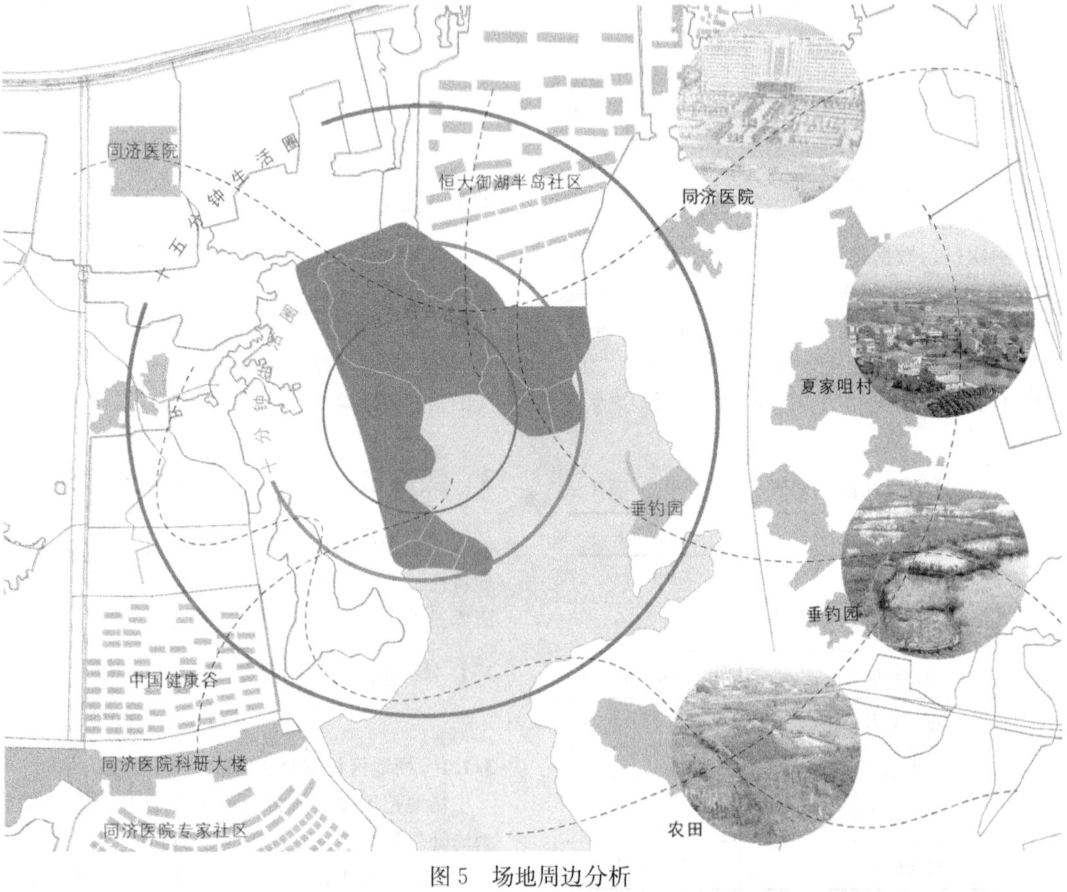

图 5　场地周边分析

3.1.2 总体规划与设计

基于疫后康养需求分析结果，结合场地现状特征，综合设计概念与目的，进行总体规划与设计（图6）。公园西部依托场地湿地特征打造湿地景观，同时发挥湿地生态康养功能，提供康养服务；公园东北部临近一处建设情况较好的社区，结合社区居民日常需求打造开放型社交运动空间；东南部则延续场地鱼塘基底，经过设计演化，继续发挥以垂钓为主的综合性休闲功能。

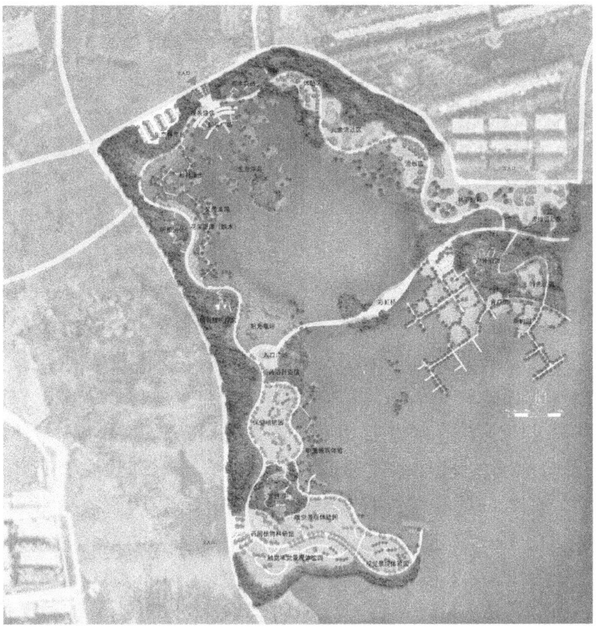

图6 公园总平面图

3.2 生理康养模式

3.2.1 负氧离子理疗模式

负氧离子理疗是针对新冠肺炎康复后产生的肺功能损伤的康养模式。高浓度的负氧离子环境可起到使人神清气爽、镇静止喘的作用，对呼吸肌力量与肺功能提升有积极疗效[19]。

由于湿度与负氧离子浓度呈正相关，设计沿水系栽植能够释放高负氧离子的植物，如松柏类和银杏水杉等，水景与植物相结合，共同营造高负氧离子环境；同时，负氧离子产生的来源之一是植物冠层的叶片尖端，因此设置高架栈道，提高负氧离子利用率；动态水极易产生较高的负氧离子，因此设计跌水景观，增加动态水景，增加空气负离子浓度（图7）。通过自然营造的负氧离子环境进行理疗，有助于刺激呼吸肌群，提升呼吸肌力量，有效改善新冠肺炎康复后的肺功能损伤问题。

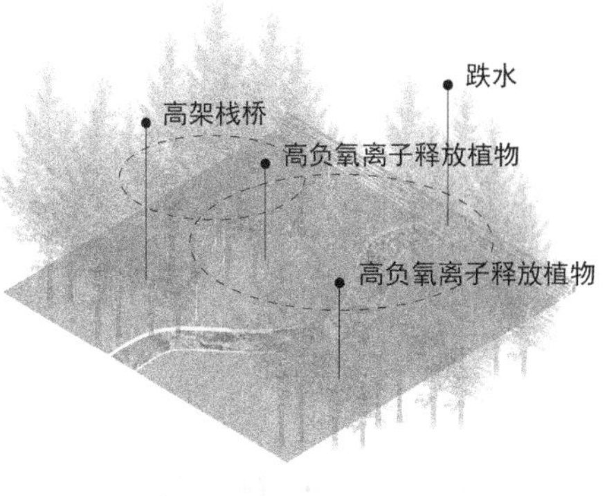

图7 负氧离子理疗模式

3.2.2 运动理疗模式

运动理疗模式是针对新冠肺炎康复后易产生的肌肉萎缩症状的康养模式。肌肉萎缩的产生主要是由于新冠肺炎治疗过程中长久卧床造成的，当前对于肌肉萎缩的治疗方式有药物治疗、物理治疗、运动及功能锻炼三种，其中运动及功能锻炼可以运用于康养景观中，适宜的运动及功能训练可以增强肌肉的有氧代谢能力，促进肌萎缩的恢复[20]。

运动理疗模式的设计主要是配备适宜运动设施的室外运动场所，选取合适的植物品种，忌用有毒、飞毛飞絮、落果、易生病虫害的树种，在植物搭配上，可以选用色彩明快的树种，乔灌草相结合，打造丰富的观赏层次，烘托热烈的、生机勃勃的运动气氛。同时配备色彩丰富、透水性好、触感亲切的场地铺装。利用完善的植景设计、多样的运动设施、丰富的铺装共同营造出富有生机与活力的运动场所，引导人们通过适当的运动锻炼，改善肌肉萎缩的症状（图8）。

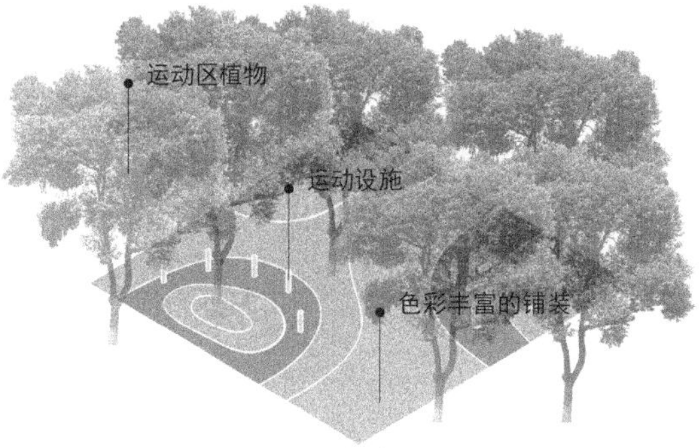

图8 运动理疗模式

3.2.3 植物精气理疗模式

新冠肺炎康复后的易疲惫现象多为身体抵抗力下降所致。植物精气即植物的花、叶、根、芽等组织的油腺分泌出的一种浓香的挥发性有机物，能够通过人体皮肤、黏膜或呼吸道黏膜吸收等途径产生适度的刺激，增加免疫细胞活性，增强抵抗力，从而缓解易疲惫的身体状态[21]。

种植选取高植物精气释放植物，且在通常情况下，植物精气密度比空气密度低，林缘植物精气浓度比林中心低，树冠层植物精气浓度比地面附近低。因此设计采用“植物精气释放植物＋下沉式场所”的模式实现植物精气深度体验（图9）。

3.2.4 五感疗法模式

针对新冠肺炎康复后听力下降、味觉嗅觉障碍等的人群，可采用五感疗法，五感疗法作为园艺疗法的一种，能够营造一个刺激人们视觉、听觉、嗅觉、触觉、味觉五

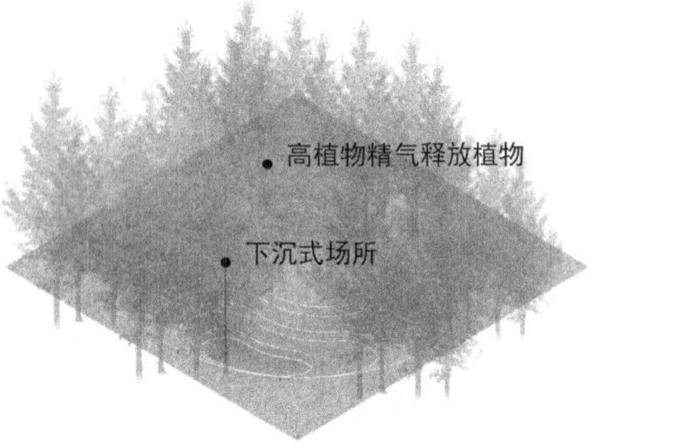

图 9　植物精气理疗模式

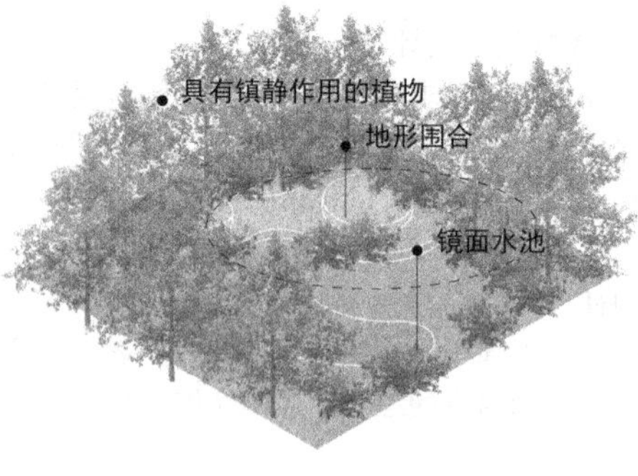

图 11　正念冥想模式

种感官的环境，从而达到缓解五感障碍的疗效。

选取具有丰富视觉、听觉、嗅觉、触觉、味觉体验的植物，注意颜色搭配和植物姿态的多样化选择，丰富视觉体验；选取树皮、树叶等无毒无刺可触摸且质感特殊的植物，提供丰富的触觉体验；选取香花植物、香草植物、香果植物、香木植物等提供嗅觉体验，也可种植可食用的植物作为味觉康养景观[22]；水景设计结合喷泉丰富触觉感官上的体验，也可丰富听觉景观层次；灯光设计提供视觉上的刺激，缓解长时间观赏户外观景易产生的视觉疲劳，丰富视觉景观（图 10）。

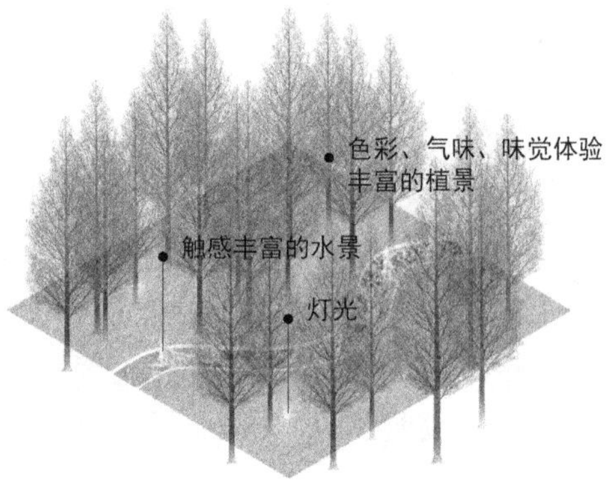

图 10　五感理疗模式

3.3　心理康养模式

3.3.1　正念冥想模式

疫情结束后创伤后应激障碍（PTSD）的产生主要是由于疫情期间在经历、目睹或听闻感染、死亡等事件所导致的精神障碍现象，需要有意识地对其进行正向的心理干预及疏导。正念具有三个要素：有意识的觉察、专注于当下、不主观判断，而正念冥想则是有意识地将注意力集中于当下的状态，并对其他想法或感受都已知晓但不予评断，有利于集中 PTSD 患者的意识并加以引导，对创伤后应激障碍（PTSD）具有良好的治疗作用。

打造室外自然式正念冥想空间，选取绿色、蓝色、白色等清淡且具有镇静作用色彩的植物，利用植物与地形围合出独立的空间，提供静谧、安全、不受干扰的冥想环境，镜面水池的设计与周围环境形成虚实相生的空间氛围，诱发令人沉思冥想的场所磁场（图 11）。

3.3.2　白噪声理疗模式

白噪声理疗是针对疫情后焦虑不安的心理状态而设计的康养模式。白噪声是一种连续的单一的声音，以共振的形式抑制来自外部环境的干扰声波，具有舒缓的作用，可以放松心情，有效缓解焦虑情绪[23]。

设计三种白噪声理疗模式——听松、听鸟、听泉。利用自然风以及植物枝叶摆动尤其是针叶植物产生的音响效果获得声景体验；利用一些可为鸟类提供食物或筑巢条件的植物吸引鸟类停留，达到动物声景的体验效果；自然降水与流溪、喷泉等相结合，共同打造丰富的水声景体验（图 12）。多种形式的自然声景打造了丰富的白噪声环境，让人们沉浸自然的同时能够放松心态，缓解疫情带来的焦虑不安的心情。

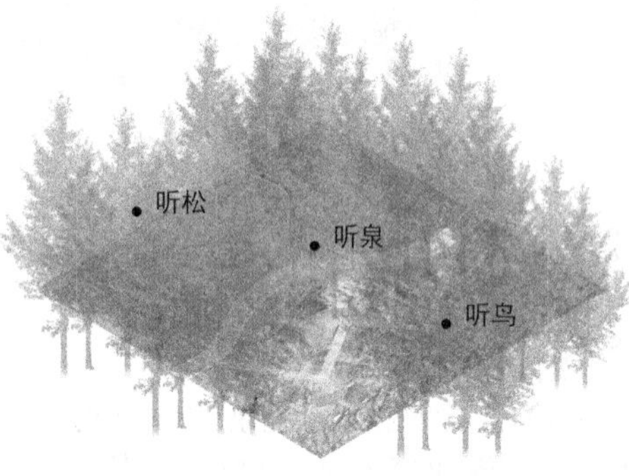

图 12　正念冥想模式

3.3.3　社交空间模式

为缓解疫情封闭期间产生的孤独情绪，需打造一种有效的社交空间。环形木质平台围合出的向心型空间有助于促进环内人们的交流，下凹式地形设计与围合的植物在限定空间的同时用以提升场所安全感与归属感，既保证了社交的有效性，又避免过于开放的社交空间带给封闭状态解除初期人们不安、焦虑的情绪（图 13）。

3.3.4　积极空间模式

为缓解疫情期间产生的失望情绪，需要设计一种积极空间康养模式。选取色彩丰富、姿态各异的植物品种，渲染热情的、生机勃勃的场景氛围；搭配互动式灯光设计，打破传统景观单向输出的模式，增加人与景观的互动性，打造体验多样、趣味十足的游玩观赏空间，激发积极情绪（图 14）。

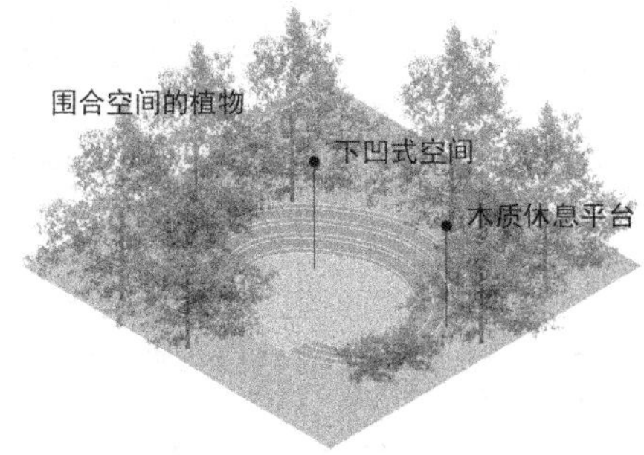

图 13　社交空间模式

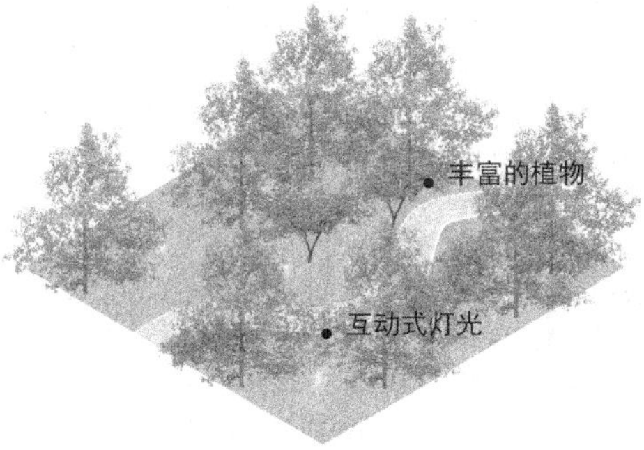

图 14　社交空间模式

3.4　精神康养模式

通过对大数据的分析，人们对“公益”“力量”“责任”等词汇的高讨论度体现了人们对抗疫进程的关注。在抗击新冠疫情的过程中，涌现出了无数英雄人物及群体，他们的英勇事迹和传达出的精神力量时时刻刻都在激励着我们。因此，对这些英雄的纪念不仅是对抗疫这一事件的怀念，更是通过对人们情操上的陶冶、心灵上的感召实现精神康养。

精神康养模式主要是以大数据抓取、讨论频次较高的成语诗词中所展现的英雄人物、英雄群体及其事迹为主题，设计的包括纪念园、纪念广场、纪念小径三种纪念空间，以及纪念碑、纪念铺装、纪念廊架等多样化的纪念小品（图 15）。这些丰富的纪念形式讲述了抗疫过程中的感人故事，传达积极向上的精神力量，从而实现对情操的陶冶和精神的升华，达到精神康养的目的。

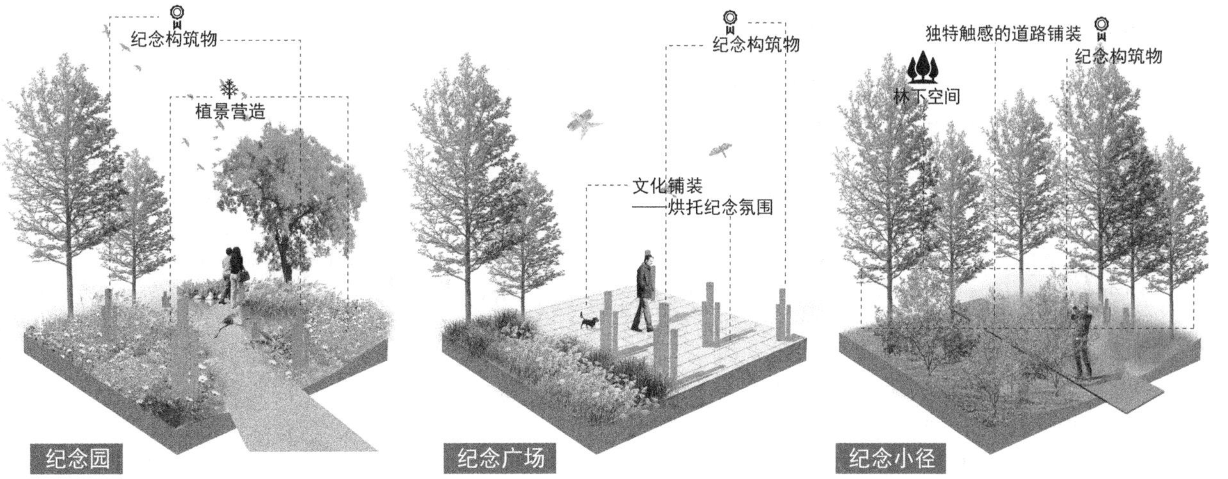

图 15　精神康养模式

4　讨论

随着经济与社会的不断发展，传统的设计方式已经不足以应对社会系统的庞大和复杂性，而大数据本身具有的大样本的特征能够快速、全面、精准地获取需要的信息，为设计提供重要的前期参考。

本文运用 Python 工具，对腾讯疫情实时数据进行抓取，结合微信指数与微博指数，统计出关于新冠肺炎疫情相关词汇的传播讨论频次，对传播量较高的词汇进行分类解读，得出人们潜在的健康问题和疫后的康养需求，从而进行针对性的康养公园设计策略的研究。通过大数据智慧决策的方式，能够较为全面地统计分析人们疫后的康养需求，使设计有理可依、有据可循。在大数据的基础上，也应结合充分的文献资料的研究对大数据分析结果进行佐证和补充，在完善设计前期分析过程的同时也能够保障设计的科学性。

本文探讨了基于大数据智慧决策的设计流程，包括设计前期通过大数据对人群需求的获取与分析、针对人群需求并结合场地特征的设计策略以及总平面图设计和分区规划，并讨论了针对新冠肺炎的疫后康养公园的设计策略，不但为大数据智慧决策在景观设计领域中的应用提供参考，也为后疫情时代下康养公园的设计提供了新思路。

参考文献

[1]　温芳芳，马书瀚，叶含雪，等．“涟漪效应”与“心理台风眼效应”：不同程 COVID-19 疫情地区民众风险认知与焦虑的双视角检验[J]. 心理学报，2020，52(09)：1087-1104.

[2]　胡税根，单立栋，徐靖芮．基于大数据的智慧公共决策特征研究[J]. 浙江大学学报(人文社会科学版)，2015，45

(03)：5-15.
[3] 叶宇，魏宗财，王海军．大数据时代的城市规划响应[J]．规划师，2014，30(08)：5-11.
[4] T. Nam & T. A. Pardo. Conceptualizing Smart City with Dimensions of Technology，People，and Institutions. in J. Bertot & K. Nahon (eds.)，Proceedings of the 12th Annual International Digital Government Research Conference：Digital Government Innovation in Challenging Times，New York：ACM，2011：282-291.
[5] 王戈飞，张佩云，梁栎文，等．地理信息系统与大数据的耦合应用[J]．遥感信息，2017，32(04)：146-151.
[6] 王鑫，李雄．基于多源大数据的北京大型郊野公园的影响可视化研究[J]．风景园林，2016(02)：44-49.
[7] 俞孔坚．人工智能与未来景观设计[J]．景观设计学，2018，6(02)：6-7.
[8] 郭雨，李瑾璇，张茵．基于"康养性"的特色小镇景观设计研究[J]．设计，2021，34(05)：158-160.
[9] 薛立明，宋晓冰．从康养角度谈医院户外植物景观[J]．中国医院建筑与装备，2021，22(02)：45-46.
[10] 苏久丹．不同森林景观空间对大学生身心恢复效果的影响研究[D]．沈阳：沈阳农业大学，2020.
[11] 李中强．康复花园理念在医养项目景观设计中的实践[J]．住宅与房地产，2020(36)：44-45.
[12] 朱蕊蕊，赵烨，张安，等．风景园林学健康研究领域文献系统综述和研究前沿分析[J]．中国园林，2021，37(03)：26-31.
[13] 陈兴蜀，常天祐，王海舟，等．基于微博数据的"新冠肺炎疫情"舆情演化时空分析[J]．四川大学学报(自然科学版)，2020，57(02)：409-416.
[14] 郑丹文，刘慧玲，徐晓花，等．新型冠状病毒肺炎患者出院5～8个月后中医证候分析[J/OL]．暨南大学学报(自然科学与医学版)：1-9[2021-07-30].
[15] Vaughan Brett，Fitzgerald Kylie，Flesichmann Michael et al. The short-form Orebro Musculoskeletal Pain Questionnaire（OMPQ-10）：Associations with determinants of health and demographics in a musculoskeletal pain cohort[J] International Journal of Osteopathic Medicine，2020，38.
[16] 国家卫生健康委，民政部，国家医疗保障局，国家中医药管理局．新冠肺炎出院患者主要功能障碍康复治疗方案，2020.
[17] GAUTIER J F，RAVUSSIN Y. A new symptom of COVID-19：loss of taste and smell[J]．Obesity，2020，28(5)：848.
[18] 韩慧琴，陈珏，谢斌．新型冠状病毒肺炎患者治愈后的心理问题和干预策略建议[J]．上海医学，2020，43(03)：175-180.
[19] 文兰颖．空气负氧离子浓度对肺功能较差大学生呼吸训练效果的影响[J]．现代预防医学，2017，44(07)：1187-1190.
[20] 许寿生，王瑞元，马延超，等．骨骼肌萎缩防治方法综述[C]//中国生理学会运动生理学专业委员会(CSEP)．2011年中国生理学会运动生理学专业委员会会议暨"运动与骨骼肌"学术研讨会论文集，2011：2.
[21] 彭巍，李明文，杜鹏飞．"天然杀菌素"植物精气国内外研究进展[J]．防护林科技，2020(12)：69-71.
[22] 公蕾，时蕙，秦琦，等．基于五感疗法的森林康养型植物景观规划设计探究[M]//中国风景园林学会．中国风景园林学会2020年会论文集(下册)，2020：7.
[23] 蒋晓江，郝凤仪，陈南西，等．白噪声对睡眠生理的影响及其治疗应用[J]．中国临床神经科学，2017，25(06)：714-716+720.

作者简介

郭灿，1999年9月生，女，汉族，河南人，华中科技大学建筑与城市规划学院景观学系在读硕士研究生，研究方向为风景园林规划设计、绿色基础设施。电子邮箱：921673423@qq.com。

戴菲，1974年3月生，女，湖北人，博士，华中科技大学建筑与城市规划学院，教授，研究方向为城市绿色基础设施、绿地系统规划。电子邮箱：58801365@qq.com。

苏畅，1990年6月生，男，汉族，内蒙古呼和浩特人，博士，华中科技大学建筑与城市规划学院，讲师，研究方向为风景园林历史理论、风景园林规划与设计。电子邮箱：suchang_la@hust.edu.cn。

公园城市理念下街道场景营造中的声景观途径

——以成都市为例

Sound Landscape Approach in Street Scene Construction under the Concept of Park City

—A Case Study of Cheng Cheng City

贾玲利　王佳欣*　余翩翩

摘　要：在公园城市的建设中，场景营造是核心策略之一，场景理论与声景观的内涵相一致。因此，将声景观作为场景营造的途径具有重要的实践意义。通过对成都市不同类型的街道展开声景观现状的调研，获取成都地域特色的声音要素。在公园城市背景下针对生活型街道、商业型街道、景观型街道、产业型街道、交通型街道和特定型街道提出相应的场景预设，以声景观设计的角度提出具体的策略。既创新性地拓展了场景营造的途径，对成都市公园城市的建设也具有借鉴意义。

关键词：公园城市；场景营造；声景观；成都特征；街道空间

Abstract: In the construction of park city, scene construction is one of the core strategies, and scene theory is consistent with the connotation of acoustic landscape. Therefore, it is of great practical significance to take the soundscape as the way to create the scene. Through the investigation of different types of streets in Chengdu, the acoustic elements of Chengdu's regional characteristics are obtained. In the context of park city, the corresponding scene presets are put forward for living streets, commercial streets, landscape streets, industrial streets, traffic streets and specific streets, and specific strategies are put forward from the perspective of sound landscape design. It not only innovatively expands the way of scene construction, but also has reference significance for the construction of Chengdu park city.

Keywords: Park City; Scene Construction; Acoustic Landscape; Chengdu Characteristics; The Street Space

引言

声景是景观营造的重要组成部分，主要研究人们在环境中对声音的整体感受[1]。声景是一种富含社会、人文属性，值得被保护和挖掘的文化遗产，对不同个体而言，具有不同的主观感受和价值[2]。国外对声景观文化遗产的研究已有一定积累，如 Germán Pérez-Martínez 对遗址等纪念性场所的声景进行了评估，发现鸟类、水和游客是主导声音，游客群体（人声）会对声景质量产生负面影响，自然声音会增加人的愉悦感，特别是水声[3]。Sercan Bahalı 和 Nurgün Tamer-Bayazıt 采用“音乐漫步方法”，研究了 Gezi 公园中行走路线对声景的影响，通过分析受访者的主观感受和客观声学参数，找出 4 个关键位置的声景特征感知和沿路线分布的影响声景的因素[4]。Jin Yong Jeon 和 Joo Young Hong 基于人对声学环境的感知对城市公园声景进行了分类，认为在公园声景中由人们活动产生的声音对影响声景感知起着最重要的作用，同时，声景感知还与美学质量、简洁性和景观封闭度密切相关[5]。

这些声景多基于城市公园、风景名胜区等自然条件良好的园林绿化环境展开，使得声音类型的研究多偏向于自然声，如鸟叫、虫鸣声等，而忽视了大量城市生活中的声音。街道是直观展示一座城市整体形象的场所，声景对于街道氛围的塑造亦具有不可忽视的影响。本研究试图从城市街道场景中的声景营造出发，探讨公园城市场景营造中的声景观途径。

1　公园城市理念及场景营造

2018 年初，习近平视察成都，要求成都建设“公园城市”。从宏观层面的体系构建到微观尺度的公园设计，成都按照“公园城市”的目标开展了多维度的规划建设探索[6]。2020 年初，成都市委创新提出“场景营城”理念，提倡由传统的空间建造转向场景营造。随后，成都市公园城市建设管理局首次发布了“成都公园城市场景机遇图”，以期将场景营造作为公园城市实践的常态化策略。相较空间的建设，场景营造并非是一蹴而就的，只有充分发动居民的自主参与，由使用者共同创造，才能使其成为真正充满归属感的场所[7]。街道既是公共开敞空间的重要组成部分，也是串联起公共空间系统的空间形式，在构建公园城市场景体系中，街道场景是不可忽视的环节。本研究通过对成都典型街道的实地调研，以了解在不同街道类型下的声景营造需求。

2　成都的城市街道声景观

本文在成都三环以内的主城区选取调研对象，依据

《成都市公园城市街道一体化设计导则》的街道分类标准，在生活型街道、商业型街道、景观型街道、产业型街道、交通型街道以及特定性街道的类型下分别选取了2条街道进行声景观现状的调研。生活型街道选取了玉林横街和下涧漕街，两条街道都是成都主城区内原住民较多的街道。商业型街道选取了建设路和琴台路，琴台路临近杜甫草堂和文化公园，人文气息浓厚，建设路是近年来著名的网红街道，街道活力较高。景观型街道选取了滨江西路和天仙桥滨河路。天仙桥滨江路南侧分布着一东门码头。产业型街道选取的是位于荷花池批发市场的肖家巷和电脑科技城的人民南路，作为传统产业与高新产业的对比参照。交通型街道的调研对象为主城内主要交通干道人民北路以及火车站片区的二环路北二段道路。特定型街道选取了奎星楼街以及镋钯街，街道植入文创产业，充满艺术气息的氛围。

根据各类声音的不同特征可以将每条街道的声景要素分为基调声、信号声和标志声（表1），其中标志声是与人群活动联系最密切的声音，也是营造场景中最核心的演出音。总体来看，成都主城区街道的声景观大多以四川方言声为基调声，当地居民的方言声是一座城市的底色。街道的信号声大多以机动车辆的轰鸣声、自行车铃声为主，在一些以机动车快行为主要功能的街道，车辆的鸣笛声成为街道的基调声，也是主要的噪声来源。街道声景观的标志声以各类特色小吃的小贩叫卖声、茶馆打牌声、川剧戏曲声为主，还包括了制作叮叮糖时的传统器物声以及开展各种民俗活动的声音，在这其中特色小吃的小贩叫卖声是出现频次最高的标志声，带着浓郁川音的起伏的叫卖声遍布在城市的每个街道，与居民日常生活紧密联系的茶馆打牌声也反映出成都人民闲适安逸的生活方式（图1）。街道的声景观除了与城市文化特质有着重要的联系，也会受到其自身的历史背景的影响。

各街道主要声景要素 **表1**

街道类型	街道名称	基调声	信号声	标志声
生活型街道	玉林横街	四川方言声、店铺音乐声	机动车喇叭声、自行车铃声、推车滚轮声、汽车轰鸣声	儿童嬉戏声、广场舞声、棋牌活动声、叶儿粑叫卖声、河虾叫卖声、歌声
	下涧漕路	风吹树叶声、金属敲击声、四川方言声	医院提示声、自行车铃声、机动车喇叭声、商铺叫卖声	川剧表演声、棋牌活动声、坝坝茶活动声、狗叫声、舞龙表演声、朗读声
商业型街道	琴台路	鸟叫声、风声、四川方言声	自行车铃声、商铺叫卖声	店铺音乐声、脚步声、茶艺音乐声、古玩声、川剧表演声
	建设路	风声、四川方言声	机动车喇叭声、自行车铃声、车流声、施工声	各类特色小吃叫卖声、叮叮糖敲击声、商铺音乐声
景观型街道	滨江西路	风声、鸟叫声、自然水声	机动车喇叭声、车流声、施工声	四川方言声、流动小贩叫卖声、广场舞音乐声、园林洒水声
	天仙桥滨河路	自然水声、鸟叫声、风声	自行车铃声、机动车喇叭声	脚步声、店铺音乐声、划桨声和驳船声、四川方言声
产业型街道	肖家村二巷	风声	机动车喇叭声、施工声	喇叭叫卖声、人工叫卖声、推车声
	人民南路四段	风声、四川方言声	车流声、施工声、机动车喇叭声	喷泉水声、扫地清洁声、推车声、脚步声
交通型街道	人民北路二段	风声、鸟叫声、车流声	车流声、自行车铃声	四川方言声、脚步声、店铺音乐声
	二环路北二段	风声	四川方言声、店铺音乐声、扫地清洁声	车流声、机动车喇叭声、自行车铃声
特定型街道	魁星楼街	风声、四川方言声	自行车铃声、摩托车轰鸣声	店铺叫卖声、叮叮糖声、电子音乐声、笛子声、抖竹签声、小贩叫卖声
	镋钯街	风声、鸟叫声、四川方言声	车流声、自行车铃声、机动车喇叭声	店铺音乐声、缝纫机声、脚步声、狗叫声、喝茶闲谈声、维修电器声

成都是拥有丰富的自然和文化的遗产的历史名城，通过几千年的沉淀，形成人工和自然交融的人居文化体系[8]，现今仍留存在老城区中历史的声音，不应随着历史变迁而沉寂。同时，成都独一无二的休闲气质，在当前城市趋同化发展的背景下也尤为难能可贵，而这种特质正是通过街道中的叫卖声、交谈声等各类生活活动产生的声音体现出来，以场景化的思路合理设计街道中的声景，使这些声音成为街道中活化的文化遗产，有助于增强空间的归属感，与公园城市的建设模式相契合。

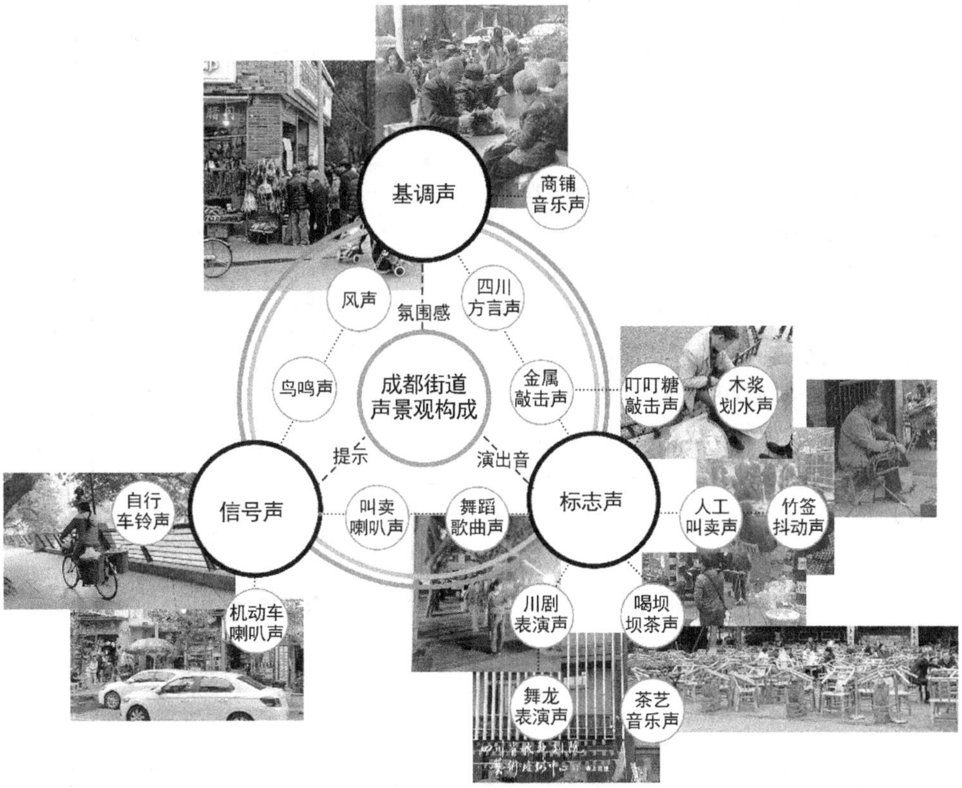

图 1 成都街道声景观构成图

3 街道空间场景营造中的声景观途径

3.1 场景理论下的声景观构成

建筑领域的场景是指在生活中，由周边环境与人群行为共同呈现出的景象[9]。场景具有空间、时间、事件和记忆 4 个要点[10]，空间环境是场景的物质载体，也是突出场景特征的必要条件；人群行为是引发场景的事件，体现出场景所具备的时间性；记忆要素强调了场景氛围中人的感知体验。生活场景是集体记忆植入到有形空间的表现形式[11]，个体的经验和记忆是激发认同感和归属感的条件，是构成场景氛围感必不可少的要素。在声景学中，人、环境和声音三者之间有着密切的联[12]。声音在人与环境的共同作用下产生，在特定的空间中营造出氛围，使活动人群获得情感上的共鸣。声景观还具有地域性和文化性的属性，作为城市集体记忆，在塑造城市精神风貌、展现地域文化上具有重要意义。声景观以人的感知为核心，探究人与环境之间的交互关系[13]，这与场景概念的内涵相一致。声音是在一定空间具体事件下产生的结果，具有时间性特征，而记忆是人对环境的感知和情感的表现。声景观与场景之间紧密的关系（图 2），为声景观营造场景的途径提供了理论依据。

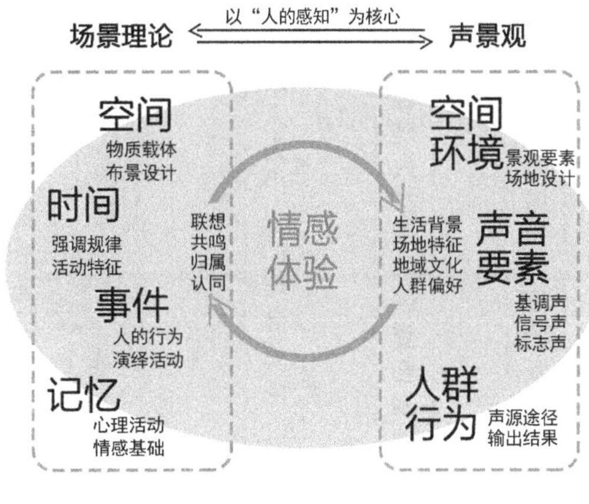

图 2 场景理论与声景观的联系

3.2 公园城市街道场景的声景观设计途径

根据街道空间与两旁建筑物的构成形态，可以将街道大致分为离合型街道和聚合型街道[14]。离合型的街道空间与建筑物相对疏离，建筑内部空间与街道外部空间边界明显，互不影响。聚合型的街道空间由建筑物围合而成，人们开展的各种活动由内部建筑自然过渡到外部街道，街道空间成为附近居民一个大型的公共生活空间。

在这两种街道空间形态下，人群构成、活动特征、主要功能以及声源的分布都具有差异，聚合型街道往往以人群活动产生的声音来主导整体的声环境，而离合型街道是以街道环境的自然声来烘托氛围感（图 3）。街道作为典型的线形空间，人群行动轨迹相对单一，为丰富感知体验，可利用声景观打造场景序列，形成差异化的空间节点。根据街道的功能和背景，提取有价值的信息，打造街道的核心主题，应用声景观设计的手法，在街道空间中结合景观要素，营造出既能提升当地居民归属感，又能激发游客兴趣的场景序列（图 4）。有学者将场景理解为“物质载体”与“行为情感”的结合[15]，物理环境是场景的容器，是场景营造的客观条件，而行为情感取决于使用者的主观感受。因此，只有选取带有鲜明特点，可以体现出区域特征的声音，才能引起人们的共鸣，调动情绪感知，达到场景营造的目的。

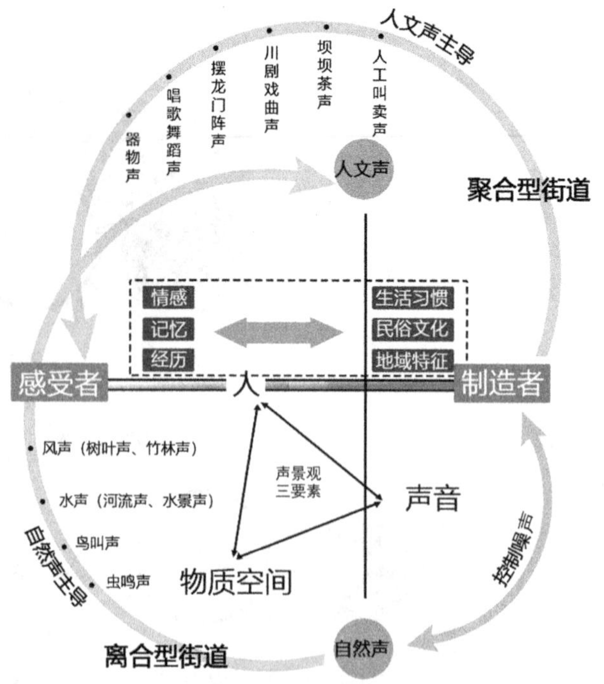

图 3　不同街道模式的声景观感知

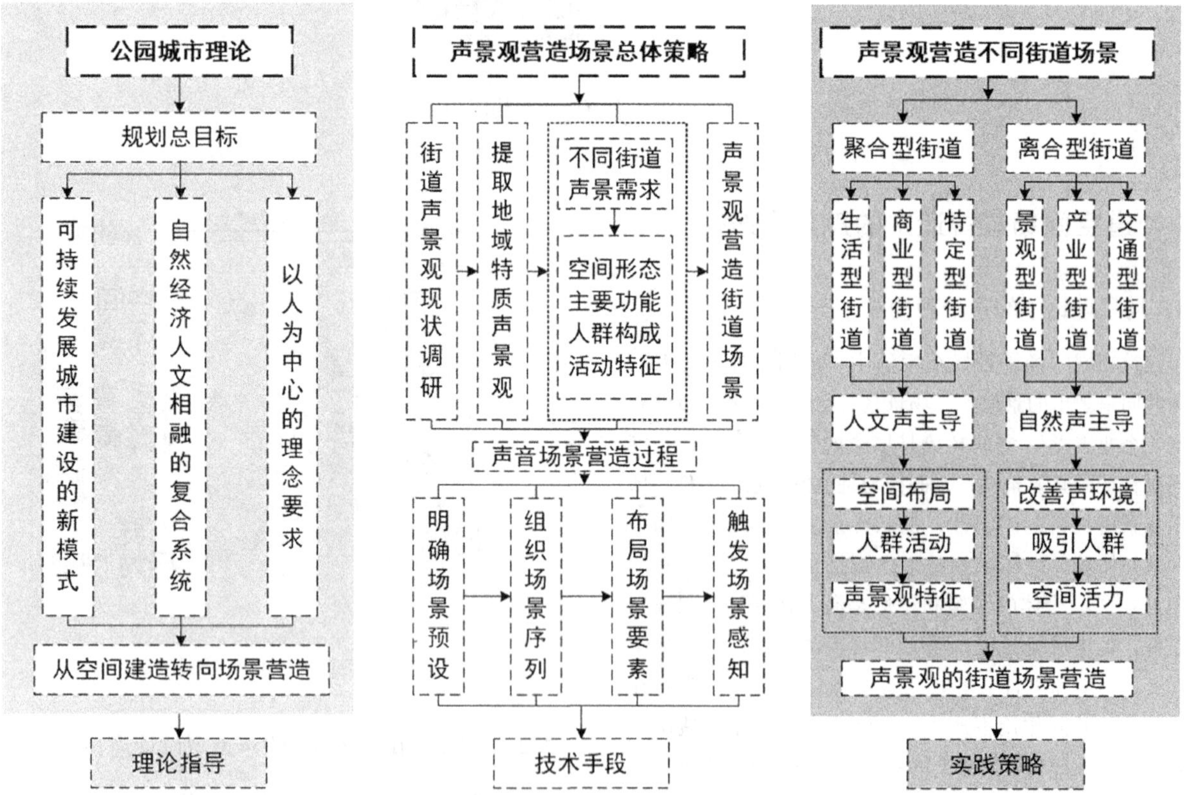

图 4　公园城市街道场景的声景观设计途径

4　公园城市下声景观营造街道场景

依据公园城市街道一体化设计导则，对 6 种街道类型分别提出相应的场景预设，综合街道空间形态、主要功能、人群构成、活动特征 4 个方面提出以声景观来营造场景的具体策略（表 2）。

不同类型街道的场景营造　　表 2

街道类型	空间形态	主要功能	人群构成	活动特征	场景定位	声景指引
生活型街道	聚合型街道、住宅组团、尺度宜人	居住、生活服务、休憩交往	中老年群体、儿童、当地居民为主	小型公共活动、亲子活动、社区组织活动	活力宜居场景	川语棋牌活力之声
商业型街道	聚合型街道、商业综合体构成	购物消费、商务办公	外来游客、本地居民、以青年人为主	全天性的消费活动、人群密集	创新消费场景	商喧创新消费之声
景观型街道	离合型街道、少量建筑物、以绿地为主	休闲娱乐、文创产业、体育锻炼、科普教育	本地居民、外来游客、青少年	表演形式活动、全天性的活动、社交活动	蓝绿交融场景	和风细雨闲乐之声
产业型街道	离合型街道、办公写字楼	商务办公、消费娱乐、文创产业	本地居民、商务办公人员、消费者	社交活动、休憩锻炼活动	绿色办公场景	静旎现代平和之声
交通型街道	离合型街道、街道尺度较大	交通运输、市政设施	本地居民、外来游客	车行为主、快速通行、安全高效	高效便捷场景	文化关爱亲和之声
特定型街道	聚合型街道、空间形式丰富	文化娱乐、创意产业、科普教育	创意工作者、外来游客、本地居民	文创活动、聚集性公共活动	文娱游憩场景	茶音蜀语天府之声

4.1　活力宜居生活场景

生活型街道是与居民生活品质息息相关的场所。在生活型街道营建活力宜居场景，是为了促进社区邻里交往，彰显社区文化，创造舒适宜人的生活环境。

根据人群活动的特征，预设生态宜居场景、社交活动场景、生活服务场景，重点营造出街坊邻里在房前屋后休憩闲坐，用四川方言摆龙门阵的和谐场景。以嵌入式手法提升街道空间的绿色生态环境，在街道空间节点利用自然声营造生态宜居场景。鼓励居民组织开展各类演出活动，如舞龙活动、川剧表演等，布置互动式的声景装置，增加空间趣味性，构建多姿多彩的社交活动的活力场景。在街道空间中可利用声音设计完善无障碍设施系统，关怀老人及儿童等群体，营造出人性化的生活服务场景。

4.2　创新体验消费场景

公园城市理念下的消费场景突出了多样性、互动性、科技性和文化性的特征，消费者可以参与其中沉浸于多重体验。在商业型街道的场景构建中，为消费者所带来的是物质和精神的满足。

构建消费场景时，要充分结合 VR、AI 等新技术调动消费者的听觉感官，带来充满想象力的消费体验。公园城市理念中重视人与环境的交流，提高参与性和互动性是营造消费场景的核心。随着人们更高的消费需求，所产生的消费行为并不仅仅关注于产品本身，而是涵盖了丰富多元的一站式服务体验及创新独特的个性化消费过程。商业型街道应使声音这一要素多方融入消费过程当中，如以产品衍生的独特声音吸引消费者，在服务中以声音作为互动体验的要素，使声音这一要素贯穿整个街道，带来沉浸式消费场景的体验。

4.3　蓝绿交融生态场景

依托于天府绿道体系与市域水网脉络，景观型街道呈现出融合生活美学与生产活力的生态场景。为塑造自然生态的娱乐休闲空间，营造出蓝绿交融的生态场景，在景观型街道营造自然氛围声是关键手段。

创造优越的生态环境、形成稳定的植物群落是吸引鸟类、昆虫类等声源的重要基础。此外，风声、水声也可以通过设置易于发声的景观要素来营造，如叶片较大的植物、喷泉景观以及台阶式驳岸。景观型街道是反映城市文化品牌的载体，成都的熊猫文化、诗歌文化、酒肆文化都应在其中体现，结合这一系列文化产业，以竹叶声、诗歌朗诵声、酒器碰撞声更能烘托气氛，突出场景感。景观型街道应根据不同时段的活动特征营造场景，为展现创新活动场景，将夜游锦江、灯光科技秀活动与声景观相融合，提升人群的空间体验，全方位展现景观型街道的空间活力。

4.4　绿色低碳办公场景

产业型街道是高新科技园区展现商务办公场景的载体。产业型街道空间包含了供职员休憩的慢行步道系统，彰显企业文化的街道景观体系以及绿色生态的景观绿化空间。

在传统产业发展中，应注重优化园区环境，多采用负设计的声景设计手法降低生产过程中的噪声。为呈现绿色生态的场景，可以拓宽街道的步行空间，完善景观慢行系统，营造出自然氛围声。可运用科技现代的手段表现企业特征声音，突出丰富多元的企业文化。为塑造活力包容的企业形象，可运用声景观互动装置，吸引人群进行互动交流。

4.5 高效便捷交通场景

交通型街道是以运输通行为主要功能的街道，包含了天桥、地下通道、地铁站、公交站等多种功能性空间类型。为保障行人、车辆安全通行，交通型街道应呈现出高效便捷的交通运输场景。

交通型街道是一个充满信号声的环境，机动车鸣笛声、人行通道提示声、地铁站预报声与简洁畅通的街道环境构成了快节奏的交通场景。为展现城市精神风貌，提升人车通行效率，可赋予每种信号声地域文化特征的属性，如人行通道提示声可以应用传统歌曲旋律，公共交通报站声可以用本地方言声，以增加各类提示声的辨识度，营造现代多元化的交通场景。为体现人性化关怀，在交通型街道空间可以应用声景观设计辅助老弱病残等人群，使其可以相对便捷地乘坐各类交通工具，确保他们的安全出行，呈现出以人为本的友好型交通场景。

4.6 文娱一体游憩场景

特定型街道是指以文创产业为主，集消费、旅游、生活、生产等功能于一体的街道。特定型街道往往依托历史街区的背景，积极开发文化旅游产业，为不同人群带来新颖有趣的体验感。

特定性街道有着显著的文化识别特征，空间内部的各种要素都反映了区域文化背景，这为以声景观场景营造提供了良好的条件。例如少城片区的琴台路，以汉唐仿古建筑为主，贯穿整条街道的汉画像砖带展现了汉代人的风土人情，如再播放汉唐乐曲，促进视听同步的感官体验，可以展现更加生动的街道场景。特定型街道具有的叙事性特征更有利于营造连续且富有变化的场景序列。因此在声景观的设计上运用特定的声音营造“故事情节”场景形成完整的空间体验，可以促进游客沉浸其中。

综合以上具体策略，提取出不同街道在营造场景时运用的主要声景要素，并归纳具体的空间策略，得出成都市街道场景营造的声景设计途径（图5）。

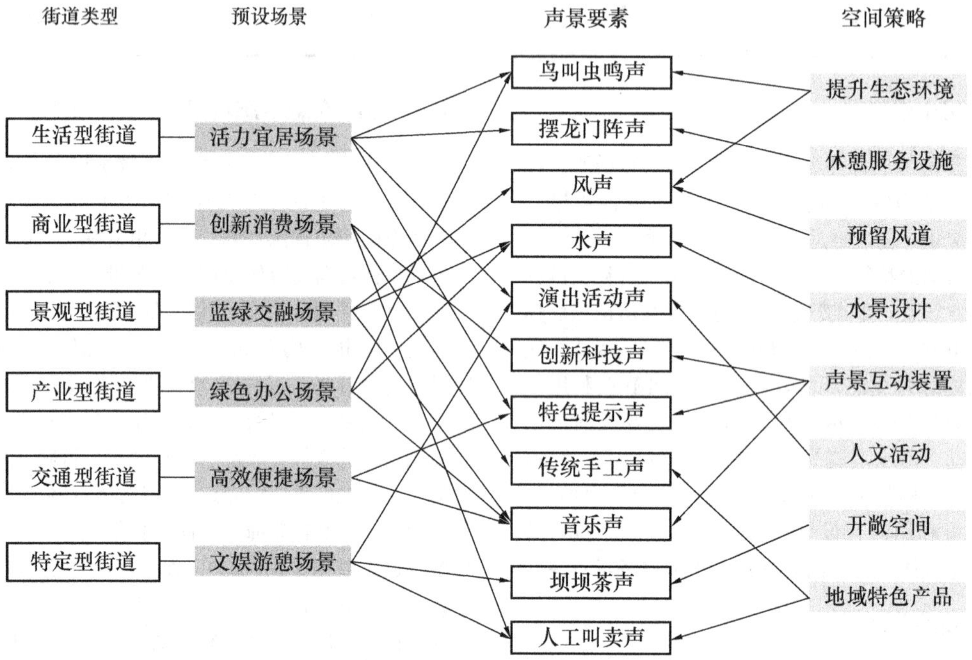

图5 成都不同街道场景营造的声景设计

5 结语

本文以公园城市下的场景理念为切入点，解析了声景观与场景理论之间紧密的联系，为场景营造的声景观途径提供了理论支撑。并对成都不同类型的街道声景观进行了实地调研，最终提出了公园城市理念下适宜的街道场景预设，以及声景观营造街道场景的实践策略。

声音是环境中必不可少的要素之一。而长久以来，在以视觉为主导的空间设计中声景设计并未受到重视。在公园城市的场景营造理论中，人与环境的互动是核心，这与声景观的内涵相契合。将声景设计作为场景营造的途径是以人的体验为主体，充分调动情绪感知，强调人与环境的相互作用，可以有效激发空间活力和文化价值。在公园城市的建设中，将声景设计作为场景营造的方向之一具有重要的实践意义。

参考文献

[1] Schafer R M. The soundscape: Our sonic environment and the tuning of the world [M]. Rochester Vt: Destiny books, 1993: 68-73.

[2] 王燚，包志毅．声景学在园林景观设计中的应用及探讨[J]．华中建筑，2007(07)：150-152.

[3] Germán Pérez-Martínez, Antonio J. Torija, Diego P. Ruiz.

Soundscape assessment of a monumental place: A methodology based on the perception of dominant sounds[J]. Landscape and Urban Planning, 2018: 169.
[4] Sercan Bahalı, Nurgün Tamer-Bayazıt. Soundscape research on the Gezi Park - Tunel Square route[J]. Applied Acoustics, 2017: 116.
[5] Jin Yong Jeon, Joo Young Hong. Classification of urban park soundscapes through perceptions of the acoustical environments[J]. Landscape and Urban Planning, 2015: 141.
[6] 朱直君，高梦薇."公园城市"语境下旧城社区场景化模式初探——以成都老城为例[J]. 上海城市规划，2018(04): 43-49.
[7] 成都市规划设计研究院. 成都市美丽宜居公园城市规划[Z]. 2018.
[8] 李晓江，吴承照，王红扬，等. 公园城市 城市建设的新模式[J]. 城市规划，2019，43(03): 50-58.
[9] 颜芳丽. 从场景到场地[D]. 天津：天津大学，2017.
[10] 阿摩斯. 拉普卜特. 常青等译. 文化特性与建筑设计[M]. 建筑工业出版社，2008
[11] 景晓婷. 集体记忆视角下老旧社区空间场景化营造研究——以西安土门庆安街坊为例[C]//中国城市规划学会，重庆市人民政府. 活力城乡美好人居——2019中国城市规划年会论文集(02城市更新). 2019: 739-748.
[12] 秦佑国. 声景学的范畴[J]. 建筑学报，2005(01): 45-46.
[13] 于博雅. 从物理到文化：声景观研究综述[J]. 建筑与文化，2017(07): 113-114.
[14] 王珊，刘心一. 街道的空间构成[J]. 北京工业大学学报，2001(03): 365-368+374.
[15] 郭梓亮. 历史街区场景特色及构成的量化研究[D]. 广州：广东工业大学，2018.

作者简介

贾玲利，女，1978年7月，汉族，陕西宝鸡人，博士，西南交通大学建筑与设计学院，副教授、硕士生导师，研究方向为公园城市理论与实践。电子邮箱：jialingli@qq.com。

王佳欣，女，1996年5月，汉族，陕西汉中人，西南交通大学建筑与设计学院在读硕士研究生，研究方向为景观规划设计理论与实践。电子邮箱：839864156@qq.com。

余翩翩，女，1995年7月，汉族，湖北人，硕士，中国城市发展研究院资源环境与水务研究中心，研究方向为景观规划设计理论与实践。电子邮箱：piaopiaoyu3@gmail.com。

基于多源数据的城市郊野公园使用后评价（POE）研究

——以北京冬奥郊野公园为例①

Post-Occupancy Evaluation on Urban Country Park Based on Multi-source Data

—A Case Study of Beijing Winter Olympic Country Park

李丹宁　李　祥　刘东云*　王　鑫

摘　要：本文以北京冬奥郊野公园为例，基于多源数据进行了使用后评价（POE）研究，在传统问卷数据的基础上加入了GPS数据、POI数据、遥感数据等，建立了游客使用特征和游憩偏好的具体空间点位联系，丰富了公园的满意度评价体系。结果表明：①游客对北京冬奥郊野公园的景观品质较满意，其中管理维护＞基础设施＞文化活动＞整体布局；②游客的满意度受游客服务中心、垃圾桶与厕所、绿地面积等因素的影响最大；③不同年龄组使用者的空间分布模式、游憩偏好和评价标准不同。最后提出了相关设计优化策略，为郊野公园的规划设计和评价体系提供参考。

关键词：多源数据；GPS；使用后评价；满意度评价；空间分布模式

Abstract: Taking Beijing Winter Olympics Country Park as an example, this paper conducts post-use evaluation (POE) research based on multi-source data. Beyond traditional questionnaire data, GPS data, POI data and Remote sensing data are added to establish the specific spatial point connection between tourists'use characteristics and recreation preferences, which enriches the satisfaction evaluation system of the park. The results show that: ① Users are satisfied with the landscape quality of Beijing Winter Olympics Park, on the score, management ＞ infrastructure ＞ culture ＞ layout. ② The satisfaction of users is most affected by tourist service center, green space area, garden road accessibility and so on. ③ The spatial distribution patterns, recreation preferences and evaluation criteria of users in different age groups are different. Finally, the relevant design optimization strategies are proposed. This study provide reference for the planning, design and evaluation system of country parks.

Keywords: Multi-source Data; GPS Locator; POE; Satisfaction Evaluation; Spatial Distribution

引言

随着中国社会的城市化发展，城市居民的自然体验需求日益提高。郊野公园可为城市居民提供社交机会、娱乐活动、科普教育和亲近自然的体验，是人们喜爱的绿地类型[1]。其中游客作为公园的使用者，其游憩体验和需求反馈对城市郊野公园的规划设计和管理运营等至关重要[2]。采用使用后评价（POE）已被证实可为城市公园提供有效的设计优化依据[3-16]。POE是一种从使用者角度出发，对已建成环境进行系统评价的方法，最早应用于建筑领域，近年来被引入景观学科[17]。目前POE研究存在一定的局限性：传统的POE法多采用问卷调研、访谈、空间行为观测等方法获取基础数据，虽可获得游客的满意度评价反馈，但难以将具体的游客游憩特征及满意度反馈与公园的空间点位建立直接联系[18]。本文在问卷调研数据的基础上引入了GPS数据、遥感数据、POI数据等，并基于地理信息系统（GIS）平台进行协同的管理和统计，旨在采用多源数据，以北京冬奥郊野公园为例进行使用后评价研究，为该公园提出相关的设计提升策略，同时为城市郊野公园的规划设计提供更科学的POE研究体系参照。

1　研究区域及方法

1.1　研究区概况

北京冬奥郊野公园位于北京市海淀区东升镇（图1），占地73.89hm²，是目前北京建成规模最大的免费郊野公园。公园前身为一片绿化隔离带。2007年，绿带被升级改造为东升八家郊野公园；公园保留了原生林木，景色优

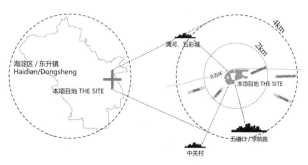

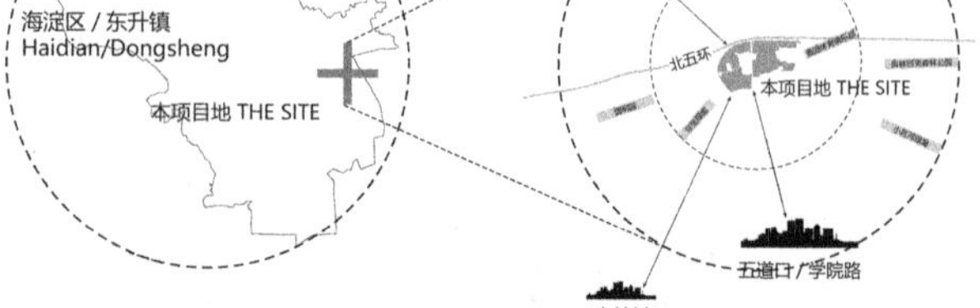

图1　公园区位概况示意图

①　基金项目：北京林业大学科技创新计划项目自由探索研究项目：基于TLS的城市树木三维冠层结构与遮荫降温效应研究（编号2021ZY35）。

美，富有野趣[19]。2020 年，为迎接北京冬奥会和进一步完善城市公园廊道，公园被正名为"冬奥郊野公园"，开始新一轮的设计优化。

1.2 研究方法

1.2.1 空间行为观测和 GPS 定位——传统观测数据，GPS 数据

采用行动观察法[20]结合 GPS 定位法[21]进行调研。分别在 2020 年的秋季和冬季选择工作日和周末的一天进行观测记录，观测日均选择晴朗天气。8 名观察员在公园开放时间内（8：00～20：00）于个人分配区域每小时观测一次，每次约 20min。主要记录的内容包括公园内游客的行为模式和不同年龄组的空间位置信息，注意在使用手持 GPS 定位仪（型号为 Garmin 佳明 Etrex32X）记录游客点位时不要介入游客行为。4 个观测日共计 48 个数据组，1341 人次，30193 个定位点。并用 ArcGIS 10.6 对 GPS 数据进行可视化处理[21]。

1.2.2 调查问卷和访谈——问卷数据

采用偶遇抽样法[22]结合半开放式访谈进行问卷发放调研。调查共发放问卷 155 份，其中有效问卷 153 份，有效率约 98.7%。问卷内容主要由①使用者的社会人口特征、②使用者的行为特征、③公园满意度评价、④公园子区域满意度评价等 4 个部分组成。基于 Excel 和 SPSS25.0 对问卷结果进行整理，结果采用百分数法显示[7]。

1.2.3 场地测绘数据及相关开源数据下载——测绘数据、遥感数据、POI 数据

本研究事先获取了公园的测绘数据。此外，基于地理空间数据云下载公园遥感数据，并通过百度开发者平台获取公园周边的 POI 热力数据。采用 CAD 2020 和 ArcGIS 10.6 对数据进行整理。

1.2.4 使用后评价研究——基于多源数据进行

对相关文献[3-6, 12-13, 16]进行归纳总结，构建针对北京冬奥郊野公园的使用后评价指标因素集。具体包括：4 个一级指标，分别是城市郊野公园的整体布局、基础设施、文化活动和维护管理；各一级指标内含 4～6 个二级指标。在赋分上采用李克特量表法[8]，游客可依据对各项指标的满意程度赋值 1～5 分（5 分最佳），最后进行均值计算得到公园整体的满意度和分区满意度。此外，游客的社会人口属性对满意程度具有一定的影响，采用 Pearson 相关关系分析法对使用者特征及其使用特征之间的关系进行研究；同时采用方差分析法检验不同使用者特征对公园满意度的差异，以便更全面地考虑和总结不同使用者的游憩偏好，使得设计更具针对性。

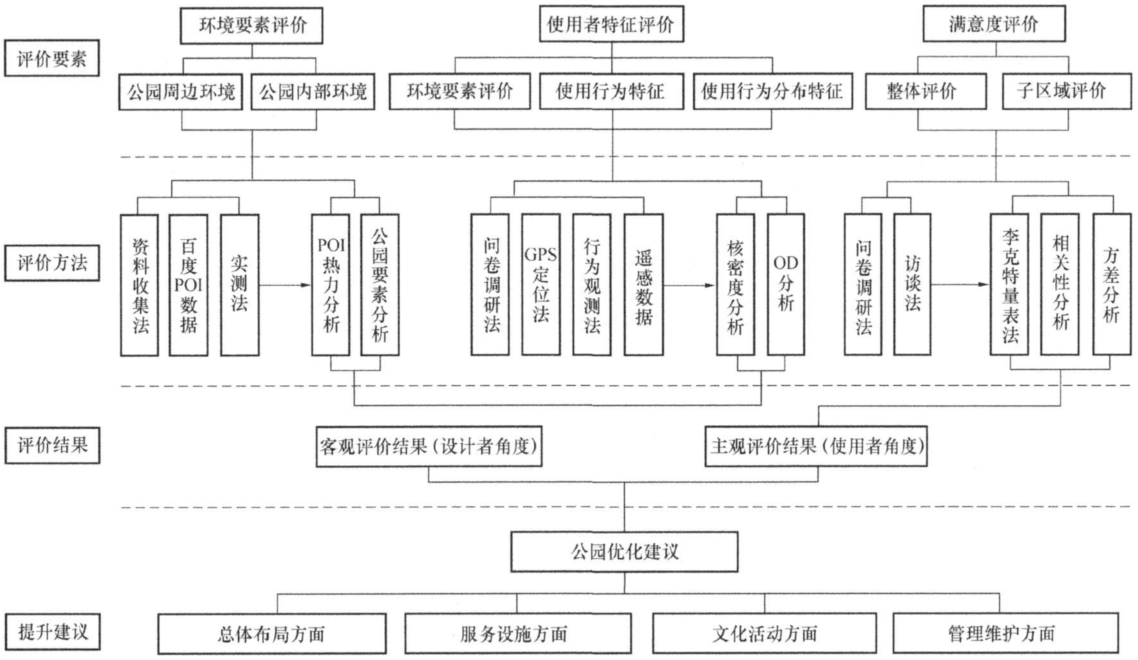

图 2 北京冬奥公园评价模型

2 研究结果和讨论

2.1 环境要素

公园的外部环境以教育用地及居住用地为主；周边交通条件较好，地铁和公交体系配置合理，整体可达性好。此外，公园北侧和东侧的 POI 集聚效益更好。

公园内部整体结构不清晰，存在较多断头路。园内基础设施齐全，但运动设施不足，局部区域缺少无障碍设施。同时园内还存在植物种植过密、病虫害严重、景观层次不丰富等问题（图 3）。综上，北京冬奥郊野公园的景观亟待设计提升。

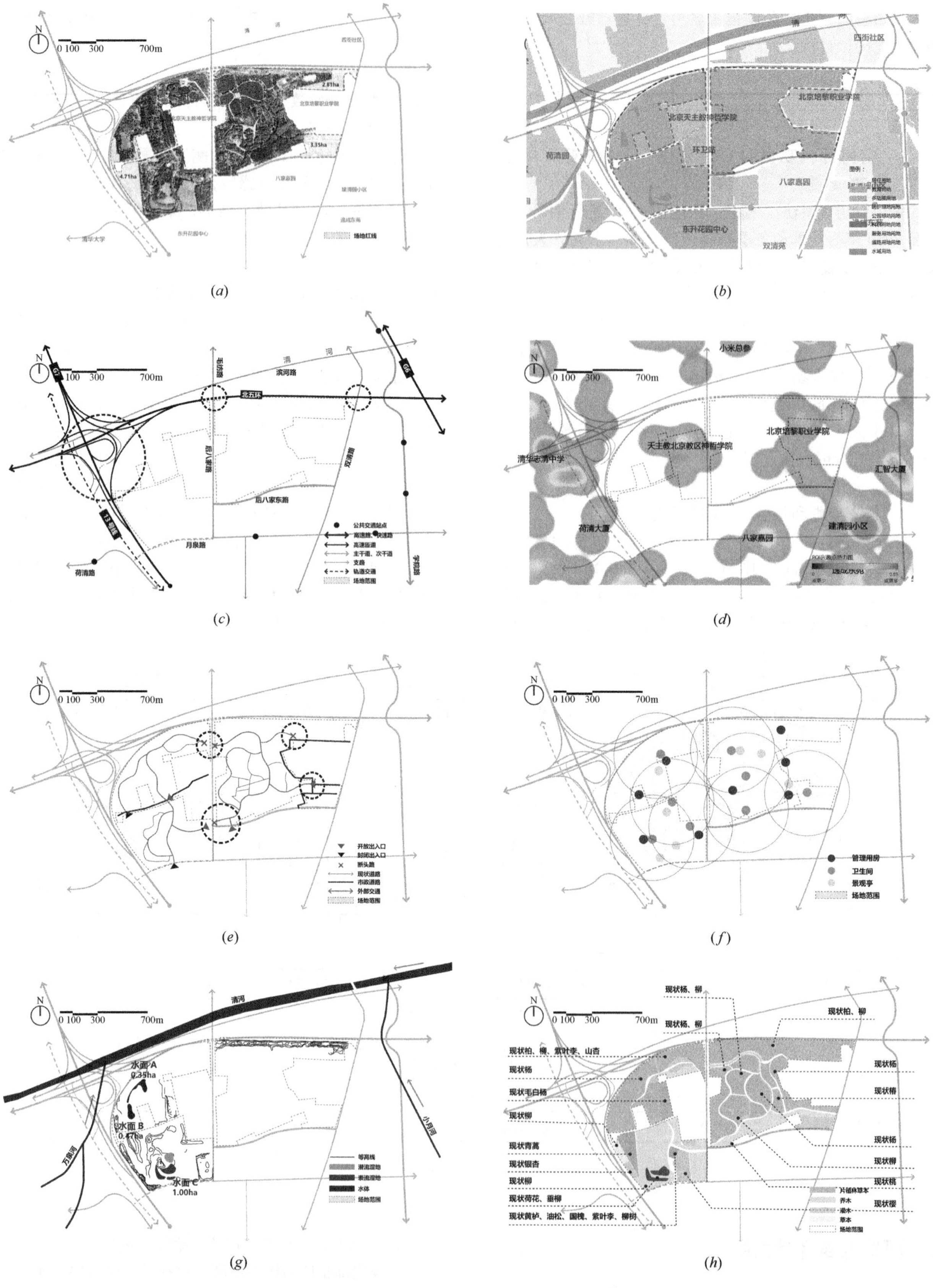

图 3　环境因素分析（$b\sim d$ 为外部环境，$e\sim h$ 为内部环境）

（a）公园卫星图；（b）周边用地性质；（c）周边交通；（d）周边 POI 热力分析；（e）公园交通分析；（f）现状建筑分析；（g）；地形水系分析；（h）植物景观分析

2.2 使用者特征及使用行为特征

2.2.1 使用者特征

整理调研数据可知，游园客群中男（45.1%）女（54.9%）性别差异不明显。中青年（60.8%）为公园的使用主体。多数游客为本科生（35.3%）。游客的职业以公司职员（24.2%）或退休人员（22.9%）为主，其中多数游客（63.4%）的月薪在3000～10000元，退休人员的收入集中在3000元以下。来园的外地游客较少，以北京常住居民(86.4%)为主。此外，采用OD成本矩阵分析公园使用者的具体来源（图4），多数游客(73.2%)来自公园周围800m范围内的居住区。

使用者特征　　表1

调查内容	类型	占比（%）
性别	男	45.1
	女	54.9
年龄（岁）	0～14	3.9
	15～30	21.6
	31～44	39.2
	45～64	25.5
	>65	9.8
身份	北京居民	54.9
	非北京居民	31.4
	来京游客	11.8
	其他	2.0
月收入（元）	<3000	9.8
	300～5000	26.1
	5000～10000	37.3
	10000～30000	19.6
	>30000	7.2
教育水平	初中以下	20.3
	高中/中专/技校	26.8
	本科/大专	35.3
	硕士及以上	17.6
职业	公司职员	24.2
	离职/退休人员	22.9
	事业单位	13.7
	公务员	11.8
	外来务工人员	7.8
	学生	7.8
	个体商户	5.2
	自由职业者	3.3
	失业/待业	3.3
居住区（m）	<800	73.2
	800～2000	17.0
	>2000	9.8

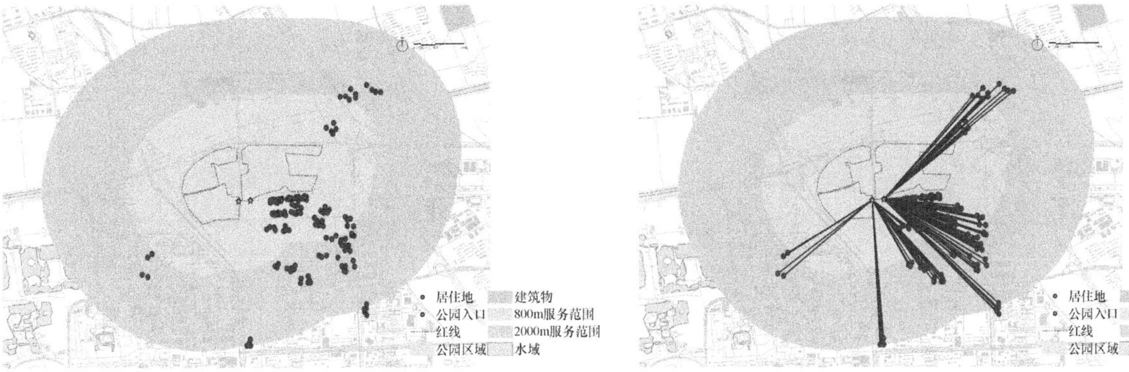

(*a*)　　(*b*)

图4　使用者居住区分布分析

(*a*) 主要居住区布图；(*b*) OD分析

2.2.2 使用者行为特征

多数游客（50.1%）来冬奥郊野公园的目的是为了休闲娱乐（接触自然、带小孩玩、休息、下棋、放风筝、拍照等）。家庭出游（47.1%）、个人独游（26.8%）、与友同行（18.3%）是3种常见结伴方式。31.4%的游客选择停留0.5～1h，45.8%的游客选择停留1～2h，游园时间适中。游客的来园方式以步行（71.9%）为主，路上时间成本多小于20min（58.8%）（图5）。

2.2.3 使用者行为分布特征

基于GPS点位数据进行核密度分析，以研究不同年龄组使用者的时空偏好特征（图6）。研究发现不同年龄组的游客具有不同的行为模式和分布特征：①儿童组主要在南园的入口广场和人工湖区域活动，倾向于短距离且可以长期停驻以进行游憩活动的广场、草坪及河岸空间；②青年人的活动范围和使用强度高于其他年龄组，选择的活动类型丰富，主要集聚在人工湖区域、万红千日区

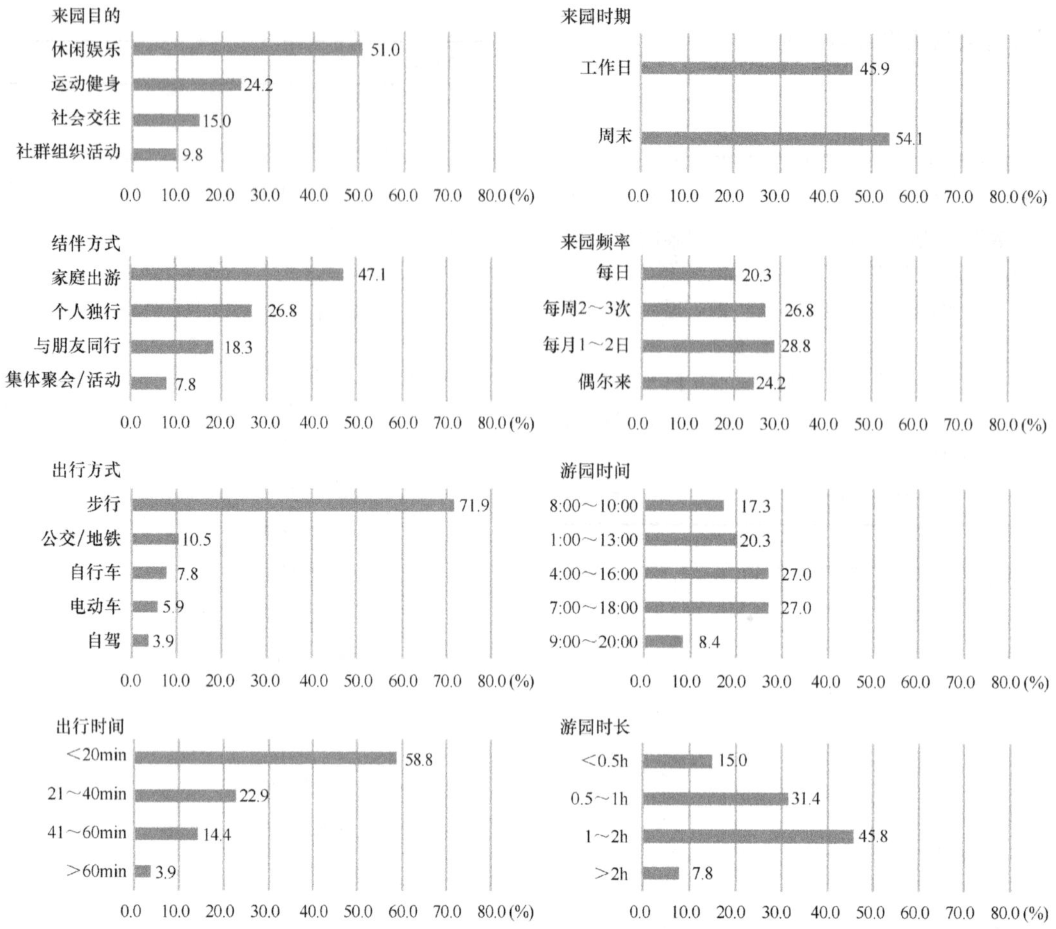

图 5　使用者行为特征

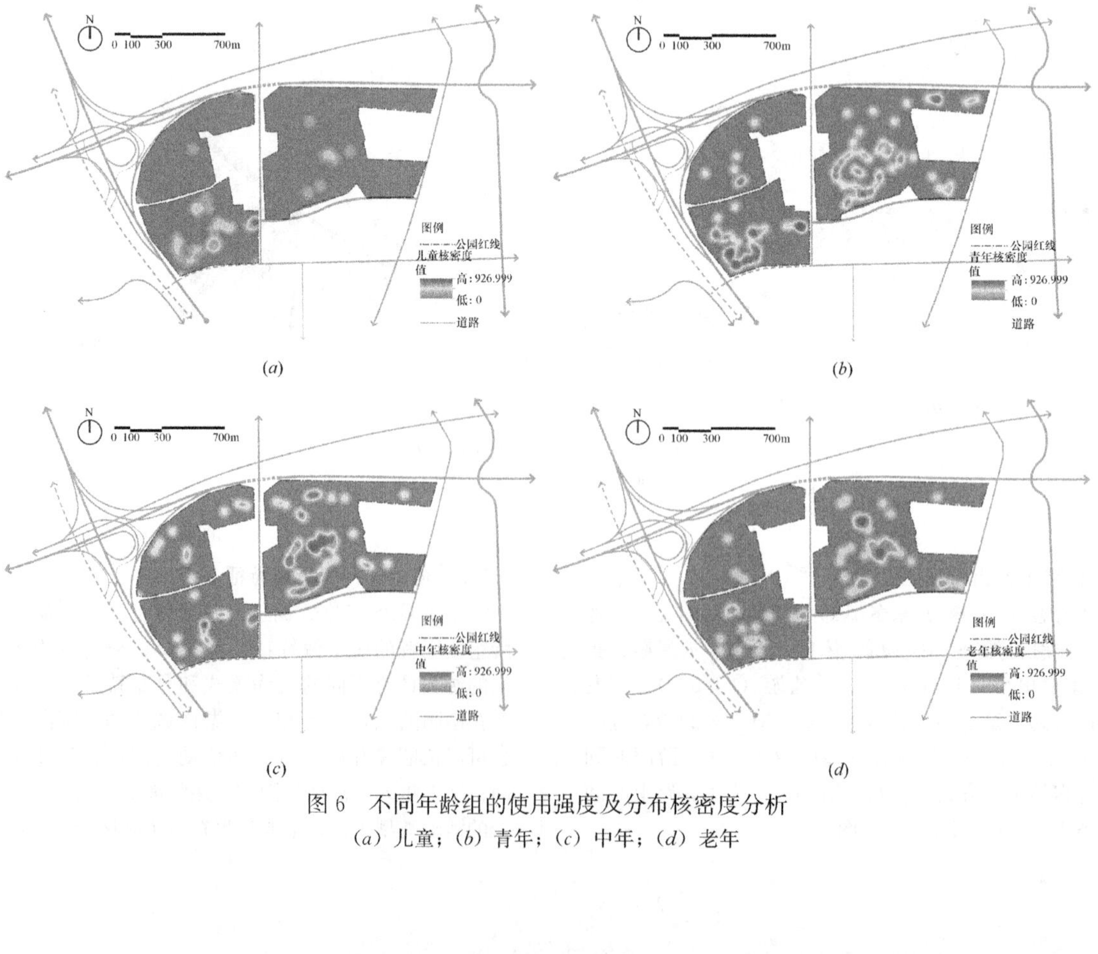

图 6　不同年龄组的使用强度及分布核密度分析

（*a*）儿童；（*b*）青年；（*c*）中年；（*d*）老年

域及东区环路上；③中年人多分布在东区环路和万红千日区域，活动类型以散步、接触自然和社交为主；④老年人偏好安静的休憩场所，主要在东园北侧的密林附近和万红千日区域活动（图7）。叠加不同年龄组的核密度分析图进行进一步研究，可发现万红千日区域和人工湖区域是公园各年龄组使用者相对最喜爱的区域。

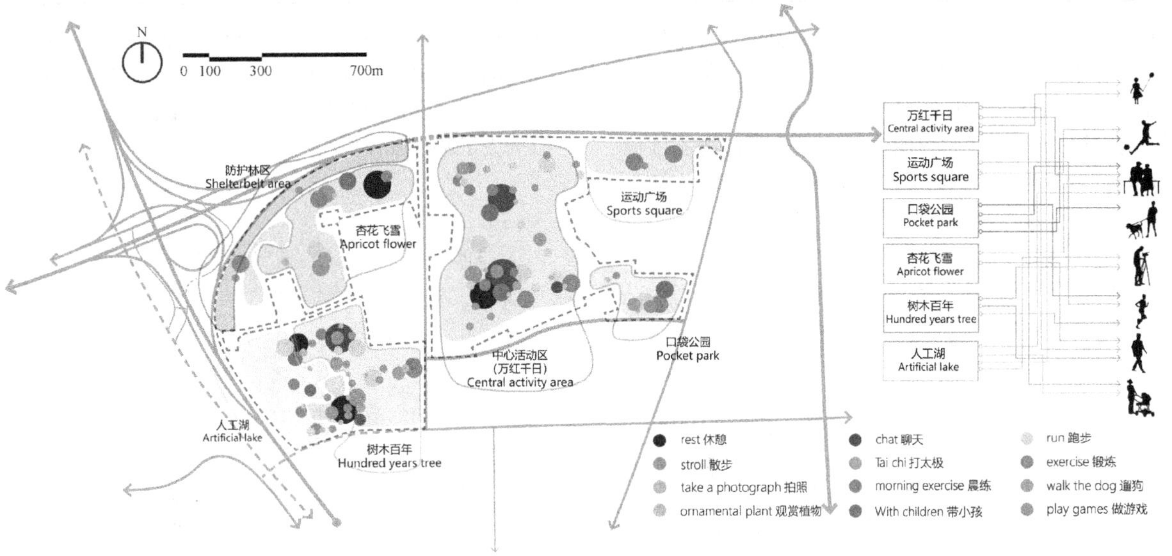

图7 游憩行为分布特征

2.3 公园满意度评价分析

2.3.1 公园满意度评价

游客对北京冬奥郊野公园的满意度得分为3.48分（表2），属于一般满意水平（表3）。4个一级指标的满意度排序为：管理维护（4.00）>基础设施（3.47）>文化活动（3.23）>整体布局（3.21），其中管理维护达到了较满意的水平。

满意度评价 & 满意度与各变量的相关性分析　　表2

	评价指标	满意度	排序		pearson 相关性	显著性（双尾）
a 整体布局	a1 绿地面积	3.83	7	3.21	0.410**	0.00
	a2 水域面积	3.82	8		0.013	0.871
	a3 活动场地面积	3.06	14		−0.128	0.114
	a4 公园出入口	3.02	15		0.255**	0.001
	a5 园路通达性	2.80	17		0.370**	0.000
	a6 停车场	2.73	19		0.391**	0.000
b 基础设施	b1 垃圾桶与厕所	4.03	3	3.47	0.445**	0.000
	b2 休憩设施	3.75	9		0.234**	0.004
	b3 标识标牌	3.53	11		0.179*	0.027
	b4 灯光照明 b5	3.51	12		0.113	0.164
	b5 遮阳避雨设施	3.29	13		0.086	0.288
	b6 游客服务中心	2.73	18		0.510**	0.000
c 文化活动	c1 活动气氛	3.96	5	3.23	0.144	0.075
	c2 景观小品	3.57	10		0.252**	0.002
	c3 城市文化风貌	2.84	16		0.154	0.058
	c4 历史文化风貌	2.55	20		0.324**	0.000
d 管理维护	d1 植被养护	4.06	1	4.00	0.101	0.214
	d2 设施管理	4.04	2		0.042	0.607
	d3 治安维护	3.98	4		−0.253**	0.002
	d4 环境卫生	3.94	6		0.104	0.200
	总体满意度			3.48		

注：**表示在0.01级别（双尾），相关性显著；*表示在0.05级别（双尾），相关性显著。

满意度评价标准 **表 3**

得分	[0，1.5)	[1.5，2.5)	[2.5，3.5)	[3.5，4.5)	[4.5，5.0]
评级	极差	较差	一般	较好	极好

在二级指标的满意度评价中，得分最高的3个指标为植被养护（d1）、设施管理（d2）、垃圾填与厕所（b1）；得分最低的3个指标为：历史文化风貌（c4）、停车场（a6）、游客服务中心（b6）（图8）。结合公园的物质环境要素进行综合分析，公园的历史文化风貌确实较弱，缺少文化记忆点，多个区域的景观风格相似；停车为亟待解决的问题，因缺少合适的停车位，公园附近的后八家东路上停满了车；公园游客服务中心的设置不合理，存在感弱，且失去了基本服务功能。

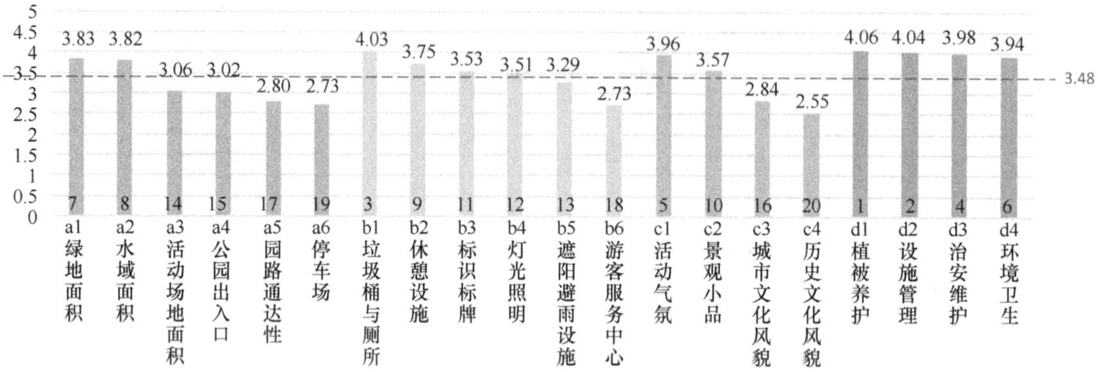

图8 北京冬奥郊野公园满意度得分

本文还采用相关性分析检验了所有评级因子与公园满意度的相关度（表2），结果表明使用者的整体满意度与游客服务中心、垃圾桶与厕所、绿地面积等因素呈显著相关，受这些因素的影响最大。

2.3.2 基于使用者特征的满意度评价分析

此处采用因素分析法对不同社会人口特征变量的满意度进行了方差分析（表4）。研究发现年龄因素对公园的整体布局和基础设施分别存在非常显著的差异和显著差异，65岁以上的老年组对这两项指标的满意度高于其他年龄组；游客的文化水平对管理维护评价也存在显著差异，本科或大专学历的公园使用者满意度高于其他人群。其他人口学特征对公园指标因子的评价结果影响不大。

人口学特征与公园满意度评价因素的差异性检测 **表 4**

项目	类别	整体布局	基础设施	文化活动	管理维护
性别	F	0.50	0.01	0.25	0.03
	sig	0.48	0.91	0.62	0.85
年龄	F	4.93	3.17	1.96	1.83
	sig	0.00	0.02	**0.10**	**0.13**
文化水平	F	0.79	0.48	0.65	3.04
	sig	0.50	0.70	0.58	**0.03**
职业	F	1.48	0.26	0.98	1.40
	sig	0.17	0.98	0.46	0.20
收入	F	0.18	1.14	0.89	1.26
	sig	0.95	0.34	0.47	0.29

注：当Sig≤0.01，差异非常显著；0.01<Sig≤0.05，差异显著；0.05<Sig≤0.1，差异不显著；Sig.>0.1，不存在显著差异。

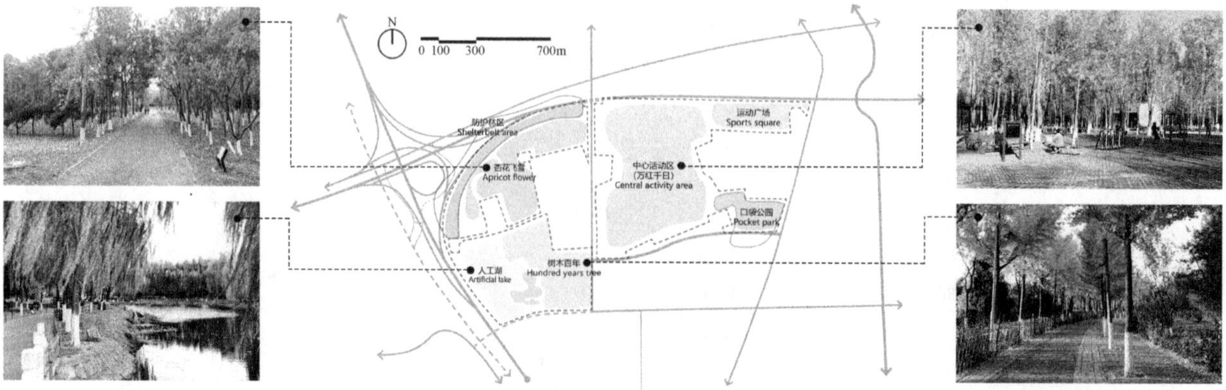

图9 子区域分布图

2.3.3 公园子区域的满意度评价

游客对公园子区域的满意度得分排序为：人工湖(4.01)>万红千日（3.76)>树木百年（3.73)>杏花飞雪(3.41)>运动广场（3.37)。关于万日千红区域，一些使用者（39.2%）认为需增设健身器材和物品存放设施；在杏花飞雪区域，多数使用者（66.7%）反馈园路系统设计不合理；许多游客（90%）还提出了去除运动广场游泳池的改善意见，其次该区域适合增加一个出入口。

子区域满意度评价 **表5**

项目	满意度评分				
	人工湖	万红千日	运动广场	树木百年	杏花飞雪
活动场地面积	3.85	3.74	4.19	4.25	3.21
活动场地位置	4.02	3.82	2.67	4.18	3.15
座椅数量	4.18	3.65	2.75	3.86	3.57
座椅舒适度	4.10	3.42	3.67	3.25	3.64
亭、廊数量	3.75	3.19	—	3.01	3.43
亭、廊舒适度	3.29	3.29	—	3.18	3.63
垃圾桶数量	3.94	3.48	3.51	3.65	3.46
垃圾桶清洁度	3.46	3.58	3.58	3.58	3.64
灯光照明	3.16	3.84	2.90	3.64	2.96
植物景观	3.89	3.69	3.35	3.75	3.75
植被茂密度	3.67	3.79	3.77	3.68	3.83
标识标牌	3.24	3.89	3.42	3.24	3.33
运动器材	—	2.84	3.83	—	—
总体满意度	4.01	3.76	3.37	3.73	3.41

3 北京冬奥郊野公园优化建议

在总体布局上构建流畅的交通网络：现有的园路体系结构散乱、连通性差，建议重新梳理园路系统，以串联不同园区及各活动场地，同时整理公园出入口，局部开放公园边界，提高公园可达性。

在服务设施上增补相关景观基础设施：在东区南门、西区东门两个出入口增设停车场；在全园增设休憩设施和无障碍设施，尤其是在老年人聚集的区域，同时完善管理建筑的布置，重建游客服务中心。

在文化活动上设置公园活动日历：多数游客认为公园的文化元素较少、景观无记忆点，建议加入更有文化内涵的园林景观小品，同时设置公园活动日历，定期开展文化活动，提升公园活力。

在管理维护上建立参与性的园区监督机制：增强对公园卫生及基础设施的管理，定期对损坏的设施进行修补；现状植被过密，建议进行适当的疏伐，营造植物景观层次，并定期进行检查；加强园区不文明行为的监管，鼓励游客互相监督，减少有损公园设施的行为（图10)。

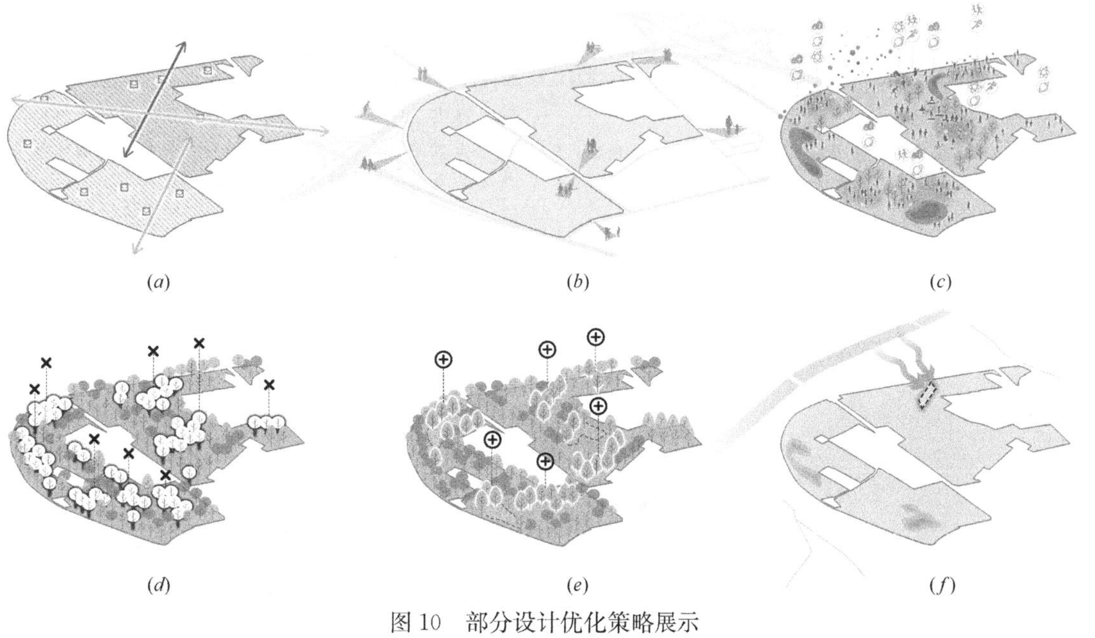

图10 部分设计优化策略展示

(*a*) 总体布局——梳理公园结构；(*b*)；总体布局——重设公园出入口；(*c*) 文化活动——开展公园文化活动；(*d*)；管理维护——舒伐过密植被；(*e*) 管理维护——定期管理植被和设施；(*f*) 管理维护——引水入园，修复公园湿地

4 结语

本文以北京冬奥郊野公园为例，基于多源数据进行了城市郊野公园的使用后评价研究。结果表明多源数据可弥补传统 POE 研究方法的不足，GPS 点位数据可将游客反馈与公园空间建立直接联系，以提供更直观的公园可视化设计参照。此外，本文提供了一种郊野公园的使用后反馈检验模式，有助于城市郊野公园的系统设计评价。最后，不同社会人口特征的游客具有不同的游憩需求和空间类型偏好，在城市郊野公园设计时应针对使用人群更科学地进行公园空间布置和活动规划。

参考文献

[1] 何静雯. 城市郊野公园游憩空间质量评价研究[D]. 上海：上海师范大学，2021.

[2] 方家，王德，朱玮，等. 基于 SP 法的上海居民郊野公园游憩偏好研究[J]. 中国园林，2016，32(04)：50-55.

[3] 李喆超. 基于使用后评价的广州开放型住区外部空间设计研究[D]. 广州：华南理工大学建筑设计及其理论，2019.

[4] 于彩娜. 基于使用状况评价(POE)的城市公园研究[D]. 青岛：青岛理工大学，2012.

[5] 施思. 济南市环城公园使用状况评价(POE)研究[D]. 泰安：山东农业大学，2016.

[6] 庞璃锡. 北京城市综合公园儿童活动场地使用状况评价(POE)研究[D]. 北京：北京林业大学，2015.

[7] 高禹诗，周波，杨洁. 城乡统筹背景下的田园型绿道使用后评价——以成都锦江 198LOHAS 绿道为例[J]. 中国园林，2018，34(02)：116-121.

[8] 燕亚飞，李东升，王涛. 近郊森林公园的使用后评价(POE)研究——以洛阳市周山森林公园为例[J]. 现代园艺，2018(05)：3-6.

[9] 王琳，白艳. 基于网络点评的城市公园使用后评价研究——以合肥大蜀山森林公园为例[J]. 中国园林，2020，36(06)：60-65.

[10] 吕慧，赵红红，林广思. 居住区水景使用后评价(POE)及水景设计改进策略研究[J]. 中国园林，2016，32(11)：58-61.

[11] 张雯倩，王梦瑶，杨芳绒. 基于使用后评价 POE 的遗址公园研究——以隋唐洛阳城国家遗址公园为例[J]. 林业调查规划，2021，46(03)：191-196.

[12] 景一敏，张建林. 重庆市北碚区社区公园使用后评价研究——以城市文化休闲公园为例[J]. 西南师范大学学报(自然科学版)，2021，46(03)：142-151.

[13] 姜莎莎. 综合性公园使用状况评价(POE)研究[D]. 北京：北京林业大学，2013.

[14] 吴隽宇. 广东增城绿道系统使用后评价(POE)研究[J]. 中国园林，2011，27(04)：39-43.

[15] 王建武. 基于 POE 研究的校园开放空间改造性规划——以北京大学为例[J]. 中国园林，2007(05)：77-82.

[16] 贾建芳. 塘朗山郊野公园使用状况评价研究[D]. 广州：华南农业大学，2016.

[17] 张艺尧. 使用后评价(POE)在景观设计中的应用探析[J]. 现代园艺，2021，44(11)：140-142.

[18] 侯亚凤，孟祥彬. 北京市郊野公园公共设施改造——以“东升八家郊野公园”为例[J]. 北京林业大学学报(社会科学版)，2014，13(01)：58-64.

[19] 叶诗田. 八家郊野公园旅游资源评价及开发建议[J]. 旅游纵览(下半月)，2015(24)：206-208.

[20] 戴菲，章俊华. 规划设计学中的调查方法 4——行动观察法[J]. 中国园林，2009，25(02)：55-59.

[21] Zhai Y，Baran P K，Wu C. Spatial distributions and use patterns of user groups in urban forest parks：An examination utilizing GPS tracker[J]. Urban Forestry & Urban Greening，2018，35：32-44.

[22] 金俊，齐康，张曼，等. 城市 CBD 步行环境质量量化评价——以广州珠江新城和深圳福田中心区为例[J]. 中国园林，2016，32(08)：46-51.

作者简介

李丹宁，1997 年 1 月生，女，汉族，浙江金华人，北京林业大学硕士在读硕士研究生，研究方向为风景园林规划与设计。电子邮箱：719389123@qq.com。

李祥，1992 年 10 月生，男，土家族，湖南张家界人，硕士，长沙市规划设计院，助理工程师，研究方向为风景园林规划与设计。电子邮箱：384979604@qq.com。

刘东云，1976 年 8 月生，男，汉族，湖北人，博士，北京林业大学副教授、LAURSTUDIO/LAURLAB 首席设计师，研究方向为风景园林设计与规划。电子邮箱：987557055@qq.com。

王鑫，1985 年 10 月生，男，汉族，贵州贵阳人，博士，北京林业大学园林学院，讲师，研究方向为风景园林与规划、数字景观。电子邮箱：244803265@qq.com。

基于ROS理论的滨水城市公园活力驱动与营建策略研究

Vitality Upgrade and Construction Strategy for Urban Waterfront Park Based on ROS

李晓溪　朱　樱　李丹宁　李运远*

摘　要：随着城镇化发展与人居环境品质的提升，居民对于景观游憩的需求日益增加。城市公园作为城市中的重要绿色空间，是为居民提供户外游憩活动的主要场所，但目前很多建成公园都存在使用频率低、游憩机会不足等消极问题。本文以石家庄滨水城市公园为例，提出基于ROS理论的城市公园活力驱动与营建策略研究框架，具体包括“潜力空间识别—游憩节奏营建—游憩格局激活—生态游憩功能复合”4个步骤，为北方城市滨水公园建设与活力提升提供借鉴意义。

关键词：游憩机会；游憩需求；城市公园

Abstract: With the development of urbanization and the improvement of living environment quality, residents'demand for landscape recreation is increasing. As an important green space in the city, urban parks are the main places to provide outdoor recreational activities for residents. However, many built-parks have many negative problems, such as low utilization and low recreational opportunities. Taking Shijiazhuang waterfront urban park as an example, the research framework of urban park vitality driving and construction strategy based on ROS theory is proposed, which includes four steps :Potential Space Identification, Recreation Rhythm Composition, Recreation Pattern Activation, ecology and recreation function combination. Hope to provide reference for the construction and vitality improvement of northern urban waterfront parks.

Keywords: Recreation Opportunity; Recreation Demand; City Park

1　背景

目前我国的城市发展已经从追求城市化进程速度和建成区面积扩张阶段，转向追求城市品质提升和人民生活质量提升阶段。城市公园作为重要的生态游憩空间，在这个进程中扮演着积极角色，对完善游憩布局、丰富日常生活、保障可持续发展等方面起着积极作用。如何合理地规划设计城市公园，充分发挥其改善人居环境和服务居民生活的潜力，是风景园林行业在新时期的重要任务之一。

然而《公园设计规范》主要从面积、设定、配置等基础指标对城市公园进行约束性指导，设计标准和设计思维虽满足了一定人均面积和设施等最基本的要求，但对于具体的游憩和娱乐需求缺乏规范性指导[1]。具体的公园游憩机会的提升人民游憩需求的满足主要依靠设计环节对其的部署来实现。[2]本研究以石家庄藁城段滨河城市公园为具体研究对象，从风景园林视角出发，针对场地活力问题，提出以ROS理论为基础的滨水城市公园活力驱动与营建策略研究框架，为北方城市滨水公园建设与活力提升提供借鉴意义。

2　研究区概况

作为石家庄市的主要河流之一，滹沱河绕石家庄市中心城区自西北向东南流去，承担着补水、行洪等一系列重要职能，与洨河、槐河、沙河以及石津总干渠、民心河、南粟明渠、总退水渠等人工渠共同构成石家庄防洪排涝水系。[3]滹沱河作为石家庄市重要的绿色隔离空间以及水源保护区，具有极高的景观生态地位。

历史上，滹沱河具备优良的水资源条件、土壤条件以及耕作条件，是周边以及下游地区用水的重要来源之一，对地域生态环境及局部小气候均起到了一定调节作用。1959年滹沱河上游地区修建岗南水库与黄壁庄水库两座大型水库，滹沱河水文循环受到破坏，水量大幅减少；后又受其他水利设施建设影响，到20世纪80年代，石家庄段滹沱河存在多处断流，仅在行洪期间过水。[4]河道干化、植被退化、水体污染等生态问题也越发突出。21世纪初，石家庄市政府自上而下对全段70km河道空间进行生态修复与治理，目前，其生态问题有了一定的改善，景观效果也得到了提升。

研究地块是位于石家庄藁城区北部的滨河带状绿地，在《石家庄市城市总体规划（2006～2020）》中被定位为城市绿地，设计面积约270hm^2（包含水域约40hm^2）（图1）。藁城段滹沱河东西向穿过场地，由于历史性断流问题，局部地块存在土壤沙化问题，生态本底差；地块北侧是大面积农田，据《2016藁城区环境影响评价报告》指出，场地内地表水和地下水的水质污染以农业污染为主，主要来自于场地北侧农田生态系统的非点源径流污染。公园可达性是影响公园使用方式和到访方式的主要因素[5]，也是决定游憩机会高低的重要因素之一。场地南侧虽与居住社区相邻，但受黄石高速割裂，导致场地进入不便，可达性较低且游憩机会不足。设计地块难以满足周边居民的日常游憩需求，具备研究问题的典型性。

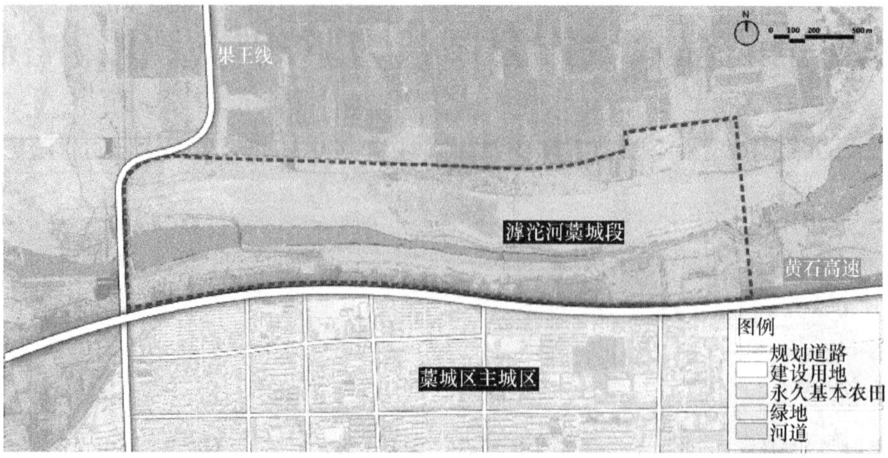

图 1　研究区位及概况

3　研究方法

3.1　ROS 理论

游憩机会谱（Recreation Opportunity Spectrum，ROS）起源于 20 世纪 60 年代，后被美国林务局等旅游管理部门使用推广，慢慢成为一种具有普适性的游憩资源与游憩行为的管理办法。它既可以视为一个理论，又可以视作一个规划框架。作为一种理论，它认为游憩机会是一种获得预期游憩体验的可能性，游憩体验的质量取决于游憩机会[6]。作为一个规划框架，它以游憩者的需求及不同的游憩体验为基础，结合研究区的自然因素、社会因素、管理特征，将游憩区域划分为 6 个等级，分别是“原始区域”“半原始且无机动车”“半原始且有机动车”“自然区域”“乡村”“城市区域”。不同等级的区域提供的游憩活动不同，其游憩机会也因此又差异，从而实现为游憩者提供多样化活动、高质量的体验及有效资源保护等目标，构建了完善的游憩管理思路，

3.2　研究框架

研究从以景观手段提升滨河绿地空间活力的机理出发，基于动机—需求—体验的关系，提出基于游憩需求理论的滨水城市公园活力驱动与营建策略研究框架，具体包括“潜力空间识别—游憩节奏营建—游憩格局激活—游憩—生态功能复合”4 个步骤（图 2），实现兼具科学性与主观性的滨水景观营造。

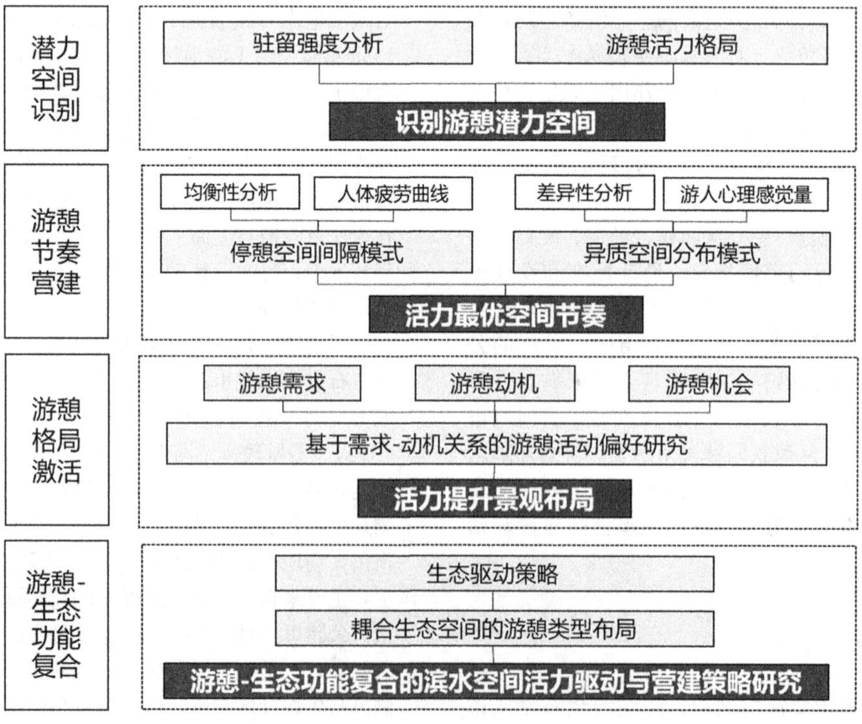

图 2　研究框架

4 策略与分析

4.1 基于游憩驻留强度的潜力空间识别

游憩机会主要取决于游憩资源与游憩环境，不同的环境所提供的游憩活动和体验不同。结合文献研究，筛选4个游憩环境指标，即周边用地丰富度、岸线条件、下垫面类型以及游憩设施条件[7]，分别研究其对场地游憩驻留强度的相关性。研究结果发现，周边的居住用地、公共管理与公共服务用地、商业服务业设施用地以及绿地4种用地类型与驻留强度成正比例关系，工业用地与之成反比；且周边用地类型的丰富度越高，场地的驻留活力越强。在岸线条件方面，岸线丰富度与岸线开敞度与总驻留活力之间呈显著正相关，岸线的长度和岸线与水面高差对于滨水空间的驻留活力影响不明显。在下垫面类型方面，下垫面的标高虽与驻留活力呈负相关，但是相关性不大可以忽略，绿地面积、开放型绿化面积、硬地面积与驻留活力呈现正相关。滨水空间内设施配置情况直接影响驻留活力行为的发生，座椅密度与游憩活力呈正相关，台阶长度与游憩活力呈负相关（图3）。

依据上述相关性分析，选取场地内的标高、绿化、距水距离、与水关系以及场地外用地类型作为因子进行量化评估，通过AHP层次分析法加权叠加得到游憩活力格局（图4）。场地内游憩活力高区域集中在河道北岸中部及偏东区域，北部农田区及南侧临近高速公路区域活力较低。综合判断并识别活力失落空间，作为游憩格局激活的潜力地块。

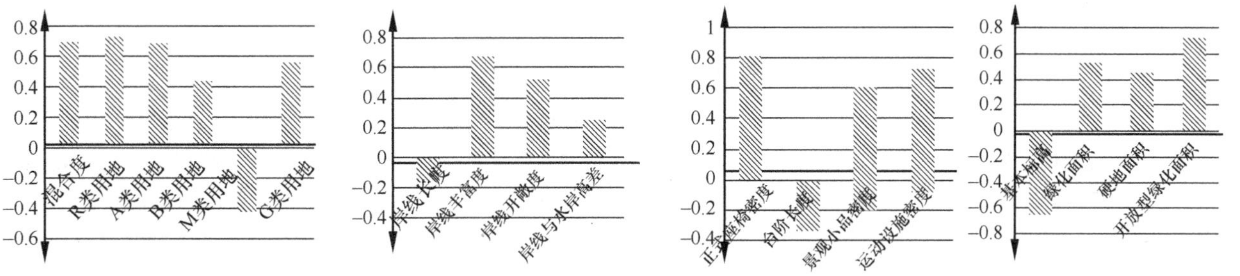

(a) (b) (c) (d)

图3 游憩环境指标分析

(a) 周边用地丰富度影响力；(b) 岸线条件影响力；(c) 设旋条件影响力；(d) 基面影响力

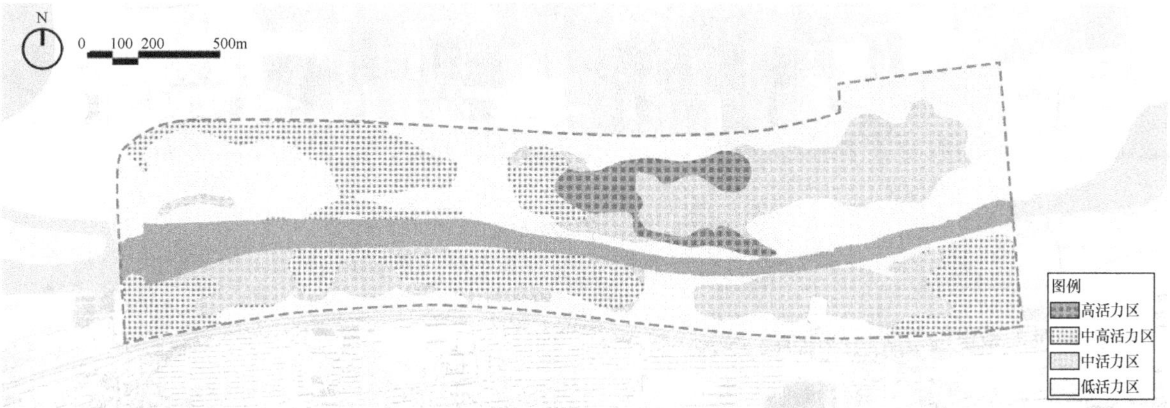

图4 游憩活力格局

4.2 心理行为主导下的游憩节奏营建

4.2.1 均衡性空间布局

在城市公园中，游憩者在进行景观游憩时，特别是滨水空间区域，通常以步行游憩的方式为主。[8]公园中的步行空间既是搭建公园的骨架，也是连接节点的媒介，需要满足步行游憩者的基本游览需求，即停憩空间的分布应符合人体疲劳曲线。基于疲劳曲线进行游憩节奏的控制与休憩节点的营造，以创造出舒适而连续的空间节奏。不同年龄段游憩者的疲劳曲线有一定差别（图5）。综合文献研究及疲劳曲线可知，老年人群体的步行速度约为每分钟40～50m，持续行走20分钟就会感觉疲惫，宜以100～200m作为停憩空间间隔；中年人及青年人步行速度约为每分钟60～70m，持续行走30分钟会感受到疲劳，适合以400～500m作为停憩空间间隔；儿童步行速度约为每分钟50～60m，持续行走30分钟会感受到疲劳，宜以300～400m作为停憩空间间隔。[9]休憩空间布局可划分为两种模式，一种是停憩点200m间隔模式，即每隔200m设置正常游憩休闲空间，另一种是停憩点100m间隔模式，即在正常游憩空间之间，加设小型休憩设施以满足休息需求（图6）。

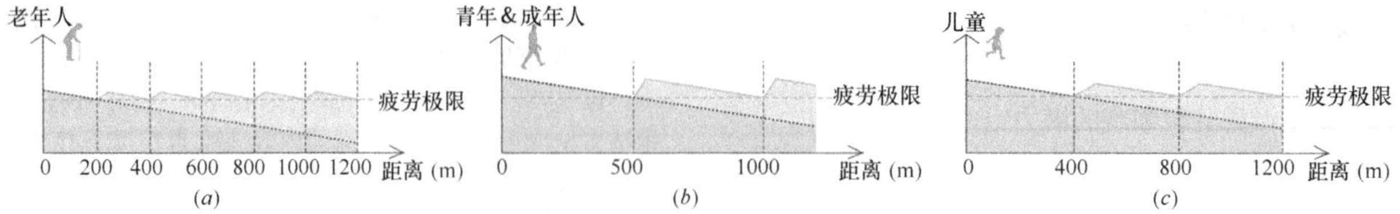

图 5　多类人群停憩曲线

(a) 老年人的停憩曲线；(b) 青年 & 成年人的停憩曲线；(c) 儿童的停憩曲线

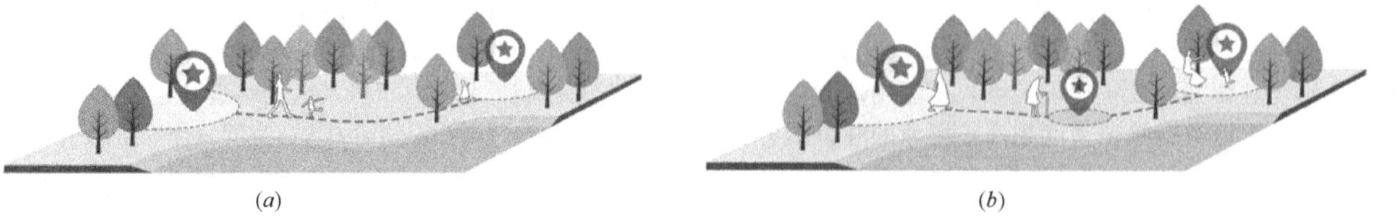

图 6　停憩空间间隔模式

(a) 停憩点 200m 间隔模式；(b) 停憩点 100m 间隔模式

4.2.2　异质性空间布局

在景观游憩过程中，连续经过相同或相似的空间，会导致审美疲劳、体验感下降、心理物理量降低，从而催发厌倦、失落等消极情绪。[10]游憩空间分布应考虑人的心理预期效应，研究基于心理感觉量规律进行游憩空间内容的规划设计，以创造出多变而动态的空间节奏。为使游人心理感觉始终保持着正向状态，需要在相应的时间段落或者空间段落中加入新的要素信息，或是做出幅度变化。在异质空间相近时，提出活动型反差异质空间布置、功能共享型异质空间布置两种空间布置模式（图 7），以维持和激发持续的游憩兴趣，使得游憩过程具有节奏韵律，创造更好的游憩体验。活动型反差异质空间布置模式即临近的活动空间之间要形成反差，通过多样设计要素，避免单一重复的体验，但在多要素选择时要注意形式语言的和谐。功能共享型异质空间布置模式即相近空间置入同类功能类型，但各有侧重点，既能够达到双方功能资源共享共赢的目的，也可以避免重复建设的运行低效。

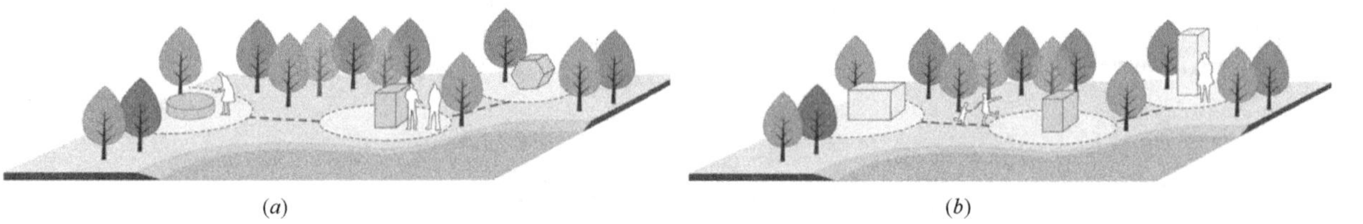

图 7　异质空间分布模式

(a) 活动反差型异质空间相近布置模式；(b) 功能共享型异质空间相近布置模式

4.3　需求-动机关系下的游憩格局激活

“人”是人居环境科学理论中的核心研究内容，研究的最终目的是为了满足人的需求。[11]心理学家马斯洛将人类的需求分为了自下而上的 5 个层次，并提出了需求层次理论。一般认为，游憩需求（tourism demand）是人类需求的一种，是满足人们心理、社交等方面的需求，隶属于较高层次，在日常生活中主要由城市公园、社区公园等绿色空间供给[12]。户外游憩活动的体验可以使居民得心灵愉悦、身体放松，从而得到更高层面的精神满足。

人实现某些特定需求是需要动力驱动的。游憩者受主观确定的目标或内外驱动的影响，产生游憩动机，从而形成游憩需求、获得游憩机会、完成游憩活动。[13]游憩动机往往被视为内在动力推动游憩者开始游憩活动，一般分为外在驱动（获得奖励）和内在驱动（体验活动本身）。由于年龄、性别、阅历、文化程度、健康状况等情况存在差异，游憩者的游憩动机也各不相同。结合文献分析研究

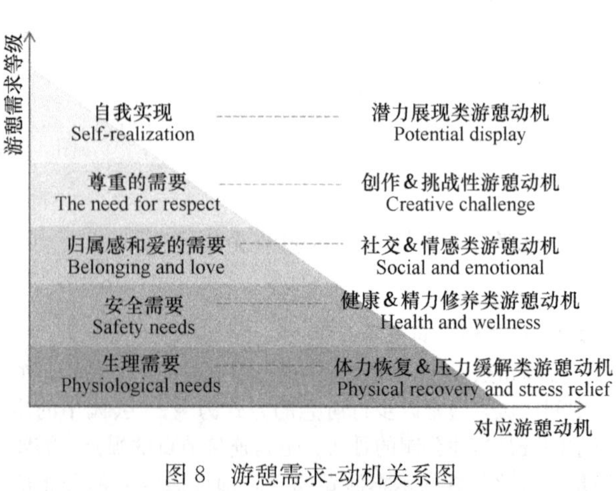

图 8　游憩需求-动机关系图

不同类型游憩者心理[14-15]，归纳不同游憩者类型的游憩动机（表 1、表 2）。不同的游憩动机会对不同游憩者在游憩活动偏好层面产生分化，研究其内在驱动因子，判断典

型人群的游憩活动偏好。总结得到9类游憩者偏爱的游憩活动类型，分别是亲近自然类（3.77）、水域活动类（3.64）、陆上休闲类（3.63）、缓慢放松类（3.58）、观光摄影类（3.56）、户外运动类（3.21）、儿童游戏类（3.09）、群体活动类（3.06）和定向极限类（2.68）（图9）。细分得到18种空间场地（图10），依照前文的布置模式置入地块，并以多样化游线进行串联，以激活游憩格局、提升场地游憩机会。

基于年龄阶段的游憩动机集体心理评估 **表1**

游憩者类型		游憩动机	
儿童	0～3岁幼儿	游憩体验	由独玩游戏到尝试有组织的游戏
	3～6学龄前	放松逃避	逃避过多的负荷培训班社团
	6～12学龄儿童	爱好/偏好	爱好关联的活动
青年	13～17岁	放松逃避	逃避家庭影响的活动
		爱好/偏好	娱乐活动群体：各种联谊会、爱好族
	18～28岁	社交/尊重	同好会、约会以及各种联谊类社交游憩活动
		刺激/挑战	体育比赛、消除无聊为目的的闲逛
成年	29～44岁	放松逃避	逃避家庭的影响的活动、逃避工作的压力
		爱好/偏好	固定爱好团体组织的活动
		刺激/挑战	体育比赛、消除无聊为目的的闲逛、观赏刺激的表演活动
		社交/尊重	大型社交团体或者私人性较强的社交活动注重朋友参与的活动
	45～59岁	情感归宿	单身族追求的自我满足；选择婚姻和家庭生活为主的活动
		自我实现	注重自我意识的活动；社区的公益性活动
		精神价值	自我修行性的拓活动、理性的精神游憩活动
老年	60～74岁	爱好/偏好	固定的爱好活动；排解无聊新加入的爱好活动
		放松逃避	逃避身体健康影响的活动
		社交/尊重	家庭结构变动后，寻求社交活动的内容
	>75岁	情感归宿	儿女共同参与的活动；家庭情感交流的活动
		自我实现	自我再学习、再教育的活动；社区的公益性活动
		精神价值	自我修行、理性的精神游憩活动、业余的兼职等

基于游憩者构成结构的游憩动机集体心理评估 **表2**

游憩者类型		游憩动机	
家庭亲子	核心家庭	游憩体验	由独、玩游戏到尝试有组织的游戏
		爱好/偏好	爱好关联的活动
	联合家庭	放松逃避	家庭解压，互相理解
		社交/尊重	与家庭成员增进感情的交流活动；与其他家庭成为朋友的互动行为
	直系家庭	情感归宿	以家庭为主的活动
		自我实现	自我再学习、再教育的活动
	不完全家庭	精神价值	探索成长及发挥潜能的活动
商务团建		刺激/挑战	观看（或参与）极限的活动，摆脱无聊的行为和想法的活动
		社交/尊重	大型社交团体活动，注重同事和朋友参与的活动
		放松逃避	逃避工作的压力
		情感归宿	增加团队凝聚力与情感
		自我实现	扩展个人眼界和思想认识，高层次的（少数人才能参加）活动
		精神价值	参与宽广（全国以及更大）公益性的活动
教育研学		游憩体验	由独玩游戏到尝试有组织的游戏
		爱好/偏好	兴趣团队的相关活动，爱好关联的活动
		刺激/挑战	提高自身技能的活动，追求比赛过程刺激的活动
		社交/尊重	结交朋友的活动，技术交流研讨活动
		自我实现	扩展个人眼界和思想认
		精神价值	探索成长及发挥潜能的活动，创作具有影响力的活动行为或者作品

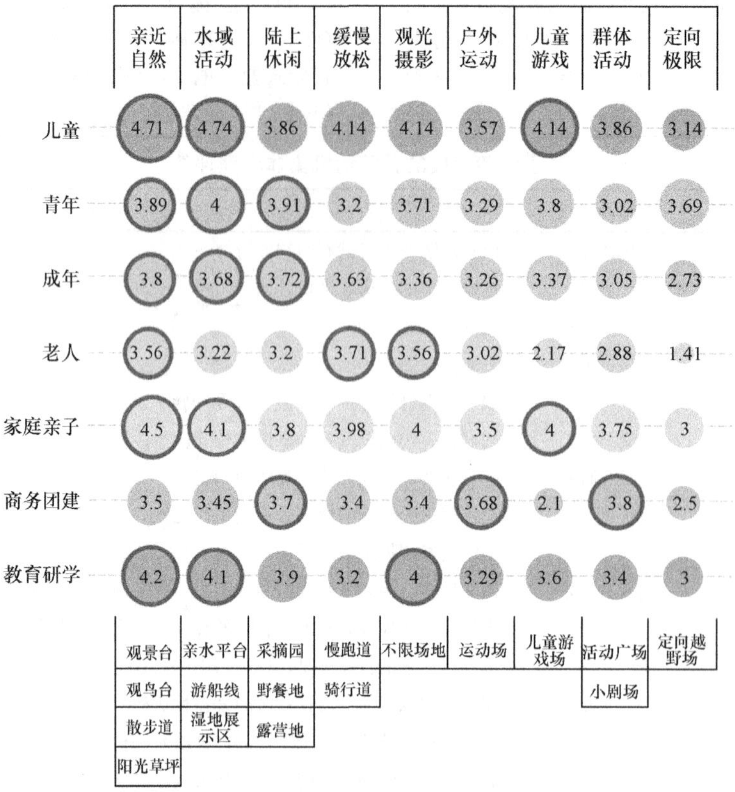

图 9　游憩活动类型偏好的人群差异

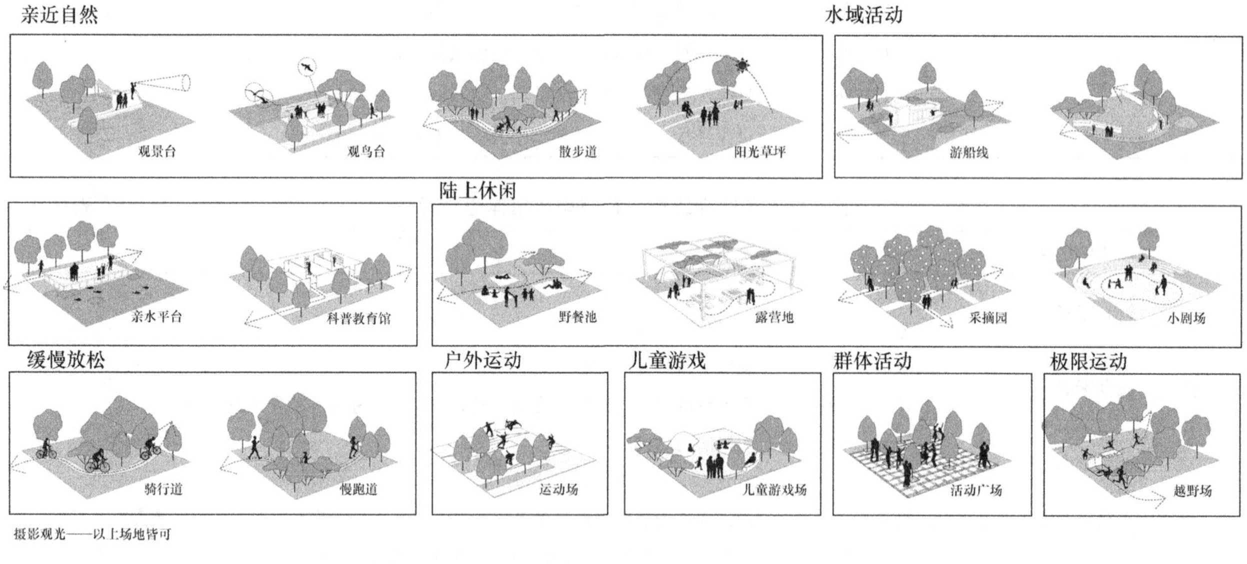

图 10　游憩活动类型

4.4　游憩-生态功能复合的景观体系完善

高质量的游憩活动离不开良好的生态本底。在本次公园设计中，基于场地基础条件对生态本底空间提出河床水源复兴、河流水质净化、流域生境修复三大驱动策略。其中河床水源复兴是核心策略，以提升整体保水能力为目标，通过研究场地内部水环境以及耐干旱、耐沙化植物的特性，构建自给型、半自给型和灌溉型植物灌溉群落；依据当地主导风向等基础资料，通过堆积小微地形，营建固土、防风、保水的小微地形单元。最后与激活后的游憩活力格局进行耦合，构成完善的景观结构与景观体系。

5　结语

本研究从风景园林视角对消极滨水空间进行思考，针对游憩需求与动机进行了以游憩机会提升为主的城市公园设计，为居民游憩活动的进行提供充足空间，以满足城市居民日益增长的游憩需求。由于现实条件和数据来源限制，本研究虽提出了景观活力提升的研究框架与具体策略，但结论也存在一定偏差，具体的游憩活动类型筛选还是要基于不同场地特征及周边人口结构进行具体分析，使其更有效且更高效地为居民提供游憩空间。

参考文献

[1] 中华人民共和国住房和城乡建设部. 公园设计规范 GB 51192—2016[S]. 北京：中国建筑工业出版社，2016.

[2] 陈筝，孟钰. 面向公众健康的城市公园景观体验及游憩行为研究[J]. 风景园林，2020，27(09)：50-56.

[3] 刘滨谊，温全平. 石家庄市滹沱河生态防洪规划的启示[J]. 中国园林，2003(10)：67-70.

[4] 刘英彩，张力. 干旱河道的生态环境修复模式探索——以滹沱河(石家庄段)生态环境综合治理研究为例[J]. 规划师，2005(07)：59-64.

[5] Giles-Corti B，Broomhall M H，Knuiman M，et al. Increasing walking：how important is distance to，attractiveness，and size of public open space? [J]. American journal of preventive medicine，2005，28(2)：169-176.

[6] Clark R N，Stankey G H. The recreation opportunity spectrum：A framework for planning，management，and research [M]. Department of Agriculture，Forest Service，Pacific Northwest Forest and Range Experiment Station，1979.

[7] 俞晟，何善波. 城市游憩的社会学分析[J]. 华东师范大学学报(自然科学版)，2003(02)：54-61.

[8] 栾春凤，林晓. 城市湿地公园中的人类游憩行为模式初探[J]. 南京林业大学学报(人文社会科学版)，2008(01)：76-78.

[9] 王宇晴. 城市公园步行空间研究[D]. 南京：东南大学，2017.

[10] 李道增. 环境行为学概论. 清华大学出版社，1999.

[11] 李欢欢. 人居环境视野下的户外游憩供需研究[D]. 辽宁师范大学，2013. 6.

[12] 骆天庆，傅玮芸，夏良驹. 基于分层需求的社区公园游憩服务构建——上海实例研究[J]. 中国园林，2017，33(02)：113-117.

[13] 周慧滨. 需求和效用理论在评估森林公园游憩价值中的应用[J]. 林业资源管理，2004(03)：44-47.

[14] 苏国良，吴必虎，党宁. 中小城市家庭规模与游憩行为的关系研究[J]. 旅游学刊，2007(06)：53-58.

[15] 杨硕冰，于冰沁，谢长坤，车生泉. 人群职业分异对社区公园游憩需求的影响分析[J]. 中国园林，2015，31(01)：101-105.

作者简介

李晓溪，1996 年 6 月生，女，汉族，山东济南人，北京林业大学园林学院在读硕士研究生，研究方向为风景园林规划设计与理论。电子邮箱：3426872986@qq. com。

朱樱，1997 年 1 月生，女，汉族，福建福州人，北京林业大学园林学院在读硕士研究生，研究方向为风景园林规划与设计。电子邮箱：137443999@qq. com。

李丹宁，1997 年 1 月生，女，汉族，浙江金华人，硕士，北京林业大学园林学院在读硕士研究生，研究方向为风景园林规划与设计。719389123@qq. com。

李运远，1976 年 8 月生，男，汉族，内蒙古人，博士，北京林业大学园林学院，教授、博士生导师，研究方向为风景园林规划设计与园林工程。电子邮箱：lyy0819@126. com。

儿童康复景观亲生物设计

Biophilic Design of Children's Rehabilitation Landscape

唐予晨　林　箐*

摘　要： 亲生物设计是基于人的亲生物性，将对人类有利的自然要素引入人工环境中，实现人与自然和谐关联并从中得到积极健康体验的空间设计手段，是体现自然要素及与之互动在康复景观中实现积极作用的理念方法。儿童是需要精心保护、维护健康安全的一类特殊人群，而患病儿童的身心则更加脆弱，需要有针对性的关注与呵护。针对儿童的身心特征、行为模式与景观偏好，在现有康复景观及亲生物设计理论研究的基础上，论述儿童康复景观亲生物设计工作原理，进而结合国际优秀案例分析梳理总结其设计原则和设计要素，以期为相关设计提供方法理论指导与实践经验启示。

关键词： 儿童；亲生物性；亲生物设计；康复景观；健康促进

Abstract: Biophilic design is based on the biophilia of humans. It introduces the natural elements that are beneficial to humans into the artificial environment, and realizes the harmonious relationship between man and nature and obtains a positive and healthy experience from the space design. It is a method of realizing the positive effect of natural elements and interaction with it in the rehabilitation landscape. Children is a special group of people who need to be carefully protected and maintain their health and safety, while sick children are more physically and mentally vulnerable and require targeted attention and care. Aiming at children's physical and mental characteristics, behavior patterns and landscape preferences, based on the existing theoretical research on rehabilitation landscape and biophilic design, this paper discusses the working theory of the biophilic design of children's rehabilitation landscape, and then summarizes its design principles and design elements based on the analysis of international excellent cases, in order to provide methodological guidance and practical experience enlightenment for related design.

Keywords: Children; Biophilia ; Biophilic Design; Rehabilitation Landscape; Health Improving

引言

随着康复景观与亲生物设计相关理念的不断发展成熟，康复景观与亲生物设计之间的联系也逐渐清晰——亲生物理念体现了自然对于人的内在吸引力，亲生物设计通过多层次接触自然对人体健康产生积极效益，是康复景观的有效作用路径和实践方法。儿童作为一类特殊群体，其不同于成人的特征决定了其康复景观亲生物设计需要有针对性的关注。

1　康复景观与亲生物设计

1.1　康复景观

康复景观是能恢复或保持健康的环境景观[1]，可以通过多种感官的被动体验，以及强调主动参与的诸如游戏互动、社交活动、运动锻炼等自发性活动两种途径能够促进达到康复效果[2]。目前的研究主要集中在景观促进康复的作用机制理论分析、效益实证、设计实践与主观恢复评价四方面，主要理论包括进化角度和心理学角度[3]，前者的代表性理论为亲生物假说（Biophilia Hypothesis)[4]、注意力恢复理论（Attention Restoration Theory，主要关注自然对定向注意力疲劳产生的积极作用)[5]和减压理论（Stress Recovery Theory，主要阐述面对压力所产生的积极恢复影响，并指出相较于人工环境，自然环境对身处其中的人们有调节情绪、促进积极的身心反应和更快速、完全的恢复等效果[6]）。作为设计与医疗的结合，康复景观主要遵循“循证设计”方法，强调景观环境对健康带来的积极效益的实证效果。[7]

随着相关研究成果和实践的不断发展成熟，康复景观在不同场地类型和使用人群中获得了具有针对性的应用并取得了良好的效果，这一情况又促进了更加细分和深入的研究。

1.2　亲生物性与亲生物设计

Biophilia，即亲生物性，最早由西方学者在 20 世纪提出，指人对自然与生俱来的亲和力——一种关注生命和生命过程的先天倾向[4]。这种与自然（包括自然系统和过程）建立联系的内在倾向是在人类进化过程中形成的生物固有属性，有助于增强人类的身体、心智健康[8]，对人类的整体福祉非常重要。光、水、树木草原类型的环境……一系列关乎人类生存繁荣的自然环境要素及过程被人类了解和识别，并促使人类形成对自然的一系列偏好和接触倾向[9]。

作为激发与支持亲生物性在空间环境中的表达方法，亲生物设计将这些在进化过程中对人类有利的自然元素和模式特征有效整合融入人工环境之中，促进对自然的保护利用，发挥自然对人身心健康、行为表现等方面的积极效益，最终实现人与自然互惠共生的目标[10,11]，构建人与自然环境之间可持续发展的良性循环。其设计表达是在人类的环境建设中对自然的学习利用、模拟演绎与积极回应，反映了人类与自然建立联接并与之形成和谐共生关系的诉求。

亲生物设计研究专家斯蒂芬·凯勒特总结归纳了亲生物设计的两个维度、六类亲生物设计元素及其包含的约70项设计属性，为环境中实现人类亲生物性及相关体验提供了有效工具与范式指引。其中，两个维度指自然维度——反映人类对自然内在亲和力的形态和形式，以及本土维度——强调文化和生态方面与地方或地理区域的联系，包含场所精神的表达——环境带来的个人和集体身份认同[8]。随着亲生物设计研究的深入发展，学者们着手对众多设计属性进行梳理，精炼出适用于设计实践的属性元素(图 1)[9,12]，可根据项目的使用者、规模、类型、效用目标灵活地组合选用。综上，可将亲生物设计划分为自然要素的运用，对自然形式及特征的抽象、提取和模拟，通过演绎和转化人与自然关系所形成的空间体验三大类[11]，从身体感受到内心体验，建立人与自然不同层次的关联。

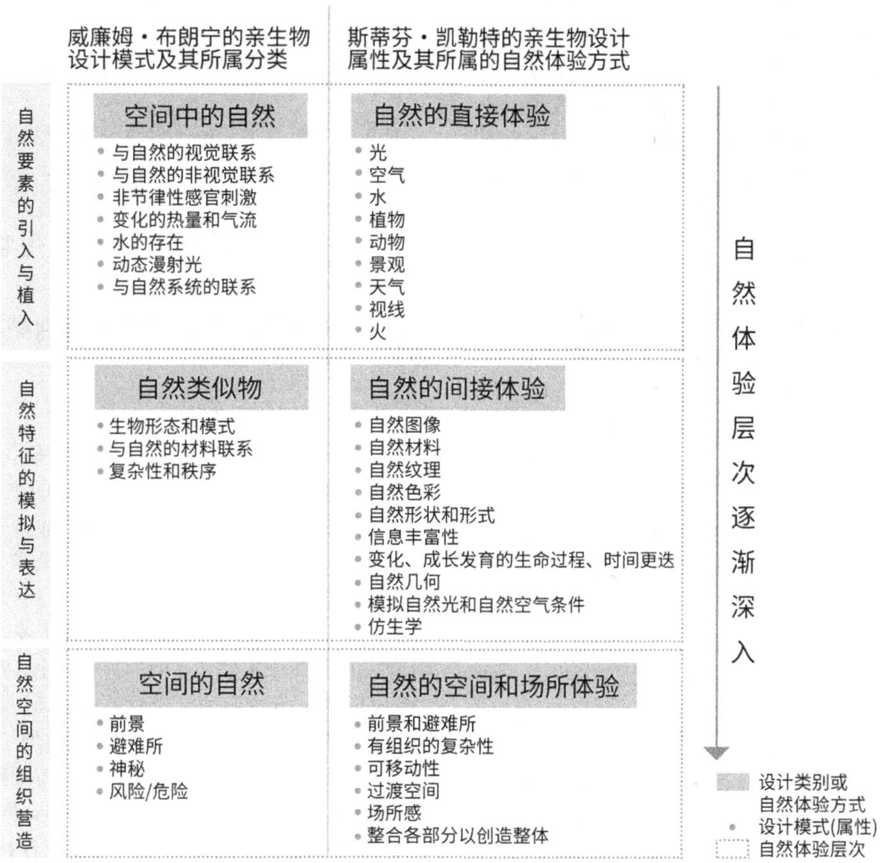

图 1　不同学者提出的亲生物设计要素及分类[9,12]

1.3　自然、亲生物设计与健康促进

自然作为人类生活的环境，影响着人们的身心感知与行为活动。与自然的积极联系是人们健康的基础与生命活力的源泉[9]，对人的认知行为、心理情绪、生理健康等方面有积极效益[11]。

研究证据表明与自然接触有利于患者康复，无论是直接接触真实的自然要素还是自然的象征物，而前者的治疗效果更为显著[13]。亲生物性作为人与自然的桥梁，在构建人与自然的积极关联和提升二者互动质量从而促进人类健康的过程中发挥着重要作用，反映在认知、心理和生理三个维度[14]。在此基础上应用于人工环境的亲生物设计，是亲生物理念的实践路径和表达方法，能够应用于康复景观之中，为康复景观设计提供创造性的方法[10]，同时可以提高使用者对环境空间的满意度，促进创造更舒适、更有效的康复环境[9]（图 2）。

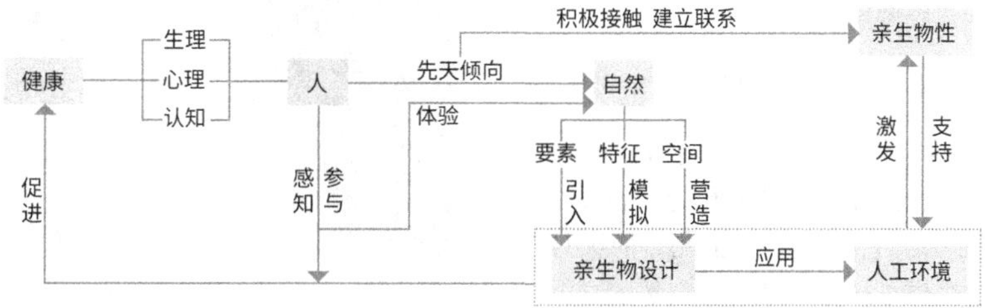

图 2　亲生物理念促进健康的作用路径

2 儿童康复景观亲生物设计作用原理

2.1 儿童的特点

儿童的心理、行为特征与喜好具有鲜明的特点：一方面，儿童好动、喜好游戏和群体性活动，好奇心强，喜欢模仿和接触新鲜事物，以此了解不同事物的性质和状况。他们的活动行为呈现出较高的主动性、多样性和较低的计划性、规律性，喜欢多样化选择及能够激发和支持探索、挑战、互动行为的场所设施和动态变化的空间体验[2,15-16]。另一方面，儿童身心还未成熟，较为脆弱，意志力、自控力往往不足，难以集中注意力，情绪与行为不稳定。同时，他们的可塑性更强，易受环境影响，其身心健康受到的负面影响甚至可能会影响一生[17]。

2.2 儿童与康复景观设计

儿童患者身心更为敏感，他们的认知、情绪及行为会受到病痛刺激、医疗过程和环境带来的众多消极影响，导致恐惧、压力、焦虑不安等表现。而诸如花园等能够提供自然环境体验的、具有感官激发作用的疗愈景观，可以有效舒缓情绪并促进患儿积极配合治疗过程[18]。在安全性的基础上，采用满足儿童偏好、符合其活动习惯和需求的景观要素与组织方式，为患儿提供多样化、多重感官刺激、随时空动态变化又可高度参与的康复环境。

2.3 儿童与亲生物设计

自然是孩子们成长中极其重要的主题，富有生命力的自然要素、特征乃至过程强烈地吸引着儿童[19]，好奇心、创造力和探索精神驱使他们乐于接触、了解丰富多样、动态变化的自然并与之互动，通过多种感官接收和体验自然的刺激和特征并产生相应的情绪反应，儿童喜欢待在自然环境中[2,20]，他们天生就是"亲生物人类"，并通过亲生物设计激活、加强亲生物本能并保持到成年阶段[21]。

童年作为人类成长发展、身心塑造和功能成熟的关键时期，与自然建立持续性的自发接触十分必要和重要，——能够促进儿童认知、情感、价值观和身体的健康发展与成熟[13]，具有深远、积极的影响。从健康功效来看，接触自然不仅能够有效降低血压，缓解疼痛，降低某些疾病的发生率，通过改善生理状况促进康复，还能促进减轻压力、提高注意力、积极情绪转变等心理健康效益[9,22]，进而影响机体整体的康健。另一方面，除了对健康的促进作用，大自然还可以对儿童的生活压力、不利环境条件起缓冲保护作用[20]。因此，亲生物设计能够充分满足儿童对自然的需求和实现健康促进的效益。

2.4 儿童康复景观亲生物设计工作原理

综上，儿童康复景观亲生物设计是在康复景观与亲生物设计研究的基础上，考虑到儿童特殊的行为、心理特征与偏好的设计方法（图3）。它不仅顺应了儿童的天性与成长发展需求，为儿童提供了接触自然、与自然建立深层联结的机会，同时，以自然为本原本就是儿童康复景观的基本要素之一，亲生物设计作为自然在人工环境中的再现表达，能够有效促进身心复健。

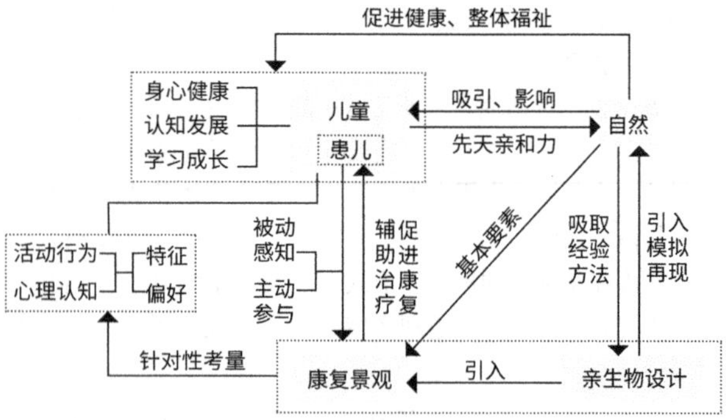

图3 儿童康复景观亲生物设计作用路径

3 面向儿童的康复景观亲生物设计

3.1 儿童康复景观亲生物设计典型案例分析

3.1.1 皇冠空中花园

皇冠空中花园位于美国芝加哥安 & 罗伯特卢瑞儿童医院，面积约 5000m²，包括 11 层的主花园及 12 层的树屋，是儿童康复景观的成功实践。设计充分考虑了儿童的特征和需求并达到相关疾病控制的要求，注重安全性，如采用安全材料（如抗菌树脂板、无毒且经过防虫防蛀处理的回收木材），通过自然要素的设计表达与灵活的空间布局满足患儿探索感知环境、游戏、个人静处与社交活动空间的需求，还设有表演及社区活动场地，促进积极锻炼和活动参与。互动感应装置的设计增加了景观的趣味性和参与性，激活的景观变化创造出新奇活跃的场所体验，促进营建这处沉浸式的康复体验环境，同时通过对历史与自然的呼应建立使用者与当地紧密连接的场所感。据研究发现，进入花园的 5 分钟内，就能够有效降低使用者的血压、心跳、大脑活动与肌肉紧张度[23]（图4）。

图4 皇冠空中花园景观
（图片来源：网络）

3.1.2 纳尔逊·曼德拉儿童医院景观

设计位于南非约翰内斯堡，通过10个不同的庭院花园提供接触自然的环境及多功能的休闲娱乐空间设施，共同营造缓解身心压力、调解负面情绪、促进康复的疗愈环境。设计通过丰富美观的植物种植、体贴的基础设施、尺度适宜的空间组织营造了舒适的环境和温馨的氛围，针对儿童的喜好与特质植入了多种富有趣味的游戏装置，并在色彩、铺装等细节设计上给予儿童充分的关注。不同动静趋向的花园提供了或观赏休憩，或互动玩耍的多样化活动条件，花园为儿童提供了近距离接触植物、水景等自然要素的场所，激发儿童的多种感官体验，此外还有种植、除草、修剪、收割等一系列园艺活动，并设置不同高度的种植池支持儿童触摸植物、闻花香[24]（图5）。

图5 纳尔逊·曼德拉儿童医院景观
（图片来源：网络）

3.1.3 案例设计特色及要点（图6）

		皇冠天空花园	纳尔逊·曼德拉儿童医院景观
自然元素的植入	光	大面积玻璃窗充分引入自然光 变化的光环境:设置一系列光互动装置	室外自然光，更多地接触阳光
	空气	竹林的设置布局形成部分遮挡又不失通透的空间，有利于空气流通	室外，空气流通
	水	水的视听刺激与联系:泡沫喷泉从花池中涌出，呈现出动态的色彩变化	水渠等水景结合植物，还设置有互动水景，叶子形状的反光水池
	动植物	成片种植的竹林	高大乔木及开花植物等丰富的搭配 设置有鸟澡盆
	与自然的视觉联系	绿色植物、丰富的颜色等	丰富的植物、颜色等
	与自然的非视觉联系	水声、气流等	嗅觉、触觉刺激等
自然特征的模拟	自然图像	创始人树屋处引入了描绘天空、小鸟与树叶的自然图像	乘骑玩具上绘制有昆虫和动物
	自然材料	主要采用石材、木材及树脂板等天然、回收材料	较多采用木质材料，以及对沙、水、砂岩等元素的运用
	自然色彩	橙黄土色调铺装;大面积的绿色竹林 树脂墙则展现出彩虹色的绚丽变幻，并依据人的位移产生流动感的变化	较多采用土色、橙黄色系及绿色 运用鲜艳丰富的色彩
	生物形态和自然形式	种植池、树脂墙到地面铺装等处，大量采用曲线形式	花瓣形态的座椅、还放置有动物嬉戏雕塑、“毛毛虫”画板、曲线形式的铺装
	有组织的复杂性	设计中富有韵律感的结构形态与丰富的设计细节表达了秩序与复杂性的内涵	
自然空间的体验	前景和避难所	树屋提供了从高处向远处眺望的视角，形成前景和避难所特征的空间	静谧花园围合形成具有安全感的私密空间，部分休憩座椅处设置有围挡廊架，或以植物围合空间，座椅前具有较好的视野
	神秘	竹丛与树脂板形成围挡关系，加之蜿蜒的路径，引人深入探索	
	场所感	樱桃、黑胡桃等乡土树种的运用反映了芝加哥当地的自然环境特色与历史	

图6 两个案例中主要体现的儿童康复景观亲生物设计要点（图片来源：整理自参考文献[23]、[24]）

3.2 儿童康复景观亲生物设计要点

在康复景观、亲生物设计原则和要点的基础上，结合儿童的特征特点与相关国外案例分析，总结归纳了儿童康复景观亲生物设计的六项基本原则。

3.2.1 安全性

安全性是设计的坚实保障和基础。在充分发挥亲生物设计健康效益的同时应避免潜在危害健康的因素，保障儿童的身心安全，构建安全卫生、舒适健康的亲生物康复环境。身体安全方面，考虑儿童好动、好奇心强等特性，把控地形设计与铺装材质选择，支持儿童在步行、奔跑、跳跃等不同运动速度和运动方式下的活动安全。选用无毒无害的植物、硬质材料，确保设施坚固耐用。塑造有一定围合感、私密性的空间，从后部和头顶提供遮蔽保护以及使用常见景观元素，均能增加儿童内心安全感。

3.2.2 功能性

对儿童而言，环境的功能性比美学特征更重要[25]。构建能够满足一定使用需求或实现一定效益的场地空间，如设置可移动桌椅、变化的地形、沙盘模型、复健设施等，支持儿童休憩、游戏、锻炼等丰富的活动。

3.2.3 复合性

复合性包含多样性、兼容性、整体性等内涵，体现在设计构成、作用对象与组织结构中。多种亲生物设计属性的组合使用能更好地满足和适应不同用户，有利于加强空间效益[12]。此外，多样性还体现在材料、肌理、图案等景观要素运用及活动选择方面，促进营建一个细节丰富、效益良好的康复环境，并通过各要素之间的关联整合形成和谐系统，达到一加一大于二的效果[9]。

3.2.4 感知性

多感官体验是儿童康复景观设计的重要特征之一，感官和知觉作为儿童理解、学习、探索和体验自然的基本媒介和触发点，也是亲生物设计促进健康的重要途径。

3.2.5 参与性

与环境的互动促进儿童认知环境并从中受益，园艺活动、动物饲喂、康体锻炼等参与性活动能够满足孩子们好玩好动与探索自然的需求，通过提高患儿接触自然的时间、频率与深度，实现对亲生物设计的沉浸式体验并获益。

3.2.6 地方性

充分体现项目的场所特色，通过对当地历史文化、地理环境与生态特征的呼应与表达，创造、加强场地亲切感与归属感。

3.3 儿童康复景观亲生物设计要素

在对亲生物设计理念方法及其在康复景观中的作用机制进行研究、梳理分析儿童特征的基础上，结合相关案例分析进行总结归纳，从业内学者已经总结过的相关设计属性[9,12]中，初步选择了亲生物设计的14个重要属性，作为儿童康复景观亲生物设计的重要因素。

儿童康复景观亲生物设计要素及其健康效益和应用方式　　表1

自然体验的类型	设计要素	健康效益	应用方式
自然元素的直接体验	光	影响视觉体验，提供刺激、提升注意力[12]，促进新陈代谢与调节昼夜节律[26]	自然光的充分引入或模拟，控制光照条件在适宜水平并具有一定的动态变化
	水	增强情绪与体验感，减压放松，帮助注意力、记忆力与认知恢复[12]	可加入喷泉、跌水、水池等水景，尤其是动态水景，促进水的多感官体验。注意水质的安全
	植物	提高舒适度，缓解压力，改善表现并促进健康[9]	选用无毒无刺、非过敏源的植物种类，还可选用具有保健作用的药用芳香植物。运用乡土植物营建可持续性的植被群落并表达当地特色
	动物	促进放松[9]，改善身心状况，加速康复[13]	可加入昆虫旅馆、鸟屋、鱼池或水族箱等设置，为儿童提供观察、接触动物并获得陪伴，与之互动的机会
	与自然的视觉联系	减压、减轻疼痛[27]，转移注意力，缓解认知疲劳，增加积极、愉悦的情感体验[12]	增加自然景观的面积、特征要素、可视范围，建立更通达的视线联系，如在建筑环境中使用玻璃材质
	和自然的非视觉联系	减压、改善环境感知并促进身心健康[12]	促进对植物、水景、景观材质、互动装置等的嗅觉、味觉、听觉和触觉体验，鼓励多感官结合

续表

自然体验的类型	设计要素	健康效益	应用方式
提取、模拟自然特征的间接体验	自然图像	自然形象的美感与色彩能促进缓解压力，并提高健康水平[9]	提取复现自然界中的丰富图像，并以整体性的方式展现[9]
	自然材料	与之互动利于儿童的身体、精神、道德和情感发展[25]	使用沙、石、木等自然材料，增加儿童对环境的亲切感，并具有反映地方特色的潜力
	自然色彩	部分强烈但整体和谐的颜色有益健康[26]	使用自然中常见的绿色、蓝色和土色系[9]，适当加入儿童偏好的鲜艳色彩[25]，形成和谐而富有变化的色彩搭配
	自然形式	改善视觉体验，减压、提高认知能力[12]	从设计细节到整体形态结构，可多运用曲线形式、有机形态等自然的形态、纹理与组织结构
自然的空间体验	秩序和复杂性	提升视觉体验，减压，改善身心应激反应[12]	有序组合与布置多种景观元素，增加在色彩、材质、纹理等方面的设计细节。应用分形形态与结构
	前景和避难所	提高注意力，减少压力、疲劳与感知脆弱性，促进恢复体验[12]	构建可向前眺望观察的开敞空间，以及给予儿童安全感和私密感的受保护空间，允许与周围环境进行一定感官联系，以保护头顶和背部为主，三面围挡为佳[12]
	神秘	激发好奇心与愉悦感受，促进减压和认知恢复[12]	利用植被、挡墙和地形等形成遮挡关系，不可对景观一览无余，或营建与景物不清晰的视觉联系
	场所感	提高舒适度，激发场所的情感依恋[9]，促生熟悉感、归属感，从而减少环境陌生感带来的负面心理影响并促进对环境的积极适应	使用地方特色材料，如本地石材及乡土植物，设计呼应当地自然系统及地标性景观，兼顾场地独特历史文化和地理生态的表达

这些儿童康复景观亲生物设计的基本框架、设计原则及主要的设计元素，在具体项目设计时应针对项目具体条件和需求，考虑用户群体，包括患儿年龄段、患病情况等因素进行灵活运用。

4 总结和展望

儿童康复景观亲生物设计是以充分发挥自然对人体积极效益为目标的促进儿童恢复健康的景观设计方法，为儿童的身心复健提出了可持续的解决方案。目前，由于要素变量的不可预测性、数据收集等方面的问题导致亲生物设计参数及效益监测评估具有一定困难[14]。未来，应对儿童康复空间亲生物设计的具体度量标准及健康功效实证进行更加系统深入的研究分析，并逐步促进空间的使用者和受益者——儿童，也参与到景观方案的设计、评估之中，助力下一代的健康成长。

参考文献

[1] (美)帕特里克·佛朗西斯·穆尼. 陈进勇译. 康复景观的世界发展[J]. 中国园林，2009(6)：24-27.

[2] 曹媛. 基于康复性条件下儿童医院景观设计方法研究[D]. 长安大学，2015.

[3] 李树华，刘畅，姚亚男，等. 康复景观研究前沿：热点议题与研究方法[J]. 南方建筑，2018，4(03)：4-10.

[4] WILSON E O. Biophilia[M]. Cambridge: Harvard University Press, 1984.

[5] Kaplan R, Kaplan S. The experience of nature: A psychological perspective[M]. Cambridge university press, 1989.

[6] ULRICH R S, SIMONS R E, LOSITO B D, et al. Stress Recovery During Exposure to Natural and Urban Environments[J]. Journal of Environmental Psychology, 1991, 11 (3): 201-230.

[7] 张文英，巫盈盈，肖大威. 设计结合医疗：医疗花园和康复景观[J]. 中国园林，2009，(8)：7-11.

[8] Kellert S R. Dimensions, Elements, and Attributes of Biophilic Design [M]// Kellert S R, Heerwagen J H, Mador M L. Biophilic Design, The Theory, Science, and Practice of Bringing Buildings to Life. Hoboken, NJ: Wiley, 2008: 3-19.

[9] KELLERT S R. Nature by design: the Practice of Biophilic Design[M]. New Haven, CT: Yale University Press. 2018.

[10] 刘博新，李树华. 康复景观的亲生物设计探析[J]. 风景园林，2015(05)：123-128.

[11] 王诗琪，梅洪元. 亲生物设计研究：理论、方法和发展趋势[J]. 风景园林，2021，28(02)：83-89.

[12] BROWNING W, RYAN C, CLANCY J. 14 Patterns of Biophilic Design: Improving Health and Well-being in the Built Environment [M/OL]. New York: Terrapin Bright Green LLC, 2014[2021-04-10]. https://www.terrapinbrightgreen.com/reports/14-patterns/.

[13] Kellert S R. Building for Life: Designing and Understanding the Human-Nature Connection [M]. Island Press, Washington DC, 2005.

[14] Ryan C O, Browning W D, Clancy J O, et al. Biophilic design patterns: Emerging nature-based parameters for health and well-being in the built environment[J]. International Journal of Architectural Research, 2014, 8(2): 62-76.

[15] 萨拉·斯科特，庞凌波．无拘无束的建筑：以亲生物设计连接城市儿童早教中心与自然[J]. 世界建筑，2020(08)：10-17+141.
[16] 周瑶．基于心理安全视角的居住区户外儿童活动空间研究[D]. 江西农业大学，2019.
[17] 孙晶晶．注重心灵感知的儿童康复景观设计[J]. 中国园林，2016，32(12)：58-62.
[18] Said I. Garden as an environmental intervention in healing process of hospitalised children[C]//Proceedings KUSTEM 2nd Annual Seminar on Sustainability Science and Management. Johor Bahru：Universiti Teknologi Malaysia，2003.
[19] Kellert S R. Experiencing nature：Affective，cognitive，and evaluative development in children[M]//Kahn P H，Kellert S R. Children and Nature：Psychological，Sociocultural，and Evolutionary Investigations. The MIT Press，London，2002：117-151.
[20] Wells N M，Evans G W. Nearby nature：A buffer of life stress among rural children[J]. Environment and behavior，2003，35(3)：311-330.
[21] Moore R C，Marcus C C. Healthy planet，healthy children：Designing nature into the daily spaces of childhood[M]//Kellert S R，Heerwagen J H，Mador M L. Biophilic Design，The Theory，Science，and Practice of Bringing Buildings to Life. Hoboken，NJ：Wiley. 2008：153-203.
[22] Tseng T A，Shen C C. The Health Benefits of Children by Different Natural Landscape Contacting Level[J]. Environment-Behaviour Proceedings Journal，2016，1(3)：168-179.
[23] 金麦颖，邝嘉儒．美国芝加哥皇冠空中花园 安&罗伯特·卢瑞儿童医院[J]. 风景园林，2014(02)：72-81.
[24] 纳尔逊·曼德拉儿童医院景观[J]. 风景园林，2017(09)：57-67.
[25] Acar H . Landscape Design for Children and Their Environments in Urban Context[M]//Özyavuz M. Advances in Landscape Architecture. Croatia：INTECH，2013：291-324.
[26] Salingaros N A. Biophilia and Healing Environments：Healthy Principles For Designing the Built World[M/OL]. New York：Terrapin Bright Green LLC，2015[2021-04-10]. https：//www.terrapinbrightgreen.com/report/biophilia-healing-environments/.
[27] Ulrich R S. Biophilic Theory and Research for Healthcare Design [M]//Kellert S R，Heerwagen J H，Mador M L. Biophilic Design，The Theory，Science，and Practice of Bringing Buildings to Life. Hoboken，NJ：Wiley. 2008：87-106.

作者简介

唐予晨，1997年4月生，女，汉族，湖南人，北京林业大学园林学院风景园林学在读硕士研究生，研究方向为风景园林规划与设计。电子邮箱：857443007@qq.com。

林箐，1971年11月生，女，汉族，浙江人，博士，北京林业大学园林学院，教授、博士生导师，研究方向为园林历史、现代景观设计理论、区域景观、乡村景观等。电子邮箱：lindyla@126.com。

明孝陵景观体系解析

An Analysis of The Landscape System of Ming Xiaoling Mausoleum

王　晴　彭慧玲　郭　巍*

摘　要：本文在简要梳理明孝陵营建历史的基础上，从山水环境、风水相地、人工营建三个方面入手，运用图解和形态学分析方法，对明孝陵的平面布局形态及其与周围山水环境的关系进行量化分析，借以解析明孝陵景观中所蕴含的中国传统空间设计法则，为现代景观规划设计提供借鉴。
关键词：陵寝景观；明孝陵；山水环境；风水相地；模数控制

Abstract: After briefly analyzing the construction history of Ming Xiaoling Mausoleum, we make a quantitative research about its layout and the relationship between it and the surrounding environment through graphical and morphological method, and following the three aspects of Ming Xiaoling Mausoleum: landscape environment, geomancy and artificial construction.
Keywords: Mausoleum Landscape; Ming Xiaoling Mausoleum; Landscape Environment; Geomancy; Module Control

引言

明孝陵始建于洪武九年（1376 年），是明朝开国皇帝朱元璋及其皇后马氏的合葬陵寝，在中国皇陵建制演变中起着革故鼎新、承上启下的重要作用[1]（图 1）。其建筑营建与山水环境的完美融合，对后世明清皇陵的营建规划产生重要影响[2,3]，并彰显了中国自古以来天人合一的规划设计思想。

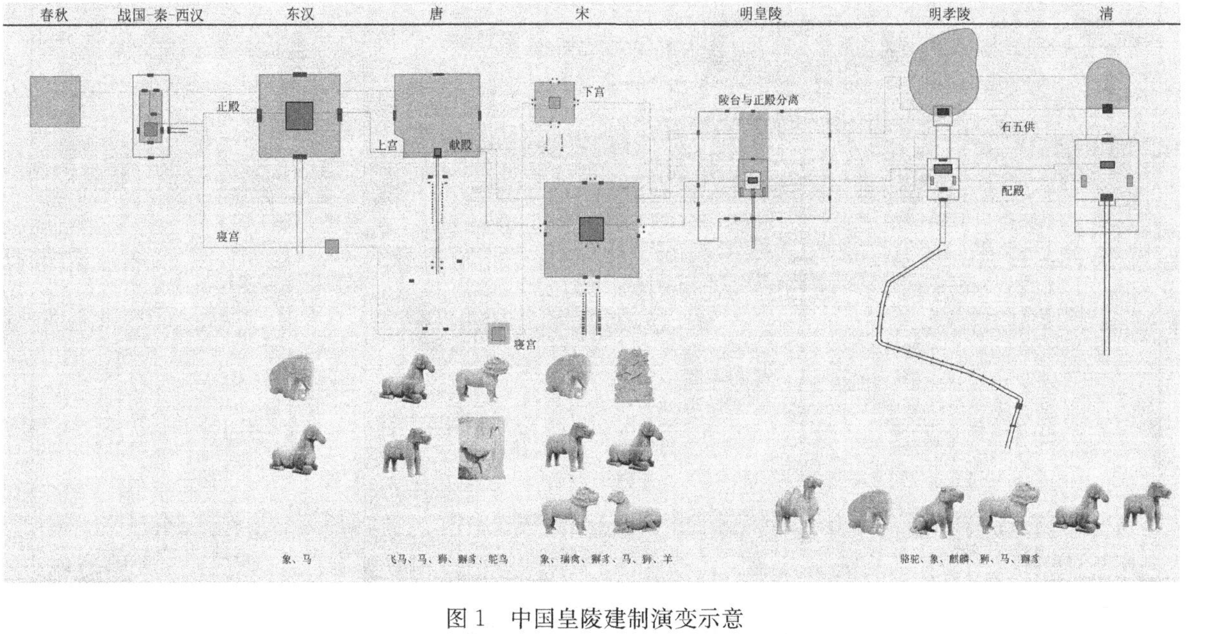

图 1　中国皇陵建制演变示意
（图片来源：彭慧玲绘，参考《中国古代陵寝制度史研究》，2016 年）

明孝陵的相地选址和大部分营建都经过朱元璋本人的监制，参与者包括宋濂、刘基等大臣。1381～1413 年（图 2），明孝陵主体建设前后历时 32 年[4]。1368 年，朱元璋定都南京之后便着人卜地选址，而钟山“上有云气，浮浮冉冉，红紫间之，人言王气，龙锐藏焉。”[5] 1376 年，朱元璋同刘基等人前往钟山卜选寝穴位置。独龙阜位于钟山主峰下偏西处，左右山脉成夹辅之势。加之当时宝公塔矗立其上，更加吸引朱元璋等人来到这天造地设的结穴之处[9]。1382 年，李新负责地宫修建并对陵冢进行加培[2]——即对独龙阜进行修整填补，使形态更加高大圆润。同年九月马皇后殁，葬于地宫，谥号“孝慈”，故定名“孝陵”。1383～1398 年，孝陵大部分建筑完工，包括享殿、下马坊、大金门、神道、宝城、明楼、孝陵卫等。1413 年，明成祖朱棣为歌颂朱元璋功绩为其建神圣功德碑；1641 年，崇祯帝设立禁约碑，戒示世人不得破坏明孝陵。至此，明孝陵在风水文化、礼仪制度等诸多要素的影响下，最终形成了天人合一的明孝陵景观（图 3）。为更好地探究明孝陵景观体系的构建，我们将从山水环境、风水相地、人工营建这 3 个方面展开分析。

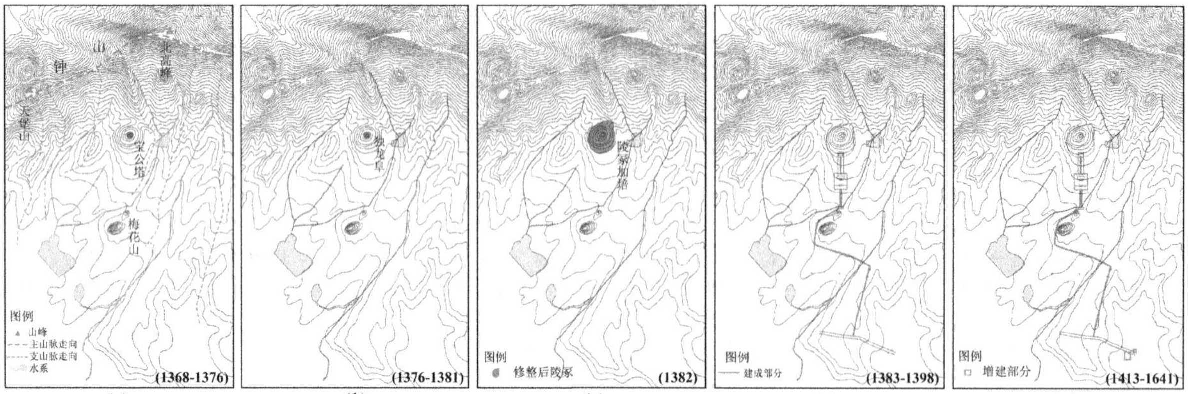

（*a*）　（*b*）　（*c*）　（*d*）　（*e*）

图 2　明孝陵营建过程示意

（*a*）相地选址；（*b*）确定寝穴；（*c*）地宫营建；（*d*）主要建筑营建；（*e*）后世增建

［图片来源：（*a*）王晴绘，底图为地方政府提供的 1945 年南京市城市详图；图（*b*）王晴、彭慧玲绘。底图为地方政府提供的 2018 年南京 CAD 测绘图］

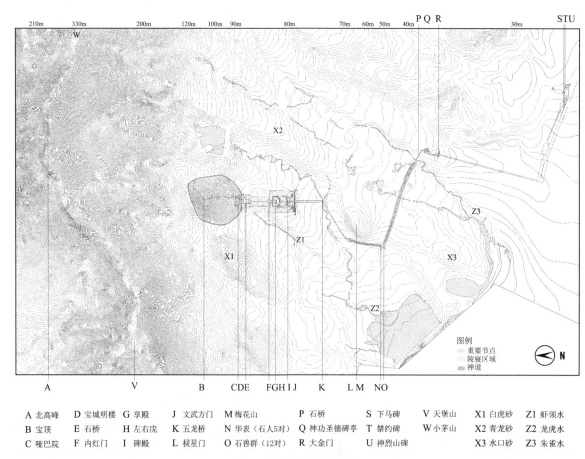

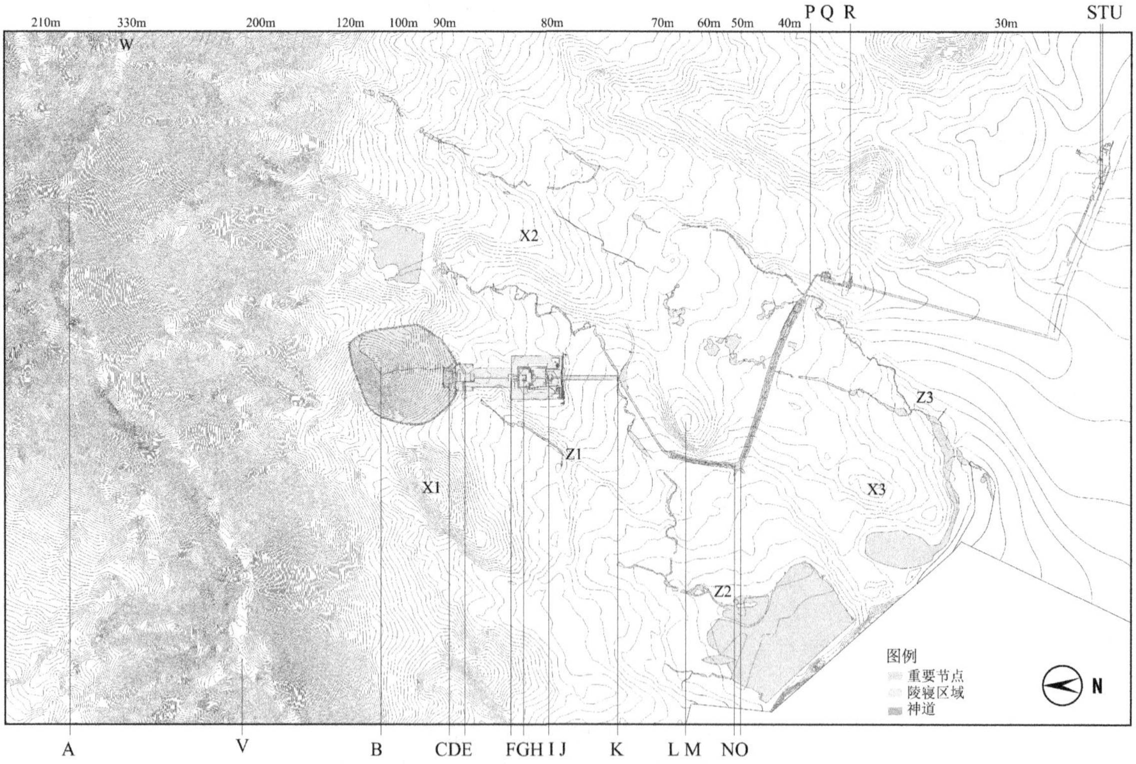

A 北高峰　D 宝城明楼　G 享殿　J 文武方门　M 梅花山　P 石桥　S 下马碑　V 天堡山　X1 白虎砂　Z1 虾须水

B 宝顶　E 石桥　H 左右庑　K 五龙桥　N 华表（石人5对）　Q 神功圣德碑亭　T 禁约碑　W 小茅山　X2 青龙砂　Z2 龙虎水

C 哑巴院　F 内红门　I 碑殿　L 棂星门　O 石兽群（12对）　R 大金门　U 神烈山碑　X3 水口砂　Z3 朱雀水

图 3　明孝陵整体平面图

（图片来源：王晴绘，数据来源为从 Bigemap GIS Designer 下载的 ASTER GDEM 12.5M 分辨率数字高程数据，底图为置入 ArcGis 后处理得到 Dem 高程图及等高线图）

1 山水环境与风水相地

1.1 山水环境

明孝陵选址于江苏省南京市玄武区钟山最高峰下的独龙阜处。南京位于长江中下游冲积平原和宁镇山脉丘陵的交汇处，整体的山形水势呈现出以钟山为中心的围合态势[6,7]。宁镇山脉自东向西而来分出3条支系，从北、西南、东南三面将钟山围合（图4）。北部是长江东岸沿线分布的狮子山—幕府山—乌龙山—栖霞山山脉，西南是以祖堂山为首的牛首山—将军山山脉，东南为青龙山—黄龙山—大连山山脉，最后收束于方山。诸山地势以钟山北高峰435m为首，其余山体高度多处于60～330m，整体地势体现为低山丘陵。由长江分出的两条支流金川河及秦淮河，穿过诸山脉围合的广阔平原地区，形成山水相嵌的态势。金川河在钟山山脚西部形成了玄武湖，秦淮河则沿东南而下在方山及以祖堂山为首的牛首山—将军山山脉之间流出。将视角进一步缩小至明孝陵及钟山区域，独龙阜背靠钟山，其东西两侧是由钟山发育出的山脉和水系（图5）。

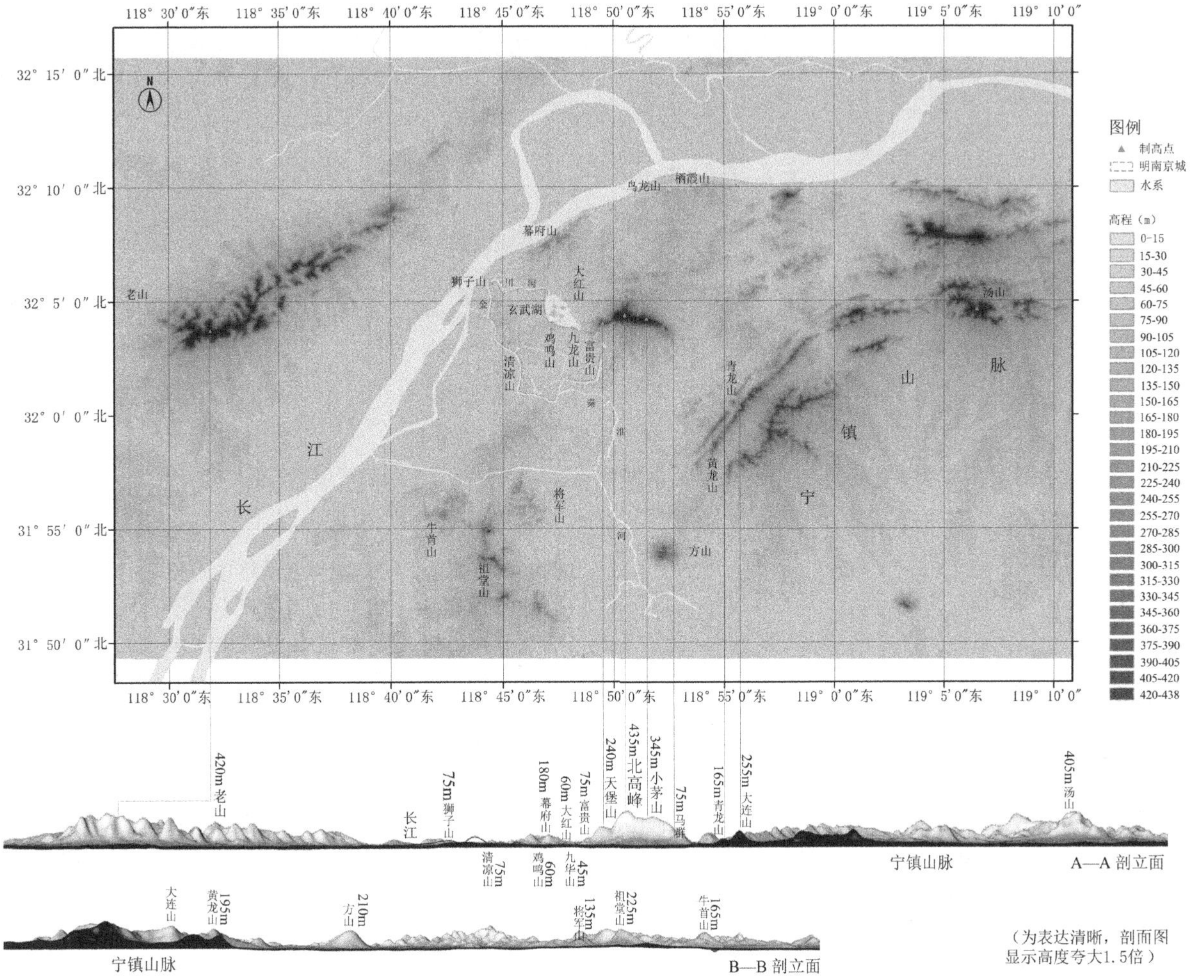

图4 南京区域自然环境分析图

（图片来源：王晴绘，数据来源为地方政府提供的2018年南京CAD测绘图）

1.2 风水相地

对自然子系统的研究还应超越具体的空间形式，探寻与社会文化的联系[8]。风水学作为中国传统的相地文化，对明孝陵的陵址选择起着至关重要的作用。明初王祎在《青岩丛录》中言："择地以葬，其术本于郭璞所著《葬书》……一曰江西之法，肇于赣人杨筠松……其为说主于形势……专指龙、穴、砂、水之相配……其学盛于今，大江以南无不遵之者。"从中可知明孝陵在营建前的相地选址，受到当时盛行的风水术——江西之法的指导。而江西之法在卜地选址时不仅重视陵寝四周山川形势的布局，还强调各地理要素的系统性和层次性[9]。

在全国范围内，形家[9]以昆仑山为祖山，并分为北龙、中龙、南龙三支，如明代刘基《堪舆漫兴》中所言："中国的干龙有三条，南、北、中，均起源于昆仑山。"南京明孝陵所处的宁镇山脉就属于南龙支，清代孙承泽《天府广记》中有言："旺气在南京，结为钟山孝陵。"这足见形家在卜地时对于"寻龙寻干"的讲究。在南京层面，明孝陵的风水环境则体现为由长江天堑和宁镇山脉所形成的龙盘虎踞之势。明《洪武京城图志》中记载："金陵控扼吴楚，天堑缭其西北，连山拱其东南，而龙蟠虎踞之势，昔人之言，盖不诬也。”而对金陵地区风水环境的描述又进一步以钟山为中心展开。南宋《景定建康志》为现存最早的记载南京的志书，其中言：“由钟山而左，自摄山、临沂、雉亭、衡阳诸山，以达于东；又东为白山、大城、云穴、武冈诸山，以达于东南……由钟山而右……以达于西北；又西北……诸山，以达于西……”这其中所体现出来的诸山以钟山为中心的围合态势，符合风水形家在卜地时对于案山朝山等山川对应关系的讲究。在明孝陵层面的风水环境，则体现为陵址周围的龙、穴、砂、水的相配关系[2,9]。

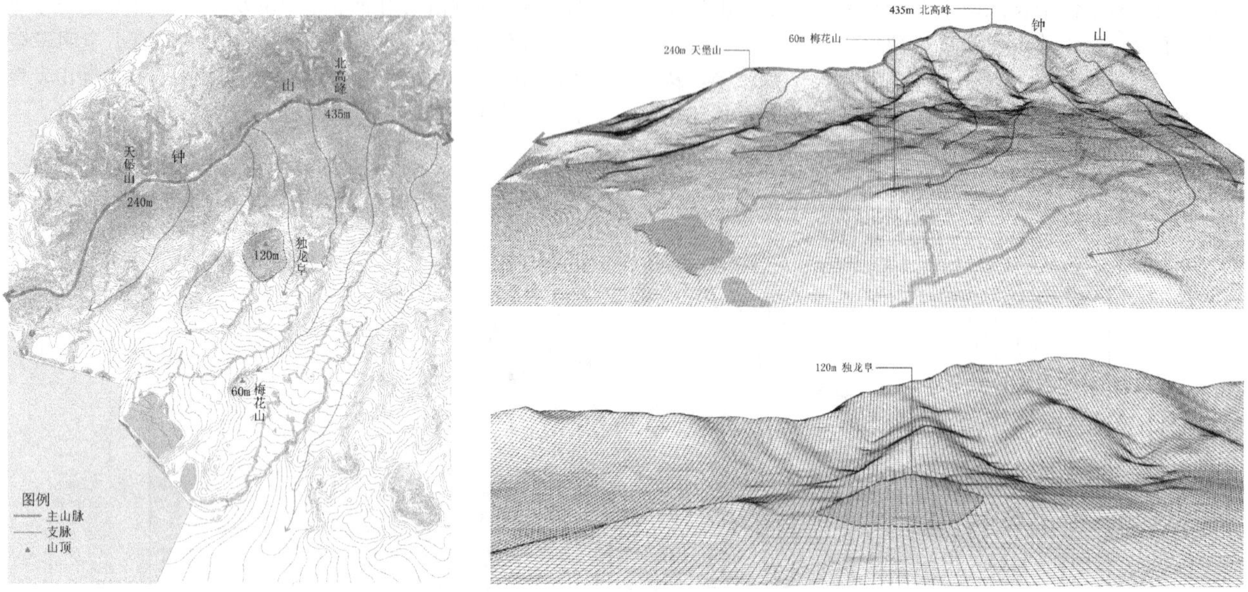

图 5　南京—钟山区域自然环境分析图

［图片来源：王晴、彭慧玲绘，底图为 2018 年 Google 地图。图纸参考《三才图会》（1609 年）中“中国三大干图”；（*d*）底图为地方政府提供的 2018 年南京 CAD 测绘图］

2　人工营建

2.1　陵寝的定穴与朝向

江西之法中点穴讲究用“十二杖法”，主要是通过目力观察周围山川的布局来确定寝穴的位置[9]。虽然没有相关资料表明，明孝陵的定穴依照“十二杖法”的步骤，仅有许多关于朱元璋及刘基等人在钟山勘穴，迁移蒋山寺及保留孙权墓的历史记载[2,5]。但通过分析，这些资料可以从侧面反映出明孝陵的定穴和朝向与周围山川布局存在重要关系。明孝陵寝穴最终选于独龙阜，而陵寝朝向以钟山为祖山，梅花山（孙权墓）为案山，方山为朝山[9]。若在相关舆图和山川鸟瞰图中进行观察（图 6、图 7），便会注意到钟山—方山、钟山—独龙阜—梅花山的对应关系皆十分清晰。明孝陵的山水环境以及风水相地赋予其山水环境独特的文化意义，是明孝陵人工营建的重要基础。周围山川的布局势必会对陵寝的定穴和朝向产生影响，从而进一步影响陵寝的建筑朝向、轴线规划，并在神道走向、建筑布局、尺度控制等规划设计上有所反映。

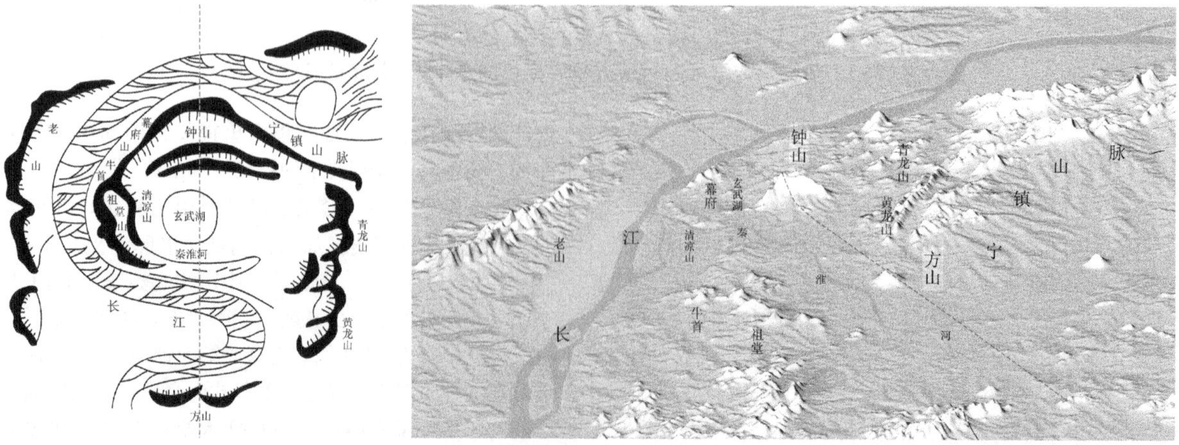

图 6　钟山—方山对应关系示意（图片来源：参考《三才图会》（1609 年）中“中国三大干图”）

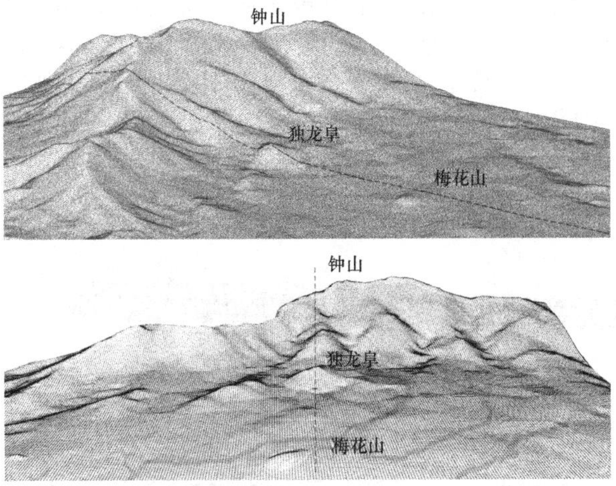

图 7　钟山—方山—梅花山对应关系示意

2.2　神道走向与视线设计

明孝陵的神道与前人笔直的神道设计不同，其依附山势曲折有致。通过在明孝陵重要节点处（桥、门、碑等）放置视点进行平面作图分析（图 8、图 9），我们发现明孝陵独特的神道走向与周围山体存在对景和一定的视角控制关系：

（1）视点位于下马碑[23]拾级而上的平台处，主视线方向近以鸡鸣山为对景，远以老山相对。顺着神道向左作 30°的分析线，正好穿过明南京城午门。向右作 45°的分析线，穿过天堡山顶峰。

（2）视点位于石桥，其与北高峰相对，向左作 47°，向右作 33°分析线，其视域边缘分别为天堡山和小茅山。

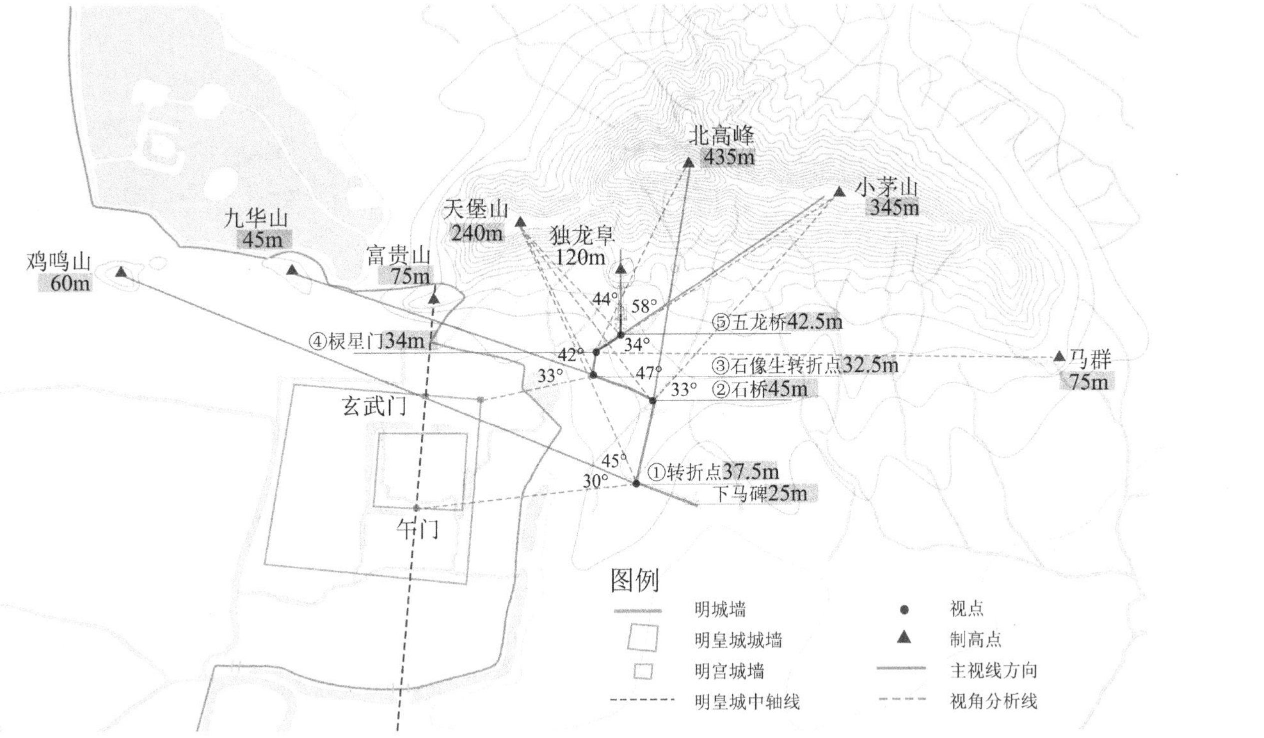

图 8　神道走向与山体对景及视角控制关系示意一

（3）视点为两段石像生的转折点，主视线方向近以富贵山西、九华山为对景，远与老山相对。向左作 33°分析线穿过明皇城东北城角，向右作 42°分析线穿过天堡山顶峰。

（4）视点位于棂星门，主视线方向为小茅山，向左向右分别作 34°分析线，分别穿过钟山北高峰和钟山山脉东段终止处马群。

（5）视点位于五龙桥，主视线方向正对独龙阜和北高峰，向左作 44°分析线穿过天堡山，向右作 58°分析线穿过小茅山。

总体而言，每个视点的主要视线方向与周围山体形成对景，主要观赏视域限定在 60°～120°。且每个视点的沿轴线方向的 30°～60°视角范围，都由某些山体或城门进行限定。从人眼的生理规律上说，人双眼所见景物的视野范围为 120°，而在 60°的视野范围下能将景物看得较为清楚，而更清楚的视野范围则为 30°[16]。

2.3　平面尺度控制

2.3.1　宏观及中观尺度控制

1980 年代，贺业距先生论述了《考工制・匠人》中关于"方九里"的城邑规划制度[11]；1990 年代，傅熹年先生提出"中国古代建筑确有一套规划设计原则、方法和艺术规律"[12]；2000 年代至今，张杰教授对清代皇家园林[13]、古代城市的规划设计[14,15]等进行量化研究，并提出了相应的模式控制规律[16]。在此基础上，我们对明孝陵的尺度控制关系进行以下分析。点穴是相地术中最关键的一环[9]，因此明孝陵的墓冢大小及位置应是最先确定的，故我们以墓冢的尺寸大小作为在宏观及中观尺度分析上的衡量对象。以墓冢十字轴线交点为圆心，以墓冢南北向长度[22] a 的倍数为直径 R 向外画圆进行分析。

在宏观尺度上，存在 $6a$、$26a$、$56a$、$90a$ 四个尺度层次的山体围合（图 10）。第一层山体围合 $R=6a$，以钟山山脉围合为主；第二层山体围合 $R=26a$，以鸡鸣山—大红山—钟山北余脉—马群为主；第三层山体围合 $R=56a$，以黄龙山—青龙山—沿长江东岸分布山脉为主；最外层山体围合 $R=90a$，以老山—牛首山—祖堂山—方山—汤山为主。

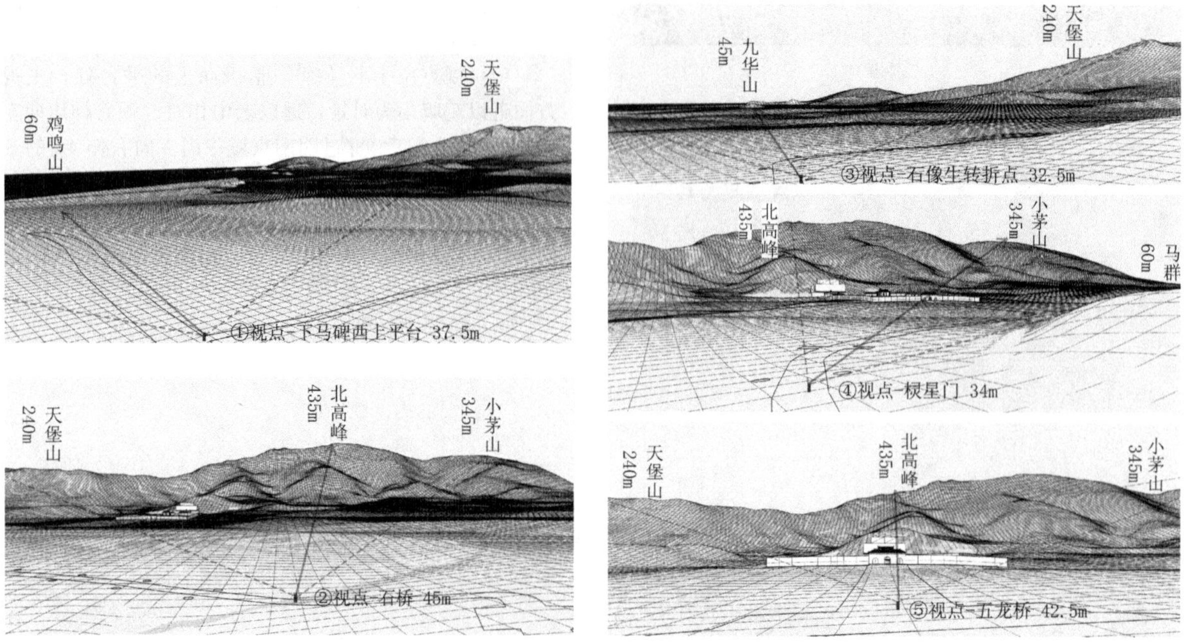

图 9　神道走向与山体对景及视角控制关系示意二

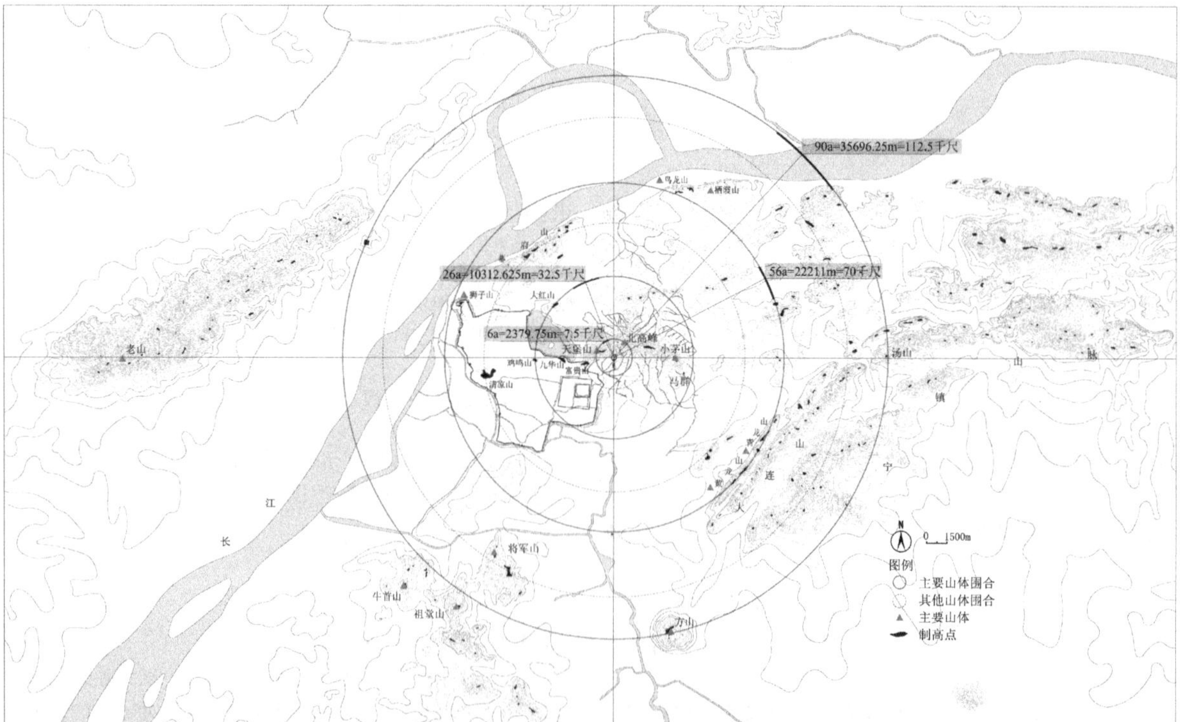

图 10　宏观尺度控制

在中观尺度上，存在 $3a$、$5a$、$8a$ 这三种尺度层次的山体围合（图 11）。在 $R=3a$ 的圆圈范围内，是第一层的护砂围合—墓冢西侧的白虎砂以及东侧玄武砂的余脉；在 $R=3a-5a$ 的圆圈范围内，是第二层的护砂围合——从西高峰延绵而下的两支护砂，和从北高峰延绵下的青龙砂至水口砂，以及由北高峰分出的另一支护砂；在 $R=5a-8a$

时，是第三层的护砂围合——从西高峰到富贵山的山脉围合，以及从北高峰余脉延绵下一支护砂。

且进一步分析发现，孝陵由重要节点或转折点划分出来的建筑部分或神道部分，处于 0.88a 和 0.6a 这两种尺度的控制之下（图 11）。从哑巴院到内红门 A1、享殿建筑院落 A2、碑殿到五龙桥的前导空间 A3、五龙桥到棂星门的神道部分 A4、棂星门到华表的 5 对石人石像生部分 A5，其尺度皆控制在 0.6a 为直径的圆内；另外，从华表至石桥的 12 对石像生部分 B1 的尺度控制在 2 个 0.88a 直径的圆内，从石桥至下马碑部分 B2 的尺度控制在 4 个 0.88a 直径的圆内。

总结可知，设墓冢南北向长度为 a，a 实测等于 396.625m，转化明代测量单位即 25×5 丈＝125 丈＝1250 尺＝1.25 千尺[12]。在宏观上，明孝陵存在 6a＝2379.75m 至 90a＝35696.25m 的尺度控制，即 7.5～112.5 千尺；在中观上，明孝陵存在 3a＝1189.875m 至 8a＝3173m 的尺度控制，即 3.75～10 千尺。而由重要节点或转折点划分出来的建筑部分或神道部分，存在 0.6a＝237.975m＝0.75 千尺和 0.88＝349.03m＝1.1 千尺这两种基本模数控制。

2.3.2 微观尺度控制

在微观尺度上，存在以明代方 5 丈的网格为基准的尺度控制。明初尺长单位一尺为 31.73cm，一丈合十尺为 3.173cm[12]。从哑巴院北院墙到内红门实测距离为 237.975m，从内红门到文武方门实测距离为 174.515m，从文武方门到五龙桥实测距离为 190.380m，以明尺折算恰好为 750 尺、550 尺和 600 尺，即 75 丈、55 丈和 60 丈。再测量享殿南北院墙距离为 142.785m，折算为 450 尺，即 45 丈。因为 75、55、60、45 这 4 个数字的最小公约数为 5，所以我们在明孝陵平面图上画 5 丈方格进行进一步分析和推测（图 12）。依此布网格，从哑巴院北院墙到内红门占 15 格，从内红门到文武方门占 11 格，从文物方门到五龙桥占 14 格，而享殿院落的四面院墙皆落在网线之上，享殿宽占 5 格，碑殿宽占 3 格，文武方门到五龙桥的神道宽占 1 格。以上现象表明，明孝陵在微观尺度上极大可能是以方 5 丈的网格为基准进行规划设计的。

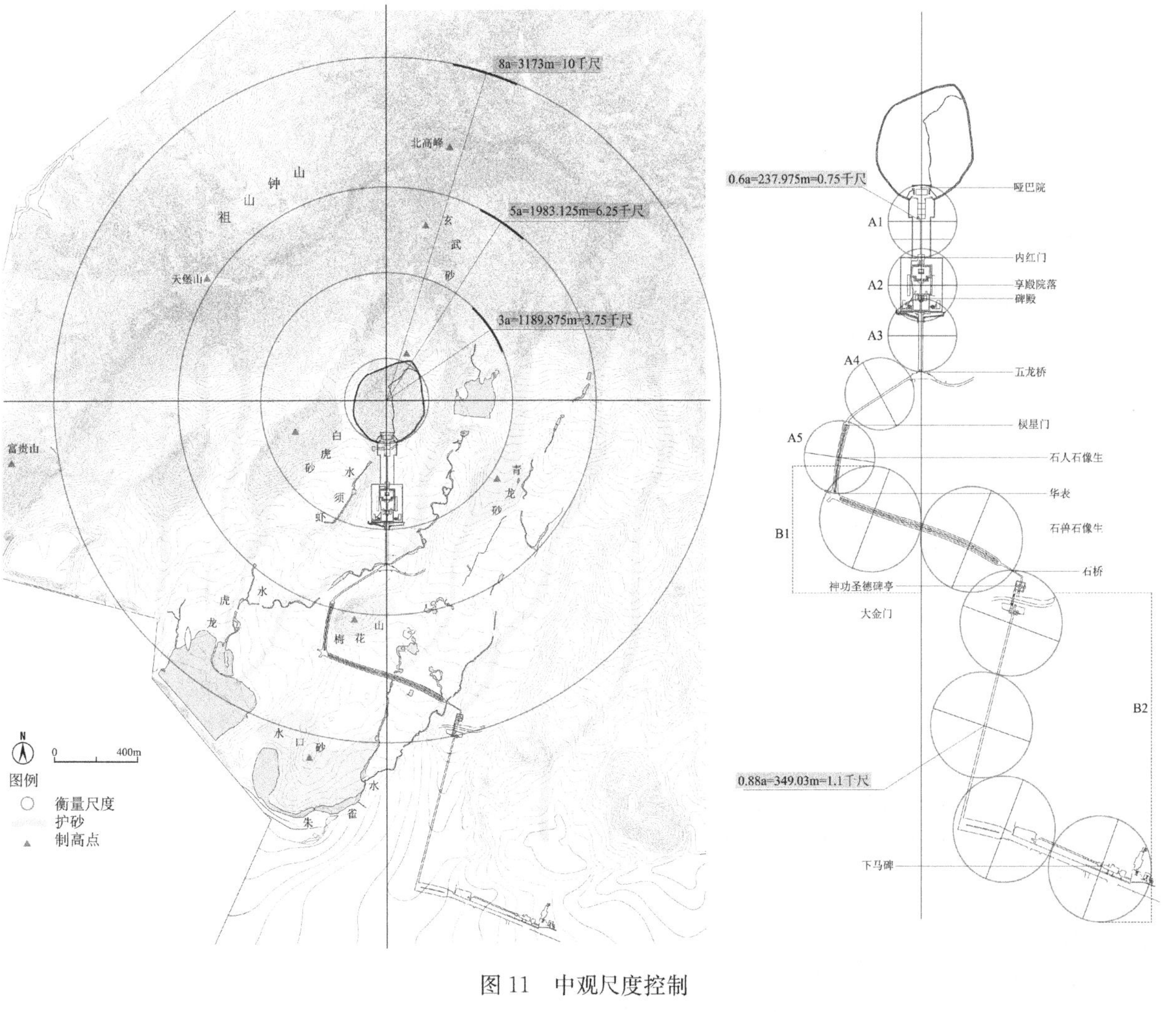

图 11　中观尺度控制

A 宝顶　　　E 内红门　　　H 碑殿
B 哑巴院　　F 享殿　　　　I 文武方门
C 宝城明楼　G 左右庑　　　J 五龙桥
D 石桥　　　□ 五丈网格（15.865×15.865m）

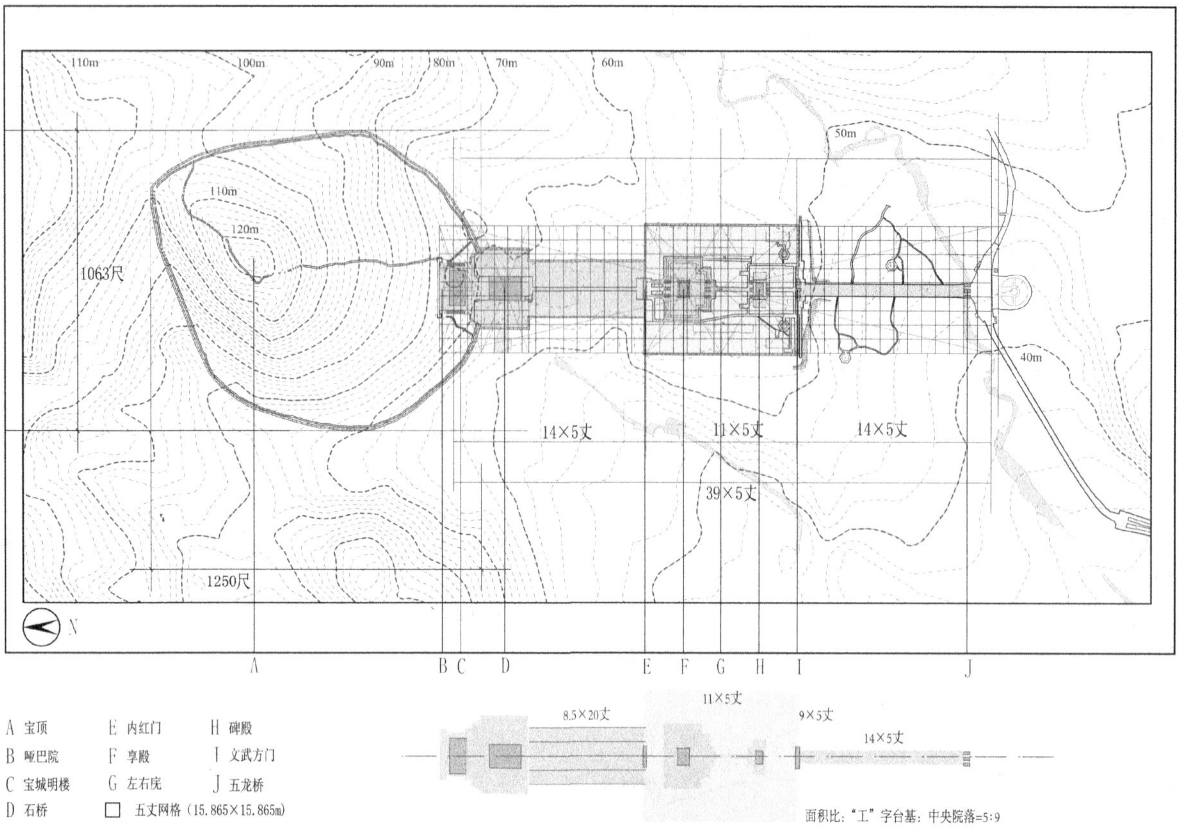

图 12　微观尺度控制分析

3　总结与讨论

　　层山围合、山水相嵌的自然环境是明孝陵景观空间的营建基底；形家则赋予山水环境独特的文化含义，将明孝陵置身于昆仑山—南干龙—宁镇山脉—钟山的风水环境体系中；人工营建则在综合考虑了自然山水环境和风水环境的基础上，结合相应的传统规划理念，对明孝陵的轴线、神道走向、平面布局等进行系统地规划设计，最终形成天人合一的明孝陵景观。此外，陵寝的定穴与朝向受到周围山川关系及风水文化的深刻影响；而神道的走向规划表现出与周边山体的对景和视域限定关系；在平面规划上，明孝陵墓冢大小与周围山体间的距离则反映出一定的模数控制规律。若从景观游览体验上进行分析和讨论，则可以归纳出以下观点：

　　（1）作为极为重要的仪式性道路，神道规划时应考虑了谒陵者在前进时的主要观赏对象和谒陵感受。那么通过与周边山体形成对景和视域限定关系，便可借助山势烘托建筑，也可借开阔的自然环境渲染静谧肃穆的谒陵氛围，由此引导谒陵者一步步前进和祭拜；

　　（2）而 30°、60°、120°的控制视角能使人在一定的空间范围内对最主要的对象进行观赏，1125 尺、100 尺、11 尺、0.5 尺的控制尺度则考虑了谒陵者的观赏距离及所观赏物体尺度大小。王其亨在《风水研究理论》中将"千尺形百尺势"作为外部空间尺度权衡基准并进行了深刻分析，认为古时匠人利用"形"和"势"从远近不同层次来

考量设计主体整体与部分以至细节的关系，最后得以"俾臻完善"。综上所述，这些尺度和视角控制具有一定的空间意义和科学依据[18,19]，体现出明孝陵在规划设计时对建筑、周围山水和谒陵者感受的综合考虑。

4　启示

　　中国皇陵的规划设计中陵寝建筑与山水环境的完美结合令人称道，李约瑟曾赞美道："皇陵在中国形制上是一个重大的成就，他整个图案的内容也许就是整个建筑部分与风景艺术相结合的最伟大的例子。"[20]西蒙兹也曾评价道："所以没有任何一个地方，风景会这样真正成为建筑艺术的材料。"[21]明孝陵景观体系中，自然环境、文化环境与人工环境三者的协调融合深刻体系了中国传统空间的营建智慧。这对于在快速城镇化的背景下，进行"人于天调、和谐与共"的现代景观规划设计，创造美美与共的风景园林具有深刻意义。

参考文献

[1]　杨宽.中国古代陵寝制度史研究[M].上海：上海人民出版社，2016：5-69.

[2]　胡汉生.明朝帝王陵[M].北京：学苑出版社，2013：13-24.

[3]　胡汉生.明十三陵[M].北京：中国青年出版社，1998：233-251.

[4]　张鹏斗，陈明莉.世界文化遗产 明孝陵[J].档案与建设，2003（09）：29-34.

[5] (明)张岱原著．栾保群校注．新校注陶庵梦忆[M]．南京：江苏凤凰文艺出版社，2019.
[6] 姚亦锋．东吴之前南京古城起源的地理过程[J]．城市规划，2019，43(02)：91-98.
[7] 姚亦锋．基于自然地理格局的南京古都景观研究[J]．建筑学报，2007(02)：20-23.
[8] 侯晓蕾，郭巍．场所与乡愁——风景园林视野中的乡土景观研究方法探析[J]．城市发展研究，2015，22(04)：80-85.
[9] 王广勇．世界遗产文化丛书：明孝陵(风水卷)[M]．南京：东南大学出版社，2008.
[10] 胡汉生．明代帝陵风水说[M]．北京：北京燕山出版社，2008.
[11] 贺业钜．中国古代城市规划史论丛[M]．北京：中国建筑工业出版社，1986：1-12.
[12] 傅熹年．中国古代城市规划、建筑群布局及建筑设计方法研究[M]．北京：中国建筑工业出版社，2001：73 80，313-321.
[13] 张杰，熊玮．清代皇家园林规划设计控制的量化研究——以圆明三园、清漪园为例[J]．世界建筑，2004(11)：90-95.
[14] 张弓．中国古代城市设计山水限定因素考量[D]．北京：清华大学，2006.
[15] 敖仕恒，张杰．结合山水地形的元大都城市十字定位与中心区布局研究[J]．中国建筑史论汇刊，2018(01)：199-237.
[16] 张杰．中国古代空间文化溯源（修订版）[M]．北京：清华大学出版社，2006.
[17] 刘滨谊，张亭．基于视觉感受的景观空间序列组织[J]．中国园林，2010，26(11)：31-35.
[18] 张杰，霍晓卫．北京古城城市设计中的人文尺度[J]．世界建筑，2002(02)：66-71.
[19] 王其亨．风水理论研究[M]．天津：天津大学出版社，2007.
[20] Needham Joseph Science & Civilization in China Vo14：3. Cambridge University press.
[21] Simonds John Ormsbee. Landscape Architecture. 王济昌译，1982：280.
[22] 郭华瑜．南京明孝陵明楼建筑形制研究[J]．建筑史，2009(02)：81-92.
[23] 贺云翱，王碧顺，路侃．明孝陵下马坊区域考古勘探简报[J]．南方文物，2014(02)：76-82.
[24] 潘梦瑶，沈杨帆．南京明孝陵陵宫区建筑遗址的测绘推测研究[J]．住宅与房地产，2018(11)：191.
[25] 白颖，陈建刚，邓峰，等．明孝陵大金门勘察测绘分析与研究[J]．中国建筑史论汇刊，2018(01)：51-64.
[26] 于希贤，于涌．中国古代风水的理论与实践(下)[M]．北京：光明日报出版社，2005.
[27] 陈薇，杨俊．"围"与"穿"——南京明城墙保护与相关城市交通发展的探讨[J]．建筑学报，2009(09)：64-68.
[28] 杨新华．南京明城墙[M]．南京：南京大学出版社，2006.

作者简介

王晴，1996 年 11 月生，女，汉，海南琼海人，北京林业大学园林学院在读硕士研究生，研究方向为乡土景观、风景园林规划与设计。电子邮箱：fnvlsnokii@outlook. com。

彭慧玲，1997 年 4 月生，女，土家族，湖南衡阳人，北京林业大学园林学院在读硕士研究生，研究方向为风景园林规划与设计。电子邮箱：queequeling@163. com。

郭巍，1976 年 10 月生，男，汉，浙江人，博士，北京林业大学园林学院教授，荷兰代尔伕特理工大学（TUD）访问学者，研究方向为乡土景观。电子邮箱：gwei1024@126. com。

基于公众认知的中国夜空保护地教育示范区建设模式探究

Study on the Construction Model of Dark Sky Places Education Demonstration Area in China Based on Public Cognition

杨恒秀　杜　雁*

摘　要：本文对IDA夜空保护地规范进行归纳，总结中国夜空保护现状并通过问卷调查分析公众认知，结果显示：建设基础薄弱、公众识别度低是目前中国夜空保护地建设面临的重大问题。建议依托于成熟保护地或专业场所建设夜空教育示范区，提升中国夜空保护地地位与公众参与度，提出3种依托可能性并进行数据分析，为我国相关建设提供参考。

关键词：风景园林；夜空保护地；公众认知；教育示范区

Abstract: This paper summarizes IDA's regulations on Dark Sky Places and the current situation in China, and surveys public cognition through questionnaires. The results show that weak construction foundation and low public recognition are the major problems faced by the construction of Dark Sky Places in China. It is suggested to build Dark Sky Education Demonstration Areas based on mature reserves or professional sites, improve the status and public participation of dark sky protection, propose three basement possibilities and conduct data analysis to provide reference for relevant construction in China.

Keywords: Landscape Architecture; Dark Sky Places; Public Cognition; Education Demonstration Area

引言

人工照明威胁着生态系统的稳定发展，为创造一个可持续的生存环境，光污染的治理不容忽视。1988年国际夜空协会（International Dark-Sky Association，IDA）成立，致力于为后代守护夜空，2001年国际夜空保护地项目（International Dark Sky Places，IDSP）提出，鼓励通过有效的照明政策和公共教育来保护世界各地的夜空环境。

国际较早围绕夜空保护地展开研究，探索夜空保护地的价值[1-2]，对案例进行天文旅游[2]、夜空质量[3-7]等方面的评估。国内实践还在探索阶段，研究关注成熟的国际夜空保护地的借鉴意义[8-10]，量化其选址因素[11-12]，为国内发展提供建议。总的来说，国际研究倾向于对已建设保护地进行反馈和延伸，国内研究主要在探寻适合中国发展夜空保护的最佳途径。

在借鉴国外经验的基础上，明确夜空保护地建设需求，结合中国情况选择合适的建设方式是下一目标。本文对IDA夜空保护地建设规范进行分析，并结合中国实际建设情况与公众认知探索夜空保护在中国进行实践的可能性，以期为中国夜空保护地建设提供指导方向。

1　IDA夜空保护地规范

IDSP共有5个项目类型，从不同的尺度和需求保护夜空（表1）。IDSP中每个类别都有IDA官方规范文件，统称为《指南》。

IDSP类型及说明　　表1

名称	说明
国际暗夜社区	依法组织的城镇，采用高质量的室外照明法令并努力向居民宣传暗夜的重要性
国际暗夜公园	受自然保护区的公共或私人场所，可实现良好的室外照明并为游客提供夜空项目
国际暗夜保护区	包括核心区及外围地区，在该区域制定政策控制措施以保护核心的夜空质量
国际暗夜避难所	世界上最偏远（通常也是最黑暗）的地方，其保护状态最脆弱
城市夜空场所	大型城市环境附近的场所，其规划设计可在夜间大量人造光的情况下积极促进真实的夜间体验，不符合其他任何IDSP的资格标准

《指南》为夜空保护地提出建设申请的要求规范。指南首先对保护地概念、建设目标以及利益做出描述，明确其基本价值；其次对保护地申请的资格和需要满足的最低要求进行说明；随后规定照明管理计划的基本范本以及照明清单的提交要求，用以评估和监管；最后说明项目申报办法、审查维护办法以及对未达标的夜空保护地重新评估的办法。

《指南》对夜空保护地提出的建设目标从行为认定、示范地位、公众参与、资源认可4个方面设定，明确保护地建设定位，着重考虑了其夜空资源的价值以及公众认识夜空保护的必要性（图1）。最低标准划定了夜空保护地的基本条件，从照明管理、夜空质量、公众识别、公众教育以及评估报告五个部分对不同类型保护地有不同程度的要求（图 2）。可以看到，制定照明管理计划、保证保护地的公众识别度以及维护夜空质量是每一种夜空保护地必要的条件。其中，IDA 提出了 3 个指标以衡量夜空质量，判断某地能成为何种夜空保护地（表 2）。

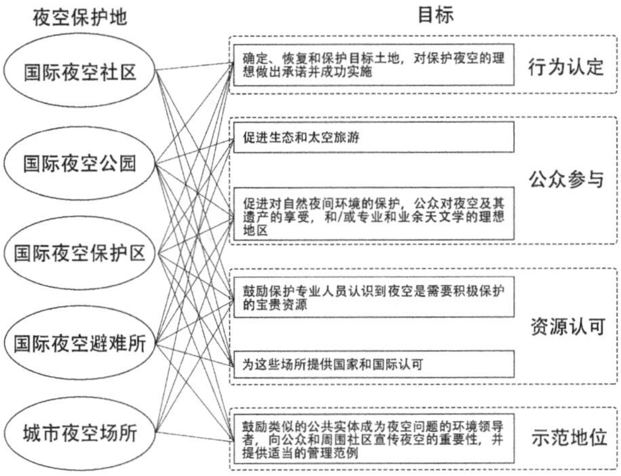

图 1　夜空保护地目标归纳

	照明管理	夜空质量	公众识别	公众教育	评估报告
国际夜空社区	●		●	●	
国际夜空公园	●	●	●	●	●
国际夜空保护区	●	●	●	●	●
国际夜空避难所	●	●	●	●	●
城市夜空场所	●		●		●

● 表示该保护地需要满足这一要求

图 2　夜空保护地最低标准归纳

夜空质量指标　　　　表 2

指标类型	说明
天空质量计（Sky Quality Meter，SQM）	实时测量夜空亮度，上限值为 22.00，数值越高则夜空质量越高
波尔特等级（The Bortle Dark-Sky Scale）	以目视极限星等的数据梯度作为评判标准，数值范围由 1 到 9，数值越小则夜空质量越高
摄影证明	用于对波尔特等级加以佐证并记录夜间现象

《指南》清晰地为申请者提供夜空保护地建设基本模式，对于探索中国夜空保护地建设有重要的参考价值。

2　中国夜空保护地建设现状与公众认知

2.1　中国夜空保护行动现状

中国的夜空保护行动从法律规范、规划政策、专业组织与实际建设 4 个方面展开。在立法方面，目前国内没有针对光污染的法律法规，大多条例存在于普适性法律以及地方条例中。在照明规范方面，经过多年的探索，2020 年《城市照明建设规划标准》CJJ/T 307—2019 从规划设计结构、区域划分、照明需求等方面为我国城市照明发展提供了新风向。在城市规划中，在杭州、成都、济南等地“夜空区域”的概念逐渐被提出，划定夜空保护区域并控制照明设施以维护夜空环境。

2008 年，中国以天荒坪夜天光保护区打开了夜空保护实践的大门，并陆续在济南、青岛等地开展相关建设。2015 年，中国生物多样性保护与绿色发展基金会成立星空工作委员会，以保护夜间环境和发展星空文化为宗旨，并在 2016 年建立中华夜空星空保护地体系；星空工作委员会于 2018 年发布《夜空星空保护地项目标准》，对该体系提出了分类标准、建设管理与运营要求以及认证资格与监督方式，填补了中国该方面建设的规范空白，目前国内已成立 6 个中华夜空星空保护地。我国在夜空保护实践方面多有尝试（表 3），不少森林公园、自然保护区等都各自创建了夜空观星点，但因面积小、夜空等级不足或没有申报等原因[13]，目前登上国际榜单的保护地屈指可数。

中国夜空保护地实践　　　　表 3

名称	省/自治区	建设年	建设依托
天荒坪夜天光保护区	浙江	2008	省级风景名胜区
章丘七星台星光公园	山东	2012	国家 3A 级景区
青岛城市星光公园	山东	2013	省级风景名胜区
九宫山星光主题公园	山东	2015	国家级自然保护区
高田坑夜空公园	浙江	2015	无
阿里夜空星空保护地	西藏	2016	无
那曲夜空星空保护地	西藏	2016	无
太行洪谷夜空星空保护地	山西	2018	国家森林公园
野鹿荡夜空星空保护地	江苏	2018	无
葛源夜空星空保护地	江西	2019	无
照金夜空星空保护地	陕西	2020	国家 4A 级景区

2.2　公众需求与认知

公众参与夜空保护具有重要意义，了解中国公众认知现状对夜空保护地建设有着指导作用。本文采用问卷法对公众夜空认知进行调查，发放时间为 2020 年 5 月 16 日至 7 月 16 日。本次调查共发放 715 份问卷，有效问卷共计 714 份，有效回收率为 99.9%。问卷数据采用 Origin 2021 进行可视化。

77.3%的受访者认为自身所在地受到了光污染的影响（图 3），可见光污染存在之普遍。而对于夜空保护措施，67.1%的受访者并不了解是否存在及内容为何，仅有 2.7%的受访者对相关内容有过详细了解，可见公众对夜空保护行为缺乏认知（图 4）。而大部分受访者认可将城市与游憩地“暗下来”，且倾向游憩地的夜空保护（图 5），足以显示公众对自然夜空的向往。

由图 6 可见，87.4%的受访者此前对夜空保护地没有任何了解，而有所了解的 90 人中有 70 人从未到访过任何

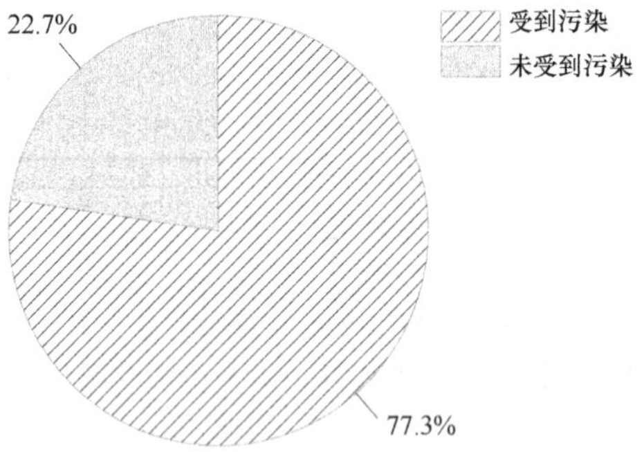

图 3　光污染认知

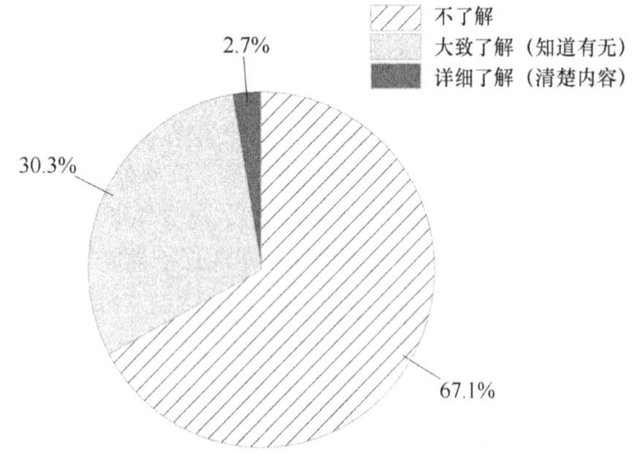

图 4　夜空保护措施知晓程度

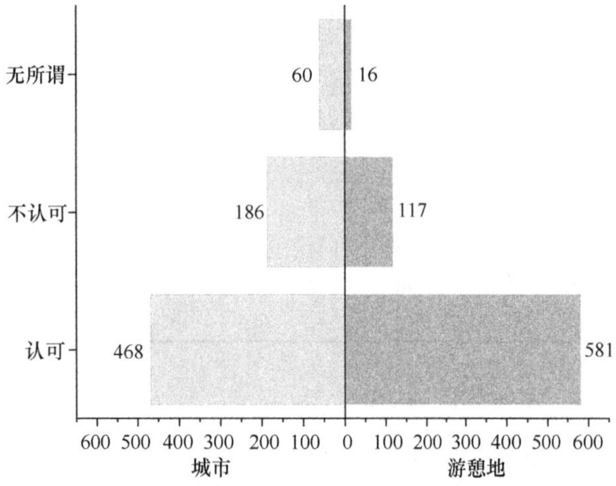

图 5　夜空保护认可程度

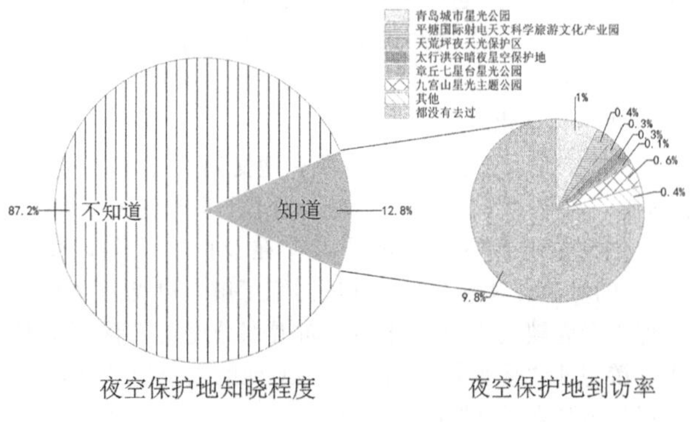

图 6　夜空保护地知晓与到访程度

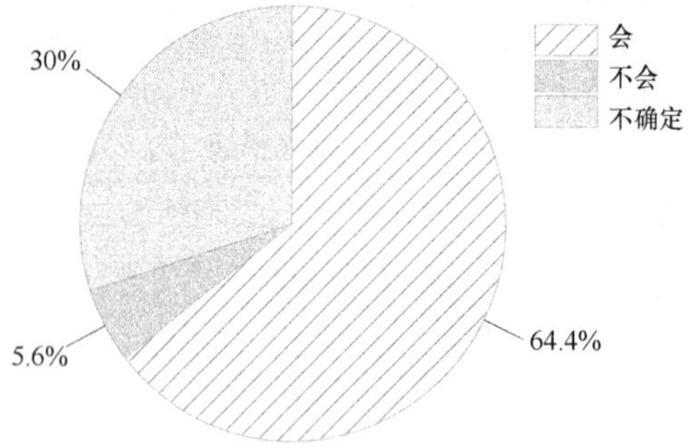

图 7　夜空保护地前往意愿

一个夜空保护地。通过比对可以发现，受访者曾前往的夜空保护地普遍具有交通便利、基础设施完善的特点。图 7 显示，64.4%的受访者肯定了前往夜空保护地的意愿，仅 5.6%的受访者不愿前往，可见夜空保护地在公众中的需求之大。

研究结果表明，目前公众对于夜空保护理念的认识十分薄弱，无论是保护政策还是保护地的到访率都不尽如人意。而公众兴趣导向为夜空保护地提供了潜在价值，肯定了夜空保护地公众认知和教育体系建设的必要性。

3　夜空教育示范区建设模式探索

目前中国夜空保护行动并非一帆风顺。公众宣传力度不足使得夜空保护的概念并不为人所知，IDA 的规范着重强调公众参与夜空保护的重要性，鼓励管理者、社区、学生等积极参与夜空保护；此外，国内现有夜空保护地往往存在着地处偏远、民众可达性较差的特征，虽保证了良好的夜空质量，却不利于公众参与夜空保护的推广与实践。

针对现有问题，选择具有良好夜空遗产、公众知名度以及基础设施建设的地区，以夜空教育为核心目标建立夜空示范区，进而由浅入深地推广夜空保护地建设，能有效提高夜空保护的公众认知和公众参与。中国幅员辽阔，有着多种建设依托选择，后文将以公众认可的国家公园、风景名胜区及城市天文台为例进行可能性探讨。

3.1　依托国家公园的夜空教育示范区建设

目前已认证的夜空保护地大多包含或属于国家公园或自然保护区的范围，有着优异的生态环境。2015 年国家发展改革委等 13 个部委联合发布了《建立国家公园体制试点方案》，并先后设立了 10 处国家公园体制试点区。这些试点区经过多年的探索实践，在保护和管理方面建设相对成熟，本文选择各个国家公园试点区内重要保护区的夜空质量进行罗列，见表 4。

可以看到，10 处试点中除了位于长城国家公园外，其余国家公园的夜空质量都十分优异。国家公园试点有部分靠近城市或本身包含村镇，如东北虎豹国家公园和武夷山国家公园。若要在此建立夜空保护地需要对城镇做出明确的照明规划，尽量控制人造光源的影响。对于跨省域或面积超过 1000km^2 的国家公园，如三江源、大熊猫、东北虎豹等国家公园可以通过进一步研究分析资源环境，从某一区域入手建立夜空示范区，便于管理和维护。

国家公园数据统计 **表 4**

名称		SQM	波尔特指数	面积（km^2）	夜空质量图示
三江源国家公园		22.00	1	1231	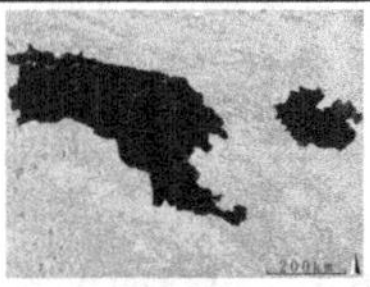
大熊猫国家公园		21.82	1～3	271.34	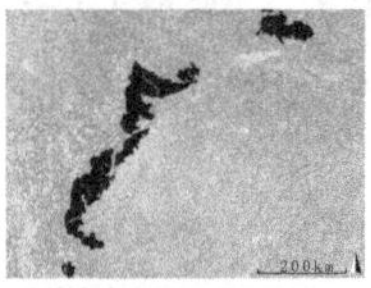
东北虎豹国家公园	非镇域	21.98	1～2	146	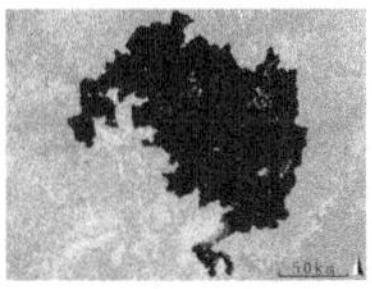
	镇域	21.62	2～4		
湖北神农架国家公园		21.99	2	1170	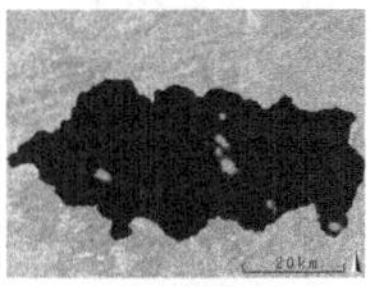
钱江源国家公园		21.95	2	252	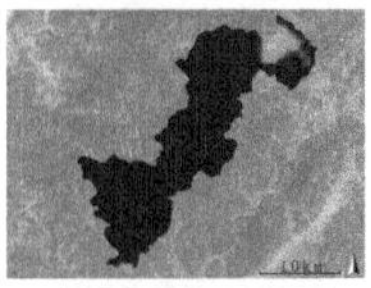
南山国家公园		21.75	2～3	619.14	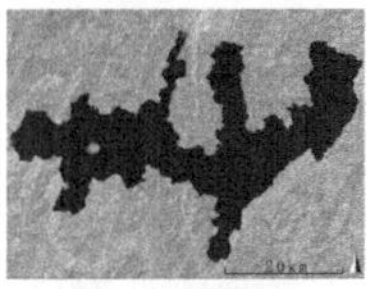
武夷山国家公园		21.25	2～4	1101.41	
长城国家公园		21.18	4	59.91	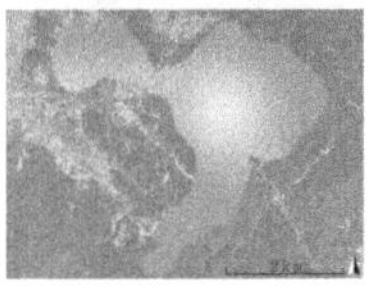
祁连山国家公园		21.93	1～2	502	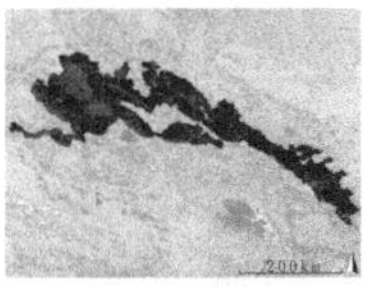
普达措国家公园		21.97	2	1313	

图例：

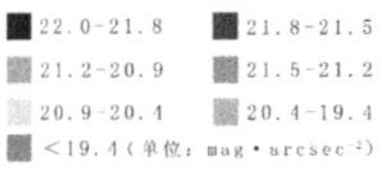

资料来源：夜空质量数据来自 https：//www.lightpollutionmap.info/。

注：SQM 单位：mag/$arcsec^2$；长城国家公园范围为部分示意。

3.2 依托风景名胜区的夜空教育示范区建设

风景名胜区具有高质量的生态环境与文化内涵，兼具对自然及文化场所的保护与利用[14]。山岳型风景名胜区在其中占有重要地位，而在山岳崇拜、神仙思想等思想影响下产生的宗教名山往往还蕴含着中国传统宇宙观，保有中国夜空遗产资源。借以中国传统星空文化而发展的夜空教育示范区不仅能够推广夜空保护，更能够将这份文化传承下去。道教四大名山是宗教名山的典型代表，其发展与夜空文化密可不分，本文对其夜空质量数据统计如表 5 所示。

道教名山数据统计　　表 5

名称	SQM 指数	波尔特指数	面积（km^2）	夜空质量图示
武当山	21.27～21.91	2～4	312	
青城山	21.72	3	200	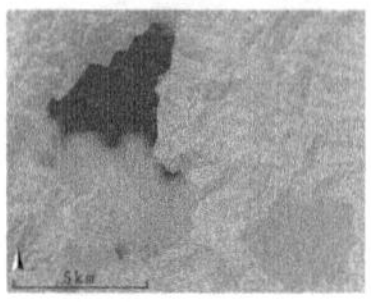
齐云山	21.94	2	52.3	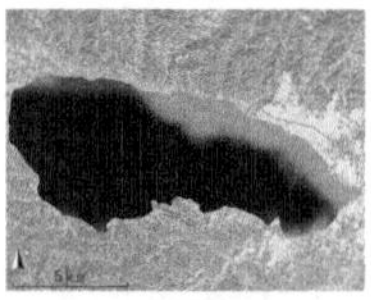
龙虎山	21.85～21.91	2～3	200	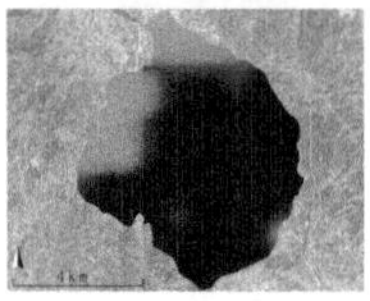

图例：
22.0-21.8　21.8-21.5
21.2-20.9　21.5-21.2
20.9-20.4　20.4-19.4
<19.4（单位：mag·arcsec^{-2}）

资源来源：夜空质量数据来自 https：//www.lightpollutionmap.info/。

注：SQM 单位：mag/arcsec^2。

虽周边城镇由于其发展导致光污染相对较重，但山岳主体区域仍保有良好的夜空环境可以利用。同时名山风景区独特的地质地貌与气候环境所呈现出来的仙境之感更有利于衬托自然黑暗区夜空的高远与孤独，与中国传统哲学思想不谋而合。风景名胜区因其自然风光、文化底蕴与旅游建设能够提供广阔的公众参与空间，但同时也会带来一定的照明隐患，故而在此处建设示范区则应重点管控照明设施，定期监测夜空质量，保证资源稳定发展。

3.3 依托城市天文台的夜空教育示范区建设

城市天文台作为一个集科学研究与公众普及于一体的场所，能够给市民提供更加专业的天文体验。依托城市天文台而建的夜空教育示范区能够积极地为公民进行相关知识科普，利用现有科技手段提供良好的观赏条件，培养公民对星空的认识和兴趣。本文选择中科院国家天文台及其相关单位进行夜空质量数据整理，如表 6 所示。

城市天文台数据统计　　表 6

名称	SQM 指数	波尔特指数	夜空质量图示
国家天文台密云站	21.66	4	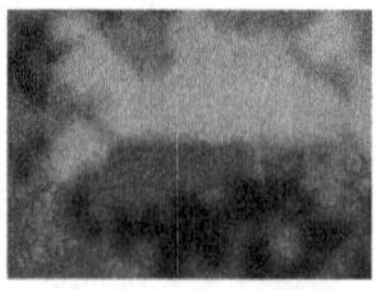
南京紫金山天文台	18.98	6	
上海天文台佘山站	18.84	7	
云南天文台	19.64	5	
新疆天文台南山站	21.79	3	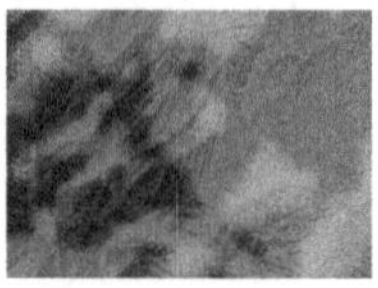

图例：
22.0-21.8　21.8-21.5
21.2-20.9　21.5-21.2
20.9-20.4　20.4-19.4
<19.4（单位：mag·arcsec^{-2}）

资源来源：夜空质量数据来自 https：//www. lightpollution-map. info/。

注：红星表示天文台位置；SQM 单位：mag·arcsec^{-2}。

城市天文台主要作用为数据研究和展示，故而夜空质量依然会受到城市的光污染影响，不能完全满足 IDA 要求，且在高度发展的城市中尤为明显；而偏远地区另有观测站的天文台（国家天文台密云站、新疆天文台南山站）夜空质量环境能够满足基本要求。对于如南京紫金山天文台毗邻钟山风景区、上海天文台倚靠佘山等周边具有风景资源的城市天文台，若想建设夜空教育示范区，则应对其周边环境进行严格照明控制，约束光污染发展，尽量提高区域夜空质量。城市天文台的专业性能够为周边社区照明、夜空勘测等提供支持，从科学的角度进行夜空保护。

4 结论

光污染作为一种难得的可逆污染，值得专业学者与公众的关注。夜空保护地能够提供直接的体验环境，从而推动夜空保护行动的发展。本文对IDA官方文件进行研读，在中国发展现状总结与公众认知调查结果的合力推动下，夜空教育示范区可称为适合中国发展的夜空保护模式，强调了夜空保护地位与公众参与的必要性，是一次探索尝试。后续研究可以深入某一选址类型进行实地考察及可行性分析，为我国夜空保护地的建设提供更多支持。

参考文献

[1] BrunoCharlier，Nicolas Bourgeois. Half the park is after dark [J]. L'Espace géographique，2013，42(3).

[2] Fredrick M. Collison，Kevin Poe. "Astronomical Tourism"：The Astronomy and Dark Sky Program at Bryce Canyon National Park [J]. Tourism Management Perspectives，2013，7.

[3] Aurea L. O. Rodrigues，Apolónia Rodrigues，Deidre M. Peroff. The Sky and Sustainable Tourism Development：A Case Study of a Dark Sky Reserve Implementation in Alqueva[J]. International Journal of Tourism Research，2015，17(3).

[4] Lima，Pinto da Cunha，Peixinho. Light pollution：Assessment of sky glow on two dark sky regions of Portugal[J]. Journal of Toxicology and Environmental Health，Part A，2016，79(7).

[5] Martin Aubé，Johanne Roby. Sky brightness levels before and after the creation of the first International Dark Sky Reserve，Mont-Mégantic Observatory，Québec，Canada[J]. Journal of Quantitative Spectroscopy and Radiative Transfer，2014.

[6] Papalambrou A，Doulos L T. Identifying，examining，and planning areas protected from light pollution. the case study of planning the first national dark sky park in Greece[J]. Sustainability，2019，11(21)：5963.

[7] Kanianska R，Škvareninová J，Kaniansky S. Landscape Potential and Light Pollution as Key Factors for Astrotourism Development：A Case Study of a Slovak Upland Region[J]. Land，2020，9(10)：374.

[8] 张天骋，杜雁，高翅. 国际夜空公园管理和实践[J]. 中国园林，2016，32(05)：124-128.

[9] 钟乐，杨锐，赵智聪. 国家公园的一半是暗夜：暗夜星空研究的美国经验及中国路径[J]. 风景园林，2019，026(006)：85-90.

[10] 张继力，杜雁，高翅. 夜空公园：演变、实践与启示[J]. 中国园林，2020，36(01)：60-64.

[11] Nie Y W，Lan T，Yu M. Scenic Sites Selection in Dark－Sky Park Based on NPP/VIIRS：A Case Study in Fujian Province[J]. Procedia Computer Science，2019，154：798-805.

[12] Wei Y，Chen Z，Xiu C，et al. Siting of dark sky reserves in China based on multi－source spatial data and multiple criteria evaluation method[J]. Chinese Geographical Science，2019，29(6)：949-961.

[13] 王婷婷. 我们还能去哪儿看星星[N]. 科技日报，2014-08-07(005).

[14] 贯建中，邓武功. 中国风景名胜区及其规划特征[J]. 城市规划，2014，38(S2)：55-58＋149.

作者简介

杨恒秀，1998年11月，女，汉族，河南洛阳人，华中农业大学园艺林学学院风景园林系在读硕士研究生。研究方向为风景园林规划设计。电子邮箱：yanghengxiu@163. com。

杜雁，1972年12月，女，土家族，湖北长阳人，博士，华中农业大学园艺林学学院风景园林系，副教授。研究方向为风景园林历史与理论。电子邮箱：yuanscape@mail. hzau. edu. cn。

论文集

风景园林植物

人行道垫层改良对行道树根系及地上生长指标的影响

——以马连道行道树国槐为例

Evaluation of Watering to the Depths and Rejuvenation Effect of Street Trees Based on Sidewalk Cushion Improvement

—Take the Chinese Scholar Tree on Maliandao Street as an Example

舒健骅 孙宏彦 王 茜 丛日晨 张春和 刘 思 金凤民 杨 慧 刘殿臣 孙守家 宋曙光*

摘 要：针对行道树国槐随树龄增长土壤表层根密度增加以及根系无法下扎导致的树势衰弱难题，本项目对西城区马连道行道树国槐树池周边人行道垫层进行了3组基质垫层处理的结构改良，设置了微根管原位观测系统跟踪根系生长，5年连续观测显示，在0～40cm土壤表层中生土优势组根系生长量最大，其次为西城级配砂石组，根长密度依次排序为：生土优势组＞西城级配砂石组＞基质优势组＞对照。在40～120cm土层区域，生土优势组根长密度最大，其余依次为：西城级配砂石＞对照＞基质优势组。在120～200cm土层区域，根长密度最大的是西城级配砂石组，其余依次为：生土优势组 ＞基质优势组＞对照。3组基质垫层处理均能引根下行，促进根系生长。根系生长差异影响地上部生长，西城级配砂石组根长密度与SPAD值呈极显著正相关，与冠幅增长率呈显著正相关，基质组根长密度与比叶面积呈极显著正相关。

关键词：行道树；复壮；结构土；微根管；根长密度

Abstract: To explore trees the chinese scholar along with the age growth, Soil surface increased root length density, root cannot be go down to the deep earth take the weak potential imbalance problem, the project is selected the included in the rejuvenation of xicheng district maliandao street trees with the chinese scholar, cooperate with the municipal engineering of existing the tree pool around the pavement cushion on the structure of the different processing improvement, for ease of tracking observation trees root growth, Minirhizotron observation system was set on the test platform. After 5 years of continuous growth season observation, the root length density index of Minirhizotron showed that: in the 0～40cm soil surface layer, the dominant group of root growth was the raw soil, and the root length density was ranked as the dominant group of raw soil ＞ Xicheng graded sandstone Group＞Peat dominance group＞ CK; In the soil layer of 40～120cm, the tree roots grew in concentration, The dominant group of raw soil had the largest growth, and the rest were in the order of xicheng graded sandstone group ＞CK＞ Peat dominance group; At the depth of 120－200cm soil layer, the root length density was the highest in xicheng graded sandstone group, and the rest were in the order of raw soil dominant group ＞ Peat dominance group ＞CK. All the three groups of substrate treatments could lead roots down and promote root growth. The root growth difference affected the shoot growth. The root length density of xiceng graded sandstone group was significantly positively correlated with SPAD value and crown growth rate, and the root length density of Peat dominance group was significantly positively correlated with specific leaf area.

Keywords: Street Tree; Rejuvenation; Structure Soil; Minirhizotron; Root Length Density

引言

行道树是城市园林绿化的骨架，在营造城市景观、改善城市生态环境方面发挥了重要作用。目前，北方城市行道树普遍存在生长不良的现象。究其原因，一是因为人行道下方多为三七灰土垫层，雨水无法下渗，在雨季容易积水形成内涝；二是由于根系生长和行人踩踏，导致人行道树池内土壤致密，即便人工灌溉也很难以将水分补充到土壤深层。同时，行道树生长在狭小的树池内，植物根系无法穿透树池周边路基垫层，营养面积严重不足，也限制了其生态功能的正常发挥。正是由于城市内行道树生长所处的特殊生境，导致其生长严重不良，且随着树龄增加，这一矛盾愈发突出，伴随根冠养分供需平衡被打破，最终导致树木年生长量减少、发芽迟缓、抽芽受阻、树冠稀疏，以致部分树冠枯死等现象频发[1]。积极关注城市行道树的衰弱原因，采取科学有效的方法解决行道树困境势在必行。

传统绿化种植方式不能很好满足硬质路面特殊生境的要求，许多景观效果非常好的园林树种，例如银杏、国槐等，在城市绿化中的应用范围大大受限。住房和城乡建设部颁布的标准《绿化种植土壤》中规定，绿化种植土壤中应无明显的石块，石砾（≥2mm）含量应小于20%[2]，这符合一般绿化种植要求；但在机械或人为践踏压实的硬质地面下，即使原生土壤再好，由于受到重压，其理化性质也会退化，难以满足植物正常生长的需求[3]。国外发达国家研发了绿化混凝土[4]、结构土[5-7]等一系列技术措施应对这一难题，其中，应用最为广泛的是20世纪90年代由美国康奈尔大学研发的CU－结构土，它是由石块（鹅卵石、石灰石等）、土壤和有机黏合剂按照一定比例混合形成的混合物。上海先行在迪士尼应用了结构土技术[8]，但通过行道树生长状况评测结构土效果尚未见报道，因地制宜研发结构改良技术并对其影响园林树木根系生长状况进行评价，对于城市绿化树木生长非常重要。因此，本研究使用根系原位观测系统连续5年观测植物根系生长，探究土壤不同结构改良处理对国槐根系生长的影响，旨在为北京市国槐行道树复壮工程提供数据参考。

1 材料与方法

1.1 试验材料

本研究地点位于北京市西城区马连道街道西侧人行道（图1），试验选取的植物为列入复壮计划树龄20年的行道树国槐，复壮前长势一般，病虫害易发，植物材料概况详见表1。

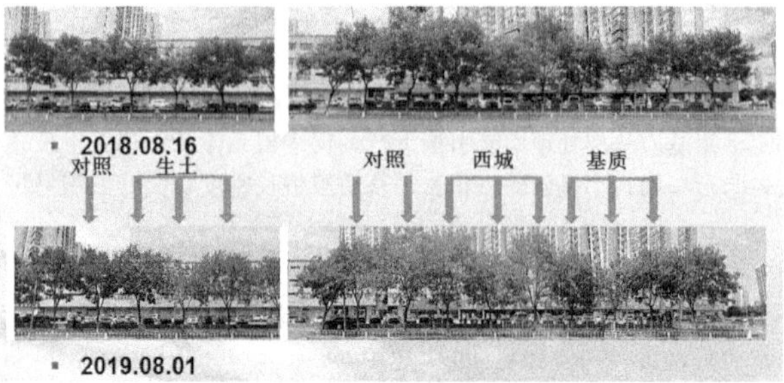

图1 马连道行道树国槐立面图暨试验组设置

马连道国槐地上部生长状况　　表1

序号	不同处理	胸径（cm）	树高（m）	东西冠幅（cm）	南北冠幅（cm）
1	生土优势组	14.1	8.0	7.0	6.8
		21.3	10.0	7.1	6.0
		20.0	9.6	7.8	7.1
2	基质优势组	15.6	8.3	6.5	5.9
		17.9	8.4	7.4	6.1
		22.1	10.9	7.6	5.6
3	西城级配砂石组	19.8	8.5	7.9	6.4
		22.5	10.7	8.3	6.5
		29.1	11.8	7.8	6.3
4	对照组	22.4	10.3	8.7	7.6
		20.7	8.5	8.5	7.7
		17.8	9.1	5.3	4.9

1.2 试验场地建设与方法

1.2.1 试验场地建设

2016年9月，对现有国槐树池周边人行道垫层进行了不同处理的结构垫层改良，以应对行道树深层补水、引根下行难题（该项目研发的行道树深层补水复壮装置与建造方法已获2017年实用新型专利，名称：一种行道树深层补水复壮装置）。试验选用了3种人工混配基质，全部掺有砾石（直径2～3.5cm），其中北京市园林科学研究院人工混配（图4）的两种结构土垫层，一组生土比例占优（简称：生土优势组），一组草炭比例占优（简称：基质优势组），另一组为西城区市政园林管理中心配置并提供的3∶7（石砾∶砂子）体积比例级配砂石（简称：西城级配砂石组）。每个处理选3棵树，对照设置3株树木，开挖2.1m复壮坑后原土原还。

3种人工混配基质用于填充行道树之间的复壮坑（图2、图3），复壮坑长1m、宽1.2m、深2.1m，从底部依次向上：原土原还0.8m，基质层1m，级配砂石层0.3m，开挖时复壮坑四周遇树根应及时修剪并保持树根断

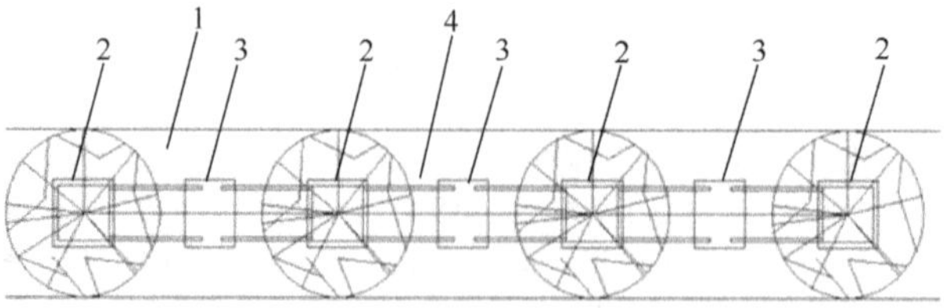

图2 马连道人行道国槐与周边设施平面示意图

1—市政人行道垫层；2—树池；

3—复壮坑；4—级配砂石水通道

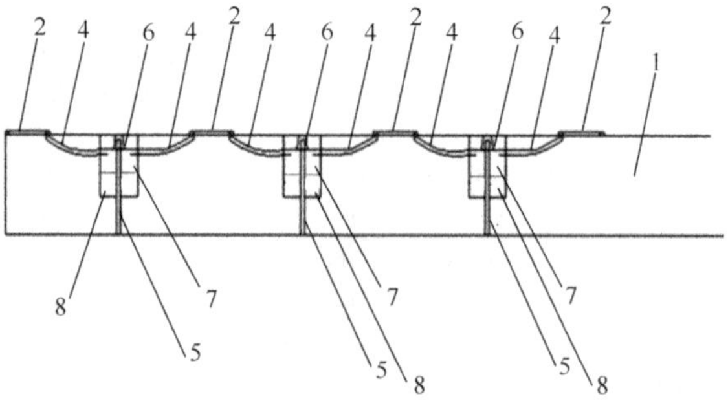

图3 马连道人行道国槐与周边设施立面示意图

5—微根管；6—观测口保护井；

7—级配砂石层；8—人工混配基质层

图4 2016年8月30日在北京市园林科学研究院内混配结构土

面平整。每3棵重复，设置对照3株。

级配砂石水通道为内装级配砂石的无纺布袋（图5），用于确保降水与灌溉用水顺利进入复壮坑底层，使用的材质与西城级配砂石组相同，连接树池与复壮坑，设置于人行道铺砖下方。

图5　西城级配砂石水通道设置

1.2.2 行道树国槐根系的原位监测

（1）根系原位监测系统的安装

根系原位监测系统包括了微根管和微根管扫描系统，其中微根管用于定期观测复壮行道树根系生长，设置时垂直埋设于复壮坑中心，穿过人工混配的基质层（图6），最底端位于市政人行道面砖下方2.1m处，顶端开口处位于级配砂石层上方，距面砖10cm，其观测口位于保护井内，观测口保护井顶端设可开闭铸铁井盖（图7），井盖与人行道面层平齐，用于保护微根管，可定期开展微根管观测。采用德国PMT根系原位监测系统［PM-Tech GmbH，诺亚微光（北京）科技有限公司］，微根管为无色透明PC材质。管子规格：2m（长）×64mm（内径）×70mm（外径），管顶加盖丁腈橡胶盖子，以减少光线、水或温度波动影响。微根管扫描仪（PMT-Root800）扫描角度为360°，可通过控制手柄实现户外脱离笔记本电脑独立工作。微根管安装时间为2016年9月13日，3个处理1个对照，共埋设微根管12根。

图6　2016年9月13日人行道微根管安装

图7　通过根系原位扫描系统与观测口保护井开展根系监测

（2）图片采集

在根系稳定生长半年后，于2017年5月10日开始根系的第一次扫描，方法为从微根管底部向上，每20cm一层逐层扫描。单次扫描可得到360°高分辨率图像（22cm×22cm），图像像素：9600×9600（1200dpi）。后期在植物生长季的5、8、11月，每季月初各完成一次微根管扫描。5年间共扫描13次，获得数据图1560张。

（3）图像处理

在实验室，将各层扫描图降低分辨率（降为300dpi），图像进行拼接（图8）。在平台运行初期，使用Root-Analysis软件进行人工图像识别分析，但人眼识别后再绘制根系轨迹的方法会消耗大量人力时间，因此，从2021年开始，采用iRoot-V02软件识别微根管图像，获得了植物根系成像图片的根长、直径、投影面积、根尖数等参数。随机选择30张根系成像图片，并分别采用人眼识别和软件自动识别方式计算总根长（图9）。预备试验结果显示，这种识别方法对细根（直径≤2mm）的识别率较高，经与人眼识别方法比对，其获取根系骨架信息、总根长与人眼识别的结果基本一致，相关方程为 $y = 1.07x - 6.04$（$R^2 = 0.7$，$p < 0.05$）。我们的行道树根系监测数据采用了根系概率分布图进行二值化后汇总的数据。

1.2.3 行道树国槐地上生长量的观测

每年春季5月初，对行道树国槐进行一次胸径、株高、冠幅观测，株高采用True-Pulse树高仪，胸径测量用胸径尺，冠幅测量用皮尺。

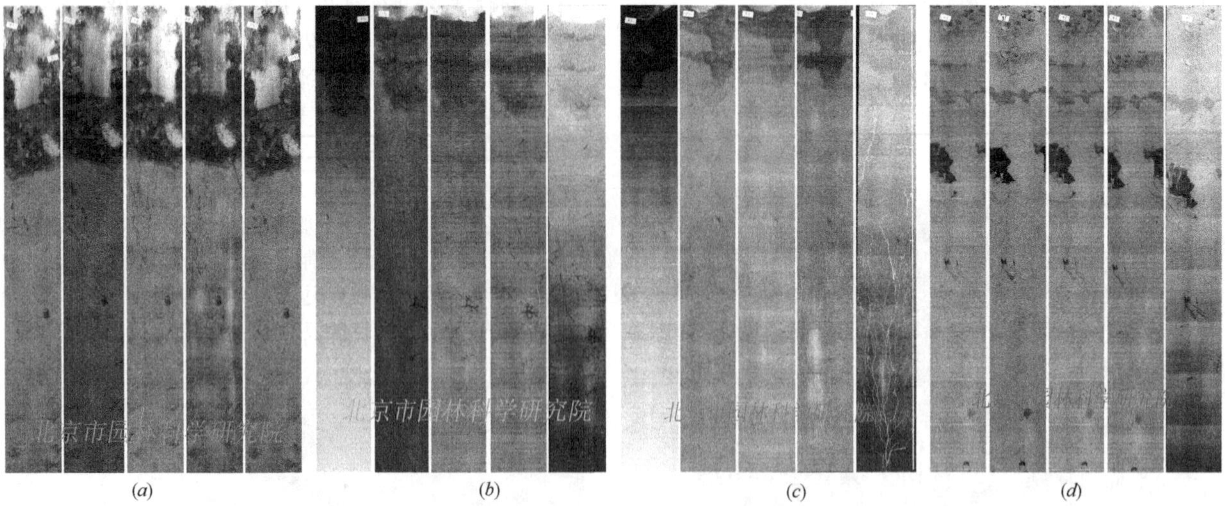

图 8　2017～2021 年马连道行道树国槐不同处理人工混配基质垫层根系生长图

（a）1-3 生土优势组；（b）2-2 基质优势组；（c）3-3 西城优势组；（d）4-1 对照组

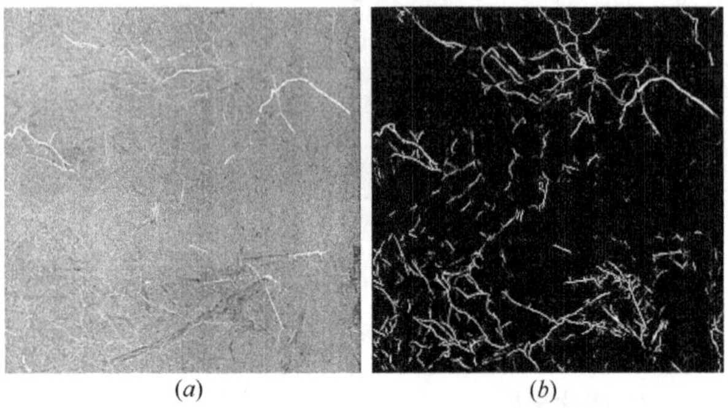

图 9　马连道国槐根系的微根管扫描图及图像处理

（a）根系微根管扫描图；（b）机器图像识别的概率分布图

2021 年 5 月 28 日，叶绿素相对含量（SPAD 值）的测定：用剪枝剪采集每株国槐的 3 个枝条，每枝选中部的一组完整复叶，每复叶测定 3 小叶，共 9 个叶片，用 SPAD502 手持叶绿素荧光仪进行测定。比叶面积测定：将测量过 SPAD 值的 3 组复叶，用美国 LI-3000C 便携式叶面积仪测定叶片面积，之后换算成单叶面积；将测量过叶面积的复叶放入纸袋，85°恒温烘干后称重，之后换算成单叶干重。

1.2.4　数据处理

采用 iRoot-V02 软件对微根管图像进行处理。

微根管的常用指标中选取了根长密度，即单位体积内的根系长度（RLD，Upchurch 1985、1987；Bland 和 Dugas，1988；Box 和 Ramseur、Volkseur，1993；Samseur，1993；Sinclair，1994）表征根系的生长，由于微根管法只能测定单位可视面积的根数或根长，首先假设二维的微根管根系图片代表管周围扫描区域的一定厚度（Depth of Field，DOF），用微根管观察到的是在此土壤厚度内的全部根系。常用的微根管方法中，DOF 在 2m（Joseetal.，2001；Tayloretal.，1970）至 3mm（Itoh，1985；Majdi et al.，2005）范围内。它是用观察到的根长除以微根管图片面积与单位土壤体积内根长密度的田间深度乘积。在本试验中选择的 DOF 指标为 2.5mm。

根长密度计算公式：$RLDv=L/(A\times DOF)$。式中，$RLDv$ 为单位体积根长密度（cm/cm^3）；L 为在微根管图片中观察到的根长（cm）；A 为所观察微根管图片面积（cm^2）；DOF 是田间深度（cm）。

比叶面积（Specific Leaf Area，SLA）＝单叶面积（m^2）/单叶干重（kg）

胸径增长率(%)＝(2021 年胸径－2017 年胸径)/2017 年胸径×100

株高增长率(%)＝(2021 年株高－2017 年株高)/2017 年株高×100

冠幅增长率(%)＝(2021 年冠幅－2017 年冠幅)/2017 年冠幅×100

使用 SigmaPlot、Excel 及 SPSS 分析软件对不同试验处理的数据进行比较并作图。

2　结果与分析

2.1　不同土壤深度的根长密度分布

图 10 结果显示，随着土层深度的增加，从 20cm 表层土向下根系数量逐渐增加，40～120cm 基质垫层覆盖区域内，根长密度增长速度最快的是生土优势组，在 100cm 深处达到最大值，其次为西城级配砂石组。在根系分布最为集中的 100～120cm 区域，根长密度依次排序为生土优势组＞西城级配砂石组＞ 对照组＞基质组，再向下根长密度逐渐减少，在微根管观测层底部 200cm 处，根长密度依次排序为西城级配砂石组＞生土优势组＞基质组＞对照组。在 0～40cm 表层土区域内，各处理间差异不显著。但在 40～120cm 基质垫层覆盖区域内各处理间根长密度值差异显著（$p<0.05$，表 2），在 120～200cm 土层深度，各处理间根长密度值差异极显著（$p<0.01$，表 3）。基质组的根系几乎均匀分布在各层，仅在 20cm 处数量略多与其他各土层。所有处理的根系均集中分布于复

壮基质垫层 30～130cm 位置，说明无论是两种结构土，或是对照组均集中分布在此区域。在 2m 深处所有处理的根长密度均高于对照组，表明透过改良后的基质垫层，引根下行的效果显著。

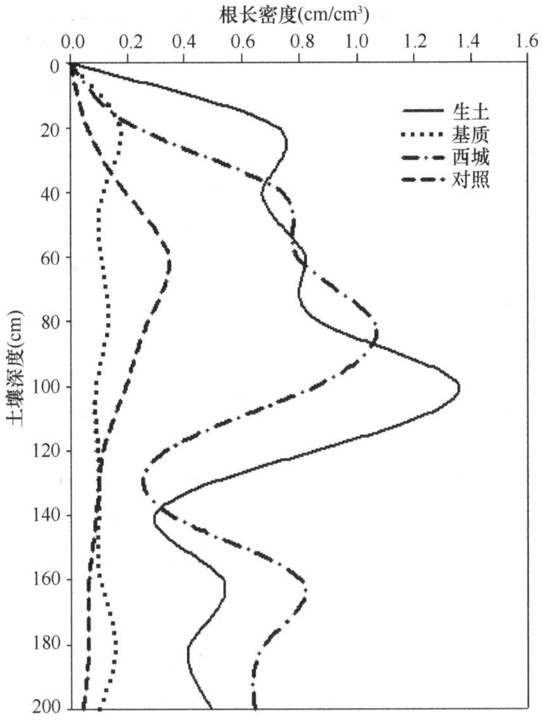

图 10　马连道国槐 2021 年春不同土层深度根长密度分布

国槐 40～120cm 土深不同处理根长密度差异　　表 2

	平方和	*df*	均方	*F*	显著性
组间	6.353	3	2.118	3.842	0.016*
组内	24.25	44	0.551		
总数	30.603	47			

注：* 表示 $p<0.05$，处理间差异显著。

国槐 120～200cm 土深不同处理根长密度差异　　表 3

	平方和	*df*	均方	*F*	显著性
组间	2.526	3	0.842	10.77	0.000**
组内	3.439	44	0.078		
总数	5.965	47			

注：** 表示 $p<0.01$，处理间差异极显著。

2.2　不同基质垫层处理对国槐春季根长密度的影响

图 11 结果显示，试验开始的第 1 年，不同试验处理之间的根长密度差别不大，生土优势组国槐的根长密度并未显著高于对照，而基质优势组和西城级配砂石组的

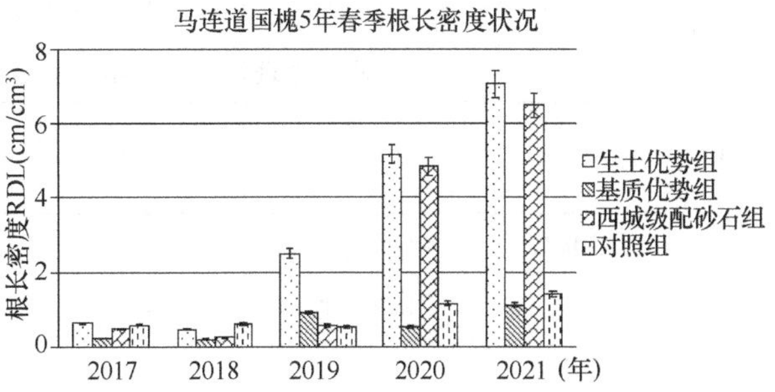

图 11　马连道国槐 5 年各处理春季根长密度状况

根长密度低于对照。试验第 2 年只有对照组根长密度略有增加，从第 2019 年起，3 种试验处理国槐根长密度均高于对照，尤其是生土优势组根长密度为对照的 4.6 倍，根长密度依次排序为：生土优势组＞基质优势组＞西城优势组＞对照组。在 2020 年，根长密度依次为生土优势组＞西城优势组＞对照组＞基质优势组，这一年，西城级配砂石组异军突起，生土优势组和西城优势组的根长密度分别为对照的 4.42 倍和 4.13 倍，差异显著。在 2021 年，不同试验处理之间根长密度变化趋势与前一年相同，但生土优势组和西城优势组根长密度分别为对照的 4.91 和 4.52 倍，比 2020 年增加了 11.09％和 9.44％。

在比较根长密度年增长量时，只有 2019 年春，各组处理间均达到显著差异水平（表 4），表明复壮工程的第 3 年是评价复壮效果的最好时机。

2018～2019 年国槐各处理间根长密度增长差异　　表 4

	平方和	*df*	均方	*F*	显著性
组间	7.455	3	2.485	4.223	0.046*
组内	4.707	8	0.588		
总数	12.162	11			

注：* 表示 $p<0.05$，处理间差异显著。

2.3　不同基质垫层处理的国槐春季根长密度与地上生长指标的相关性

表 5 的相关性分析结果表明，行道树国槐的根长密度与地上生长量呈现一定相关性，相关性最大的是对照组。在对照组，国槐根长密度与叶绿素相对含量（SPAD 值）呈极显著正相关，与比叶面积（SLA）之间呈极显著负相关。根长密度与胸径增长率之间呈中度负相关，与冠幅增长率呈中度正相关，且均达到极显著水平。西城级配砂石组的根长密度与 SPAD 值之间呈极显著正相关，与冠幅增长率之间呈显著正相关，同时，根长密度与株高增长率间呈高度相关，但未达到显著水平，说明这种结构垫层对于国槐地上部高生长和冠幅生长有益。基质优势组根长密度与比叶面积（SLA）呈极显著正相关，与胸径增长率呈显著中度相关，且与冠幅增长率呈正相关，但未达到显著水平，表明草炭土的添加可能会正向改变国槐的比叶面积，且对国槐胸径与冠幅增长有益。生土优势组的根长

密度与胸径、冠幅增长率均呈高度负相关，但均未达到显著水平。

不同处理垫层基质中根长密度与地上部生长指标间相关性分析 表 5

序号	垫层基质	项目	叶绿素 SPAD	比叶面积 [SLA/（cm^2/g）]	胸径增长率（%）	株高增长率（%）	冠幅增长率（%）
1	生土优势	相关系数	−0.464	−0.073	−0.991	0.220	−0.868
		显著水平	0.000**	0.027*	0.061	0.285	0.434
2	基质优势	相关系数	0.391	0.823	0.062	−0.169	0.967
		显著水平	0.000**	0.000**	0.018*	0.013*	0.202
3	西城级配砂石	相关系数	0.916	0.306	0.305	−0.999	0.965
		显著水平	0.000**	0.028*	0.124	0.136	0.011*
4	对照	相关系数	0.812	−0.857	−0.658	0.549	0.721
		显著水平	0.000**	0.002**	0.000**	0.002**	0.202

注：** 表示 $p<0.01$，处理间差异极显著；* 表示 $p<0.05$，处理间差异显著。

3 结论与讨论

国槐根系的观测统计选取了根长密度指标，因为根长度是根的动态属性中比根数更敏感的度量（M. G. Johnson，2001），而根长密度在细根研究中常用来反映土壤资源有效性（李俊英，2007）。大而深的根系有助于抗旱（Christopher K.，2017），更深的根系有助于植物吸收深层土壤中的可用资源（Xiangyu Guo，2020）。在本文中，供试的 3 种混配结构土处理均可改善行道树根系生长状况，显著增加土层深处（2m）的根长密度。

比叶面积（SLA）与植物的资源吸收策略相关，是表征植物资源获取能力的关键叶片性状指标（Amanullah.，2015）。水分利用效率与比叶面积成负相关（Wilson et al.，1999；Poorter 和 Jong，1999）。在较为干旱的条件下，植物的水分利用效率反而比较高，根系的快速生长会伴随比叶面积的降低，这一点在对照组得到了验证；而基质优势组的根长密度与 SLA 呈正相关，可能与植物根系位于较高含量草炭土条件下，对水分变化的敏感性较高有关。

叶绿素相对含量（SPAD）能够反映叶绿素含量的高低，是一个无量纲的数值，可以表征叶片生理发育状况。当增加枣树灌溉后，叶片的 SPAD 值提升，会延缓叶片衰老，树体养分积累增多、发育较好（王东豪，2018）。西城级配砂石组与对照组的根长密度与 SPAD 值均呈极显著正相关，可能恰恰反映了根系生长对树体生长的促进作用。

微根管尽管具有非破坏性，可持续动态观测等优点，但也存在一些局限性，一是应用于地下复杂环境条件可能会造成图像的不易识别，且野外试验条件下不同植物的根系辨识仍需不断实践积累经验。可以预期，随着机器识别技术的改进，机器识别必将推动根系原位监测的高效评测[9]。

本文采用行道树国槐作为评价的主体，将植物的地上生长指标同地下根系生长相结合，为行道树国槐结构土垫层改良的评价增添了新内涵，植物根系与地上部生长是个有机整体，积极探讨树木吸收利用深层土壤水的机制，通过改良结构土垫层，调节土壤深层根系的性状，尤其是增加了根系的吸收面积，一是通过在单位体积土壤内增加吸收根的根长密度来实现，二是扩大深层根系的分布深度，既增大根系的水养资源觅取范围，也能减小根系个体间的资源竞争压力，进而增强了深层根系的水分吸收效率。

本文能够增强我们对树木深层水长期利用规律的了解，也为树木深层水分利用的可塑性提供了人为调控的可能。在将来，行道树树龄增加后对于不同深度水分的利用状况影响、深层根系功能与生态重要性还有更多的规律有待挖掘。

参考文献

[1] 付强．浅谈长安街行道树国槐衰弱原因及复壮措施[C]//北京市科学技术协会，北京市园林绿化局，北京市公园管理中心，北京园林学会．2014“城市园林绿化与和谐宜居之都建设”学术论坛暨学会成立 50 周年纪念大会论文集，2014：8.

[2] 方海兰，徐忠，张浪，等．绿化种植土壤 CJ/T 340—2016[S]．北京：中华人民共和国住房和城乡建设部标准出版社，2016.

[3] 伍海兵，方海兰，彭红玲，等．典型新建绿地上海辰山植物园的土壤物理性质分析[J]．水土保持学报，2012，26(6)：85-90.

[4] 水口裕之．环保和混凝土[J]．混凝土工学，1998，45(3)：9-12.

[5] Grabosky J，Bassuk N L．A new urban tree soil to safely increase rooting volumes under sidewalks[J]．Journal of Arboriculture，1995，21：187-201.

[6] Grabosky J，Bassuk N L，Van Es H．Testing of structural urban tree soil materials for use under pavement to increase street tree rooting volumes[J]．Journal of Arboriculture，1996，22：255-263.

[7] Bassuk N，Grabosky J，Trowbridge P，et al. Structural soil：An innovative medium under pavement that improves street

tree vigor[C]//American Society of Landscape Architects Annual Meeting Proceedings, 1998: 182-185.

[8] 伍海兵，周坤，方海兰．硬质路面绿化用结构土技术概述[J]. 中国园林，2017，33(05)：112-116.

[9] Liang Gong, et al. Pixel level segmentation of early-stage in-bag rice root for its architecture analysis[J]. Computers and Electronics in Agriculture, 2021 (186): 106197.

作者简介

舒健骅，1968年3月生，女，汉族，江苏人，本科，北京市园林科学研究院，高级工程师，研究方向为园林植物应用与植物逆境生理。电子邮箱：1941721698@qq.com。

宋曙光，1967年9月生，男，汉族，河北人，本科，北京蓟城山水投资管理集团有限公司，高级工程师，研究方向为园林植物应用。电子邮箱：shuguang1967@sina.com。

植物群落结构对北京城市绿地温湿度变化影响的研究①

Effects of Plant Community Structure on Temperature and Humidity of Urban Green Space in Beijing

陶薪宇　范舒欣　董　丽*

摘　要：伴随城市的不断发展，城市热岛现象日益严重。热岛效应对生态环境造成了破坏，加速了能源消耗并造成了一系列健康问题。大量研究表明城市绿地能够对城市环境起到降温作用，缓解热岛效应具有很好的生态价值。因此，研究绿地植物群落对缓解热岛效应的机制对未来绿地建设有重要意义。本研究采用移动观测法对北京市内公园的植物群落进行观测，从群落尺度探究植物群落温湿效应的影响因素，发现夏季降温增湿效益最高的植物群落是针叶－乔草型群落和阔叶－乔灌草群落，并根据研究结果，对华北地区基于温湿效益的植物配置提供一定建议，推荐10种群落配置模式。

关键词：植物群落；温湿效益；群落配置

Abstract: With the continuous development of cities, urban heat island phenomenon is becoming more and more serious. The heat island effect damages the environment, accelerates energy consumption and causes a range of health problems. A large number of studies have shown that urban green space can play a cooling role in urban environment and has a good ecological value in alleviating the heat island effect. Therefore, it is of great significance to study the mechanism of green space plant community to alleviate the heat island effect for the future green space construction. This research adopts the mobile observation method on Beijing city park plant community, from community scale to explore the influence factors of plant community, humidity effect, found the summer cooling humidifying efficiency the highest plant community is needles-Joe grass type of community and hardwood -halosols deserts, and, according to the results of the study of plant configuration based on temperature humidity benefit in north China to provide some Suggestions, Ten community configuration patterns are recommended.

Keywords: Plant Communities; Cooling and Humidifying Effect; Plants Arrangement

引言

城市绿地是指城市中以自然植被和人工植被为主要存在形态的城市用地[1]。作为城市公共设施的重要组成部分，城市绿地不仅为居民提供美学景观和休闲游憩场所，而且在人居环境质量改善和区域生态安全维护上有着不可或缺作用。目前，国内外已有大量城市绿地生态功能实证研究，清晰揭示了城市绿地减缓热岛效应、净化空气、削减噪声、调蓄雨水以及房产增值和防灾避险等方面的重要作用[2]。

近年来，全球气候变化和快速城市化引发的城市热岛问题引起高度关注，热岛效应加剧不仅降低城市环境舒适度，而且增加夏季空调电能消耗和臭氧排放以及高温死亡危险[3]。近年来，全球气候变化和快速城市化引发的城市热岛问题引起高度关注，热岛效应加剧不仅降低城市环境舒适度，而且增加夏季空调电能消耗和臭氧排放以及高温死亡危险受到重，绿地的绿量越大，降温增湿效果越好[4]。有学者利用便携式气象站对比测定城市林荫道、草坪和广场对城市小气候的影响，发现林荫道有较好的降温保湿效果[5]。还有学者认为，只有在绿地覆盖率≥60%时，绿地才具有明显的降温增湿效果，且乔灌草复合型绿地的降温增湿效应好于草坪[6]。综合看来，结构复杂、郁闭度高、叶面积指数大、植株高的群落要比结构简单、郁闭度低、叶面积指数小、植株矮的群落降温增湿作用明显[7][8]。

目前已有较多相关城市绿地降温增湿及其影响因素的实证研究，初步证实了绿地降温增湿效应及其限制因子。但是，在城市建设与绿地规划设计中，需要对绿地结构配置模式与其最优生态服务功能之间的关系有清晰认知，而目前定量解析绿地群落结构与降温增湿功能的研究并不多见，城市绿地结构优化配置决策缺少有效信息支持。本研究基于33个典型绿地群落的降温增湿功能实测，量化分析了不同群落结构绿地的降温增湿效果，提出能够充分发挥绿地降温增湿功能的群落结构优化配置模式，为城市绿地建设与优化管理提供参考依据。

1　试验方法

1.1　试验地概况及群落选择

根据前期对北京市内公园绿地群落的大量踏察，根据典型取样法选定进行植物群落温湿效应及其影响因素探究实验的公园。公园的建成时间较早且内部植物群落

① 基金项目：北京市科技计划项目“北方地区城市背景下多尺度绿化生态效益评价体系的研究及建立”（D171100007117001）。

稳定，其内部的植物种类为北京地区常见植物，植物群落构成类型相似、养护管理水平一致。选取的公园基本信息如表1所示。

公园基本信息　　表1

序号	公园名称	公园面积（hm^2）	水面积（hm^2）	水面占比（%）	陆地面积（hm^2）
1	北极寺公园	4.7	0	0	4.7
2	海淀公园	40.0	1.90	4.75	38.1
3	玉渊潭公园	120.19	61.84	51.45	58.35

采取随机结合典型抽样原则，在进行实验的公园内选定15m×15m的植物群落样方。样方四周边界距离道路、广场、建筑均至少有10m的植被缓冲带，并尽可能远离水体，减弱试验测定中其他因素的干扰，使得样方内小气候基本稳定。

所选样方共有针阔-乔灌草、针阔-乔草、阔叶-乔灌草、阔叶-乔草、阔叶灌草、针叶-乔灌草、针叶-乔草、草共计8种不同垂直构成的群落，每种类型群落设置3个重复，群落均为北京地区公园绿地中常见的群落类型，群落中的植物种类均为北京城市公园内常见植物种类。

群落基本信息　　表2

群落编号	构成物种	群落类型
Y1	山桃、国槐、栾树、荆条、构树、二月兰	阔叶-乔灌草
Y2	栾树、元宝枫、构树、山桃、附地菜	阔叶-乔灌草
Y3	白皮松、刺槐、三叶萎陵菜	针阔-乔草
Y4	栾树、新疆杨、银杏、樱花、抱茎苦荬菜	阔叶-乔灌草
Y5	油松、三叶萎陵菜	针叶-乔草
Y6	山桃、国槐、旱柳、侧柏、金银木、丁香、车前	针阔-乔灌草
Y7	油松、附地菜	针叶-乔草
Y8	樱花、忍冬、金银木、抱茎苦荬菜、二月兰	阔叶-灌草
Y9	樱花、山桃、碧桃、金银木、抱茎苦荬菜	阔叶-灌草
Y10	海棠、金钟花、大叶黄杨、红瑞木、丁香、二月兰	阔叶-灌草
Y11	早熟禾、附地菜	草
Y12	杨、刺槐、圆柏、忍冬、连翘、丁香	针阔-乔灌草
Y13	悬铃木、水杉、油松、圆柏、白皮松、附地菜	针阔-乔草
B1	梓树、国槐、油松、紫叶李、青杨	阔叶-乔草
B2	油松、柳树、杨树、新疆杨、抱茎苦荬菜	针阔-乔草
B3	栾树、金银木、忍冬、三叶萎陵菜、二月兰	阔叶-乔灌草
B4	杜仲、七叶树、紫叶李、皱叶荚蒾、接骨木、二月兰	阔叶-乔灌草
B5	毛白杨、海棠、七叶树、刺槐、车前	阔叶-乔草
B6	光叶榉、紫叶李、鹅掌楸、油松、紫叶小檗、忍冬、猥实	针阔-乔灌草
B7	刺槐、侧柏、紫叶李、云杉、丁香、红瑞木、月季、平枝栒子、二月兰	针阔-乔灌草
B8	紫叶桃、白皮松水杉、元宝枫、天目琼花	针阔-乔灌草
B9	刺槐、白皮松、胡枝子、黄花萎陵菜	针阔-乔灌草
H1	银杏、紫叶李、山麦冬	阔叶-乔灌草
H2	旱柳、栾树、三叶萎陵菜	阔叶-乔草
H3	早熟禾	草
H4	毛白杨、油松、金银木、黄花萎陵菜	阔叶-灌草
H5	油松、山麦冬	针阔-乔草
H6	侧柏、二月兰	针叶-乔草
H7	早熟禾	草
H8	侧柏、黄花萎陵菜	针叶-乔草
H9	刺槐、柳树、藜、车前	阔叶-乔草
H10	刺槐、海棠、柳树、油松、藜	针阔-乔草
H11	新疆杨、刺槐、山麦冬、车前	阔叶-乔草

注：Y*n*代表玉渊潭公园的植物群落，B*n*代表北极寺公园的植物群落，H*n*代表海淀公园的植物群落。

1.2 测试指标及方法

空气温度和相对湿度的测量时间为晴朗无风（风速≤2m/s）且空气质量良好的天气情况相近的观测日进行。测量时间为8：00～18：00，每两个小时测量一次测量点的温湿度数据。数据采集使用移动观测法。每个公园中的每个群落均测量3天。夏季实验开展于2019年7月和8月。测点设置于各群落样方的中心位置处，观测高度为距离地面1.5m垂直高度处。测量仪器为Kestrel5500手持小型移动气象站，避免阳光直射。每到达一个测量点，待读数稳定后每1min记录一次数据，共计3组数据，取其平均值代表此测量点的空气温度和相对湿度。同时在研究区域内的无遮阴的空旷地设置对照点，采用同样的仪器和方法同步测定空气温度和相对湿度。

2 群落垂直构成对空气温度和相对湿度的影响

在夏季，13：00左右一般是每日的高温阶段。选取13：00的空气温度与不同群落类型进行单因素方差分析。为了对不同群落在不同日期和不同时刻的微气候参数进行有效分析和比较，用降温强度值进行单因素方差分析。

对所有公园不同类型的群落在13：00的降温强度进行单因素方差分析发现，组间差异极显著，即不同类型的群落在13：00的降温强度具有极显著差异（LSD多重比较，$p<0.01$），结果如表3所示。不同类型群落的13：00降温强度水平如图1所示，群落类型为针叶-乔草的群落降温强度平均值最高，为3.37℃；阔叶-乔灌草的群落降温强度平均值次之，为3.01℃；针阔-乔草的群落降温强度平均值为1.94℃，阔叶-乔草的群落降温强度平均值为1.92℃，阔叶-灌草的群落降温强度平均值为2.12℃，针阔-乔灌草的群落降温强度平均值为2.07℃，群落类型为草的群落降温强度平均值最低，为0.53℃。在不同群落类型之间，针叶-乔草和针阔-乔草与阔叶-乔草与针阔乔灌草和草的降温温度差异也达到了极显著水平。全部公园21个群落7种群落类型的平均降温强度大小排序为：针叶乔草＞阔叶乔灌草＞针阔乔灌草＞阔叶乔草＞针阔乔草＞阔叶灌草＞草型群落。

夏季所有公园群落13：00降温强度与不同群落类型间的单因素方差分析　　表3

	平方和	df	均方	F	显著性
组间	45.737	6	7.623	4.026	0.000
组内	174.203	92	1.894		
总数	219.939	98			

对所有公园不同类型的群落在13：00的增湿强度进行单因素方差分析发现，组间差异显著，即不同类型的群落在13：00的增湿强度具有显著差异（LSD多重比较，$p<0.05$），结果如表4所示。不同类型群落的13：00增湿强度水平如图2所示，群落类型为针叶-乔草的群落增湿强度平均值最高，为10.27℃；针阔-乔灌草的群落增湿强度平均值次之，为9.90℃；阔叶-乔草的群落增湿强度平均值为9.39℃，阔叶-乔灌草的群落增湿强度平均值为7.67℃，针阔-乔草的群落增湿强度平均值为6.48℃，阔叶-灌草的群落增湿强度平均值为6.51℃，群落类型为草的群落增湿强度平均值最低，为5.08℃。在不同群落类型之间，针叶-乔草和针阔-乔灌草与针阔-乔草和阔叶-灌草和草的增湿强度差异也达到了极显著水平。全部公园21个群落7种群落类型的平均增湿强度大小排序为：针叶-乔草＞针阔-乔灌草＞阔叶-乔草＞阔叶-乔灌草＞针阔-乔草＞阔叶-灌草＞草型群落。

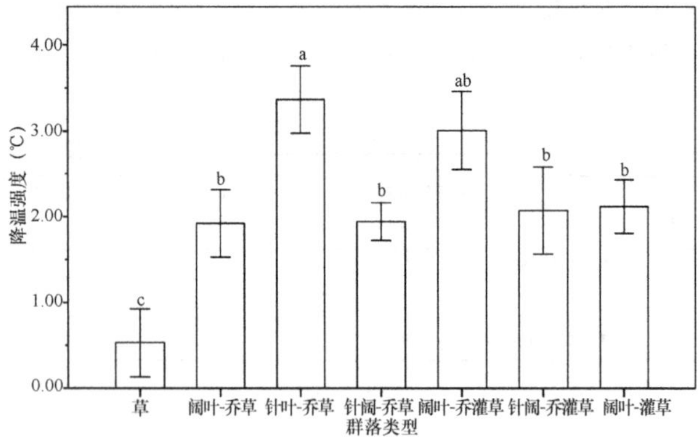

图1　夏季不同类型群落13：00降温强度比较

夏季所有公园群落13：00增湿强度与不同群落类型间的单因素方差分析　　表4

	平方和	df	均方	F	显著性
组间	71.706	6	11.951	3.134	0.032
组内	61.016	16	3.813		
总数	132.721	22			

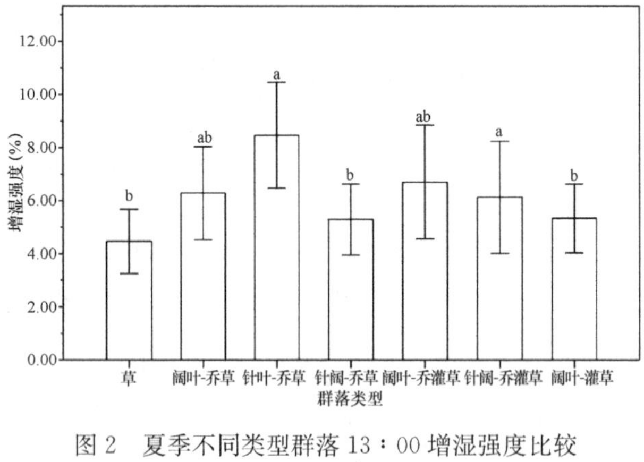

图2　夏季不同类型群落13：00增湿强度比较

3 基于植物群落温湿效应研究的植物群落配置模式推荐

3.1 植物群落配置模式原则

3.1.1 科学与生态性原则

植物景观的营造首先要遵循科学的原则。我国自然环境复杂，植物种类丰富多彩，植被群落结构多样，不同地区有不同的群落种类，故要尽量掌握当地植被分布的自然规律，结合园林绿地的实际环境设计出具有优美外貌和科学内容的植物景观。尽量不要追求标新立异，盲目引进不适应当地气候的树种。植物景观的生态性原则也是植物景观规划的关键所在。基于之前对群落温湿效应特征的研究，得出复层混交的植物群落降温增湿效应强于草坪群落。因此，复层混交的植物群落具有更强的降温增湿效益。

3.1.2 美观与多层次景观原则

植物景观的视觉效果也很重要。植物具有建筑功能、工程功能、调节气候功能与美学功能，即在空间中，通过植物搭配来引导、划分空间的功能；通过植物搭配来减少沙尘、噪声等污染的功能；通过植物搭配来改善园内小气候的功能；通过植物搭配营造优美景观与怡人环境的功能。在城市公园内的植物景观设计中，应充分发挥植物的调节气候功能与工程功能，并兼顾美学功能与建筑功能，合理确定乔-灌-草的搭配与组合，营造丰富多样的边界空间。因此，在植物边界景观设计中，应因地制宜的丰富植物群落结构，提升植物群落的降温增湿作用，同时，乔-灌-草搭配的景观还可以起到视线引导、空间划分的作用，增添游览的趣味性。并适当引进观赏性植物，增加景观的可视性。

3.1.3 可持续发展原则

在进行植物配置设计时，要考虑长期与短期景观效果相结合，应将快长树与慢长树相搭配，在考虑植物的生长空间与长势的同时满足生态效益的需求。根据研究结果，植物冠层对于植物群落温湿效益有较大影响，故可以考虑在群落中选择冠大荫浓的速生树。在早期可适当密植，几年后进行间移，但必须考虑到将来间移后的景观效果。控制种植密度，延长公园绿地植物群落寿命，且尽量使用乡土树种。

3.2 植物群落配置模式推荐

3.2.1 植物种类推荐

不同的树种具有不同的温湿效益。有学者在对 16 种园林植物生态效益研究中发现，白蜡、国槐、毛白杨、白蜡、栾树、榆树等日平均蒸腾速率较高[9]。在对北京常见绿化植物生态调节服务研究中发现，垂柳、国槐、毛白杨、榆叶梅在增湿吸热方面表现优良[10]。有学者对北京不同群落降温增湿效应的研究中，结果显示碧桃、杜仲、杂种鹅掌楸、洋白蜡、油松、侧柏等树种降温增湿效果比较高[11]。结合前人文献研究和试验研究的结果，总结了华北地区部分具有生态效益且观赏性较好的园林植物（表 5）。在进行植物群落配置时，考虑到植物景观美化功能的同时，应与植物群落对环境微气候的调节机制相结合，充分发挥植物群落的生态效益，尽可能实现园林植物的价值。

植物种类推荐 **表 5**

植物类型	序号	种名	科名	属名	拉丁名
乔木	1	碧桃	蔷薇科	桃属	*Prunus persica* ‘Duplex’
	2	侧柏	柏科	侧柏属	*Platycladus orientalis*
	3	臭椿	苦木科	臭椿属	*Ailanthus altissima*
	4	杜仲	杜仲科	杜仲属	*Eucommia ulmoides*
	5	鹅掌楸	木兰科	鹅掌楸属	*Liriodendron tulipifera*
	6	国槐	豆科	苦参属	*Sophora japonica*
	7	加杨	杨柳科	杨属	*Populus* × *canadensis*
	8	毛白杨	杨柳科	杨属	*Populus tomentosa*
	9	洋白蜡	木犀科	梣属	*Fraxinus pennsylvanica*
	10	油松	松科	松属	*Pinus tabulaeformis*
	11	紫叶李	蔷薇科	李属	*Prunus cerasifera* ‘Pissardii’
灌木	1	榆叶梅	蔷薇科	桃属	*Amygdalus triloba*
	2	连翘	木犀科	连翘属	*Forsythia suspensa*
	3	沙地柏	柏科	刺柏属	*Juniperus sabina*
	4	迎春花	木犀科	素馨属	*Jasminum nudiflorum*
	5	锦带花	忍冬科	锦带花属	*Weigela florida*
草本	1	委陵菜	蔷薇科	委陵菜属	*Potentilla freyniana*
	2	山麦冬	天门冬科	山麦冬属	*Liriope spicata*
	3	二月兰	十字花科	诸葛菜属	*Orychophragmus violaceus*
	4	草地早熟禾	禾本科	早熟禾属	*Poa pratensis*
藤本	1	紫藤	豆科	紫藤属	*Wisteria sinensis*

3.2.2 植物群落推荐

基于前文研究结果可知，植物群落的垂直结构对群落的降温增湿效应有显著影响。乔-草型和乔-灌-草型的具有针叶树的植物群落的降温效益较好，且乔木高度、乔木胸径、灌木高度与群落降温增湿能力的相关性较强，植物冠层也是影响植物群落温湿效益的重要因素。故在进行基于温湿效益的植物群落配置时，尽量考虑复合型群落类型，并选择冠大荫浓的乔木种类以增强群落的降温增湿能力，如加杨、毛白杨、鹅掌楸、洋白蜡等，并尽量配置一定比例的针叶树，增加其不同季节的降温增湿效益能力。根据样地设计用途，结合不同的植物群落温湿效应，选择高度和冠型能满足需求的植物类型。且植物的选择要与周围绿地、亭廊、花架、铺装、小品等设施在形体和色彩上取得的协调，尽可能不影响公园景观整体效果。在道路、建筑旁的植物群落的外围可根据需求适当种植小乔木和灌木，在有良好的温湿效益的同时，可以能够起到一定的阻隔视线、减弱噪声的效果。同时注意游人可以进入的植物群落需要控制好树木种植密度，尽可能不影响游人在群落的活动。

（1）乔-灌-草型群落

1）阔叶乔灌草

① 群落 a

此群落较适用于公园主次干道旁的绿地，具有较好的生态效益和观赏性。从景观美化功能角度分析，该群落为加杨＋紫叶李＋海棠－金钟花－早熟禾的群落结构，层次丰富，植物高低错落，具有鲜明的层次性。春季金钟花黄花盛开，海棠粉花满树，整体上在春季具有较高的观赏价值。其他季节时，紫叶李叶紫花粉，加杨高大挺拔，观赏价值较好。

从生态功能角度分析，该群落为阔叶乔-灌-草结构，上层乔木加杨冠大荫浓，高大的紫叶李枝叶较茂密，当到达全冠期时，郁闭度可达85%左右，叶面积较大，蒸腾能力强，阻挡和吸收太阳辐射的能力强，有良好的降温增湿效应。灌木具有一定高度，能在一定程度上促进植物群落的生态效益。

② 群落 b

此群落较适用于公园内部开敞的活动场地周围，观赏性高生态功能好。从景观美化功能角度分析，该群落为

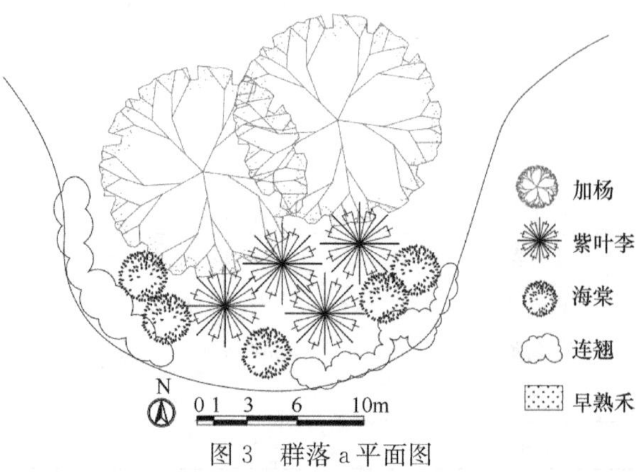

图 3 群落 a 平面图

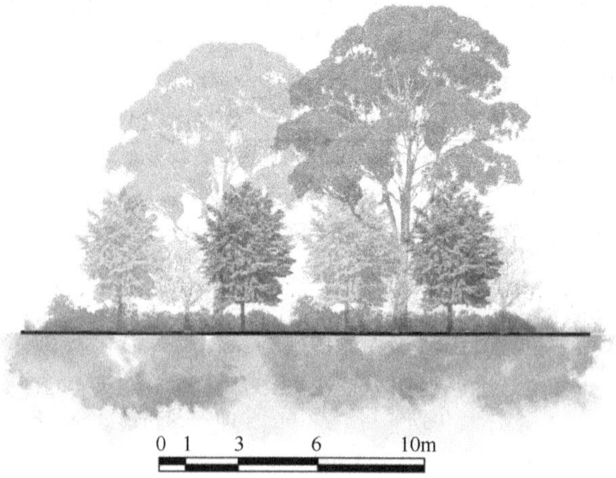

图 4 群落 a 立面图

国槐＋‘染井吉野’樱-紫叶小檗-早熟禾的群落结构，植物高低错落，具有鲜明的层次性。在观赏性上，春季樱花盛开，紫叶小檗常年紫色，整体上在春季具有较高的观赏价值，全年也具有观赏性。且植物种植呈线性种植，林缘线丰富。

从生态功能角度分析，该群落为阔叶乔-灌-草结构，上层乔木国槐冠大荫浓，高大的‘染井吉野’樱枝叶较茂密，阻挡和吸收太阳辐射的能力强，有良好的降温增湿效应。灌木具有一定高度，能在一定程度上促进植物群落的降温增湿能力。

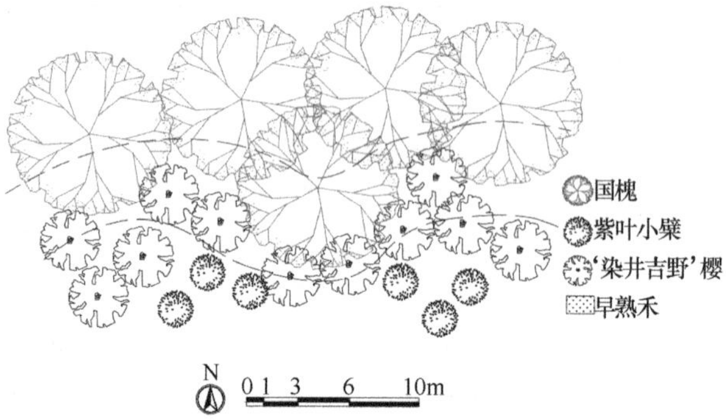

图 5 群落 b 平面图

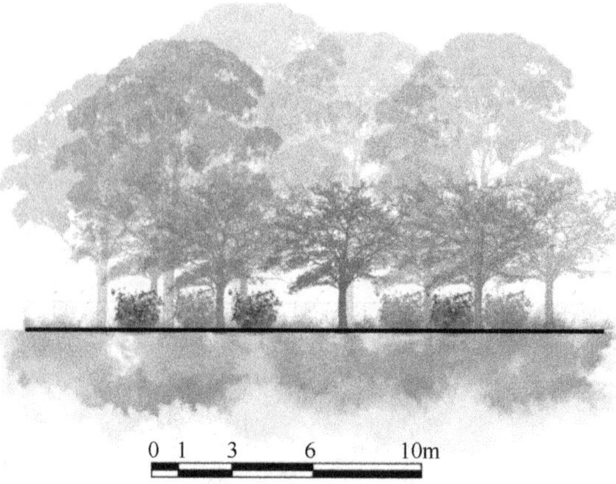

图 6 群落 b 立面图

2）针叶乔灌草

此群落较适用于公园与外围场地相接处的绿地，四季常青，具有良好的遮挡效果。从景观美化功能角度分析，该群落为油松-沙地柏-早熟禾的群落结构，油松造型多变，青年和老年时期有较大变化，观赏性高，具有一定的文化价值。沙地柏形状优美，可以阻止游人进入群落。此群落四季皆青，全年均可观赏。

从生态功能角度分析，该群落为针叶乔-灌-草结构，上层乔木油松冠大荫浓，全年都可以保持郁闭度80%左右，阻挡和吸收太阳辐射的能力强，有较好的降温增湿效应。沙地柏生长茂盛，能在一定程度上促进植物群落的生态效益。针叶树四季常青，能够长时间发挥其降温增湿效益，具有良好的生态价值。

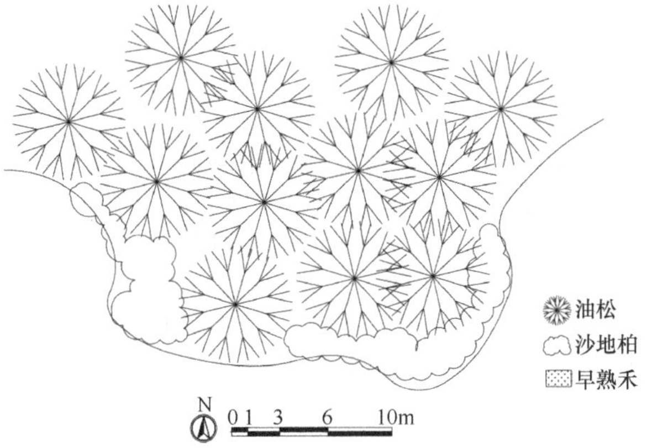

图7 群落c平面图

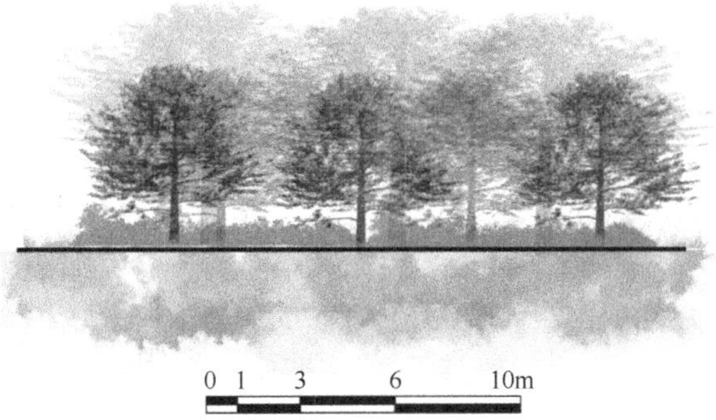

图8 群落c立面图

3）针阔乔灌草

① 群落d

此群落适用于公园内部的游人较多的主要观赏区域的绿地中，观赏性高。从景观美化功能角度分析，在该群落为油松＋毛白杨＋紫叶李＋元宝枫－金钟花－二月兰的结构，该群落物种丰富，结构层次多，不同的树形形成了起伏变化的林冠线。春季可以观赏金钟花和二月兰，秋季元宝枫秋叶火红具有较高观赏价值，紫叶李常年可以观赏异色叶，衬以青翠的油松，更显此群落观赏性高。

从生态功能角度分析，该群落为针阔乔-灌-草结构，垂直方向上绿量大，且上层高大乔木为毛白杨、洋白蜡、元宝枫，枝叶浓密，叶面积较大，植物的蒸腾作用较强，提高了群落的增湿能力，也降低了林下温度。油松是针叶树，全年可以发挥降温增湿效应。灌木和草本高度能在一定程度上促进群落的生态效益。植株间距较小，能够在一定程度上减弱林下的气流，提高降温增湿效益。

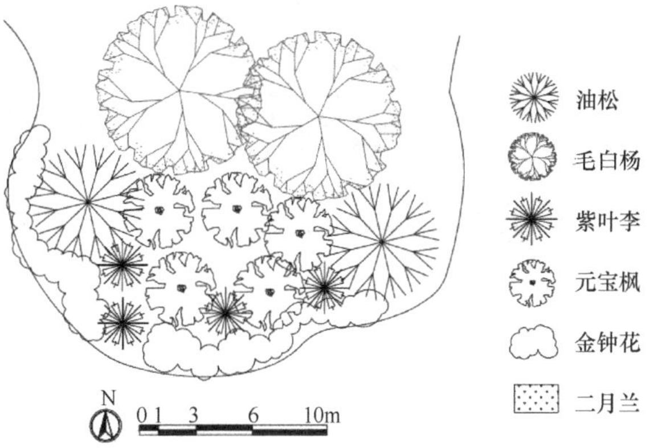

图9 群落d平面图

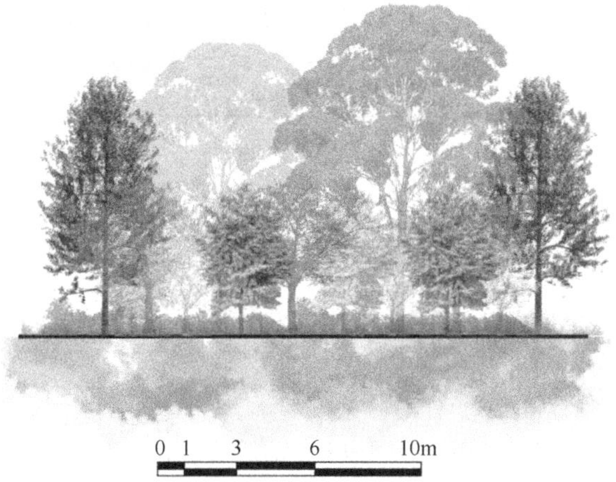

图10 群落d立面图

② 群落e

此群落较为适用于公园内休息、健身区域的绿地中。从景观美化功能角度分析，该群落为洋白蜡＋元宝枫＋白皮松＋紫叶李－沙地柏－早熟禾的群落结构，增加了植物垂直层次上观赏的丰富度，且林冠线具有起伏，避免了单调性。在观赏性上，路边栽植沙地柏和紫叶李作为前景增加亮度，背后种植具有春色叶和秋色叶的元宝枫也在春季和秋季点亮了群落色彩，提高观赏性。以白皮松的绿色作为背景，从而提高色彩的丰富性和变化性。春季和秋季元宝枫叶色橙红，紫叶李叶色常年紫红，树种冬季白皮松常绿，且白皮松可以观干，使季节上有景可观。

从生态功能角度分析，该群落为针阔乔-灌-草结构，整体绿量较大，蒸腾作用较强。全冠期郁闭度可达80%，能在一定程度上减弱到达林下的太阳辐射，起到降温、防止水分蒸发的作用。元宝枫和洋白蜡的枝下高较高，林下空间仅栽植低矮地被，减少压抑和恐慌感，并且植株间控制了一定的栽植间距，有利于通风，适宜游人进行需一定遮阴的林下活动。

（2）乔-草群落

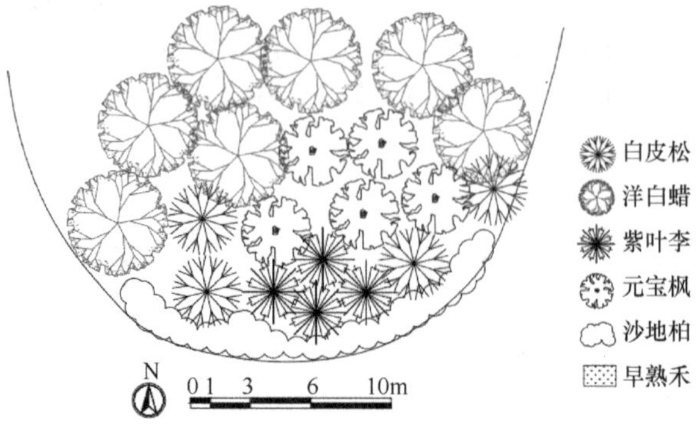

图 11　群落 e 平面图

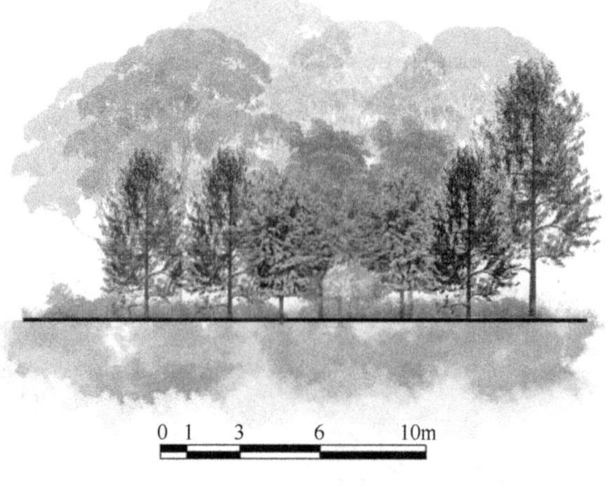

图 12　群落 e 立面图

1）阔叶乔草

① 群落 f

此群落适用于公园内开敞的活动场地附近，游人可以在林下休息和游憩。从景观美化功能角度分析，该群落为洋白蜡-早熟禾的群落结构，植物种类较为简单，体现简洁之美和单种植物的群体之美。在观赏上，夏季绿荫如盖，冬季落叶后可观干。

从生态功能角度分析，毛白杨的胸径较大，全冠期郁闭度达 90%以上，减弱了大量进入林下空间的太阳辐射，蒸腾作用强，使群落降温增湿效应强。由于树冠较大，个体间栽植间距较大，且毛白杨的枝下高较高，使该群落具有良好的通风能力，可以为人们提供充足的林下活动的舒适空间。

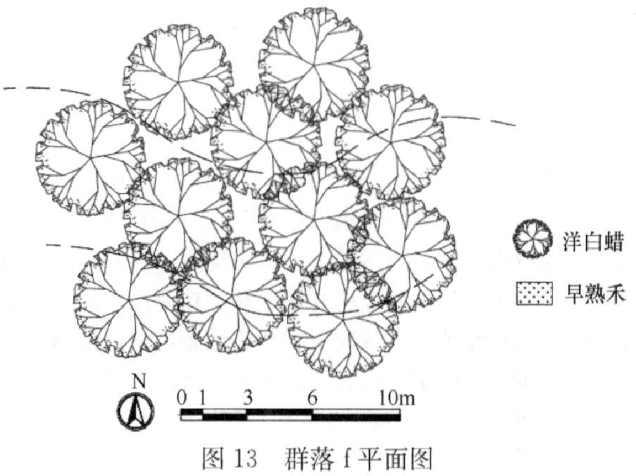

图 13　群落 f 平面图

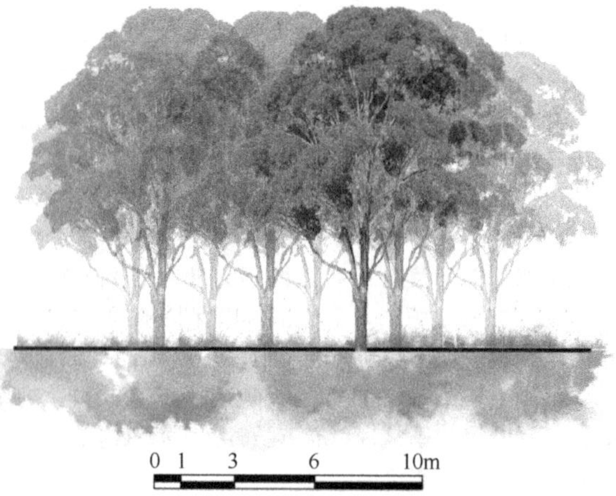

图 14　群落 f 立面图

② 群落 g

此群落适用于公园内开敞的活动和健身场地附近，林下具有非常好的休息空间，同时具有观赏性。从景观美化功能角度分析，该群落为洋白蜡＋银杏－二月兰的群落结构，树型和高度的不同使林冠线具有一定起伏，林缘的植物采用自然式栽植，增加林缘线的变化。在观赏性上，银杏叶形独特，落叶后干形优美，在洋白蜡林与草坪的交接处栽植具观赏性的银杏，避免色彩上的单调性。

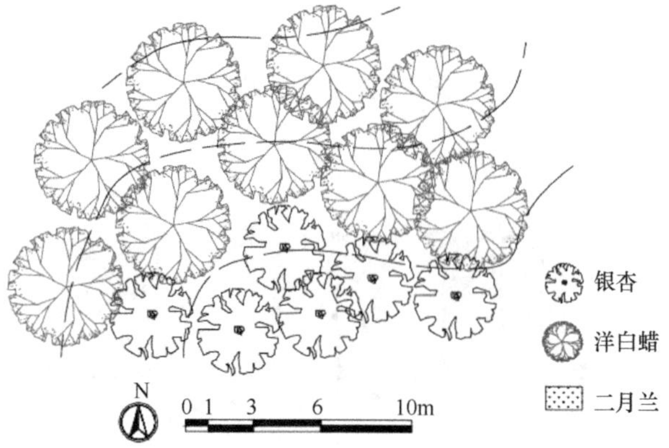

图 15　群落 g 平面图

从生态功能角度分析，该群落全冠期时郁闭度约 75%，阻挡了一部分太阳辐射，使进入林下空间的太阳辐射减弱，冠层在一定程度上减少了水分的丧失，从而起到

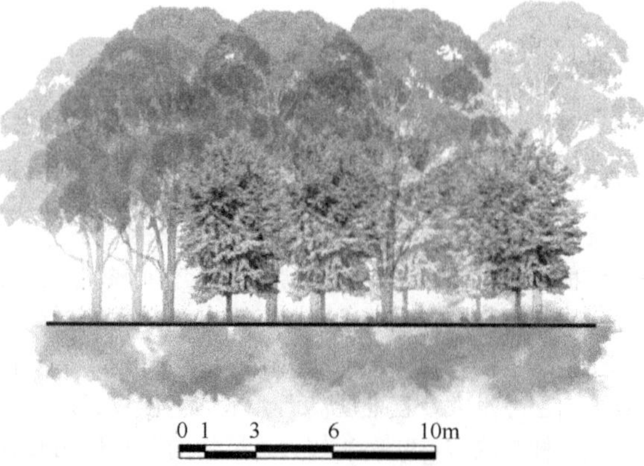

图 16　群落 g 立面图

降温增湿的作用。植株个体间栽植具有一定距离，使林下空间通风性良好，可为人们提供一个较活跃的舒适的活动空间。

2）针叶乔草

此群落适用于较为安静、肃穆的公园内绿地中，四季常青，具有很强的秩序性。从景观美化功能角度分析，该群落为侧柏-早熟禾的群落结构。种植方式采用行列式种植，适合用在规则式种植的区域，有庄严肃穆之感。从生态功能角度分析，该群落为针叶乔-草结构，上层乔木常年均可保证郁闭度在70%左右，阻挡和吸收太阳辐射的能力强，有良好的降温增湿效应。且针叶树四季常青，冠层较厚枝下高较低，可以常年发挥其降温增湿效益。

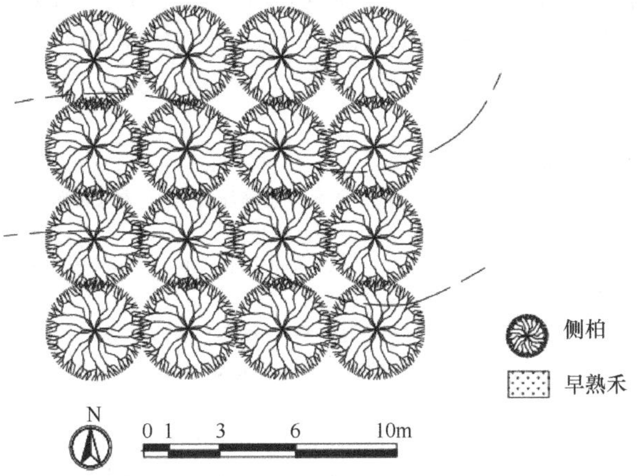

图17　群落h平面图

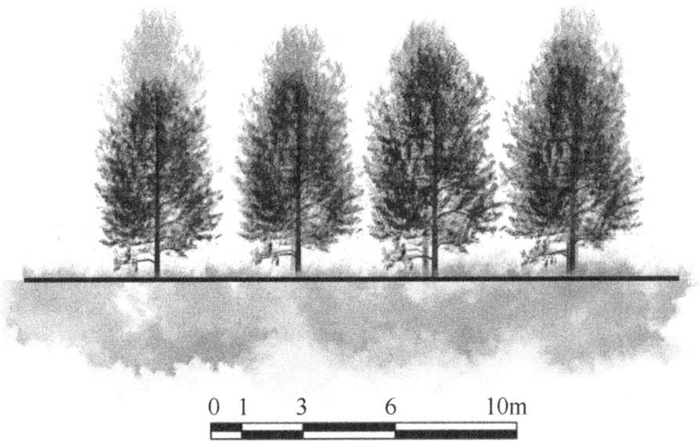

图18　群落h立面图

3）针阔乔草

① 群落i

此群落较为适用于公园内标志性小品、建筑的周围绿地中，四季皆有景可观，可以衬托小品、建筑。从景观美化功能角度，在结构上，该群落为国槐＋白皮松＋侧柏－早熟禾的群落结构，植株种在缓坡上，能形成变化起伏的林冠线，增加群落垂直方向上的丰富性。在观赏性上，夏季绿荫如盖，巧妙利用地形配以常绿针叶树的灰绿色作为背景，秋冬季常绿树有一定的观赏价值。

从生态功能角度分析，该群落在初春时针叶树具有一定的遮阴能力，当达到全冠期，遮荫能力增强，其郁闭度达80%以上，一方面阻挡了部分太阳辐射，另一方面减弱了林下空间水分的蒸发，对微气候调节能力较强。群落的个体间栽植间距较大，使林下空间通风效果较好，且为人们活动提供了更好的环境条件。

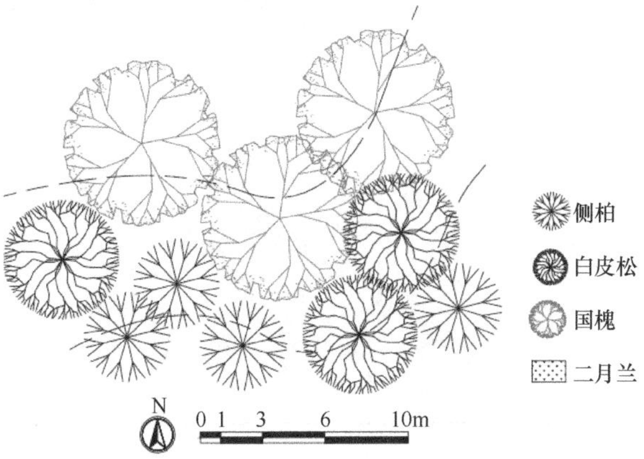

图19　群落i平面图

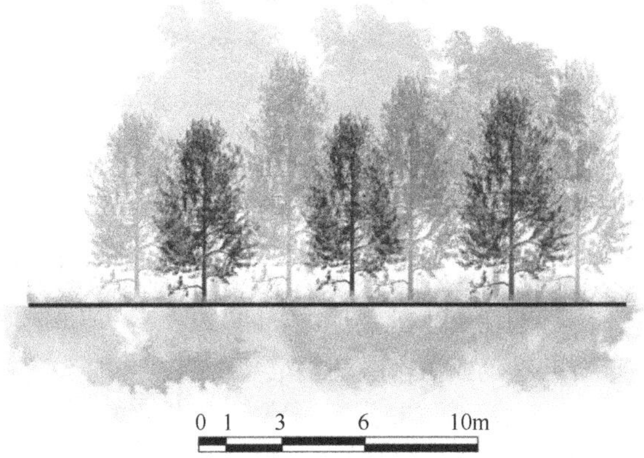

图20　群落i立面图

② 群落j

此群落较为适用于普通的公园绿地内，具有良好的生态效益。从景观美化功能角度分析，该群落为洋白蜡＋玉兰＋侧柏－早熟禾的群落结构，树形多样，洋白蜡树体高大，树冠宽大，叶片舒朗有致，玉兰树体秀美，侧柏具有一定的竖线条效果。春季玉兰白花满枝，秋季洋白蜡具秋色叶，且叶型独特，衬以竖线条深绿色的常绿树，观赏性较好。

从生态功能角度分析，洋白蜡枝繁叶茂，树冠大，具

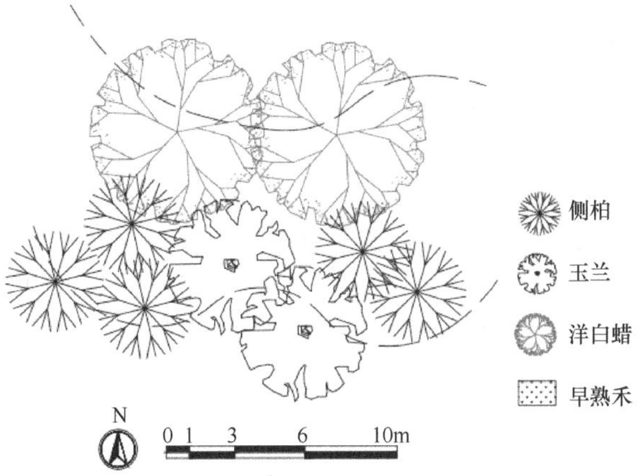

图21　群落j平面图

有良好的遮荫效果。该群落郁闭度约 60%，能够阻挡部分的太阳辐射，具有一定的降温增湿作用。在秋冬至初春，针叶树叶片的蒸腾作用也能发挥一定的降温增湿效益。

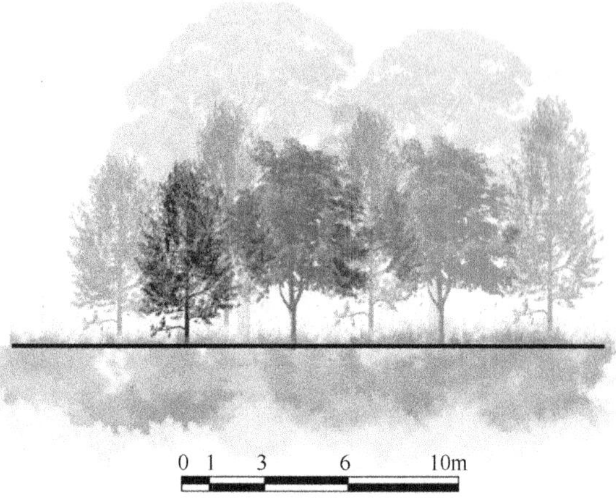

图 22　群落 j 立面图

4　讨论与小结

通过对不同垂直结构的植物群落温湿效应的研究，发现不同群落类型的降温效果存在差异。整体来说，复层混交的植物群落降温效果强于草坪群落。这是由于乔木层起到了一定的遮荫作用，阻挡、吸收了一部分太阳辐射，使进入冠下空间的太阳辐射减少。夏季，植物群落降温效益由大到小为针叶乔草＞阔叶乔灌草＞针阔乔灌草＞阔叶乔草＞针阔乔草＞阔叶灌草＞草型群落。乔-灌-草结构与乔-草结构的群落降温效果相似，其原因可能为影响植物群落降温效益的最主要的因子为乔木层的冠层结构的遮挡和反射作用，灌木层并没有对降温效益起到决定性的作用。这与任斌斌等（2017）的研究结果相似，其研究结果也表明具有乔-灌-草型垂直结构的绿地降温效果最高，而结构较单一、绿量较小的绿地降温效果有一定的局限。

不同垂直结构的植物群落增湿效果也存在差异，复层混交的植物群落增湿效果强于草坪群落。这是由于乔木冠层的遮阴作用使进入冠下空间的太阳辐射减少，减慢了林下空间环境水分的蒸发，起到了一定的保湿作用；复层混交的植物群落的生物量较大，其蒸腾作用较强，增湿效果较好。在 13：00，不同季节植物群落增湿效果同样存在显著差异。夏季，植物群落增湿效益由大到小为针叶-乔草＞针阔-乔灌草＞阔叶-乔草＞阔叶-乔灌草＞针阔-乔草＞阔叶-灌草＞草型群落。乔-草结构和乔-灌-草结构的群落增湿效果较好，并且群落中有针叶树的植物群落的温湿效益更好，可能原因为针叶树的枝下高普遍较低，冠层较厚，阻挡和反射的太阳光较多，减少了到达地面的能量，且其四季均有树叶，能够长时间的发挥其温湿效应。草坪群落蒸腾作用较弱，且没有遮荫能力，故增湿能力最弱。

因此，在城市园林绿地建设中，应考虑植物配置类型的多样性与稳定性，适当增加乔-灌-草和乔-草类型的绿地，并增加针叶树的比例，减少草坪型绿地。乔-灌-草和乔-草复层结构在园林绿化中是群落稳定、物种丰富、生物多样性高的配置方式，每一层都起到特定的作用。因此在植物群落配置时，应充分考虑复层混交结构，丰富植物群落的层次，提高群落的生态效益。此外，本试验只考虑了夏季典型日 9：00～17：00 的温湿效应，而除了空气温度、相对湿度以外，还有负氧离子、气压等其他与人体健康相关的因子。在未来可对全年时段、全天时段、更多测量因子等开展深入和系统的研究，为今后城市绿地建设提供更科学合理的建议。

参考文献

[1]　车生泉，王洪轮．城市绿地研究综述[J]．上海交通大学学报(农业科学版)，2001(03)：229-234.

[2]　Grimm，NB，Faeth，et al. Global change and the ecology of cities[J]．SCIENCE，2008.

[3]　吴志丰，陈利顶．热舒适度评价与城市热环境研究：现状、特点与展望[J]．生态学杂志，2016．35(05)：1364-1371.

[4]　吴菲，李树华，刘娇妹．城市绿地面积与温湿效益之间关系的研究[J]．中国园林，2007(06)：71-74.

[5]　秦仲．北京奥林匹克森林公园绿地夏季温湿效应及其影响机制研究[D]．北京：北京林业大学，2016.

[6]　刘娇妹，李树华，杨志峰．北京公园绿地夏季温湿效应[J]．生态学杂志，2008.

[7]　段敏杰，王月容，刘晶．北京紫竹院公园绿地生态保健功能综合评价[J]．生态学杂志，2017．36(07)：1973-1983.

[8]　秦仲，等．夏季栾树群落冠层结构对其环境温湿度的调节作用[J]．应用生态学报，2015．26(06)：1634-1640.

[9]　王月容，丛日晨，金鑫．基于热岛改善的 16 种园林植物生态效益研究[J]．园林科技，2019，151(01)：23-28＋33.

[10]　薛海丽，唐海萍，李延明，等．北京常见绿化植物生态调节服务研究[J]．北京师范大学学报(自然科学版)，2018，v. 54(04)：87-94.

[11]　秦仲，李湛东，成仿云，等．北京园林绿地 5 种植物群落夏季降温增湿作用[J]．林业科学，2016，52(001)：37-47.

作者简介

陶薪宇，1998 年 12 月生，女，汉族，辽宁人，北京林业大学风景园林学在读硕士研究生，研究方向为园林植物应用与园林生态。电子邮箱：taoxinyu@bjfu. edu. cn。

范舒欣，1989 年 10 月生，女，汉族，内蒙古人，博士，北京林业大学园林学院讲师，研究方向为植物景观规划设计。电子邮箱：fanshuxin _ 09@bjfu. edu. cn。

董丽，1965 年 7 月生，女，汉族，山西人，博士，北京林业大学园林学院教授，研究方向为植物景观规划设计。电子邮箱：dongli@ bjfu. edu. cn。

不同建植方式下的雄安城市森林自生植物现状分析[①]

Analysis on the Status of Spontaneous Vegetation in Xiong'an Urban Forest by Different Planting Methods

杨文婷　王婉璐　董　丽*

摘　要： 雄安于 2017 年开始城市森林建设，现对其内部植物生长状况、植物多样性等问题未有系统调查研究。自生植物在提高城市物种多样性、改善生态环境方面具有重要作用。故采用样方法对两种不同建植方式的雄安城市森林自生植物进行调查，研究结果表明：雄安城市森林自生植物较其他城市或城市森林，物种数比较丰富；在科属、生活型、来源等物种构成方面，两个地块表现相似；地块 A 物种较为丰富，多样性指数较高。

关键词： 城市森林；自生植物；植物多样性

Abstract: Xiong'an began urban forest construction in 2017, but there is no systematic investigation and study on the internal plant growth and plant diversity. Spontaneous vegetation play an important role in improving urban species diversity and ecological environment. Therefore, the sample method was used to investigate the spontaneous vegetation in the urban forest of Xiong'an with two different planting methods. The results showed that the number of spontaneous vegetation in Xiong'an urban forest was more abundant than that in other cities or urban forests. In terms of species composition, such as family, genus, life form and species origin, the two blocks were similar. In block A, species were abundant and the diversity index was high.

Keywords: Urban Forest; Spontaneous Vegetation; Plant Diversity

随着城市化进程的加快，园林景观人工化和同质化问题日趋明显。人工景观的维持需要消耗大量的人力物力，与园林的可持续发展相违背。我们的城市也因批量生产的苗圃植物越来越相似，缺少特色。在城市绿地中，被称为“杂草”的植物类群作为植被的重要组成部分，能较好地展现地域特点，却成为园林工作者管护的重点清理对象。在现今生态建设背景下，需要我们重新审视原本就属于这片土地的“杂草”。

国外，20 世纪 70 年代，国外生态学者开始使用“spontaneous vegetation”一词泛指该类自然定居生长的植物群体[1-3]。景观设计师由于城市景观同质化问题日趋严重，开始关注自生植物的乡土特色性和野性美，研究其在城市绿地中的分布规律、群落设计与筛选[4-5]并取得了一定研究成果，认为自生植物在营建低维护、地域性园林植物景观方面能发挥重要作用。同时，生态学家出于保护城市生态环境和植物多样性的角度，也开始关注自生植物的生态价值，研究其在改善环境质量、防止环境污染以及动物栖息地营建[6-7]等方面的功能，认为自生植物在改善城市环境、提高生物多样性方面有着重要作用。

国内，自生植物相关概念出现的时间相对比较晚，往往是以“野生植物”或“杂草”来对其进行一定的研究和阐述。在生态学领域主要以杂草角度，研究在园林中如何防治自生植物[8]、自生植物如何影响园林绿地生物多样性等问题[9]。在风景园林领域则开始于北京林业大学董丽教授团队，近年来其研究了北京城市化环境下自生植物现状及园林应用[10]、北京奥林匹克森林公园中自生植物时空分布特征及以影响因素[11-12]等问题，并发现城市居民接受自生植物形成的景观。但目前较少有研究关注自生植物与栽培植物、群落结构之间的关系。加以雄安城市森林建林方式的特殊性——不同地块采用了不同的建植方式，现各地块城市森林结构均由上层建植乔木和林下自生植物组成。故笔者将研究对象集中于雄安城市森林的自生植物，选取以不同建植方式建林的两处城市森林，对其自生植物的物种构成及多样性进行了全面的分析，研究不同建植方式下的自生植物物种组成特征和多样性差异。

1　研究地区与研究方法

1.1　研究地区概况

雄安新区规划重点目标之一为建成绿色宜居城市，构建新区“一淀、三带、九片、多廊”的生态安全格局，将建设成为林城相融、林水相依的生态城市。雄安城市森林——千年秀林是基于规划率先启动的重大绿色基础设施工程，是“先植绿、后建城”新理念的创新实践。截至 2021 年 4 月，雄安新区种植苗木达 200 多种，采用多种植林方式建成城市森林面积 41 万亩[13]，基本形成了“一

① 基金项目：北京林业大学建设世界一流学科和特色发展引导专项资金资助——基于生物多样性支撑功能提升的雄安新区城市森林营建与管护策略方法研究（2019XKJS0320）；北京市科技计划项目：生态廊道生物多样性保护与提升关键技术研究与示范（D171100007217003）。

淀、三带、九片、多廊”的绿色空间骨架。

1.2 样地选择

依据不同建林方式选择了在2018年先后建成的两处城市森林：9号地块一区造林项目第一标段造林实验非示范林（下文统称地块A）和10万亩苗景兼用林建设项目第五标段（下文统称地块B），样地详细信息见表1。地块A（图1）采用单种乔木片植方式，散点式种植，地块B（图2）采用株间混交片植方式，曲线放样后沿弧线种植。

样地类型及详细信息　　表1

样地	样地所在项目名称	建成时间	主导功能	建林方式
地块A	雄安新区9号地块一区造林项目第一标段造林实验非示范林	2018年	苗景兼用林	片植、散点式栽植
地块B	10万亩苗景兼用林建设项目第五标段	2018年	苗景兼用林	株间混交，曲线放样栽植

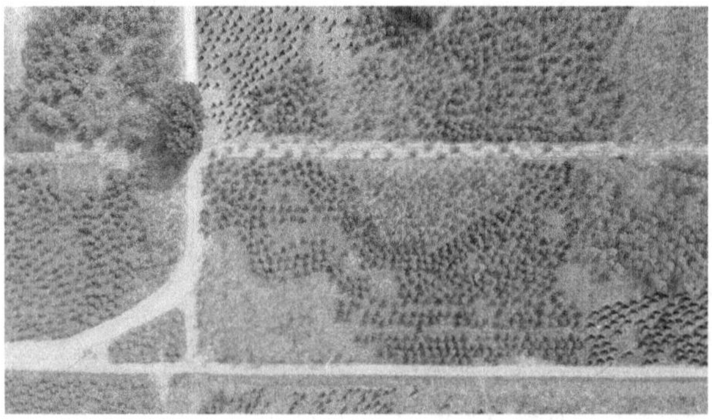

图1　地块A俯瞰图

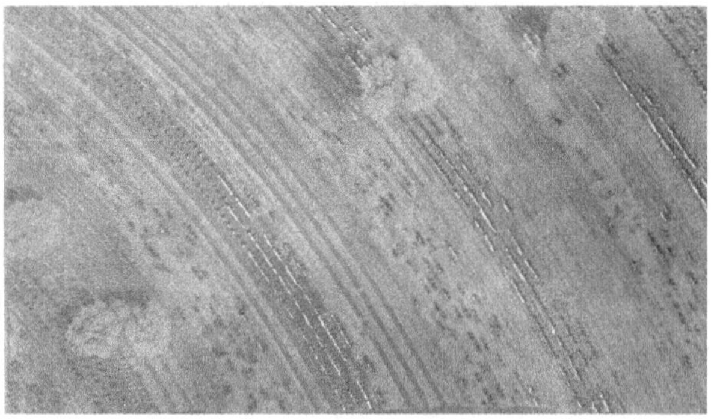

图2　地块B俯瞰图

1.3 样方调查

因草本植物生长的季节性强，实地调查使用样方法于2020年7月至2021年5月分春、夏、秋3个季节进行重复调研。样点设置采用典型取样法，事先根据CAD种植图确定各个样地现有群落类型，以此拟定调研路线确保各个群落能到达，并在实地调研时按照中国科学院《森林生态系统野外调查方法实施细则》中关于森林样地野外调查和设置方法进行筛选。样方调查参考《森林生态系统野外调查方法实施细则》，首先在每一个样点中心设置一个20m×20m的大样方，并采取平均布样法在每个乔木样方4个顶角及中心处设5组大小为1m×1m的草本样方，并记录每种自生植物的种名、株高、盖度、生长势、栽培或野生等信息。

1.4 数据计算及统计分析

对调查数据进行处理分析，计算植物群落物种的密度、频度、盖度、丰富度指数，然后基于这些数据进行运算，计算重要值、物种多样性指数、均匀度指数等相关指标。

1.4.1 重要值

灌草：重要值=(相对密度+相对频度+相对盖度)/3

相对密度=(某种植物的密度/全部植物的总密度)×100=(某种植物的个体数/全部植物的个体数)×100

相对频度=(该种的频度/所有种的频度总和)×100%

相对盖度=(样方中该种盖度/样方中全部个体盖度总和)×100%

1.4.2 植物多样性指标计算

主要包括物种丰富度、物种多样性、物种均匀度。

(1) 物种丰富度（species richness）：本研究使用Patrick指数。

$$D = S$$

式中　S——植物物种数。

(2) 物种多样性使用Shannon-Wiener多样性指数。

$$H' = -\sum P_i \ln P_i$$

$$P_i = N_i / N$$

式中　N_i、N——某物种、所有物种株数。

(3) 物种均匀度（species evenness）：使用Pielou指数。

$$E = H' / H_{max}$$

式中　H'——实际观察的物种多样性指数；

H_{max}——最大的物种多样性指数。

$$H_{max} = \ln S$$

式中　S——群落中物种数目。

2 结果与分析

2.1 自生植物物种构成比较

2.1.1 科属构成

本研究共调查到自生植物共114种，隶属42科93属，包括木本植物11种，自生草本植物103种。对各科植物种数进行统计，可知雄安城市森林自生植物主要以菊科、禾本科和十字花科植物为主，其中菊科植物出现25种，占比21.93%，有苦荬菜（*Ixeris polycephala*）、蒲公英（*Taraxacum mongolicum*）、旋覆花（*Inula japonica*）等；禾本科植物次之，共有12种，占比10.53%，有狼尾草（*Pennisetum alopecuroides*）、虎尾草（*Chloris virgata*）、芦苇（*Phragmites australis*）等；十字花科植物共有10种，占比8.77%，有荠（*Capsella bursa-pastoris*）、小花糖芥（*Erysimum cheiranthoides*）、小花花旗杆（*Dontostemon micranthus*）等。

在调研的两个场地中，物种数相差较大，科数和属数相差不大。地块A物种数较多，有99种，隶属于33科79属，地块B物种数较少，73种，隶属于32科63属（图3）。

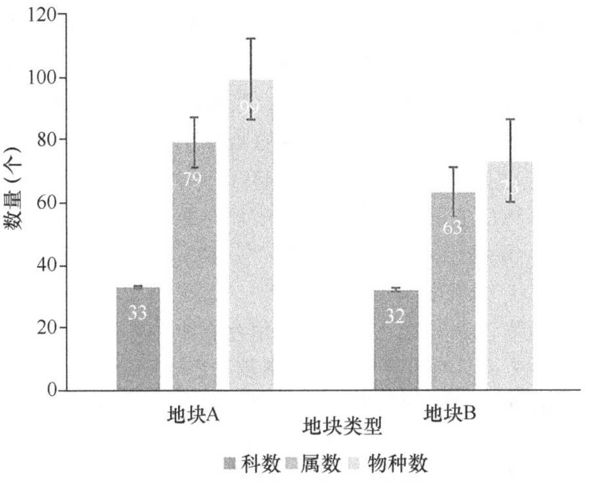

图3　科数、属数和物种数的比较

2.1.2　生活型组成

在调查到的114种自生植物中，一年生草本植物最多有48种，占总体的42.11%，其次是多年生草本植物有37种，占总体的32.46%，一、二年生草本植物有16种，占总体的14.04%，木本植物有11种，占9.65%，二年生草本植物种类最少，占总体的1.75%（图4）。

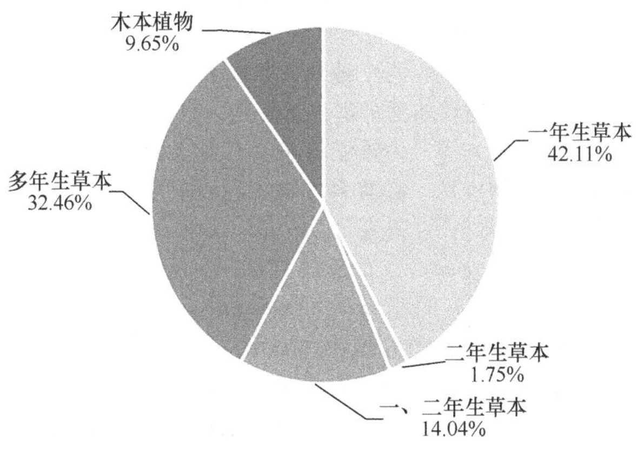

图4　自生植物生活型组成

在调查的两个地块中，生活型组成上一致，均为一年生植物物种数占比最大，多年生植物占比次之，二年生植物最少（表2）。两个地块木本植物种类有较大差别，栾树（*Koelreuteria paniculata*）和榆树（*Ulmus pumila*）均有出现，地块A特有树种为玉兰（*Yulania denudata*）和桑（*Morus alba*），地块B特有木本植物为丝棉木（*Euonymus maackii*）、复叶槭（*Acer negundo*）、合欢（*Albizia julibrissin*）、山桃（*Amygdalus davidiana*）、毛白杨（*Populus tomentosa*）和君迁子（*Diospyros lotus*）。这可能与各地块建植乔木树种有一定关系。

物种生活型组成及比例比较　　　　表2

物种生活型	地块A		地块B	
	物种数（种）	比例（%）	物种数（种）	比例（%）
一年生	46	47.42	33	47.83
二年生	2	2.06	1	1.45
一、二年生草本	13	13.40	7	10.14
多年生草本	34	35.05	23	33.33
木本植物	4	4.12	9	13.04

2.1.3　物种来源

在调查到的所有植物中，乡土植物有98种，占物种总数的85.96%，如夏至草（*Lagopsis supina*）、龙葵（*Solanum nigrum*）等；来源于中国其他地区的外来物种5种，占物种总数的4.39%，如盐芥（*Thellungiella salsuginea*）、华萝藦（*Metaplexis hemsleyana*）等；国外外来植物3种，如阿拉伯婆婆纳（*Veronica didyma*）、月见草（*Oenothera biennis*）等，占物种总数的2.63%；入侵植物8种，占总体物种数的7.02%，包括牛筋草（*Eleusine indica*）、凹头苋（*Amaranthus lividus*）、小蓬草（*Conyza canadensis*）、反枝苋（*Amaranthus retroflexus*）、葎草（*Humulus scandens*）等（图5）。

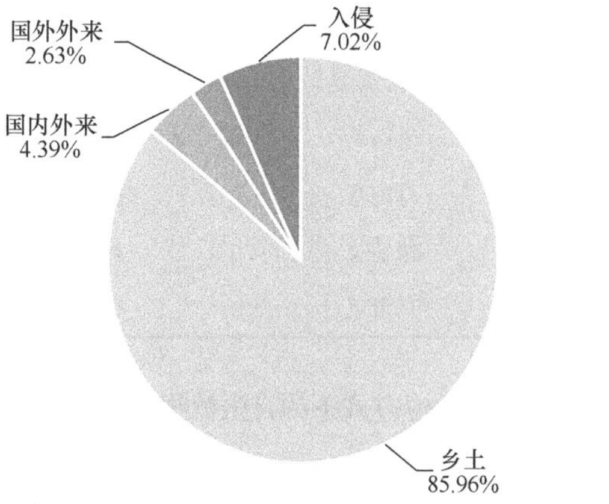

图5　自生植物来源分布

两个地块内物种来源及比例结果显示，乡土植物、国内外来植物、国外外来植物和入侵植物的比例相近（表3）。乡土植物都占重要的比例，为85.86%和86.30%，差别较小；国内外来物种数量占比分别为2.74%和5.05%；国外外来物种所占比例不超过3%，入侵物种数量占比分别为8.08%和8.22%。

物种来源及比例比较　　表 3

物种来源	地块 A		地块 B	
	物种数（种）	比例（%）	物种数（种）	比例（%）
乡土	85	85.86	63	86.30
国内外来	5	5.05	2	2.74
国外外来	1	1.01	2	2.74
入侵	8	8.08	6	8.22

2.1.4 优势植物构成

对两个地块的自生植物重要值进行计算并排序，将排名前 10 的植物进行排序比较（表 4），由结果我们可知两个地块的优势植物及其重要值有一定差别。总体来看，荠、夏至草、泥胡菜（*Hemistepta lyrata*）、灰菜（*Chenopodium ficifolium*）、打碗花（*Calystegia hederacea*）、附地菜（*Trigonotis peduncularis*）和苦荬菜均出现在两个地块中。在地块 A 的优势植物中，出现入侵植物牛筋草，马齿苋（*Portulaca oleracea*）、猪毛菜（*Salsola collina*）和牛筋草为其特有优势植物；对于地块 B，播娘蒿（*Descurainia sophia*）、狗尾草（*Setaria viridis*）和马泡瓜（*Cucumis melo*）为特有优势植物。

重要值排名前 10 的物种比较　　表 4

排序	地块 A		地块 B	
	名称	重要值	名称	重要值
1	夏至草	0.082	荠	0.149
2	附地菜	0.076	夏至草	0.114
3	苦荬菜	0.072	泥胡菜	0.096
4	荠	0.069	灰菜	0.078
5	泥胡菜	0.059	打碗花	0.053
6	灰菜	0.051	附地菜	0.051
7	牛筋草	0.048	苦荬菜	0.047
8	打碗花	0.047	播娘蒿	0.039
9	猪毛菜	0.037	狗尾草	0.034
10	马齿苋	0.035	马泡瓜	0.033

2.2 不同建植方式下的自生植物多样性比较

从各指数（表 5）来看，两个地块差别较大且均为地块 A 高于地块 B。从 Parick 指数和 Shannon-Wiener 指数可以说明，地块 A 林下自生植物群落生境较为优越，自生植物群落发展较好，相比之下地块 B 自生植物群落发展不佳。从 Pielou 指数可以说明地块 A 自生植物分布较为均匀，以均匀度来考虑多样性与群落稳定性的关系时，群落的均匀度指数越高、各层次相互的差异越不显著，说明群落的稳定性越高，从演替动态的角度来看其稳定性就越高[14]。

多样性指数比较　　表 5

物种来源	地块 A	地块 B
Parick 指数	99	73
Shannon-Wiener 指数	3.40	2.86
Pielou 指数	0.74	0.68

3 讨论

3.1 雄安城市森林自生植物现状特征及成因

本研究共调查到自生植物共 114 种，隶属 42 科 93 属，包括木本植物 11 种，自生草本植物 103 种，显著低于李晓鹏调查的北京公园绿地中 242 种自生植物[15]，但其中的自生草本植物种类多于田志慧等调查到的上海城区 107 种[16]、CERVELLI E W 等调查到的西安城区 82 种[17]，略少于陈晓双调查到的哈尔滨中心城区的 175 种[18]、赵娟娟调查到的宁波城区 127 种[19]。相较于其他城市森林自生植物的调查，雄安城市森林自生植物种类高于上海城市森林的 110 种[20]、厦门城市森林的 54 种[21]、广州城市森林的 71 种[22]。这说明雄安城市森林自生植物较为丰富，并且自生植物在维持城市森林生物多样性方面具有重要作用。在科属种组成方面，菊科和禾本科在两个地块均为所含物种最多的两个大科，表明菊科和禾本科两科植物在是各类型植物的重要组成，并能够较快繁衍扩散。

在生活型组成中，两个地块均为一年生植物种类最多。各地块的高一年生植物种数比例可能与较高的人为干扰有关，据李艳艳[23]研究发现多年生植物多生长于稳定的环境中，而高频度的干扰使得自生植物很难从一二年生阶段演替到多年生阶段，更难到木本植物阶段。雄安城市森林各地块均处于建植初期，都存在较高频率的人为养护，如林下除草、苗木移植等，对自生植物影响发展影响较大。并且雄安城市森林建造多以农田转化而来，田间草本植物种类众多，造林后原有的土壤种子库不变，草本植物迅速入侵林下并占有一定优势。

在物种来源上，两个地块自生植物均表现为有较高比例的乡土植物，如夏至草、蒲公英、朝天委陵菜（*Potentilla supina*）等，为雄安城市森林景观营造提供了大量的乡土植物资源。特有乡土植物也表现为较高的观赏特性，如地块 A 的雀麦（*Bromus japonicus*）、香丝草（*Conyza bonariensis*）、秃疮花（*Dicranostigma leptopodum*）等；地块 B 的益母草（*Leonurus artemisia*）、繁缕（*Stellaria media*）和五福花（*Adoxa moschatellina*）。雄安城市森林各地块后期均有景观提升计划，不同场地的特有乡土植物有利于营造林下特色景观。从入侵物种和数量来看，两个地块相差不大，特别是牛筋草、凹头苋、葎草、小蓬草、反枝苋和圆叶牵牛（*Pharbitis purpurea*）6 个物种均出现，在之后的养护管理中需将其列为重点治理对象，防止其在雄安城市森林中大面积蔓延，抢占其他植物生长空间与资源。

3.2 雄安城市森林自生植物多样性特点

从多样性指数上看，雄安城市森林地块A丰富度较高，多样性较高，且自生植物较为均匀，自生植物群落结构比较稳定。这可能与地块的建植方式有关，地块A采用单种乔木片植方式，散点式种植，地块B采用株间混交片植方式，曲线放样后沿弧线种植。推测单种乔木片植方式，散点式种植有利于为自生植物生长营造适宜生境，需要进一步分析自生草本多样性与建林方式、上层乔木种类、城市森林群落结构之间的关系。另一方面人为干扰也可能有一定的影响，地块B近一年进行了苗木更换种植、苗木移栽等活动，对地块内自生植物群落干扰较大，而地块A养护管理强度较低，人为干扰活动较少。

3.3 雄安城市森林自生植物景观潜力

本研究调查到的自生植物多为乡土植物而表现为良好的生长状态，有一定的观赏价值，并且在实际生长过程中具有动态演替的特征，因此自生植物具有较高的景观潜力。但一味的通过自然演替来形成对应的动态群落，难以满足当下人们的审美要求[24]。对此，要明确如何在顺应自然的前提下实现自生植物的合理化管理，从而确保其能够充分发挥景观功能。在实际应用过程中要清楚地意识到不同植物群落的成熟周期，以此来有效的结合城市环境种植设计，从而打造有效的景观效果。

4 结语

本研究结果表明雄安城市森林自生植物较为丰富且多为乡土植物，为雄安城市森林整体植物多样性维持作出一定贡献，两种建植方式下的自生植物物种构成和多样性有一定区别。自生植物所处环境复杂，除了乔木层植物，城市环境、光照条件、土壤条件、坡度和海拔等都有可能影响自生植物的生长和分布，后期需要进一步研究雄安城市森林自生植物多样性的影响因素，为合理营建和养护自生植物景观提供理论依据。

致谢

感谢中国雄安集团生态建设投资有限公司提供的野外调查协助。

参考文献

[1] Woodward S L. Spontaneous vegetation of the Murray springs area, San Pedro valley, Arizona[J]. Journal of the Arizona Academy of Science, 1972, 7(01): 12-16.

[2] Sonneveld I S. Classification and evaluation of forest, also with the aid of the spontaneous vegetation[J]. Nederlands Bosbouwtijdschrift, 1977, 49(02) : 44-65.

[3] Adelina D, Valentin S, Doina C, Georgel M, luliana P. Ecological And Aesthetic Role Of Spontaneous Flora In Urban Sustainable Landscapes Development[J]. Journal of Plant Development, 2011, 18.

[4] Cervelli E W, Lundholm J T, Du X. Spontaneous urban vegetation and habitat heterogeneityin Xi'an, China[J]. Landscape and urban planning, 2013, 120: 25-33.

[5] Kühn N. Intentions for the unintentional-spontaneous vegetation as the basis for innovative planting design in urban areas [J]. Journal of Landscape Architecture, 2006, 1 (2) : 46-53.

[6] Robinson S L, Lundholm J T. Ecosystem services provided by urban spontaneous vegetation[J]. Urban Ecosystems, 2012, 15(03): 545-557.

[7] Cavalca L, Corsini A, Canzi E, et al. Rhizobacterial communities associated with spontaneous plant species in long-term arsenic contaminated soils[J]. World Journal of Microbiology and Biotechnology, 2015, 31(05): 735-746.

[8] 朱碧华，杨凤梅．南昌城市绿地外来入侵植物及其防治对策[J]. 江西林业科技，2012(01)：35-38.

[9] 董旭．应用园林植物替代控制城市杂草的方案研究[D]. 上海：上海师范大学，2014.

[10] 王阔．北京城市化环境下自生草本植物现状及园林应用研究[D]. 北京：北京林业大学，2014.

[11] 董丽，李晓鹏．重新认识城市绿地中的杂草：北京奥林匹克森林公园自生植物分布及景观特征 [J]. LANDSCAPE 景观，2017(Ⅰ)：36-45.

[12] 李晓鹏，董丽，关军洪，等．北京城市公园环境下自生植物物种组成及多样性时空特征 [J]. 生态学报，2018，38(2)：581-594.

[13] http://www.xiongan.gov.cn/2021-05/20/c_1211164222.htm.

[14] 高贤明，马克平，陈灵芝．暖温带若干落叶阔叶林 群落物种多样性及其与群落动态的关系[J]. 植物 生态学报，2001，25(3)：283-290.

[15] 李晓鹏，董丽．北京不同公园自生植物物种组成特征及群落类型[J]. 风景园林，2020，27(04)：42-49.

[16] 田志慧，蔡北溟，达良俊．城市化进程中上海植被的多样性、空间格局和动态响应(Ⅷ)：上海乡土陆生草本植物分布特征及其在城市绿化中的应用前景 [J]. 华东师范大学学报(自然科学版)，2011(4)：24-34.

[17] CERVELLI E W, LUNDHOLM J T, DU X. Spontaneous Urban Vegetation and Habitat Heterogeneity in Xi'An, China[J]. Landscape and Urban Planning, 2013, 120: 25-33.

[18] 陈晓双，梁红，宋坤，等．哈尔滨中心城区杂草物种多样性及其在异质生境中的分布特征 [J]. 生态学杂志，2014，33(4)：946-952.

[19] 赵娟娟，孙小梅，陈珊珊，等．城市野生草本植物种类构成的特征：以宁波市为例 [J]. 生态环境学报，2016，25(1)：43-50.

[20] 韩玉洁．上海城市森林林下植被群落特征及多样性研究[J]. 华东森林经理，2020，34(03)：22-26.

[21] 尹锴，崔胜辉，赵千钧，等．基于冗余分析的城市森林林下层植物多样性预测[J]. 生态学报，2009，29(11)：6085-6094.

[22] 梁璇，刘萍，徐正春，等．不同类型城市森林的林下植物多样性研究[J]. 华南农业大学学报，2015，36(02)：69-73.

[23] 李艳艳．上海郊区不同土地利用类型自然草本群落多样性及其分布研究 [D]. 上海：华东师范大学，2009.

[24] Piasecki C , Rizzardi M A . Grain Yield Losses and Economic Threshold Level Of GR Ⓡ F2 Volunteer Corn in Cultivated F1 Hybrid Corn[J]. Planta Daninha, 2019, 37(2).

作者简介

杨文婷，1997年2月，女，汉族，安徽合肥人，北京林业大学园林学院在读硕士研究生，国家花卉工程技术研究中心成员、城乡生态环境北京实验室成员，研究方向为园林植物应用与园林生态。电子邮箱：15295527779@163.com。

王婉璐，1997年4月，女，汉族，北京人，北京林业大学园林学院在读硕士研究生，国家花卉工程技术研究中心成员、城乡生态环境北京实验室成员，研究方向为园林植物与园林生态。电子邮箱：496564498@qq.com。

董丽，1965年7月，女，汉族，山西万荣人，博士，北京林业大学园林学院教授，国家花卉工程技术研究中心成员、城乡生态环境北京实验室成员，研究方向为园林生态、植物景观规划设计。电子邮箱：dongli@bjfu.edu.cn。

八仙花品种遗传多样性分析研究[①]

Study on Genetic Diversity of Hydrangea Cultivars Via 2b-RAD

吕 彤

摘 要： 利用2b-RAD（Ⅱb restriction site-associated DNA）基因组简化测序技术，采用双盲方法对46个八仙花品种（含种和变种）进行了分子生物学分析，获得17541个SNPs，构建了八仙花系统发育树，系统发育树分析发现，该方法可以把八仙花资源按着亲缘关系的远近进行区分，发现粗齿八仙花（*Hydrangea serrata*）与大叶八仙花（*H. macrophylla*）亲缘关系近，可以利用这两个品种群进行杂交育种。野生八仙花中的西南八仙花（*Hydrangea davidii*）和柳叶八仙花（*Hydrangea stenophylla*）与栎叶八仙花（*Hydrangea quercifolia*）虽然地理起源上并不相近，但是亲缘关系近，可以考虑利用这些资源进行遗传改良。另外发现重萼片品种聚合在一起，连续开花的品种也聚合在一起，说明利用SNPs可以开发与八仙花重要观赏性状相关联的分子标记。

关键词： 八仙花；遗传多样性；分子标记；SNPs

Abstract: Using 2b-RAD (IIb restriction site-associated DNA) genome simplification sequencing technology, molecular biology analysis of 46 Hydrangea varieties (including species and variants) were carried out using double-blind method. 17,541 SNPs were get in Hydrangea varieties. The phylogenetic tree of 46 Hydrangea cultivars was constructed. The analysis of the phylogenetic tree found that the method can be used to distinct the Hydrangea cultivars according to the phylogenetic relationship. *Hydrangea serrata* cultivars and bigleaf hydrangea (*H. macrophylla*) cultivars have close genetic relationship. *Hydrangea serrata* cultivars and bigleaf hydrangea (*H. macrophylla*) can be used in cross breeding to breed new Hydrangea varieties. The wild species *Hydrangea davidii* and *Hydrangea stenophylla* are different from *Hydrangea quercifolia* in geographical origin. The three species have close genetic relationship. They can be used in genetic improvement of Hydrangea varieties. We also found that the double sepals varieties are well aggregated together, remontancy varieties are also aggregated together. The results indicate that SNPs can be used to develop molecular markers of important ornamental traits of Hydrangea varieties in the future research.

Keywords: Hydrangea; Genetic Diversity; Molecular Markers; SNPs

引言

八仙花科（Hydrangeaceae）八仙花属（*Hydrangea*）植物大约有208个种和众多的品种资源（De等，2015），常见的品种群有大叶八仙花（*Hydrangea macrophylla*），耐平均最低气温－12℃；圆锥绣球（*Hydrangea paniculata*）耐平均最低气温－36℃；耐寒八仙花（*Hydrangea arborescens*）耐平均最低气温－36℃；栎叶八仙花（*Hydrangea quercifolia*）耐平均最低气温－24℃；粗齿八仙花（*Hydrangea serrata*）耐平均最低气温－12℃；重萼片八仙花（*Hydrangea involucrate*×*macrophylla*）耐平均最低气温－8℃。八仙花不仅可以做切花、干花和盆花，在园林中越来越得到重视而广泛应用，然而八仙花对环境的要求比较苛刻，比如喜光而怕热、喜湿润而怕水涝，所以需要不断对八仙花进行品种改良。八仙花的育种目标包括培育不同花色，特别是培育不受土壤酸碱度影响的开蓝色花的品种，不同花型的品种（Lacecap和mophead），当年连续开花的品种，抗逆性强（耐高温、耐干旱、耐低温胁迫）的品种，适合园林应用品种，适合做盆花和切花品种等等。而在对亲本进行选择时由于对其遗传背景不够清晰，往往比较盲目，同时在现有品种中存在很多混杂现象，如同名异物和同物异名等（Hempel等，2018），给选择亲本造成困难。RAD（restriction association site DNA）是通过限制性内切酶测序技术降低生物基因组复杂程度并能反映生物部分基因组序列结构信息，2b-RAD（type IIb endonucleases restriction－site associated DNA）则是利用IIb限制性内切酶对生物基因组DNA进行剪切的RAD测序技术。本研究的目的在于采用2b-RAD简化基因组测序技术鉴定八仙花属内不同种或品种群之间的遗传亲缘关系，为杂交育种亲本选择和划分品种群提供分子生物学遗传基础。

1 材料与方法

1.1 试验材料

供试八仙花属品种（含种和变种）46个（表1和图1）。

1.2 研究方法

1.2.1 试材采集

摘取八仙花品种完整叶片，每个品种3～5片，放于自封袋内，并用干硅胶包埋，做好标记，带回实验室提取DNA。

① 基金项目：北京市公园管理中心资助项目（项目编号：2019-ZW-08）。

表1 八仙花供试品种

序号	编号	中文名称	拉丁学名
1	BH-01	柳叶八仙花	*Hydrangea stenophylla*
2	BH-02	多花柳叶八仙花	*Hydrangea stenophylla* var.
3	BH-03	西南八仙花	*Hydrangea davidii*
4	BH-04	多花西南八仙花	*Hydrangea davidii* var.
5	BH-05	‘丽达教授’	*H. serratophlla* ‘Professeur Lida’
6	BH-06	‘奥瑞迪可阿玛措’	*H. serratophlla* ‘Odoriko Amacha’
7	BH-07	‘蓝鸟’	*Hydrangea serrata* ‘Bluebird’
8	BH-08	‘初恋’	*H. serrata* ‘First Love’
9	BH-09	‘白波’	*H. serrata* ‘White Wave’
10	BH-10	‘开格卡’	*H. serrata* ‘Shiro Gaku’
11	BH-14	‘粉色精灵’	*H. paniculata* ‘Pink elf’
12	BH-16	‘无尽夏’	*H. macrophylla* ‘Endless Summer’
13	BH-17	‘无尽夏新娘’	*H. macrophylla* ‘Endless Summer Bride’
14	BH-18	‘雨之物语’	*H. macrophylla* ‘The Raining Story’
15	BH-19	‘琉璃’	*H. macrophylla* ‘Coloured Glaze’
16	BH-20	‘魔幻革命’	*H. macrophylla* ‘Magical Sevolution’
17	BH-21	‘小绿’	*H. macrophylla* ‘Tiny Green’
18	BH-22	‘青山绿水’	*H. macrophylla* ‘Qingshanlvshui’
19	BH-23	‘湖蓝’	*H. macrophylla* ‘Hulan’
20	BH-24	‘你我爱慕’	*H. involucrate×macrophylla* ‘You & Me Love’
21	BH-25	‘狂热’	*H. involucrate×macrophylla* ‘Fanaticism’
22	BH-26	‘舞孔雀’	*H. involucrate×macrophylla* ‘The Dancing Peacoock’
23	BH-27	‘千代女’	*H. involucrate×macrophylla* ‘Chiyome’
24	BH-28	‘舞会’	*H. involucrate×macrophylla* ‘Ball’
25	BH-29	‘万华镜’	*H. involucrate×macrophylla* ‘Mangekyo’
26	BH-30	‘水晶绒球’	*H. macrophylla* ‘Crystal Pompo’
27	BH-31	‘含羞叶’	*H. macrophylla* ‘Elbtal’
28	BH-32	‘史欧尼’	*H. macrophylla* ‘Shiouni’
29	BH-33	‘帝亚娜’	*H. involucrate×macrophylla* ‘Tizian’
30	BH-34	‘塔贝’	*Hydrangea serrata* ‘Tabell’
31	BH-35	‘卡米拉’	*H. macrophylla.* ‘Camilla’
32	BH-36	‘爆米花’	*H. macrophylla* ‘Kettle Corn’
33	BH-37	‘爱莎’	*H. macrophylla* ‘Ayesha’
34	BH-38	‘玫瑰女王’	*H. macrophylla* ‘Rose Queen’
35	BH-39	‘宝石’	*H. macrophylla* ‘Gemstone’
36	BH-40	‘魔幻革命’	*H. macrophylla* ‘Magic Revolution’
37	BH-41	‘甜蜜幻想’	*H. macrophylla* ‘Sweet Fantasy’
38	BH-42	‘卑弥呼’	*H. involucrate×macrophylla* ‘Himiko’
39	BH-43	‘花手鞠’	*H. involucrate×macrophylla* ‘Stockings’
40	BH-44	‘小町’	*H. involucrate×macrophylla* ‘Komachi’
41	BH-45	‘你我的情感’	*H. involucrate×macrophylla* ‘You and Me Feelings’
42	BH-46	‘头花’	*H. involucrate×macrophylla* ‘Corsage’
43	BH-47	‘夏祭’	*H. macrophylla* ‘Summer sacrifice’
44	BH-48	‘爱你的吻’	*H. macrophylla* ‘Love Your Kiss’
45	BH-54	‘雪花’	*Hydrangeaquercifolia* ‘Snowflake’
46	BH-55	‘紫水晶’	*Hydrangeaquercifolia* ‘Amethyst’

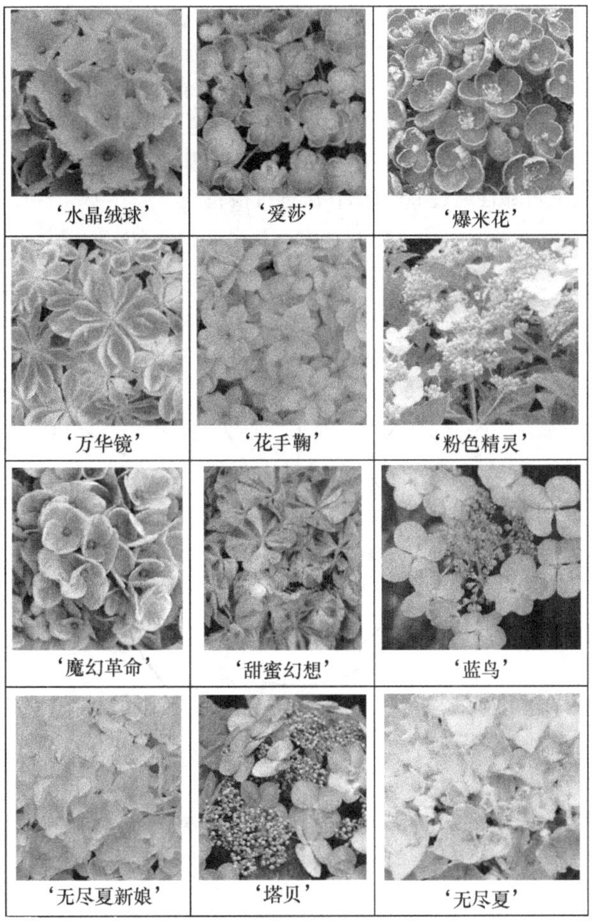

图 1　部分八仙花品种

1.2.2　DNA 提取

DNA 的提取采用 CTABT 法进行提取，提取用试剂盒为 DNAsecure Plant Kit。通过琼脂糖检测和紫外可见分光光度计对抽提样本基因组 DNA 的质量和浓度进行检测。

1.2.3　测序文库构建

八仙花样品 DNA 抽提质检合格后，利用 2b-RAD 五标签串联技术（Wang 等，2016）进行测序文库构建，过程中所有样品均采用标准型 5′-NNN-3′接头与酶切标签连接，文库质控合格后在 Illumina Hiseq Xten 平台进行 Paired-end 测序，具体建库流程如下（图 2）：

酶切：≥200 ng 基因组 DNA 采用 IIB 型限制性内切酶（eg：BsaXI/BcgI/FalI/BaeI）进行酶切。

加接头：酶切产物分别加入 5 组不同的接头，T4 DNA Ligase 连接。

扩增：PCR 扩增连接产物。

串联：根据 5 组接头信息，将 5 个标签按顺序串联。

Pooling：连接产物添加 barcode 序列，混库。

测序：质检合格的高质量文库上机测序。

1.2.4　生物信息分析

八仙花属于无参考基因组，选取部分样品测序数据提取含有酶切识别位点的 Reads，使用 Stacks（Julian 等，2013）软件包中的 ustacks 软件（version 1.34）进行聚类，构建参考序列。使用 SOAP（Li 等 2008）软件（version 2.21）将测序数据比对到参考序列，利用最大似然法（ML）进行位点的分型（Fu 等，2013）。具体分析流程如

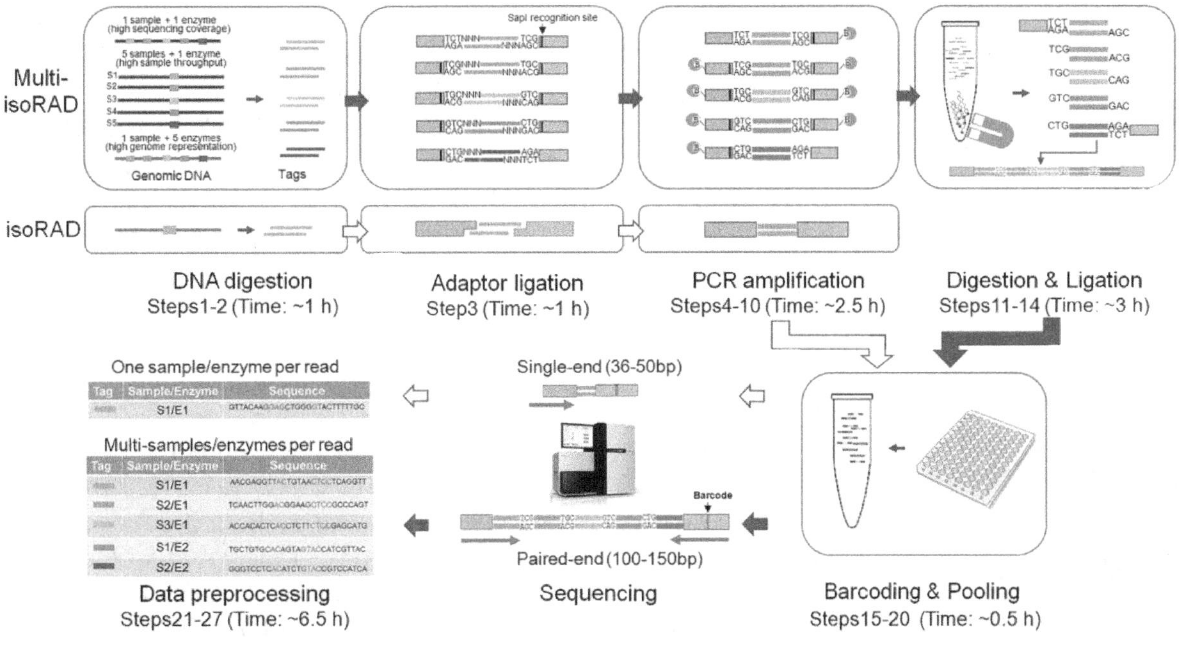

图 2　2b-RAD 建库测序流程

下（图3）：

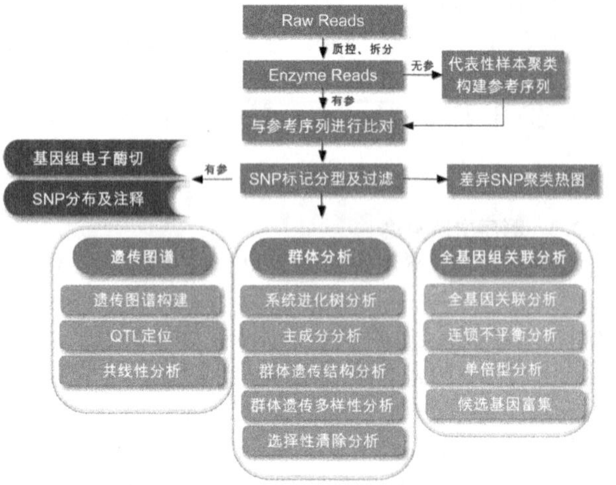

图3　生物信息分析流程

数据过滤：对 Raw Reads 进行拼接、质控。

Enzyme Reads 提取：提取含有酶切识别位点的 Reads，我们称之为 Enzyme Reads，用于后续分析。

数据比对：利用 SOAP 软件将 Enzyme Reads 比对到构建好的参考序列上。

SNP 分型：根据比对结果，利用最大似然法（ML）进行分型。

分析内容：构建进化树、主成分分析、群体遗传结构分析、全基因组关联分析。

2　结果与分析

2.1　SNPs 标记的获得

SNPs（Single-nucleotide Polymorphisms，单核苷酸多态性）主要是指在基因组水平上由单个核苷酸的变异所引起的 DNA 序列多态性，包括单个碱基的转换、颠换等。

利用 SOAP 软件将 Enzyme Reads 比对到参考序列后利用最大似然法（ML）进行 SNP 标记分型。过程中使用的 RAD 分型软件包（RADtyping），包含 10 余个软件组分，覆盖了从数据预处理至最终分型结果输出的全过程。为保证后续分析的准确性，分型工作完成后会通过以下指标对分型结果进一步过滤：剔除只含有 1 种等位基因的位点；剔除基因组碱基为 N 的位点；剔除一个标签内多于 2 个 SNP 的标签；剔除同一位置两种分型的位点；剔除所有样品中低于 80%个体可以分型的位点；剔除 MAF 低于 0.01 的位点；剔除等位基因大于 2 的位点。经过所有过滤最终获得 17541 个 SNPs。

2.2　八仙花系统发育树的构建

系统发生学研究物种之间的进化关系，其基本思想是比较物种的特征，并认为特征相似的物种在遗传学上接近。系统发生的结果往往以系统进化树（phylogenetic tree）来表示。系统进化树是表示物种间亲缘关系远近的树状结构图。在进化树中，各个分类单元（物种）依据进化关系的远近，被安放在树状图表上的不同位置。所以，进化树简单地表示生物的进化历程和亲缘关系。

将每个个体 SNP 标记首尾相连，如果缺失相应的位点，则用“—”代替。获得的序列采用邻接法（neighbor-joining method）构建进化树（图4）。通过 treebest（Ruan 等，2008）软件（Version：1.9.2）计算距离矩阵，进化树的可靠性通过 bootstrap 法进行检验。

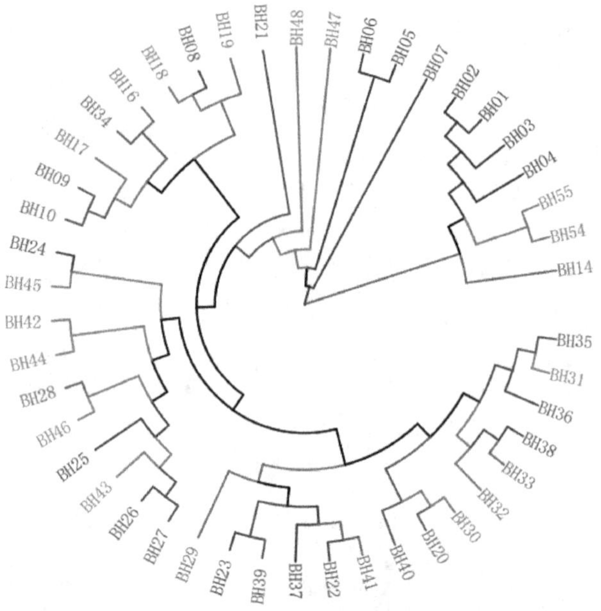

图4　46 个八仙花品种的系统发育进化树

因为采集样品时采用的是双盲做法，系统发育树中聚类到一起的亲缘关系越近。BH01 与 BH02 聚类在一起，实际样品分别是柳叶八仙花（BH01）和多花柳叶八仙花（BH02），柳叶八仙花是原种，多花柳叶八仙花是柳叶八仙花变种，两者的亲缘关系特别近，说明该系统树的数据的真实性是可信的。

八仙花品种系统发育进化树的构建对于八仙花品种群的科学合理的划分提供分子生物学遗传基础支持。

BH-01（柳叶八仙花）和 BH-02（多花柳叶八仙花）属于柳叶八仙花野生种。BH-03（西南八仙花）和 BH-04（多花西南八仙花）属于西南八仙花野生种。BH-54（‘雪花’）和 BH-55（‘紫水晶’）属于栎叶八仙花品种群。BH-14（‘粉色精灵’）属于圆锥八仙花品种群。

柳叶八仙花（*Hydrangea stenophylla*）产我国江西西南部、广东北部和西部海拔 700～800m 山谷密林。灌木，高 0.8～2m；伞房状聚伞花序顶生。

西南八仙花（*Hydrangea davidii*）产我国四川、云南、贵州海拔 1400～2400m 山谷密林。灌木，高 1～2.5m；伞房状聚伞花序顶生，直径 7～10cm，结果时达 14cm。

栎叶八仙花（*Hydrangea quercifolia*）产于美国东南地区，灌木，高 2～3m。栎叶八仙花品种群目前已超过 40 多个品种（Sandra 等，2015）。

圆锥八仙花（*Hydrangea paniculata*）产我国西北（甘肃）、华东、华中、华南、西南等地区海拔 360～

2100m 山坡疏林中。日本也有分布。灌木或小乔木，高 1～5mm，有时达 9m。圆锥状聚伞花序尖塔形，长达 26cm。圆锥八仙花品种群目前已经超过 20 个品种。

系统发育树数据支持柳叶八仙花和西南八仙花亲缘关系近，西南八仙花与栎叶八仙花亲缘关系比较近。圆锥八仙花在整个八仙花属中与以上 3 个八仙花野生种亲缘关系比较近。还有这几个资源的共同特点就是花序都是聚伞花序，这也可以提示 SNP 可以进一步围绕某一性状开发品种分子标记，为品种鉴定和杂种早期选择提供支持。

BH-09（‘白波’）和 BH-10（‘开格卡’）、BH-17（‘无尽夏新娘’）、BH-16（‘无尽夏’）和 BH-34（‘塔贝’）、BH-08（‘初恋’）和 BH-18（‘雨之物语’）、BH-19（‘琉璃’）这 5 组分属 2 个品种群，大叶八仙花品种群（*H. macrophylla*）和粗齿八仙花品种群（*H. serrata*）。BH-08（‘初恋’）、BH-09（‘白波’）、BH-34（‘塔贝’）和 BH-10（‘开格卡’）是粗齿八仙花品种群。BH-17（‘无尽夏新娘’）、BH-16（‘无尽夏’）、BH-18（‘雨之物语’）和 BH-19（‘琉璃’）是大叶八仙花品种群。这 5 组聚合在一起说明大叶八仙花品种群（*H. macrophylla*）和粗齿八仙花品种群（*H. serrata*）亲缘关系比较近，现有的品种材料也说明可以利用大叶八仙花品种群（*H. macrophylla*）和粗齿八仙花品种群（*H. serrata*）开展品种群间的杂交获得新品种。另外，值得特别说明的是 BH-17（‘无尽夏新娘’）、BH-16（‘无尽夏’）和 BH-34（‘塔贝’）、BH-08（‘初恋’）和 BH-18（‘雨之物语’）、BH-19（‘琉璃’）这 6 个品种一个共同的特征是当年可以连续开花，当年连续开花是八仙花重要的观赏性状，虽然这 6 个品种属于两个品种群，而且是两种花型，BH-17（‘无尽夏新娘’）、BH-16（‘无尽夏’）、BH-18（‘雨之物语’）和 BH-19（‘琉璃’）属于大叶八仙花 Mophead 花型，而 BH-34（‘塔贝’）和 BH-08（‘初恋’）属于 Lacecap 花型，但是两组品种都属于当年连续开花的品种，说明 SNP 标记在这两组品种上更偏向于开花性状基因相似度上，所以利用 SNP 标记可以开发出与八仙花重要观赏性状连锁的分子标记。

BH-07（‘蓝鸟’）、BH-05（‘丽达教授’）和 BH-06（‘奥瑞迪可阿玛措’）、BH-47（‘夏祭’）、BH-48（‘爱你的吻’）、BH-21（‘小绿’）这 5 组品种分属 3 个品种群，大叶八仙花品种群（*H. macrophylla*）、粗齿八仙花品种群（*H. serrata*）和粗齿大叶八仙花品种群（*H. serratophlla*）。这 5 组聚合在一起同样说明了大叶八仙花品种群（*H. macrophylla*）和粗齿八仙花品种群（*H. serrata*）亲缘关系比较近。但是也说明同一品种群内亲缘关系存在差异。

BH-24（‘你我爱慕’）、BH-25（‘狂热’）、BH-26（‘舞孔雀’）、BH-27（‘千代女’）和 BH-28（‘舞会’）BH-42（‘卑弥呼’）、BH-43（‘花手鞠’）、BH-44（‘小町’）、BH-45（‘你我的情感’）和 BH-46（‘头花’）这 10 个品种都是重萼片八仙花品种群。BH-24（‘你我爱慕’）和 BH-45（‘你我的情感’）、BH-42（‘卑弥呼’）和 BH-44（‘小町’）、BH-28（‘舞会’）和 BH-46（‘头花’）、BH-25（‘狂热’）、BH-43（‘花手鞠’）、BH-26（‘舞孔雀’）和 BH-27（‘千代女’）这 6 组 10 个品种都是重萼片八仙花品种群聚合在一起，说明这些重萼片品种亲缘关系近，也说明 SNP 在这些重萼片品种中集中表现在重萼片性状基因相似度上，再一次说明利用 SNP 标记可以开发出与八仙花重要观赏性状关联的分子标记。而 BH-29（万华镜）虽然也是重萼片的，但是萼片上有条纹，所以与其他重萼片品种遗传距离稍远。

BH-41（‘甜蜜幻想’）和 BH-22（‘青山绿水’）、BH-37（‘爱莎’）、BH-39（‘宝石’）和 BH-23（‘湖蓝’）这 5 个大叶八仙花品种群的品种与重萼片带条纹的重萼片品种 BH-29（‘万华镜’）聚类在一起。

BH-31（‘含羞叶’）和 BH-35（‘卡米拉’）、BH-33（‘帝亚娜’）和 BH-38（‘玫瑰女王’）、BH-20（‘魔幻革命’）和 BH-30（水晶绒球）、BH-36（爆米花）、BH-32（‘史欧尼’）、BH-40（‘魔幻革命’）9 个品种都是大叶八仙花，都聚类在一起。这些大叶八仙花与其他大叶八仙花品种并没有很好地聚类在一起，充分说明大叶八仙花遗传背景复杂。

3 讨论

3.1 利用简并基因组分子标记可以区分八仙花资源的亲缘关系

利用简并基因组分子标记可以将 46 个八仙花品种（包含种和变种）很好地区分，确定他们的亲缘关系，是非常方便的分子生物学手段。

3.2 系统发育树数据为八仙花杂交育种亲本选择提供依据

系统进化树数据支持粗齿八仙花与大叶八仙花亲缘关系近，在现有品种群中有粗齿大叶八仙花品种群（*H. serratophlla*），而且以往的研究也都支持两个品种群适合开展杂交（Wu 等，2019；May 等，2018；May 等，2018），甚至支持粗齿八仙花是大叶八仙花的一个亚种（Wu 等，2019）。

3.3 利用 SNPs 可以挖掘重要观赏性状分子标记

八仙花系统发育树发现具有共同遗传特征的品种聚类在一起，如具有当年连续开花特性的 BH-17（‘无尽夏新娘’）、BH-16（‘无尽夏’）和 BH-34（‘塔贝’）、BH-08（‘初恋’）和 BH-18（‘雨之物语’）、BH-19（‘琉璃’）这 6 个品种聚类在一起，另外 BH-24（‘你我爱慕’）和 BH-45（‘你我的情感’）、BH-42（‘卑弥呼’）和 BH-44（‘小町’）、BH-28（‘舞会’）和 BH-46（‘头花’）、BH-25（‘狂热’）、BH-43（‘花手鞠’）、BH-26（‘舞孔雀’）和 BH-27（‘千代女’）这 6 组 10 个品种都是重萼片八仙花品种群聚合在一起，聚类的依据是具有相似的 SNPs，利用 SNPs 可以进一步开发与八仙花重要观赏性状如花型（Lacecap 和 Mophead）、重萼片、当年连续开花（Wu 等 2020）、蓝色花等相关联的分子标记，用于八仙花育种早期选择。

参考文献

[1] De Smet Y, Granados Mendoza C, Wanke S, et al. Molecular phylogenetics and new (infra) generic classification to alleviate polyphyly in tribe Hydrangeeae (Cornales: Hydrangeaceae). Taxon. 2015; 64. https: //doi. org/10. 12705/644. 6.

[2] Fu X, Dou J, Mao J, et al. RADtyping: an integrated package for accurate de novo codominant and dominant RAD genotyping in mapping populations. Plos One, 2013, 8 (11): e79960.

[3] Hempel P, Hohe A and Tränkner C. Molecular Reconstruction of an Old Pedigree of Diploid and Triploid Hydrangea macrophylla Genotypes. Front. Plant Sci, 2018. 9: 429

[4] Julian Catchen, Paul A. Hohenlohe, Susan Bassham, Angel Amores and William A. Cresko. Stacks: an analysis tool set for population genomics. Molecular Ecology, 2013, 22: 3124-3140

[5] Li R, Li Y, Kristiansen K, et al. SOAP: short oligonucleotide alignment program. Bioinformatics, 2008, 24 (5): 713-714

[6] May Thinn Khaing, Hyo Jin Jung, Jong Bo Kim, and Tae—Ho Han. Characterization of Hydrangea Accessions Based on Morphological and Molecular Markers. Horticultural Science and Technology, 2018, 36(4): 598-605.

[7] Ruan J, Li H, Chen Z, et al. TreeFam: 2008 Update. Nucleic Acids Research, 2008, 36 (Database issue): D735-D740.

[8] Sandra M. Reed and Lisa W. Alexander. 'Queen of Hearts' Oakleaf Hydrangea. Hortscience, 2015, 50(2): 310-311.

[9] Wu and Alexander. Genome-wide association studies for inflorescence type and remontancy in Hydrangea macrophylla. Horticulture Research, 2020, 7: 27.

[10] Wang Shi, Pingping Liu, Jia Lv, Yangping Li, Taoran Cheng, Lingling Zhang, Yu Xia, Hongzhen Sun, Xiaoli Hu & Zhenmin Bao. Serial sequencing of isolength RAD tags for cost-efficient genome-wide profiling of genetic and epigenetic variations. Nature Protocols , 2016, 11 (11): 2189-2200.

[11] Wu Xingbo and Lisa W. Alexander. Genetic Diversity and Population Structure Analysis of Bigleaf Hydrangea Using Genotyping-by-sequencing. J. Amer. Soc. Hort. Sci. 2019, 144(4): 257 - 263.

作者简介

吕彤，1991 年 10 月，男，汉族，河北辛集市人，硕士，北京植物园植物研究所，助理工程师，研究方向园林植物资源育种与栽培养护。电子邮箱：Chinabjlutong@163. com。

论文集

风景园林理论与历史

明清园林藤本植物景观营造及空间策略研究

The Study on Landscape Construction and Space Strategy of Lianas in Gardens of Ming and Qing Dynasties

陈　朋　杜　雁*

摘　要：藤本植物作为园林植物的一类，在园林中的应用历史悠久。至明清时期，大量园林中充分利用藤本植物独特的枝柔易塑、花繁叶茂和动态生长等特性进行空间营造，出现蔷薇屏、荼蘼架、木香棚、紫藤桥等典型藤本应用方式。目前藤本植物研究多集中在造景方式、文学意象和植物资源等领域，从空间设计的策略角度研究较少。本文以葡萄、木香、蔷薇、荼蘼、紫藤、薜荔为例，梳理园记、分析园林绘画和现存园林实证，总结藤本植物空间营造典型策略为藤花径、活花屏和棚架以及藤本植物所发挥的柔化、分隔、屏障和过渡作用，以期促进古典园林植物景观的保护与修复，以及现当代园林设计中垂直绿化的发展。

关键词：藤本植物；空间策略；景观营造；明清时期

Abstract: As a kind of garden plants, lianas have been used in garden for a long time. In the Ming and Qing Dynasties, a large number of gardens made full use of the unique characteristics of lianas, such as soft branches, flexible flowers and luxurant leaves, to create space, and typical application methods such as rose screen, teahua frame, wood incense shed and wisteria bridge appeared. At present, the research on lianas mainly focuses on the landscape construction, literary images and plant resources, and less on the strategic perspective of space design. In this paper, taking grape, rosa banksiae, rose, wild vine, wisteria and Ficus pumila as examples, the garden notes are combed and the empirical analysis of garden paintings and existing gardens is analyzed, and the typical strategies for space construction of vines are summarized as vine flower diameter, living flower screen and scaffolding, as well as the softening, separation, barrier and transition role played by vines. In order to promote the preservation and restoration of classical garden plant landscape and the development of vertical greening in modern and contemporary garden design.

Keywords: Lianas; Space Strategy; Landscape Construction; During the Ming and Qing Dynasties

引言

藤本植物是茎干柔软纤细而长，且其自身不能直立生长，需通过缠绕、攀缘、吸附等手段依附它物生长的一类植物[1]。按照不同的分类方式可以划分不同的类型，以茎干质地可分为草质藤本和木质藤本；以攀附方式可分为缠绕藤本、吸附藤本、卷须藤本和蔓生藤本。藤本植物在中国传统园林中的应用具有悠久的历史，史籍中先后出现了多种藤本植物的记载。其中出现最多的是葡萄、蔷薇、木香、荼蘼、凌霄和紫藤，因其枝条柔软、花繁叶茂、生长迅速，这种自然特性使得其易于根据设计者的意图进行空间处理和景观营造，并形成一种人工和自然结合的景观效果。与此同时，部分藤本植物的利用逐渐形成了一定的利用传统。

目前，关于藤本植物的研究大多集中在植物种质资源、分类分布、生长特性的生物学领域，抑或属于花卉学、园艺学、文学领域，如余香顺对《红楼梦》大观园中荼蘼架、木香棚、蔷薇架这三种相对定型的文学意象进行溯源分析，折射了当时的社会生活习俗[2]，同时，“蔷薇架”在古典戏曲、小说中往往有“藏身”“偷窥”“私会”等作用，从而推动故事情节发展[3]。部分关于园林的研究从某一种类的藤本植物造景历史、文化意蕴和种植方式进行分析总结，陈意薇等从蔷薇造景历史中梳理了传统园林植物造景的多样化植景手法和审美品鉴的标准变化[4]。傅俊杰等认为荼蘼具有荼蘼满架、结屏蔓花和花径野植三种造景手法和韵友、雅客、不争春等品格内涵以及荼蘼宜立架，木香宜作屋，蔷薇宜作垣、宜编屏[5]。贾星星等从花屏的发展历史梳理了锦步障、飞英会的典故渊源及明清园林中花屏的流行、审美趣味的变化和对日韩园林的影响[6]。同时，现存江南私家园林中依然存在大量藤本植物造景和藤本植物所构成的空间，仅苏州就存有拙政园文藤、沧浪亭入口木香棚、耦园藤花舫、留园紫藤桥、狮子林紫藤架、艺圃入口巷道和环秀山庄紫藤桥等，可见，历史当中藤本植物在园林造景中的应用相当常见。学界对于藤本植物这一园林中“半人工半自然”的材料在园林中空间营造的深入研究相对缺乏，关于藤本植物园林造景和空间策略的研究有助于在整体静态的理解基础上，更加清晰深入地认识中国古典园林在明清时期动态多样的变化[7]，从而促进古典园林修复工作的开展和现代园林规划设计中的藤本植物造景利用。

1　藤本植物园林造景渊源

我国园林营造中对于藤本植物的应用由来已久，具有较为久远的历史渊源。《史记・大宛列传》：“昔孝武帝伐大宛，采葡萄种之离宫。”又因单于来朝，馆之蒲陶宫（同“葡萄”），可见早在汉朝对藤本植物就已经在使馆中有了不自觉的应用，推测早期藤本植物应用也是以生产性为目的引入园林当中[8]。魏晋时期，大量文学作品出现对藤本植物的描述：“蒲陶结阴”① “悬葛垂萝，能令风烟出入”② “萝曼延以攀缘，花芬薰而媚秀”③。其中，需要特别强调：“君夫作紫丝布步障碧绫里四十里，石崇作锦步障五十里以敌之”④。锦步障虽是为斗富而用锦缎布匹所形成的巷道，但为后世花屏的原型所在。至隋唐代，文献中明确记载皇家园林华清宫中不同景区注重植物配置和风景特色，所载花木亦有紫藤。唐朝长安大明宫翰林学士院中绿化植物有葡萄、凌霄、柴蔷薇，绛州衙署园中也种有蔷薇和藤萝。李德裕搜罗奇花异卉种于平泉庄，种有重台蔷薇和百叶蔷薇⑤，同时段成式的《酉阳杂俎》亦提及凌霄和葡萄。唐诗当中描写藤本的诗句有“绾雾青丝弱，牵风紫蔓长”⑥ “青萝为墙援”⑦ “水晶帘动微风起，满架蔷薇一院香”⑧。唐宋诗人笔下出现多种藤本植物，蔷薇花由六朝时期的红色变为红色、白色、黄色和紫色；经济发展促进园林兴盛，随之出现的“花户”和“接花工”，可见唐代园林中的藤本植物种类逐渐增多，出现一定的利用方式，蔷薇成为较普遍种植的花卉[9]。宋元时期，丛春园有“出荼蘼架上，北可望洛水”⑨、独乐园有采药圃，园记中有：“夹道如步廊，皆以蔓药覆之，四周植木药为藩援”⑩。蜀公范镇每至暮春时节，荼蘼花盛。宴宾客于荼蘼花架下，相约“有飞花堕酒中者，为余浮一大白”，荼蘼花架高广可容数十人，一时传为美谈[10]。元代《隐趣园记》记载两傍夹以荼蘼棚，曰“香雪壁”。园林当中出现了专门的植物造景命名的景点，同时出现“飞英会”这样的园林活动，可见这一时期园林当中藤本植物对空间塑造和造景更加重视。

至明清时期，造园活动兴盛。园林中这种高度人工化的自然式建造材料应用普遍，园记中未明确命名，但相关记录更是屡见不鲜，如：“堤柳四垂……藤花一架⑪，水紫一方，自万历初为李皇亲墅”。可见园中紫藤临水搭架，水面倒影；“荼蘼、蔷薇、木香⑫，周遭延缘如窔厦”。可见利用藤本植物营造了“窔厦”；如“室外古藤盘岩石上，偃蹇若虬龙”⑬和“循廊曲折而南，接以短垣，有朱藤一，陀地徐起，矫如虬龙”⑭描写了古藤的枝干姿态；又如“园中有紫藤花，开时烂漫可观”⑮，描写藤花盛开的景象。总之，大量园记的记载藤本植物景点颇为详细，如“锦云窝”“紫云白雪仙槎”“晚花轩”（表1）；同时，园林绘画可以反映一个时期园林面貌和社会生活，如明清园林画卷姚文瀚《四序图卷》（图1）和仇英《汉宫春晓图》（图2）中都出现了藤本植物造景和塑造空间。

明清藤本植物景观应用例举 **表1**

序号	园名	景点	原文	出处	朝代/作者
1	古胜园	群芳亭	亭四隅多种芍药、桃李、葵榴，他花错置，有何首乌者，结蔓而成小亭。青蓝绿莎，映带相发，春夏花事，应接不暇，名之曰“群芳”	《古胜园记》	明/李维桢
2	绛幕园	锦云窝	北出为锦云窝，径皆蔷薇，浅红深紫，游者如入锦步障	《绛幕园记》	明/黄汝亨
3			度亭而北，则锦云窝，蔷薇为之，骈罗布濩，若垂璎珞，若缀流苏，若众香林，若四宝宫	《绛幕园记》	明/李维桢
4	逸圃	阳春堂	每当谷雨牡丹时，花光四照，妍态百出。其中为阳春堂，堂前樛木郁盘，多碧荔青萝，上萦下缀，几成一片锦，模糊似有香缨宝网曳风捎云而下者	《逸圃记》	明/汤宾尹
5	弇山园	惹香径	入门，则皆织竹为高垣，旁蔓红白蔷薇、荼蘼、月季、丁香之属，花时雕缋满眼，左右从发，不飔而馥，取岑嘉州语，名之曰：“惹香径”	《弇山园记》（二）	明/王世贞
6	弇山园	散花峡	寿藤掩映，不恒见日。紫薇、迎春、含笑之类，时时与蒿殢，是曰“散花峡”	《弇山园记》（八）	明/王世贞

① 引自（西晋）左思《魏都赋》。
② 引自（南北朝）杨衒之《洛阳伽蓝记》。
③ 引自（南朝宋）谢灵运《山居赋》。
④ 引自（南朝宋）刘义庆《世说新语・汰侈》。
⑤ 引自（唐朝）李德裕《平泉山居草木记》。
⑥ 引自（唐朝）杜审言《和韦承庆过义阳公主山池》。
⑦ 引自（唐朝）白居易《与微之书》。
⑧ 引自（唐朝）高骈《山亭夏日》。
⑨ 引自（宋朝）李格非《洛阳名园记》。
⑩ 引自（宋朝）司马光《独乐园记》。
⑪ 引自（明代）刘侗，于奕正《帝京景物略》记北京园十一则之九《钓鱼台》（西城外）。
⑫ 引自（明代）李维桢《素园记》。
⑬ 引自（明代）汪道昆《季园记》。
⑭ 引自（清代）汪承镛《文园绿净两园图记》。
⑮ 引自（清代）钱泳《履园丛话》卷二十《园林》之《塔射园》。

续表

序号	园名	景点	原文	出处	朝代/作者
7	愚公谷	木香径	傍浸而地，为“木香径”	《愚公谷乘》	明/邹迪光
8	归有园	百花径	堂之右可逗而西南行，架木香为屋者一，旁编竹而插五色蔷薇，作三数折。花时小青鬟冒雾露采撷，一人丛中，便不可踪迹，为百花径	《归有园记》	明/徐学谟
9	淳朴园	萝壁	沙上石壁，为“萝壁”，高可寻丈，怪石倒缀，藤萝缠绕	《自记淳朴园状》	明/沈袥
10	北园	自然庵	木香长经岁，自蒙其架如屋，不假甃壁，曰“自然庵”	《北园记》	明/吴国伦
11	小洪园	薜萝水榭	石骨不见，尽衣薜萝	《小洪园 》	清/李斗
12	小玲珑山馆	藤花庵	庵一，曰藤花，中有老藤如怪虬	《小玲珑山馆图记》	清/马曰璐
13	文园	紫云白雪仙槎	紫云白雪仙槎，垣之西，朱藤一架，百余年物，枝条纠缪，根如铁石。花时红白缤纷，如锦棚。中有屋，作舟形，故以槎名。花为四壁船为家	《文园十景》	清/汪承镛
14	随园	藤花舫	由是北折，入“藤花舫”，秋藤甚古，根居屋内，蟠旋出户而上高架，布阴满庭	《随园图说》	清/袁起
15			山房之前，回廊曲折，有藤一株，根出于屋，盘旋天矫如虬如龙，支木架棚，垂荫几满。花时粉蝶成群，游蜂作队，春光逗满，何止十分	《随园琐记》	清/袁祖志
16	潭上书屋	曲盝兰	接木连架，旁植木香、蔷薇诸卉，引蔓覆盖其上，花时追赏，烂然错绣	《题潭上书屋》	清/何焯
17	勺湖	荫台	“丹亭”之西，藤木森布，石累累然，若突若仆，旁可列坐，曰“荫台”，以繁荫茂密也。卉为紫藤，为白萼，为萱，为蕉，为蔷薇、刺梅、金雀、木芙蓉之属，种类繁滋，与木相埒	《勺湖记》	清/沈德潜
18	渔隐小圃	银藤簃	廊尽，为“银藤簃”	《渔隐小圃记》	清/王昶
19	邓尉山庄	银藤舫	潭上可憩息者，右曰“银藤舫”，簷际古藤纠结，绿荫如幄	《邓尉山庄记》	清/张问陶
20	惠荫园	藤厓伫月	藤厓，曰“藤厓伫月”	《惠荫园八景序》	清/王凯泰
21	遂初园	浮槎	过桥，有古藤小树临水，回廊绕之，中峙一堂，曰“环碧堂”。东曰：“浮槎”，跨水如舟，临岸多蔷薇屏、葡萄架	《遂初园诗序》	清/陈元龙
22	安澜园	古藤水榭	入月门，经一小楼，又西北，入一扉，睹木香满架，架旁翠竹，幽荫深秀	《安澜园记》	清/陈堪卿
23	醒园	木香亭	出蓬莱门以北，曰“木香亭”，与酴醾架相对，每花时，香气袭人	《醒园图记》	清/李调元
24	人境园	萝巷	砖结墙顶，作鹰不落，密栽薜萝（俗名爬山虎者），曰“萝巷”如墙则外之东西巷，宜薜荔，南宜荼蘼……，前敞后窗，后植紫藤作架	《人境园腹稿记》	清/高凤翰

图 1　姚文瀚《四序图卷》

图 2　清・冷枚《春夜宴桃李图》(局部)

2　明清藤本植物空间营析要

空间的形成需要底面、顶面和立面。植物本身具有生命、空间、美学和文化四种特质[11-14]，藤本植物属于植物中较为特殊的一类，借助一定的支撑物对园林空间顶面和立面的形成起着重要作用，可构成开放空间、半开放空间、覆盖空间、完全封闭空间、垂直空间[15]，在空间序列中充分发挥植物的建造功能、环境功能、观赏功能[16]。根据位置和功能，明清园林中常见的藤本植物应用方式可分为花径、篱屏、棚架等，出现百花径、蔷薇屏、荼蘼架、木香棚、紫藤桥等程式化应用方式。

2.1　藤花径

藤花径是明清园林中特殊造景，和现代花径或花境不同，明清花径通常利用藤本植物及其支撑物形成线性空间。明代《拙政园三十一景图》中有蔷薇径（图 3），设置在玫瑰柴一侧，用篱笆围挡形成花径小路。同时，在《拙政园十二景图》中，倚玉轩前面的道路也是种植藤本植物进行空间限定，虽然未有诗文提及，但图画中空间关系和藤本植物利用极其明显（图 4）。清代丁观鹏《仿仇英汉宫春晓图卷》的多处花径（图 5、图 6）也与此类似。关于花径的描写可见下文：“入门为修径，两旁蔷薇樊之”① “入门而香发，则杂荼蘼、玫瑰屏焉，名其径曰‘采芳’，示吴旧也。径逶迤数十武而近”② “入门，则皆织竹为高垣，旁蔓红白蔷薇、荼蘼、月季、丁香之属，花时雕缋满眼，左右从发，不飔而馥，取岑嘉州语，名之曰：‘惹香径’”③（图 7）“衙左云园，前狭而后拓，自西入，编竹为篱，被以蔷薇”④。甚至，乌有园作为想象中的园林，也有“堂之右可逗而西南行，架木香为屋者一，旁编竹而插五色蔷薇，作三数折。花时小青鬟冒雾露采撷，一人丛中，便不可踪迹，为百花径”“种花编篱，香吹满径，插棘为限，棘欲钩衣，此吾园缔造之性也”。

图 3　《拙政园三十一景图》之蔷薇径

图 4　《拙政园十二景图》之倚玉轩前面的花径

图 5　清・丁观鹏《仿仇英汉宫春晓图卷》的花径（局部）

从上述园记中可知，“入门”“织竹为高垣”“修径”“前狭而后拓”“不可踪迹”表明入口空间通常运用蔷薇等藤本植物结合高篱形成曲折、狭长、幽深的花径，通常是一种具有强烈引导性的线性空间。一方面花开烂漫、芳香袭人、因时成景，避免了曲折行进中的单调；另一方面可以暗示和引导游园者即将进入园林秘境[17]。

图 6　清代 丁观鹏《仿仇英汉宫春晓图卷》的花径（局部）

图 7　钱穀《小祇园图》入口“惹香径”（局部）
[图片来源：高居翰，黄晓，刘珊珊．不朽的林泉［M］．生活・读书・新知三联书店，2012]

① 引自（明代）焦竑《冶麓园记》。
② 引自（明代）王世贞《求志园记》。
③ 引自（明代）王世贞《弇山园记》。
④ 引自（明代）李若讷《含青园记》。

2.2 活花屏

篱屏一般由竹子搭制而成，往往用来围合或者划分院落空间，可分为单层和双层，双层较单层层次更加丰富，往往用来替代院墙。篱屏围合的院落空间较墙体围合隔而不断（图 8），通常在游人通行的地方设置篱门（图 9），两个相邻的院落空间设置“花窗”或“门洞”（图 10～图 12），其形状亦多种多样，有圆、横长、直长、圭形、长六角、正八角等形状[18]。值得一提的是，沈复的妻子芸娘所发明的“活花屏”，《浮生六记》：“每屏一扇，用木梢二枝，约长四五寸，作矮条凳式，虚其中，横四挡，宽一尺许，四角凿圆眼，插竹编方眼。屏约高六七尺，用砂盆种扁豆置屏中，盘延屏上，两人可移动。多编数屏，随意遮拦，恍如绿阴满窗，透风蔽日。纡回曲折，随时可更，故曰‘活花屏’。有此一法，即一切藤木香草随地可用。”园林中常见的花屏虽与之略有不同，无法移动，但相对于墙垣，利用藤本植物形成篱屏也是一种“活”花屏。

图 8 钱榖《求志园图》之庭院空间（局部），1564 年（图片来源：北京故宫博物院藏）

图 9 钱榖《求志园图》之篱门（局部），1564 年（图片来源：北京故宫博物院藏）

图 10 清・陈枚《月漫清游图》之三月《闲亭对弈》

图 11 清・郎世宁《十二月令图》之六月纳凉

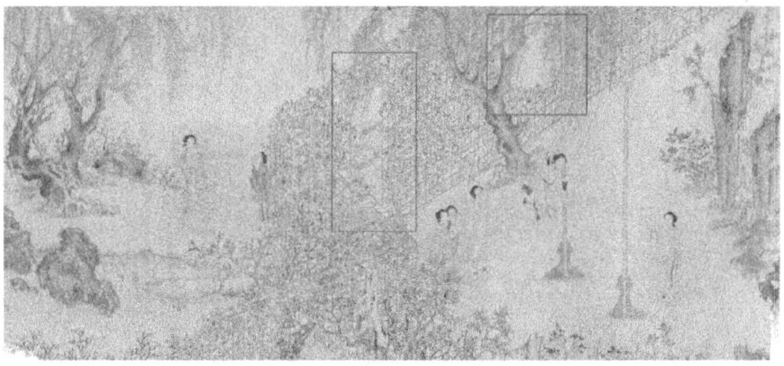

图 12 明・佚名《仕女图》（局部）（图片来源：邦瀚斯拍卖行藏）

2.3 花棚

与篱屏相比，棚架更加侧重于空间顶面的形成。“接木连架，旁植木香、蔷薇诸卉，引蔓覆盖其上，花时追赏，烂然错绣”① “秋藤甚古，根居屋内，蟠旋出户而上高架，布阴满庭”② “内藤花二树，共登一架，架可盈庭，径必自其下而入”③ 园记中的“覆盖”“布荫”“藤盖一椽”等说明藤本植物形成为覆盖空间，“接木连架”“高架”“共登一架”“架可盈庭”都利用具有一定高度和宽度的花架，有置于两个建筑之间进行连接（图 13）；有单独置于园林中轴上（图 14）或者园林一隅当作一个独立景点（图 15、图 16）；也有藤架和桥梁结合起来，形成藤桥使园林层次更加丰富、游览更具趣味（图 17、图 18）；更有甚者，直接在亭子四角种植藤本植物，使其攀覆其顶（图 19）。

在架的基础上，对空间四周的界面也进行限定形成“屋宇”一类的“棚”，视线密闭，私密性强。明代寄畅园一园之中有汇芳（图 20）和蔷薇幕（图 21）两个景点采用藤本植物围合形成完全封闭空间。张宏《止园图册》（图 22）中第十一开画有一座篱房——飞英栋，吴亮有诗《飞英栋》：“一春花事尽芳菲，开到荼蘼几片飞。”很明显取自典故“飞英会”。至晚明时期，福建莆田彭汝楠所造的岸圃之中依然还可以看到这种用藤本植物塑造的完全封闭空间的出现，传世的《岸圃大观》图卷亦清晰地看到“花幕”的空间形态（图 23）。

① 引自（清代）何焯《题潭上书屋》。
② 引自（清代）袁起《随园图说》。
③ 引自（清代）陈瑻卿《安澜园记》。

图 13　圆明园四十景之二十《澹泊宁静》(局部)
(图片来源：法国巴黎国家图书馆藏)

图 14　仇英《园林胜景图》(局部)
(图片来源：南京博物馆藏，
引自高居翰，黄晓，刘珊珊．
不朽的林泉［M］．生活·读书·
新知三联书店，2012)

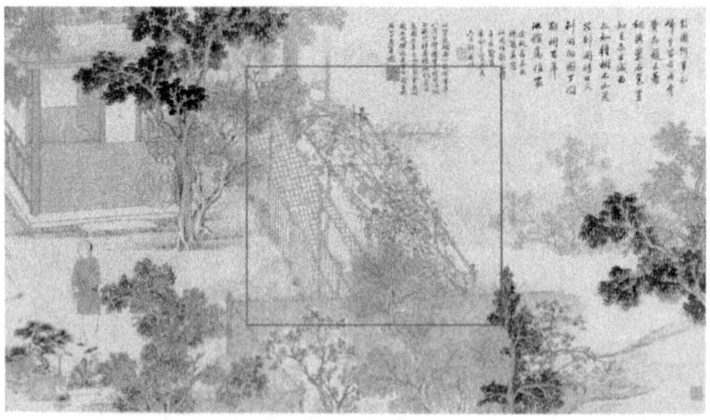

图 15　吴儁《息园图》(局部)，1859 年
(图片来源：南京博物院藏)

图 16　圆明园四十景之二十八《四宜书屋》
(局部)(图片来源：巴黎国家图书馆藏)

图 17　清代 钱维城《狮子林图》(局部)
纸本设色，38.1cm×187.3cm
(图片来源：加拿大阿尔伯特博物馆藏)

图 18　《爱园图》(局部)
(图片来源：高居翰，黄晓，刘珊珊．不朽的林泉［M］．
生活·读书·新知三联书店，2012)

图 19　清代丁观鹏
《仿仇英汉宫春晓图卷》
的竹亭上密布藤本植物

图 20　宋懋晋《寄畅园
五十景图》之汇芳，1599 年
(图片来源：华仲厚藏)

图 21　宋懋晋《寄畅园五
十景图》之蔷薇幕，
1599 年(图片来源：华仲厚藏)

图 22 张宏《止园图》第十一开 飞英栋
（图片来源：高居翰，黄晓，刘珊珊．
不朽的林泉［M］．生活·读书·
新知三联书店，2012）

图 23 《岸圃大观》之花幕

3 藤本植物在空间营造中的作用

3.1 柔化作用

藤本植物的柔化作用通常有两种情况，其一藤本植物攀爬在实际的墙体上，使墙体线条打破“僵硬感”而富有虚实变化（图 24、图 25），植物的花叶茎干随晨昏昼夜变化而形成“粉壁作画”，其随季节流转的枯荣生发也使空间边界“柔化”；如网师园的东墙因藤本植物而虚实层次拉开（图 26）。其二则为“野趣”。宋懋晋《寄畅园五十景图》中的三幅孤置石小品——《石丈》（图 27）、《藤萝石》（图 28）和《盘桓》（图 29）都配有藤本植物，尤其是三石中有一块命名为藤萝石，而且丈人石上的藤蔓虬干苍劲古朴，盘桓石藤本植物层次突出，可见这是借助藤本植物使得立峰“衣薜萝，没石骨”。

图 24 清·陈枚《月漫清游图》之十月文窗刺绣

图 25 清·冷枚《十宫词图册》之隋宫图

图 26 《网师园东立面图》
（图片来源：彭一刚《中国古典园林分析》，43 页）

图 27 宋·懋晋《寄畅园五十景图》之一：石丈，1599 年（来片来源：华仲厚藏）

图 28 宋·懋晋《寄畅园五十景图》之十七：藤萝石，1599 年（图片来源：华仲厚藏）

图 29 宋·懋晋《寄畅园五十景图》之十八：盘桓，1599 年（图片来源：华仲厚藏）

3.2 屏障作用

屏障作用可分为屏和障，其一：屏指可做背景，位于主体物之后烘托主题，如明代谢环《杏园雅集图》[19]（图 30）和吕纪《竹园寿集图》（图 31），背景即是双层花架；仇英《园林胜景图》（图 32）中园林中部主景区自南向北依次为花架、湖石、敞轩、方池、石台和静室构成的中轴线，从花架高度和位置关系来看明显是为了衬托太湖石，为园主坐轩观石提供背景，避免了其后白墙的单调[20]；其二：障指作为前景，位于主体物之前。障景分为山障、树障和影壁障，影壁障指在建筑或园林入口位置设置照壁，避免园中景色一览无余，使得游园者可以保持一定好奇心理。明清园林中将“柏屏”“桂屏”和“花屏”用来充当“照壁”，如沈周《东庄图册》（图 33）中的耕息轩前使用柏屏，而在《和香亭图》（图 34）中则使用的是花屏障景。这种花障不仅存在私家园林，更是随着皇家园林对江南造园技艺的学习而流传至北方，如故宫千秋亭前的花障（图 35）。

图 30　明·谢环《杏园雅集图》（局部）

图 31　明代吕纪、吕文英合绘《竹园寿集图》（局部）

图 32　明代仇英《园林胜景图》（局部）
（图片来源：高居翰，黄晓，刘珊珊．不朽的林泉［M］．生活·读书·新知三联书店，2012：72）

图 33　明代沈周《东庄图册》第二十二开　耕息轩
（图片来源：高居翰，黄晓，刘珊珊．不朽的林泉［M］．生活·读书·新知三联书店，2012：169）

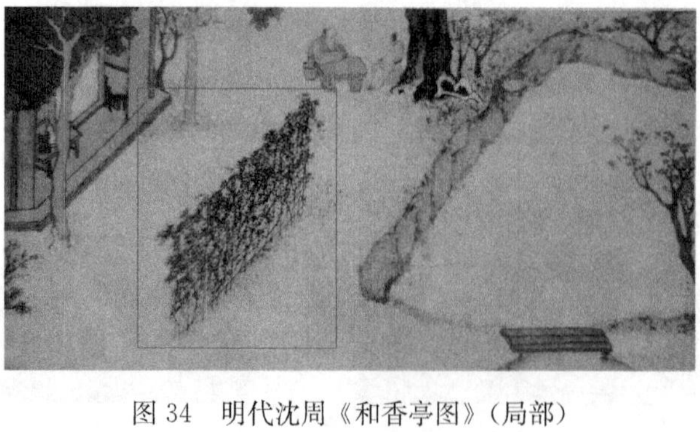

图 34　明代沈周《和香亭图》（局部）
（图片来源：高居翰，黄晓，刘珊珊．不朽的林泉［M］．生活·读书·新知三联书店，2012：169）

图 35　故宫千秋亭前的花障

3.3 分隔作用

从园林绘画中可以看到，大量的藤本植物被结篱编屏用来围合庭院空间，其本质是对空间进行分隔仅《寄畅园五十景图》中就出现6幅图画应用花篱进行围合空间，分别为邻梵（图36）、爽台（图37）、绾秀（图38）、流荫（图39）、深翠（图40）、振衣冈（图41）。以《圆明园四十景图》为例进行说明，有8幅图画共出现10处藤本植物空间营造，分别为碧桐书院、慈云普护、澹泊宁静、水木明瑟、鸢飞鱼跃、四宜书屋、涵虚郎鉴、坐石临流。而其中用来围合院落和分隔院落的做法更是多样，有的直接以花篱替代墙垣，单独用花篱围合院落（图42）；有的结合廊子来围合院落（图43）；有的和墙体结合在院落内部进行再划分，形成虚实变化、层次丰富的院落空间（图44、图45）。

图36　宋·懋晋《寄畅园五十景图》之邻梵，1599年（图片来源：华仲厚藏）

图37　宋·懋晋《寄畅园五十景图》之爽台，1599年（图片来源：华仲厚藏）

图38　宋·懋晋《寄畅园五十景图》之绾秀，1599年（图片来源：华仲厚藏）

图39　宋·懋晋《寄畅园五十景图》之流荫，1599年（图片来源：华仲厚藏）

图40　宋·懋晋《寄畅园五十景图》之深翠，1599年（图片来源：华仲厚藏）

图41　宋·懋晋《寄畅园五十景图》之振衣冈，1599年（图片来源：华仲厚藏）

图42　圆明园四十景之二十二《水木明瑟》（局部）

图43　圆明园四十景之三十八《坐石临流》（局部）

图 44　圆明园四十景之二十五《鸢飞鱼跃》(局部)

图 45　圆明园四十景之六《碧桐书院》(局部)

3.4　过渡作用

藤本植物形成的棚架置于建筑之前，形成自然式的"抱厦"。这一"灰空间"使得人在室内空间与室外空间之间有一个过渡性的区域，景观相互渗透（图 46）。现存的恭王府就有两处紫藤架位于建筑正门前，牡丹园大戏楼紧接藤架，与竹子院相对（图 47）；藤萝院中的紫藤架与多福轩之间隔有月台，使得空间体验更加丰富（图 48）。

图 46　圆明园四十景之七
《慈云普护》(局部)

图 47　恭王府牡丹园
大戏楼前藤架
（图片来源：https：//you.ctrip.com/travels/beijing1/3663335.html）

图 48　恭王府藤萝院多福轩前藤架
（图片来源：https：//you.ctrip.com/travels/beijing1/3663335.html）

4　结语

本文通过对已有的研究进行回顾，学界关于园林当中藤本植物这一"半自然半人工"的材料空间营造策略关注较少。对园林藤本植物造景进行历史脉络梳理和园记整理，根据营造空间的典型方式分为藤花径、活花屏和花棚三种策略，并图文对照分析其空间特征和藤本植物在空间营造之中所发挥的柔化、分隔、屏障和过渡作用，为明清时期园林历史动态化研究、古典园林修复工作以及现当代园林设计中藤本植物的应用提供参考。

参考文献

[1]　冷晓芸．藤本植物在园林造景中的应用[J]．居舍，2019，000(028)：124-125.

[2]　俞香顺．《红楼梦》中的"荼蘼·木香·蔷薇"意象抉微[J]．明清小说研究，2015(03)：82-90.

[3] 任健. 中国古代文学蔷薇意象与题材研究[D]. 南京师范大学，2019.
[4] 陈意微，袁晓梅. 中国传统园林蔷薇造景历史初探[J]. 风景园林，2017(10)：110-116.
[5] 傅俊杰，徐亮. 中国传统园林中荼蘼造景历史与审美文化[J]. 中国城市林业，2020，18(03)：116-119.
[6] 贾星星，张青萍. 消逝的“花屏”——明清园林中的独特造景[J]. 中国园林，2021，37(04)：133-138.
[7] 顾凯. 明代江南园林研究[M]. 南京：东南大学出版社，2010.
[8] 周维权. 中国古典园林史 第3版[M]. 北京：清华大学出版社，2008.
[9] 万婉青. 唐宋诗词中的蔷薇意象[D]. 华东交通大学，2018.
[10] 张岱. 夜航船[M]. 浙江古籍出版社，1987.
[11] 王瑶瑶. 植物文化特质及其在植景设计中的应用研究[D]. 华中农业大学，2017.
[12] 熊东禹，高翅. 植物情感空间营造与植物特质的关联性研究[C]//中国风景园林学会. 中国风景园林学会2017年会论文集. 2017.
[13] 杨紫薇. 武汉市公园绿地植物生命特质表征与群落营建研究[D]. 华中农业大学，2017.
[14] 蔡秋阳，杨紫薇，王瑶瑶，高翅. 植物感知影响因子及价值认知研究[J]. 中国园林，2019，35(05)：112-116.
[15] 李铮生. 城市园林绿地规划与设计(第二版)[M]. 中国建筑工业出版社，2006.
[16] 诺曼. 布思，曹礼昆. 风景园林设计要素[M]. 1989.
[17] 张楠. 因生境构景，融意境共情——江南文人园林植境构建研究[D]. 华中农业大学，2018.
[18] 刘彦辰，周欣，秦仁强. 中国明清造园中的竹作设施工艺[J]. 世界竹藤通讯，2020，18(05)：72-78.
[19] Woo-Jin，Jung. Changes in the uses and meanings of the bamboo screen (zhuping：竹屏) in traditional Chinese gardens[J]. Studies in the History of Gardens & Designed Landscapes，2015，35(1)：71-89.
[20] 高居翰，黄晓，刘珊珊. 不朽的林泉[M]. 北京：生活·读书·新知三联书店，2012.

作者简介

陈朋，1996年生，男，汉族，湖北十堰人，华中农业大学硕士在读，研究方向位风景园林历史与理论。电子邮箱：1448483604@qq.com.

杜雁，1972年生，女，汉族，湖北长阳人，博士，华中农业大学园艺林学学院风景园林系，副教授，研究方向为风景园林历史与理论。电子邮箱：yuanscape@mail.hzau.edu.cn。

生态智慧引领下的玉符河流域传统村落的韧性研究

——以历城区黄巢村为例

Research on the Resilience of Traditional Villages in the Yufu River Basin under the Guidance of Ecological Wisdom

—Take Huangchao Village in Licheng District as an Example

陈　颖　李晓溪　李运远*

摘　要：伴随城镇化发展、人居环境恶化，韧性提升已成为未来发展的重要目标。传统村落作为一种典型的复合社会-生态系统单元，在长久演变发展中持续适应环境，具有极强的韧性，而两大系统之间的良性互动对于韧性构建具有积极意义。基于压力-冲击动态（PPD）模型，以玉符河流域传统村落黄巢村为研究对象，从生态自然系统、人文社会系统、社会-生态韧性系统三个维度探析传统村落物质空间和人类社区发展之间的关联，凝练传统村落的生态智慧特点，并归纳为三方面。该研究旨在倡导以适地性、共生性培育为导向的韧性实践，分析传统村落韧性生态智慧在人居环境建设、生态建设等方面的启示。

关键词：生态智慧；韧性机制；传统聚落；社会-生态系统

Abstract: With the development of urbanization, the human settlement environment is deteriorating, and urban problems are extremely prominent. Improving resilience has become an important goal for future development. As a typical social-ecological system unit, traditional villages constantly adapt to the environment during evolution and development, and have strong resilience. The good interaction between the two systems is of positive significance to the construction of resilience. Based on the pressure-impact dynamics (PPD) model, Huangchao Village, a traditional village in the Yufu River Basin, is used as the research object to analyze the relationship between the physical space of traditional villages and the development of human communities from the three dimensions of ecological natural system, humanistic social system, and social-ecological resilient system The relationship between the two is summed up in the ecological wisdom of traditional villages and summarized into three aspects. The research aims to advocate the practice of resilience guided by the cultivation of locality and symbiosis, and analyze the enlightenment of traditional village resilience ecological wisdom on human settlements and ecological construction.

Keywords: Ecological Wisdom; Traditional Settlements; Resilience Mechanism; Social-ecosystem

1　背景：聚落空间社会——生态韧性

“生态智慧”作为新的知识概念，由象伟宁等于 2014 年开展讨论，自研究以来，该领域逐步发展，人们对其内涵的认知已较为充分[1]。生态智慧的本质是“主客合一”，即一种利用经验理论智慧指导实践的能力。从古至今，先人们的生态智慧体现在各个方面，本研究聚焦传统聚落的生态韧性智慧。

“韧性”源自生态学领域，由加拿大生态学家霍林于 1973 年引入，定义为“城市系统在受到干扰后，能够快速恢复到稳定状态的能力”[2]，此后有关韧性的理论在国内外逐渐得到发展[3]，由对系统抵御干扰维持稳定的单一认识，逐渐转变为对社会-生态系统耦合的关注[4]，强调系统学习可变的适应能力。目前城市韧性的研究还停留在理论层面[5-6]，较少关注如何在某个特定背景下的实践下应用城市韧性理论。

在城市快速发展的今天，传统聚落由于其发展的连续性、完整性与原真性及独到之处，历来受到学术界的广泛关注。传统聚落是基于自然条件、宗教礼仪、血缘关系、经济方式等因素而形成的，具有地域和乡土特征人类聚居环境[7-8]。国外主要重视其文化价值保护[9-10]，国内主要从经济、文化、环境等各个方面进行综合研究[11-13]。从研究内容来看，学科聚焦的研究点呈现多元化趋势，建筑学与规划学更关注聚落与建筑空间形态[14]、独特的环境适应性[15]和保护与更新相关的策略[16]；地理学及其分支学科的主要研究集中于山地聚落空间系统研究[17]；风景园林学关注生态适应系统的构建、营建体系的模拟[18]、水系统的传统智慧[19]。梳理结果表明，目前对于传统村落的研究大多仅聚焦于聚落空间形态的分析和单一系统的智慧研究上，缺少多系统耦合的生态智慧研究。千百年来，玉符河流域独特的自然地理环境造就了富有个性、极具地域性的传统聚落景观，且大多仍保留完整至今。这些景观包括聚落的山水环境、农田与聚居地布局、聚落公共空间类型和系统等，总结该区域农耕文明时期在土地利用、家园建设方面的经验智慧，探究其传统聚落韧性的形成、发展及内在联系具有重要意义。

本文引入 PPD 理论，以玉符河流域黄巢村为研究对象，梳理人类社区与聚落物质空间发展之间的联系，探究聚落水网格局、街巷空间与人们“与水相生”的活动之间的结合方式，解析传统聚落社会-生态系统空间韧性的演变和提升过程。

2 玉符河流域传统村落生态智慧的 PPD 概念框架

2.1 玉符河流域及黄巢村聚落概述

玉符河流域发源于泰山北麓，以干流锦绣川为主、支流为辅，大小河流蜿蜒交织（图 1）。“一段天然画，晴寒眼倍明。悬崖临玉水，远岸耸齐城”。清朝谢仟眼中的玉符河景象便是如此[20]。流域整体位于丘陵区（图 2），海拔落差大，是济南最大的一条季节性山洪河道，发挥着防洪屏障和生态隔离带的作用。基于其优越的山水环境和泉水分布格局，玉符河流域孕育出诸多独具文化特色和代表性的传统乡村聚落，具有科学研究价值。

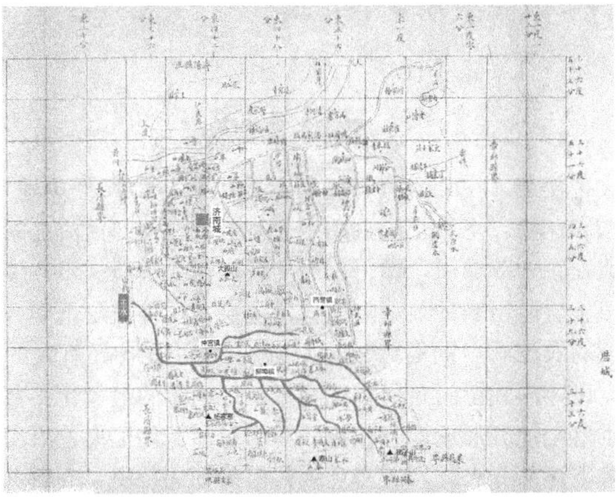

图 1　玉符河流域明清舆图

黄巢村属济南市历城区柳埠镇。“锦阳川路，黄草”[21]，黄巢村坐落在玉符河支流锦阳川的南部，位于两山山峪之间，平均海拔 600m，有着得天独厚的小盆地气候，周边植被盖度高（图 2）。村落东北紧邻黄巢水库，河流自聚落内部穿过，建筑、农田、果林等依山势布于水系两侧，村落组团呈阶梯状，是典型的传统人居环境风水格局（图 3）。聚落西部有一泉水，名黄巢泉，泉池是石砌长方形，常年不竭，泉水溢流形成的泉渠沿主街分布，供给居民日常使用。

2.2 黄巢村 PPD 概念框架搭建

2011 年，柯林斯等开始将社会学与生物物理学进行整合，提出了社会-生态系统的压力-冲击动态模型（Press-Pulse Dynamics Model，简称 PPD 模型），发现将两个领域衔接的关键环是生态系统服务[22]。该模型以生态系统服务为连接桥梁，将突发性“脉冲”、慢发性“压力”与社会生态两大系统联系起来，阐述两大系统耦合过程中相互作用的动态循环。在这个进程中，人类通过社会行为对自然生态系统产生影响，反过来物质基础也与人类行为相互作用，在外部压力的驱使下共同对聚落的生态系统产生影响，促进其社会-生态韧性的发展。

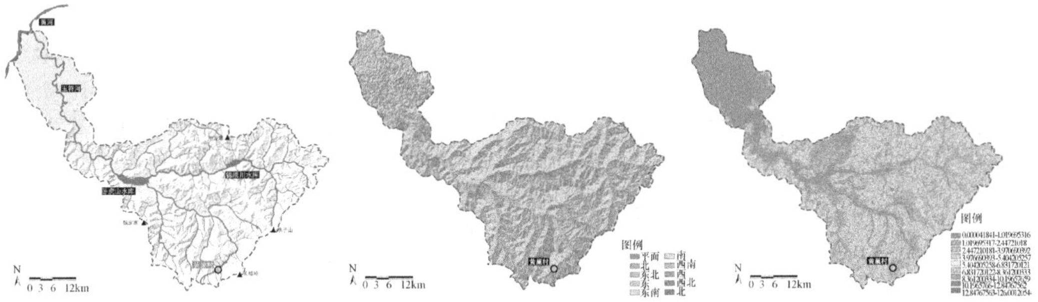

(a)　(b)　(c)

图 2　玉符河流域相关分析图

(a) 区域水系；(b) 坡度；(c) 高程

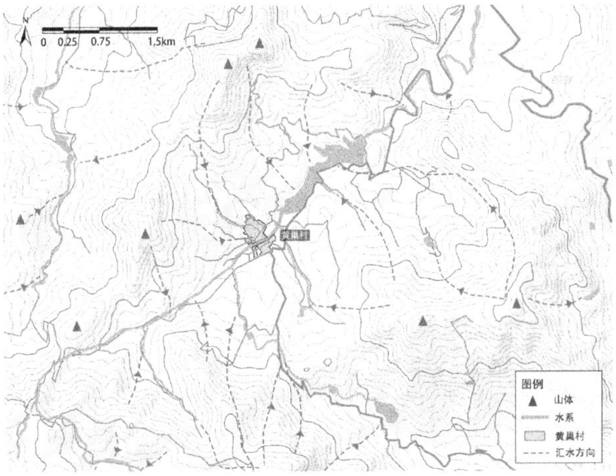

图 3　黄巢村山水格局

针对黄巢村的研究，从上述逻辑出发对此模型进行了适村性的变动（图 4）。聚落的选址是在地势的物质空间基础上选择适宜性的建设居住地块，是一个短时行为；而聚落空间格局的形成则基于原有地貌的有机适应与人为选择，是一个漫长且不断更新变化的过程，两者是连续且不可分割的。在外部压力的迫使下，人文社会与自然生态系统相互作用，影响聚落空间格局的构建；最终外因与内因共同作用下，提升聚落生态系统服务的综合效能，增强聚落空间的社会-生态韧性。

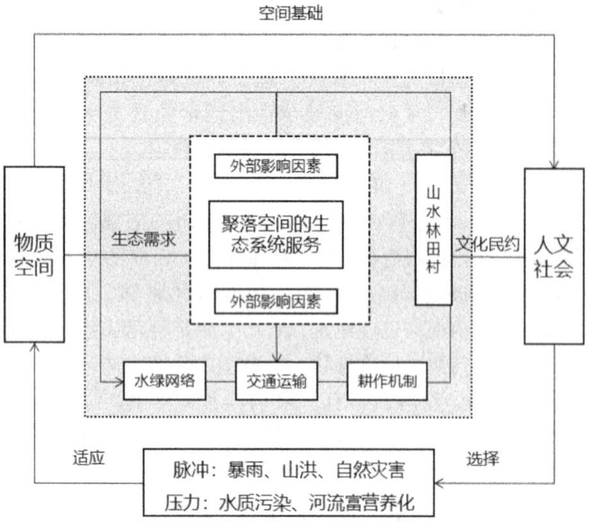

图 4　聚落 PPD 模型框架构建

3　基于生态系统服务的玉符河流域聚落的韧性生态智慧

在农耕文明的视角下，聚落的形成、营建与发展都必须充分考虑对水系的适应性，以小农经济为主的生存模式限定了人们必须临水而居，“三生”密切关联的生存模式也加强了人们对于水系的依赖和利用。水系沿山地肌理汇入村庄，人们依山就势沿河流落位村落建筑，在山溪周边的坡地开垦农田，利用自然溪流灌溉，修建水渠将自然水系延伸至聚落内部，构建聚落水绿网络，供给居民生活生产。

3.1　韧性智慧一：自然生态系统的物质供给

传统聚落的物质空间是自然环境在社会政治环境、经济结构共同供给影响下的实体投影，其空间演变通常映射历史大方向的人类技术水平。玉符河流域早在史前就已经有先民聚居，现存传统聚落多为明代建立[23]。“逐水而居、趋利避害”的生存思想指导下，区域聚落整体呈现出沿山脊水系分布的格局，黄巢村便是其中具有代表性的传统村落。本研究从聚落水网空间、街巷空间两个层面，阐释其物质形态与空间功能之间的逻辑。

（1）聚落水网空间

黄巢村位于济泰交界的低山丘陵区，区域地势落差大。聚落择址于两山夹谷处的平坦地带，周边山丘环绕村落形成天然屏障。地表水系丰富，充沛的降水促成了常年性河流的形成，并在此处汇集形成多个储水坑塘，后陆续修建水利设施、建造水库，以便调控区域水资源。由于该地地处的特殊的小盆地地形，对暴雨起着一定的增幅作用[24]。因此，消解暴雨带来的洪涝灾害以及水土流失等副作用对黄巢村来说至关重要。

黄巢村在与自然环境长期相抗衡的进程中，逐步形成了以水为脉络的“山-水-茶田-村庄-农田-水系”理想空间格局（图 5）。在此格局中，村落位于山谷地带，背依山面朝河，河流穿村而过，位于相对稳定的地理位置，避免灾害侵袭。在距河流、坑塘近的山顶与山脚平缓地带，种植农作物，土壤肥沃且用水便利；在村落与河流之间的山坡处，开辟梯田，梯田分为陡坡梯田和缓坡梯田，缓坡梯田土层厚用来种茶，陡坡梯田土层薄，种植耐干旱、耐贫瘠的农作物。同时，该格局充分利用山地落差大的特点，以竖向式空间布局实现降水就地消解的最大化。自然降水落至地表形成地表径流，沿山脊向低处汇集，沿途经山林下渗部分水体，后经环绕村落外围的茶田、农田再次消解部分水体。余下部分水体或流入村落再汇入河流，或直接沿农田汇入河流。

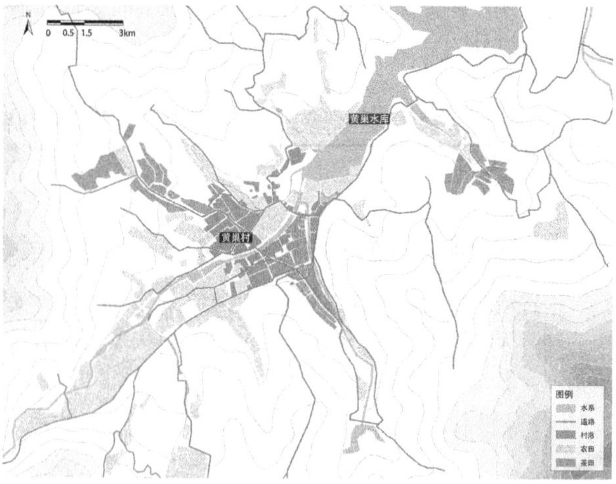

图 5　黄巢村空间格局

（2）聚落街巷空间

受地形限制，山地聚落往往沿山脊线型发展。黄巢村则不同，街巷路网结构控制村落形态呈团块状。黄巢村的街巷路网顺应地势、沿水而设，根据其距离河道远近，形成了具有层次感的“河流—街道—垂直式巷道—院墙”的平面网络布局（图 6）。沟通村落内外的重要职责由主路担负，受地形影响，村落中主路多与等高线平行设置，分别建造在不同的高程空间。支路多与等高线垂直或交叉，负责连接主路以及主路与院落，通常具有一定坡度，以坡道形式出现，少数以设台阶的方式来消解高差。

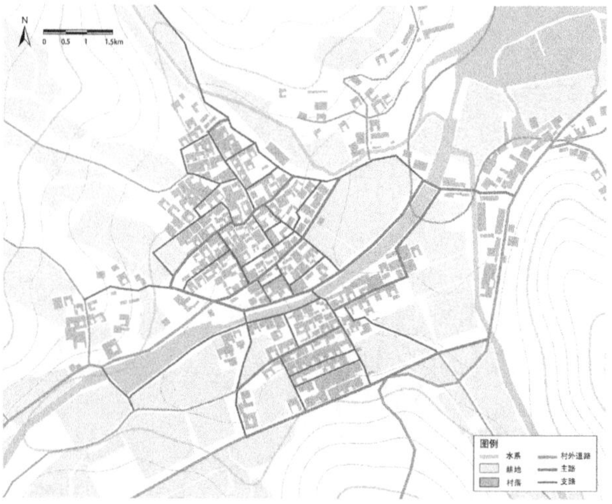

图 6　黄巢村路网结构

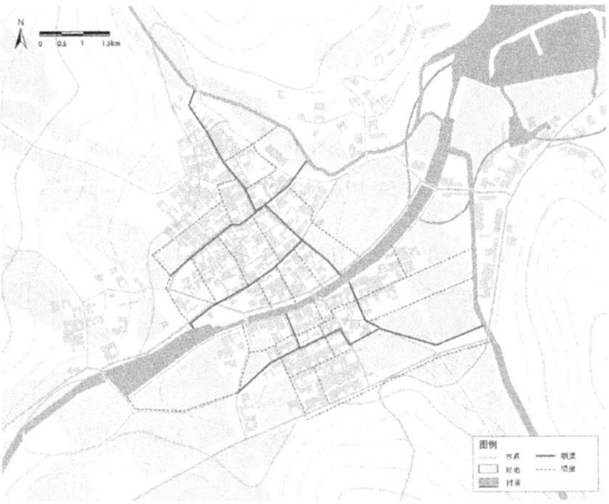

图 7　黄巢村水渠体系

村落内部水系完善，明渠与暗渠交织。明渠多沿主路分布，常年有水，以“建筑—道路—明渠—道路—建筑”的形式存在，汛期也会临时承担泄洪渠的功能。暗渠多沿支路、院落墙根分布，多存在于“建筑—道路—暗渠—院墙”的形式，因水质较好常用于供给生活用水（图 7）。这种水渠体系与街巷空间结构一同形成了黄巢村特有的三维化街巷排水体系，能在暴雨时保证村落及时排水，将水排向低处河道或者农田，以达到快速消解的泄洪目的。

3.2　韧性智慧二：人文社会系统的发展需求

个人与社区的社会经济活动决定了人文社会系统对生态系统服务的需求弹性[25]，本文将从地方经济活动、文化与精神活动两方面解析黄巢村人类社会系统，并着重探讨其与物质空间系统的关系。

（1）与水共生的经济社会活动

村落适地而生，而其演替则取决于社会经济的发展需求。同时，村落空间结构也会适之而变，从而创造更符合经济需求、契合社会功能的空间结构，以维持整体动态平衡。自农业生产无法脱离水的灌溉，位于深山的黄巢村以农业为主导经济，在一定程度上能够实现自给自足。但出于空气湿度大、昼夜温差大、土壤偏酸等环境特点发展起来的茶叶产业，其贸易往来与外界沟通变得不可或缺。除山路运输，还常常依托河流水上运输以节省人力。因此，与水距离越近则越易提高生活水平，临水而居成了当地的典型居住形式。为维系生活与社会发展需求，定期开挖疏浚、维护河道水网、治理水质、合理用水等村规民约也应期而生，以保障经济社会发展所需河道水网提供的生态系统服务。

（2）与水共生的文化精神活动

唐代以来，特别是宋元时期，动荡的社会环境与频繁的战乱影响着鲁中地区的聚落发展，百姓躲进山林深处寻求庇护，同时也塑造了“鲁中多豪杰”地域形象，唐末的黄巢起义便是在此发源。迄今为止，起义时作为饮马处的饮马湾遗迹仍在黄巢村内存留。玉符河流域位于儒家文化与海岱文化的核心信仰区，黄巢村尊师重教，注重社会伦理。村落建筑空间都是地域物产、经济水平与文化综合作用的结果，其建筑形制及布局受宗族礼法的影响具有一定的等级秩序，具有向心内聚性的村落结构也反映了传统宗族意识在其内部空间的映射。

3.3　韧性智慧三：社会——生态系统耦合的韧性机制

物质空间和人文社会之间的良好互动，对于传统乡村聚落的社会—生态韧性构建产生一定的积极作用。聚落水网结构、街巷道路空间所构成的自然生态系统陶染并供给于“与水相生”的地方经济活动、文化与精神活动。黄巢村的水网格局为村落提供基础生产生活资料，并在维持居民基本需求的条件下，保障村落的生态安全，维护自然生态系统的结构和功能。人们通过茶叶、果林、农田等的种植发展经济，将所获利润用于生态系统结构的维护，保证水网格局的供需平衡。

黄巢村的社会-生态系统（图 8）涵盖了雨洪调控、径流调节、水体自净等生态系统调节服务；果林农业生产、茶树栽培等生态系统供给服务兼具提供审美游憩、文化教育等生态系统文化服务，是自然与经济相互协调后形成的动态平衡结果，承载着社会-生态系统协同发展的生态智慧，能够有效应对环境变化，彰显文化个性。人类与聚落水系相生的生活方式与文化功能结合，形成良好的社会关系，强化聚落水网格局在人类活动中的适应力。

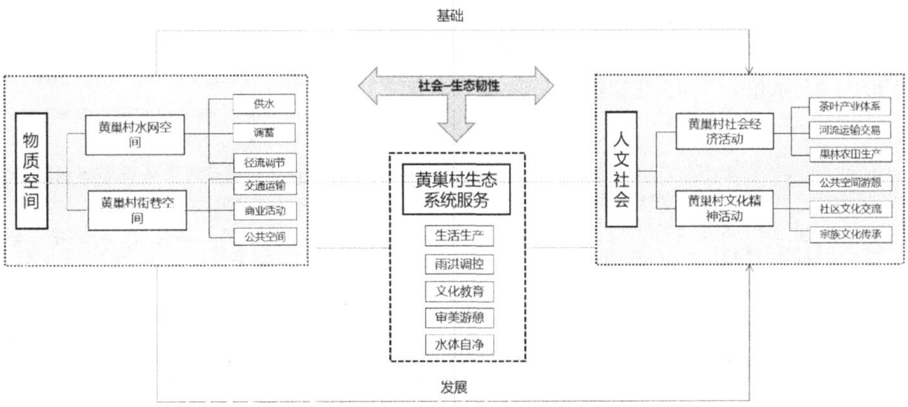

图 8　黄巢村与生态系统服务概念模型

4 传统乡村聚落韧性智慧的规划启示

4.1 整体水网与生态安全功能的优化

传统乡村聚落的韧性构建应首先建立整体层面上的水网格局调整，从国家层面出发，通过与政府合作和规划政策实施，优化水网格局，并搭建社会-人文韧性耦合机制，保证整个自然生态系统的稳定与可持续发展。针对传统乡村聚落选址差异所形成不同的水网格局特点，进行适应性规划，优化通风廊道、规划生态缓冲空间，依托地域特征提升水网韧性。建立分级蓄水调控体系，形成多级网络以强化对雨水滞留功能，提升应对差异化雨洪状况的能力和系统的冗余性，保障乡村聚落的生态安全，实现自然生态系统与人文社会的协同发展。

4.2 传统聚落生态空间的低影响开发

无论是城市还是村落，普遍长期采用防洪堤、沟渠、排水管网等灰色基础设施管理雨洪，仅依靠工程手段应对自然灾害造价高且效益低，因此需要工程排水和生态排水的相互协同，形成包括生态河流、水质净化系统、低影响交通体系、人工湿地和农田在内的聚落水绿网络，扩展聚落生态空间的生态复合功能，保持社会-人文系统间的生态活力。传统乡村聚落依据地形差异可以采取多样化低影响开发措施，在山地聚落中，可以考虑结合村落山势进行竖向设计增加绿地的雨水下渗和滞留能力；在平原聚落中，可以通过滞蓄坑塘、屋顶花园等措施延长雨水径流滞留时间，同时通过绿化面积的增加达到水质净化。

4.3 滨水空间与特色文化的复合培育

城市化的进程下，原有的人地融合的乡村景观遭受强烈冲击，人们逐渐忘却了乡村景观特有的文化价值和美学价值。古人临水而居、择水而栖，随水系孕育出独具特色、经久不衰的韧性生态智慧。通过聚落滨水空间的开发和利用，向社区居民提供与水和自然“对话与学习”的平台，创新传统生态智慧，提升聚落的社会一生态韧性。以滨水空间为聚落重点公共空间，通过融合商业、休闲、文化、教育等现代社区所需的相关活动，打造多样的滨水活动空间和灵活的滨水驳岸，发挥其社会经济效益、提升景观趣味性的同时，发掘和传承传统乡村人地相生的文化基因，建立人与水之间的深刻记忆和互动理解，提高公众参与度，从而形成“与水相生”的文化愿景。

参考文献

[1] XIANG Weining. Doing real and permanent good in landscape and urban planning: Ecological wisdom for urban sustainability[J]. Landscape & Urban Planning, 2014 (1): 65-69.

[2] 余轩，汪霞．城市水系雨洪韧性规划设计路径与策略探究：以浚县中心城区水系专项规划为例[J]．城市建筑，2019, 16(1)：76-81.

[3] FOLKE C. Resilience: The emergence of a perspective for social-ecological systems analyses[J]. Global Environmental Change, 2006 (3): 253-267.

[4] 王敏，侯晓晖，汪洁琼．基于传统生态智慧的江南水网空间韧性机制及实践启示[J]．风景园林，2018，25(6)：52-57.

[5] MEEROW S, NEWELL J P, STULTS M. Defining urban resilience: A review[J]. Landscape and Urban Planning, 2016(147): 38-49.

[6] AHERN J, QIN Y, LIU H. From fail-safe to safe-to-fail: Sustainability and resilience in the new urban world[J]. Landscape & Urban Planning, 2011(4): 341-343.

[7] 赵娜．山西省娘子关风景名胜区传统村落可持续发展规划策略研究[D]．北京交通大学，2015.

[8] 林箐，任蓉．楠溪江流域传统聚落景观研究[J]．中国园林，2011，27(11)：5-13.

[9] Yingzi Zhang, Suolang Baimu, Jing Tong, Wenshuang Wang. Geometric spatial structure of traditional Tibetan settlements of Degger County . China: A case study of four villages[J]. 2018, 7(3).

[10] Kota Maruya, Sampei Yamashita, Tadashi Uchiyama. Community spaces in the minds of traditional craftsmen in a pottery village in Japan [J]. Frontiers of Architectural Research, 2015, 4(4).

[11] 鲍志勇，何俊萍．文化生态学视野下传统聚落演进及更新研究[J]．华中建筑，2014(5)：152-154；159．

[12] 胡慧，胡最，王帆，等．传统聚落景观基因信息链的特征及其识别[J]．经济地理，2019，39(8)：216-223.

[13] 叶润祖．传统聚落环境空间结构探析[J]．建筑学报，2001(12)：21-24.

[14] 陈新洋，赵叶．保山老城村山地聚落自然空间格局及街巷空间研究[J]．西南林业大学学报(社会科学)，2017，1(6)：74-78.

[15] 周政旭，程思佳．贵州白水河布依聚落形态及其生存理性研究[J]．建筑学报，2018(3)：101-106.

[16] 张慎娟，曹世臻．桂北传统山地聚落整体性保护与发展研究——以楠木湾为例[J]．小城镇建设，2018，36(9)：118-124.

[17] 李阳兵，李潇然，张恒，等．基于聚落演变的岩溶山地聚落体系空间结构整合——以后寨河地区为例[J]．地理科学，2016，36(10)：1505-1513.

[18] 周浩明，农丽媚．北京爨底下传统山地聚落营建技艺的生态适应性探析[J]．装饰，2018(10)：120-123.

[19] 解淑方．济南典型泉水村落理水生态智慧研究[D]．山东建筑大学，2020.

[20] 洪帆．基于城市滨水绿道规划的济南玉符河景观廊道构建研究[D]．山东建筑大学，2019.

[21] 张华松．历城县志[M]．山东：济南出版社，2007.

[22] COLINS S L, et al. An integrated conceptual framework for long-term social-ecological research[J]. Front Ecological Environment, 2011(6): 351-357.

[23] 曹树基．《中国移民史第五卷・明时期》[M]．福州：福建人民出版，1997：472-473.

[24] 张可欣，汤剑平，郜庆国，裴洪芹．鲁中山区地形对山东省一次暴雨影响的敏感性数值模拟试验[J]．气象科学，2007(05)：510-515.

[25] 严岩，朱捷缘，吴钢，等．生态系统服务需求、供给和消费研究进展[J]．生态学报，2017，37(08)：2489-2496.

作者简介

陈颖，1998年生，女，汉族，河南平顶山人，北京林业大学硕士在读，研究方向为风景园林规划设计与理论。电子邮箱：cy18837503636@163.com。

李晓溪，1996年生，女，汉族，山东济南人，北京林业大学硕士在读，研究方向为风景园林规划设计与理论。电子邮箱：3426872986@qq.com。

李运远，1976年生，男，汉族，内蒙古人，博士，北京林业大学园林学院，教授、博士生导师。研究方向为风景园林规划设计与园林工程。电子邮箱：lyy0819@126.com。

基于空间句法拓扑理论的文园狮子林园林写仿研究

A Study on the Imitation Phenomenon of the Wenyuan Lion Forest Garden Based on the Topology Theory of Spatial Syntax

董宇翔　刘　颂

摘　要："写仿"现象凝练了清代皇室对园林空间再创作过程的思考，文园狮子林是第二次写仿苏州狮子林的园林，是研究写仿现象的重要对象，少有研究以定量方式分析其写仿特征，难以挖掘其内在空间特质。本文采用空间句法拓扑理论从空间格局、空间功能两个方面，基于定量和定性两种手段探究了文园狮子林的写仿特点，发现以下结论：①共计19个苏州狮子林的关键节点被文园狮子林保留，文园狮子林空间节点设置和布局上明显对苏州狮子林进行了模仿；②节点设置上文园狮子林建筑群聚集特征明显；假山趋于分散，在保持趣味性的同时空间可理解度有所提升；③文园狮子林空间连接关系更加灵活，引入了水体的交互，展现了山水交融的特性。结论表明：文园狮子林的空间改动遵循本源化、自然山水化、宗教性弱化三个倾向，本研究为探究园林空间写仿特征提供了新的研究思路。
关键词：文园狮子林；写仿；皇家园林；苏州狮子林；空间句法

Abstract: The phenomenon of "imitation" condensed the thinking of the Qing dynasty royal family on the process of spatial re-creation of gardens. The *Wenyuan Lion Grove Garden* is the second imitation of the *Suzhou Lion Grove Garden*, which is an important object for studying the phenomenon of imitation. In this paper, the spatial syntactic topology theory is used to investigate the features of the *Wenyuan Lion Grove Garden* in terms of spatial pattern and spatial function, based on both quantitative and qualitative means, and the following conclusions are found: ① 19 key nodes of the *Suzhou Lion Grove Garden* are retained by the *Wenyuan Lion Grove Garden*, and the spatial node settings and layout of the *Wenyuan Lion Grove Garden* are obviously similar to the *Suzhou Lion Grove Garden*; ② The architecture of the *Wenyuan Lion Grove Garden* is clearly clustered; the rockery tends to be scattered, and the comprehensibility of the rockery space is improved while maintaining its interest; ③ The conclusion shows that the spatial alteration of the *Wenyuan Lion Grove Garden* follows three tendencies of ontogenization, natural landscaping and weakening of religiosity, and this study provides a new research idea for exploring the spatial writing imitation characteristics of the garden.
Keywords: Wenyuan Lion Grove Garden; Imitation; Royal Garden; Suzhou Lion Grove Garden; Spatial Syntax

引言

古典园林"写仿"是指清王朝在进行皇家园林设计建造时借鉴江南及其他地区景点园林的现象，在皇家御苑中以园中园的形式对南方园林的仿建是其典型手法之一[1]。写仿作为一种独特的艺术临摹形式，凝练了清代皇室对园林空间再创作过程的思考，其中对原型的取舍也蕴含了古老的造园智慧，具有重要的研究意义。其中，乾隆年间以苏州狮子林为原型创作的文园狮子林便是古典园林写仿的典型案例。苏州狮子林是元代所建的佛寺园林，以其繁复曲折的假山空间盛名于世，在中国古典园林中具备重要地位；文园狮子林是乾隆第二座以苏州狮子林为蓝本进行的写仿园林，其复刻水平得到了较好的呈现。历史上经历两次写仿的园林十分罕见，文园狮子林无疑是探究清朝园林写仿现象的重要研究对象。

文园狮子林写仿的特殊性和典型性已经受到很多学者关注。贾珺[1]认为，文园狮子林和苏州狮子林的建筑、假山形态、位置存在对应关系，布局存在显著的相似性；王俊凯[2]基于景观要素特征对文园狮子林的格局进行了分析，发现文园狮子林在空间格局上和苏州狮子林具有相似性，认为文园狮子林的分区格局是最主要的创新点，融入了对士大夫的人格观、宇宙观的理解。李阳[3]认为文园狮子林较为严谨地继承了苏州狮子林的空间布局、建筑体量以及造园要素，在形似上完全达到了空间再现的效果，而在环境的处理、假山的建造、水系的丰富、建筑等方面也都做了大胆的创新，使得文园狮子林与周边环境更为协调、景观层次更加丰富。年玥[4]认为文园狮子林在"写仿"苏州狮子林的同时，在风水制式上进行了调整，全园风水格局遵循皇家礼制与风水学形势派理论。

目前学者的结论基于常规图面和空间分析方法，少有学者从空间句法角度，结合定性和定量技术探索两者的空间关系，本文希望引入空间句法的拓扑理论，采用定量的分析技术探究其格局写仿特征，对传统方法的研究结论进行比对和补充。

1　苏州狮子林和文园狮子林的历史渊源

狮子林最初由天如惟则禅师建于元代至正二年（1342年），其选取宋代章綡住宅旧址建造狮子林的前身"菩提正宗寺"以坐禅修身[5]。洪武年后至万历十七年间，狮子林处于荒废状态，直到长洲知县江盈科重建狮子林才重新运营[6]。清中期狮子林被衡州知府黄兴祖购置，更名为"涉园"，并对其进行了布局改建。观摩倪瓒画作《狮子林图》之后，乾隆一直对狮子林十分神往，乾隆第二次南巡得知了黄氏涉园的存在后非常惊喜，多次对涉园进行了拜访。在此时期，乾隆先后两次进行了仿建活动，圆明园中的长春园狮子林和承德避暑山庄内的文园狮子林便是该时期仿建的结果。1917 年贝氏购买了苏州狮子林，其修整厚的狮子林确定了近代“狮子林”的布局[7]。狮子林详细的历史演进如图 1 所示。

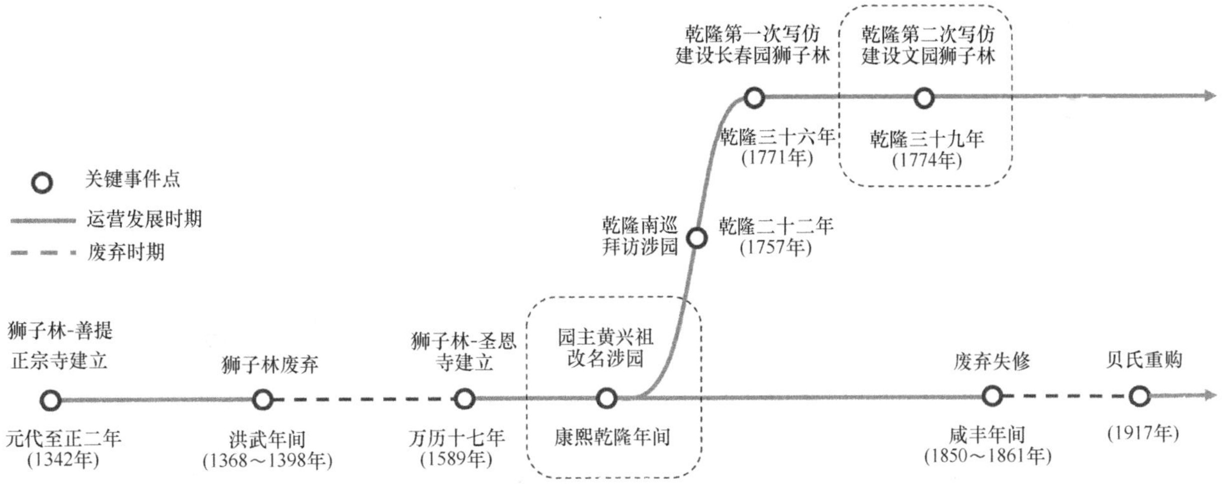

图 1 狮子林历史沿革及关键事件

2 研究方法

空间句法是一种基于图论的定量空间分析方法，按照一定准则划分基本单元，把空间抽象为以点和线组成的拓扑连接关系，结合一系列指标以定性或定量分析空间的内在组织规律，以提取空间的本质信息。目前已有大量研究将空间句法理论引入了古典园林分析当中。

为了探究空间关键节点布局的对应关系，首先以关键景观节点为基本空间单元进行空间拓扑连接关系的概化。参考鲁安东[8]进行园林空间拓扑分析的方法，从苏州狮子林和文园狮子林的平面图提取关键景观节点（建筑节点、假山节点、节点桥）的位置和连接关系，进行拓扑概化，结合关系图解对空间节点分布及关系进行定性分析，探究文园狮子林在空间格局层面的写仿特征。

定量分析部分进一步以凸空间为基本空间单元，将文园狮子林和苏州狮子林室外空间游径进行详细建模。假设一个空间内部，任意两点之间可以相互看见则被称为一个凸空间，适用于将建筑空间转换为二维平面图，进而计算空间之间的相互关系，能准确描述空间结构。已有多篇研究基于凸空间理论对古典园林进行了空间分析[9-11]。本研究基于 DepthmapX 和搭载 Rhino 平台的 Space chase 插件计算文园狮子林、苏州狮子林各类凸空间的连接度和整合度，进行定量统计和分析。

乾隆时期苏州狮子林处于黄氏涉园时期，文园狮子林实际是以涉园为原型建造的，而由于涉园没有完整的平面图留存，难以获得涉园准确的空间关系。文献表明，虽然经过多次重修，现存狮子林与清代乾隆时期的建筑空间有些许出入，但基本空间格局和叠石假山关系没有太大调整[12]。本研究采用近代苏州狮子林作为分析对象进行分析，综合参考了多幅[2, 12-15]文园狮子林平面图及苏州狮子林平面图以确定空间关系。

3 研究结果

经概化和测度的文园狮子林和苏州狮子林关键景观节点拓扑概化（图 2）、凸空间整合度量化测算结果（图 3）作为基础开展后续的分析和讨论。

3.1 空间格局的写仿和创新

3.1.1 关键节点及其布局的写仿

从景观节点的拓扑概化图（图 2）可见两园空间格局和关键节点布置基本一致，文园狮子林的主要建筑位置、关键假山位置和两处重要景观桥的布局都具有明显的写仿痕迹。关系图解是空间句法常用的分析方法，进一步将两园的拓扑关系图解（justified graph）进行叠合（图 4）可以发现，文园狮子林园林空间中共有 19 个苏州狮子林的关键节点被保留，仅有 2 处假山节点被舍弃。很明显在空间节点设置和布局上文园狮子林对苏州狮子林进行了摹写，该结论和其他研究得出的结论一致，如贾珺[1]认为文园狮子林和长春园狮子林在进行写仿时达到了较高的模仿水平，与原型相似的程度很高。但在细微的空间连接关系和节点设计上，文园狮子林进行了部分调整。

3.1.2 空间关系的调整和创新

从关键节点的拓扑空间关系图解比对可见，文园狮子林在空间格局的调整包括两个方面。首先增加了建筑比重，文园狮子林的建筑群聚集特征明显，园区中部集聚分布了如纳景堂、过河亭等一系列建筑，而降低了假山的比重（图 5）。苏州狮子林的假山群体系完整、连续性强，而在文园狮子林中，连续的假山群被打散成四脉，在北部的主假山体量和其他三处假山形成鲜明对比，更鲜明地强调了主山地位。其次，文园狮子林的空间连接关系更加灵活，游径系统设计得更加交错。整合度是空间句法理论中用来量化空间连通性的指标，整合度越高说明空间拓扑连接性好，空间更容易到达，基于两园凸空间整合度的箱线图分析（图6）可以看出，文园狮子林的空间平均全局整合度显著高于苏州狮子林，一定程度上表明文园狮子林的游径空间避免了刻意的单一固定游线串联节点的方式，而是将游线进行了交错，使得游线相对自由灵活，一定程度上更加符合自然山水特征。

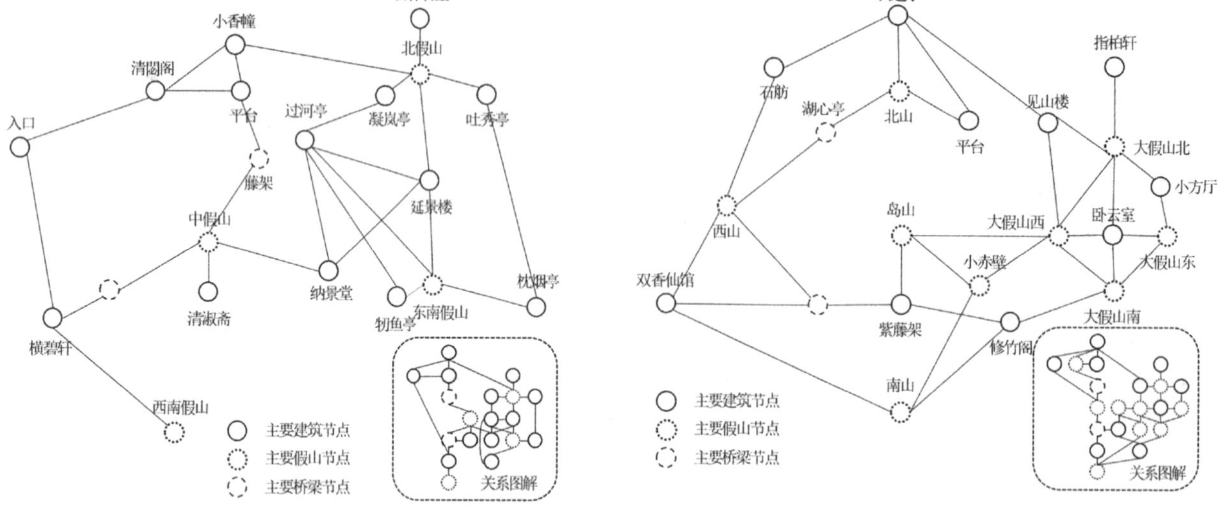

图2　文园狮子林（左）和苏州狮子林（右）关键景观节点拓扑概化图

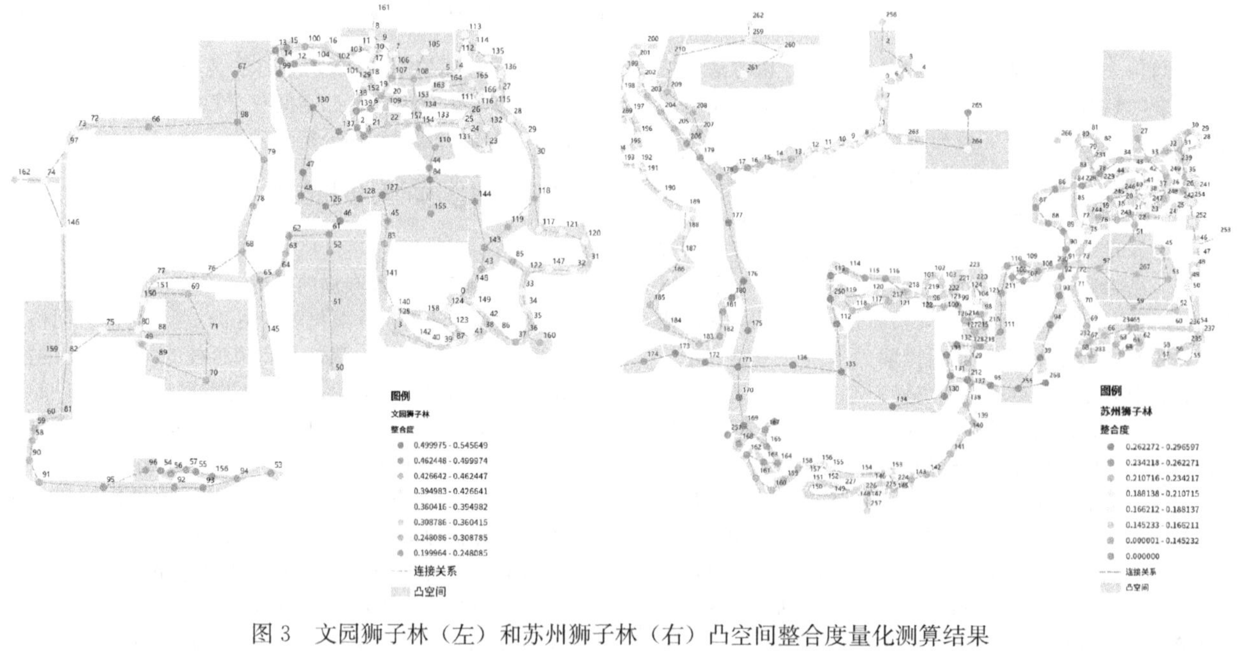

图3　文园狮子林（左）和苏州狮子林（右）凸空间整合度量化测算结果

3.1.3　空间分区化处理

从空间平面上可以看出文园狮子林具备明显的空间分区特征，园林被围墙分为了东西两侧，王俊凯[2]在分析文园狮子林时也提出，乾隆在写仿狮子林时，从长春园狮子林到文园狮子林的空间分区特征逐渐强化。本研究采用空间句法中凸空间整合度的空间分布（图3）进行分析发现，文园狮子林整合度高值区域集中分布在东侧空间，而西侧区域整合度明显较低，东西两侧整合度差异说明两侧空间差异较为明显，具备明显的分区特征；而苏州狮子林的整合度相对高值区域在全局相对均匀分布，说明两侧空间差异不明显，没有明显的分区特征。该结论印证了传统研究的观点，文园狮子林的分区特征确实有所加强。

3.2　空间功能的写仿和创新

3.2.1　假山空间的功能

假山是狮子林趣味性的关键，也是文园狮子林写仿的重点。整合度一定程度也能够表明空间到达的便捷性，是可达性的重要度量指标，低整合度的空间表明空间难以到达，从另外的角度看，则说明这样的空间更具备探索、

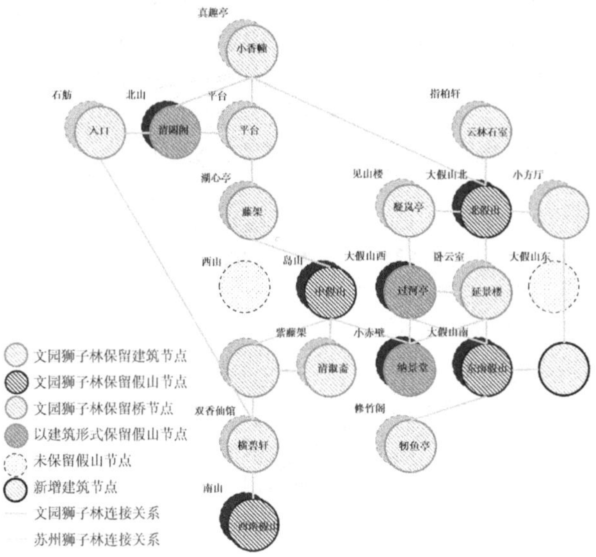

图 4　文园狮子林（偏左）和苏州狮子林（偏右）关键景观节点拓扑关系图解叠加分析

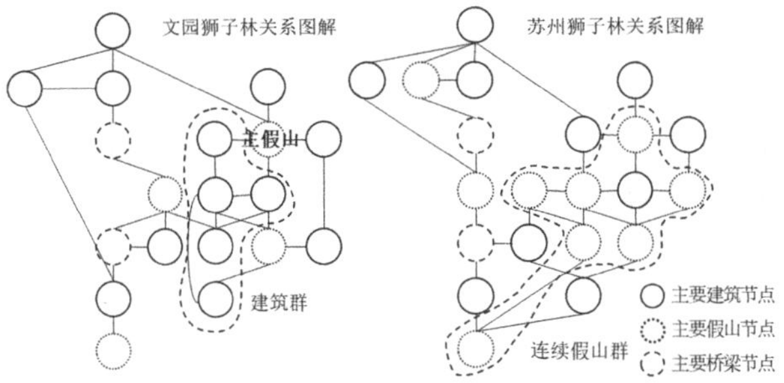

图 5　文园狮子林（左）和苏州狮子林（右）关系图解格局比对

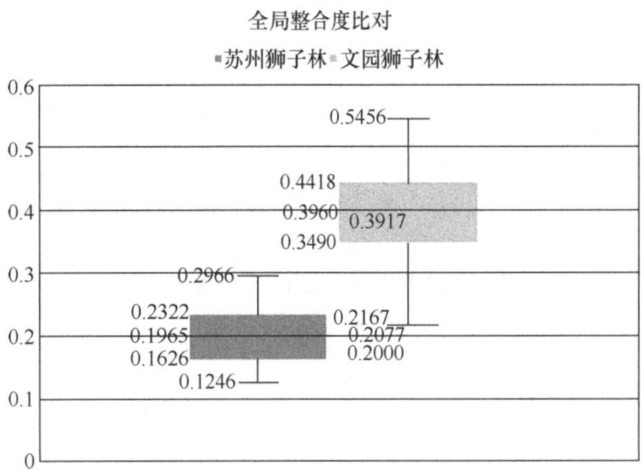

图 6　文园狮子林和苏州狮子林凸空间全局整合度统计

游赏的迷宫特性。本研究将凸空间单元中假山空间和非假山空间的整合度进行分类统计（图 7），发现两个园林的假山空间整合度都显著低于其他空间的整合度，在这方面两个园林具有十分相似的特征。这表明在文园狮子林中，假山的功能仍是具备探索性的游赏空间，说明文园狮子林不仅在形态意向上对苏州狮子林进行了摹写，在空间功能上也实现了较好的临摹，既保留了假山的格局、形态特征，更保留了苏州狮子林假山探索性、趣味性的空间特质。

空间句法理论中，如果局部空间与整体空间之间存在逻辑关系，就称存在可理解度。R^2 是用来评价可理解度的相关性系数，用于表征变量间的相关关系，本研究采用 R^2 评估全局整合度（R_n）和三个拓扑步数内的局部整合度（R_3）的关系，以量化假山的神秘性。如果 R^2 小于 0.5，则说明游客难以在三个拓扑步数里了解空间的全貌，

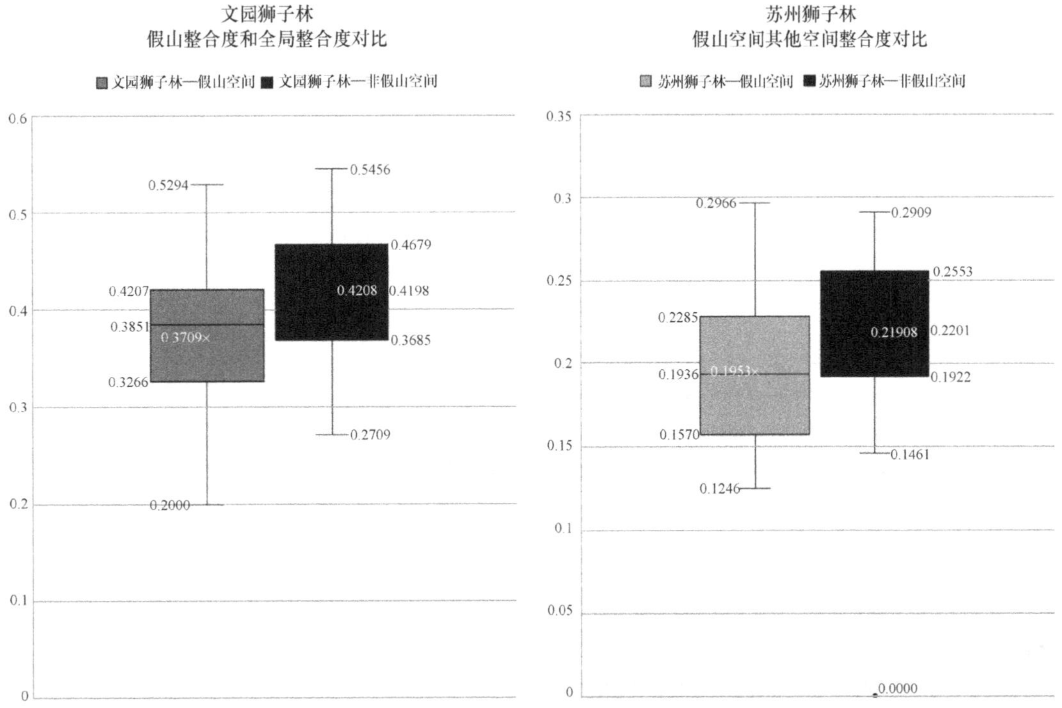

图 7　文园狮子林（左）和苏州狮子林假山空间、非假山空间整合度比对图

其值越小，说明假山空间越难以被理解；反之，R^2 越大，说明空间更容易被人理解。杨琪瑶等[16]用 R^2 评估过苏州狮子林主假山的神秘性，认为狮子林主假山具有曲折神秘的特点。

本研究采用相同方法测算苏州狮子林整体室外空间 R_n 和 R_3 的 R^2 值为 0.084，而文园狮子林的 R_n 和 R_3 的 R^2 为 0.165（图 8），说明游客仍然难以在三个拓扑步数里了解文园狮子林空间的全貌，文园狮子林的空间设置具备一定探索性和趣味性，而文园狮子林的假山可理解度有所提升，说明文园狮子林的假山空间相对做出了一些简化调整，舍弃了苏州狮子林更加复杂的空间内容。

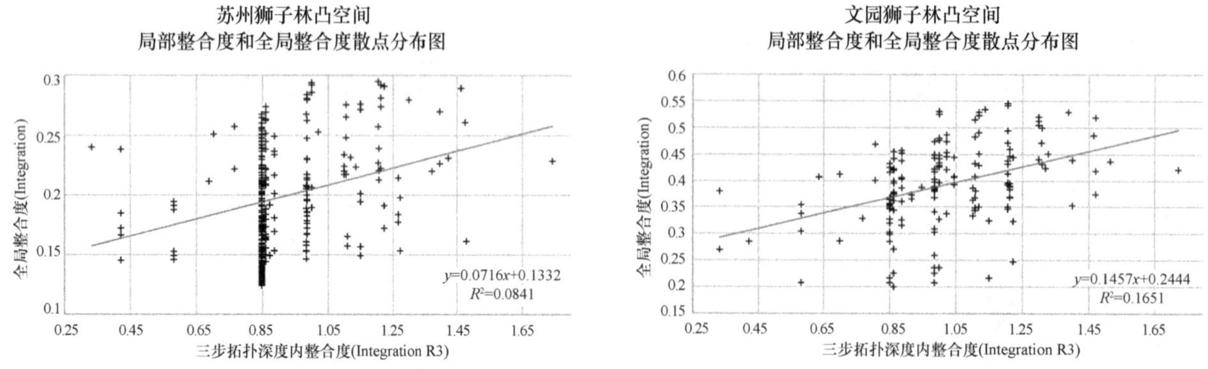

图 8　苏州狮子林（左）文园狮子林（右）局部整合度和全局整合度回归图

3.2.2　内部各假山的空间分异

从平面图上就可以看出文园狮子林的内部四脉假山的空间分布和体量设置存在较大差异，通过分类统计文园狮子林和苏州狮子林内部各个假山分区的凸空间整合度（图 9）可以发现，文园狮子林的主假山（北假山）的中心性更强，和其他几脉假山形成鲜明的对比，表明其在空间位置上地位突出，是设计者有意强调的空间重心；而苏州狮子林的五个假山分区除北山整合度较低外，其他假山的凸空间整合度呈现相对均质化的状态，整合度均值在 0.2 附近浮动，没有形成显著的差异和对比，表明各个假山分区的重要性比较相似。

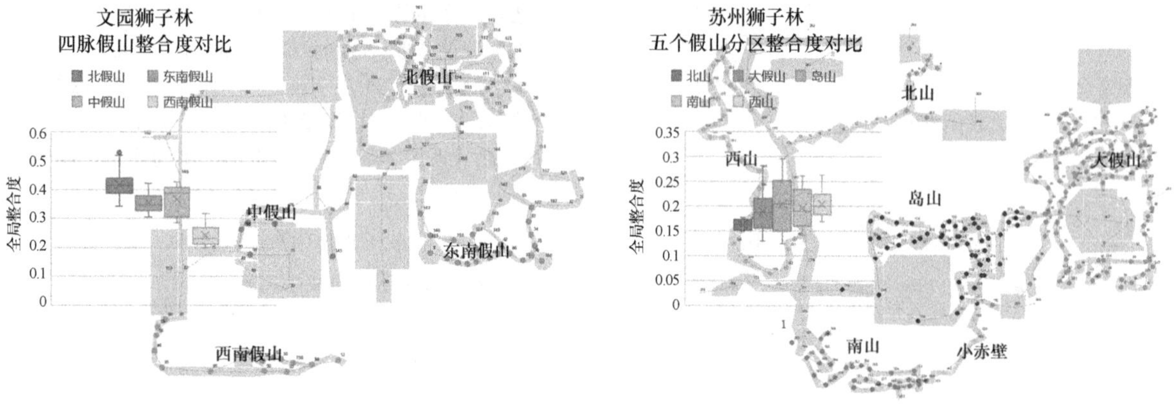

图 9　文园狮子林（左）和苏州狮子林（右）内部各假山凸空间整合度统计对比

3.2.3　滨水空间的调整

滨水空间是增加游憩体验，丰富自然山水景致的重要内容，有文献提出文园狮子林的水系变动是较大的创新[3]。本研究对比了苏州狮子林和文园狮子林室外空间的滨水凸空间数量（图 10），文园狮子林的滨水凸空间数量比例和连通性都显著高于苏州狮子林，说明园中滨水空间和人行游径产生了更紧密的耦合，有较大比例的水体凸空间穿插在假山游径之间，连通度较高也说明滨水空间处于更重要的交通衔接位置，山水交融的特性更为明显。与之相比，苏州狮子林的水体分布则更为集中，呈现山水分离的特征，水体和游径的交互较少，水体的重要性被相对弱化。

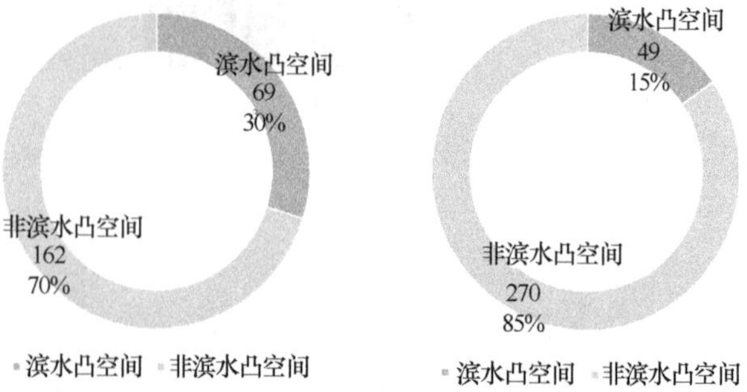

图 10　文园狮子林（左）、苏州狮子林（右）滨水凸空间数量统计及空间分布

4 讨论

4.1 质之原图：文园狮子林的本源化趋向

乾隆对狮子林的喜爱源自倪瓒画作狮子林图，但自狮子林建成之后经过了数次改建和易手，到涉园时期，其空间和狮子林图所描绘的原貌已经相去甚远，完成以涉园为蓝本的长春园狮子林后，乾隆表达出明显不满："试问狮林境，孰为幻孰真？涉园犹假借，宝笈实源津。[17]"可见乾隆认为狮子林园应该以倪瓒的狮子林图为蓝本，当时的黄氏涉园本身已经和狮子林原貌差距很大了，根据涉园仿建的长春园狮子林园更是不堪。乾隆曾多次表达长春园狮子林比不上倪瓒画作"然其亭台峰沼但能同吴中之狮子林，而不能尽同迂翁之《狮子林图》"。这也成了再次修建文园狮子林的原因[18]。文园狮子林更像是乾隆根据倪瓒画作进行二次创作的产物，在涉园的基础上加入了对倪瓒画作的空间理解。对倪瓒《狮子林图》中的空间拓扑关系进行解译和分析（图 11）可以发现，乾隆在文园狮子林中加入了自己对倪瓒画作的理解，文园狮子林所做的改动其实有据可循。

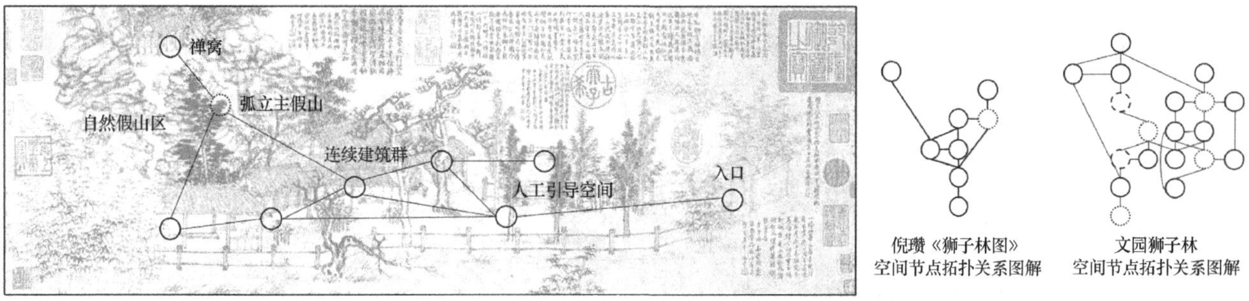

图 11 倪瓒《狮子林图》和文园狮子林关键节点拓扑关系图解比对

从抽象的拓扑关系图解中可以明显发现文园狮子林基本的建筑群和主假山的空间关系和狮子林图中非常类似，结合之前的分析结果，研究发现文园狮子林相比苏州狮子林表现出明显的分区特征，这说明《狮子林图》中明显的分区特征在文园狮子林中得到了强化。此外我们测算的结果发现，文园狮子林弱化了连续的假山体系，分散成了主次分明的四脉假山，其中主假山的空间丰富度与体量和其他四座假山形成了鲜明对比，从《狮子林图》可见，图中主假山位置鲜明突出，文园狮子林对主假山的强调很可能是乾隆对狮子林图中主假山的呼应。

可见，文园狮子林的写仿在模仿涉园进行造园的同时，乾隆进一步考虑了狮子林的本来样貌，导致其出现本源化的趋势，结合了模仿画作和模仿园林的两种思路，是对画作的二次创作。

4.2 求于自然：文园狮子林的自然山水化趋向

乾隆诟病长春园狮子林的另一个方面在于人工痕迹，这也是乾隆第二次写仿建造文园狮子林的原因之一。据记载，最初的狮子林中的假山主要以石峰著称，有含晖、吐月、玄玉、昂霞等名峰，但对石洞石道的描述并不多，直到涉园重建后，在有关诗词的描述中才有了"八洞"一说[3]，长春园狮子林建成后乾隆认为依据涉园仿建的长春园狮子林假山叠石人工痕迹过重，一度感叹"御园叠石劳摹拟，那及天然狮子林"[17]。

研究测算的分析结果发现文园狮子林的假山空间被进行了简化，很大可能是出于模仿自然假山的状态，避免了炫技式的人工洞道堆叠。此外，水体空间的丰富是乾隆对狮子林的创新和发展，一定程度也可能是出于对自然山水风貌的考虑。

4.3 弱于制式：文园狮子林宗教特性的弱化

郑春烨等[19]在分析苏州狮子林时指出，其空间格局明显的宗教寺庙特性，仿照了伽蓝寺庙配置[20]，进一步抽象伽蓝配置图的空间节点拓扑关系（图 12）可以印证该观点，苏州狮子林东侧主假山空间不仅拓扑关系和伽蓝配置图类似，位置关系上也具有明显对称的主轴线，空间格局在严整的格局基础上变化，而分析结果发现文园狮子林的空间连接关系更加灵活，增加了穿插交错，位置轴线关系也被弱化，和严格的宗教空间制式难以匹配，寻找不到宗教空间对称、中轴和单一序列的空间组织方式。

这样的格局变化很可能和乾隆误以为苏州狮子林是倪瓒别业有关，乾隆很长一段时间把狮子林当做倪瓒的别业，在后期才发现狮子林本是佛教园林，因此修建文园狮子林时可能疏忽了对于佛寺空间的格局制式的保留，事后乾隆也对误读了狮子林的本源而感到惋惜："瓒自记为如海因公作，是狮林原佛字，以讹传讹，遂成倪迂别业，误矣。[18]"

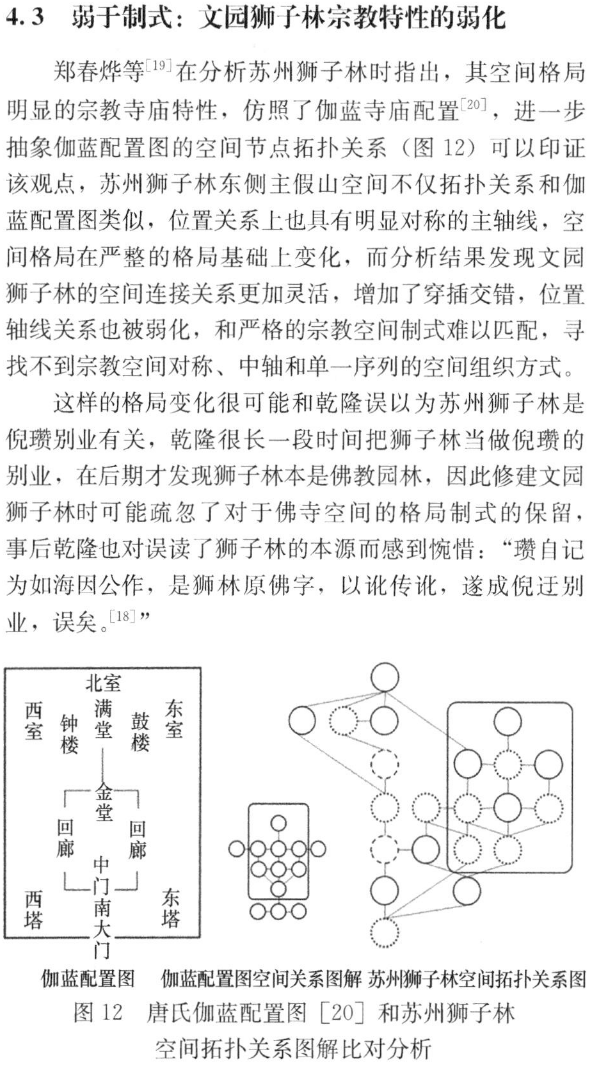

图 12 唐氏伽蓝配置图［20］和苏州狮子林空间拓扑关系图解比对分析

5 结语

本文采用空间句法拓扑理论从空间格局、空间功能两个方面，基于定量和定性两种手段探究了文园狮子林的写仿特点，发现以下结论：①共计19个苏州狮子林的关键节点被文园狮子林保留，两处假山节点被舍弃，文园狮子林空间节点设置和布局上明显对苏州狮子林进行了模仿；②节点设置上文园狮子林增加了建筑比重，建筑群聚集特征明显，降低了假山节点的比重，假山趋于分散特征，同时对空间连接关系进行了调整；③文园狮子林具备明显的空间分区特征，其空间连接关系更加灵活，游径系统更加交错，引入了水体的交互，展现了山水交融的特性。文园狮子林的空间改动遵循本源化、自然山水化、宗教性弱化三个倾向，倪瓒的《狮子林图》是文园狮子林在写仿时进行空间调整的重要依据。本研究采用定量定性相结合的方法得出的论点和采用传统方法的已有研究、史料记载相互印证和补充，较好补充了园林写仿的相关理论。

空间句法为探究园林空间写仿特征提供了新的研究思路。同时本研究也具有一定局限性，根据历史情况，乾隆写仿的苏州狮子林应以黄氏涉园为蓝本，但黄氏涉园不存在完整可靠的平面资料，研究以近代苏州狮子林平面作为空间抽象原始数据，可能和历史情况存在出入，今后需要在史料进一步完善后进行改进。

参考文献

[1] 贾珺．清代皇家园林写仿现象探析[J]．装饰，2010(02)：16-21.
[2] 王俊凯．文园狮子林在写仿中的格局变化探究[D]．中央美术学院，2016.
[3] 李阳．文园狮子林与苏州狮子林的对比研究[D]．北京林业大学，2013.
[4] 年玥．承德避暑山庄风水形势论与理气论合局研究[D]．天津大学，2019.
[5] 张婕．狮子林：元江南临济山林禅的孑遗[J]．中国园林，2016，32(07)：97-100.
[6] 薄尧．浅谈苏州狮子林的兴衰变迁[J]．建设科技，2012(15)：72-73.
[7] 张橙华．狮子林[M]．狮子林，1998.
[8] 鲁安东．解析避居山水：文徵明1533年《拙政园图册》空间研究[J]．建筑文化研究，2011(00)：269-324.
[9] 孙鹏．空间句法理论与传统空间分析方法对中国古典园林的对比解读——承德避暑山庄空间环境研究[D]．北京林业大学，2012.
[10] 王诗彤．基于空间句法的江南私家园林空间序列量化研究[D]．沈阳建筑大学，2020.
[11] 宗思雨．基于空间句法理论的扬州个园空间特征量化分析[D]．南京农业大学，2017.
[12] 贾珺．长春园狮子林与苏州狮子林[J]．建筑史，2010(00)：109-121.
[13] 黄崇文．避暑山庄的园林艺术[J]．文物，1982(11)：67-75.
[14] 李阳，李雄，孙昊．文园狮子林的“仿”与“创”[J]．风景园林，2014(03)：103-106.
[15] 刘敦桢．苏州古典园林[M]．苏州古典园林，1979.
[16] 杨琪瑶，张建林．基于空间句法的狮子林主假山神秘性分析[J]．中国园林，2018，34(04)：129-133.
[17] 商务印书馆四库全书出版工作委员会．(清)《御制诗四集》[G]．2005年版．北京：商务印书馆，2005.
[18] 赵琰哲．艺循清閟——倪瓒(款)《狮子林图》及其清宫仿画研究[J]．中国书画，2019(02)：37-70.
[19] 郑春烨．苏州狮子林之叠山研究[D]．浙江大学，2013.
[20] 潘谷西．中国建筑史．第4版[M]．中国建筑史．第4版，2001.

作者简介

董宇翔，1997年生，男，汉族，重庆人，同济大学硕士在读，研究方向为风景园林规划设计。电子邮箱：1037603327@qq.com。

刘颂，1968年生，女，汉族，福建武平人，博士，同济大学建筑与城市规划学院景观学系，教授，研究方向为景观规划理论与方法，数字景观等。电子邮箱：liusong5@tongji.edu.cn。

观、游、居：基于山水赋的魏晋士人与山水互动关系演变研究[①]

Observe, Tour and Residence: Study on the Evolution of the Interactive Relationship between Scholars and Landscape in Wei and Jin Dynasties based on Shan-shui Ode

李　锐　赵纪军

摘　要：魏晋时期中国传统山水观由山水崇拜向山水审美发生巨大转变，逐渐形成了南朝山水文化的全面觉醒。研究魏晋士人对待山水态度的变化，对于理解中国园林转折期时人与山水互动关系有着重要意义。本文以代表魏晋时期山水观演变的主要文学载体——山水赋为研究对象，通过诗史互证，将此时期山水赋所表现的人与山水互动关系的变化发展分为三大阶段。研究发现与山水赋的叙事手法从空间方位的平面铺展转向时空结合的同时，两晋士人对山水的态度由静态观瞻转向动态游览，进一步转向人与自然和谐共处，士人与山水的互动关系从“观”到“游”最后发展为“居”。此时期人与山水互动关系的转变，经过后世的发展，最终形成中国园林“可观、可游、可居”的特征。

关键词：魏晋；山水赋；人与山水；传统人居

Abstract: During the Wei and Jin dynasties, the Chinese traditional landscape view changed from landscape worship to landscape aesthetics, which gradually formed the comprehensive awakening of landscape culture in the Southern Dynasties. It is of great significance to understand the interaction between man and landscape in the transition period of Chinese gardens to study the change of the attitude of the scholars in Wei and Jin Dynasties towards landscape. This paper takes Shan-shui Ode, the main literary carrier representing the evolution of landscape view in Wei and Jin dynasties, as the research object. Through mutual verification of poetry and history, the development of the changes in the interactive relationship between people and landscape represented by landscape fu in this period is divided into three stages. The research findings and Shan-shui Ode's transformation from the planar expansion of spatial orientation to the combination of space and time at the same time. The attitude of the literati in the Jin Dynasty to the landscape changed from static observation to dynamic sightseeing, and further shifted to the harmonious coexistence between man and nature. The interactive relationship between the literati and the landscape developed from "observation" to "tourism" and finally to "residence". Through the development of later generations, the transformation of the interaction between man and landscape in this period finally formed the characteristics of "observable, touchable and residential" of Chinese gardens.

Keywords: Wei and Jin Dynasties; Shan-shui Ode; People and Landscape; Traditional Human Settlements

引言

宋代郭熙《林泉高致》称“世之笃论，谓山水有可行者，有可望者，有可游者，有可居者”，中国传统园林也以兼具“可观、可游、可居”为佳构。但人与山水的互动，从原始的“观”到“居”——山水被赋予“居”这层含义的过程却是经历了漫长的演变。中国人的山水观在魏晋时期完成了从山水崇拜过渡到自觉的山水审美。而山水文学在两晋时期也发生了巨大的变化，涌现了大量完整的山水诗文，但山水赋仍然处于领先地位，其审美认识的成就是在诗、文之上的。因此，本文以发生巨大审美变革的魏晋时期为背景、以魏晋山水赋为研究对象，来梳理士人与山水互动关系的演变。

目前山水赋研究主要是关于赋文体的沿革、文本表现的自然观等文学方面，而涉及风景园林领域的研究，山水赋主要被用于魏晋园林的佐证，已有的研究缺少将山水赋与风景园林的研究领域深入结合，因此本文试图构建起山水赋与风景园林人居环境演变的沟通桥梁。

山水赋是指伴随着人们山水审美意识的成熟而产生的以描写山水为目的，从而体验山水自然之美的赋作。但是这是针对文学体裁上而言的，本文基于风景园林学科，将“凡有一定山水描写”的赋作皆作为研究对象，将魏晋山水赋分为体物赋、宴游赋、纪行赋、园居赋。现存魏晋山水赋主要收录于《文选》《艺文类聚》《文苑英华》以及《历代赋汇》四本书中，查阅研究四本文集可以得到表1。

从四本文集中可以发现，山水的角色可以是建筑物的附属环境、各类自然现象的自然背景、战争的背景、田猎的背景等，因此，根据本研究的目的，将山水赋进行分

① 基金项目：国家自然科学基金面上项目（编号 52078227）。

类并编写类别代码如下：

观-1：自然现象的背景环境（风、雨、雷、电等）、观-2：人工构筑物的背景环境（都城、宫殿、楼阁等）。

游-1：行旅与游览、游-2：隐逸与遁世、游-3：战伐与田猎。

居-1：园圃、居-2：宅舍。

由此可以整理得到表2、表3。

魏晋山水赋赋集对比 **表1**

书目	编者	成书年代	收录时间		涉及山水赋的篇章
			起始	终止	
文选	萧统	梁	先秦	南梁	赋甲（京都上）、赋乙（京都中）、赋丙（京都下）、赋丁（郊祀、耕藉、田猎上、田猎中）、赋戊（田猎下、纪行上、纪行下）、赋己（游览、宫殿、江海）、赋庚（物色）、赋辛（志中）
艺文类聚	欧阳询	唐武德	先秦	唐	天部、地部、山部、水部、人部（行旅、游览、隐逸、战伐）、居处部（总载居处、宫、阙、台、殿、坊、宅舍）、产业部（园）
文苑英华	李昉	北宋初	萧梁	五代	行旅
历代赋汇	陈元龙	清	先秦	清中	天象、岁时、地理、都邑、宫殿、室宇、仙释、览古、草木、行旅

魏晋山水赋列表 **表2**

作者	数量	作者生卒年	赋作名称	类型	时期
枚乘	1	约前210～约前138	梁王兔园赋	居-1	
司马相如	2	约前179～前118	子虚赋、上林赋	游-3	
杨雄	1	前53～18	蜀都赋	观-2	
	2		羽猎赋、长杨赋	游-3	
刘歆	1	前50～23	甘泉宫赋	观-2	
	1		遂初赋	游-1	
班彪	3	3～54	北征赋、游居赋、览海赋	游-1	
杜笃	1	？～78	论都赋	观-2	
傅毅	1	？～90	洛都赋	观-2	东汉以前
崔骃	1	？～92	临洛观赋	观-2	（～220年）
	1		西征赋	游-3	
班固	1	32～92	冀州赋	观-1	
	2		西都赋、东都赋	观-2	
班昭	1	约49～约120	东征赋	游-3	
张衡	1	78～139	温泉赋	观-1	
	3		东京赋、西京赋、归田赋	观-2	
	1		羽猎赋	游-3	
蔡邕	1	133～192	汉津赋	观-1	
	1		述行赋	游-1	
王延寿	1	约140～约165	鲁灵光殿赋序	观-2	
崔琰	1	？～216	述初赋	游-1	
徐干	1	170～217	齐都赋	观-2	
	2		西征赋、序征赋	游-3	
杨修	1	175～219	许昌宫赋	观-2	
	1		节游赋	游-1	
	1		出征赋	游-3	
王粲	3	177～217	登楼赋、游海赋、浮淮赋	游-1	
	2		初征赋、羽猎赋	游-3	
陈琳	2	？～217	武军赋、神武赋	游-3	黄初至景初
刘桢	1	？～217	鲁都赋	观-2	（220～238年）
繁钦	1	？～218	建章凤阙赋	观-2	
曹丕	4	187～226	愁霖赋、喜霁赋、济川赋、沧海赋	观-1	
	4		登台赋、登城赋、浮淮赋、临赋	游-1	
	2		述征赋、校猎赋	游-3	
曹植	3	192～232	愁霖赋、喜霁赋、洛神赋	观-1	
	5		登台赋、游观赋、临观赋、节游赋、感节赋	游-1	
	1		潜志赋	游-2	

续表

作者	数量	作者生卒年	赋作名称	类型	时期
	1		东征赋	游-3	
	1		闲居赋	居-2	
应玚	2	？～217	愁霖赋、灵河赋	观-1	
	2		撰征赋、西狩赋	游-3	
何晏	1	？～249	景福殿赋	观-2	
阮籍	1	210～263	元父赋	观-2	黄初至景初（220～238年）
刘邵	1	？～？	赵都赋	观-2	
何桢	1	？～？	正都赋	观-2	
卞兰	1	？～？	许昌宫赋	观-2	
夏侯惠	1	？～？	景福殿赋	观-2	
钟琰	1	？～？	思游赋	游-1	
张载	1	？～？	濛汜池赋	观-1	
	1		叙行赋	游-1	
傅玄	3	217～278	阳春赋、述夏赋、大寒赋	观-1	
	1		正都赋	观-2	
	1		叙行赋	游-1	
孙楚	2	220～293	雪赋、相风赋	观-1	
	3		韩王台赋、登楼赋、登城赋	游-1	
木华	1	？～？	海赋	观-1	
陆冲	1	？～？	风赋	观-1	
成公绥	4	231～271	天地赋、阴霖赋、时雨赋、大河赋	观-1	
枣据	1	约232～284	登楼赋	游-1	
张华	1	232～300	相风赋	观-1	
	1		归田赋	游-2	
	1		闲居赋	居-2	正始至元康（239～291年）
应贞	1	234～269	临丹赋	观-1	
文立	1	？～279	正都赋	观-2	
傅咸	3	239～294	患雨赋、喜雨赋、神泉赋	观-1	
	1		登芒赋	游-1	
夏侯湛	3	243～291	怀春赋、春可乐赋、禊赋	游-1	
	1		猎兔赋	游-3	
潘岳	4	247～300	秋兴赋序、沧海赋、海赋、相风赋	观-1	
	1		登山赋	游-1	
	1		籍田赋	游-2	
	2		西征赋、射雉赋	游-3	
	2		闲居赋、狭室赋	居-2	
石崇	1	249～300	思归赋	游-1	
挚虞	1	250～300	思游赋	游-1	
左思	4	约250～305	蜀都赋、吴都赋、魏都赋、正都赋	观-2	
潘尼	1	250～约311	苦雨赋	观-1	
	1		登山赋	游-1	
束皙	1	261～300	近游赋	游-1	
	1		闲居赋	居-2	
陆机	1	261～303	感时赋	观-1	
	2		行思赋、思归赋	游-1	
	2		幽人赋、应嘉赋	游-2	元康至永嘉（291～307年）
陆云	3	262～303	愁霖赋、喜霁赋、岁暮赋	观-1	
	1		登台赋	游-1	
	2		南征赋、西征赋	游-3	
张协	2	？～约307	洛禊赋、登北邙赋	游-1	
江统	1	？～310	函谷关赋	观-2	
阮瞻	1	？～？	上巳会赋	游-1	
周顗	1	269～322	月赋	观-1	
王廙	1	276～322	正都赋	观-2	
郭璞	2	276～324	江赋、井赋、盐池赋	观-1	

续表

作者	数量	作者生卒年	赋作名称	类型	时期
	3		流寓赋、登山赋、登百尺楼赋	游-1	建武至永和（317～356年）
陶侃	1	259～334	相风赋	观-1	
卢谌	1	284～351	登邺台赋	游-1	
	1		西征赋	游-3	
江逌	2	301～365	风赋、井赋	观-1	
王彪之	1	305～377	水赋	观-1	
	1		庐山赋	游-1	
袁乔	1	312～348	江赋	观-1	
孙绰	1	314～371	海赋	观-1	
	3		游天台山赋、望海赋、登山赋	游-1	
伏滔	1	约317～396	望涛赋	观-1	
谢万	1	320～361	春游赋	游-1	
戴逵	1	326～396	游园赋	居-1	永和至太和（356～366年）
殷仲堪	1	？～399	游园赋	居-1	
袁宏	2	约328～约376	东征赋、西征赋	游-1	
王凝之	1	334～399	风赋	观-1	
顾恺之	4	348～409	雷电赋	观-1	
曹毗	4	？～？	涉江赋、观涛赋、水赋、湘中赋	游-1	
湛方生	1	？～？	风赋	观-1	
	1		怀春赋	游-1	
陶渊明	1	约365～427	归去来兮辞	游-2	太元至元熙（366～420年）
傅亮	1	374～426	喜雨赋	观-1	
	1		登龙冈赋	游-1	
谢灵运	2	385～433	月赋、长溪赋	观-1	
	1		归途赋	游-1	
	2		逸民赋、辞禄赋	游-2	
	1		山居赋	居-2	
李颙	3	？～？	雪赋、雷赋、悲四时赋	观-1	
庾阐	2	？～？	海赋、冰井赋	观-1	
	1		杨都赋	观-2	
	1		涉江赋	游-1	
	2		闲居赋、狭室赋	居-2	
孙放	1	？～？	庐山赋	居-2	
支昙谛	1	？～？	庐山赋	居-2	
李充	1	？～？	春游赋	游-1	
谢惠连	2	406～433	雪赋、罗浮山赋	观-1	刘宋以后（420年～）
鲍照	1	约416～466	游思赋	游-1	
谢庄	2	421～466	月赋、悦曲池赋	观-1	
江淹	1	444～505	梁王兔园赋	居-1	
谢朓	1	464～499	游后园赋	居-1	
	1		临楚江赋	游-1	
裴子野	1	469～530	游华林园赋	居-1	
萧子范	1	486～550	家园三日赋	居-1	
庾信	1	513～581	小园赋	居-1	

注：以当时政治、经济、文化发生巨大变革的时代为基本分段节点，选取如下节点：

建安：东汉汉献帝年号，196～220年，建安年间文人宴游开始流行；

正始：魏齐王曹芳年号，240～249年，正始十年高平陵之变司马氏专权，文人开始被沉痛打压；

元康：西晋晋惠帝司马衷年号，291～299年，元康年间出现山水文学；

永嘉：西晋晋怀帝司马炽年号，307～313年，永嘉年间衣冠南渡，佛道玄广泛影响士人思想；

永和：东晋晋穆帝司马聃年号，345～356年，永和九年王羲之等兰亭禊会，垂范后世；

太元：东晋晋孝武帝司马曜年号，376～396年，太元八年东晋前秦淝水之战，晋室偏安江左。

魏晋山水赋分类统计表 **表 3**

分期		观			游				居		
		观-1	观-2	总数	游-1	游-2	游-3	总数	居-1	居-2	总数
永嘉之前	西汉至东汉末（～220 年）	3	11	14	5	0	7	12	1	0	1
	黄初至景初（220～238 年）	9	17	26	8	1	12	21	0	1	1
	正始至元康（239～291 年）	21	6	27	15	2	3	20	0	3	3
	元康至永嘉（291～307 年）	5	1	6	7	2	2	11	0	1	1
永嘉至太元	建武至永和（317～356 年）	10	1	11	9	0	1	10	0	0	0
	永和至太和（356～366 年）	3	0	3	7	0	0	7	2	0	2
太元之后	太元至元熙（366～420 年）	8	1	9	4	3	0	7	0	5	5
	刘宋至陈末（420 年～）	4	0	4	2	0	0	2	5	0	5

注：曹魏以前山水赋作较少，东晋以后山水赋作较多，二者仅作为研究魏晋时期的参考，因此二者均仅选取代表性强的赋作进行统计。

通过对四本文集中收录的魏晋山水赋进行统计分析可以发现：

有关“观于山水”的赋作，在数量上呈现逐年递减，并且对于人工构筑物的描述逐年减少；有关“游于山水”的赋作数量，行旅与游览保持长盛不衰，而战争与田猎的描绘逐年减少，总体上赋作数量从汉末至曹魏年间基本逐年递增，在黄初至元康这段时间里，呈现爆发式发展，此后逐渐式微；有关“居于山水”的赋作数量，特别是园圃一类，在东晋末到宋齐梁陈时期大量出现。

因此，可以发现魏晋士人与山水的互动关系存在某种变化规律，“观”“游”“居”的活动在不同时段的地位不同。有了这个初步结论，本文接下来将史料和赋作本身相结合来仔细探讨魏晋士人与山水的互动关系的演变过程。

有关自然山水的文学书写，在先秦时期无论是《周易》的拟象山水，还是《诗经》的比德山水，抑或《楚辞》的情感山水，山水都被视为携带其他信息的载体，山水本身的自然特征在审美过程中是缺失和被遗忘的。到了汉代，赋坛出现了将山水作为附属物描写的歌功颂德的宫廷大赋，也正是大量歌咏宫室的赋作的产生，滋生了宫廷宴游之风。

1 “南皮之游”到“金谷宴游”：静瞻自然，观于山水

在汉末建安、曹魏正始时期，时局变更出现了新的政治集团，曹氏父子极力倡导文学与宴游，宴游之风便在此背景下层出无穷，使得建安宴游成为上承两汉、下启西晋的一个中介。

汉代栖遁山林的隐士或娱乐宫廷的写手没能开创山水赋，是由于两汉的思想意识不利于士人对自然审美的深入。而到了西晋元康年间，新思潮推动了审美感觉的变化，隐逸、游宦等生活方式使得士人重新理解山水。

1.1 建安至正始：藉山水以泄沉郁

建安时期的宴游活动开拓了文人集团的审美意识，以西园、南皮之游为代表的山水活动，已经与汉代上林宴游有了较大区别。汉代上林苑宴游秉承严格的仪礼，宴游中所作赋文多为同题的公式文，此时尚无完全的自在之游。至南皮之游时，统一中央集权瓦解，宴游的威仪性大为下降，文人性更加明显。

汉代山水赋作，由于体物和铺陈的需要，其描写题材主要集中在名山大川、京都、园林苑囿方面。司马相如《子虚赋》描写云梦山“其山则盘纡茀郁，隆崇嵂崒；岑崟参差，日月蔽亏；交错纠纷，上干青云；罢池陂陀，下属江河”。博物式铺陈山川的宏大。扬雄在《蜀都赋》中通过“于前”“于后”“于东”“于西”排比铺陈描绘了峨山重峦叠嶂。

曹操、曹丕父子都极力倡导文学，文人之间的宴游活动日益频繁。魏明帝曹叡励精图治，社会出现了短暂的承平气象，曹叡统治的建安时期，是魏王朝经济、文化的全

盛时期。因此宴游之风盛行，山水赋涉及的内容也扩展到咏物、登临、凭吊、悼亡、伤别、归田、游仙等，更具有文人自觉性。

进入正始之后，曹魏政权逐渐沦入司马氏手中。司马氏用虚伪的名教钳制士人的言行，大量名士遭到残忍屠杀。士人为了保全性命缄口不语，言不涉时政，连嵇康都是“与之游者，未尝见其喜愠之色”。这时的士人为了寻求精神的解脱和追求精神的自由，自觉地转向了老、庄哲学，于是阮籍“发言玄远，口不臧否人物”，栖身于山水竹林之间，宣泄政治上的失意。

由于司马氏的打压，士人开始关注自我本身，而较少议论国家大事，过去要求文学必须是有用的，是一种功利的态度，而现在一改为写自我，无关家国成败、社会兴衰，是非功利，于是朝隐、肥遁之风盛行。因此各类以往观瞻山水时忽略的细节，在士人细微的观察下，被写入山水赋中，特别是自然天象开始进入赋文中，如成公绥的《天地赋》、陆机的《白云赋》等。

从建安到正始这一阶段，山水作为信息的载体的功能仍占主导地位。在山水活动的场地从帝王苑囿逐渐走向文人私园的同时，山水已经开始从承载帝王功绩的载体变为文人审美的表达，真正走向日常生活化。

1.2 元康至永嘉：假山水以发人情

西晋统治者倾心于政治权谋，而较少用心于文学，与二曹时期不同，西晋文学颇受忽略，“然晋虽不文，人材实盛”，文人组织的宴游活动却从未停止。

西晋宴游不再限于帝王宫苑中所圈定的自然山水风景，而进入了人工园林中人工仿制的自然景象，进入文人士族的私家园林，并进一步过渡成为普遍的渗透于文人之间的社会风尚，携裹了文人自觉的主体审美意识。

华林与金谷宴游是西晋宴游活动的代表，西晋初期社会政治暂时统一，安定的社会使得园林宴游盛行，“魏氏宫人猥多，晋又过之，宴游是湎”。程咸《华林园诗序》记载“平原后三月三日，从华林园作坛，宣宫张朱幕，有诏乃延群臣”。随着宴游范围的扩大，体物作为一种审美方式也得以延伸到日常宴会、游览等观照外部世界的活动中。

宴游向人工山水的进入，更加明显地体现在金谷园宴游中。金谷园是西晋初年石崇于洛阳金谷涧所修私家园林。元康六年，众人在金谷别苑为石崇出任镇下送行，达到了金谷文人集会的高峰，时人称“送者倾都”。此次金谷宴游上，与会者登高、列坐水滨、饮酒鼓吹、赋诗叙怀，所抒之情以“感性命之不永，惧凋落之无期”的人生咏叹为主，通过畅游山水以慰藉送别之时对时光易逝、离合倏忽的慨叹。

西晋元康文学作为山水文学的肇始，对自然与人工山水的描绘开始大量出现。但无论自然或人工的山水在此时仍然只是作为宴游的场所，士人们借用山水来表达自身的情感，比如张协在《登北邙赋》中写到“悼人生之危浅，叹白日之西颓兮，哀世路之多蹇”通过山水的晨昏变化，以感叹人生无常。但这只是赋家在特定场合假借山水来抒发即刻情感，而非主动亲近山水。

2 “新亭宴饮”到“兰亭禊会”：山水悟道，游于山水

西晋末年永嘉之乱使得社会动荡，北人开始南迁，“俄而洛京倾覆，中州士女避乱江左者十六七。”过江的士大夫们知道收复故土的困难，因此也只有感伤叹息，“过江诸人，每至美日，辄相邀新亭，藉卉饮宴。周侯中座而叹曰：‘风景不殊，正自有山河之异！’皆相视流泪”。

过江之初，清谈之风盛行，以向秀和郭象的《庄子注》为思想主导，士人追求的“自然”只是行为不受礼法的束缚任性而行，行走于山水间以体验个人身体上的逍遥自在，并非要遁迹山水间；东晋中期，士大夫们的玄谈倾向于佛理，以支遁所注的《逍遥游》为思想主导，支遁提出的“物物”和“足于所足”的新理启发人们从闲游山水中进一步体会庄子的至境。

2.1 建武至永和：追山水以体逍遥

郭璞的游仙诗在过江之初产生了较大的影响，内容为游仙、山林与玄言的结合。所以东晋初期杂有山水游仙内容的诗赋较多，如孙绰的《游天台山赋》，表示要远行以“仍羽人于丹丘，寻不死之福庭”。王彪之的《水赋》亦充满玄思理念，“泉清恬以夷淡，体居有而用玄。浑无心以动寂，不凝滞于方圆”等句足以体现东晋之初赋坛的游仙玄学之风，反映了东晋士人学道养生的生活。

山水赋从汉代帝王贵族单纯的求仙向抒写离世隐遁方向转化，然而仙境虽在方外却并不等于山林隐逸。将老庄的自然之道与山水隐逸相联系是始于郭象的《庄子注》，郭象注《庄子·逍遥游》曰：

“夫圣人虽在庙堂之上，然其心无异于山林之中。世岂识之哉！徒见其戴黄屋，佩玉玺，便谓足以缨绂其心矣，见其历山川，同民事，便谓足以憔悴其神矣。岂知至至者之不亏哉！”

此时的人们开始自觉地走向山水之间，去感受自然山水带给人的逍遥之感，但是在感受完成之后，便要回归“庙堂之上”。因此对于山水的态度仅停留在游览，而非隐居山水、与山水相互融合。郭象提倡“名教即自然”，但“自然”只是指人的行为不受礼法的束缚逍遥自在任性而行，不一定非要遁迹山林不可，此时大谈老庄自然之道的士大夫并无真正隐逸山林的打算。

2.2 永和至太和：游山水以参哲思

东晋初期盛行的游仙学道得赋作虽与山水有关，但大都是在描写山水以后加一些物我两忘的老庄之言，以表现涤净万虑、忘却俗累的快意。因此并未促使自觉的山水审美在短期内大量涌现，直到支遁提出的“山水体道”成为新的时代主题，人们才产生了对山水的自觉审美意识。

在郭象之后，支遁注释了《逍遥游》，引发新一轮的山水审美思潮。相较于郭象仍拘守庄子的“无待于物”，支遁则认为至人“游无穷于放浪，物物而不物于物……所以为逍遥也”。因为完全无待于物是很难的，尤其是凭借

特权、无法抛舍物质享受的士大夫们。所以支遁首先强调要“物物”，即享受于现实的物质生活，其次是在心理上不以物为物，才能谈得上逍遥。正因为支遁的新理可以启发人们从闲游山水中进一步体会庄子的至境，所以士大夫们以支遁为思想引导，发现了山水的理趣。

这时期的士人大多有了较强的经济实力，会选择环境优美的山水间进行聚会，比如兰亭聚会、庐山石门聚会。通过遨游山水，人与自然山水的关系更加密切。兰亭禊会中，王羲之在《兰亭集序》中说：“仰观宇宙之大，俯察品类之盛，所以游目骋怀，足以极视听之娱。”凭借山水，以化解人生郁结，足以片刻娱情。除此之外，在环境优美的山水间筑宅也十分普遍。孙绰在《遂初赋叙》中就有这样的表白：“余少慕老庄之道，仰其风流久矣……乃经始东山，建五亩之宅，带长阜，倚茂林。”

王羲之从自然山水中顿悟书法真谛，发现自然山水独立的审美价值，视山林为脱俗超尘、陶冶性情的媒介。自然山水开始成为独立的审美对象而进入到创作者的视野和艺术表现领域。他说“人之相与，俯仰一世”，只有到自然美景中去获取生命的超然逍遥，在山水之间观象味道，才能抗拒生命被无端淹没的隐痛。

自觉的山水审美进入赋作，无疑为玄风弥漫的赋坛吹进了清新之风。孙统“家于会稽，性好山水”、孙绰“居于会稽，游放山水”、谢安“寓居会稽……渔弋山水”等，王羲之辞官后归隐于会稽，与山水为伴。

在保证物质享乐的前提下，进行山水的探险与开发，预示着在山水间营建庄园别墅活动高潮的到来。把体悟玄理与对自然景物的描摹结合在一起，刻画出了文人们谈玄时悠闲自得的情怀和洒脱不羁、谈玄忘我的境界，也将人与山水的关系从行走于山水间以体验个人身体上的逍遥自在，转向了畅游山水间、融入山水间以参悟人生哲理。

3 “始宁别业”肇始：佛道交融，居于山水

太元八年东晋与前秦爆发淝水之战，东晋大败前秦，此后东晋国内较为稳定。随着过江士族的不断壮大，江南地区开始了大规模的风景开发，对于未知山水的探索，使得庄园经济快速发展。正如谢灵运“因父祖之资，生业甚厚……尝自始宁南山伐木开径，直至临海，从者数百”，第二代过江士族积累了大量财力后，开始在江左广置田产。南方的山川地理、人情风物很自然地成为他们偏爱的题材。山水赋因其铺叙状物的传统，易于展现山水的千姿百态，而成为东晋中后期文坛上风靡一时的文学体裁。

3.1 道教的影响：遁山水以求生养

道家发展到东晋初期出现玄学，进而出现较为完整的道教体系。在庄子看来只有以“充满生机的山水林泉”作为媒介，才能体会大道之美。山林悟道思想为山水文化的兴起积累了丰富的美学思想资源，但是这种思想割断了审美主体与审美客体之间的真切联系，提出的是在“玄想”中体会，而不是在客观存在的山水间，道教的出现启发了人们投身真实世界的自然山水去寻求审美愉悦。

道教的最高追求是修道成仙，为了修道道教徒远离尘世进入山林修炼，葛洪说“合丹当于名山之中、无人之地，结伴不过三人，先斋百日，沐浴五香，致加精洁”。陶弘景认为“凝神山岩、散发高帕”才能达到摆脱“死地”的修道目的，山水之自然美与修道之神秘美统一起来。

在道教的观念中，“山水林泉”已不再是先秦道家和西晋玄学的观念化概念——寓道载体、体道媒介，而是其作为现实世界中自然山水的本来面目。道教的发展，影响了士大夫对山水的理解的又一次变革，“魏晋时期，随着精神领域的老庄之风的盛行，以及物质领域的大庄园的兴起，山水自然之美终于成为人的自觉的审美对象”。

庾阐的《涉江赋》在铺写江河“尔乃云雾勃起，风流㶁潫。排岩拒濑，触石兴涛。澎湃洗渒，郁怒咆哮”，后写道“体含弘而弥泰，道谦尊而逾光”这种于山水之中寄寓理意的写法，正是受到东晋文坛玄理风气之影响所致。

东晋中期，第二代过江士族子弟已没有北还的强烈情节，富足的物质条件与时代思想的变革，使得大量雅集活动出现，也催生一些新的聚落场所出现，这些场地往往在交通便捷的水路附近，环境清新，出现田园地产，促进了道士、士人居于山水间修道活动的繁盛。

3.2 佛教的影响：置山水以味性空

佛教发展到东晋，禅僧们为了达到澄明的心灵境界，多选远离喧嚣的深山幽谷作为修禅之地。在王羲之、许询、支遁相继去世之后，形成了以庐山高僧慧远为时代思想引领，影响了宗炳、戴逵、谢灵运、陶渊明等几代人。

佛家修禅往往置于悠远的山水间，在充满无限生机、情趣、韵味的物色景致中，体味社会现实生活中所没有的那种极乐与清静。在“本无”“性空”等佛理的影响下，禅僧们表现出宁静淡泊、闲适虚旷的心态和空彻寂灭、悠然忘我的情调。这种虚静的心态也就更容易使审美主体与自然山水相冥合，达到天人合一的审美极致，带给置身山水间者以无限的自由感和难以穷尽的意趣。

支昙谛在杖锡云游庐山后创作的《庐山赋》中写道“应真陵云以踞峰，渺忽翳景而入冥，咸豫闻其清尘，妙无得之称名也”，在灵动神异的景致中把佛学思想借助玄理表达出来，体现出玄佛合流对当时文学的影响，同时也体现出赋家对山林审美所达到的熟练程度。

此时士人眼中的山水不再是曹魏初期宴会遨游的山野，或西晋时期避世的天然茂林，而是在达成精神自由与山水园林融合之后形成的真正意义上的良好人居环境。有了思想与经济基础的双重保证，东晋后期大量士族子弟开始修建庄园，这些田园别墅使他们在逃避残酷现实的同时，可以追求着较为纯粹的精神生活的愉悦，吟诗作赋，娱情山水。

佛道的交融是东晋后期影响士人对待山水的态度的重要因素，最佳代表当属谢灵运的始宁别业与《山居赋》。谢灵运自幼受到神仙道教的熏陶，因而认为山中药草有“既往年而增灵，亦驱妖而斥疵”的功效；同时谢灵运早年间仰慕慧远，随刘毅进江州入庐山面见慧远，肃然钦服，在建造始宁别业时，他“企坚固之贞林，希菴罗之芳园”，足见其对佛国净土的向往。谢灵运继承了汉魏对山水的宏观欣赏，也发扬了西晋以来对山水景观的细微体验，同时加入了他本人的佛道思想，《山居赋》充分展现了山水作为客观审美对象所具有的磅礴与精微兼备的形象。谢灵运于山水形势、动植物生命中寻求养生、参悟性空，将人工的居所与自然山水相调和，在游望与经营中居于山水间、垂范千载。

4 魏晋士人与山水的互动关系的演变

4.1 对山水的描绘由博物式的书写到抒情式的表达

汉人作赋，必读万卷书，以养胸次，以《离骚》为主，《山海经》《尔雅》诸书为辅，又必精于六书，识所从来，自能作用，大量铺陈罗列，以表现自身的学识或娱乐皇家。

到了两晋时期山水审美意识已经日渐成熟，赋家自觉探求山水的自然美，把山水作为观赏审美的对象。特别是东晋时期，文人游乐山水渐成风尚，强烈的审美欲望使赋家穷山尽水，如孙绰游放山水发现天台山“穷山海之瑰富，尽人神之壮丽”的美景。文人大量涉足江南荒野，庐山、巫咸山等相继被开发。在东晋，不懂山水美的人会被嘲讽，孙绰和庾亮共游白石山时，孙绰当众批判卫承：“此子神情都不关山水，而能作文?”

东晋时期赋家将人的情感与自然山水交融的美学感触是此前任何一个时代都没有的。潘岳的《登虎牢山赋》在描写完山川“路逶迤以迫隘，林廓落以萧条”，后写道“望归云以叹息，肠一日而九回”，以寄托远游之苦与思乡之苦。郭璞的《盐池赋》中写到河东郡的解池“岂若兹池之所产，带神邑之名岳。吸灵润于河汾，总膏液乎浍涑”。在描写池之景观的基础上又寄寓了浓烈的乡思与家乡自豪感。

4.2 对山水的观察由静态观瞻转向动态游览

原始山水审美观念进入赋文体后，首先是在体物赋中，在发展中山水审美从咏物赋中的静态式审美向宴游、纪行赋中畅游述怀的动态式审美过渡。东晋后期庄园经济的大发展，以及山水审美的全面觉醒，南渡士人有较强的经济实力与较高的审美水平支撑其在自然山林中居住生活，庄园赋开始兴盛。

汉代宫殿大赋多以横向的、空间的顺序展开，在场景变换中夹写四季景物——以空间带动时间。汉末曹魏的宴游赋出于文士雅客在园林中或宴或游的特点，从静止开始转向移动书写。而两晋纪行赋则以纵向的、时间的顺序展开，是对未知空间的探索，在行走于山水间的晨昏、早晚的时间过程中描绘山林景观——以时间带动空间。到了园居赋盛行之时，已经完成时空结合，不加雕饰描写山水的原貌，以此启发了南朝山水诗文。

从体物到宴游、纪行再到园居，体现的是人类行迹活动由外向内的一种发展趋势。人们对山水的认识从早期的视山水为人类世界之外，如记录郊野游历的纪行赋，或对非人类世界的幻想，如游仙诗、赋，转变为视山水为人类世界之内，如对士族私人庄园的开发和体验的园居赋。

4.3 与山水的互动从“观”到“游”再到“居”

从建安到正始，山水作为信息的载体仍占主导地位。士人“观”山水，以表达观者的心情与思想寄托，山水对于此时的士人来说，主要的情感宣泄载体。

西晋时期，士人们仍是借用山水来表达自身的情感而非主动亲近山水。到了西晋后期、东晋初期，士人追求畅游山水间以体会庄子所说的逍遥境界，但并非要遁迹山林，因此对于山水的态度停留在游览，而非隐居山水、与山水相互融合。

东晋初期支遁的新理把体悟玄理与对自然景物的描摹结合在一起，将人与山水的关系从行走于山水间以体验个人身体上的逍遥自在，转向了畅游山水间、融入山水间以参悟人生哲理。

东晋后期佛道的全面发展、江南山川的大开发、过江第二代的财富积累，庄园大量出现。道教通过山林养生、佛教通过悠远的山水感受“性空”，影响士人对于自然环境的妙赏，闲适心态逐渐取代前期由于对政局的不满而发泄于山水间的激进的心态，重在“静心”“寡欲”，“居”于山水间开始成为士人对待山水的基本态度。由此可以得到本研究的成果，如表4所示。

从“游”到“居”的转变在《游天台山赋》《山居赋》的命名上亦可见一斑。孙绰是以陌生人的身份进入山岳，他以“游”的未知视角，对天台山做线性的描写；而谢灵运本人就是山林的主人，他以“居”的全知视角铺陈自己的始宁墅以及周边山林。

魏晋士人与山水互动关系　　表4

人与山水关系	分期年代		园林事件	思想引领	山水赋类型	主要地点	代表人物	代表作
静瞻自然 观于山水	永嘉之前	正始 元康	南皮之游	何晏	咏物赋 宴游赋	自然苑囿	曹植	洛神赋
		元康永嘉	华林宴游 金谷宴游	石崇	宴游赋 纪行赋	人工园林	潘岳	闲居赋

续表

人与山水关系	分期年代		园林事件	思想引领	山水赋类型	主要地点	代表人物	代表作
永嘉之乱，南渡言玄								
山水悟道 游于山水	永嘉至太元	建武永和	新亭宴饮	郭向	纪行赋 宴游赋	人工园林 未知山水	孙绰	游天台山赋
		永和太和	石门聚会 兰亭禊会	支遁	纪行赋	未知山水	王羲之	兰亭集序
淝水之战，偏安江南								
佛道交融 居于山水	太元之后	—	开发江南	葛洪	园居赋	风景名胜	谢灵运	山居赋
		—	开发江南	慧远	园居赋	风景名胜	支昙谛	庐山赋

5 结语

人与山水的关系，一直都是风景园林学科研究的重点，也是创建和谐人居的重要方面。以“士人”为代表的中国人与山水的互动关系从原始的山岳崇拜到与山水相互交融，是魏晋时期政治的动荡、庄园经济的繁盛、老庄玄学的发展、佛理的参杂、道教的兴起共同作用的结果。

秦汉之前，人们敬畏山水，退远而“观”之，山水是人们通神灵的场所，汉末文人集团的宴游，使得人们逐渐亲近山水。到了曹魏、西晋人们在逐渐远离政治纷争的途中，进入山水间，“游”于山水间，以体验庄子所言的逍遥境界。永嘉南渡以后，随着江南风景的大开发，士族经济实力空前强大。道教也在此时兴起，道教提倡入山修仙，远离尘世；佛教发展到东晋而大炽，启迪人们万物有灵，自然的山水环境能给人带来顿悟的智慧，致使东晋到刘宋时期，建造于山水间的庄园大量涌现，“居”在山水间，不仅是高等社会地位的象征，也被认为是提升自我修养的最佳方式。

从“观”到“游”再到“居”，中国人逐渐从山水之外融入山水之间，形成中国传统的人居环境的基本特点——可观、可游、可居。

参考文献

[1] （北宋）郭熙．林泉高致[M]．济南：山东画报出版社，2010：16.

[2] 章沧授．论晋代山水赋[J]．文史哲，1990(05)：60-63.

[3] 付叶宏．晋宋的山水赋研究[D]．河北大学，2003.

[4] （南朝梁）萧统编；李善注．文选[M]．北京：中华书局，1977.

[5] （唐）欧阳询．艺文类聚[M]．上海：上海古籍出版社，1965.

[6] （宋）李昉等．文苑英华[M]．北京：中华书局，1966.

[7] 景印文渊阁四库全书：第358册[G]．台北：商务印书馆，1986.

[8] 孙旭辉．山水赋生成史研究[D]．浙江大学，2008.

[9] 王仲荦．魏晋南北朝史[M]．上海：上海人民出版社，1980.

[10] （西晋）陈寿．三国志魏书[M]．北京：中华书局，1982：606.

[11] （唐）房玄龄等．晋书[M]．北京：中华书局，1974.

[12] 彭文良，木斋．魏晋南北朝赋的演进历程[J]．天中学刊，2006(01)：72-77.

[13] （南朝梁）刘勰著，周振甫注．文心雕龙[M]．北京：人民文学出版社，1981：478.

[14] （南朝梁）沈约．宋书[M]．北京：中华书局，1974：1002.

[15] （清）严可均辑．全晋文[M]．上海：商务印书馆，1999：446.

[16] （南朝宋）刘义庆撰，（梁）刘孝标注，王根林校点．世说新语[M]．上海：上海古籍出版社，2012.

[17] 葛晓音．东晋玄学自然观向山水审美观的转化——兼探支遁注《逍遥游》新义[J]．中国社会科学，1992(01)：151-161.

[18] 郭庆藩辑．庄子集释[M]．北京：中华书店，1988.

[19] 孙明君．庄老告退　山水方滋——东晋士族文学的特征及其流变[J]．北京大学学报(哲学社会科学版)，2009，46(05)：55-62.

[20] 戴秋思，张兴国．从《兰亭序》书文之赏解读魏晋园林文化[J]．中国园林，2012，28(06)：95-98.

[21] 邹志生，张鹏振．《兰亭集序》的文辞要义与书艺内涵[J]．名作欣赏，2010(5)：117-119.

[22] （唐）李延寿．南史[M]．北京：中华书局，1975：540.

[23] 黄勇．晋宋之际山水审美意识自觉与道教的关系[J]．宗教学研究，2003(04)：114-117.

[24] （东晋）葛洪．抱朴子[M]．北京．中华书局，1985：74.

[25] 潘显一．葛洪的神仙美学思想[J]．世界宗教研究，2000(01)：79-85.

[26] 敏泽．中国美学思想史[M]．长沙：湖南教育出版社，2004：499.

[27] 陈薇．生活在六朝山水间[J]．建筑师，2017(06)：118-124.

[28] 柳春．魏晋南北朝山水赋研究[D]．兰州大学，2008.

[29] 崔瑾．两晋赋三论[D]．四川师范大学，2010.

[30] 谢灵运．山居赋[M]//李运富．谢灵运集．长沙：岳麓书社，1999：226-280.

[31] 赵纪军，何梦瑶．抱疾就闲：中国古代文人基于自然养生的居游体验[J]．中国园林，2021，37(03)：141-144.

[32] （明）谢榛著，宛平点校．四溟诗话[M]．北京：人民文学出版社，1961：62.

[33] 小尾郊一撰，邵毅平译．中国文学中所表现的自然与自然观[M]．上海：上海古籍出版社，2014：117-120；261-264.

[34] 熊玲玲．魏晋南北朝士人园林与养生研究[D]．华南理工大学，2018.

[35] 叶晔．游与居：地理观看与山岳赋书写体制的近世转变[J]．复旦学报(社会科学版)，2018，60(02)：104-114.

作者简介

李锐，1998年生，男，汉族，湖北武汉人．华中科技大学硕士在读．研究方向为风景园林历史理论与遗产保护。电子邮箱：2543284860@qq. com。

赵纪军，1976年生，男，汉族，河北人，博士，华中科技大学建筑与城市规划学院，教授、博士生导师，研究方向为风景园林历史与理论。电子邮箱：jijunzhao@qq. com。

观鱼大众化下的杭州传统园林观鱼景观营造研究

Research on the Construction of Fish Watching Landscape in Hangzhou Traditional Garden under the Popularization of Fish Watching

李上善　包志毅*

摘　要：杭州是中国金鱼的发源地。自宋代以来观赏金鱼趋于大众化，一定程度上影响了杭州传统园林观鱼景观的营造。本文结合古籍文献、绘画、老照片与实地测绘，梳理了宋代以来杭州观鱼从贵族独享、佛教放生到大众观赏的历程。以方池水岸与自然式水岸两个类别划分园林中的观鱼景观，选取花港观鱼旧鱼池、玉泉鱼跃鱼乐国、净慈寺万工池、六和塔开化寺金鱼苑和小有天园金鱼池五处观鱼景观，研究其历史沿革、景观构成与景观营造。在此基础上，总结了与鱼同游的人境和杭城记忆的城境两点观鱼景观园林意境。在新时代，希望能保护遗存的观鱼景观，让曾今的城市记忆永存。

关键词：大众化；杭州传统园林；观鱼景观；园林意境

Abstract: Hangzhou is the birthplace of Chinese goldfish, ornamental goldfish tend to be popular since Song dynasty, also affects the Hangzhou traditional landscape . This paper reviews the history of fish watching in Hangzhou since the Song Dynasty, from exclusive enjoyment of nobility, release of Buddhism to public viewing. On the classification of Fangchi waterfront and natural waterfront, Five fish watching landscapes are selected, including Huagang old fish pond, Yuquan Yuyue fish paradise, Wangong pool of Jingci temple, Kaihua Temple goldfish garden of Liuhe Tower and Xiaoyoutian garden goldfish pond . This paper studies its historical evolution, landscape composition and landscape construction. On this basis, the author sums up the two artistic conceptions of the fish-viewing landscape and landscape in Hangzhou's memory. In the new era, the remaining fish-viewing landscape and the memory of the city should be protected.

Keywords: Popularization; Hangzhou Traditional Garden; Fish Watching Landscape; Garden Artistic Conception

引言

中国是金鱼的原产地，是我国闻名于世的古代文化遗产之一[1]。宋代伊始，金鱼因其数量稀少多为皇室所观赏，多见于皇家园林。随着金鱼繁殖技术的发展，金鱼观赏进入大众的生活，观鱼行为世俗化。在江南的造园中，观鱼景观开始频繁出现。杭州作为中国金鱼的故乡，是观赏金鱼最为繁盛的地区。在杭州传统园林不断发展的过程中，观鱼景观的内容、呈现的形式和展现的意境都随着每个时代的社会背景不同而发生改变。园林与鱼的联系多见于文化方面，而对于传统园林观鱼景观方面的研究甚少。近年来，浙江农林大学王小兰在《中国传统风景园林赏鱼景点研究》中对中国传统的观鱼景观进行了梳理，并对其艺术手法进行了剖析[2]。清华大学贾珺写在《圆明园中的鱼型景观》对圆明园中的观鱼景观进行了考证与艺术分析[3]。然而对于中国金鱼发源地杭州的传统园林中的观鱼景观依然缺乏深入研究。

本文将在前人研究的基础上，选取宋代以来大众可参与的杭州私家园林与寺庙园林为对象，具体探析其中观鱼景观的元素构成与造景手法，进一步研究大众观鱼文化对杭州传统园林观鱼景观发展的影响。

1　宋代以来杭州观鱼行为发展

1.1　贵族独享

南宋时期，园林中的观鱼景观以人工挖凿鱼池，配以人工养殖金鱼为主。当时政治中心地处杭州，皇家园林遍布西湖周边。宋高宗赵构对金鱼喜爱有加，甚爱养鱼。兴建杭州德寿宫之时，于园林中建造专门的金鱼池作观赏之用，并且派人于全国各地，收集金鲫。《昌化县志》中提到：“县西北千顷山，山巅有龙池，广数百亩。宋淳熙十三年夏，中使奉德寿宫命来捕金银鱼。[4]”受困于当时数量的稀少，金鲫十分珍贵，仅王公贵族才有能力豢养，加上观鱼景观在园林中的应用十分不成熟，凿池养鱼的经验的相当匮乏，导致饲养金鲫的园林观鱼景观规模微小，不受大众所见。

1.2　佛教放生

北宋时期，佛学思想盛行，美学观念也逐渐深入人心。寺庙园林中的放生池在原有的放生功能上，景观观赏功能开始趋于主导，放生池从单纯的宗教产物，进一步上升到园林艺术的层面，是这一时期观鱼景观在园林中最主要的表现方式。这一时期杭州经济文化繁荣，东南佛国的文化氛围浓厚，佛学放生思想促成放生池在寺庙园林中的大量出现，大众都可以参与观鱼或祈福。

1.3 大众观赏

宋代，科学技术飞速发展，人们研究出了金鱼的杂交技术，使得金鱼的数量大幅度增加，极大地推进了园林观鱼景观的普及。《本草纲目》中李时珍认为自宋代开始，便有了畜养金鱼观赏的记载。到了明代，人人在家中养金鱼观赏，风靡一时[5]，说明了在当时金鱼不再是达官显贵所独有，开始逐步的平民化普通化，观鱼也成为一种大众时尚。清代的《花镜》中提到："前古无蓄之于缸者，至宋始有之，今多为人玩养，而鱼亦自成一种，直号日金鱼矣。大抵池沼所蓄，有色之鱼多鲤鱼、青鱼之类，至金鱼，人皆贵重之，不肯置之池中同。[6]"由此可见到了清代，观赏鱼的种类丰富且大众皆可观赏。自宋代以来，观鱼的逐步大众化促生了许多著名的观鱼景点，也留下了许多可考的文字记载，可见当时的观鱼之景（表1）。

杭州传统园林观鱼景观相关文字记载 **表1**

朝代	作者	题目	相关文字记载
宋	蒋之奇	《咸淳临安志》	金体若金银，深藏如自珍
	施枢	《玉泉》	群鱼潜异窟，一芥纳阴溟
元	尹廷高	《花港观鱼》	红妆静立栏干外，吞尽残香总不和
明	王琮	《秘省金鱼池》	但知官饼堪为饵，不识人间有钓矶
	聂大年	《花港观鱼》	个中纵有濠梁乐，阔网深罾不汝容
	张岱	《西湖梦寻》	饼饵骤然投，要遮全振旅
	史鉴	《西村十记》	见客怡不惊，若与之相忘
清	陈梦雷	《古今图书集成》	花家山下流花港，花着鱼身鱼嘬花
	佚名	《前调》	碧藻丛深菱叶底下，纤鳞吹沫摇朱尾

2 方池直线式水岸观鱼景观

受到风水理论和宋人的理学思考的影响，方池和直线形的水岸是两宋园林理水的常见形式之一。庭院中其他要素形态都采取自然的曲线，而只有池塘的形态为直线[7]。在此理水基础上，放置金鱼于水景之中营造景观是最为常见的观鱼景观。

2.1 花港观鱼旧鱼池

花港观鱼，旧名卢园，为南宋时期宦官头目卢允升的住宅。卢园内用石块相堆叠造山，人工凿石填地作鱼池，养各类珍奇游鱼穿梭嬉戏水中，并精心搭配植物花草。广集文人雅士游览其中，吟诗作赋，得名"花港观鱼"[8]。元明两朝未有人重视管理，几近荒芜。直至清代康熙皇帝圣临西湖，官员们修复了花港观鱼。清末直至新中国成立之际，连年战火使得花港观鱼从原来的西湖胜景变为仅剩下一池、一碑的荒园。中华人民共和国成立初期，孙筱祥先生在原"花港观鱼"的基础上，进行了新花港观鱼公园的规划设计，新花港观鱼公园于1955年初步建成（图1）。

花港观鱼旧鱼池位于现今新花港观鱼公园东部。花港观鱼观鱼景观由御碑、御碑亭、方池、植物景观四部分组成（图2），旧鱼池长25m、宽20m，呈长方形，为典型的方池直线式水岸观鱼景观。以青石板及湖石为主筑硬质驳岸，明确划定鱼池的范围，在鱼池的四周布置植物景观，形成以"花"辅"鱼"的景观。鱼池周边设御碑亭，刻有"花港观鱼"四字。碑背面刻有："花家山下流花港，化著鱼身鱼嘬花；最是春光萃西子，底须秋水悟南华。"

图1 清代、民国时期、现今花港观鱼旧鱼池观鱼景观

2.2 玉泉鱼跃鱼乐国

玉泉是西湖三大名泉之一。宋代，观鱼养鱼风气盛行，玉泉作养鱼观赏之用。明嘉靖年间，官府治理浊水，疏通水源，造新泉池于此，养五色鱼养于水池中，取庄惠的"濠梁之辩"之意境，请董其昌书"鱼乐国"点缀景点[9]。清雍正年间，皱月廊，洗心亭建于玉泉之中，与鱼池形成整体，又绕泉池增设回廊，供游客观鱼之用。之后，

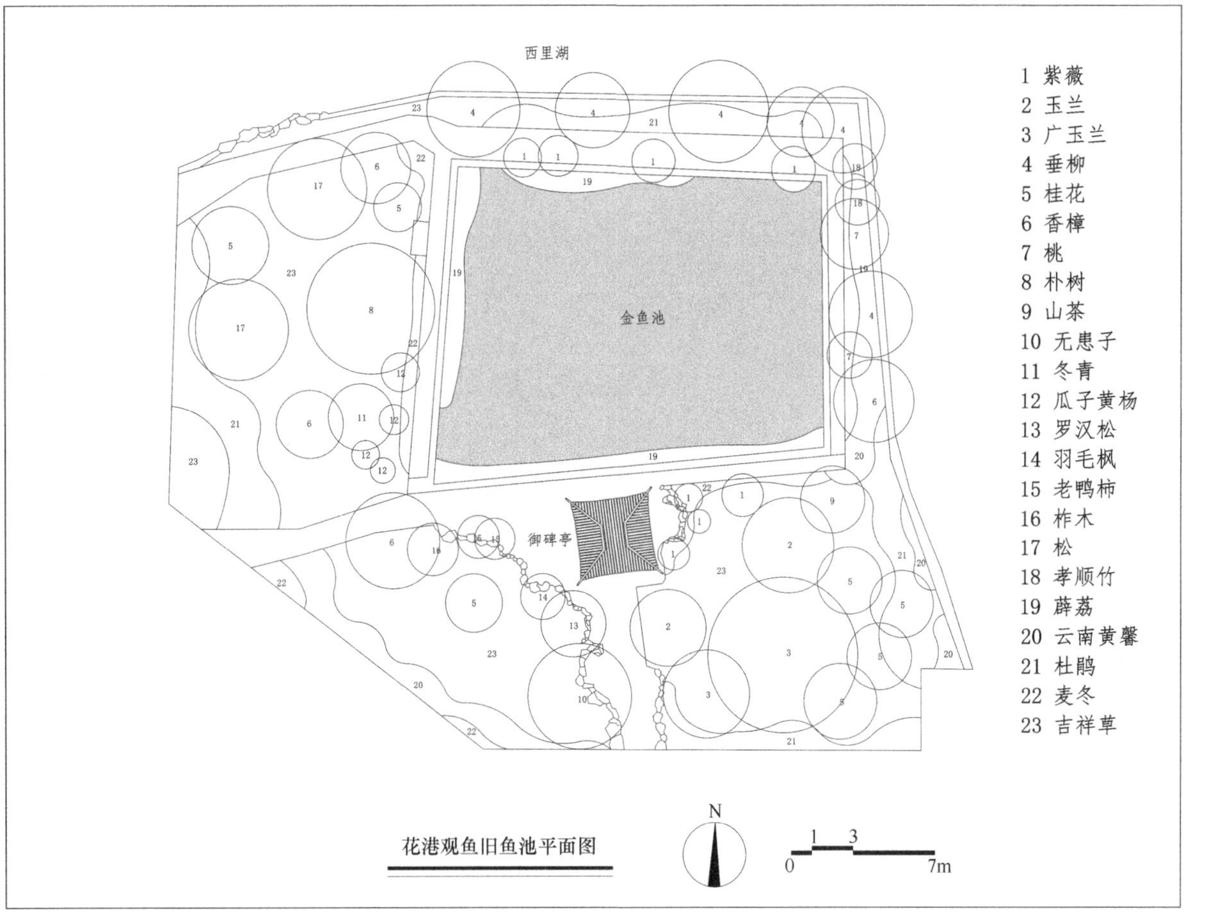

图 2　花港观鱼旧鱼池平面图

增修“西湖十八景”“玉泉鱼跃”榜上有名。但就其本属玉泉寺，因其放生池的功能，便在泉池中增设了一座七级小浮屠。清代《南巡盛典》对“玉泉鱼跃”的有一定的描绘：水池清澈见底，五色之鱼在水池之中穿梭，相互交错，富有韵律，游人倚靠围栏或投食与游鱼互动，其乐融融[10]。清末连年战火使得玉泉这一观鱼景观遭到了严重的破坏。后在 1964 年，对“鱼乐国”等主要景点开始了修复重建工作，经过不断的扩建与修改，形成了现今所能观赏的江南园林特点的新观鱼景观（图 3）。

鱼乐国现为杭州植物园内的观鱼景观，鱼池古迹仍在，且在其中布置盆养金鱼用于科普之用。鱼乐国观鱼景观由方池、连廊、亭、浮屠塔以及植物景观组成，同样是典型的方池直线式水岸观鱼景观（图 4、图 5）。鱼乐国作为玉泉鱼跃最核心的部分整个景点以长约 12m、宽 10m 的长方形观鱼池作为中心，鱼池四周有明显的围栏，水池水深约 1.5m。鱼乐国三面建临水建筑，仅留东部及东北角出水口部分，处理成土丘花丛，与园西自然山林相呼应，使得观鱼池周围景观虚实结合。

图 3　清代、民国时期、现今鱼乐国观鱼景观

2.3　净慈寺万工池

净慈寺位于杭州南屏山下，《冷斋夜话》卷二：“西湖南屏山兴教寺池有鲫十余尾，金色。道人斋余争倚槛投饼饵为戏。[11]”净慈寺山门对面的万工池便是杭州从古保存下来的最完整繁华的一处放生池。万工池池始凿于北宋照宁年间，后逐渐加以拓建，雪相法师的《净慈禅寺重建放生池记》曾记载该场景：“杭垣每年四月初八佛诞日隆重举行放生，一唱众和，蔚然成风”（图 6）。

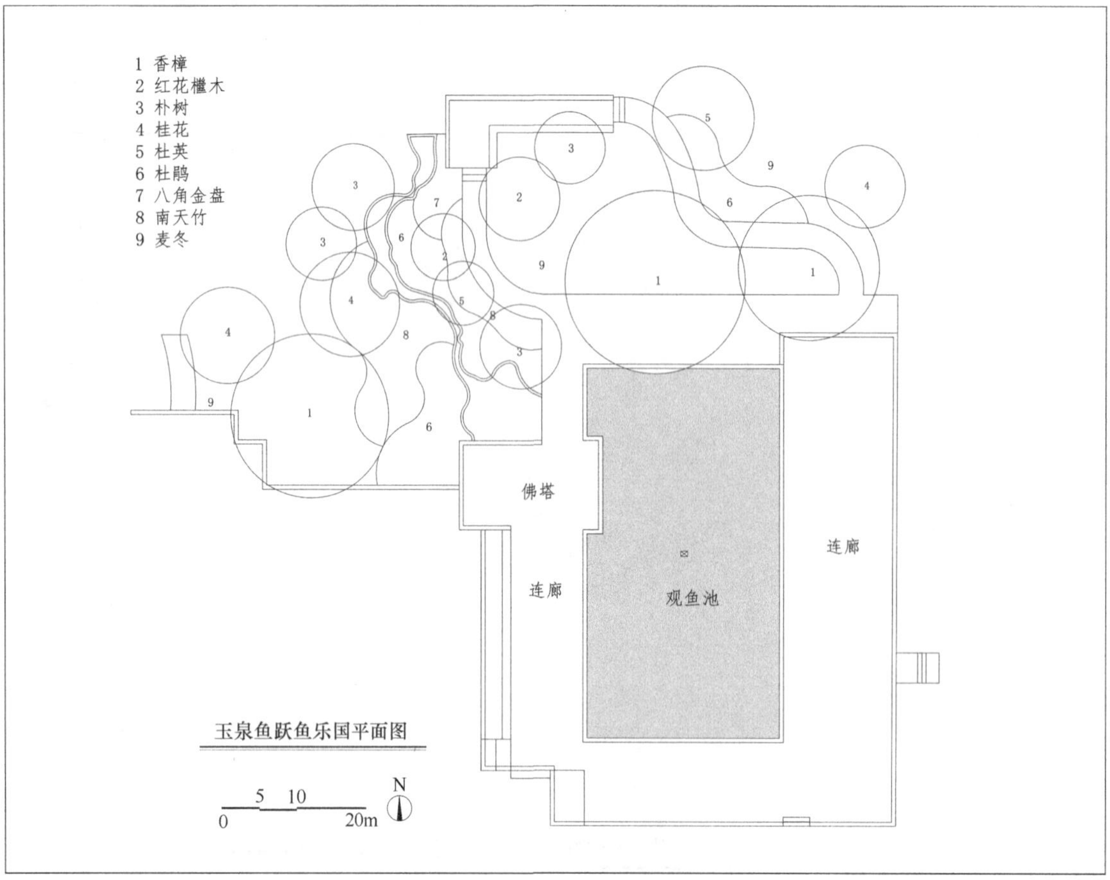

图 4 玉泉鱼跃鱼乐国平面图

图 5 鱼乐国观鱼景观组成

图 6 民国时期与现今万工池观鱼景观

净慈寺万工池因当年经募化集万人开凿水池，故名“万工池”。万工池观鱼景观由方池、石栏、石刻、假山以及植物景观组成，也是具有代表性的方池直线式水岸观鱼景观（图 7）。万工池为长约 50m、宽约 30m 的长方形的规则形状。观鱼放生池整体以规则对称的形式，和整体佛寺的布局相契合。万工池四周围以雕花围栏，以青石砌坎，柱头上均雕有卧伏的石狮。池身有朱字石刻，池旁有“鱼乐国”山门。鱼池中堆筑假山模拟自然，周围配以季相植物。观鱼景观面向西湖，背靠南屏山净慈寺建筑群，处于地势最低洼处，位于整个寺庙园林的中轴线上（图8）。

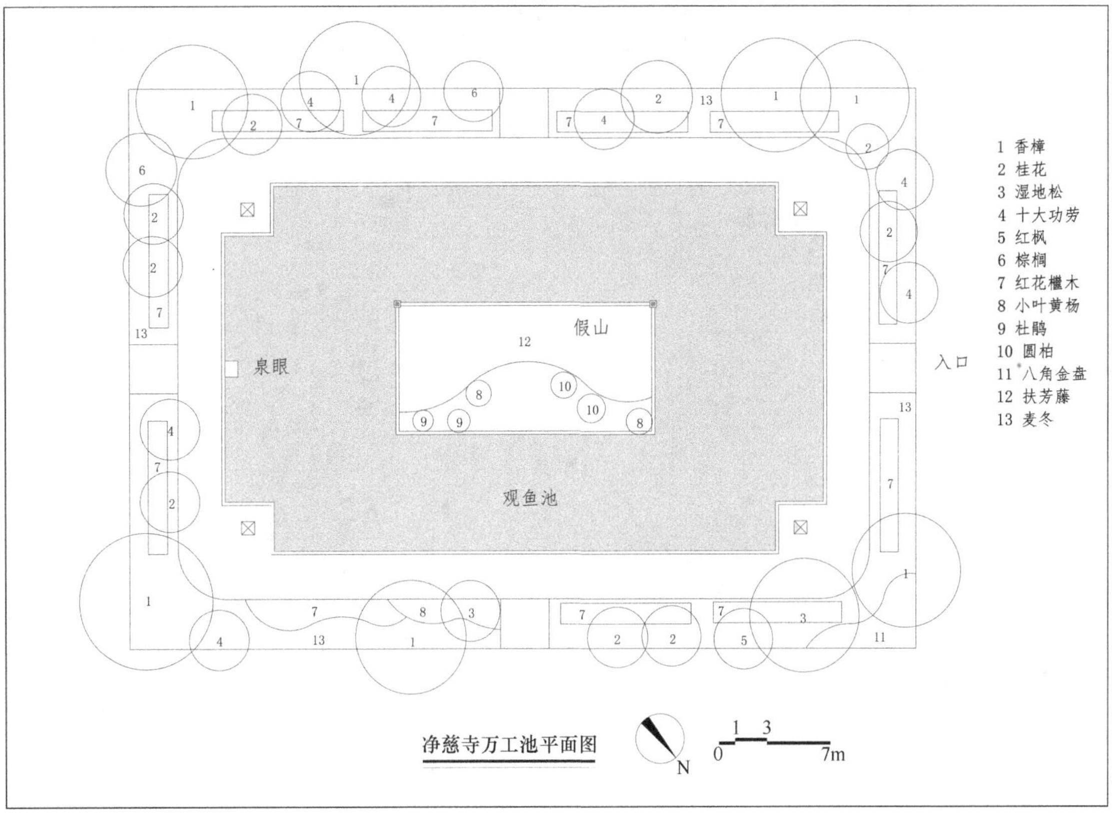

图7 净慈寺万工池平面图

图8 万工池观鱼景观组成

3 自然式水岸观鱼景观

明末清初，造园名家张南垣倡导“方圹石洫，易以曲岸回沙”，同时计成在《园冶》中提出：“峰虚五老，池凿四方，下洞上台，东亭西榭，罅堪窥管中之豹，路类张孩戏之猫。时宜得致，古式何裁?”在他们心中，方池已经是旧俗之法了，传统的方池应改成“曲岸”[12]。自然式水岸的营造推动了观鱼景观的发展，然而大多数自然式水岸观鱼景观或毁于战火或疏于管理，现今较难考证。

3.1 六和塔开化寺金鱼苑

慈恩开化教寺是江南第二处文献记载中出现的金鱼景观。《咸淳临安志》（卷38）记载：“金鱼池，在开化寺后山涧水底，有金银鱼[13]。”可见此时的金鱼是被养在山涧中的，自然式水岸的雏形。宋戴埴的《鼠璞》（卷下）记载：“坡公百斛明珠载，旧读苏子美六和塔寺诗：‘沿桥待金鲫，竟日独迟留’。初不喻此语，及倅钱塘，乃知寺后池中有此鱼如金色。投饼饵，久之略出，不食复入……则金鲫始于钱塘，惟六和寺有之，未若今之盛[14]。”可见月轮山腰的水池则是杭州金鱼的发源地（图9）。

图9 六和泉池

当年的古迹现无迹可寻，在2002年六和塔修复工程中，在疏浚、恢复六和泉池的基础上修建了金鱼苑[15]。新修建的六和金鱼苑位于六和塔西北侧，观鱼景观由堆石驳岸、观鱼亭、植物景观组成，为典型的自然式水岸观鱼景观（图10）。观鱼景观整体与古籍中山涧养金鱼的意境相类似，自然式的水池与场地依山的地形想结合，观鱼景观融于自然之中，也是杭州园林自然式造园的体现。

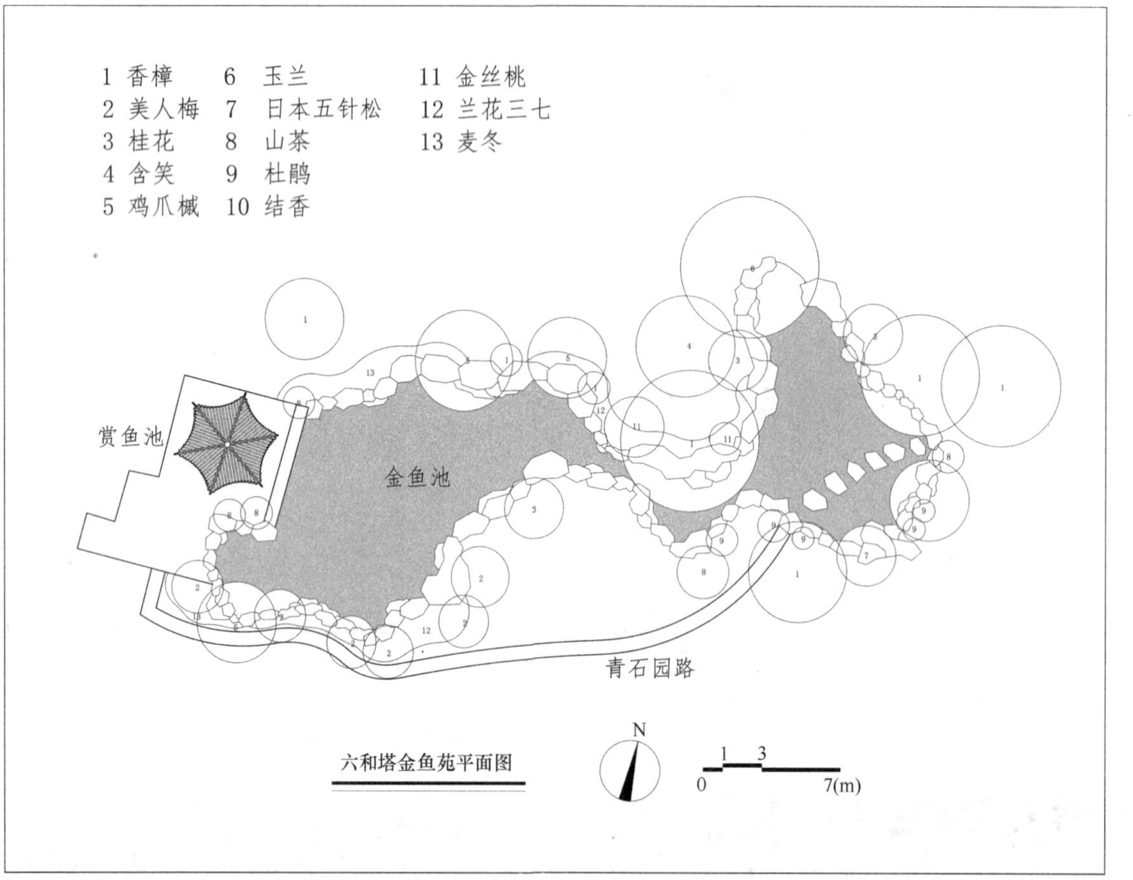

图10 六和金鱼苑平面图

3.2 小有天园金鱼池

小有天园，是位于南屏山麓山腰之上的一处私家园林，为清代杭州二十四景之一。现今遗址难寻，仅有石刻尚存。曾为西吾和尚的居所，旧名“壑庵”。清雍正年间徐逢吉《清波小志》记载道：“壑庵，在南屏下，向为方外西吾之居。[16]”后为私人所购买，称“汪式园”。清乾隆年间，皇帝南巡，乾隆皇帝对杭州汪氏园的园景喜爱有加，赐御题“小有天园”匾额。自乾隆南巡以后，小有天园趋于没落，抗战时期由钟毓龙编著的《说杭州》一书中，小有天园的描述变成了“园早湮没”[17]（图11）。

小有天园金鱼池位于园林东部，背山面水，水池作为园林的中心，亭榭游廊相环绕。观鱼景观由堆石驳岸、岛、观鱼亭、植物景观组成，是典型的自然式水岸观鱼景观，具有江南特色。苏东坡诗《仿南屏臻师》：“我识南屏金鲫鱼”，小有天园东边的池沼，是杭州最早养金鱼的地方[18]。现在古迹已经不复存在，只能在古籍资料以及绘画中考证小有天园的观鱼景观。乾隆二十七年《小有天园》：“山多古意鸟忘去，水有清音鱼喜陪。昔写斜枝红杏在，恰同庭树一时开。”许乘祖《雪庄西湖渔唱》载此园“内多奇石，疏数偃仰，清泉周流。即东坡咏‘金鲫鱼池’，俗号‘赛西湖’，侧为懒窝”。从这些诗句中可以窥见当时观看金鱼的一些活动[19]。杭州小有天园在造景上顺应起伏跌宕的水池驳岸，错落地布置亭台连廊、湖石假山，设平桥加强水中岛屿与岸上景观之间的联系，形成了一条围绕水池而形成的核心景观带，也是全园林的景观中心（图12）。

图11 小有天园金鱼池

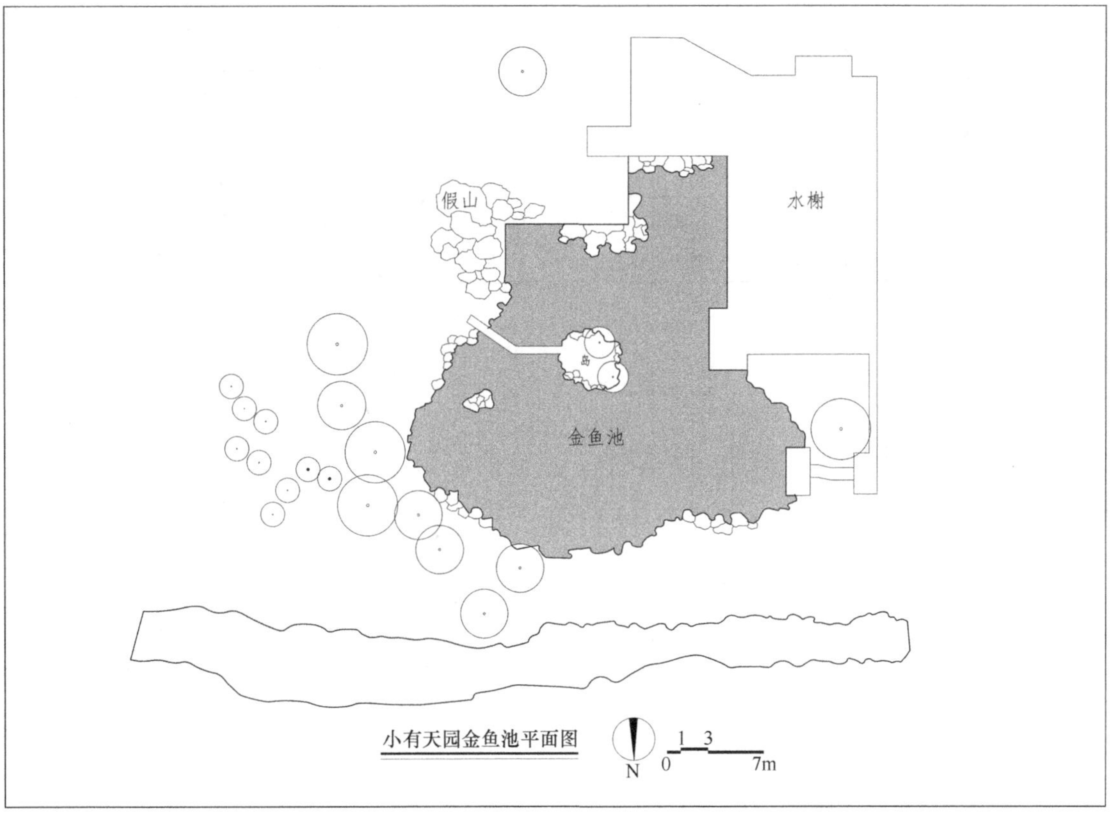

图 12 小有天园金鱼池平面图

4 杭州传统园林观鱼景观意境

4.1 人境：与鱼同游

观鱼景观的审美意境可以有四个层次：第一层是获得感官的刺激；第二层是热衷于寻求感情的愉悦；第三层是喜欢潜入哲理的沉思；第四层是试图探达精神的超脱。春秋时期惠庄的“濠梁之辩”，发人深思，谈吐之间的“知鱼乐”思想对中国古典园林渗透颇深，鱼乐思想则是中国园林观鱼景观“鱼乐我乐”景观营造的思想源泉。顾凯认为明中期的江南园林中对池鱼的欣赏不在于单独形态的欣赏，而是通过“静观”的欣赏方式从中得到乐趣，获得“适意”，“中国园林之水趣，其相在静，但意却在动”[20]。江南园林中园内凿金鱼池一般只能凿建成静水景，静水若处理不当，必会造成一潭死水，故在池中养鱼，可使“动中有静，静中亦有动”。观鱼景观是在观赏游鱼的活动基础上所设立的，但因中国古典园林所特有的意境与蕴涵，使得观鱼景观蕴含着浓厚得文化性，给观赏者带来独特深刻的人文体验。同时，人们也能在有限的记载中，洞察古人与鱼互动的方式，模仿古人与鱼互动，在不同的历史纬度上去体验一把古时文人的情致，以仿古的方式尽最大可能去还原最真实的原貌，情景交融，与历史对话。

4.2 城境：杭城记忆

杭州地处江南，观赏金鱼是大众风俗中不可缺失的一部分。观鱼从起初的皇室之物发展至大众的日常休闲，私家园林和寺庙园林中都大量出现了观鱼景观。在造园营造观鱼景观休闲观赏的同时，大众对金鱼品种的养殖生产也逐步恢复。杭州于 1950 年兴办金鱼饲养场，选址南屏山下净寺内济公殿前小院作为生产基地。因距金鱼发源地兴教寺教近，具有历史性意义。随着园地的扩大，为开展科研创造了条件，增加了经济效益，不仅恢复了失传的旧有名种，并且培育了不少新品种，提高了观赏价值。金鱼作为杭州的一张城市名片，也承载着这座城市大众的悠久记忆。

5 结语

杭州有着悠久的观鱼历史，宋代以来，杭州传统园林的造园中大量引入了观鱼景观。本文通过对杭州典型传统园林观鱼景观对比研究，从园林类型、观鱼种类、观赏形式、植物景观灯多方面进行考证，总结其景观特征与意境（表 2）。然而，现存的观鱼景观主要体现的是近代时期的面貌，大多已经消亡，或者经过改造。所以在对其进行考证时，需要研究大量的古代文献以及老照片，通过文字与照片的结合去还原历史上的观鱼景观。然而对于杭州大部分现存的观鱼景观而言，更像是园林的附属品，或疏于管理，或只虚存其名，缺乏重视。所以，对于中国金鱼发源地的杭州而言，进一步研究与考证历史上的观鱼景观，研究古人造园观鱼的意境，对现今园林改造与观鱼水景营造有重要的参考意义，同时也是一种历史上的大众行为的新的延续。

杭州传统园林观鱼景观特征对比 **表 2**

水岸形式	观鱼景观名	园林类型	观鱼种类	园林占比	观赏形式	主要植物景观
规则式水岸	花港观鱼旧鱼池	私家园林	初为金鲫，现为红鱼	约 30%	静观	柳树、玉兰、朴树、香樟、桂花
	玉泉鱼跃鱼乐国	寺庙园林	青鱼	约 20%	动观	香樟、桂花
	净慈寺万工池	寺庙园林	红鱼	约 50%	静观	香樟、棕榈
自然式水岸	六和开化寺金鱼苑	寺庙园林	初为金鲫,现为红鱼	约 15%	静观	香樟、玉兰、美人梅
	小有天园	私家园林	金鲫	约 30%	动观	有待考证

参考文献

[1] 杭州市园林文物管理局．西湖风景园林[M]．上海科学技术出版社，1990：313-320.

[2] 王小兰．中国传统风景园林赏鱼景点研究[D]．浙江农林大学，2018：16-28.

[3] 贾珺．圆明园中的观鱼型景观[J]．装饰，2011(06)，54-58.

[4] (清)李有益．昌化县志[M]．广东省中山市图书馆装订社，2005：198-201.

[5] 李时珍著，解全太编译．本草纲目[M]．中国国际广播音像出版社，2006：69-74.

[6] (清)陈淏子．花镜[M]．北京：中华书局，1956：155.

[7] 鲍沁星．两宋园林中方池现象研究[J]．中国园林，2012，28(04)：73-76.

[8] 宋凡圣．花港观鱼纵横谈[J]．中国园林．1993(4)：28-31.

[9] 牛沙．杭州西湖名胜区古泉池景观研究[D]．浙江农林大学，2014：33-42.

[10] (清)高晋等．南巡盛典．第 9 册[M]．北京：北京古籍出版社．1996.

[11] 释惠洪撰．冷斋夜话[M]．北京：中华书局，1985：45-48.

[12] 顾凯．中国古典园林史上的方池欣赏：以明代江南园林为例[J]．建筑师，2010(3)：44-51.

[13] 潜说友．咸淳临安志[M]．台北：成文出版社，1970：33-40.

[14] (宋)戴埴．鼠璞[M]．百川学海本．1241.

[15] 张珏，张慧琴．文化遗产景观保护传承的探索性实践——以杭州六和塔景区保护性提升整治为例[C]//中国风景园林学会．中国风景园林学会 2013 年会论文集(上册).2013.

[16] (清)徐逢吉．清波小志[M]．王国平．西湖文献集成第 8 册．杭州：杭州出版社，2004：86.

[17] (清)朱彝尊．曝书亭集[M]．康熙四十八年刊本，1709 卷 68：521.

[18] 麻欣瑶，卢山，陈波．“蔚然深秀秀而娟，宛识名园小有天”杭州小有天园园林艺术探析[J]．风景园林，2016(02)：11-12.

[19] 顾凯．中国古典园林史上的方池欣赏：以明代江南园林为例[J]．建筑师，2010(3)：44-51.

[20] 王小兰，王欣．江南园林金鱼景观考[J]．山东林业科技，2018，48(01)：90-94.

作者简介

李上善，1996 年生，男，汉族，浙江温州人，浙江农林大学硕士在读，研究方向为风景园林植物应用。电子邮箱：859110564@qq.com。

包志毅，1964 年生，男，汉族，浙江东阳人，博士，浙江农林大学，教授，博士生导师，研究方向为植物景观规划设计和园林植物应用。电子邮箱：bao99928@188.com。

清代西苑园林的匾额意境与空间特征研究①

The Case Study of Horizontal Table and Spatial Characteristics of Xiyuan Garden in Qing Dynasty

王运达　郭诗怡　苏　畅*

摘　要：中国古代园林广泛存在由文字及图像指向的“语义”虚拟空间同实体物理空间相互嵌套的表达倾向。虚实结合是园林空间营造的常用手法，而“托实向虚”则是中国古代园林特别是清代古典园林区别于一般同时期园林的典型特征。本研究以中国清乾隆时期皇家御苑-西苑园林为研究对象，基于园林中建筑基本特征、立地特征及视线关系与代表建筑的匾额内容的语义和空间进行关联性研究，解译园林语义和空间的关联性。并根据各建筑的布局及视线关系特征进行聚类分析，获得特征明显的4组类别。最后，将匾额意味和与各类空间要素进行相互关联，解译各异的园林空间表达特征和形式。

关键词：西苑园林；匾额意味；空间特征；聚类分析

Abstract: In Chinese classical gardens, there is a widespread tendency that the semantic virtual space and the physical space are nested and reflected each other. The combination of virtual and real is a common way to create garden space, and "Supporting the Real to the Virtual" is the most fundamental feature of Chinese ancient garden, especially the Qing Dynasty Classical Garden, which is different from the common garden of the same period. This study takes imperial garden- Xiyuan garden in China as an object of study. Based on the basic characteristics of architecture, site features and line of sight relations, we study the semantic space nesting relationship of gardens in terms of semantic space. Therefore, according to the layout of each building and the characteristics of line-of-sight relationship, cluster analysis is carried out and four groups of categories with obvious characteristics are obtained. Finally, the meaning of the horizontal table and various spatial elements are related to interpret the characteristics and forms of different garden space expression.

Keywords: Xiyuan Garden; Horizontal Table Meaning; Spatial Characteristics; Cluster Analysis

引言

中国古代园林存在将诗书、绘画等抽象元素，同自然景别相结合的传统[1]。在人体尺度的园林空间中，造园者以园林建筑及构筑物为骨架，通过立地、朝向、视线方向等空间要素，同周边或自然或人工的园林空间进行空间上衔接和组合[2]；同时运用匾额、楹联等文字要素，表达自然山水意向及思想志趣[3-4]。两者相互叠加，塑造虚实结合的整体园林空间。虚拟的语义要素同实体空间结合分析考察，是中国古典园林研究完整性的必要条件。

西苑园林作为是中国现存规模最大、保存最为完整的皇家园林，始建于辽时期（938年），在清代乾隆时期达到鼎盛[4]。园林内部空间通过不同形式的空间组成方式，结合匾额形成的意境虚拟空间，形成了丰富的庭园空间模式，被评价为中国皇家御苑的杰作[5]。将苑内建筑的匾额意味同相关空间关系要素进行整体关联性研究，也是佐证语义和空间特征在古典园林中表达机制的有利依据。

既往研究中，中国古代园林匾额意味同园林空间特征的关联性研究较为充分[6-8]，匾额的意味和语义对园林空间意境的营造呈现出高度吻合的特征，其通过比喻、用典、象征等一系列手法，给园林空间填景加色，被称画龙点睛之笔。此外，古代园林建筑匾额、楹联、题刻的艺术形式[9-11]和特征研究[12-13]同样较为丰富，建筑的匾额意味与其空间特征[14]和意境的营造有明确的关联性[15]也被证实。另一方面，学者通过对园林建筑结构[16-18]、园林空间[19-22]以及园林内布建筑周边要素[23-24]的立地和视线来进行园林建筑空间、立地、视线三者相关性研究。然而，在相关中国古典园林空间特征相关研究中，缺少将园林建筑匾额意味同园林空间要素相结合，来考察古代皇家御苑空间特征的相关研究。因此，本研究以西苑园林为例，对指定功能类别建筑的立地、视线关系所涉及的山、水、植物等要素同对应匾额意味内容进行考察，并审视古典园林虚拟及实体空间对应关系。

1　研究对象和方法

1.1　研究对象

西苑园林建筑功能机制多样，涉及群体、单体等形式，并结合水体、山体、植物及人工岛屿，构建了多样的庭园空间样式。为此，本研究将清乾隆时期西苑园林作为研究对象，在整体园林及建筑中，提取同周边庭园空间联

① 基金项目：中央高校基本科研业务费（HUST编号2020kfyXJJS022）。

系紧密的游览休憩类建筑群体和单体中 63 处建筑空间作为具体研究对象（图 1）。

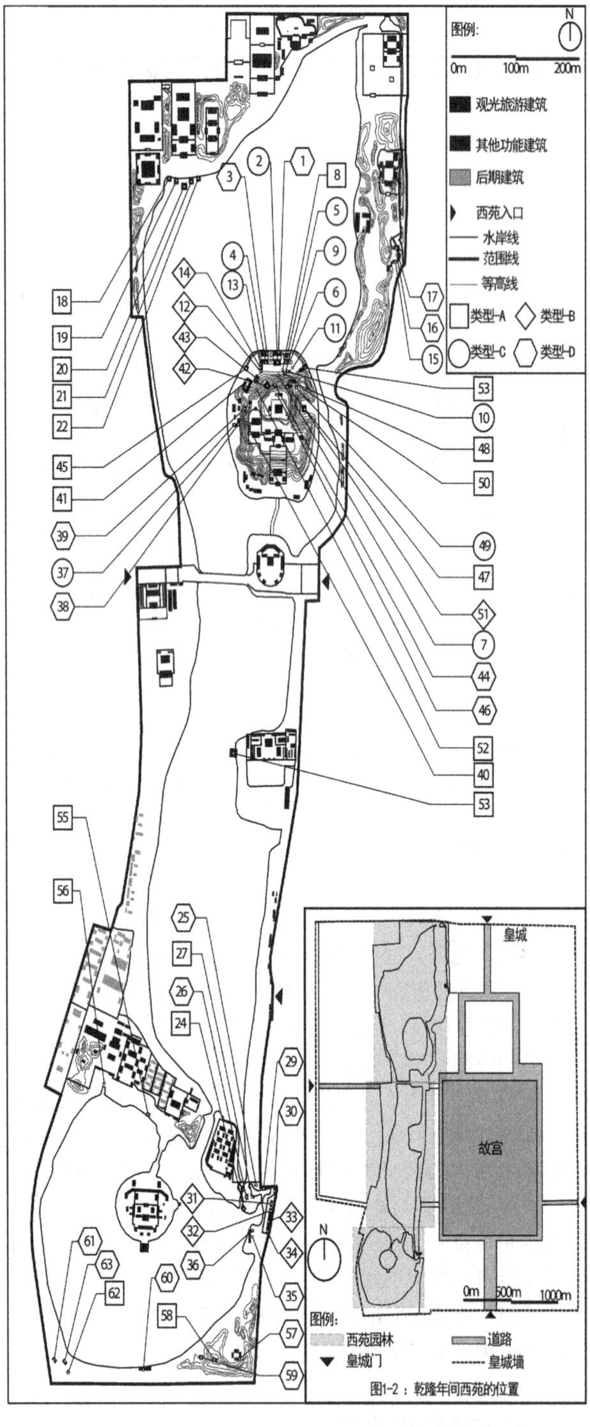

图 1　西苑总体布局和建筑的位置

1.2　研究方法

本研究以 2015 年 5 月～2016 年 6 月间（北海公园部分）的 3 次现地调查以及相关图文历史资料为基础，对西苑园林建筑的匾额内容以及研究对象部分的园林建筑情况进行调查及整理。在调查结果以及相关既往研究的基础上，提取匾额内容，同时对匾额意味进行统计及分类；并以多项空间指标作为依据，将各建筑的立地特征以及视线关系特征进行明确，在此基础上，利用聚类分析方法，对建筑进行类型化分组。最终，将分组结果同匾额意味分类的数量化关系对应，讨论考察园林空间特征，并总结相关结论。

2　园林建筑空间特征类型的划分

本研究依据既往研究[6,23-24]对古典庭园建筑空间要素的提取，并结合前人古典园林分析[2]中对园林建筑空间构成的要素叙述，将研究对象的园林和建筑空间特征关系要素分为建筑基本特征、立地特征和视线关系三大特征方向，并细分具体内容进行提取。

2.1　建筑基本特征

建筑基本特征内包括建筑形制和开敞方向两类。其中，建筑形制按照既往研究中对中国古代庭园建筑的分类，按照建筑的体量和形制特征，分为类型 1、2 和 3 类建筑，分别对应亭类的小体量四周开敞的 1 类建筑，堂、室、轩等一层 2 类建筑，以及楼、阁等二层及以上的大体量 3 类建筑；建筑开放形式项基于建筑开敞方向的数量，分为单面开敞、双面开敞以及多面开敞 3 种类型（图 2）。

2.2　建筑立地特征

建筑立地特征类型内包括建筑立地位置和空间围合性两类。立地位置分项根据研究对象建筑所处位置及周边环境的要素特征，分为邻水、平地、半山和山顶 4 类；空间围合性分类按照建筑同周边的其他建筑、山体规模、植物等空间围合形式，分为有围合和无围合两种类型（图 2）。

2.3　建筑视线关系

建筑视线关系类型内包括建筑的主视线方向、主对景物和对正性 3 类。主视线方向分类根据建筑开敞方向的主视线方向，严整分为正南、北、东、西和其他方向 5 个正方向类；主对景物分类基于建筑的主视线方向上存在的景物内容进行分类，可分为水体、建筑和植物三小类。在方向对正性分类中，以南北严整对正为参考标准，将建筑的对正形制分为强（严整南北对正）、中（东北、西北、东南、西南等对正）和弱（东西对正）3 种类型（图 2）。

2.4　类型化

在完成对建筑基本特征、立地和视线关系定性的基础上，对 63 所建筑进行类型化处理。运用 SPSS 22.0 软件的 ward 平方欧氏距离法进行聚类分析，在分类集中且最显著的区间进行类型提取，得到以下 4 类（表 1）。

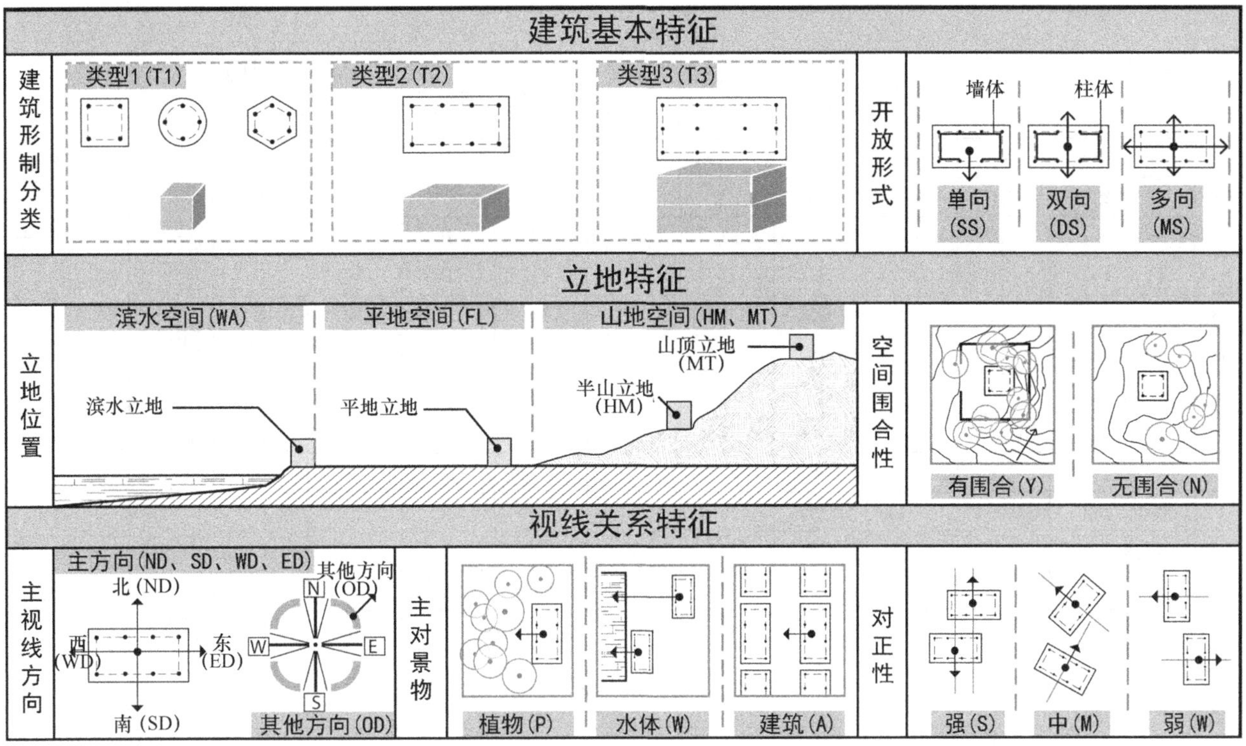

图 2 空间特征分类依据

建筑匾额意味及空间特征分组 **表 1**

建筑序号	建筑名称[1]*	匾额意味[2]*	基本特征：建筑类型	基本特征：空间类型	立地特征：位置关系	立地特征：空间开合	视线关系：主视线	视线关系：对景物	视线关系：南北对正	聚类结果
8	一壶天地(亭)	M3,N3	T1	MS	HM	N	NF	A	W	A
18	滋香(亭)	N1	T1	MS	WA	N	SF	W	S	A
19	澄祥(亭)	M3	T1	MS	WA	N	SF	W	S	A
20	龙泽(亭)	M3,P1	T1	MS	WA	N	SF	W	S	A
21	涌瑞(亭)	M3	T1	MS	WA	N	SF	W	S	A
22	浮翠(亭)	M3,N1	T1	MS	WA	N	SF	W	S	A
24	俯清泚(亭)	N1,N2	T1	MS	WA	N	O	W	M	A
27	流水音(亭)	N2	T1	MS	WA	N	O	W	W	A
40	揖山(亭)	N1	T1	MS	MT	N	WF	W	W	A
41	阅古(楼)	M3	T3	MS	FL	Y	O	W	W	A
45	分凉阁(楼阁)	N1	T3	MS	WA	N	O	W	W	A
47	交翠(亭)	N1	T1	MS	HM	N	O	W	M	A
48	峦影(亭)	N1	T1	MS	HM	Y	SF	A	W	A
50	见春(亭)	N1	T1	MS	HM	N	O	P	W	A
52	烟云尽态(亭)	N1	T1	MS	HM	N	O	W	W	A
53	倚晴(楼)	N1	T3	MS	WA	N	O	W	W	A
54	水云(榭)	N1,N2	T1	MS	WA	N	WF	W	W	A
55	结秀(亭)	N1	T1	MS	WA	N	O	W	W	A
56	荷风蕙露(亭)	N1,N2	T1	MS	FL	N	O	W	W	A
58	自在观(室)	M3	T1	MS	MT	N	NF	W	W	A
62	延赏(亭)	M3,N1	T1	MS	HM	N	O	W	M	A
12	得性(楼)	M3,P3	T1	SS	HM	Y	EF	P	W	B
14	抱冲(室)	M2,M3	T1	DS	HM	Y	EF	P	W	B
31	春及(轩)	N1	T2	SS	FL	N	WF	P	W	B

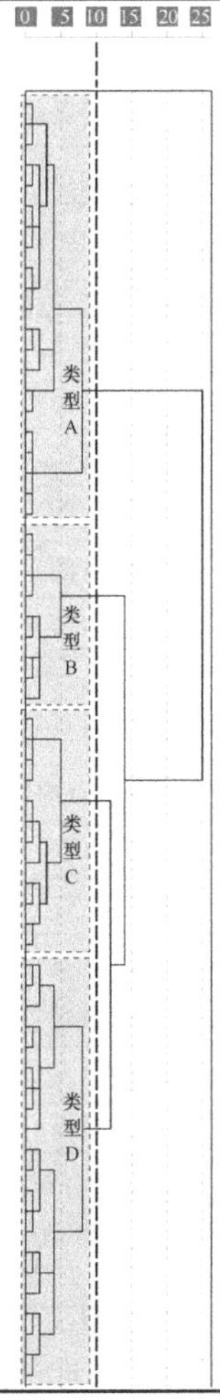

续表

建筑序号	建筑名称[1]*	匾额意味[2]*	基本特征		立地特征		视线关系			聚类结果
			建筑类型	空间类型	位置关系	空间开合	主视线	对景物	南北对正	
32	交芦(馆)	N1	T2	SS	FL	Y	WF	P	W	B
33	宾竹(馆)	N1	T2	SS	FL	Y	WF	P	W	B
34	蕉雨(轩)	N1	T2	SS	FL	Y	WF	P	W	B
42	酣古(轩)	M3	T2	SS	HM	Y	O	P	W	B
43	亩鉴(室)	N2	T2	DS	HM	Y	O	P	W	B
51	智珠(殿)	M1	T2	SS	HM	N	EF	P	W	B
2	漪澜(堂)	N1,N2	T3	SS	FL	Y	NF	A	S	C
4	道宁(斋)	M2,M3	T3	SS	FL	N	NF	A	S	C
5	晴栏花韵(楼)	N1	T3	SS	FL	Y	NF	A	S	C
6	紫翠(房)	N1,N2	T3	SS	FL	N	NF	A	S	C
7	延南(亭)	P2,N1	T1	SS	HM	Y	NF	A	S	C
9	环碧(楼)	N1	T3	SS	HM	Y	NF	W	S	C
10	盘岚精(舍)	M1	T2	SS	HM	N	NF	A	S	C
11	嵌岩(室)	N1	T2	MS	HM	N	NF	A	S	C
13	临山书(屋)	N1	T2	SS	HM	Y	SF	A	S	C
15	云岫(室)	N1,N2	T2	SS	HM	Y	NF	P	S	C
37	蟠青(室)	N1	T2	DS	HM	N	SF	A	S	C
49	古遗(堂)	M3	T2	SS	HM	Y	NF	A	S	C
1	碧照(楼)	N1,N2	T3	DS	WA	Y	NF	W	S	D
3	远帆(阁)	N2	T3	DS	WA	N	NF	W	S	D
16	崇椒(室)	M3,N3	T2	SS	MT	Y	WF	W	W	D
17	濠濮间(室)	M3,P2	T2	DS	WA	N	NF	W	S	D
23	水流云在(亭)	M3,N1	T2	DS	WA	N	WF	W	W	D
25	葆光(室)	M1,M3	T2	SS	WA	N	SF	W	S	D
26	韵古(堂)	M3	T2	SS	WA	N	WF	W	W	D
28	素尚(斋)	M2,M3	T2	SS	FL	N	SF	P	S	D
29	千尺雪(室)	N1	T2	SS	WA	N	SF	W	S	D
30	日知(阁)	M3,N1	T2	SS	WA	N	WF	W	W	D
35	清音(阁)	N1	T3	SS	WA	N	O	W	M	D
36	云绘(楼)	N1	T3	SS	WA	N	NF	W	S	D
38	一房山(室)	N2	T2	SS	HM	N	WF	W	S	D
39	水精域(室)	M1,N2	T1	SS	HM	N	WF	W	W	D
44	写妙石(室)	M3	T2	DS	MT	N	NF	P	S	D
46	揽翠(轩)	N1	T2	SS	MT	N	NF	W	S	D
57	同豫(轩)	M3	T2	DS	MT	Y	NF	W	S	D
59	鹭涛(室)	N1,N2	T2	SS	FL	N	NF	W	S	D
60	宝月(楼)	N1	T3	SS	WA	N	NF	W	S	D
61	涵春(室)	N1	T2	SS	HM	N	O	W	M	D
63	茂对(斋)	M3	T2	SS	MT	N	O	W	M	D

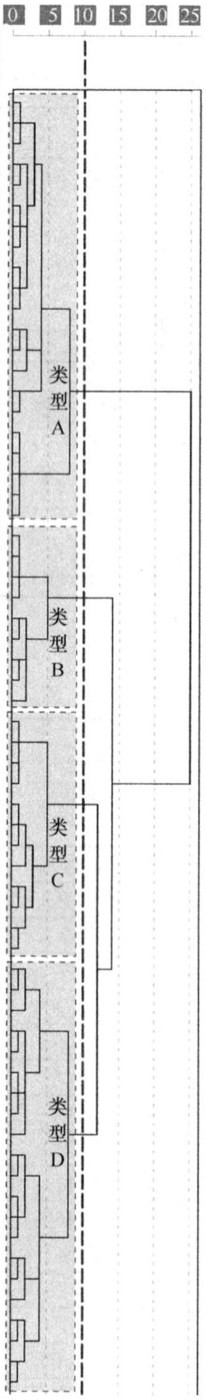

注：1. 上述建筑的名称通常与匾额信息一致，包括“描述词汇”和“建筑类型名称”构成，如“揖山+亭”。但某些情况下，只有匾额内容的描述性文字而没有建筑类型名称，这种情况下，建筑类型名称将标记在后面的括号中。

2. 匾额种类：[宗教]-(M1)，[儒学]-(M2)，[知识与实践]-(M3)，[皇权]-(P1)，[仁爱]-(P2)，[政治利益]-(P3)，[自然物]-(N1)，[诗画自然]-(N2)，[神话自然]-(N3)

3. 建筑特征的缩写与图2中位置和视图关系的类型一致。

A组21所建筑，多数为类型1建筑（85.71%），多方向开敞（100%）；以邻水立地为主（52.38%），无空间围合性（90.48%）；过半数以非对正方向的其他方向为主视线方向（52.38%），主对景物绝大多数为水体（85.71%）；方向对正性相对弱（61.90%）。B组9所建筑，多数为类型2建筑（77.78%），单方向开敞（77.78%）；半山立地为主（55.56%），存在空间围合性（77.78%）；主视线方向以西、东两个方向为主（44.44%，33.33%），主对景物全部为植物，弱的方向对正性。C组12所建筑，类型2及类型3建筑组成（50.00%，41.67%），单方向开敞（83.33%）；半山立地为主（66.67%），过半数存在空间围合性（58.33%）；主视线方向为北向（83.33%）；主对景物为建筑（83.33%）；方向对正性强。D组21所建筑，多数为2类型建筑（71.43%），单方向开敞（83.33%）；多为邻水立地（52.38%），不存在空间围合性（85.71%）；主视线方向多数为北向（42.86%），主对景物为水体（90.48%），强方向对正性（图3）。

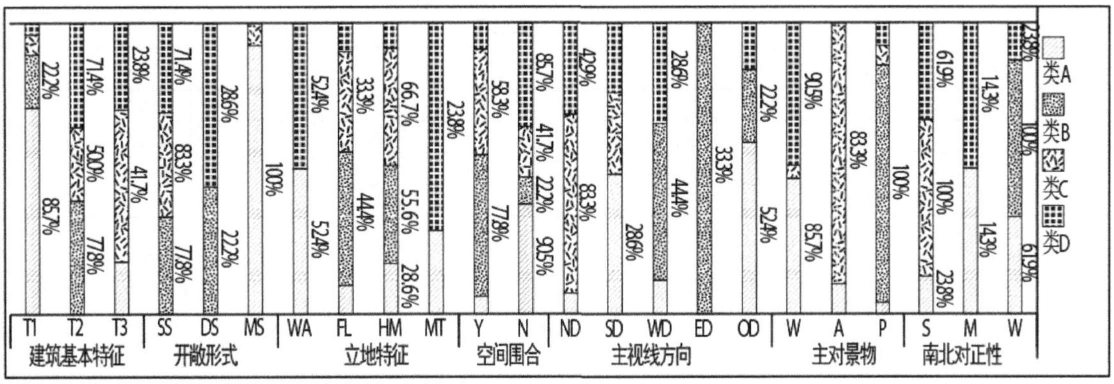

图3 分类的空间特征数量分布

3 基于匾额语义的园林建筑空间特征分析

中国古典园林中，往往通过建筑匾额的语义同建筑所对应周边园林空间进行通感、升华等方式，将匾额意味传达的虚拟含义同实体空间中的建筑基本特征、立地、视线等进行结合，强化不同园林建筑所对应的园林空间特征。因此，在考察中，将上文划分出的各组内部建筑的匾额意味数量关系及具体内容，同各组建筑的实体空间特征进行对应研究。

3.1 类型A

A组建筑以邻水及半山的小体量亭类建筑为主，开敞方向多样，朝向受水体的位置及驳岸的走向所引导、视线开阔，同周边的滨水空间联系紧密。其建筑匾额运用自然类语义，多强调水主题，来将建筑同西苑园林内部域体空间的联系进行强化。如俯清泚（24）、流水音（27）、水云榭（54）结秀亭（54）等亭榭建筑，运用“清泚、流水”等文字意味，突出邻水建筑的活动主题，同时与其他视线方向上的景物进行呼应；此外，在视线及对景物的影响下，壶天地（8）澄祥亭（19）等建筑运用思想知行类匾额意味，将自然景物引发至游赏者同世界观的思考，完成园林空间在思想境界的升华（图4）。

3.2 类型B

组B内部的9处建筑匾额中，思想类匾额及自然类匾额各占近45%。其中思想类匾额以知行为主，宗教及儒家思想类内容并存（27.27%、9.09%、9.09%）；自然类匾额包括自然物及诗画自然（36.36%、9.09%）；政治类匾额占比较少（9.09%）（表2）。

该类以半山及平地的厅、堂建筑为主，单向开敞，东西向对正，由周边的植物、自然山体和围墙等要素围合，形成相对单一、封闭的空间特征。此类建筑中，如宾竹室（24）、交芦馆（27）、蕉雨轩（54）等自然类匾额，将竹、芦、芭蕉等具体意味，同各个小空间内的植物主题进行映衬，强调了围合空间的领域感；此外，得性楼（12）、抱冲室（14）、酣古堂（42）等匾额，强调游赏者在封闭空间内对佛、儒、道的思考以及个人行为的自省，升华了整体空间的私密性，同封闭的空间形成叠加效果（图4）。

3.3 类型C

组C内部的12处建筑匾额中，自然类匾额占近70%，含有自然物及诗画自然两类（52.00%、14.29%）。其次为思想知行类匾额（11.76%），同时存在若干佛、儒思想类匾额（5.88%、5.88%）以及若干仁政意味的匾额（5.88%）（表2）。

C组建筑由两类的厅堂建筑以及3类的大体量楼阁类建筑组成，为位于半山及平地立地类型的某建筑群体内部的单体建筑，视线同周边自然景物联系较弱，但与该建筑群体的其他建筑有较强的空间联系。匾额内容较前2组在思想类匾额内容数量上有所下降，自然类匾额仍是主要内容。如紫翠房（6）、环碧楼（9）、临山书屋（13）、云岫（15）等建筑，通过自然类匾额，在植物及自然景物相对较少的建筑空间中，通过反复、叠加的方式强调自然景物意味，力求在以建筑为主的庭园空间中产生出身临其境的感受（图4）。

3.4 类型D

组D内部的21处建筑匾额中，自然类匾额仍占近半数（53.33%），包含自然物、诗画自然、及神话自然3类

（33.33%、16.67%、3.33%）。其次为思想类匾额（43.33%）和知行类（33.33%），同时存在若干宗教及儒家思想（6.67%、3.33%）和少数仁政意味的匾额（3.33%）（表 2）。

D 组建筑以邻水或山顶的两类厅堂型建筑为主，并包含若干 3 类的楼阁型大体量建筑，建筑多为北向及西向，并以水体作为主视点物。由于建筑本身单项开敞以及形制的特征，使得观赏者同主视点物的联系更加集中突出。较 A 组的邻水类建筑，同水体空间将产生更强的空间视线联络。虽同使用自然类匾额类型中的水体意味，相较组 A，出现了如碧照楼（1）、远帆阁（3）、云绘楼（29）、千尺雪（36）等更为广阔的自然空间意味。在匾额的具体自然意味上产生出了尺度感的旷奥对比。与组 A 自由的空间配置特征相比，此组建筑严整对正，视线集中严肃的特征更为明显（图 4）。

匾额意味的组别比例分布表 **表 2**

类型	思想类			政治类			自然类		
	M1	M2	M3	P1	P2	P3	N1	N2	N3
类型 A	0.00%	0.00%	28.57%	3.57%	0.00%	0.00%	50.00%	14.29%	3.57%
类型 B	9.09%	9.09%	27.27%	0.00%	0.00%	9.09%	36.36%	9.09%	0.00%
类型 C	5.88%	5.88%	11.76%	0.00%	5.88%	0.00%	52.94%	17.65%	0.00%
类型 D	6.67%	3.33%	33.33%	0.00%	3.33%	0.00%	33.33%	16.67%	3.33%

注：匾额类型：［宗教］-（M1），［儒学］-（M2），［知行］-（M3），［权力］-（P1），［仁政］-（P2），［政治知惠］-（P3），［自然物］-（N1），［诗画自然］-（N2），［神话自然］-（N3）。

3.5 小结

综上，不同组别的建筑对应了不同的匾额意味及空间特征，且各自特点显著。其中，A 组的小体量邻水建筑对应开敞空间，匾额意味对水域空间及邻水建筑的活动内容形成呼应和强调；B 组的中型体量建筑同植物、山体和墙体等空间围合要素形成较封闭的院落式空间，匾额意味同封闭空间内部的植物、山体景观产生出点题效果，同时运用思想类的匾额意味烘托封闭清幽的气氛，以达到静思冥想的作用；C 组为从属建筑群体内的单体建筑，在缺少周边自然景物陪衬的条件下，运用匾额中的自然意味，在以建筑围合的整体庭园空间中，将游赏的建筑机能同隐喻的自然情景形成非实感的境界融合；D 组建筑与 A 组在视线关系构成上相似，同样与水体空间产生视线联系，但其空间特征以严正对正的半山或山顶立地的中大型建筑形制为主，匾额意味出现了较 A 组更为广阔的语义意味内容（图 4）。

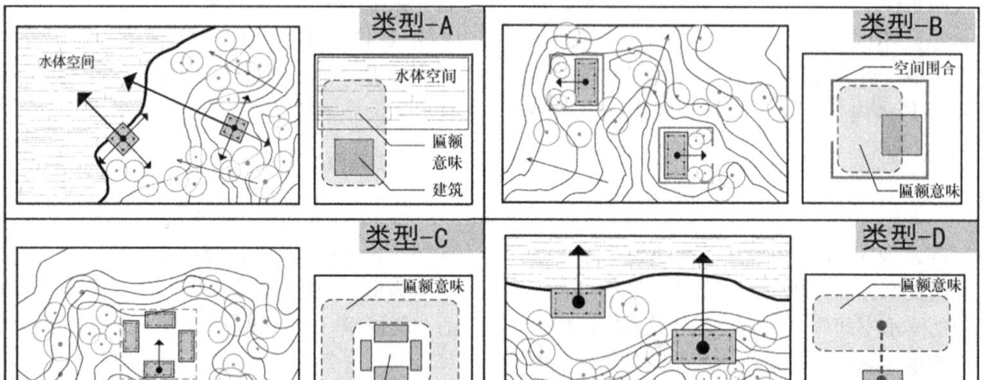

图 4　空间特征分组模式图

4 结语

本研究以中国皇家御苑西苑园林为研究对象，对其内部以游赏休憩为主要功能的 63 所建筑进行了匾额意味及园林建筑空间关联特征的研究。在建筑基本特征、立地、视线关系类别明确的基础上，对研究对象进行聚类分析处理，得出了空间特征差异显著的 4 组建筑类型。其中，匾额所表达的意味内容、具体意向以及意味的尺度大小，会随各组建筑所对应的实体空间特征，产生差异性。匾额语义在同实体空间紧密联系的基础上，通过反复、升华、点睛等变化手法对游赏者体验的实体空间感受进行了叠加和加强。匾额的语义同实体空间相互嵌套共同塑造了丰富的园林空间特征。

本研究基于一定的数量关系基础上表征了其相对严整且成规律的对应关系，然而研究对象的样本数量制约结果的客观准确性，此外中国古典园林中“人”的特征差异化也是不可忽略的重要影响因素。本研究以期望能够为园林匾额语义和空间特征关联性研究提供借鉴的可能。

参考文献

[1] 孟兆祯．园衍：珍藏版[M]．中国建筑工业出版社，2015.

[2] 彭一刚．中国古典园林分析[M]．中国建筑工业出版社，1986.

[3] 李文君．西苑三海楹联匾额通解[M]．岳麓书社，2013.

[4] 周维权．中国古典园林史．第3版[M]．清华大学出版社，2008.

[5] Taji R. History of Sieyuan. Imperial Garden of Peking (2) [J]. Journal of the Japanese Institute of Landscape Architects, 1959, 22(4): 1-4.

[6] Zhang J H. From the Summer Palace of China Royal Garden and Horizontal Tablet to View the Characteristic of its Space (PAPERS OF THE 17th SCIENTIFIC RESEARCH MEETING) [J]. Landscape Research Japan Online, 1999, 62: 761-764.

[7] Ham K. A Comparative Study of Space Characteristics of Chinese Summer Palace and Korean Changdeokgung Palace Garden from the Aspect of Horizontal Tablet[J]. Journal of the Japanese Institute of Landscape Architecture, 2013, 76 (5): 501-504.

[8] Hu J, Zhang Y, Zhang J. The Spatial Feature of Changchun Garden from the Perspective of the Disposition of Architecture, Hills and Water[C]//Papers on Environmental Information Science Vol. 32 (The 32th Conference on Environmental Information Science). Center for Environmental Information Science, 2018: 31-36.

[9] 苏显双．匾额书法文化研究[D]．吉林大学，2017.

[10] 聂文凯．清代皇家建筑匾额研究[D]．黑龙江大学，2019.

[11] 李衍德，胡玲凤．苏州古典园林匾额楹联的艺术[J]．中国园林，1994(04)：13-15.

[12] 欧阳雯倩．苏州园林意境的符号学研究[D]．中南林业科技大学，2013.

[13] 夏成钢．清代皇家园林匾额楹联的形式与特征[J]．中国园林，2009，25(02)：73-77.

[14] 王聪．清代北京恭亲王府建筑中楹联题刻之作用研究[D]．北京建筑大学，2019.

[15] 杨倩梨．苏州名园言语素材与空间意境营造关系研究[D]．华南农业大学，2016.

[16] 康红涛．苏州古典园林量化研究[D]．南京农业大学，2009.

[17] 苏畅．江南古典园林舫类建筑的环境空间特征研究[D]．苏州大学，2018.

[18] Senda M, Takagi M, Ogawa K. RO-SPACE IN THE CHINESE CLASSICAL GARDEN: Focused on the users' understanding and their actions[J]. Journal of Architecture and Planning (Transactions of AIJ), 2001, 66 (542): 261-267.

[19] 吴晓舟．试论北京古典园林地形处理手法及空间效应[D]．北京林业大学，2006.

[20] Keita, Yamaguchi, Isao, et al. Characteristics of Scenic Views and Topographic Enclosure of the Traditional Gardens in Kyoto[J]. Doboku Gakkai Ronbunshuu D, 2009.

[21] 高彬，刘管平．浅议视线分析与景观设计及效果——从苏州网师园谈起[J]．广东园林，2007(05)：9-12.

[22] ZHOU, Hongjun. A Study on the Space Composition of Borrowed Scenery Garden of Japan[J]. Journal of Architecture and Planning (Transactions of AIJ), 2013, 78(689): 1659-1666.

[23] 張亜平，馬嘉，咸光珉，等．中国の円明園における築山・水面と建築群の位置関係からみた庭園空間の特徴[J]．ランドスケープ研究，2017，80(5)：443-446.

[24] 高若飛，耿欣，章俊華．中国・承徳避暑山荘における亭と地形・水の空間構成に関する研究[C]//環境情報科学論文集 Vol. 24（第24回環境研究発表会）．一般社団法人環境情報科学センター，2010：291-296.

作者简介

王运达，1993年生，男，汉族，河北衡水人，日本千叶大学博士在读，研究方向为风景园林规划与设计。

郭诗怡，1991年生，女，汉族，湖北孝感人，博士，武汉大学城市设计学院，讲师，研究方向为城市生态系统服务、城乡规划理论。

苏畅，1990年生，男，汉族，内蒙古呼和浩特人，博士，华中科技大学建筑与城市规划学院，讲师，研究方向为风景园林历史理论、规划设计、日本现代景观政策研究。

北宋梦溪园复原研究

Restoration Design of Mengxi Garden in Northern Song Dynasty

周彦玢

摘　要：梦溪园是沈括晚年谪居润州的园圃，是探讨北宋文人园林造园风格的重要案例。经历多次易主和历朝战乱，梦溪园园林实体已不复存在。本研究综合各种图文史料，结合近年来的考古发现和实地考察，梳理了梦溪园的历史沿革、空间布局，并分析其造园特色：堆山巧于因借、理水动静结合、植物造景质朴自然。以期恢复北宋梦溪园景观最盛时期的风貌，丰富对北宋江南地区文人园林的研究。
关键词：梦溪园；文人园林；北宋园林；沈括

Abstract: Mengxi Garden was the garden of Shen Kuo in exile Runzhou, and it was an important case to discuss the style of literati garden in the Northern Song Dynasty. After many changes of owners and wars during the past dynasties, the garden entity of Mengxi Garden no longer exists. In this study, combining various historical materials and pictures, archaeological discoveries and field investigations in recent years, the historical evolution and spatial layout of Mengxi Garden are sorted out, and the characteristics of its garden construction are analyzed as follows: the piling of mountains is ingenious for borrowing, the combination of water management and dynamic activity, and the plants are simple and natural in landscape construction. The aim is to restore the style of Mengxi Garden in the peak period of the Northern Song Dynasty and enrich the research on the literati gardens in the southern region of the Northern Song Dynasty.
Keywords: Mengxi Garden; Literati Garden; Northern Song Dynasty Landscape; Shenkuo

引言

镇江三面环山、一面临水，地处京杭大运河和长江交汇处，建城已有2500多年的历史。古时林园竟列，历经战火，几乎全遭毁坏，遗存下来的只有金山、焦山、北固山和南郊等几处风景名胜。

梦溪园坐落在镇江城内，是北宋内翰沈括致仕谪居的住所。沈括死后，梦溪园辗转易主，园内景色也几经兴衰。1985年，镇江市人民政府制定了重建梦溪园的规划，对梦溪园原址上严氏宗祠的部分房屋进行了整修，建成梦溪园纪念室。目前对于两宋私家园林的研究较少，复原北宋梦溪园具有填补空白的学术意义和传承历史的文化意义。

戴志恭等根据出土的宋代梦溪园遗存石刻，推断梦溪园建于元丰八年中元节。笪远毅等论证了梦溪园园址、园门朝向、园内地势以及梦溪水源。杨凯梳理了园内景物的总体空间布局并分析其造园特色。何倩等研究出园内百花堆和北丘分别与园外东南方向的笪家山、北部的乌风岭相连。方盛晔从史料中提取园林空间信息，在重构梦溪园空间形象的基础上，对叠山、理水、建筑、植物等园林要素进行了设计。

综上，现有研究多为20世纪的成果，已较为准确地界定了园址范围和园内景物要素，但对于园内景物的方位布局及样式尚在讨论之中。此外，这些研究虽有翔实的文献史料引证，但是缺乏图像资料的引用和表达。而近年来新的研究较少，内容多是结合北宋时期的造园风格和手法，复原设计园中景物细部，较为主观。

本文基于上述研究成果，结合最新考古资料，确定梦溪园的范围。在明确园记采用的观察视角之后重新定位园内景观要素，推算山体的高程和走向，以图像的形式呈现复原设计的成果，探索北宋时期梦溪园的平面布局，并分析其造园特色，填补两宋私家园林研究的空白。

1　梦溪园概况

1.1　园主生平

梦溪园的建造者和园主人沈括，生于浙江钱塘一个官僚家庭，自幼受到良好的教育。致和元年（1054年）以父荫入仕，经科考中举、提拔升迁、主持变法、经略西北，最终因兵败永乐而遭遇贬谪，归隐润州。其谪居润州期间写成的《梦溪笔谈》是我国古代科技史上的里程碑式著作，其中还收录了他对书画文章的品评见解。其个人所撰诗文，被后人编成了《长兴集》。可以看出，沈括是北宋时代同时具有政治家、科学家、文学家多重身份的文人，其营造的园林也是典型的文人园林。

1.2　建园始末

梦溪园得名皆因"梦"而起，《梦溪自记》载："……元祐元年，道京口，登道人所置之圃，况然乃梦中所游之地……"，京口即镇江，宋时称润州。沈括晚年贬谪途中路过润州，来到年轻时在道人手中买下的园宅，发现正是自己早年所梦到的地方。因此他将宅前的一条溪水命名为"梦溪"，将园宅称为"梦溪园"。

建园时间据《自记》所载为元祐元年（1086年），但是根据戴志恭和王重迁对出土的梦溪石刻的考古研究，可以认定沈括最初到达梦溪园的时间是元丰八年（1085年），并在当年中元节开始造园。

1.3 历代变迁

梦溪园建成后，沈括在园中隐居著书，直至绍圣二年（1095年）病故。后梦溪园被变卖他人。“嘉定中，郡守赵湘善因其废，勉内翰子孙复之，郡为开浚荷池，展拓基址，立内翰祠于池中”。郡守令沈氏后人修复梦溪园，“后被伍其姓者占居，祠宇遂废”。之后又被伍氏后人卖与北人宪使李节。元代曾一度“半为前军寨，半居他姓”。后转属严氏，成为严陈两氏宗祠。清朝时期梦溪园的景致得到一定的恢复，成为一处公共园林，以“梦溪秋泛”闻名，成为当时京口二十四景之一，清后期又逐渐湮灭。1958年以来，陈氏宗祠坍圮，严氏宗祠部分房屋被占为工厂。1985年，镇江市人民政府制定了重建梦溪园的规划，把梦溪园园址上严氏宗祠的部分清代遗构进行了整修。

梦溪园自建成以来，几经易主与战乱，其北宋文人园林的风格在历朝更迭中已逐渐淡化，1985年修复的梦溪园纪念室亦与北宋沈括时期的梦溪园景致相去甚远。本次复原设计旨在恢复沈括时期的梦溪园，还原北宋时期江南文人园林的景观风貌。

2 园林空间布局

2.1 策略与方法

本文以沈括自撰的《梦溪自记》为主要参考，辅以地方志等其他相关记载和图像资料，提炼文献记载中的园林要素、方位布局、营造手法等信息，结合北宋时期私家园林的造园风格，将文字描述转换为空间建构。

2.2 空间布局

首先明确园记所选用的视角。一般园记的描述主要采用三种视角：凝视视角、路径视角和地图视角。《梦溪自记》主要采用地图视角，即用鸟瞰的方式，描述园中景物“东南西北”的空间方位，局部使用路径视角，以观察主体为中心坐标，通过“前后左右”来记录周围环境的相对位置关系。

明确视角后，对园记进行初步梳理，得出以下景物间的方位关系（表1、图1）。其中，“水出峡中”可知一水两山构成了园林的主要骨架。“中门外水作一池，可半亩”，可知水面约半亩。由縠轩、花堆阁、岸老堂的相对位置和俯仰关系，可以推测百花堆是一座西低东高的土山，建筑排布顺序由西向东依次是花堆阁、縠轩、庐舍、岸老堂。与百花堆隔水相望的还有一座暂且称之为“北丘”的山，“远亭”就位于北丘的制高点上。

梦溪园园内景物梳理 **表1**

类别	名称	描述	方位
建筑	庐舍	腹堆而庐其间者，翁之栖也	百花堆山腰
	縠轩	其西荫于花竹之间，翁之所栖縠轩也	庐舍西边
	花堆阁	轩之瞰，有阁俯于阡陌	縠轩西侧
	岸老堂	据堆之巅，集茅以舍者，岸老之堂也	百花堆山顶
	苍峡亭	背堂而俯于梦溪之颜者，苍峡之亭也	岸老堂北面，北丘之上
	萧萧堂	竹间之可燕者，萧萧堂也	竹坞上，临水
	深斋	荫竹之南，轩于水澨者，深斋也	竹坞南部
	远亭	封高而缔，可以眺者，远亭也	北丘制高点
水系	梦溪	水出峡中	北丘和百花堆两山之间
		渟萦杳缭	百花堆西侧
		激波	竹坞周围
堆山	百花堆	溪之土耸然为邱	梦溪西侧
	北丘	—	园北部
	竹坞	西花堆有竹万个、环以激波者，竹坞也	百花堆西侧
	杏嘴	度竹而南，介途滨河锐而垣者，杏嘴也	竹坞南侧
植物	巨木	巨木百寻哄其上者	百花堆上
	百花	千本之花缘焉者	百花堆上
	竹林	西花堆有竹万个、环以激波者，竹坞也	竹坞上
	杏林	度竹而南，介途滨河锐而垣者，杏嘴也	杏嘴上

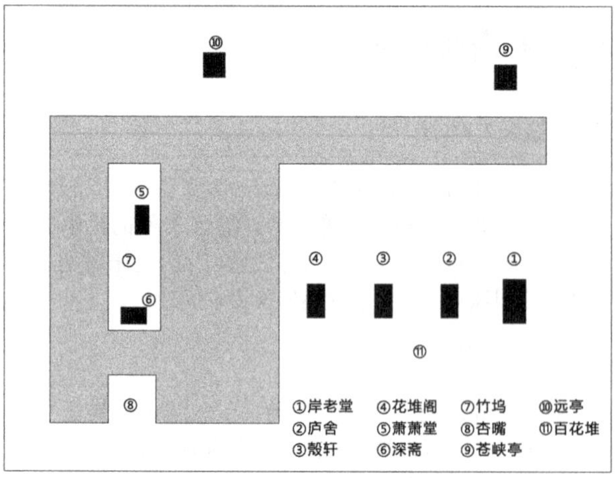

图 1　梦溪园平面布局示意图

3　园林复原设计

3.1　园址与规划

考证地方志，《嘉定镇江志》：“翰林学士三司使沈括宅，在朱方门外之东”（图 2、图 3）。《至顺镇江志》：“梦溪桥在朱方门外”“梦溪园，在朱方门外子城下”。《丹徒县志》：“朱方门外子城下，其水流入关河”，可知梦溪园园址应在朱方门外，朱方门是唐代润州子城东西夹城的南门，说明梦溪园是在当时润州城内东南隅。已有研究通过定位朱方门、漕渠、子城、前军寨等要素，确定了梦溪园园址在今天的东门坡之南，中营街一带。结合现存遗址，现严氏宗祠旧址上修建的梦溪园纪念室可以作为古梦溪园园址参考（图 4）。

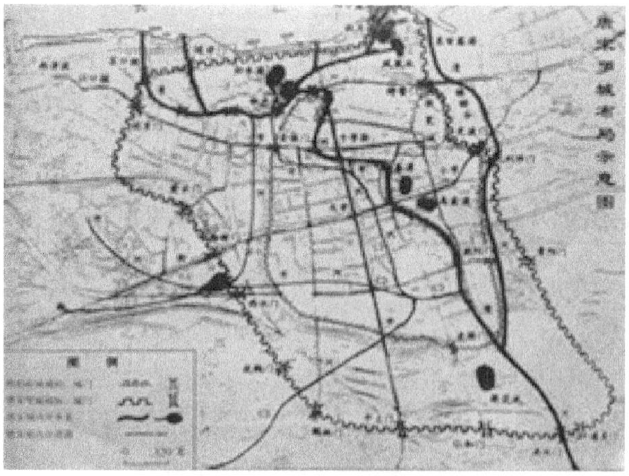

图 2　唐宋罗城平面示意图
（图片来源：摄于镇江地方志馆）

3.2　范围与尺度

2014～2016 年初，镇江博物馆考古部对梦溪园纪念室周边区域进行了考古，勘测和发掘了北宋梦溪石岸、建筑堆土、房屋遗迹等，确定了梦溪园的范围（图 5）：梦溪

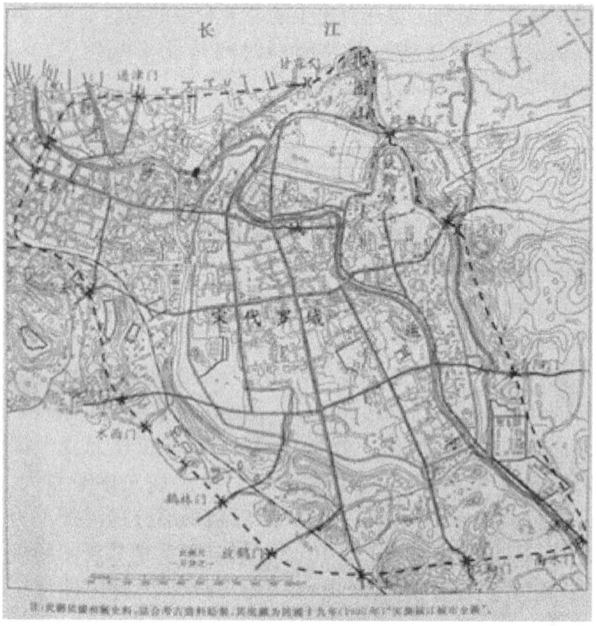

图 3　南宋镇江城区示意图
（图片来源：摄于镇江地方志馆）

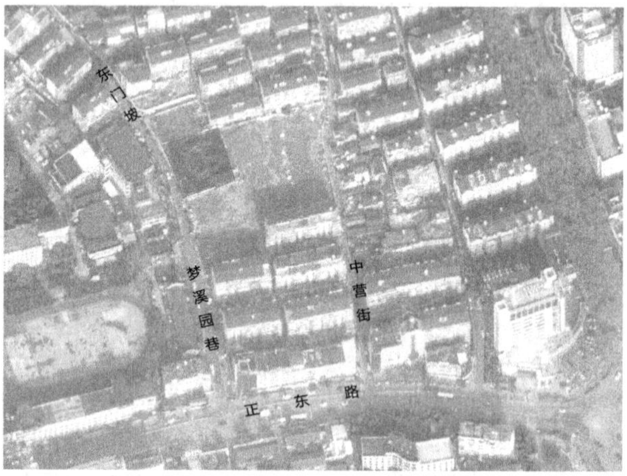

图 4　梦溪园纪念室现状图

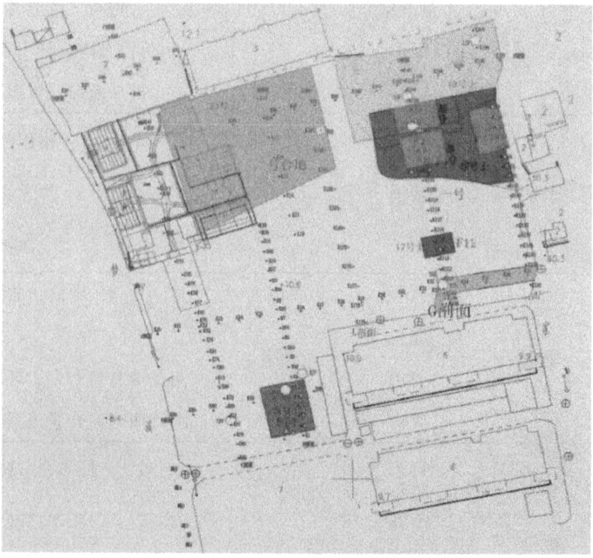

图 5　梦溪园北宋时期遗迹分布图
（图片来源：摄于梦溪园纪念室）

园纪念室南侧，西接梦溪巷，东接丁家巷和中营街，南临正东路，北靠京口区妇女保健院，面积约 6800m²，与园记中记载的十亩地（约 6400m²）相符合，结合上述，可以将考古后确定的梦溪园扩建范围作为本次复原设计的红线范围（图 6）。

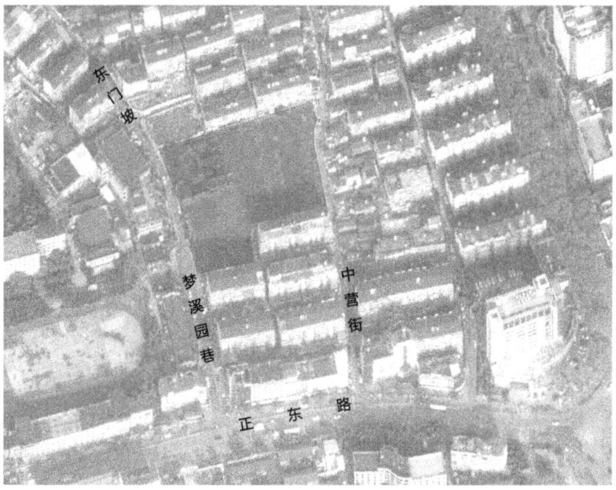

图 6　梦溪园复原设计红线范围

关于梦溪园的尺度，“如此得十亩平坦处，便可葺居”“中门外作一池，半亩余”。根据何建中先生对于江南私家园林面积的汇总研究，梦溪园的体量属于中大型私家园林。

3.3　要素与建构

3.3.1　山水关系

“立基先究源头，疏源之去由，察水之来历”。《自记》中对水源的描述为“水出峡中”，而“苍峡亭”位于园中东北部，可知水是从东北向注入园中。方志记载梦溪园水系通入漕渠，园外西侧现有道路实为 20 世纪填塞河流而来，梦溪水就是汇入这条园外小河再流向漕渠的。

园内主要地形有两处：百花堆和北丘。“其西荫于花竹之间”“西花堆有竹万个”，由此可知百花堆相对园中景物位于东部。而北丘位于百花堆的北部，为保证远亭“封高而缔”的瞭望视线，北丘的制高点不宜与百花堆的制高点在同一南北轴线上，应适当偏西，正对园中主水面以求得开阔的视线。

在确定两山一水的相对位置和走势后，山水形态关系相应地有了轮廓（图 7）。水从园中东北角流入，经由北丘和百花堆之间的峡谷向西而后分流，一路向南，在百花堆西侧形成大水面，一路向西环绕竹坞后向南，最后绕过杏嘴汇入主水面，一起向西南流出园外，汇入漕渠。这种“两山间水”的布局方式在两宋城市私园和郊野私园中均有所应用，最终形成了“以山为主、以水辅山、山水相映”的自然山水空间。

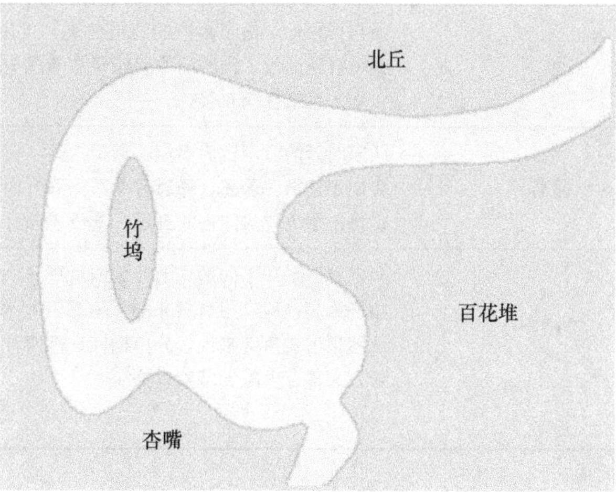

图 7　梦溪园山水轮廓图

3.3.2　建筑布局

（1）布局方式

建筑的空间布局与山水构架有十分紧密的关系。梦溪园就选址来看属于城市私园，而润州城中三山五岭横亘的丘陵地貌让城市私园有了山林地的气质。其建筑布局因高就下，随地形高低而进行错落有致的排布。平面形式遵从两宋山水画中高频出现的一字形布局。

（2）建筑尺度

《园冶》：“凡园圃立基，定厅堂为主。”定下园中形制最高的主建筑，次级建筑依据主建筑的尺度和形制依次做调整和设计。“岸老之所乐，聚之接之”，岸老堂是主人用来接待客人的厅堂，是梦溪园内的主建筑，其尺度和形制可以作为复原其他建筑的参考，《岸老堂记》对其有详细的记载。

“十履之而以跬计者，吾堂之袤也，十抗之以为席者，吾隐以肘也”，“袤”在古代特制南北距离，即进深，“步”是以人的步长为计量单位，可以认为岸老堂的进深在 4500～6000mm。古时席之大小有规定的尺寸，根据程建军对古代席计量长度的研究，“十抗之以为席者”约在 30 尺（1 尺≈33.33cm）左右。据此可以确定岸老堂的平面尺寸，园中其他建筑据此类推（表 2）。

梦溪园建筑样式表　　　　表 2

名称	建筑类型	常见形式、功能描述	具体形态	尺寸（开间×进深，mm×mm）
岸老堂	堂	较为正式的建筑，形式不仅局限于一字形平面，还有一些前出抱厦或者使用类似勾连搭的屋顶组合，室内无柱或少柱，活动空间较大	一字形，三开间，歇山顶，顶部覆茅草	7095×4840
萧萧堂			一字形，三开间，东侧临水，四面开敞	4620×3190

续表

名称	建筑类型	常见形式、功能描述	具体形态	尺寸（开间×进深，mm×mm）
毂轩	轩	形式类似古代的车，取其空敞而又居高之意，常建于高旷的部位，以增进景物之胜	三开间，朝西面水	5445×3465
花堆阁	阁	阁与楼相近，是园林中的高层建筑，可用于登赏园景，亦可收纳远景。楼阁的位置经营常考虑与园内或园外的山水关系结合而布置	三开间，两层，临水	5445×3465
深斋	斋	两宋时斋的应用常为书斋、斋房一类，言私密性强，主要用于读书、著述、静思等一系列静升内修的活动，故建筑形制也较封闭而非开敞，常位于园林中隐蔽之处	三开间，南侧临水	3750×2640
苍峡亭	亭	两宋私园亭在平面形式上分为四角亭和六角亭，其中四角亭为多；从应用材料来看，有覆瓦亭和茅草亭两种；从屋顶形式角度来说，分单檐和重檐两种；从建筑装修看，大部分虚敞无特别装饰	六角亭，覆瓦	面阔3500，柱高3500
远亭			四角亭，覆茅草	面阔2700，柱高2700

3.4 园林平面

梦溪园以“两山间水”作为主要骨架，百花堆为主山，北丘为余脉，园中整体地势东北高、西南低，水系有源有流，建筑布置因高就下（图8）。

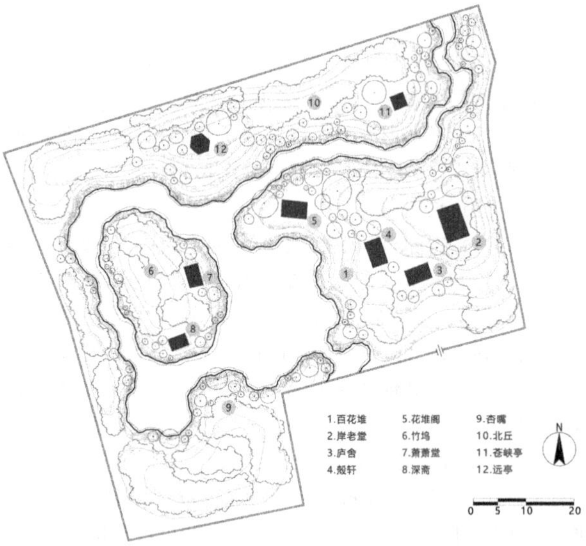

图8 梦溪园复原平面图

4 造园特色研究

4.1 巧于因借——堆山

“见山”是两宋园记中出现最为频繁的词。梦溪园所在地势较高，园址地段是润州城内“三山五岭”所在，园中百花堆和北丘分别与远处的筐家山和乌风岭相接，拟为园外真山向园内的延伸和引渡，形成主山和余脉的关系，使园内外山势气韵相连、一脉相承，体现了崇尚自然的审美旨趣，也给园内带来了丰富的视线体验，登上百花堆，则三山、南郊皆在眼底（图9）。

图9 梦溪园鸟瞰图

4.2 动静结合——理水

两宋私园中几乎无园不水，这类动态理水能取得多样的艺术效果。其一，丰富空间感受。“水出峡中”是两山间水，溪流湍急，视线受阻。“渟萦杳缭”是渚而为池，水面平静，视线聚拢。“轩于水澨”则是内聚幽静，内向封闭。整个水系宽窄开合，空间体验丰富。其二，引导造景。曲折的水线可以产生回环的动线，依次串联园中各处景物。百花堆“耸然为丘”，苍峡亭“俯于梦溪之颜”，竹坞“环以激波”，杏嘴“轩于水澨”，园中建筑与水景充分结合，创设与水互动的趣味景致。其三，丰富视听体验。流动的水体除了自身的动态美，其反射的光斑也为周边景物镀上了一层肌理。而“水出峡中”“环以激波”等水流湍急处，更是能欣赏到水碎为浪花，颜色洁白的状态。其倾泻、喷涌、流淌的不同状态创造了不同的声景，可谓光与色、形与声的多方位体验。

4.3 质朴自然——植物

两宋私家园林所追求的简、疏、雅、野的气质很大一部分是由植物造景实现的，甚至有不少园林就是直接以植物景观取胜。园中成片栽植杏林、竹丛，反映了沈括在园林意趣上和北宋士大夫一样，追求“淡泊、宁静”的基调，又有其与众不同的情趣。园主可携酒遁入梦溪边，幽篁环绕，万玉森森。在此间实现“以泉石树养心，借诗酒琴书怡性”的追求，排遣现实与内心矛盾。园中景点命名：“竹坞”“杏嘴”，除了是对实地场景的描摹，更是寄托“结庐在人境，而无车马喧”的心境。

5 结语

本文以园记为切入视角进行分析，结合文献史料与考古发现，对北宋梦溪园进行了复原。在此基础上分析其造园特色，可以归纳为：①堆山巧于因借，园内堆山与园外真山气脉相连，登高则城内诸景尽收眼底；②理水动静结合，有源有流，有急有缓，创造了丰富的水景空间和声景体验；③植物造景质朴自然，竹坞、杏林、古木、茅屋，既是主人朴素、典雅的格调体现，也反映了北宋文人园林自然简朴、疏朗雅致的风格。碍于年代的久远和资料的有限，对于园内建筑细部、院落组织尚未能进一步考究，有待进一步完善。

参考文献

[1] 李学峙．镇江园林名胜纵横谈[J]．中国园林，1993(01)：5-7.

[2] 戴志恭，王重迁．沈括建梦溪园年代新考[J]．东南文化，1988(01)：40-44；67.

[3] 笪远毅，杨积庆．梦溪园考[J]．镇江师专学报(社会科学版)，2000(01)：58-62.

[4] 陈凯．古梦溪园初考[J]．中国园林，1998(06)：45-47.

[5] 何倩，何昉．再造梦溪园[J]．中国园林，1990(01)：28-31.

[6] 方盛晔．沈括梦溪园复原设计研究[D]．安徽农业大学，2019.

[7] 王骧．群众论丛[M]．1980.

[8] 京口耆旧传[M]．北京：中华书局．1991.

[9] 胡道静．梦溪笔谈校正[M]．上海古典文学出版社，1957.

[10] 戴志恭，王重迁．沈括建梦溪园年代新考补遗——兼评胡道静先生的“梦溪刻石为梦溪桥桥栏辨”[J]．东南文化，1994(01)：78-80.

[11] Barbara Tversky. “Narratives of space，time，and life”，Mind and language，19/4，2004：380-392.

[12] 王笑竹，王丽方．《弇山园记》文字园林平面重构[J]．建筑史，2017(01)：125-150.

[13] 陈植，张公弛选注．中国历代名园记选注[M]．合肥：安徽科学技术出版社，1983：17-97.

[14] (宋)沈括著，侯真平校点．梦溪笔谈[M]．长沙：岳麓书社，2002.

[15] (宋)沈括．沈括全集[M]．杭州：浙江大学出版社出版，2011.

[16] (宋)卢宪．嘉定镇江志[M]．台北：成文出版社，1983.

[17] (元)俞希鲁．至顺镇江志[M]．台北：成文出版社，1975.

[18] (清)吕耀门．丹徒县志[M].

[19] 何建中．江南园林建筑设计[M]．南京：江苏人民出版社，2014.

[20] 郑曦，孙晓春．《园冶》中的水景理法解析[J]．中国园林，2009(11)：21.

[21] 沈括著书梦溪园(初稿)[J]．教学与进修，1981(01)：48-50.

[22] 康琦．基于园记文献的两宋私家园林造园风格及其流变研究[D]．北京林业大学，2019.

[23] 朱育帆．艮岳景象研究[D]．北京林业大学，1997：123.

[24] (明)计成，陈植注释．园冶注释[M]．北京：中国建筑工业出版社，2006：89.

[25] 程建军．筵席：中国古代早期建筑模数研究[J]．华中建筑，1996(03)：1.

作者简介

周彦玢，1997年生，女，汉族，江苏镇江人，东南大学硕士在读，研究方向为风景园林历史与理论。电子邮箱：220190226@seu.edu.cn。

中国共产党早期活动与近代风景园林的互动初探

On the Interaction between the Early Activities of the Communist Party of China and Modern Landscape Architecture

付彦荣　张宝鑫*　刘艳梅

摘　要： 中国共产党的诞生是近现代中国历史发展的必然产物，是中国人民在救亡图存斗争中顽强求索的必然产物。在中国共产党的早期革命活动在近代风景园林中留下了许多印迹，并与近代园林的发展形成良好互动。一些古典园林、早期公园和风景名胜等对中国共产党早期活动发挥了重要支撑作用，或作为革命活动的举办地，或作为中国共产党早期组织的发生地，或成为烈士的墓地与纪念地等，承担了重要的社会功能。这种作用的发挥得益于近代风景园林转型发展和空间特点。同时，中国共产党的早期活动又进一步推动了近代风景园林的转型和文化内涵拓展，一批近代园林作为历史文化遗产而成为红色文化资源。
关键词： 风景园林；近代园林；中国共产党；历史；早期活动

Abstract: The birth of the Communist Party of China is the inevitable product of the development of modern Chinese history and the tenacious pursuit of the Chinese people in the struggle to save the nation. The early revolutionary activities of the Communist Party of China left many footprints in modern landscape architecture and formed a good interaction with the development of modern landscape architecture. Classical gardens, parks and scenic spots played important roles in the early activities. They became venues of revolutionary activities, or places where the early organizations of the Communist Party of China took place, or cemeteries of martyrs, and undertook important social functions. These roles benefited from the transformation of modern landscape architecture and their spatial characteristics. At the same time, the early activities of the Communist Party of China further promoted the turning development of modern landscape architecture and the expansion of its cultural connotation, As a result, a number of modern gardens have become red cultural resources as historical and cultural heritage.
Keywords: Lanscape Architecture; Modern Landscape Architecture; Communist Party of China; History; Early Activities

引言

中国共产党的早期活动指中国共产党成立之前，各地创建共产党早期组织并积极开展的活动。中国共产党的早期活动与近代风景园林的发展有着千丝万缕的联系，近代风景园林也对党的活动和思想传播提供了重要支撑，同时，早期革命思想的传播促进了近代风景园林的转型发展。有关近代社会环境下，风景园林发展的研究已有不少[1-4]，但是就中国共产党早期活动和近代风景园林互动发展的研究尚鲜见报道。本文通过梳理中国共产党早期活动中与风景园林相关的事件和人物，探讨当时风景园林承担的重要社会功能，以期更好地认识中国近代风景园林在社会转型期的作用，从而为新时期风景园林的文化功能建设提供思考和借鉴。

1　中国共产党早期活动

中国共产党正式成立前后，党的早期领导人集中开展了进步和革命思想传播、党组织筹备和成立以及领导学生、工人运动等相关活动。

1.1　进步和革命思想传播

革新思想在晚清尤其是在甲午战争之后大量传入中国并影响年轻一代，而在民国初年这种影响随着陈独秀所创办的《青年杂志》（后改名为《新青年》）等刊物的发展以及白话文运动的推动，自由、反抗传统权威等思想，影响了学生以及一般市民。新文化运动高举民主、科学的大旗，从思想和文化领域激发和影响了中国人尤其是中国青年的爱国救国热情，从根本上为“五四”运动的出现奠定了思想基础。

1919 年 5 月 4 日，北京发生了“五四”爱国运动，以青年学生为主，广大群众、市民、工商人士等阶层共同参与，通过示威游行、请愿、罢工等多种形式进行，这是中国人民彻底的反对帝国主义、封建主义的爱国运动，也留下了北大红楼、赵家楼等红色文化遗产和遗址。“五四”运动在全国产生了重要影响，各地纷纷成立学生联合会，组织罢课和抗议等活动。在此期间成立的少年中国学会、新民学会、新潮社、平民教育讲演团、工读互助团等进步团队，开展活动传播马克思主义，很多革命活动地点发生在作为新生事物的公园之中，这些活动为“五四”运动在全国开展和中国共产党早期组织的产生奠定了思想和组织基础[5]。

1.2　党组织筹备和成立

1920 年 2 月，陈独秀从北京秘密前往上海。在护送陈独秀离京途中，李大钊和陈独秀商讨在中国建立共产党组织。1920 年 8 月，在共产国际的帮助下，以上海马克思主义研究会为基地，上海的共产党早期组织在上海法租界《新青年》编辑部正式成立，当时取名为“中国共产党”，这是中国的第一个共产党组织。此后，党组织在各地相继成立。8月，武汉的共产党早期组织在武昌抚院街董必武寓所成立。10月，北京的共产党早期组织在北京大学李大钊办公室成立，取名为“共产党小组”；毛泽东、何叔衡在长沙成立共产党早期组织；1921年春，“广州共产党”成立；1921年春，济南成立共产党早期组织[6]。

1.3 领导学生和工人运动

各地共产党早期组织成立之后，有计划、有组织地研究和宣传马克思主义，批判各种反马克思主义思潮，开展工人运动，促进马克思主义同中国工人运动的结合。各地的共产党早期组织采取出版报刊、成立马克思主义研究会和利用学校讲坛等形式，宣传马克思主义[7]。同时，还创办劳动补习学校，创建工会组织，领导工人罢工，进一步促进马克思主义与工人运动的结合。与此同时，工人群众开始逐步接受马克思主义，提高阶级觉悟，涌现出一批有共产主义思想的先进分子，为正式建立中国共产党准备了条件。

2 近代风景园林对中国共产党早期活动的支撑作用

近代风景园林在中国共产党早期活动中，发挥了重要功能，成为不可或缺的重要角色，不仅留下了众多宝贵的革命记忆，也一定程度上促进了社会的转型发展。其中最主要的体现在作为进步思想传播和革命活动举办地，有的甚至成为早期党组织的成立地。此外，在早期的革命活动中，一些先烈牺牲后，在近代风景名胜和公园中建设了纪念地，记录了他们的革命事迹，这些纪念地进而也成为持续开展革命思想传播的重要阵地。

2.1 进步思想和马克思主义传播地

中国共产党早期活动，许多公园成为共产党人进行进步思想和马克思主义宣讲和传播场地。位于北京的中央公园（中山公园）来今雨轩就是这样一处场地（图1）。1918年11月，为了广泛地传播马克思主义，李大钊在公园内的来今雨轩发表了著名演说——《庶民的胜利》，他说道：“民主主义的战胜就是庶民的胜利。”1919年7月少年中国学会成立后，李大钊、邓中夏、高君宇等多次到来今雨轩参加学会的聚会、座谈会，阐明政治主张。1920年北京大学马克思学说研究会成立后，李大钊多次来到这里，宣传马克思主义。当时，这里还常作为一些青年学者进行文化交流的场所。如今，来今雨轩作为中国共产党早期北京革命活动旧址之一，列为爱国主义教育基地。

1920年秋，王尽美、邓恩铭组织进步青年学子，在济南成立“康米尼斯特”（英文“共产主义”音译）学会，以齐鲁书社为主要活动阵地，大量收集阅读共产主义书籍，研究共产主义理论。1920年11月，康米尼斯特学会的成员积极发起筹建新的进步团体——励新学会，并在济南商埠公园（现中山公园）（图2）召开成立大会。励新学会成立后多次在济南闹市区、大明湖进行演讲，既推进了济南地区的新文化运动，也促进了马克思主义的传播。

图1 中央公园来今雨轩（图片来源：网络）

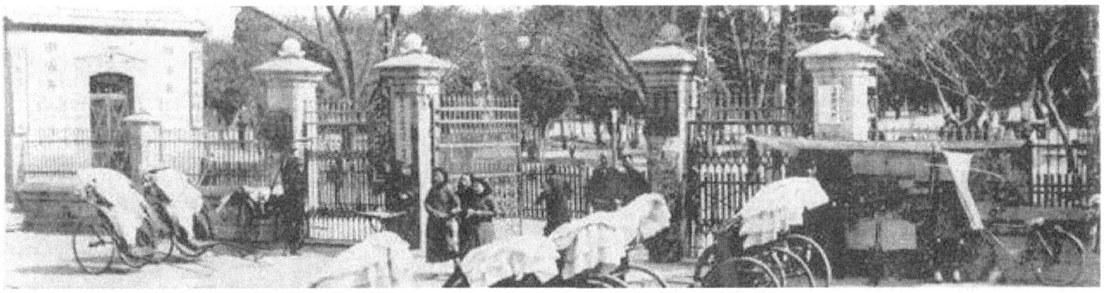

图2 济南商埠公园大门

2.2 革命活动发生地

湖南长沙的岳鹿书院和爱晚亭是毛泽东从事早期革命活动的重要地点。爱晚亭位于岳麓书院后青枫峡的小山上，因杜牧山行诗句而得名（图3）。爱晚亭周围枫树成林，每到深秋，层林尽染，满谷红叶，景色宜人。毛泽东于1913～1918年就读于湖南第一师范学校。1918年，毛泽东和萧瑜、蔡和森等组织新民学会，成为“五四运动”时期湖南反帝反封建革命运动的领导核心，自此开始了他早期的政治活动。毛泽东寓居岳麓书院半学斋期间，创办了《湘江评论》，携挚友在爱晚亭“指点江山、激扬文字”，纵谈时局，探求真理，留下了众多难忘的革命故事。

图3　爱晚亭（图片来源：网络）

位于北京的陶然亭公园也是早期共产党人开展革命活动的重要场所之一。康熙三十四年（1695年），工部郎中江藻于庵内西部建亭，名陶然，取自白居易“更待菊黄家酿熟，与君一醉一陶然”的诗句。慈悲庵（图4）位于陶然亭公园湖心岛西南处，始建于元代，是中国共产党创建时期，先进知识分子在北京开展秘密活动的场所之一，“五四”运动前后，李大钊、毛泽东、周恩来等中国共产党创始人和先驱者都曾在此进行秘密的革命活动。1920年1月18日，毛泽东同志就曾经与辅社同仁在这里商讨驱逐军阀张敬尧的斗争，并在慈悲庵门前的大槐树下留下一张珍贵合影[8]。

2.3 党的早期组织成立地

从1920年起，中国共产党人就在黄浦区复兴公园街区开启了一段不平凡的历程，并用一年时间，完成了从早期组织到正式建党的伟大转变。

位于浙江嘉兴的南湖风景名胜区是中国共产党一大举办地之一，见证了中国共产党的成立。嘉兴南湖在汉代形成，三国时期南湖称陆渭池，到唐代改名南湖；唐以后又有滮湖、鸳鸯湖、马场湖和东南湖之称。明代建成湖心岛和烟雨楼，成为自然风光和人文资源荟萃的风景名胜。1912年10月，孙中山曾来南湖游览，并在湖中烟雨楼假山前与各界人士合影留念。1921年8月初，中国共产党第一次全国代表大会从上海移师南湖的一艘游船上举行，成功完成会议后续议程并顺利闭幕。会议讨论并通过《中国共产党的第一个纲领》，选举产生了中央领导机构，宣告中国共产党成立（图5）。如今，南湖风景名胜区成为全国廉政教育基地之一，南湖红船精神更成为激励一代代共产党人不懈奋斗的精神动力。

图4　陶然亭慈悲庵

位于无锡的无锡公园（现城中公园）不仅是中国最早的公园之一，也见证了中国共产党无锡党支部的成立。城中公园建于清光绪三十一年（1905年），是我国最早由民众集资修建，具备现代“公园”意义和功能特征的公园，故被称为“华夏第一公园”。在其百年来的发展历程中，历经多次增建、重建和改造，其作为城市公益性园林的功能日益完善[9]。1925年1月，中国共产党无锡支部在无锡公园（现城中公园）多寿楼与九老阁之间的空地上成立。董亦湘在无锡公园（现城中公园）多寿楼附近，秘密主持召开党员会议，正式宣布中共无锡支部的成立（图6）。

2.4 革命烈士纪念地

近代的公园不仅是革命烈士生前从事革命活动场所，很多也成为他们的墓地、纪念馆等所在地。这些纪念地传承了革命先烈的进步思想和革命精神。陶然亭公园中央岛北侧坐落着高君宇、石评梅烈士塑像和墓碑。高君宇烈士1921年入党，是中国共产党最早的党员之一，也是山西党、团组织的创始人。高君宇烈士生前对陶然亭情有独钟，曾和李大钊、毛泽东、周恩来、邓中夏等人在此召开秘密会议，商讨中国革命前途。高君宇去世后根据本人遗

图 5　嘉兴南湖红船（图片来源：网络）

图 6　无锡城中公园

愿葬在陶然亭，年仅 26 岁的石评梅因悲伤过度，在泣血哀吟中走完短短的一生，人们把她葬于陶然亭内的高君宇墓旁（图 7）。高君宇烈士碑正面镌刻“吾兄高君之墓”，碑座上刻有其胞弟高全德题写的高君宇生平，侧面有一首高君宇日记中的诗句：“我是宝剑，我是火花，我愿生如闪电之耀亮，我愿死如彗星之迅忽”，表达了他为理想而奋斗终身的崇高志向，也激励后人为了革命理念和信念而不断前行[10]。

图 7　高君宇与石评梅（图片来源：北京大学官方微博）

位于北京东城区日坛公园内的马骏烈士墓是另一处革命烈士纪念地。马骏是五四运动时期著名政治活动家，曾与周恩来等在天津共同发起成立觉悟社，是中国共产党早期领导人之一。1920 年，马骏加入中国社会主义青年团，而后加入中国共产党，1922 年创办东北地区第一个中共党组织。1927 年负责恢复重建中共北京市委，同年 12 月因叛徒出卖被捕。1928 年 2 月，在北京被奉系军阀杀害。1951 年，北京市政府隆重公祭并重修马骏烈士墓（图 8）。2020 年 3 月，马骏烈士墓被列为“北大红楼与中国共产党早期北京革命活动旧址”之一。

图 8　日坛公园马骏墓

3　中国共产党早期活动与近代风景园林的互动分析

近代风景园林因其多方面的优势，为中国共产党早期活动的开展提供了支撑，从而参与并推动了社会的转型和变革，发挥了特殊的社会功能。另一方面，早期进步思想和革命理念的传播，党的早期组织的成立和相关的革命活动，也催生和强化了社会大众的民权意识，成为推动近代风景园林尤其是公园建设和发展的重要思想基础，为中国近代风景园林实现由私园向公园的加速转型创造了条件。

3.1　近代风景园林支撑中国共产党早期活动的优势

3.1.1　公园作为新事物有助于社会先进思想的传播

中国共产党早期在公共场所发表演讲宣传革命，传播马克思主义，物色建党对象，发展组织，这些活动很多是在公园中进行，公园也由此成为早期马克思主义思想宣传重要阵地。

公园作为新事物，其普及和推广对于近代民主、平等思想等传播产出重要作用。公园作为“平等共享”的社会交往空间，以其为场所开展的先进思想传播活动，更容易被人们接受和响应。民主、平等、博爱、科学等思想通过公园的传播逐渐深入人心[5]。

3.1.2　公园中便利游憩设施有助于集会等活动开展

园林是开敞空间，人们可以平等的进入，在其中相对自由的活动；作为开敞空间视野好，人们愿意在其中游赏休憩、畅谈会友等，也便于组织集体活动，是进行集会等活动的理想场所。在民主和科学思想的影响下，近代一些园林中设置了图书馆、集会广场、演讲台等空间和设施，为民众提供了集会和表达政治意愿的舞台，为进步人士进行思想交流和党早其人士进行马克思主义宣传创造了条件。

3.1.3 清新优雅环境寄托了革命先烈的高远志向

中国古人很重视去世后的世界，所谓视死如事生，很重视自己去世后的埋葬之处，绿水青山的风景之地是人们愿意埋葬自身之地，所谓“青山有幸埋忠骨”，由此很多公共性质的园林成为古迹和名人的纪念地和墓地。众多革命先烈们选择将生前从事革命活动之地，作为自己长眠之地，寄托了其矢志不渝、革命到底的革命精神。

3.2 中国共产党早期活动对近代风景园林发展的促进

3.2.1 推动了近代风景园林的转型发展

从中国共产党早期活动中，民主、平等等革命思想的传播，一方面促进了一些原本为皇家贵州享用的私家园向公众开放，另一方面也推动了公园为主体的近代园林发展。近代公园的造园手法发展了古典园林表达“诗情画意”时常采用景题和匾联的传统，将反映社会主义内容的园名（如中山、人民、解放、胜利、劳动等）置于园名牌匾上，公园的建设体现了人民共享的特点[11]。

3.2.2 拓展了公园文化内涵

清末民初出现的各类公共文化机构改变了人们的生活方式，出现了博物馆、图书馆等，人们也经历了园林从私有到共享的转变，公园文化由此兴起。公园的出现是近代风景园林发展的重要特征。中国共产党早期组织和革命活动以风景园林为载体，同时也拓展了公园文化的内涵，使得公园文化很好地彰显了其时代特征。在这一时期的公园文化建设中包括了一系列政治意识形态，诸如党性、社会精神风貌、大众精神风貌、先进性等，这与革命思想的传播和中国共产党的成立关系密不可分。

3.2.3 留下了红色文化遗产

中国共产党的成立是开天辟地的大事件，与此相关很多城市留存了凸显革命主题的历史遗迹与红色文物，有的是革命纪念地，有的是革命活动场所，有的是纪念碑，有的是烈士墓地……在城市环境建设发展过程中，这些重要的历史事件融入公园建设中，使得这些公园具有了红色文化的基因，起到了寓教于园的效果。红色文化凸显了中国共产党成立和发展的辉煌历程，更真实记录了近代革命者特别是共产党领导的全国人民在艰苦岁月为了理想而奋斗的革命精神，这些真实的历史遗存激励着一代又一代青年人为国家民族兴旺持续奉献。

4 结语

中国风景园林在近代进入了转型发展的时期，以公园的出现为标志进入了新的发展阶段，与社会发展进一步融合。中国共产党早期党组织在风景园林中开展了大量革命活动，传播新思想，开启民智，留下了众多红色印记的场地。以公园建设为代表的近代园林发展，与中国共产党早期建设相谐相生。中国共产党早期活动和风景园林的良性互动，对当今风景园林建设和公园文化建设有着重要借鉴意义。现代风景园林应不忘初心，保持革命本色，将服务民生作为重要使命和内容，在社会主义建设中更发挥更大的作用。

参考文献

[1] 刘秀晨．中国近代园林史上三个重要标志特征[J]. 中国园林，2010，26(8)：54-55.

[2] 周向频，刘源源．从容的转型与主动的融汇——武汉近代园林的发展及对当代园林的启示[J]. 城市规划学刊，2010(02)：111-119.

[3] 马晓，周学鹰．社会转型期园林的教化功能：以南京近代园林为例[J]. 建筑史，2014(1)：118-123.

[4] 李见哲，张沚晴，蒋鑫，等．青岛近代园林公共活动变迁及其动因研究(1897～1938年)[C]//中国风景园林学会．中国风景园林学会2020年会论文集(上册). 2020：344-347.

[5] 李蓉．五四运动与中国共产党[J]. 中共党史研究，2009(6)：12-14.

[6] 张静如，王峰．中国共产党早期组织群体特征考察[J]. 史学月刊，2011(7)：5-12.

[7] 王明钦．中国共产党的早期组织对传播马克思主义的贡献[J]. 史学月刊，1991(4)：67-74.

[8] 鹿璐．共产党人在宣南地区的早期革命地点[J]. 北京档案，2016(7)：45-47.

[9] 朱震峻，严晨怡，王欣，等．论无锡近代园林的历史地位[J]. 中国园林，2017(10)：47-51.

[10] 张述云．陶然亭畔高石之墓及其变迁．北京园林，1997(2)：28-30.

[11] 朱均珍．中国近代园林史[M]. 北京：中国建筑工业出版社，2012.

作者简介

付彦荣，1975年生，男，汉族，河北涉县人，博士，中国风景园林学会，副秘书长、高级工程师，研究方向为风景园林学科行业发展、绿色基础设施、园林植物应用等。电子邮箱：yanrongfu2003@163.com。

张宝鑫，1976年生，男，汉族，山东青岛人，博士，中国园林博物馆园林艺术研究中心，副主任、教授级高工，研究方向为中国园林历史、园林文化和园林艺术以及博物馆展览陈列等。电子邮箱：zhbx9527@126.com。

刘艳梅，1988年生，女，汉族，山东临沂人，硕士，中国风景园林学会业务部，副主任，研究方向为风景园林历史与理论、园林植物应用等。电子邮箱：914361120@qq.com。

风景园林工程与技术

基于 VTA 法的个旧市行道树潜在危险度调查与评估①

Using the VTA Approach to Assess the DamageRisk of Street Trees in Gejiu City

李瞒瞒　李旺红　于达勇　樊智丰　韩丹妮　马长乐

摘　要：以个旧市主要行道树为研究对象，实地调查了个旧市 19 条主、次道路及支道，12 种行道树，共计 33 个样区，运用 VTA 法对各样区进行危险度检测和健康评估。研究表明：个旧市行道树中，小叶榕潜在危险度总值是最高的，天竺桂数值最低。从 10 个 VTA 指标来看，出现枝干异常裂痕潜在危险度数值最高的树种有小叶榕、香樟、紫叶李、云南樱花；出现主干 V 字夹角潜在危险度数值最高的树种有天竺桂、荷花玉兰、复羽叶栾树；出现树干异常裂痕潜在危险度最高的树种有银杏、阴香；出现内部腐朽征兆潜在危险度数值最高的树种有柳杉、垂柳。为降低城市行道树的潜在危险度，在树种的选择上应遵循“适地适树”的原则，并对行道树定期进行合理的养护。

关键词：VTA 法；潜在危险度；行道树；个旧市

Abstract: Taking the main street trees in Gejiu City as the research object, 19 main and secondary roads and branch roads, 12 kinds of street trees, a total of 33 sample areas were investigated. VTA method was used to detect the risk and evaluate the health of each area. The results showed that: among the street trees in Gejiu City, Ficus concinna had the highest total potential risk value, and Cinnamomum japonicum had the lowest value. According to the ten VTA indexes, Ficus concinna, Cinnamomum camphora, Prunus cerasifera and Cerasus cerasoides were the most dangerous tree species; The tree species with the highest potential risk of V-shaped angle of trunk were Cinnamomum japonicum, Magnolia grandiflora and Koelreuteria bipinnata; Ginkgo biloba and Cinnamomum burmanni have the highest potential risk of abnormal cracks in trunk; Cryptomeria fortunei and Salix babylonica have the highest potential risk of internal decay. In order to reduce the potential risk of urban street trees, the principle of "suitable for land and suitable trees" should be followed in the selection of tree species, and reasonable maintenance of the trees should be carried out regularly.

Keywords: VTA Method; Potential Risk; Street Tree; Gejiu City

引言

行道树是在公路或道路两旁成行栽植的有一定间隔的树木，具有丰富城市景观、美化城市环境、遮荫除尘、调节城市环境小气候、净化空气、减低噪声、涵养水源等生态服务功能[1]，给人以美的视觉享受。国际常用的树木风险评估方法为德国树木学家 Mattheck 提出的树木风险可视化评估体系（Visual Tree Assessment，VTA）。VTA 评价通过观察树木外部生长状况、定量测量树体结构指标来评估树体内部缺陷程度，进而评估树木风险程度[2]。行道树作为城市绿化的骨干树种，对创造城市景观和改善环境方面有重要作用，然而，很多事情都有双面的效果[3]，行道树也存在一些潜在的危险，由于恶劣天气（大风，暴雨、大雪等）、人为破坏、病虫害、市政建设等因素的影响，行道树会发生倒伏、侧枝折断等情况，危及居民的生命财产安全[4]。行道树安全性问题就是要关注道路的不健康树木或生长势有衰弱趋势的树木[5]。目前国内对城市行道树的研究主要体现在行道树的树种调查分析与应用、城市绿化、生态效应及行道树的合理养护管理等方面，对行道树的危险度评估方面的研究较少。加强行道树安全评估的研究，对行道树安全隐患进行排查，在事故发生之前进行检测，发现问题、及时诊断、立即处理，利于保护人民群众的生命财产安全[6]。通过对个旧市行道树进行调查与分析，利用 VTA 法对其进行潜在危险度评估，进行不同道路、不同树种的行道树之间的比较，以期提出合理的改善措施，降低行道树造成的生命财产安全。

1　研究区概况

个旧市是云南省红河哈尼族彝族自治州的一个县级市，因其地下有十分丰富的矿产资源，又被称为“锡都”。个旧市属于亚热带季风气候，因地理位置等原因，冬季天气晴朗，气候温暖，夏季凉爽，年降雨量为 1780mL。是冬季躲避严寒的不错选择，最低温度 0℃以上，是夏季躲避炎热的不错选择，最高温度不超过 30℃，被称为“最适合人类居住的城市之一”。

2　研究方法

2.1　样地调查

2020 年 7～9 月，对个旧市的 19 条主要道路的行道

① 基金项目：本研究由国家林业和草原局西南风景园林工程技术研究中心支持完成；云南省教育厅科学研究基金项目（2019Y0149）资助；西南林业大学校级科研基金（2021YY 风景园林）资助。

树进行安全现状调查，用简单随机取样法随机选取33个样区，每个样区随机抽取40株，利用VTA法对行道树危险度进行调查与评估，记录行道树名称、胸径、数量及各项指标的相关数据，计算其潜在危险度指数。

2.2 计算方法

VTA法是德国学者Mattheck于1993年提出的，结合树木的组织结构理论、木材力学强度理论和树木生物学理论，用综合性的眼光对树干粗枝和根部的膨胀、突起、开裂和伤口等外观上的异常进行深入观察，判断树木的结构于生长状况优劣的诊断法[4]，可作为评定树木危险度的标准，解释并察觉无法预测的树木潜在危险性问题。

2.2.1 平均出现率

平均出现率是指一种危险症状在一个样区内出现的百分比，本次抽取的数量为40棵，因此相应的计算公式为：

危险平均出现率＝有危险症状的行道树数量/40×100%　（1）

2.2.2 频率分数

为方便之后的计算和处理，我们将危险症状的平均出现率，具体频率分数换算表见表1。

频率分数换算表　表1

危险平均出现率	频率分数
<1%	0.1
1～3%	0.2
3～5%	0.4
5～15%	1
15～25%	2
25～35%	3
35～45%	4
45～55%	5
55～65%	6
65～75%	7
75～85%	8
85～95%	9
95～100%	10

2.2.3 伤害程度分数

根据树干的倾斜、树干折断、枝干折断、小枝折断所造成的危害程度，将其划分为四个等级，即为伤害程度分数（表2）。

伤害程度分数表　表2

危险症状类型	VTA检测项目	伤害程度系数
树干倾斜	根系不稳定 V_1 树干异常倾斜 V_2 内部腐朽征兆 V_3	4
树干折断	主干V字夹角 V_4 树干异常裂痕 V_5 树干中空腐朽 V_6	3
枝干折断	枝干内部腐朽征兆 V_7	2
小枝折断	枝干异常裂痕 V_8 徒长枝 V_9 危险枯枝 V_{10}	1

2.2.4 潜在危险度指数

潜在危险度指数＝频率分数×伤害程度分数

3 结果与分析

3.1 调查的树种及数量

调查统计共得到12种行道树共计4390棵。分别为天竺桂（*Cinnamomum japonicum*）、香樟（*Cinnamomum camphora*）、荷花玉兰（*Magnolia grandiflora*）、云南樱花（*Cerasus cerasoides*）、悬铃木（*Platanus acerifolia*）、小叶榕（*Ficus concinna*）、银杏（*Ginkgo biloba*）、复羽叶栾树（*Koelreuteria bipinnata*）、垂柳（*Salix babylonica*）、阴香（*Cinnamomum burmanni*）、紫叶李（*Prunus cerasifera*）和柳杉（*Cryptomeria fortunei*）。在所有的样区中，天竺桂被广泛栽植，使用率最高，其次是香樟和荷花玉兰，均为常绿树种，美化和观赏价值较高。行道树各树种的胸径以中、小径阶为主，其中10～20cm的占25%、20～30cm的占66.7%、30cm以上仅占8.3%，表明个旧市行道树多为近几年新种植，大部分还处于生长期，随着树木的生长，行道树将会更好地发挥其生态价值（表3）。

12种行道树的调查数量　表3

树种	数量（棵）	平均胸径（cm）
天竺桂	1680	22.6
香樟	640	25.8
荷花玉兰	560	27.5
云南樱花	480	18.2
悬铃木	330	25.8
小叶榕	270	25.2
银杏	105	13.4
复羽叶栾树	90	19.4
垂柳	75	27.3
阴香	60	28.9
紫叶李	55	20.4
柳杉	45	32.6

3.2 各样区行道树平均潜在危险度指数（图1）

由图1可以得到，潜在危险度指数最高的道路为荣禄街（48），从症状危险度来看，荣禄街的小叶榕发生树干折断、枝干折断的危险度较高（6.0），其次是树干倾倒（4.0），发生小枝折断的危险度较低（3.0）。其次为川庙街（41.6）和和平路（35.6）；从症状危险度指数来看，川庙街的小叶榕发生树干折断的危险度较高（6.0），其次是枝干折断（4.0），发生树干倾斜的危险度指数（3.2）和小枝折断的危险度（3.0）较低。和平路的小叶榕发生枝干折断的危险度较高（8.0），其次是小枝折断（3.0），发生树干倾倒的危险度较低（2.1）。这三条道路的行道树均为小叶榕，潜在危险度指数最高。且小叶榕根系发达，容易伸出地面破坏地砖，不耐寒冷，和平路、荣禄街、川庙街的小叶榕因不当修剪造成严重的树干异常开裂、内部中空腐朽、徒长不定枝等危险，建议定期进行安全排查，逐步进行更换。潜在危险度指数大于10的有环湖路（11.36）、云锡南路（11）和新街（10.3），最低的是新冠路（5）。

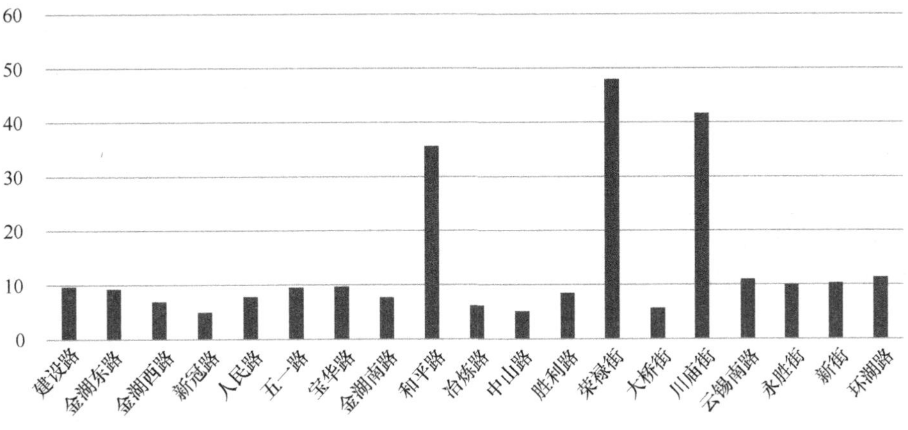

图1　19条道路的行道树平均潜在危险度指数

3.3　相同行道树不同样区潜在危险度指数

由表4可知，潜在危险度指数最高的检测指标为枝干异常裂痕（62.6），其次为树干异常裂痕（49.9）和主干V字夹角（46），最低的为根系不稳定（18.4）。9个天竺桂样区中，潜在危险度最高的是人民路（11.6），最低的是新冠路（5）；天竺桂的主干V字夹角潜在危险度最高（16.9），树干中空腐朽潜在危险度最低（2.7）。3个荷花玉兰样区中，潜在危险度最高的是金湖东路（10.1），最低的是五一路（7.7）；荷花玉兰的主干V字夹角潜在危险度最高（9），徒长枝潜在危险度最低（0.3）。4个云南樱花样区中，潜在危险度最高的是冶炼路（12.4），最低的是胜利路和大桥街（3.6）；云南樱花的枝干异常裂痕潜在危险度最高（6.6），主干内部腐朽征兆潜在危险度最低（0.8）。3个小叶榕样区中，潜在危险度最高的是荣禄街（48），最低的是和平路（35.6）；小叶榕的枝干异常裂痕潜在危险度最高（26），危险枯枝潜在危险度最低（6）。两个香樟样区中，胜利路的潜在危险度高于宝华路，枝干异常裂痕的潜在危险度最高（4.4），其次是徒长枝（4.1），主干内部腐朽征兆最低（0.4）。

12种行道树潜在危险度指数表　　**表4**

树种	道路名称	V_1	V_2	V_3	V_4	V_5	V_6	V_7	V_8	V_9	V_{10}	T_1	DBH
天竺桂	建设路	0.4	0.4	0.4	0.6	3	0.3	0.2	2	2	0.4	9.7	24.3
	金湖西路	0.4	0.4	0.4	1.2	0.6	0.3	0.2	2	1	0.4	6.9	26.5
	金湖东路	0.4	0.8	0.4	4	0.6	0.3	0.2	2	1	0.4	10.1	22.4
	新冠路	0.4	0.4	0.4	0.3	1.2	0.3	0.2	0.4	1	0.4	5	12.6
	金湖南路	0.4	0.4	0.4	3	1.2	0.3	0.2	0.4	1	0.4	7.7	23.8
	人民路	0.4	4	1.6	3	0.6	0.3	0.2	0.4	1	0.1	11.6	28.9
	冶炼路	0.4	0.4	0.4	1.2	0.3	0.3	2	2	0.1	1	8.1	18.4
	大桥街	0.4	0.4	0.4	0.6	1.2	0.3	0.2	2	0.1	0.1	5.7	21.3
	新街	0.4	0.8	0.4	3	1.2	0.3	0.2	2	1	1	10.3	24.8
	总计	3.6	8	4.8	16.9	9.9	2.7	3.6	13.2	8.2	4.2	75.1	22.6
荷花玉兰	金湖东路	0.4	0.4	0.8	3	1.2	0.3	0.2	2	0.1	0.1	10.1	27.4
	五一路	0.4	1.6	0.4	3	1.2	0.3	0.2	0.4	0.1	0.1	7.7	26.3
	宝华路	0.4	0.4	0.8	3	1.2	0.3	0.2	0.4	0.1	1	7.8	28.8
	总计	1.2	2.4	2	9	3.6	0.9	0.6	2.8	0.3	1.2	24	27.5
小叶榕	和平路	0.8	4	1.6	3	1.2	3	4	12	4	2	35.6	22.4
	荣禄街	4	4	4	3	9	6	4	8	4	2	48	25.8

续表

树种	道路名称	V_1	V_2	V_3	V_4	V_5	V_6	V_7	V_8	V_9	V_{10}	T_1	DBH
小叶榕	川庙街	1.6	4	4	3	9	6	2	6	4	2	41.6	27.3
	总计	6.4	12	9.6	9	19.2	15	10	26	12	6	125.2	25.2
香樟	中山路	0.4	0.4	0.4	0.6	1.2	0.3	0.2	0.2	1	0.4	5.1	24.8
	永胜街	0.4	0.4	0.4	0.3	3	0.3	0.2	2	1	2	10	26.7
	总计	0.8	0.8	0.8	0.9	4.2	0.6	0.4	2.2	2	2.4	15.1	25.8
悬铃木	宝华路	0.8	0.4	0.8	3	0.6	0.3	0.2	0.4	0.1	0.4	7	24.8
	胜利路	0.4	1.6	0.4	0.3	0.2	0.3	0.2	4	4	1	12.4	26.7
	总计	1.2	2	1.2	3.3	0.8	0.6	0.4	4.4	4.1	1.4	19.4	25.8
云南樱花	胜利路	0.4	0.4	0.4	0.3	1.2	0.3	0.2	0.2	0.1	0.1	3.6	15.4
	冶炼路	0.4	1.6	0.4	0.3	0.2	0.3	0.2	4	4	1	12.4	16.3
	大桥街	0.4	0.4	0.8	0.3	0.6	0.3	0.2	0.4	0.1	0.1	3.6	22.5
	环湖路	0.4	1.6	0.4	0.3	3	0.3	0.2	2	0.1	0.1	8.4	18.5
	总计	1.6	4	2	1.2	5	1.2	0.8	6.6	4.3	1.3	28	18.2
银杏	人民路	0.4	0.4	0.4	0.3	1.2	0.3	0.2	0.4	0.1	0.4	4.1	13.4
柳杉	宝华路	0.4	0.4	4	1.2	0.3	3	2	2	0.1	1	14.4	32.6
复羽叶栾树	冶炼路	0.4	0.4	0.4	3	1.2	0.3	0.2	0.2	0.1	0.1	6.3	19.4
阴香	云锡南路	0.4	0.4	0.4	0.3	3	0.3	0.2	2	1	3	11	28.9
垂柳	环湖路	1.6	4	4	0.6	0.3	3	2	0.8	0.1	0.1	16.5	27.3
紫叶李	环湖路	0.4	0.4	0.4	0.3	1.2	0.3	0.4	2	0.1	0.1	5.6	20.4
总值		18.4	35.2	30	46	49.9	28.2	20.8	62.6	32.4	21.2	344.7	—

注：T_1表示10项指标的潜在危险度指数总值，DBH表示行道树胸径平均值。

银杏只有人民路种植，树干异常裂痕潜在危险度最高（1.2），徒长枝潜在危险度最低（0.1）；柳杉只有宝华路种植，内部腐朽征兆潜在危险度最高（4），徒长枝潜在危险度最低（0.1）；紫叶李枝干异常裂痕潜在危险度最高（2），徒长枝和危险枯枝最低（0.1）；栾树只有冶炼路种植，主干V字夹角的潜在危险度最高（3），徒长枝和危险枯枝潜在危险度最低（0.1）；阴香树干异常裂痕潜在危险度最高（3），树干中空腐朽潜在危险度最低（0.3）；环湖路的垂柳树干异常裂痕和树干内部腐朽征兆潜在危险度最高（4），危险枯枝和徒长枝潜在危险度最低（0.1）。

将每种行道树的所有样区的潜在危险度指数相加求平均值，得出每一种行道树的平均潜在危险度指数。从图2可知，12种行道树中，从危险度指数来看，小叶榕的平均潜在危险度指数最高（41.7），这与前面所述三条种植有小叶榕的道路潜在危险度指数最高相对应，说明其潜在危险性最大，在遇到极端天气时极有可能会造成生命财产安全，相关单位工作者应及时对其进行养护管理，尽可能减少伤害，预防于未然。平均潜在危险度指数在10以上的有垂柳（16.5）、柳杉（14.4）和阴香（11），平均潜在危险度指数最低的是银杏（4.1）。银杏树干光洁，愈伤能力强，轻微的损伤很快便可以愈合，较少发生病虫害，是著名的行道树树种。从每种行道树的平均胸径上来看，除小叶榕外，潜在危险度指数大致随着平均胸径的变化而变化。然而天竺桂与荷花玉兰的潜在危险度指数十分接近，分别为8.3和8.5，其胸径平均值（22.6和27.5）却相差较大；小叶榕与悬铃木的胸径平均值十分接近，分别为25.2和25.8，但潜在危险度指数（41.7和9.7）却相差较大，差四倍多。由此可见，行道树的潜在危险度指数的大小是否与其胸径有关还需进一步探讨。

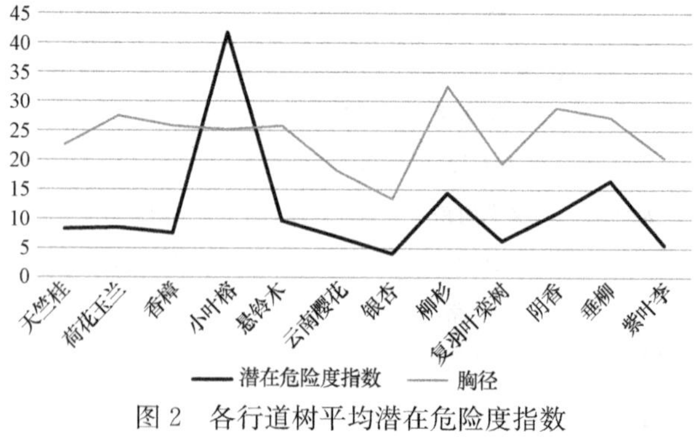

图2 各行道树平均潜在危险度指数

4 结论与讨论

4.1 结论

调查统计共得到12种行道树，共计4390棵。在所有的样区中，天竺桂被广泛栽植，使用率最高，其次是香樟和荷花玉兰，均为常绿树种，具有较高的美化和观赏价值。使用率最低的为紫叶李和柳杉。行道树各树种的胸径以中、小径阶为主。

潜在危险度指数最高的道路为荣禄街（48），其次为川庙街（41.6）和和平路（35.6）；这三条道路所栽植的行道树均为小叶榕，潜在危险度指数最高。潜在危险度指数大于10的有环湖路（11.36）、云锡南路（11）和新街（10.3），最低的是新冠路（5）。

所有样区中，枝干异常裂痕潜在危险度为最高（62.6），其次为树干异常裂痕（49.9），最低的为根系不稳定，危险度指数（18.4）。天竺桂的主干V字夹角潜在危险度最高（16.9），树干中空腐朽潜在危险度最低（2.7）。荷花玉兰的主干V字夹角潜在危险度最高（9），徒长枝潜在危险度最低（0.3）。云南樱花的枝干异常裂痕潜在危险度最高（6.6），主干内部腐朽征兆潜在危险度最低（0.8）。小叶榕的枝干异常裂痕潜在危险度最高（26），危险枯枝潜在危险度最低（6）。香樟的枝干异常裂痕的潜在危险度最高（4.4），其次是徒长枝（4.1），主干内部腐朽征兆最低（0.4）。银杏树干异常裂痕潜在危险度最高（1.2）；柳杉内部腐朽征兆潜在危险度最高（4）；紫叶李枝干异常裂痕潜在危险度最高（2）；栾树主干V字夹角的潜在危险度最高（3）；阴香树干异常裂痕潜在危险度最高（3）；垂柳树干异常裂痕和树干内部腐朽征兆潜在危险度最高（4）。

12种行道树中，从危险度指数来看，小叶榕的平均潜在危险度指数最高（41.7），平均潜在危险度指数在10以上的有垂柳（16.5）、柳杉（14.4）和阴香（11），平均潜在危险度指数最低的是银杏（4.1）。行道树的潜在危险度指数的大小是否与其胸径有关还需进一步探讨。

4.2 讨论

行道树在美化城市景观、改善城市生态环境方面有很大的作用，是城市绿化必不可少的一部分[7]。在树种的选择上，应遵循“适地适树”的原则，在本次调查中，荷花玉兰、复羽叶栾树、香樟、云南樱花等乡土树种的潜在危险度数值均较低，而小叶榕是引进树种，潜在危险度数值约是栾树的7倍，由此可见，在城市行道树种的选择上应多考虑乡土树种。让行道树充分发挥其生态功能，进而提升城市居民的生活环境品质，实现城市绿化的可持续发展。对行道树进行合理的养护是减少其危险度的有效措施。一是修筑必要的保护措施，在行人较多的地方设置防护栏或树池坐凳，减少车辆行人对树穴的踩压。二是合理的修剪，及时修剪徒长枝和危险枯枝，对发生主干V字夹角的枝干及时修剪，保持树形的完美，减少树干潜在的危险度，及时处理病虫害较严重的树枝以及开过花的枝梢[8]。由于城市中行道树数量庞大，可根据树木生长的位置不同而采取不同级别的养护管理措施。三是水肥管理，因生长环境的限制，可为城市行道树提供养分及水分的土壤较少，降水渗透率少，落叶不归根，为保证行道树的生长，建议每年浇3～5次水，如遇到干旱天气，可增加浇水次数，并且每年冬季给树穴疏松土壤和追肥[9]。同时建立相关资料库。相关单位工作人员应定期对城市行道树进行危险度调查与评估，记录城市行道树的潜在危险度值与健康状况，建立危险度与健康资料库，可为行道树的养护管理与施工提供参考依据，使行道树长期保持良好的健康和较好的安全性。

参考文献

[1] 蔡圆圆，闫淑君，吴沙沙，等. 11种常用行道树危险度评估[J]. 森林与环境学报，2015，35(2)：169-174.

[2] Mattheck C, Breloer H. Filed guide for visual tree assessment(VTA)[J]. Arboricultural Association Journal 2012, 18(1): 1-23.

[3] 王宇，孙壮，张巍. 吉林地区绿化行道树种选择小议[J]. 吉林蔬菜，2003(03)：26.

[4] 蔡园园. 应用VTA法进行福州市行道树危险度评估[D]. 福建农林大学，2014.

[5] 高敏，刘建军. 园林树木安全性研究概述[J]. 西北林学院学报，2014，29(04)：278-281；292.

[6] 吴丹，晋安区山野古树资源调查和风险评估[D]. 福建农林大学，2017.

[7] 詹明勋，王亚南，高毓谦，等. 树木目视评估危险度及健康度——以台中县市老树为例[R]. 台大实验林研究报告. 2006.

[8] 余道国. 行道树的种植设计与管理[J]. 黑龙江科技信息，2008(01)：184.

[9] 马琳，刘晗，彭子娟，等. 北方地区高校公共绿地树木安全性评估——以北京林业大学为例[J]. 中国园艺文摘，2017，33(05)：55-56；157.

作者简介

李瞒瞒，1996年生，女，汉族，河南人，西南林业大学硕士在读，研究方向为风景园林植物资源与应用。电子邮箱：1952716486@qq.com。联系电话：15038796517。

李旺红，1998年生，女，彝族，云南人，西南林业大学本科在读，研究方向为园林植物资源与应用。电子邮箱：392059920@qq.com。

于达勇，1996年生，男，汉族，四川人，西南林业大学硕士在读，研究方向为风景园林植物资源与应用。电子邮箱：1933917523@qq.com。

樊智丰，1986年生，男，汉族，内蒙古人，西南林业大学博士在读，研究方向为园林植物种质资源与应用。电子邮箱：443498154@qq.com。

韩丹妮，1998年生，女，汉族，山西人，西南林业大学硕士在读，研究方向为风景园林规划与设计。电子邮箱：2251637036@qq.com。

马长乐，1976年生，男，汉族，甘肃人，博士，西南林业大学园林园艺学院、国家林业和草原局西南风景园林工程技术研究中心，教授、博士生导师，研究方向为风景园林教学与研究。电子邮箱：machangle@sina.com。

永定河戾陵堰、车箱渠水利景观系统考证①

Research of the Water Conservancy Landscape System of Liling Weir and Chexiang Canal on Yongding River

刘 蔚 张 晋*

摘 要：戾陵堰、车箱渠是历史上永定河下游修建的重要水利景观系统之一，其修建进一步建立起了永定河与北京小平原城市发展之间的联结，同时在其使用与废弃的整体演变过程中体现了丰富的人水互动历史信息。由于戾陵堰、车箱渠水利景观系统现为地下遗址，本文以文献考据法为基础，针对戾陵堰、车箱渠水利景观系统的修建背景、历史演变、空间位置、工程结构、历史价值等进行系统化推演，在此基础上对该水利景观遗址在未来的进一步发掘、展示与利用提出倡议。

关键词：永定河；戾陵堰；车箱渠；水利景观

Abstract: The Liling Weir and Chexiang Canal System was one of the important water conservancy landscape facilitie systems built in the lower reaches of the Yongding River in history. Its construction further established the connection between the Yongding River and the urban development of Beijing's small plains, and the overall evolution of its use and abandonment reflected the rich historical information of human-water interaction. Since the water conservancy landscape system of Liling Weir and Chexiang Canal is now an underground site, based on the literature research method, this article decuced the construction background, historical evolution, spatial location, engineering structure, and historical value of the water conservancy landscape system of Huling Weir and Chexiang Canal systematically, and put forward proposals for the further excavation, display and utilization of the water conservancy landscape site in the future.

Keywords: Yongding River; Liling Weir; Chexiang Canal; Water Conservancy Landscape

引言

戾陵堰是中国古代永定河下游所建的重要水利工程之一，拥有“北方都江堰”之称，于公元250年在永定河（㶟水）河道中修建完成[1]。戾陵堰、车箱渠水利景观系统共分三个部分：一为分水工程戾陵堰；二为引水工程车箱渠；三为灌溉河道高梁河部分河道。戾陵堰、车箱渠水利景观系统的价值主要体现在两方面[2]：一是该工程历史上引水入高梁河灌溉了蓟城周边近两千顷农田，巅峰时期灌溉面积达五千顷，具有重要的农业价值；二是恢复了高梁河向古蓟城输送水源的重要功能，从而进一步促进了古蓟城城市建设、交通、用水等方面的发展[3-4]。但戾陵堰、车箱渠水利景观系统也使得蓟城极易遭受洪水灾害，最终导致蓟城向西迁移[5]。

对于这样一个深刻影响了北京小平原农业生产、城市建设的水利景观系统，其历史演变过程、工程结构、运行模式及文化内涵都具有重要的研究价值。本文将主要通过对古籍、现代文献及相应地图资料的整理筛选，对上述价值内容进行研究，并尝试进行推测性的图纸复原。

本文主要研究方法为文献研究法，文献研究主要包括古籍、方志、碑记、地图册、水利工程等相关资料（表1）。

本文主要参考文献及参考内容　　表1

书籍/碑文名称	著成年代	主要参考内容
《水经注》	北魏	建成年代、修复年代、体量
《水经注释》	清代	建成年代、修复年代、体量
《水经注疏》	清代	建成年代、修复年代、体量
《魏书》	北齐	修复年代记载
《北齐书》	唐代	修复年代、方法记载
《宋史》	元代	存在年代记载
《辽史》	元代	地名记载
《王氏农书》	元代	戾陵堰工程结构做法记载
《春明梦余录》	明代	名称记载
《重修净土寺添置田亩碑记》	明代	存在年代记载
《永定河志》	清代	高梁河河道记载
《海淀区志》	现代	高梁河河道记载
《石景山区志》	现代	空间位置记载
《中国历史地图集》	现代	空间位置记载
《北京史地丛考》	现代	车箱渠渠道考古记载
《中国古代水利科学技术史》	现代	戾陵堰工程结构分类记载

除上述资料外，众多学者对戾陵堰、车箱渠水利景观系统的学术研究论文也是文献研究的重要对象。现有研

① 基金项目：国家自然科学基金青年项目“面向山地乡村环境的水适应性景观安全格局模型构建——以京西门头沟地区为例”（编号：51808005）；北京市教委社科一般项目“京西山地村落水适应性景观调查与数据库建立”（编号：SM201910009008）；北方工业大学青年毓优人才培养计划“面向工程前沿的气候适应性规划及建造技术研究——以北京地区为例”（编号：NCUT2020）。

究多以古代文献资料及部分现场勘测发现①为支撑，探究戾陵堰主堰体及其配套工程车箱渠的位置及走向[6-8]，相关研究内容以戾陵堰及车箱渠的空间位置推测为主，对工程设施的具体体量、结构、运行方式的研究相对较少[1]，这使得对于这一重要古代水利景观系统的研究与认知存在重要缺失。在此基础上，通过考古学、地质学研究方法对永定河整体变迁过程及古高梁河历史演变的相关研究也为本研究提供了重要辅助资料支撑[2,6]。

1 戾陵堰、车箱渠水利景观系统的历史变迁

戾陵堰、车箱渠水利景观系统的修建背景主要有二：一是永定河河道变迁；二是三国曹魏政权对农业生产的重视。在此背景下，刘靖于魏嘉平二年完成对戾陵堰、车箱渠的修建，自此之后至唐末近1000年的时间里该水利景观系统经过数次修缮最终淹没，变为永定河畔一处地下水利景观遗址。

1.1 东汉至三国初期——古高梁河断流与曹魏屯田制的实行

永定河形成于约300万年前，进入全新世②后永定河北京古河道开始形成至全新世中期北京小平原古河道繁荣发展[10]。全新世的永定河在北京小平原摆动的总体趋势为由北向南，但并非逐步向南的规则式摆动。全新世初期，永定河主要流向为石景山北—老山、八宝山以北—海淀。约公元前9000年～公元前5000年之间，永定河流向则改由石景山南—老山、八宝山以南—丰台。约公元前4000年～公元前2000年，永定河一支干流由偏南的河道摆动回老山、八宝山以北，向东流经紫竹院后经“北中南三海”向东南至亦庄。上述三条古河道便是全新世初期～戾陵堰修建之前永定河改道的主要河道，因后世在三条河道中分别形成了清河、㶟水以及高梁河，而被后世分别称为古清河（全新世初期）、古㶟水（公元前9000年～公元前5000年）、古高梁河（公元前4000年～公元前2000年）（图1）。上述三次河道变动之后，西汉末东汉初（约公元前1820年前），永定河河道又改道回石景山南而后向东南流的河道走向，古梁河河道在此时断流[2]。

蓟城建立于周武王封蓟时期（现位于北京西城区附近），背靠燕山山脉，自蓟城建城伊始，该地区便是中原汉族统治势力对抗北方游牧民族的军事重镇及幽州地区重要的农业生产地，至三国时期成为北方曹魏政权重要的军事防御和农业种植区域[10]。汉代古高梁河的断流使得蓟城西北部农田无法进行农业生产，蓟城城市用水受到影响。三国初期曹魏政权为稳定民心以及为军事斗争提供粮食支持，曹操于建安元年（公元196年）颁布《置屯田令》[11]：

“夫定国之术，在于强兵足食。秦人以急农兼天下，孝武以屯田定西域，此先代之良式也。”

该诏令在全国范围内实施，各地大力恢复荒废农田、大兴水利建设、大范围进行屯田活动。在上述自然河道变迁及政策的影响下，三国中期魏镇北将军刘靖在蓟城西北建戾陵堰、车箱渠水利工程以恢复古高梁河河道的农业灌溉功能及城市用水功能。

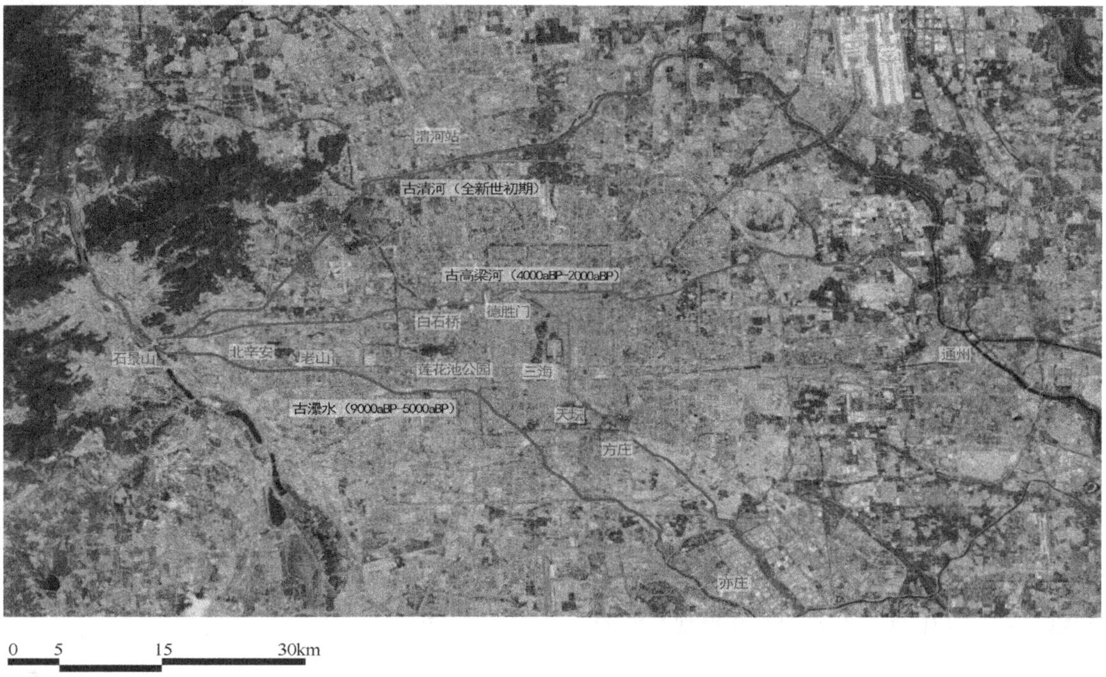

图1 戾陵堰修建前永定河河道变迁示意图

① 戾陵堰、车箱渠遗址区域并未进行过专门性考古发掘，仅在周边工业设施建设过程中进行过一定基础性勘测，详细内容将在后文中进行说明。

② “全新世”为地质学名词，指约11700年前至今的地质时代，是最年轻的地质时代[9]。

1.2 三国中期——戾陵堰、车箱渠水利景观系统的修建

戾陵堰水利景观系统于三国中期由镇北将军刘靖带领其手下士兵千余人于魏嘉平二年（公元250年）修建完成。戾陵堰修建位置位于梁山以南，戾陵堰之名也是因该山上有燕王刘旦的陵墓而得来。戾陵堰堰体主要由石笼堆积形成高一丈，东西向长三十丈，南北向长约七十步的分水堰。《水经注·刘靖碑》中对该工程的修建背景及命名、修建时间、位置、过程、有详细记载：

“鲍丘水入潞，通得潞河之称矣。高梁水注之，水首受灅水于戾陵堰，水北有梁山，山有燕剌王旦之陵，故以戾陵名堰。魏使持节都督河北道诸军事征北将军建城乡侯沛国刘靖，字文恭，登梁山以观源流，相灅水以度形势，嘉武安之通渠，羡秦民之殷富。乃使帐下丁鸿，督军士千人，以嘉平二，立遏于水，导高梁河，造戾陵遏，开车箱渠。”

据文献记载，该工程建成之后灌溉范围达两千顷，对三国时蓟城及以后该地区周边农田灌溉、城市用水以及水运等均起到了重要作用，因此后世对该水利景观系统进行了数次维修及重建（图2）。

西汉时期　　东汉时期（戾陵堰修建前）　　三国时期（戾陵堰修建后）

图2　戾陵堰、车箱渠修建前后山水格局示意图

1.3 三国中期至唐代——戾陵堰、车箱渠水利景观系统的修缮

本文通过对古籍的整理筛选，发现共有四次有明确文字记载的修复过程（表2）。戾陵堰、车箱渠水利景观系统修缮的主要原因有二：一为粮食种植对灌溉用水的需求增加；二为该水利景观系统年久失修导致的引水功能减弱。其中，景元三年樊晨对车箱渠水门进行了改制，使得灌溉面积增至五千顷；元康四年刘弘不仅改制水门且修建堤坝以减少洪水对水利设施的影响。这两次修缮都对车箱渠水门进行了改制，以增强戾陵堰、车箱渠水利景观系统的灌溉能力。

历史上关于戾陵堰、车箱渠水利景观系统修缮的四次记录　　**表2**

书名	朝代	文字记载
《水经注》	北魏	至景元三年辛酉，诏书以民食转广，陆废不赡，遣谒者樊晨更制水门，限田千顷，刻地四千三百一十，六顷，出给郡县，改定田五千九百三十顷
《水经注》	北魏	元康四年，君少子骁骑将军平乡侯弘……内外将士二千人，起长岸，立石渠，修主遏，治水门，门广四丈，立水五尺，兴复载利通塞之宜，准遵旧制，凡用功四万有余焉
《魏书》	北齐	渔阳燕郡有故戾陵诸堰，广袤三十里。皆废毁多时，莫能修复。时水旱不调，民多饥馁，延儁谓疏通旧迹，势必可成，乃表求营造
《北齐书》	唐代	天统元年解律羡官出幽州刺史，导高梁水北合于易京，东会于潞，因以灌田，边储岁积，转嘈用省，公私获利焉

1.4 唐代以后——戾陵堰、车箱渠水利景观系统的荒废

在《北齐书》之后，古籍中便几乎没有对戾陵堰、车箱渠水利景观系统修缮工程的明确记载了。明末清初孙承泽的《春明梦余录》中将戾陵堰称为刘师堰，明代石景山金阁寺《重修净土添置田亩碑记》中有对《刘师堰石记》碑文的记载：

“且夫净土寺，古《刘师堰石记》云：金阁寺自晋唐以来所藏石经，碎而言断，岩穴鲜有存焉。”

可见在后唐时期还有专门针对戾陵堰的碑刻记录。唐以后，《宋史·卷二百六十四·宋琪传》中记载了高梁河逐渐严重的洪水问题：

“桑干河水属燕城北隅，西壁而转，大军如至城下，于燕丹陵西北，衡堰此水，灌入高梁河，高梁岸狭，桑水必溢。”

在此之后《辽史》中虽有“狼山神，戾陵坡”的记载，但其记载仅为地名的简单描述，不足以作为戾陵堰仍在当时存在的史料证据。由此推测唐末应是戾陵堰、车箱渠水利景观系统发挥其灌溉功能的最后时期。

关于戾陵堰、车箱渠水利景观系统荒废的原因史料中并未给出明确结论，根据永定河沉积相相关研究推测，戾陵堰、车箱渠水利景观系统荒废的主要原因应为永定河上游自然生态环境破坏所导致的永定河泥沙量增加[13]。该变化主要影响有二：一为河道海拔上升速度加快、泥沙大量淤积、洪水频发导致戾陵堰主堰体逐渐被泥沙掩埋、车箱渠渠道淤塞、高梁河洪水灾害严重[14-15]；二为永定河河道开始变得摇摆不定，河道改道频率的增加改变了永定河出山口沿岸的地貌，使得戾陵堰、车箱渠作用更弱[1]，最终使得该水利景观系统被淹没在泥沙之下。

2 戾陵堰、车箱渠水利景观系统空间位置辨析

2.1 戾陵堰主堰体、车箱渠空间位置辨析

因戾陵堰、车箱渠现为地下遗址且至今未进行考古发掘，所以对其现今位置存在两点争论，争论的焦点在于戾陵堰主堰体的位置，即《水经注》中所提“梁山”到底是哪座山。第一种说法认为主堰体位于今石景山东北，石景山发电厂新厂所建电厂桥 1.2 号桥墩之下，其北侧黑头山为梁山[1,8,12,15-17]；第二种说法将石景山区境内老山认为是梁山，而戾陵堰在其南侧河道中[6-7]。

第一种观点可考证的文献资料有：石景山发电厂新厂电厂桥施工队队长及技术员所提供的桥基地质资料证明在该桥 1.2 号桥墩下确有高度约为一丈的漂石层和孤石层[17]；常征《北京史地丛考》中的考古发现在石景山发电厂新厂后院龙首山与黑头山连接凹陷处有开凿出一道宽约 30m、长约 200m、深约 3m 的石槽，石槽西南通入永定河北岔，东北下注金沟河；《石景山区志》中记载黑头山别名“梁山”；《中国历史地图集》一书中三国西晋时期蓟、涿地区地图中戾陵堰、车箱渠位于现石景山、黑头山附近；《重修净土添置田亩碑记》中的金阁寺建在石景山上，表明戾陵堰、车箱渠水利景观系统应建在石景山附近。

第二种观点将老山上经过抢救性挖掘的西汉古墓判断为燕王刘旦之墓，因此认为老山为梁山[6-7]，但目前并未发现有确切的考古发现或权威性文献能证实老山汉墓为燕王刘旦之墓[18]。

综合上述文献及观点，笔者认为现石景山境内黑头山为《水经注》中所述“梁山”。因此上文中第一种观点所述位置更有可能为戾陵堰主堰体现存位置，车箱渠水门位于戾陵堰以东石景山发电厂新厂后院内，渠道穿过龙首山与黑头山之间的夹缝后向东流。

2.2 高梁河空间位置辨析

在确定了戾陵堰主堰体以及车箱渠的空间位置后，高梁河的河道走向也是空间位置辨析的重要内容。关于高梁河的源头及流向的记载最早见于《水经注》：

“㶟水又东南高梁之水注焉。水出蓟城西北平地，泉流东注，径燕王陵北，又东径蓟城北，又东南流。

㶟水又东南径良乡县之北界，历梁山南，高梁水出焉。

水流乘车箱渠，自蓟西北迳昌平，东尽渔阳潞县，凡所润含，四五百里，所灌田万有余顷”。

除古籍外，今《海淀区志》中对高梁河源头及流向也有较为明晰的记载，书中记载高梁河有“平地泉”“永定河戾陵堰”两个源头，两源在白石桥附近汇合后又分为两支。综合《水经注》、《海淀区志》对于高梁河的记载以及岳升阳老师对古高梁河河道走向的研究可得出高梁河的源头及其走向：高梁河水源有二，一为戾陵堰、车箱渠所引永定河之水，二为蓟城西北之平地泉。两源头在白石桥附近汇合之后向东流至德胜门一带分为两支，一支向南过“三海”、天安门、天坛，而后东南流至亦庄[19]；另一支沿今北护城河向东，经坝河至通州入温榆河，《水经注》所述“自蓟西北迳昌平，东尽渔阳潞县”之河道应为该支河道。由高梁河两源头资料可判断车箱渠与高梁河的连接方式应为：车箱渠渠尾与高梁河干枯河道相接，引永定河水为高梁河源头之一（图 3）。

3 戾陵堰、车箱渠水利景观系统工程做法考证及图纸复原

3.1 戾陵堰主堰体复原

本文在已有文献资料、现场资料及合理推测的基础上，尝试对戾陵堰主堰体进行图纸复原，分为空间尺寸及工程做法两部分。《水经注》对戾陵堰主堰体尺寸记载道：“积石笼以为主遏，高一丈，东西长三十丈，南北广七十余步。”其中高一丈的记载应为高出水面一丈，判断原因有二：首先《水经注·刘靖碑》的修建是在戾陵堰修建完成之后，其关于高度应为目测；其次永定河当时的水深应远不止一丈。参考魏晋时期度量衡制度，一丈为十尺，一步为六尺，一尺约 24.2cm[20]，换算后可得戾陵堰主堰体高出水面部分高约 2.42m，东西向长约 72.6m，南北向长 101.64m。现代书籍《中国古代水利科学技术史》中将戾陵堰归类为木笼装石坝，元代王祯所著《王氏农书》中记载了木笼石坝这一结构的做法：

“用藤萝或木条编成，圈眼，大笼长二三丈，高四五尺，内装石块，用木桩钉住，接连绵延可用来抵御洪水奔浪。”

除上述文献资料外，现场证据中发现漂石层、孤石层以及孤石层之间存在木质材料腐朽导致石材之间缝隙较大的情况[15]。对于漂石层与孤石层二者之间的关系，因漂石层在空间位置上高于孤石层[15]，且关于戾陵堰、车箱渠水利景观系统的修缮记载中未见有对戾陵堰主堰体进行加高的记载，所以推断漂石层应为覆盖在孤石层所制木笼石坝之上。综上，戾陵堰主堰体的工程做法应为先将木桩固定在河道中形成石笼的竖向骨架，再将柳枝或其他植物枝条编制做为笼的横向结构，最后将孤石填入笼中漂石层置于顶部形成石笼，由石笼堆积形成木笼石坝[1,21]（图 4）。

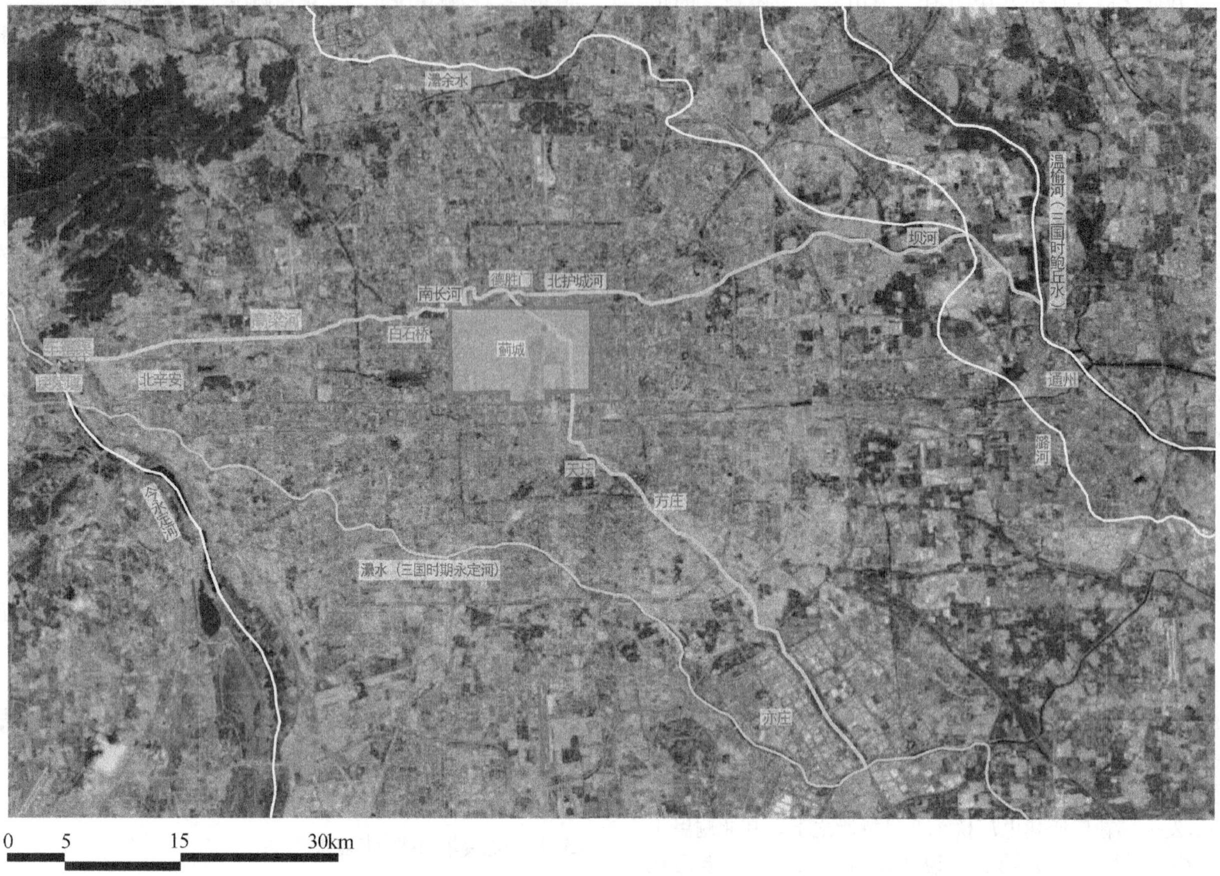

图 3　戾陵堰水利景观系统空间位置示意图

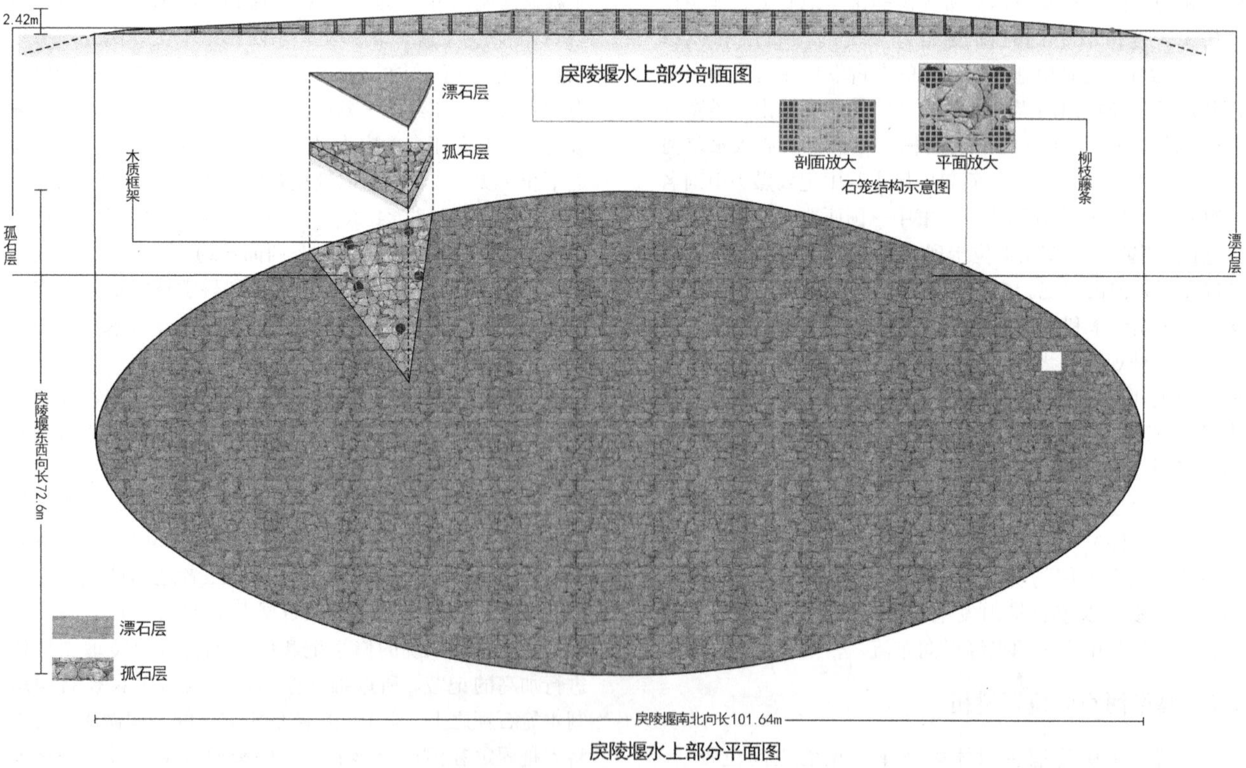

图 4　戾陵堰主堰体（水上部分）复原图

3.2 车箱渠工程做法考证

《水经注》中记载车箱渠“依北岸立水门，门广四丈，立水十丈”，尺寸换算后可得车箱渠水门长约 9.68m、高约 24.2m。关于车箱渠水门高“十丈”的说法一直存有争议[15]，主要争议集中在车箱渠水门是否应高近 30m。清代赵一清所著《水经注释》和清代杨守敬《水经注疏》中对车箱渠水门给出了另一种解释：

“依北岸立水门，门广四丈，立水遏，长十丈。

依北岸立水门，门广四丈，立水遏，长十丈。朱无遏长二字，《笺》曰：水下脱遏长二字。”

上述古籍中认为《水经注》原版本中关于车箱渠的记载缺少了“遏长”二字。笔者认为《水经注释》《水经注疏》二本古籍中对于车箱渠水门的解释较为合理，即水门侧建有长 24.2m 的水遏。据《中国古代水利科学技术史》中古代水闸的分类，车箱渠水门应属进水闸。结合常征《北京史地丛考》中记载车箱渠深约 3m、宽 30m，便可得出车箱渠大致体量，即车箱渠水门长 9.68m、水门旁建有水遏，水遏长 24.2m，引水渠道宽 30m 深约 3m[15]。但车箱渠水利工程的相关记载仍旧十分缺乏，通过文献整理无法得出的数据较多，例如车箱渠水门的高度、开关方式、与水遏的关系、材质、工程做法，车箱渠渠道的长度、工程做法等。因此暂时无法仅凭文献研究得到确切数据对车箱渠进行平面图纸上的复原。

4 结语

戾陵堰水利景观系统对古代北京城城市建设、农业生产都有重要的价值，但很遗憾的是现如今已被掩埋在永定河的泥沙之下，且根据文献研究所得研究资料仍然有很多无法解决的问题，无法更加清晰地对该水利景观系统进行展示利用。建议可在适当时间对该水利景观系统进行系统性考古勘测与挖掘，补充文献研究所缺失的关键性证据，进一步促进针对这一古代水利景观系统的研究。在此基础上，建议可在考古勘测及挖掘的基础上在该区域开展针对戾陵堰、车箱渠水利景观系统的遗址保护及展示利用规划与设计，凸显其历史文化价值及其在西山—永定河历史文化带建设中的特殊地位[22]。

参考文献

[1] 吴文涛. 戾陵堰和车箱渠：沉睡历史深处的“北方都江堰”[J]. 前线，2019，(4)(11)：85-87.

[2] 岳升阳，马悦婷，齐乌云，徐海鹏. 古高梁河演变及其与古蓟城的关系[J]. 古地理学报，2017，19(04)：737-744.

[3] 侯仁之. 燕都蓟城城址试探. 北京：北京大学出版社，1981.

[4] 侯仁之. 北京历代城市建设中的河湖水系. 北京：北京燕山出版社，1989.

[5] 胡而思. 基于水利系统的北京传统城市景观体系研究[D]. 北京林业大学，2020.

[6] 武家璧，白艺. 高梁河新证[J]. 三山五园研究，2020，4(01)：245-256.

[7] 尹钧科. 关于戾陵堰、车箱渠、永济渠新见[C]//北京历史文化研究. 北京市社会科学院历史研究所，2012：6.

[8] 李善征，刘延恺，方伟，等. 戾陵堰、车箱渠位置的新释读和寻迹[J]. 北京水务，2011(05)：36-39.

[9] 施雅风，孔昭宸，王苏民，等. 中国全新世大暖期的气候波动与重要事件[J]. 中国科学(B辑化学生命科学地学)，1992(12)：1300-1308.

[10] 张阳. 北京城市水体空间历史演变过程研究[D]. 中央美术学院，2021.

[11] 李军，丁进，俞香云. 曹魏屯田制度与曹操军事经济思想刍议[J]. 牡丹江师范学院学报(哲学社会科学版)，2012(01)：48-50.

[12] 谭其骧. 中国历史地图集. 北京：中国地图出版社，1982.

[13] 廖保方，张为民，李列，等. 辫状河现代沉积研究与相模式——中国永定河剖析[J]. 沉积学报，1998(01)：34-39；50.

[14] (清)陈琮. 永定河志[M]. 北京：学苑出版社，2013.

[15] 刘德泉，李元强，冉连起. 永定河出山口的古代水利工程[J]. 北京水利，2000(04)：38-43.

[16] 吴文涛. 戾陵堰、车箱渠所在位置及相关地物考辨[J]. 北京社会科学，2012(05)：88-95.

[17] 岳升阳. 双榆树古渠遗址与车箱渠[J]. 清华大学学报(哲学社会科学版)，1996(02)：88-90.

[18] 朱泓，周慧，林雪川. 老山汉墓女性墓主人的种族类型、DNA分析和颅像复原[J]. 吉林大学社会科学学报，2004(02)：21-27.

[19] 北京市海淀区地方志编纂委员会. 北京市海淀区志[M]. 北京：北京出版社，2004.

[20] 赵晓军. 中国古代度量衡制度研究[D]. 中国科学技术大学，2007.

[21] 陈德全. 木笼卵石围堰的夹心土墙计算方法[J]. 湖南交通科技，1994(04)：46-49.

[22] 刘卫红. 大遗址土地用途分区管制研究[D]. 西北大学，2010.

作者简介

刘蔚，1995 年生，女，土家族，湖北人，北方工业大学硕士在读，研究方向为水适应性景观、乡土景观等。电子邮箱：1107680267@qq.com。

张晋，1986 年生，男，汉族，山东人，博士，北方工业大学建筑与艺术学院，讲师、硕士生导师，研究方向为水适应性景观、乡土景观等。电子邮箱：zhjblack@126.com。

基于降噪功能的道路绿地改造技术研究①

Transformation Technology for Road Green Belts Based on Noise Reduction

张庆费　杨　意　郑思俊　夏　檑

摘　要： 绿带是绿色有效的降噪方式，本文介绍了基于降噪效应的上海外环线绿带改造实践，通过调整绿带乔木与灌木的空间配置结构，提高绿带的降噪功能，调整后绿地群落对噪声的衰减均值从6.0dB（A）提高到8.4dB（A），靠近声源部分采用乔灌复合结构能明显增强绿带降噪效应，研究结果对合理营造降噪绿带具有借鉴价值。

关键词： 道路绿带；降噪；植物配置

Abstract: Green belts is the environment-friendly and effective way for reducing noise pollutin. This article describes a case of green belts transformation practice based on noise reduction in Shanghai Outer Ring Road. By transformating the space configuration of trees and shrubs, the noise reduction function for the green belt was improved. The noise attenuation values increased from 6.0 dB(A) to 8.4 dB(A) after the adjustment of plant arrangement. The compound structure of trees and shrubs close to the noise source could significantly enhance noise reduction effect. The results could take reference for construction of reasonable noise reduction green belts.

Keywords: Road Green Belts; Noise Reduction; Plant Arrangement

引言

城市环境噪声污染，尤其是交通噪声污染对居民生活、工作和健康的影响已日益受到重视。交通噪声的治理主要从声源防治、传播途径切断和受点防护3个方面入手[1]。在具体实施上，减少交通噪声污染主要有设置隔音板（墙）、选取低摩擦的路面及轮胎材料、建设路测绿化带等方法，而合理利用绿化带减少噪声污染可能是最经济环保的方法[2-3]，绿化带还具有一定心理降噪作用[4]。城市绿化带降低噪声的研究较多，多集中在绿带（或林带）宽度、树种组成结构降噪效果比较[1,3,5]，植物群落配置结构对降噪的影响也得到更多关注[6-7]，但利用绿带降噪的原理研究降噪绿带构建的报道较少[8]。

结合城市绿色公路建设，选择上海市浦东新区环城绿带，通过绿地植物配置结构调整改造，增强绿带降噪效应，为提高城市绿化带降噪作用和提升绿地生态功能提供借鉴。

1　调整前绿带结构与降噪能力

外环线是上海环线高速公路，对于完善城市快速路网，分流车流具有重要作用。由于车流量高，也对周边环境产生不利影响，特别是毗邻的居住区和办公区，交通噪声影响人们的日常生活和工作。因此，通过对外环线道路内侧绿化带进行以降噪为主要目的的植物群落调整，并配合其他降噪措施，降低交通噪声的影响。

改造绿带宽25m，长约1.5km，总面积37500m²。调整前绿带的结构形式是由道路侧向外侧梯度上升（图1），在靠近道路侧为宽7～10m的草坪或少量的低矮灌木色块，之后为大灌木或小乔木宽度6～8m，最后是大乔木宽7～9m。

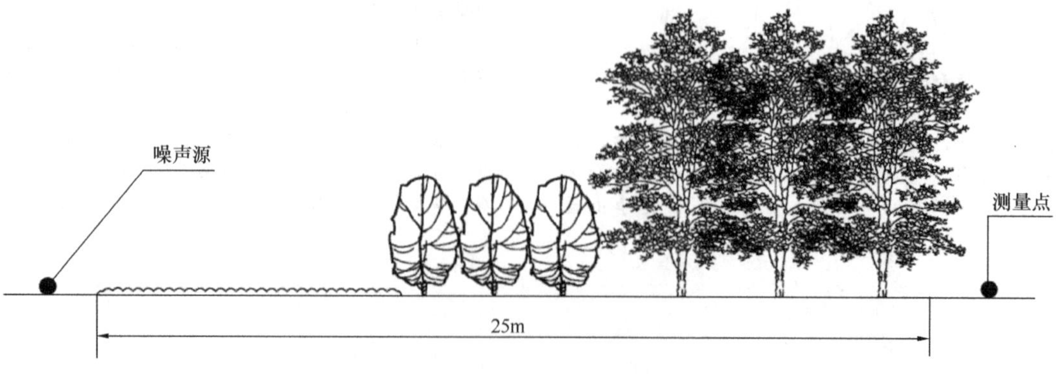

图1　外环线绿带调整前植物配置结构

① 基金项目：上海市浦东新区科技发展基金项目“浦东新区绿色公路建设与评价研究”。

绿带主要大乔木是意杨，还有少量的香樟和女贞等，配置方式有意杨－海桐－麦冬、意杨－鸢尾、香樟－麦冬等。

小乔木和大灌木主要有夹竹桃、紫叶李、慈孝竹、蚊母、木芙蓉等，一般都为单一物种片植。

灌木色块主要有红花檵木、金叶女贞等；草坪主要是马尼拉草和百慕大草。

在绿带调整改造前，对不同植物配置类型进行降噪效应测定，测量选择晴好天气。在 1.5km 的绿带中，共设 5 个测定，近声源值为外环线道路与绿带分界点测量值，取等效连续 A 声级（LAeq 均值）。衰减值是声源值减去通过绿带后的保护点测量值的差值，同样取 LAeq 均值；同时选择没有乔灌木的草坪与水泥路面作为对照（表 1）。

外环线绿带调整前噪声测定值 **表 1**

测点	近声源值 dB（A）	保护点值 dB（A）	植物配置	衰减值 dB（A）
1	81.3	75.7	意树-夹竹桃-粉花绣线菊-草坪	5.6
2	80.9	74.5	意杨-慈孝竹-夹竹桃-木芙蓉-草坪	6.4
3	78.7	71.2	意杨＋香樟-红叶李-金钟花-草坪	7.5
4	79.2	73.3	意杨-慈孝竹-红瑞木-草坪	5.9
5	80.4	75.8	意杨-红叶李-瓜子黄杨-草坪	4.6
均值	80.1	74.1		6.0
对照值	80.6	77.9	草坪和水泥路面	2.7

根据群落调整前的降噪测量表显示，调整前群落的噪声衰减量为 6dB，减去距离衰减值即空地对照值，调整前植物群落的降噪值为 3.3dB。同时，根据调整前群落结构隔声量计算结果示意云图（500Hz），可清晰看到绿带隔声降噪过程，远离噪声源的部分噪声值依然较高(图 2)。

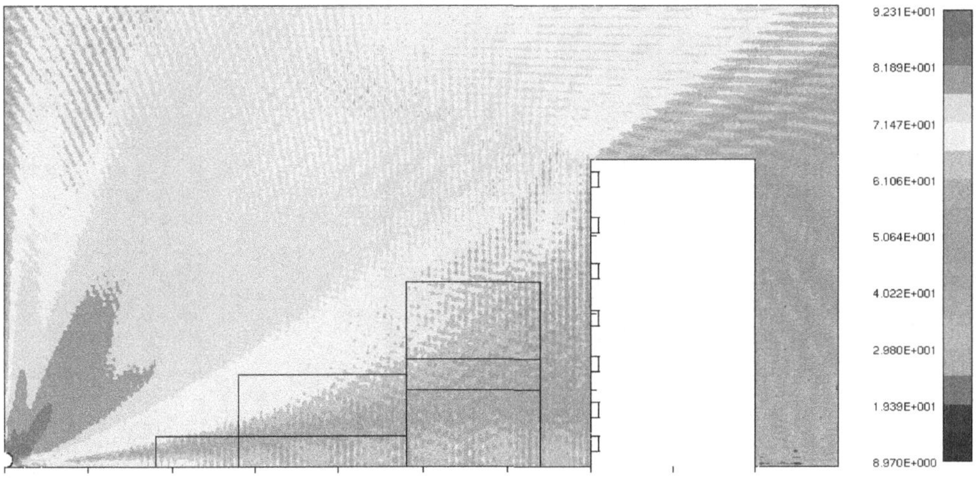

图 2　绿带调整前隔声量计算云图（500Hz）

2　绿带植物配置结构改造及降噪能力

根据笔者对绿地群落结构降噪功能的研究成果[6]，主要从绿带植物种植结构进行调整改造，重点将原来的从低到高的植物配置结构改成两侧高、中间低的结构形式（图 3)。

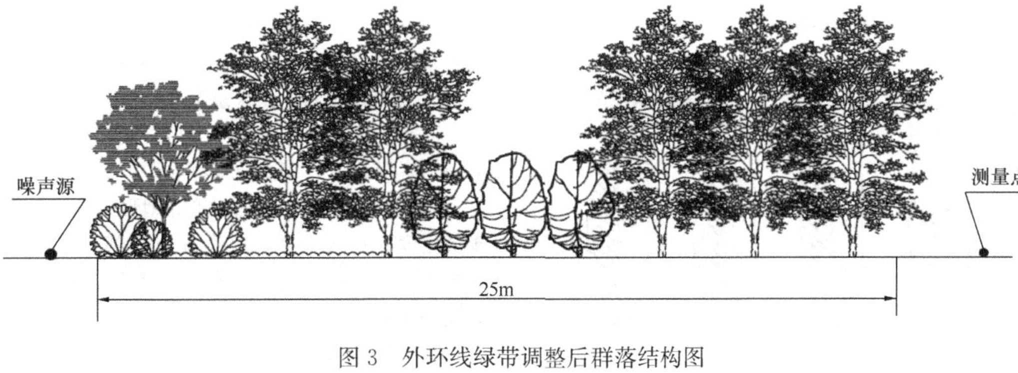

图 3　外环线绿带调整后群落结构图

根据降噪绿带调整设计思路，在保留原有绿地主要树种结构基础上，改变绿地植物群落的布局结构，由原来离声源最近的草坪、低矮灌木色块到大灌木层及乔木层地三段式结构，改变为离声源附近营造枝叶茂盛的乔木和灌木地被结合的复层群落结构。在近声源的原草坪部分，主要增加广玉兰、杨树、香樟、水杉等树种，同时在乔木下层补植夹竹桃、慈孝竹、海桐、八角金盘等灌木。

绿带调整改造后，对绿带降噪效果进行实测，结果如表 2 所示。调整后绿地群落对噪声的衰减值介于 6.9～9.9 dB（A），平均衰减值为 8.4dB（A），高于改造前的均值 6.0dB（A），调整后绿带降低噪声效应提高。

从调整后绿带植物配置隔声量计算结果云图（图 4）显示，靠近保护点的噪声值减少，降噪效果比较明显。

外环线绿带调整后噪声测定值 **表 2**

测点	近声源值 dB（A）	保护点值 dB（A）	植物组成	衰减值 dB（A）
1	81.7	72.4	意树＋香樟-夹竹桃＋八角金盘-粉花绣线菊-草坪	9.3
2	81.1	71.2	意树＋广玉兰-慈孝竹-夹竹桃-木芙蓉-草坪	9.9
3	78.6	70.4	意树＋香樟＋水杉-红叶李-金钟花-草坪	8.2
4	79.7	72.1	意树＋香樟-慈孝竹-红瑞木-草坪	7.6
5	80.1	73.2	意树＋香樟-红叶李-瓜子黄杨-草坪	6.9
均值	80.24	71.86		8.4
对照值	80.8	77.8	草坪和水泥路面	3

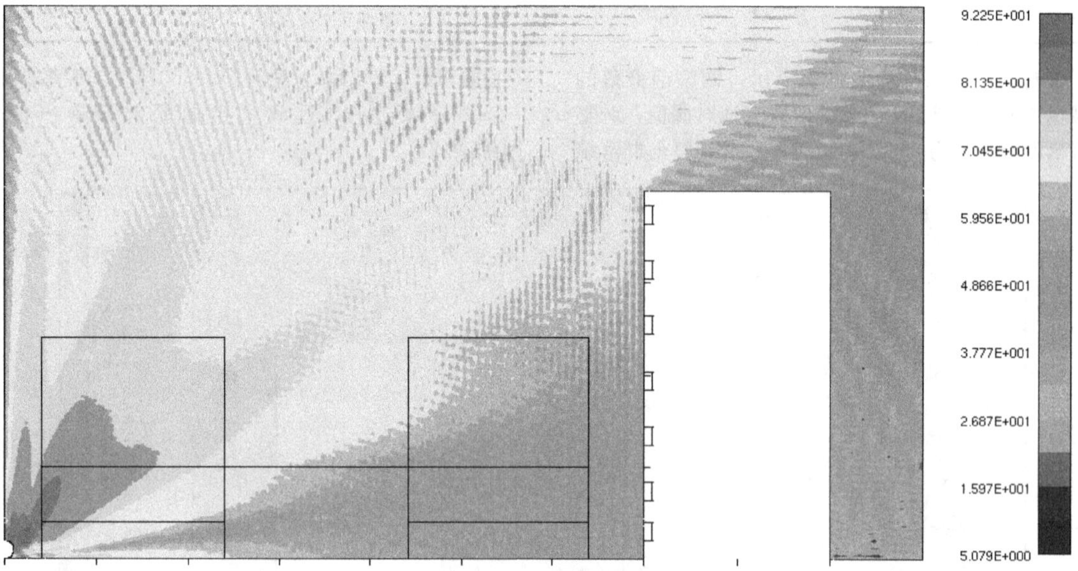

图 4　调整后群落结构隔声量计算结果示意云图（500Hz）

3　结语

从图 5 可见，改造后的绿带各测点的降噪效应均高于改造前，调整改造后绿带对噪声的衰减均值从 6.0dB（A）提高到 8.4dB（A），增加 2.4 dB（A）。值得指出的是，随着改造绿带的生长发育，植株逐步发育正常，群落结构趋于完善，降噪效应将逐步增强。

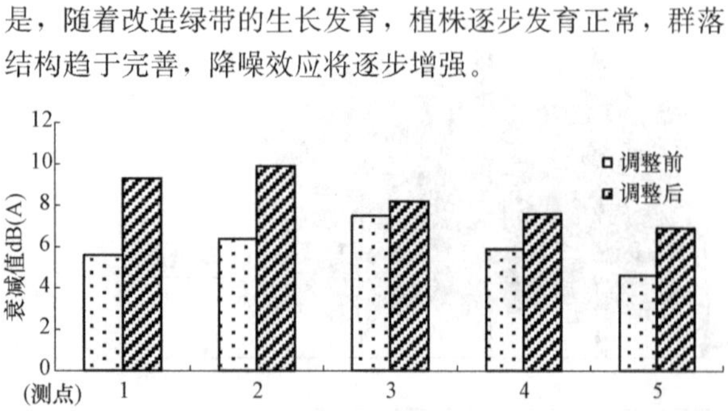

图 5　绿带调整前后植物配置对噪声衰减值比较

从图 5 可见，测点 1、2 的植物配置对噪声衰减值增加最为显著。测点 1 植物配置经过调整后，对交通噪声的衰减值由调整前的 5.6dB（A）提高到 9.3dB（A），增加 3.7dB（A）。该测点调整保留了原有植物，但在邻近外环线道路一侧增加两列香樟和两列意杨（总宽度 8～10m），下层增加了八角金盘等灌木；测点 2 植物配置经过调整后，对交通噪声的衰减值由调整前的 6.4dB（A）提高到 9.9dB（A），增加 3.5dB（A）。该绿带调整也在保留原有植物布局结构的基础上，在邻近外环线道路一侧增加了三列广玉兰和一列意杨（总宽 7～9m）。

道路绿化带对交通噪声具有一定的减轻作用，但在不同配置模式下，衰减效果存在差异，应避免采用“大色块”“大草坪”“模纹花坛”等绿地形式。交通噪声衰减与绿带宽度有很大关系，但靠近声源部分采用乔灌木复合结构能明显增强绿带降噪效应，而远离噪声源部分的减噪效果相对较小。

一些降噪绿化带的设计主要侧重于单体植物的选择，

如选择高大、枝叶浓密树种[8]。发挥良好降噪效果的绿带应更多考虑不同植物组成的整体降噪效应。在降噪绿地建设中，应着重考虑平均枝下高、平均高度、叶面积指数、平均冠幅和盖度等因子，考虑降噪绿地的冠层高度、宽度以及枝叶生物量，营造复层结构[6]。如本次试验采用高大乔木意杨作为群落上层，以女贞、香樟等为亚乔木层，林下配置蚊母、夹竹桃、八角金盘等灌木，产生良好的降噪效应。

参考文献

[1] 丁亚超，周敬宣，李恒，等．绿化带对公路交通噪声衰减的效果研究[J]. 公路，2004，(12)：204-208.

[2] 张庆费，肖姣姣. 降噪绿地研究与营造[J]. 建设科技，2004，21：30-31.

[3] 杜振宇，邢尚军，宋玉民，等．高速公路绿化带对交通噪声的衰减效果研究[J]. 生态环境，2007，16(1)：31-35.

[4] Yang Fan，Bao Zhi yi，Zhu Jun. An Assessment of Psychological Noise Reduction by Landscape Plants[J]. International Journal of Environmental Research and Public Health，2011，8(4)：1032-1048.

[5] 郭小平，彭海燕，王亮. 绿化林带对交通噪声的衰减效果[J]. 环境科学学报，2009，29(12)：2567-2571.

[6] 张庆费，郑思俊，夏檑，等. 上海城市绿地植物群落降噪功能及其影响因子[J]. 应用生态学报，2007，18(10)：2295-2300.

[7] 李冠衡，熊健，徐梦林，等．北京公园绿地边缘植物景观降噪能力与视觉效果的综合研究[J]. 北京林业大学学报，2017，39(3)：93-104.

[8] 姚成，许志鸿．沪杭高速公路上海段降噪绿化带的设计和应用[J]. 华东公路，1999，(5)：70-72.

作者简介

张庆费，1966年生，男，汉族，浙江泰顺人，博士，上海辰山植物园，教授级高级工程师，研究方向为园林生态、城市植物多样性、植物群落学。

杨意，1971年生，男，回族，吉林人，博士，上海市浦东新区道路运输事业发展中心，高级工程师，研究方向为道路绿化技术与管理。

郑思俊，1982年生，男，汉族，浙江苍南人，博士，上海市园林科学规划研究院，高级工程师，研究方向为绿地生态、生态规划。

夏檑，1974年生，男，汉族，浙江余姚人，本科，上海世博文化公园建设管理有限公司，高级工程师，研究方向为风景园林规划与设计。

风景园林管理及智慧化

基于 Revit 的杭州传统园林石作族库构建初探①

Preliminary Study on the Construction of Hangzhou Traditional Garden Stone-work Family Library Based on Revit

吴 越 乔曼曼 洪 泉*

摘 要：在数字化变革背景下，运用前沿数字技术探索园林遗产记录和保护成为新的研究热点。在此领域中 BIM 具有显著优势，而其中常用软件 Revit 的应用又以“族”的创建为基础，因此，参数化族库的构建对推进园林遗产信息模型建立大有裨益。针对现存杭州传统园林中遗存较多的石作进行族库的构建研究，采用文献查阅和调研测绘的方法，在总结杭州传统园林石作结构形式特点的基础上，梳理石作族库构建的逻辑框架，详细制定了石作族库构建的技术路线和流程。并以石作中的台基为例，通过资料档案、现场测绘获取信息参数，在 Revit 软件中实现其石作构件族库的建立，以期为今后杭州传统园林的研究与保护修复提供参考，为园林复原与仿古园林的建设提供依据。

关键词：传统园林；石作；杭州；Revit；族库

Abstract: In the context of digital reform, the use of cutting-edge digital technology to explore the record and protection of garden heritage has become a new research hotspot. BIM has significant advantages in this field, and the application of the commonly used software Revit is based on the creation of " family ". Therefore, the construction of parametric family library is of great benefit to promote the establishment of garden heritage information model. In view of the existing Hangzhou traditional garden remains more stone family library construction research, using the method of literature review and surveying and mapping, on the basis of summarizing the characteristics of Hangzhou traditional garden stone structure form, combing the logic framework of stone family library construction, the technical route and process of stone family library construction are formulated in detail. Taking the platform base in stone as an example, the information parameters are obtained through data files and field mapping, and the stone component family library is established in Revit software, so as to provide reference for the research, protection and restoration of traditional gardens in Hangzhou in the future, and provide basis for the restoration of gardens and the construction of antique gardens.

Keywords: Traditional Garden; Stonework; Hangzhou; Revit; Family Bank

引言

在数字化革命、信息化社会的语境下，传统的遗产记录建档概念升级为以数字化为基础的遗产信息采集、传递、处理和利用等活动[1]。在三维数字化遗产保护领域，BIM（Building Information Modelling）具有显著优势。而作为 BIM 环境中普遍应用的软件，Autodesk Revit 的建模和绘图又以参数化构件库（即族库）为基础。

所谓的“族”（family）是一个包含通用属性（即为参数）和相关图形表示的图元组，一个族中不同图元的部分或全部属性可能有不同的数值，但属性的设置是相同的。“族”是 Revit 中使用的一个功能强大的概念，有助于便捷地修改、管理数据。每个族图元能够在其内定义多种类型，根据族创建者的设计，每种类型可以具有不同的尺寸、形状、材质设置或其他参数变量。使用 Revit 的优点是能够自主创建构件族，使用族编辑器在预定义的样板中执行，可根据用户的需求加入各种参数。在使用 Revit 进行园林遗产信息模型构建时，如果事先拥有大量的族文件，将极大提高建模效率。相关人员将不必花额外的时间去制作族文件，而是直接导入相应的族文件，修改对应参数，便可直接应用于项目中。族库的建立不仅有助于精确模型的快速建立，还为传统园林信息记录和后期保护修缮提供准确的基础资料。除此之外，族库支持构件基础数据的调取，利于形成数据和信息的比对，参数化构件库的不断积累和扩展，也有助于建筑构件特征的总结和谱系的建立[1]。

由于中国传统园林具有地域性、时代性的特点，造成了园林古建筑在结构形式、材料做法、施工方式等方面不尽相同。而现有基于 BIM 的园林古建筑保护的相关研究尚处起步阶段，构件族库还不健全，已有研究涉及的实例主要集中于北方的寺庙建筑，而适用于江南地区园林古建筑的族库还有待开发。

杭州园林具有悠久的历史和灿烂的文化。南宋以来，杭州园林就与苏州、扬州及湖州园林并称于江南[2]。但由于历史上数次遭受焚掠、破坏，现今杭州传统园林遗存较少，而石作因不易毁坏，是目前留存较多的一类构件。本研究以石作为切入点，通过大量调查测绘，借助 Revit 软件构建杭州传统园林石作族库，以期总结构造规律和地方特色，为园林复原、仿古园林的建设提供依据。

① 基金项目：浙江省重点研发计划项目（2019C02023）。

1 研究综述

1.1 BIM技术发展概况

1970年，Chuck Eastman第一次提出“Building Description System”的概念[3]，之后BIM思想缓慢发展，直到2002年Autodesk公司首先提出建筑信息模型（Building Information Modelling），这一理念逐渐被世界建筑行业接受和认同。Autodesk公司开发的Revit软件之后也成为BIM技术的主流软件。2008年，英国Hasan Kalyoncu大学的Yusuf Arayici首次尝试使用BIM技术对既有建筑进行三维建模，运用BIM技术改善以往呆板的3D模型，实现重要测绘数据的可视化和模型的智能化。在Jactin住宅翻新工程中，运用三维激光扫描技术和BIM软件生成模型[4]。从2007年开始，有学者开始研究探讨BIM在文化遗产古迹管理和记录中的价值。德国学者Penttila等人研究评估了BIM应用在历史建筑翻新修复中的可能性[5]。2009年，清华大学建筑与文化遗产保护研究所开始尝试将Revit等软件应用于文化遗产保护项目的设计、施工、运营维护各阶段，丰富了BIM应用领域的探索。

1.2 族库构建相关研究

针对中国古建筑族库构建，国内学者于2009年展开相关研究。南京大学的罗翔和吉国华研究了Revit在古建筑参数化建模中的应用，详细阐述了古建主体结构的建模流程和族文件的参数设置[6]。同济大学的袁洁、赵卫东提出以建立古建筑参数化构件库的方式来完整地保存中国古建筑的构件信息，利用可视化的编辑和可扩展的平台，辅助建筑工程人员理解和掌握古建筑信息，对构件库功能和框架结构进行了简单分析[7]。孙伟超在《基于Revit Architecture的古建筑信息信息模型系统设计》中探索了Revit平台下古建筑各个构件的建模思路[8]。

天津大学建筑学院的吴葱教授，多年来一直研究BIM与古建筑保护的相关课题，开创性地提出将考古学中的“类型学”引入Revit软件的族规划当中，逐渐探索出针对古建筑本身结构的“树状图”归纳方法[9]。狄雅静、吴葱以柬埔寨茶胶寺南外门为例，重点研究了BIM软件专业化开发中石头建筑的族库分类、构件属性设置以及模型阶段化设计的问题，逐步探索大规模专业族库开发的理论和方法[10]。刘慧媛借鉴考古类型学，基于BIM技术展开了对河西地区基础构件库的研究[11]。

张文静提出了里分建筑的HBIM应用流程，并应用于武汉市咸安坊构件族库的构建[12]。南京林业大学的梁慧琳在《苏州环秀山庄园林三维数字化信息研究》中对梁架、台基、装折、屋顶等各建筑构件进行族的创建[13]。

综上所述，国内外运用BIM技术进行古建筑数字化保护的案例众多，也形成了相对完整的工作思路，其中的方法步骤较为完整，可供学习借鉴。但已有研究多为古建筑整体的复原和保护，而少有对建筑中某一构件族库创建的针对性研究，族库构建的相关内容并不作为主要研究内容展开，只是在研究某一建筑或园林遗产的过程中提及，有关族库创建的基本流程和技术路线暂未得到完善的梳理归纳。基于此，本研究针对杭州传统园林石作的族库构建展开研究，试图细化族库构建基本流程步骤，探寻适用于传统园林族库构建的技术路线，以完善族库构建的相关研究内容。

2 研究思路和方法

2.1 研究思路

本研究的工作思路主要为：相关文献资料的搜集整理—遗存实物的现场调研—搭建石作分类框架—构建石作族库。前期进行石作工艺文献档案搜集，对西湖传统园林中的石作进行实地调研，构建杭州传统园林石作分类框架。在此基础上通过BIM技术的运用，按照构件类型的分类逻辑在Revit软件中进行建模存储，形成完整的构件族库。在今后的杭州传统园林的研究中，构件库可以调用出来，按照建筑逻辑用于复原搭建，为杭州传统园林的研究铺筑基石。

2.2 研究方法

2.2.1 文献资料收集

查阅有关石作工艺的档案资料及相关书籍，对于石作的记载翔实的北宋李诫编撰的《营造法式》，该书载录了石作制度、功限和料例等内容，且有图样辅佐文字描述[14]。清代《工程做法则例》分别介绍了石作大式、小式与石作用料等内容[15]。刘大可先生编著的《中国古建筑瓦石营法》，偏重介绍官式建筑做法，详细列出石作类目、构件名称以及构造方法[16]。对以上文献的整理学习为理清石作族库框架和石作建模提供重要的支撑。

2.2.2 实地调研

确定研究范围，展开实地调研，在调研过程中记录石作使用情况，测量石作构件各部分的尺寸，并拍照记录保存现状。调研结束后对现场采集到的数据进行整理，作为实体模型构建的基础。

3 基于Revit的族库构建方法

族库由三个层级构成，从大到小依次是类别族库、单元族库、构件族库（图1）。以台基为例，建筑中的台基为石作类别族库下的一种“类别族”，其中形态不一且约束条件不一的“普通台基”和“须弥座台基”为不同“单元族”，构成单元族的不同构件为“构件族”。

类别族库的建立可分为三个阶段——构件族库设定、单元族库设定、整理形成类别族库。构件族库是最基本、层次最低的族库，是单元族库的基础。在这一逻辑下，将单元族拆解成为不同构件的空间位置组合和尺度变化问题，即对应设立空间位置约束和构件种类约束的参数化问题[17]。在不同形式单元族库的建立时，只需嵌套不同

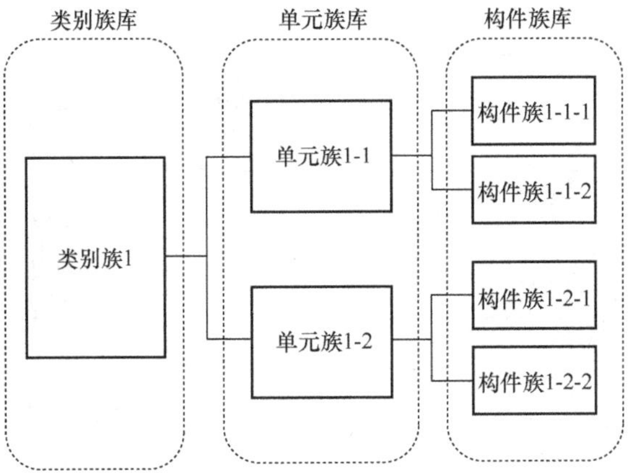

图 1　族库层级逻辑示意

构件族库，对各构件进行尺寸空间位置约束，即可完成单元族库的建立，将单元族库整理即可形成类别族库。

Revit 除了在数据与模型之间可形成参数关联（即尺寸关联到参数，族尺寸修改时族的形状也随之变化），在数据与数据之间也可形成参数关联。在 Revit 中利用参数化驱动的功能，可以在构件中有明确数学关系的尺寸参数间建立可执行的内部运算式，如设置“宽＝1/2 长”“高＝1/3 长”，只需修改长的数值，软件会自动执行相应的内部运算，同步更新对应的宽、高的数值，并反映到实体构件中去（图 2）。可以充分利用此功能，将整个单元构件参数化联系，且均通过单一变量实现整体控制，不仅可以简化后期参数调整的人工操作，同时降低人工进行多个参数调整时的错误率。

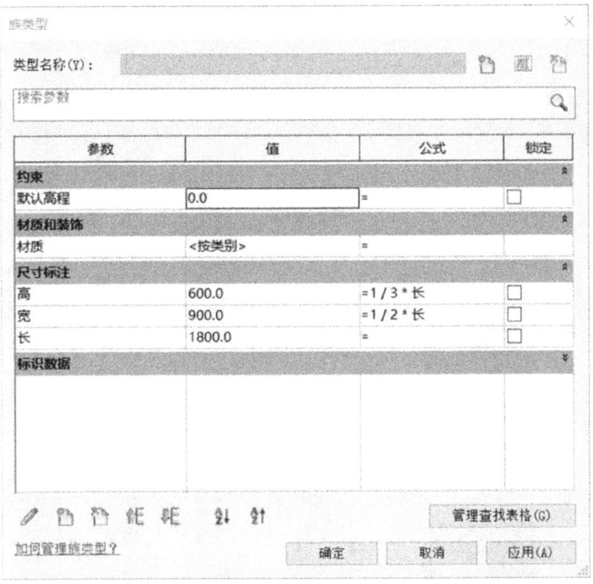

图 2　“族类型”窗口中的数据间参数关联设置

依照构件特性及族库的层级逻辑，梳理类别族库构建的基本建模步骤为：①建立构件族模型；②设置构件族尺寸参数关联；③构件族嵌套形成单元族；④设置构件族间空间位置的参数关联。具体操作如下。

（1）建立构件族模型

根据构件的特点选择合适的族样板文件，绘制参照平面，并进行尺寸标注。在“创建”工具栏中根据对应构件的形体逻辑选择“拉伸”“旋转”“放样”等对应命令进行图形绘制和模型创建。最后在三维视图中选中模型，在属性面板中赋予材质。

（2）设置构件族尺寸参数关联

对构件进行尺寸标注并进行参数关联。选中尺寸标注，在标签尺寸标注中创建参数并赋予名称及对应属性信息，根据需要可在参数属性中通过公式，建立各参数之间的关联。

（3）构件族嵌套形成单元族

新建单元族文件，在各部分构件的对应位置设置参照平面，并进行尺寸标注。将完成的构件族保存后分别载入新建的单元族中，依据参照平面从项目浏览器中将载入的各构件族拖入对应位置，完成族的嵌套。

（4）设置构件族间空间位置的参数关联

在构件族嵌套形成单元族的基础上，通过“对齐”命令依次点击构件族模型的边界和限制空间位置的参照平面，单击开放的锁头使其进入锁定状态，完成模型的空间约束。

4　杭州传统园林石作族库的构建

4.1　杭州传统园林石作类型

杭州传统园林首推西湖，本研究以西湖风景名胜区内的传统园林作为样本库，进行现场调研与测绘。调研范围参照西湖风景名胜区保护规划红线（图 3）。

调研发现，杭州传统园林中石材主要应用于风景建筑、道路、石桥等园林要素中。在风景建筑中又用于台基、台阶、栏杆、梁柱、柱础、墙脚、门窗框等部位。

台基是传统园林建筑不可或缺的部分，西湖风景名胜区内多用普通台基，也有少部分使用须弥座台基，主要分布在孤山原清代行宫区域，如孤山山顶的四照亭台基。普通台基的高度较须弥座台基低，一般在 120～540mm。

台阶可以分为规则式台阶、山石踏跺和礓礤三大类。两侧做垂带的规则式台阶是西湖地区最常见的台阶形式，主要由基石、垂带、象眼石等构件组成，也有省去垂带，直接设基石的简便做法。

栏板柱子主要用于台基、石桥、水池周围等需要围护的地方，兼具防护功能和装饰作用。柱子可分为柱头和柱身两部分，柱身的形状比较简单，而柱头的形式种类较多，配合建筑环境形成样式变化。

石券多应用于砖石结构，如石桥、庙宇山门等，一些带有木构架的建筑，也常以设置石券为其惯用形制。石桥是杭州传统园林常见的近水石作，可分为券桥与平桥两种形式，券桥桥洞采用石券做法，栏杆做法讲究，平桥桥洞为长方形，栏杆样式较简单。

通过对西湖风景名胜区中多处传统园林石作的一手调研与分析总结，参考《中国古建筑瓦石营法》《营造法式》等书籍中涉及的石作类目以及构造方法，并结合 Revit 族库构建逻辑，构建杭州传统园林石作分类框架（图 4）。

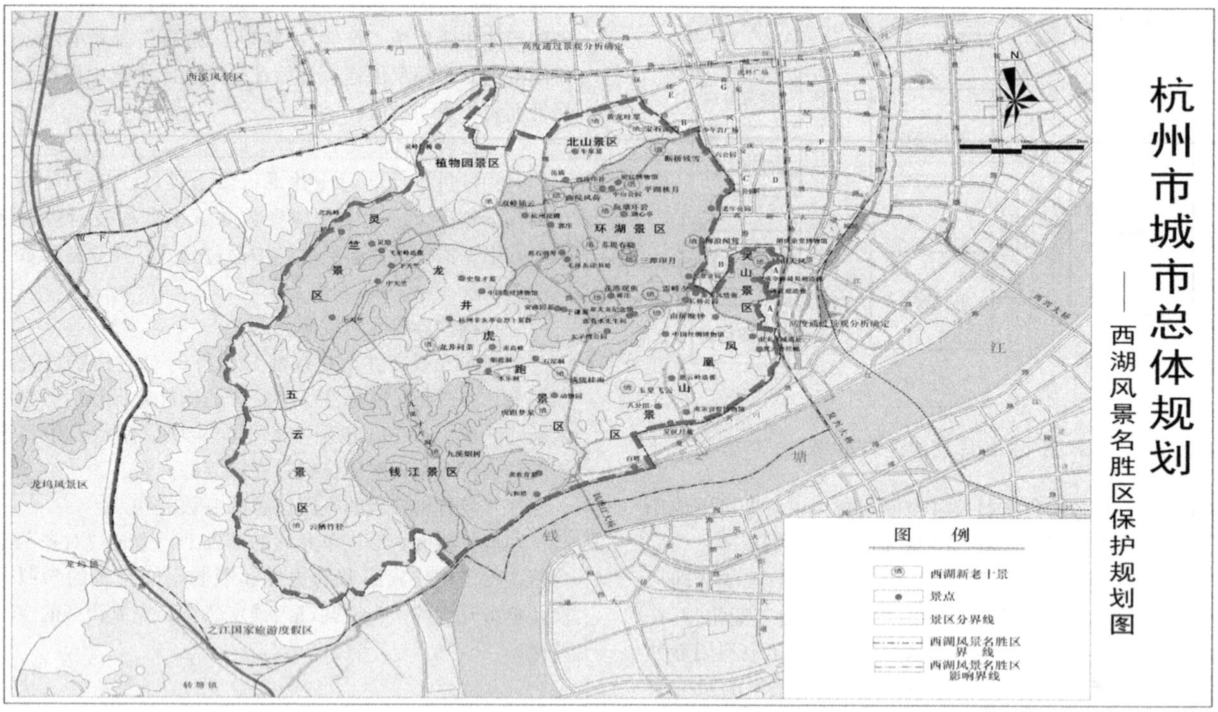

图 3　西湖风景名胜区保护规划红线范围

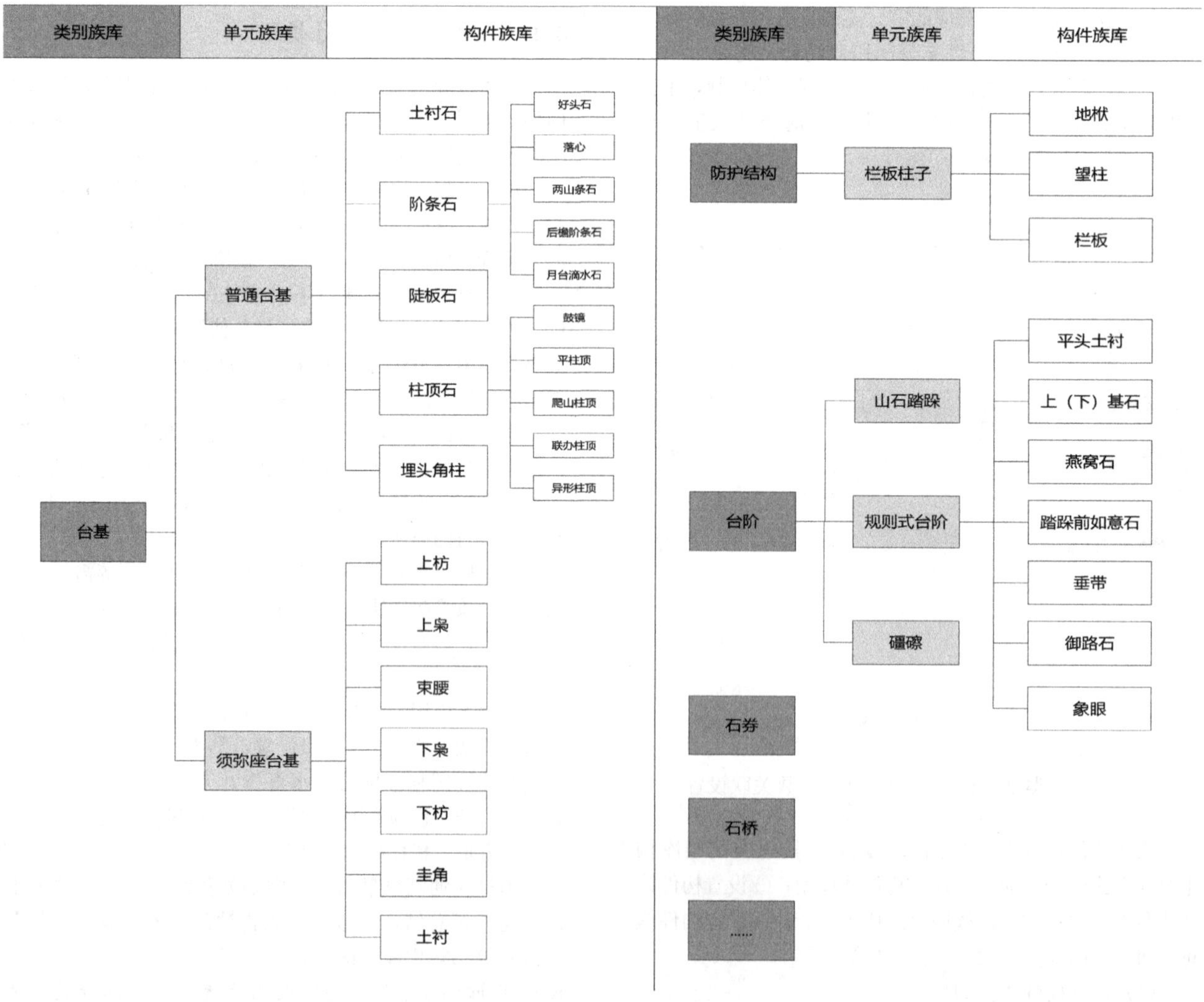

图 4　杭州传统园林石作分类框架

4.2　基于 Revit 的石作族库构建

石作族库建立的核心方法是通过对不同族的嵌套应用及约束条件的合理设定来建立模型。基于此，制定石作族构建技术路线（图5）。

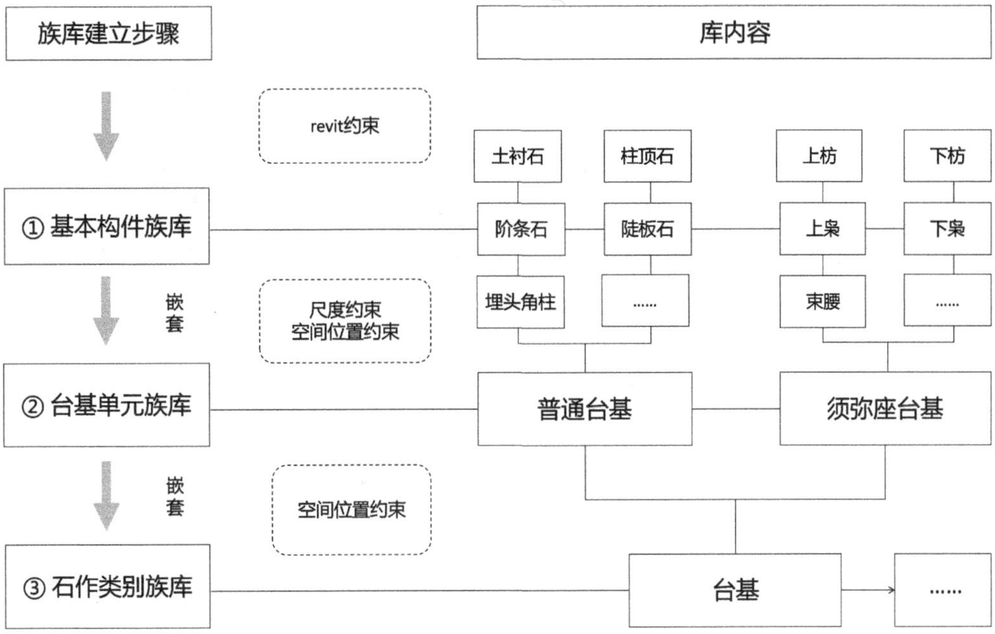

图5　石作类别族库构建技术路线

现以石作中台基单元族库的建立为例说明杭州传统园林石作族库的创建基本流程。选取孤山上的四照亭和文澜阁御碑亭，实地测量得到台基数据。将台基分解为若干构件，四照亭为须弥座台基（图6），包括上枋、上枭、束腰、下枭、下枋5个部分。文澜阁御碑亭为普通台基（图7），包括土衬石、陡板石、阶条石、埋头角柱、柱顶石5个部分。

图6　四照亭须弥座台基

以四照亭的须弥座台基为例，创建构件族库、单元族。新建5个“公制常规模型”的族样板，根据各部分的尺寸数据分别在其中建立上枋、上枭、束腰、下枭、下枋五部分的构件族，设立尺寸标注，创建全局参数并与尺寸标注关联（图8）。

将创建完成的上枋、上枭、束腰、下枭、下枋五部分

图7　文澜阁御碑亭普通台基

载入须弥座单元族中，在须弥座的单元族文件中根据各构件位置绘制参照平面，将各构件族由项目浏览器中拖入模型空间的对应位置，完成嵌套组合，设立尺寸标注，创建全局参数并与尺寸标注关联，最后通过“对齐”命令依次点击构件族模型的边界和限制空间位置的参照平面，单击开放的锁头使其进入锁定状态，完成构件的空间位置约束，即能完成须弥座单元族的建立（图9）。由于大多数的构件属于同一形式，其差异反映在细部的尺度上，如同为须弥座但具体尺度有大小差异，这一问题则通过对不同单元族的设置，形成族参数数据上的差别。

用同样的方法创建普通台基的构件族库和单元族，汇总须弥座台基、普通台基单元族即完成台基单元族库和类别族的构建（图10）。

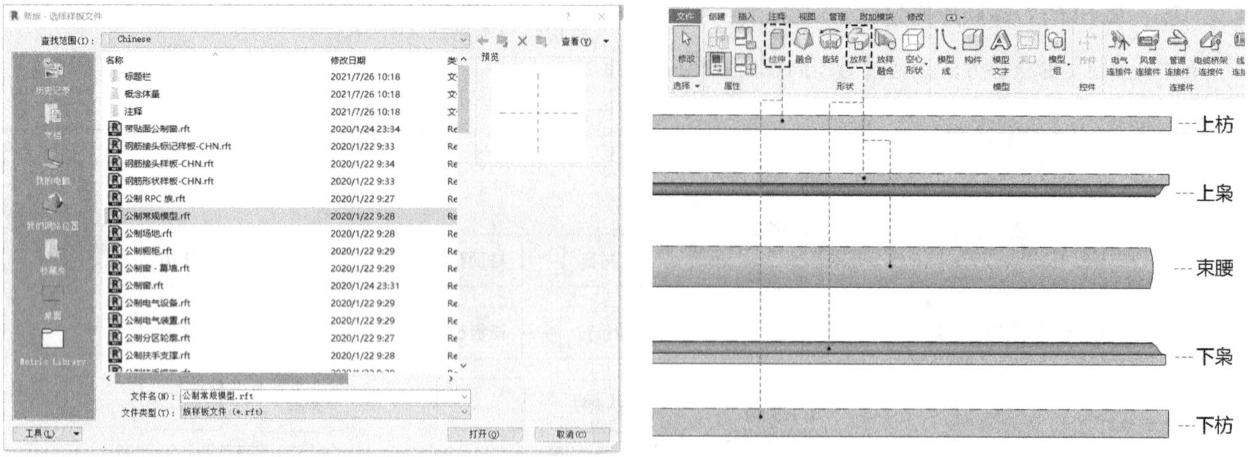

图 8　须弥座构件族库的创建

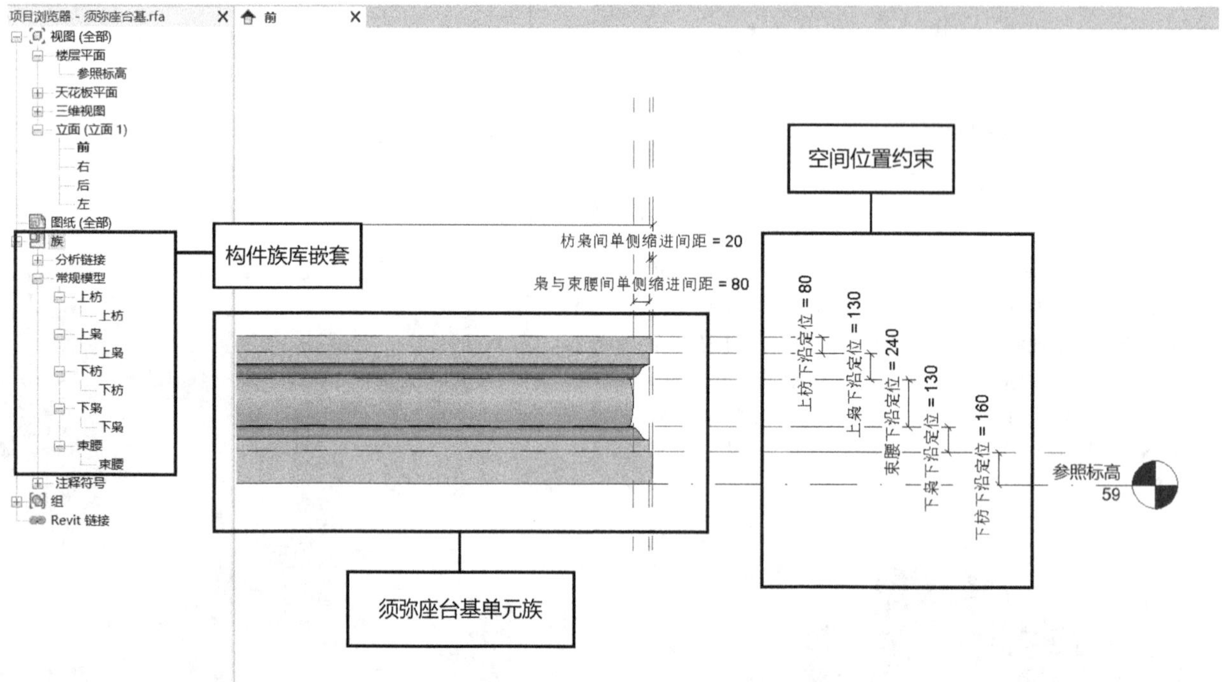

图 9　单元族建立界面

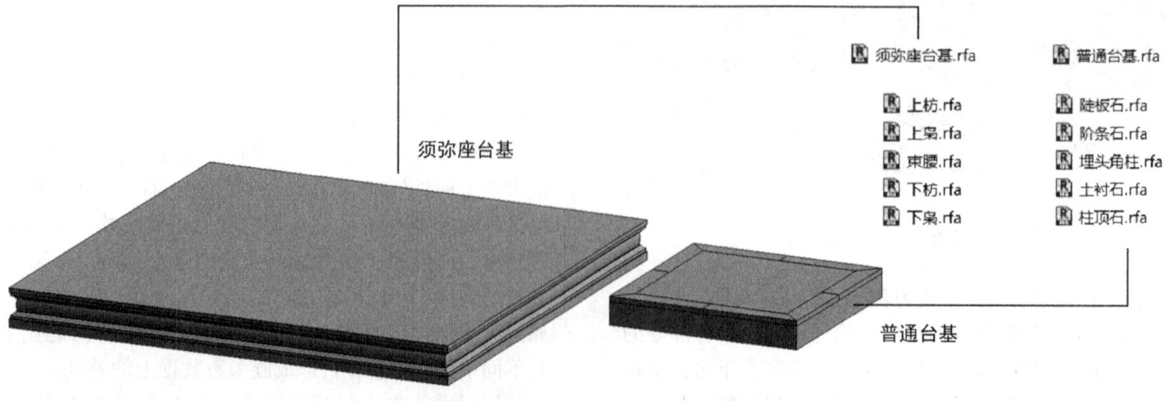

图 10　台基单元族库及部分族文件示意

5 结语

石作族库的建立是杭州传统园林信息模型建立及表达的基础环节。本研究的重点在于以石作族库的构建为切入点，构建适用于传统园林族库的技术路线。其中的难点在于分类逻辑和参数化逻辑的建立，一方面需要分析常规分类方法和Revit软件族规划原理的关联，构建二者之间的联系，使石作的分类逻辑能够对应Revit软件的分类逻辑；另一方面需要明确构件模型与数据之间、数据与数据之间的逻辑关系，从而创建参数化关联，便于后续构件的参数调整和应用。

本研究通过对文澜阁御碑亭、四照亭等十几处传统园林的实地调研，获得大量石作数据，通过梳理石作分类与Revit族库分类的逻辑关系，形成适用于传统园林族库构建的技术路线，初步创建了杭州传统园林石作族库。后续研究将沿用此技术路线，对木作、瓦作等其他类别的构件进行调研及相关族库的创建，逐步充实杭州传统园林参数化构件族库，并在获取、分析大量调研数据的基础上，总结杭州地区园林建筑在做法上的地域特征，为园林复原、仿古园林的建设提供依据。

参考文献

[1] 吴葱，李珂，李舒静，等. 从数字化到信息化：信息技术在建筑遗产领域的应用刍议. 中国文化遗产，2016(02)：18-24.

[2] 童寯. 江南园林志. 第2版. 北京：中国建筑工业出版社，2014.

[3] Vishal Singh，Ning Gu，Xiangyu Wang. A theoretical framework of a BIM based multi-Disciplinary Collaboration platform. Automation in Construction，2011，20(2)：134-144.

[4] Fai S，Graham K，Duckworth T，et al. Building Information Modeling and Heritage Documentation. "XXIII CIPA International Symposium"，Prague，Czech Republic，12th-16th September，2011.

[5] Penttil，Hannu，Rajala，et al. Building Information Modelling of Modern Historic Buildings [J]. predicting the future，2007.

[6] 罗翔，吉国华. 基于Revit architecture族模型的古建参数化建模初探. 中外建筑，2009(08)：42-44.

[7] 袁洁，赵卫东. 基于信息分类的中国古建构件库平台设计. 四川建筑科学研究，2010，36(01)：202-204.

[8] 孙伟超. 基于Revit Architecture的古建筑信息模型系统设计初探[D]. 天津：天津大学，2012.

[9] 冀凯. 北海万佛楼复原研究[D]. 天津：天津大学，2014.

[10] 狄雅静，吴葱. 建筑遗产全生命周期管理与建筑信息模型研究——以柬埔寨茶胶寺南外门为例. 新建筑，2013，4(04)：109-112.

[11] 刘慧媛. 基于CGB技术的河西建筑信息化研究[D]. 天津：天津大学，2014.

[12] 张文静. HBIM在里分建筑保护中的应用研究[D]. 武汉：华中科技大学，2018.

[13] 梁慧琳. 苏州环秀山庄园林三维数字化信息研究[D]. 南京：南京林业大学，2018.

[14] (北宋)李诫. 营造法式[M]. 北京：人民出版社，2001.

[15] 梁思成. 清工部《工程做法则例》图解[M]. 北京：清华大学出版社，2006.

[16] 刘大可. 中国古建筑瓦石营法[M]. 第2版. 北京：中国建筑工业出版社，2014.

[17] 张天宇. 基于BIM技术湖南传统村落门窗库建立方法与应用研究[M]. 长沙：湖南大学，2018.

作者简介

吴越，1997年生，女，汉族，浙江义乌人，浙江农林大学硕士在读，研究方向为风景园林规划与设计。电子邮箱：769475504@qq.com。

乔曼曼，1998年生，女，汉族，安徽蚌埠人，浙江农林大学硕士在读，研究方向为风景园林规划与设计。电子邮箱：1041164831@qq.com。

洪泉，1984年生，男，汉族，浙江淳安人，博士，浙江农林大学风景园林与建筑学院，副教授，美国康奈尔大学访问学者，研究方向为风景园林数字技术、风景园林规划与设计、园林历史与理论。电子邮箱：hongquan@zafu.edu.cn。

机器视觉技术在园林植物管理的研究与应用①

Research and Application of Computer Vision Technology in Garden Plant Management

杨 君 秦 俊*

摘 要：机器视觉技术具有实时、无损、可视化、测量精度高的巨大优势，可节省大量人力、物力，在农业各领域发展迅速，为优化园林植物的种植和管理提供了重大机遇。研究首先概述了基于机器视觉的植物表型信息获取技术，然后梳理了机器视觉技术在园林植物品种分类与识别、生长品质、胁迫监测方面应用的最新进展，最后总结了现阶段机器视觉技术应用于园林植物管理的存在问题及发展方向，旨在为提高园林植物管理的精细化和科学化水平、助力智慧园林建设提供新思路。

关键词：机器视觉；植物表型分析；精准管理；园林植物

Abstract: Computer vision technology has the huge advantages of real-time, non-destructive, visualization, and high measurement accuracy in saving a lot of manpower and material resources. It has developed rapidly in various fields of agriculture and provide a major opportunity for optimizing the planting and management of garden plants. The research first summarizes the technology of acquiring plant phenotype information based on computer vision, and then combs the latest developments in the application of computer vision technology in plant species classification and identification, growth quality, and stress monitoring. Finally, it summarizes the problems and future directions in application of computer vision technology for management of garden plants at this stage, aiming to provide new ideas for improving the level of refined and scientific management of garden plant management and assisting the construction of intelligent garden.

Keywords: Computer Vision; High-throughput Plant Phenotyping; Precision Management; Garden Plants

引言

随着以人工智能、物联网、云计算等为代表的新一代信息技术的兴起，推进数字化转型已成为面向未来塑造城市核心竞争力的关键之举，城市园林绿化建设日新月异，传统的管理方式早已无法满足需要。通过深入运用人工智能等新一代信息技术，实现园林植物管理的实时、无损、可视化，提高园林植物管理的精细化和科学化，让机器换人，助力智慧园林建设，是未来发展的大势所趋。

园林植物在改善城市人居环境，发挥城市生态效益功能具有重要作用。园林植物管理是一个受环境影响较大、动态的、复杂的过程，如施肥灌溉、修枝疏花、病虫害防治都依赖于有经验的专家和技术人员。随着机器视觉技术和高通量表型数据分析的发展，为优化园林植物的种植和管理提供了重大机遇。获取植物表型信息是深入分析植物表型-基因-环境互作关系的前提和基础，实现植物精准管理的关键。而传统表型信息获取方法费时费力的瓶颈使得高通量表型分析技术得到了广泛关注，被称为实现植物精准管理的加速器[1-2]。

机器视觉（computer vision），又称计算机视觉，主要是利用机器来模拟人的视觉功能，从客观事物的图像提取信息，处理并加以理解，最终用于实际监测和控制[3]，典型的机器视觉系统结构见图1。植物表型信息的

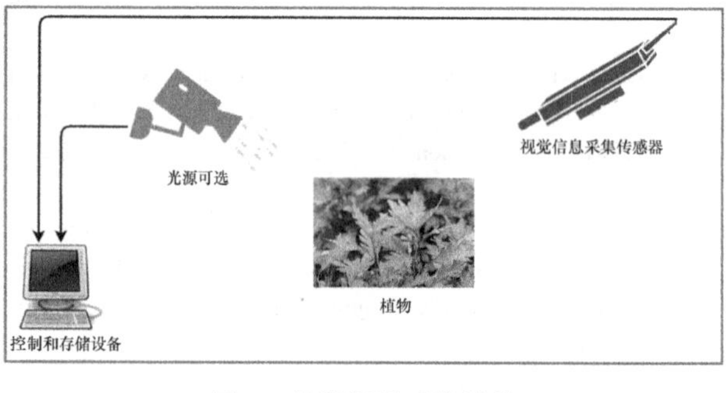

图1 机器视觉系统结构

获取可通过成像光谱技术、高通量植物表型平台、3D重建技术等采集植物图像和光谱信息，根据收集到的海量的数据，提取出与植物生长状况密切相关参数信息。再通过机器学习（machine learning）算法例如人工神经网络（ANN）、支持向量机（SVM）、卷积神经网络（CNN）、随机森林（RF）和深度学习（DL）等建立分析模型判断植物生长状况，从而做出最优的管理决策，可搭载于车载式、无人机、卫星遥感平台实现从近端到远距离不同尺度的生产实践（图2）。在农业各领域机器视觉技术发展迅速，在植物生长过程监测、病虫害识别与控制、植物养分管理方面已有广泛应用[4]。

目前，研究人员利用机器视觉技术成功地对粮食作物、蔬菜、水果等进行了研究，但主要集中在水稻和小麦

① 基金项目：上海市科技兴农项目（编号：沪农科推字（2021）第1-1号）。

上，技术已较为成熟，但在园林植物管理上应用尚处于起步阶段[5]。因此，本研究首先概述了基于机器视觉的植物表型信息获取技术，然后梳理其在园林植物管理方面应用的最新进展，最后总结现阶段机器视觉技术应用于园林植物管理存在问题及发展方向。

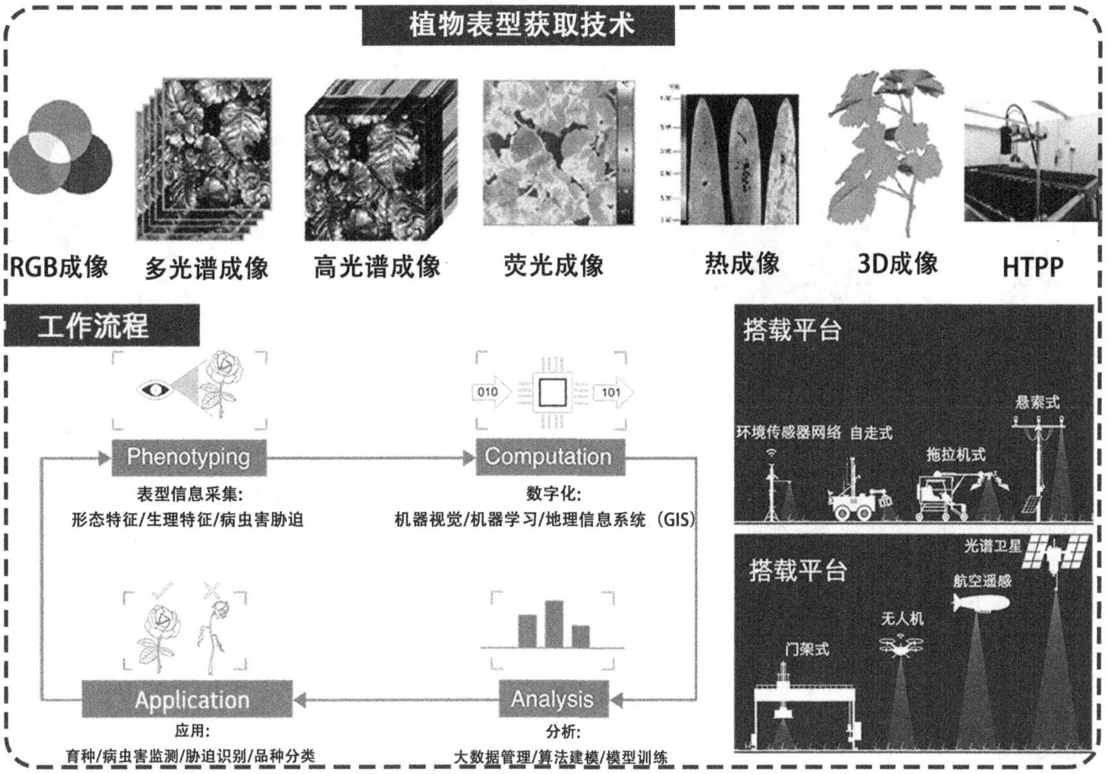

图 2　植物表型获取技术[6]

1　植物表型信息获取技术

1.1　成像光谱技术

成像光谱技术通过先进的传感器可实现高分辨率、多维数据的可视化。作为便捷的植物表型工具，它将光谱信息与图像信息结合，可提取出紫外至红外光谱水分、养分、光合等丰富信息，表现出多尺度协同、多传感器融合和多源数据协同处理等特点，可分为可见光成像、高光谱成像、3D 成像等[7]，具体应用见表 1。

成像光谱技术的应用　　　　表 1

应用	成像技术	模型	准确率	参考文献
花卉分类	RGB	CNN	97.78%	[8]
菊花品种识别	RGB	ResNet-50	88.19%	[9]
芒果成熟度	高光谱成像	CNN	64%	[10]
桃树病虫害的识别与分类	高光谱成像	DBN	93.3%	[11]
西葫芦叶片病害识别	叶绿素荧光成像	ANN	95%～100%	[12]
苹果不同生长阶段花果自动检测	RGB 成像	MASU R-CNN	96.43%	[13]
评估芒果的开花阶段	RGB 成像	Faster R-CNN	86%	[14]
甜菜营养缺乏监测	RGB 成像	CNN	95.8%	[15]

1.2　高通量表型平台

由于植物具有环境适应性，因此基于机器视觉技术的植物管理是一个跨学科的建模过程。高通量表型平台（HTPP）是一个集成成像光谱技术、图像分析、机器学习和高性能计算的系统[16]。它将多个传感器结合，每天可以至少对数百株植物进行成像，可搭载于地面和空中快速捕获植物表型数据（形态、结构特征）和环境数据（水分、光照、温湿度）。此外，HTPP 中的软件平台提供了强大的分析工具，如基于深度学习的框架允许其独立完成特征提取和分类步骤，实现植物管理过程的自动化（图 3）。一些典型的植物表型平台，如欧洲植物表型网络（EPPN2020）和 transPLANT 等，为公众提供了最先进的植物表型分析设施、技术和方法。

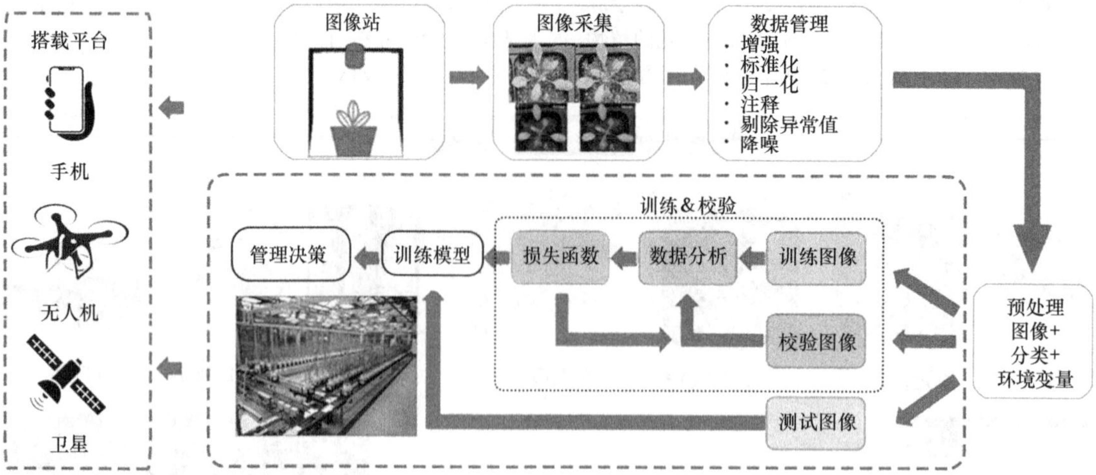

图 3 HTTP 图像采集和分析流程[7]

1.3 三维重建技术

植物具有根茎叶复杂的结构，三维重建技术不仅可以获取二维图像无法提取的植物结构特征，还可以为叶片重叠、复杂背景下的植物像素分割等问题提供思路[4]。传统的三维重建技术主要是在静止状态下扫描目标物，但三维扫描设备十分昂贵。目前三维重建的主流方法是基于图像和深度相机的三维重建技术，其中基于图像的三维重建方法需要大量的后期计算与处理，且得到的模型精度较低。基于深度相机的三维重建技术可以获取深度图像数据，重建的难度大大降低。Cuevas-Velasquez 等[17]利用卷积分割网络（FCSN）将获取玫瑰深度图像进行分割与3D 重建，并搭载于机器人系统实现了玫瑰花丛的自动修剪（图 4）。

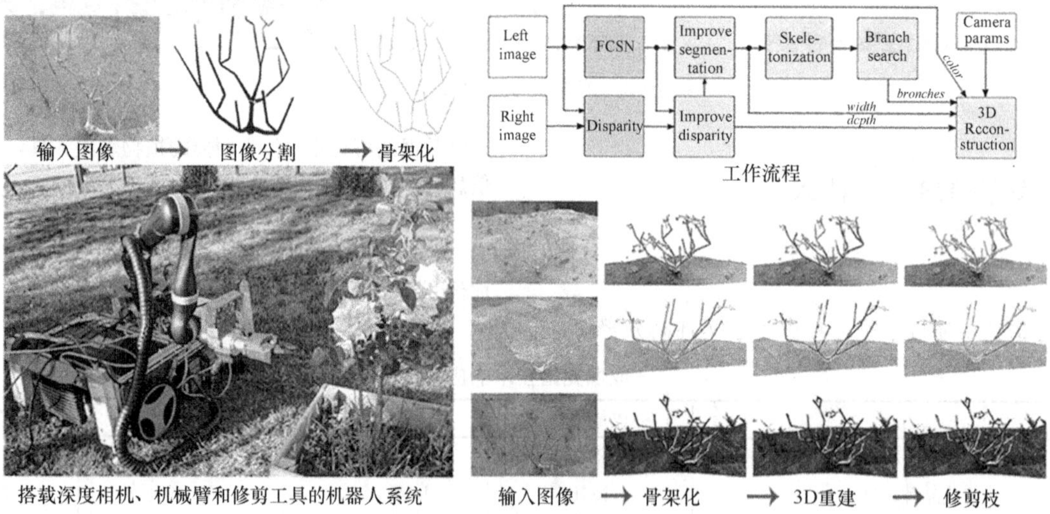

图 4 三维重建技术应用于玫瑰丛修剪[17]

2 机器视觉技术的应用

2.1 植物识别与分类

植物识别的准确性对于研究园林植物群落物种多样性、物候观测、入侵植物预防等生态监测任务至关重要。据报道，每年至少有超过 6000 种的园林植物栽培品种被培育出来[18]，且由于园林植物可以通过多种方式发生变异，如不同种类的花卉可能具有相似的外观形状、颜色、纹理，大大增加了植物识别与分类的难度。传统的植物识别依赖于植物专家进行手动分类，虽然准确度较高，但在大样本处理极为耗时。随人工智能技术的发展和移动智能设备的普及，基于机器视觉技术自动识别与分类园林植物具有快速、强大的识别性能和友好的用户界面优势，已成为园林植物管理的新趋势。

研究者通过收集在可控或真实复杂环境下植物特定器官（如花、叶）图片数据集来训练模型进行植物识别。各主流深度学习算法均有成果发表，利用经典网络（AlexNet、VGG、GoogleNet、FCN 等）或者构建浅层网络提取特征，实现了较高的分类准确率。特别是卷积神经网络（CNN）算法具备更普适性的解析能力，大大提高了图像分类与识别的准确性，因此被广泛应用。除了研究者自行构建的数据集，还有 ImageNet、OUFD 等公开数据集用来测试植物识别模型。Prasad 等[19]利用 KLUFD 和 OUFD 开放数据集的 9500 张花卉图像训练的 CNN 模型，平均花卉识别准确率为 97.78%。Clbuk 等[20]结合 AlexNet 和 VGG-16 模型来提取花卉抽象特征进行植物分类，在 Flower17 和 Flower102 上分别获得了 96.39%、95.70%的准确率。Liu 等[21]提出了一种基于 VGG-16 网络的深度学习模型来识别菊花品种，通过自动图像采集设备从 103 个品种收集了 14000 张图像用于训练模型和确定模型的校准精度（图 5）。

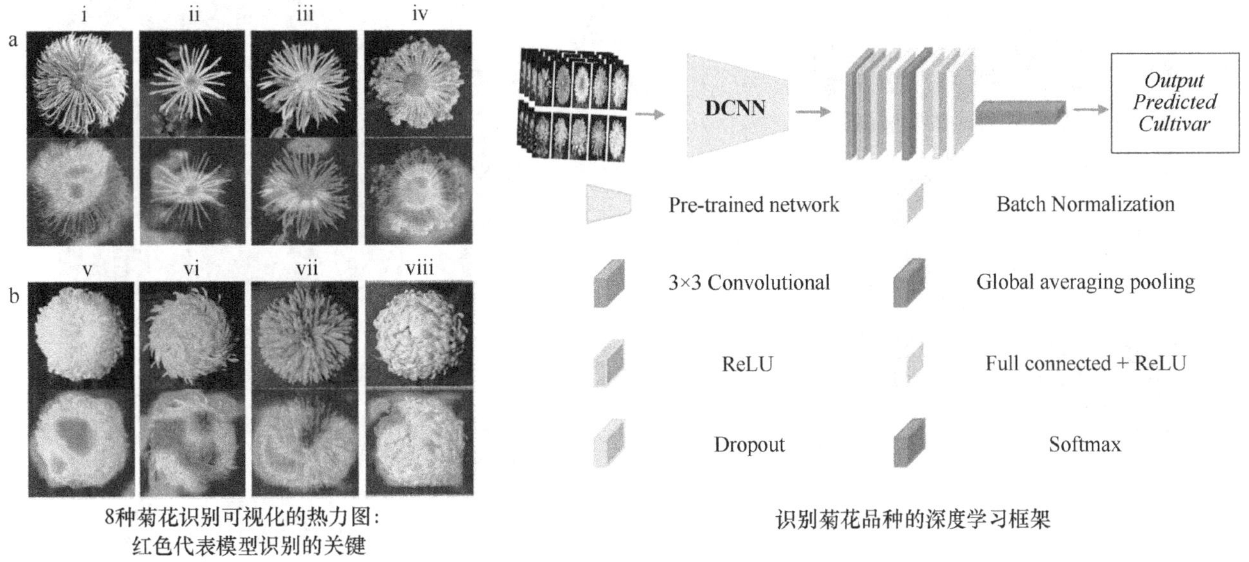

图 5　机器视觉应用于识别菊花品种[21]

2.2　生长和品质监测

传统园林植物表型信息的获取常通过手工测量的方式，如用卷尺测量株高、叶宽、花径和计数花量等，不仅费时费力，而且提取特征种类有限，精度也不高。因此在园林植物管理中利用机器视觉技术准确、高效地获取植物表型信息，对于园林植物生长和品质监测，尤其是观花植物的成花品质、开花强度和盛花期预测具有重要意义。

机器视觉根据颜色阈值差异可实现花朵与背景的分割，已被应用于评估植物的开花情况。Horton 等[22]通过无人机搭载多光谱相机监测桃花的开花密度，经图像算法处理后平均检测率达到 84.3%（图 6）。在更复杂的花型方面，Wang 等[14]设计了双视图和多视图的车载机器视觉系统，监测了杧果圆锥花序 4 个不同生长阶段的花序数和开花程度，达到了与人工计数相近的准确度。Koirala 等[23]基于深度学习框架（YOLO and R^2CNN）提出了四种架构，计数了杧果 3 个不同发育阶段的圆锥花序数：花未完全开放（颜色发白）、完全开放和落花坐果期，结果表明，YOLO-V3-rotated 模型在计数花序方面具有更高的准确性，而 R^2CNN-upright 模型对不同花序阶段的判别更优（图 7）。

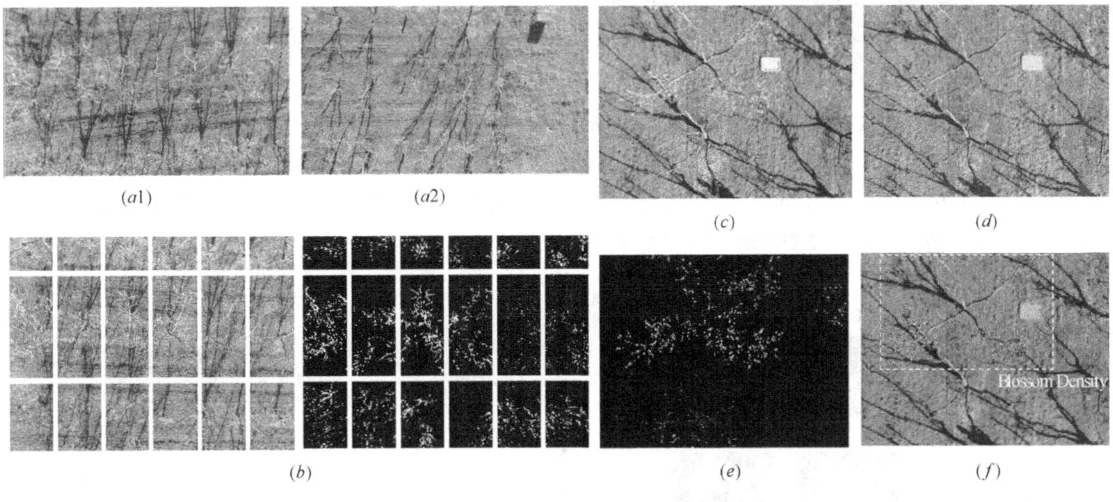

图 6　机器视觉技术应用于桃树开花监测[22]

（a1）RGB 图像样本；（a2）多光谱图像样本；（b）单树网格分离；（c）原始图像；（d）颜色增强；（e）开花监测；（f）开花密度区域识别

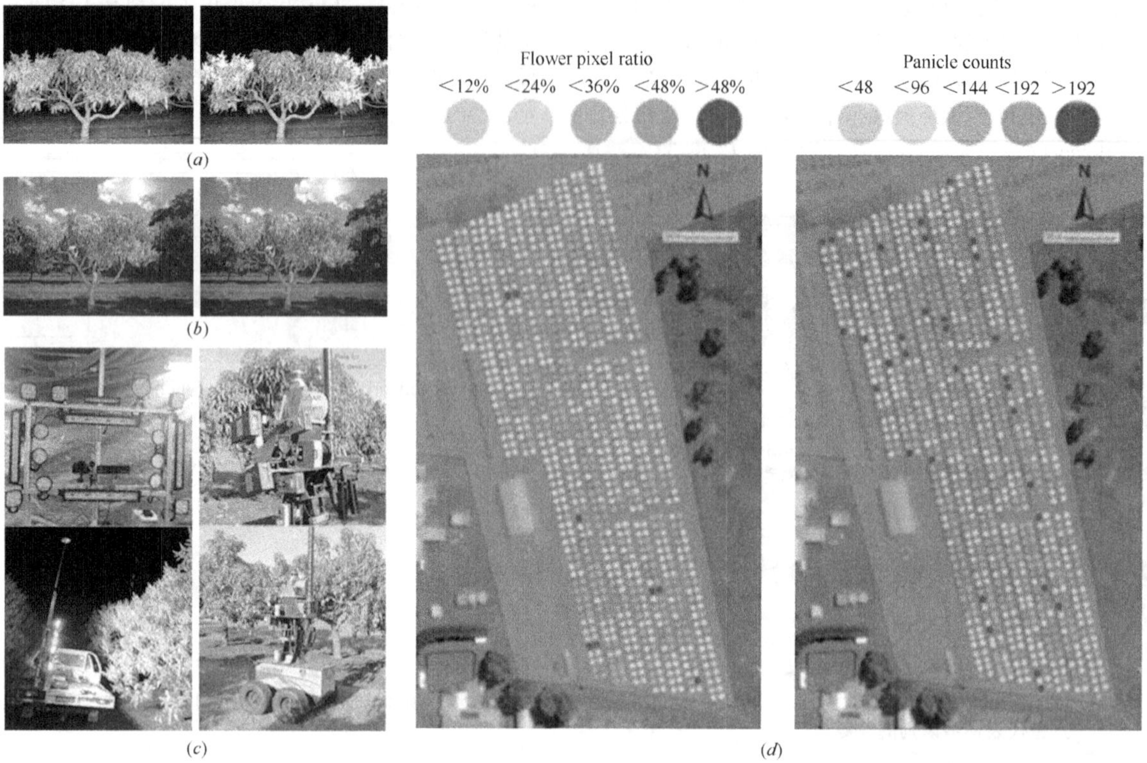

图7 机器学术技术用于评估杧果树开花情况[23]

(a)提取特征花序，开花强度评估13%（花序像素与冠层比率）；(b)计数花量，FR-CNN算法监测到64个花序；(c)塔载深度相机和激光扫描的机器视觉系统；(d)区域范围花开程度和花序计数（不同颜色代表不同程度）

2.3 生物和非生物胁迫

植物生长受多种环境因素影响，需要应对虫害、病害等生物胁迫和干旱、营养缺素、高温等非生物胁迫。利用机器视觉技术进行生物和非生物胁迫主要通过识别、分类、定量化和预测4个环节，常见的建模方法主要包括SVM、ANN、RF等[24]（图8）。在园林植物管理中，有效识别胁迫的类型、程度，在胁迫早期尽早发现症状，实现水肥药按需投入，可将损失降至最低。而传统的植物胁迫识别和分类一直依赖于植保专家对视觉症状的判断作为分类手段，难免主观且容易出错。将机器视觉技术与机器学习算法相结合，可自动、无损、可视化地进行植物胁迫监测，对实现园林植物精准管理具有重要意义。

目前通过机器学习技术预测植物胁迫研究多集中于

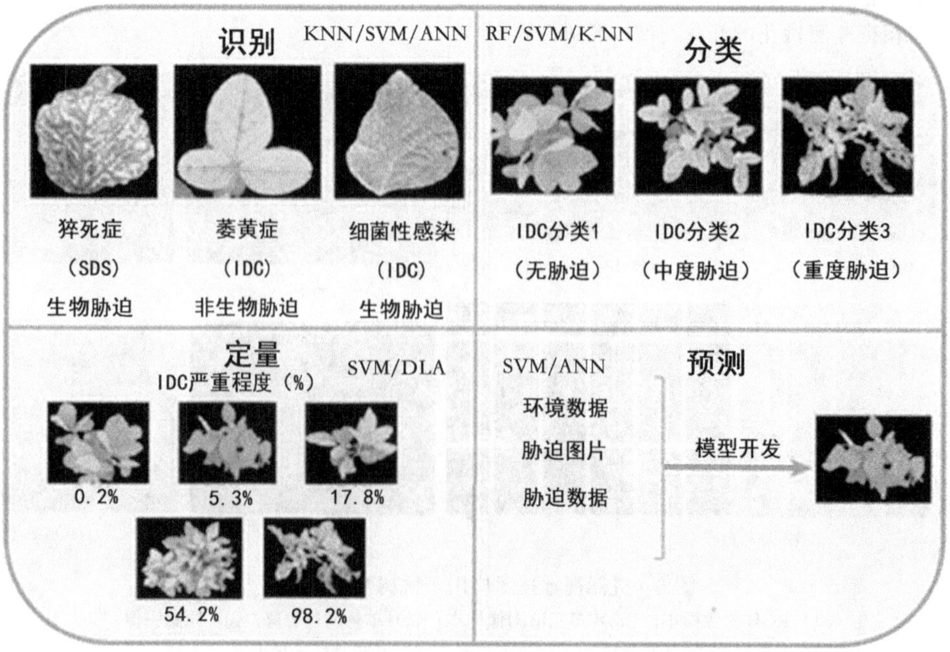

图8 机器视觉技术应用于胁迫监测的流程和常用算法[24]

玉米、小麦等粮食作物，在园林植物的应用还较少[25]，随机森林、卷积神经网络、深度学习、迁移学习等是建立胁迫预测模型的主流算法。在生物胁迫方面，近年来主要利用机器视觉技术对植物病虫害胁迫进行识别与鉴定，对病虫害种类和程度进行了定性和定量分析，可比人眼观察更早地发现胁迫症状。Boissard 等[26]通过机器视觉技术实现自动监测和计数早期月季叶片粉虱虫，与人工相比，准确率可靠且速度提高了 3 倍。Polder 等[27]通过多光谱相机采集图像，通过深度卷积神经网络 Faster R-CNN 架构来自动检测郁金香条斑病毒（TBV），达到了每张图像 0.13s 的检测速率（图 9）。

在非生物胁迫方面，干旱、养分胁迫等是影响园林植物生长的关键因素。Ramos-Giraldo 等[28]通过机器视觉和机器学习算法开发了一种低成本的自动化植物干旱监测系统，与专家干旱评级得分相比，以超过 80％的准确度预测了植物叶片蜷曲的干旱状态。Cadet 和 Samon[29]通过荧光成像监测了向日葵叶片的氮磷钾营养缺乏症状，结果表明钾缺乏显著增强了叶片蓝绿荧光强度。Adhikari 等[30]基于前人对利用多光谱成像对一品红氮敏感波段的研究，开发了结合氮传感器（620nm 光谱波段）、智能手机、相机、本地电脑和云存储技术的机器视觉系统，实现了整株植物实时氮含量监测（图 10）。

图 9　机器视觉技术用于监测郁金香条斑病毒[27]

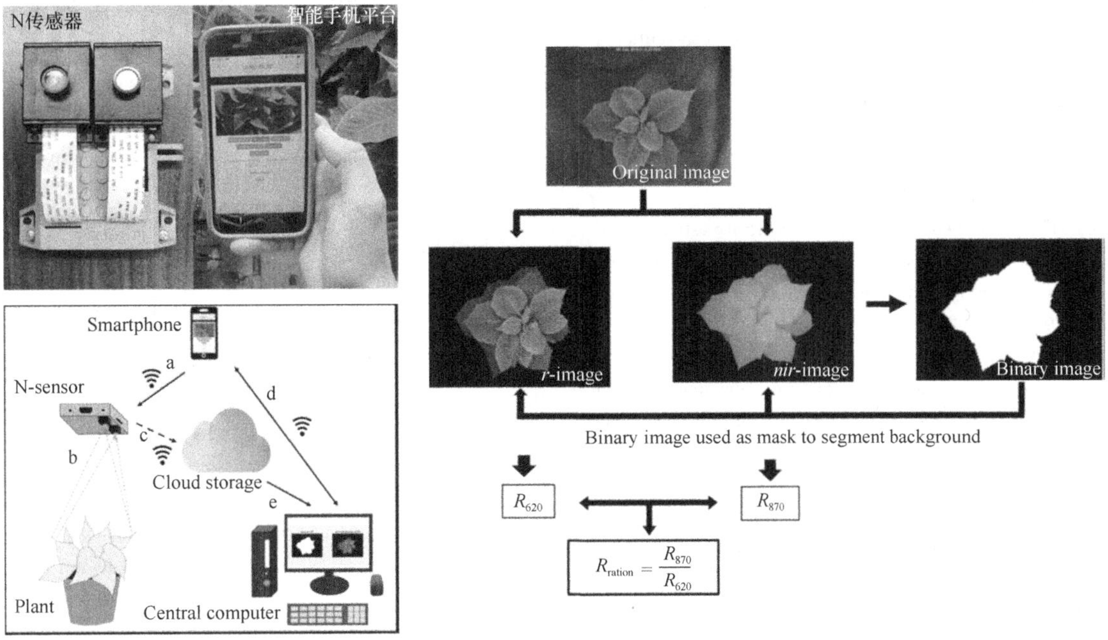

自动化监测氮含量系统　　图像处理流程

图 10　机器视觉技术用于氮含量的监测[30]

3　结语

通过回顾机器视觉技术在园林植物管理方面应用的最新进展可以看出，机器视觉集成了图像获取、图像处理和机器学习技术，能够有效为园林种植管理者提供丰富的植物表型信息。但是一方面由于植物生长环境复杂，光照、阴影、叶片遮挡等问题造成图像采集困难，而高精度成像传感器（如高光谱、3D 成像）的成本限制了其推广应用；另一方面如何选择有效的算法从获取的海量数据中提取有效信息，如何实现运行耗能更少、体积更小、精度更高的算法集成于移动平台，仍是未来面临的挑战。因此，需要更先进的表型获取技术，更强大的算法来克服这些问题，将机器视觉自动化模块与专家系统相结合，通过有效的表型大数据挖掘算法和高通量分析框架，研发低成本、易推广、综合参数监测的高通量表型平台是未来发展的大势所趋。

参考文献

[1] 岑海燕，朱月明，孙大伟，等．深度学习在植物表型研究中的应用现状与展望[J]．农业工程学报，2020，36(09)：1-16.

[2] 曹晓峰，余克强，赵艳茹，等．成像光谱技术在植物非生物胁迫表型高通量分析中的研究进展[J]．光谱学与光谱分析，2020，40(11)：3365-3372.

[3] 张明．基于计算机视觉技术的马铃薯病害识别研究[D]．甘肃农业大学，2018.

[4] 杨斯，黄铝文，张馨．机器视觉在设施育苗作物生长监测中的研究与应用[J]．江苏农业科学，2019，47(06)：179-187.

[5] Ghosal S，Blystone D，Singh A K，et al. An explainable deep machine vision framework for plant stress phenotyping[J]. Proceedings of the National Academy of Sciences，2018，115(18)：4613-4618.

[6] Shakoor N，Lee S，Mockler T C. High throughput phenotyping to accelerate crop breeding and monitoring of diseases in the field[J]. Current opinion in plant biology，2017，38：184-192.

[7] Li D，Li C，Yao Y，et al. Modern imaging techniques in plant nutrition analysis：A review[J]. Computers and Electronics in Agriculture，2020，174：105459.

[8] Prasad M V D，Lakshmamma B J，Chandana A H，et al. An efficient classification of flower images with convolutional neural networks[J]. International Journal of Engineering and Technology (UAE)，2018，7(1)：384-391.

[9] Liu Z，Wang J，Tian Y，et al. Deep learning for image-based large-flowered chrysanthemum cultivar recognition[J]. Plant methods，2019，15(1)：1-11.

[10] Wendel A，Underwood J，Walsh K. Maturity estimation of mangoes using hyperspectral imaging from a ground based mobile platform[J]. Computers and Electronics in Agriculture，2018，155：298-313.

[11] Sun Y，Wei K，Liu Q，et al. Classification and discrimination of different fungal diseases of three infection levels on peaches using hyperspectral reflectance imaging analysis[J]. Sensors，2018，18(4)：1295.

[12] Pérez-Bueno M L，Pineda M，Cabeza F M，et al. Multicolor fluorescence imaging as a candidate for disease detection in plant phenotyping[J]. Frontiers in plant science，2016，7：1790.

[13] Tian Y，Yang G，Wang Z，et al. Instance segmentation of apple flowers using the improved mask R - CNN model[J]. Biosystems Engineering，2020，193：264-278.

[14] Wang Z，Underwood J，Walsh K B. Machine vision assessment of mango orchard flowering[J]. Computers and Electronics in Agriculture，2018，151：501-511.

[15] Yi J，Krusenbaum L，Unger P，et al. Deep learning for non-invasive diagnosis of nutrient deficiencies in sugar beet using RGB images[J]. Sensors，2020，20(20)：5893.

[16] Fahlgren N，Feldman M，Gehan M A，et al. A versatile phenotyping system and analytics platform reveals diverse temporal responses to water availability in Setaria[J]. Molecular plant，2015，8(10)：1520-1535.

[17] Cuevas-Velasquez H，Gallego A J，Fisher R B. Segmentation and 3D reconstruction of rose plants from stereoscopic images[J]. Computers and electronics in agriculture，2020，171：105296.

[18] Chen F，Song Y，Li X，et al. Genome sequences of horticultural plants：past，present，and future[J]. Horticulture Research，2019，6：112.

[19] Prasad M V D，Lakshmamma B J，Chandana A H，et al. An efficient classification of flower images with convolutional neural networks[J]. International Journal of Engineering and Technology (UAE)，2018，7(1)：384-391.

[20] Clbuk M，Budak U，Guo Y，et al. Efficient deep features selections and classification for flower species recognition[J]. Measurement，2019，137：7-13.

[21] Liu Z，Wang J，Tian Y，et al. Deep learning for image-based large-flowered chrysanthemum cultivar recognition[J]. Plant methods，2019，15(1)：1-11.

[22] Horton R，Cano E，Bulanon D，et al. Peach flower monitoring using aerial multispectral imaging[J]. Journal of Imaging，2017，3(1)：2.

[23] Koirala A，Walsh K B，Wang Z，et al. Deep learning for mango(Mangifera indica) panicle stage classification[J]. Agronomy，2020，10(1)：143.

[24] Singh A，Ganapathysubramanian B，Singh A K，et al. Machine learning for high-throughput stress phenotyping in plants[J]. Trends in plant science，2016，21(2)：110-124.

[25] Gosa S C，Lupo Y，Moshelion M. Quantitative and comparative analysis of whole-plant performance for functional physiological traits phenotyping：new tools to support pre-breeding and plant stress physiology studies[J]. Plant science，2019，282：49-59.

[26] Boissard P，Martin V，Moisan S. A cognitive vision approach to early pest detection in greenhouse crops[J]. computers and electronics in agriculture，2008，62(2)：81-93.

[27] Polder G，Van De Westeringh N，Kool J，et al. Automatic detection of tulip breaking virus(TBV) using a deep convolutional neural network[J]. IFAC-PapersOnLine，2019，52(30)：12-17.

[28] Ramos-Giraldo P，Reberg-Horton C，Locke A M，et al. Drought stress detection using low-cost computer vision systems and machine learning techniques[J]. IT Professional，2020，22(3)：27-29.

[29] Cadet É，Samson G. Detection and discrimination of nutrient deficiencies in sunflower by blue-green and chlorophyll-a fluorescence imaging[J]. Journal of plant nutrition，2011，34(14)：2114-2126.

[30] Adhikari R，Li C，Kalbaugh K，et al. A low-cost smartphone controlled sensor based on image analysis for estimating whole-plant tissue nitrogen (N) content in floricul ture crops[J]. Computers and Electronics in Agriculture，2020，169：105173.

作者简介

杨君，1994年生，女，汉族，江苏南通人，硕士，上海辰山植物园，助理工程师，研究方向为高通量植物表型技术。电子邮箱：juriyang9403@163. com。

秦俊，1968年生，女，汉族，贵州人，博士，上海辰山植物园，教授级高工，研究方向为植物资源选育。电子邮箱：qinjun03@126. com。

无人驾驶时代的城市绿色空间营造策略研究[①]

Construction Strategy of Urban Green Space in Driverless Era

叶　阳　裘鸿菲*

摘　要：传统城市以汽车为导向规划建设，引发城市绿色空间面积不足、破碎化和利用效率低等问题，而无人驾驶技术让未来城市结构从传统单核格网式变为多核模式。在交通组织上，绿色空间将更加连续并与交通空间融合，呈现模块化、高效率的结构，即点（服务设施）-线（智能线路）-面（活动中心）。道路绿色空间将提供多元公共设施服务；集约化布局使商务绿色空间在内部（建筑中庭）和外部（建筑外围）实现中心活动与风貌展示功能；城市绿地除具有游憩功能外，还能利用地下空间实现共享汽车的高效调度；居住社区内部道路将融入城市景观中，为时序变化的高效社区绿色活动空间提供条件。无人驾驶技术将城市营造思路转变为以人为主导，城市绿色空间将更丰富、连通、高效和公平。总结前沿研究，探讨了无人驾驶对于城市，尤其是城市绿色空间的影响，为未来人居环境研究与实践提供了借鉴。

关键词：无人驾驶；城市绿色空间；营造策略；城市设计

Abstract: the automobile oriented planning and construction of traditional cities has caused the problems of insufficient area, fragmentation and low utilization efficiency of urban green space, and driverless technology will change the future urban structure from the traditional single core grid mode to multi-core mode. In terms of traffic organization, green space will be more continuous and integrated with traffic space, presenting a modular and efficient structure, that is, point (service facilities) -line (intelligent line) -area (activity center). Road green space will provide diversified public facilities and services; Intensive layout enables the business green space to realize the functions of central activities and style display inside (building atrium) and outside (building periphery); In addition to the recreational function, urban green space can also use the underground space to realize the efficient dispatching of shared vehicles; The roads inside the residential community will be integrated into the urban landscape to provide conditions for efficient community green activity space with time sequence changes. Driverless technology will transform the idea of urban construction into people-oriented, and the urban green space will be richer, connected, efficient and fair. This paper summarizes the frontier research, discusses the impact of driverless on the city, especially the urban green space, and provides a reference for the research and practice of human settlements in the future.

Keywords: Driverless; Urban Green Space; Construction Strategy; Urban Design

1　研究背景

1.1　传统城市绿色空间的问题

自1886年起，汽车给社会带来了空前的繁荣，对城市的建设发展和居民的生活方式产生了巨大影响。高速交通工具的产生和应用使人类移动能力提高，也促进了城市扩张：为适应汽车移动效率，城市街区的尺度也开始挣脱人类步行移动的局限；为容纳数量激增的汽车，停车场占据了越来越多的城市空间。在大城市，人们对汽车的依赖性越来越强，进一步加强了城市空间的蔓延趋势，以适应汽车的流动性。城市绿色空间（urban green space）是指城市中建筑实体之间的公共开放空间，是城市居民开展公共交流和各种活动的开放场所，其宗旨是为公众服务。

传统城市规划设计给城市绿色空间带来了三方面问题。首先，在我国现行的城市用地分类标准下，道路与交通设施用地（12.0m²/人）的占比高于广场与绿地用地（8.0～10.0m²/人）。在以汽车为导向的传统城市规划建设过程中，道路与交通设施用地占用城市大量用地，引发城市绿色空间用地面积不足。其次，出于对于汽车的避让和安全考虑，传统城市交通组织未考虑交通设施用地、路缘等道路空间中人的活动，导致城市绿色空间被交通空间分割，引发破碎化。最后，传统城市用地规划未考虑各类用地中城市绿色空间营造策略的不同侧重，导致城市绿色空间的设计导向单一、空间利用效率低。城市居民的活动很难被空间规定，传统模式化的城市绿色空间未完全达成设计愿景[1]。

1.2　无人驾驶技术与无人驾驶城市

经资本推动，全球近乎所有高科技公司和汽车制造企业都在竞相参与研发，为无人驾驶汽车路测与应用作最后冲刺[2]。乐观估计到2025年，完全无人驾驶技术将能完成市场化。2015年，谷歌公司的无人驾驶汽车完成自动模式路测试验，行程达130多万英里[3]。巴布科赫兰奇小镇位于佛罗里达迈尔斯堡以东8英里处，率先将无人驾驶汽车作为主要公交工具。当地居民使用手机应用程序，

① 基金项目：国家自然科学基金面上项目（编号31770753）资助。

就随时能够呼叫无人驾驶汽车[4]。2016～2018年，新加坡和中国各大城市开展了无人驾驶城市试点，无人驾驶汽车完成上路公测[5-6]。无人驾驶技术革新在未来可实现交通的超级流动性，在任何时间、地点将人或物送往指定的目的地。这将在很大程度上优化城市居民出行路线，减轻峰时拥堵，提高安全性，降低事故。无人驾驶被视为未来共享移动服务的推手，彻底改变居民出行、运输和物流模式，并在很大程度上影响到现有城市空间形态与功能组织，重塑城市景观与生活[7]。无人驾驶对行动不便的老人、儿童、残疾人士将产生重要影响，帮助改进社会公平。在城市交通效率和公平性普遍提高的基础上，居民将需要更多的城市绿色空间，无人驾驶的城市交通体系也会引发城市公共生活和绿色空间的变革。然而，目前有关于无人驾驶技术背景下的城市空间规划建设研究十分有限，难以指导实践。在无人驾驶技术飞速发展、智能交通一日千里的今天，思考无人驾驶对于城市，特别是城市绿色空间的影响，将有助于城市规划设计师和相关从业者应对城市未来发展，为我国城乡规划、风景园林和建筑等方面的相关研究与实践提供借鉴。

2 无人驾驶时代的城市绿色空间

2.1 城市结构与交通组织

美国著名城市设计和景观公司SWA在德克萨斯州进行了初步探索：设计师将未来的城市想象成一群愉快的"步行气泡"，以及专门为无人驾驶汽车行驶而设计的"汽车气泡"，两个气泡矩阵共生的概念以及其位于大城市外围的自然环境禀赋，容易激发起人们对田园城市的憧憬[8]。作为一个能与传统城市肌理衔接的近期无人驾驶城市设计，在城市中形成相对独立的组团是重要思路。在共享网络中，以无人驾驶汽车为基础构建一系列分布式网络平台，通过共享移动节点来重新定义城市功能与交通模式。这是未来城市发展一种替代图景，包含了空间、形态的多样性策略，用于确立有限所有权、土地使用和交通空间的互换原则，实现流动性、城市化和生态化的多元功能耦合[9]。

无人驾驶时代，现有大规模停车场地和冗余道路被重新规划、设计与建设，以进一步改善环境、提高城市土地利用效率。城市结构形态会从传统城市单核格网式结构转变为多核化模式，使每个片区形成多功能的综合体，同时中央核心绿地成为交通和游憩中心。无人驾驶城市道路密度降低，会释放交通设施用地，形成连续的绿色空间。不同于传统城市，无人驾驶城市的交通组织会更加以人为本，与城市绿色空间融合使公众活动可以在各种类型和等级交通空间上进行（图1）。除游憩、服务等传统功能外，无人驾驶城市绿色空间的交通功能也会被强化，以适应高城市交通效率。无人驾驶城市可以在道路等级重新划分后，使用L型街区布局形成街区综合体。交通组织按通行效率和出行方式分为：城市过境交通、无人驾驶车行（共享汽车和公交）和景观人车慢行三级系统，分别以车、人+车、人为主角。

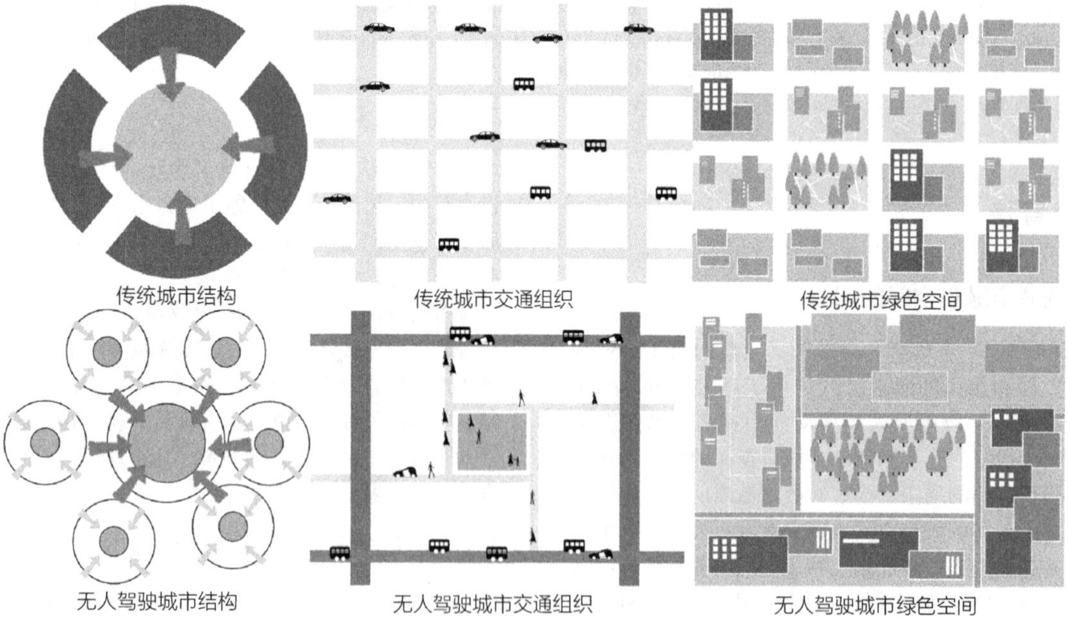

图1 城市绿色空间演化示意图

2.2 城市绿色空间的重构

经济合作与发展组织（OECD）的国际交通论坛资助的一个研究发现，广泛采用共享交通、共享出租车和共享公交车出行可以节省95%的公共停车空间，无人驾驶使人们在车里的时间得到解放[10]。Das等通过对开车通勤的研究试图估计使用无人驾驶的人们会如何分配他们多出的时间，认为规划更多的城市绿色空间来倡导公共交往十分必要[11]。由于道路结构的转变，用地布局与路网相互适应，地块转换成较大的L型，让人能以多种出行方式快捷到达两侧道路，中央围合成的交通核心与景观核心融为一体。城市绿色空间的演变也会与城市居民生活方式相互影响

(图 2)，如居民可用手机预约汽车，网络系统选定最适合的汽车快速到达距离乘客最近的停车点，没有新的行车任务的车辆会自主返回城市集中停车场。

里昂城市官员吉尔斯·维斯科（Gilles Vesco）认为，未来“共享”会成为新城市现代化的重要标准。今后，人们可以根据共享资源在一座城市中的丰富程度和比例衡量城市发达程度。即一座城市中的居民能够共享的交通设施、公共空间、信息和新服务越多，该城市就越有活力和吸引力[12]。由于交通运输效率的提高，无人驾驶技术的普及使得城市设计可以不再以小汽车，而变为以人为导向。具有交通功能的复合城市绿色空间网络使无人交通工具能便捷高效地进入街区甚至建筑内部，同时也作为居民活动的场地。复合城市绿色空间在不同的用地类型中有不同的体现，模块化、高效率，其规划布局特点符合点（服务设施）-线（智能线路）-面（活动中心）的特点。

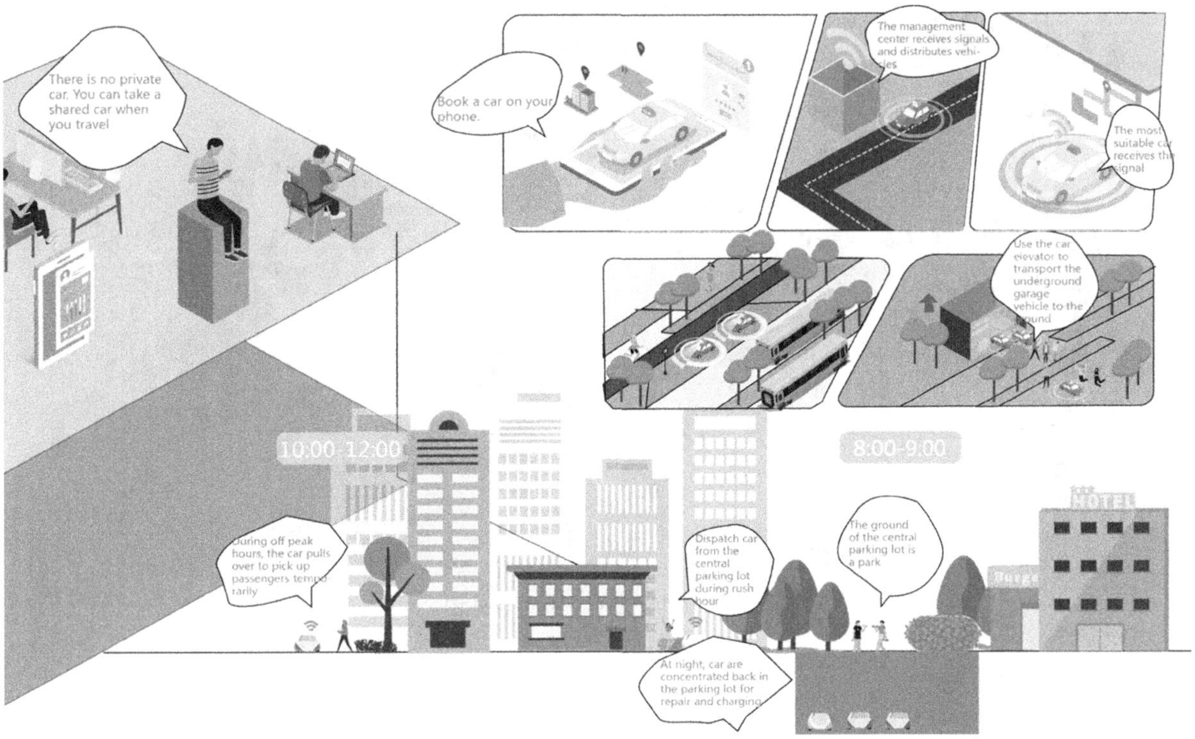

图 2　居民使用城市绿色空间图解

3　新型城市绿色空间营造策略

3.1　城市道路绿色空间

城市道路是城市的关键组成因素，通常占到一个城市用地面积的 25%～35%，科学家们一直试图探索更高效的城市道路交通方式解决城市绿色空间不足的问题[13]。谷歌无人驾驶汽车项目前专家、斯坦福大学计算机专家塞巴森·特隆认为，当无人驾驶汽车成为主流后，城市只需要目前 30%的汽车。Perkins＋Will 建筑设计事务所的 Garry Tierney 的调查报告显示，根据无人驾驶汽车可预见的运营能力，预计车辆通行压力将降低 2～4 倍[14]。

城市道路绿色空间改造将赋予道路新的职能，提高城市公共环境品质。拓宽的人行道空间为各种活动提供了场所，如居民可在城市绿地进行观赏和休闲活动、上班族能通过车行道附近的快速通行空间上下班，人们还能在沿街建筑物附近的购物活动空间逛街。对街道铺装进行改造，沿线增设绿化带、线性公园，或与延伸的人行道整合并设置一定公共设施，恢复城市街道原先具有的公共生活职能（图 3）。针对狭窄型街道，利用程序降低车速或直接排除机动车交通，创建具有一定灵活性的“人车混合街道”。重新规划和调整街道两侧的停车空间，为步行和自行车绿色出行挖掘更多的潜在空间，相应增加临时停靠点与不固定泊位。在不影响道路整体流动性的情况下，将停靠站点与道路融合设计以确保乘客能够无缝换乘，即停即走。主要街道可设置为通行量高的车行道路，而那些较为偏远、宁静的街道则使之成为行人、残疾人士平等共享的城市绿色空间，促进城市空间正义与公平性。

3.2　商务办公绿色空间

根据美国银行的最新报告，传统城市空间超过 31%的土地用于规划建设停车场，而 95%的汽车都停在停车场。每辆无人驾驶汽车的运行能够取代 10～30 辆营运车辆，因为无人驾驶汽车将名乘客送到目的地后，继续接送其他乘客而不是在停车场停车，这将导致停车场需求减少。因而大量的公共停车位可供商务办公空间改造为其他功能的空间。再者，随着共享出行的普及和私家车需求的减少，家庭停车需求将随之减少。传统城市的停车库（库）可以成为绿色空间，有利于促进居民的公共生活和交流。

在建筑技术大幅提高的基础上，无人驾驶城市的商务办公空间，拥有高容积率、低建筑密度的特点。这种用地特点促进了建筑空间的进一步集约化，提高了城市CBD区域的运转效率。这种集约化的布局使得城市可以有更多的绿色空间，一般位于商务建筑的中庭，以鼓励大众走出建筑，参与公共活动。出于保障效率和安全性考虑，在商务办公空间的城市绿色空间可以实现完全的人车分离。需要在商务建筑之间通过设置连廊和平台，形成完善的二层步行系统；在商务办公用地的内部，设置无人驾驶汽车的专用车道，实现人车分流。另外，街旁空间可作为商务主题展示，形成独特的无人驾驶游览路线。一方面，通过智慧城市科技馆、室外虚拟展示和体验空间，使市民和游客能够深入了解智慧城市技术；另一方面，通过室外无人驾驶观光线路游览城市风景区，展示城市风貌（图4）。

图3　城市道路绿色空间模式图

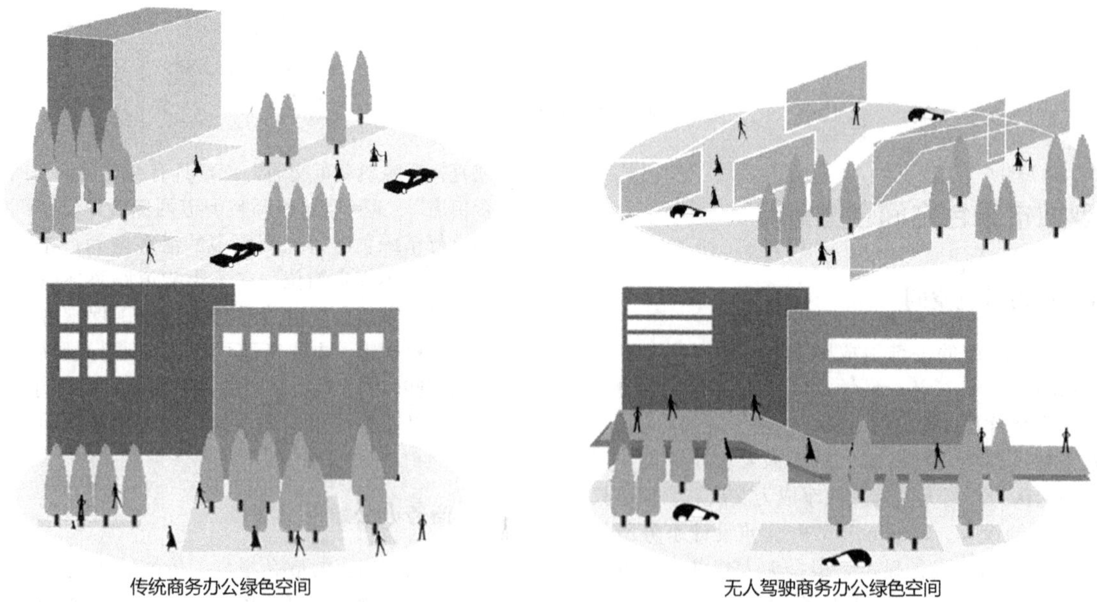

图4　商务办公绿色空间演化示意图

3.3　城市公园绿色空间

除规模化房地产开发外，也可将节省出的城市用地改造成集中绿地或开放空间，作为链接不同城市区域的生态单元，实现局部地段的生态基底置换和斑块重建；在整个城市范围实施，即可实现绿地系统的网络化链接，并形成良好的城市生态修复效用。以旧金山湾区为例，引入无人驾驶汽车后地面大量停车场地与设施将被清理拆除，可新增大量城市建设用地，对城市结构织补和生态修复具有积极作用：一方面可以进行再开发，用以优化城市空间结构和局部地段功能提升问题，市区将"出现增长密集的经济活动，可以提高生产力"[15]；另一方面，也可作为城市绿地、开放空间或社区活动空间予以保留并重新规划设计，为市民提供休闲活动场所（图5）。

传统的城市绿地与周边联系性较弱，主要强调游憩活动功能，分布较分散，面积较小。无人驾驶城市绿地除具有游憩功能外，还是无人驾驶汽车的集中停放点和补给站。将交通用地释放的空间集中布置为片区中心核绿地，具有停车场以及保养维修等功能，地面广场在早晚高峰可成为无人驾驶汽车临时停车场。一般认为无人驾驶城市的交通体系提倡TOD模式，因此城市公园一般布局在街区中心以获得最大的服务效率。一般时间城市公园的停车场位于地下，汽车通过专用入口进入；早晚高峰公园地面上停放车辆，以应对随时出现的用车指令。

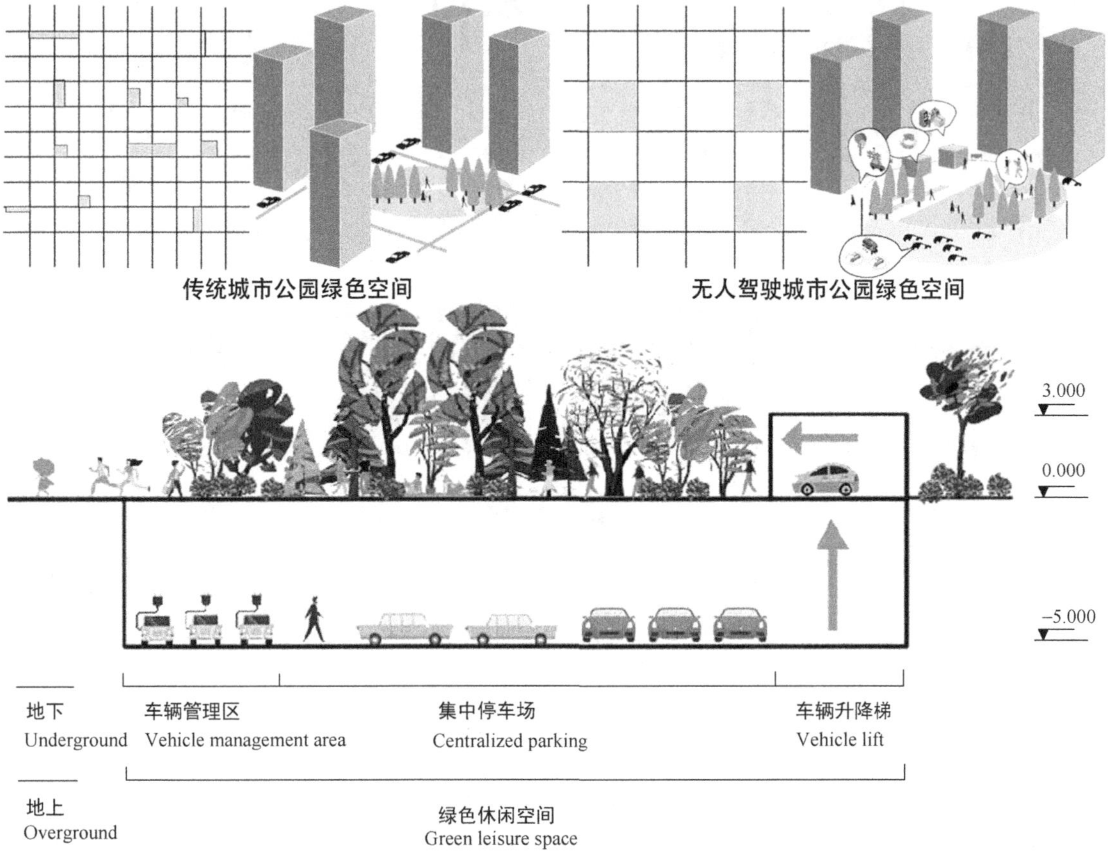

图5　城市公园绿色空间平面布局与地下空间

3.4 居住社区绿色空间

随着车辆及车道数量的减少、低级道路的消解、噪声和污染减少，营造社区绿色空间将吸引更多居民聚集。如果减少停车并采用单向单车道的交通模式，道路硬质铺装面积可减少50%，意味着可为绿化种植提供更多空地，形成丰富的生物多样性和更好的水土涵养能力。无人驾驶可以大大提高城市居民的流动性，从而提高城市空间的质量和公平性。在无人驾驶汽车时代，要建立明晰的社区规划目标和愿景，兼顾社区健康、经济和环境效益，促进公共交通、步行、骑车成为综合交通系统的有机组成与补充，这既不同于美国既有的新城市主义社区，也有别于中国近年来大规模建设的封闭住区。无人驾驶技术可以实现无缝换乘与“零碳排放”，使其更适合现代社区环境，如果现有小汽车交通的不利因素得以降低或消除，未来社区规划将适度人车混合[16]，确保居民入户能实现零距离衔接。因此，居住区的绿色空间需要承担足够的交通功能。

通过与景观融合的绿色空间，居住社区能向生活性道路直接开口，居民不必通过指定出入口即可直接到达街道，提高了出行效率。无人驾驶城市的居住社区将具有时序变化的特点：由于低等级道路与绿色空间融合，传统的以生活性道路分割形成的居住小区将不复存在，居住社区格局转变为绿色空间网和绿色空间核为特点的现代居住区。早晚高峰时，居住社区将完全开放，绿色空间中规划的特定无人驾驶线路能大大增加城市交通系统的效率和可达性。此时绿色空间主要承担了交通功能，方便无人驾驶汽车的停车集散。在非早晚高峰、节假日时，居住社区将半封闭管理，内部绿色空间供居民进行文化活动（图6），此时汽车很少社区，因为外围城市通行能力已经足够，而社区内的汽车运行速度较低。这需要建立在技术条件和交通组织成熟的情况下，能够确保居民人身安全。

4 结论与讨论

4.1 结论

传统城市是以汽车为导向进行规划建设的，这引发了城市绿色空间面积不足、破碎化和利用效率低等问题。随着无人驾驶技术的发展，城市规划建设模式正在经历

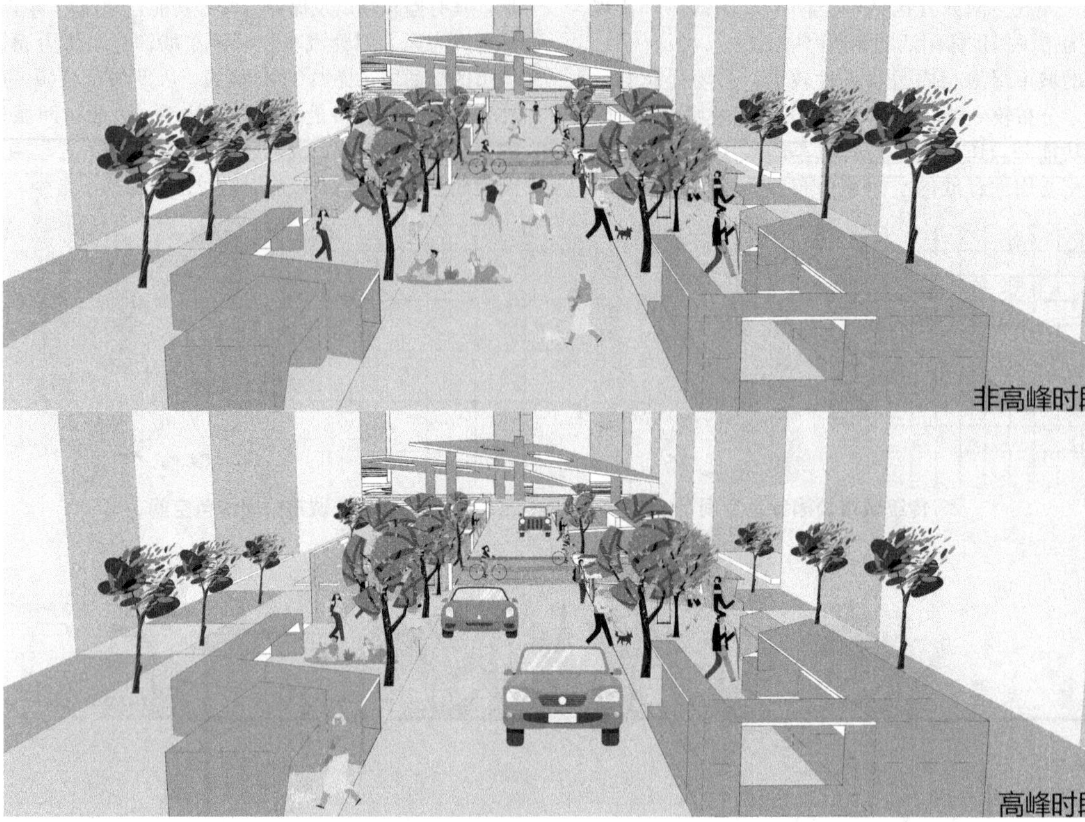

图 6 居住社区绿色空间的时段变化

深远变革，城市结构形态会从传统城市单核格网式结构转变为多核化模式。在交通组织上，会释放交通设施用地，形成较连续的绿色空间，促进交通空间与城市绿色空间融合。在无人驾驶技术背景下，城市绿色重构特点为模块化、高效率，其规划布局特点符合点（服务设施）-线（智能线路）-面（活动中心）。城市道路绿色空间改造赋予道路新的职能，提高城市绿色空间的环境品质，在城市道路上实现多元化城市公共设施与服务。集约化的城市布局使得商务办公用地可以有更多的绿色空间，并且在内部（建筑中庭）和外部（建筑外围）分别实现城市绿色空间中心活动与风貌展示功能。无人驾驶城市绿地除具有游憩功能外，还是无人驾驶汽车的集中停放点和补给站，利用地下空间作为停车场，将实现共享汽车的高效调度，为城市节约大量地面空间。居住社区内部的道路将融入城市景观中，为时序变化的社区绿色活动空间提供条件，大大提高城市绿色空间的使用效率。无人驾驶技术的介入将转变传统城市营造思路，转变为以人为主导，因而城市绿色空间将更丰富、更连通、更高效，同时优化城市空间正义性。探讨无人驾驶对于城市，尤其是城市绿色空间的影响将有益于城市规划和设计者应对行业未来的发展变化，可为我国城乡规划、风景园林和建筑等方面的相关研究与实践提供借鉴。

4.2 讨论与展望

2015 年，斯蒂芬·莫斯在《卫报》上发表了一篇题为《汽车时代的终结：城市如何摆脱汽车的枷锁》的文章，指出在世界范围“汽车越少，城市越好”已成为共识。例如，在过去 20 年里，法国里昂市的车辆驶入数降低了 20%，原来沿着里昂的河岸边建设的停车场现在已经全部变为包含湖滨公园的城市绿色空间。用里昂城市官员的话来说，城市居民地区将不再依赖他们的私家车，而是将使用城市公共交通工具，通过智能手机上的实时信息数据共享自行车和无人驾驶汽车。实现绿色空间再平衡，打造污染少、噪声少、压力小、步行方便、以人为本的城市。如今，简·雅各布斯的理念已经成为城市设计的主流思想。伦敦、纽约、巴黎等欧美大城市也在努力推动相关措施，以实现建设步行友好城市的目标。在基础设施繁多的大城市，当宽阔的城市路网建成，想要改变极为困难。经过上百年以汽车为主导的城市规划建设，城市的扩张也让人类到了不得不依靠汽车通勤的程度。而重构城市绿色空间、鼓励居民减少汽车使用的举措需要大量的市政投入，成为致力于新型城市绿色空间的城市管理者面前最现实也最困难的问题。日益成熟的无人驾驶技术正为这一困境打开新局面，带来城市绿色空间革命。而这种正在发生的变革可以让城市更加美好，通过绿色空间人们可以更好地享受丰富多彩的城市生活，让城市这个最能代表人类文明的人居环境真正成为活力充盈、永续发展的人类家园。

由无人驾驶汽车技术革新而形成的超级流动性将从根本上改变当下的交通模式，对城市空间形态与功能组织和生活模式带来巨大冲击与影响，我国也应及早开展相关研究，从制度规划、技术支撑和安全保障等多个层面采取应对措施并加以规范引导，从而指导相关政策的制定。未来无人驾驶城市研究可关注共享性无人驾驶交通工具的公众接受性、无人驾驶时代公众生活方式和城市无车化设计，建设紧凑型、宜居城市并控制城市蔓延。

参考文献

[1] Carlo Ratti，Assaf Biderman，Mian Bo. Unmanned driving subverts the city[J]. Global Science，2017(8)：42-47.

[2] Nelson/Nygaard，Perkins+Will. Autonomous Vehicles and the Future of Parking [EB /OL]. http：//nelsonnygaard.com/wpcontent/uploads/2017/04/AutoVeh _ FutureParking _ FINAL. pdf2016.

[3] 张国仁，翰阳，连然. 2015 影响世界的 9 个数字：智能出行篇[EB/OL]. http：//zhangguoren. baijia. baidu. com/article/284925.

[4] 丁广胜. 无人驾驶汽车能在城市交通系统中运行吗？[EB/OL]. http：//tech. 163. com /16/0510/08/ BMMMGMMS00094P0U. html.

[5] 鼎宏. 无人驾驶出租车在新加坡通过测试[EB/OL]. http：// tech. sina. com. cn/it/2016-03-28/doc-ifxqswxn6468042. shtml.

[6] 俞凌琳. 无人驾驶"封闭测试"中国启动：市场化还有三道障碍[J]. 信息与电脑(理论版)，2016(11)：1-2.

[7] Brent Mather，Gensler. Building Obsolescence and the Impact of Autonomous Vehicles on Future Development[EB/OL]. Oct. http：//www. nareim. org/wp-content/uploads/2017/10 /Gensler. pdf. 2017.

[8] Co. Exist Futurist Forum. Shuffle City [EB/OL]. http：//alloybuild. com/portfolio/all/ shuffle-city /#prettyPhoto.

[9] Corporate Partnership Board. Shared mobility：innovation for liveable cities. [EB/OL]. (2016-05-12)[2017-06-11]. http：//www. itf-oecd. org/sites/default/files/docs/shared-mobility-liveable-cities. pdf.

[10] DAS S，SEKAR A，CHEN R，et al. Impacts of autonomous vehicles on consumers time-Use patterns[EB/OL]. (2017-12-03)[2017-06-11]. www. mdpi. com/journal/challenges.

[11] Stephen Moss. End of the Car Age：How Cities are Outgrowing the Automobile[N]. The Guardian，2015-04-28.

[12] Brent Mather，Gensler. Building Obsolescence and the Impact of Autonomous Vehicles on Future Development [R]. 2017.

[13] Vazifeh M M，Santi P，Resta G，et al. Addressing the minimum fleet problem in on-demand urban mobility[J]. Nature，2018，557(7706)：534-538.

[14] Patrick Sisson. How Driverless Cars Can Reshape Our Cities[J]. Curbed，2016(2)：2-6.

[15] Kevin DeGood，Andrew Schwartz. Can New Transportation Technologies Improve Equity and Access to Opportunity？[J]. Center for American Progress，2016(4)：1-10.

[16] Johan Lvgren，The impact of autonomous mobility in urban planning-Relating to the future of Urban Mobility[D]. Chalmers University of Technology，2017.

作者简介

叶阳，1994 年生，男，汉族，湖北武汉人，华中农业大学园艺林学学院、新加坡国立大学博士在读，注册水环境工程师，研究方向为风景园林规划设计及理论。电子邮箱：albertwilliams@foxmial. com。

裘鸿菲，1962 年生，女，汉族，上海人，博士，华中农业大学园艺林学学院，教授，博士生导师，研究方向为风景园林规划设计及理论。电子邮箱：qiuhongfei@mail. hzau. edu. cn。

风景园林文化艺术与美学

西湖孤山梅花景观的兴废沿革及人文内涵的树立与变迁

The Prosperity and Decline of the Plum Blossom Landscape on the Gushan Mountain by the West Lake and the Establishment and Changes of Cultural Connotations

杜清雨

摘　要： 梅花是世界遗产"西湖文化景观"中西湖特色植物"四季特色花卉"的一部分，孤山则是西湖上最重要的梅花景观地与欣赏地。本文通过对孤山梅花景观及其相关遗迹的沿革梳理，从历史发展的轨迹中洞悉梅花景观兴废背后人文内涵的树立与变迁，阐述孤山的梅花景观在西湖文化景观遗产中的地位，及其对中国梅花景观欣赏史产生的影响。

关键词： 西湖孤山；梅花景观；家国情怀；人格精神；隐逸概念

Abstract: Plum blossom is a part of the "Distinctive Flora" of the world heritage "West Lake Cultural Landscape of Hangzhou", and the Gushan Mountain is an important tourist attraction with the plum blossom landscape for appreciation by the West Lake. By tracing the history of the plum blossom landscape and relevant relics on the Gushan Mountain, this paper got insights into the establishment and changes of cultural connotations behind the prosperity and decline of the plum blossom landscape from the trajectory of historical development, and set forth the position of the plum blossom landscape in the West Lake Cultural Landscape of Hangzhou, as well as its influence on the history of appreciating plum blossom in China.

Keywords: Gushan Mountain by the West Lake; Plum Blossom Landscape; Patriotism; Personality; Concept of Seclusion

引言

以梅花景观闻名的孤山是西湖文化景观遗产范围内重要的景观地，也是历史上较早开始有文化景观营建的景点。孤山最早的文化遗存可追溯至南朝陈天嘉元年（560年）建立的孤山寺（在不同时代亦有广化寺、永福寺等名称）。唐宋以来，孤山逐渐成为西湖上最重要的梅花观景地。随着历史进程的演进，梅花欣赏史上的重要人物相继与这一景观地产生深刻的联系，并衍生出一系列人文活动。人与景观的互动使得此地的园林造景在沿革中不断更替，最终使孤山的梅花景观在西湖文化景观遗产中及梅花欣赏史上拥有了不可替代的文化地位。

1　西湖孤山梅花景观的兴废沿革

孤山梅花景观的生发、营建、维持、更新历史达千年以上，在不同历史时期有着截然不同的景观规模，也曾经因为朝代更替等原因遭遇过毁弃与荒废。但千年以来，此地不光植梅赏梅者络绎不绝，且始终有人将孤山梅花景观的营建视为西湖文化景观存续的一大事业，由此造就了孤山绵延千载的梅花景观营建与欣赏史。

1.1　唐至北宋：孤山梅花景观的准备期

孤山最早的梅花景观记载可追溯至白居易的诗歌《忆杭州梅花因叙旧游寄萧协律》中"伍相庙边繁似雪，孤山园里丽如妆"一联。一直以来林逋被认为是孤山赏梅活动的奠基者。此诗的存在佐证了林逋隐居孤山两百年前的白居易时代，这里已经有了一定规模的梅花景观，且白居易守杭时曾来此处赏梅。考虑到白居易诗文之中只有这一首提到了孤山梅景且缺乏其他文献资料的佐证，唐代孤山梅花景观的规模应当不大，故而没有引起当时人们的足够重视。但毫无疑问这首诗是有史可载孤山赏梅的原点，白居易应是孤山赏梅第一人。

白居易之后，孤山的梅花沉寂了近两百年，不仅失于记载且未见赋咏，直到北宋初年林逋隐居才迎来了转变之机。林逋因梅妻鹤子的典故家喻户晓，又以"疏影横斜水清浅，暗香浮动月黄昏"之句名垂文学史，以至于后世文学作品中产生了植梅360株的故事演绎。关于林逋生活时代的孤山梅花种植情况，近年来有不少学者进行了考证，以程杰《中国梅花名胜考》最为详尽。程杰以为从现存的"孤山八梅"中《山园小梅二首》《又咏小梅》《又二首》等诗歌名和"池水倒窥疏影动，屋檐斜入一枝低""一味清新无我爱，十分孤静与伊愁""孤根何事在柴荆，村色仍将腊候并"中的"一枝""孤静""孤根"等用词看来，断定这八首诗似是反复题咏其隐居园林中的一株梅花。林逋多以"小梅"来称呼此花，足见此梅不但孤立且并不高大，远非后世所想象的植梅三百六十株的规模。

应当说北宋时期整个孤山的植梅规模都极其有限，当时的孤山尚未有大规模植梅造景的记载。而从林逋及其同时代往来于孤山的诗人留存下的诗词来看，孤山的景观植物在当时以松竹为多。北宋熙宁年间（1068～1077

年）知州郑獬，哲宗元祐年间（1086～1094年）的通判杨蟠和知州苏轼所题咏的西湖景观和杭州梅花的作品中，多提到的是凤凰山附近的梅花（如《次韵杨公济奉议梅花十首·其三》绿发寻春湖畔回，万松岭上一枝开），并没有正面描写孤山梅花的作品。可见孤山的梅花在北宋之时分布范围十分有限，尚未达到景观规模。但就孤山这一天然岛屿而言，林逋的隐逸和诗名流传无疑是助推其从自然景观向人文景观转变的契机。

1.2 南宋时期：皇家园林兴建与西村梅景

靖康之难宋室南渡之后的绍兴十六年（1146年），宋高宗于孤山筑四圣延祥观，“尽徙诸院刹及士民之墓，独逋墓诏存之勿徙”[1]。孤山的寺宇坟茔，包括玛瑙寺、智果寺在内悉数被迁到北山一线，独留林逋墓及相关遗迹，由此确立了林逋之于宋代文化及审美上的特殊地位。

四圣延祥观的修建是孤山历史上成规模营造梅花景观的起始。孤山面积不大，逐渐形成了以观赏性梅花为主体的景观格局。主要的梅花景观位于皇家宫观园林的范围内，以凉堂、香月亭等建筑为代表。叶绍翁《四朝见闻录》记载：“孤山凉堂，西湖奇绝处也。堂规模壮丽，下植梅数百株，以备游幸。[2]”凉堂成为事实上孤山梅花景观营建的起点。宋理宗年间，宋廷在四圣延祥观的基础上改建西太乙宫，建香月亭“在山椒，环植梅花，仍大书林逋诗一联刻于屏‘疏影横斜水清浅，暗香浮动月黄昏’”[3]。

除凉堂和香月亭外，接近西泠桥的西村一带也是孤山梅花集中种植区域，此处在宋孝宗年间曾大规模植梅，理宗兴建西太乙宫后被纳入御苑之内。词人姜夔的《莺声绕红楼》《角招》等品作皆是赋咏此处的梅花。可以从“十亩梅花作雪飞”（《莺声绕红楼》）、“香红千亩”（《角招》）等用词中窥见西村一代梅花种植规模的确不小。董嗣杲《西湖百咏》中《西泠桥》一首更直接写出了南宋末年西村一带的植梅数量“隔墙莫是神仙宅，红白梅花五百株”。

还有一个十分值得注意的现象，终南宋一朝，不断有士人前来孤山凭吊林逋的遗迹，或以诗文唱和林逋其人其事，如胡寅《同余汝霖游西湖观天竺观音永怀林和靖三绝》、周紫芝《读林和靖集书其尾》、杨万里《同岳大用甫抚干雪后游西湖早饭显明寺步至四圣观访林和靖故居观鹤听琴得四绝句时去除夕二日》、陆游《读林逋魏野二处士诗》等。林逋和梅花俨然已经成为宋代士人心中的一大文化符号。

1.3 元代时期：景观毁坏与林逋遗迹修复

临安陷落后，南宋经营了一百五十年的山水胜景受到严重的破坏。江南释教都总统杨琏真迦盗掘宋六陵，将宋帝骸骨埋于杭州镇南塔下，并在故宫修建五座佛寺以“镇本”。宋时的皇家园林多数被废置或改易，一时间板荡凄凉。此时，孤山的四圣延祥观被废为万寿寺，西太乙宫则攘为僧窟未几荡废。孤山的景观一片狼藉。生长于旧日皇家园囿中的梅花正如方回在《记正月二十五日西湖之游十五首》中所写的那般“千树梅花斫半无，有人更欲涸西湖”。经历了改朝换代之后，随着西湖景观的日渐萧条也同样被摧残殆尽。更为猖獗的是，杨琏真迦发掘了林逋墓，所得惟端砚一枚、玉簪一枝。这些行为在汉族知识分子中引发了强烈的愤慨。

元代后期的顺帝至元年间（1335～1340年），随着社会经济的渐趋稳定，杭州地方官员和乡绅开始次第修复孤山景观。首先是补梅，植梅数百本于山之上下。其次也是最为重要的，是以林逋遗迹为核心的景观复建，修葺并重建了包括坟墓、墓屋、墓堂、鹤亭、梅亭等建筑，设有专职管理人员。林逋墓周围的处士桥、仆夫泉、玛瑙破等古迹也一并得到修复。这次的修复工程由当时的江浙儒学提举余谦主持，参与人员有陈子安、王思齐、朱信甫、韩伯清、朱晋齐、莫景行、张景仁、本初、如志、王眉叟、张伯雨等[4]。十年之后的至正八年（1348年），继任江浙儒学提督的李祁重建巢居阁，并撰写《巢居阁记》以记其事。文曰：“钱塘之胜在西湖，西湖之奇在孤山。而山之著闻四方，则由林和靖处士始。[5]”点明了林逋之于孤山，孤山之于西湖的意义。在前后两任学官的经营下，孤山的景观趋于完善，也基本奠定了后世与林逋和梅花有关的景观格局。

1.4 明清时期：梅花景观的更替与补植

1.4.1 明代的景观修葺与梅花补植

孤山的建筑遗迹和梅花在元代余谦、李祁等人主持的补植和重建工作之后，荒寂了很长一段时间，直到天顺成化年间（1457～1487年）才迎来了又一次修葺和补植的机遇。

首先是三贤祠的重建“天顺三年（1459年），郡守胡濬徙之故地”[6]。奉祀白居易、林逋、苏轼的三贤祠，曾在南宋因为修建四圣延祥观迁到苏堤，至此迁回孤山原址。作为此次三贤祠复建的配套工程，郡人夏孟儒、仲寅兄弟、吴寿、刘英种梅数百株祠周遭。这也是明代文献中关于孤山梅花补植最早的记录。而后林逋墓于“成化十年（1474年），郡守李端葺治”“邑人于冕、沈恒于墓上种梅百树”[7]。巢居阁于“成化十一年（1475年），布政使宁良、右布政杜谦、杭守陈让重建于三贤祠右”[8]。在这之后，工部主事龚君沆和员外郎韩君绅又出资重建了“林和靖墓亭”[9]。

成化七年（1471年）史铿于《西村十记》中记载了他在西湖游玩时看到“时春日妍丽，湖水明净。万象在下，柳色微绿。梅花犹繁盛，点缀远近”[10]的景象。不到二十年的时间里，孤山建筑景观与植物景观的重建相继得到了地方官员的主持和杭州本地乡绅的支援，就此拉开了直至明末历时接近二百年的孤山景观修葺和梅花补植的接力序幕。

其后正德年间（1506～1521年）“佥事杭淮重建（放鹤亭），因作酹辞”[11]。嘉靖中（1531年前后）“钱塘令王釴作（放鹤亭），其后有岁寒岩，其下有处士桥”[12]“万历中（1585～1600年左右）孙公（孙隆）植梅以复胜迹。芳春则桃李盈堤，夏秋则芙蓉映水，冬则梅香满谷，四时之赏不穷，称总宜焉”[13]。对此，万历二十年（1592年）

的十月，王绍传至孤山游玩，在《西泠游记》中记载下了当时的孤山景象，"山之阴，亭瞰崖而下俯，曰'放鹤'。绕亭梅花百株，苍皮皴瘃，苔蚀之若龙鳞"[14]。王绍传所见之梅，想必就是孙隆补植的梅花。

孙隆补植之后，孤山的梅花又有了颓败的迹象。张鼐萌生了在孤山补梅的想法，写下《补孤山种梅序》，并于万历四十四年（1616年）将序示予周宗建。是年冬，周宗建补梅三百株于孤山[15]。张岱于《西湖梦寻》中记载了天启间有王道士欲于孤山种梅千树之事。但崇祯三年（1630年）八月十八日，汪砢玉前往孤山游玩"与儿仙期小棹孤山，登放鹤亭，已圮……益缅怀处士庐，其巢居阁久废，今建三贤祠，栽梅数百株，渐枯。复得张侗初太史补之"[16]。汪砢玉笔下的"建三贤祠，栽梅百株"指的是天顺三年（1459年）胡濬徙三贤祠之事，张侗初太史即张鼐，且并未提到王道士的补植千树。崇祯去天启年岁甚近，可见王道士补植之事最后并没能完成。崇祯六年（1633年），闽中傕史君与汪汝谦雅集湖上，傕史君念及"孤山梅魂无寄，鹤梦谁通，继起放鹤亭。余（汪汝谦）补种梅花，以存旧观，陈徵君（陈继儒）记其事"[17]。可见才短短几年，孤山的梅花景观又有了颓势。因此才有明亡之后（1644年以后）张岱再次于孤山补植梅花写下《补孤山种梅叙》之事："兹来韵友，欲步前贤，补种千梅，重修孤屿。[18]"

1.4.2 清代的景观修葺与梅花补植

明代地方官和文人雅士对于孤山建筑风景的修葺和梅花景观的补植，经过明清易代时间的流逝之后，开始逐渐衰颓和失修。在对于孤山景观的维护上，清人接过了明人的旗帜。"顺治时，督学谷应泰、布政张缙彦修复放鹤亭。康熙十一年，巡抚范承谟移亭墓侧。三十五年，织造敖福合、员外宋骏业复移于右，别建一亭供御书《舞鹤赋》于中。又建巢居阁、梅轩，开池、叠石、筑桥，极其宏丽。杭守李铎修和靖墓。其四贤祠毁于火，寻亦重建"[19]。其中康熙御书"放鹤"匾额，临摹董其昌《舞鹤赋》，是宋高宗建四圣延祥观独不迁林逋墓之后，又一次来自帝王的"表彰"和"认可"。

在梅花补植方面，康熙年间范承谟"即其故址构亭补梅，聿复旧观"[20]。陆次云《湖壖杂记》记载："山之阴为处士墓，放鹤亭在墓前，今移于左。岭上梅花三百树，树无几已。[21]"考《湖壖杂记》中最后一条有明确时间的记载文字出自康熙二十年（1681年）。关于孤山的记载中，放鹤亭移于左，当指的是前文提到的康熙十一年（1672年）范承谟迁移放鹤亭之事。文中未提到康熙三十四年（1695年）放鹤亭再度迁移至墓右侧之事，因此《湖壖杂记》当撰写于康熙二十年至康熙三十四年之间。其时距离范承谟补梅不过数十年，孤山的梅花又稀少了下去。

文献可考的清代孤山梅花的第二次补植在雍正十年（1732年）。浙江粮储道朱伦瀚捐俸重修林逋墓，增植梅花："捐俸禄葺其墓，树表以识，墓之前后，复增植梅花数十树"[22]。朱伦瀚在撰写于雍正十年（1732年）的《重修林和靖先生墓记》中写道："余年弱冠，过西湖吊处士墓，尚及见老梅一本，传为处士手植。年来承乏监司，朝夕湖山之侧，一抔黄土较三十年前渐至塌毁，而所谓手植之梅已不可复视。[23]"三十年前正是约康熙四十一年（1702年）左右之时，当时据康熙三十四年至三十五年重修林逋遗迹和三十八年（1699年）康熙南巡登临孤山并赋诗"磴古尚留梅"不远。然而陆次云笔下的树已所剩无几，只剩下朱伦瀚记忆中的老梅一本，这老梅一本多半就是康熙咏叹过的梅花。可见在范承谟补梅之后，虽然地方官员为了迎接皇帝的南巡大规模修整了孤山的建筑景观，却并没有对孤山的梅花再度补植，因此到了雍正年间梅花已经萧条无寻。历时五年于雍正十三年（1735年）编撰成书的《西湖志》记载："旧传林逋于孤山植梅三百本，岁久不存，而后人补植者今已成林。[24]"当指的就是雍正十年朱伦瀚的补梅，但这次补梅的规模依旧不大，只有数十株而已。

清代后期，孤山的梅花更加衰颓。从嘉庆道光年间（1821～1850年）一直到光绪年间（1875～1908年），历经了从嘉庆末年一直持续到道光元年的（1821年）许乃古、张应昌修复巢居阁、和靖祠，陈嵩庆、林则徐的补梅；道光十七年（1837年）徐云山、沈念农、孙阆青、汪介眉；道光二十六年（1846年）钱塘知县甘鸿与光绪二十五年（1899年）杭州知府林启的补梅。孤山的梅花景观在一代又一代人的维护之中保存了下来[25]。

在数次补梅之中，以林则徐与林启的两次补梅最为重要。林则徐于嘉庆二十五年（1820年）赴任杭嘉湖道台，并在任上重修林和靖祠，补植梅花三百六十株，为放鹤亭撰联"世无遗草真能隐，山有名花转不孤"。《杭俗遗风·西湖探梅》言其"每逢花开，有本道衙门禁止攀折告示，每树悬牌一块"[26]林则徐之后，杭州知府林启也于孤山补梅百株。因其生前十分仰慕林逋且写有"为我名山留片席，看人宦海渡云帆"之句，杭城百姓将其留葬西湖孤山。因这两人住持的补植活动，晚清时期的孤山梅花尚能保持一定规模。故《汪元文四时游兴》中仍有"孤山探梅"一段："每当腊尾春头，湖雪初霁，或一驴得得，或双桨翩翩，徜徉于放鹤亭前。只觉清香扑鼻，淑气侵肌，萧然有林下风。诗情画意，非躁心人所能领略者"[27]。

2 孤山梅花人文内涵的树立与变迁

孤山的梅花景观在一千年的历史更迭中，于不同时期衍生出了不同的人文内涵，对不同时代的梅花欣赏与西湖文化景观的人文内涵形成产生了重要影响。

2.1 赏梅之风的起点

《忆杭州梅花因叙旧游寄萧协律》虽然是白居易留下的唯一一首提及孤山梅花的诗歌，但诗中"三年闲闷在余杭，曾为梅花醉几场""蹋随游骑心长惜，折赠佳人手亦香""赏自初开直至落，欢因小饮便成狂"几联点明了白居易的赏梅是有明确目的的审美活动。诗中的孤山自然是其审美活动的发生地点，因此西湖的梅花欣赏之风当可追溯至白居易在杭州期间于孤山、吴山等地的赏梅活动。

2.2 梅花人格的树立

梅花因林逋的歌咏而从百花中脱颖而出，而孤山又因林逋的隐居在文化史和梅花欣赏史上占有一席之地。真正让孤山梅花闻名于世的契机是从林逋歌咏梅花开始的。

林逋现存的梅花诗共八首，史称“孤山八梅”。成书于宋英宗治平年间（1064～1067年）欧阳修撰写的《归田录》是现存最早关注到林逋咏梅诗的文献，此时距林逋去世已近四十年。欧阳修在文中写道：“又梅花诗云‘疏影横斜水清浅，暗香浮动月黄昏’评诗者谓前世咏梅者多矣，未此词句也”，同时提到“又其临终为句云‘茂陵他日求遗稿，尤喜曾无封禅书’尤为人称诵。自逋之卒，湖山寂寥，未有继者”[28]。可见除却梅花诗外，林逋真正让后人推崇的乃是其不书封禅的人格精神。

林逋的梅花诗在得到欧阳修的赞赏之后，虽有司马光评“疏影横斜水清浅，暗香浮动月黄昏”之联“曲尽梅之体态”。然即使不断有人前来凭吊林逋旧居的遗迹，对于其梅花诗的推崇还要到苏轼之后。元祐四年（1089年）苏轼知杭时题有《书和靖林处士诗后》曰：“平生高节已难继，将死微言犹可录。自言不作封禅书，更肯悲吟白头曲。我笑吴人不好事，好作祠堂傍修竹。不然配食水仙王，一盏寒泉荐秋菊。”解决了林逋的祭祀问题，使其人其事成为一大文化符号。正因苏轼对林逋的推崇，自此咏梅必称林和靖，林逋成为梅花欣赏史上无可逾越的人物。也因为林逋的隐逸为世所称道名播朝野，在南宋以后成了后人不断凭吊、咏怀而后补植孤山梅花、缔造梅花盛景的缘由。孤山的梅花自然也被赋予了不依附于势，拥有高洁之姿的人格象征。

2.3 士大夫的家国情怀

南宋之时，赏梅已经成为士大夫阶层普遍的爱好，梅花观赏成风带来的是梅花文学的繁荣。以梅景著称的孤山格外引人注目，因此在西湖梅花文学中尤以赋咏孤山梅花的作品数量最多。朱熹《青玉案》：“记得孤山山畔景。一湾流水，半痕新月，画作梅花影。”刘过《沁园春》：“逋曰不然，暗香浮动，争似孤山先探梅。”韩淲《好事近·同仲至和探梅》：“湖上有孤山，合把探梅词刻。清浅黄昏时候，冷疏枝寒色。”皆是关涉孤山梅花景观的作品。种梅、赏梅、品梅、写梅成为南宋士人生活中重要的组成部分，纷纷通过赋咏梅花来表达人生的理想与志向。士大夫们前往林逋故居凭吊，通过在文学作品中引用和抒写与林逋相关的典故赋咏梅花的清气与高洁，抒发自身对于人格理想的期许，不与俗世同流的期望，并以此反衬政治的腐败与社会的沉沦。

宋王朝在孤山兴建以梅花景观著称的皇家宫观园林四圣延祥观，无疑更助推了社会各阶层的梅花情结，皇室对于梅花的喜爱与经营，对于林逋的尊崇，使孤山的梅花景观成为了连接皇室审美与士大夫精神的交融点，以至于宋人常通过孤山之梅来抒发对于国家的情怀。陈人杰的两首《沁园春》：“南北战争，惟有西湖，长如太平……谁知道，有种梅处士，贫里看春”“问南北战争都不知。恨孤山霜重，梅凋老叶，平堤雨急，柳泣残丝”，皆是这样的文学作品。陶宗仪《南村辍耕录》记载，德祐二年（1276年）被元军俘虏北上的宋恭帝赵㬎长大成人得知自己的身世后写下了《在燕京作》一诗：“寄语林和靖，梅花几度开。黄金台下客，应是不归来。”身处元大都的他想到了林逋和梅花，寥寥二十字蕴含的是对故土与故国的思念。

2.4 隐逸概念的构建

元代，民族意识的高涨引发当时人种梅补梅恢复孤山景观的行动，从此在孤山的景观发展史上开启了新的一页。同时今人对于林逋的认知和理解，也可追溯到当时。元代人在对孤山的景观进行“恢复”和重构的同时，也对“林和靖”这一概念进行了重塑。

故土的沦陷和元朝压制南方知识分子的国策，使得广大士人蒙受极大屈辱和压迫。不得不寄情书画的知识分子与梅花的隐者意趣特别相投。面对严苛的政治生活环境，他们从梅花的欣赏上找到了精神寄托，通过赏梅与咏梅表达不屈从于现实的抗争。梅花从宋时士大夫阶层普遍欣赏和赞咏的花卉，变成了能在异族统治和严酷的政治环境下，保有民族和文化认同的隐士的象征。身处南宋皇家园林旁的林逋遗迹，又正好与故国哀思、隐逸不士、气节不屈等遗民和汉族知识分子的心理境遇相合，故而引起了杭州的官员和乡绅的重视。根据程杰《中国梅花名胜考》一书的考证，北宋之时孤山鲜有梅花，林逋所居的巢居阁周围梅花也并不多见。到了南宋，皇室虽然在孤山兴建皇家园林遍植梅树，与皇家园林“一墙之隔”的林逋墓周围依旧少有梅花踪迹。林逋墓和林逋遗迹第一次在实际的地理空间，而非文学作品和思想观念中与梅花紧密相连在一起正始于元朝。

元代孤山景观的修葺一举改变了后人对于两宋时期孤山及林逋故居周围的梅花景观认识，造就了今人对于林逋的了解和历史上真实的林逋有了一定的差距。林逋从一位虽因仕途不顺然甘愿隐逸，但始终以儒家信仰和道德自律的儒士变成了彻底的隐者，被塑造成为一种不愿意介入政治与功名，放浪于江湖的隐士形象典型，被那一时期追慕风雅徘徊于仕进和隐逸之间的江南士人所艳羡。

2.5 景观维新与精神传承

孤山景观的恢复围绕着三贤祠、林逋墓、巢居阁的修复，以及放鹤亭的修建，并以梅花的补植为核心，从明代中期一直贯穿到清末。放眼整个西湖山水景观，林逋遗迹的修复早于杨孟瑛疏浚西湖，是湖上较早开始兴复的景观，由此可以见得林逋在当时士大夫心中崇高的文化地位。

明代万历以后，由文人雅士及地方官员主持的一次又一次景观整饬与梅花补植活动，竭尽所能维持着这片有着深厚历史情怀的美景。明代的张鼐、汪汝谦、陈继儒、张岱等人，不光各自为记，留下了《孤山种梅序》《补种孤山梅花序跋》《补孤山种梅叙》等文章记载补梅之事，同时也醉心于在孤山的赏梅、品梅等雅集活动。清代的林则徐与林启则在国家危难、民族维新之时，用“补梅”这样的方式祭奠先贤。自然首先是因为孤山的梅花有补植的需要，但这其中也包含着对前朝繁华逝去的遗憾。对民族英雄的缅怀情结，更多的是作为士大夫阶层的一员，对于人生理想和道德品格的态度显现，是那个时代由林逋塑造的梅花人格与精神的传承所在。林逋的遗迹与孤山的梅花，在雍正年间品题“西湖十八景”时，以“梅林归鹤”名列其中。从康熙初年的范承谟到道光年间的林则徐、光绪年间的林启，孤山的梅花已不仅仅是纯粹的观赏性植物景观，而是寄托了不同时代的人们，尤其是知识分子的理想与操守的一道人文风景。

3 结语

梅花是世界文化景观遗产西湖中重要的植物景观，孤山则是西湖上重要的梅花观景地。孤山的梅花经历了唐代白居易的游赏、北宋林逋的隐居与赋咏、南宋四圣延祥观与西太乙宫的兴建、元代的毁弃与修葺、明清的补植，通过一代又一代人的努力，传承至今不惜。虽然在不同的时代中，孤山的梅花景观有着不同的人文内涵，但其代表的知识分子的道德情操，始终是孤山梅花与众不同之处，也是孤山梅花得以在西湖文化景观与梅花欣赏史上中拥有独特文化地位的原因所在。

参考文献

[1] (明)田汝成．西湖游览志．卷二．北京：东方出版社，2012.
[2] (宋)叶绍翁．四朝见闻录．丙集．北京：中华书局，1989.
[3] (宋)咸淳临安志．卷十三．杭州：浙江古籍出版社，2012.
[4] (元)叶森．和靖墓堂记．见：程杰．中国梅花名胜考．北京：中华书局，2014．45-46.
[5] (元)李祁．巢居阁记．见：政协杭州市西湖区委员会．西湖寻梅．杭州：浙江人民出版社，2009.
[6] (明)田汝成．西湖游览志．卷二．杭州：东方出版社，2012.
[7] (明)万历杭州府志．见：西湖志．西湖文献集成．第5册．清代史志西湖文献专辑．杭州：杭州出版社，2004.
[8] (明)田汝成．西湖游览志．卷二．北京：东方出版社，2012.
[9] (明)夏时正．重建和靖墓亭记．见：政协杭州市西湖区委员会．西湖寻梅．杭州：浙江人民出版社，2009.
[10] (明)史镒．西村十记．记西湖八．见：西湖文献集成．第3册．明代史志西湖文献专辑．杭州：杭州出版社，2004.
[11] (清)王复礼．孤山志．见：西湖文献集成．第21册．西湖山水志专辑．杭州：杭州出版社，2004.
[12] (明)田汝成．西湖游览志．卷二．北京：东方出版社，2012.
[13] (明)俞思冲．西湖志类钞．卷之中．见：西湖文献集成．第3册．明代史志西湖文献专辑．杭州：杭州出版社，2004.
[14] (明)王绍传．西泠游记．见：西湖文献集成．第3册．明代史志西湖文献专辑．杭州：杭州出版社，2004.
[15] 政协杭州市西湖区委员会．西湖寻梅．杭州：浙江人民出版社，2009.
[16] (明)汪珂玉．西子湖拾翠余谈．卷下．见：西湖文献集成．第5册．清代史志西湖文献专辑．杭州：杭州出版社，2004.
[17] (明)汪汝谦．西泠韵事．见：西湖文献集成．第3册．明代史志西湖文献专辑．杭州：杭州出版社，2004.
[18] (明)张岱．陶庵梦忆西湖梦寻．杭州：浙江古籍出版社，2012.
[19] (清)王复礼．孤山志．见：西湖文献集成．第21册．西湖山水志专辑．杭州：杭州出版社，2004.
[20] (清)西湖志．卷十四．见：西湖文献集成．第5册．清代史志西湖文献专辑．杭州：杭州出版社，2004.
[21] (清)陆次云．湖壖杂记．见：西湖文献集成．第8册．清代史志西湖文献专辑．杭州：杭州出版社，2004.
[22] (清)西湖志．卷二十五．见：西湖文献集成．第5册．清代史志西湖文献专辑．杭州：杭州出版社，2004.
[23] 政协杭州市西湖区委员会．西湖寻梅．杭州：浙江人民出版社，2009.
[24] (清)西湖志．卷四．见：西湖文献集成．第4册．清代史志西湖文献专辑．杭州：杭州出版社，2004.
[25] 程杰．中国梅花名胜考．北京：中华书局，2014.
[26] 范祖述．杭俗遗风．见：西湖文献集成．第19册．西湖风俗专辑．杭州：杭州出版社，2004.
[27] (清)汪元文．西湖四时游兴．见：西湖文献集成．第10册．民国史志西湖文献专辑．杭州：杭州出版社，2004：188-189.
[28] (宋)林逋．林和靖集．杭州：浙江古籍出版社，2012.

作者简介

杜清雨，1989年生，女，汉族，浙江杭州人，本科，韩美林艺术馆研究推广部，文博馆员，研究方向为西湖学、美术史。电子邮箱：dqysj@126.com。

扫叶烹茶坐复行：浅析晚明时期绍兴地区文人园林品茗空间特征

Sweeping Leaves, Cooking Tea, Sitting and Walking back: Analyzing the Spatial Characteristics of Tea Spaces of Literati Gardens in Shaoxing Area in the Late Ming Dynasty

江卉卿　汪洁琼

摘　要：明代的文人骚客继承了古代文人尚茶的传统，把日常生活中的茶事活动当作一种艺术审美的过程和修身养性的方式。晚明时期的文人品茗活动大致可以归类为茶寮茶会、集社茶会、园庭茶会与自煎自饮4种类型，而在文人园林中承载这些活动的品茗空间可以分类为私园茶寮、松竹泉亭、静室书斋3种类型。基于此，本文研究归纳了晚明时期绍兴地区文人品茗活动的主要特点，并探究承载茶事活动的品茗空间在形式、功能、思想三方面的特征，认为晚明时期绍兴地区文人园林品茗空间多设于清幽安静之地，与好泉好水为伴，空间布局与园中日常的文人活动相结合，文人遁世隐居的思想融入其间，空间特征往往也映照出文人的精神世界。

关键词：晚明时期；绍兴地区；文人园林；品茗空间

Abstract: The literati of the Ming Dynasty inherited the tradition of advocating tea from ancient literati, and regarded the tea activities in daily life as a process of artistic aesthetics and a way of self-cultivation. In the late Ming Dynasty, the literati's tea activities can be broadly classified as holding tea parties in tea houses, gathering and holding tea parties, holding tea parties in the garden and self-fried self-drinking 4 types, while in the literati garden the teas space carrying these activities can be classified as the tea spaces in private garden, the pavilions around pines, bamboos and the best spring, quiet room for books 3 types. Based on this, this paper studies and summarizes the main characteristics of the literati's tea activities in Shaoxing area in the late Ming Dynasty, and explores the characteristics of the tea spaces which carrying the activities in the form, function and thought 3 perspectives, and considers that the tea spaces of literati gardens in Shaoxing area in the late Ming Dynasty are always set up in a quiet place, accompanied by good spring and water, their space layout are combined with daily literati's activities in the garden, the thought of reclusive residence from the literati is integrated into the spaces, and the spatial characteristics are always reflected in the literati's spiritual world.

Keywords: Late Ming Dynasty; Shaoxing Area; Literati Gardens; Tea Spaces

1　万事无如水味长：文人园居生活中的品茗活动

1.1　明代文人茶事活动的发展与特点

明代园林是文化、艺术与美学的结合，明代园林艺术是中国古典园林艺术走向巅峰的开端，更是明代文化艺术大融和趋向的典型代表之一[1]。其对于文化、艺术与美学的外显特征与内在表达和人在园林中的活动密切相关，而品茗作为文人园林中重要的文人日常活动，其使用空间也在文人园林中占有举足轻重的地位。

茶文化是中华传统文化中浓墨重彩的一笔，茶作为“八大雅事”之一，是风雅文士居家生活不可或缺的伴侣。明代是中国茶文化历史上制茶技术变革破茧、饮茶风潮风靡全国的重要转折点，明代的文人骚客继承了唐宋以来文人尚茶的传统，普遍具有品茶、嗜茶、咏茶、诵茶的文人情结，在这一时期，茶在文人生活中占据了不可或缺、无可取代的地位。

明代文人茶事活动的发展，按照时间顺序可以分为三个阶段：①明代初年，明太祖出于节俭的目的颁发政令，罢造团饼、改贡芽茶[2]，从而导致了散茶在全国的推广和普及；②及至明代中叶，散茶瀹饮法的确立和古拙朴素茶风的盛行，吸引了高人闻士纷纷介入茶饮活动，在江浙地区尤甚，志趣相投的茶客们自发自主地抱团集聚、组织茶会形成了若干文人饮茶集团，从而在更深层次上促进了文人茶事活动的蓬勃发展[2]；③晚明以后，受遁世隐居思想影响的隐逸茶人们将饮茶视为表现超尘脱俗、清新高洁情怀的雅事。晚明文士大都具有讲求闲适、真趣、清赏的生活态度，冀望借助茶品的清新淡雅、甘芳宜人的特性，通过闲适自如、宁静幽雅的饮茶活动，提升生活品位，表达精神追求。

明代文人茶事活动的特点可以总结为：抛却饮茶时繁琐考究的程序等外在形式，锤炼茶文化中所映射的文人精神内核，将茶事活动融入文人的日常生活中，作为一种艺术审美的过程和修身养性的方式，体现丰富的文化内涵和时代特征[2]。

1.2　晚明文人品茗活动的类型

正如陈继儒所言：“品茶一人得神，二人得趣，三人得味，七八人是名施茶。”晚明时期的文人们普遍认同的观点是：茶既为高雅之物，饮者也应为高雅之士，饮者宜少不宜多，如若共饮者甚众，则会背离饮茶的真趣，破坏饮茶清雅的意境[3]。

即便如此，善于吟风弄月作风雅事的文人们，于品茗活动也衍生出许多雅趣来，晚明时期的文人品茗活动大致可以归类为4种类型：茶寮茶会、集社茶会、园庭茶会与自煎自饮，4种类型各有异同，活动场所多为文人园林或自然山水间，主要从参与人数、活动过程等方面加以区分。如茶寮茶会与园庭茶会，区别在于活动场所有所不同，前者位于文人园林内专为品茗活动而建造的建筑茶寮之中，而后者多位于园林的庭院之中；而集社茶会则突出“集社”二字，是文人集社活动的衍生产物，参与者多为晚明时期的文人饮茶集团；自煎自饮则顾名思义是文人独处时所独享的意趣，兴起之时便独自煎茶而饮，细细品之，可谓惬意。本文从活动类型、活动场所、代表人物与著作、活动特征4个方面，将晚明文人品茗活动的4种类型总结如表1所示[4-5]：

晚明文人品茗活动的4种类型　　表1

活动类型	活动场所	代表人物与著作	活动特征
茶寮茶会	私园茶寮	陆树声（《茶寮记》）、许次纾（《茶疏》）	以隐逸茶人为主，于茶期至私园茶寮切磋论茶，探究茶理
集社茶会	幽山佳水	以冯梦祯为首的文人饮茶集团“澹社”	茗供寂寞，随意谈楞严、老庄，间拈一题为诗。因朝政腐败，也成为文人寄托苦闷的遁世方式
园庭茶会	私人园庭	沈周等苏州茶人集团	至交熟客，清谈永日，乃至留住数宿
自煎自饮	私园茶寮	徐渭（《徐文长秘集》）	独坐，凭性而起，自煎自饮，秉烛煎茶，抚琴相合

1.3 晚明绍兴地区文人品茗活动的特征

“千岩竞秀，万壑争流”的越地山区以其独特的生态、地理环境和品质极佳的泉水资源孕育了源远流长、香飘千年的越茶文化，越茶与越地的社会、经济和文化具有不可分割的联系。越茶发端于汉代，在盛兴于唐宋，发展于明清。唐宋时期，越茶蔚然兴起，其炒青散茶制法在中华茶文化历史上占据重要地位，北宋文学大家欧阳修在《归田录》中对作为贡茶的越茶名品日铸茶大加赞誉：“草茶盛于两浙，两浙之品，日铸第一。”及至明初，明太祖朱元璋下诏：“罢选龙团，惟采茶芽以进”，使炒青法散叶茶成为主流，饮散茶之风因而盛行。而越茶多是采用炒青法工艺，故得以发展与推广，当时的著名茶人许次抒，著有《茶疏》[5]一书，写道：“绍兴之日铸皆与武夷相仲伯”，可谓是对日铸茶的极高赞誉[6]。

在明代以品饮名茶为尚、饮茶之风盛行的背景下，加之越地有以天地之灵秀韵养的天下之名品越茶，越地的文人骚客近水楼台，纷纷投身茶道研究并浸淫期中，以通晓茶道、善饮善烹为豪。大文豪徐渭可称精擅茶道，曾撰行书《煎茶七类》[7]简述对茶道的理解，其“茶勋”一节历数茶之妙处，以凌烟阁功臣作比，“除烦雪滞，涤醒破睡，谈渴书倦。此际策勋，不减凌烟”[6]。文、史学家张岱一生嗜茶，以“茶淫桔虐”自喻，对绍兴日铸茶的发展作出了极大贡献，其改良了日铸茶的制作工艺，引入了歙人松萝茶制法，成品因“色泽素兰，香气淡雅，以滚汤冲之，状如雪涛，形若兰芽”，故名“兰雪”，当时好茶之人，唯“兰雪”是求，不顾其他名品，将绍兴日铸茶的声望推至巅峰[6]。

总体而言，晚明绍兴地区文人品茗活动有以下4个特点：①绍兴茶名传天下、佳品繁多，而绍兴地区嗜好品茗的文人同时也钻研制茶、烹茶的技艺，为茶文化发展作出巨大贡献；②文人品茗以清净古拙为上，未免人多嘈杂破坏了饮茶清雅的境界，对参与品茗活动的人数有严格要求，即便是茶会也限制在3～4人；③品茗已成为绍兴地区文人交往的方式，以茶相交的佳话在绍兴茶人的著作中多有记载，品茗与清谈、论道、讲佛等活动融为一体；④绍兴文人在品茗活动中对煮茶之水别有要求，认为绍兴有名泉才能与好茶相配，因而对绍兴名泉推崇备至，品茗地点的选择也多以取水便利为标准。

2 石坍敲火试新茶：绍兴地区文人园林品茗空间类型分析

2.1 晚明时期绍兴地区文人园林基本特征

绍兴历史悠久，早在东晋时期就有会稽王道子穿池筑山、竹树林列以营造第宅，宋谢灵运移会稽营别业，傍山带江，尽幽居之美，开山水私园之先河。据明代陶奭龄《小柴桑喃喃录》[8]记载：“少时越中绝无园林，近始多有。”由此窥之，明初绍兴地区文人园林百废待兴，其后方发展壮大[9]，至晚明时期为绍兴园林鼎盛时期，如崇祯年间，祁彪佳作《越中园亭记》收录私家园林已达195处，数目甚繁。据《越中园亭记》记载，绍兴府城内，虽占地仅8km²，为其所收录的私园却有83处之多，园林类型亦多有不同[9-10]。

2.2 晚明时期文人园林品茗空间类型

晚明时期在文人园林中发生的品茗活动多有特定的活动空间，根据其特质可以分为私园茶寮、松竹泉亭、静室书斋3种类型。

2.2.1 私园茶寮

明代文人独创的私园茶寮是指在文人园林中专门用于品茶的小型室内场所[11]。在许多文人著书与文人画中均有记载，即对茶寮的空间布局、摆放器具及开展的茶事活动等方面的描述[11]。许次纾的《茶疏》[5]将茶寮定义为：“小斋之外，别置茶寮，高燥明爽，勿令闭塞。”明代屠隆所著《茶说》则对茶寮的空间布局加以限定：“构一斗室，相傍书斋，内设茶具，教一童子专主茶役，以供长日清谈，寒宵兀坐，幽人首务，不可少废者。”在书斋旁单独构建的简单斗室，配以茶具与茶童即可成为文人的品茗空间。而明代的绘画大师文征明的《品茶图》中也绘有一茶寮，内有童子正煽炉煮水，准备茶事主客入座的几案上有一壶两杯，用于茶壶泡茶分饮。由画中可看出，明代私园茶寮以简洁古朴为主，但也透露出文人对品茶一事的精细态度[12]（图1）。

图1 （明）文征明《品茶图》（局部放大图）
（图片来源：台北故宫博物院藏）

2.2.2 松竹泉亭

松竹泉亭的品茗空间通常设于松竹环抱、环境清幽的开阔地带，由两部分组成：户外部分承担备茶活动，与室内的饮茶活动分离，以茶炉为核心的备茶器具为取水之便多设于泉边，为品茶、游园活动服务；室内建筑以茶棚、茶亭为主，供主客泡茶、饮茶，陈设简洁。如沈贞《竹炉山房图》所绘，室外遍植竹林，设一茶炉，有一人煮水，主人与客分坐于草棚内。此类茶寮多见于文人在自然山水中游赏的场景，通常坐落于占地较广、位于山林间的私家园林，呈现以茶棚、茶亭等园林建筑为中心，汲水、清洗等备茶活动置于室外空地，持茶清谈、行吟、舞而歌等游园活动于山林中铺展的空间层次[13]。松、竹、泉、亭则分别是此类品茗空间主要的组成元素，以松、竹为代表的象征文人高洁品格而备受推崇的自然景致、品茗活动中的要素泉水和面阔开敞便于观赏山水风光的亭共同构成了独具文人风雅的松竹泉亭品茗空间（图2）。

2.2.3 静室书斋

静室书斋则是在文人书斋中融入饮茶功能，作为读书之余的消遣与会客待客的环节。从儒释知识阶层接纳、认同茶作为日常饮品开始，品茗活动就不可避免地与该阶层的其他日常活动相互影响、缔结联系，文人阶层以琴棋书画为修行日课，鉴古、吟咏、联诗作对等活动也是文

图2 （明）沈贞《竹炉山房图》（局部放大图）
（图片来源：辽宁省博物馆藏）

人的日常，它们与茶无论在活动同时进行的可能性还是在精神象征层面都高度契合，因此使得品茗活动往往与其他文人活动伴生出现，并受到推崇[14]。及至明代，书斋成为专为文人雅士提供的读书场所，书斋通常设立于园林中较为幽静、偏僻且具有较高私密性的地方。当时的文人雅士多有秉烛夜读的习惯，而品茗则成了他们缓解疲劳、舒缓神经的方式。静室书斋中的品茗空间，一般是文人书房案头的茶所，占据空间小、形式简单、便于移动，所谓“左图右史，茗碗薰炉”是也[15]。

2.3 晚明时期绍兴地区文人园林品茗空间类型特征分析

晚明绍兴地区文人园林颇多，专设茶寮的园林也不知凡几，于《越中园亭记》与多篇游记中均有记载。如祁彪佳之寓山园设有茶坞，偏于山南一隅，筑于山坡之上，清幽雅致[10]。同时，这些文人园林多有建于山麓之间，其中又以蕺山为最，山中泉水质甚佳，为茶家所推崇，故而多设有松竹泉亭。如吕胤筠之淇园位于绍兴府城内蕺山之脊，孙鑛在《吕美箭淇园歌》中称其：“奇石足令癫客拜，清泉堪列茶经首”，便着重强调了其烹茶之泉的清冽。此外，文人园林少有不设书斋，晚明绍兴地区文人园林也不例外，在尚茶成风的江南一带，绍兴文人无疑也有品茗之乐，而因种种原因不设茶寮的园中，品茗之事便由书斋代劳，如大文豪徐渭的青藤书屋就是典例。

基于此，本文从形式、功能、思想3个方面分析总结了晚明时期绍兴地区文人园林3种品茗空间类型特征。

（1）在形式方面，私园茶寮选清幽、开敞之地，预留茶室前的赏景空间，独筑一室，结构简单，烹品分隔，高燥明爽。松竹泉亭则是于山麓间造园，取园中水质最佳一清泉，筑一茶棚或茅亭，四面开敞可赏景，周边栽植松竹。静室书斋位置较幽静、偏僻、私密性很强，以读书空间为主，茶器具设立于案头。

（2）在功能方面，私园茶寮宜举办茶会，也宜静室独处，集烹茶与饮茶两类活动为一体；松竹泉亭则将备茶活动移至户外，与室内的饮茶活动分离，品茗活动与清谈行吟相结合，可静亦可动。静室书斋是在书斋读书冥思的功能之外添加了饮茶的功能，兼具饮茶、烹茶与书斋原有的读书会客等功能。

（3）在思想方面，私园茶寮内常进行以茶事为主题的聚会，活动雅逸，讲究禅意，品茶诸人常论佛道、老庄，有遁世隐居之意，也是当时文人为朝堂黑暗、前途未明的现实生活构筑的避世桃源，而独处茶室之时，主人多为静思，或悟茶道茶理，求一清净之地，享受独处的乐趣。与茶寮内静置的文思不同，松竹泉亭式的品茗空间更加符合晚明文人性灵的饮茶志趣，所谓“乘其兴之所适，无使神情太枯”，于山水之间品茗更能抒发文人闲适之意趣。又闻“人生最乐事，无如寒夜读书，拥炉秉烛，兀然孤寂，清思彻入肌骨。坐久，佐一瓯茗，神气宜益佳”，晚明文人所创造的书斋茶室的组合，使其承载了园主人的爱好雅嗜，又尊重了文人私密空间，符合晚明文人隐逸派中遁世隐居的思想。

3 品隽永之余趣：文人园林品茗空间中的文人思想映射

晚明时期江南的市镇经济空前繁荣，与之相对的却是官场的腐败与黑暗，朝堂之上宦官专权、党派林立、党争不休，有识之士受到排挤与迫害，在治世报国无门之际，士人群体开始崇尚遁世隐居、消极避世的隐逸思想。与此同时，阳明心学的盛行使当时的文人在其“心即理、知行合、致良知”思想的影响下，更加崇尚自省与问心。结合晚明时期文人尚茶风潮，一处僻静、独立、可掌控、可静思、可品茗、可进行文人活动的所在便成了文人群体的共同追求，基于此，文人园林中的品茗空间应运而生，而作为富庶之地、名茶之乡的绍兴地区，文人们则拥有了实现需求的可能。绍兴地区文人园林品茗空间多与好泉好水为伴，可供茗事，设于清幽安静之地，不受打扰，形式简约古朴，与审美情趣相符，空间功能布局使品茗与焚香、抚琴、读书、清谈、游园等日常文人活动能够在同一时空中进行，进可集会交往、结社欢宴，逃避苦闷的社会现实，退可静思独处、自思自省，交流天地、排除外物以提升心境。作为文人隐居遁世的桃花源，品茗空间寄托了文人的精神追求，是文人思想的表达与精神世界的映射。晚明文人基于思想追求而构造品茗空间，而今透过文人园林品茗空间观想文人心境，这种在园林设计中融入时代文化与日常生活的表达，是现今我们在体味园林审美意趣的同时需要思考与借鉴的。

参考文献

[1] 罗筠筠. 雅俗互补趣味多元：明代审美文化的特点. 北京社会科学，1997(02)：35-38.

[2] 胡长春. 明朝文人茶事概述——兼论明代江浙地区的文人饮茶集团. 农业考古，2008(02)：57-66.

[3] 徐林. 煮水品茗与中晚明士人社会交往生活. 贵州社会科学，2005(03)：153-155.

[4] 陆树声. 茶寮记. 东京：中国茶书全集. 汲古书院，1988.

[5] 许次纾. 四库全书・茶疏. 东京：中国茶书全集. 汲古书院，1988.

[6] 钱茂竹. 绍兴茶业发展史略. 绍兴文理学院学报(哲学社会科学版)，1997(04)：31-41.

[7] 徐渭. 徐渭集. 北京：中华书局，1983.

[8] 陶奭龄. 陶奭龄集. 武汉：武汉大学出版社，2020.

[9] 周思源. 古拙 雄浑——绍兴明代私家园林研究. 中国园林，1994(01)：14-16；23.

[10] 祁彪佳. 祁彪佳集・越中园亭记. 北京：中华书局，1960.

[11] 周向频，刘源源. 晚明尚茶之风对江南文人园林的影响. 同济大学学报(社会科学版)，2012(05)：40-47.

[12] 赵伟. 通过明代绘画作品反观饮茶环境的艺术设计. 戏剧之家，2018(20)：137.

[13] 毛华松，尹子佩，李丝倩，顾凯. 茶艺变迁中的明代中晚期园林茶寮及其空间组织研究. 景观设计，2020(01)：30-37.

[14] 周凡力，张敬琦，阴帅可. 行为规则空间——从文人园林中品茶行为辨析园林空间的复合性. 建筑与文化，2014(08)：143-144.

[15] 刘双. 明代茶艺中的饮茶环境. 信阳师范学院学报(哲学社会科学版)，2011(02)：130-134.

作者简介

江卉卿，1998 年生，女，汉族，福建南平人，同济大学硕士在读，研究方向为景观规划与设计。电子邮箱：564072175@qq. com。

汪洁琼，1981 年生，女，汉族，上海人，博士，同济大学建筑与城市规划学院景观学系，副教授、博士生导师，同济大学建筑与城市规划学院建成环境技术中心，副主任，上海市城市更新及其空间优化技术重点实验室水绿生态智能分实验中心（Eco-SMART LAB），联合创始人，自然资源部大都市区国土空间生态修复工程技术创新中心，成员，研究方向为水绿生态智能与景观循证设计、水绿空间生态系统服务与修复、城市滨水与生态规划与设计。电子邮箱：echowangwang@qq. com。

南京美龄宫法桐景观的历史沿革、文化蕴涵及保护更新研究

Research on the Historical Evolution, Cultural Implication, Protection and Renewal of Platanus Landscape in Nanjing Meiling Palace

李晓雅　赵纪军　云嘉燕

摘　要：每至秋季，一条由法桐排列而成的“法桐项链”便出现在南京钟山风景区上空，美龄宫则是这条项链上璀璨的宝石。本文主要从三个部分展开研究：首先，通过阅读相关文献，梳理美龄宫法桐景观从民国至今的历史文脉，包括景观的现状、所形成的空间形态、四季色彩的变化等；其次，结合古今中外文学作品、民国历史，从法桐到美龄宫法桐，探究南京美龄宫法桐行道树景观的文化蕴涵、人文内涵；最后，笔者针对现在美龄宫法桐景观所存在的问题，提出解决的方案，以提升美龄宫法桐景观的深度。南京美龄宫法桐大道不仅仅是行道树，而更为美龄宫景观注入了情感体验和文化意蕴，使其与城市的特质相符合，避免了“千城一面”的问题。通过本文的研究，以期对目前国内城市中行道树景观雷同的问题提供一定的解决方法，并给予今后园林规划设计有效的参考。
关键词：美龄宫；法桐；植物景观；景观保护

Abstract: Every autumn, a "Platanus necklace" arranged by Platanus appears in the Zhongshan Scenic Area of Nanjing, and the Meiling Palace is the glittering gem on the necklace. Through understanding the natural and humanistic attributes of Platanus, this paper discusses the landscape characteristics and protection strategies of Platanus Avenue in Meiling Palace of Nanjing. First of all, through reading the relevant literature, sort out the history of Meiling Palace Platanus landscape from the Republic until now, including the status quo of landscape, the formation of the space form, the changes in the color of the four seasons and so on. Secondly, from platanus to Meiling Platanus, this paper explores the cultural implication and humanistic connotation of Meiling Palace tree landscape in Nanjing. Finally, in view of the existing problems in the landscape of Meiling Palace Platanus, the author puts forward a solution to enhance the depth of Meiling Palace Platanus landscape. Nanjing Meiling Palace Platanus is not only the street tree landscape, but also the Meiling Palace landscape into the emotional experience and cultural implications, so that it is in line with the characteristics of the city to avoid the "one-sided city" problem. At the same time, Meiling Palace Platanus Landscape Avenue also meets the needs of urban residents for urban green, and responds to the healthy and green lifestyle advocated by the State. Through this study, with a view to the current domestic city street tree landscape similarities to provide a certain solution, and give the future effective reference for garden planning and design.
Keywords: Meiling Palace; Platanus; Plant Landscape; Landscape Protection

引言

随着城市化进程的加快，城市问题也日益严峻。居民对于提升居住环境、发展城市绿道的需求也愈发强烈。美龄宫法桐大道作为南京绿道系统的一部分，构建了城市公园体系，重新连接人与自然，且美龄宫法桐大道作为城市居民户外运动健身的空间，也体现了“健康中国”所倡导的健康生活方式[1]，符合当前的“大健康”理念[2]。南京法桐行道树景观也引起相关学者的关注，并主要研讨了南京道路绿化的植物生态效益与观赏性[3]；基于地球观测与遥感技术、移动激光扫描的树木茎秆数据，估算与生长拟合的一种新的法桐聚类框架[4]等。

本文以南京美龄宫的法桐作为研究对象，探讨其自然属性、人文属性、景观意象、历史文脉。在理论上，不仅能够深刻理解法桐对于南京的城市记忆，更为行道树景观提供借鉴参考价值；对于规划设计及种植实践，可以对法桐景观进行科学、有效的保护，并且提升法桐景观细节品质。通过这一典型个案的研究，在今后的道路规划与设计研究中，将法桐作为行道树提供一定的可行性建议；并且通过研究南京美龄宫法桐景观，揭示其景观形成背后与城市历史发展的重要联系，以期给其他区域的法桐行道树的保护和其他城市打造特色城市植物景观提供一定的借鉴意义。

1　历史沿革：从“奉安大典”到“法桐项链”

法桐（*Platanus acerifolia*），悬铃木科悬铃木属，我国园艺学家陈植确定其名为悬铃木[5]。较耐干旱、耐瘠薄，耐修剪，能够吸收有害气体。从 1929 年孙中山“奉安大典”开始，法桐就已作为行道树栽种于南京城市道路两侧。在中华人民共和国成立初期的大规模绿化运动中，在南京街头又种下 7021 株法桐[6]。时至今日，民国时期种植的法桐行道树树龄已近百年。作为南京第一批种下的行道树之一，南京美龄宫法桐有着深厚的历史底蕴和文化蕴含。

1927 年国民政府定都南京后，发布了《首都计划》。《首都计划》是最早发布的近代中国城市规划规范，而其目的是对当时的首都——南京进行现代化的城市规划改

造。《首都计划》不仅仅影响了南京的城市规划，同时也影响了绿地系统建设（图 1）。其中，计划提出林荫大道的建设规划建设的目的在于“欲使最多数之公民。易于到达公园。宜筑有林荫大道，以使各公园联贯。此种林荫大道之性质，与公园无异，道上多植树木，设有座椅，以供游客之休憩，并设有网球场、儿童游戏场等各项游乐之设备。赋予道路之两侧，筑有汽车路，以便往来”[7]。《首都计划》中表示林荫大道能够有着良好的可达性，能够满足游人的出行需求，并且当时的城市建设是以欧美城市居民的休闲生活为范例来创造，也能够体现出其先进性。国民政府开始重视林荫大道和道路规划，虽然《首都计划》中的条例并没有全然实行，但是规划的意识开始潜移默化地影响城市建设决策。

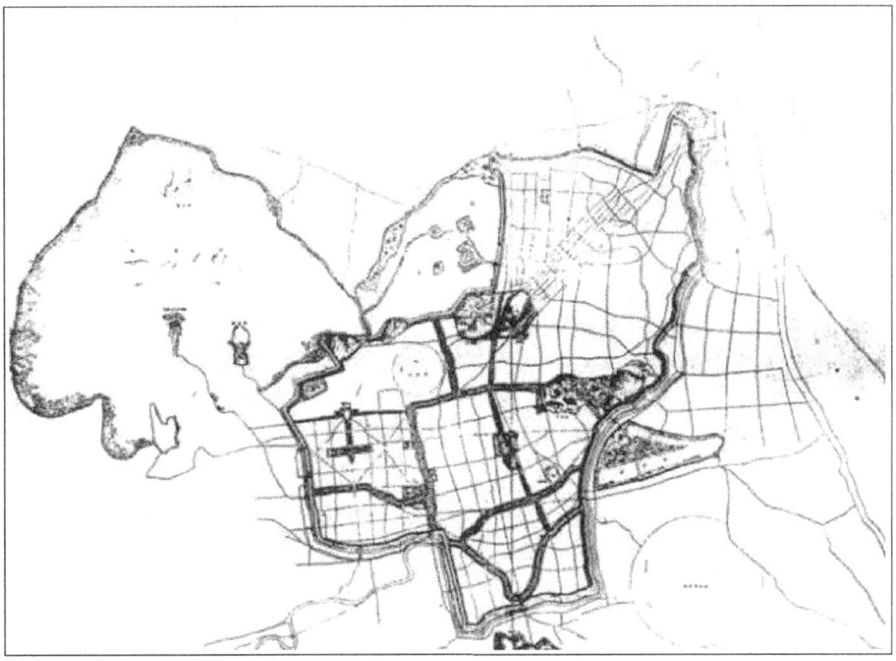

图 1 《首都计划》绿荫大道规划图

［图片来源：（民国）国都设计技术专员办事处．首都计划［M］．南京：南京出版社，2006］

1929 年举行的“奉安大典”，为迎接孙中山先生的灵柩做准备，栽种法桐在陵园路。奉安大典前夕，由宋美龄担任主任的“首都绿化委员会”，带领由美国人墨菲领衔的中外城市规划专家顾问们，对南京的植树造林进行规划、勘查，最后选定了法桐为南京的主要行道树。他们精心挑选高 4m 的法桐共 1034 株，间隔 6.6m 种植一株，每个苗坑统一规划为长宽各 3 尺（1m）、深 4 尺（约 1.33m）[8]。对于法桐的选择，也与孙中山先生 1917 年发表《建国方略》有密不可分的关系。在《建国方略》中，孙中山先生曾盛赞南京“在一美善之地区，其地有高山，有深水，有平原，此三种天工，钟毓一处，在世界之大都市诚难觅此佳境也”，并决心营造一个理想中的首都南京[9]。从“奉安大典”开始，法桐作为行道树逐渐出现在人们的视野中，其景观构架也日益成熟。

美龄宫，位于紫金山南麓四方城东南小红山之巅，原为红山主席官邸（图 2～图 4）。始建于 1931 年，占地约 $10hm^2$，是民国时期南京最具代表性的官邸建筑之一[10]。美龄宫的主楼官邸为重檐式建筑，始建于 1931 年，占地面积约 $10hm^2$。美龄宫主体建筑周围，栽种有很多花草树木，园林景观非常别致，而其中最为著名的便是“法桐项链”——法桐栽种以美龄宫为中心，围成圈状，两端向东北和西南方向延伸，总长度约 2.5km（图 5、图 6）。广义上的美龄宫法桐景观即“法桐项链”，由两部分组成，一是因“奉安大典”，在 1929 年法桐作为“链条”种于陵园路；另一是 1934 年作为“吊坠”环绕美龄宫。可以说，“法桐项链”的出现并非因大众传统认知中的蒋宋爱情故事，其实质是一个美丽的巧合，而这个巧合也为民国历史添上了一抹浪漫的色彩。

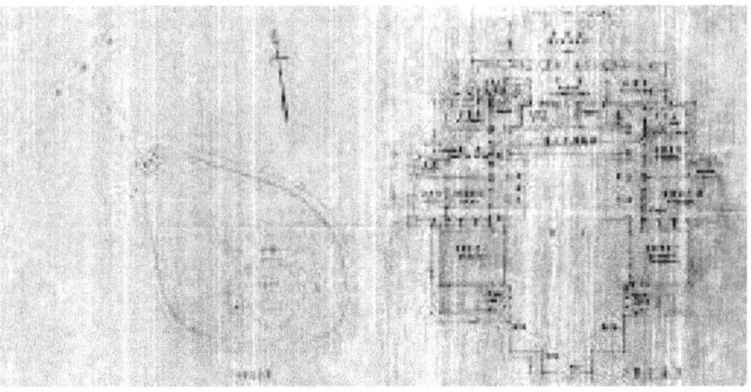

图 2 美龄宫总平面图和半地下层平面图

［图片来源：档案号 10030080531（00）0001［Z］．南京：南京市档案馆］

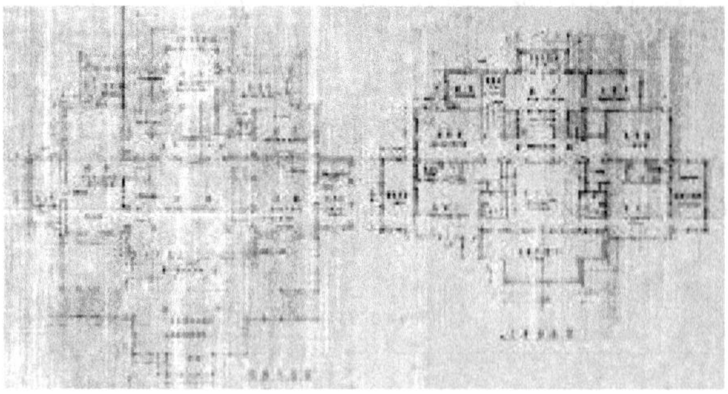

图 3　美龄宫一层平面图和二层平面图
［图片来源：档案号 10030080531（00）0001［Z］.
南京：南京市档案馆］

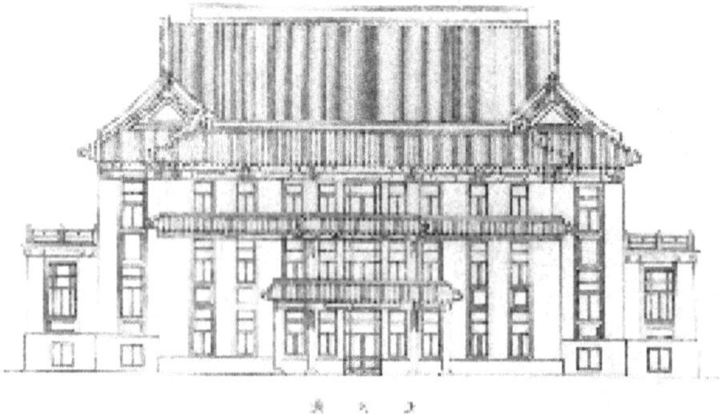

图 4　美龄宫立面图
［图片来源：卢海鸣，杨新华，濮小南．南京民国建筑［M］.
南京：南京大学出版社，2001］

法桐项链组成部分之一——环绕美龄宫的法桐

图 5　“法桐项链”组成示意图 1

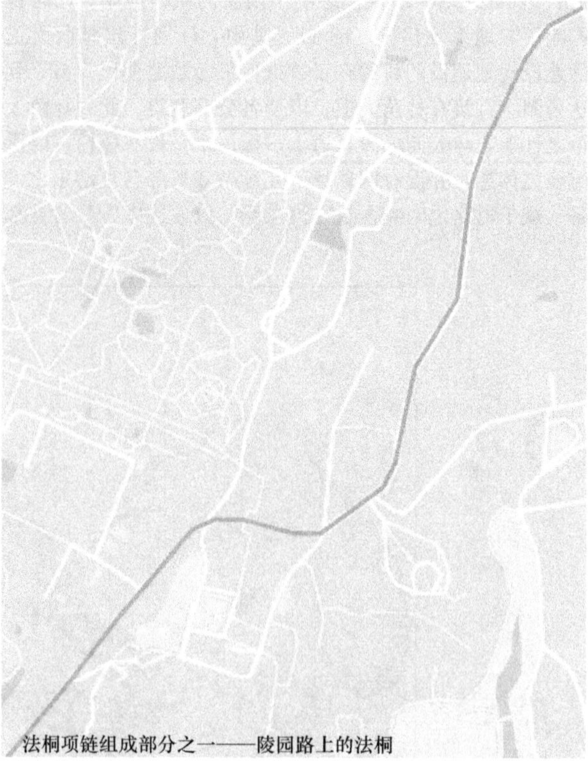

法桐项链组成部分之一——陵园路上的法桐

图 6　“法桐项链”组成示意图 2

对比历史与现状照片（图 7～图 10）可以看出，美龄宫主楼在修缮后的维护情况良好，主体建筑在经历了大规模的维护之后，与历史照片中差异不大，这从一个侧面展现了南京市政府对文物建筑保护的重视。其次，随着历史进程的推移，美龄宫建筑外墙的颜色随之变化，而法桐生长愈发茂密。法桐和建筑的色彩在时间的作用下，变得更加和谐、相得益彰。最后，从全景图来看，随着法桐冠幅的增大，以及其他树种丰富度的增加，“法桐项链”的形状也愈发清晰。俯瞰南京钟山风景区，也因树木的多样性而呈现出更加勃勃生机的一面。虽然《首都计划》并没有完全实行，但是其对之后的植物规划也有着一定的影响。

图 7　20 世纪 30 年代美龄宫
［图片来源：卢海鸣，杨新华，濮小南．南京民国建筑［M］.
南京：南京大学出版社，2001］

图 8　现今美龄宫

图 9　20 世纪 30 年代美龄宫全景
［图片来源：卢海鸣，杨新华，濮小南．南京民国建筑［M］．南京：南京大学出版社，2001］

图 10　现今美龄宫全景
［图片来源：南京，一座蠢蠢的城市．2018［EB/OL］https：//m. sohu. com/a/241454669＿100053415?qq-pf-to＝pcqq. c2c］

法桐生长速度快、抗性强，是优良的行道树种。但是也存在枝干分支杂乱的问题，所以不可避免地需要定时修剪。南京尤其是以美龄宫景区为代表法桐的修剪样式是特殊的“三股六杈十二分支”——枝杈的分枝点高，两三股枝干仿佛聚拢的手指，直指天空（图 11）。园林工人只保存三股大树枝作为主干，留若干小树枝（图 12）。修剪的主要目的是想要解决与周围的建筑物、路灯、视线等多种矛盾。修剪后法桐的分枝点很高，再加上法桐冠大荫浓，所形成的空间体积大。游人在法桐树冠包裹下的立体空间中活动、游憩。在这个空间内，游人无论行走或是开车，都不会觉得压抑。从人视点的角度看，难以俯瞰到“法桐项链”的形状，但却可以观察到法桐的树冠、修剪良好的枝桠、斑驳的树皮，以及排列整齐的阵列（图 13、图 14）。两棵法桐之间留出了足够的间隔，避免产生因空间不够而阻挡树冠伸展。在冬季，当法桐树叶脱落，暖阳穿过枝桠，树下空间就变得更加开阔、明亮了。

图 11　“三股六杈十二分支”样式

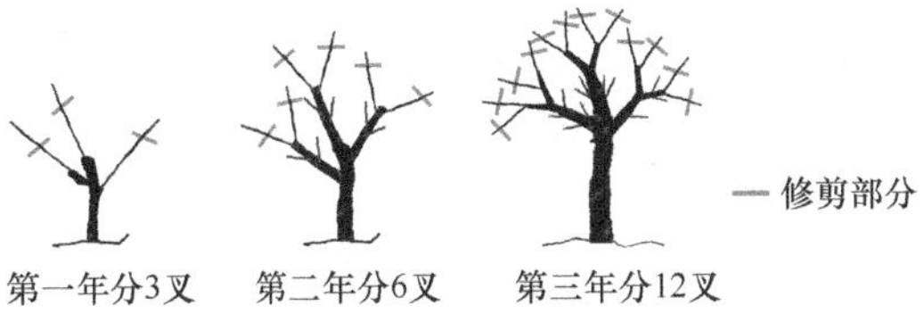

图 12　“三股六杈十二分支”修剪方法
［图片来源：笔者改绘自：果树树形修剪．2017［EB/OL］http：//www. 360doc. com/content/18/1003/11］

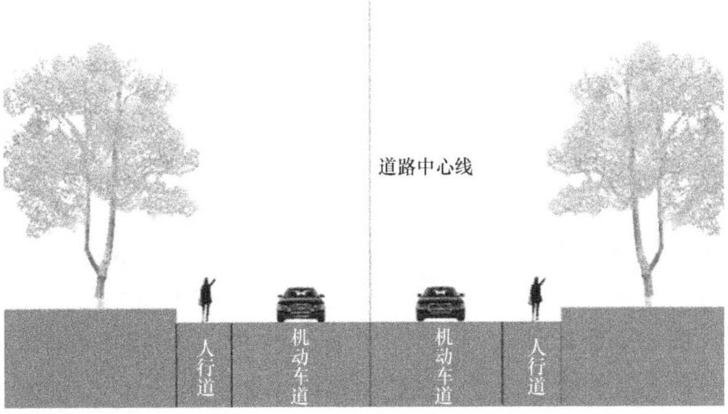

图 13　美龄宫法桐大道断面图

法桐作为色叶树种，四季会呈现出不同的颜色。春季，法桐的叶子新生，新鲜的绿色给周围的沉闷的建筑带

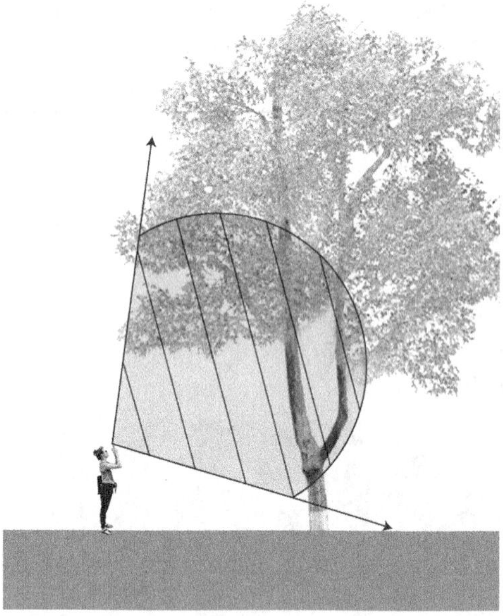

图 14　美龄宫法桐大道人视点分析图

来了一抹亮色。阳光从未长满枝头的法桐树叶中透出来，整条法桐大道呈现出绿色、黄色相交融的混合颜色。夏季，法桐叶子成熟，树冠舒展，少数光束从树叶中透出来。道路的颜色主要以浓郁的绿色为主。绿色属于偏冷色调，能够使人暂时忘记夏日的炎热。秋季，法桐树叶由绿转黄。叶片开始凋零，阳光从逐渐稀疏的树叶中漏出来，法桐大道呈现出以黄色为主基调的暖色调。法桐大道周围有常绿、落叶树种，但因没有大规模种植，所以并没有影响到法桐项链的平面构成。冬季，树叶全部脱落，整个街道的景观重心成了法桐树干。树干颜色斑驳，呈现原始的灰色。阳光完全从树枝间透露出来，道路呈现黄色与灰色融合的色彩。暖色和冷色相交融，与周围建筑物在颜色上呈现出和谐感。建筑颜色与法桐的植物景观颜色有所区别，植物景观的颜色是自然的，而建筑的颜色是带有人工的色彩。自然的景观颜色更给人一种舒适和和谐的感受。当经济发展，人们都被“困”在灰色钢筋混凝土的建筑物中，自然色彩更能够给人以一种舒适自然的意味，也能够让人逐渐放松自己疲劳的审美，走进自然，与自然产生共鸣。同样地，法桐景观也能够“软化”周围建筑的颜色，让建筑物与植物的颜色互相呼应、相辅相成，从而达到植物景观与建筑的高度和谐。

美龄宫法桐景观处在钟山风景区，“法桐项链”作为南京的城市名片，目前来看，其维护现状良好。上文曾提到，美龄宫法桐的种植年份在 20 世纪 20 年代后期到 30 年代。树龄虽然没有达到“古树”（即 100 年）的指标要求，但是树龄相较南京其他地区法桐来说仍然偏大。美龄宫景区法桐的胸径约 2.2m，冠幅约 8m，间隔 6.6m 左右，充足的间隔给予了法桐舒适的生长空间（图 15）。并且，陵园路上栽种的法桐并非种植在树池中，而是在挖掘好的苗坑中。这样也避免因树根囿于树池之中，难以良好发展的问题（图 16）。

图 15　笔者测量法桐数据

图 16　法桐根系发达

2　文化蕴涵：“自然的人化”与历史记忆

法桐引种到我国的历史悠久，也具有丰富的文化蕴含，据传鸠摩罗什法师晋代末年即 5 世纪，就已经将法桐引种到我国[11]。但是古人关于法桐的诗句却少之又少，提到梧桐的诗句，几乎都是以描写中国梧桐为主。国外描写法桐诗句并且流传至今的也寥寥无几。国外诗人保尔瓦雷里在《致悬铃木》中这样写道：“你巨大而弯曲的悬铃木，赤裸地献出自己。[12]”作者运用象征手法，将法桐意象比作是高大坚韧、值得依靠的，并且有着无畏险阻的奉献精神。法桐景观在这时便具有了可靠奉献的人文属性。

在国内的现代诗和文章中，也出现了对法桐的描写，这其中也蕴含了不同作者在不同心境下赋予法桐的人文属性。作者胡代松在《唐多令·枫落法桐黄》这样写道："枫落法桐黄，霜凝万物藏。又一年、荏苒时光。物是人非寒暑替，细思虑、泪沾裳。[13]" 此时法桐的意象又因作者的理解，而变成了感时伤逝的代名词。法桐的人文属性在胡氏笔下也增添了离愁、伤感等字眼。作家贾平凹在散文《心如落叶》中写道："原来法桐的生长，不仅是绿的生命的运动，还是一道哲学的命题在验证：欢乐到来，欢乐又归去，这正是天地间欢乐的内容；世间万物，正是寻求着这个内容，而各自完成着它的存在。[14]" 作者此时把法桐看作希望和新生的象征。积极向上的景观属性借作者的笔上升到了人文属性的层面上。

1872年，一位法国传教士在石鼓路种下了南京第一棵法国梧桐树，开创了南京行道树栽种历史。法桐大道种植时间在1929～1935年，美而龄宫建造时间在1931～1934年。美龄宫作为民国时期的建筑，自然不可避免地的为景区提供了民国的文化特征。从美龄宫建筑和法桐的尺度上来看，总体尺度比例适宜。从立面上看，美龄宫在法桐的遮掩下也形成了独特的景象，较20世纪30年代法桐未长成的情形相比（图17），现在则有一种"犹抱琵琶半遮面"的朦胧美感（图18）。从美龄宫和法桐的色彩来看，经过历史的演替，建筑和植物的融合越来越倾向于一种协调。美龄宫的屋顶为青绿色，建筑外立面为乳黄色。虽然经过时间的洗礼之后，其外立面颜色的明度和饱和度都有下降的趋势，但是其整体的色调没有较大变化。法桐的灰色树干、浓绿或浅绿的树叶与美龄宫的色彩混合在一起，是长时间历史积淀的结果，是民国以来的岁月留下的物证，蕴含了民国时期的历史记忆。

每每提到美龄宫"法桐项链"，人们总能联想起民国时代蒋宋的爱情。除却这份感情记忆以外，南京人也对美龄宫法桐景观有着特殊的情感。而这时候美龄宫法桐景观便不仅仅是悬铃木这种植物了，而是升华成一种标志符号，甚至成了一种情感记忆。美龄宫法桐景观对于游客或者居民来讲，已经是他们生活的纪念者，对这座城市来讲，也是南京城市性格的塑造者。从孙中山的"奉安大典"上看，法桐景观成了孙中山先生"天下为公"的情感怀念符号。改革开放之后，当白崇禧之子白先勇再次来到美龄宫，美龄宫主人早已不在，白先生也会感叹一句："宫花寂寞红"[15]。此时的美龄宫法桐景观也成为那个时代的文化符号。如今，在美龄宫法桐大道上，为了保护法桐，道路也为法桐"让路"（图19）。这也让人联想到2011年南京市民为拯救法桐而自发组织的"拯救南京梧桐树，筑起绿色长城"的行动[16]（图20）。从民国到当代，美龄宫的法桐都能深深刻在人们的记忆中，可以说，只要提到美龄宫法桐，人们的脑海中总能浮现出与其相对应的画面，并且心中也会泛起情感的涟漪。这也是法桐作为情感符号带给人们最深的触动，即无论你处在什么地点或者有着什么样的心境，只要提到美龄宫法桐，心情就会跟着这个情感符号回到这个有着无数感情羁绊的地方，而这个情感羁绊将成为心底永远的感动。

图17　30年代美龄宫前法桐
[图片来源：卢海鸣，杨新华，濮小南．南京民国建筑［M］．南京：南京大学出版社，2001]

图18　当代美龄宫前法桐

图19　当代道路为法桐"让路"

3　保护更新：存在问题与应对策略

尽管南京美龄宫法桐有着良好的景观效果，但是也不可避免地存在如下问题。首先，法桐保护的针对性不

图 20　2011 年保护法桐运动

［图片来源：孙参．南京修地铁迁梧桐引不满 市民系绿丝带护树［EB/OL］．网易新闻，2011-3-17. https：//news. 163. com/photoview/00AP0001/13626. html］

图 22　补种的法桐

图 21　已经死亡的法桐

图 23　修剪导致重心不稳

强。美龄宫法桐大道处在钟山风景区内，维护情况大抵是良好的。有相应的管理人员，也会定期地维护。但是因为美龄宫法桐的树龄接近百年，也会有因意外死亡而补种的情况（图 21、图 22）。并且随着法桐树龄的逐渐增长，病虫害的风险也会增加。但是，在调研的过程中，发现对于法桐的管理与保护针对性不强，很难做到针对特殊问题具体解决。维护工人将法桐修剪为特殊形状，但是有时候也会因修剪不当造成树干偏斜的问题，即一侧的树干相较于另一侧过于发达，最后导致树木重心不稳（图 23、图 24）。陵园路上法桐的周围树种种植层次凌乱，色叶树种较少，乡土树种较多。树种的整形情况较差，几乎没有层次性，降低了法桐景观整洁性（图 25）。相比之下，围绕美龄宫生长的法桐搭配的树种则较为整齐（图 26）。陵园路希望通过设置绿道进行人车分离，虽然出发点是善意的，但是却也存在不少的问题，如：绿道的景观视线差，周围树种阻挡视线，法桐景观观赏效果未达到预期效果。游人试图达到法桐景观的最佳观赏效果，而选择在车行道上行走游赏。但是非机动车道非常狭窄，并且非机动车道内的排水边沟有一定深度，稍不留意容易栽入其中，造成伤害（图27）。另外，绿道人性关怀几乎没有体现，忽视了无障碍设计。陵园路存在高差，绿道为了贴合地形而设计台阶，但是残障人士的游玩需求似乎并未被考虑其中（图28）。

图 24　修剪导致重心不稳

图 25　陵园路景观层次较差

图 26　美龄宫内景观层次较好

图 27　陵园路边沟

图 28　陵园路步道

其次，法桐飘絮影响市民健康。临近夏季，法桐果球果序会在成熟之后飘散开来，这个问题在短时间内可能是难以避免的。即使是戴上了口罩，也难免会有一些果絮刺激到皮肤。尤其是对于老年人或儿童等免疫力低下的群体，法桐果絮也会刺激到呼吸道系统，甚至还会引起一些更严重的身体上的生理反应。一些市民对此深恶痛绝，矛盾也因此而激化。

最后，法桐景观深度挖掘较浅。“法桐项链”作为南京的地标性景观，每年都会吸引大批游客，但是许多人对其的印象都似乎停留在蒋宋之间的爱情故事，而没有深入挖掘景观的人文、历史、情感色彩。如果景观只是单独地出现，并不能与时间、空间等产生紧密的联系，那这样便很难和游客产生思想上的共鸣，也就容易出现景观解读浅显的问题。

针对以上问题，笔者尝试提出以下的解决方案：一是加大对法桐的保护力度。正如上文提到，美龄宫法桐大道的法桐并非同时期栽种。有些法桐存在特殊的情况，要针对其特殊的情况，具体问题具体分析，提出相应的解决策略。同样，法桐的修剪也不能“一刀切”，更不能出现“断头树”的情况。有关部门应该要充分了解法桐情况再动手修剪树木。在《南京市历史文化名城保护条例》中，已明确提出严格保护城市重要景观走廊和城市自然山水环境，虽然没有明确“法国梧桐”特色街道是城市景观走廊的组成部分，但是未来南京也应当加强“法桐”特色街道等城市记忆空间保护的制度与法规保障[6]。从条例中能读出法桐景观的地位愈发重要，加大保护力度也是顺应时代的需求。

二是采取切实控制法桐飘絮的措施。对于法桐的飘絮，短期和根本上或许没有完全解决，但是不能因为无法解决，就肆意地砍伐树木。现阶段，政府部门也在做出相应的努力。首先，在预防方面，研发出“南京法桐果毛飘絮预报系统”，系统能够根据时间、地点推断出法桐飘絮情况，提醒人们出行进行保护。其次，在悬铃木的树种改造上，很多科研院所也在极力研发“无毛悬铃木”树木以及悬铃木注射剂，能够使其减少毛絮的飘落。通过近些年的实验，也有一定的成果。同时，环卫工人们也在认真完成本职工作，清除堆积在路面上的悬铃木果絮，避免果絮污染道路。由此看来，无论是从前期的预防，或者事后的处理上，政府都是在更加积极地解决法桐飘絮问题。

三是深度挖掘景观优势，创造景观价值。首先仍然要重视“法桐项链”标识的价值提升，为其注入更多的民国历史文化价值，使历史被清晰了解，而不是简单地将其归为一个虚假的爱情故事。城市景观作为城市人文历史文脉中重要的实体显现物更加要尊重历史，才能与城市人文历史文脉环境相协调[17]。其次，在景观提升的基础上，也可以选择与其他景观要素产生联系，如建筑要素。美龄宫建筑和法桐大道是重要的民国文化组合，也是南京法桐林荫大道重要的文化体系建设的一部分。通过对于法桐景观的开发挖掘，也能够对民国公共建筑产生一定的保护和开发的作用。最后，通过对美龄宫法桐的保护、文化挖掘等，能够与南京的历史文化相融合，使南京城的非物质文化遗产得到延续与提升。

美龄宫法桐景观虽然有着良好的景观特性，但是仍然有一些问题难以克服。对于存在的问题，要以发展的眼光去看待，尽可能地去解决。同时也要加大保护法桐景观的力度，挖掘其景观深度，使美龄宫悬铃木景观更富有独特性，为其注入人文内涵，从而能够避免出现“千城一面”的现象。与此同时，从丰富景观层次性如搭配色彩丰富的植物、协调周围元素发展如注重多元发展等角度，提升法桐景观。在此基础上，对创意空间进行开发挖掘，创造有利于城市文创、休闲旅游发展的项目，开发创意资源，挖掘创意空间，实现法桐的经济价值和社会价值。

4 结语

法桐耐修剪、抗盐碱，是优良的行道树种，也是南京的标志树种，其修剪形式也有着南京的特色。美龄宫法桐所形成的“法桐项链”是秋季南京上空一抹亮丽的风景线，也是南京的城市名片之一。通过研究法桐的历史渊源，了解南京从民国到现代与法桐种植的相关性。

从民国时期孙中山“奉安大典”到中华人民共和国成立初期绿化运动，再到近几年的“让路风波”，都能反映出法桐和南京的深厚的羁绊。美龄宫法桐景观是南京法桐景观的代表之一，1927年种植下距今已将近百年，承载了南京市民的情感和感受。当与城市的文化与情感产生相关性的时候，法桐行道树景观便有了不可替代性，这也是其他城市行道树景观在设计中需要留心的地方。简单的复制并不能解决景观“千城一面”的问题，在深度挖掘城市历史和市民情感的情况下，才能为景观注入创新和融合的力量。

尽管南京美龄宫法桐有着良好的景观效果，但是也不可避免地存在许多问题，如粗犷式保护、法桐飘絮和景观深度挖掘浅尝辄止等。有些问题现在看来可能是难以解决的，但是从景观整体的角度上来看，这些问题仍旧是瑕不掩瑜的。笔者只能从现在技术出发，尝试提出解决方法，更深次的解决方法还需要等待相应的技术成熟。在实践解决上述问题，使法桐景观能够更好地与南京城市文化相协调，才能更符合人民在精神层次上的审美需求。

参考文献

[1] 程孟良. 健康中国背景下城市化进程中休闲健身空间建设探讨[J]. 广州体育学院学报，2018，38(01)：47-50.

[2] 李雪松. 绿道中健身运动空间规划设计实践——以上海环世纪公园绿道为例[J]. 中国园林，2019，35(S2)：98-102.

[3] 徐露，陶睿敏. 基于城市化进程下城市记忆的保护——以南京梧桐为例[J]. 住宅与房地产，2018，4(24)：260.

[4] Earth Observations and Remote Sensing; Findings from Nanjing Forestry University Broaden Understanding of Earth Observations and Remote Sensing (A New Clustering-based Framework to the Stem Estimation and Growth Fitting of Street Trees From Mobile Laser Scanning Data)[J]. Journal of Technology，2020.

[5] 陈植，刘玉莲. 观赏树木学[M]. 北京：中国林业出版社，1984.

[6] 程薇薇. 孙中山与南京植树造林[J]. 档案与建设，2016，4(07)：39-40.

[7] (民国) 国都设计技术专员办事处. 首都计划[M]. 南京：南京出版社，2006.

[8] 范方镇. 中山陵史话[M]. 南京：南京出版社，2004：156.

[9] 孙中山. 建国方略[M]，北京：中国长安出版社，2011.

[10] 李光耀. 基于CIS理论的城市景观形象特色营造研究[D]. 南京：南京林业大学，2015.

[11] 张廷桢，贾小明，齐康学. 鸠摩罗什树寻踪与溯源[J]. 林业世界，2020，9(4)：131-200.

[12] 瓦雷里，林莽. 致悬铃木(节选)——写给安德烈·丰丹纳[J]. 扬子江诗刊，2012(06)：83.

[13] 胡代松. 唐多令·枫落法桐黄[J]. 诗刊，2020(21)：78.
[14] 贾平凹. 心如落叶[J]. 记者观察，2020(13)：1.
[15] 李响. 美龄宫　乱世佳人　金陵残梦[J]. 国家人文历史，2015，4(24)：114-119.
[16] 郭苏明. 南京梧桐树事件之始末与思考[J]. 风景园林，2011(03)：156.
[17] 张慧珠. 地方感知下的城市植物景观研究[D]. 南京：南京林业大学，2017.

作者简介

李晓雅，1999年生，女，汉族，江苏徐州人，华中科技大学硕士在读，研究方向为风景园林历史与理论。

赵纪军，1976年生，男，汉族，河北人，博士，华中科技大学建筑与城市规划学院，教授、博士生导师，研究方向为风景园林历史与理论。电子邮箱：jijunzhao@qq. com。

云嘉燕，1987年生，女，回族，江苏苏州人，博士，南京林业大学风景园林学院，讲师，研究方向为风景园林历史理论与遗产保护。

江南古代园林鹤景及其成因

Research on the Crane Landscape and Its Causes in Jiangnan Ancient Gardens

孙歆韵　杜　雁*

摘　要：中国传统文化中“鹤”的意象，从民族图腾到园林纹样，从神话仙禽到诗画瑞鸟，无所不及，同时鹤也是中国古代园林中具有代表性的园林动物之一。鹤景是由养鹤、赏鹤的园林物质空间，以及人鹤互动的一系列活动构成的复合体。即鹤景的成景不仅包括传统意义上的园林景致，还包括在此场景中进行的园林活动。本文分析阐释了江南古代养鹤园林的内向鹤景、外向鹤景和潮汐鹤景的成因，以期重拾中国古代园林养鹤雅趣，接续中华文脉，在传承中创新。
关键词：风景园林；江南园林；鹤景；园林动物；园林活动

Abstract: The image of "Crane" in Chinese traditional culture, from national totems to garden patterns, from mythological birds to poetic birds, is omnipresent. At the same time, cranes are also one of the representative garden animals in ancient Chinese gardens. The crane landscape is a complex composed of the material space of the garden for raising and admiring cranes, and a series of activities of interaction between people and cranes. That is to say, the formation of the crane landscape includes not only the traditional garden scene, but also the garden activities carried out in this physical space. In order to regain the elegant interest of raising cranes in ancient Chinese gardens, continue the Chinese culture, and innovate in inheritance, This article analyzes and explains the causes of the inward, outward, and tidal crane landscapes in the ancient Jiangnan Garden.
Keywords: Landscape Architecture; Jiangnan Garden; Crane Landscape; Garden Animals; Garden Activities

引言

中国江南古代园林不仅是文人表达个人理想志趣的精神空间，更是园主生活会客的活动场所。甚至，园林生活是促进文人园林发展变迁的核心动力[1]，不同的园林活动内容在一定程度上影响了园林空间的组织方式。中国古代园林的价值和文化意义，既包含园林的物质遗存，也包含该物质遗存曾经承载的独特的园林活动。但是目前还鲜有关于中国古代特有的，与园林动物相关的园景和活动的研究，如“钓鱼台”与垂纶、“射鸭廊”与射鸭、“抚鹤亭”与养鹤等。

周维权先生认为园林四要素是山、水、植物和建筑，并特别强调“一般园林也有动物的饲养，但它对园林所起的作用仅属小品的性质，不必单独列为一项基本要素”[2]。然而囿是园林的雏形之一，先秦和秦汉时期的园林圈围大片自然山水，其中就充斥着大量人工繁育和野生的动物，供君王和贵族狩猎、食用、祭司、军用和观赏。《诗经·大雅》有：“王在灵囿，麀鹿攸伏。麀鹿濯濯，白鸟翯翯。王在灵沼，於牣鱼跃。①”魏晋时期，园林动物的经济实用性渐弱，娱乐和审美价值提升，且宗教意味渐浓。颇有道家意味的鹤就被记载道：“今吴人园囿中及士大夫家，皆养之。②”唐宋元时期的皇家园林“珍禽异兽，莫不毕集”③，民间园林也开始饲养以赏玩为目的的动物，到明清时期逐渐定型[3]。可见动物一直以来都是中国古代园林中重要的构景要素。

鹤因其深厚的文化内涵和优雅的外形，成了中国古代最具代表性的园林动物之一。全世界共有 15 个鹤种，中国就占 9 种，然目前均为国家一级或二级保护动物，濒临灭绝[4]。经史料爬梳，有 5 种鹤曾经是中国古代园林动物，即丹顶鹤、白鹤、灰鹤、白枕鹤和蓑羽鹤（图 1），其中以饲养丹顶鹤的现象最为普遍。《花镜·养禽鸟法·鹤》中的“丹顶赤目，赤颊青爪……白羽黑翎”④ 即是对丹顶鹤的形容。鹤类本是迁徙鸟类，18 世纪下半叶以后鹤被完全驯化[5]，成为园林中的留鸟。通过人工培育，民间有了“中国古代四大名鹤”的说法，即辽东鹤、青田鹤、华亭鹤和扬州鹤，并且其中三种都产自江南。究其原因，在鹤资源上，江南本就是野生鹤类的越冬地，野鹤每年会在江南停留 4～5 个月；在自然条件上，江南地处我国东南沿海地带，亚热带—暖温带过渡性气候为江南营造了四季分明又温暖湿润的气候，长江、钱塘江两大水系贯穿而下，太湖等众多湖泊星罗棋布、水网相连、河湖纵横，以平原为主的肥沃土地孕育了茂盛的植物和肥美的水草，为鹤类提供了理想的栖息地；在经济条件上，鹤是珍禽，寿命可达 60 岁，购买和饲养它们都异常昂贵，江南手工业发达，无论官员还是市民都十分富庶，为养鹤提供了必要的经济条件；

① 引自（周）佚名，《诗经》。
② 引自（三国）陆玑，《毛诗草木鸟兽虫鱼疏》。
③ 引自（宋）张淏，《艮岳记》。
④ 引自（清）陈淏子《花镜》。

在文化上，通过几次“南渡”，中原文化浸透江南，文人雅士嗜鹤如命，“亭前放鹤，溪上垂纶”① 是他们的生活态度，是淡泊宁静、孤傲独立的人格宣言。因此，江南古代园林中的养鹤活动十分繁盛，也颇具代表性。

鹤景是由养鹤、赏鹤的园林物质空间，以及人鹤互动的一系列园林活动构成的复合体。由于每个园林所处的区位环境和园林内部结构各有不同，园中鹤的活动范围及鹤景的辐射广度也不同，所以鹤景的构景模式和人鹤互动方式也不同。笔者即以此作为分类依据，通过文献爬梳和实地测绘踏查，对江南古代园林鹤景进行归纳整理（表 1）[6]，并对其成因进行研究。

1 专属空间——内向鹤景

1.1 内向鹤景的构景与互动

内向鹤景多位于城市园林中。江南城市园林的园墙将园内外清晰隔绝，并且园外即为市井街巷，即使善飞的鹤跨越围墙也无处栖身，鹤的活动范围和鹤景的辐射广度被严格限制于园内。由于鹤是大型鸟类，最常见的园林鹤——丹顶鹤身高 1.4～1.6m，展翅可达 1.4m（图 1），因此小型园林中几乎全园都是鹤的活动范围，而大型园林会专门安排饲养和观赏的空间。如留园的鹤所、白鹤园的太白居、艺圃的鹤砦、乐圃的鹤室等。

由于需要在这类鹤景中完整地布局养鹤空间和赏鹤空间的全部要素，因此内向鹤景的空间组分和文化意蕴在三类鹤景中是最精致完备的。首先是养鹤空间。主人非常重视鹤的居所，鹤在文人心中绝不是园中玩物，而是可以与主人的精神追求和品格向往相匹配的灵魂伴侣。当年白居易与鹤临别之际写下：“司空爱尔尔须知，不信听吟送鹤诗。羽翩势高宁惜别，稻粱恩厚莫愁饥。夜栖少共鸡争树，晓浴先饶凤占池。稳上青云勿回顾，的应胜在白家时”②。读此诗，万千叮咛嘱咐，此情此心足使人怅然。因此文人绝不会用鸟笼蓄鹤，而是专门为其建屋。另外鹤是涉禽，喜欢在水深 0.17m 的水中活动；而且鹤对食物的要求极为严格，只吃活食，吃主人喂的鱼虾要先叼入水中观察，若鱼虾还能游动才吃。沈括在《梦溪忘怀录·相鹤》中也强调“养处须有广水茂木”，所以养鹤空间中一定要有一湾浅池（图 2）。最后，野鹤平时栖息于平原地区的沼泽地带，习惯在平地行走（图 3）。它们的脚趾无法抓握树枝，也很难在陡峭的石壁上攀爬。中国画中鹤立于松树或奇石之上的图画模式仅仅是“松鹤延年”等美好寓意的想象图景，或者说是一种认知谬误。因此养鹤空间必然是平坦开阔的。总结起来，园林养鹤空间正如《长物志·鹤》所记：“筑广台，或高冈土垅之上，居以茅庵，临以池沼。[7]”可见，配置养鹤空间更多考虑的是鹤的生物学习性，而非文化内涵和主题。然而在营造赏鹤空间时，文化内涵和鹤景主题则成了主要设计思路。

图 1　中国古代园林中的鹤种，从左到右依次是丹顶鹤、白鹤、灰鹤、白枕鹤和蓑羽鹤。
（图片来源：据中国动物学会鸟类学分会官网整理，摄影：鸟林细语）

图 2　养鹤空间必设浅池
（图片来源：作者摄于江苏盐城丹顶鹤自然保护区）

图 3　野鹤栖息的平原湿地
（图片来源：作者摄于江苏盐城丹顶鹤自然保护区）

① 引自（宋）吴泳《沁园春·鶗鴂鸣兮》。
② 引自（唐）白居易，《送鹤与裴相临别赠诗》。

赏鹤空间的所有景素都服务于一个主题，该主题往往服从于全园主旨。由于鹤文化十分丰富，因此要选择一个契合全园主旨的鹤景主题并非难事。江南园林，尤其是城市园林善于小中见大，颇有洞天福地、壶中天地的意趣，鹤又被道家喻为“仙禽”，因此以道家“得道升仙”立意的鹤景颇多。如白鹤园，鹤景选址太白居庭院，此景修仙寻道的含义已颇为明显。再者以“长寿”立意的鹤景如静庵公山园，鹤景中鹤鹿双栖于松柏之下，恬淡安宁。松柏鹤鹿四种延年长青的意象同时出现，长寿的寓意扑面而来。还有以“清廉”立意的鹤景如乐圃，乐圃的鹤景旁是琴台，主人常在琴台弹琴调鹤，正吻合了“一琴一鹤”① 的典故。鹤景能表达的主题不胜枚举，常见的还有隐逸、忠贞和气节风骨等。从上述实例中可见，赏鹤空间的主题表达是鹤和其他景素共同完成的，甚至可以说是除鹤以外的其他景素，将特定的鹤景主题从纷繁的鹤文化中提取出来的。首先是植物的选择，如松柏和鹤的组合，提取了鹤是“仙人骐骥”的文化含义，《相鹤经》云：“千六百年，形定，饮而不食，与鸾凤同群，胎化而产，为仙人之骐骥矣。”于是使鹤景聚焦在了长生不老、羽化登仙的主题上，如留园的五峰仙馆。又如梧桐和鹤的组合，提取了鹤是“羽族之长”的文化含义，把鹤比作凤凰。《拾遗记》中描写道：“昆仑山有昆陵之地，群仙常驾龙乘鹤，游戏其间”，即是鹤凤相等的一证。梧桐可以邀凤，点出了祥瑞美好的鹤景主题，如归园田居的雪兰堂（图 4）。除植物外，景题楹联也是重要的鹤景主题烘托要素，它的点题作用较植景更为直接。如古漪园的鹤景景题“鹤寿轩”和“松鹤园”，直接把长寿的主题点出。另外，鹤纹样的铺地、门窗雕饰等也能起到烘托主题的作用，如团鹤表示吉祥、云鹤表示闲放、双鹤表示忠贞、松鹤表示长寿。除此之外，还有古琴或琴室和鹤的组合代表“一琴一鹤”的清廉之风、鹿和鹤的组合代表“鹤鹿同春”的欣欣向荣之态、梅花和鹤的组合代表“梅妻鹤子”的高洁之姿等。总之，赏鹤空间的布局设计主要是为鹤景的主题服务，同时也会兼顾主人与鹤的互动方式。

图 4　柳遇《雪兰堂图》
（图片来源：引自〈苏州园林山水画选〉）

主人和鹤的互动方式依据两者之间的亲密程度可分为听鹤、观鹤、训鹤和同游。首先是听鹤，鹤的鸣声嘹亮，《诗经》有云：“鹤鸣于九皋，声闻于天”；于谦《夜闻鹤唳有感》也赞叹到：“清响彻云霄，万籁悉以屏”。同时，鹤声凄清沧远，闻之犹如天籁，范仲淹《鹤联句》称其“钧韶无俗音”；孟郊在《晓鹤》中说：“晓鹤弹古舌，婆罗门叫音。应吹天上律，不使尘中寻”。鹤的鸣声除了以适清听外，还被赋予了“应节”的礼俗含义。鹤鸣声的每个音节都是由 3 个声脉冲组成[8]，具有节奏感。《相鹤经》描述鹤的鸣叫：“复七年，声应节，而昼夜十二时鸣。鸣则中律。”因此文人将“鹤声送来枕上”视作一件风雅之事，还把德才兼备的隐士称作“鹤鸣之士”。听鹤时，主人通过联觉构建起鹤景的画面感，所感所思常细腻而丰富。以听鹤作为赏鹤方式的鹤景，主人和鹤是隔离的，甚至主人可以在园中任意一处，并不拘泥于特定的赏鹤空间。其次是观鹤。鹤的身姿优雅、色彩分明、舞姿华丽，《相鹤诀》形容鹤的身形是：“颈纤而修，身耸而正，足臞而节，高颇颡不食烟火人”。文人观鹤，逐渐形成了相鹤的标准，也衍化出相鹤品鹤的风尚，毕竟《相鹤诀》有云“鹤不难相，人必清于鹤而后可以相鹤矣”。主人观鹤的空间与鹤所在的空间必然是视线通透的，主人常坐卧于轩、馆、亭等开敞的建筑中，边焚香、品茶、调琴、吟诵，边远观庭院中悠然漫步的鹤，体会鹤景意趣。鹤所在的空间不必大，能容纳鹤的基本活动即可，然最重要的是鹤景主题的搭建和各种景素的配置，可谓精巧。第三是训鹤，古人称为“食化”。主人利用鹤起舞啄食的天性，“候其饥，置食于空野，使童子拊掌顿足以诱之。习之及熟，一闻拊掌，即便起舞”[7]。文人训鹤不仅是为了让鹤理解人的指令，更是为了通过这一简单的交流让鹤与人建立起亲密的关系，达到互相信任和理解。训鹤需要一个开阔的户外场地，但是由于训鹤只是短期行为，因此既可以利用相对开阔的赏鹤空间，也可临时将鹤引至其他开阔的庭院进行活动。最后是同游。与鹤同游时，主人已全然把鹤看成一位老友，甚至家人，可以说已经达到哲学家马丁·布伯（Martin Buber）提出的“我与你”② 的关系。人鹤间的交流更多的是心灵上的契合，而非感官的体验。二者相伴而处，全园任意而安。

1.2　内向鹤景实例：留园鹤所

留园鹤景的主景区由鹤所、五峰仙馆及其庭院构成，位于全园东部（图 5～图 8）。鹤所在五峰仙馆庭院东侧，

① 一琴一鹤的典故出处：据《宋史·赵抃传》记载，宋御史赵抃赴成都为官仅携一琴一鹤，传为佳话。后黄慎作《赵公琴鹤图》以示尊敬。由此，一琴一鹤成为为官清廉的象征。

② 奥地利哲学家马丁·布伯把人与人之间的关系概括为“我与它”和“我与你”，前者指将对方当作实现自己目的的工具，是一种物化和利用的关系；后者指我用自己全部的本真来与对方的本真相遇，真诚地感知对方的关系。

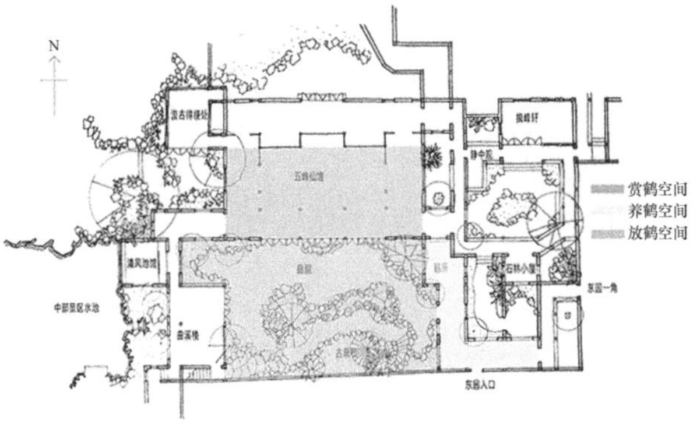

图 5　留园鹤景主景区

图 6　留园鹤所：养鹤空间

这里曾是主人养鹤的场所，面积约为 30m²。鹤所呈曲尺状，四通八达。向西是鹤所正门，通向五峰仙馆庭院，门洞正上方有一块写有“鹤所”的匾；向北通往五峰仙馆侧门；向东南通向东园。五峰仙馆庭院是放鹤的主要空间。庭院以南是一座土石山，人可从东西两侧登山，并可从山顶西侧进入曲溪楼的二层。假山上有古黑松一棵，曲干虬枝从山顶伸向仙馆。庭院以北是五峰仙馆，是主人主要的赏鹤空间。五峰仙馆面阔五间，南面全部开门正对假山，视线开阔。“五峰”“仙馆”和“鹤”都具有道教意味，坐于仙馆内望峰悟道、幻想化鹤成仙，自有一番风味；鹤在古黑松荫中，又表达了松鹤延年愿望。

然而主景区缺乏水体，无法满足鹤的生活需求；且五峰仙馆庭院十分狭窄，南北宽度刨去假山后只有 2m 左右，对于鹤来说稍显局促。因此除了主景区外，留园中其他几个亲水且宽敞的区域也是鹤的活动范围。鹤所中养的鹤向东南可以行至舒朗开阔的东园之中，向西可以到达中部水景区（图 9）。当鹤从五峰仙馆的“仙境”中来到花间水际，又能让人有种“复得返自然”的释然。这些开合不同、景素不同的空间营造出不一样的鹤景意境，也提供了多样的人鹤互动场地。

另外，留园的许多区域都采用了鹤纹样铺地（图 9、图 10）。明瑟楼东面有一个立鹤鹤纹铺装，象征鹤的遗世独立、孤高自傲的品格。纹样的鹤头朝水池、脚朝明瑟楼，方便主人坐于明瑟楼中向东望水池时欣赏。小蓬莱上有一个舞鹤鹤纹铺装，它张开翅膀使图案呈圆形，有“圆满”之意。第三个鹤纹铺装在汲古得绠处的南面，这里是进入汲古得绠处和清风池馆的主通道口。纹样是一只全身雪白正在散步的鹤，它弯着脖子向后看向清风池馆，象征闲云野鹤般的自由和浪漫。鹤所“东园一角”的门外是另一只舞鹤鹤纹铺装，抬脚跳跃，象征应节守礼。东园的中心庭院有第五个鹤纹铺装，鹤和鹿被嵌在一个圆形中，二者之间用碎瓦拼出一棵松树，寓意鹤鹿同春、松鹤呈祥。整体来看，这些鹤纹铺装都集中于留园鹤景的主景区附近，起到暗示和强化鹤景的作用。

图 7　留园五峰仙馆：赏鹤空间

图 8　五峰仙馆外庭院：放鹤空间

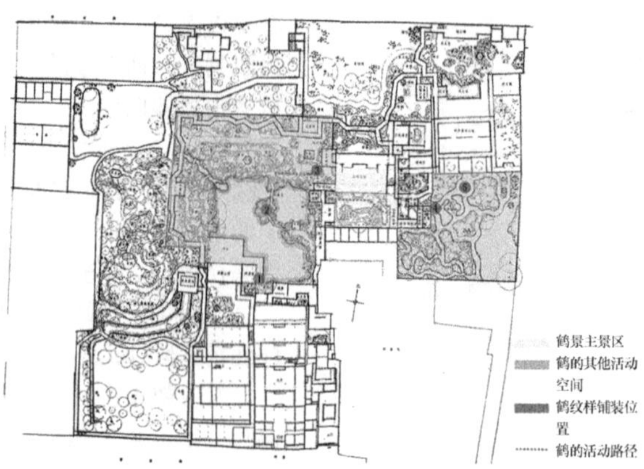

图 9　鹤在留园中的活动范围及留园鹤纹样位置示意图

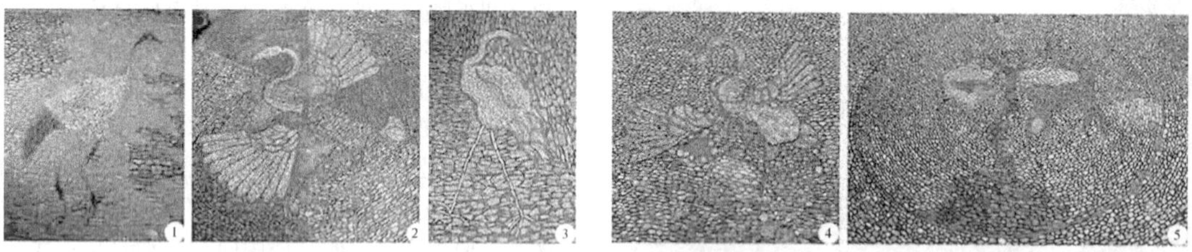

图 10　留园鹤纹铺装组图

2　因借江湖——外向鹤景

2.1　外向鹤景的构景与互动

外向鹤景多位于郊野园林中。江南的郊野园林依山傍水，园址周围自然景致优渥。园林内外没有绝对的界限，园内疏朗清逸，又借园外风光无限。鹤是善飞的鸟类，郊野的自然环境为园中之鹤提供了更广阔的活动空间。外向鹤景的辐射极广，无论是鹤的活动范围还是园主与鹤互动的场所都不局限于园内。如孤山的放鹤亭、江村草堂的鹤巢、东庄的鹤洞和虎丘的养鹤涧。虽然在外向鹤景中的鹤享有高度的自由，但主人并不担心它们逃逸，因为鹤与主人之间存在着强有力的感情和依赖关系：鹤本身是极其忠贞的动物，一生只会选择一个伴侣；另外鹤的智商很高，通过训练鹤能和主人达成十分牢固的默契。

外向鹤景由于可以借园外之景，因此园内鹤景的布置相对简单、朴素。人工水体并不是必须的，可以假借自然水体供鹤栖息。鹤的居所不是非要大兴土木，多为“亭”“庵”等朴素的建构物。甚至还有主人只是把园旁邻水的自然山洞稍加整理，就作为天然的鹤居（图 11、图 12）。植物与山石等构景要素以古朴自然为要，删繁就简，舒朗俊逸。可见，外向鹤景的清淡景致流露出的是淡泊隐逸、无为修心的精神追求。文人常借“孤云野鹤”代指隐士，苏轼在《放鹤亭记》中说：“盖其为物，清远闲放，超然于尘埃之外。”“隐逸”是外向鹤景最常见的主题，如东庄，园内二十四景多以园耕生活为题材，化园为庄，营造出浓郁的归隐田园、自享其乐的氛围。园内鹤景幽居山林之间、闲放溪谷之畔，一派野趣，鹤景归隐之意立现。另外文人常用“仙客”“仙子”“仙羽”和“蓬莱羽士”称呼鹤，同时以“羽人”“羽客”和“羽流”称呼道士，并

图 11　沈周《东庄图册·鹤洞》以天然洞穴作为鹤居（图片来源：引自《苏州园林山水画选》）

图 12　文伯仁《养鹤涧图册》鹤自由地栖息在山涧之中（图片来源：引自故宫博物院官网）

把道士所穿袍服则称为“鹤氅”，可见鹤的飞行常与道家的羽化登仙相联系，沈佺期的《黄鹤》就吟道：“拂云游四海，弄影到三山。”与内向鹤景不同的是，鹤在外向鹤景中常常展翅高飞。鹤的体型巨大，盘旋于空中状如鹏鸟，能给人极大震撼。因此外向鹤景也常以“羽化登仙”立意。如《赋得养鹤涧》中说：“皓皓濯濯腾骞徙倚，导引长秆不知其纪。于是仙人羽客驾以登攀。”

外向鹤景中鹤与主人的互动形式和场景都十分丰富。形式与之前相同，包含了听鹤、观鹤、训鹤和同游，不同的是场景、权重与时机。内向鹤景的赏鹤场所相对固定，而外向鹤景中，主人听到的鹤声不再只是从园内传出，它可能在苍穹回响，抑或在园外远方影影绰绰。主人的听觉感受更加立体，所引发的情愫也更悠远交杂。观鹤的体验亦大有不同，卸去浓丽的脂粉和刻意的人工雕琢，在淡雅的园中或天然的山水间观鹤，自得野趣(图 13)。尤其时时能仰望飞翔的鹤——现存最大型的能飞翔的鸟类之一——那种心灵的激荡是无以言说的，这种观感是任何人工配景都无法达到的。在这类鹤景中，主人的训鹤不强调鹤的闻声起舞，而更在意与鹤的情感和默契的建立。以至于内向鹤景较少涉及的同游互动，在外向鹤景中占据了较大的比重。鹤有时随主人一同出游，或飞，或乘船，或同行；有时当主人出游时半途偶遇，甚至有时鹤会飞出园外寻找主人。主人的闲放给了鹤充分的自由，形成了富于变化、充满趣味的鹤景。如江村草堂的鹤“昼则飞翔薮泽，夜则归宿阑槛；有时月明，顾影自舞，举止耸秀”[9]，这种包容随性的态度也体现了主人乐于渔樵、安闲自适的心境。

图 13　沈周《桐荫玩鹤图》局部，表现了主人在自然山水中与鹤互动的场景
（图片来源：引自故宫博物院官网）

2.2　外向鹤景实例：孤山放鹤亭

林逋是北宋时期著名的隐士，杭州钱塘人（一说奉化市黄贤村人），字君复。林逋终身不仕不娶，仅在庐旁植一株梅，宅内养两只鹤为伴，人称“梅妻鹤子”。林逋爱鹤，曾道：“此犹吾子也”[10]。林逋的鹤很通人性，“每欲饮食，便俯首长鸣于和靖之前，和靖朝出暮归，必引颈相迎”。林逋的鹤享有充分的自由，黄龙洞有一处鹤止亭，就是因为两只鹤时常会飞到那里休息而得名（图 15）。此外，“逋每泛小艇游湖中诸寺，有客来，童子开樊放鹤，纵入云霄，盘旋良久，逋必棹艇遄归，盖以鹤起为客至之验也”[11]（图 14）。由于林逋与鹤的感情颇深，林逋去世后他的双鹤拒绝进食，不久就抑郁而终了，家人为双鹤在林逋墓旁修了一座小坟，取名“鹤冢”。林逋对梅鹤的痴爱被后世传为佳话，林氏后人不仅奉其为“梅鹤太公”，更把林氏家风雅称为“梅鹤家风”，把林氏堂号定为“梅鹤风标”。同时，“孤山鹤”借林逋高洁淡雅的人格来形容一种清雅恬和的人生理想。洪咨夔的《贺新郎》中有“放了孤山鹤。向西湖、问讯水边，嫩寒篱落”。

放鹤亭最早建于北宋，《西湖佳话》中有：王随“见其（林逋）所居，富于圃而陋于室，因出俸钱，重为新之。有巢居阁、放鹤亭、小罗浮”。之后，放鹤亭又在明代和清代重建。现在的放鹤亭是 1915 年重建的（图 16、图 17），虽然已无鹤，但依然保留着鹤的记忆。亭在孤山北麓，坐南朝北极好地收摄了北里湖的景致。亭中立有康熙临摹董其昌的《舞鹤赋》，再加上亭子四周所挂的五幅对联，为放鹤亭增添了许多文人气质。另外，放鹤亭西南边有三棵古香椿树，树冠荫浓，散发出古朴的田园气息。放鹤亭西南方是林逋墓（图 16、图 18），墓园清淡简朴，围于白墙小院内，墓边植有梅花。

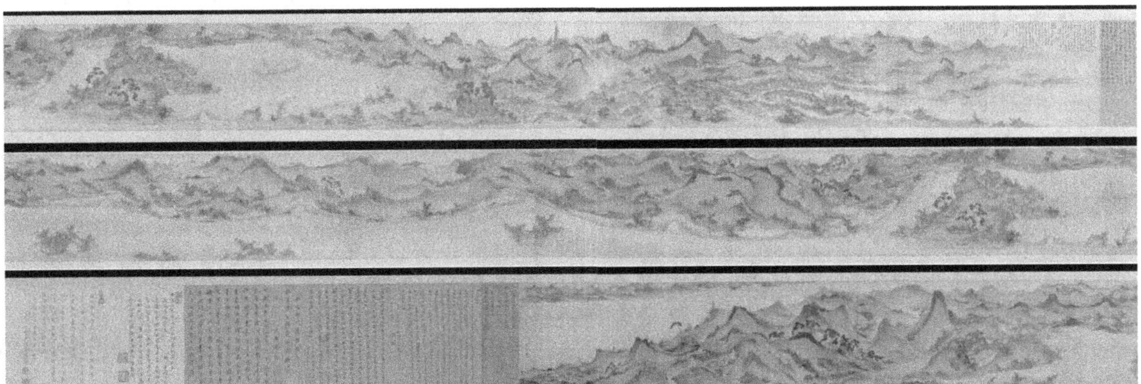

图 14　谢彬画；章采　补景《西湖载鹤图像》描绘了林逋载鹤游西湖
（图片来源：引自故宫博物院官网）

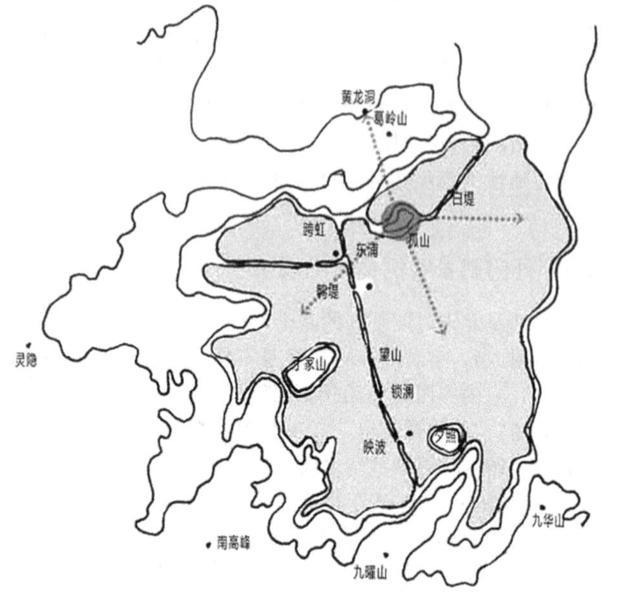

图 15　北宋放鹤亭鹤景空间示意图

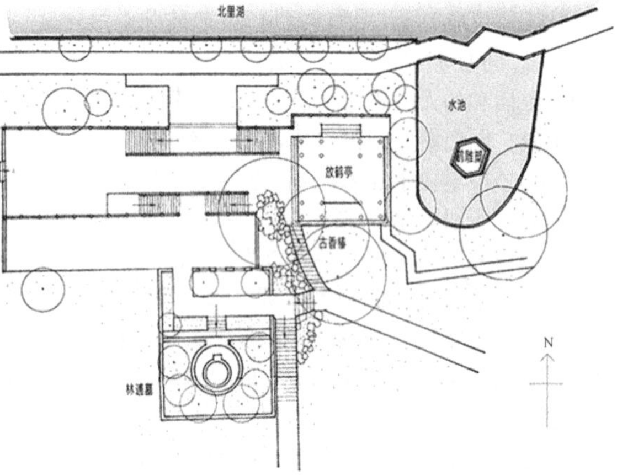

图 16　现代孤山放鹤亭平面图

图 17　放鹤亭

图 18　林逋墓

3　应时而借——潮汐鹤景

3.1　潮汐鹤景的构景与互动

还有一类鹤景，园中并不养鹤，但野鹤时常会停歇在园中。江南是野鹤的越冬栖息地，每年冬季都可能有鹤降临园中，这被园主视作祥瑞之兆（图 19）。其中部分园林因为区位靠近鹤的自然栖息地，水域宽广，池滨开阔，园中景素符合鹤的生活习性，再加上园主投食等引鹤行为，就会逐渐有鹤固定到访，形成季节性的鹤景。如水绘园的鹤屿、随园的渡鹤桥、休园的竹林和日涉园的来鹤楼。但是野鹤终究会保持野性，机警、领地意识极强，它们与园主的关系是疏离的，甚至是戒备的。因此纵然是固定到访过多次的鹤，也会因为受惊、领地争夺失败，或是迁徙中的意外而终止到访。然而即使之后已无鹤造访，园中的鹤景的景题或纹样还是会作为一种记忆保留下来。所以潮汐鹤景是一类能够带给人惊喜和遐想的鹤景。

潮汐鹤景的构景要素并非主人刻意为之，而是在机缘巧合的情况下形成的。主要景素往往都符合鹤的生活习性。大面积的水体和水中岛屿是吸引鹤类到访的主要景素，水中的鱼虾也为鹤类提供了食物。如日涉园的来鹤楼就位于园中水体“巨浸”的小岛上。因为鹤的体型较

图 19　宋徽宗《瑞鹤图》描绘了野鹤降临时给人带来的喜悦和震撼
（图片来源：引自辽宁省博物馆官网）

大，容易暴露在捕食者的视线中，所以它们通常喜欢躲在芦苇丛中。园中岸边的灌木丛或高大的草本植物丛成了它们理想的栖身之所，如休园的竹林中经常飞临野鹤。

潮汐鹤景中不太可能出现人与鹤亲密互动的场景，鹤或是止于水中岛屿、桥堤，或是盘旋于楼顶，为了照顾野鹤的警惕性，园主一般会在较远处赏鹤，不去打扰。休园的主人喜欢听鹤，尤其喜欢冬季的鹤唳。他说：“而予以仲冬至，积雪满天，寒鸦叫树，时闻竹中鹤唳声，寂绝似非人境。[12]”若当季野鹤未至，园主或许也会到经年观鹤处等待、遐想。

3.2 潮汐鹤景实例：水绘园鹤屿

水绘园建园于清代，位于今天的江苏省如皋市碧霞山以东。据《水绘园记》[12]记载：“古‘水绘’在治城北，今稍拓而南，延袤几十亩。”水绘园以水景取胜，三面环水（图 20），园中大小溪流塘池曲折蜿蜒，全园如以水绘制的画卷：“水绘之义：绘者，会也。为其亘涂水派，惟余一面……若绘画然”（图 21）。进园门可见一座黄石假山，山上有小楼阁，绕过假山沿着水岸就可到妙隐香林，穿过妙隐香林就来到了水绘园的主厅：寒碧堂。“寒碧”故名“水”意，点名了全园的主旨。在寒碧堂前“白波浩渺，曰：‘洗钵池’”，洗钵池西有中禅寺，南有逸园，东有壶岭园和悬雷峰，是全园的精华所在。

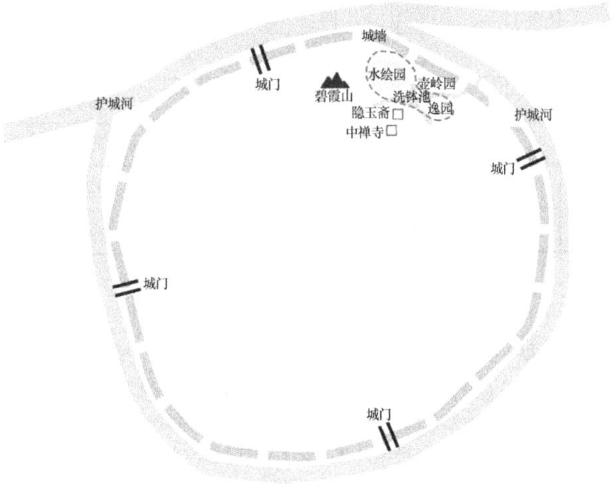

图 20　清朝水绘园三面环水
（图片来源：引自周向频等〈明清水绘园与陈从周当代复建〉）

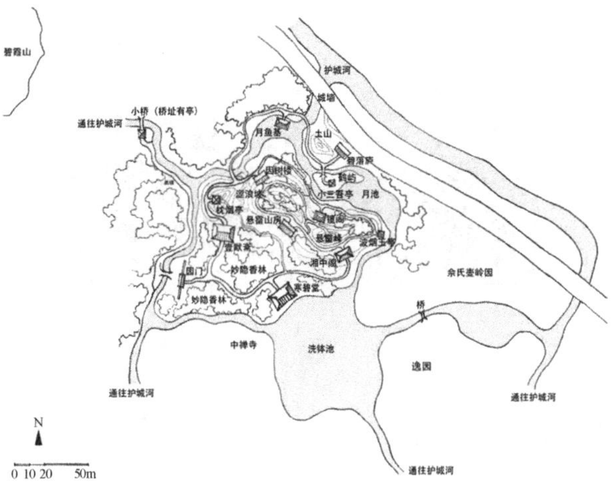

图 21　清朝水绘园平面图
（图片来源：引自周向频等〈明清水绘园与陈从周当代复建〉）

水绘园西临碧霞山、三面有水环绕，如此清幽天然之地往往可以引来飞禽，园记中记载“鸟则白鹤、黄雀、翡翠、鹭鸶、鸂鶒，时或至焉”。在洗钵池的中心有一座小岛，“曰‘鹤屿’，旧时常有鹤巢于此（图 22、图 23）”。可想当年主人，或坐于寒碧堂中观鹤，或饮于悬霤峰听鹤，或坐于涩浪坡待鹤，这是一番怎样的画面。后来已无鹤来巢，主人在鹤屿“构亭曰‘小三吾’，又有阁曰‘月鱼基’”。鹤屿前有“孤石亭立水中，状若‘滟滪’，时跃曰鱼，濛然闻水声”；东南有小浯溪蜿蜒至壶岭园；东面以竹梁连接碧落庐；南面以小桥连接逸园，既“孤峙中流”，又与水岸相连。如水绘园无鹤之后的情景，主人坐于鹤屿的小三吾亭中，听周围萧萧木落，看池上浩渺烟波，感叹时光如梭、黄鹤不返，心中不免浮想联翩。

图 22　吴湖帆《水绘园图》

图 23　水绘园洗钵池上的鹤屿组图（一）

图 23　水绘园洗钵池上的鹤屿组图（二）

4　结语

鹤是江南古代园林中最重要的园林动物之一，凝结在它身上的深厚文化内涵，使它成为文人最看重的灵魂伴侣和人格写照，在园林中具有区别于其他动物的特殊地位。其实园林中鹤的意象无处不在，即使如今鹤已不存，甚至从未养过鹤，从景题楹联到各式纹样都时时处处以鹤的意象表达着主人的志趣。研究园林鹤景，是从一个被人们渐忘的维度去解读园林，重拾园林非物质遗产，延续中华文脉之一角。当我们再谈传承和创新中国本土园林时，除了造园法式和物质遗存，还需特别珍视那些独特的园林活动，是它们之间的相互作用才构成了完整的中国园林。当我们再谈鹤类保育时，除了为它们提供适当的生境，能否再提供一个恰当的语境呢？

江南古代园林养鹤或有野鹤飞临的园林　表 1

地域	序号	园名	景名	成景方式
江苏	1	水绘园	鹤屿	野鹤
	2	休园	竹林	野鹤
	3	随园	渡鹤桥	养鹤，野鹤
	4	愚园（胡家花园）		养鹤，野鹤
	5	艺圃	鹤柴（鹤砦）	养鹤
	6	半茧园		养鹤
	7	东庄	鹤洞	养鹤
	8	凤池园	鹤坡	养鹤
	9	归园田居	兰雪堂	养鹤
	10	静庵公山园记		养鹤
	11	乐圃	鹤室	养鹤
	12	梅花墅	鹤籞	养鹤
	13	朴园	饮鹤涧	养鹤
	14	水木明瑟园		养鹤
	15	西园	来鹤亭	养鹤
	16	依绿园	鹤屿	养鹤
	17	逸园	饮鹤涧	养鹤
	18	纵棹园		养鹤
	19	镇江焦山		养鹤

续表

地域	序号	园名	景名	成景方式
江苏	20	大明寺	平山堂一鹤冢	养鹤
	21	留园	鹤所	养鹤
	22	怡园	鸳鸯厅	养鹤
	23	虎丘	养鹤涧	养鹤
上海	24	日涉园	来鹤楼	野鹤
	25	吾园		养鹤
	26	古猗园		养鹤
浙江	27	北园	抚鹤亭	养鹤
	28	江村草堂	鹤巢	养鹤
	29	白鹤园		养鹤
	30	借园		养鹤
	31	梓阴轩	鹤轩	养鹤
	32	灵洞山房		养鹤
	33	小莲庄	放鹤亭	养鹤
	34	放鹤亭		养鹤

参考文献

[1]　毛华松，李越，王飞．“西园雅集”的图文解读与园林空间范式研究[J]．中国园林，2020，36(10)：127-132.

[2]　周维权．中国古典园林史(第3版)[M]．北京：清华大学出版社，2011：5.

[3]　张铁军．试析古典园林中的动物因素——以苏州为中心的考察[D]．苏州大学，2004.

[4]　苏化龙，林英华，李迪强，等．中国鹤类现状及其保护对策[J]．生物多样性，2000(02)：180-191.

[5]　郭郛．中国古代动物学史[M]．北京：科学出版社，1999：436.

[6]　孙歆韵．江南古代园林鹤景研究[D]．华中农业大学，2014.

[7]　文震亨，汪有源，胡天寿．长物志：图版[M]．重庆：重庆出版社，2008：134.

[8]　李淑玲，包军，王文峰，等．丹顶鹤性活动的声行为研究[J]．生态学报，2004(03)：503-509.

[9]　陈从周，蒋启霆，赵厚均．园综(下册)[M]．上海：同济大学出版社，2014：64.

[10]　古吴墨浪子．西湖佳话[M]．上海：上海古籍出版社，1980：69-78.

[11]　张岱．西湖梦寻[M]．杭州：浙江文艺出版社，

1984：127.

[12] 陈从周，蒋启霆，赵厚均. 园综(上册)[M]. 上海：同济大学出版社，2014：34-35；43.

作者简介

孙歆韵，1990 年生，女，傣族，云南昆明人，华中农业大学博士在读，研究方向为风景园林评论。电子邮箱：sunxinyun@webmail. hzau. edu. cn。

杜雁，1972 年生，女，汉族，湖北长阳人，博士，农业农村部华中都市农业重点实验室、华中农业大学园林学院，副教授、硕士生导师，华盛顿大学（UW）建成环境学院访问学者，研究方向为风景园林历史与理论。电子邮箱：yuanscape @mail. hzau. edu. cn。

古典归宗与山水寻回
——结合董豫赣的理论与实践思考当代造园的栖居追求

Classical Return and Landscape Recovery: Thinking About the Pursuit of Habitation in Contemporary Garden Building Based on the Theory and Practice of Yugan Dong

谭泊文

摘　要： 面对中国当代造园的栖居困境，从董豫赣入手，梳理其著作和理论，从中选择时代、类型、身体、造型、环境五个角度进行栖居环境和传统的分析，总结出董豫赣造园观点中的栖居标准和模式，结合造园实践进行对照与互证，寻找园林中栖居诗意在各种场地实现的可能，董豫赣代表的栖居追求向中国古典传统归宗并努力寻回中国的山水审美，希望能借以触发对中国当代造园方向的思考。
关键词： 董豫赣；当代造园；栖居；传统文化；山水文化

Abstract: Facing the living dilemma for Chinese contemporary landscape, from Yugan Dong, combed his works and theories, select five key words which are age, type, the body, shape, environment to analysis the inhabited environment and the traditional perspective, summed up the Yugan Dong landscape view of the living standard and mode, combined with his gardening practices, looking for habitation in garden poetry in various venues, Yugan Dong represent inhabit the pursuit to the Chinese classical tradition and to found Chinese landscape aesthetic, hope to trigger the thinking about the direction of China's contemporary landscape.
Keywords: Yugan Dong; Contemporary Gardening; Garden Research; Habitation; Traditional Culture; Landscape Culture

引言

中国古典园林"虽由人作，宛自天开"的境界追求是在有限空间里获得与自然共生的身心体验，和中国山水画寄情山水的目的一样：观画恍如卧游，游园则其实是一种栖居，造园所欲构建的就是这样一种天人关系下的栖居感受。

董豫赣作为当今中国建筑学界中坚持园林研究，坚信园林价值的代表，其兼具建筑师与造园者的二重身份使得他对园林的栖居问题始终敏感并保有思考，这是本文以董豫赣为研究对象探讨园林中栖居追求的原因。中国园林布局上的半宅半园和精神上的亦宅亦园，使园林问题的讨论不仅不可忽略其栖居功能，反要将宜居作为造园实践的标准，在造园中处理好可观之景与可居之境的"景境关系"，使园林价值同时体现在人居价值中。

本文将说明园林的栖居模式在董豫赣造园理论中的出处及愿景，并从实践、理论相参照的视角尝试解读其有代表性的造园作品，以园居古典所透出中国人的山水精神，再度触发当代造园中回归传统的思考（图 1）。

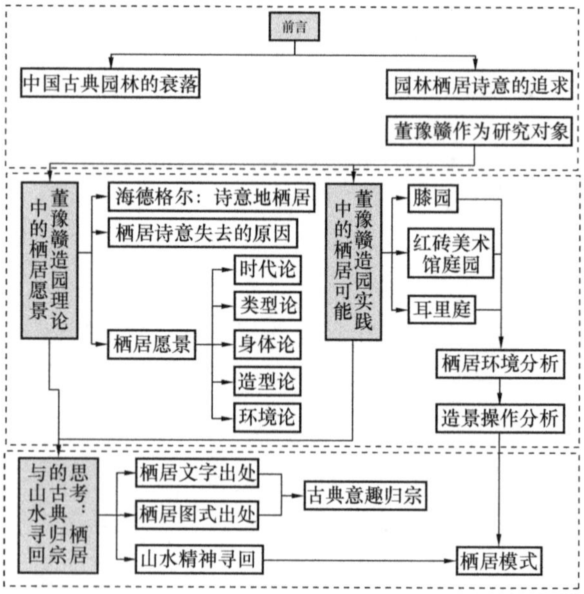

图 1　论文研究逻辑框架

1　董豫赣造园理论中的栖居愿景

德国 19 世纪诗人荷尔德林《人，诗意地栖居》一文经海德格尔的哲学阐发，"诗意地栖居在大地上"成为当代人居的共同向往。董豫赣认为中国园林的栖居远早于海德格尔便已存在。而为何这种栖居传统，却要在当下重新去追寻？

梳理董豫赣的造园著述，据《玖章造园》第五章"栖居伍论"的内容观点，可从时代论、类型论、身体论、造型论、环境论五个角度对当代空间失去栖居诗意的原因进行分析（图 2），说明当代栖居诗意丧失的原因，同样也能够说明"栖居"产生的标准，并由标准的存在得以评价园林，从而共同构成了一幅完整的“栖居”愿景。

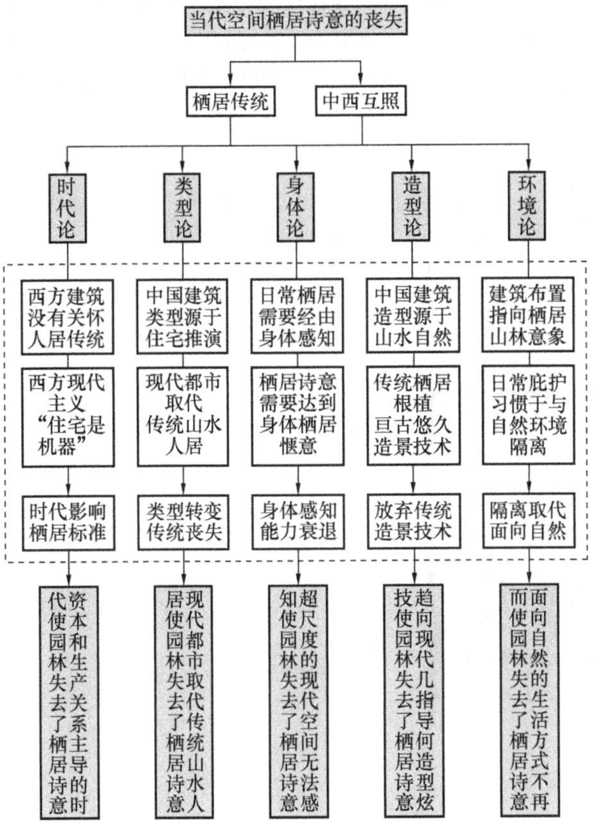

图 2　当代空间栖居诗意的丧失原因分析

1.1　时代论

中国山水栖居的经营主旨，不是建筑与景观的各自独立，而是居景对仗的时空诗意：“对百年之乔木，纳万代之芬芳，抱终古之泉源，美膏液之清长。”建筑和景物之间的四种对应关系——“对、纳、报、美”就成了中国造园中借景手法的先声，也即空间的互成诗意，而在这空间“所借”的“百年、万代、终古”三个与时间相关的词语，则阐明了中国园林“栖居”标准中指向时间不尽的栖居诗意。这是1600年前即已构造出的栖居标准，是无视时代与地域之流变的。

1.2　类型论

中国园林建筑的栖居诗意，自谢灵运以来便不在于特殊的建筑类型上，《山居赋》中罗列了四类栖居类型：“古巢居穴处曰岩栖，栋宇居山曰山居，在林野曰丘园，在郊郭曰城旁，四者不同，可以理推。”除了原始而简陋的巢穴外，其余三种居住建筑却无关功能与类型，只以所处的环境的差异而分类。白居易也在《庐山草堂记》中强调了山水景物对日常栖居的必要性：“从幼迨老，若白屋，若朱门，凡所止，虽一日二日，辄覆篑土为台，聚拳石为山，环斗水为池，其喜山水病癖如此。”为了能随时享受栖居诗意，白居易从两方面简化了栖居的技术，从居的方面，他将谢灵运的栖居栋宇简化为白屋亦可的构造；从山的方面，白居易“篑土为台、拳石为山、斗水为池”改变了谢灵运“栋宇居山”的居于真山的地理限制。董豫赣从分析白居易对谢灵运“山居”标准简化中得到的结论——这类小可的人造山水，将有助于把栖居意象带入城居，并且带入平常人家的日常生活里。

1.3　身体论

北宋郭熙在画论《林泉高致》中为栖居提出的四可品质是：“可行、可望、可居、可游”，这直接是园林中身体栖居的四类日常动作，并且他将可居可游的栖居品质视为高于可行可望的旅游品质，这一观点为中国后世的山水文化，积累了有关山水栖居的各类身体栖居经验。因此在栖居标准中，以身体栖居的惬意为鉴，对园林不同景物的造型赏析才具备了可以诗意递进的评判——“栖居”的标准是“可居”的标准，而这一切都需指向身体。

1.4　造型论

董豫赣谈到：“西方身份的建筑师将核心精力置于建筑自身，而中国造园的文人则更关注给建筑在景物之间经营一个恰当的位置。”这便是其所谓西方“自明性”与中国造园“互成性”造型逻辑上的差别，中国文化的栖居诗意，就栖身于这样的居景关系中。计成在《园冶》中罗列了八类人工假山——园山、厅山、楼山、阁山、书房山、池山、内室山、峭壁山，其中有五类就专属于居室建筑，计成这种“建筑＋山”的命名造意，与谢灵运“栋宇居山曰山居”的栖居造意本质相同，因此中国造园实践面对《园冶》“相地篇”中所相——山林地、城市地、村庄地、郊野地、傍宅地、江湖地的多样地貌，都可以按照栖居造景的经营方式，提供建筑庇体功能之外的栖居诗意。

1.5　环境论

简单来讲，造园的环境形态生成来源于山水，董豫赣称之为“山水经营”，其核心原理是“对仗”，在《化境八章》第五章“经营位置”中有完整的阐述，这也是董豫赣对《园冶》“因借”理论解读的成果：“因者：……互相资借……斯谓‘精而合宜’”。“对仗”的含义是形态上的相反及关系上的能成媾和，其目的是要达到“合宜”的要素布置。在栖居模式下园林建筑屋顶与基座的“上大下小”关系，便是应对环境的“合宜”处理，旨在为人们提供日常庇护，栖居与屋顶——基座“天宽地窄”的人居环境中，无论风雨都能担保身体朝向自然生活的栖居面向。

2　董豫赣造园实践中的栖居可能

本文选取董豫赣具代表性的三个园林案例，含微型庭园、综合庭园、宅居庭园三种不同园林类型。篇幅所限，对案例为形成诗意栖居环境所进行的造园操作各提取一处，以说明源于文人辞赋中的栖居愿景存在现世实现的可能。

2.1　膝园的格局经营

膝园基址位于广西南宁某公寓楼顶，面积不足一分地，膝园虽小但董豫赣要在此隙地格局经营可行、可望、可居、可游的四种意象。

滕园基址屋顶平台的现状，隶属于西侧公寓，它构造特殊，从两侧公寓塔楼向中间挑出合拢，园林格局最初顺势二分，是为回避两片屋顶之间沉降缝的复杂技术，这是相地的最初动作；随后四分为东南、西南、东北、西北的用地格局（图 3），则来自对中国园林起居意象的构想，中国园林的经营起点，就是身体起居的日常诗意，董豫赣将地处闹市的滕园，区分为一枚石池、半间桂庭、一座木亭、一方空院四个区域，以经营城市山林的四种错综场景（图 4）：

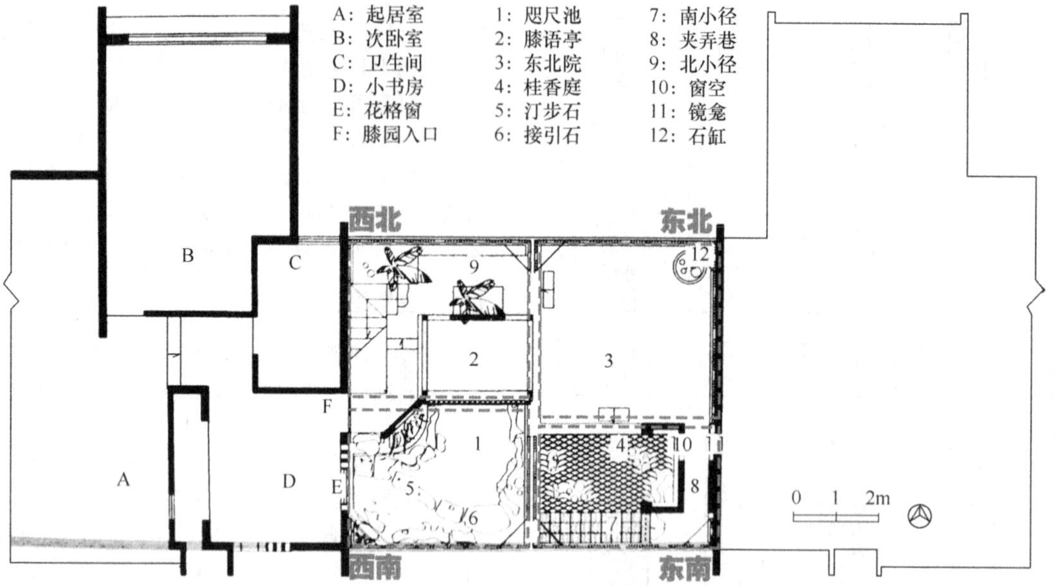

图 3 滕园用地格局

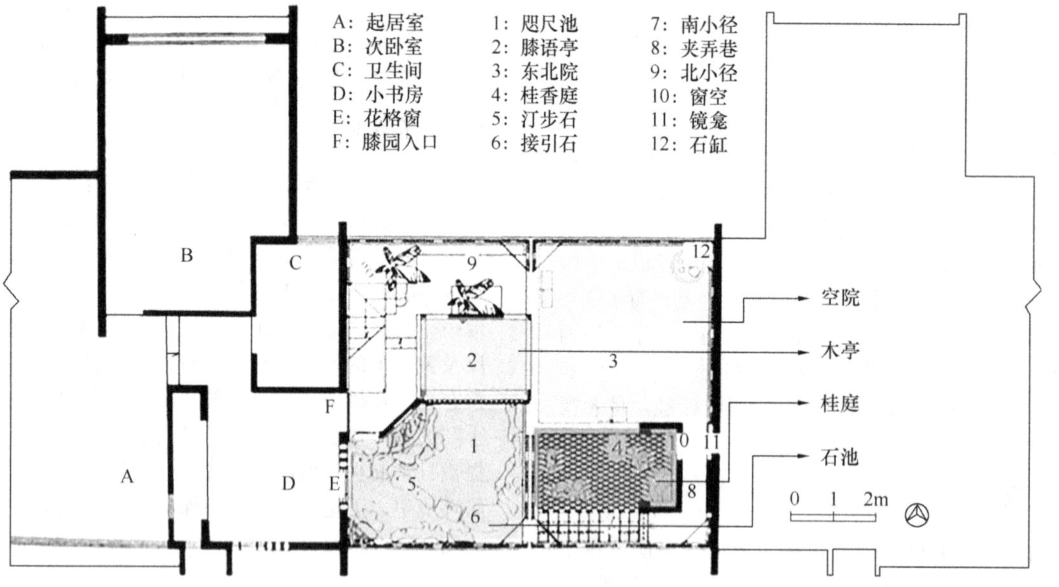

图 4 滕园位置经营

此外，董豫赣从它西侧的公寓拨屋一间辟为滕园的书房，栖居的要义就是以不同建筑对景不同山水，在滕园用地里，避免以亭对书房，亭遂据池北向南对水；在余下的东南、东北两块空地里，最终以东南植桂为桂庭，而空东北为空院（图 5～图 7）。滕园的咫尺造境是董豫赣所认为“园林栖居可在任意用地性质和规模中实现”的例证。

2.2 红砖美术馆庭园的造型起势

红砖美术馆用地原是一块长满野草的野地。董豫赣认为平地造园总是困难，因此掘南池之土以堆北山（图 8），这是毫不特殊的平地起山林的做法，从明代王世贞的私家园林，到中华人民共和国成立之初的陶然亭公园，都是依据中国平地造园的基本起势。董豫赣意图通过自己的掇山理水让红砖美术馆庭园这一小有规模的城市山林，具备更多“行望居游”的地势可能（图 9）。

基于其对自然山谷上宽下窄的空间理解，两排大台阶跌落的空间收分模拟了山谷的开合，董豫赣在此墙壁处理中压合起居之墙与山林之壁两种意象，墙壁人工与峭壁自然，便如李渔所言以“阴阳相背”而呈现，董豫赣顺势将两组跌落的挡土墙设计为可行、可坐、可卧的起居道具，媾和了中国园林起居于山林的园居场景造型（图 10）。

另外董豫赣总结他在庭园中的置石操作时说：“此七石极置，不以石形为势，而以石所事为势——以石事庭、事藤、事水、事岛、事屏，石遂以诸事经营，而不失其势。”计成在《园冶》中所谓：“聚石叠围墙，居山可拟。”在红砖美术馆庭院置石中便是将栖居意象，通过九石经营，压入围墙，以山意聚石，因此可拟山居（图 11）。

2.3 耳里庭的场景体验

董豫赣的耳里庭实践是要在山林地（图 12）基础上将造园与客舍建筑一起，构造出一系列可供栖居居游的庭园场景（图 13～图 15）。

《造型与表意》的行文中记述了如何营造客舍庭园幽密场景氛围的做法，于基址上架起一方小而幽闭的空庭，与南侧为业主宴请朋友设置的大方庭，形成大小、高低、藏露的对仗关系。而关于庭园内如何引发身体的感知，在耳里庭的实践里：将客舍奇特低矮的感知用地面的抬高来处理，由庭园进入客舍需下行约 4 步台阶，保证客舍内起居尺度的如常，却使客舍内外高低的身体感知已然反常，庭园空间的戏剧性因此产生，随客舍北侧基地东窄西宽的宽窄变化，客舍屋脊东侧的空中走廊，到西侧变宽成为一处可以供围桌而坐的空中露台，身体的行游变成居望，向北可以望见北侧的山林，向南透过屋脊框景俯瞰庭内的生活（图 16），这一设计处理形成的奇景是“将人带到悬于树冠之间，感知树木不寻常视角下的悬垂姿态”。平凡的日常空间由此高下经营，身体栖居就在行望居游的身体体验中诞生诗意。

图 5　石池桂庭相隔

图 6　东北空院望桂庭

图 7　书房与石池相望

图 8　红砖美术馆基址相地

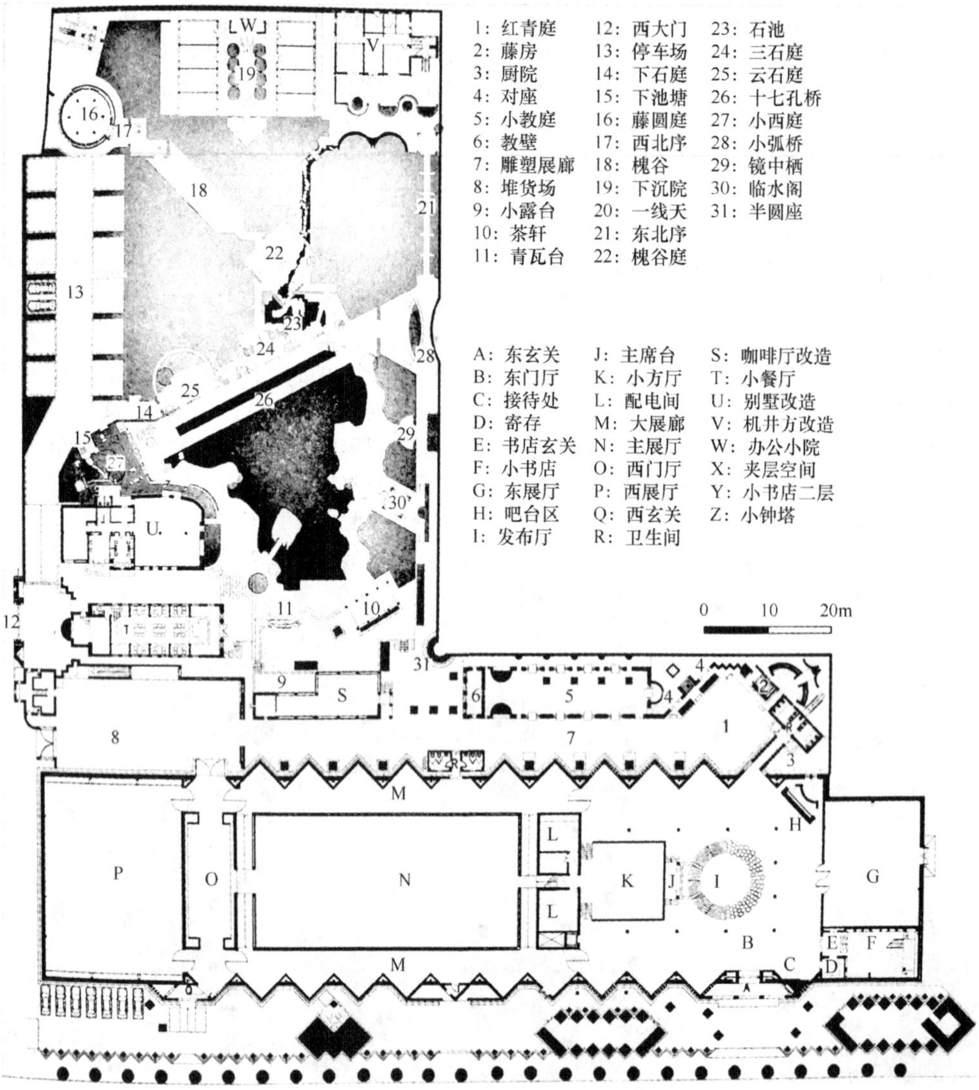

图 9　红砖美术馆及庭园平面图

图 10　大台阶山谷意象

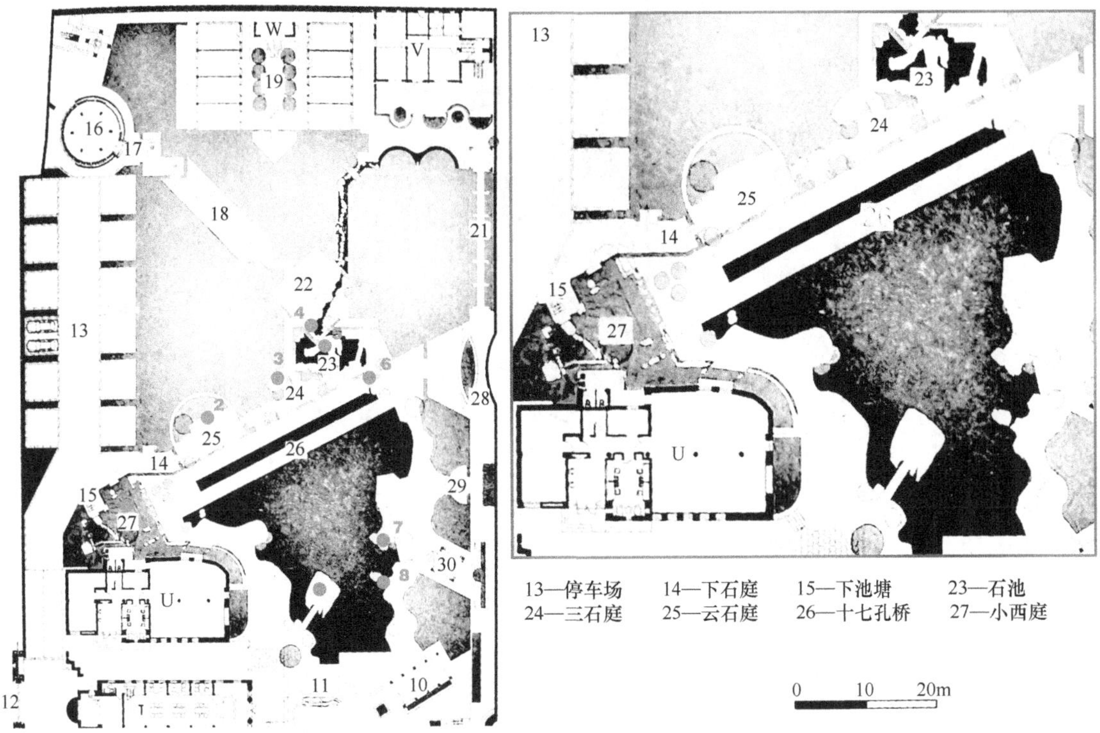

图 11　九石庭局部及置石位置

图 12　西望耳里庭基址

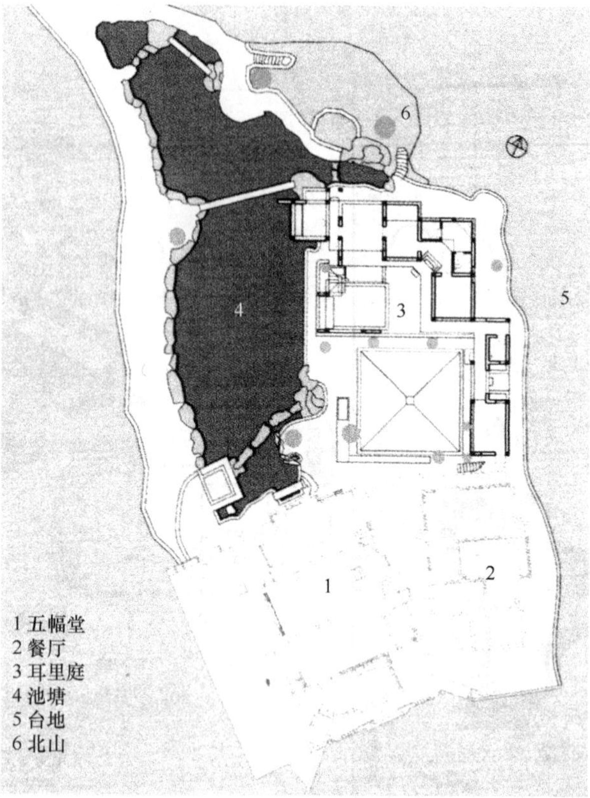

图 13　耳里庭总平面图

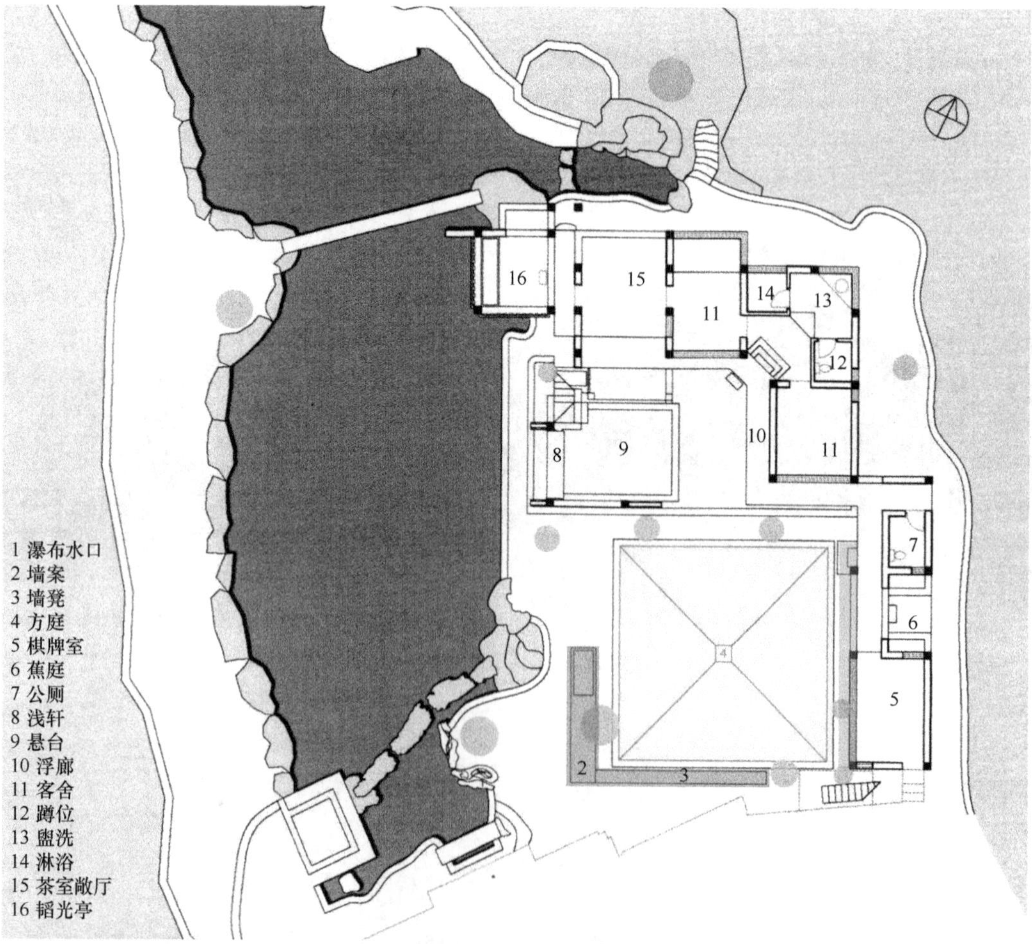

图 14　耳里庭方庭栖居空间划分

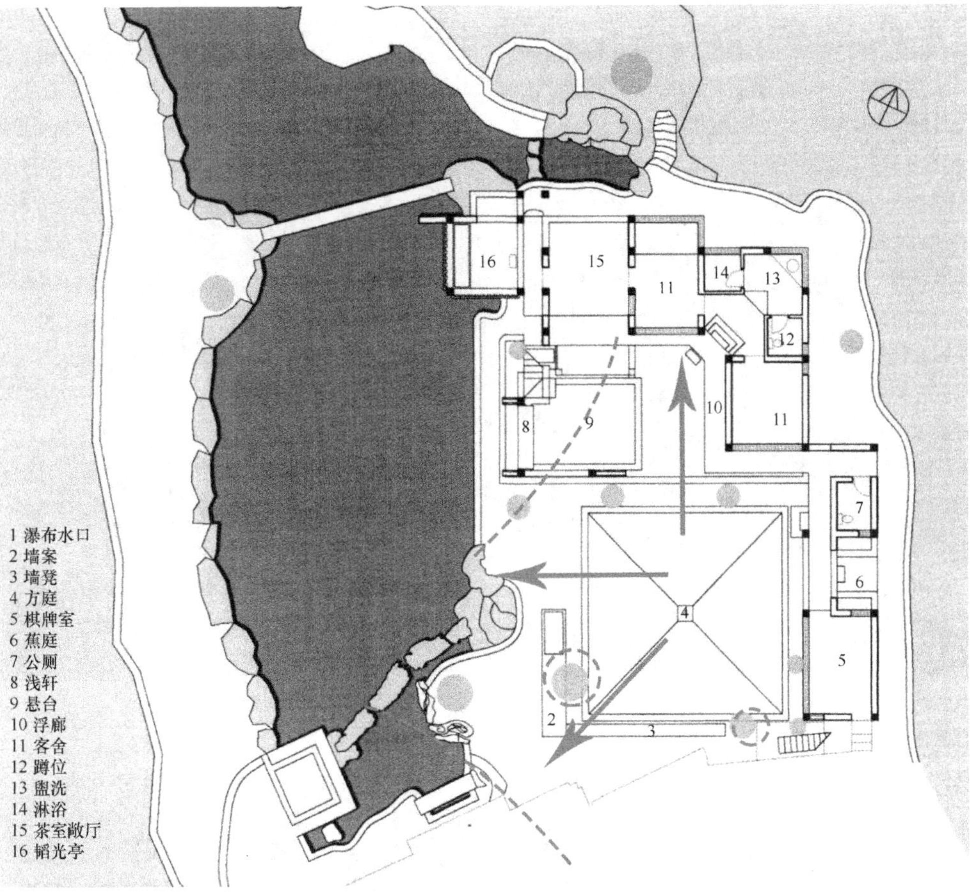

图 15　耳里庭方庭望景指向

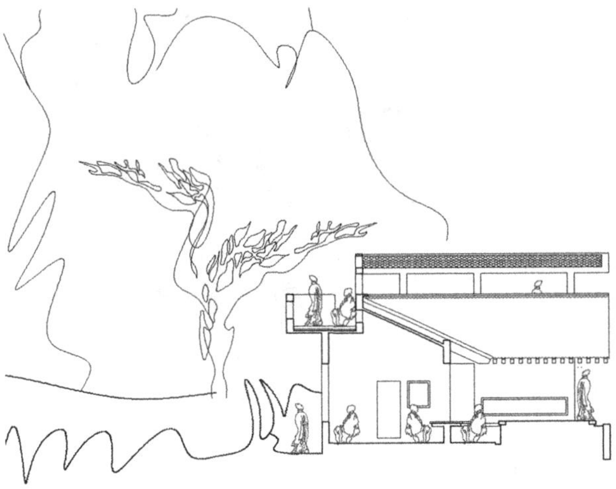

图 16　耳里庭客舍屋脊剖面图

3　思考：栖居的古典归宗与山水寻回

回到本文最初所要面对的问题：拥有悠久栖居传统的中国园林，为何在当代又反要去追求栖居的诗意，因为经济社会环境的改变，快速城市建设下生产出的单调乏味且不能于人产生感动的空间困境是整个人居环境建设的困境。从董豫赣的理论与实践中我们可以获得哪些思考，本文所研究讨论的“栖居”又是一个怎么样的答案？

董豫赣断定中国园林栖居传统的文字出处考证出于谢灵运的《山居赋》，而“栖居”的图式出处则源于五代周文矩的《文苑图》（图 17），其栖居意象是被树石与人体的起居关系所彰显的，另一出处则是宋徽宗赵佶的《听琴图》（图 18），较前者树石起居的高古简练，后者更显日常起居的身体惬意，虽在对山水意象的匹配上略出差异，但核心同为“起居于山林之间”，无论从文字还是图式中，对古典文人生活方式的现代性思考都是为了将栖居的起居性重新压入当代空间生产，以对丰富的古典意趣的归宗态度来解决当代人居空间景致与意义的双重匮乏。

图 17　五代周文矩《文苑图》

图 18　北宋赵佶《听琴图》

另一方面，董豫赣作为参与当代造园实践的造园者，他在园林经营中每欲追求达到的“栖居意象”，也同样包含了山水图景中集萃行望居游密度的起居意象。董豫赣在“山居玖式”中认为对“意象追求”这样含糊的文人式表达可被清楚的模式总结替代：依据阴阳媾和的生成理式，在咫尺用地里压入繁多的山林意象并形成具体的“栖居模式”，从而将当代栖居环境从对空间密度讨论的技术化倾向中解救出来。将“栖居”模式化处于对中国山水精神寻回的意愿，唯有在造园中摆脱“空间经济学式”的条框，才能将中国园林的栖居诗意重新植入，以求得栖居生活的心性自然。

将生命的时间来考量空间，是时间的诗意标准；以身体栖居的惬意为鉴，是栖居的诗意前提。由此可见，“诗意”作为董豫赣“栖居”所要追求的终极答案和目的，向古典文脉正宗求学、向山水精神问道的指向皆落实在栖居环境的品质追求。并且这样的诗意栖居不会成为孤例，正应谢灵运“栋宇居山曰山居”和元代诗人谭惟则“人道我居城市里，我疑身在万山中”所言，在城市山林强大的造景技术支撑下，在中国一千余年的山水情怀滋养下，理想的栖居意象，几乎是可以在任何地点实现。这是园林栖居传统对当代技术本位的批判，这也有关当代人居空间营造从“造房子”向“造境”的观念转变。

参考文献

[1] 董豫赣，[著]. 玖章造园[M]. 同济大学出版社，2016.

[2] 董豫赣，王明贤. 天堂与乐园[M]. 中国建筑工业出版社，2015.

[3] 童明，董豫赣等. 园林与建筑[M]. 中国水利水电出版社，2009.

[4] 金学智. 园冶句意图释[M]. 中国建筑工业出版社，2019.

[5] 郭思编，杨无锐编著. 林泉高致[M]. 天津人民出版社，2018.

[6] 董豫赣. 出神入化　化境八章(一)[J]. 时代建筑，2008(4)：101-105.

[7] 董豫赣. 经营位置　化境八章(五)[J]. 时代建筑，2009(2)：94-99.

[8] 许晓东. 起点　终点　修炼——访北京大学建筑学研究中心副教授董豫赣[J]. 设计家，2010(2)：18-25.

[9] 董豫赣. 地形、地景与场景　耳里庭客舍[J]. 时代建筑，2018，0(4)：76-83.

[10] 董豫赣. 造型与表意[J]. 建筑学报，2016(5)：23-29.

作者简介

谭泊文，1997年生，男，汉族，四川成都人，重庆大学硕士在读，研究方向为建筑理论与城市理论。电子邮箱：1135594678@qq.com。

基于明代文徵明诗画的茶空间研究①

A Study on Tea Space Based on Wen Zhengming's Poems and Paintings in Ming Dynasty

张 琳 金秋野*

摘 要：文章以明代文徵明的茶器与茶事为议题，以其茶诗与茶画中的“茶空间”为研究对象。采用图文互证的方法，从茶空间选址和环境要素特征、建筑空间组合形式，以及建筑物内部空间布景三个层面，探讨文徵明作品中茶空间的特征。结论表明：文徵明作品中的茶空间多取自自然场景，备茶时所用茶水多取自惠山泉和阳羡茶。而煮茶用的器具也多朴素淡雅，如泥炉、砂壶和竹编器物等。充分表明自明代以来，文人士大夫阶层通过茶空间来表现一种文人士大夫阶层淡泊名利和对自然隐逸生活的向往。同时，从另一个侧面反映了以文徵明为代表的文人士大夫阶层“返璞归真”的茶道精神。
关键词：茶画；茶空间；惠山泉；空间组合；空间布景

Abstract: This paper's topic is on Wen Zhengming's tea utensils and tea affairs, and its object is 'tea space' in his tea poems and tea paintings. Using the method of mutual proof of pictures and texts, this paper discusses the characteristics of tea space in Wen Zhengming's works from three aspects: tea spatial location and environmental elements, architectural space combination form and interior space setting of building. The conclusion shows that the tea space in Wen Zhengming's works is mostly from natural scenes, the tea water used in tea preparation is mostly from natural mountain springs, and the tea utensils are mostly simple and elegant, such as clay furnace, sand pot and bamboo weaving utensils. It fully shows that since the Ming Dynasty, the literati and officialdom have expressed a kind of literati's indifferent to fame and wealth, and pursuitting of natural hermit life through tea space. At the same time, it also reflects the tea ceremony spirit of "returning to nature" represented by the literati class Wen Zhengming.
Keywords: Tea Paintings; Tea Space; Huishan Spring Water; Spatial Combination; Space Setting

引言

文徵明（1470～1559年），明代著名艺术家，在书法、绘画、造园方面都有很深的造诣。《明史》曾评价：“吴中自吴宽、王鏊以文章领袖馆阁，一时名士沈周、祝允明辈与并驰骋，文风极盛。徵明及蔡羽、黄省曾、袁褒、皇甫冲兄弟稍后出。而徵明主风雅数十年。[1]”其子文嘉：“隶书法钟繇，独步一世。公平生雅慕元赵文敏公，每事多师之。论者的公博学，诗、词、文章、书、画，虽与赵同，而出处纯正，若或过之。[2]”此外，在造园实践方面，他参与营建了江南园林拙政园，并留下了《王氏拙政园图》《王氏拙政园咏》《王氏拙政园记》等著作，为后世了解和修复拙政园提供了完整材料。明代江浙一带文人造园已是当时社会的一种风尚，这部分文人多数不得志，因此，一处心灵的“庇护所”对于他们来讲，显得尤为重要。园林中茶空间的营建以及在园林中发生的茶事活动，彼此关联，成为文人隐士生活的重要寄托[3]。

文徵明亦是当时众多文人品茗嗜好者和茶空间营建者之一，他曾自谓“吾生不饮酒，亦自得茗醉”，并在品茗、咏茗、绘茗，留下众多佳作。他以茶为一生相伴之佳友，茶诗在“四大才子”中最多，约有上百首。可见，他对茶的情有独钟。关于文徵明的茶诗与茶画，在以往相关研究中虽有论及，但从茶空间的视角出发，对他所追求的茶空间特征：包括外部环境要素、建筑空间组织形式，以及内部空间布景深入探讨的研究不足。因此，文章从文徵明的个人案例出发，结合文徵明的生平和作品，对他在园林茶空间营造方面所追求的茶空间特征进行探讨，从而对当代茶空间复现提供借鉴。

1 文徵明生平茶诗和茶画

文徵明一生，可划分为三个阶段。少年时期（1470～1494年）：大器晚成、书文同进。青壮年时期（1495～1535年）：仕途不顺、短暂入仕、返乡归隐、游山作画。这一时期，创作了大量的茶诗和茶画作品。步入晚年阶段（1536～1559年）：执笔而逝。而他艺术领域的成就，尤其史茶诗和茶画的创作阶段主要集中在青壮年时期（1495～1535年）[4-5]。

在艺术和文学领域，少年时期的文徵明并未展现出惊人的天赋，他是典型通过后天努力和锲而不舍，取得艺术和文学领域成就的。他一生追求仕途，却并不顺遂。1495～1522年，共参加了九次乡试，都未考中。他在追求仕途之路的二十七年间，辗转于家乡长洲（苏州）与应天

① 基金项目：市属高校基本科研业务费项目——QN青年科研创新专项——青年教师科研能力提升计划（编号：X21046）。

(南京)，往返之间，会经常赋诗聚会。例如，1514年，在王献臣的园池宴饮赋诗。两年后，第七次参加应天乡试，重阳之日，在唐寅家北园赋诗聚会。其中，值得提及的是，1918年清明之际，文徵明于雨中至无锡，天晴后，与蔡羽、汤珍、王守、王宠、潘鉅及汤子朋于惠山举行茶会。蔡羽撰写了《惠山茶会序》，文徵明作画《惠山茶会图》，这幅画真实反映了当时在惠山文人雅集的场景。这次雅集活动也对后期文徵明在品茗、咏茗、绘茗方面，影响较大。文徵明虽屡试不第，但这期间，他的经历以及他结交的朋友，都是他这段时期最好的心灵慰藉。同时，在这段时期，他也与无锡的惠山（图1）以及“茶”结下了不解之缘。

后期也是因才华横溢，在1523年，受工部尚书李充嗣的举荐以贡生入京，被授予翰林院待诏的职位。复杂的官场生活，不到五年，文徵明便请辞离开京城。至此，开启了返乡归隐、修园游山的文人创作生涯。其代表作品包括：在绘画方面，为王献臣画《拙政园图》并题跋（1528年）和《拙政园诗画册》（1533年）、为沈天民作《浒溪草堂图》（1535年）、为华夏作《真赏斋图》（1549年）等；在实际造园方面，先后修葺了玉磬山房、停云馆和拙政园；乐山乐水的文徵明，先后与常州知府张大轮游宜兴张公洞（1529年）、与朱朗和石岳游虎丘（1534年）等。文徵明是一位真正意义上的喜爱大河大川之人，即使是在近70岁的古稀之年，仍与汤珍、袁表、袁褧等12人共游石湖（1539年）、与汤珍、陆师道、王曰都等游华山（1543年）等。并留下了如《思石湖》诗（1557年）、《赤壁赋》书画合卷（1558年）等优秀作品。

总结文徵明的一生，少年时期，大器晚成，但受到其家族人际关系的熏陶，书文同进。青壮年时期，二十七年间，参加了九次乡试，都未考中，但这都不影响他在文学和艺术方面的发挥。后期受举荐，在京有短暂为官机会，短暂入仕，便请辞返乡，从此，以山川为伴。家族在江浙一带的影响力以及江浙一带良好的人文地理环境给文徵明在艺术方面提供了丰富的素材。

2　茶空间选址和环境要素特征

2.1　惠山泉①与阳羡茶②

前文已提及，文徵明一生嗜茶，留下了众多关于茶的诗句和绘画。其中，以惠山泉为代表的诗句居多。如《咏惠山泉》《煮茶》《是夜酌泉试宜兴吴大本所寄茶》《煎茶诗赠履约》《次夜会茶于家兄处》《雪夜郑太吉送惠山泉》，可见，惠山泉或是在惠山品茗带给他的意义非凡。从《咏惠山泉》“吾生不饮酒，亦自得茗醉”可知，相比文人嗜酒的喜好，文徵明更爱品茗，茶香能让其醉。并且从其诗文的内容可知，文徵明自小阅读了陆羽的《茶经》，对惠泉十分向往，家乡离惠山泉仅一百多里，可是忙于科考的文徵明无暇去试泉品茶。　三十五岁那年秋日的应天（南京）乡试，坐船于惠山，文徵明初次和友人一起来到惠山泉③。因终得其夙愿，便作此诗表达自己的喜悦之情。再如，《煮茶》“绢封阳羡月，瓦缶惠山泉。至味心难忘，闲情手自煎。地炉残雪后，禅榻晚风前。为问贫陶谷，何如病玉川”可知，文徵明对用惠山泉煎茶的难忘。同样，在《煎茶诗赠履约》“嫩汤自候鱼生眼，新茗还夸翠展旗。谷雨江南佳节近，惠泉山下小船归。山人纱帽笼头处，禅榻风花绕鬓飞。酒客不通尘梦醒，卧看春日下松扉”中，谷雨时节，江南佳节将近，惠泉山下小船停泊。而在其《次夜会茶于家兄处》中，描写了一个寒冷的冬夜，作者与家兄围坐在小火炉旁，一边用炉火、溪冰，欣赏煮茶时泛起的白色乳花，一边跟家兄长夜清谈，作诗的兴致以至于夜不能寐，只招呼身边童子起灯，写下了此篇佳作。

而文徵明茶画传世的有《惠山茶会图》《品茶图》《汲泉煮品图》《松下品茗图》《煮茗图》《煎茶图》《茶事图》《陆羽烹茶图》《茶具十咏图》等。其中，《茶具十咏图》是次唐皮日休和陆龟蒙《茶具十咏》韵而作，而据《钦定秘殿珠林石渠宝笈续编·宁寿宫》中记载，乾隆也曾写过五律十首，名曰《次文徵明〈茶具十咏〉韵》。四幅画作款识分析可知，其人物茶事活动包含备茗、制茗、品茗、赞茗等。环境要素多选自然山林，以及备茶所用茶水多为自然山泉。而茶器方面也多次提及竹编器具如茶筐（�筐）、茶籯、笼、轻篓、筤筹、竹鼎等。好茶自然需要好泉和好茶，在文徵明看来，煮茶之水应为无锡的“惠山泉”，茶自然当选宜兴的“阳羡茶”。文徵明的《是夜酌泉试宜兴吴大本所寄茶》，描绘了正堂内文人雅会，而其后另设一茶寮，一童子在内备茶。画面右上方款识：“醉思雪乳不能眠，活火沙瓶夜自煎。白绢旋开阳羡月，竹符新调惠山泉。地炉残雪贫陶穀，破屋清风病玉川。莫道年来尘满腹，小窗寒梦已醒然。”此诗的前二联写酌泉试煎宜兴吴大本所寄之茶，后二联以陶谷、卢仝故事，写饮茶后梦醒寒窗的尘世之叹。文徵明因渴望品茗而夜不能寐，以致他夜里自煎阳羡茶来饮，取惠山泉作为备茶之水。可见，文徵明对一碗惠山清茶渴望至极（图1）。

图1　天下第二泉之无锡惠山泉

总之，在茶空间选址方面，文徵明注重周边如惠山、惠山泉、茅屋、溪水、竹林等环境要素的选择，目的是营造安静、闲雅的空间。

---

①　来源：惠山泉今位于江苏省无锡市西郊惠山山麓锡惠公园内。被乾隆御封为“天下第二泉”，又名“陆子泉”，最早因唐代陆羽亲品其味而得名。

②　来源：阳羡茶产于江苏宜兴，自古享有盛名，深受文人雅士的喜欢。“天子未尝阳羡茶，百草不敢先开花”，被列为贡品。

③　来源：少时阅茶经，水品谓能记。如何百里间，惠泉曾未试。空余裹茗兴，十载劳梦寐。秋风吹扁舟，晓及山前寺。

2.2 建筑空间组合形式

台湾学者吴智和在"明代茶人的茶寮意匠"中，将茶寮的类型细分为五类：专室式、书斋式、厅堂式、亭榭式和户外式。又将专室式、书斋式、厅堂式归为居家型，亭榭式和户外式归为户外活动型[6]。刘伟等在"明后期江南的文人茶空间"中，与前文不同，将茶空间环境分为三类，包括专室式、书斋式、亭榭与户外式三种类型[7]。毛华松等在"茶艺变迁中园林茶寮及其空间组织研究"中，对明代中晚期的园林茶寮进行了归类，将其分为专室式、组合式、外联式三类茶寮类型，并强调说明了茶空间也逐渐趋近于程式化和小型化[8]。文章通过文徵明的茶诗与茶画分析，以茶事活动人数为基准，文徵明所论及的最为典型的茶空间可分为三类：一人清修的专室式和书斋式茶空间、二人得趣对饮的厅堂式茶空间，以及众人雅集的亭榭户外式茶空间。

2.2.1 一人清修的专室式和书斋式茶空间

明代文人对于茶空间的热衷，在明代的文本记录中多处可见。不过，当时，并没有现代"茶室"这一叫法，而是雅称为"茶寮"。有关"茶寮"的记录，如明文震亨《长物志》"茶寮"篇，"构一斗室，相傍山斋，内设茶具"，概括了茶寮的大小、位置和内部空间特征。又如明高濂《遵生八笺》"茶寮"篇，"侧室一斗，相傍书斋"，明确指出了茶室的大小以及位置相伴于书斋而建。再如明屠隆《考槃馀事》"山斋笺"篇，"构一斗室，相傍书斋，内设茶具"，亦指出茶室的大小和位置。以上内容，充分证明了明代文人追求茶寮空间的专属性和小型化。

在一人清修过程中，茶空间的专属性，体现的最为明显。一人独饮的代表性绘画便是文徵明的《闲兴□其二》，截取画面描绘了一高士端坐于被苍松掩映的茶寮正中央，透过开敞的门眺望远处，而身旁有一几案，几案上摆放有一茶壶、茶盏、插花以及书卷。屋内一茶童则与主人成对角线，站立在门旁一偶，时刻准备为主人备茶。屋外有一童子席地而坐，正在煽火煮茶（图2）。从《闲兴□其二》款识："苍苔绿树野人家，手卷炉熏意自嘉。莫道客来无供设，一杯阳羡雨前茶。"一人在苍苔绿树下，手执书卷，炉火燃起，假使此时友人来访，也可让童子备上一杯阳羡茶。

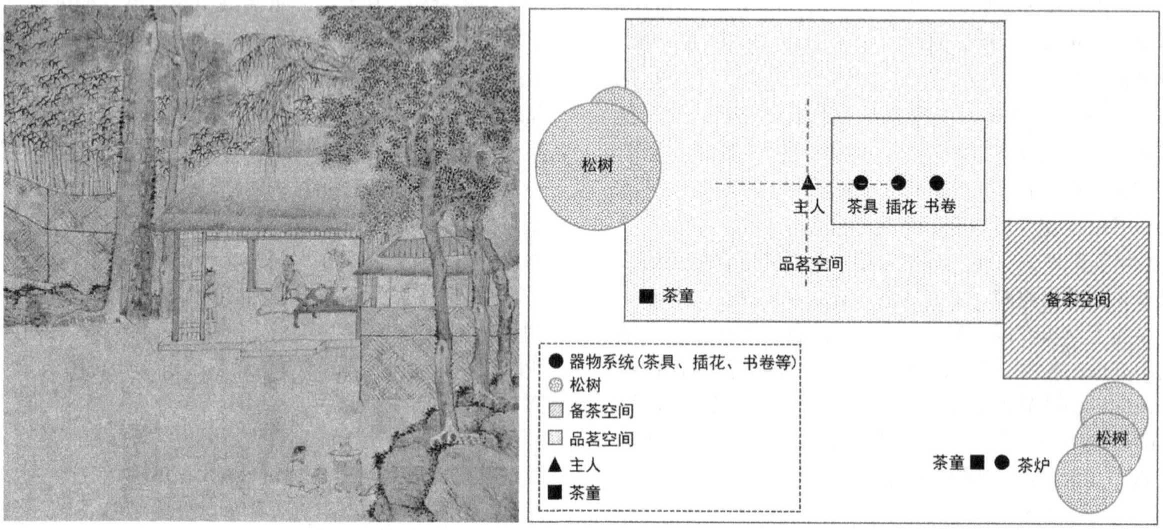

图2 文徵明《闲兴□其二》局部（左侧）；专室式空间组织简易图（右侧）

2.2.2 二人得趣对饮的厅堂式茶空间

二人对饮的代表性绘画是文徵明在明嘉靖辛卯年（1531年）创作的《品茶图》（图3）。文徵明在花甲之年，自绘与友人陆子傅在林中茶寮品茗的情景。从截取画面可知，茶寮周围环境幽雅，如自然山泉、苍松高篁、堂舍轩敞等景观要素。堂舍内部设有书卷、笔砚、茶壶、茗盏等。堂舍内二人对坐畅谈，从跋文可知，二人正是文徵明和友人路子傅。而正堂一侧另设一备茶空间，正堂与备茶空间分段明显。茶寮内部设有泥炉砂壶，一童子正在煽火煮水，准备茶事，童子身后几案上摆有茶罐与茗盏。从画作款识："碧山深处绝纤埃，面面轩窗对水开。谷雨乍过茶事好，鼎汤初沸有朋来。"可再次确认，此时正值谷雨刚过，这也是茶事最佳时期。而从诗后的跋文："嘉靖辛卯，山中茶事方盛，路子傅过访，遂汲泉煮而品之，真一段佳话也"也可知，他的好友路子傅也巧合拜访。

2.2.3 众人雅集的亭榭户外式茶空间

反映众人品茗的雅集活动绘画中，《惠山茶会图》是其代表作（图4）。此画是文徵明49岁，在正德十三年（1518年）创作的。据《蔡羽序记》考据，正德十三年二月十九日，文徵明与好友蔡羽、王守、王宠、汤珍等到无锡惠山游览，在二泉亭品茗赋诗，事后便创作了这幅记事性作品。此茶画描绘了他们在山间聚会畅叙的情景。整幅画卷环境宜人如山石层叠、松柏掩映，人物行为丰富如或坐于泉亭之下，或列鼎煮茶，或山径信步，人与周围的景色构成一个整体，展现了暮春时节山林的幽深佳美，也反映了文人生活的闲雅情致。画面中人物共有八人，五主三仆，文章截取画面的中心部分是树石间搭有的一处陋亭，为品茗的主要空间。有一主一僧盘腿围坐于井亭之中，其中主人，单手撑着上身侧首观水，他对坐的僧人腿上展卷观水。紧挨着井亭、松树下茶桌上摆放着各种精致茶具，桌边方形竹炉上置有茶壶似在烹泉，一童子在取火，另一童子备茶，这部分为备茶空间。另一文士似乎是刚刚到来，伫立拱手示意，向井亭中一主一僧致意问候。画面右边，亭后一条幽幽小径通向密林深处，曲径之上又有两文士一路攀谈，徐徐漫步而来，前面一书童回首张望二人，似在为他们引路。

此外，在文徵明次子文嘉的绘画中也同样有关于惠山茶会的描述。文嘉《惠山图》作于明嘉靖乙酉年（1525年）。在1524年，文嘉偕友为观摹王绂的书迹而游无锡惠山，此图是其回忆当时品茶说道之作。另有文徵明小楷《真享斋铭有叙》：“室庐靓深，庋阁精好，宴谈之余，焚香设茗，手发所藏，玉轴金，烂然溢目。”可知，在当时著名收藏家、真赏斋主人华夏的庐室内部，清晰可见，正堂开敞，内部正有文人互论字画，同时前往应邀的一名文人正在路上，在正堂的一侧另设有煮茗的茶寮，两个童子正在为此次雅集活动做备茶准备。可见，主人雅集品茗是园林中不可或缺的文人雅事活动。

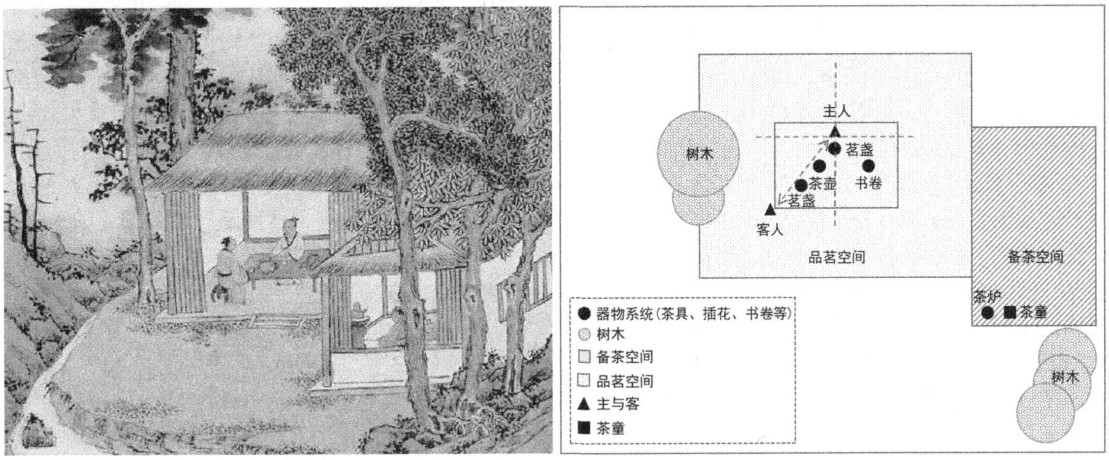

图3　文徵明《品茶图》局部（左侧）；厅堂式空间组织简易图（右侧）

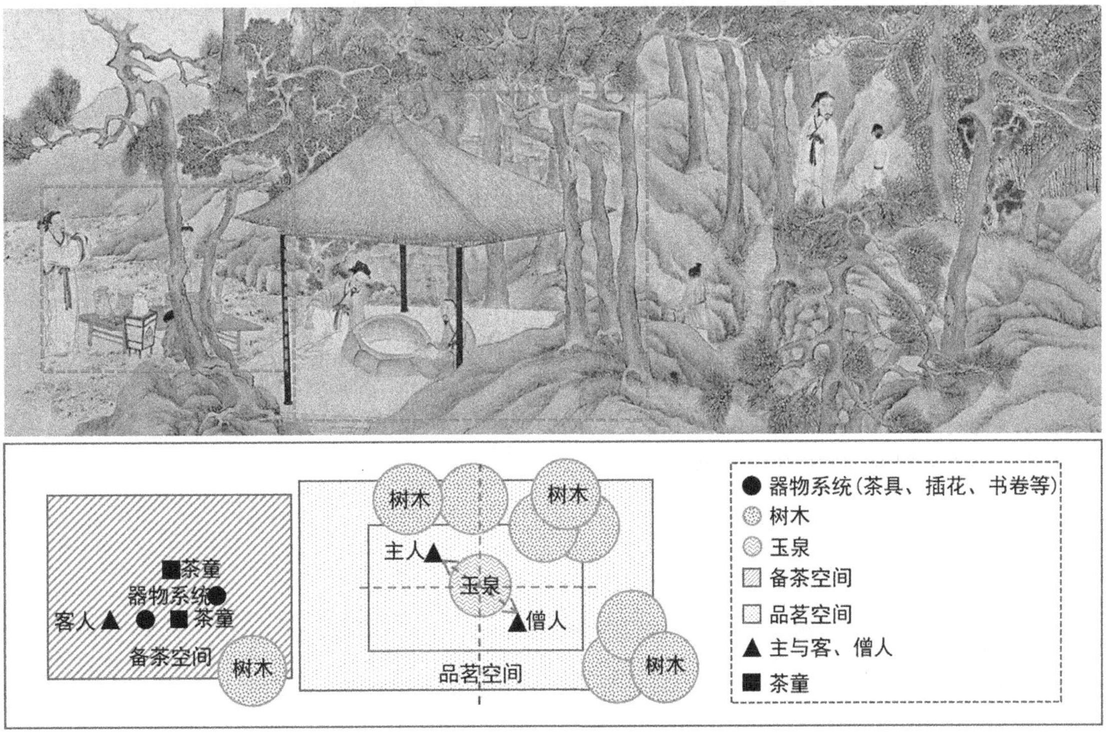

图4　文徵明《惠山茶会图》局部（上）；亭榭户外式空间组织简易图（下）

2.3　建筑物内部空间布景

2.3.1　茶空间内“长物”玩赏

明代是其真正意义上茶空间的成型阶段，同时，明代也是茶席的成熟阶段。其特征清幽脱俗和注重空间的审美与意趣。明代朱元璋下诏废掉团茶后，茶席构架和器具，以及茶席布置由华丽繁杂趋向质朴简易。在茶具的使用方面，也更倾向于器物的实用性和质朴性。在文徵明的《品茶图》中，草席内两人对坐品茗，上置一壶两杯，童煽火煮茶，后有茶叶罐；这是一幅文人茶会图。茶室简朴清静，傍溪而建，没有富丽堂皇，芳草屋反映茶室的质朴。另外，明代提出了“茶壶以小为贵”和“茶杯适意者为佳”的实用理念。并于庭院、竹荫、蕉石前插花、煮水、烹茶、焚香，都充分体现了明人饮茶，追求生活的仪式感之余，注重空间的审美与意趣。

2.3.2 追求茶器系统的质朴简易

在文徵明《茶具十咏图》，描绘的是竹篱笆围绕的小院。院内古松参天，树下一正房，有一隐士席坐于地毯之上，身旁地毯上备有茶壶和两个茶碗，主人似正在等待朋友的到来。而正屋的一侧设有茶寮，门旁有一泥制作茶炉，一侍童正蹲在地上点火烧茶，屋内茶几上陈放着茶壶等茶具。绘画中朴素淡雅的器物反映了主人淡泊明志的品格。在文徵明《浒溪草堂图》也同样有对器物的质朴性要素的描绘，如泥制茶炉和砂壶。整幅画面上描绘的是高木浓荫，掩映草堂，群山环抱，清波蜒曲，帆樯林立，榭阁屋宇错落。而文章所截取画面，正堂敞轩，二高士案前对坐，正在高谈阔论。正堂一侧另设一备茶空间，与前文《品茶图》相似，体现了正堂品茗空间与备茶空间分段明显的特征。茶寮内部设有泥炉砂壶，一童子正在煽火煮水，另一童子正在备茶。在茶器的选材上除了泥炉砂壶之外，文徵明的另一幅画作《乔林煮茗图》中，还出现了竹编火炉（图 5)。

图 5　文徵明《浒溪草堂图》中的泥炉砂壶（左侧）；文徵明《乔林煮茗图》中的竹炉（右侧）

3 结论

文章对明代文人士大夫文徵明的茶诗和茶画进行分析和解读，着眼于作品中的茶空间，围绕茶空间选址与环境要素、建筑空间组织形式，以及内部空间布景展开论述。通过图文互证的方式，来阐述以文徵明为代表的文人士大夫阶层的茶空间特征。研究结果表明，无论是一人清修的专室式和书斋式茶空间、二人得趣对饮的厅堂式茶空间，还是众人雅集的亭榭户外式茶空间，文人士大夫品茗的环境都选自自然场景，其目的之一是为了在备茶过程中汲水的便利性，更为重要的是，作为文人士大夫阶层，他们在追求一种属于士大夫阶层所特有的品茗特质。尤其在备茶所用水取“惠山泉”，所用之茶也是当地名茶“阳羡茶”。此外，煮茶用的器具也多质朴淡雅，如泥炉砂壶和竹器等。也表明自明代以来，文人士大夫阶层通过特定环境要素以及茶事活动和茶具的使用来表现一种文人士大夫阶层的淡泊名利和对自然隐逸生活的向往。此外，也从另一侧面体现了以文徵明为代表的文人士大夫阶层的“返璞归真”的茶道精神。

参考文献

[1]　[清]张廷玉，等．明史[M]．中华书局，1974.
[2]　云平．文征明及其书法艺术[J]．青少年书法：少年版，2009(23)：4-5.
[3]　周向频，刘源源．云光落茗杯：晚明文人尚茶之风对园林的影响[J]．中国园林，2012.
[4]　周道振，张月尊．文徵明年谱[M]．百家出版社，1998.
[5]　[明]文徵明．著，周道振，辑校．文徵明集[M]．上海古籍出版社，2014.
[6]　吴智和．明代茶人的茶寮意匠[M]．史学集刊，1993：15-23.
[7]　刘伟，黄慧君．明后期江南的文人茶空间[J]．家具与室内装饰，2019.
[8]　毛华松，等．茶艺变迁中的明代中晚期园林茶寮及其空间组织研究[J]．景观设计，2020.

作者简介

张琳，1987 年 1 月生，女，汉族，山东人，北京建筑大学建筑与城市规划学院博士后在读，研究方向为东亚园林历史与理论、景观文化遗产保护、社区更新等。

金秋野，1975 年 12 月生，男，汉族，辽宁人，博士，北京建筑大学建筑与城市规划学院教授，研究方向园林与传统设计语言的现代转译、当代建筑师及作品研究、复杂城市系统及其活力研究。

基于《运河揽胜图》的明清邵伯运河文化景观研究①

Research on the Cultural Landscape of the Shaobo Canal in Ming and Qing Dynasty Based on the"Range Rover Map of the Canal"

张敏琪　宋桂杰

摘　要：《运河揽胜图》是清代画家王素描绘明清时期邵伯镇的运河文化景观的画作。大运河邵伯段水资源丰富，古有“东西南北四湖通”之誉，明清时期邵伯运河上舟楫如云，两岸商埠林立。本文从界画《运河揽胜图》入手，结合相关历史文献，通过对画面的分析，分别从建筑景观、园林景观和微景观三个方面对邵伯运河文化景观展开解读，将界画分析与历史文献研究相结合，挖掘邵伯明清运河的历史文化，为运河文化的保护传承提供一种新的思路和方法。

关键词：《运河揽胜图》；明清邵伯运河；文化景观

Abstract: "Range over the Canal" is a painting by the Qing Dynasty painter Wang Su depicting the cultural landscape of the canal in Shaobo Town during the Ming and Qing Dynasties. The Shaobo section of the Grand Canal is rich in water resources. In ancient times, it was known as the "four lakes connecting east, west, south and north". This article starts with the Jiehua "Range Rover Canal", combined with relevant historical documents, and through the analysis of the picture, interprets the Shaobo Canal cultural landscape from three aspects: architectural landscape, garden landscape and micro landscape, and analyzes the Jiehua Combining historical literature research to excavate Shao Bo's history and culture of the Ming and Qing Canal provides a new way of thinking and method for the protection and inheritance of the canal culture.

Keywords: *Range over the Canal*; Shaobo Canal in Ming and Qing Dynasties; Cultural Landscape

1　邵伯明清运河历史及文化景观

1.1　邵伯明清运河的历史发展

南宋绍熙五年（1194 年），淮东提举陈损之修筑自江都至淮阴长达 180 里的运河大堤绍熙堤，在此次修筑中，邵伯湖东侧的大堤初次形成。

明万历年间自露筋庙向南至一沟铺开始修筑邵伯月河，宝应弘济河月河，宝应月河、界首月河筑成之后全线贯通成为长河，实现了河湖分开，奠定了里运河的基本格局。康熙五十三年（1714 年），自大码头至庙巷口修建邵伯古堤和 4 座码头。道光三十年（1850 年），在邵伯镇西的湖中修建一道土堤以保护东堤，冰延长了月河，邵伯附近的河道与邵伯湖分开，成为独立的水道。

1934～1935 年，建造了邵伯船闸，改善了运河扬州段的通航条件。这一时期由于邵伯大运河的改线，在邵伯明清运河故道以西建成邵伯老船闸，邵伯码头与河道逐渐失去原有功能。2014 年邵伯明清运河故道成为世界文化遗产，北起邵伯节制闸，南至南塘，现仅作为排洪排涝和城市景观河道使用。

1.2　邵伯运河文化景观

明清时期邵伯作为重要的码头集散地，成为当时重要的居住与工商业区。随着运河漕运功能的日益发展，中大街、南大街两岸米仓林立、商业发达（图 1）。

图 1　明清邵伯历史舆图

① 基金项目：江苏省社会科学院（大运河文化带建设研究院）重点课题：大运河江苏段文化遗产空间调查及其梯度保护策略研究（DYH19ZD04）；扬州大学中国大运河研究院开放课题：从文化遗产到国家文化公园——大运河扬州段的建设路径研究。

邵伯运河两岸商贾如云，百业兴旺，人文发达。围绕运河逐渐形成邵伯镇，邵伯镇共有里巷57条，现保存完好的三大条石街——青云街、邵伯街和蟾宫街以及沿线商铺住宅都是这一时期的产物，条石街两侧的平房为表砖里土的结构，俗称"金裹银"，是邵伯明清建筑中重要的组成部分。条石街两旁密布着若干小巷，包括油店巷、长生巷、南染坊巷等，空间结构十分工整严密，是邵伯古镇最早的空间布局结构典型。周围民居店铺鳞次栉比，谢公祠、巡检司、大马头、斗野亭、云川阁等名胜古迹点缀其中。但是自清末民初，运河水运衰落，中大街、南大街的繁华程度开始降低。

2 《运河揽胜图》概述及文化景观类型

2.1 《运河揽胜图》概述

《运河揽胜图》① 为清晚期王素为躲避战乱途径邵伯，以写实手法绘制了邵伯的运河景观（图2）。该界画纵90cm、横174cm，作品风格写实、笔触细腻，糅合了工笔和写意的技法，左下角题有"小某王素作于邵伯镇"九字，整幅画面描绘了邵伯的运河两岸商业景象以及运河之上的水上交通的繁忙景象。上至房舍楼阁，下至庭院街道；图像中商铺、酒楼遍地而起，也记录了百姓的娱乐休闲与工艺技术，图像中的戏院，分别在运河两岸。而运河之上的船只不仅有大型的海船、商船、官船和漕船穿行，还有小型的渡船和渔船，渡船可以看到几个船娘在招揽生意，再往中心街道看去，车辆、行人、商贩等比肩接踵，北侧有一座多孔桥梁，为两岸百姓通行的主要方式。码头上，搬运工人往来，肩挑背扛，忙着装卸各种货物。街道上各行各业的小商贩穿着不同的服饰挑着货担吆喝着。不同行业的人的神态、举止和穿着体现了明清邵伯的社会风气。

图2 《运河揽胜图》
（图片来源：扬州博物馆）

2.2 《运河揽胜图》文化景观类型

《运河揽胜图》画面场景纷繁复杂而又层次分明，分成水、陆两个部分。水面上30多艘商船和民船秩序井然，陆地上的街道和桥梁上店铺、民宅、货摊林立，画面300多个人物神态各异，展示了热闹非凡的运河集市和社会生活百态。

如表1统计，这幅《运河揽胜图》画面中男性共有267人，女性共有69人，共计336人。描绘清晰职业特征的共100人，其中官员22人、轿夫6人、优伶10人、船夫22人、捕鱼的2人、海船船员23人、仆人15人。画面中船只共计38艘，其中海船2艘、漕船1艘、官船2艘、摆渡船31艘、捕鱼船2艘。其他园林建筑共计96座，其中居住建筑61座和公共建筑35座、桥梁3座、商业店铺32座。

《运河揽胜图》描绘的人物、船只及建筑数量统计　　表1

职业	人数（人）	船类	数量（艘）	其他	数量（座）
官员	22	海船	2	建筑	61
戏班	10	漕船	1	桥梁	3
轿夫	6	官船	2	店铺	32
捕鱼人	2	摆渡船	31		
摆渡人	22	捕鱼船	2		
船员	23				
仆人	15				
合计	100		38		96

如表2统计，在《运河揽胜图》画面中，描绘从事商业活动的共计36人，男性占34人，只有2名女性从事商业活动，也只是小摊贩，说明明清时期，从事服务产业更多的以男性为主，而且男性占据主导地位，但是女性商业活动也是不可缺少的。如《吕氏春秋》所说："一农不耕，民有为之饥者；二女不织，民有为之寒者。"

在《运河揽胜图》画面中，描绘的交通工具主要海船2艘、漕船1艘、官船2艘、游船31艘、捕鱼船2艘，当时的小型渡船最多，如藤绷、漆板等。"其船大者曰走舱、小者曰藤绷。藤绷之小，以轻而易举也"。另有漆板类小船。"漆板者，旧制甚简陋，后乃渐华美"，此类船专以接送妓女为任，往来如织。

《运河揽胜图》描绘的不同职业人数统计　表2

	职业	人数（人）	男（人）	女（人）
从事商业服务	商人	24	24	0
	小摊贩	12	10	2
	优伶	5	5	0
官员	官员	5	5	0
	官兵	13	13	0
仆人	随从	9	4	5
	轿夫	4	4	0
	奴仆	15	10	5
合计		87	75	12

如表3统计，《运河揽胜图》中建筑主要类型分为居住建筑和公共建筑。其中公共建筑35座、居住建筑61座，

① 《运河揽胜图》后流落海外，先为日本商人收购，又辗转流到英国。2007年11月，英国苏富比拍卖行拍卖时，为旅英收藏家钱伟鹏先生以2万英镑购得。2009年，扬州博物馆又以30万元人民币购回。现根据画面左侧落款完整，右侧不完整，推测可能为局部画作。

共有96座。沿河的公共建筑共有18座，其中单层的共有15座，双层的共有3座。而沿街的公共建筑共有17座，单层的共有15座，双层的只有2座。多数公共型建筑沿着运河边走向，运河交通的发达也对于城市布局和发展有重大影响，城市的活力依靠着运河交通。公共建筑主要形式包括酒店、食店、小吃店以及流动售卖几个类型。这些公共建筑多为酒楼及娱乐性行业，说明清代扬州休闲场所数量较大，为休闲服务型城市。

《运河揽胜图》中建筑的数量统计　　表3

建筑		数量（座）	双层（座）	单层（座）
居住建筑	沿河建筑	35	5	30
	沿街建筑	26	5	21
	合计	61	10	51
公共建筑	沿河建筑	18	3	15
	沿街建筑	17	2	15
	合计	35	5	30

《运河揽胜图》中陆上和水上熙熙攘攘的商旅云集其间，显示了水运繁忙、商业兴盛。桥头的商业，江岸边的商业街，侧重点不同，桥头以流动型商业为主，江岸边以商铺为主。人群摩肩接踵，江上舟揖往来无断。码头上下人来人往，大船摆停码头货运繁忙。码头上的工人忙着装卸货物、起航的忙着选择线路，入泊的自寻找泊位，整个水面一片繁忙。戏台分别在运河两岸，四周都分布着围观群众，戏台顶上的重檐歇山顶成了一个标志。整幅画面展示了明清时期邵伯的繁荣以及商品经济的日益发达。

综上，《运河揽胜图》文化景观类型主要包括：建筑文化景观、园林文化景观以及微景观。建筑文化景观分为居住建筑和公共建筑，园林文化景观分为棚伞、桥、码头、堤岸等，微景观分为交通工具、招幌和服饰等。

3　《运河揽胜图》文化景观解析

3.1　《运河揽胜图》中的建筑景观

3.1.1　沿街而居的居住建筑

如图3所示，《运河揽胜图》中呈现的沿街型建筑功能布局一般为前店后宅，若东西向街道，一般主要居住用房考虑噪声影响和隐私的重要性，一般也不沿街布置，沿街为院落、商业、自然庭园或口房等辅助用房，而南北向街道则店铺口面虽朝东或朝西，而店后宅第仍朝南，成T字形布置，住宅东西向，或顺合店铺口朝向平行于街道。

沿街型建筑的垂直界面性主要决定了其具有实体性、阻隔性、连续性、方向性的特点。沿街建筑立面更加丰富，大多有店铺门面，各式店铺招牌和标志各异，丰富了立面的构成，强调空间的转换，也是建筑外与建筑内沟通连接的媒介，对人的行为和视觉、心理都会产生直接的影响，起引导、暗示的作用。中尺度的垂直界面沿街建筑主要影响着空间的方向性，对街道的流线走向及功能分区都有重要意义。商铺格局，与居住混合，形成了前店后坊、前商后居、下店上居等商业设置模式，直接影响清代的城市居住建筑及公共建筑的发展。

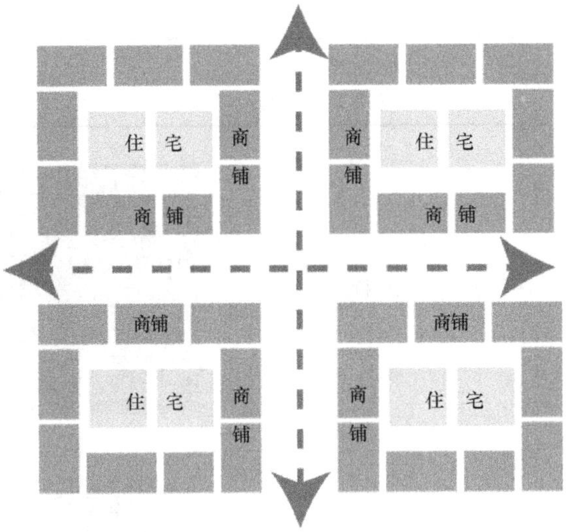

图3　前店后宅平面示意图

沿河居住建筑一般以独立住宅为多，凡挑出于运河之上部分，一般用木桩撑住，一头插入河底，穿过淤泥层，深埋在坚实的老土中。河水也是人们日常生活的重要水源，所以下河的踏步在临水民居中都做了妥善的安排，既与建筑布局相吻合，又与河道交通相配合，具有特有的水人家风貌。

3.1.2　沿河布局的公共建筑

《运河揽胜图》中公共建筑沿运河呈线状分布，多为商业性及服务性公共建筑。往来商旅集中，随船水手及商旅的食宿、娱乐需求刺激了公共建筑的出现及发展。主要的公共建筑在街道的交叉处，交叉处即为城区繁华中心。有一些街巷往往显得不太规则，而街巷的空间组合特征明显受到河水的制约，这些特点在幅画作中均有侧面的反映。

3.2　《运河揽胜图》中的园林文化景观

3.2.1　流动的棚伞

如表4所示，《运河揽胜图》流动的棚伞主要包括雨棚、阳伞和浮棚。

雨棚是建筑在街道上的附属物，一般为室内功能在街道上的延续及拓展，是商家为招揽顾客、增加营业面积、提高商业效益而侵街搭建的。阳伞常用于遮阳，有时作为建筑在街道上的附属物，有时会伴随浮棚出现。浮棚指临时搭建的棚子，因其摊位的简易搭建形式，浮棚的经营位置可以改变。它选择性地搭建于商业性强、人流量大的街道旁进行交易，久之会逐渐固定下来，定点销售。浮棚多集中在桥及桥旁道路上。

《运河揽胜图》中描绘的街边流动的商业店铺，店家在桥上搭建的凉棚、桥上的门楼、招幌酒旗等装饰物，均是在街道空间上的延伸，而这部分空间，既不是完全的建筑空间，也不能算作街道空间，这部分空间的增加，使得建筑空间与街道空间的界限变得模糊不清，却更加得生动、丰富、有层次感。

流动的棚伞 **表 4**

序号	园林景观类型	画面	作者自绘
1	雨棚		
2	阳伞		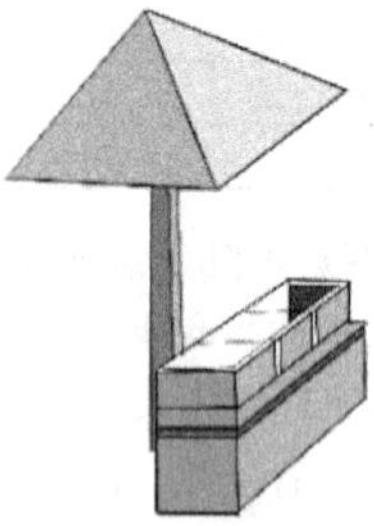
3	浮棚		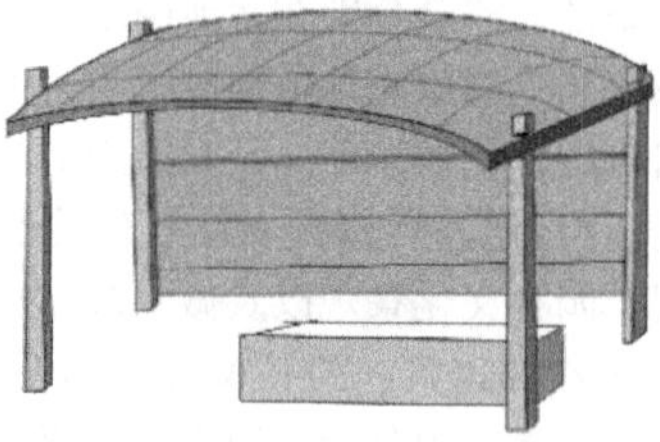

3.2.2 多功能的桥

如表 5 所示，《运河揽胜图》多功能的桥主要包括单跨桥和多孔桥。

桥梁是连接河流两岸的交通要道。最主要的目的是为了解决跨水或者越谷的交通，以便于运输工具或行人在桥上畅通无阻。《说问解字》① 曰：“梁之字，用木跨水，今之桥也。”最早或者最主要的功用来说，桥应该是专指跨水行空的道路。故说明桥的最初含意是指架木于水面上的通道，以后方有引伸为架于悬崖峭壁上的“栈道”和架于楼阁宫殿间的“飞阁”等天桥形式。

桥的主要功能包括市场、关卡、军事和文化。水陆交通枢纽地带的桥梁两端很容易形成市场、集市，集市的固定能促进城镇的形成和发展，这是桥梁促进市场形成的功能。在古代，古桥边常设关卡，实施检查、征税等关卡功能。在战时，桥梁是重要的军事设施，是军事攻防要地。桥梁是桥梁文化、环境美学、桥梁技术的载体和文艺创作的重要对象，也是文艺活动的场所。体现桥梁的文化内涵也是它的一项基本功能。

多功能的桥 **表 5**

序号	桥梁景观类型	画面	作者自绘
1	单跨桥	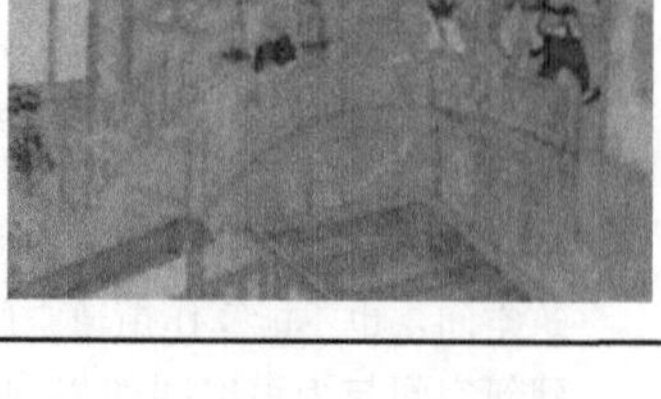	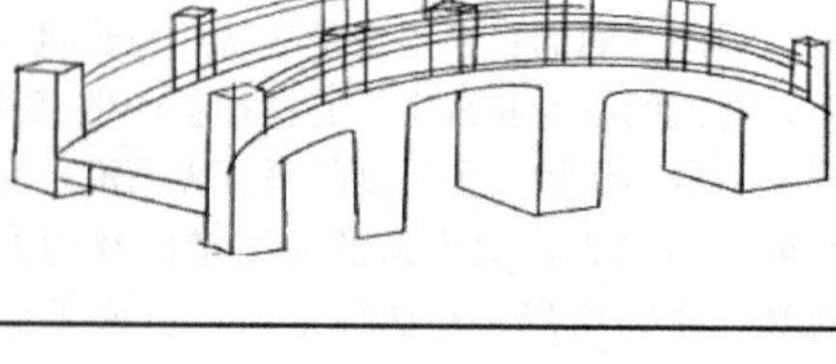

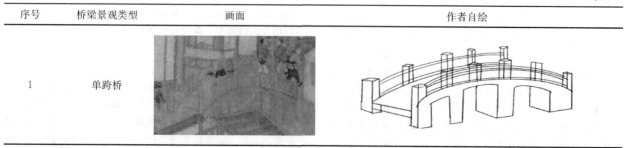

① 段玉裁的注释为：“梁之字，用木跨水，今之桥也。”

续表

序号	桥梁景观类型	画面	作者自绘
2	多孔桥	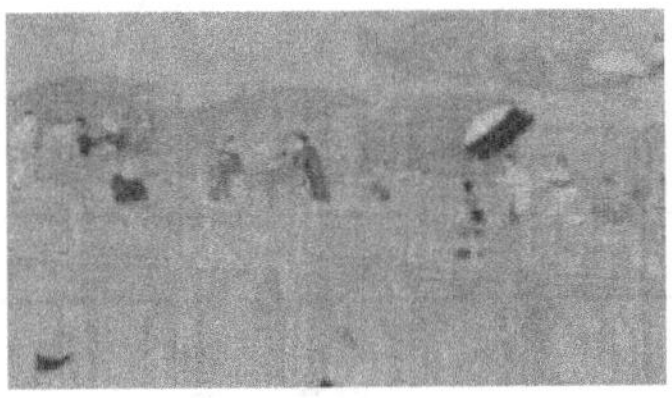	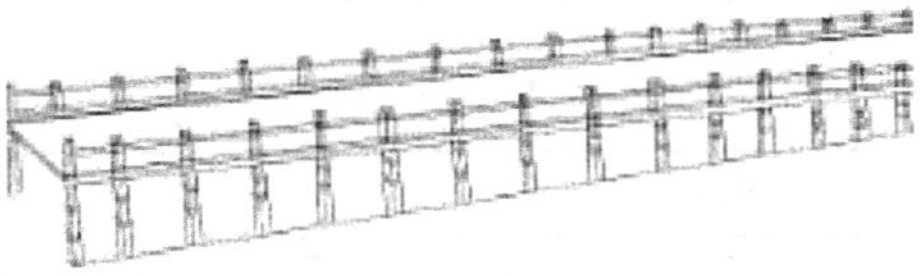

3.2.3 多功能码头和堤岸

唐高祖武德二年（616 年），漕运从扬州至长安，经过邵伯。元朝，大运河沟通了北京和杭州，邵伯成了水上中枢。明清水运，邵伯又是南北货来往的集散地。大马头繁荣景象更是历代不能相比，明隆庆年间仅瓷器年过境就达 40 万件，淮南盐过境 400 万大引。此外，国外的使者，上京赶考的书生，派往南方的京官，也要在这里的驿站停歇。沿岸 20 多座码头，常停靠船只二三百条。

清乾隆年间，邵伯水运尤为发达。北方的大豆、淮盐，南方的广货（百货）、茶叶、桐油、丝绸均到邵伯中转过境，南来北往的官船也在这里停歇，邵伯成了运河线上的大码头，为船运服务的锚链（在外有“瓜洲锚、邵伯链”之称）、油麻、斗斛、笆斗、盆桶远近驰名，豆行、粮行、茶馆、饭店、浴室等百业兴旺。

运河两岸，大小船帮的货物一般都在诸码头停靠。此外还有散人船数十条，没有固定的码头停泊点，到处可以靠，随时可以雇。更多的是些小划子，在水面穿梭于各码头之间，有时也送客到扬州。所有这些，形成了邵伯运河沿岸繁忙的水上运输网。

咸丰五年（1855 年），黄河北徙，继而沪宁、京浦铁路通车，大宗货物集散地西迁蚌埠、南移镇江，邵伯航运日衰，只留下这些寂寞的码头。如今，在老牌坊上镌刻的“大马头”三个大字，以及“甘棠保障”“金堤永固”二处清代石刻，共同见证着古码头的沧桑变迁（表 6）。

多功能码头和堤岸 **表 6**

序号	景观类型	画面	作者自摄/自绘
1	码头	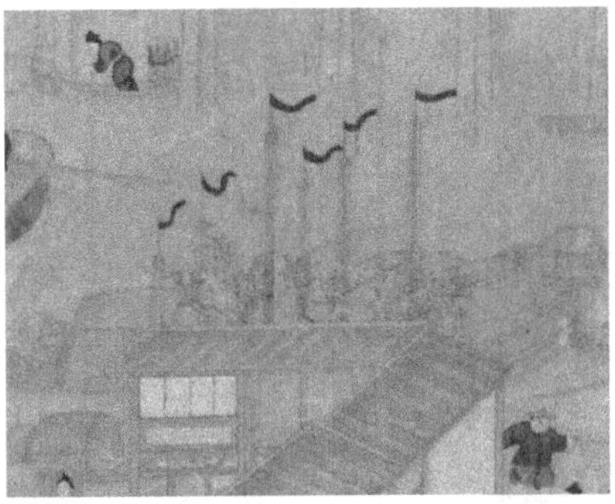	
2	土质堤岸		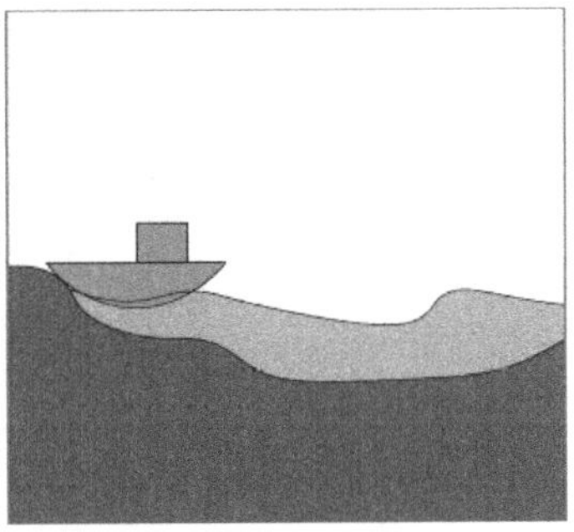

树木的种植，在美化街道界面的同时，也限制了侵街活动的进一步发生。固堤树木区别于街道植树，是漕运里河岸处理的重要手段。固堤树仅沿各类河流两岸种植，利用其发达的根系巩固河流堤防，减少水土流失，景观用途的也占一部分因素，但是其次的。

3.3 《运河揽胜图》中微景观

3.3.1 招幌

如表 7 所示，《运河揽胜图》招幌大致有服务类、餐饮类及商业类，包括药铺、帽铺、点心铺等。

清代中国封建社会的商品经济进入繁荣时期，商品生产日益频繁，商品交换规模日趋扩大，城市、集镇、集市商品交换是诸多广告表现形式产生的直接土壤。商业广告在新的广告环境中更加成熟，招幌、印刷广告、吟唱广告等诸多广告形态均是依靠这些不同类型的商业活动、商业设施而出现或存在的，并伴随着这些类型的商业活动日益兴盛而日渐走向繁荣。

《运河揽胜图》中招幌 **表 7**

序号	店铺	商业店铺	招幌	作者自绘示意图
1	药铺	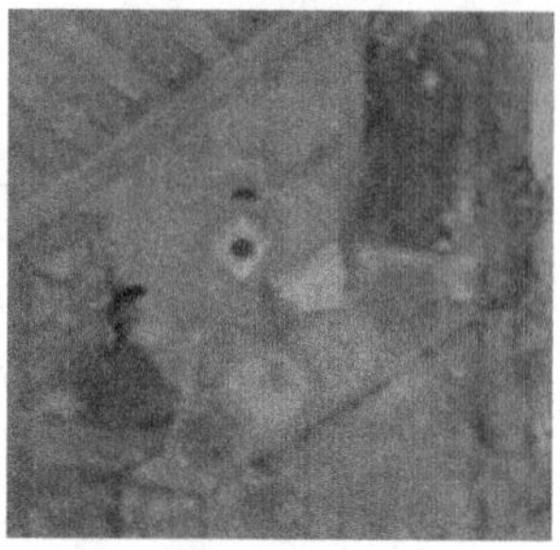	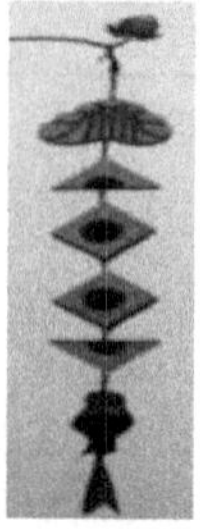	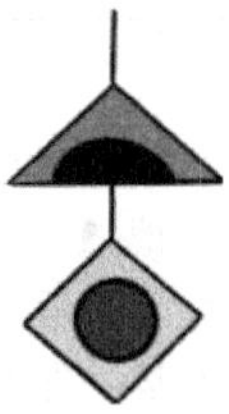
2	帽铺			
3	点心铺	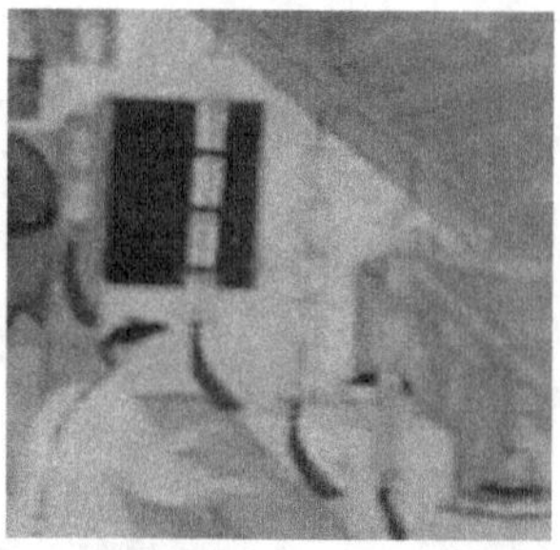	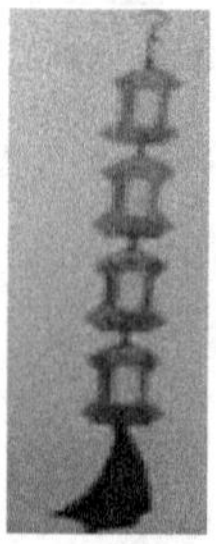	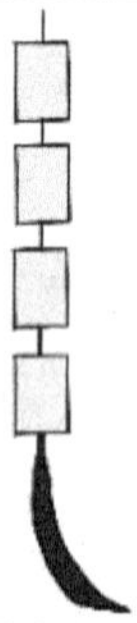
4	客栈		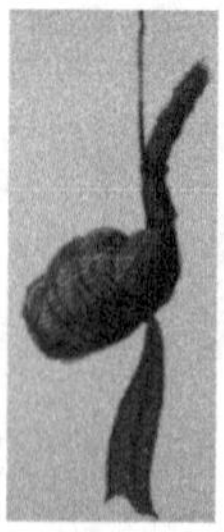	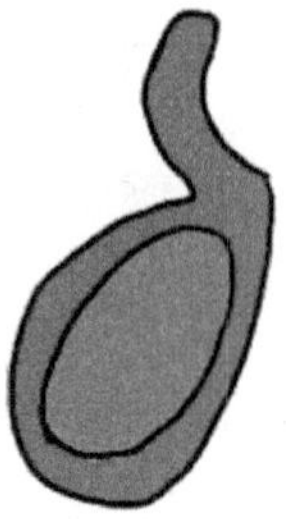

注：表中图片引自中国明清时期的招幌设计。

3.3.2 交通工具

如表 8 所示，《运河揽胜图》交通工具包括为船和轿子。

清代商船在清屈大均《广东新语》描述道："其漂洋者曰白艚、乌艚，合铁力大木为之，形如槽然，故白艚，首尾又状海鳅，白者有两黑眼，乌者有两白眼，海鳅远见，以为同类不吞噬。"船中到大型的船首部前端会装饰两只龙眼，一是对水中生物起到威慑作用，二是便于区分船的属性，其中的黑目朝下即是渔船，意为寻找水中生物，如果黑目朝前是海船，带有眺望远征之意。

清代漕船亦是沿用明代的漕船，作为漕船的船左右两侧有方便上下货物的船口，而船头的黑目则是往下看，因为非海船而是走内河的漕船。明清时期的官船多为管理漕运机构的官员所乘坐，在船头到横梁处涂有不同的颜色以区分种类，如刷蓝色的为内河及长江以内游走的官船。

渡船船身狭小，两头尖翘，船底铺以木板，船舶覆盖半圆形的船蓬。仅能载三四人，作为水乡密集的河道中，它是当时重要水上轻便快捷的交通工具。说明当时交通多以水上交通为主，而邵伯也因水上交通发达，奠定了清代邵伯商业的繁华。

《运河揽胜图》中船只 **表 8**

序号	类型	船只	作者自绘
1	海船		
2	漕船		
3	官船		
4	渡船		
5	捕鱼船	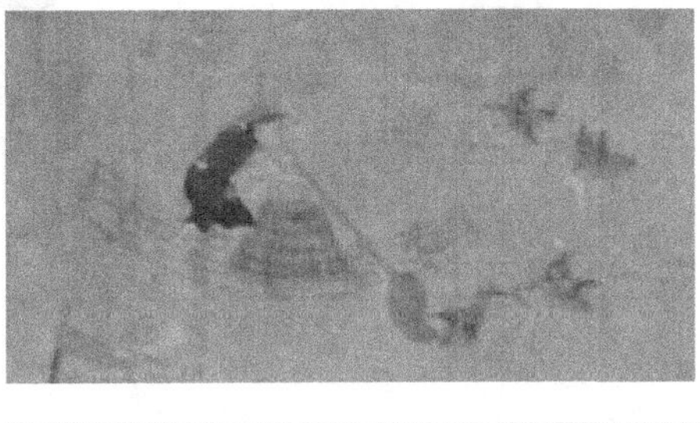	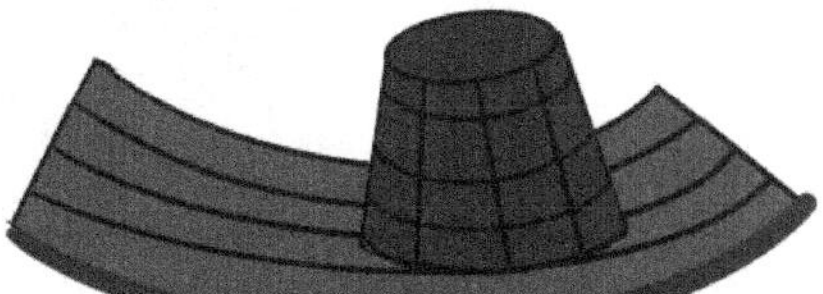

另外，如表9所示，《运河揽胜图》还描绘了一个官轿、一个民用轿子。清代京师之外的地区，三品以下文官等中低级官员则可以乘坐4人官轿，唯一的硬性规定就是颜色是绿色和蓝色，俗称蓝呢官轿。而作为清代武官只能骑马出行。而民用轿子多属富绅之家，随时伺候老爷、太太、小姐出行，有凉轿和暖轿之分，供不同季节使用，凉轿用于夏季，轿身较小，纱作帏幕，轻便快捷，通风凉爽；暖轿用于冬季，轿身较大，厚呢作帏，前挂门帘，轿内放置火盆。而专用于妇女乘坐的女轿，装饰精巧讲究，红缎作帏，辅以垂缨，显得小巧华贵、漂亮典雅，具有浓厚的闺阁气息。

《运河揽胜图》中轿子　　表9

序号	类型	轿子	作者自绘
1	民用轿子		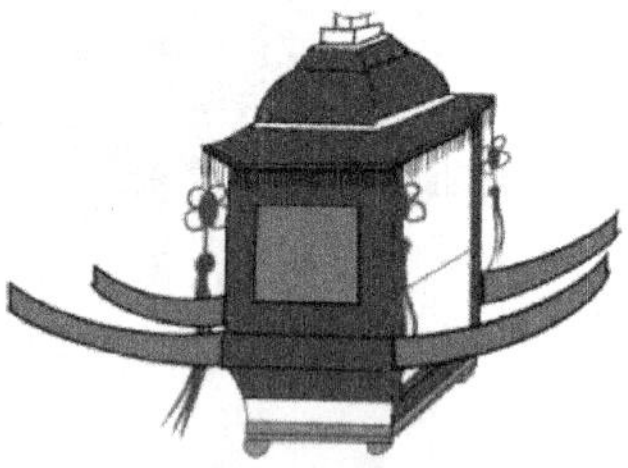
2	官轿		

3.3.3 服饰

如表10所示，服饰包括奴仆服饰、商贩服饰、百姓服饰、官员服饰以及戏子服饰，依据不同的职业分类，所反映出不同等级的人所穿服饰的不同。喜鹊袍：“皮棉夹单，袍面子上下两色，绸缎不拘。或上两袖，与下前后一色。项下齐中又一色，如背心然，大抵皆就料而为之者也。奴仆暨人有现存裁料者，多衣此，美而名之曰喜鹊袍。[①]”女子鞋如表10中所示，《扬州画舫录》卷九有专章介绍：“女鞋以香樟木为高底。在外为外高底，有杏叶、莲子、荷花诸式。在里者为里高底，谓之道士冠。平底谓之底儿香。”

男性奴仆的马甲以红、白鹿、麂皮制作，便于牢固。坎肩有名背心、马甲，为无袖短身上衣，清代中后期，在坎肩上施加如意头、多层滚边。

《运河揽胜图》中奴仆服饰　　表10

序号	性别	职业	人物	服饰1	服饰2
1	男	奴仆	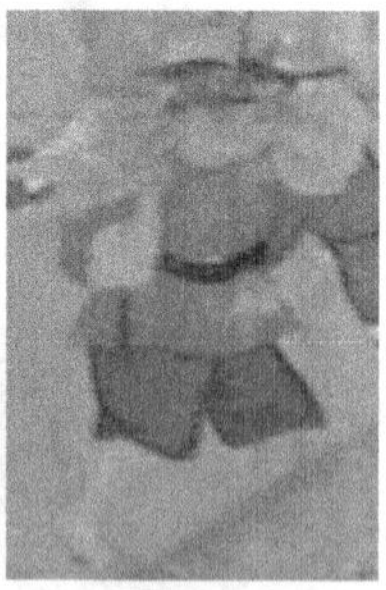		
2	男	奴仆			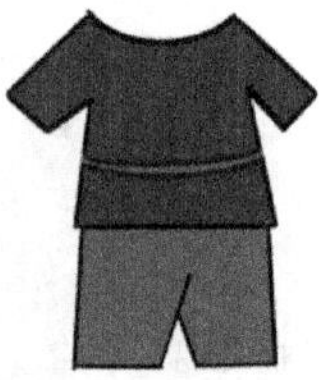

① （清）林苏门：《邗江三百吟》，广陵书社，扬州，2005，第57页。

续表

序号	性别	职业	人物	服饰 1	服饰 2
3	女			  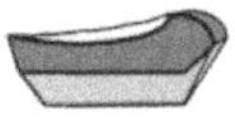	

如表 11 所示商贩的服饰。毡帽为农民、商贩、劳动者所戴，他们有多种形式：①半圆形，顶部较平；②大半圆形；③四角有檐反折向上等。商人多数穿着马褂，左右及后开叉，袖口平直，清嘉庆时，流行香色、浅灰色，夏天则流行棕色纱质马褂。清代末年，用宝蓝、天青、库灰色线纱的马褂，尤为盛行，甚至用大红色的。

《运河揽胜图》中商贩服饰 **表 11**

序号	性别	职业	人物	服饰 1	服饰 2
1	男	贩	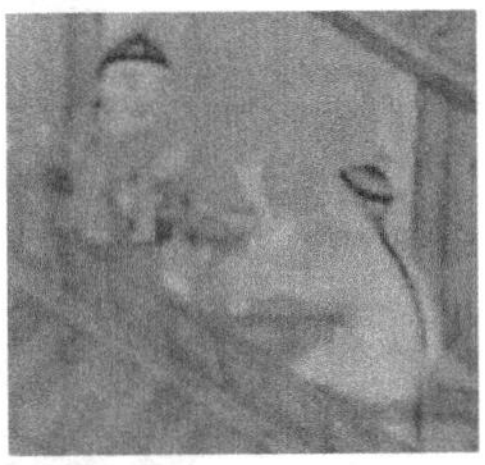		
2	男	商贩		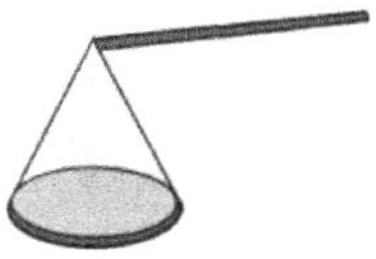	
3	男	商贩	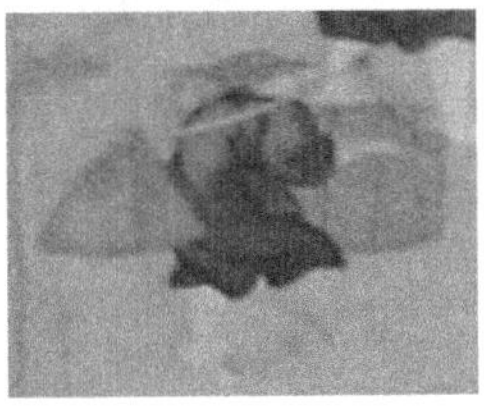	 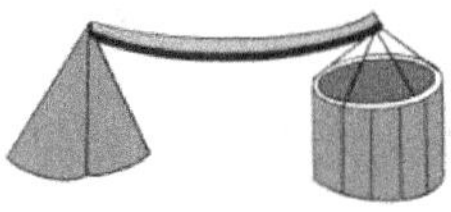	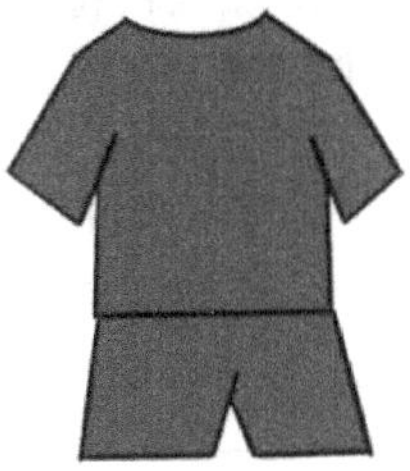
4	女	商贩		 	

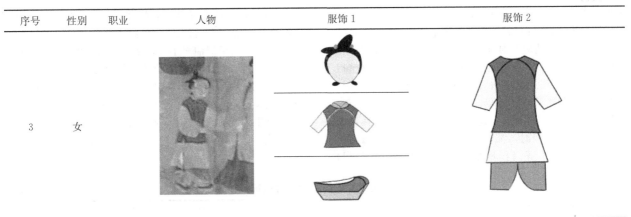

如表 12 所示百姓的服饰。清代扬州女性的发饰，发辫挽束成结，盘于头顶为髻，古已有之，男女皆然。清代男子辫发为“金钱鼠尾”，都十分简便。唯有女子，万缕青丝变化无穷，清康熙时郝璧《广陵竹枝词》说：“一笼乌丝香腻光，笑他高髻双鸳鸯。前朝堕马真魔舞，浮楦梳头闹扫妆。”这里透露出明时堕马髻在扬州曾风靡一时。清初又流行起鸳鸯高髻，高髻盘居头顶，两边对称，似一对鸳鸯，风姿绰约。晚清，扬州妇女中还流行起对额发的修饰，在梳髻的同时，都喜欢留一绺头发覆于额际，光绪、宣统年间孔庆溶《扬州竹枝词》说：“学界风兴皮与毛，前刘海亦号时髦。”

扬州妇女还酷爱簪花，郝璧在《广陵竹枝词》说：“各带迎春花鬓侧，行人绮陌踏青歌。”董伟业《扬州竹枝词》说：“白板清油户半开，倚门人戴紫玫瑰。”林苏门《续扬州竹枝词》说：“茉莉巧攒化蝶魂，夜来香泛露为痕。”从这些诗句中可以看出，扬州妇女插花，品种较多，有“迎春花”“夜来香”“红芍药”“茉莉花”等。

马甲为无袖的短上衣，有一字襟、琵琶襟、对襟等几种款式。马甲四周都镶有异色边缘，用料和马褂差不多。

《运河揽胜图》中百姓服饰 **表 12**

序号	性别	职业	人物	服饰 1	服饰 2
1	男	百姓		 	
2	女	百姓		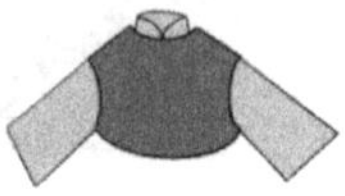  	

如表 13 所示官员的服饰。清代时期一品官员的帽顶为红宝石，深红色，象征权利和威望。二品官员为红珊瑚，浅红色；红珊瑚属于有机宝石。三品官员为蓝宝石，深蓝且透明。四品官员为青金石。五品官员为水晶，透明白色。六品官员为砗磲，乳白色。七品顶戴为素金，色泽闪亮；八品顶戴用阴纹镂花金，看上去较暗淡；九品则用阳纹镂花金。穿着的朝服贝勒、贝子、镇国公、辅国公、固伦额验、和硕额附、镇国将军、辅国将军、奉国将军、奉恩将军、文武百官一至九品皆“色用石青”①。

红罗伞（红色华盖）是古代皇帝在外出巡游或驻跸时专用的仪仗之一。原本是遮阳、挡雨的伞具，后来逐渐成为皇帝身份与尊严的象征。其形制、规格历朝历代均有改进。

《运河揽胜图》中官员服饰 **表 13**

序号	性别	职业	人物	服饰 1	服饰 2
1	男	官员		  	

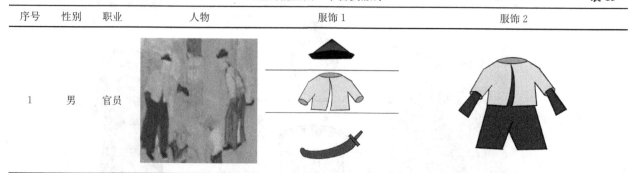

① 赵尔等清史稿，北京：中华书局。

续表

序号	性别	职业	人物	服饰 1	服饰 2
2	男	官员		 	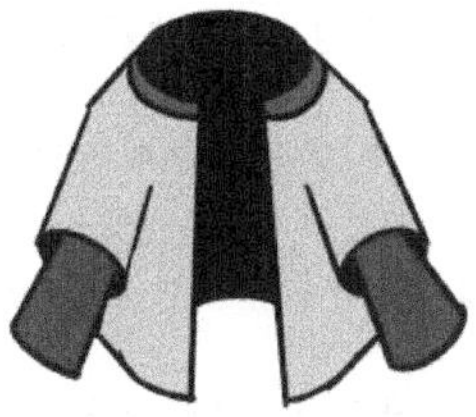

如表 14 所示的戏服。清朝人们通常会沿袭原有的传统，而后加上当时的文化进行传承和改进，所以清代的戏服其实更多会受明代戏服的影响，当时清代的戏服大多承袭明代的传统。在清代戏服中，官帽的款式还是按照明代的乌纱帽，但官服也会加入一些比较具有时代性的清朝时期的衣服。

《运河揽胜图》中的戏服　　表 14

序号	性别	职业	人物	服饰 1	服饰 2
1	男	优伶		 	
2	男	优伶		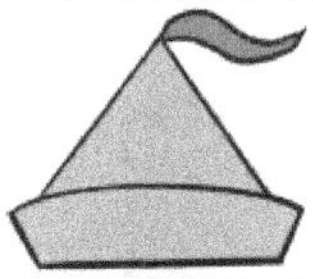 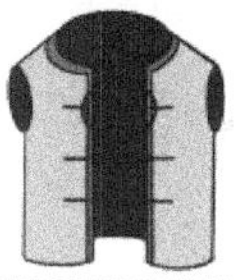	

4 结语

本文利用图像与史料相结合的方法，对《运河揽胜图》画面分别从建筑文化景观、园林文化景观、微景观的角度进行了分析，探讨了明清邵伯运河文化景观。

(1) 建筑文化景观：第一类为居住建筑，包含住宅；第二类为公共建筑，包含官署建筑及商业建筑等。该画面显示了明清邵伯居住建筑的画面特点——“前店后宅、沿河群聚”的分布特征。而公共建筑则是沿河岸建房及街道的交汇处，形成主要的城市中心。

(2) 园林文化景观：图像中的园林景观小品包括了码头、棚伞、戏台等。棚伞搭建简易多集中于城市商业中心，以流动的形式出现，与街道的空间界限变得模糊，使得城市更加丰富有层次。而桥梁是运河文化景观不可缺少的构成语言，且在连接桥梁的交通主干道会形成重要的集市。

(3) 微景观：图像中微景观包含交通工具、招幌及服饰。明清时期“文官坐轿，武官骑马”的特点在这幅图像有所体现，整幅图像运河沿岸的商铺林立，很多招幌元素也从侧面反映了明清时期邵伯因运河而兴盛。而从百姓服饰及官员穿着研究中认为当时的季节应当在秋季，而且不同等级的人穿着的衣服材料也不一样，从事劳役的人服饰为深色且朴素，而地位高的人服饰鲜艳且精致。所以这些微景观不仅是反映出明清邵伯的景象，更是反映出明清运河对邵伯的重大影响。

最后通过材料互证明清邵伯运河的文化景观，挖掘邵伯明清运河的历史文化及文化价值。但绘画中真实性的考证研究是受到不同绘画风格写实性和精确性的限制，有待进一步研究。

参考文献

[1] 广陵竹枝词[M].

[2] 扬州画舫录. 卷 13[M].

[3] 扬州画舫录. 卷 11[M].

[4] 陈希育. 中国帆船与海外贸易[M]. 厦门：厦门大学出版

社，1991.
[5] 李斗. 扬州画舫录[M]. 卷十六，蜀冈录，卷十，虹桥錄下.
[6] 曲彦斌. 招幌辞典[M]. 第1版. 上海辞书出版社，2001.
[7] 谢国桢. 明代社会经济史料选编. 福建人民出版社，1998.
[8] (清)林苏门. 邗江三百吟[M]. 扬州广陵书社，2005.
[9] 张新美. 中国明清时期的招幌设计[D]. 北京服装学院，2010.
[10] 田中霞. 明清扬州城的发展与城市职能的转变[J]. 今日南国，2008(7).
[11] 叶美兰、张可辉. 清代漕运兴废与江苏运河城镇经济的发展[J]. 南京社会科学，2012(9).
[12] 王洁. 从建筑与景观解读〈盛世滋生图〉的资料性[J]. 华中建筑，2008.

作者简介

张敏琪，1996年9月生，女，汉族，江苏仪征人，扬州大学美术设计学院硕士研究生在读，研究方向为文化景观、风景园林设计。

宋桂杰，1968年9月生，女，汉族，吉林省吉林市人，博士，扬州大学建筑科学与工程学院建筑系，教授、硕士生导师，研究方向为传统建筑文化、文化遗产保护。

论文集

风景园林学科发展与展望

近三年风景园林设计实践热点探析

——基于 2018～2020 年国际风景园林专业奖的数据可视化分析[①]

Analysis of Landscape Architecture Design Practice Focuses in Recent Three Years

—Data Visualization Analysis based on the 2018—2020 International Professional Landscape Architecture Awards

马文莉　郝慧超　赵　晶*

摘　要： 国际风景园林专业奖是行业优秀理论思想和实践作品的集中呈现，系统分析国际专业获奖数据，可以揭示学科关注的热点内容，有助于形成人与自然和谐发展的现代化建设新格局。本文基于 2018～2020 年七项国际风景园林奖项所有的专业奖获奖项目及设计师文本、评审团评论文本，使用 Gephi 软件绘制关键词共现网络图谱并进行聚类分析，结合奖项基本概况的梳理，归纳学科设计实践热点并分析各奖项的热点关注情况，旨在为我国风景园林设计奖项的发展提出提供可行建议。

关键词： 风景园林；奖项数据；可视化；设计实践；热点

Abstract: The International Professional Awards of Landscape Architecture is a concentration of outstanding theory and practice, which reveal the hot topics of the subject. Systematic analysis of international professional award-winning data will help to form a new pattern of modernization with the harmonious development of man and nature. Based on the documents of all the professional award projects, designers and reviewers of the seven international landscape architecture awards during 2018 to 2020, we used Gephi to draw the keyword co-occurrence network and conduct cluster analysis, then summarize the hotspot and the focus of each award combined with the situation of them. This paper aims to provide feasible suggestions for the development of landscape architecture design awards in China.

Keywords: Landscape Architecture; Award Data; Visualization; Design Practice; Focus

引言

风景园林设计奖项是风景园林学科中具有重要激励作用的组成部分，ASLA 专业奖作为行业最权威的国际奖项之一，在成立的近 40 年间始终热度不减。2018 年以来，各国际奖项专业奖的参与者逐年增加，参选范围不断扩大，以 IFLA 亚太区风景园林奖为例，其参奖作品总数在三年内从 104 份增至 280 份。国际奖项的评选结果在一定程度上代表着当前学科实践的最高水平，评选结果往往能够揭示学科关注的热点问题，奖项的设立也在一定程度上对行业的发展起到推动作用。获奖项目关注点的变化不仅是行业的发展轨迹的体现，同时也展现出行业的未来走势。因此，有必要梳理各国际风景园林专业奖项，通过科学、量化的方法探析近三年不同奖项对热点主题、内容的关注情况及影响因素，为我国风景园林设计奖项的发展和风景园林师的未来实践提供参考。

1　材料与方法

1.1　国际风景园林奖项概述

于 1899 年成立的美国风景园林师协会（American Society of Landscape Architects）首次在本国境内设立了风景园林个人奖章。其后，ASLA 奖逐步发展，先后设立了个人奖、专业奖和学生奖，以鼓励业内的思想交流。在此期间，英国景观行业协会（British Association of Landscape Industries）、澳大利亚风景园林学会（Australian Institute of Landscape Architects）也依次成立并设立风景园林专业奖项，以促进本国行业发展为目的，表彰优秀的设计作品。半个世纪以来，各国在全球化进程中逐渐意识到学科进步的无国界性，先后将其授奖范围扩展至国际范畴。2018 年国际风景园林师联合会非洲、亚太地区和中东地区发起 IFLA-AAPME 奖，成为首个向全世界风景园林从业者开放的跨区域协作平台（表 1）。

追溯各大奖项的创办主旨，国际风景园林设计奖项

① 基金项目：教育部人文社会科学研究青年基金（编号 18YJC760146）；北京林业大学建设世界一流学科和特色发展引导专项基金（编号 2019XKJS0317）。

的关注点从艺术性、创新性突出的优秀设计项目，逐步扩展到地区的行业架构与发展、区域的环境生态与可持续建设、专业的教育与优秀人才培养等方面。奖项主办方不断丰富奖项设置，以获奖标志与证书、奖金、颁奖典礼、公关宣传、汇编获奖作品年鉴等形式表彰行业内的优秀人才和优秀作品。

国际风景园林设计奖项概况 **表 1**

奖项名称	创办时间	创办机构	奖项主旨
美国风景园林师协会奖 简称 ASLA 奖 American Society of Landscape Architects Awards	1971 年	美国风景园林师协会 American Society of Landscape Architects	美国最高级别的风景园林奖项，主要奖励在规划设计、信息传播等方面有卓越表现的风景园林作品。支持创新，鼓励业内的思想交流，促进美国乃至世界风景园林行业发展①
英国国家景观奖——国际奖 简称 BALI 奖 BALI National Landscape Awards：International	1976 年	英国景观行业协会 British Association of Landscape Industries	英国负有盛名的景观奖项，目的是在广泛的风景园林领域评选出展现了杰出的专业性和技术性的英国景观行业协会会员②
澳大利亚国家风景园林奖——国际奖 简称 AILA 奖 Australian Institute of Landscape Architects National Awards：International	1986 年	澳大利亚风景园林学会 Australian Institute of Landscape Architects	鼓励对优秀作品的认识和理解，使会员们在专业上得以交流和提高。奖励各种相关机构、个人在环保、可持续发展、城市设计、景观规划等方面取得的成就③
国际景观双年展 & 罗莎·芭芭拉国际景观奖 the European Landscape Biennial & International Rosa Barba Prize	1998 年	加泰罗尼亚建筑师协会、加泰罗尼亚理工大学 UPC、UPC 建筑学院	对景观进行研究和探讨，从景观以及其他学科视角将双年展的研究和演化链接起来。国际景观奖是国际景观双年展的一部分，旨在为欧洲景观设计提供高质量的评价标准④
国际风景园林师联合会亚太区风景园林奖：亚太区奖 简称 IFLA APR Architects，Asia-Pacific	2002 年	国际风景园林师联合会亚太区 International Federation of Landscape Architects Asia-Pacific region，简称 IFLA APR	面向亚太区风景园林师展开，致力于亚太地区的风景园林行业架构问题和项目发展⑤
国际风景园林师联合会亚太区风景园林奖：亚非中东地区奖 简称 AAPME Architects Africa，Asia-Pacific and Middle East Awards	2018 年	国际风景园林师联合会亚太区、非洲区、中东区 IFLA Africa & IFLA Asia-Pacific & IFLA Middle-East	有史以来第一个跨区域协作奖项。旨在展示和推广致力于非洲、亚太以及中东地区景观事业发展的全球风景园林师的项目和成就，鼓励应对气候变化的实践和弹性景观建设⑥
WLA 世界风景园林奖 World Landscape Architect Awards	2017 年	世界风景园林网 World Landscape Architect	旨在表彰世界各地的景观设计师的杰出工作，并在世界各地推广这一行业⑦
英国风景园林学会奖 简称 LIA 奖 Landscape Institute Awards	2018 年	英国皇家风景园林学会 Landscape Institute	旨在表彰和鼓励风景园林领域优秀从业者卓越的专业性和创造力，彰显学科在连接人、场所和自然关系中的价值。希望人们意识到风景园林专业在国际范围内的重要影响⑧

1.2 研究设计

研究首先采用共词分析法，选取 2018～2020 年七项国际风景园林奖项专业奖的获奖项目作为研究对象，整理所有的项目介绍和评审团文本，以词频为据提取关键词并衡量关键词之间的关系强度，筛选出更具核心影响

① https：//www. asla. org/awardsarchive/。
② https：//www. baliawards. co. uk。
③ https：//aila. awardsplatform. com。
④ http：//www. arquitectes. cat/iframes/paisatge/。
⑤ https：//www. iflaapr. org/。
⑥ https：//iflaapr. org/2020-aapme-awards-results-are。
⑦ https：//worldlandscapearchitect. com。
⑧ https：//awards. landscapeinstitute. org。

力的热点关键词。随后采用聚类分析法，利用 Gephi 软件对数据进行可视化处理和聚类分析，生成热点关键词共现网络。最后采用层次主题分析法，根据共现网络中关键词的频次、度中心性和中介中心性，归纳热点主题和内容。

1.3 数据处理

1.3.1 提取关键词和词共现

整理 2018～2020 年七项国际风景园林奖项专业奖的获奖项目的项目介绍和评审团文本作为文本分析的语料库。考虑到国际竞赛评选一贯采用国际统一标准，研究使用的全部资料均来自奖项官网和官方奖项年鉴，文本格式为英文。经统计，整理获奖项目（project）共计 372 项，语料库英文文本（project statement）共计 65057 词。

为解析项目背后关注的热点问题，对语料库文本进行关键词提取，并统计关键词的词频和共现情况。过滤文本中的网址和数字后，利用 Python 语言内的 nltk 工具包对句子分词，再经停用词表过滤后进行词频统计；接着利用“for 循环”，依次计数两个关键词在一段文本中同时出现的情况；最后筛选统计结果中能够体现项目关注热点的关键词。

1.3.2 建立关键词共现网络

利用 Gephi 软件对预处理后的数据进行可视化处理，令网络中的每个节点代表一个关键词，存在共现的两个关键词之间生成一条边，由此生成共计包含 80 个节点、2301 条边的关键词共现网络。以节点的度中心性（节点所关联的其他节点数量）定义节点大小，表达该关键词对其所在边的控制力和影响力；并以边的权重（两个关键词在一段文本中同时出现的次数）定义边的粗细，表达两个关键词之间的连接强度。利用模块化工具（modularity）对节点进行聚类分析，通过分割模块（partition）利用节点颜色标识聚类结果。最后采用 Force Atlas 算法分布节点以凸显不同聚类节点间的联系情况（图 1）。分别计算图谱的基本参数和聚类结果，并具体统计节点的频次、度中心性和中介中心性 3 个参数值。

1.4 数据分析

1.4.1 可视化结果分析

利用 Gephi 软件统计计算共现图谱的基本参数和聚类结果可得，关键词共现网络的平均度为 115.781，平均加权度为 534.439，可见 155 个关键词间关联范围较大且关联程度密切。图谱的平均路径长度为 1.248，网络直径为 2，图谱的平均聚类系数为 0.851，数值接近 1，表明不同热点间联系紧密，在同一个项目中热点的集中度高，呈现小世界性[1]。

共现图谱表明，共现分析将关键词划分为 4 个可能的社区，且分别由不同的颜色表示（图 1）。体量最大的红色、蓝色两个社区的边界相对明显，分别关注了城市环境和自然环境两大主题，其关键词具有更强的独立性。关注历史文化遗产的绿色社区中的关键词尤其与城市环境相关的关键词有更强的关联。黄色社区中的关键词与其他三类互相交叉，体现出该社区更强的综合性。从整体上看，四个聚类虽然有方向上的不同，但彼此互相渗透，没有明显的割裂，这也与风景园林多学科交叉的特性有关。

1.4.2 层次主题分析

涉及同一主题的关键词具有较强的共现关系，参考关键词的参数值（表 3），按照聚类结果提炼和归纳 2018～2020 年来七项国际风景园林奖项专业奖关注的热点。对以上 155 个关键词进行层次主题分析[2]，结合关键词的共现频次、共现关系权重、自身核心性等因素，将所有关键词组织成一个三层垂直结构，以进一步理解每个社区所代表的热点主题并归纳出每个主题的热点内容（表 2）。

关键词层次主题分析 **表 2**

社区	1 级	2 级	3 级
0	history，cultural，resource，protect	industry，culture，resident，village，local，reserve	agriculture，food，economy，cultural，interpretation，girl，generation，human，landscape，cultural，regeneration，heritage，courtyard，rural，unique，canal，mountain，forest，conservation，protection，preserve，master plan，collaboration
1	habitat，ecology，restoration，climate	establish，biodiversity，natural，native，life，dynamic	ecological，ecosystem，dynamic，diversity，water，plant，system，garden，rain，enhance，vegetation，soil，flood，intervention，specie，growth，island，wetland，explore，storm，wildlife，landform，incorporate，retention，lake，climate change，wind，animal，drainage，pollution，residence，ocean
2	urban，public，community，development，future	promote，integrate，environment，health，transform，maintain，modern，people	relationship，public space，engagement，transformation，mine，traditional，network，valuable，architecture，downtown，accessible，integration，child，renewal，interaction，interactive，energy，urban space，balance，leisure，national park，property，innovation，removal，sensitivity，capacity，plaza，harbor，school，memorial，pagoda，war，adapt，social
3	infrastructure，green space，sustainability	improve，connect，repair，reduce，improvement	population，air，quality，connection，green，central，residential，corridor，landmark，green infrastructure，greenway，green roof，preservation，transportation，international，campus，highway，railway

图 1　奖项介绍与评论文本关键词共现网络图谱

从具体的关键词分析参数来看，中心性是判定网络中节点重要性的指标，包括度中心性、中介中心性等[3]。节点的度中心性即该节点相连其他节点的个数。度中心性高的关键词与其他关键词的相关性更强，位于网络的中心[4-5]。中介中心性（关联集中度）是指某一节点出现在网络中任意两个节点最短路径上的频率，用于测量某个关键词影响其他关键词共同出现在一段文本中的能力，具有较高中介中心性的关键词与其他关键词的关联性较强。度中心性和中介中心性值较高的关键词被认为是较为核心的研究关注点（表 3）。

关键词频次、度中心性、中介中心性值　　**表 3**

序号	关键词	频次	序号	关键词	度中心性	序号	关键词	中介中心性
1	urban	209	1	public	153	1	public	62.13
2	public	188	2	urban	152	2	system	61.06
3	water	186	3	cultural	152	3	life	59.51
4	community	170	4	life	152	4	resident	52.71
5	garden	163	5	environment	151	5	cultural	50.27
6	ecological	141	6	water	151	6	war	49.94
7	green	137	7	plant	151	7	environment	48.40

续表

序号	关键词	频次	序号	关键词	度中心性	序号	关键词	中介中心性
8	plant	135	8	ecological	150	8	future	47.36
9	natural	119	9	system	150	9	local	46.32
10	development	118	10	green	150	10	connect	44.45
11	cultural	105	11	local	150	11	urban	43.48
12	environment	102	12	community	149	12	public space	42.94
13	system	99	13	natural	149	13	plant	41.11
14	river	98	14	people	149	14	water	41.02
15	local	95	15	connect	148	15	green	40.54
16	nature	91	16	resident	148	16	ecological	40.23
17	people	88	17	future	148	17	people	38.71
18	architecture	71	18	development	147	18	community	38.21
19	life	67	19	integrate	147	19	resource	37.93
20	forest	65	20	sea	147	20	challenge	37.43

基于以上参数指标，结合聚类分析得出四类热点主题，即：文化传承与展示、生态环境建设、城市游憩空间设计、人居环境建设；同时根据主题分析结果，每个热点主题涵盖3～5个热点内容（表4、图2）。

热点主题和热点内容 **表4**

热点主题	热点内容
文化传承展示	乡土景观保护与延续；自然遗产与自然保护地整合优化；文化遗产保护与复兴；工业遗产地保护与再利用；历史街区保护与更新
生态环境建设	动植物栖息地保护；受损自然环境修复；动植物栖息地营建
城市游憩空间设计	纪念性景观设计；社区公共空间更新；服务性公共空间设计；公园绿地营建与更新
人居环境建设	城镇绿色基础设施规划；城市流域综合治理与发展规划；大型公共空间营建与更新

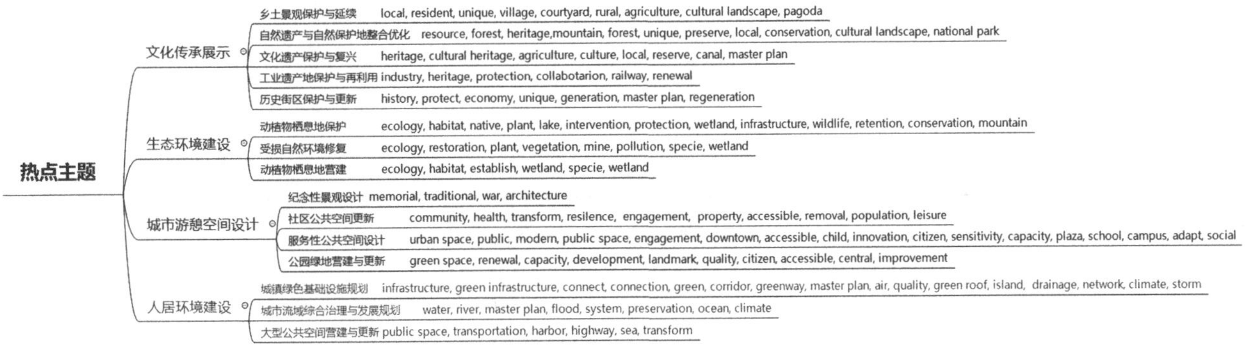

图2 热点内容关键词群

2 结果与分析

使用Python语言对相关内容进行编程，依次检测各奖项的介绍或评论文本中的热点关键词的共现情况并与表4列举的情况进行比对，对372条样本进行热点主题与内容的分类，并统计七项专业奖与12个热点的指向关系。

2.1 七项国际奖项专业奖对热点主题内容各有侧重

结合奖项授予时间，分别统计2018～2020年七项专业奖在各热点内容下的项目总数占该奖项三年颁奖总数的比值，对比分析各奖项对热点的关注情况，结果表明七项国际奖项在表现出共性的基础上也各有侧重（图3）。

ASLA奖和IFLA奖展现出对行业整体性的全面关注，包括BALI奖在内，这三个奖项对热点内容的关注具有较强的综合性。在此基础上，它们又分别对文化传承展示类、人居环境建设类和城市游憩空间设计类项目表现出各自的侧重。ASLA奖和BALI奖作为最早设置风景园林专业奖并将授奖范围国际化的两个奖项，以促进业内交流、提高行业标准、推动行业发展为主旨，在数十年的发展过程中不断蜕变并完善了奖项设置。与之相反，AILA奖和WLA奖对四类热点主题的关注则存在明显偏好，分别缺少文化传承类和生态环境建设类的评奖项目。AILA 奖聚焦动植物栖息地营建、城镇绿色基础设施规划和大型公共空间营建与更新，这与其“环保、可持续发展、城市设计、景观规划等方面”的奖项主旨相一致。而 WLA 奖对设计手法和设计思想创新性的重视，促使其更加关注较小尺度的具体实践，对分析与规划类概念性项目有所忽视。

除此之外，罗莎·芭芭拉国际景观奖和 LIA 奖可以被视为有所偏好的综合性奖项，虽然它们同时关注四类热点主题，但从热点内容上看又有明显偏好。罗莎·芭芭拉国际景观奖每年给出特定评奖主题的奖项设置方式在一定程度上影响了其关注热点的统计，但就近三年“回归”和“气候再变化”两个主题下奖项的统计结果可以看出，罗莎·芭芭拉国际景观奖聚焦人文与自然环境的保护与修复。“鼓励从业者通过风景园林实践在自然环境和建成环境中展示卓越的专业性和创造力，彰显学科在连接人、场所和自然关系中的价值”的 LIA 奖，则更加关注城市游憩空间设计类项目，其中又尤为注重城市社区公共空间的更新。

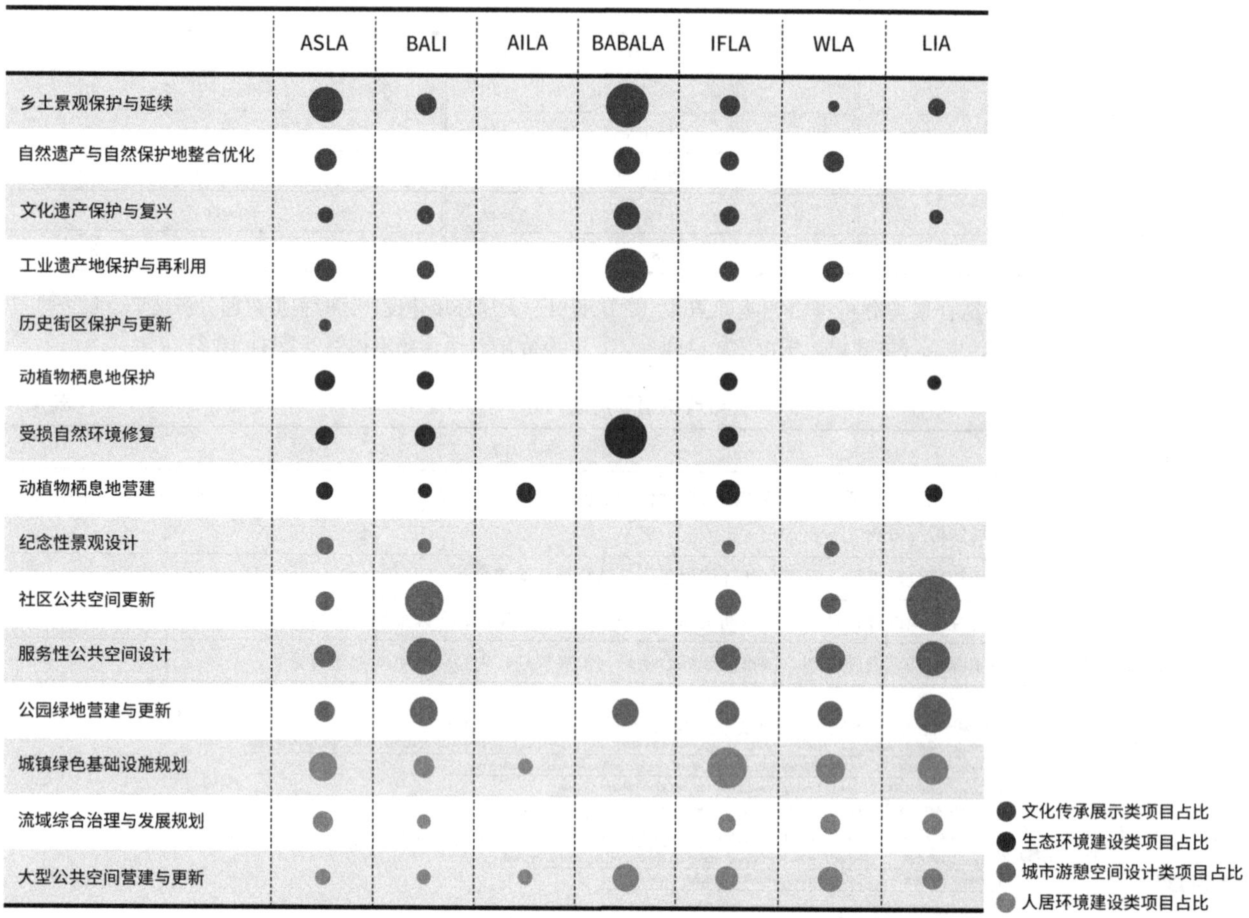

图 3　2018～2020 年七项国际奖项专业奖关注热点占比情况

2.2　热点内容和主题的发展趋势互有异同

统计 2018～2020 年每年各热点内容下的项目总数占该年颁奖总数的比值，纵向与横向分析四类热点主题及各自关注内容（图 4）。

2.2.1　文化传承展示和城市游憩空间设计受行业长期关注

横向比较三年间四类热点主题的整体情况，文化传承展示类项目和城市游憩空间设计类项目备受关注。其中，以乡土景观保护与延续和服务性公共空间设计两类项目的获奖数量呈逐年快速增长的趋势，体现出国际风景园林专业奖的整体侧重。

风景园林始终以“协调人与自然的关系”为学科核心内容[6]。一方面，自然生态系统、农田景观和聚落景观等乡土景观是人与自然相互作用的结果[7]，近年来设计师们秉持人文关怀的理念，更深入地探索乡土景观保护与更新的合理模式，希望延续地域文脉、引导人与自然和谐相处。获 2020 年 WLA 奖的“永威山悦”（YONGWEI·SHANYUE Residence）通过对大量窑洞民居等乡土景观的保留和改造，借由人们对黄土文化精神的感知激发他们对大自然的关注与爱护①。另一方面，风景园林作为一种公共资源，具有强烈的服务性和时效性特征[8]。随着居民需求的日益丰富，服务性公共空间设计也紧跟时代要求的变化不断革故鼎新。获 2019 年 BALI 奖的“秦皇岛园艺展览公园”（Sloping World-Design The Childlike）以

① https://worldlandscapearchitect.com/winners-of-the-2020-wla-awards-announced。

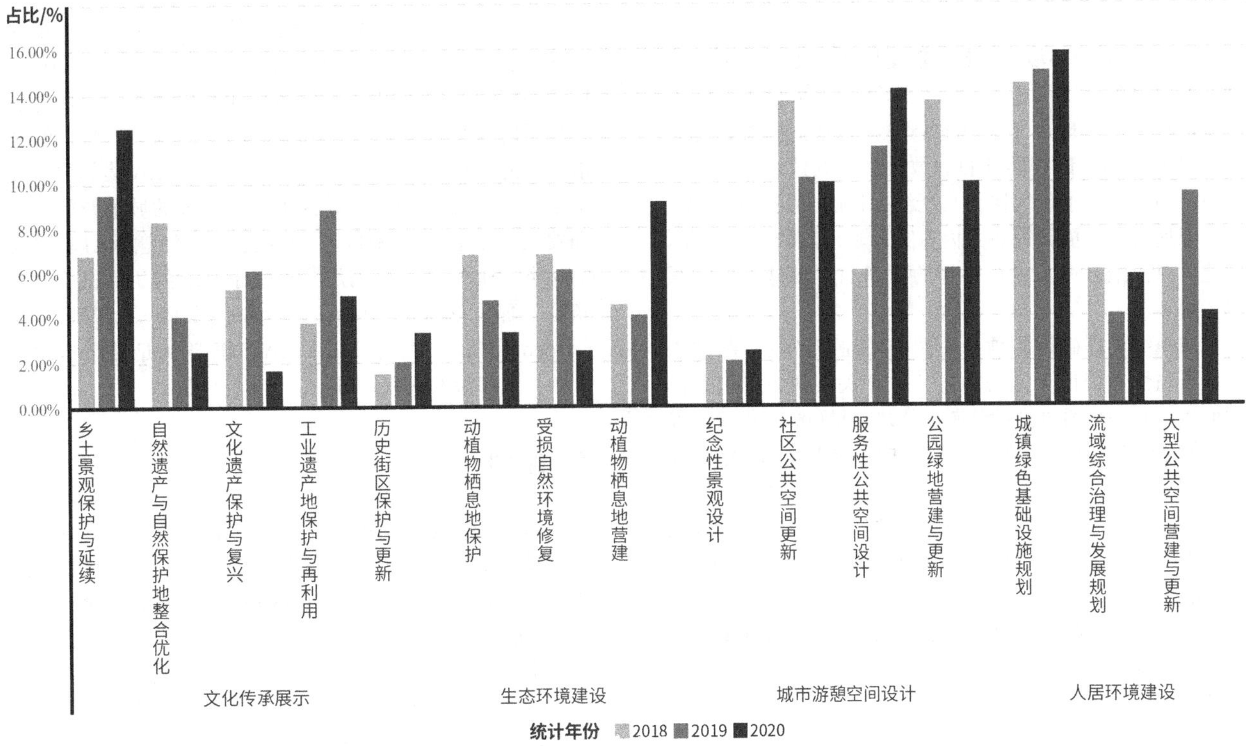

图4 2018～2020年四类热点获奖变化情况

儿童为主要服务对象，创建了一个兼具园艺展示教育功能且长期开放的公共游乐场所①。

在当今世界多元文化的冲击下，不同社会群体的需求各异，这就要求设计师们深入理解服务对象的需求，从而创造出与各种需求相契合的服务性空间，并注重历史文脉的传承，以多样化、创造性的手段开展对各层次历史文化遗产的保护。

2.2.2 生态环境建设实践亟待理论研究转化发展

尽管当前世界多个地区都面临着生态环境退化、资源枯竭等生态问题，以IFLA奖为代表的各国际奖项也都在其奖项设置和主旨声明中表现出对全球气候和生态环境变化等自然环境问题的关注，但生态环境建设类项目的获奖数量却是四类热点主题中最少的。其中，以动植物栖息地保护和受损自然环境修复为关注内容的奖项数量甚至逐年减少。

生态建设类项目主要涉及两个方面。其一是优化现有湿地公园、自然保护区，或新建生态类公园。获2020年IFLA－AAPME奖的“苏州虎丘湿地公园”（Suzhou Huqiu Wetland Park）采用循环发展模式、低干扰设计理念和灵活的景观策略，在营造与自然栖息地隔离的生态水环境和多样化的植物群落的基础上，为城市居民的休闲娱乐提供和自然学习提供机会。获2020年LIA奖的“卡特公园”（Cator Park，Kidbrooke）则将生物栖息地融入马赛克的元素中，以新颖的设计形式构建了一个集社区学习功能合绿色生态廊道功能于一体的游戏空间②。此类实践往往规模较小、地方性强且工作内容具体。其二是开展以应对粮食危机、海平面上升、栖息地退化等问题为核心的专题研究，获2020年ASLA奖的“种子特性：新型生态系统的材料和方法”（Seeding Specificity：Materials and Methods for Novel Ecosystems）设计实验研究场地种子的萌发率，并将实验结果转化为实现场地修复的种子混合播种计划③。获2020年IFLA-AAPME奖的“乡村小微湿地的再生密码——面向自然教育的管湾陂塘湿地传承与更新”（Regeneration Code of Rural Micro Wetland：Inheritance and Innovation of Natural Education Applied in Guan Wan Ponds）通过陂塘恢复并引入多种湿地经济产业，示范一种从湿地恢复到内涵提升的生态发展模式，使陂塘农业文化遗产得以传承与更新。这类项目往往从长期视角提出概念性策略，且具有较高的跨学科依赖度。

由此可见，虽然风景园林科学研究已经充分认识到了应对全球气候和生态环境变化等问题的必要性和重要性，在气候变化的适应与缓解、生产性景观创建、退化生态系统修复等方面开展了丰富的研究[9]，但其较高的科研成本限制了生态建设类项目的广泛实践。 面对迫在眉睫的生态危机，一方面要发挥专业价值，在常规尺度下开展设计实践，促进人与自然的深入互动；另一方面要加深对气候危机生态系统服务等相关领域科学知识的了解，

---

① https：//www.baliawards.co.uk/results-2019。

② https：//awards.landscapeinstitute.org/finalists。

③ https：//www.asla.org/2020awards/index.html。

以应对超大尺度规划设计的专业问题[10]。

2.2.3 城乡人居环境的更新和建设是当下最热主题

城镇绿色基础设施类项目是连续三年来最受关注的热点，且依然呈现逐年上升的趋势，同时整体对比分析16个热点内容，以获奖项目总数最多的城镇绿色基础设施规划为首，乡土景观保护与延续、社区公共空间更新、公园绿地营建与更新等热点内容共同呈现出较大的体量，由此可以归纳，城乡人居环境的更新和建设是当下的最热主题。

城镇绿色基础设施项目受到的关注与持续不断的人口增长与快速城市化紧密相连[11]。相关实践主要包含两种形式，其一是通过推动公园、公共空间和绿色街景的发展，规划设计绿道、绿廊、绿带，构建城市绿色网络。如获2019年ASLA奖的“多伦多市中心公园与公共空间规划”（To Core：Downtown Parks and Public Realm Plan）、获2019年IFLA-APR奖的“北京绿廊2020”（Beijing Green Corridor 2020）、获2020年ASLA奖的“深圳龙华环城绿道”（LONGHUA Green Ring）。其二是以园林绿化、低影响开发设施和环境友好型建筑材料等弹性设施为核心，通过景观规划设计应对城市问题。如获2019年BALI奖的“迁安滨湖东路东侧绿化带景观工程”（The First Rainwater Harvesting Park in Qian'an）和同时获2019年ASLA奖、2019年WLA奖和2020年IFLA-AAPME奖的“朱拉隆功大学百年纪念公园”（Chulalongkorn University Centenary Park，Bangkok Thailand）。

乡土景观相关项目从整体规划和具体实践两个层面开展。整体规划响应各自国家政策，鼓励村民共建，以区域文化为核心促进乡村整体保护振兴。如获2018年ASLA奖的“爱荷华Blood Run遗址文化景观总体规划”（Iowa Blood Run Cultural Landscape Master Plan）和获2019年IFLA-APR奖的“德阳市高槐村乡村振兴总体规划”（The Second Revival—Gaohuai Village Overall Planning）。具体实践则往往结合区域自然环境、应用乡土建筑材料，营造多功能乡土景观。如获2019年ASLA奖的“敖包山顶公园”（Yellowhorn Farm Park：Battling The Threat of Desertification）和获2020年WLA奖的“开平塘口镇祖宅村景观厕所”（Public Toilets in Zuzhai Village）。

社区公共空间更新项目尝试通过风景园林的介入解决当前城市发展中日益突出的社区矛盾。设计师们主要通过创造广场、街边公园等绿色开放空间，激发社区活力，帮助居民构建地方认同。如获2018年LIA奖的“滨海街区”（Maritime Streets）重振城市工业化导致的大面积空置社区，有效增加了社区入住率并提升了居民的自豪感；类似的还有获2019年ASLA奖的“哈萨洛八号——LEED铂金级认证社区的都市化困扰”（Hassalo on Eighth：From Urban Blight to LEED Platinum Neighborhood）和获2020年ASLA奖的“费尔法克斯901号”（901 Fairfax Hunters View）。也有项目尝试联合居民开展自下而上的社区共建。如获2020年IFLA-AAPME奖的“北京老城区史家胡同微花园系列（2015～2019）”聚焦居民日常生活，利用参与式景观设计方式拓展居民介入社区事务的途径，增强社区凝聚力。

公园绿地相关实践主要包括老旧公园更新、城市新区新建、功能性创意项目三种模式。其一，获2019年BALI奖的“厦门中山公园更新”通过更新改造，保持了几代厦门人对中山公园的整体记忆，并提供了全新的功能多样的公共空间。其二，获2020年ASLA奖的“上海嘉定中央公园”，新建为新区卫星城最大的城市开放空间和发展中心。其三是以功能性为主的创意项目，如获2018年IFLA-APR奖满足儿童娱乐需求的“伊恩波特儿童野生游乐花园”（The Ian Potter Children's Wild Play Garden）和获2020年IFLA-AAPME奖满足城市运动需求的“上海徐汇跑道公园”。

3 结语

基于国际风景园林专业奖的数据可视化分析为我国风景园林设计奖项的发展提出两点建议，一方面要在全球化背景下拓宽视野，表彰、鼓励风景园林师在全球自然生态环境决策中承担职业责任，探索维系人与自然平衡的新途径；另一方面要结合国情，从“协调人与自然的关系”的学科实质出发，关注社会多元化的景观需求。研究以理解当前各国际风景园林奖项为出发点，尝试利用数据可视化和聚类分析等文本分析手段，从国际专业奖项的获奖项目文本中提炼学科关注热点，并以科学的计量方法探析不同国际专业奖项在不同时期对热点内容的关注情况及影响因素。源自文本分析的行业发展分析规避了个人主观判断的偏差，但也受到样本自身差异、数量等问题的局限，更深入地研究需要扩大样本规模、深度处理前期数据，并尝试采用更全面的文本分析算法。

参考文献

[1] 赵落涛，曹卫东，魏冶，等．泛长三角人口流动网络及其特征研究[J]．长江流域资源与环境，2018，27(04)：705-714.

[2] KIM K，LEE K-S. Identification of the knowledge structure of cancer survivors' return to work and quality of life：a text network analysis[J]. International Journal of Environmental Research and Public Health，2020，17(24)：9368.

[3] NAN Y，FENG T，HU Y，et al. Understanding aging policies in china：a bibliometric analysis of policy documents，1978-2019[J]. International Journal of Environmental Research and Public Health，2020，17(16)：5956.

[4] 潘玮，牟冬梅，李茵，等．关键词共现方法识别领域研究热点过程中的数据清洗方法：07[J]．图书情报工作，2017，61(07)：111-117.

[5] 刘安琪．基于新型城镇化风景园林建设的数据可视化研究[J]．中国风景园林学会2014年会论文集(下册)，2014：4.

[6] 杨锐．论风景园林学发展脉络和特征——兼论21世纪初中国需要怎样的风景园林学[J]．中国园林，2013，29(06)：6-9.

[7] 侯晓蕾，郭巍．场所与乡愁——风景园林视野中的乡土景观研究方法探析[J]．城市发展研究，2015，22(04)：80-85.

[8] 刘文平．从国家自然科学基金项目看中国风景园林研究热点与框架[J]．中国园林，2016，32(09)：82-86.

[9] 刘文平，陈倩，黄子秋. 21世纪以来风景园林国际研究热点与未来挑战[J]. 风景园林，2020，27(11)：75-81.
[10] 玛莎·施瓦茨，伊迪丝·卡茨. 设计师的地球工程"工具箱"：危机给予风景园林师扭转、修复和再生地球气候的机会[J]. 风景园林，2020，27(12)：10-25.
[11] PARKER J，BARO M E Z de. Green infrastructure in the urban environment：a systematic quantitative review[J]. Sustainability，2019，11(11).

作者简介

马文莉，1997年生，女，回族，宁夏人，北京林业大学硕士在读，研究方向为风景园林历史理论、风景园林规划与设计。电子邮箱：745303156@qq.com。

郝慧超，1998年生，女，汉族，河北人，北京林业大学硕士在读，研究方向为风景园林历史理论、风景园林规划与设计。电子邮箱：316105966@qq.com。

赵晶，1985年生，女，汉族，山东人，博士，北京林业大学园林学院，副教授，《风景园林》杂志社，副主编，中国风景园林思想研究中心，副主任，城乡生态环境北京实验室、美丽中国人居生态环境研究院，研究方向为风景园林历史理论、风景园林规划与设计。电子邮箱：zhaojing850120@163.com。